RESISTENCIA DE MATERIALES

Segunda edición

GERHARD BAUMANN

RESISTENCIA DE MATERIALES

Segunda edición

Luis Ortiz Berrocal

Catedrático del área *Mecánica de medios continuos y teoría de estructuras*
Departamento de Mecánica estructural y Construcciones industriales
Universidad Politécnica de Madrid

MADRID • BUENOS AIRES • CARACAS • GUATEMALA • LISBOA • MÉXICO
NUEVA YORK • PANAMÁ • SAN JUAN • SANTAFÉ DE BOGOTÁ • SANTIAGO • SÃO PAULO
AUCKLAND • HAMBURGO • LONDRES • MILÁN • MONTREAL • NUEVA DELHI • PARÍS
SAN FRANCISCO • SIDNEY • SINGAPUR • ST. LOUIS • TOKIO • TORONTO

RESISTENCIA DE MATERIALES. Segunda edición

Edificio Valrealty, 1.ª planta
Basauri, 17
28023 Aravaca (Madrid)

ISBN: 84-481-3353-6
Depósito legal: M. 9.582-2002

Diseño de cubierta: Design Master. DIMA
Editora: Concepción Fernández Madrid
Preimpresión: MonoComp, S. A.
Impreso en Edigrafos, S. A.

IMPRESO EN ESPAÑA - PRINTED IN SPAIN

A María Luisa, mi mujer,
y a mis hijos, Luis, Isabel y Susana

Presentación

La excelente acogida que ha tenido la primera edición de estas lecciones de Resistencia de Materiales nos ha obligado a presentar esta segunda edición, en la que se recogen las sugerencias que se han recibido sobre su contenido, ampliando algunos temas, estructurando de forma distinta otros, a la vez que se corrigen las erratas advertidas. Quiere esto decir que esta nueva edición se edifica sobre la anterior, de la que se puede considerar corregida y aumentada.

El contenido de esta obra, al igual que nuestra «Elasticidad», está encuadrado en el de un curso de «Elasticidad y Resistencia de Materiales» para alumnos de esta disciplina en Escuelas Técnicas. Aunque ésta se puede considerar como una continuación de aquélla en el desarrollo de la asignatura que impartimos en la Escuela Técnica Superior de Ingenieros Industriales de Madrid, por entender que el estudio de las bases de la teoría de la Elasticidad debe preceder al de la Resistencia de Materiales, se repiten aquí las conclusiones de algunos epígrafes con objeto de que pueda ser utilizada como texto de «Resistencia de Materiales» sin haber estudiado previamente la Elasticidad. En tal caso habría que admitir estas conclusiones a modo de axiomas y tener siempre presente que los innumerables estudios desarrollados aplicando los métodos de la teoría de la Elasticidad son los que avalan la validez de las hipótesis simplificativas que se hacen en Resistencia de Materiales, como son, por ejemplo, la conservación de las secciones planas, la pequeñez de deformaciones, etc.

Sin temor a equivocarnos, podríamos afirmar que sin la existencia de la teoría de la Elasticidad la Resistencia de Materiales se reduciría a una serie de «recetas» para resolver la innumerable casuística de los cuerpos elásticos como elementos resistentes, que se presentan en la práctica.

El desarrollo del curso de Resistencia de Materiales presupone que el alumno posee los recursos propios del cálculo infinitesimal, cálculo integral, geometría de masas en lo referente a saber calcular centros de gravedad y momentos de inercia de figuras planas, y, fundamentalmente, de la Estática, sin cuyo conocimiento es impensable poder obtener un suficiente aprovechamiento del curso.

El contenido de la obra se mueve en el campo de la Elasticidad lineal, utilizando el prisma mecánico como modelo teórico de sólido elástico.

En el primer capítulo se hace una introducción al estudio de la Resistencia de Materiales marcando sus objetivos y estableciendo los principios generales, que completan las conclusiones de la teoría de la Elasticidad, para poder desarrollar la disciplina siguiendo el método lógico-deductivo.

En el resto de los capítulos se hace un análisis sistemático de las acciones que se derivan de una solicitación externa actuando sobre un prisma mecánico. Y este estudio se hace considerando los efectos producidos por cada una de las posibles magnitudes causantes, actuando cada una de ellas independientemente de las otras. En cada uno de ellos se estudiará la distribución de tensiones que el esfuerzo determina en los puntos de la sección recta, así como el campo de deformaciones que el esfuerzo que se considera produce en el prisma mecánico.

El esfuerzo normal, que somete al prisma a tracción o compresión, es tratado en el Capítulo 2. En dicho capítulo se empieza considerando prismas mecánicos rectilíneos, pero se ve en epígrafes posteriores que no es necesario que el prisma tenga la línea media rectilínea para que esté sometido a tracción o compresión monoaxial pura, como ocurre en el caso de cables y arcos funiculares. Se incluye en este capítulo el estudio de los sistemas de barras articuladas y sus métodos de resolución tanto analíticos como gráficos, para finalizar con la consideración de los estados de tracción o compresión biaxial, que habrán de ser útiles en el análisis que se haga en el capítulo siguiente de piezas de sección recta arbitraria sometidas a torsión por medio de la analogía con la membrana.

Con el Capítulo 3 dedicado a la torsión se ha cambiado el orden respecto a la primera edición. Se ha omitido la teoría de Saint-Venant, es decir, el estudio de la torsión de prismas de sección recta no circular desde el punto de vista de la teoría de la Elasticidad, ya que este tema está tratado con amplitud en nuestra obra «Elasticidad». No obstante, se recogen las conclusiones obtenidas allí para obtener una rica variedad de aspectos cualitativos del comportamiento de un prisma de sección recta arbitraria sometido a torsión, basadas en la analogía de la membrana. También se dedica atención en este capítulo al estudio de prismas de sección de pared delgada sometidos a torsión.

Los cinco capítulos siguientes se dedican al estudio de la flexión, en sus múltiples aspectos. En el primero de éstos, se hace un análisis del estado tensional que se crea en un prisma mecánico cuando se le somete a flexión pura o flexión simple. Se obtiene la ley de Navier que da la distribución de tensiones normales en los puntos de la sección recta, así como la fórmula de Colignon, que rige la distribución de las tensiones tangenciales. Se completa el capítulo con el cálculo de vigas armadas y se explica el tratamiento que hay que dar para el cálculo de vigas de sección compuesta, esto es, vigas que están formadas por varios materiales.

En el siguiente capítulo se hace un estudio de las deformaciones que se producen en el prisma mecánico cuando está sometido a flexión simple. Se exponen diversos métodos para su cálculo, con objeto de disponer de variados recursos para la resolución de problemas: métodos de la doble integración, teoremas de Mohr y de la viga conjugada, así como el método de Mohr o de la carga unitaria, basado en el teorema de Castigliano. Se consideran también las deformaciones debidas a variaciones térmicas y las producidas por impacto.

La flexión según dos direcciones, esto es, los casos de flexión desviada, así como cuando ésta va acompañada de tracción o compresión, o sea cuando el prisma mecánico está sometido a flexión compuesta, son tratadas en el Capítulo 6. En él se demuestra que flexión y tracción-compresión excéntrica son equivalentes. Se estudia en este capítulo la distribución de tensiones que se produce en piezas curvas, de gran importancia para el diseño de anillos, eslabones de cadena o ganchos de grúas.

El Capítulo 7 está dedicado al estudio de sistemas hiperestáticos y en él se expone un método general para el cálculo de estos sistemas, el método de las fuerzas, aconsejable para resolver problemas de pequeña dificultad, ya que problemas más complejos, como pueden ser los cálculos de estructuras de edificios, caen dentro de otra disciplina: la «teoría de estructuras».

El importante tema de flexión lateral o fenómeno del pandeo, que puede presentarse en piezas esbeltas sometidas a compresión, es tratado en el Capítulo 8. Se trata de un fenómeno de inestabilidad elástica, es decir, se pueden producir grandes deformaciones para variaciones pequeñas de la carga. Se obtiene la fórmula de Euler que, aunque se puede considerar fundamental en el pandeo, tiene un campo de aplicación limitada, por lo que se expone un método válido para el cálculo de la carga de pandeo real.

El Capítulo 9 se dedica al estudio de los estados tensional y de deformaciones cuando la solicitación que actúa sobre el prisma mecánico es arbitraria. Era necesario integrar los efectos producidos por cada uno de los esfuerzos —esfuerzo normal, esfuerzo cortante, momento torsor y momento flector— actuando separadamente, lo que es posible hacer gracias a uno de los principios generales que se admiten en Resistencia de Materiales, como es el principio de superposición. El estudio individualizado de los efectos producidos por cada esfuerzo, hecho en los capítulos anteriores, y la consideración reiterada de piezas rectas podría llevar erróneamente a la creencia que lo expuesto es sólo aplicable a este tipo de piezas. La combinación de flexión y torsión da pie para hacer el estudio de los resortes helicoidales, que tienen notable importancia en la práctica.

En el Capítulo 10 se expone la teoría elemental de la cortadura que, aunque dista mucho de ajustarse al modelo real, presenta ventajas para exponer los métodos de cálculo de uniones remachadas, atornilladas y soldadas, cuyo fundamento se encuentra en ella.

Hay que hacer la observación que todo lo aquí expuesto no es sino una mera introducción a lo que hoy se considera como el cuerpo de doctrina propio de la Resistencia de Materiales, cuya evolución histórica en los últimos cincuenta años ha sido verdaderamente notable.

Actualmente entran dentro del campo de nuestra disciplina temas tales como los referentes a la fatiga y la teoría de la Plasticidad. Se han incorporado otros, como puede ser la teoría de placas y envolventes, que tradicionalmente eran tratados en Elasticidad. Y es de esperar en un futuro muy próximo la incorporación a la Resistencia de Materiales de algunos temas de la teoría no lineal de los sistemas elásticos.

Pero éstos y algunos otros temas pueden ser objeto de otra obra si el favor de los lectores a ésta así lo aconsejara.

Para un estudiante de ingeniería, cualquiera que sea su especialidad, no basta la simple comprensión de la teoría, ya que de nada le vale si no sabe aplicarla. Por ello, al final de numerosos apígrafes figura uno o varios ejemplos que facilitan la comprensión de la teoría expuesta en ellos. También, al final de cada capítulo, se han resuelto quince problemas, número más que razonable si se tiene en cuenta que es éste un libro en el que se exponen las teorías fundamentales de la Resistencia de Materiales y no un libro de problemas. Se recomienda que el lector proceda a la resolución de ellos sin mirar la solución dada en el texto, y solamente después de haber llegado a sus resultados compruebe si son éstos correctos y contraste la bondad del método que haya podido seguir para resolverlos.

En toda la obra se ha procurado utilizar el Sistema Internacional de Unidades, aunque en Resistencia de Materiales no sería aconsejable actualmente dejar de considerar unidades derivadas como son las que expresan las tensiones en kp/cm^2 por la utilización extendida que se hace de estas unidades en las tablas de los catálogos técnicos.

Se ha optado por usar la notación kp para denotar la unidad de fuerza, kilogramo-fuerza o kilopondio, y distinguirlo así del kilogramo-masa, tratando de evitar la posible confusión en que puedan caer los que no manejan con la debida soltura los sistemas de unidades.

No quiero acabar esta breve presentación sin pedir benevolencia al lector por los posibles fallos y erratas que pudiera tener esta modesta obra, que estoy seguro tendrá, a pesar del esfuerzo hecho para evitarlas.

Y, finalmente, desear que esta obra sea de ayuda en su formación a los que decidieron hacer de la ingeniería su profesión.

Luis ORTIZ BERROCAL

Madrid, septiembre de 2000

Contenido

Presentación . . . . **vii**

Notaciones . . . . **xv**

Capítulo 1. Introducción al estudio de la resistencia de materiales **1**

1.1. Objeto y finalidad de la Resistencia de Materiales 1
1.2. Concepto de sólido elástico 3
1.3. Modelo teórico de sólido utilizado en Resistencia de Materiales. Prisma mecánico . 5
1.4. Equilibrio estático y equilibrio elástico 7
1.5. Estado tensional de un prisma mecánico 8
1.6. Estado de deformación de un prisma mecánico 12
1.7. Principios generales de la Resistencia de Materiales 16
1.8. Relaciones entre los estados tensional y de deformaciones 20
1.9. Esfuerzos normal y cortante y momentos de flexión y de torsión: sus relaciones con las componentes de la matriz de tensiones 25
1.10. Tipos de solicitaciones exteriores sobre un prisma mecánico 28
1.11. Reacciones de las ligaduras. Tipos de apoyos 29
1.12. Sistemas isostáticos e hiperestáticos 32
1.13. Noción de coeficiente de seguridad. Tensión admisible 33
1.14. Teoría del potencial interno. Teoremas energéticos 36
1.15. Criterios de resistencia. Concepto de tensión equivalente 39
Ejercicios 42

Capítulo 2. Tracción y compresión **71**

2.1. Esfuerzo normal y estado tensional de un prisma mecánico sometido a tracción o compresión monoaxial 71
2.2. Concentración de tensiones en barras sometidas a tracción o compresión monoaxial 76
2.3. Estado de deformaciones por tracción o compresión monoaxial 80
2.4. Tensiones y deformaciones producidas en un prisma recto sometido a carga axial variable 84
2.5. Tensiones y deformaciones producidas en un prisma recto por su propio peso. Concepto de sólido de igual resistencia a tracción o compresión 88
2.6. Tensiones y deformaciones producidas en una barra o anillo de pequeño espesor por fuerza centrífuga 95

2.7. Expresión del potencial interno de un prisma mecánico sometido a tracción o compresión monoaxial . . . 100
2.8. Tracción o compresión monoaxial hiperestática . . . 102
2.9. Comportamiento de un sistema de barras sometidas a tracción o compresión más allá del límite elástico. Concepto de tensión residual . . . 111
2.10. Tracción o compresión monoaxial producida por variaciones térmicas o defectos de montaje . . . 119
2.11. Equilibrio de hilos y cables . . . 125
2.12. Arcos funiculares . . . 134
2.13. Sistemas planos de barras articuladas . . . 135
2.14. Determinación de los esfuerzos en las barras de un sistema articulado plano isostático. Métodos analítico, de Cremona y de Ritter . . . 140
2.15. Cálculo de desplazamientos en sistemas planos de barras articuladas. Método de la carga unitaria . . . 146
2.16. Tracción o compresión biaxial. Envolventes de revolución de pequeño espesor . 148
2.17. Tracción o compresión triaxial . . . 153
Ejercicios . . . 156

Capítulo 3. Teoría de la torsión . . . **187**

3.1. Introducción . . . 187
3.2. Teoría elemental de la torsión en prismas de sección circular . . . 188
3.3. Determinación de momentos torsores. Cálculo de ejes de transmisión de potencia . . . 194
3.4. Expresión del potencial interno de un prisma mecánico sometido a torsión pura . 204
3.5. Torsión en prismas mecánicos rectos de sección no circular . . . 206
3.6. Estudio experimental de la torsión por la analogía de la membrana . . . 213
3.7. Torsión de perfiles delgados . . . 218
Ejercicios . . . 232

Capítulo 4. Teoría general de la flexión. Análisis de tensiones . . . **257**

4.1. Introducción . . . 257
4.2. Flexión pura. Ley de Navier . . . 258
4.3. Flexión simple. Convenio de signos para esfuerzos cortantes y momentos flectores . . 266
4.4. Relaciones entre el esfuerzo cortante, el momento flector y la carga . . . 268
4.5. Determinación de momentos flectores y esfuerzos cortantes . . . 271
4.6. Tensiones producidas en la flexión simple por el esfuerzo cortante. Teorema de Colignon . . . 284
4.7. Tensiones principales en flexión simple . . . 290
4.8. Estudio de las tensiones cortantes en el caso de perfiles delgados sometidos a flexión simple . . . 295
4.9. Secciones de perfiles delgados con eje principal vertical que no es de simetría. Centro de esfuerzos cortantes . . . 303
4.10. Vigas armadas . . . 311
4.11. Vigas compuestas . . . 321
Ejercicios . . . 326

Capítulo 5. Teoría general de la flexión. Análisis de deformaciones **357**

5.1. Introducción 357
5.2. Método de la doble integración para la determinación de la deformación de vigas rectas sometidas a flexión simple. Ecuación de la línea elástica 358
5.3. Ecuación universal de la deformada de una viga de rigidez constante 364
5.4. Teoremas de Mohr 373
5.5. Teoremas de la viga conjugada 378
5.6. Expresión del potencial interno de un prisma mecánico sometido a flexión simple. Concepto de sección reducida 384
5.7. Deformaciones por esfuerzos cortantes 387
5.8. Método de Mohr para el cálculo de deformaciones 390
5.9. Método de multiplicación de los gráficos 395
5.10. Cálculo de desplazamientos en vigas sometidas a flexión simple mediante uso de series de Fourier 399
5.11. Deformaciones de una viga por efecto de la temperatura 402
5.12. Flexión simple de vigas producida por impacto 406
5.13. Vigas de sección variable sometidas a flexión simple 410
5.14. Resortes de flexión 417
Ejercicios 425

Capítulo 6. Flexión desviada y flexión compuesta **455**

6.1. Introducción 455
6.2. Flexión desviada en el dominio elástico. Análisis de tensiones 456
6.3. Expresión del potencial interno de un prisma mecánico sometido a flexión desviada. Análisis de deformaciones 463
6.4. Relación entre la traza del plano de carga y el eje neutro 466
6.5. Flexión compuesta 467
6.6. Tracción o compresión excéntrica. Centro de presiones 468
6.7. Núcleo central de la sección 475
6.8. Caso de materiales sin resistencia a la tracción 478
6.9. Flexión de piezas curvas 480
Ejercicios 486

Capítulo 7. Flexión hiperestática **521**

7.1. Introducción 521
7.2. Métodos de cálculo de vigas hiperestáticas de un solo tramo 523
7.3. Vigas continuas 533
7.4. Vigas Gerber 543
7.5. Sistemas hiperestáticos. Grado de hiperestaticidad de un sistema 548
7.6. Simetría y antisimetría en sistemas hiperestáticos 552
7.7. Método de las fuerzas para el cálculo de sistemas hiperestáticos 558
7.8. Aplicación del teorema de Castigliano para la resolución de sistemas hiperestáticos . 568
7.9. Construcción de los diagramas de momentos flectores, esfuerzos cortantes y normales en sistemas hiperestáticos 571
7.10. Cálculo de deformaciones y desplazamientos en los sistemas hiperestáticos . . . 573
Ejercicios 577

Capítulo 8. Flexión lateral. Pandeo 625

8.1. Introducción 625
8.2. Estabilidad del equilibrio elástico. Noción de carga crítica 626
8.3. Pandeo de barras rectas de sección constante sometidas a compresión. Fórmula de Euler 628
8.4. Valor de la fuerza crítica según el tipo de sustentación de la barra. Longitud de pandeo 632
8.5. Compresión excéntrica de barras esbeltas 639
8.6. Grandes desplazamientos en barras esbeltas sometidas a compresión 641
8.7. Límites de aplicación de la fórmula de Euler 649
8.8. Fórmula empírica de Tetmajer para la determinación de las tensiones críticas en columnas intermedias 653
8.9. Método de los coeficientes ω para el cálculo de barras comprimidas 657
8.10. Flexión compuesta en vigas esbeltas 665
8.11. Pandeo de columnas con empotramientos elásticos en los extremos sin desplazamiento transversal 668
8.12. Estabilidad de anillos sometidos a presión exterior uniforme 672
Ejercicios 676

Capítulo 9. Solicitaciones combinadas 709

9.1. Expresión del potencial interno de un prisma mecánico sometido a una solicitación exterior arbitraria 709
9.2. Método de Mohr para el cálculo de desplazamientos en el caso general de una solicitación arbitraria 714
9.3. Flexión y torsión combinadas 717
9.4. Torsión y cortadura. Resortes de torsión 726
9.5. Fórmulas de Bresse 732
Ejercicios 735

Capítulo 10. Medios de unión 757

10.1. Cortadura pura. Teoría elemental de la cortadura 757
10.2. Deformaciones producidas por cortadura pura 759
10.3. Cálculo de uniones remachadas y atornilladas 761
10.4. Cálculo de uniones soldadas 775
Ejercicios 783

Apéndice 1. Fórmulas generales de la Norma Básica MV-103 para el cálculo de uniones soldadas planas 803

Apéndice 2. Tablas de perfiles laminados 809

Bibliografía 834

Índice analítico 835

Notaciones

$a, b, c, \ldots$	Distancias.
b	Ancho de fibra en la sección recta.
c	Línea media de un prisma mecánico.
c_1, c_2, c_3	Circunferencias concéntricas a los círculos de Mohr.
$A, B, C, \ldots$	Puntos.
$C_1, C_2, C_3, \ldots$	Constantes de integración.
C_1, C_2, C_3	Círculos de Mohr.
C	Curvatura; centro de esfuerzos cortantes; centro de presiones.
d	Diámetro; distancia.
d_m	Distancia del centro de gravedad del área de momentos flectores isostáticos del tramo m-ésimo a su apoyo derecho.
D	Diámetro.
D_m	Distancia del centro de gravedad del área de momentos flectores isostáticos del tramo m-ésimo a su apoyo izquierdo.
$[D]$	Matriz de deformación.
e	Dilatación cúbica unitaria; excentricidad; espesor de envolvente de pequeño espesor o perfil delgado; espesor de placa; paso de remachado.
e_y, e_z	Coordenadas del centro de presiones en el plano de la sección recta.
E	Módulo de elasticidad o módulo de Young.
f	Función; flecha.
$\vec{f}_v$	Fuerza de masa por unidad de volumen.
$\vec{f}_\Omega$	Fuerza por unidad de superficie.
$\vec{F}$	Fuerza.
G	Centro de gravedad o baricentro de una sección recta; módulo de elasticidad transversal; coeficiente de Lamé.
h	Altura.
H_A	Componente horizontal de la reacción en el apoyo A.
i	Radio de giro.
$i_{\text{mín}}$	Radio de giro mínimo.
I_G	Momento de inercia polar de la sección recta respecto del centro de gravedad.
I_0	Momento de inercia polar de la sección recta respecto del punto 0.
I_y, I_z	Momentos de inercia de la sección recta respecto a sus ejes principales de inercia.
J	Módulo de torsión.

k	En el criterio de Mohr $\frac{\sigma_{et}}{\lvert\sigma_{ec}\rvert}$; coeficiente de concentración de tensiones; constante de resorte; en pandeo $\sqrt{P/EI}$; constante.
K	Constante; rigidez a torsión.
$K_1, K_2, ...$	Constantes de integración.
l	Longitud.
l_p	Longitud de pandeo.
m	Momento por unidad de longitud; momento estático.
m_y, m_z	Momentos estáticos áxicos.
M_A	Momento de empotramiento.
$\vec{M}$	Momento resultante.
M_{0x}, M_{0y}, M_{0z}	Componentes cartesianas del momento resultante de un sistema de fuerzas respecto de un punto 0.
$\vec{M}_F$	Momento flector.
M_F	Módulo del momento flector.
$\vec{M}_T$	Momento torsor.
M_T	Módulo del momento torsor.
M_y, M_z	Componentes del momento flector según las direcciones principales de inercia de la sección recta.
$\overline{M}(x)$	Ley de momentos flectores en la viga conjugada.
$\mathscr{M}(x)$	Ley de momentos flectores de la viga isostática.
$\mathscr{M}$	Momento aislado aplicado a un prisma mecánico.
n	Coeficiente de seguridad; grado de hiperestaticidad; revoluciones por minuto (rpm); normal exterior; dirección.
n_e	Grado de hiperestaticidad exterior.
n_i	Grado de hiperestaticidad interior.
N	Esfuerzo normal; potencia.
O	Origen de coordenadas.
p	Presión; carga por unidad de longitud.
P	Fuerza; carga concentrada; carga de compresión.
P_{cr}	Carga crítica.
$P_{p\,\mathrm{adm}}$	Carga de pandeo admisible.
r	Radio.
R	Radio.
$\vec{R}$	Resultante de un sistema de fuerzas.
R_A	Reacción en el apoyo A.
R_x, R_y, R_z	Componentes cartesianas de la resultante de un sistema de fuerzas.
$\overline{R}$	Reacción en la viga conjugada.
s	Longitud de arco de línea media.
t	Temperatura; coordenada homogénea; flujo de cortadura.
T	Esfuerzo cortante.
T_y, T_z	Componentes del esfuerzo cortante respecto de los ejes principales de inercia de la sección.
$\overline{T}(x)$	Ley de esfuerzos cortantes en la viga conjugada.
$[T]$	Matriz de tensiones.
$\mathscr{T}$	Energía de deformación o potencial interno.

$\vec{\mu}$	Vector unitario.
u, v, w	Componentes cartesianas del vector desplazamiento de un punto.
V	Volumen.
V_A	Componente vertical de la reacción en el apoyo A.
W	Módulo resistente a torsión.
W_z	Módulo resistente a flexión.
x, y, z	Coordenadas cartesianas; desplazamientos.
x_G, y_G, z_G	Coordenadas del centro de gravedad.
X, Y, Z	Componentes cartesianas de $\vec{f}_v$
$\bar{X}, \bar{Y}, \bar{Z}$	Componentes cartesianas de $\vec{f}_\Omega$
$X_1, X_2, \ldots$	Incógnitas hiperestáticas.
α	Ángulo; coeficiente de dilatación lineal.
α, β, γ	Componentes cartesianos del vector unitario $\vec{u}$.
$\widehat{\alpha}, \widehat{\beta}, \widehat{\gamma}$	Ángulos que forma el vector unitario $\vec{u}$ con las direcciones principales.
γ	Deformación angular; coeficiente de ponderación; peso específico; coeficiente para el cálculo de remaches y tornillos.
γ_n	Valor doble de la deformación transversal unitaria.
$\gamma_{xy}, \gamma_{yz}, \gamma_{zx}$	Deformaciones angulares en los planos xy, yz y zx.
δ	Desplazamiento; desviación cuadrática media.
$\vec{\delta}_p$	Vector desplazamiento del punto P.
δ_{ij}	Coeficientes de influencia.
Δ_{ij}	Desplazamientos.
$\vec{\varepsilon}$	Vector deformación unitaria.
$[\vec{\varepsilon}]$	Matriz columna representativa del vector deformación unitaria.
$\varepsilon_x, \varepsilon_y, \varepsilon_z$	Alargamientos longitudinales unitarios en las direcciones de los ejes coordenados.
ε_n	Deformación logitudinal unitaria en la dirección n.
$\varepsilon_1, \varepsilon_2, \varepsilon_3$	Deformaciones principales.
θ	Ángulo; ángulo de torsión por unidad de longitud.
Θ	Invariante lineal de la matriz de tensiones.
$\vec{\lambda}$	Vector traslación.
λ	Coeficiente de Lamé; esbeltez.
$\lambda_{\text{lím}}$	Valor mínimo de la esbeltez para que sea aplicable la fórmula de Euler.
μ	Coeficiente de Poisson.
π	Plano.
ρ	Radio de curvatura.
$\vec{\sigma}$	Vector tensión en un punto según un plano.
$[\vec{\sigma}]$	Matriz columna representativa del vector tensión.
$\sigma_{nx}, \sigma_{ny}, \sigma_{nz}$	Tensiones normales en coordenadas cartesianas.
$\sigma_x, \sigma_y, \sigma_z$	Componentes cartesianas del vector tensión.
$\sigma_1, \sigma_2, \sigma_3$	Tensiones principales.
σ_{adm}	Tensión admisible.
σ_{cr}	Tensión crítica a pandeo.
σ_e	Límite elástico.
σ_{et}	Límite elástico a tracción.
σ_{ec}	Límite elástico a compresión.

σ_{equiv}	Tensión equivalente.
σ_f	Tensión de fluencia.
$\sigma_{\text{lím}}$	Tensión límite.
σ_m	Tensión meridional.
σ_t	Tensión circunferencial.
σ_n	Tensión normal.
Σ	Sección recta de un prisma mecánico.
τ	Tensión tangencial o cortante.
τ_{adm}	Tensión admisible a cortadura.
τ_{xy}, τ_{yz}, τ_{zx}	Tensiones tangenciales en coordenadas cartesianas.
ϕ	Ángulo; carga ficticia; ángulo de torsión.
Φ	Función de tensiones.
ψ	Función de alabeo.
ω	Coeficiente de pandeo; velocidad angular; área sectorial.
$\vec{\omega}$	Vector de giro.
Ω	Área de una sección recta.
Ω_1	Sección reducida.
Ω^*	Área parcial de una sección recta.
Ω_m	Área del diagrama de momentos flectores isostáticos del tramo *m*-ésimo.

ALFABETO GRIEGO

Α	α	alfa	Ν	ν	ny
Β	β	beta	Ξ	ξ	xi
Γ	γ	gamma	Ο	o	ómicron
Δ	δ	delta	Π	π	pi
Ε	ε	épsilon	Ρ	ρ	rho
Ζ	ζ	zeta	Σ	σ	sigma
Η	η	eta	Τ	τ	tau
Θ	θ	theta	Υ	υ	ipsilon
Ι	ι	iota	Φ	ϕ	phi
Κ	κ	kappa	Χ	χ	ji
Λ	λ	lambda	Ψ	ψ	psi
Μ	μ	my	Ω	ω	omega

1

Introducción al estudio de la resistencia de materiales

1.1. Objeto y finalidad de la Resistencia de Materiales

Al iniciar el estudio de cualquier disciplina es necesario establecer previamente su definición y fijar con la máxima claridad y precisión los objetivos que se pretenden alcanzar.

Esto no siempre resulta fácil y el afán de formular una definición de la forma más simple posible puede llevarnos a dar una solución simplista que, sin poder tacharla de incorrecta, pueda ser incompleta e inexacta.

Aun a riesgo de caer en ello, podemos decir que las teorías de la *Resistencia de Materiales* tienen como objetivo estudiar el comportamiento de los sólidos deformables y establecer los criterios que nos permitan determinar el material más conveniente, la forma y las dimensiones más adecuadas que hay que dar a estos sólidos cuando se les emplea como elementos de una construcción o de una máquina, para que puedan resistir la acción de una determinada solicitación exterior, así como obtener este resultado de la forma más económica posible.

Con objeto de ir fijando las ideas, supongamos que sometemos dos cuerpos de la misma forma y dimensiones pero de distinto material —como podrían ser dos vigas rectas, como la representada en la Figura 1.1, de escayola una y de acero la otra— a una misma carga P que iremos aumentando paulatinamente. Observaremos que el cuerpo de escayola es el primero en el que se produce la rotura, y que la forma en que se produce ésta es totalmente distinta en los dos casos. Mientras que la rotura de la pieza de escayola se presenta de una forma brusca, la rotura en la otra pieza acontece previa plastificación del acero. Éstas son las características diferenciadas de dos tipos de materiales, que se denominan *materiales frágiles* y *materiales dúctiles*, respectivamente.

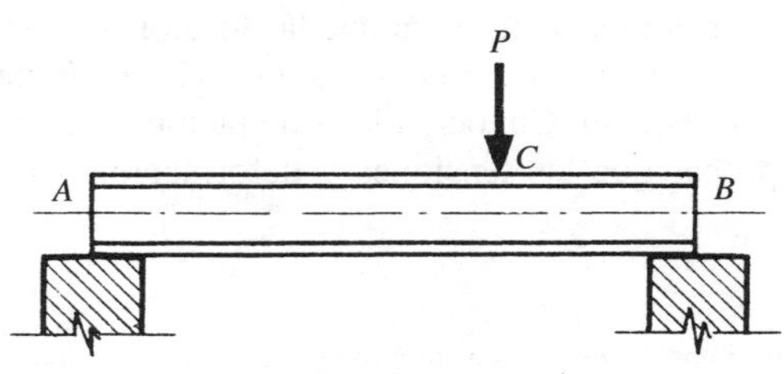

Figura 1.1

Como la carga para romper la pieza de acero es muy superior a la que rompe la pieza de escayola, diremos que el acero posee en mayor grado que la escayola la propiedad de *resistencia mecánica*, entendiendo por tal la capacidad de oponerse a la rotura al ser sometido a una solicitación exterior.

En cuanto a las deformaciones que experimentan ambos materiales, observamos que son distintas. Llamaremos *rigidez* a la propiedad que presenta el material de oponerse a las deformaciones.

Esta consideración primera nos conduce a tratar de buscar dos magnitudes que nos permitan cuantificar estas dos propiedades. Se desprende, asimismo, la necesidad que se tiene en *Resistencia de Materiales* de conocer las características mecánicas de los materiales y, en consecuencia, la importancia que tiene en esta ciencia el método experimental, es decir, los ensayos en el laboratorio conducentes a la determinación, entre otras, de esas dos magnitudes.

Un importante aspecto se deduce del ejemplo anterior. Si imaginamos realizado un corte ideal, el mismo en ambas piezas, la distribución de fuerzas interiores, que equivalen al sistema de fuerzas que actúan a un lado del corte realizado, será la misma si el sistema de fuerzas exteriores es el mismo en los dos cuerpos y si en ambos materiales las deformaciones son elásticas.

Las normas de los distintos países sobre las construcciones de todo tipo suelen establecer límites superiores para los valores que pueden alcanzar los esfuerzos interiores y para las deformaciones de los diversos materiales.

Por consiguiente, podríamos decir que la *Resistencia de Materiales* permite determinar en una pieza sometida a un sistema dado de fuerzas exteriores:

a) los esfuerzos interiores que se engendran en la pieza,
b) las deformaciones que se originan;

y, en consecuencia, si esfuerzos interiores y deformaciones se mantienen inferiores a ciertos valores límites fijados de antemano.

Otro aspecto de gran importancia a tener en cuenta en la utilización de determinado material en un elemento integrante de una construcción es el de la *estabilidad*, entendiendo por tal la capacidad de oposición del elemento a grandes desplazamientos como consecuencia de pequeñas variaciones de la solicitación exterior. El cálculo de la estabilidad de la pieza nos permitirá conocer su capacidad de conservar las formas de equilibrio que adopta en estado deformado.

Teniendo presentes las anteriores consideraciones, podemos dar una definición más simple aún que la dada inicialmente y decir que *Resistencia de Materiales* es la ciencia que trata del cálculo de la resistencia mecánica, rigidez y estabilidad de las piezas de una estructura*.

Sus objetivos se pueden resumir en la resolución de los dos problemas fundamentales siguientes:

1.º *Problema de dimensionamiento.* Conocido el sistema de cargas que solicita a una pieza de una estructura, calcular sus dimensiones para que las tensiones o esfuerzos internos unitarios y las deformaciones que se originan no sobrepasen unos valores límites fijados de antemano.

2.º *Problema de comprobación.* Conocida la solicitación exterior y hecho el dimensionamiento de la pieza, comprobar que las tensiones y deformaciones no sobrepasan los valores límites prefijados.

---

* Cuando en lo que sigue decimos *estructura*, nos referimos tanto a una construcción de edificación como a una máquina.

Una observación es necesario hacer respecto a la relación entre la teoría de la Elasticidad y la *Resistencia de Materiales*, ya que los objetivos de ambas disciplinas son coincidentes. La diferencia estriba en el método seguido para llegar a resultados, ya que la *Resistencia de Materiales* disminuye la dificultad de la resolución de los problemas de la teoría de la Elasticidad introduciendo hipótesis simplificativas.

Es de señalar que la *Resistencia de Materiales* estudia la pieza de una estructura. Por ello, no abarca el estudio de los problemas que se refieren a la estructura en su conjunto, como puede ser el de estimación de su estabilidad o su propio cálculo. Estos temas son materia de otra disciplina: la teoría de Estructuras, a la que la *Resistencia de Materiales* sirve de base, y el conocimiento de ambas permitirá al ingeniero materializar sus ideas creadoras dando las formas adecuadas al diseño y sentir la satisfacción que siente todo espíritu creador al ver plasmados en la realidad sus proyectos.

La *Resistencia de Materiales* tiene importantes aplicaciones en todas las ramas de la ingeniería. Sus métodos los utilizan los ingenieros aeronáuticos y navales para el diseño y construcción de aviones y barcos, respectivamente; los ingenieros civiles, al proyectar puentes, presas y cualquier tipo de estructura; los ingenieros de minas, para resolver la necesidad de conocimientos de construcción que exige su profesión; los ingenieros mecánicos, para el proyecto y construcción de maquinaria y todo tipo de construcciones mecánicas como son los recipientes a presión; los ingenieros energéticos, para proyectar los diferentes componentes de un reactor; los ingenieros metalúrgicos, por la necesidad que tienen del conocimiento de los materiales actuales para la búsqueda de nuevos materiales; los ingenieros eléctricos, para el proyecto de máquinas y equipos eléctricos, y, en fin, los ingenieros químicos, para el diseño de instalaciones en industrias de su especialidad.

1.2. Concepto de sólido elástico

La mecánica teórica considera indeformables los cuerpos materiales, ya se encuentren en estado de movimiento o de reposo. Esta propiedad no es, en el fondo, más que una abstracción, ya que no corresponde en la realidad a material alguno. Sin embargo, es de gran utilidad por la comodidad y simplificación que introduce. Las conclusiones que se obtienen en gran número de casos son buenas aproximaciones de lo que realmente ocurre. Pero avanzando en el estudio de la mecánica aplicada, se observa experimentalmente que las fuerzas que actúen sobre determinado cuerpo, que poseerá unas características físicas y geométricas propias, no pueden ser arbitrariamente grandes, pues el cuerpo se deforma y se rompe. Esta observación nos exige revisar el concepto de sólido que se admite en mecánica.

Así pues, la idea de sólido que interviene con harta frecuencia en Física y principalmente en Mecánica, evoluciona a medida que se efectúa un estudio más profundo de los problemas que se derivan de la Estática aplicada.

Siguiendo la evolución indicada, haremos del sólido las tres siguientes consideraciones:

— Sólido rígido.
— Sólido elástico.
— Sólido verdadero.

Sólido rígido es aquel que ante cualquier esfuerzo (por grande que sea) a que está sometido, la distancia entre dos moléculas cualesquiera permanece invariable.

Así, cuando tenemos una viga AB apoyada en dos pilares (Fig. 1.1), que recibe una carga vertical P en un punto C, si suponemos que se trata de un sólido rígido, nos bastaría calcular los empujes o reacciones que debe recibir de los pilares, para conocer las fuerzas a que está sometida.

Al hacer esta suposición no sería posible jamás la rotura de la viga en contra de lo que realmente sucede, comprobado por la experiencia, ya que al ir aumentando P siempre existe un valor que provoca la rotura de la viga a pesar de que las reacciones en los pilares fuesen suficientes para equilibrar la carga P.

Surge, por tanto, la necesidad de estudiar en general los límites de las cargas que se pueden aplicar a un determinado cuerpo o bien el dimensionado que hay que darle para soportar cierto esfuerzo, con la condición siempre de que no exista peligro de rotura. Este estudio constituye, como hemos dicho anteriormente, el objeto de la *Resistencia de Materiales*.

Naturalmente, si existiesen sólidos rígidos no existirían peligros de rotura ni deformaciones de ningún tipo y tanto la teoría de la *Elasticidad* como la *Resistencia de Materiales* carecerían de objeto. Si pudiera construirse una viga con material que tuviera las propiedades de sólido rígido, por pequeña que fuera su sección y por grandes que fuesen las cargas a soportar, la estabilidad del sistema estaría asegurada siempre que se cumplieran las condiciones generales de equilibrio

$$\begin{array}{ccc} R_x = 0 \quad ; & R_y = 0 \quad ; & R_z = 0 \\ M_{0x} = 0 \quad ; & M_{0y} = 0 \quad ; & M_{0z} = 0 \end{array} \qquad (1.2\text{-}1)$$

siendo R_x, R_y, R_z y M_{0x}, M_{0y}, M_{0z} las componentes referidas a un sistema cartesiano trirrectangular de la resultante de las fuerzas ejercidas sobre el sistema y del momento resultante de dichas fuerzas respecto de cualquier punto 0.

En todo lo anteriormente expuesto hemos anticipado parcialmente el concepto de *sólido elástico* que podemos definir como aquel que ante un esfuerzo exterior se deforma y recupera su forma primitiva al cesar la causa exterior.

A los sólidos elásticos se les supone una serie de cualidades como son las de *isotropía*, *homogeneidad* y *continuidad*.

Se dice que un cuerpo es *isótropo* cuando sus propiedades físicas no dependen de la dirección en que se han medido en dicho cuerpo. Así, diremos que la isotropía que suponemos poseen los sólidos elásticos equivale a admitir la propiedad de igual elasticidad en todas las direcciones*.

El suponer el sólido elástico *homogéneo* equivale a considerar que una parte arbitraria del mismo posee idéntica composición y características que otra cualquiera.

La propiedad de *continuidad* supone que no existen huecos entre partículas ni, por consiguiente, distancias intersticiales.

Algunas de estas propiedades, por ejemplo, isotropía y homogeneidad, suelen estar íntimamente unidas, pues si un cuerpo es igualmente elástico en cualquier dirección, es de suponer que sea homogéneo, e inversamente, si suponemos que es homogéneo es presumible que sea isótropo.

Sin embargo, estas propiedades de isotropía, homogeneidad y continuidad no concurren en ningún material, ya sea natural o elaborado por el hombre: no es posible que se dé un grado de elasticidad exactamente igual en todas las direcciones debido a la distribución de sus átomos o moléculas en redes cristalinas ordenadamente dispuestas. Tampoco existe en la realidad la homogeneidad perfecta, así como sabemos por las teorías modernas de la materia que ésta no es continua y que existen espacios vacíos entre las moléculas y entre los mismos átomos que la componen.

---

* Cuando debido a un proceso natural o de fabricación los elementos componentes de un cuerpo están orientados en una determinada dirección, será preciso considerar la anisotropía de los mismos, como ocurre con la madera, los metales laminados en frío o los plásticos reforzados con fibras cuando se emplean para fabricar materiales compuestos.

No obstante, la consideración de sólido continuo es muy cómoda, pues permite admitir, cuando existe una deformación debida a la aplicación de una fuerza a unas moléculas del sólido, que el esfuerzo es absorbido en parte por las moléculas próximas y de esta forma queda repartido de forma continua y apta para el cálculo.

Finalmente, *sólido verdadero* es aquel que resulta de considerarlo como deformable ante los esfuerzos a que está sometido y falto de isotropía, homogeneidad y continuidad.

Los materiales a que nos refiramos en lo sucesivo los consideraremos como sólidos elásticos. Quiere ello decir que si microscópicamente no son ciertas las hipótesis que se hacen, sí lo son macroscópicamente, pues los resultados que se obtienen quedan sancionados por la experiencia.

Aún podremos en muchos casos, por ejemplo, cuando falte la homogeneidad en un sólido, considerar la existencia de varios sólidos elásticos dentro del sólido dado, cada uno de los cuales estará concretado por zonas que posean perfecta homogeneidad, y aplicarles las consideraciones teóricas que hagamos para los sólidos elásticos en general.

1.3. Modelo teórico de sólido utilizado en Resistencia de Materiales. Prisma mecánico

Con objeto de estudiar los sólidos elásticos crearemos un modelo teórico que vamos a denominar *prisma mecánico*, que desde el punto de vista físico posea las propiedades de isotropía, homogeneidad y continuidad y que vamos a definir atendiendo a un criterio meramente geométrico.

Así, llamaremos *prisma mecánico* al sólido engendrado por una sección plana Σ de área Ω cuyo centro de gravedad G describe una curva c llamada *línea media* o *directriz*, siendo el plano que contiene a Σ normal a la curva.

El prisma mecánico se dice que es *alabeado*, *plano* o, como caso particular de éste, *recto*, cuando es alabeada, plana o recta la línea media.

La línea media no ha de tener curvaturas muy pronunciadas, así como no deben existir cambios bruscos de sección al pasar de una arbitraria a otra próxima.

Si el área Ω es constante, se dice que el prisma es de sección constante; en caso contrario diremos que el prisma es de sección variable.

Para los cálculos consideraremos unos ejes de referencia con origen en G; eje Gx la tangente a la línea media en este punto, y ejes Gy y Gz los principales de inercia de la sección Σ (Fig. 1.2). Como el plano de esta sección es normal a la curva c, el eje Gx es normal a los ejes Gy y Gz contenidos en Σ. Por otra parte, los ejes Gy y Gz son principales de inercia de la sección que, según sabemos, son perpendiculares entre sí, lo que indica que el sistema de referencia que hemos definido en el prisma mecánico es un sistema de ejes trirrectangulares.

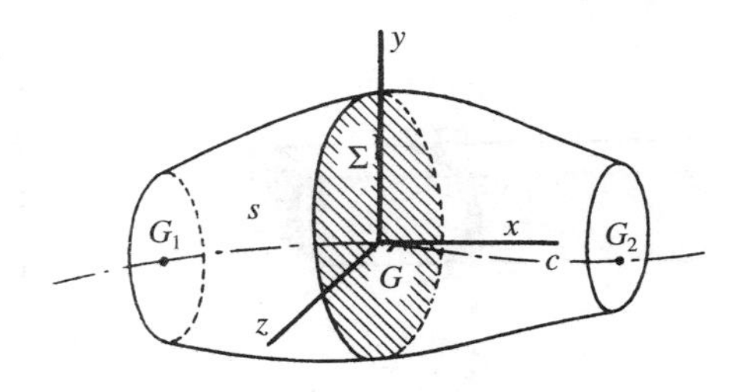

Figura 1.2

La posición del punto G viene determinada por su abscisa curvilínea s, longitud del arco de curva c contada a partir de un punto arbitrario, que puede ser el centro de gravedad G_1 de la sección extrema izquierda del prisma. Tomaremos como sentido positivo del eje Gx el correspondiente a los arcos crecientes sobre c. Los sentidos positivos de los ejes Gy y Gz serán tales que hagan que el sistema de referencia adoptado sea un sistema directo.

Mediante la aplicación del *método de las secciones*, realizando los cortes ideales adecuados, podemos reducir cualquier estructura, por compleja que sea, a un determinado número de prismas mecánicos.

Sobre cada una de estas piezas, además de las cargas que estén aplicadas, habrá que considerar en las secciones extremas la acción que el resto de la estructura ejerce sobre ella que, en general, se materializará en una fuerza y en un momento. Es evidente que en cualquier sección común a dos piezas contiguas estas fuerzas y momentos respectivos serán vectores iguales y opuestos, en virtud del principio de acción y reacción.

La forma de los diversos prismas mecánicos que constituyen la mayoría de las estructuras, se reduce esencialmente a los siguientes tipos:

a) *Barra.* Se llama así al prisma mecánico cuyas dimensiones de la sección transversal son pequeñas, en comparación con la longitud de la línea media (Fig. 1.3).

En la mayoría de las estructuras, tanto en obras de edificación como en construcción de maquinaria, es este tipo de prisma mecánico el que se utiliza. Dentro de este tipo, la mayor parte de barras utilizadas son prismas mecánicos planos, es decir, con línea media contenida en un plano, siendo éste, además, plano de simetría del prisma.

En la determinación de la forma del prisma mecánico, es decir, de la pieza como elemento integrante de una estructura se tendrá en cuenta, fundamentalmente, la clase de material empleado y el modo de trabajo a que va a estar sometido ésta.

Por ejemplo, en estructuras de hormigón armado la forma más empleada es la sección transversal rectangular en vigas y cuadrada en pilares (Fig. 1.4), mientras que en estructuras metálicas secciones muy usuales son el perfil laminado doble te I en vigas, o dos secciones en U soldadas en pilares (Fig. 1.5).

b) *Placa.* Es un cuerpo limitado por dos planos, cuya distancia —el espesor— es pequeña en comparación con las otras dos dimensiones. En la Figura 1.6 se representa una placa rectangular y otra circular.

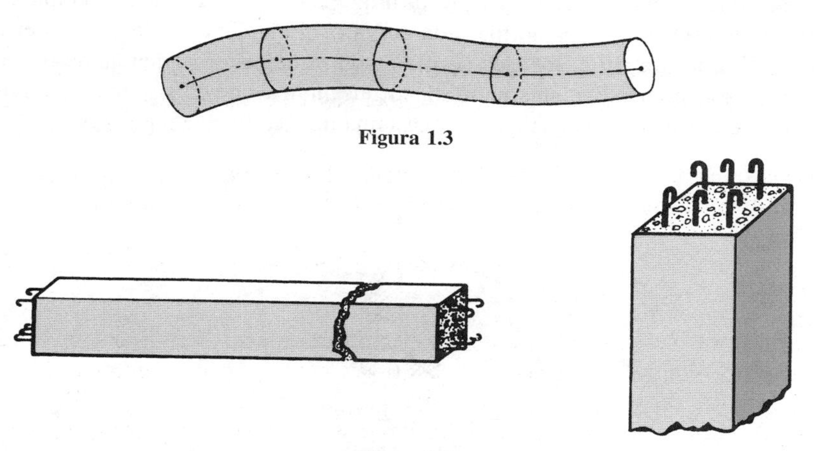

Figura 1.3

Figura 1.4

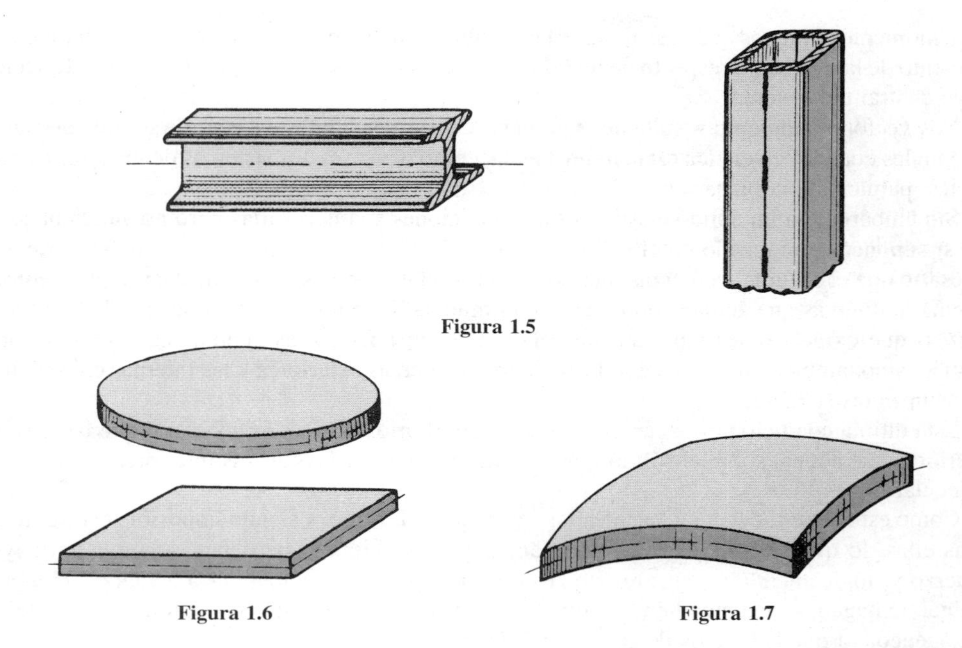

Figura 1.5

Figura 1.6

Figura 1.7

Pertenecen a este tipo las losas que se fabrican para tapar depósitos subterráneos, así como las placas utilizadas como forjados en las edificaciones.

c) *Cáscara.* Es un cuerpo limitado por dos superficies no planas, a distancia pequeña en comparación con las otras dos dimensiones (Fig. 1.7).

Son de este tipo casi todos los depósitos, como los tanques de agua, silos, gasómetros, etc., así como las tuberías de gran diámetro y, en general, las estructuras laminares.

En los últimos tipos, es decir, en placas y cáscaras, en vez de línea media se utiliza la *superficie media*, que se define como la constituida por los puntos que dividen el espesor en dos partes iguales.

1.4. Equilibrio estático y equilibrio elástico

Para que un sólido rígido se encuentre en equilibrio es necesario y suficiente que se verifiquen las ecuaciones (1.2-1), que son las condiciones generales del equilibrio estático. Estas seis ecuaciones no son otra cosa que la traducción analítica de dos condiciones fundamentales:

1.ª Que la suma de todas las fuerzas que actúan sobre el sólido sea igual a cero, o lo que es lo mismo, que la resultante sea nula. Esta condición asegura que el sólido no tenga desplazamientos.

2.ª Que el momento resultante de todas las fuerzas respecto de cualquier punto sea igual a cero. Esta condición asegura que el sólido no experimente giros.

Téngase presente que momento resultante y momento de la resultante son conceptos distintos. *Momento resultante* de un sistema de fuerzas respecto a un punto es la suma de los momentos de las fuerzas que componen el sistema, respecto a dicho punto. Por el contrario, *momento de la resultante* es, como su nombre indica, el momento respecto de un determinado punto de la resultante del sistema. Pero al ser la resultante vector libre no tiene sentido hablar de su momento, a menos que el sistema sea reducible a un único vector: su resultante; entonces el momento de la resultante respecto de un punto es el momento de ésta, supuesta su línea de acción el eje central del sistema.

Los vectores momento resultante y momento de la resultante respecto de un mismo punto son iguales cuando se verifica esta circunstancia, como ocurre en los sistemas de vectores concurrentes, paralelos o coplanarios.

Sin embargo, en un sólido elástico estas condiciones son necesarias pero no suficientes, ya que si suponemos realizado en el sólido un corte ideal y prescindimos de una de las partes, es necesario que el sistema de fuerzas interiores en los puntos de la sección ideal sea equivalente al sistema de fuerzas que actúan sobre la parte eliminada. Llegamos así al concepto de *equilibrio elástico* que exige se verifiquen en un sólido elástico no sólo las condiciones del equilibrio estático, sino también que exista equilibrio entre las fuerzas exteriores y las internas en cada una de las infinitas secciones.

Esta última condición es la característica del equilibrio elástico: es necesario que las fuerzas exteriores que actúan sobre el sólido sean contrarrestadas por las fuerzas interiores de cohesión molecular.

Como esto debe suceder en las infinitas secciones del sólido, y siendo imposible el estudio en todas ellas, lo que se hace es estudiar solamente las secciones que deben soportar un mayor esfuerzo y, lógicamente, si éstas resisten es de suponer que las sometidas a esfuerzos menores también lo hagan, sobreentendiéndose que las diversas secciones están constituidas por material homogéneo, ya que hablamos de sólidos elásticos.

En definitiva, lo que realmente hacemos es considerar el sólido como rígido excepto en una sección y comprobar si existe en ella equilibrio. Es como si las dos partes rígidas en que queda dividido el sólido estuviesen unidas por un muelle, e investigáramos si éste puede resistir los esfuerzos a que está sometido.

1.5. Estado tensional de un prisma mecánico*

Consideremos un prisma mecánico sometido a una solicitación exterior e imaginémoslo cortado idealmente en dos partes A y B por medio de un plano π (Fig. 1.8).

Si ahora suponemos suprimida una de las partes, por ejemplo, la B, de la condición de equilibrio elástico se desprende la existencia de una distribución continua de fuerzas $\overrightarrow{df}$, definida en los puntos de A pertenecientes a la sección Σ, equivalente al sistema formado por la parte de la solicitación exterior que actúa sobre la parte suprimida.

Sea P un punto perteneciente a la sección Σ y $\Delta\Omega$ el área de un entorno de P contenido en ella. Si $\Delta\vec{f}$ es la resultante de las fuerzas correspondientes a los puntos de dicho entorno, se define como *tensión en el punto P según el plano* π el siguiente límite:

$$\vec{\sigma} = \lim_{\Delta\Omega \to 0} \frac{\Delta\vec{f}}{\Delta\Omega} = \frac{\overrightarrow{df}}{d\Omega} \qquad (1.5\text{-}1)$$

Como se ve, la tensión $\vec{\sigma}$ es un vector colineal con $\overrightarrow{df}$ y su módulo representa la magnitud del esfuerzo interior ejercido en la sección Σ por unidad de superficie.

---

* Un determinado estudio de todo lo que se expone en este epígrafe se puede ver en el Capítulo 2 de la obra *Elasticidad*, del autor.

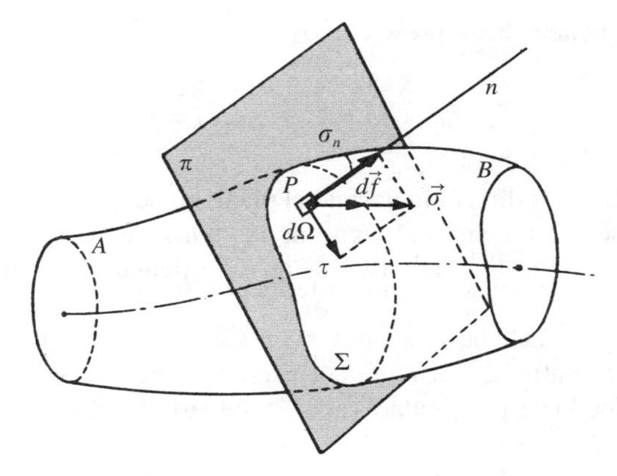

Figura 1.8

La componente de $\vec{\sigma}$, según la normal al plano π, recibe el nombre de *tensión normal*, y la proyección τ sobre dicho plano se llama *tensión tangencial* o *cortante*. Al conjunto de ambas se denomina componentes intrínsecas del vector tensión.

Si ahora consideramos el entorno paralepipédico de un punto *P* interior del prisma, de aristas paralelas a los ejes de un sistema cartesiano 0*xyz*, sobre cada una de sus caras existe un vector tensión cuyas componentes intrínsecas normales tendrán las direcciones de los ejes coordenados respectivos, y las tangenciales se podrán descomponer a su vez en las direcciones de los dos ejes paralelos a la cara que se considere (Fig. 1.9).

Las tensiones normales las denotamos por

$$\sigma_{ni} \quad (i = x, y, z) \tag{1.5-2}$$

en donde el índice *i* indica el eje al cual son paralelas y convendremos en asignarles signo positivo si son de tracción y negativo si se trata de compresión.

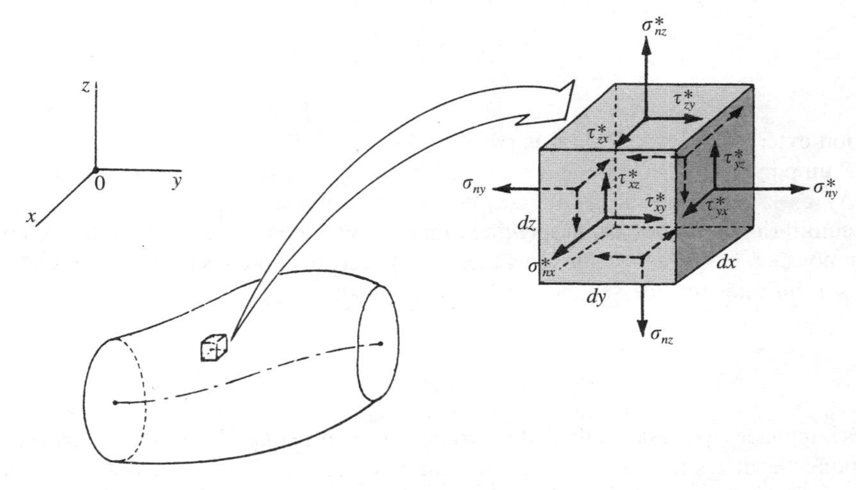

Figura 1.9

Las tensiones tangenciales las representamos por:

$$\tau_{ij} \quad (i, j = x, y, z), \quad i \neq j \tag{1.5-3}$$

indicando el primer índice i la dirección normal al plano en que actúa y el segundo j la dirección del eje al cual es paralela. En cuanto al signo de las tensiones tangenciales, diremos que son positivas cuando actuando en una cara vista (Fig. 1.9) tienen el sentido positivo de los ejes coordenados.

Si distinguimos con asterisco las tensiones en las caras de coordenadas $x + dx$, $y + dy$, $z + dz$, las relaciones que existen entre las tensiones correspondientes a caras paralelas, por ejemplo, las dos caras del paralelepípedo perpendiculares al eje x, en virtud de la continuidad de las tensiones, son:

$$\sigma_{nx}^{*} = \sigma_{nx} + \frac{\partial \sigma_{nx}}{\partial x} dx$$
$$\tau_{xy}^{*} = \tau_{xy} + \frac{\partial \tau_{xy}}{\partial x} dx \tag{1.5-4}$$
$$\tau_{xz}^{*} = \tau_{xz} + \frac{\partial \tau_{xz}}{\partial x} dx$$

Por otra parte, sobre el paralelepípedo actúan fuerzas de masa por unidad de volumen $\vec{f}_v$, cuyas componentes cartesianas llamaremos X, Y, Z.

Pues bien, planteando las condiciones de equilibrio estático del paralelepípedo aislado, del equilibrio de fuerzas se obtienen las *ecuaciones de equilibrio interno*

$$X + \frac{\partial \sigma_{nx}}{\partial x} + \frac{\partial \tau_{xy}}{\partial y} + \frac{\partial \tau_{xz}}{\partial z} = 0$$
$$Y + \frac{\partial \tau_{yx}}{\partial x} + \frac{\partial \sigma_{ny}}{\partial y} + \frac{\partial \tau_{yz}}{\partial z} = 0 \tag{1.5-5}$$
$$Z + \frac{\partial \tau_{zx}}{\partial x} + \frac{\partial \tau_{zy}}{\partial y} + \frac{\partial \sigma_{nz}}{\partial z} = 0$$

Del equilibrio de momentos, despreciando las fuerzas de volumen si existen, por tratarse de infinitésimos de tercer orden frente a las fuerzas que actúan sobre las caras debidas a las tensiones que son infinitésimos de segundo orden, se obtiene:

$$\tau_{yz} = \tau_{zy} \quad ; \quad \tau_{zx} = \tau_{xz} \quad ; \quad \tau_{xy} = \tau_{yx} \tag{1.5-6}$$

Estas igualdades expresan el llamado *teorema de reciprocidad de las tensiones tangenciales*: las componentes de las tensiones cortantes en un punto correspondientes a dos planos perpendiculares, en dirección normal a la arista de su diedro, son iguales.

El conocimiento de los seis valores independientes (σ_{nx}, σ_{ny}, σ_{nz}, τ_{yz}, τ_{zx}, τ_{xy}) permite conocer el vector tensión $\vec{\sigma}(\sigma_x, \sigma_y, \sigma_z)$ correspondiente a una orientación genérica definida por el vector unitario normal $\vec{u}(\alpha, \beta, \gamma)$, mediante la expresión

$$\begin{pmatrix} \sigma_x \\ \sigma_y \\ \sigma_z \end{pmatrix} = \begin{pmatrix} \sigma_{nx} & \tau_{xy} & \tau_{xz} \\ \tau_{xy} & \sigma_{ny} & \tau_{yz} \\ \tau_{xz} & \tau_{yz} & \sigma_{nz} \end{pmatrix} \begin{pmatrix} \alpha \\ \beta \\ \gamma \end{pmatrix} \tag{1.5-7}$$

o bien

$$[\vec{\sigma}] = [T][\vec{u}]$$

que indica que la matriz del vector tensión correspondiente a un determinado plano se obtiene multiplicando la matriz

$$[T] = \begin{pmatrix} \sigma_{nx} & \tau_{xy} & \tau_{xz} \\ \tau_{xy} & \sigma_{ny} & \tau_{yz} \\ \tau_{xz} & \tau_{yz} & \sigma_{nz} \end{pmatrix} \tag{1.5-8}$$

denominada *matriz de tensiones*, por la matriz del vector unitario normal a dicho plano.

De los infinitos planos de la radiación de vértice el punto P existen tres, ortogonales entre sí, para los cuales los vectores tensión correspondientes son normales a ellos, careciendo, por tanto, de componente tangencial. Los vectores unitarios que definen estas tres direcciones, llamadas *direcciones principales*, se obtienen resolviendo el sistema de ecuaciones

$$\begin{cases} (\sigma_{nx} - \sigma)\alpha + \tau_{xy}\beta + \tau_{xz}\gamma = 0 \\ \tau_{xy}\alpha + (\sigma_{ny} - \sigma)\beta + \tau_{yz}\gamma = 0 \\ \tau_{xz}\alpha + \tau_{yz}\beta + (\sigma_{nz} - \sigma)\gamma = 0 \end{cases} \tag{1.5-9}$$

en donde σ toma los valores de las raíces de la *ecuación característica*

$$\begin{vmatrix} \sigma_{nx} - \sigma & \tau_{xy} & \tau_{xz} \\ \tau_{xy} & \sigma_{ny} - \sigma & \tau_{yz} \\ \tau_{xz} & \tau_{yz} & \sigma_{nz} - \sigma \end{vmatrix} = 0 \tag{1.5-10}$$

que se obtiene al imponer la condición de compatibilidad del anterior sistema homogéneo de ecuaciones.

Las raíces de esta ecuación, que no son otra cosa que los valores propios de la matriz de tensiones $[T]$, reciben el nombre de *tensiones principales*. Son las tensiones correspondientes a los planos normales a las direcciones principales.

El lugar geométrico de los extremos de los vectores tensión para la infinidad de planos de la radiación de vértice el punto que se considera es un elipsoide llamado *elipsoide de tensiones* o *elipsoide de Lamé*. Su ecuación, referida a un sistema de ejes coincidentes con las direcciones principales, es:

$$\frac{x^2}{\sigma_1^2} + \frac{y^2}{\sigma_2^2} + \frac{z^2}{\sigma_3^2} = 1 \qquad (1.5\text{-}11)$$

siendo σ_1, σ_2, σ_3 los valores de las tensiones principales.

Los vectores tensión correspondientes a los infinitos planos que pasan por un punto son susceptibles de una representación gráfica plana por medio de sus componentes intrínsecas.

Si suponemos $\sigma_1 \geqslant \sigma_2 \geqslant \sigma_3$ y representamos en unos ejes coordenados planos, llevando en abscisas la tensión normal y en ordenadas la tensión tangencial, el punto M representativo de la tensión de cualquiera de los planos de la radiación pertenece al área sombreada en la Figura 1.10.

Las tres circunferencias de centros en el eje de abscisas y de diámetros $\sigma_2 - \sigma_3$, $\sigma_1 - \sigma_3$ y $\sigma_1 - \sigma_2$ reciben el nombre de *círculos de Mohr*.

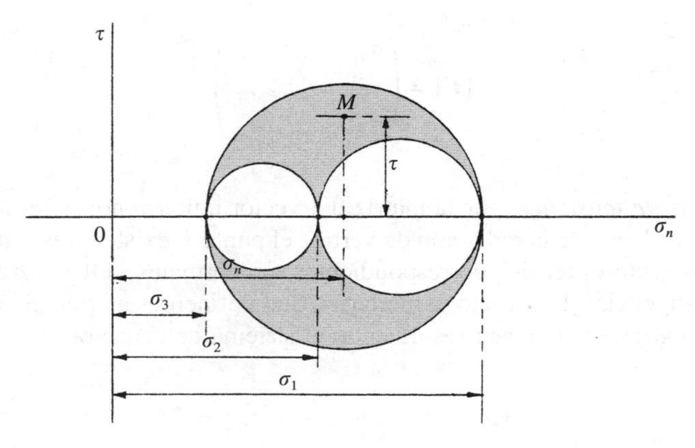

Figura 1.10

1.6. Estado de deformación de un prisma mecánico*

Consideremos un sólido elástico en estado neutro, es decir, no sometido a solicitación alguna y, por consiguiente, sin que se haya producido en él ninguna deformación.

Sea P un punto del mismo y Q otro punto perteneciente al entorno de P, tal que

$$\overrightarrow{PQ} = d\vec{r} = dx\,\vec{i} + dy\,\vec{j} + dz\,\vec{k} \qquad (1.6\text{-}1)$$

vector referido a un sistema cartesiano ortogonal $0xyz$ (Fig. 1.11).

Producida la deformación, los puntos P y Q pasan a las nuevas posiciones P' y Q' definidas por los *vectores desplazamiento* $\vec{\delta}_P(u, v, w)$ y $\vec{\delta}_Q(u', v', w')$, respectivamente.

---

* Un detenido estudio de todo lo que se expone en este epígrafe se puede ver en el Capítulo 3 de la obra *Elasticidad*, del autor.

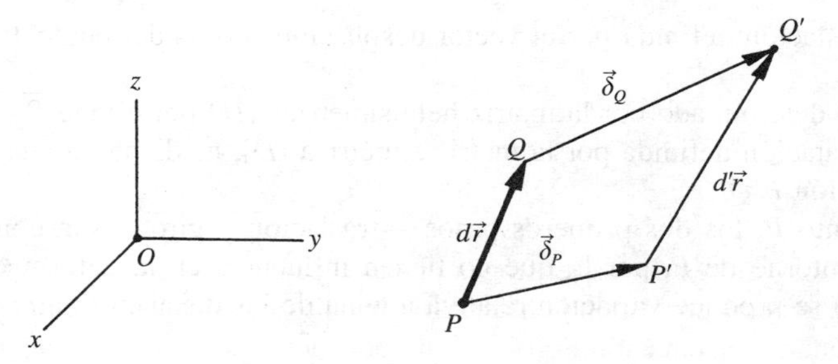

Figura 1.11

El vector $\overrightarrow{P'Q'} = \overrightarrow{d'r}$ se puede expresar de la siguiente forma

$$d'\vec{r} = d\vec{r} + [H]\, d\vec{r} + [D]\, d\vec{r} \tag{1.6-2}$$

siendo:

$$[H] = \begin{pmatrix} 0 & \frac{1}{2}\left(\frac{\partial u}{\partial y} - \frac{\partial v}{\partial x}\right) & \frac{1}{2}\left(\frac{\partial u}{\partial z} - \frac{\partial w}{\partial x}\right) \\ \frac{1}{2}\left(\frac{\partial v}{\partial x} - \frac{\partial u}{\partial y}\right) & 0 & \frac{1}{2}\left(\frac{\partial v}{\partial z} - \frac{\partial w}{\partial y}\right) \\ \frac{1}{2}\left(\frac{\partial w}{\partial x} - \frac{\partial u}{\partial z}\right) & \frac{1}{2}\left(\frac{\partial w}{\partial y} - \frac{\partial v}{\partial z}\right) & 0 \end{pmatrix} \tag{1.6-3}$$

$$[D] = \begin{pmatrix} \frac{\partial u}{\partial x} & \frac{1}{2}\left(\frac{\partial u}{\partial y} + \frac{\partial v}{\partial x}\right) & \frac{1}{2}\left(\frac{\partial u}{\partial z} + \frac{\partial w}{\partial x}\right) \\ \frac{1}{2}\left(\frac{\partial v}{\partial x} + \frac{\partial u}{\partial y}\right) & \frac{\partial v}{\partial y} & \frac{1}{2}\left(\frac{\partial v}{\partial z} + \frac{\partial w}{\partial y}\right) \\ \frac{1}{2}\left(\frac{\partial w}{\partial x} + \frac{\partial u}{\partial z}\right) & \frac{1}{2}\left(\frac{\partial w}{\partial y} + \frac{\partial v}{\partial z}\right) & \frac{\partial w}{\partial z} \end{pmatrix} \tag{1.6-4}$$

La ecuación (1.6-2) nos indica que el vector $d\vec{r}$ que tiene por origen un punto P del sólido elástico y por extremo otro punto Q de su entorno antes de la deformación, se convierte, después de producida ésta, en otro vector $d'\vec{r}$, que se puede obtener a partir de aquél mediante los siguientes pasos (Fig. 1.12):

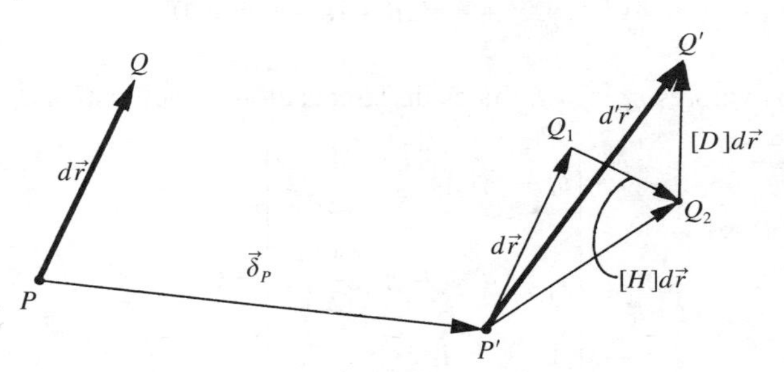

Figura 1.12

1.º Una traslación definida por el vector desplazamiento $\vec{\delta}_P$ del punto P mediante la cual $\overrightarrow{PQ}$ pasa a $\overrightarrow{P'Q_1}$.

2.º Un giro determinado por la matriz hemisimétrica $[H]$ por el que $\overrightarrow{P'Q_1}$ pasa a $\overrightarrow{P'Q_2}$.

3.º Una dilatación definida por la matriz simétrica $[D]$, mediante la cual $P'Q_2$ pasa finalmente a la posición $\overrightarrow{P'Q'}$.

Fijado el punto P, los dos primeros pasos —traslación y giro— son comunes para todos los puntos del entorno de P, por lo que no tienen influencia en la deformación propiamente dicha, ya que no se produce variación relativa alguna de las distancias entre las partículas del sólido elástico.

Es por ello que la deformación viene dada por la transformación $[D]\,d\vec{r}$ y de ahí que la matriz $[D]$ se denomine *matriz de deformación*.

Esta matriz se suele poner de la siguiente forma:

$$[D] = \begin{pmatrix} \varepsilon_x & \frac{1}{2}\gamma_{xy} & \frac{1}{2}\gamma_{xz} \\ \frac{1}{2}\gamma_{xy} & \varepsilon_y & \frac{1}{2}\gamma_{yz} \\ \frac{1}{2}\gamma_{xz} & \frac{1}{2}\gamma_{yz} & \varepsilon_z \end{pmatrix} \tag{1.6-5}$$

Sus términos tienen un fácil significado. Los situados en la diagonal principal, ε_x, ε_y, ε_z, indican las deformaciones longitudinales unitarias en las direcciones de los ejes coordenados respectivos, mientras que los términos rectangulares, γ_{xy}, γ_{xz}, γ_{yz}, representan las variaciones angulares experimentadas por ángulos inicialmente rectos de lados paralelos a los ejes coordenados x, y; x, z, e y, z, respectivamente.

Al ser simétrica la matriz de deformación se deduce la existencia de tres direcciones ortogonales entre sí, llamadas *direcciones principales*, tales que el vector dado por la transformación $[D]\,d\vec{r}$ no cambia de dirección, sino solamente de módulo.

Las direcciones principales se obtienen resolviendo el sistema de ecuaciones

$$\begin{cases} (\varepsilon_x - \varepsilon)\alpha + \frac{1}{2}\gamma_{xy}\beta + \frac{1}{2}\gamma_{xz}\gamma = 0 \\ \frac{1}{2}\gamma_{xy}\alpha + (\varepsilon_y - \varepsilon)\beta + \frac{1}{2}\gamma_{yz}\gamma = 0 \\ \frac{1}{2}\gamma_{xz}\alpha + \frac{1}{2}\gamma_{yz}\beta + (\varepsilon_z - \varepsilon)\gamma = 0 \end{cases} \tag{1.6-6}$$

en el que ε toma los valores ε_1, ε_2, ε_3, raíces de la ecuación característica

$$\begin{vmatrix} \varepsilon_x - \varepsilon & \frac{1}{2}\gamma_{xy} & \frac{1}{2}\gamma_{xz} \\ \frac{1}{2}\gamma_{xy} & \varepsilon_y - \varepsilon & \frac{1}{2}\gamma_{yz} \\ \frac{1}{2}\gamma_{xz} & \frac{1}{2}\gamma_{yz} & \varepsilon_z - \varepsilon \end{vmatrix} = 0 \tag{1.6-7}$$

Las raíces de esta ecuación, que no son otra cosa que los valores propios de la matriz de deformación $[D]$, reciben el nombre de *deformaciones principales*. Son las deformaciones longitudinales unitarias correspondientes a las direcciones principales.

En un punto P interior al sólido elástico, se define el vector *deformación unitaria* en la dirección determinada por $\Delta\vec{r}$, como el límite

$$\vec{\varepsilon} = \lim_{|\Delta\vec{r}|\to 0} \frac{[D][\Delta\vec{r}]}{|\Delta\vec{r}|} = [D] \lim_{|\Delta\vec{r}|\to 0} \frac{\Delta\vec{r}}{|\Delta\vec{r}|} = [D] \frac{d\vec{r}}{|d\vec{r}|} = [D][\vec{u}] \qquad (1.6\text{-}8)$$

siendo $\vec{u}$ el vector unitario en la dirección de $d\vec{r}$.

Las proyecciones del vector $\vec{\varepsilon}$ sobre la dirección definida por $\vec{u}$ y sobre el plano π perpendicular a dicha dirección son sus *componentes intrínsecas* ε_n y $\frac{1}{2}\gamma_n$ (Fig. 1.13).

ε_n es la *deformación longitudinal unitaria*, y $\frac{1}{2}\gamma_n$ representa la *deformación transversal* unitaria, ambas correspondientes a la dirección definida por $\vec{u}$.

El lugar geométrico de los extremos de los vectores deformación unitaria para las infinitas direcciones que pasan por el punto P es un elipsoide llamado *elipsoide de deformaciones*. Su ecuación, referida a un sistema cartesiano ortogonal de ejes coincidentes con las direcciones principales en P, es

$$\frac{x^2}{\varepsilon_1^2} + \frac{y^2}{\varepsilon_2^2} + \frac{z^2}{\varepsilon_3^2} = 1 \qquad (1.6\text{-}9)$$

siendo ε_1, ε_2, ε_3 los valores de los alargamientos principales.

En virtud de la analogía existente entre las expresiones de los vectores tensión $\vec{\sigma}$ y deformación unitaria $\vec{\varepsilon}$, según hemos visto, se podrán representar gráficamente en un plano las componentes intrínsecas ε_n y $\frac{1}{2}\gamma_n$ de este último, análogamente a como se ha expuesto para $\vec{\sigma}$ en el epígrafe anterior.

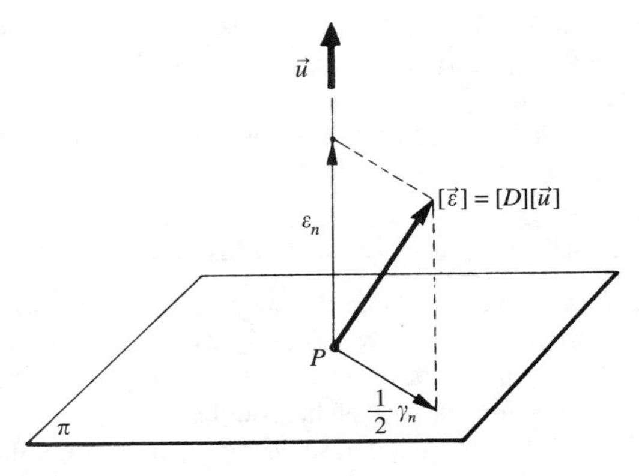

Figura 1.13

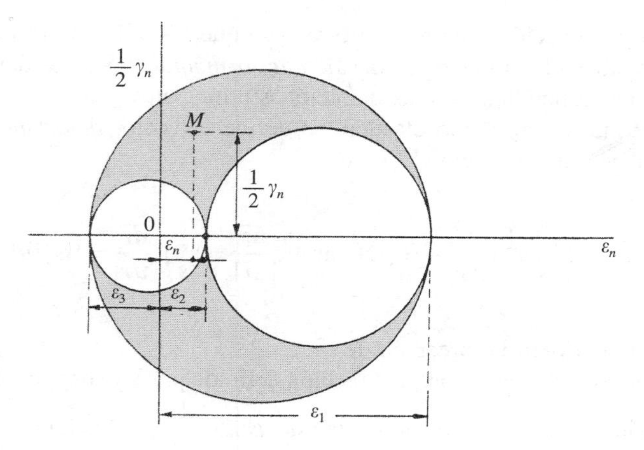

Figura 1.14

Suponiendo $\varepsilon_1 \geqslant \varepsilon_2 \geqslant \varepsilon_3$, si representamos en unos ejes coordenados planos llevando en abscisas los valores de la deformación longitudinal unitaria y en ordenadas los correspondientes de la deformación transversal unitaria, el punto *M*, cuyas coordenadas son estas componentes intrínsecas del vector deformación unitaria, pertenece al área sombreada en la Figura 1.14, para las infinitas direcciones que parten del punto *P*.

Las tres circunferencias, de centros en el eje de abscisas y de diámetros $\varepsilon_2 - \varepsilon_3$, $\varepsilon_1 - \varepsilon_3$, $\varepsilon_1 - \varepsilon_2$, reciben el nombre de *círculos de Mohr* de deformaciones.

1.7. Principios generales de la Resistencia de Materiales

Se ha dicho anteriormente que la *Resistencia de Materiales* introduce hipótesis simplificativas e incluso ya se han establecido algunas cuando hemos supuesto que el material de los sólidos elásticos posee las propiedades de homogeneidad, continuidad e isotropía.

Estas hipótesis y otras que en el momento oportuno se establecerán al estudiar el comportamiento de los materiales ante determinado tipo de solicitación, son insuficientes. Es necesario aceptar algunos postulados que tengan carácter general y sirvan de base para la solución de la mayoría de los problemas que se nos puedan presentar.

En *Resistencia de Materiales* existen tres principios generales: el *principio de rigidez relativa de los sistemas elásticos, el principio de superposición de efectos* y *el principio de Saint-Venant.* En este capítulo introductorio es obligado exponer —que no demostrar, pues como tales principios carecen de demostración— estos principios generales, que vamos a utilizar en todo el desarrollo de la disciplina.

Principio de rigidez relativa de los sistemas elásticos

Según este principio, se admite que al aplicar el sistema exterior de fuerzas, la forma del sólido no varía de forma significativa. Por ello, se expresan las condiciones de equilibrio como si el sólido deformado tuviera la misma forma y dimensiones que antes de producirse la deformación.

Así, por ejemplo, si se aplica una carga *P* en la articulación *O* del sistema formado por las dos barras *OA* y *OB* de la Figura 1.15-*a*, el sistema se deforma en la forma indicada por puntos en la misma figura.

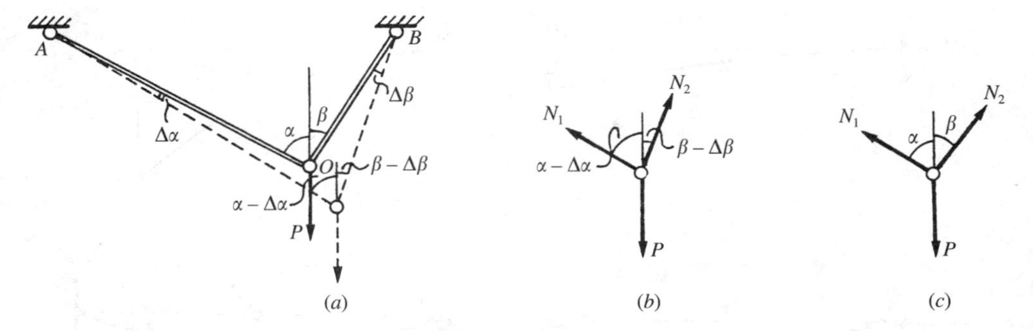

Figura 1.15

Si no existiera el principio de rigidez relativa de los sistemas elásticos, las ecuaciones de equilibrio del nudo O serían (Fig. 1.15-*b*):

$$\begin{cases} N_2 \text{ sen } (\beta - \Delta\beta) = N_1 \text{ sen } (\alpha - \Delta\alpha) \\ N_1 \cos (\alpha - \Delta\alpha) + N_2 \cos (\beta - \Delta\beta) = P \end{cases} \quad (1.7\text{-}1)$$

Pero la resolución de este sistema de ecuaciones presenta dificultades, ya que las deformaciones del sistema son desconocidas hasta tanto se determinen los esfuerzos N_1 y N_2 en las barras.

El principio de rigidez, dada la pequeñez de las deformaciones, permite suponer el sistema indeformado (Fig. 1.15-*c*), por lo que las ecuaciones de equilibrio del nudo serán:

$$\begin{cases} N_2 \text{ sen } \beta = N_1 \text{ sen } \alpha \\ N_1 \cos \alpha + N_2 \cos \beta = P \end{cases} \quad (1.7\text{-}2)$$

sistema de ecuaciones que permite obtener, sin más, los valores de los esfuerzos en las barras sin necesidad de tener en cuenta las deformaciones.

Este principio no será aplicable cuando se produzcan grandes desplazamientos ni cuando los desplazamientos, aunque sean pequeños, hagan que las posiciones deformada y sin deformar sean sustancialmente distintas, como ocurre en los tres últimos casos de los cuatro representados en la Figura 1.16.

En la Figura 1.16-*a* se representa una viga en voladizo cargada en su extremo libre, en la que los desplazamientos son pequeños. Se puede admitir el principio de rigidez relativa y obtener, con suficiente aproximación, los esfuerzos en cualquiera de sus secciones aplicando las ecuaciones de equilibrio.

Sin embargo, en el caso representado en la Figura 1.16-*b* de una viga en voladizo, igual que el caso anterior, pero en la que se producen grandes deformaciones, los valores de los esfuerzos en cualquier sección dependen de la deformación, por lo que la consideración de rigidez relativa no es admisible.

En la Figura 1.16-*c* se representa el caso de una viga sometida a compresión. Si fuera aplicable el principio, el momento en cualquier sección de la viga indicada sería nulo. Sin embargo, el momento no sería nulo cuando la viga experimenta una deformación como la indicada, bien por la existencia de alguna carga transversal, bien por que la viga pueda ser una pieza esbelta y la carga de compresión a la que está sometida llega a tener un determinado valor que hace que la posición de equilibrio de la línea media deje de ser rectilínea*.

---

* Si la carga de compresión alcanza un valor crítico, en la pieza se presenta el fenómeno de flexión lateral o pandeo. Se estudiará en el Capítulo 8.

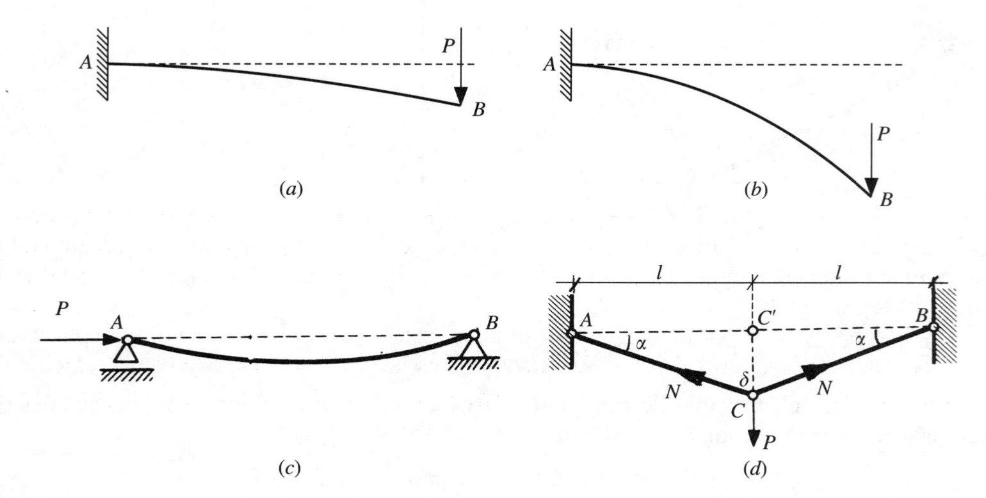

Figura 1.16

Pero quizá el ejemplo típico que se suele utilizar para ilustrar las limitaciones que tiene la aplicación del principio de rigidez relativa sea el indicado en la Figura 1.16-*d*. Se trata de un sistema formado por dos barras iguales, de la misma longitud ℓ, con un extremo común C y los otros dos extremos, A y B en sendas articulaciones fijas situadas a distancia 2ℓ.

El planteamiento del equilibrio del nudo C exige la consideración del ángulo α que se produce debido al alargamiento de las barras.

Este ejemplo es ilustrativo de un sistema que teniendo sus elementos elásticos, existe, sin embargo, una relación no lineal entre desplazamiento y fuerza exterior aplicada. En efecto, la ecuación de equilibrio que relaciona la carga P y el esfuerzo normal N en cada una de las barras, exige considerar el ángulo α, aunque éste sea muy pequeño

$$P = 2N \text{ sen } \alpha \simeq 2N\alpha \tag{1.7-3}$$

El alargamiento de cada barra es

$$\Delta\ell = \overline{BC} - \overline{BC}' = \frac{\ell}{\cos\alpha} - \ell = \frac{\ell}{\cos\alpha}(1 - \cos\alpha) \simeq \frac{\ell\alpha^2}{2} \tag{1.7-4}$$

por lo que el alargamiento unitario será:

$$\varepsilon = \frac{\Delta\ell}{\ell} = \frac{\alpha^2}{2} \tag{1.7-5}$$

pero en virtud de la ley de Hooke

$$\varepsilon = \frac{\sigma}{E} = \frac{N}{E\Omega} = \frac{\alpha^2}{2} \quad \Rightarrow \quad N = \frac{\alpha^2 E\Omega}{2} \tag{1.7-6}$$

siendo E el módulo de elasticidad del material del que están hechas las barras y Ω el área de su sección recta.

Despejando α^2 de esta última ecuación (1.7-6) y sustituyendo la expresión de N deducida de (1.7-3), se tiene

$$\alpha^2 = \frac{2N}{E\Omega} = \frac{2}{E\Omega}\,\frac{P}{2\alpha} \quad \Rightarrow \quad \alpha = \sqrt[3]{\frac{P}{E\Omega}} \tag{1.7-7}$$

Como $\delta \simeq \ell\alpha$, se obtiene finalmente

$$\delta = \ell \sqrt[3]{\frac{P}{E\Omega}} \tag{1.7-8}$$

expresión que nos hace ver que la relación entre el desplazamiento δ y la carga que lo produce P es no lineal. Pero no es por esta razón por la que no es aplicable el principio de rigidez relativa, sino porque la consideración de la nueva configuración geométrica del sistema es esencial en la formulación del problema.

Hay que hacer notar, por tanto, que el principio de rigidez relativa puede ser aplicable a sistemas materiales que no sigan la ley de Hooke*, es decir, en los que exista una relación de dependencia no lineal entre desplazamientos y fuerzas exteriores, siempre que la variación de forma experimentada por el sistema no sea significativa.

Principio de superposición de efectos

El *principio de superposición de efectos* expresa que el estado de equilibrio debido a varias acciones que actúan simultáneamente sobre un prisma mecánico es igual a la superposición de las soluciones que corresponden a cada uno de los estados de equilibrio si cada acción exterior actuara independientemente o, dicho de otra forma, los desplazamientos y las tensiones en un punto de un sólido elástico sometido a varias fuerzas exteriores directamente aplicadas son, respectivamente, la suma de los desplazamientos y las tensiones que se producen en dicho punto por cada fuerza actuando aisladamente.

El principio de superposición de efectos es aplicable a los sistemas en los que son lineales las relaciones entre fuerzas exteriores y desplazamientos, y en los que las líneas de acción de las fuerzas no quedan modificadas de forma significativa. O dicho de otra forma, el principio es aplicable a sistemas elásticos en los que las tensiones son proporcionales a las deformaciones, es decir, sistemas en los que se verifica la ley de Hooke y la solicitación que actúa sobre el sistema no cambia significativamente su geometría original.

Este principio es de gran utilidad dado que permite dividir el caso de una solicitación general, que puede ser compleja, en casos sencillos que resultan haciendo actuar por separado las diversas fuerzas o acciones de cualquier tipo, como pueden ser variaciones térmicas, asientos de los apoyos de una estructura, etc.

A pesar de que el principio de superposición es de aplicación generalizada a los sistemas elásticos, tiene sus limitaciones. Así, no será válido en los casos en los que no sea aplicable el principio de rigidez que hemos visto anteriormente. Ni en los casos en los que los efectos de las fuerzas no sean independientes de las deformaciones como ocurre en la viga recta AB indicada en la Figura 1.17, sometida a una fuerza de compresión F y a una carga P aplicada en la sección media de AB.

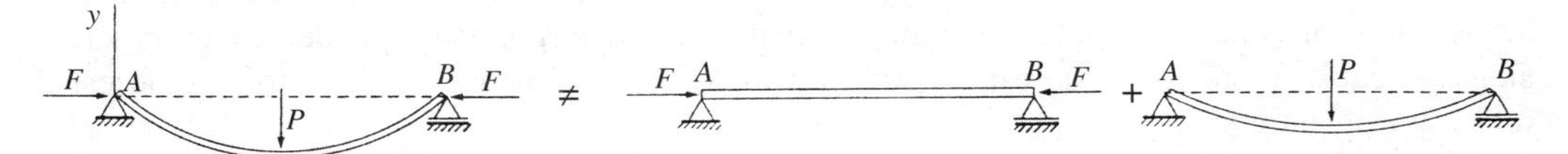

Figura 1.17

* Ley enunciada por el científico inglés Robert Hooke en 1678.

Es evidente que si se aplican simultáneamente F y P, la deformación de la línea media de la viga es diferente si se aplica P por una parte y F por otra, separadamente, ya que la fuerza F (sin sobrepasar un determinado valor crítico, como veremos más adelante) no produce, actuando sola, desplazamiento alguno en la dirección del eje y. Por el contrario, si actúan simultáneamente, el momento producido por F aumenta la deformación producida por P.

Tampoco se verificará en el sistema indicado en la Figura 1.16-*d*, ya que no se verifica una relación lineal entre la fuerza P y el desplazamiento δ.

En efecto, si P_1 y P_2 producen unos desplazamientos δ_1 y δ_2, respectivamente, cuando actúan independientemente, si fuera aplicable el principio de superposición tendría que verificarse

$$\delta = \delta_1 + \delta_2, \quad \text{es decir:} \quad \sqrt[3]{P_1 + P_2} = \sqrt[3]{P_1} + \sqrt[3]{P_2} \tag{1.7-9}$$

que no es posible.

Principio de Saint-Venant*

Este principio establece que a partir de una distancia suficiente de los puntos de la superficie de un sólido elástico en los que está aplicado un determinado sistema de fuerzas, las tensiones y deformaciones son prácticamente iguales para todos los sistemas de fuerzas que sean estáticamente equivalentes al dado.

Fácilmente se comprende que en el caso de cargas puntuales, para evitar que en los puntos de localización de esas cargas la tensión tome valor infinito, será preciso suponer una distribuición uniforme tal que sea estáticamente equivalente a la real, esto es, que respecto de cualquier punto los sistemas real y supuesto tengan la misma resultante y el mismo momento resultante. El reparto de tensiones en las proximidades de los puntos de aplicación de las fuerzas es evidente que no son iguales en ambos casos.

Con cualquier esquema de cálculo que podamos considerar, podemos representar un sinfín de disposiciones constructivas equivalentes. El principio de *Saint-Venant* nos dice que en todas ellas la distribución de tensiones y deformaciones es la misma, a distancia suficiente de los puntos de aplicación de las fuerzas exteriores. En vigas normales esta distancia suficiente suele ser del orden de las dimensiones de la sección transversal.

Aunque este principio es aplicable a la mayoría de los sistemas que nos podamos encontrar en la práctica, no tendrá sentido referirnos a él cuando se trate de calcular las tensiones en la zona próxima a la aplicación de las fuerzas. En tal caso tendremos que recurrir a la teoría de la elasticidad y el grado de exactitud con que la solución del problema elástico nos dé la distribución de tensiones en esa zona dependerá del grado de coincidencia de la distribución real de las fuerzas aplicadas al sólido elástico con la distribución supuesta en las condiciones de contorno.

1.8. Relaciones entre los estados tensional y de deformaciones**

En dos epígrafes anteriores hemos expuesto las principales particularidades que presentan los estados tensional y de deformación creados en el interior de un sólido elástico. El tratamiento de ambas cuestiones ha sido totalmente independiente. Sin embargo, dado que deformación y tensión son causa y efecto, es de esperar que las matrices de tensiones y de deformación estén relacionadas entre sí.

---

* Principio establecido por el científico francés Barré de Saint-Venant en 1855.

** Un detenido estudio de todo lo que se expone en este epígrafe se puede ver en el Capítulo 4 de la obra *Elasticidad*, del autor.

Fijada la solicitación exterior es evidente que la deformación que se origina y, en consecuencia, la tensión creada en el sólido elástico, dependen de las fuerzas de atracción molecular, es decir, de la estructura interna del material.

Se deduce, por tanto, que para obtener la relación entre tensiones y deformaciones tendremos que proceder necesariamente por vía experimental mediante ensayos realizados en el laboratorio, en donde se comprueba, en efecto, que para dos piezas de distintos materiales, de iguales dimensiones y sometidas al mismo estado de cargas, las deformaciones son distintas.

Quizá el ensayo más simple que se pueda hacer sea el de tracción. Se realiza este ensayo sometiendo una pieza de dimensiones normalizadas llamada *probeta* a un esfuerzo de tracción que se aumenta gradualmente hasta la rotura. En la probeta se realizan previamente dos marcas, que determinan una longitud denominada *distancia entre puntos*, sobre las que se efectúa, por medio de un extensómetro, la medida de los alargamientos.

Consideremos una probeta cuya sección recta tiene área Ω a la que aplicamos en sus extremos una fuerza F en dirección axial. Esta fuerza causa en el interior del material un estado de tensiones que supondremos uniforme para cualquier sección recta. La tensión normal σ está relacionada con la fuerza F mediante la ecuación

$$\sigma = \frac{F}{\Omega} \tag{1.8-1}$$

La probeta, debido al esfuerzo, se alarga. Llamemos ε al alargamiento unitario en el sentido longitudinal. Aumentando progresivamente el valor de F y llevando los valores de σ y ε a un gráfico cuyo eje de ordenadas mida tensiones (σ) y el de abscisas deformaciones unitarias (ε), se obtiene para el acero dulce el *diagrama tensión-deformación* indicado en la Figura 1.18-*a*.

Al ir aumentando el valor de la tensión desde 0 hasta σ_p, existe proporcionalidad con las deformaciones unitarias. La gráfica es recta y el punto p correspondiente recibe el nombre de *límite de proporcionalidad*. Para el acero es σ_p = 2.000 kp/cm^2, aproximadamente.

Sobrepasando este valor, se entra en la zona de elasticidad no proporcional. La gráfica es curva, siendo nulas las deformaciones permanentes hasta el punto e llamado *límite de elasticidad*, que separa el período elástico del período elástico-plástico.

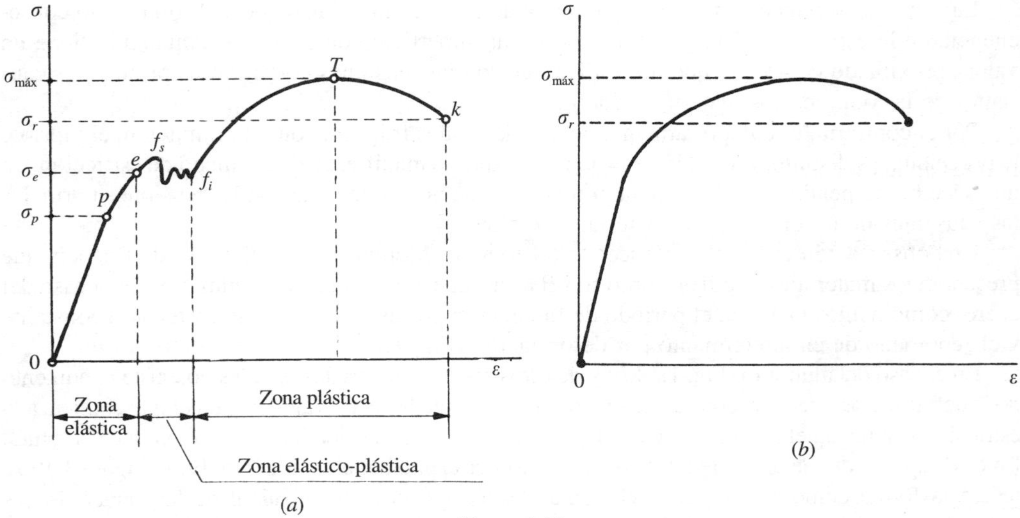

Figura 1.18

En la zona elástico-plástica, en el caso de cesar la fuerza, se observarían deformaciones permanentes, lo que imposibilita que el material vuelva a recuperar las condiciones iniciales.

Llegado a este punto, se puede observar unas líneas que forman 45° con el eje de la probeta llamadas *líneas de Lüders*, y que son producidas por las tensiones tangenciales cuyos valores máximos corresponden a esas direcciones y originan un desplazamiento relativo de las redes cristalinas de moléculas del material.

Hasta un punto f_s, que se llama *límite de fluencia*, los alargamientos son pequeños, pero al llegar a él aumentan considerablemente sin necesidad de aumentar la fuerza F. Para cierto tipo de materiales la fuerza disminuye hasta un valor determinado por el punto f_i, denominado *límite inferior de fluencia* (en este caso f_s se llama *límite superior de fluencia*). Se advierte que el alargamiento de la probeta a partir del momento que comienza a fluir es un gran número de veces mayor que el producido antes de fluir. Cuando el valor de la tensión alcanza cierto valor, la sección de una parte de la probeta comienza a disminuir. Este fenómeno se conoce como *estricción*. Las tensiones permanecen constantes produciéndose un notable alargamiento a partir del momento en que el material empieza a fluir.

A partir de este alargamiento a tensión constante es preciso aumentar la fuerza de tracción sobre la probeta hasta un valor $\sigma_{\text{máx}}$. Esto se debe a la propiedad del material, conocida como *endurecimiento por deformación*. Después, la tensión disminuye, el alargamiento aumenta hasta producirse la rotura para un valor σ_r de la tensión. Para el acero dulce la tensión de rotura vale de 4.000 a 5.000 kp/cm^2.

Cuando hemos hablado de que se ha alcanzado un valor determinado de la tensión, se ha calculado ésta dividiendo la fuerza F ejercida por la sección inicial que tenía la probeta, pero esta sección ha ido disminuyendo, lo que hace que el valor indicado en la gráfica sea un valor erróneo por defecto que irá aumentando con las deformaciones. Esto hace que la gráfica obtenida sea falsa; sin embargo, es la que se utiliza en la práctica dado lo laborioso que sería tener en cuenta continuamente en el valor de la tensión las variaciones de la sección.

La denominación del límite de elasticidad es, en general, bastante difícil, por lo que en la práctica se toma este límite el punto f_s que se llama entonces *límite aparente de elasticidad*.

La rotura se produce en una sección media de la garganta o huso que se forma como consecuencia de la estricción. Esta garganta forma una superficie cónica, cuyo semiángulo tiene un valor aproximado de 45°, lo que nos indica que son las tensiones cortantes las principales causantes de la rotura de los materiales dúctiles.

Por el contrario, el comportamiento de los materiales frágiles, como la fundición, el vidrio o la porcelana, es distinto. La rotura se produce sin que se manifieste el fenómeno de estricción, en una sección perpendicular al eje de la probeta, lo que nos indica que son las tensiones normales las causantes de la rotura de los materiales frágiles.

Una observación es necesario hacer respecto a las diferentes características de fluencia que presentan los materiales dúctiles, como son el acero de construcción y el aluminio. En el caso del acero, como hemos visto, en el período de fluencia se presenta alargamiento a tensión constante y el fenómeno de endurecimiento por deformación (Fig. 1.18-*a*).

En el caso del aluminio (Fig. 1.18-*b*) y de otros muchos materiales dúctiles no existe el aumento de la deformación a tensión constante, sino que es creciente hasta un valor $\sigma_{\text{máx}}$ en el que comienza la estricción y aumenta el alargamiento a la par que disminuye la tensión hasta que se produce la rotura. En este caso, se define el límite elástico a un tanto por ciento del alargamiento. En la Figura 1.19 se indica la forma como se determina el límite elástico en un material dúctil de las características indicadas cuando el alargamiento longitudinal unitario de la probeta es del 0,2 por 100.

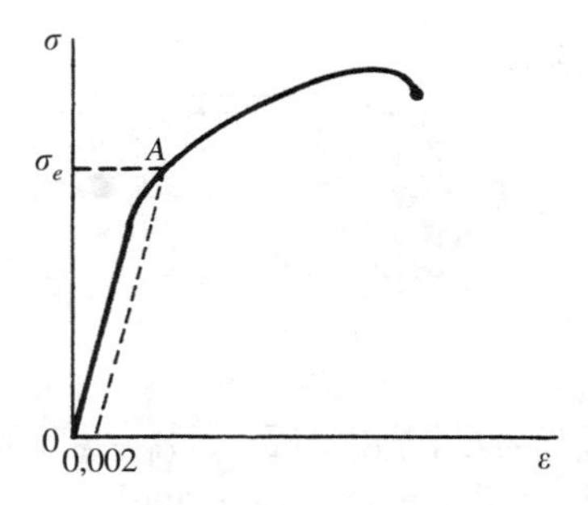

Figura 1.19

Por el punto del eje de abscisas correspondiente a $\varepsilon = 0{,}002$ se traza una recta paralela a la parte del diagrama tensión-deformación. La ordenada del punto A de intersección de esta recta con la curva nos da el valor del límite elástico σ_e.

Se observa una zona de elasticidad proporcional en la que la relación tensión-deformación será lineal, es decir, su ecuación analítica tendrá la forma

$$\sigma_{nx} = E\varepsilon_x \tag{1.8-2}$$

siendo E una constante llamada *módulo de elasticidad longitudinal* o *módulo de Young*.

Esta expresión constituye la *ley de Hooke*: en la zona elástica de los materiales, las tensiones son proporcionales a los alargamientos unitarios.

El módulo de elasticidad E, que según la ecuación (1.8-2) tiene las dimensiones de una tensión ($[F][L]^{-2}$) es diferente para cada material. En la Tabla 1.1 figura su valor para algunos materiales de uso frecuente.

En el mismo ensayo a tracción se observa que simultáneamente al alargamiento de la probeta se produce un acortamiento de las dimensiones de la sección transversal. Para una pieza de sección rectangular (Fig. 1.20), las deformaciones transversales unitarias se rigen por las expresiones

$$\varepsilon_y = -\mu \frac{\sigma_{nx}}{E} \quad ; \quad \varepsilon_z = -\mu \frac{\sigma_{nx}}{E} \tag{1.8-3}$$

en donde μ es el llamado *coeficiente de Poisson*, que es constante para cada material. Su valor para materiales isótropos es aproximadamente igual a 0,25. Para el acero dulce en deformaciones

Tabla 1.1. Valores del módulo de elasticidad E

Material	**E kp/cm²**
Acero (0,15-0,30 % C)	$2{,}1 \times 10^6$
Acero (3-3,5 % Ni)	$2{,}1 \times 10^6$
Fundición gris	$1{,}05 \times 10^6$
Hormigón (1 : 2 : 3,5)	$1{,}76 \times 10^5$
Madera de pino	$1{,}27 \times 10^5$
Madera de roble	$1{,}12 \times 10^5$
Aluminio, fundición (99 % Al)	$0{,}7 \times 10^6$
Latón (60 % Cu; 40 % Zn)	$0{,}9 \times 10^6$
Bronce (90 % Cu; 10 % Sn)	$0{,}8 \times 10^6$
Cobre	$0{,}9 \times 10^6$

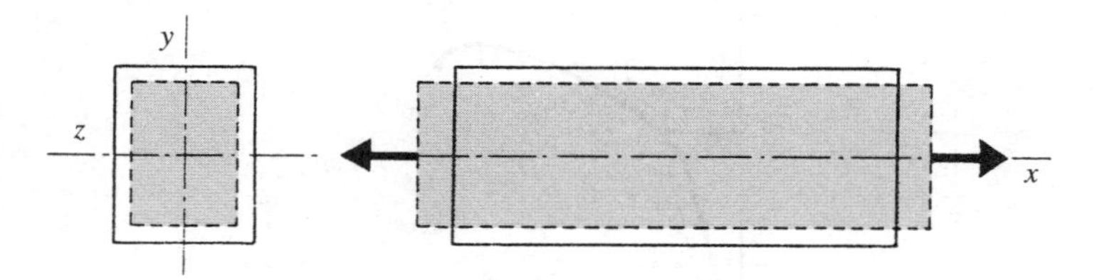

Figura 1.20

elásticas se suele tomar el valor $\mu = 0{,}3$. Los valores correspondientes para el aluminio y cobre que se deforman elásticamente son ligeramente superiores.

Las ecuaciones (1.8-2) y (1.8-3) nos relacionan los elementos de la matriz de tensiones con la de deformaciones en un caso muy simple, en el que $\sigma_1 = \sigma_{nx}$; $\sigma_2 = \sigma_3 = 0$.

Si consideramos ahora un estado elástico tridimensional se demuestra que las direcciones principales de ambas matrices son coincidentes.

Admitido el principio de superposición, las relaciones entre las deformaciones y tensiones principales serán:

$$\left\{\begin{aligned} \varepsilon_1 &= \frac{1}{E}\,[\sigma_1 - \mu(\sigma_2 + \sigma_3)] \\ \varepsilon_2 &= \frac{1}{E}\,[\sigma_2 - \mu(\sigma_1 + \sigma_3)] \\ \varepsilon_3 &= \frac{1}{E}\,[\sigma_3 - \mu(\sigma_1 + \sigma_2)] \end{aligned}\right. \qquad (1.8\text{-}4)$$

Si el sistema de ejes coordenados no coincide con las direcciones principales, las relaciones entre las componentes de la matriz de tensiones $[T]$ y de deformaciones $[D]$ son:

$$\left\{\begin{aligned} \varepsilon_x &= \frac{1}{E}\,[\sigma_{nx} - \mu(\sigma_{ny} + \sigma_{nz})] \\ \varepsilon_y &= \frac{1}{E}\,[\sigma_{ny} - \mu(\sigma_{nx} + \sigma_{nz})] \\ \varepsilon_z &= \frac{1}{E}\,[\sigma_{nz} - \mu(\sigma_{nx} + \sigma_{ny})] \\ \gamma_{xy} &= \frac{\tau_{xy}}{G} \quad ; \quad \gamma_{xz} = \frac{\tau_{xz}}{G} \quad ; \quad \gamma_{yz} = \frac{\tau_{yz}}{G} \end{aligned}\right. \qquad (1.8\text{-}5)$$

Estas relaciones constituyen las *leyes de Hooke generalizadas.* G recibe el nombre de *módulo de elasticidad transversal.* Su expresión en función de E y de μ

$$G = \frac{E}{2(1 + \mu)} \qquad (1.8\text{-}6)$$

nos hace ver que tiene las mismas dimensiones que $E([F][L]^{-2})$, ya que μ es adimensional, y que depende exclusivamente del material.

En la Tabla 1.2 se recogen los valores de G para algunos materiales de frecuente uso en la práctica.

Tabla 1.2. Valores del módulo de elasticidad G

Material	G kp/cm²
Acero (0,15-0,30 % C)	$8{,}44 \times 10^5$
Acero (3-3,5 % Ni)	$8{,}44 \times 10^5$
Fundición gris	$4{,}22 \times 10^5$
Aluminio, fundición (99 % Al)	$2{,}8 \times 10^5$
Latón (60 % Cu; 40 % Zn)	$3{,}52 \times 10^5$
Bronce (90 % Cu; 10 % Sn)	$4{,}22 \times 10^5$
Cobre	$4{,}22 \times 10^5$

1.9. Esfuerzos normal y cortante y momentos de flexión y de torsión: sus relaciones con las componentes de la matriz de tensiones

Consideremos un prisma mecánico que suponemos en equilibrio estático bajo la acción de un sistema de fuerzas $F_i(i = 1, 2, ..., 7$, en la Fig. 1.21), que representa la acción exterior y emplearemos el método de las secciones para analizar el equilibrio elástico en una sección *mn*.

El método consiste en imaginar realizado un corte en el prisma. Este corte determina una sección *mn* que consideraremos plana por comodidad (aunque no es necesario que lo sea). Supondremos, asimismo, que *mn* es una sección recta, es decir, contenida en un plano normal a la línea media del prisma.

Es evidente que realizado este seccionamiento y eliminada, por ejemplo, la parte de la derecha, sobre la parte de la izquierda se rompería radicalmente el equilibrio a no ser por la existencia de una fuerza y un par, es decir, del torsor* equivalente a la acción externa que ejerce la parte de la derecha que se ha eliminado.

Ya se comprende, según se deduce de las condiciones generales del equilibrio estático, que esta fuerza y par son, respectivamente, la resultante $\vec{R}$ y momento resultante $\vec{M}$ respecto al centro de gravedad G de la sección, de las fuerzas que actúan en la parte eliminada.

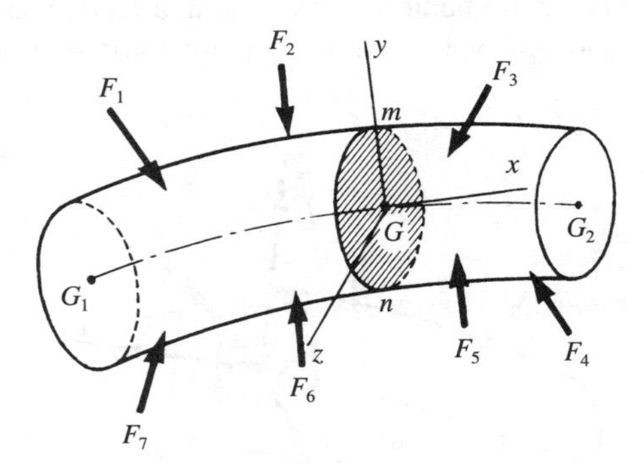

Figura 1.21

* Se denomina torsor de un sistema de vectores deslizantes en un punto al conjunto formado por dos vectores —resultante y momento resultante del sistema respecto de dicho punto— que forman un sistema equivalente a éste.

Esta consideración no nos permite conocer la distribución de esfuerzos en los diferentes puntos de la sección; para ello es necesario establecer hipótesis simplificativas suplementarias que ya se indicarán más adelante, pero sí nos permite obtener unas interesantes conclusiones acerca del tipo de esfuerzos a que está sometida la sección.

En efecto, refiriendo la resultante $\vec{R}$ al triedro trirrectángulo *Gxyz*, cuyos vectores unitarios son $\vec{i}$, $\vec{j}$, $\vec{k}$ (Fig. 1.22), se tiene

$$\vec{R} = N\vec{i} + T_y\vec{j} + T_z\vec{k} \tag{1.9-1}$$

Sus tres componentes son: N, T_y y T_z.

Veamos el significado de cada una de estas componentes.

N, llamado *esfuerzo normal*, por serlo a la superficie de la sección considerada, tiende a empujar o separar a ambas partes del prisma dando lugar a esfuerzos de compresión o tracción, respectivamente.

T_y y T_z, por estar en el mismo plano de la sección efectúan la misma clase de esfuerzo y, por tanto, podemos obtener su resultante $\vec{T}$

$$\vec{T} = T_y\vec{j} + T_z\vec{k} \tag{1.9-2}$$

que es la expresión de un esfuerzo que actúa tangencialmente a la superficie de la sección como si se tratase de deslizar la sección respecto de una muy próxima, separándola o cortándola. Es por ello que esta componente de la resultante se denomina *esfuerzo tangencial* o *cortante*. Si el prisma se rompiese por la sección recta, el vector $\vec{T}$ nos indicaría la dirección en que saldrían despedidos los dos trozos del prisma.

Análogamente podemos proceder a descomponer el momento resultante $\vec{M}$ en la dirección perpendicular al plano de la sección y en otra componente contenida en dicho plano (Fig. 1.23)

$$\vec{M} = M_T\vec{i} + M_y\vec{j} + M_z\vec{k} \tag{1.9-3}$$

Como ya sabemos, el vector momento nos expresa una tendencia al giro. Expresado $\vec{M}$ en función de sus componentes M_T, M_y y M_z, veamos qué efecto produce cada una de ellas sobre el prisma.

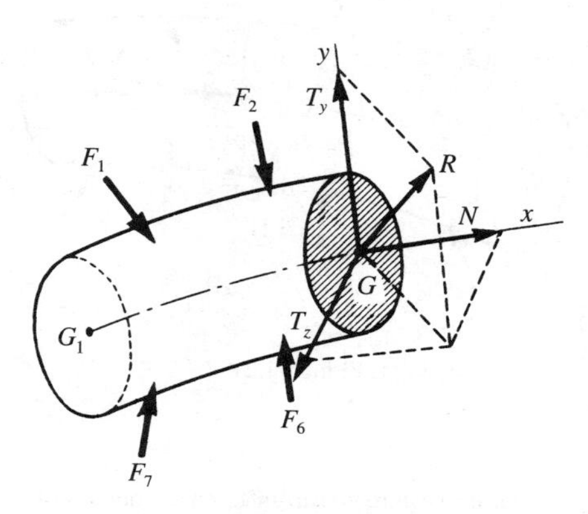

Figura 1.22

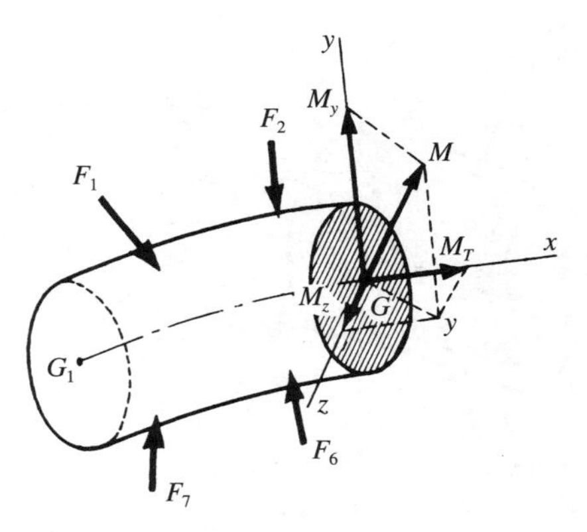

Figura 1.23

M_T actúa perpendicularmente al plano de la sección en la dirección de la línea media, por tanto, tiende a hacer girar el sólido sobre sí mismo, creando un efecto de torsión. Se llama por ello a M_T *momento torsor*.

M_y y M_z tiende a obligar al sólido a girar lateralmente curvándolo en los planos xz y xy, respectivamente, flexionándolo, por lo que se denominan *momentos flectores*. Su resultante está contenida en el plano de la sección recta; es el *momento flector*

$$\vec{M}_F = M_y\vec{j} + M_z\vec{k} \tag{1.9-4}$$

Para encontrar las relaciones entre las componentes de $\vec{R}$ y $\vec{M}$ y las componentes de la matriz de tensiones, tendremos en cuenta que las fuerzas engendradas por las tensiones en toda la sección recta forman un sistema cuya resultante es $\vec{R}$ y cuyo momento resultante respecto de G es $\vec{M}$. Por tanto, los esfuerzos normal N y cortantes T_y y T_z, en función de las componentes de la matriz de tensiones, serán:

$$N = \iint_\Omega \sigma_{nx}\, d\Omega \quad ; \quad T_y = \iint_\Omega \tau_{xy}\, d\Omega \quad ; \quad T_z = \iint_\Omega \tau_{xz}\, d\Omega \tag{1.9-5}$$

Las expresiones de los momentos torsor M_T y flectores M_y y M_z se obtienen de

$$\vec{M} = \iint_\Omega \begin{vmatrix} \vec{i} & \vec{j} & \vec{k} \\ 0 & y & z \\ \sigma_{nx}\, d\Omega & \tau_{xy}\, d\Omega & \tau_{xz}\, d\Omega \end{vmatrix} = \vec{i} \iint_\Omega (y\tau_{xz} - z\tau_{xy})\, d\Omega +$$

$$+ \vec{j} \iint_\Omega z\sigma_{nx}\, d\Omega - \vec{k} \iint_\Omega y\sigma_{nx}\, d\Omega = M_T\vec{i} + M_y\vec{j} + M_z\vec{k} \tag{1.9-6}$$

Identificando coeficientes, se tiene

$$M_T = \iint_\Omega (\tau_{xz}y - \tau_{xy}z)\, d\Omega \quad ; \quad M_y = \iint_\Omega \sigma_{nx}z\, d\Omega \quad ; \quad M_z = -\iint_\Omega \sigma_{nx}y\, d\Omega \tag{1.9-7}$$

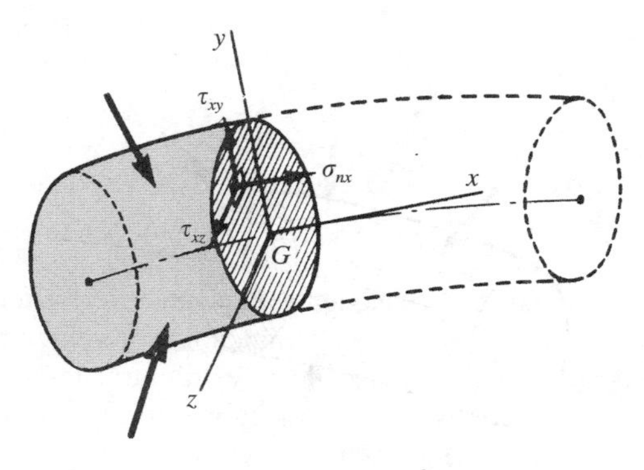

Figura 1.24

1.10. Tipos de solicitaciones exteriores sobre un prisma mecánico

La solicitación exterior sobre un prisma mecánico está constituida, en general, por las fuerzas activas o directamente aplicadas que llamamos *cargas* y por las fuerzas de reacción o *reacciones* debidas a las ligaduras. Las cargas que actúan sobre el prisma mecánico están constituidas por fuerzas y momentos (pares). Las reacciones se materializarán, en el caso de que la sección extrema se obtenga mediante un corte ideal por aplicación del método de las secciones, en la acción que ejerce el resto de la estructura sobre la pieza que se considera, o en una reacción en el caso de que exista un vínculo exterior, tal como un apoyo o un empotramiento.

La acción en el primer caso, o la reacción en el segundo, estarán formadas, en general, por una fuerza y un momento. En el epígrafe siguiente le dedicaremos a las reacciones en los apoyos un estudio más detenido.

Intentaremos ahora hacer una clasificación de las *fuerzas directamente aplicadas o cargas*.

Una primera clasificación distingue entre *fuerzas de volumen* y *fuerzas de superficie*.

Las primeras actúan sobre todos los puntos del sólido y son debidas a campos de fuerzas tales como el campo gravitatorio, el campo de fuerzas de inercia engendradas en un sólido afectado de aceleración, o el campo magnético cuya existencia puede afectar a determinados materiales.

Si llamamos $\vec{f}_v$ a la fuerza por unidad de volumen ($\vec{f}_v$ será, en general, función de la posición del punto), sobre cada elemento de volumen dv del prisma estará aplicada la fuerza $\vec{f}_v\, dv$.

Las fuerzas de superficie son las que se aplican a la superficie exterior del prisma. Pueden ser *concentradas* o *repartidas*.

En realidad no existen fuerzas concentradas. Todas las fuerzas de superficie reales son fuerzas que se distribuyen sobre cierta área. Así, en el caso de una rueda que transmite al carril que la guía una cierta carga, ésta se reparte sobre el área, aunque reducida, debida a la deformación local que se produce alrededor del punto teórico de contacto.

En el caso de que estuvieran repartidas, si $\vec{f}_\Omega$ es la fuerza que se ejerce por unidad de superficie, sobre un elemento de área $d\Omega$ actuará $\vec{f}_\Omega\, d\Omega$. Ejemplos de este tipo de fuerzas son las debidas al viento sobre una pared, la acción ejercida sobre una compuerta de un depósito por el fluido que contiene, el empuje de tierras sobre un muro de contención, la reacción de un cuerpo, etc.

En el caso de una barra, el peso propio se considera, generalmente, no como una fuerza de volumen, sino como fuerza de superficie en forma de carga lineal repartida a lo largo de ella.

Si atendemos a la continuidad de presencia sobre la estructura, las cargas se pueden clasificar en:

a) *Cargas permanentes*, que como su nombre indica son las que existen siempre manteniéndose constantes en magnitud y posición. Ejemplos de este tipo de cargas son el peso propio, los pavimentos, los materiales de cubrición de los techos, etc.

b) *Cargas accidentales o sobrecargas*, que con mayor o menor probabilidad pueden afectar a la estructura y que se tendrán que tener en cuenta en el cálculo resistente de la pieza. Ejemplos de cargas accidentales son las personas, muebles, máquinas y vehículos. A este tipo de cargas pertenecen también las de explotación y uso de la estructura; las *climáticas*, tales como las acciones debidas al viento, a la nieve, a las variaciones térmicas y acciones sísmicas, y las producidas por el peso del terreno y el empuje de tierras.

La determinación de los valores de estas sobrecargas ocasionales a efectos del cálculo se hace mediante la aplicación de métodos estadísticos y cálculo de probabilidades.

Si atendemos a que existan o no fuerzas de inercia, las cargas las podemos clasificar en:

a) *Cargas estáticas*, cuando el módulo, punto de aplicación o dirección si varían, lo hacen tan lentamente que permiten despreciar las fuerzas de inercia.

b) *Cargas dinámicas*, que son las que varían con el tiempo. La acción de este tipo de fuerzas es acompañada de vibraciones de las estructuras, apareciendo fuerzas de inercia que hay que tener en cuenta, ya que pueden superar de forma muy notable los valores de las cargas estáticas.

En la práctica se presentan con frecuencia las cargas dinámicas en forma de *cargas repetidas* de carácter periódico, es decir, la variación de su módulo respecto al tiempo presenta forma cíclica. Tal ocurre en bielas, balancines y resortes que cierran las válvulas en los motores de explosión, así como en determinadas piezas de mecanismos en los que las cargas periódicas dan lugar al fenómeno conocido como *fatiga*.

Otras veces la variación es no periódica, como puede ser, por ejemplo, las que actúan sobre edificios debidas a la acción del viento, nieve, etc. Dentro de este grupo podemos incluir también las llamadas *cargas de choque o impacto*, que son aquellas que actúan sobre la pieza durante un pequeño intervalo de tiempo, tal como la que ejerce un martillo al clavar un clavo, o la de un cuerpo que cae al suelo desde una cierta altura.

1.11. Reacciones de las ligaduras. Tipos de apoyos

Al considerar la pieza genérica de una estructura, ésta estará sometida a una o varias ligaduras que la unen al resto de la misma o al suelo. En cada ligadura existe una reacción que, en general, estará formada por una fuerza y por un momento.

Es condición necesaria para que la pieza esté en equilibrio que el sistema de fuerzas constituido por las fuerzas directamente aplicadas y las reacciones verifiquen las condiciones generales (1.2-1).

Es evidente que la reacción dependerá de la solicitación exterior y del tipo de vínculo. Una sección no sometida a ligadura alguna tiene, según sabemos, seis grados de libertad: tres posibles desplazamientos en las direcciones de los ejes coordenados x, y, z y los posibles giros alrededor de los mismos ejes. A cada grado de libertad impedido por la ligadura corresponde una componente de la reacción: si está impedido el movimiento de la sección en la dirección de uno de los ejes, la reacción de la ligadura comprende una fuerza que tiene una componente en la dirección de ese eje. Si además, está impedido el giro de la sección alrededor de alguno de los ejes coordenados mediante un empotramiento, por ejemplo, la reacción comprende un momento que tiene una componente en la dirección de ese eje, es decir, si está impedido el giro en alguno de los planos coordenados, forma parte de la reacción de la ligadura un momento en dirección perpendicular a ese plano.

Se deduce, por tanto, que en una pieza sometida a una solicitación arbitraria de fuerzas tridimensional un empotramiento equivale a seis incógnitas (Fig. 1.25). Si solamente se impide el posible desplazamiento de la sección, como ocurre en el caso de una rótula esférica (Fig. 1.26), el número de incógnitas se reduce a tres: las componentes de la fuerza de reacción, ya que la rótula no impide el libre giro de la correspondiente sección.

Resumiendo, podemos definir la ligadura de un prisma mecánico como todo dispositivo material que impida total o parcialmente el libre movimiento de una sección del mismo. Si sólo impide el desplazamiento, como ocurre en el caso de una articulación, la reacción es una fuerza que tendrá componentes en las direcciones en las que el desplazamiento es impedido. Si además se impide el giro, como ocurre en el caso de un empotramiento, la reacción se compone de una fuerza y un momento que tiene componentes en las direcciones normales a los planos en los que está impedido el giro.

La reacción de la ligadura se simplifica notablemente en los casos de sistemas planos en los que el prisma mecánico admite plano medio de simetría y la solicitación externa es un sistema de cargas contenidas en dicho plano. Si la solicitación externa comprende algún momento, se tendrá presente que éste es equivalente a un par de fuerzas situadas en un plano perpendicular al mismo. Para estos casos, los apoyos los podemos clasificar en:

Apoyo articulado móvil

Es libre el movimiento de la sección del vínculo en la dirección del eje x, así como el giro en el plano xy. La reacción se reduce a una fuerza perpendicular al posible desplazamiento del apoyo. Equivale, por tanto, a una incógnita: el módulo de la reacción.

Este tipo de apoyo se materializa en la práctica de diversas formas. En la Figura 1.27 se indican algunas de ellas, así como el esquema que con mayor frecuencia utilizaremos para representarlo.

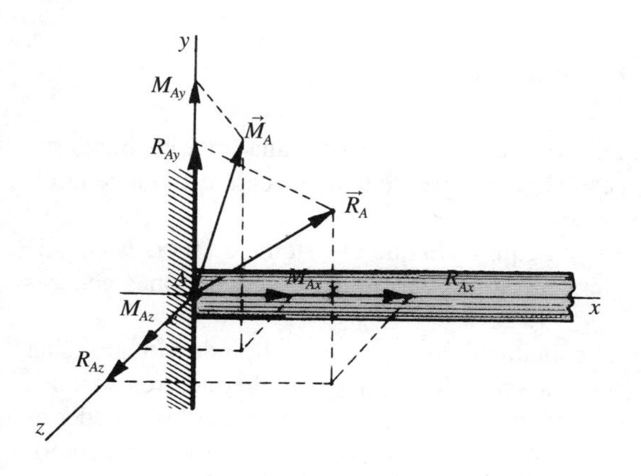

Figura 1.25

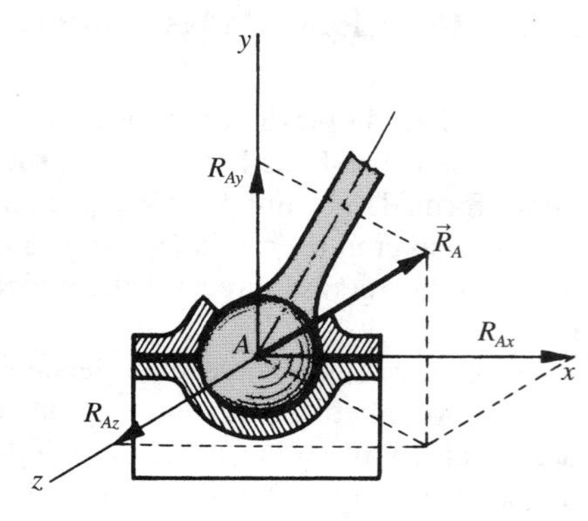

Figura 1.26

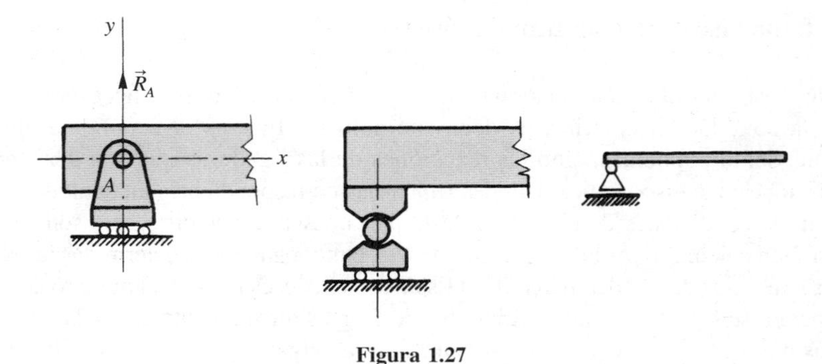

Figura 1.27

Apoyo articulado fijo

El desplazamiento está impedido tanto en la dirección del eje x como en la del eje y, pero el giro en el plano xy no lo está. La reacción es en este caso una fuerza de componentes R_{Ax} y R_{Ay}. Equivale, por consiguiente, a dos incógnitas.

En la Figura 1.28 se representan algunas formas constructivas de este apoyo, así como la forma esquemática que más se utiliza para su representación.

Apoyo empotrado

Están impedidos los desplazamientos en las direcciones de los ejes x e y, así como el giro en el plano xy, quedando, por tanto, inmovilizada la sección A del apoyo. La reacción se compone de una fuerza $\vec{R}_A$, de componentes R_{Ax} y R_{Ay}, y de un momento $\vec{M}_A$ perpendicular al plano xy (Fig. 1.29). Un empotramiento equivale, pues, a tres incógnitas.

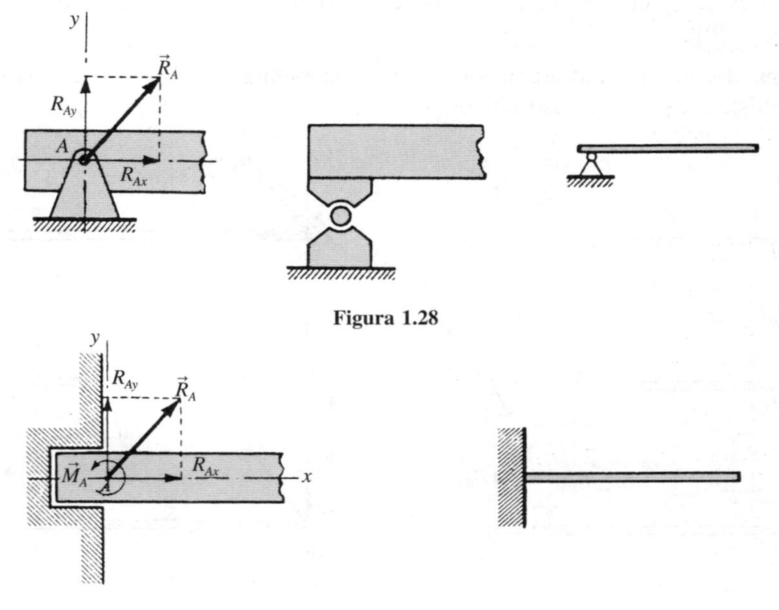

Figura 1.28

Figura 1.29

1.12. Sistemas isostáticos e hiperestáticos

Previamente a estudiar el estado tensional en un prisma mecánico, será necesario conocer completamente la solicitación exterior, es decir, no sólo las fuerzas directamente aplicadas que, generalmente, serán conocidas, sino las reacciones de las ligaduras que son desconocidas.

Las ecuaciones que disponemos para determinar las correspondientes incógnitas son las (1.2-1), que expresan las condiciones de equilibrio de la pieza. Estas ecuaciones, que son seis en el caso general, permiten calcular otras tantas incógnitas. Por tanto, para poder determinar las reacciones de las ligaduras exteriores dentro del marco de la Estática, será necesario que el número de incógnitas de éstas no supere a seis para un sistema arbitrario de fuerzas directamente aplicadas.

En casos particulares de carga, como ocurre en las vigas con plano medio de simetría y las cargas contenidas en dicho plano, el número de ecuaciones disponibles disminuye a tres:

$$R_x = 0 \quad ; \quad R_y = 0 \quad ; \quad M_{0z} = 0 \qquad (1.12\text{-}1)$$

y, por tanto, también se reduce a tres el número de incógnitas posibles de las ligaduras para que el problema esté determinado aplicando las ecuaciones de equilibrio.

Los sistemas tales que la sola aplicación de las ecuaciones de la Estática permiten determinar las reacciones de las ligaduras, reciben el nombre de *sistemas isostáticos*.

Por el contrario, si existen ligaduras exteriores superabundantes, el número de incógnitas supera al de ecuaciones de equilibrio. Se dice entonces que se trata de un sistema *hiperestático*. Para la determinación de las reacciones será necesario hacer intervenir las deformaciones.

En este último caso se llama *grado de hiperestaticidad* al exceso de incógnitas respecto al número de ecuaciones de equilibrio.

Por ejemplo, en vigas rectas con plano medio de simetría, cargada en dicho plano, disponemos de las tres ecuaciones (1.12-1). Se pueden presentar los siguientes casos, según sean los apoyos (Fig. 1.30):

a) Viga con un extremo articulado fijo (dos incógnitas) y el otro articulado móvil (una incógnita). Sistema, por tanto, isostático.

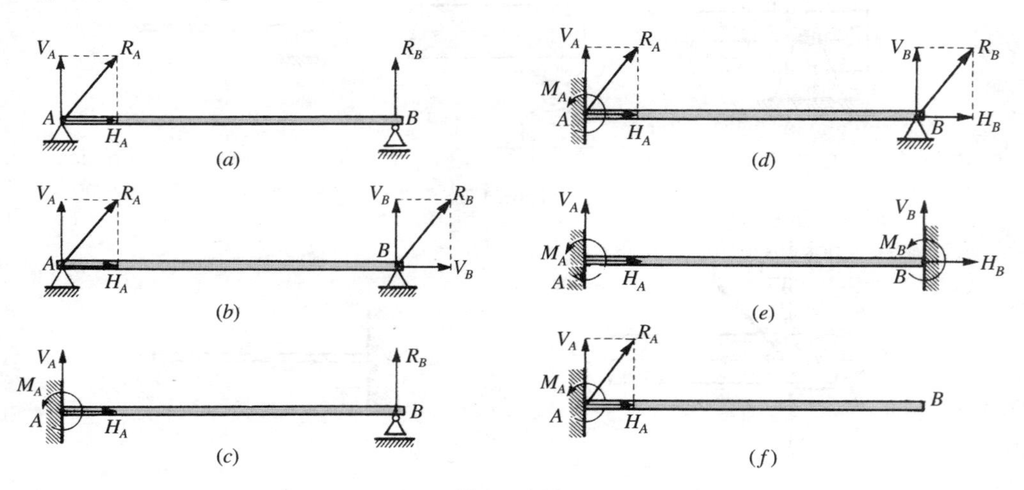

Figura 1.30

b) Viga con apoyos articulados fijos en ambos extremos (cuatro incógnitas). Sistema hiperestático de primer grado.

c) Viga empotrada en un extremo (tres incógnitas) y sustentada en el otro mediante apoyo articulado móvil (una incógnita). Sistema hiperestático de primer grado.

d) Viga empotrada en un extremo (tres incógnitas) y con apoyo articulado fijo en el otro (dos incógnitas). Sistema hiperestático de segundo grado.

e) Viga biempotrada (seis incógnitas). Sistema hiperestático de tercer grado.

f) Viga empotrada en un extremo (tres incógnitas) y libre en el otro. Se le suele denominar *viga en voladizo*. Sistema isostático.

1.13. Noción de coeficiente de seguridad. Tensión admisible

Uno de los objetivos que nos hemos impuesto en el curso de *Resistencia de Materiales* es el de calcular las tensiones que se producen en la pieza de una máquina o una estructura al aplicarle un determinado sistema de fuerzas exteriores.

Hay, sin embargo, una serie de factores que hacen que las tensiones a las que realmente va a estar sometida la pieza sean superiores a las que obtenemos en el cálculo.

Estos factores a los que nos referimos son entre otros, por ejemplo, el de la heterogeneidad del material, en contra de la hipótesis de homogeneidad que se ha admitido; el de variación de la forma y dimensiones teóricas, como las que pueden presentar los perfiles y chapas laminadas, así como las armaduras en el hormigón armado; el de posibles errores de cálculo; el de actuar sobrecargas imprevistas, como las debidas a la acción del viento, empuje de tierras, acciones sísmicas, etc.

Dado que el diseño de cualquier pieza de una estructura se deberá hacer siguiendo el principio de máxima economía de material, es necesario conocer para un determinado diseño el grado de seguridad que tiene esa pieza o la estructura.

Una forma de averiguarlo sería hacer crecer las fuerzas exteriores multiplicando todas ellas por un mismo factor n mayor que la unidad hasta producir la rotura en una pieza o en una estructura, igual a la proyectada. Este valor de n, que podríamos llamar *coeficiente de seguridad*, nos resolvería el problema. Pero este método para calcular la seguridad de la pieza o la estructura ya se comprende que sería extraordinariamente costoso, aunque se pueden aplicar a determinados casos como, por ejemplo, cuando se trata de obtener un gran número de piezas idénticas con destino a la fabricación de una serie de motores o de máquinas. En casos como éstos se somete la pieza a una solicitación hasta rotura.

Nos interesaría poder medir la seguridad de la pieza atendiendo a las características del material en cuanto a la capacidad de resistencia medida en términos de tensiones, que podemos obtener fácilmente en el laboratorio. Es decir, cambiaríamos el coeficiente de seguridad de las fuerzas externas por el correspondiente a las tensiones internas.

En este sentido, para garantizar que las tensiones no sobrepasen en ningún punto del sólido elástico un determinado valor $\sigma_{\text{lím}}$, consideraremos como tensión máxima de cálculo o *tensión admisible* el valor dado por la expresión

$$\sigma_{\text{adm}} = \frac{\sigma_{\text{lím}}}{n} \tag{1.13-1}$$

siendo n un número mayor que la unidad llamado *coeficiente de seguridad.*

Como el comportamiento de los materiales frágiles y dúctiles es distinto, ya que mientras los primeros tienen un comportamiento elástico hasta la rotura y los segundos presentan el comportamiento descrito en el epígrafe 1.8, se toma como $\sigma_{\text{lím}}$ la tensión de rotura σ_r en el caso de materiales frágiles, como son los hormigones, piedras y materiales cerámicos, y el límite elástico σ_e en el caso de materiales dúctiles, tales como acero dulce, aluminio, cobre (sin tratamientos térmicos ni mecanizados en frío).

En la construcción de máquinas ha sido adoptado el cálculo de la resistencia atendiendo a las tensiones admisibles. El coeficiente de seguridad varía, aproximadamente, entre los límites de 1,5 a 2,5.

Es indudable que este coeficiente va a ser un factor numérico que nos va a representar en cierta forma el margen de seguridad de la pieza. Esta forma de proceder, que podríamos calificar de criterio clásico, resuelve el problema de la seguridad de una forma parcial, ya que parece evidente que para fijar un determinado valor para el coeficiente de seguridad será necesario tener en cuenta las condiciones de trabajo de la construcción que se calcula y dependerá, asimismo, del grado de precisión del método de cálculo que se siga para la determinación de las tensiones y de la evaluación cuantitativa de las consecuencias que se derivaran de la destrucción de la estructura.

Dado que es la ley del azar la única que rige la determinación del valor numérico de las variables citadas, será necesario recurrir, para su estudio, a las leyes estadísticas del cálculo de probabilidades.

Modernamente, el coeficiente de seguridad n se descompone en una serie de coeficientes parciales, tales que su producto es igual a n

$$n = n_1 \times n_2 \times n_3 \times \cdots \tag{1.13-2}$$

Cada uno de estos coeficientes de seguridad parciales responde a una posible desviación del valor teórico de cálculo de determinado factor, respecto del valor que realmente tiene.

El número de coeficientes parciales, unido a los factores que representan, que hay que considerar en las piezas de máquinas y construcciones, así como los valores que se deben tomar, suelen venir dados en las normas de los diferentes países.

El valor de cada uno de estos coeficientes se suele obtener estadísticamente estudiando un considerable número de construcciones análogas.

Otra forma de fijar el coeficiente de seguridad es utilizar *coeficientes de ponderación* para mayoración de las cargas, por una parte, y para minoración de la resistencia del material, por otra.

Así, la norma española MV-103-1972 para cálculo de las estructuras de acero laminado en edificación establece como coeficientes de ponderación de cargas los indicados en la Tabla 1.3.

La resistencia de cálculo del acero viene fijada, en la misma citada norma, por la expresión

$$\sigma_u = \frac{\sigma_e}{\gamma_a} \tag{1.13-3}$$

siendo σ_e el límite elástico del acero y γ_a un coeficiente que toma los siguientes valores:

$\gamma_a = 1$, para los aceros con límite elástico mínimo garantizado

$\gamma_a = 1{,}1$, para los aceros cuyo límite elástico sea determinado por métodos estadísticos

En cuanto al límite σ_e se fijan los siguientes valores según el tipo de acero:

Tabla 1.3. Coeficientes de ponderación

<table>
<tr><th colspan="2" rowspan="2">Caso de carga</th><th rowspan="2">Clase de acción</th><th colspan="3">Coeficiente de ponderación si el efecto de la acción es:</th></tr>
<tr><th colspan="2">Desfavorable</th><th>Favorable</th></tr>
<tr><td rowspan="3">CASO I
Acciones constantes
y combinaciones de dos
acciones variables
independientes</td><td>Ia</td><td>Acciones constantes
Sobrecarga
Viento</td><td>1,33
1,33
1,50</td><td>1,33
1,50
1,33</td><td>1,0
0
0</td></tr>
<tr><td>Ib</td><td>Acciones constantes
Sobrecarga
Nieve</td><td colspan="2">1,33
1,50
1,50</td><td>1,0
0
0</td></tr>
<tr><td>Ic</td><td>Acciones constantes
Viento
Nieve</td><td colspan="2">1,33
1,50
1,50</td><td>1,0
0
0</td></tr>
<tr><td colspan="2">CASO II
Acciones constantes y combinación de tres acciones variables independientes</td><td>Acciones constantes
Sobrecarga
Viento
Nieve</td><td colspan="2">1,33
1,33
1,33
1,33</td><td>1,0
0
0
0</td></tr>
<tr><td colspan="2">CASO III
Acciones constantes y combinación de cuatro acciones variables independientes, incluso las acciones sísmicas</td><td>Acciones constantes
Sobrecarga
Viento
Nieve
Acciones sísmicas</td><td colspan="2">1,00
r(1)
0,25(2)
0,50(3)
1,00</td><td>1,0
0
0
0
0</td></tr>
<tr><td colspan="6">(1) r es el coeficiente reductor para las sobrecargas (Tabla VIII de la Norma P.G.-S-1, parte A), que indica:
CASO 1.º Azoteas, viviendas y hoteles (salvo locales de reunión): r = 0,50.
CASO 2.º Oficinas, comercios, calzadas y garajes: r = 0,60.
CASO 3.º Hospitales, cárceles, edificios docentes, iglesias, edificios de reunión y espectáculos y salas de reuniones de hoteles: r = 0,80.
(2) Sólo se considerará en construcciones en situación topográfica o muy expuesta (Norma MV-101).
(3) En caso de lugares en los que la nieve permanece acumulada habitualmente más de treinta días, en caso contrario el coeficiente será cero.</td></tr>
</table>

a) Aceros laminados fabricados según la Norma MV-102-1975. Acero laminado para estructuras de edificación

Tipo de acero	Límite elástico σ_e kp/cm^2
A 42	2.600
A 52	3.600

b) Otros aceros laminados. El límite elástico garantizado por el fabricante, verificado mediante ensayos de recepción. Si no existe este mínimo garantizado, se obtendrá el límite elástico σ_e mediante ensayos, de acuerdo con los métodos estadísticos y se tomará

$$\sigma_e = \sigma_m(1 - 2\delta) \tag{1.13-4}$$

siendo σ_m el valor medio, y δ la desviación cuadrática media relativa de los resultados de los ensayos.

Esto que acabamos de decir, como se ha indicado, es aplicable a las estructuras de acero laminado en edificación. Pero para otro material que se utilice en la fabricación de una pieza de cualquier tipo de estructura, se suele proceder de la siguiente forma: se prepara una serie de probetas del material que se vaya a utilizar y se las ensaya a tracción. Los resultados que se obtienen presentan una dispersión tal que si el número de probetas ensayadas es suficientemente grande, los resultados siguen la ley de una distribución normal de Gauss. Pues bien, obtenidos lo resultados de los ensayos, calcularemos la llamada *resistencia característica*, que se define como el valor tal que la probabilidad de obtener valores inferiores a él es del 5 por 100. Una vez obtenida la resistencia característica, se toma como tensión de cálculo σ_u el valor dado por la expresión

$$\sigma_u = \frac{\text{resistencia característica}}{\text{coeficiente de minoración}} \tag{1.13-5}$$

1.14. Teoría del potencial interno. Teoremas energéticos*

Es de gran interés conocer cómo se produce la deformación de un sólido elástico desde el punto de vista energético. Al aplicarle un sistema de fuerzas exteriores el cuerpo elástico se deforma y este sistema de fuerzas realiza un trabajo que llamaremos $\mathcal{T}_e$.

Por el teorema de las fuerzas vivas, y de una forma general, parte de este trabajo $\mathcal{T}_e$ se utiliza en vencer la resistencia al rozamiento de las ligaduras externas e internas, parte se transforma en energía cinética y el resto en trabajo de deformación debido a las fuerzas interiores.

Supondremos que el paso del estado inicial indeformado al final (deformado) se realiza de una manera reversible, es decir, que en cualquier estado intermedio de deformación el sistema de fuerzas exteriores es equilibrado por otro sistema antagonista, lo que origina que la velocidad sea infinitamente pequeña y nula, por consiguiente, la variación de energía cinética.

Por otra parte, supondremos despreciable el trabajo originado por las fuerzas de rozamiento de los enlaces exteriores, así como el debido a las fuerzas de rozamiento interno, por tratarse de cuerpos perfectamente elásticos.

En estas condiciones, la expresión del teorema de las fuerzas vivas se reduce a

$$\Delta E_{\text{cin}} = \Sigma\mathcal{T} = \mathcal{T}_e + \mathcal{T}_i = 0 \tag{1.14-1}$$

siendo $\mathcal{T}_i$ el trabajo de deformación de las fuerzas interiores.

* Un detenido estudio de todo lo que se expone en este epígrafe se puede ver en el Capítulo 10 de la obra *Elasticidad*, del autor.

Esta ecuación indica que en cualquier instante de la deformación la suma de los trabajos de las fuerzas exteriores e interiores es nula.

Resulta así que la función $\mathscr{T}_i$ es una función de punto, es decir, depende solamente de los estados inicial y final sin que intervengan los intermedios. Esta función recibe el nombre de *potencial interno* o bien el de *energía elástica* o *energía de deformación*. Equivale a la energía mecánica que adquiere el cuerpo elástico y que es capaz de restituir al recuperar la forma que tenía en estado neutro.

El potencial interno, según (1.14-1)

$$\mathscr{T}_i = -\mathscr{T}_e \tag{1.14-2}$$

es igual y de signo contrario al trabajo de las fuerzas exteriores. Por tanto, para obtener su valor será indistinto calcular $\mathscr{T}_e$ o $\mathscr{T}_i$. En adelante lo designaremos por $\mathscr{T}$.

Como $\mathscr{T}$ es el trabajo realizado en la deformación por las fuerzas exteriores, es evidente que podremos expresarlo en función de éstas. Se demuestra que la expresión del potencial interno de un sólido elástico al que aplicamos un sistema de fuerzas $\vec{F}_i$ viene dada por la llamada *fórmula de Clapeyron*

$$\mathscr{T} = \frac{1}{2} \Sigma F_i \delta_i \tag{1.14-3}$$

siendo δ_i la proyección del desplazamiento del punto de aproximación de la fuerza $\vec{F}_i$ sobre la línea de acción de dicha fuerza cuando actúan simultáneamente sobre el sólido todas las fuerzas del sistema, estando extendido el sumatorio a todas las fuerzas y pares que le solicitan. En el caso que F_i sea el valor de un par, δ_i es la proyección del vector del giro en el punto de aplicación sobre el momento del par.

También se puede expresar el potencial interno en función de las componentes de la matriz de tensiones y de la matriz de deformación

$$\mathscr{T} = \frac{1}{2} \iiint_V (\sigma_{nx}\varepsilon_x + \sigma_{ny}\varepsilon_y + \sigma_{nz}\varepsilon_z + \tau_{xy}\gamma_{xy} + \tau_{xz}\gamma_{xz} + \tau_{yz}\gamma_{yz})\, dx\, dy\, dz \tag{1.14-4}$$

estando extendida la integral a todo el volumen del sólido elástico; o bien en función exclusivamente de las componentes de la matriz de tensiones

$$\mathscr{T} = \iiint_V \left\{ \frac{1}{2E} [\sigma_{nx}^2 + \sigma_{ny}^2 + \sigma_{nz}^2 - 2\mu(\sigma_{nx}\sigma_{ny} + \sigma_{ny}\sigma_{nz} + \sigma_{nz}\sigma_{nx})] + \right.$$
$$\left. + \frac{1}{2G} (\tau_{xy}^2 + \tau_{yz}^2 + \tau_{xz}^2) \right\} dx\, dy\, dz \tag{1.14-5}$$

De la teoría del potencial interno se deducen importantísimos teoremas, de algunos de los cuales habremos de hacer uso en los capítulos siguientes. Expondremos a continuación estos teoremas reduciéndonos solamente a sus enunciados.

a) *Teorema de reciprocidad de Maxwell-Betti*

Apliquemos a un sólido elástico dos sistemas de fuerzas $\vec{F}_i$ y $\vec{\phi}_j$; el primero aplicado en los puntos A_i y el segundo en los B_j.

Llamemos λ_i al corrimiento de los puntos A_i y μ_j' al corrimiento de los puntos B_j, en la dirección de las líneas de acción de las fuerzas respectivas, cuando aplicamos al sólido elástico solamente el sistema de fuerzas $\vec{F}_i$.

Sea, asimismo, μ_j el corrimiento de los puntos B_j y λ_i' el corrimiento de los puntos A_i, en la dirección de las líneas de acción de las fuerzas respectivas, cuando se aplica al sólido elástico solamente el sistema de fuerzas $\vec{\phi}_j$.

Se demuestra que

$$\sum_i F_i \lambda_i' = \sum_j \phi_j \mu_j' \qquad (1.14\text{-}6)$$

Esta igualdad expresa el teorema de *Maxwell-Betti*:

En un sólido elástico, el trabajo realizado por un sistema de fuerzas $\vec{F}_i$ al aplicar un sistema de fuerzas $\vec{\phi}_j$ es igual al trabajo realizado por el sistema $\vec{\phi}_j$ al aplicar el sistema $\vec{F}_i$.

b) *Teorema de Castigliano*

La expresión de este teorema es

$$\frac{\partial \mathcal{T}}{\partial F_i} = \delta_i \qquad (1.14\text{-}7)$$

que se puede enunciar de la siguiente forma:

Si se expresa el potencial interno en función de las fuerzas aplicadas y se deriva respecto de una de ellas, se obtiene la proyección del corrimiento del punto de aplicación de esta fuerza sobre su línea de acción.

c) *Teorema de Menabrea*

Si tenemos un sistema hiperestático de grado n cuyas incógnitas hiperestáticas sean X_1, X_2, ..., X_n, podemos expresar el potencial interno en función de éstas

$$\mathcal{T} = \mathcal{T}(X_1, X_2, ..., X_n) \qquad (1.14\text{-}8)$$

Se demuestra que

$$\frac{\partial \mathcal{T}}{\partial X_1} = 0 \quad ; \quad \frac{\partial \mathcal{T}}{\partial X_2} = 0 \quad ; \quad \cdots \quad ; \quad \frac{\partial \mathcal{T}}{\partial X_n} = 0 \qquad (1.14\text{-}9)$$

Podemos, pues, enunciar el siguiente teorema denominado de *Menabrea* o del *trabajo mínimo*:

En un sistema de sólidos elásticos, los valores que toman las reacciones hiperestáticas correspondientes a los enlaces superabundantes hacen estacionario el potencial interno del sistema.

1.15. Criterios de resistencia. Concepto de tensión equivalente

Si sometemos una probeta de determinado material a un ensayo de tracción, podemos obtener fácilmente el valor de la tensión última σ_u, bien por plastificación o fluencia si se trata de un material dúctil, o bien por fractura si el material es frágil. Si en el mismo material, estando sometido a tracción uniaxial, la tensión es σ, es evidente que la relación entre σ_u y σ nos indicará el grado de seguridad de su estado terminal. De ahí que definamos como *coeficiente de seguridad n* a la relación

$$n = \frac{\sigma_u}{\sigma} \tag{1.15-1}$$

Vemos que el coeficiente de seguridad, que siempre será $\geqslant 1$, es el factor que multiplicado por la tensión σ que existe en el material de la pieza sometida a tracción nos da la tensión última σ_u.

Nos interesa poder reducir cualquier estado tensional triple o doble a uno simple que nos sirva de comparación. Si tenemos un estado tensional triple en el que las tensiones principales son σ_1, σ_2 y σ_3, supongamos que multiplicamos todas las cargas que produce el estado tensional por un mismo número n, que vamos aumentando hasta que las tensiones principales en el punto que se considera, que serán $n\sigma_1$, $n\sigma_2$ y $n\sigma_3$, respectivamente, produzcan un estado límite. Es evidente que n es el coeficiente de seguridad que antes hemos definido para un estado tensional simple y ahora lo es para un estado triple.

Pues bien, definamos como *tensión equivalente*, σ_{equiv}, la que existiría en una probeta de ese material sometido a tracción tal que el coeficiente de seguridad del estado tensional dado y el de la probeta a tracción fuera el mismo (Fig. 1.31).

Numerosos han sido los criterios que se han establecido para explicar en qué condiciones el estado tensional de un material alcanza su estado límite. Conviene hacer una importante observación, y es que en la actualidad no existe ninguna teoría que se adapte completamente al comportamiento real de cualquier material elástico. Sin embargo, sí existen teorías que son aplicables a grupos de materiales específicos.

Consideremos un material sometido a un estado tensional cualquiera, cuyas tensiones principales en un punto son σ_1, σ_2 σ_3 ($\sigma_1 \geqslant \sigma_2 \geqslant \sigma_3$). Los criterios más importantes, así como las expresiones de la tensión equivalente en cada uno de ellos, son los siguientes:

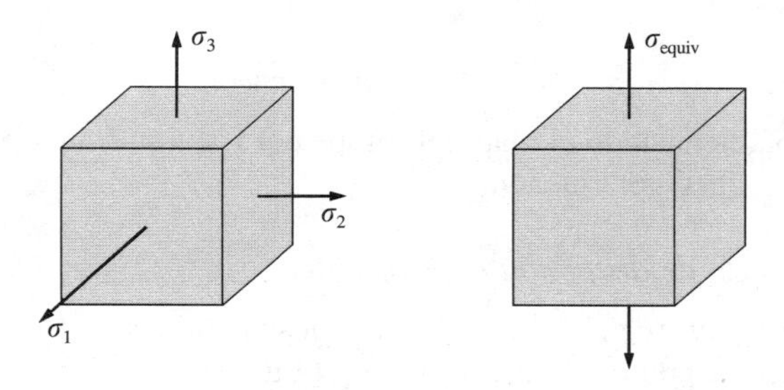

Figura 1.31

a) *Criterio de la tensión tangencial máxima o de Tresca*

Expresa que el estado límite en un punto de un cuerpo en el que existe un estado tensional cualquiera comienza cuando la tensión tangencial máxima alcanza un valor igual al alcanzado en el ensayo a tracción cuando se llega a la tensión límite, es decir, cuando

$$\tau_{\text{máx}} = \frac{\sigma_1 - \sigma_3}{2} = \frac{\sigma_u}{2}$$

o bien

$$\sigma_1 - \sigma_3 = \sigma_u \tag{1.15-2}$$

Esta teoría es razonablemente aceptable para materiales dúctiles sometidos a estados de tensión en los que se presentan tensiones tangenciales relativamente grandes. Quiere decir que la tensión límite coincide con el límite elástico a tracción σ_e, por lo que la expresión (1.15-2) sería

$$\sigma_1 - \sigma_3 = \sigma_e \tag{1.15-3}$$

Esto equivale a decir que la tensión de fluencia a cortadura no debe exceder a la mitad del valor de la tensión de fluencia a tracción.

Para un estado triple que no sea límite, la tensión equivalente será

$$\sigma_{\text{equiv}} = \sigma_1 - \sigma_3 \tag{1.15-4}$$

En ensayos a torsión se obtiene como valor medio aproximado de la tensión de fluencia a cortadura $\tau_e = 0{,}57\sigma_e$, lo que nos indica que para tal estado tensional la teoría de *Tresca-Guest* acusa un error de un 15 por 100 aproximadamente en sentido favorable a la seguridad.

b) *Criterio de la deformación longitudinal unitaria máxima de Saint-Venant*

Este criterio expresa que el estado límite en un punto de un cuerpo en el que existe un estado tensional cualquiera comienza cuando la deformación longitudinal unitaria máxima es igual al valor ε_u obtenido en el ensayo a tracción cuando el material alcanza la tensión última

$$\varepsilon_u = \frac{\sigma_u}{E} \tag{1.15-5}$$

Como la expresión de la deformación longitudinal máxima es

$$\varepsilon_{\text{máx}} = \frac{1}{E}\left[\sigma_1 - \mu(\sigma_2 + \sigma_3)\right] = \frac{\sigma_u}{E} \tag{1.15-6}$$

la tensión equivalente será

$$\sigma_{\text{equiv}} = \sigma_1 - \mu(\sigma_2 + \sigma_3) \tag{1.15-7}$$

Esta teoría es aceptable cuando el material rompe por fractura frágil, pero no lo es cuando la acción anelástica se produce por fluencia.

c) *Criterio de la energía de distorsión o de von Mises*

Propuesto por *von Mises*, fue el fruto de los trabajos analíticos de *Huber* y *Henchy* y expresa que el estado límite en un punto de un cuerpo en el que existe un estado tensional cualquiera comienza cuando la energía de distorsión por unidad de volumen en un entorno de dicho punto es igual a la energía de distorsión absorbida por unidad de volumen cuando el material alcanza la tensión límite en el ensayo a tracción.

Nos apoyaremos en la propiedad de que la energía de deformación por unidad de volumen se puede descomponer en dos partes, una de ellas $\mathcal{T}_v$ debida al cambio de volumen y otra $\mathcal{T}_d$ vinculada a la distorsión o cambio de forma a volumen constante de dicho volumen unitario, como esquemáticamente se indica en la Figura 1.32, donde σ_m es la equitensión media $\sigma_m = \dfrac{\sigma_1 + \sigma_2 + \sigma_3}{3}$.

Como la expresión de la energía de deformación en función de las tensiones principales es:

$$\mathcal{T} = \mathcal{T}_v + \mathcal{T}_d = \frac{1}{2E}(\sigma_1^2 + \sigma_2^2 + \sigma_3^2) - \frac{\mu}{E}(\sigma_1\sigma_2 + \sigma_2\sigma_3 + \sigma_1\sigma_3) \qquad (1.15\text{-}8)$$

y la correspondiente a la debida al cambio de volumen es:

$$\mathcal{T}_v = 3\,\frac{1}{2}\,\sigma_m\varepsilon_m = \frac{3\sigma_m^2}{2E}(1 - 2\mu) = \frac{(\sigma_1 + \sigma_2 + \sigma_3)^2}{6E}(1 - 2\mu) \qquad (1.15\text{-}9)$$

en virtud de las leyes de Hooke generalizadas, por diferencia obtenemos la expresión que corresponde a la energía de distorsión. Después de simplificar se llega a:

$$\mathcal{T}_d = \frac{1 + \mu}{6E}[(\sigma_1 - \sigma_2)^2 + (\sigma_2 - \sigma_3)^2 + (\sigma_3 - \sigma_1)^2] \qquad (1.15\text{-}10)$$

Este criterio es totalmente acorde con los resultados experimentales obtenidos con materiales dúctiles.

Como la particularización de la expresión para el ensayo a tracción cuando se alcanza el límite elástico nos da:

$$\mathcal{T}_d = \frac{1 + \mu}{6E}(\sigma_1^2 + \sigma_1^2) = \frac{1 + \mu}{3E}\sigma_e^2 \qquad (1.15\text{-}11)$$

la formulación de este criterio será

$$\frac{1 + \mu}{6E}[(\sigma_1 - \sigma_2)^2 + (\sigma_2 - \sigma_3)^2 + (\sigma_3 - \sigma_1)^2] = \frac{1 + \mu}{3E}\sigma_e^2 \qquad (1.15\text{-}12)$$

es decir:

$$[(\sigma_1 - \sigma_2)^2 + (\sigma_2 - \sigma_3)^2 + (\sigma_3 - \sigma_1)^2] = 2\sigma^2 \qquad (1.15\text{-}13)$$

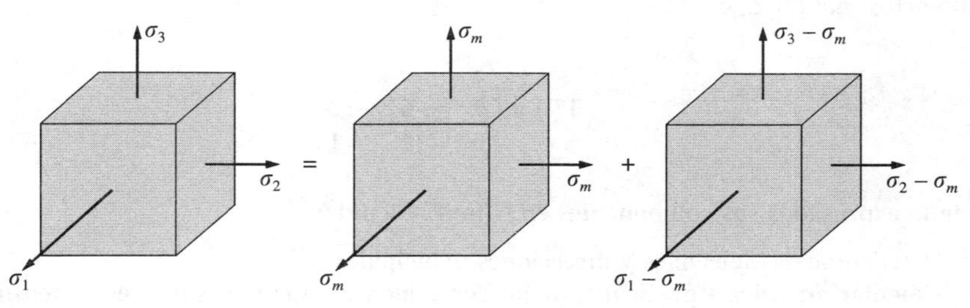

Figura 1.32

De esta expresión se deduce la correspondiente a la tensión equivalente

$$\sigma_{\text{equiv}} = \sqrt{\frac{1}{2}\left[(\sigma_1 - \sigma_2)^2 + (\sigma_2 - \sigma_3)^2 + (\sigma_3 - \sigma_1)^2\right]} \qquad (1.15\text{-}14)$$

d) *Criterio de la tensión tangencial octaédrica*

El criterio de von Mises coincide en la formulación de la tensión equivalente con el *criterio de la tensión tangencial octaédrica*, que establece que el estado límite en un punto de un cuerpo en el que existe un estado tensional cualquiera comienza cuando la tensión tangencial octaédrica es igual al valor de la tensión tangencial octaédrica en el ensayo a tracción cuando se alcanza el límite elástico.

Por tanto, los criterios de von Mises y de la tensión tangencial octaédrica son equivalentes.

e) *Criterio de los estados límites de Mohr*

Este criterio se puede enunciar de la forma siguiente: el estado límite en un punto de un cuerpo en el que existe un estado tensional cualquiera se alcanza cuando entre las tensiones extremas σ_1 y σ_3 se verifique:

$$\sigma_1 - k\sigma_3 = \sigma_e \qquad (1.15\text{-}15)$$

siendo k el cociente entre los valores absolutos de las tensiones que corresponden al límite elástico a tracción y a compresión

$$k = \frac{\sigma_{et}}{|\sigma_{ec}|} \qquad (1.15\text{-}16)$$

La expresión de la tensión equivalente en este criterio será:

$$\sigma_{\text{equiv}} = \sigma_1 - k\sigma_3 \qquad (1.15\text{-}17)$$

EJERCICIOS

I.1. La matriz de tensiones en un punto interior de un sólido elástico, referida a un sistema cartesiano ortogonal *Oxyz*, es

$$[T] = \begin{pmatrix} 5 & 0 & 0 \\ 0 & -6 & -12 \\ 0 & -12 & 1 \end{pmatrix}$$

estando expresadas sus componentes en N/mm². Se pide:

1.º Determinar las tensiones y direcciones principales.

2.º Calcular analítica y gráficamente las componentes intrínsecas del vector tensión correspondiente al plano de vector unitario $\vec{u}(1/\sqrt{2}, 1/2, 1/2)$.

1.º De la matriz de tensiones dada se deduce la ecuación característica

$$\begin{vmatrix} 5-\sigma & 0 & 0 \\ 0 & -6-\sigma & -12 \\ 0 & -12 & 1-\sigma \end{vmatrix} = 0$$

Desarrollando el determinante se llega a

$$(5-\sigma)(\sigma^2 + 5\sigma - 150) = 0$$

cuyas raíces son las tensiones principales

$$\boxed{\sigma_1 = 10 \text{ N/mm}^2 \quad ; \quad \sigma_2 = 5 \text{ N/mm}^2 \quad ; \quad \sigma_3 = -15 \text{ N/mm}^2}$$

Las direcciones principales las determinamos sustituyendo los valores de las tensiones principales en el sistema homogéneo de ecuaciones (1.5-9).

$$\text{Para} \quad \sigma_1 = 10 \begin{cases} -5\alpha = 0 \\ -16\beta - 12\gamma = 0 \\ -12\beta - 9\gamma = 0 \end{cases} \Rightarrow \vec{u}_1\left(0, \pm\frac{3}{5}, \pm\frac{4}{5}\right)$$

Para $\sigma_2 = 5$, la simple observación de la matriz de tensiones se deduce que el eje x es dirección principal: $\vec{u}_2(1, 0, 0)$.

$$\text{Para} \quad \sigma_3 = -15 \begin{cases} 20\alpha = 0 \\ 9\beta - 12\gamma = 0 \\ -12\beta + 16\gamma = 0 \end{cases} \Rightarrow \vec{u}_3\left(0, \pm\frac{4}{5}, \pm\frac{3}{5}\right)$$

Por tanto, las direcciones principales vienen definidas por los vectores unitarios siguientes

$$\boxed{\vec{u}_1\left(0, -\frac{3}{5}, \frac{4}{5}\right) \quad ; \quad \vec{u}_2(1, 0, 0) \quad ; \quad \vec{u}_3\left(0, \frac{4}{5}, \frac{3}{5}\right)}$$

habiendo determinado el signo de las componentes de los vectores unitarios con la condición de que se verifique $\vec{u}_1, \times \vec{u}_2 = \vec{u}_3$, es decir, para que el triedro XYZ esté orientado a derechas.

Se representan en la Figura I.1-*a*, referidos a la terna $0xyz$.

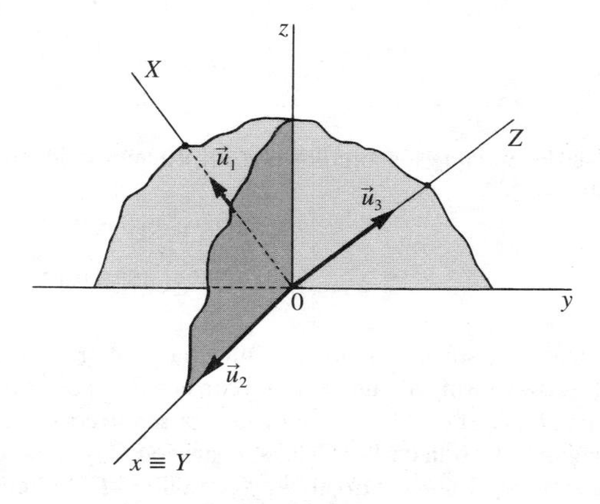

Figura I.1-*a*

2.º El vector tensión correspondiente al plano definido por $\vec{u}\left(\frac{1}{\sqrt{2}}, \frac{1}{2}, \frac{1}{2}\right)$, será

$$[\vec{\sigma}] = [T][\vec{u}] = \begin{pmatrix} 5 & 0 & 0 \\ 0 & -6 & -12 \\ 0 & -12 & 1 \end{pmatrix} \begin{pmatrix} 1/\sqrt{2} \\ 1/2 \\ 1/2 \end{pmatrix} = \begin{pmatrix} 5/\sqrt{2} \\ -9 \\ -11/2 \end{pmatrix}$$

del que fácilmente se deducen los valores de las componentes intrínsecas

$$\sigma_n = \vec{\sigma} \cdot \vec{u} = \frac{5}{2} - \frac{9}{2} - \frac{11}{4} = -4{,}75 \text{ N/mm}^2$$

$$\tau = \sqrt{\sigma^2 - \sigma_n^2} = \sqrt{123{,}75 - 22{,}56} = 10{,}06 \text{ N/mm}^2$$

$$\boxed{\sigma_n = -4{,}75 \text{ N/mm}^2 \quad ; \quad \tau = 10{,}06 \text{ N/mm}^2}$$

Para la resolución gráfica de la misma cuestión, que se acaba de hacer de forma analítica, calcularemos previamente las componentes de $\vec{u}$ respecto de la terna $0XYZ$, coincidente con las direcciones principales.

La matriz del cambio de coordenadas de $0xyz$ a $0XYZ$ es:

$$[R] = \begin{pmatrix} 0 & -\frac{3}{5} & \frac{4}{5} \\ 1 & 0 & 0 \\ 0 & \frac{4}{5} & \frac{3}{5} \end{pmatrix}$$

Por tanto, las componentes de $\vec{u}$ respecto de $0XYZ$ serán

$$[\vec{u}] = \begin{pmatrix} 0 & -\frac{3}{5} & \frac{4}{5} \\ 1 & 0 & 0 \\ 0 & \frac{4}{5} & \frac{3}{5} \end{pmatrix} \begin{pmatrix} 1/\sqrt{2} \\ 1/2 \\ 1/2 \end{pmatrix} = \begin{pmatrix} 1/10 \\ 1/\sqrt{2} \\ 7/10 \end{pmatrix} = \begin{pmatrix} \cos 84{,}26° \\ \cos 45° \\ \cos 45{,}57° \end{pmatrix}$$

de donde se deduce que los ángulos que $\vec{u}$ forman con los ejes X y Z son:

$$\hat{\alpha} = 84{,}26° = 84° \, 15' \, 36''$$

$$\hat{\gamma} = 45{,}57° = 45° \, 34' \, 12''$$

Con estos datos la resolución gráfica es inmediata. Se procede de la siguiente forma (Fig. I.1-*b*).

Por $B(\sigma_3, 0)$, y formando un ángulo $\hat{\alpha}$ con el eje de abscisas positivo, se traza una semirrecta que corta en D a C_2. Por $A(\sigma_1, 0)$ se traza otra semirrecta que forma un ángulo $\hat{\gamma}$ con el eje de abscisas negativo y corta en E a C_2. Con centro en O_1 y radio $\overline{O_1D}$ se traza la circunferencia c_1, concéntrica con C_1; y con centro en O_3 y de radio $\overline{O_3E}$ la circunferencia c_3, concéntrica con C_3. La intersección de ambas circunferencias c_1 y c_3 es el punto M, solución del problema.

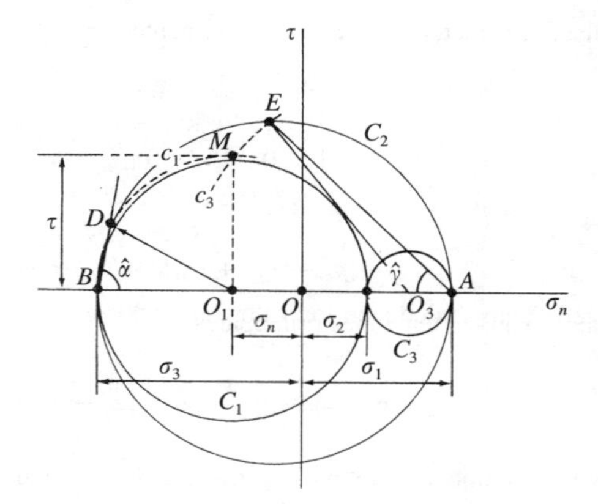

Figura I.1-*b*

Se comprueba que los valores de las componentes intrínsecas del vector tensión correspondiente al plano cosiderado, a los que se llega gráficamente, coinciden con los valores obtenidos de forma analítica.

I.2. La matriz de tensiones en los puntos de un sólido elástico es:

$$[T] = \begin{pmatrix} 40 & 10\sqrt{3} & 0 \\ 10\sqrt{3} & 20 & 0 \\ 0 & 0 & 0 \end{pmatrix} \text{ MPa}$$

Determinar las tensiones principales y las direcciones principales:

1.º Analíticamente.
2.º Gráficamente.

La matriz de tensiones dada corresponde a un estado tensional plano cuyo esquema se representa en la Figura 1.2-*a*.

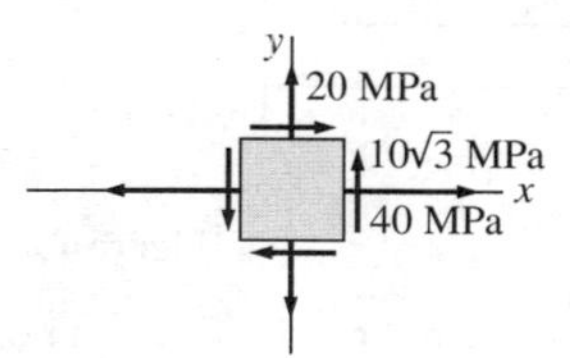

Figura I.2-*a*

1.º El cálculo analítico de los valores de las tensiones principales lo haremos mediante la ecuación característica. Obtendremos la fórmula correspondiente para el caso de un estado tensional plano de matriz de tensiones genérica

$$[T] = \begin{pmatrix} \sigma_{nx} & \tau_{xy} & 0 \\ \tau_{xy} & \sigma_{ny} & 0 \\ 0 & 0 & 0 \end{pmatrix}$$

Su ecuación característica es el determinante

$$\begin{vmatrix} \sigma_{nx} - \sigma & \tau_{xy} & 0 \\ \tau_{xy} & \sigma_{ny} - \sigma & 0 \\ 0 & 0 & -\sigma \end{vmatrix} = 0$$

cuyo desarrollo es:

$$-\sigma[\sigma^2 - (\sigma_{nx} + \sigma_{ny})\sigma + \sigma_{nx}\sigma_{ny} - \tau_{xy}^2] = 0$$

y cuyas raíces son las tensiones principales

$$\sigma_{1,2} = \frac{\sigma_{nx} + \sigma_{ny}}{2} \pm \sqrt{\left(\frac{\sigma_{nx} - \sigma_{ny}}{2}\right)^2 + \tau_{xy}^2}$$

La otra es nula, como ya sabíamos, al tratarse de un estado tensional plano.

Sustituyendo en esta expresión los valores dados

$$\sigma_{1,2} = \frac{40 + 20}{2} \pm \sqrt{\left(\frac{40 - 20}{2}\right)^2 + 300} = 30 \pm 20$$

se obtienen las tensiones principales pedidas

$$\boxed{\sigma_1 = 50 \text{ MPa} \quad ; \quad \sigma_2 = 10 \text{ MPa}}$$

que son constantes en todos los puntos del sólido elástico.

2.º Para la resolución gráfica utilizaremos el círculo de Mohr (Fig. I.2-*b*).

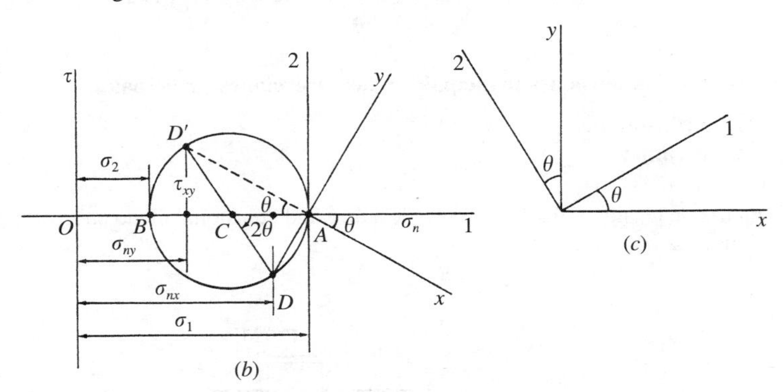

Figura I.2-*b*

Tomemos un sistema de referencia cartesiano ortogonal en el que el eje de abscisas mide las tensiones normales σ_n y el de ordenadas las tensiones tangenciales τ. Dibujamos el punto D, cuyas coordenadas son las componentes intrínsecas del vector tensión correspondiente al plano que tiene por normal al eje x. Estas coordenadas son $+\sigma_{nx}$, puesto que es de tracción, y $-\tau_{xy}$, ya que la tensión tangencial debe ser afectada del signo «–» en virtud del convenio que se establece para la representación gráfica de Mohr (signo positivo si el momento de τ respecto de un punto interior del elemento es entrante en el plano del papel). Análogamente, dibujamos el punto D' de coordenadas $+\sigma_{ny}$, $+\tau_{xy}$, que son las componentes intrínsecas del vector tensión correspondiente a la cara que tiene por normal el eje y.

D y D' son dos puntos diametralmente opuestos del círculo de Mohr, cuyo centro C será el punto de intersección de la recta DD' con el eje σ_n.

Construido el círculo de Mohr, la intersección de éste con el eje σ_n da los puntos A y B cuyas abscisas son precisamente las tensiones principales pedidas σ_1 y σ_2.

Para calcular ahora las direcciones principales 1, 2, tomaremos arbitrariamente éstas coincidentes con los ejes σ_n y τ (véase la misma Fig. I.2-*b*) y situaremos los ejes x, y teniendo en cuenta que el ángulo $\widehat{ACD} = 2\theta$, siendo θ el ángulo que forma el eje x con el eje 1. Por tanto, prolongando el segmento $D'A$, éste será el eje x, ya que forma con el eje 1 un ángulo θ, según se desprende fácilmente de la figura.

Para tener la dirección real de los ejes 1, 2, será suficiente girar la figura obtenida un ángulo θ, como se indica en la Figura I,2-*c*.

I.3. En un determinado punto P de la superficie de un sólido elástico sometido a carga se midieron las siguientes deformaciones: un alargamiento longitudinal unitario de 0,0001 en la dirección x; un acortamiento longitudinal unitario de 0,0005 en la dirección de y perpendicular a x, y una deformación angular $\gamma_{xy} = -2\sqrt{7} \times 10^{-4}$ rad.

1.º Calcular analítica y gráficamente las deformaciones principales, así como las direcciones correspondientes.

2.º Determinar el valor de la deformación angular máxima.

3.º Hallar las componentes intrínsecas del vector deformación unitaria correspondiente a una dirección contenida en el plano xy que forma un ángulo de 45° con la dirección positiva del eje x, contado en sentido antihorario.

1.º La matriz de deformación en el punto que se considera, referida al sistema de ejes Pxy, y tomando como unidad 10^{-4}, es

$$[D] = \begin{pmatrix} 1 & -\sqrt{7} \\ -\sqrt{7} & -5 \end{pmatrix}$$

La ecuación característica

$$\begin{vmatrix} 1-\varepsilon & -\sqrt{7} \\ -\sqrt{7} & -5-\varepsilon \end{vmatrix} = 0 \quad \Rightarrow \quad \varepsilon^2 + 4\varepsilon - 12 = 0$$

tiene de raíces

$$\frac{-4 \pm \sqrt{16 + 4 \times 12}}{2} = -2 \pm 4 \begin{cases} 2 \\ -6 \end{cases}$$

Por tanto, las deformaciones principales son

$$\boxed{\varepsilon_1 = 2 \times 10^{-4} \quad ; \quad \varepsilon_2 = -6 \times 10^{-4}}$$

Con estos valores se determinan las direcciones principales resolviendo los siguientes sistemas de ecuaciones

$$\text{Para } \varepsilon = 2 \quad \begin{cases} -\alpha - \sqrt{7}\beta = 0 \\ -\sqrt{7}\alpha - 7\beta = 0 \end{cases} \quad \Rightarrow \quad \vec{u}_1\left(\frac{\sqrt{14}}{4}, -\frac{\sqrt{2}}{4}\right)$$

$$\text{Para } \varepsilon = -6 \quad \begin{cases} 7\alpha - \sqrt{7}\beta = 0 \\ -\sqrt{7}\alpha + \beta = 0 \end{cases} \quad \Rightarrow \quad \vec{u}_2\left(\frac{\sqrt{2}}{4}, \frac{\sqrt{14}}{4}\right)$$

Las direcciones principales vienen, pues, definidas por los vectores unitarios

$$\vec{u}_1\left(\frac{\sqrt{14}}{4}, -\frac{\sqrt{2}}{4}\right) \quad ; \quad \vec{u}_2\left(\frac{\sqrt{2}}{4}, \frac{\sqrt{14}}{4}\right)$$

Para la resolución gráfica uniremos los puntos $D(1, \sqrt{7})$ y $D'(-5, -\sqrt{7})$ (Fig. I.3-*a*). La intersección de la recta que determinan estos dos puntos con el eje de abscisas es el centro del círculo de Mohr.

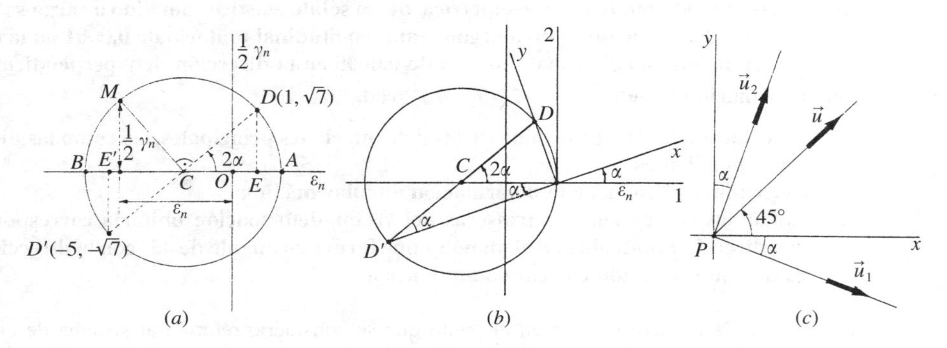

Figura I.3

Las abscisas de los puntos A y B de intersección de este círculo con el eje ε_n son los valores de las deformaciones principales

$$\varepsilon_1 = 2 \times 10^{-4} \quad ; \quad \varepsilon_2 = -6 \times 10^{-4}$$

De la construcción de Mohr se deduce también la situación de las direcciones principales

$$\text{tg } 2\alpha = \frac{\sqrt{7}}{3} = 0{,}882 \quad \Rightarrow \quad 2\alpha = 41^\circ\, 24'\, 34'' \quad \Rightarrow \quad \alpha = 20^\circ\, 37'\, 17''$$

es decir, la dirección principal que corresponde al alargamiento ε_1 forma un ángulo α con la dirección del eje x, en el sentido indicado en la Figura I.3-*b*.

Para la construcción gráfica de las direcciones principales se procede de forma análoga al ejercicio anterior, pero con deformaciones, en vez de tensiones (Fig. I.3-*b*).

2.º Del mismo círculo de Mohr se deduce de forma inmediata el valor de la deformación angular máxima

$$\left(\frac{\gamma_n}{2}\right)_{\text{máx}} = \frac{\varepsilon_1 - \varepsilon_2}{2} = \frac{2 + 6}{2} \times 10^{-4}$$

es decir:

$$\left(\frac{\gamma_n}{2}\right)_{\text{máx}} = 4 \times 10^{-4} \text{ rad}$$

3.º El vector deformación unitaria para $\vec{u}\left(\frac{\sqrt{2}}{2}, \frac{\sqrt{2}}{2}\right)$ es:

$$[\vec{\varepsilon}] = \begin{pmatrix} \varepsilon_x & \frac{1}{2}\gamma_{xy} \\ \frac{1}{2}\gamma_{xy} & \varepsilon_y \end{pmatrix} \begin{pmatrix} \cos\theta \\ \operatorname{sen}\theta \end{pmatrix} = \begin{pmatrix} \varepsilon_x \cos\theta + \frac{1}{2}\gamma_{xy} \operatorname{sen}\theta \\ \frac{1}{2}\gamma_{xy}\cos\theta + \varepsilon_y \operatorname{sen}\theta \end{pmatrix} = \begin{pmatrix} -1{,}163 \times 10^{-4} \\ -5{,}405 \times 10^{-4} \end{pmatrix}$$

de donde $|\vec{\varepsilon}| = 10^{-4}\sqrt{1{,}163^2 + 5{,}405^2} = \sqrt{30{,}576} \times 10^{-4} = 5{,}529 \times 10^{-4}$.

Las componentes intrínsecas serán:

$$\begin{cases} \varepsilon_n = \vec{\varepsilon} \cdot \vec{u} = \varepsilon_x \cos^2\theta + \varepsilon_y \operatorname{sen}^2\theta + \gamma_{xy} \operatorname{sen}\theta\cos\theta = \\ = 0{,}0001 \times \frac{1}{2} - 0{,}0005 \times \frac{1}{2} - 2\sqrt{7} \times 10^{-4} \times \frac{1}{2} = -4{,}645 \times 10^{-4} \\ \frac{\gamma_n}{2} = \sqrt{\varepsilon^2 - \varepsilon_n^2} = \sqrt{30{,}576 - 21{,}576} \times 10^{-4} = 3 \times 10^{-4} \end{cases}$$

es decir:

$$\boxed{\varepsilon_n = -4{,}645 \times 10^{-4} \quad ; \quad \frac{\gamma_n}{2} = 3 \times 10^{-4}}$$

Gráficamente, estas componentes intrínsecas son las coordenadas del punto M de intersección con el círculo de Mohr de la semirrecta radial que forma un ángulo de 90° con CD o, lo que es lo mismo, un ángulo de $90° + 2\alpha = 138°\ 35'\ 26''$ con la dirección positiva del eje de abscisas (Fig. I.3-*a*).

I.4. Una roseta de 45° se aplicó a la superficie de una viga, como se indica en la Figura I.4-*a*. Las deformaciones sobre los ejes *a*, *b* y *c* fueron, respectivamente, $\varepsilon_a = 0{,}0009$, $\varepsilon_b = -0{,}00015$ y $\varepsilon_c = 0$.

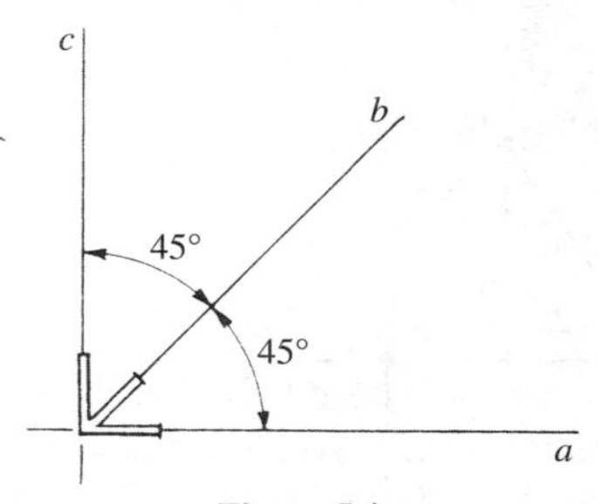

Figura I.4-*a*

Determinar las defomaciones principales expresando la respuesta en micras por metro, así como las direcciones correspondientes.

De la expresión del vector deformación unitaria $\vec{\varepsilon}$ correspondiente a la dirección definida por el vector unitario $\vec{u}(\cos\theta, \operatorname{sen}\theta)$, referido a un sistema de ejes $0xy$ coincidentes con los ejes $0ab$ (Fig. I.4-*b*):

$$[\vec{\varepsilon}] = \begin{pmatrix} \varepsilon_x & \frac{1}{2}\gamma_{xy} \\ \frac{1}{2}\gamma_{xy} & \varepsilon_y \end{pmatrix} \begin{pmatrix} \cos\theta \\ \operatorname{sen}\theta \end{pmatrix} = \begin{pmatrix} \varepsilon_x \cos\theta + \frac{1}{2}\gamma_{xy} \operatorname{sen}\theta \\ \frac{1}{2}\gamma_{xy}\cos\theta + \varepsilon_y \operatorname{sen}\theta \end{pmatrix}$$

se deduce:

$$\varepsilon_n = \vec{\varepsilon} \cdot \vec{u} = \varepsilon_x \cos^2 \theta + \varepsilon_y \operatorname{sen}^2 \theta + \gamma_{xy} \operatorname{sen} \theta \cos \theta$$

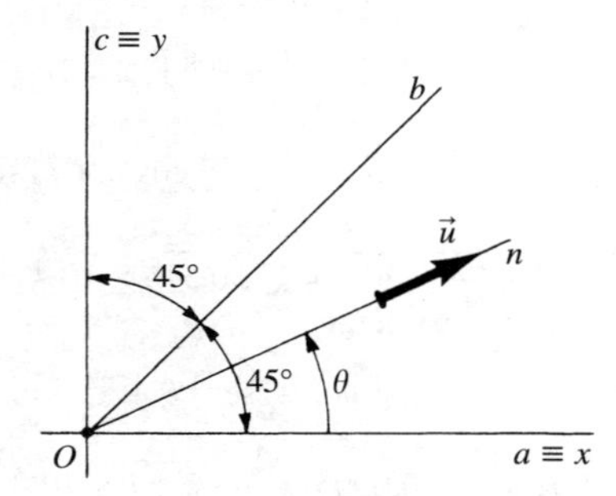

Figura I.4-*b*

Particularizando esta ecuación para las direcciones a, b y c, tenemos:

$$\theta = 0 \quad \Rightarrow \quad \varepsilon_a = \varepsilon_x = 0{,}0009$$

$$\theta = 45° \quad \Rightarrow \quad \varepsilon_b = 0{,}0009 \times \frac{1}{2} + \gamma_{xy} \frac{1}{\sqrt{2}} \times \frac{1}{\sqrt{2}} = -0{,}00015$$

$$\theta = 90° \quad \Rightarrow \quad \varepsilon_c = \varepsilon_y = 0$$

De la segunda ecuación se obtiene:

$$\gamma_{xy} = -0{,}0003 - 0{,}0009 = -0{,}0012 \text{ rad}$$

Con estos resultados, teniendo en cuenta que el signo de la deformación angular de la matriz de deformación está cambiado respecto al signo de la coordenada en el círculo de Mohr, podemos señalar los puntos D y D' correspondientes a las direcciones a y c, respectivamente (Fig. I.4-c).

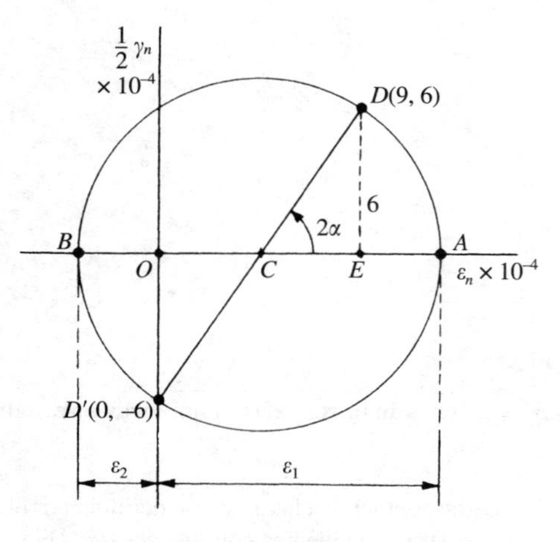

Figura I.4-*c*

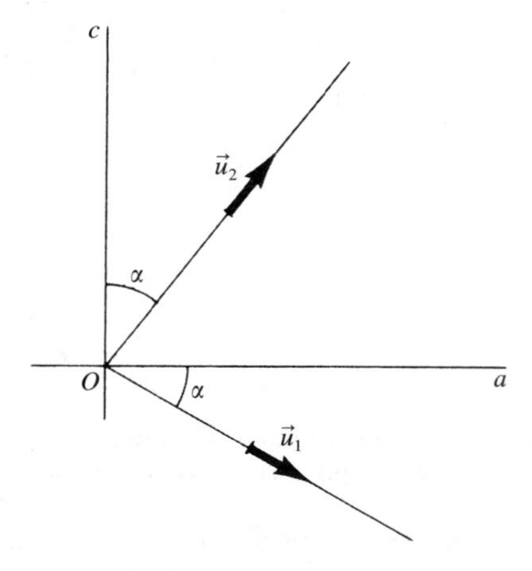

Figura I.4-*d*

El punto medio $C(9/2, 0)$ es el centro del círculo de Mohr. Su radio es

$$\frac{1}{2} \sqrt{9^2 + 12^2} = \frac{1}{2} \sqrt{225} = \frac{15}{2}$$

Por tanto, las deformaciones principales serán:

$$\varepsilon_1 = \overline{0A} = \overline{0C} + \overline{CA} = \frac{9}{2} + \frac{15}{2} = 12$$

$$\varepsilon_2 = \overline{0B} = \overline{0C} - \overline{CB} = \frac{9}{2} - \frac{15}{2} = -3$$

Como la unidad empleada en la representación gráfica es 10^{-4}, sus valores, expresados en micras por metros, son

$$\boxed{\begin{aligned} \varepsilon_1 &= 12 \times 10^{-4} \times 10^6 \frac{\mu\text{m}}{\text{m}} = 1.200 \frac{\mu\text{m}}{\text{m}} \\ \varepsilon_2 &= -3 \times 10^{-4} \times 10^6 \frac{\mu\text{m}}{\text{m}} = -300 \frac{\mu\text{m}}{\text{m}} \end{aligned}}$$

Las direcciones principales se pueden obtener del círculo de Mohr

$$\text{tg } 2\alpha = \frac{6}{9/2} = \frac{4}{3} \quad \Rightarrow \quad 2\alpha = 53° \, 7' \, 48'' \quad \Rightarrow \quad \alpha = 26° \, 33' \, 54''$$

es decir, la dirección principal correspondiente a ε_1 forma un ángulo de 26° 33′ 54″ con el eje x, contado en sentido horario (Fig. I.4-*d*). La otra dirección principal, definida por $\vec{u}_2$, es perpendicular a ésta.

I.5. En un punto *P* de un sólido elástico se colocan seis galgas extensométricas en las direciones indicadas en la Figura I.5. Mediante la utilización de un aparato adecuado se obtienen las siguientes medidas:

$$\boldsymbol{\varepsilon_A = 2 \times 10^{-3} \quad ; \quad \varepsilon_B = 2{,}5 \times 10^{-3} \quad ; \quad \varepsilon_C = 0}$$

$$\boldsymbol{\varepsilon_D = 3 \times 10^{-3} \quad ; \quad \varepsilon_E = 10^{-3} \quad ; \quad \varepsilon_F = 1{,}5 \times 10^{-3}}$$

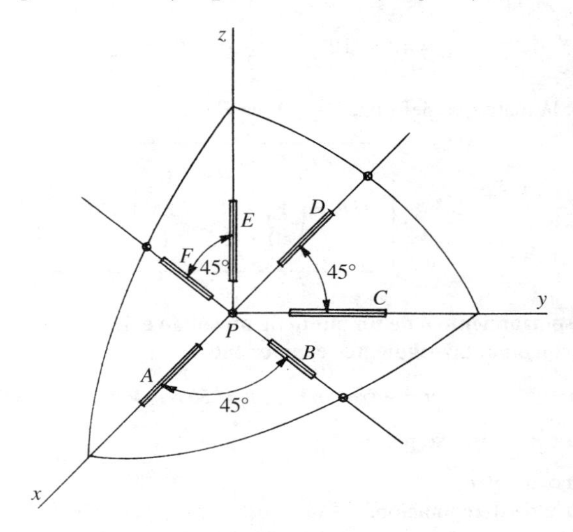

Figura I.5

Calcular la matriz de deformación en el punto *P*, referido al sistema de ejes *Pxyz*.

La galga extensométrica nos mide el alargamiento longitudinal unitario en la dirección en que está situada o, lo que es lo mismo, la componente ε_n del vector deformación unitaria en P en esa dirección.

La expresión general de ε_n en función de los parámetros que definen la dirección dada por $\vec{u}$ será:

$$\varepsilon_n = \vec{\varepsilon} \cdot \vec{u} = [\vec{u}]^T[D][\vec{u}] = (\alpha \quad \beta \quad \gamma) \begin{pmatrix} \varepsilon_x & \frac{1}{2}\gamma_{xy} & \frac{1}{2}\gamma_{xz} \\ \frac{1}{2}\gamma_{xy} & \varepsilon_y & \frac{1}{2}\gamma_{yz} \\ \frac{1}{2}\gamma_{xz} & \frac{1}{2}\gamma_{yz} & \varepsilon_z \end{pmatrix} \begin{pmatrix} \alpha \\ \beta \\ \gamma \end{pmatrix} =$$

$$= \varepsilon_x\alpha^2 + \varepsilon_y\beta^2 + \varepsilon_z\gamma^2 + \gamma_{xy}\alpha\beta + \gamma_{yz}\beta\gamma + \gamma_{xz}\alpha\gamma$$

Aplicando esta ecuación a las seis galgas dadas, tenemos:

$$\vec{u}_A(1, 0, 0) \quad \Rightarrow \quad 2 \times 10^{-3} = \varepsilon_x$$

$$\vec{u}_B\left(\frac{1}{\sqrt{2}}, \frac{1}{\sqrt{2}}, 0\right) \quad \Rightarrow \quad 2{,}5 \times 10^{-3} = \frac{1}{2}\varepsilon_x + \frac{1}{2}\varepsilon_y + \frac{1}{2}\gamma_{xy}$$

$$\vec{u}_C(0, 1, 0) \quad \Rightarrow \quad 0 = \varepsilon_y$$

$$\vec{u}_D\left(0, \frac{1}{\sqrt{2}}, \frac{1}{\sqrt{2}}\right) \quad \Rightarrow \quad 3 \times 10^{-3} = \frac{1}{2}\varepsilon_y + \frac{1}{2}\varepsilon_z + \frac{1}{2}\gamma_{yz}$$

$$\vec{u}_E(0, 0, 1) \quad \Rightarrow \quad 10^{-3} = \varepsilon_z$$

$$\vec{u}_F\left(\frac{1}{\sqrt{2}}, 0, \frac{1}{\sqrt{2}}\right) \quad \Rightarrow \quad 1{,}5 \times 10^{-3} = \frac{1}{2}\varepsilon_x + \frac{1}{2}\varepsilon_z + \frac{1}{2}\gamma_{xz}$$

sistema de seis ecuaciones con seis incógnitas, cuyas soluciones son:

$$\varepsilon_x = 2 \times 10^{-3} \quad ; \quad \varepsilon_y = 0 \quad ; \quad \varepsilon_z = 10^{-3}$$

$$\frac{1}{2}\gamma_{xy} = 1{,}5 \times 10^{-3} \quad ; \quad \frac{1}{2}\gamma_{xz} = 0 \quad ; \quad \frac{1}{2}\gamma_{yz} = 2{,}5 \times 10^{-3}$$

Por tanto, la matriz de deformación $[D]$ en P es:

$$\boxed{[D] = \begin{pmatrix} 2 & 1{,}5 & 0 \\ 1{,}5 & 0 & 2{,}5 \\ 0 & 2{,}5 & 1 \end{pmatrix} \times 10^{-3}}$$

I.6. El vector desplazamiento $\vec{\delta}$ de un punto de un sólido elástico tiene, respecto de una referencia cartesiana ortogonal, las siguientes componentes

$$u = 4ax - ay \quad ; \quad v = 5ax - 4ay \quad ; \quad w = 0$$

siendo *a* una constante. Se pide:

1.º La matriz de giro.
2.º La matriz de deformación.
3.º Calcular las componentes intrínsecas del vector deformación unitaria en la dirección del eje *x*.
4.º Dibujar los círculos de Mohr de deformaciones.

1.º Dadas las componentes del vector corrimiento, la matriz $[H]$ de giro viene dada por la expresión (1.6-3)

$$[H] = \begin{pmatrix} 0 & -3a & 0 \\ 3a & 0 & 0 \\ 0 & 0 & 0 \end{pmatrix}$$

2.º Análogamente, la matriz $[D]$ de deformación, según la expresión (1.6-4), será:

$$[D] = \begin{pmatrix} 4a & 2a & 0 \\ 2a & -4a & 0 \\ 0 & 0 & 0 \end{pmatrix}$$

3.º El vector deformación unitaria en la dirección del eje x es, en virtud de su definición (1.6-8):

$$[\vec{\varepsilon}] = [D][\vec{u}] = \begin{pmatrix} 4a & 2a & 0 \\ 2a & -4a & 0 \\ 0 & 0 & 0 \end{pmatrix}\begin{pmatrix} 1 \\ 0 \\ 0 \end{pmatrix} = \begin{pmatrix} 4a \\ 2a \\ 0 \end{pmatrix}$$

de donde fácilmente se deducen los valores de sus componentes intrínsecas

$$\varepsilon_n = 4a \quad ; \quad \frac{1}{2}\gamma_n = 2a$$

4.º Los valores de los alargamientos principales se obtienen resolviendo la ecuación característica

$$\begin{vmatrix} 4a - \varepsilon & 2a & 0 \\ 2a & -4a - \varepsilon & 0 \\ 0 & 0 & -\varepsilon \end{vmatrix} = 0$$

$$-\varepsilon[(4a - \varepsilon)(-4a - \varepsilon) - 4a^2] = 0$$

$$-\varepsilon(\varepsilon^2 - 20a^2) = 0 \quad \Rightarrow \quad \varepsilon_1 = +a\sqrt{20} \quad ; \quad \varepsilon_2 = 0 \quad ; \quad \varepsilon_3 = -a\sqrt{20}$$

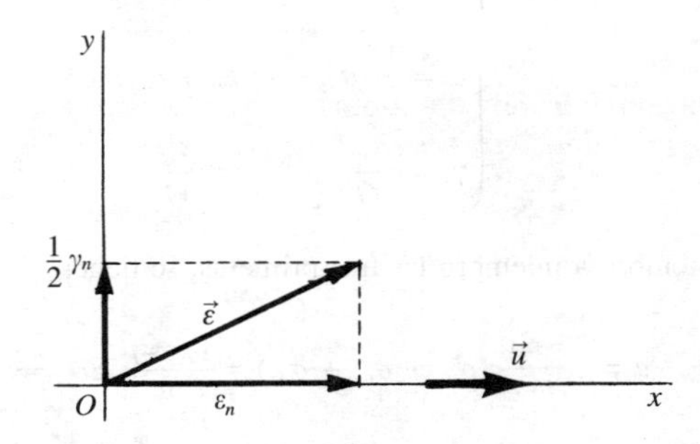

Figura I.6-*a*

Obtenidos estos valores, el dibujo de los círculos de Mohr es inmediato.

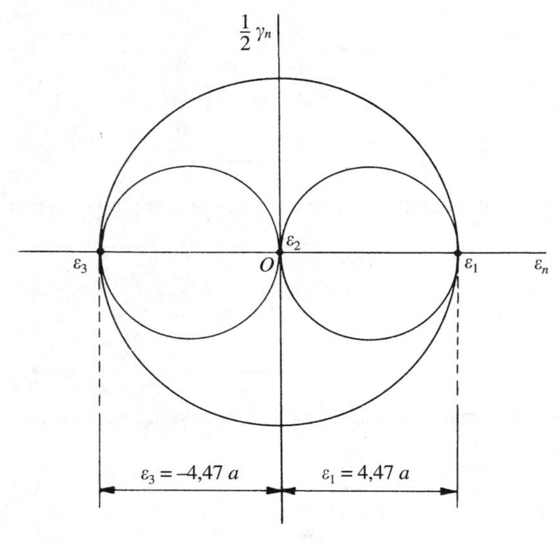

Figura I.6-*b*

I.7. Demostrar las ecuaciones de Lamé, que expresan las componentes de la matriz de tensiones en función de las componentes de la matriz de deformaciones

$$\sigma_{nx} = \lambda e + 2G\varepsilon_x \quad ; \quad \sigma_{ny} = \lambda e + 2G\varepsilon_y \quad ; \quad \sigma_{nz} = \lambda e + 2G\varepsilon_z$$

$$\tau_{xy} = G\gamma_{xy} \quad ; \quad \tau_{xz} = G\gamma_{xz} \quad ; \quad \tau_{yz} = G\gamma_{yz}$$

siendo $e = \varepsilon_x + \varepsilon_y + \varepsilon_z$ la dilatación cúbica unitaria.

Se darán las expresiones de los dos coeficientes λ y G en función del módulo de elasticidad E y del coeficiente de Poisson μ.

Partimos de las ecuaciones (1.8-5), que expresan las leyes de Hooke generalizadas

$$\left\{\begin{array}{l} \varepsilon_x = \dfrac{1}{E}\,[\sigma_{nx} - \mu(\sigma_{ny} + \sigma_{nz})] \\ \varepsilon_y = \dfrac{1}{E}\,[\sigma_{ny} - \mu(\sigma_{nx} + \sigma_{nz})] \\ \varepsilon_z = \dfrac{1}{E}\,[\sigma_{nz} - \mu(\sigma_{nx} + \sigma_{ny})] \\ \gamma_{xy} = \dfrac{\tau_{xy}}{G} \quad ; \quad \gamma_{xz} = \dfrac{\tau_{xz}}{G} \quad ; \quad \gamma_{yz} = \dfrac{\tau_{yz}}{G} \end{array}\right.$$

Sumando miembro a miembro las tres primeras, se tiene:

$$e = \frac{1 - 2\mu}{E}\,(\sigma_{nx} + \sigma_{ny} + \sigma_{nz}) = \frac{1 - 2\mu}{E}\,\Theta \quad \Rightarrow \quad \Theta = \frac{eE}{1 - 2\mu}$$

siendo $\Theta = \sigma_{nx} + \sigma_{ny} + \sigma_{nz}$.

Las ecuaciones de Hooke generalizadas se pueden poner de la siguiente forma:

$$\varepsilon_x = \frac{1}{E}\,[\sigma_{nx}(1 + \mu) - \mu\Theta]$$

$$\varepsilon_y = \frac{1}{E}\,[\sigma_{ny}(1 + \mu) - \mu\Theta]$$

$$\varepsilon_z = \frac{1}{E}\,[\sigma_{nz}(1 + \mu) - \mu\Theta]$$

Despejando de estas expresiones las tensiones normales y sustituyendo Θ en función de la dilatación cúbica unitaria

$$\begin{cases} \sigma_{nx} = \dfrac{\mu}{1+\mu}\,\Theta + \dfrac{E}{(1+\mu)}\,\varepsilon_x = \dfrac{\mu E}{(1+\mu)(1-2\mu)}\,e + \dfrac{E}{1+\mu}\,\varepsilon_x \\ \sigma_{ny} = \dfrac{\mu}{1+\mu}\,\Theta + \dfrac{E}{(1+\mu)}\,\varepsilon_y = \dfrac{\mu E}{(1+\mu)(1-2\mu)}\,e + \dfrac{E}{1+\mu}\,\varepsilon_y \\ \sigma_{nz} = \dfrac{\mu}{1+\mu}\,\Theta + \dfrac{E}{(1+\mu)}\,\varepsilon_z = \dfrac{\mu E}{(1+\mu)(1-2\mu)}\,e + \dfrac{E}{1+\mu}\,\varepsilon_z \end{cases}$$

Si hacemos

$$\lambda = \frac{\mu E}{(1+\mu)(1-2\mu)} \quad ; \quad G = \frac{E}{2(1+\mu)}$$

resultan, junto con las tensiones tangenciales despejadas directamente de las leyes de Hooke, las ecuaciones de Lamé

$$\boxed{\begin{array}{lll} \sigma_{nx} = \lambda e + 2G\varepsilon_x & ; & \tau_{xy} = G\gamma_{xy} \\ \sigma_{ny} = \lambda e + 2G\varepsilon_y & ; & \tau_{yz} = G\gamma_{yz} \\ \sigma_{nz} = \lambda e + 2G\varepsilon_z & ; & \tau_{xz} = G\gamma_{xz} \end{array}}$$

I.8. Mediante la aplicación de una roseta equiangular (120°) en un punto de la superficie interior de una tubería de presión, sometida a presión interior $p = 15$ MPa, se han obtenido las siguientes lecturas:

$$\boldsymbol{\varepsilon_0 = 23 \times 10^{-4} \quad ; \quad \varepsilon_{120} = 14{,}5 \times 10^{-4} \quad ; \quad \varepsilon_{-120} = 10{,}3 \times 10^{-4}}$$

Conociendo el módulo de elasticidad $E = 2 \times 10^5$ MPa y el coeficiente de Poisson $\mu = 0{,}3$, se pide hallar:

1.° Las deformaciones principales en el punto considerado.
2.° Las tensiones principales.

1.° Tomemos la rama de la roseta correspondiente a 0° como eje x y el eje y la perpendicular en el plano tangente a la superficie interior de la tubería en el punto considerado.

La expresión de la deformación longitudinal unitaria en una determinada dirección $\vec{u}(\alpha, \beta, 0)$ es:

$$\varepsilon_n = \varepsilon_x \alpha^2 + \varepsilon_y \beta^2 + \gamma_{xy} \alpha\beta$$

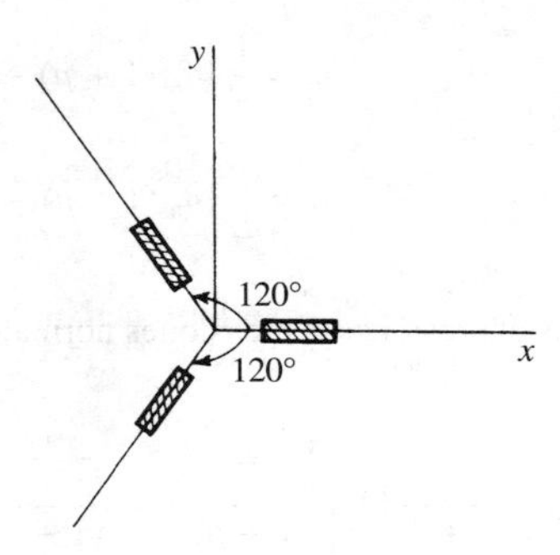

Figura I.8

Aplicando esta expresión:

$$\vec{u}_0(1, 0, 0) \qquad \varepsilon_x = 23 \times 10^{-4}$$

$$\vec{u}_{120}(-1/2, \sqrt{3}/2, 0): \qquad 14{,}5 \times 10^{-4} = \frac{\varepsilon_x}{4} + \frac{3\varepsilon_y}{4} - \frac{\gamma_{xy}\sqrt{3}}{4}$$

$$\vec{u}_{-120}(-1/2, -\sqrt{3}/2, 0): \qquad 10{,}3 \times 10^{-4} = \frac{\varepsilon_x}{4} + \frac{3\varepsilon_y}{4} + \frac{\gamma_{xy}\sqrt{3}}{4}$$

Se deducen los siguientes valores:

$$\varepsilon_x = 23 \times 10^{-4} \quad ; \quad \varepsilon_y = 8{,}87 \times 10^{-4} \quad ; \quad \gamma_{xy} = -4{,}85 \times 10^{-4}$$

Por otra parte, de las condiciones de contorno

$$\left.\begin{aligned} 0 &= \sigma_{nx}\alpha + \tau_{xy}\beta + \tau_{xz}\gamma \\ 0 &= \tau_{xy}\alpha + \sigma_{ny}\beta + \tau_{yz}\gamma \\ -15 &= \tau_{xz}\alpha + \tau_{yz}\beta + \sigma_{nz}\gamma \end{aligned}\right\} \quad \begin{aligned} &\text{Para } \vec{u}(0, 0, 1)\text{, se obtiene:} \\ &\tau_{xz} = \tau_{yz} = 0 \quad ; \quad \sigma_{nz} = \sigma_3 = -15 \text{ MPa} \end{aligned}$$

Las deformaciones principales se obtienen de la ecuación característica

$$\begin{vmatrix} 23 \times 10^{-4} - \varepsilon & -2{,}425 \times 10^{-4} \\ -2{,}425 \times 10^{-4} & 8{,}87 \times 10^{-4} - \varepsilon \end{vmatrix} = 0$$

de donde:

$$\varepsilon_1 = 23{,}40 \times 10^{-4} \quad ; \quad \varepsilon_2 = 8{,}46 \times 10^{-4}$$

También existe deformación en la dirección perpendicular al plano *xy*. De la tercera ecuación de Lamé se deduce:

$$\sigma_3 = \lambda e + 2G\varepsilon_3 = \lambda(\varepsilon_1 + \varepsilon_2) + \varepsilon_3(\lambda + 2G)$$

es decir:

$$\varepsilon_3 = \frac{\sigma_3 - \lambda(\varepsilon_1 + \varepsilon_2)}{\lambda + 2G}$$

Como los valores de los coeficientes de Lamé son:

$$\lambda = \frac{\mu E}{(1 + \mu)(1 - 2\mu)} = 1{,}154 \times 10^5 \text{ MPa} \quad ; \quad G = \frac{E}{2(1 + \mu)} = 0{,}769 \times 10^5 \text{MPa}$$

sustituyéndolos en la expresión anterior tenemos:

$$\varepsilon_3 = \frac{-15 - 1{,}154 \times 10^5 \times 31{,}86 \times 10^{-4}}{(1{,}154 + 1{,}538) \times 10^5} = -14{,}21 \times 10^{-4}$$

luego las deformaciones principales son:

$$\boxed{\varepsilon_1 = 23{,}40 \times 10^{-4} \quad ; \quad \varepsilon_2 = 8{,}46 \times 10^{-4} \quad ; \quad \varepsilon_3 = -14{,}21 \times 10^{-4}}$$

2.º Como $e = \varepsilon_1 + \varepsilon_2 + \varepsilon_3 = (23{,}40 + 8{,}46 - 14{,}21) \times 10^{-4} = 17{,}65 \times 10^{-4}$, las tensiones principales, en virtud de las ecuaciones de Lamé, serán:

$$\sigma_1 = \lambda e + 2G\varepsilon_1 = 1{,}154 \times 10^5 \times 17{,}65 \times 10^{-4} + 2 \times 0{,}769 \times 10^5 \times 23{,}4 \times 10^{-4} =$$
$$= 203{,}68 + 359{,}89 = 563{,}57 \text{ MPa}$$

$$\sigma_2 = \lambda e + 2G\varepsilon_2 = 203{,}68 + 2 \times 0{,}769 \times 10^5 \times 8{,}46 \times 10^{-4} = 333{,}79 \text{ MPa}$$

es decir:

$$\boxed{\sigma_1 = 563{,}57 \text{ MPa} \quad ; \quad \sigma_2 = 333{,}79 \text{ MPa} \quad ; \quad \sigma_3 = -15 \text{ MPa}}$$

I.9. Se considera la viga en voladizo indicada en la Figura I.9-*a*. Se pide calcular:

1.º La acción que ejerce sobre ella el empotramiento en *A*.

2.º El momento flector en las secciones de la viga, representando gráficamente su variación a lo largo de ella.

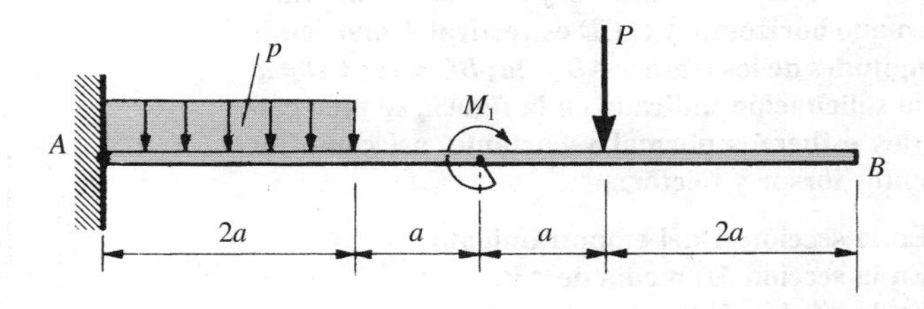

Figura I.9-*a*

1.º La reacción del empotramiento comprende una fuerza vertical y un momento perpendicular al plano de carga.

Imponiendo la condición de ser nula la resultante y nulo el momento respecto del empotramiento, se tiene:

$$\begin{cases} R_A - 2ap - P = 0 \\ M_A - 2ap \cdot a - M_1 - P \cdot 4a = 0 \end{cases} \Rightarrow \begin{cases} \boxed{R_A = P + 2ap} \\ \boxed{M_A = M_1 + 4aP + 2a^2P} \end{cases}$$

La fuerza tiene sentido hacia arriba y el momento es saliente del plano de la figura.

2.º Para una sección de abscisa x, la ley de momentos flectores es:

$$M = -(M_1 + 4aP + 2a^2p) + (P + 2ap)x - \frac{px^2}{2} \qquad \text{para} \quad 0 \leqslant x \leqslant 2a$$

$$M = -(M_1 + 4aP + 2a^2p) + (P + 2ap)x - 2ap(x - a) \qquad » \quad 2a \leqslant x < 3a$$

$$M = -P(4a - x) \qquad » \quad 3a < x \leqslant 4a$$

$$M = 0 \qquad » \quad 4a \leqslant x \leqslant 6a$$

Su representación gráfica se indica en la Figura I.9-*b*.

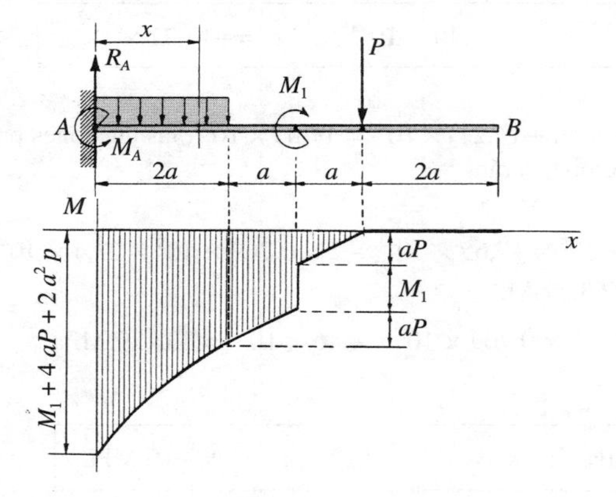

Figura I.9-*b*

I.10. La Figura I.10-*a* representa una barra *ABCD* empotrada en su extremo *A* y formada por los tramos *AB*, *BC* y *CD*, que está doblada en las secciones *B* y *C*. Cada tramo forma un ángulo recto con el precedente de tal forma que los tramos *AB* y *BC* están contenidos en un plano horizontal y el *CD* es vertical. Conociendo las longitudes de los tramos $AB = 3a$; $BC = 2a$; $CD = a$, para la solicitación indicada en la figura, se pide calcular los esfuerzos normal y cortante, así como los momentos torsor y flector:

1.º En la sección *A* del empotramiento.
2.º En la sección *M*, media de *AB*.
3.º En la sección *C*, extrema de *BC*.
4.º En la sección *C*, extrema de *CD*.

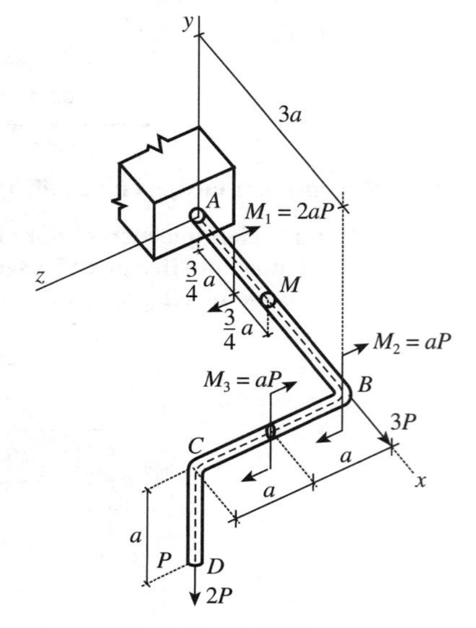

Figura I.10-*a*

1.º Tomando el sistema de ejes indicado en la Figura I.10-*a*, la resultante $\vec{R}$ y momento resultante $\vec{M}_A$ de todas las fuerzas que actúan sobre el sistema situadas a la derecha de la sección A tienen por expresiones respectivas

$$\vec{R} = 3P\vec{i} - 2P\vec{j} - P\vec{k}$$

$$\vec{M}_A = -(M_1 + M_2 + M_3)\,\vec{i} + \begin{vmatrix} \vec{i} & \vec{j} & \vec{k} \\ 3a & -a & 2a \\ 0 & -2P & -P \end{vmatrix} = aP\vec{i} + 3aP\vec{j} - 6aP\vec{k}$$

Por tanto, los esfuerzos pedidos en la sección A del empotramiento son:

$$N = 3P \quad ; \quad T_y = -2P \quad ; \quad T_z = -P$$
$$M_T = aP \quad ; \quad M_y = 3aP \quad ; \quad M_z = -6aP$$

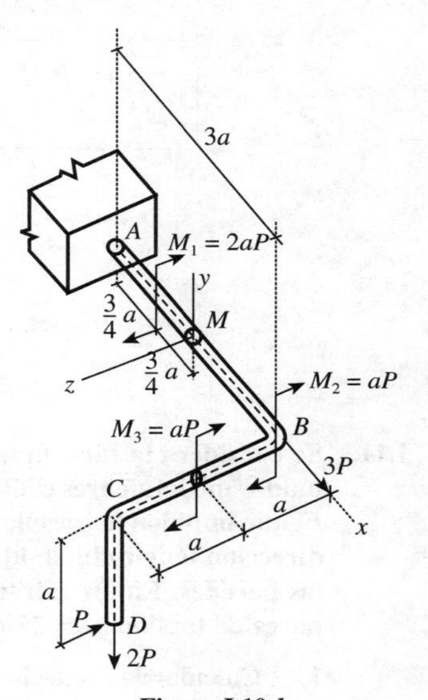

Figura I.10-*b*

2.º Análogamente, tomando con origen en M el sistema de ejes indicado en la Figura I.10-*b*, se tiene

$$\vec{R} = 3P\vec{i} - 2P\vec{j} - P\vec{k}$$

$$\vec{M}_M = -(M_1 + M_2 + M_3)\,\vec{i} + \begin{vmatrix} \vec{i} & \vec{j} & \vec{k} \\ 1{,}5a & -a & 2a \\ 0 & -2P & -P \end{vmatrix} =$$

$$= aP\vec{i} + 1{,}5aPj - 3aP\vec{k}$$

$$N = 3P \quad ; \quad T_y = -2P \quad ; \quad T_z = -P$$
$$M_T = aP \quad ; \quad M_y = 1{,}5aP \quad ; \quad M_z = -3aP$$

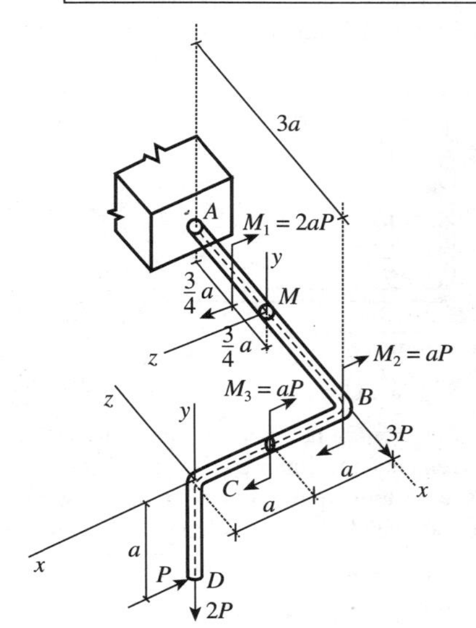

Figura I.10-*c*

3.º Respecto del sistema de referencia indicado en la Figura I.10-*c*:

$$\vec{R} = -P\vec{i} - 2P\vec{j}$$
$$\vec{M}_c = -aP\vec{k}$$

$$N = -P \quad ; \quad T_y = -2P \quad ; \quad T_z = 0$$
$$M_T = 0 \quad ; \quad M_y = 0 \quad ; \quad M_z = -aP$$

4.º Análogamente (Fig. I.10-*d*):

$$\vec{R} = 2P\vec{i}$$
$$\vec{M}_c = -aP\vec{k}$$

$$\boxed{\begin{array}{c} N = 2P \quad ; \quad T_y = 0 \quad ; \quad T_z = 0 \\ M_T = 0 \quad ; \quad M_y = 0 \quad ; \quad M_z = -aP \end{array}}$$

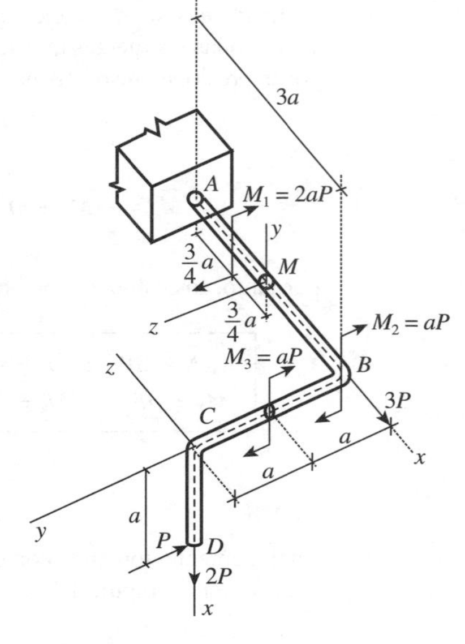

Figura I.10-*d*

I.11. **Se considera la tubería indicada en la Figura I.11-*a* formada por tres tramos *AC*, *CE* y *EH*, unidos mediante tres codos rectos en *C* y *E*. La tubería está sujeta mediante tres apoyos: *B*, *D* y *F*, que impiden los desplazamientos en la dirección perpendicular al eje de la tubería, no en la dirección longitudinal, ni impiden los posibles giros. La tubería no tiene ningún contacto con las paredes. En los extremos *A* y *H* de la tubería actúan las fuerzas de tracción $P = 50$ kp y pares de torsión $M = 25$ m · kp en los sentidos indicados en la misma figura. Se pide:**

1.º Calcular las reacciones en los apoyos.

2.º Hallar las leyes de momentos torsores y de momentos flectores respecto de las referencias de cada barra indicadas en la figura, así como el dibujo de los correspondientes diagramas.

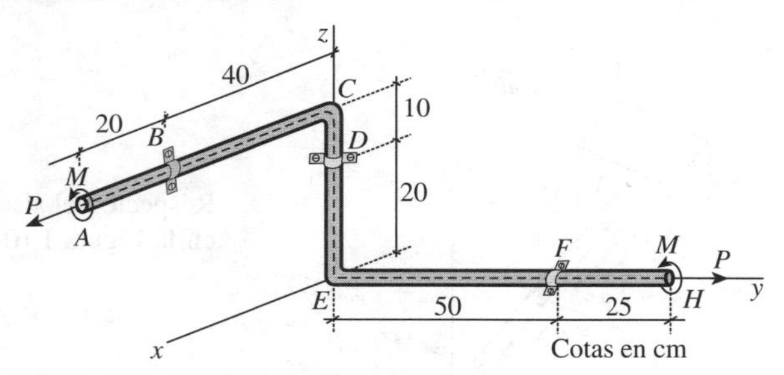

Figura I.11-*a*

1.º Teniendo en cuenta las condiciones de sujección de la tubería la reacción de cada uno de los apoyos *B*, *D* y *F* tendrá dos componentes (en las direcciones en que el movimiento está impedido). Al ser seis el número de incógnitas, el sistema que se considera es un sistema isostático. Los valores de las incógnitas se obtienen aplicando las condiciones universales de equilibrio

$$R_x = 0: \quad P + R_{Dx} + R_{Fx} = 0 \qquad (1)$$
$$R_y = 0: \quad P + R_{By} + R_{Dy} = 0 \qquad (2)$$
$$R_z = 0: \quad R_{Bz} + R_{Fz} = 0 \qquad (3)$$

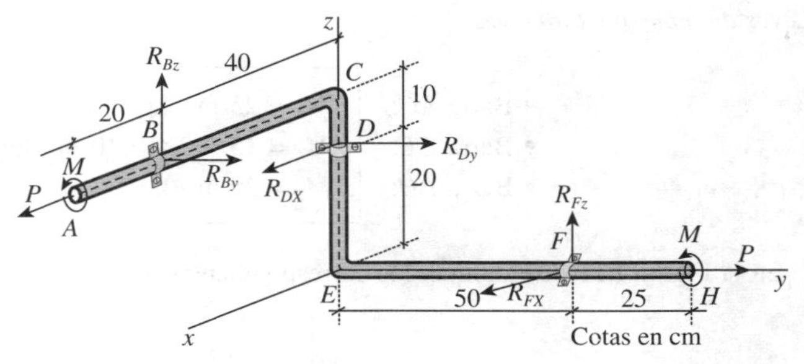

Figura I.11-*b*

De la expresión del momento resultante respecto de E

$$\vec{M}_E = M\vec{i} + M\vec{j} + \begin{vmatrix} \vec{i} & \vec{j} & \vec{k} \\ 0{,}4 & 0 & 0{,}3 \\ P & R_{By} & R_{Bz} \end{vmatrix} + \begin{vmatrix} \vec{i} & \vec{j} & \vec{k} \\ 0 & 0 & 0{,}2 \\ R_{Dx} & R_{Dy} & 0 \end{vmatrix} + \begin{vmatrix} \vec{i} & \vec{j} & \vec{k} \\ 0 & 0{,}5 & 0 \\ R_{Fx} & 0 & R_{Fz} \end{vmatrix} = 0$$

se obtienen las ecuaciones:

$$M_{Ex} = 0: \quad M - 0{,}3R_{By} - 0{,}2R_{Dy} + 0{,}5R_{Fz} = 0 \quad (4)$$

$$M_{Ey} = 0: \quad M + 0{,}3P - 0{,}4R_{Bz} + 0{,}2R_{Dx} = 0 \quad (5)$$

$$M_{Ez} = 0: \quad 0{,}4R_{By} - 0{,}5R_{Fx} = 0 \quad (6)$$

Las ecuaciones de (1) a (6) constituyen un sistema de seis ecuaciones con seis incógnitas, cuyas soluciones son:

$\vec{R}_B$: $R_{By} = 25$ kp ; $R_{Bz} = 65$ kp
$\vec{R}_D$: $R_{Dx} = -70$ kp ; $R_{Dy} = -75$ kp
$\vec{R}_F$: $R_{Fx} = 20$ kp ; $R_{Fz} = -65$ kp

2.º Tomando los sistemas de referencia locales indicados en la Figura I.11-*c*, las leyes de momentos torsores y de momentos flectores son:

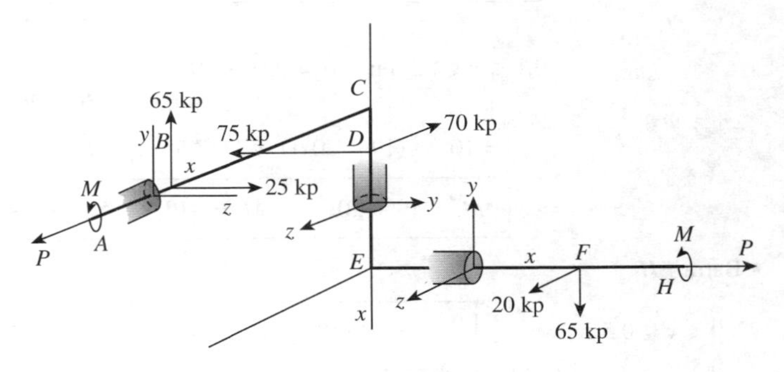

Figura I.11-*c*

Leyes de momentos torsores

• Barra AC:	$M_T = 25$ m · kp
• Barra CE:	$M_T = 25 \times 0{,}4 = 10$ m · kp
• Barra EH:	$M_T = 25$ m · kp

En la Figura I.11-*d* se dibujan los correspondientes diagramas.

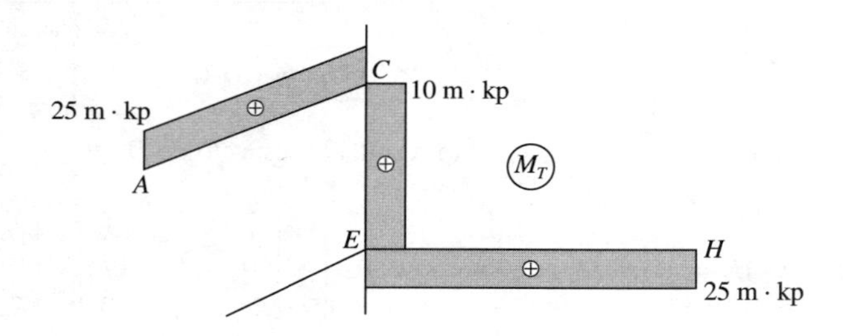

Figura I.11-*d*

Leyes de momentos flectores

• Barra AC

$0 \leqslant x \leqslant 0{,}2$ m:	$M_y = 0 \quad ; \quad M_z = 0$
$0{,}2$ m $\leqslant x \leqslant 0{,}6$ m:	$M_y = -25(x - 0{,}2)$ m · kp $\quad ; \quad M_z = 65(x - 0{,}2)$

• Barra CE

$$0 \leqslant x \leqslant 0{,}1 \text{ m:} \quad \vec{M} = 25\vec{j} + \begin{vmatrix} \vec{i} & \vec{j} & \vec{k} \\ 0{,}1 - x & 0 & 0 \\ 0 & -75 & -70 \end{vmatrix} + \begin{vmatrix} \vec{i} & \vec{j} & \vec{k} \\ 0{,}3 - x & 0{,}5 & 0 \\ 65 & 50 & 20 \end{vmatrix} =$$

$$= 10\vec{i} + (26 - 50x)\vec{j} + (-25 + 25x)\vec{k} \quad \Rightarrow$$

$$\Rightarrow \quad \boxed{M_y = 26 - 50x \text{ m} \cdot \text{kp} \quad ; \quad M_z = -25 + 25x \text{ m} \cdot \text{kp}}$$

$$0{,}1 \leqslant x \leqslant 0{,}3 \text{ m:} \quad \vec{M} = 25\vec{j} + \begin{vmatrix} \vec{i} & \vec{j} & \vec{k} \\ 0{,}3 - x & 0{,}5 & 0 \\ 65 & 50 & 20 \end{vmatrix} =$$

$$= 10\vec{i} + (19 + 20x)\vec{j} + (-17{,}5 - 50x)\vec{k} \quad \Rightarrow$$

$$\Rightarrow \quad \boxed{M_y = 19 + 20x \quad ; \quad M_z = -17{,}5 - 50x \text{ m} \cdot \text{kp}}$$

• Barra EH

$0 \leqslant x \leqslant 0{,}5$ m:	$M_y = -20(0{,}5 - x)$ m · kp $\quad ; \quad M_z = -65(0{,}5 - x)$ m · kp
$0{,}5$ m $\leqslant x \leqslant 0{,}75$ m:	$M_y = 0 \quad ; \quad M_z = 0$

Los diagramas de M_y y M_z se representan en las Figuras I.11-*e* e I.11-*f*.

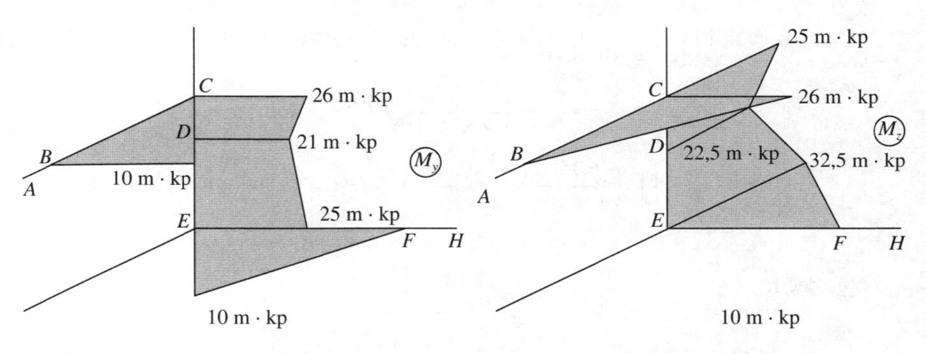

Figura I.11-*e* **Figura I.11-*f***

I.12. Calcular en julios el potencial interno del paralelepípedo de la Figura I.12 sabiendo que la solicitación exterior causa un estado tensional tal que en cualquiera de sus puntos la matriz de tensiones es

$$[T] = \begin{pmatrix} 80 & 0 & 20 \\ 0 & 30 & 0 \\ 20 & 0 & -10 \end{pmatrix} \text{MPa}$$

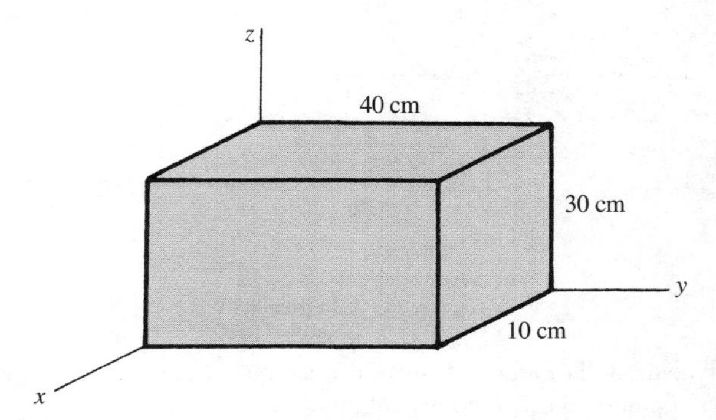

Figura I.12

Datos: Módulo de elasticidad $E = 2 \times 10^5$ MPa, coeficiente de Poisson $\mu = 0{,}25$.

Aplicaremos la fórmula (1.14-5), que expresa el potencial interno en función de las componentes de la matriz de tensiones

$$\mathcal{T} = \iiint_v \left\{ \frac{1}{2E} [\sigma_{nx}^2 + \sigma_{ny}^2 + \sigma_{nz}^2 - 2\mu(\sigma_{nx}\sigma_{ny} + \sigma_{ny}\sigma_{nz} + \sigma_{nz}\sigma_{nx})] + \frac{1}{2G}(\tau_{xy}^2 + \tau_{yz}^2 + \tau_{xz}^2) \right\} dx\, dy\, dz$$

Sustituyendo valores, teniendo en cuenta el valor de G

$$G = \frac{E}{2(1 + \mu)} = \frac{2 \times 10^5}{2 \times 1{,}25} = 8 \times 10^4 \text{ MPa}$$

tenemos:

$$\mathcal{T} = \iiint_v \left\{ \frac{1}{2 \times 2 \times 10^5} [80^2 + 30^2 + 10^2 - 0,5(80 \times 30 - 30 \times 10 - 10 \times 80)] + \right.$$

$$\left. + \frac{1}{2 \times 8 \times 10^4} 20^2 \right\} 10^6 \, dx \, dy \, dz =$$

$$= \iiint_v \left(\frac{6.750}{4 \times 10^5} + \frac{400}{16 \times 10^4} \right) 10^6 \, dx \, dy \, dz = 19.375 \iiint_v dx \, dy \, dz =$$

$$= 19.375 \times 0,4 \times 0,3 \times 0,1 = 232,5 \text{ J}$$

es decir:

$$\boxed{\mathcal{T} = 232,5 \text{ J}}$$

I.13. En un punto *P* interior de un sólido elástico existe el estado tensional indicado en la Figura I.13-*a*, estando expresadas las tensiones en MPa. Sabiendo que el diagrama tensión-deformación del material del sólido elástico es el de la Figura I.13-*b*, calcular el coeficiente de seguridad, según el criterio simplificado de Mohr.

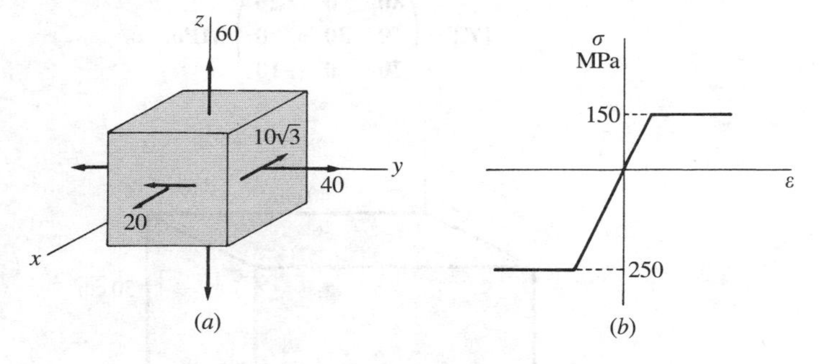

Figura I.13

De la observación de la Figura I.13-*a* se deduce que el eje *z* es dirección principal. La matriz de tensiones en el punto considerado del sólido elástico es

$$[T] = \begin{pmatrix} 20 & -10\sqrt{3} & 0 \\ -10\sqrt{3} & 40 & 0 \\ 0 & 0 & 60 \end{pmatrix} \text{MPa}$$

Las tensiones principales las podemos obtener a partir de la ecuación característica

$$\begin{vmatrix} 20 - \sigma & -10\sqrt{3} & 0 \\ -10\sqrt{3} & 40 - \sigma & 0 \\ 0 & 0 & 60 - \sigma \end{vmatrix} = 0$$

$$(60 - \sigma)(\sigma^2 - 60\sigma + 500) = 0$$

de donde:

$$\sigma_1 = 60 \text{ MPa} \quad ; \quad \sigma_2 = 50 \text{ MPa} \quad ; \quad \sigma_3 = 10 \text{ MPa}$$

El criterio de Mohr establece que la expresión de la tensión equivalente es

$$\sigma_{\text{equiv}} = \sigma_1 - K\sigma_3$$

Como $K = \dfrac{\sigma_{et}}{|\sigma_{ec}|}$, del diagrama de tensión-deformación se deduce el valor de K: $K = 150/250 = 0{,}6$.

Una vez obtenida la tensión equivalente

$$\sigma_{\text{equiv}} = 60 - 0{,}6 \times 10 = 54 \text{ MPa}$$

la determinación del coeficiente de seguridad pedido es inmediata

$$\boxed{n} = \frac{\sigma_{et}}{\sigma_{\text{equiv}}} = \frac{150}{54} = \boxed{2{,}\widehat{7}}$$

I.14. Sobre las caras laterales de un prisma de espesor e = 1 cm actúan uniformemente repartidas las fuerzas indicadas en la figura, estando libres las otras dos. Conociendo el coeficiente de Poisson μ = 0,3, calcular la tensión que habría que someter a una probeta del mismo material en un ensayo a tracción para que tuviera el mismo coeficiente de seguridad que el prisma considerado, de acuerdo con:

1.º El criterio de Tresca.
2.º El criterio de Saint-Venant.
3.º El criterio de von Mises.

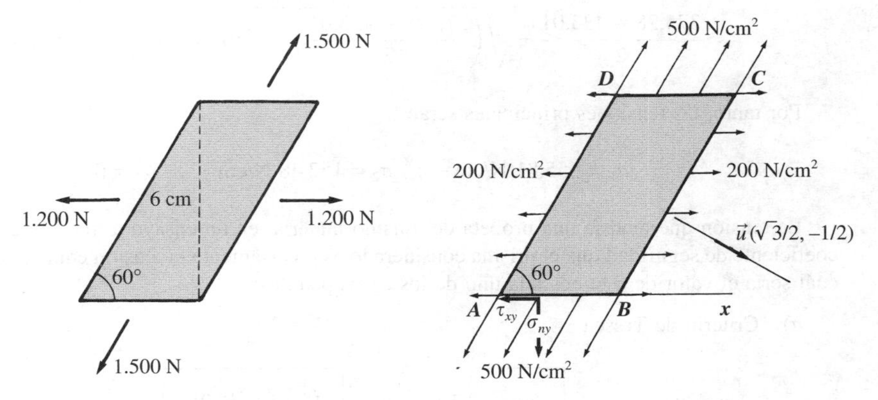

Figura I.14-*a* **Figura I.14-*b***

Sobre las caras laterales del prisma actúa el sistema de fuerzas superficiales indicado en la Figura I.14-*b*, según se desprende del enunciado.

La matriz de tensiones que caracteriza el estado tensional a que está sometido el prisma es constante en todos sus puntos. Calculemos sus componentes: los valores de τ_{xy} y σ_{ny} se pueden obtener directamente de las condiciones de contorno en la cara AB

$$\tau_{xy} = 500 \cos 60° = 250 \text{ N/cm}^2$$
$$\sigma_{ny} = 500 \text{ sen } 60° = 250\sqrt{3} \text{ N/cm}^2$$

Por otra parte, en la cara BC

$$[\vec{\sigma}] = [T][\vec{u}] = \begin{pmatrix} \sigma_{nx} & \tau_{xy} \\ \tau_{xy} & \sigma_{ny} \end{pmatrix} \begin{pmatrix} \cos 30° \\ -\text{sen } 30° \end{pmatrix} = \begin{pmatrix} \bar{X} \\ \bar{Y} \end{pmatrix} = \begin{pmatrix} 200 \\ 0 \end{pmatrix}$$

Identificando tenemos

$$\begin{cases} \bar{X} = \sigma_{nx} \cos 30^\circ - \tau_{xy} \operatorname{sen} 30^\circ = \dfrac{\sqrt{3}}{2}\sigma_{nx} - \dfrac{1}{2} \times 250 = 200 \\ \bar{Y} = \tau_{xy} \cos 30^\circ - \sigma_{ny} \operatorname{sen} 30^\circ = 0 \end{cases}$$

De la primera ecuación se obtiene el valor de σ_{nx}

$$\frac{\sqrt{3}}{2}\sigma_{nx} = 200 + 125 \quad \Rightarrow \quad \sigma_{nx} = 375{,}28 \text{ N/cm}^2$$

Por tanto, las componentes de la matriz de tensiones son:

$$\sigma_{nx} = 375{,}28 \text{ N/cm}^2 \quad ; \quad \sigma_{ny} = 433{,}01 \text{ N/cm}^2 \quad ; \quad \tau_{xy} = 250 \text{ N/cm}^2$$

Procediendo ahora análogamente a como se ha hecho en el ejercicio I.2, obtendremos las tensiones principales

$$\sigma_{1,2} = \frac{\sigma_{nx} + \sigma_{ny}}{2} \pm \sqrt{\left(\frac{\sigma_{nx} - \sigma_{ny}}{2}\right)^2 + \tau_{xy}^2} =$$

$$= \frac{375{,}28 + 433{,}01}{2} \pm \sqrt{\left(\frac{375{,}28 - 433{,}01}{2}\right)^2 + 250^2} = 404{,}145 \pm 251{,}661$$

Por tanto, las tensiones principales serán:

$$\sigma_1 = 655{,}81 \text{ N/cm}^2 \quad ; \quad \sigma_2 = 152{,}48 \text{ N/cm}^2 \quad ; \quad \sigma_3 = 0$$

La tensión que tendría una probeta del mismo material en un ensayo a tracción con el mismo coeficiente de seguridad que el prisma considerado es precisamente la tensión equivalente. Veamos cuál sería el valor de ésta en cada uno de los casos pedidos:

a) Criterio de Tresca

$$\boxed{\sigma_{\text{equiv}}} = \sigma_1 - \sigma_3 = \boxed{655{,}81 \text{ N/cm}^2}$$

b) Criterio de Saint-Venant

$$\boxed{\sigma_{\text{equiv}}} = \sigma_1 - \mu\sigma_2 = 655{,}81 - 0{,}3 \times 152{,}48 = \boxed{610{,}07 \text{ N/cm}^2}$$

c) Criterio de von Mises

$$\boxed{\sigma_{\text{equiv}}} = \sqrt{\frac{1}{2}\left[(\sigma_1 - \sigma_2)^2 + (\sigma_2 - \sigma_3)^2 + (\sigma_3 - \sigma_1)^2\right]} =$$

$$= \sqrt{\frac{1}{2}\left[(655{,}81 - 152{,}48)^2 + 152{,}48^2 + 655{,}81^2\right]} = \boxed{594{,}42 \text{ N/cm}^2}$$

I.15. La matriz de tensiones en todo punto de un sólido elástico, respecto de un sistema de referencia cartesiano ortogonal es

$$[T] = \begin{pmatrix} \mathbf{21}K & \mathbf{108}K & \mathbf{0} \\ \mathbf{108}K & \mathbf{84}K & \mathbf{0} \\ \mathbf{0} & \mathbf{0} & \mathbf{100} \end{pmatrix}$$

estando expresadas sus componentes en N/mm² y siendo *K* un parámetro positivo de carga.

1.º Determinar, en función de *K*, las tensiones principales analítica y gráficamente mediante los círculos de Mohr.
2.º Calcular las direcciones principales.
3.º Sabiendo que el material admite una tensión tangencial máxima de 60 N/mm² obtenida en un ensayo a tracción, determinar el valor máximo que puede tomar *K* para asegurar que el sólido trabaja en régimen elástico: *a*) aplicando el criterio de Tresca, *b*) aplicando el criterio de von Mises.

1.º De la simple observación de la matriz de tensiones, al ser $\tau_{xz} = \tau_{yz} = 0$, se deduce que el eje z es dirección principal. Los valores de las tensiones principales se pueden obtener analíticamente resolviendo la ecuación característica

$$\begin{vmatrix} 21K - \sigma & 108K & 0 \\ 108K & 84K - \sigma & 0 \\ 0 & 0 & 100 - \sigma \end{vmatrix} = 0$$

$$(100 - \sigma)(\sigma^2 - 105K\sigma - 9.900K^2) = 0$$

$$\boxed{\sigma_1 = 165K \text{ N/mm}^2 \quad ; \quad \sigma_2 = -60K \text{ N/mm}^2 \quad ; \quad \sigma_3 = 100 \text{ N/mm}^2}$$

No se ha tenido en cuenta el orden de mayor a menor, pues dependerá del valor de K.

Gráficamente, separando la tensión principal $\sigma_3 = 100$ N/mm², las otras dos estarán contenidas en el plano xy. Sus valores vienen dados por las abscisas de los puntos de intersección del círculo de Mohr que pasa por los puntos $M(21K, -108K)$ y $M'(84K, 108K)$. Se comprueba, en efecto, que los valores de las tensiones principales son (Fig. I.15-*a*)

$$\sigma_1 = 165K \text{ N/mm}^2 \quad ; \quad \sigma_2 = -60K \text{ N/mm}^2$$

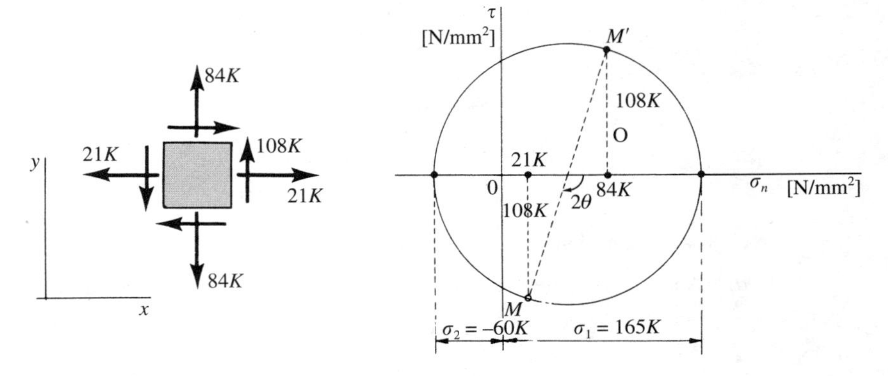

Figura I.15-*a*

2.º Para calcular las direcciones principales aplicaremos las ecuaciones (1.5-9)

$$\text{Para } \sigma_1 = 165K \quad \begin{cases} -144K\alpha + 108K\beta = 0 \\ 108K\alpha - 81K\beta = 0 \end{cases} \Rightarrow \quad \alpha = \frac{3}{5} \quad ; \quad \beta = \frac{4}{5}$$

$$\text{Para } \sigma_2 = -60K \quad \begin{cases} 81K\alpha + 108K\beta = 0 \\ 108K\alpha + 144K\beta = 0 \end{cases} \Rightarrow \quad \alpha = -\frac{4}{5} \quad ; \quad \beta = \frac{3}{5}$$

Por tanto, las direcciones principales vienen definidas por los vectores unitarios:

$$\boxed{\begin{aligned} \vec{u}_1 &= \frac{1}{5}(3\vec{i} + 4\vec{j}) \\ \vec{u}_2 &= \frac{1}{5}(-4\vec{i} + 3\vec{j}) \\ \vec{u}_3 &= \vec{k} \end{aligned}}$$

El ángulo θ que forma el eje principal 1 con la dirección del eje x se puede obtener de la expresión de $\vec{u}_1$

$$\text{tg } \theta = \frac{4}{3} \quad \Rightarrow \quad \theta = 53^\circ\, 8'$$

que también se puede obtener del círculo de Mohr (Fig. I.15-*a*).

La situación respecto del sistema de referencia 0*xyz* se indica en la Figura I.15-*b*.

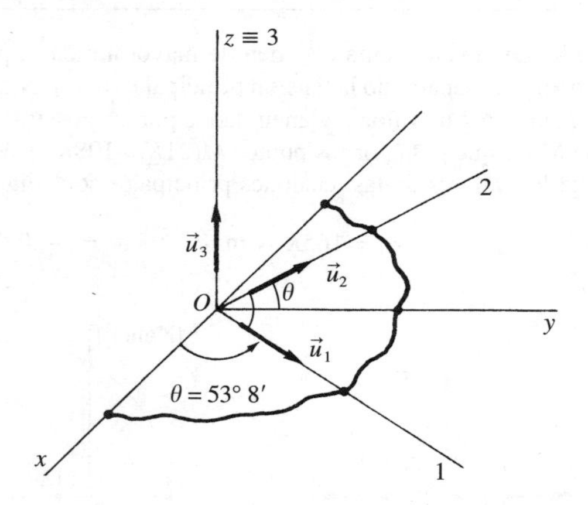

Figura I.15-*b*

3.º En el ensayo a tracción $\sigma = 2\tau_{\text{máx}} = 2 \times 60 \text{ N/mm}^2 = 120 \text{ N/mm}^2$.

a) Aplicando el criterio de Tresca, ordenemos las tensiones principales de mayor a menor

$$\text{Si} \quad K > \frac{100}{165} = 0{,}606$$

$$\sigma_1 = 165K \text{ N/mm}^2 \quad ; \quad \sigma_2 = 100 \text{ N/mm}^2 \quad ; \quad \sigma_3 = -60K \text{ N/mm}^2$$

El valor máximo de K se obtendrá al imponer la condición de este criterio

$$\sigma_1 - \sigma_3 \leqslant \sigma_e \quad \Rightarrow \quad 165K + 60K \leqslant 120 \quad \Rightarrow \quad K \leqslant \frac{120}{225} = 0{,}53$$

resultado que está en contradicción con la hipótesis establecida anteriormente.

Por tanto, tendrá que ser $K < 0{,}606$. En este caso las tensiones principales ordenadas son:

$$\sigma_1 = 100 \text{ N/mm}^2 \quad ; \quad \sigma_2 = 165K \text{ N/mm}^2 \quad ; \quad \sigma_3 = -60K \text{ N/mm}^2$$

Se tendrá que verificar:

$$100 + 60K \leqslant 120$$

de donde

$$\boxed{K_{\text{máx}} = \frac{1}{3}}$$

b) Aplicando el criterio de von Mises $(\sigma_1 - \sigma_2)^2 + (\sigma_2 - \sigma_3)^2 + (\sigma_3 - \sigma_1)^2 \leqslant 2\sigma_e^2$

$$(100 - 165K)^2 + (165K + 60K)^2 + (60K + 100)^2 \leqslant 2 \times 120^2$$

se obtiene la ecuación

$$1.629K^2 - 420K - 176 \leqslant 0$$

cuyas raíces son:

$$K_1 = 0{,}482 \quad ; \quad K_2 = -0{,}224$$

De la representación gráfica de este trinomio indicada en la Figura I.15-*c*, se deduce que el intervalo de variación de K para que se verifique la anterior inecuación es:

$$-0{,}224 \leqslant K \leqslant 0{,}482$$

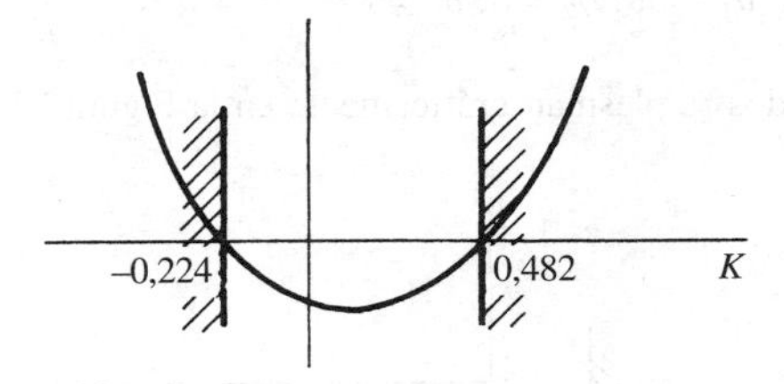

Figura I.15-*c*

Por tanto, según el criterio de von Mises, el valor máximo de K es

$$\boxed{K_{\text{máx}} = 0{,}482}$$

I.16. En su punto P de un sólido elástico existe el estado tensional indicado en la Figura I.16, siendo K un parámetro que puede tomar todos los valores posibles que hacen que el comportamiento del material en el punto P sea elástico, según el criterio simplificado de Mohr. Conociendo los límites elásticos a tracción y a compresión σ_{et} $|\sigma_{ec}| = 6\sigma$. Representar gráficamente la función $n = f(K)$ siendo n el coeficiente de seguridad.

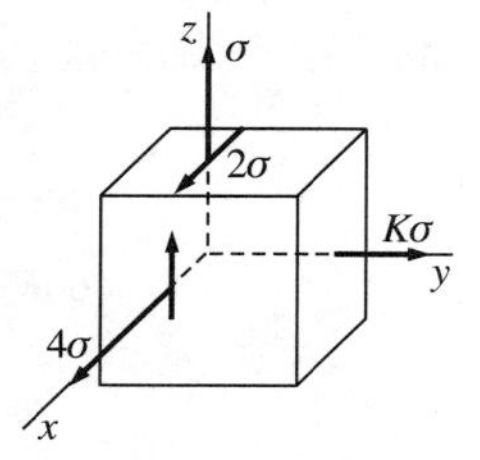

Figura I.16

La matriz de tensiones en el punto P que se considera es

$$[T] = \begin{pmatrix} 4\sigma & 0 & 2\sigma \\ 0 & K\sigma & 0 \\ 2\sigma & 0 & \sigma \end{pmatrix}$$

Los valores de las tensiones principales en el punto P se pueden obtener mediante la ecuación característica

$$\begin{vmatrix} 4\sigma - \lambda & 0 & 2\sigma \\ 0 & K\sigma - \lambda & 0 \\ 2\sigma & 0 & \sigma - \lambda \end{vmatrix} = 0 \quad \Rightarrow \quad (K\sigma - \lambda)\,\lambda\,(\lambda - 5\sigma) = 0$$

Las tensiones principales son, pues: $K\sigma$, 0, 5σ, cuyo ordenamiento depende del valor que tome el parámetro K. Podemos hacer la siguiente discusión:

a) Si $K > 5$: $\sigma_1 = K\sigma$; $\sigma_2 = 5\sigma$; $\sigma_3 = 0 \quad \Rightarrow \quad n = \dfrac{\sigma_{et}}{\sigma_1 - \sigma_3} = \dfrac{6}{K} \geqslant \quad \Rightarrow \quad K \leqslant 6$

b) Si $0 < K < 5$: $\sigma_1 = 5\sigma$; $\sigma_2 = K\sigma$; $\sigma_3 = 0 \quad \Rightarrow \quad n = \dfrac{6}{5} = 1{,}2$

c) Si $K < 0$: $\sigma_1 = 5\sigma$; $\sigma_2 = 0$; $\sigma_3 = K\sigma \quad \Rightarrow \quad n = \dfrac{6}{5 - K} \geqslant 1 \quad \Rightarrow \quad K \geqslant -1$

Estos resultados se plasman gráficamente en la Figura I.16-*a*.

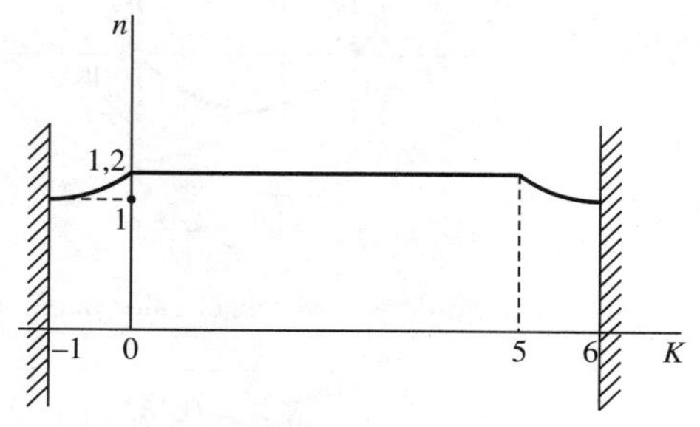

Figura I.16-*a*

2

Tracción y compresión

2.1. Esfuerzo normal y estado tensional de un prisma mecánico sometido a tracción o compresión monoaxial

Diremos que un prisma mecánico está sometido a *tracción* o *compresión monoaxial* cuando al realizar un corte por cualquier sección recta el torsor de las fuerzas que actúan sobre la parte eliminada se reduce en el centro de gravedad de la sección al esfuerzo normal N, es decir, en todas las secciones rectas del prisma se anulan el esfuerzo cortante y los momentos torsor y flector.

Por convenio, tomaremos el esfuerzo normal positivo cuando la sección trabaje a tracción y negativo cuando lo haga a compresión. Aunque desde el punto de vista formal la tracción y la compresión no difieren más que en el signo del esfuerzo normal N, pueden existir diferencias cualitativas entre estos dos modos de carga, como veremos en su momento que ocurre en el caso de barras esbeltas sometidas a compresión.

Aunque en lo que sigue consideraremos prismas mecánicos de línea media rectilínea, en este mismo capítulo estudiaremos más adelante algunos casos en los que el prisma mecánico trabaje a tracción o compresión siendo curva su directriz, como ocurre en los cables o en los arcos funiculares.

El esfuerzo normal en un prisma mecánico será, en general, una función de la abscisa que determina la posición de la sección recta

$$N = N(x) \tag{2.1-1}$$

La representación gráfica de esta función da lugar al *diagrama de esfuerzos normales* del prisma, tal como el indicado en la Figura 2.1.

Las correspondientes leyes de esfuerzos normales en este caso serán:

$$N = P_1 \quad \text{para} \quad 0 < x < a$$
$$N = P_1 - P_2 \quad \text{para} \quad a < x < b$$
$$N = P_1 - P_2 - P_3 \quad \text{para} \quad b < x < l$$

Esta última ley de esfuerzos normales se puede poner también en la forma

$$N = -P_4 \quad \text{para} \quad b < x < l$$

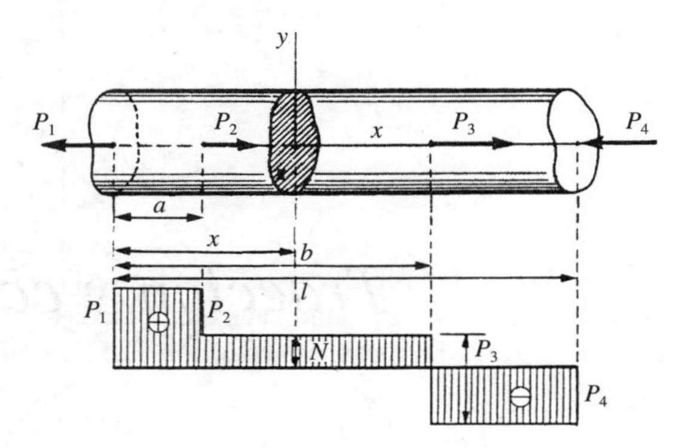

Figura 2.1

considerando la solicitación que actúa a la derecha de la sección de corte, o bien, despejando en la ecuación de equilibrio

$$-P_1 + P_2 + P_3 - P_4 = 0 \quad \Rightarrow \quad P_1 - P_2 - P_3 = -P_4$$

Veamos cómo se distribuyen las tensiones que se engendran en el prisma mecánico. Considerando un elemento (Fig. 2.2), cuya cara sombreada forma parte de una sección recta, las componentes de la matriz de tensión σ_{nx}, τ_{xy}, τ_{xz} sobre esta cara habrán de verificar, por el principio de equivalencia:

$$\left\{\begin{array}{l} \iint_\Omega \sigma_{nx}\, dy\, dz = N \; ; \quad \iint_\Omega \tau_{xy}\, dy\, dz = 0 \; ; \quad \iint_\Omega \tau_{xz}\, dy\, dz = 0 \\ \iint_\Omega (\tau_{xz} y - \tau_{xy} z)\, dy\, dz = 0 \; ; \quad \iint_\Omega \sigma_{nx} z\, dy\, dz = 0 \; ; \quad \iint_\Omega \sigma_{nx} y\, dy\, dz = 0 \end{array}\right. \qquad (2.1\text{-}2)$$

Con estas seis ecuaciones no se pueden determinar las tensiones σ_{nx}, τ_{xy} y τ_{xz} que el esfuerzo normal N origina en la sección; es necesario recurrir a hipótesis simplificativas.

La hipótesis que nos resuelve la indeterminación del sistema de ecuaciones es la llamada *hipótesis de Bernoulli o de conservación de las secciones planas*. Las secciones transversales del prisma mecánico, que eran planas y perpendiculares a su línea media antes de la deformación, permanecen planas y normales a dicha línea media después de producida ésta.

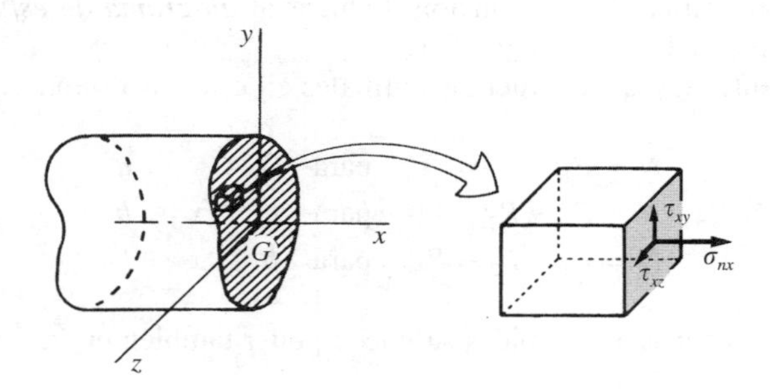

Figura 2.2

Se comprueba experimentalmente la verificación de esta hipótesis sometiendo a tracción una barra prismática en la que se han dibujado sobre su superficie una retícula de líneas rectas, unas perpendiculares y otras paralelas al eje longitudinal. En efecto, después de producida la deformación (Fig. 2.3) se observa que cada recta de la retícula sigue siendo paralela a la misma recta antes de someter la barra a tracción. Como es de suponer que en el interior del prisma se produce el mismo fenómeno, se deduce la verificación de la hipótesis de Bernoulli antes enunciada.

Al ser constante la deformación longitudinal unitaria en todos los puntos de la sección transversal también será constante la tensión σ_{nx}. Por tanto, al existir una distribución uniforme de σ_{nx} en cada sección transversal de la viga, de la primera ecuación (2.1-2) se deduce:

$$\sigma_{nx} \iint_{\Omega} d\Omega = N, \quad \text{es decir:} \quad \sigma_{nx} = \frac{N}{\Omega} \tag{2.1-3}$$

siendo Ω el área de la sección recta que se considera.

Por otra parte, cualquier paralelepípedo elemental que consideremos en la barra, de lados paralelos a la retícula dibujada en su superficie, se deformará según otro paralelepípedo cuyas caras son paralelas a las de aquél, por lo que se conservará el paralelismo de sus aristas. Quiere esto decir que no existen distorsiones angulares, es decir,

$$\gamma_{xy} = \gamma_{xz} = \gamma_{yz} = 0$$

y, por tanto, que

$$\tau_{xy} = \tau_{xz} = \tau_{yz} = 0 \tag{2.1-4}$$

Se comprueba que con estos resultados se verifican idénticamente las ecuaciones segunda, tercera y cuarta de las (2.1-2). También se verifican las dos restantes, pues ambas son el producto de una constante por el momento estático de la sección respecto de un eje que pasa por el centro de gravedad que, como sabemos, es nulo.

Fácilmente se comprende que en el tramo de una barra prismática en el que el esfuerzo normal es constante, las tensiones normales son constantes en todas las secciones del tramo, es decir, en todos los puntos del tramo del sólido elástico el estado tensional es el mismo. Este estado tensional se denomina *estado tensional homogéneo*.

La hipótesis de Bernoulli no es válida para secciones cercanas a aquéllas en que se aplican fuerzas concentradas pero sí es acorde con el *principio de Saint-Venant* que establece que, exceptuando un pequeño tramo inicial de la barra, las tensiones internas no varían si se sustituye

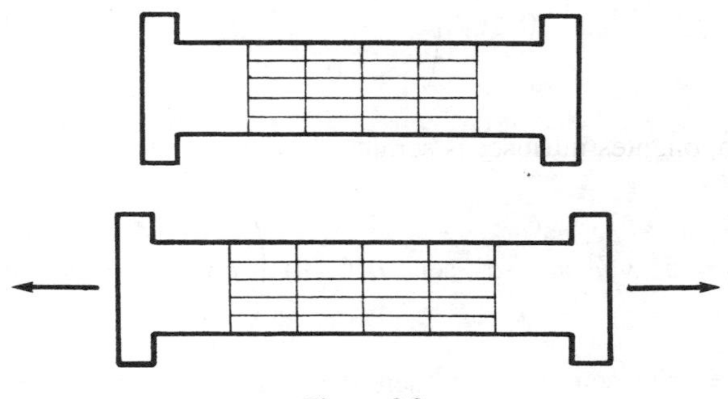

Figura 2.3

una fuerza externa concentrada por un sistema de fuerzas equivalente, como puede ser el formado por una distribución uniforme en la sección extrema.

Tampoco es aplicable a las secciones próximas a aquellas que presentan variaciones bruscas del área de la sección, como ocurre en entallas, agujeros, etc., ya que entonces hay ciertas zonas en las que se producen concentración de tensiones, como veremos más adelante.

El hecho que en los puntos de la sección recta y para la orientación de ésta se anule la tensión tangencial indica que la dirección del eje del prisma es dirección principal. Las tensiones principales son:

$$\sigma_1 = \sigma_{nx} = \frac{N}{\Omega} \quad ; \quad \sigma_2 = \sigma_3 = 0 \tag{2.1-5}$$

El vector tensión $\vec{\sigma}$ en un punto interior, para una orientación cuya normal n forme un ángulo θ con la dirección del eje del prisma (Fig. 2.4), será

$$[\vec{\sigma}] = \begin{pmatrix} \sigma_1 & 0 & 0 \\ 0 & 0 & 0 \\ 0 & 0 & 0 \end{pmatrix} \begin{pmatrix} \cos\,\theta \\ \operatorname{sen}\,\theta \\ 0 \end{pmatrix} = \begin{pmatrix} \sigma_1 \cos\,\theta \\ 0 \\ 0 \end{pmatrix} \tag{2.1-6}$$

De esta expresión se deduce que en cualquier sección oblicua el vector tensión tiene la dirección del eje del prisma.

Sus componentes intrínsecas serán

$$\begin{cases} \sigma_n = \vec{\sigma} \cdot \vec{u} = (\sigma_1 \cos\,\theta,\, 0,\, 0) \begin{pmatrix} \cos\,\theta \\ \operatorname{sen}\,\theta \\ 0 \end{pmatrix} = \sigma_1 \cos^2\,\theta \\ \tau = \sigma \cdot \operatorname{sen}\,\theta = \sigma_1 \cos\,\theta\, \operatorname{sen}\,\theta = \dfrac{\sigma_1}{2} \operatorname{sen}\,2\,\theta \end{cases} \tag{2.1-7}$$

Para una sección oblicua ortogonal a la anterior, es decir, cuya normal n' forma un ángulo $\theta + \frac{\pi}{2}$ con el eje x (Fig. 2.4), el vector tensión es:

$$[\vec{\sigma}'] = \begin{pmatrix} \sigma_1 & 0 & 0 \\ 0 & 0 & 0 \\ 0 & 0 & 0 \end{pmatrix} \begin{pmatrix} \cos\left(\theta + \dfrac{\pi}{2}\right) \\ \operatorname{sen}\left(\theta + \dfrac{\pi}{2}\right) \\ 0 \end{pmatrix} = \begin{pmatrix} -\sigma_1 \operatorname{sen}\,\theta \\ 0 \\ 0 \end{pmatrix} \tag{2.1-8}$$

y, por tanto, sus componentes intrínsecas serán

$$\begin{cases} \sigma'_n = \vec{\sigma}' \cdot \vec{u}' = (-\sigma_1 \operatorname{sen}\,\theta,\, 0,\, 0) \begin{pmatrix} -\operatorname{sen}\,\theta \\ \cos\,\theta \\ 0 \end{pmatrix} = \sigma_1 \operatorname{sen}^2\,\theta \\ \tau' = \sigma' \cdot \operatorname{sen}\,\theta = -\sigma_1 \operatorname{sen}\,\theta \cos\,\theta = -\dfrac{\sigma_1}{2} \operatorname{sen}\,2\,\theta \end{cases} \tag{2.1-9}$$

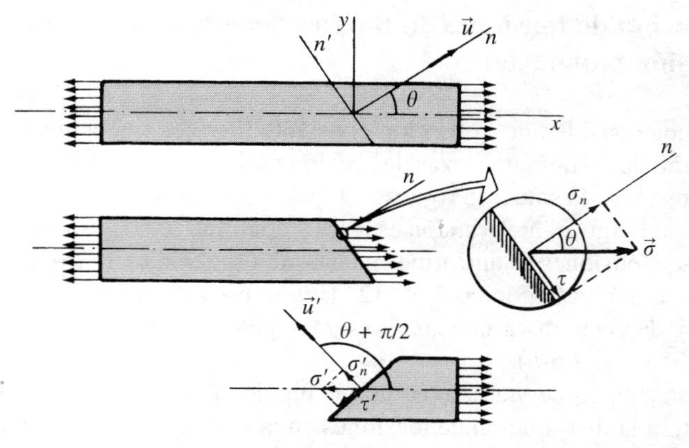

Figura 2.4

A los mismos resultados podríamos haber llegado utilizando el círculo de Mohr (Fig. 2.5)

$$\begin{cases} \overline{0B} = \overline{0C} + \overline{CB} = \dfrac{\sigma_1}{2} + \dfrac{\sigma_1}{2} \cos 2\theta = \sigma_1 \cos^2 \theta = \sigma_n \\ \overline{BM} = \overline{CM} \text{ sen } 2\theta = \dfrac{\sigma_1}{2} \text{ sen } 2\theta = \tau \end{cases} \tag{2.1-10}$$

$$\begin{cases} \overline{0D} = \overline{0C} - \overline{DC} = \dfrac{\sigma_1}{2} - \dfrac{\sigma_1}{2} \cos 2\theta = \sigma_1 \text{ sen}^2 \theta = \sigma'_n \\ \overline{DM'} = -\overline{CM'} \text{ sen } 2\theta = -\dfrac{\sigma_1}{2} \text{ sen } 2\theta = \tau' \end{cases} \tag{2.1-11}$$

Téngase presente que el signo de la tensión cortante para la representación de Mohr es, por convenio, positiva si el momento respecto del interior de la porción de prisma que se considera tiene el sentido del eje z negativo (entrante en el plano del papel).

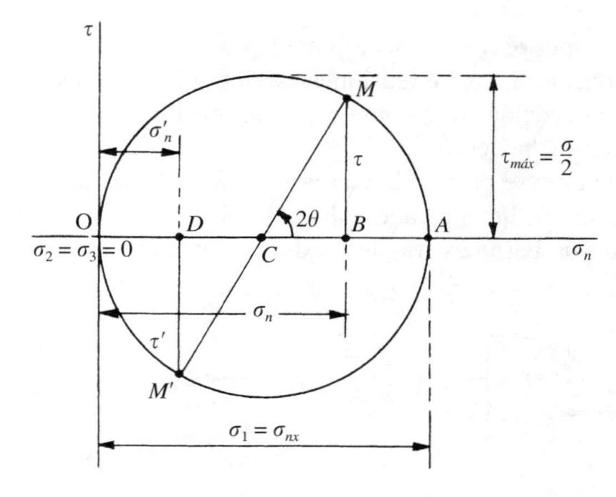

Figura 2.5

2.2. Concentración de tensiones en barras sometidas a tracción o compresión monoaxial

En lo anterior hemos considerado la sección constante. Pero es frecuente encontrar, fundamentalmente en el diseño de máquinas, piezas de sección variable sometidas a tracción o compresión monoaxial. En estos casos la solución rigurosa solamente se puede obtener aplicando la teoría de la Elasticidad. Sin embargo, si la variación es lenta y continua se puede admitir, sin error apreciable, que el reparto de tensiones es uniforme en cualquier sección recta, como ocurre en las barras troncocónicas con semiángulo cónico $\alpha \leqslant 12°$ (Fig. 2.6-*a*), o en barras con forma de cuña, de espesor constante y de anchura variable, cuyo semiángulo α cumpla también la condición de ser menor o igual a 12° (Fig. 2.6-*b*).

Salvo estos casos, cualquier cambio en la sección de la pieza sometida a tracción o compresión monoaxial altera la distribución de tensiones en la zona en que disminuye la sección, de tal forma que la ecuación (2.1-3) ya no describe el estado tensional en dicha zona.

Cuando la variación es brusca, como ocurre en los prismas mecánicos sometidos a tracción o compresión monoaxial representados en la Figura 2.7:

a) Barra de de sección circular con disminución de sección.
b) Barra de sección rectangular de espesor constante con disminución de anchura.
c) Barra de sección circular con entalla.
d) Barra de sección restangular con entalla.
e) Barra de sección rectangular agujereada transversalmente.

Ya no es posible admitir en la sección recta de menor área una distribución uniforme de tensiones. El cálculo riguroso y la comprobación experimental demuestran que en los bordes (puntos *m y n* de los distintos casos indicados en la Fig. 2.7) la tensión presenta un valor $\sigma_{\text{máx}}$ bastante mayor que la tensión media σ que correspondería a un reparto uniforme. Se produce así el llamado efecto de *concentración de tensiones*.

El valor de la tensión máxima se suele poner en la forma

$$\sigma_{\text{máx}} = k\sigma \tag{2.2-1}$$

siendo k un coeficiente superior a la unidad, llamado *coeficiente de concentración de tensiones*.

El coeficiente de concentración de tensiones así definido resulta ser igual a la relación entre la tensión máxima en la sección de menor área y la tensión media que correspondería a una distribución uniforme en dicha sección.

El valor del coeficiente k se puede obtener aplicando la teoría de la elasticidad pero, fundamentalmente, su obtención se lleva a cabo aplicando métodos exprimentales, tales como fotoelasticidad, revestimiento de barnices frágiles, extensometría, etc.

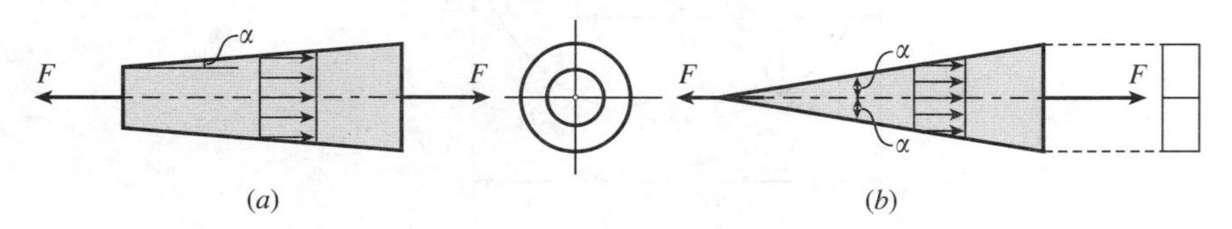

Figura 2.6

En la Figura 2.8 se representan los coeficientes de concentración de tensiones para los casos de tracción monoaxial indicados en la Figura 2.7, que se presentan con bastante frecuencia en el diseño de máquinas, para distintos valores de la relación *D/d* en función de *r/d*.

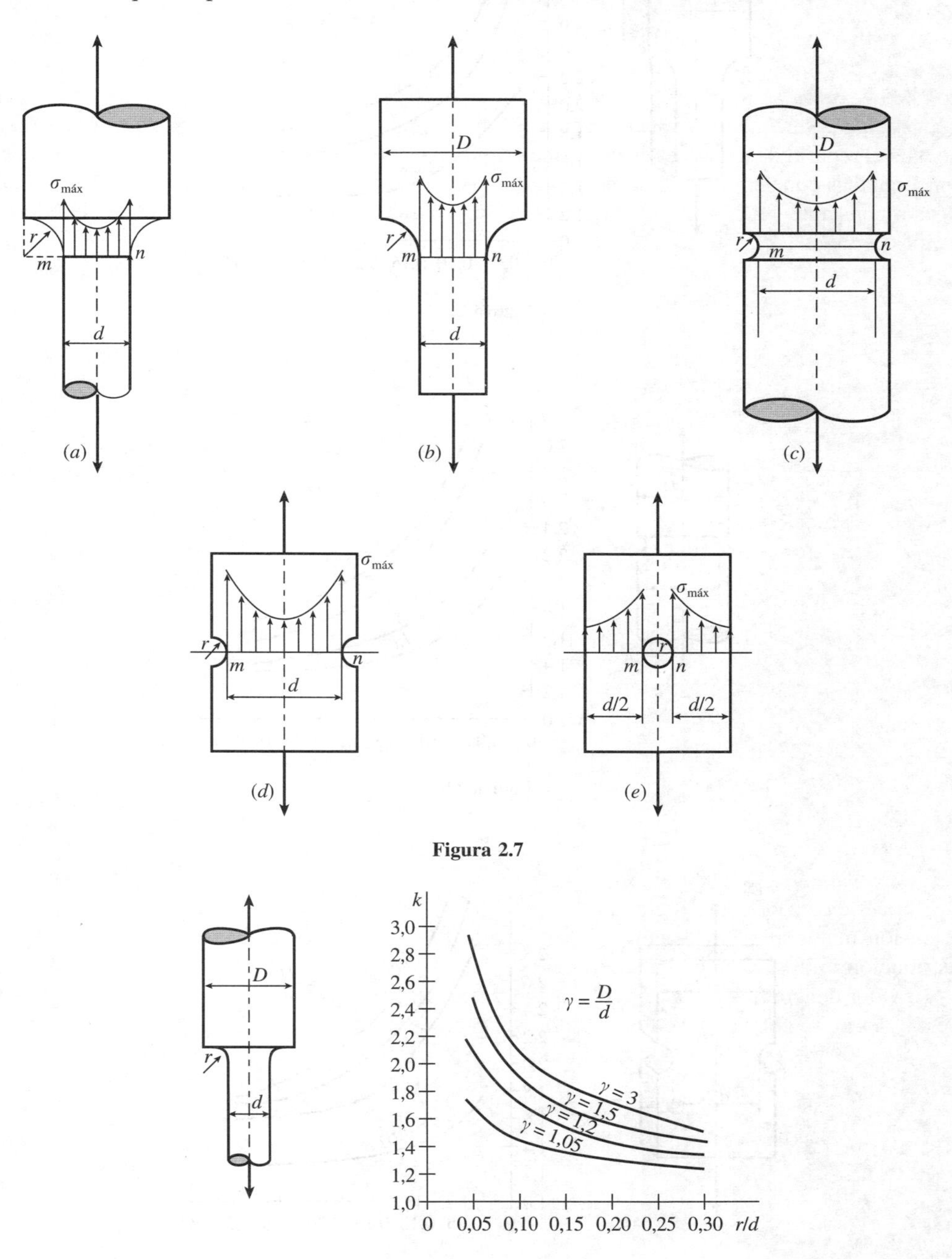

Figura 2.7

Figura 2.8-*a*

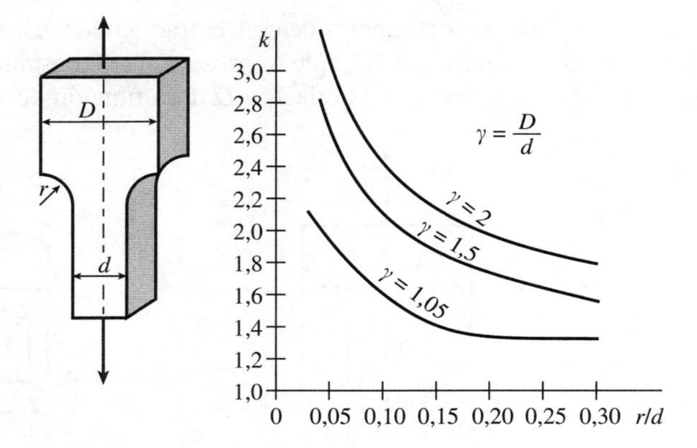

Figura 2.8-*b*

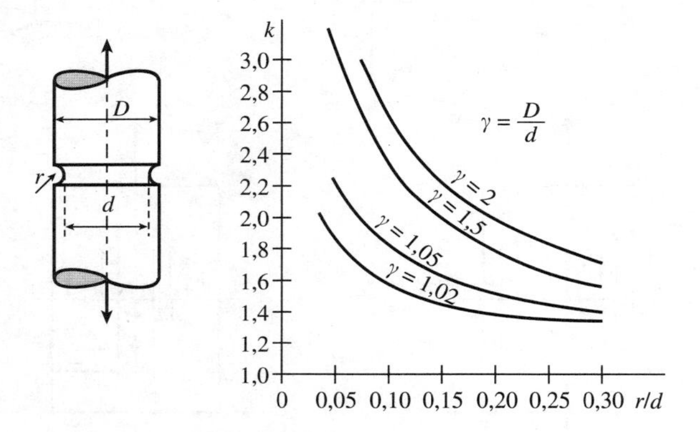

Figura 2.8-*c*

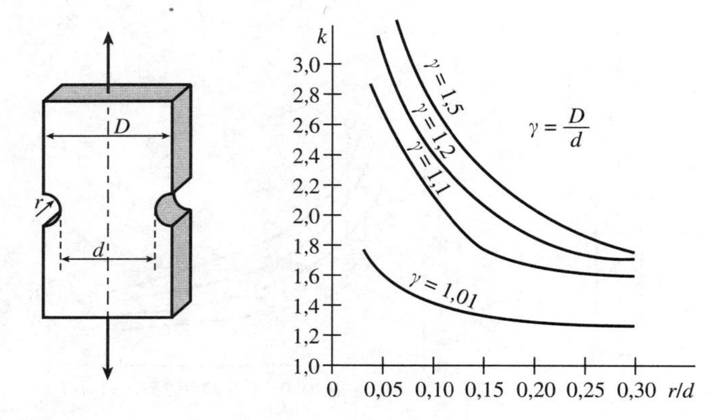

Figura 2.8-*d*

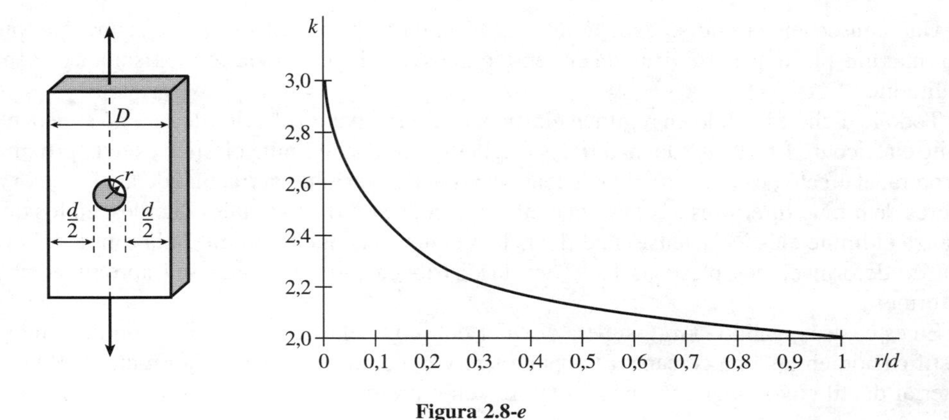

Figura 2.8-*e*

Una primera consecuencia que se deduce de la observación de los correspondientes diagramas representados en esta figura es que el coeficiente de concentración de tensiones depende exclusivamente de la geometría con que se produce la variación de la sección recta.

Se observa también que la concentración de tensiones en los puntos m y n del borde es tanto mayor cuanto menor es el radio r del acuerdo y cuanto mayor es el cambio de sección.

En el caso de una placa sometida a tracción o compresión uniformes con agujero en el centro (Fig. 2.9-*a*), cuando la relación r/d disminuye, lo que equivale a decir que la anchura tiende a infinito o que, sin ser la placa muy ancha, el taladro es relativamente pequeño, se observa que $k = 3$, es decir, que la tensión máxima es tres veces mayor que la tensión media, $\sigma_{\text{máx}} = 3\sigma$.

Pero si el taladro es elíptico (Fig. 2.9-*b*), la tensión máxima se puede expresar mediante la siguiente fórmula

$$\sigma_{\text{máx}} = \sigma\left(1 + 2\,\frac{a}{b}\right) \tag{2.2-2}$$

por lo que el coeficiente de concentración de tensiones puede tomar un valor muy superior a 3 cuando la longitud a del semieje de la elipse normal al esfuerzo es mayor que la longitud b del semieje paralelo al mismo.

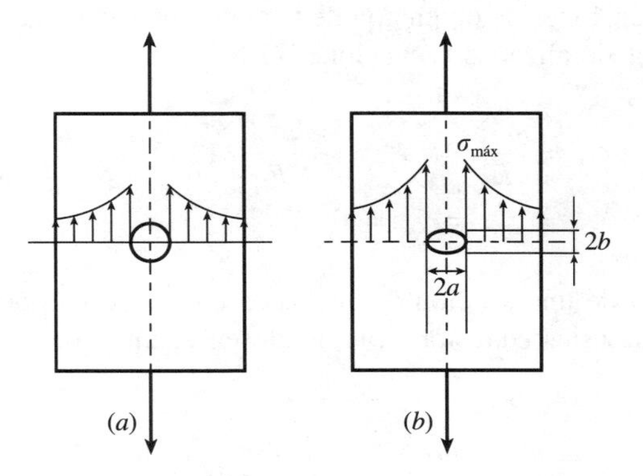

Figura 2.9

Una consecuencia que se deduce de esta fórmula es el mayor riesgo de rotura que puede presentar una pieza que esté fisurada en sentido transversal comparada con la fisurada en sentido longitudinal.

Todo lo dicho es válido en régimen elástico, es decir, cuando el valor de $\sigma_{\text{máx}}$ no supera el del límite elástico σ_e. En el caso de materiales frágiles en los que el límite elástico es muy próximo al de rotura, el efecto de concentración de tensiones puede ocasionar la fractura de la pieza aún para valores de σ muy inferiores a σ_e. Por el contrario, en el caso de materiales dúctiles, en los que se alcanza el límite elástico y tensión de fluencia mucho antes que se produzca la rotura, la formación de deformaciones plásticas hace que la distribución de tensiones sea aproximadamente uniforme.

En este caso, cuando la $\sigma_{\text{máx}}$ supera el valor del límite elástico, se empieza produciendo una plastificación en la zona cercana a los puntos m y n, como se indica en la Figura 2.10 para un material dúctil cuyo diagrama tensión-deformación presenta escalón de fluencia.

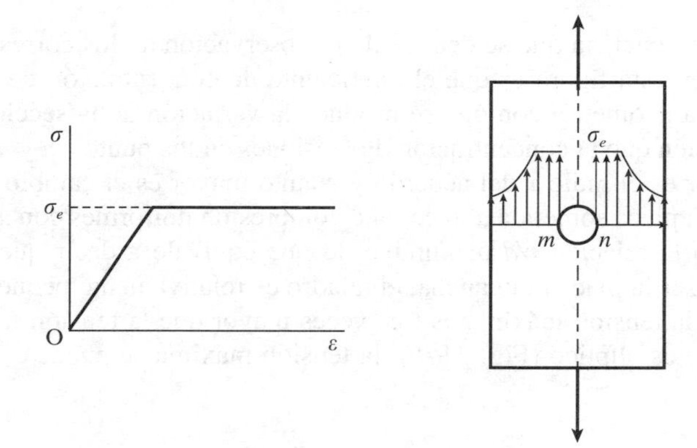

Figura 2.10

2.3. Estado de deformaciones por tracción o compresión monoaxial

Conocida la matriz de tensiones, la obtención de la matriz de deformación es inmediata aplicando las leyes de Hooke generalizadas [ecuaciones (1.8-5)]

$$\begin{cases} \varepsilon_x = \dfrac{\sigma_{nx}}{E} \quad ; \quad \varepsilon_y = -\dfrac{\mu\sigma_{nx}}{E} \quad ; \quad \varepsilon_z = -\dfrac{\mu\sigma_{nx}}{E} \\ \gamma_{xy} = \gamma_{yz} = \gamma_{xz} = 0 \end{cases} \tag{2.3-1}$$

El desplazamiento u de una sección de abscisa x en dirección del eje x se puede calcular integrando la primera de estas ecuaciones, teniendo en cuenta que u depende exclusivamente de x

$$\varepsilon_x = \frac{\sigma_{nx}}{E} = \frac{du}{dx} \Rightarrow u = \int_0^x \frac{\sigma_{nx}}{E}\,dx = \int_0^x \frac{N}{E\Omega}\,dx \tag{2.3-2}$$

La representación gráfica de la función $u = u(x)$ da lugar al *diagrama de desplazamientos de las secciones rectas.*

El alargamiento absoluto Δl del prisma no es otra cosa que el desplazamiento u de la sección extrema. Por tanto, su valor se obtendrá particularizando el de u para $x = l$

$$\Delta l = \int_0^l \frac{N}{E\Omega} dx \tag{2.3-3}$$

Para un prisma tal como el de la Figura 2.11, en el que $N = P$ y Ω es constante, se tiene

$$\Delta l = \frac{Pl}{E\Omega} \tag{2.3-4}$$

expresión que proporciona el valor del alargamiento total experimentado por el prisma.

Para barras escalonadas, en las que se produzcan saltos discretos de los valores del área de la sección o del esfuerzo normal, la fórmula a aplicar para el cálculo del alargamiento absoluto, supuesto despreciable al efecto producido por la concentración de tensiones, sería

$$\Delta l = \sum_1^n \Delta l_i = \sum_1^n \frac{N_i l_i}{E_i \Omega_i} \tag{2.3-5}$$

siendo l_i la longitud de la porción de prisma en la que son constantes los valores de N_i, Ω_i y, por supuesto, el del módulo de elasticidad E_i.

Consideremos ahora el entorno elemental de un punto interior del prisma mecánico de la Figura 2.11. Sea V el volumen de dicho entorno antes de la deformación y ΔV la variación de volumen experimentada una vez aplicada la fuerza axial P

$$V = dx\, dy\, dz$$
$$V + \Delta V = (dx + \varepsilon_x dx)(dy + \varepsilon_y dy)(dz + \varepsilon_z dz) = dx\, dy\, dz\, (1 + \varepsilon_x)(1 - \mu\varepsilon_x)^2$$

La *dilatación cúbica unitaria* será, despreciando infinitésimos de orden superior

$$\frac{\Delta V}{V} = (1 + \varepsilon_x)(1 - \mu\varepsilon_x)^2 - 1 \simeq \varepsilon_x(1 - 2\mu) \tag{2.3-6}$$

que se anula para $\mu = 0{,}5$.

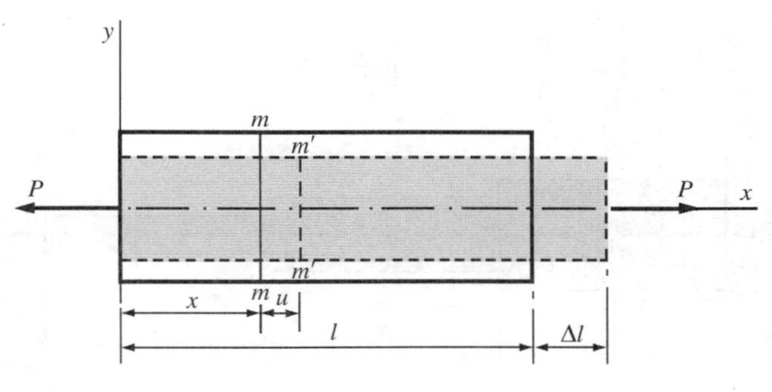

Figura 2.11

Esta expresión nos indica que la dilatación cúbica unitaria será tanto menor cuanto más se aproxime el coeficiente de Poisson a 0,5, como ocurre en algunos materiales tales como la goma y la parafina.

Ejemplo 2.3.1. La barra escalonada AB representada en la Figura 2.12 está empotrada en su extremo izquierdo A y sometida a las fuerzas indicadas en la misma figura. Las secciones de los tramos AC, CD y DB son: $3A$, $2A$ y A, respectivamente. Conociendo el módulo de elasticidad E del material de la barra, se pide determinar las leyes y diagramas correspondientes de:

1.º Esfuerzos normales.
2.º Tensiones.
3.º Desplazamientos de las secciones rectas.

1.º De la ecuación de equilibrio se deduce la reacción R_A en el empotramiento

$$R_A + 5P - 3P + P = 0 \quad \Rightarrow \quad R_A = -3P$$

El signo negativo nos dice que la reacción en A sobre la barra tiene sentido hacia la izquierda, es decir, tiene sentido contrario al supuesto en la Figura 2.12.

Las leyes de esfuerzos normales son:

$$N = 3P \qquad \text{para} \quad 0 < x < a$$
$$N = 3P - 5P = -2P \qquad \text{para} \quad a < x < 2a$$
$$N = 3P - 5P + 3P = P \qquad \text{para} \quad 2a < x < 3a$$

El diagrama de esfuerzos normales se representa en la Figura 2.12-*a*. Se obtiene que los tramos AC y DB trabajan a tracción, mientras que el tramo CD lo hace a compresión.

2.º Para determinar las leyes de tensiones dividiremos el esfuerzo normal por el área de la sección correspondiente

$$\sigma = \frac{3P}{3A} = \frac{P}{A} \qquad \text{para} \quad 0 < x < a$$

$$\sigma = -\frac{2P}{2A} = -\frac{P}{A} \qquad \text{para} \quad a < x < 2a$$

$$\sigma = \frac{P}{A} \qquad \text{para} \quad 2a < x < 3a$$

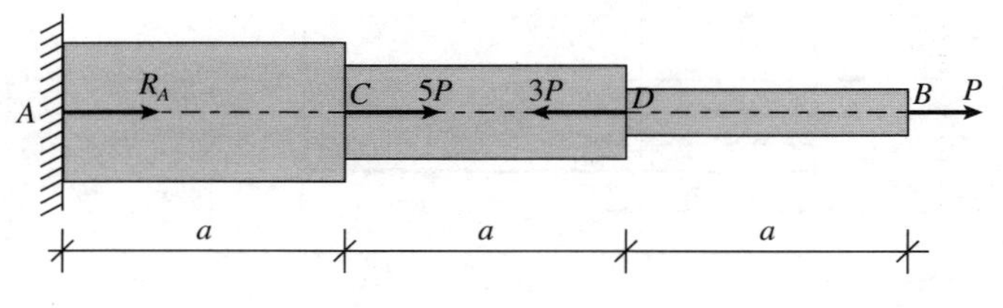

Figura 2.12

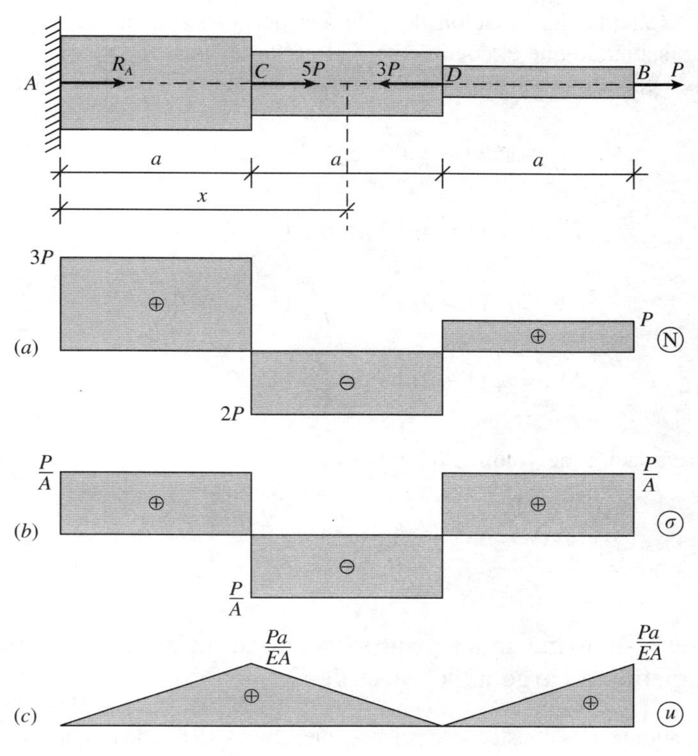

Figura 2.12-*a*

El correspondiente diagrama se representa en la Figura 2.12-*b*. Se observa que la tensión en toda la barra tiene el mismo valor absoluto.

3.° Para la determinación de las leyes de desplazamiento de las secciones rectas utilizaremos la fórmula (2.3-2)

$$u = \int_0^x \frac{N}{E\Omega} dx = \frac{3P}{E3A} x = \frac{P}{EA} x \qquad \text{para} \quad 0 < x < a$$

$$u = \frac{Pa}{EA} + \int_a^x \frac{-2P}{E2A} dx = \frac{Pa}{EA} - \frac{P}{EA}(x - a) \qquad \text{para} \quad a < x < 2a$$

$$u = u(2a) + \int_{2a}^x \frac{P}{EA} dx = \frac{P}{EA}(x - 2a) \qquad \text{para} \quad 2a < x < 3a$$

El diagrama de desplazamiento de las secciones rectas se representa en la Figura 2.12-*c*. De este diagrama se deduce que el alargamiento de la barra es $\frac{Pa}{EA}$ y que la sección *D* no experimenta desplazamiento alguno. Todas las secciones se desplazan hacia la derecha, excepto la sección *D*.

Ejemplo 2.3.2. Calcular la variación de volumen que experimenta la barra escalonada del ejemplo anterior, sabiendo que el coeficiente de Poisson es μ.

Aplicaremos a cada tramo la fórmula 2.3-6 que nos da la dilatación cúbica unitaria

$$\frac{\Delta V}{V} = \varepsilon_x (1 - 2\mu) = \frac{N}{E\Omega} (1 - 2\mu)$$

$$\Delta V_1 = \varepsilon_x (1 - 2\mu) V_1 = \frac{P}{EA} (1 - 2\mu) 3Aa$$

$$\Delta V_2 = \varepsilon_x (1 - 2\mu) V_2 = \frac{-P}{EA} (1 - 2\mu) 2Aa$$

$$\Delta V_3 = \varepsilon_x (1 - 2\mu) V_3 = \frac{P}{EA} (1 - 2\mu) Aa$$

Por tanto, la variación de volumen pedida es:

$$\Delta V = \Delta V_1 + \Delta V_2 + \Delta V_3 = \frac{2aP(1 - 2\mu)}{E}$$

2.4. Tensiones y deformaciones producidas en un prisma recto sometido a carga axial variable

En lo visto hasta aquí hemos considerado prismas mecánicos sometidos a cargas axiales aplicadas en las secciones extremas, o bien concentradas en determinadas secciones, pero siempre cargas con valores discretos. Ahora consideraremos prismas mecánicos de línea media rectilínea que estén sometidos a una carga axial variable por unidad de longitud, $q(x)$, a lo largo de su línea media.

Sea el prisma mecánico indicado en la Figura 2.13.

Aislando una rebanada elemental, ésta estará sometida a los esfuerzos normales $N(x)$ y $N(x + dx)$ en sus secciones extremas y a la fuerza debida a la carga axial aplicada sobre el prisma, de valor $q(x)dx$.

Planteando el equilibrio sobre dicha rebanada, tenemos

$$N(x + dx) - N(x) + q(x)dx = 0 \tag{2.4-1}$$

es decir

$$\frac{N(x + dx) - N(x)}{dx} + q(x) = 0$$

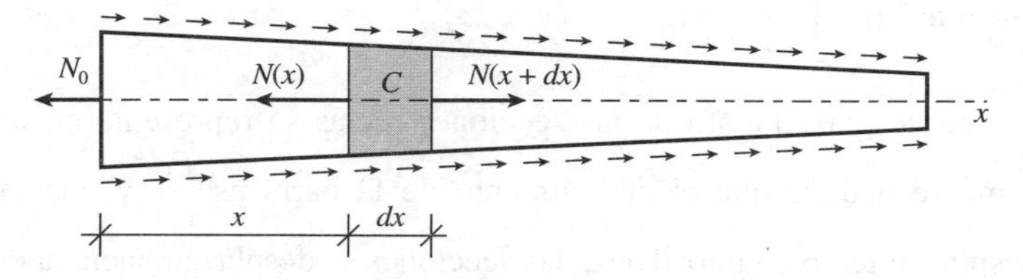

Figura 2.13

o lo que es lo mismo

$$\frac{dN}{dx} + q(x) = 0 \tag{2.4-2}$$

ecuación diferencial de variables separadas cuya integración nos permite obtener la ley de esfuerzos normales en el prisma mecánico

$$N - N_0 + \int_0^x q(x)dx = 0 \tag{2.4-3}$$

siendo N_0 el valor del esfuerzo normal en la sección extrema izquierda, que es la que se ha tomado como origen de abscisas.

Una vez determinada la ley de esfuerzos normales, la obtención de la ley de tensiones normales es inmediata

$$\sigma(x) = \frac{N(x)}{\Omega} = \frac{N_0}{\Omega} - \frac{1}{\Omega}\int_0^x q(x)dx \tag{2.4-4}$$

Si deseamos calcular la ley de desplazamientos de las secciones rectas, despejamos la expresión del esfuerzo normal N de la ley de Hooke

$$\varepsilon_x = \frac{N}{E\Omega} = \frac{du}{dx} \quad \Rightarrow \quad N = E\Omega\,\frac{du}{dx} \tag{2.4-5}$$

y aplicamos la ecuación (2.4-2)

$$\frac{d}{dx}\left(E\Omega\,\frac{du}{dx}\right) + q(x) = 0 \tag{2.4-6}$$

ecuación diferencial de segundo orden, cuya solución integral que nos proporciona la ley de desplazamientos de las secciones rectas, $u = u(x)$, vendrá dada en función de dos constantes de integración, para cuya determinación se aplicarán las condiciones de contorno.

En el caso que existan variaciones térmicas, que podemos expresar por la función $\Delta T = \Delta T(x)$, la expresión de la deformación longitudinal unitaria sería

$$\varepsilon_x = \frac{N}{E\Omega} + \alpha\Delta T = \frac{du}{dx} \tag{2.4-7}$$

siendo α el coeficiente de dilatación térmica.

Despejando el esfuerzo normal N

$$N = E\Omega\,\frac{du}{dx} - E\Omega\,\alpha\Delta T \tag{2.4-8}$$

y aplicando la ecuación (2.4-2), se obtiene

$$\frac{d}{dx}\left(E\Omega\,\frac{du}{dx}\right) - \frac{d}{dx}\,(E\Omega\,\alpha\Delta T) + q(x) = 0 \tag{2.4-9}$$

ecuación diferencial de segundo orden, que relaciona la variación de temperatura $\Delta T(x)$ con el desplazamiento de las secciones rectas $u(x)$ a lo largo de la misma. Su integración nos lleva a una solución en la que figuran dos constantes de integración, que se determinarán imponiendo las condiciones de contorno.

Ejemplo 2.4.1. Una barra AB de longitud l y sección constante de área Ω se coloca con sus secciones extremas en dos superficies rígidas, como se indica en la Figura 2.14. A una determinada temperatura de toda la barra, las tensiones en la misma son nulas. Si la barra experimenta una variación térmica de tal forma que el incremento de temperatura en la sección A es ΔT_A, y en la sección B ΔT_B, siendo la variación térmica a lo largo de toda la barra una función lineal, se pide:

1.º Hallar la ley de desplazamientos de las secciones rectas y dibujar el correspondiente diagrama.
2.º Calcular las reacciones de las superficies fijas sobre la barra.

Datos de la barra: módulo de elasticidad, E; coeficiente de dilatación térmica, α.

1.º La variación térmica a lo largo de la barra es

$$\Delta T = \Delta T_A + \frac{\Delta T_B + \Delta T_A}{l} x$$

Se trata de un caso en el que no existe carga axial pero sí variación térmica, por lo que para calcular la ley de desplazamientos de las secciones rectas podemos aplicar la ecuación (2.4-9) haciendo $q(x) = 0$

$$\frac{d}{dx}\left(E\Omega \frac{du}{dx}\right) - \frac{d}{dx}(E\Omega\ \alpha\Delta T) = 0$$

$$\frac{d^2u}{dx^2} = \frac{\alpha(\Delta T_B - \Delta T_A)}{l}$$

Integrando:

$$\frac{du}{dx} = \frac{\alpha(\Delta T_B - \Delta T_A)}{l} x + C_1$$

$$u = \frac{\alpha(\Delta T_B - \Delta T_A)}{2l} x^2 + C_1 x + C_2$$

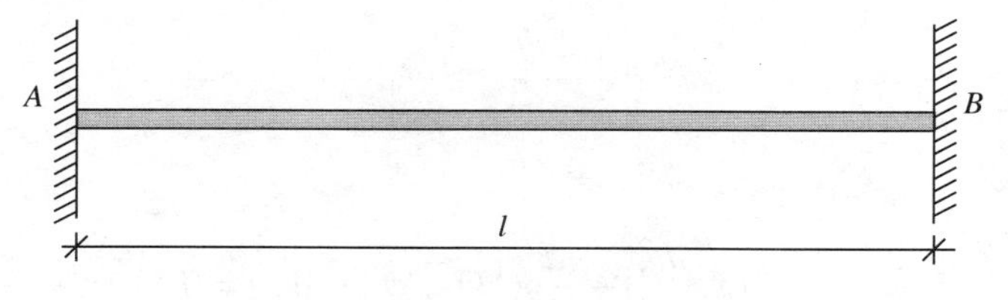

Figura 2.14

Las constantes de integración C_1 y C_2 las determinamos imponiendo las condiciones de contorno

$$u(0) = 0 \quad \Rightarrow \quad C_2 = 0$$

$$u(l) = 0 \quad \Rightarrow \quad \frac{\alpha(\Delta T_B - \Delta T_A)}{2l} l^2 + C_1 l = 0 \Rightarrow C_1 = -\frac{\alpha(\Delta T_B - \Delta T_A)}{2}$$

La ley de desplazamientos de las secciones rectas es:

$$u(x) = \frac{\alpha(\Delta T_B - \Delta T_A)}{2l} x^2 - \frac{\alpha(\Delta T_B - \Delta T_A)}{2} x = \frac{\alpha(\Delta T_B - \Delta T_A)}{2l} x(x - l)$$

ley parabólica que toma en todo el intervalo valores negativos (Fig. 2.14-*a*). Este resultado nos indica que todas las secciones, excepto las extremas que permanecen fijas, experimentan un desplazamiento hacia la izquierda, siendo el desplazamiento máximo el correspondiente a la sección media

$$u_{\text{máx}} = u\left(\frac{l}{2}\right) = -\frac{\alpha(\Delta T_B - \Delta T_A)l}{8}$$

2.º Despejando el esfuerzo normal N de la ecuación (2.4-7), tenemos:

$$N = E\Omega \frac{du}{dx} - E\Omega\, \alpha\Delta T =$$

$$= E\Omega \frac{\alpha(\Delta T_B - \Delta T_A)}{2l} (2x - l) - E\Omega\, \alpha\left(\Delta T_A + \frac{\Delta T_B - \Delta T_A}{l} x\right) =$$

$$= -\frac{E\Omega\ \alpha(\Delta T_B + \Delta T_A)}{2}$$

El esfuerzo normal resulta ser constante y el signo negativo nos indica que es de compresión. Las reacciones en las secciones extremas son iguales a N, ya que realizando un corte ideal por cualquier sección (Fig. 2.14-*b*), el equilibrio de la barra exige que

$$R_A - N = 0$$

es decir:

$$R_A = R_B = -\frac{E\Omega\ \alpha(\Delta T_B + \Delta T_A)}{2}$$

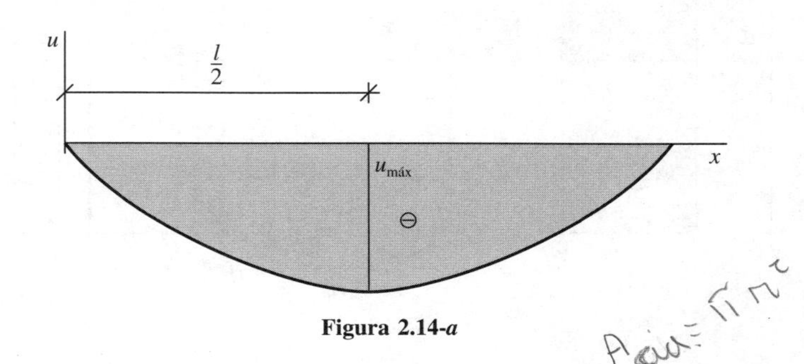

Figura 2.14-*a*

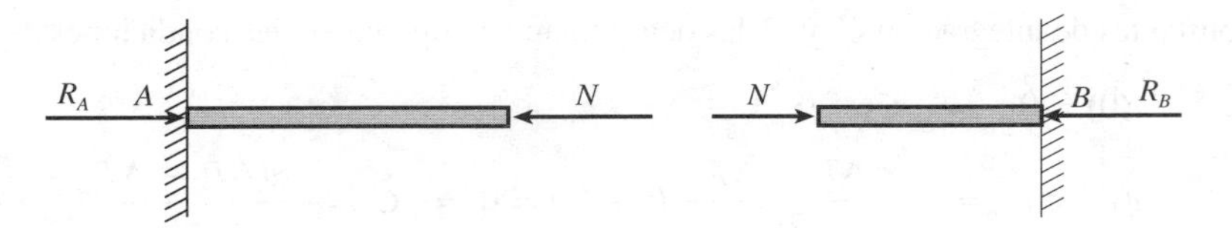

Figura 2.14-*b*

2.5. Tensiones y deformaciones producidas en un prisma recto por su propio peso. Concepto de sólido de igual resistencia a tracción o compresión

Lo dicho anteriormente lo podemos aplicar al caso de un prisma mecánico de sección recta constante situado en posición vertical, con la sección superior extrema empotrada, sometido a su propio peso (Fig. 2.15-*a*).

Si P es el peso del prisma; γ, el peso específico; Ω, el área de la sección recta, teniendo en cuenta que la carga q por unidad de longitud es

$$q = \gamma\Omega$$

la aplicación de la ecuación (2.4-2) a nuestro caso nos da

$$\frac{dN}{dx} + q(x) = \frac{dN}{dx} + \gamma\Omega = 0 \tag{2.5-1}$$

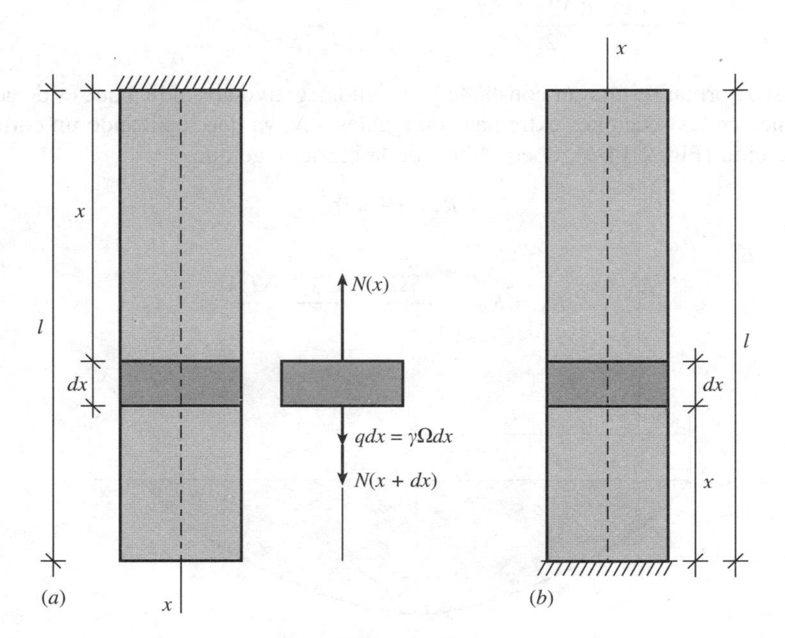

Figura 2.15

Integrando, obtenemos la expresión de N

$$N = -\gamma\Omega x + C = -\frac{P}{l}x + C \tag{2.5-2}$$

siendo C una constante de integración que determinaremos imponiendo la condición de contorno

$$x = 0 \quad ; \quad N = P \quad \Rightarrow \quad C = P$$

Por consiguiente, la ley de esfuerzos normales es:

$$N = P\left(1 - \frac{x}{l}\right) \tag{2.5-3}$$

de la que deduce la ley de tensiones normales

$$\sigma = \frac{N}{\Omega} = \frac{P}{\Omega}\left(1 - \frac{x}{l}\right) \tag{2.5-4}$$

En el caso de estar el prisma en la posición de empotrada en su base inferior o apoyada, indicada en la Figura 2.15-*b*, frente a la colgada, indicada en la Figura 2.15-*a*, la formulación sería la misma. La diferencia estribaría en ser $q = -\gamma\ \Omega$ y ahora la condición de contorno es: para $x = 0$; $N = -P$, de donde: $C = -P$, quedando como ley de esfuerzos normales

$$N = \frac{P}{l}x - P = -P\left(1 - \frac{x}{l}\right) \tag{2.5-5}$$

es decir, tendría la misma forma pero con signo negativo, lo que nos indica que el prisma trabaja a compresión. Hay que hacer la observación que el origen del eje de abscisas es en ambos casos el centro de gravedad de la sección empotrada.

En cuanto a las deformaciones que se producen en el prisma sometido a su propio peso, obtendremos la ley de desplazamientos de las secciones rectas a partir de la expresión de la deformación longitudinal unitaria dada por la ley de Hooke

$$\varepsilon_x = \frac{du}{dx} = \frac{\sigma}{E} = \frac{P}{E\Omega}\left(1 - \frac{x}{l}\right) \tag{2.5-6}$$

Integrando, se obtiene:

$$u(x) = \frac{P}{E\Omega}\left(x - \frac{x^2}{2l}\right) + C \tag{2.5-7}$$

De la condición de contorno $u(0) = 0$ se deduce la nulidad de la constante de integración C, por lo que la ley de desplazamientos de las secciones rectas es la ley parabólica

$$u(x) = \frac{Px}{E\Omega}\left(1 - \frac{x}{2l}\right) \tag{2.5-8}$$

El alargamiento del prisma debido a su propio peso lo podemos obtener particularizando esta expresión para $x = l$, es decir:

$$\Delta l = \frac{Pl}{2E\Omega} \tag{2.5-9}$$

Resulta ser la mitad del alargamiento que correspondería a un prisma sin peso propio sometido a una fuerza igual a su peso.

En la Figura 2.16 se representan las leyes: $N(x)$, $\sigma(x)$ y $u(x)$, respectivamente.

Si ahora consideramos la barra cargada, además de su propio peso, con una carga de distribución uniforme en su sección libre, de resultante F (Fig. 2.17-*a*), por el principio de superposición podemos expresar las leyes de esfuerzos normales, tensiones y desplazamientos de las secciones rectas, de la siguiente manera:

$$N(x) = P\left(1 - \frac{x}{l}\right) + F \tag{2.5-10}$$

$$\sigma(x) = \frac{P}{\Omega}\left(1 - \frac{x}{l}\right) + \frac{F}{\Omega} \tag{2.5-11}$$

$$u(x) = \frac{Px}{E\Omega}\left(1 - \frac{x}{2l}\right) + \frac{Fx}{E\Omega} \tag{2.5-12}$$

Asimismo el alargamiento de la barra sería

$$\Delta l = \frac{Pl}{2E\Omega} + \frac{Fl}{E\Omega} = \frac{l}{E\Omega}\left(F + \frac{P}{2}\right) \tag{2.5-13}$$

En el caso del prisma empotrado por su base inferior, o apoyado (Fig. 2.17-*b*), P y F serían negativas ya que son cargas de compresión.

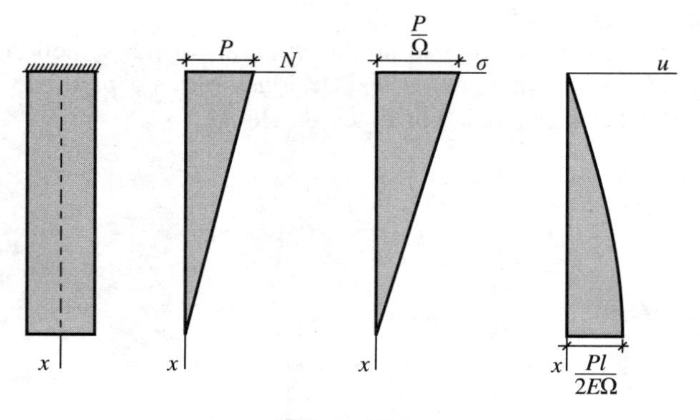

Figura 2.16

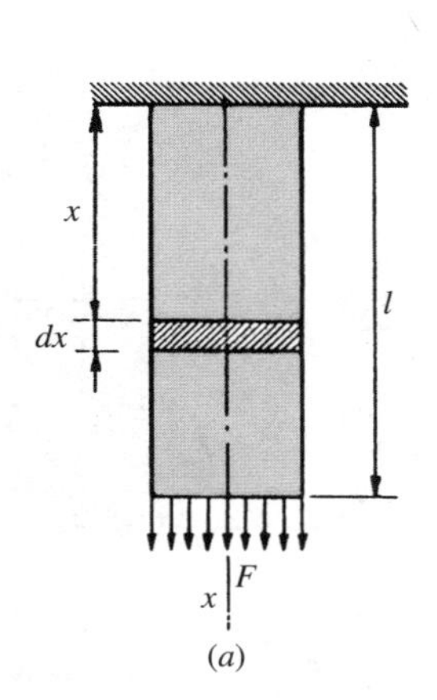

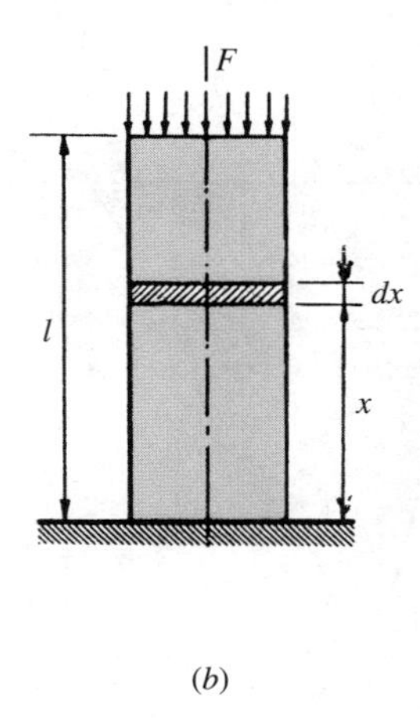

Figura 2.17

El resultado a que hemos llegado nos dice que cuando se considera un prisma de sección constante sometido a tracción (o compresión) y se tiene en cuenta el peso propio, la variación de longitud que experimenta dicho prisma es la misma que presentaría un prisma de peso despreciable sometido a un esfuerzo de tracción (o compresión) igual a la carga aplicada incrementada en otra igual a la mitad del peso propio de la pieza.

En el caso estudiado hemos supuesto constante la sección Ω. Asegurando que la tensión máxima

$$\sigma_{\text{máx}} = \frac{F + P}{\Omega} \tag{2.5-14}$$

sea menor o igual a la tensión admisible, en cualquier otra sección del prisma la tensión será inferior a ella con toda seguridad. Esta circunstancia nos permite disminuir las secciones del prisma hasta conseguir que en cualquiera de ellas la tensión sea la misma, con un consiguiente ahorro de material.

Llegamos así al concepto de *sólido de igual resistencia*, es decir, un sólido en el que se tiene en cuenta su propio peso y es tal que en cualquier sección recta la tensión σ es la misma.

Consideremos el pilar de la Figura 2.18-*a* y calculemos la función que da el valor de la sección Ω del mismo para que verifique estas condiciones.

Sean dos secciones próximas *mm* y *nn*: sobre la superior, la carga es igual a la correspondiente a la sección inferior aumentada en el peso de la porción de prisma comprendida entre ambas.

La superficie de la sección *mm* será mayor que la de *nn* y la diferencia $d\Omega$ entre una y otra ha de ser tal que la tensión producida por el peso del prisma elemental sea σ, es decir:

$$-d\Omega\, \sigma = \gamma\Omega\, dx \tag{2.5-15}$$

habiendo puesto el signo negativo debido a que cuando x aumenta Ω disminuye. Se llega así a una ecuación diferencial en la que separando variables e integrando, se tiene:

$$\int \frac{d\Omega}{\Omega} = -\int \frac{\gamma}{\sigma}\, dx$$
$$L\Omega = -\frac{\gamma x}{\sigma} + LC \Rightarrow \Omega = C\, e^{-\frac{\gamma x}{\sigma}} \tag{2.5-16}$$

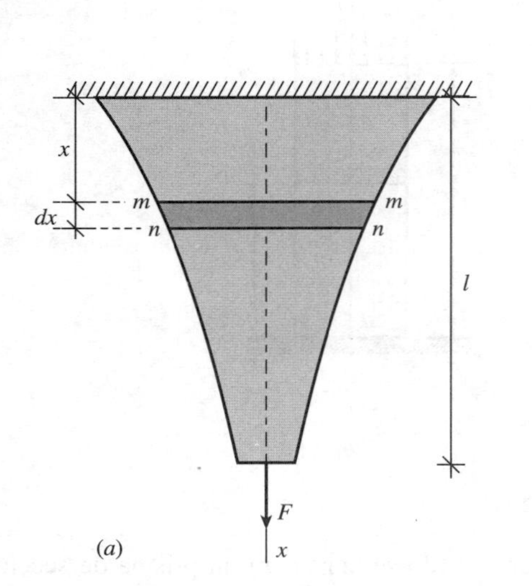

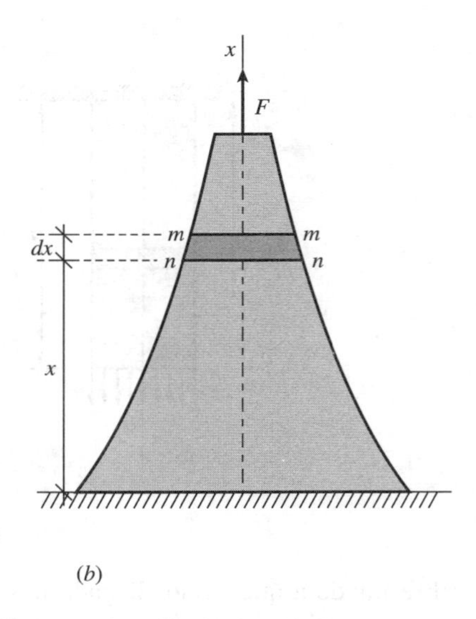

Figura 2.18

siendo C una constante de integración, cuyo valor es igual al área de la sección superior del pilar, según se desprende al particularizar esta ecuación para $x = 0$.

La ecuación (2.5-16) toma, pues, la forma

$$\Omega = \Omega_0 \, e^{-\frac{\gamma x}{\sigma}} \tag{2.5-17}$$

Como los datos son, generalmente, F, γ y σ, el área de la sección $\Omega(l)$, que corresponde a la sección extrema libre, deberá cumplir

$$\Omega(l) = \frac{F}{\sigma} \tag{2.5-18}$$

para que la tensión σ en esa sección sea la misma que en cualquier otra.

Aplicando (2.5-17) obtenemos el área Ω_0 de la sección del empotramiento

$$\Omega(l) = \frac{F}{\sigma} = \Omega_0 \, e^{-\frac{\gamma l}{\sigma}} \quad \Rightarrow \quad \Omega_0 = \frac{F}{\sigma} \, e^{\frac{\gamma l}{\sigma}} \tag{2.5-19}$$

Por tanto, la ley que nos da el área de la sección recta del sólido de igual resistencia a tracción o compresión:

$$\Omega = \frac{F}{\sigma} \, e^{\frac{\gamma (l - x)}{\sigma}} \tag{2.5-20}$$

resulta ser de tipo exponencial.

Ejemplo 2.5.1. Se ha diseñado un sólido de igual resistencia a la tracción con un material de peso específico $\gamma = 8{,}47$ t/m^3, para una tensión $\sigma = 5$ MPa. La línea media del sólido es vertical, su sección es circular, y está empotrado por su base superior. Del sólido cuelga una carga $F = 50$ kN, según se indica en la Figura 2.19.

Sabiendo que su longitud es $l = 3$ m y el módulo de elasticidad del material es $E = 105$ GPa, se pide:

1.º Hallar la ley del área de la sección recta del sólido, en función de la distancia a la sección empotrada. Aplicar al caso de sección recta circular.
2.º Calcular el alargamiento que produce en el sólido la aplicación de la carga F.

1.º La ley del área de la sección recta del sólido, tomando como origen de abscisas el centro de gravedad de la sección del empotramiento, viene dada por la ecuación (2.5-20). Sustituyendo en ella los valores dados, se tiene

$$\Omega = \frac{F}{\sigma} e^{\frac{\gamma(l-x)}{\sigma}} = \frac{50 \times 10^3}{5 \times 10^6} \times 10^4\, e^{\frac{8{,}47 \times 10^3 \times 9{,}8(3-x)}{5 \times 10^6}} \text{ cm}^2 = 100\, e^{0{,}0166(3-x)} \text{ cm}^2$$

Si la sección es circular, la ley de variación del radio, en función de la abscisa x, será

$$r = r_0 \cdot e^{\frac{0{,}0166(3-x)}{2}} = \sqrt{\frac{100}{\pi}}\, e^{0{,}0083(3-x)} \text{ cm}$$

que se representa en la Figura 2.19-*a*.

2.º El alargamiento Δl_1 del sólido cargado será

$$\Delta l_1 = \int_0^l \frac{\sigma}{E}\, dx = \frac{\sigma l}{E} = \frac{5 \times 10^6 \times 3}{105 \times 10^9}\, 10^3 \text{ mm} = 0{,}142 \text{ mm}$$

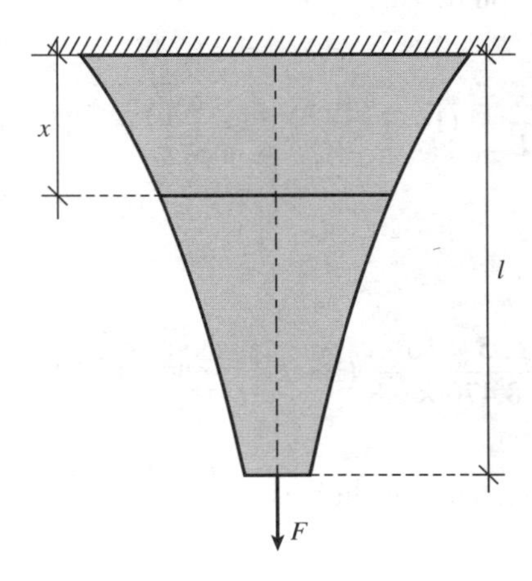

Figura 2.19

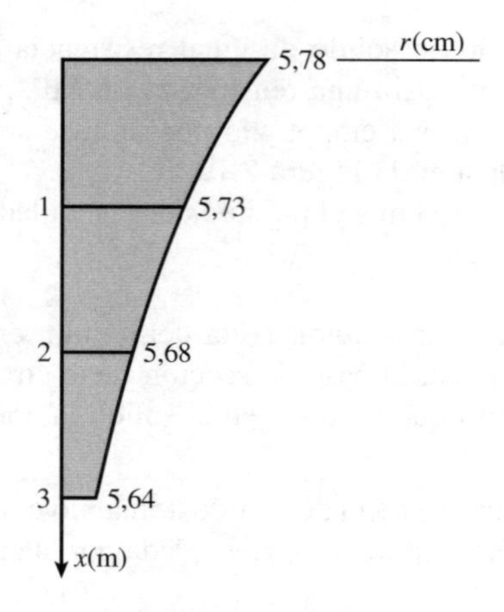

Figura 2.19-*a*

A este valor obtenido habrá que restar el alargamiento que se produce en el sólido debido a su propio peso, ya que éste ya se había producido antes de cargar el sólido

$$\Delta l_0 = \int_0^l \frac{\sigma(x)}{E}\, dx$$

pero ahora σ no es constante, sino que su expresión, en función de x, es

$$\sigma(x) = \frac{\int_x^l \gamma\, \Omega(x)\, dx}{\Omega(x)} = \gamma\, e^{-\frac{\gamma(l-x)}{\sigma}} \int_x^l e^{\frac{\gamma(l-x)}{\sigma}}\, dx = \sigma \left(1 - e^{-\frac{\gamma(l-x)}{\sigma}}\right)$$

Sustituyendo en la expresión de Δl_0, se tiene:

$$\Delta l_0 = \frac{\sigma}{E} \int_0^l \left(1 - e^{-\frac{\gamma(l-x)}{\sigma}}\right) dx = \frac{\sigma}{E}\left[l - \frac{\sigma}{\gamma}\left(1 - e^{-\frac{\gamma l}{\sigma}}\right)\right]$$

Para los valores dados

$$\Delta l_0 = \frac{5 \times 10^6}{105 \times 10^9}\left[3 - \frac{5 \times 10^6}{8.470 \times 9{,}8}\left(1 - e^{-\frac{8.470 \times 9{,}8 \times 3}{5 \times 10^6}}\right)\right] 10^3 \text{ mm} = 3{,}49 \times 10^{-3} \text{ mm}$$

Por consiguiente, el alargamiento pedido es

$$\Delta l = \Delta l_1 - \Delta l_0 = 0{,}142 - 0{,}00349 \text{ mm} = 0{,}138 \text{ mm}$$

2.6. Tensiones y deformaciones producidas en una barra o anillo de pequeño espesor por fuerza centrífuga

Otra importante aplicación de lo expuesto anteriormente es para el cálculo de las tensiones y deformaciones que se producen en una barra que gira en un plano horizontal alrededor de un eje fijo vertical, por efecto de la fuerza centrífuga.

Consideremos una barra $0A$ de sección constante de área Ω, longitud l y peso P que está girando a velocidad constante ω alrededor de un eje fijo vertical que contiene a su extremo 0 (Fig. 2.20).

Si $q(x)$ es la carga axial por unidad de longitud debida a la fuerza centrífuga, podemos poner

$$qdx = dm\,\omega^2 x = \omega^2 x \frac{P}{lg} dx \qquad (2.6\text{-}1)$$

La ley de esfuerzos normales en la barra considerada la podemos obtener sustituyendo la expresión de $q(x)$ obtenida en la ecuación (2.4-2) e integrando

$$dN + \frac{\omega^2 P}{lg} x\,dx = 0 \qquad (2.6\text{-}2)$$

$$N = -\frac{\omega^2 P}{2lg} x^2 + C \qquad (2.6\text{-}3)$$

siendo C una constante de integración que determinaremos imponiendo la condición $N(l) = 0$

$$N(l) = 0 \quad \Rightarrow \quad C = \frac{\omega^2 P}{2lg} l^2 \qquad (2.6\text{-}4)$$

y, por consiguiente, la ley de esfuerzos normales

$$N = \frac{\omega^2 P}{2lg} (l^2 - x^2) \qquad (2.6\text{-}5)$$

resulta ser una ley parabólica, que tiene su valor máximo en la sección que contiene al eje de giro. Se representa en la Figura 2.21.

Para hallar la ley de desplazamientos de las secciones rectas aplicaremos la ecuación (2.4-6), teniendo en cuenta la expresión (2.6-1) que nos da la carga axial por unidad de longitud sobre la barra

$$E\Omega \frac{d^2u}{dx^2} + \frac{\omega^2 P}{lg} x = 0 \qquad (2.6\text{-}6)$$

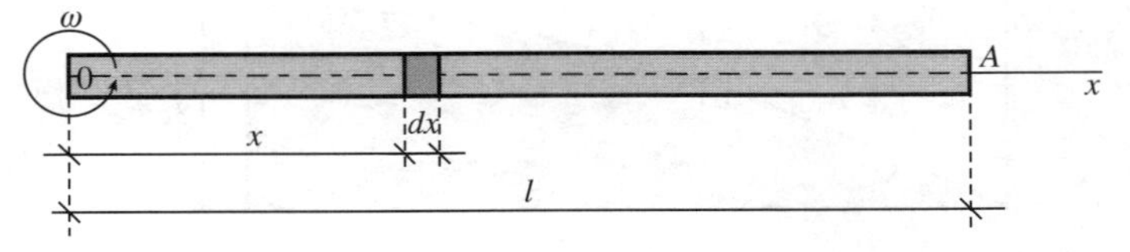

Figura 2.20

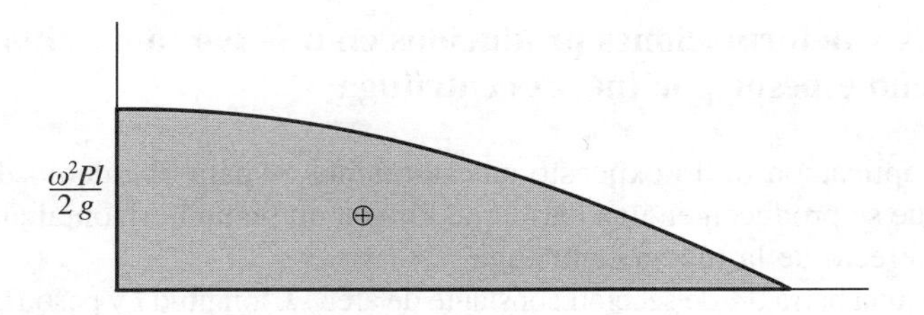

Figura 2.21

Integrando dos veces, tenemos

$$E\Omega \frac{du}{dx} = -\frac{\omega^2 P}{2lg} x^2 + C_1$$
$$E\Omega\, u = -\frac{\omega^2 P}{6lg} x^3 + C_1 x + C_2 \tag{2.6-7}$$

Las constantes de integración C_1 y C_2 las determinamos a partir de las condiciones de contorno

$$u(0) = 0 \quad \Rightarrow \quad C_2 = 0$$

$$u(l) = \Delta l \;\Rightarrow\; E\Omega\, \Delta l = -\frac{\omega^2 P l^2}{6g} + C_1\, l$$

y como

$$\Delta l = \int_0^l \frac{N}{E\Omega}\, dx = \frac{\omega^2 P}{2lg\ E\Omega} \left[l^2\, x - \frac{x^3}{3} \right]_0^l = \frac{\omega^2 P l^2}{3g\, E\Omega} \tag{2.6-8}$$

el valor de la constante C_1 es

$$C_1 = \frac{\omega^2 P l}{6g} + \frac{\omega^2 P l}{3g} = \frac{\omega^2 P l}{2g} \tag{2.6-9}$$

En consecuencia, la ley de desplazamientos de las secciones rectas es

$$u(x) = \frac{\omega^2 P}{6lg\ E\Omega}\, x\, (3l^2 - x^2) \tag{2.6-10}$$

El diagrama correspondiente se representa en la Figura 2.22.

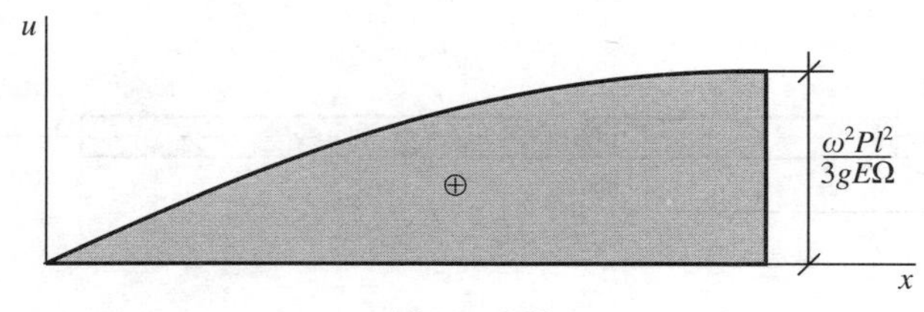

Figura 2.22

Consideremos ahora el caso de un anillo de pequeño espesor, de radio medio r, que gira alrededor de su eje a velocidad angular constante ω (Fig. 2.23-*a*).

La fuerza centrífuga engendra un estado tensional monoaxial en sentido circunferencial, de tensión σ_t. Sea h la altura del anillo; e, el espesor; y γ, el peso específico del material del anillo. Podemos expresar la fuerza centrífuga sobre el elemento de anillo comprendido entre dos planos que contienen al eje de giro y forman un ángulo $d\theta$.

$$df_c = \omega^2 r\, dm = \omega^2 r \frac{\gamma}{g} h\, e\, r\, d\theta = \frac{\gamma}{g} h\, e\, \omega^2 r^2\, d\theta \qquad (2.6\text{-}11)$$

Sobre el elemento de anillo actúan las fuerzas indicadas en la Figura 2.23-*b*. Planteando el equilibrio de dicho elemento:

$$df_c - 2\,\sigma_t\, e\, h \operatorname{sen} \frac{d\theta}{2} = 0$$

Como para valores infinitesimales el seno y el ángulo son equivalentes

$$\frac{\gamma}{g} h\, e\, \omega^2 r^2\, d\theta = 2\,\sigma_t\, e\, h \frac{d\theta}{2}$$

obtenemos la expresión de la tensión circuferencial σ_t

$$\sigma_t = \frac{\gamma\, \omega^2 r^2}{g} \qquad (2.6\text{-}12)$$

Esta tensión circunferencial está relacionada con la deformación longitudinal unitaria ε_t, por la ley de Hooke

$$\varepsilon_t = \frac{\sigma_t}{E} = \frac{\gamma\, \omega^2 r^2}{gE} \qquad (2.6\text{-}13)$$

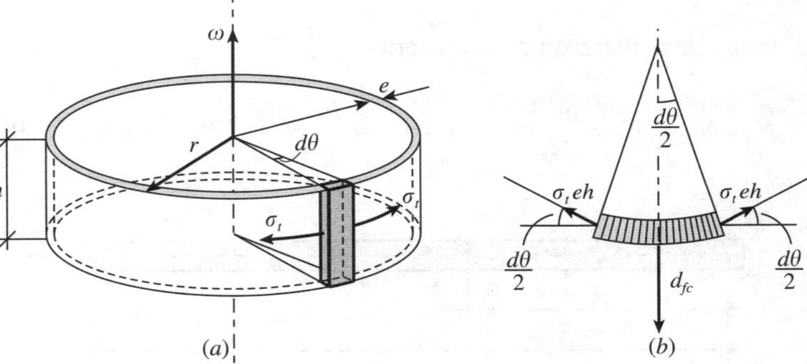

Figura 2.23

lo que nos indica que el efecto producido por la fuerza centrífuga en el anillo es un alargamiento de la longitud circunferencial media, de valor

$$\Delta l = 2\pi r\, \varepsilon_t = 2\pi \frac{\gamma\, \omega^2 r^3}{gE} \tag{2.6-14}$$

que nos permite calcular el nuevo radio medio r'

$$2\pi r' = 2\pi r + 2\pi \frac{\gamma\, \omega^2 r^3}{gE}$$

es decir

$$r' = r + \frac{\gamma\, \omega^2 r^3}{gE} \tag{2.6-15}$$

Ejemplo 2.6.1. Una barra $0A$ de sección de área $\Omega = 4$ cm^2, longitud $l = 1$ m, y peso $P = 17{,}6\, N$ gira alrededor de un eje fijo vertical que contiene a su extremo 0, con velocidad angular constante $\omega = 180$ rpm. En el extremo A, solidariamente unido a la barra existe un cuerpo de dimensiones despreciables y peso $P_1 = 2$ kp. Se pide:

1.° Hallar la ley de esfuerzos normales.
2.° Calcular el alargamiento de la barra como consecuencia del giro, sabiendo que el módulo de elasticidad del material es $E = 110$ GPa.

1.° La ley de esfuerzos normales pedida la podemos obtener como superposición del esfuerzo normal producido en la barra por el giro de ella misma, dado por la ecuación (2.6-5)

$$N_1 = \frac{\omega^2 P}{2lg}(l^2 - x^2)$$

y el producido por la masa colocada en el extremo A

$$N_2 = \omega^2 l \frac{P_1}{g}$$

Por tanto, la ley de esfuerzos normales será:

$$N = N_1 + N_2 = \frac{\omega^2 P}{2lg}(l^2 - x^2) + \omega^2 l \frac{P_1}{g} = \frac{\omega^2}{2lg}[P(l^2 - x^2) + 2l^2 P_1]$$

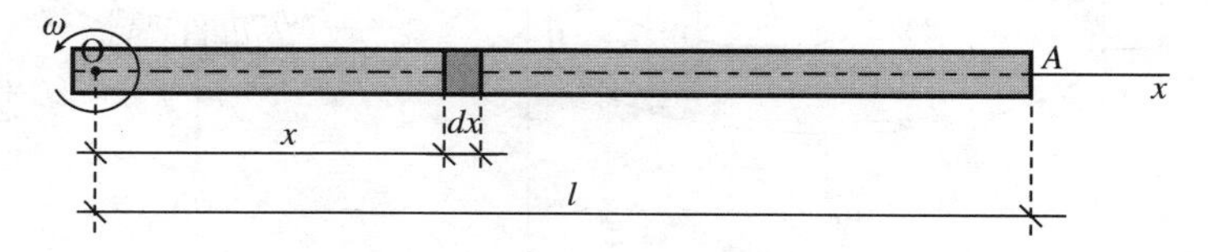

Figura 2.24

Sustituyendo valores, se tiene:

$$N = \left(\frac{2\pi \times 180}{60}\right)^2 \frac{1}{2 \times 9{,}8} [17{,}6\,(1 - x^2) + 2 \times 2 \times 9{,}8]\, N =$$

$$= 18{,}1278\,(56{,}8 - 17{,}6\, x^2)\, N$$

que se representa en al Figura 2.24-*a*.

2.º El alargamiento de la barra lo calculamos teniendo en cuenta la expresión del esfuerzo normal obtenido anteriormente

$$\Delta l = \int_0^l \frac{N}{E\Omega}\, dx = \frac{\omega^2 P}{2lg}\left[l^2 x - \frac{x^3}{3}\right]_0^l + \frac{\omega^2 l^2 P_1}{gE\Omega} = \frac{\omega^2 l^2}{gE\Omega}\left(\frac{P}{3} + P_1\right)$$

Sustituyendo valores:

$$\Delta l = \left(\frac{2\pi \times 180}{60}\right)^2 \frac{1}{9{,}8 \times 110 \times 10^9 \times 4 \times 10^{-4}}\left(\frac{17{,}6}{3} + 2 \times 9{,}8\right) 10^3 \text{ mm}$$

se obtiene

$$\Delta l = 0{,}021 \text{ mm}$$

Al mismo resultado podríamos haber llegado superponiendo a la ecuación (2.6-10) particularizada para $x = 1$ m el alargamiento producido por el esfuerzo normal debido a la masa situada en A, de peso P_1.

En efecto,

$$u_1 = \frac{\omega^2 P}{6lg\ E\Omega} x(3l^2 - x^2)$$

$$u_2 = \int_0^l \frac{N}{E\Omega}\, dx = \frac{\omega^2 l}{E\Omega}\frac{P_1}{g}$$

$$\Delta l = u_1(l) + u_2 = \frac{\omega^2 l^2}{gE\Omega}\left(\frac{P}{3} + P_1\right)$$

expresión que, evidentemente, coincide con la obtenida anteriormente.

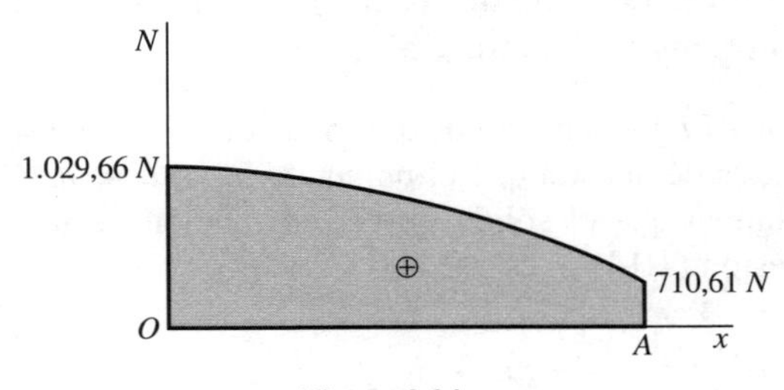

Figura 2.24-*a*

Ejemplo 2.6.2. Un anillo de aluminio de espesor $e = 6$ mm, radio medio $r = 50$ cm, y altura $h = 10$ cm gira alrededor de su eje con velocidad angular constante a $n = 2.000$ rpm. Se pide:

1.º Hallar el valor de la tensión circunferencial que el giro provoca en el anillo.
2.º Calcular la variación de longitud del radio medio del anillo.

Datos del aluminio: peso específico: $\gamma = 26{,}6$ kN/m^3; módulo de elasticidad: $E = 70$ GPa.

1.º La tensión circunferencial σ_t indicada en la Figura 2.25 viene dada por la expresión (2.6-12). Sustituyendo los valores dados:

$$\sigma_t = \frac{\gamma \omega^2 r^2}{g} = \frac{26{,}6 \times 10^3 \left(\dfrac{2\pi \times 2.000}{60}\right)^2 0{,}5^2}{9{,}8} = 29{,}77 \times 10^6 \, \frac{N}{\text{m}^2}$$

se obtiene

$$\sigma_t = 29{,}77 \text{ MPa}$$

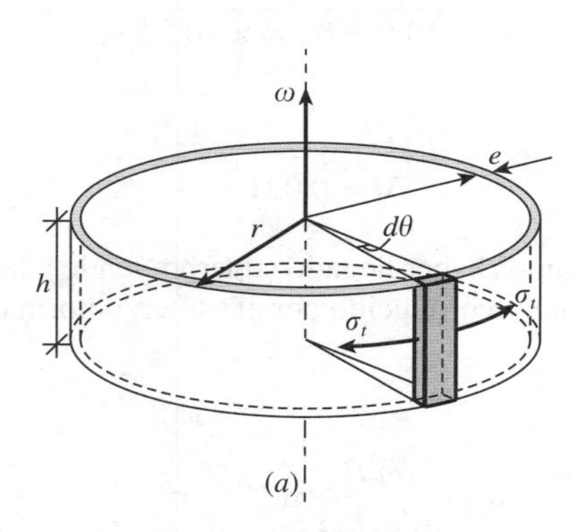

Figura 2.25

2.º La variación de longitud del radio la obtenemos de la ecuación (2.6-15)

$$\Delta r = r' - r = \frac{\gamma \omega^2 r^3}{gE} = \frac{26{,}6 \times 10^3 \left(\dfrac{2\pi \times 2.000}{60}\right)^2 0{,}5^3}{9{,}8 \times 70 \times 10^9} \text{ m} = 0{,}213 \text{ mm}$$

2.7. Expresión del potencial interno de un prisma mecánico sometido a tracción o compresión monoaxial

Dada la matriz de tensiones $[T]$ y la matriz de deformación $[D]$ de un sólido elástico sometido a una solicitación exterior, se demuestra que el *potencial interno* o *energía elástica de deformación* por unidad de volumen que el sólido posee, en función de las componentes de ambas matrices, según la expresión (1.14-4), es

$$\frac{d\mathcal{T}}{dv} = \frac{1}{2} (\sigma_{nx}\varepsilon_x + \sigma_{ny}\varepsilon_y + \sigma_{nz}\varepsilon_z + \tau_{xy}\gamma_{xy} + \tau_{yz}\gamma_{yz} + \tau_{xz}\gamma_{xz}) \qquad (2.7\text{-}1)$$

En el caso de tracción o compresión monoaxial, según hemos visto, se anulan todas las componentes de la matriz de tensiones, excepto σ_{nx}. Por tanto, el potencial interno de un paralelepípedo elemental del prisma será

$$d\mathcal{T} = \frac{1}{2}\,\sigma_{nx}\,\varepsilon_x\,dx\,dy\,dz \qquad (2.7\text{-}2)$$

Si se considera la porción de prisma comprendida entre dos secciones rectas indefinidamente próximas separadas dx esta expresión se puede poner en la forma

$$d\mathcal{T} = \frac{1}{2}\,\sigma_{nx}\,\varepsilon_x\,\Omega\,dx \qquad (2.7\text{-}3)$$

Expresando la deformación unitaria ε_x en función de σ_{nx} y ésta en función del esfuerzo normal N, se tiene:

$$d\mathcal{T} = \frac{1}{2E}\,\sigma_{nx}^2\,\Omega\,dx = \frac{N^2}{2E\Omega}\,dx \qquad (2.7\text{-}4)$$

Integrando, obtendremos el potencial interno de todo el prisma

$$\mathcal{T} = \int_0^l \frac{1}{2}\,\frac{N^2}{E\Omega}\,dx \qquad (2.7\text{-}5)$$

Si $N = P$ es constante, así como el área Ω de la sección

$$\mathcal{T} = \frac{N^2 l}{2E\Omega} = \frac{P^2 l}{2E\Omega} \qquad (2.7\text{-}6)$$

A partir de esta expresión se puede comprobar el alargamiento absoluto Δl, aplicando el teorema de Castigliano

$$\Delta l = \frac{\partial \mathcal{T}}{\partial P} = \frac{Pl}{E\Omega} \qquad (2.7\text{-}7)$$

Ejemplo 2.7.1. Calcular el potencial interno de una barra prismática de sección de área Ω, peso específico γ y longitud l, que está empotrada por su base inferior y cargada en su base superior con una carga F (Fig. 2.26).

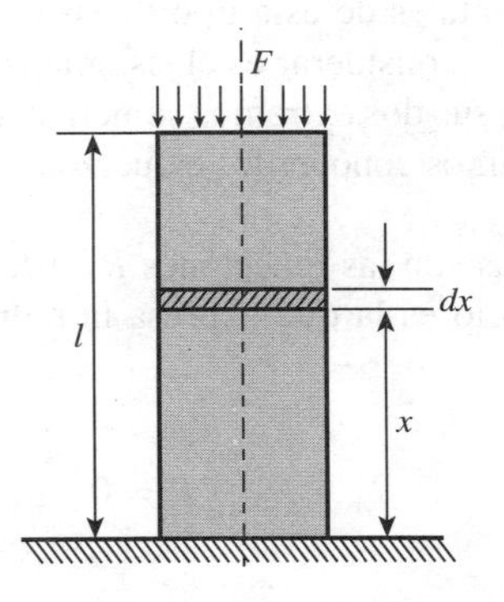

Figura 2.26

Aplicaremos la expresión (2.7-5), teniendo en cuenta que la ley de esfuerzos normales es

$$N = -[F + \gamma \Omega (l - x)]$$

$$\mathcal{T} = \int_0^l \frac{[F + \gamma \Omega (l - x)]^2}{2E\Omega} dx = \frac{1}{2E\Omega} \int_0^l [F^2 + \gamma^2 \Omega^2 (l - x)^2 + 2F \gamma \Omega (l - x)] \, dx$$

$$= \frac{1}{2E\Omega} \left[F^2 x - \gamma^2 \Omega^2 \frac{(l-x)^3}{3} - 2 F \gamma \Omega \frac{(l-x)}{2} \right]_0^l$$

Se obtiene:

$$\mathcal{T} = \frac{l}{2E\Omega} \left(F^2 l + \frac{\gamma^2 \Omega^2 l^3}{3} + F \gamma \Omega l^2 \right)$$

2.8. Tracción o compresión monoaxial hiperestática

Al plantear el equilibrio de un sistema sucede frecuentemente que el número de incógnitas es superior al número de ecuaciones que proporciona la Estática y, por lo tanto, no son suficientes para resolver el problema. Tales sistemas reciben el nombre de *sistemas estáticamente indeterminados* o *sistemas hiperestáticos.*

Llamaremos *grado de hiperestaticidad n* al número que expresa la diferencia entre el número de ecuaciones independientes de que se dispone y el número de incognitas.

La causa de que la Estática no resuelva esta clase de problemas está en que allí considerábamos el sólido como rígido. Las deformaciones que presentan las diferentes partes de un sistema, consideradas como sólidos elásticos, proporcionan el número de ecuaciones restantes necesarias para obtener la solución del problema. Estas ecuaciones adicionales expresan las condiciones geométricas de las ligaduras impuestas a los sistemas deformables y reciben el nombre de *ecuaciones de compatibilidad de las deformaciones.*

Consideremos en lo que sigue, con objeto de dejar clara la idea de equilibrio hiperestático, algunos ejemplos de casos elementales de este tipo de sistemas.

El primer ejemplo que vamos a considerar es el sistema constituido por una barra de sección constante de área Ω empotrada en sus dos extremos sometida a una carga P, tal como se indica en la Figura 2.27-*a* y en la que deseamos conocer los esfuerzos normales que actúan en sus diversas secciones.

En este sistema, las incognitas son las reacciones R_A y R_B de los empotramientos, mientras que la única ecuación de equilibrio es la que expresa la nulidad de la resultante de las cargas verticales.

$$R_A + R_B - P = 0 \tag{2.8-1}$$

Se trata, pues, de un sistema hiperestático de grado 1 o de primer grado.

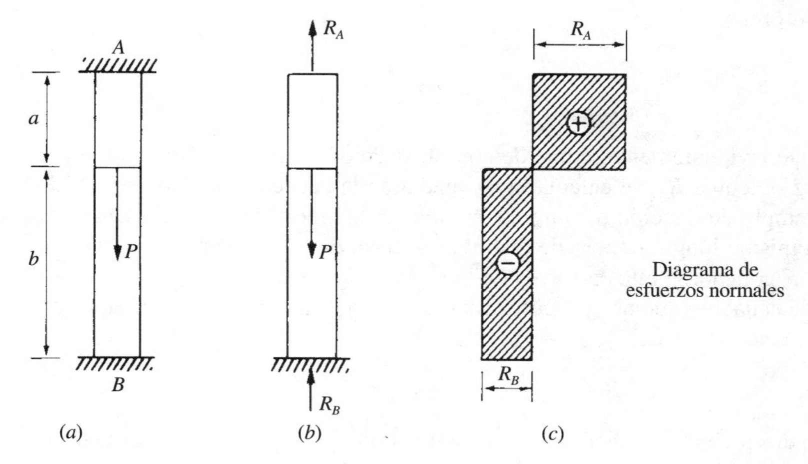

Figura 2.27

La ecuación de compatibilidad de las deformaciones que necesitamos la podemos obtener sustituyendo un empotramiento, el superior por ejemplo (Fig. 2.27-*b*), por la reacción de la ligadura, en virtud del postulado de liberación, e imponer la condición de que el desplazamiento de esta sección es nulo

$$\frac{R_A \cdot a}{E\Omega} + \frac{(R_A - P)b}{E\Omega} = 0 \tag{2.8-2}$$

Resolviendo el sistema de ecuaciones formado por esta ecuación y la (2.8-1), se obtiene:

$$R_A = \frac{Pb}{a+b} \quad ; \quad R_B = \frac{Pa}{a+b} \tag{2.8-3}$$

que nos permite dibujar, aplicando el método de las secciones que ya nos es familiar, el diagrama de esfuerzos normales a que están sometidas las diversas secciones de la barra (Fig. 2.27-*c*).

También podríamos haber resuelto este caso por un método basado en los teoremas energéticos. En efecto, como se trata de un sistema hiperestático de primer grado, expresaremos el potencial interno de la barra en función de la incognita hiperestática, de R_A por ejemplo.

$$\begin{aligned} \mathscr{T} &= \frac{1}{2}\int_0^l \frac{N^2}{E\Omega}\,dx = \frac{1}{2}\int_0^a \frac{R_A^2}{E\Omega}\,dx + \frac{1}{2}\int_a^{a+b} \frac{(P-R_A)^2}{E\Omega}\,dx = \\ &= \frac{1}{2}\frac{R_A^2}{E\Omega}a + \frac{1}{2}\frac{(P-R_A)^2}{E\Omega}b \end{aligned} \tag{2.8-4}$$

Al ser nulo el desplazamiento del empotramiento *A*, en virtud del teorema de Menabrea, se verificará

$$\frac{d\mathscr{T}}{dR_A} = 0 \Rightarrow \frac{R_A}{E\Omega}a - \frac{P - R_A}{E\Omega}b = 0$$

de donde se obtiene:

$$R_A = \frac{Pb}{a + b}$$

resultado que, evidentemente, coincide con el obtenido aplicando el método anterior.

Una vez obtenida R_A, se calcularía R_B mediante la ecuación de equilibrio (2.8-1).

Otro ejemplo de tracción o compresión monoaxial hiperestática se presenta en el caso de los tubos de la misma longitud, pero de distinto material, que se les somete a compresión mediante una fuerza F aplicada a ellos a través de una placa rígida (Fig. 2.28).

La única ecuación que nos proporciona la Estática es la que expresa el equilibrio de la placa rígida.

$$F_a + F_c = F \tag{2.8-5}$$

Existen dos incognitas: las fuerzas de compresión F_a y F_c que actúan sobre los tubos de acero y de cobre, respectivamente; y una sola ecuación. Por lo tanto, se trata de un sistema hiperestático de primer grado. La ecuación de compatibilidad de las deformaciones es la que expresa que los acortamientos de ambos tubos son iguales

$$\Delta l_a = \Delta l_c \quad \Rightarrow \quad \frac{F_a}{E_a \Omega_a} l = \frac{F_c}{E_c \Omega_c} l \tag{2.8-6}$$

siendo E_a y E_c los módulos de elasticidad y Ω_a y Ω_c las áreas de las secciones rectas de los tubos de acero y de cobre, respectivamente.

Las ecuaciones (2.8-5) y 2.8-6) constituyen un sistema de dos ecuaciones con dos incognitas, cuya resolución nos da F_a y F_c.

Despejando F_c de la segunda ecuación:

$$F_c = \frac{E_c \Omega_c}{E_a \Omega_a} F$$

y sustituyendo en la primera

$$F_a + \frac{E_c \Omega_c}{E_a \Omega_a} F_a = F_a \frac{E_a \Omega_a + E_c \Omega_c}{E_a \Omega_a} = F$$

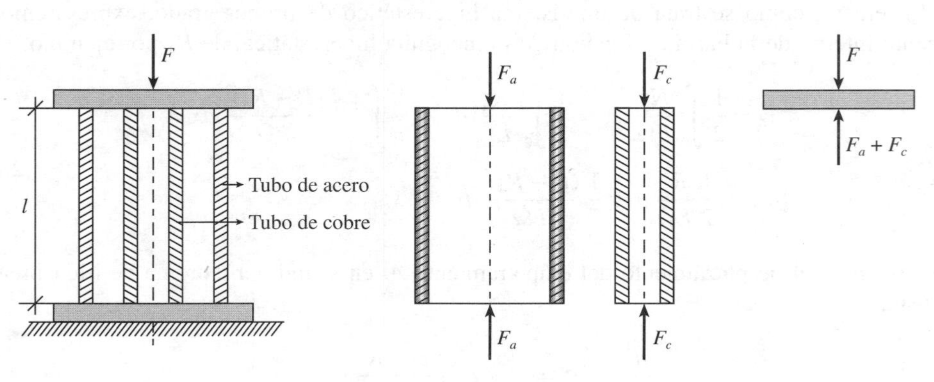

Figura 2.28

se obtiene:

$$F_a = \frac{E_a\Omega_a}{E_a\Omega_a + E_c\Omega_c} F \tag{2.8-7}$$

y análogamente:

$$F_c = \frac{E_c\Omega_c}{E_a\Omega_a + E_c\Omega_c} F \tag{2.8-8}$$

Las tensiones en los tubos de acero y de cobre serán:

$$\sigma_a = -\frac{F_a}{\Omega_a} = -\frac{E_a}{E_a\Omega_a + E_c\Omega_c} F \tag{2.8-9}$$

$$\sigma_c = -\frac{F_c}{\Omega_c} = -\frac{E_c}{E_a\Omega_a + E_c\Omega_c} F \tag{2.8-10}$$

Consideremos ahora el sistema de la Figura 2.29-*a* constituido por tres barras y en cuyos extremos tienen articulaciones perfectas. Deseamos calcular los esfuerzos a que estarán sometidas las barras cuando se aplica en el nudo 0 una fuerza F en dirección de AO.

Llamando N_1, N_2, N_3 a estos esfuerzos, las condiciones de equilibrio estático del sistema son:

$$\begin{cases} N_3 \text{ sen } \alpha - N_1 \text{ sen } \alpha = 0 \\ N_2 + N_1 \cos \alpha + N_3 \cos \alpha - F = 0 \end{cases} \tag{2.8-11}$$

sistema de ecuaciones equivalente a:

$$\begin{cases} N_2 + 2N_1 \cos \alpha = F \\ N_1 = N_3 \end{cases} \tag{2.8-12}$$

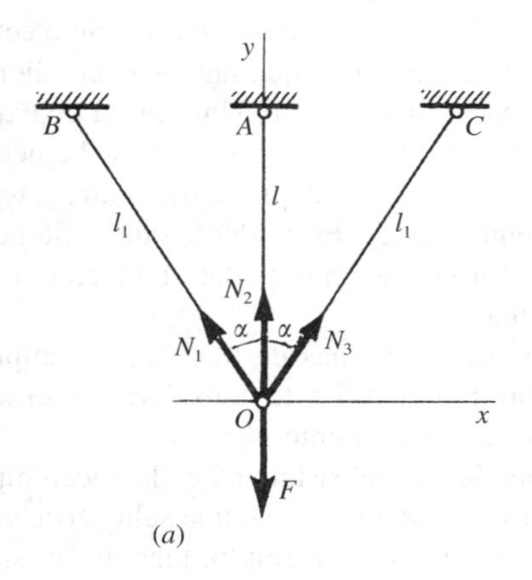

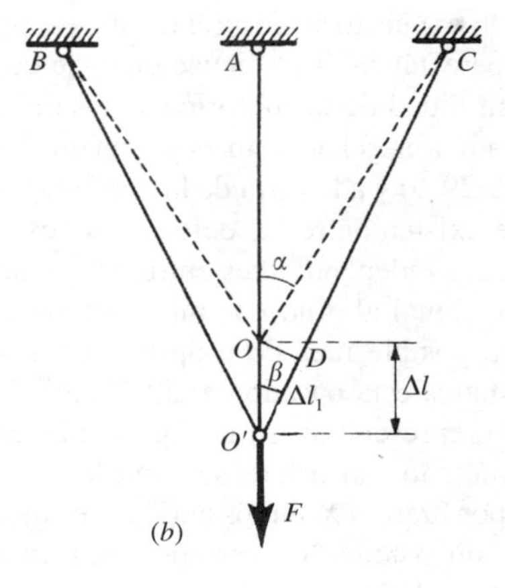

Figura 2.29

Por otra parte, la condición de momento nulo no aporta ninguna nueva ecuación, ya que las fuerzas son concurrentes y, necesariamente, se cumple. Tenemos, por tanto, dos ecuaciones algebraicamente insuficientes para calcular los esfuerzos N_1, N_2 y N_3.

El problema aparentemente está indeterminado, pero teniendo en cuenta la compatibilidad de las deformaciones de las barras, el sistema adopta una configuración tal como la representada exageradamente en la Figura 2.29-*b*.

Los ángulos α y β que forman las barras inclinadas, antes y después de la deformación respectivamente, respecto a la vertical, son sensiblemente iguales ($\alpha \simeq \beta$), ya que las deformaciones son muy pequeñas, por lo que la ecuación (2.8-12) sigue siendo válida.

Los alargamientos Δl y Δl_1 de la barra vertical e inclinadas, respectivamente, no son independientes, sino que están relacionadas por medio de la ecuación:

$$\Delta l_1 = \Delta l \cos \alpha \tag{2.8-13}$$

que se obtiene considerando el triángulo $0\widehat{DO'}$, rectángulo en D.

Aplicando la ley de Hooke, pues suponemos que estamos en la zona de elasticidad proporcional, se tiene:

$$\Delta l = \frac{N_2}{E\Omega} l \quad ; \quad \Delta l_1 = \frac{N_1}{E\Omega} l_1 \tag{2.8-14}$$

Sustituyendo estos valores en (2.8-13), teniendo en cuenta que $l = l_1 \cos \alpha$, se obtiene la ecuación:

$$N_1 = N_2 \cos^2 \alpha \tag{2.8-15}$$

que junto con (2.8-12) forma un sistema de solución única:

$$\begin{cases} N_1 = \dfrac{F \cos^2 \alpha}{1 + 2\cos^3 \alpha} \\ N_2 = \dfrac{F}{1 + 2\cos^3 \alpha} \end{cases} \tag{2.8-16}$$

De lo expuesto se desprende que cuando nos encontremos con un caso de tracción o compresión hiperestática, a las ecuaciones de equilibrio de la Estática hay que añadir la condición de compatibilidad de las deformaciones de las diversas partes del sistema. Una forma de expresar esta condición es hacer un esquema en el que figure el sistema deformado (como se ha hecho en la Fig. 2.29-*b*) y a la vista de la configuración geométrica que éste adopta se deducen las relaciones que existen entre las deformaciones de las diferentes partes. Es evidente que el número de ecuaciones independientes entre deformaciones que se necesitan para la determinación del problema es igual al grado de hiperestaticidad del sistema.

Otro posible método a aplicar para la resolución de problemas de tracción o compresión hiperestática está basado en el teorema de Castigliano. Para exponerlo consideremos el mismo ejemplo representado en la Figura 2.29 que hemos contemplado anteriormente.

El método consiste en sustituir las barras superabundantes del sistema, que lo hacen hiperestático, por fuerzas X_i en los nudos extremos. En nuestro caso, suprimiendo una sola barra, pues se trata de un sistema hiperestático de primer grado, la barra $0A$ por ejemplo, tenemos el sistema indicado en la Figura 2.30.

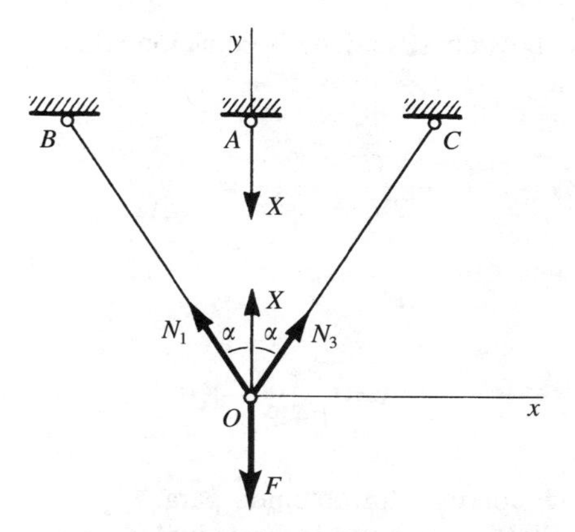

Figura 2.30

De las ecuaciones de equilibrio

$$\begin{cases} N_3 \text{ sen } \alpha - N_1 \text{ sen } \alpha = 0 \\ X + N_1 \cos \alpha + N_3 \cos \alpha - F = 0 \end{cases} \tag{2.8-17}$$

se deducen las expresiones

$$N_1 = N_3 = \frac{F - X}{2 \cos \alpha} \tag{2.8-18}$$

que permiten expresar el potencial interno del sistema en función exclusivamente de la incógnita X

$$\mathscr{T} = \frac{1}{2} \frac{N_1^2}{E\Omega} l_1 + \frac{1}{2} \frac{N_3^2}{E\Omega} l_1 = \frac{(F - X)^2 \; l}{4 \; E\Omega \cos^3 \alpha} \tag{2.8-19}$$

Pues bien, el desplazamiento relativo de los nudos extremos de la barra suprimida que vale, en virtud del teorema de Castigliano

$$\delta_{0A} = \frac{\partial \mathscr{T}}{\partial X} = - \frac{(F - X)l}{2 \; E\Omega \cos^3 \alpha} \tag{2.8-20}$$

tiene que ser igual a la variación de longitud que experimentará esta barra sometida al esfuerzo normal X. Pero como la fuerza X que hemos considerado es sobre el nudo, por el principio de acción y reacción la que actúa sobre la barra es igual y opuesta. Por tanto, tendremos que cambiarle de signo, es decir

$$\delta_{0A} = \frac{\partial \mathscr{T}}{\partial X} = - \frac{Xl}{E\Omega} \tag{2.8-21}$$

Igualando, pues, estas expresiones, se tiene la ecuación adicional que nos hacía falta para la determinación del problema

$$-\frac{(F - X)l}{2\,E\Omega \cos^3 \alpha} = -\frac{Xl}{E\Omega}$$

de donde

$$X = \frac{F}{1 + 2\cos^3 \alpha} \tag{2.8-22}$$

que coincide, evidentemente, con el valor obtenido para N_2 por el otro método.

El valor de la otra incógnita N_1 se obtiene de forma inmediata de la segunda ecuación (2.8-17).

Ejemplo 2.8.1. Un tornillo de acero con tuerca, de diámetro $d = 2$ cm y de paso $p = 1$ mm, sujeta a un tubo de cobre de área de la sección recta $\Omega_c = 4$ cm^2 y longitud $l = 15$ cm, como se indica en la Figura 2.31. En la posición en la que la distancia de la cabeza del tornillo a la tuerca es l, se da a la tuerca un cuarto de vuelta. Calcular las tensiones que se desarrollan en el tornillo y en el tubo como consecuencia de este apriete.

Datos del acero: $E_a = 200$ GPa; $\sigma_{\text{adm}} = 150$ MPa.
Datos del cobre: $E_c = 110$ GPa; $\sigma_{\text{adm}} = 115$ MPa.

Al realizar el apriete, el tornillo queda sometido a tracción, mientras que el tubo de cobre lo está a compresión. Sean N_a y N_c los esfuerzos normales en el tornillo de acero y en el tubo de cobre, respectivamente.

La única ecuación que nos proporciona la estática es

$$N_a - N_c = 0$$

El tornillo considerado es un sistema hiperestático de primer grado. La ecuación de compatibilidad de las deformaciones será la que expresa que lo que se ha movido la tuerca es igual a lo que se ha alargado el tornillo más lo que se ha acortado el tubo

$$u_a + u_c = \frac{p}{4} = 0{,}25 \text{ mm}$$

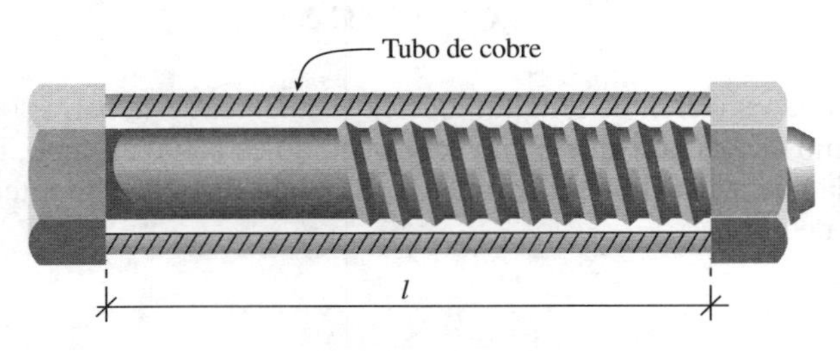

Figura 2.31

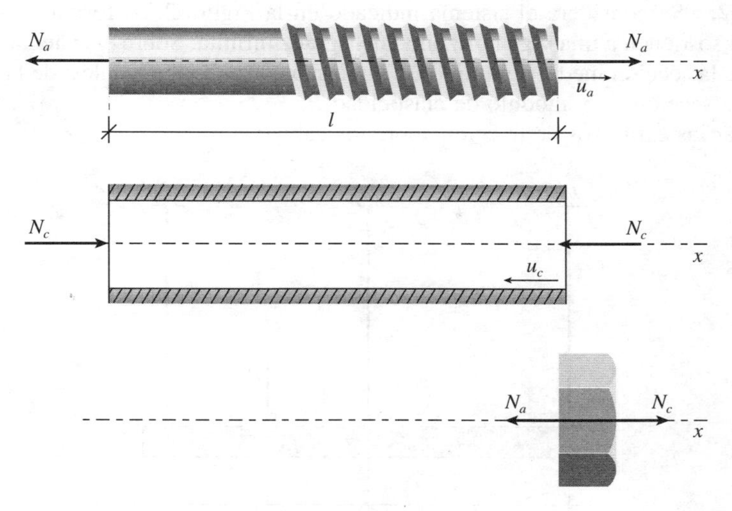

Figura 2.31-*a*

Como

$$u_a = \frac{N_a l}{E_a \Omega_a} \quad ; \quad u_c = \frac{N_c l}{E_c \Omega_c}$$

y $N_a = N_c$, se tiene:

$$N_a = N_c = \frac{\dfrac{p}{4}}{\dfrac{l}{E_a \Omega_a} + \dfrac{l}{E_c \Omega_c}}$$

Sustituyendo valores

$$N_a = N_c = \frac{0{,}25 \times 10^{-3}}{150 \times 10^{-3} \left(\dfrac{1}{200 \times 10^9 \times \pi \times 10^{-4}} + \dfrac{1}{110 \times 10^9 \times 4 \times 10^{-4}} \right)} = 43.130{,}1 \text{ N}$$

Las tensiones pedidas en tornillo y tubo serán:

$$\sigma_a = \frac{N_a}{\Omega_a} = \frac{43.130{,}1}{\pi \times 10^{-4}} \, Pa = 137{,}28 \text{ MPa}$$

$$\sigma_c = \frac{N_c}{\Omega_c} = \frac{43.130{,}1}{4 \times 10^{-4}} = 107{,}82 \text{ MPa}$$

De los resultados obtenidos se desprende que tanto tornillo como tubo trabajan en régimen elástico, ya que ambas tensiones son menores que las tensiones admisibles respectivas.

Ejemplo 2.8.2. Se considera el sistema indicado en la Figura 2.32, formado por tres cables verticales que sostienen a una viga horizontal de rigidez infinita. Sobre el sistema actúa la carga P, aplicada en la sección media del tramo BC. Los cables son todos iguales: de la misma longitud; área de la sección Ω; y módulo de elasticidad E.

Determinar los esfuerzos de tracción sobre los cables.

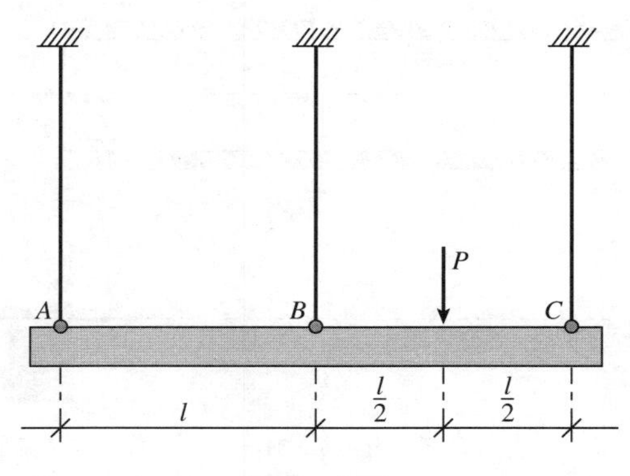

Figura 2.32

La aplicación de las ecuaciones de la estática nos proporciona las ecuaciones

$$N_A + N_B + N_C = P$$

$$N_A\, 2l + N_B \cdot l - P\,\frac{l}{2} = 0$$

Al ser tres incógnitas y sólo dos ecuaciones, el sistema es hiperestático de primer grado. La tercera ecuación se obtiene al expresar la compatibilidad de las deformaciones (Fig. 2.32-*a*)

$$2\,\Delta l_B = \Delta l_A + \Delta l_C$$

$$2\,\frac{N_B}{E\Omega}\,l = \frac{N_A}{E\Omega}\,l + \frac{N_C}{E\Omega}\,l$$

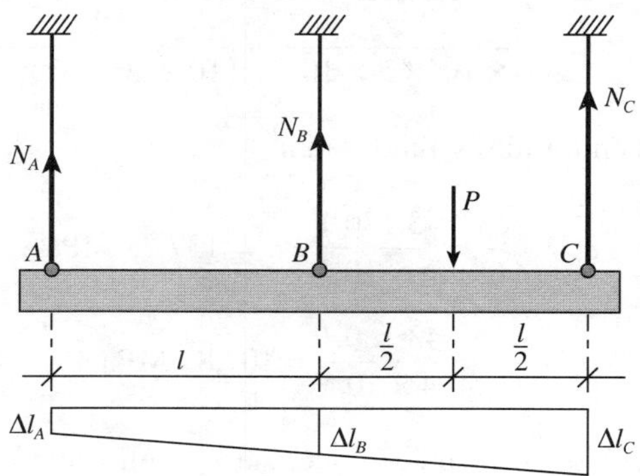

Figura 2.32-*a*

Se obtiene así el sistema de ecuaciones

$$\begin{cases} N_A + N_B + N_C = P \\ 2N_A + N_B = \dfrac{P}{2} \\ N_A + N_C - 2N_B = 0 \end{cases}$$

cuyas soluciones nos dan los esfuerzos de tracción que actúan sobre los cables del sistema considerado.

2.9. Comportamiento de un sistema de barras sometidas a tracción o compresión más allá del límite elástico. Concepto de tensión residual

En todo lo expuesto en el epígrafe anterior cuando calculamos los esfuerzos normales en el sistema hiperestático constituido por las tres barras, representado en la Figura 2.29 se ha supuesto que las barras trabajaban en régimen elástico. Es evidente que si vamos aumentando gradualmente el valor de F llegaremos al límite elástico en alguna de las barras antes que en otras.

Estudiemos ahora el comportamiento del mismo sistema considerado anteriormente cuando aumentamos F y sobrepasamos el régimen elástico, suponiendo que el material de las barras presente un *escalón de fluencia*, es decir, el diagrama tensión-deformación fuera de la forma indicada en la Figura 2.33.

De las expresiones (2.8-10) se deduce, al ser cos $\alpha < 1$ y haber supuesto que las barras son del mismo material e igual área de sección, que $N_2 > N_1$. Por tanto, la barra que alcanza antes la tensión del límite elástico σ_e es la $0A$.

Si $N_2 < \sigma_e \cdot \Omega$, o lo que es lo mismo

$$F < (1 + 2 \cos^3 \alpha)\, \sigma_e\, \Omega = F_e \tag{2.9-1}$$

siendo F_e la carga máxima para que todo el sistema trabaje en *régimen elástico*.

En una representación gráfica $N - F$ (Fig. 2.34), las leyes de variación de los esfuerzos normales N_1 y N_2 en función de la fuerza F aplicada vienen dadas por los segmentos $\overline{0A_1}$ y $\overline{0A_2}$ respectivamente.

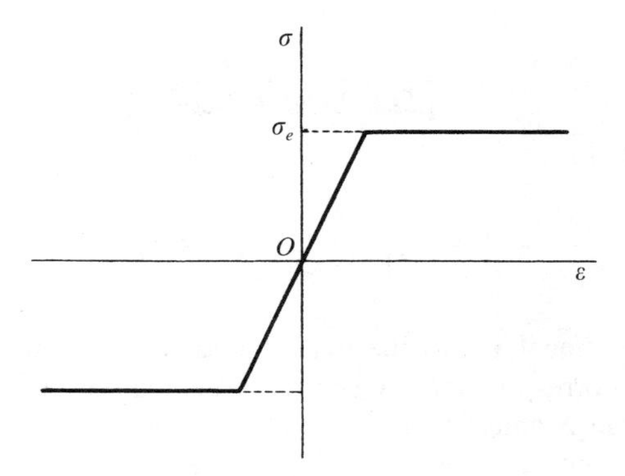

Figura 2.33

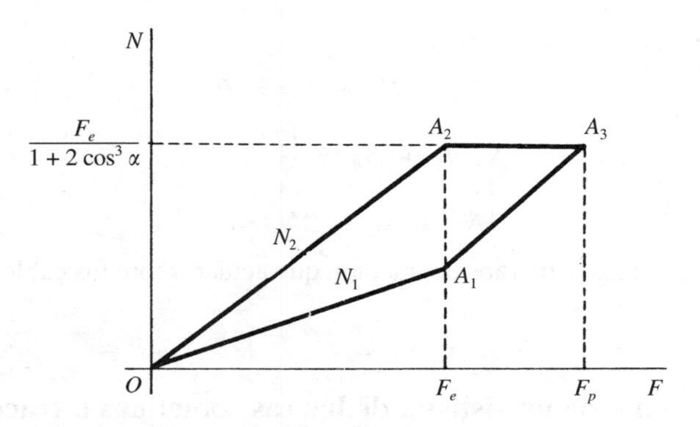

Figura 2.34

Para valores de F superiores a la *carga máxima elástica* F_e, la barra $\overline{0A}$ se alarga sin variar el valor del esfuerzo normal N_2, es decir, N_2 se mantiene constante. Las barras laterales trabajarán en régimen elástico hasta tanto el valor de F valga F_p, para el que $N_1 = \sigma_e \Omega$.

Durante este período, que podríamos decir que el sistema trabaja en *régimen elástico-plástico,* las expresiones que nos dan los valores de N_1 y N_2 son

$$\begin{cases} N_2 = \dfrac{F_e}{1 + 2\cos^3\alpha} = \text{constante} \\ N_1 = \dfrac{F - N_2}{2\cos\alpha} = \dfrac{1}{2\cos\alpha}\left(F - \dfrac{F_e}{1 + 2\cos^3\alpha}\right) \end{cases} \tag{2.9-2}$$

Las leyes gráficas correspondientes vienen representadas por los segmentos $\overline{A_2A_3}$ y $\overline{A_1A_3}$ respectivamente (Fig. 2.34).

Al llegar F a tomar el valor F_p las dos barras entran en *régimen plástico produciéndose la ruina del sistema.* La carga F_p recibe el nombre de *carga límite.* No es posible sobrepasarla pues las barras del sistema se alargarían indefinidamente manteniéndose constante F_p.

Estudiemos ahora la variación del desplazamiento δ del nudo 0, punto de aplicación de la fuerza F, al ir aumentando el valor de ésta.

Mientras la barra central trabaja en régimen elástico, es decir, si $F \leqslant F_e$, el valor de δ será

$$\delta = \frac{N_2 l}{E\Omega} = \frac{Fl}{E\Omega(1 + 2\cos^3\alpha)} \tag{2.9-3}$$

Su valor, para $F = F_e$, es

$$\delta_e = \frac{F_e \cdot l}{E\Omega(1 + 2\cos^3\alpha)} = \frac{\sigma_e l}{E} \tag{2.9-4}$$

La expresión (2.9-3) es lineal, por lo que en un diagrama $F - \delta$, tal como el representado en la Figura 2.35-*a*, la gráfica correspondiente viene representada por el segmento rectilíneo $0A$.

Si suprimimos la carga F antes de alcanzar el valor de F_e, el sistema seguiría la recta de descarga $A0$, es decir, al cabo de un tiempo suficiente se anularía la deformación δ y el sistema adoptaría la misma configuración geométrica que tenía antes de empezar a cargarla.

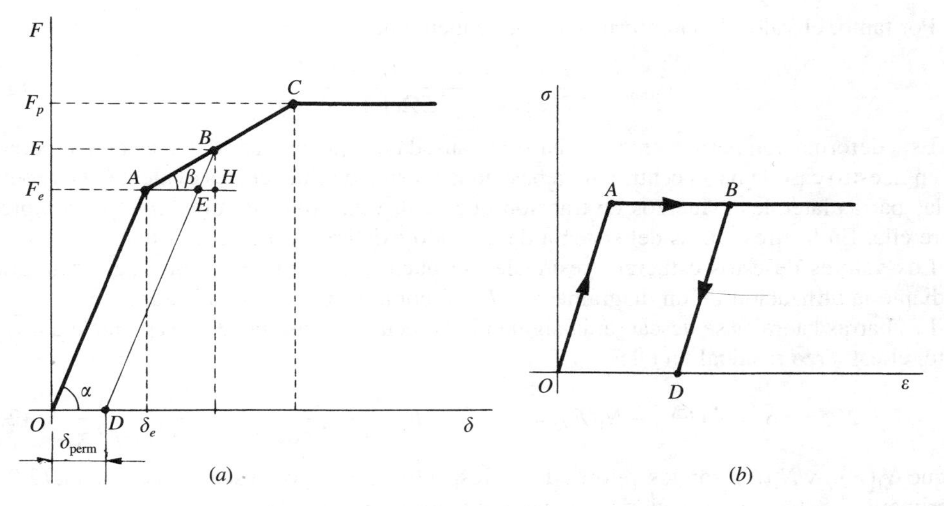

Figura 2.35

En régimen elástico-plástico ($F_e < F < F_p$), el valor de δ se puede obtener a partir de la ecuación (2.9-2) que nos da el valor del esfuerzo N_1 en las barras laterales, ya que al estar éstas en régimen elástico siguen la ley de Hooke.

$$\delta_1 = \frac{N_1 l_1}{E\Omega}, \text{ y como } \begin{cases} l = l_1 \cos\alpha \\ \delta_1 = \delta \cos\alpha \end{cases} \Rightarrow \delta \cos\alpha = \frac{N_1 l}{E\Omega \cos\alpha}$$

$$\delta_{ep} = \frac{N_1 l}{E\Omega \cos^2\alpha} = \frac{l}{2\,E\Omega\cos^3\alpha}\left(F - \frac{F_e}{1 + 2\cos^3\alpha}\right) \qquad (2.9\text{-}5)$$

Veamos qué ocurre al sistema si cuando está cargado con una fuerza F comprendida entre F_e y F_p se suprime ésta.

Sabemos que en el diagrama tensión-deformación de un material que ha superado la tensión de fluencia, la descarga viene representada por un segmento rectilíneo paralelo al de carga proporcional, es decir, si el material se encuentra en el estado representado por el punto B en la Figura 2.35-*b*, la descarga sigue el segmento $\overline{BD}$, paralelo al $\overline{0A}$. Esto nos indica que si se supera la tensión de fluencia y después se descarga, en el material queda una deformación permanente cuyo valor unitario viene dado por la abscisa $\overline{0D}$.

Volviendo a nuestro sistema hiperestático de las tres barras, si la carga es F y el punto representativo en el diagrama $F - \delta$ es B (Fig. 2.35-*a*), la descarga seguirá la recta BD. Vemos que el sistema no recupera su posición inicial, cuando estaba descargado, sino que existe una deformación permanente, cuyo valor es

$$\delta_{\text{perm}} = \overline{0D} = \overline{AE} = \overline{AH} - \overline{EH} = \frac{\overline{BH}}{\operatorname{tg}\beta} - \frac{\overline{BH}}{\operatorname{tg}\alpha} \qquad (2.9\text{-}6)$$

Ahora bien, $\overline{BH} = F - F_e$ y las tangentes de los ángulos α y β son los coeficientes angulares de las rectas $\overline{0A}$ y $\overline{AC}$ respectivamente, cuyos valores fácilmente se deducen de las ecuaciones (2.9-3) y (2.9-5).

Por tanto, el valor de la deformación permanente del sistema será

$$\delta_{\text{perm}} = \frac{(F - F_e)l}{2\,E\Omega \cos^3 \alpha} - \frac{(F - F_e)l}{E\Omega(1 + 2\cos^3 \alpha)} \tag{2.9-7}$$

Esta deformación permanente que ha sido causada porque una parte del sistema hiperestático, en nuestro caso la barra central, ha rebasado la tensión de fluencia, es evidente que producirá en las barras laterales esfuerzos de tracción que, a su vez, producen un efecto de compresión sobre ella. En las tres barras del sistema descargado existirán esfuerzos residuales.

Los valores de estos esfuerzos residuales se pueden obtener fácilmente de forma gráfica mediante la utilización de un diagrama $N - F$, tal como se indica en la Figura 2.36.

Las barras laterales se descargarán siguiendo la recta que pasa por E y es paralela a $\overline{0A_1}$. Por tanto, el esfuerzo residual en ellas será

$$N_{1r} = \overline{ES} = N_1(F)_{ep} - N_1(F)_e = \frac{1}{2\cos\alpha}\left(F - \frac{F_e}{1 + 2\cos^3\alpha}\right) - \frac{F\cos^2\alpha}{1 + 2\cos^3\alpha} \tag{2.9-8}$$

ya que $N_1(F)_{ep}$ y $N_1(F)_e$ son los valores dados respectivamente por la segunda ecuación (2.9-2) y la primera (2.8-16), al particularizarlas para el valor de F considerado.

Por su parte, la barra central se descargará siguiendo la recta que pasa por P y es paralela a $\overline{0A_2}$. Por tanto

$$N_{2r} = -\overline{0R}\ \text{tg}\ \alpha = -\overline{A_2P} \cdot \text{tg}\ \alpha = -\frac{F - F_e}{1 + 2\cos^3\alpha} \tag{2.9-9}$$

Estos esfuerzos residuales hacen que, aunque el sistema esté descargado, existan tensiones en las barras del sistema. A tales tensiones se las denomina *tensiones residuales*.

Si ahora volviéramos a cargar, el sistema seguiría la recta DB (Fig. 2.35-*a*) y se comportaría como elástico hasta alcanzar el punto B. O sea, que se ha conseguido aumentar la carga elástica máxima del sistema.

Si llegado nuevamente al punto B seguimos aumentando el valor de P, la ley gráfica seguirá los puntos del segmento $\overline{BC}$. Al llegar a C (para $F = F_p$) la deformación δ crece indefinidamente a carga constante: se produce la ruina del sistema.

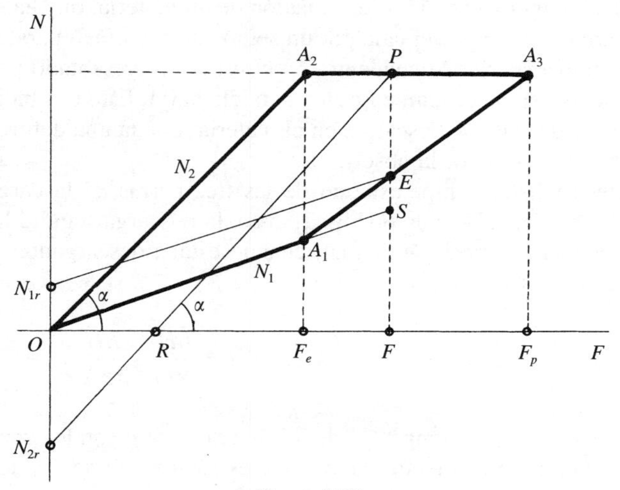

Figura 2.36

Ejemplo 2.9.1. Una viga rígida horizontal está colgada de tres barras verticales iguales, de longitud $l = 4$ m y sección recta de área $\Omega = 3$ cm^2. Sobre la viga actúa una carga total P repartida como se indica en la Figura 2.37-*a*. Se pide:

1.º Describir el proceso de carga al ir aumentando de forma lenta y progresiva la carga P, calculando los valores de los esfuerzos normales, deformaciones y alargamientos en cada una de las barras, hasta el momento inmediatamente anterior a producirse la fluencia de dos de las tres barras que sostienen la viga rígida.

2.º Calcular las tensiones residuales en las barras, al descargar el sistema cuando se alcanza el valor máximo de P señalado en el apartado anterior.

Los datos sobre el material de las barras se muestran en el diagrama tensión-deformación indicado en la Figura 2.37-*b*.

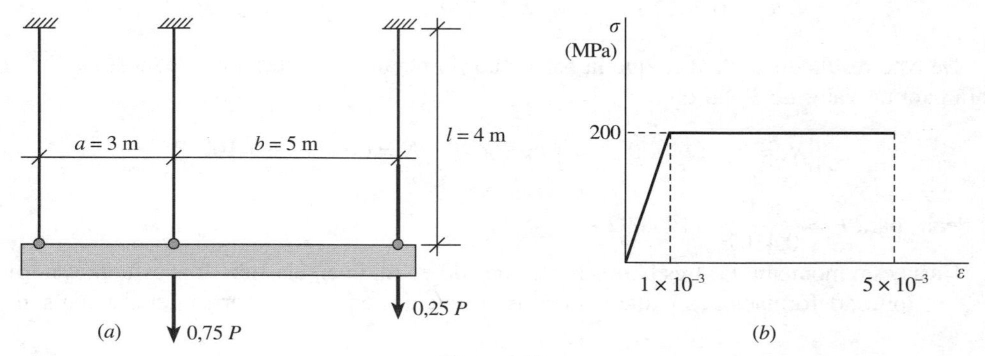

Figura 2.37

1.º Sean N_1, N_2 y N_3 los esfuerzos normales en las barras del sistema (Fig. 2.37-*c*). Planteando el equilibrio de la barra:

$$\left| \begin{array}{ll} N_1 + N_2 + N_3 = P & (1) \\ (0{,}25\ P - N_3)\,5 + 3\,N_1 = 0 & (2) \end{array} \right.$$

Al tener dos ecuaciones con tres incógnitas, el sistema dado es hiperestático de primer grado. La tercera ecuación que necesitamos para determinar los esfuerzos normales es la que expresa la compatibilidad de las deformaciones (Fig. 2.37-*d*)

$$\frac{\delta_1 - \delta_2}{3} = \frac{\delta_2 - \delta_3}{5} \Rightarrow 5\,\delta_1 - 8\,\delta_2 + 3\,\delta_3 = 0$$

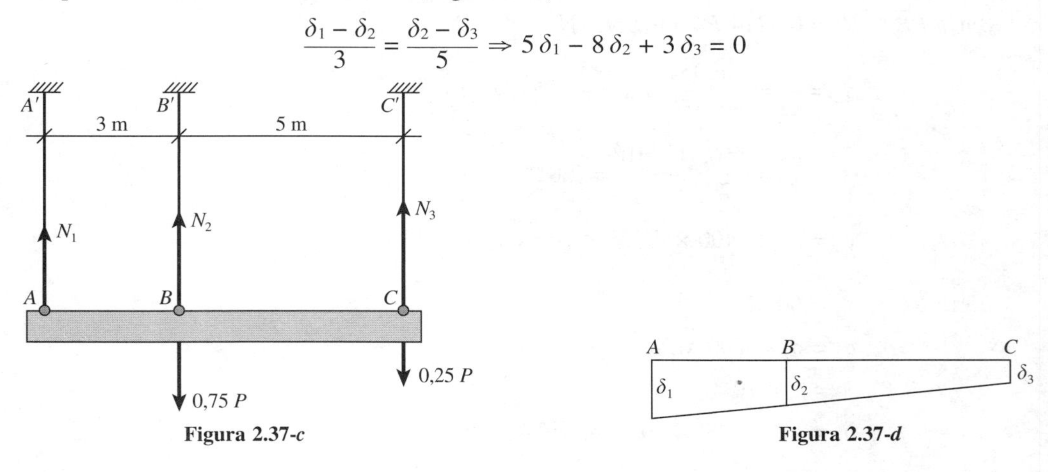

Figura 2.37-*c*

Figura 2.37-*d*

De esta relación entre los alargamientos producidos en las barras del sistema

$$\frac{5\,N_1}{E\Omega}\,l - \frac{8\,N_2}{E\Omega}\,l + \frac{3\,N_3}{E\Omega}\,l = 0$$

se obtiene la ecuación

$$5\,N_1 - 8\,N_2 + 3\,N_3 = 0 \qquad (3)$$

Las ecuaciones (1), (2) y (3) constituyen un sistema de tres ecuaciones con tres incógnitas cuyas soluciones son:

$$N_1 = 0{,}2679\ P \quad ; \quad N_2 = 0{,}3214\ P \quad ; \quad N_3 = 0{,}4107\ P$$

De este resultado se deduce que la barra que primeramente entrará en fluencia es $\overline{CC'}$. Lo hará para un valor de P, tal que

$$N_3 = \sigma_e \cdot \Omega = 200 \times 10^6 \times 3 \times 10^{-4}\ N = 60\ \text{kN} = 0{,}4107\ P$$

es decir, para $P = \dfrac{6 \times 10^4}{0{,}4107} = 146{,}092$ kN

Hasta este momento las tres barras han trabajado en régimen elástico. Los esfuerzos normales, tensiones, deformaciones y alargamientos producidos en las tres barras del sistema son:

Barra $\overline{AA'}$: $N_1 = 0{,}2679\ P = 39{,}138$ kN

$$\sigma_1 = \frac{N_1}{\Omega} = \frac{39{,}138}{3 \times 10^{-4}}\ Pa = 130{,}46\ \text{MPa}$$

$$\varepsilon_1 = \frac{\sigma_1}{E} = \frac{130{,}46 \times 10^6}{200 \times 10^9} = 6{,}523 \times 10^{-4}$$

$$\delta_1 = l\ \varepsilon_1 = 400 \times 6{,}523 \times 10^{-4}\ \text{cm} = 0{,}26\ \text{cm}$$

Barra $\overline{BB'}$: $N_2 = 0{,}3214\ P = 46{,}954$ kN

$$\sigma_2 = \frac{N_2}{\Omega} = \frac{46.954}{3 \times 10^{-4}}\ Pa = 156{,}51\ \text{MPa}$$

$$\varepsilon_2 = \frac{\sigma_2}{E} = \frac{156{,}51 \times 10^6}{200 \times 10^9} = 7{,}825 \times 10^{-4}$$

$$\delta_2 = l\ \varepsilon_2 = 400 \times 7{,}825 \times 10^{-4}\ \text{cm} = 0{,}313\ \text{cm}$$

Barra $\overline{CC'}$: $N_3 = 60$ kN

$$\sigma_3 = \sigma_e = 200\ \text{MPa}$$

$$\varepsilon_3 = 1 \times 10^{-3}$$

$$\delta_3 = l\ \varepsilon_3 = 400 \times 10^{-3}\ \text{cm} = 0{,}4\ \text{cm}$$

habiendo deducido el valor del módulo de elasticidad a partir del diagrama tensión-deformación dado en la Figura 2.37-*b*.

A partir de este momento, si seguimos aumentando P, el esfuerzo normal de la barra 3 se mantiene constante, $N_3 = 60$ kN. Las ecuaciones de equilibrio serán ahora:

$$\begin{cases} N_1 + N_2 + 60 = P \\ 3N_1 = 5 \times 60 - 1{,}25\ P \end{cases}$$

Como la siguiente barra en entrar en fluencia sería $\overline{BB'}$, de este sistema despejamos N_2

$$N_2 = \frac{4{,}25\ P - 480}{3}$$

La barra $\overline{BB'}$ empezaría a fluir para un valor de P, tal que

$$N_2 = \frac{4{,}25\ P - 480}{3} = 60 \text{ kN} \Rightarrow P = 155{,}294 \text{ kN}$$

Los esfuerzos normales, tensiones, deformaciones y alargamientos de las barras del sistema para este valor de P, serán:

Barra $\overline{AA'}$: $N_1 = P - N_2 - N_3 = 155{,}294 - 60 - 60 = 35{,}294$ kN

$$\sigma_1 = \frac{N_1}{\Omega} = \frac{35.294}{3 \times 10^{-4}} = 117{,}65 \text{ MPa}$$

$$\varepsilon_1 = \frac{\sigma_1}{E} = \frac{117{,}65 \times 10^6}{200 \times 10^9} = 5{,}882 \times 10^{-4}$$

$$\delta_1 = l\ \varepsilon_1 = 400 \times 5{,}882 \times 10^{-4} \text{ cm} = 0{,}24 \text{ cm}$$

Barra $\overline{BB'}$: $N_2 = 60$ kN

$$\sigma_2 = \sigma_e = 200 \text{ MPa}$$

$$\varepsilon_2 = 1 \times 10^{-3}$$

$$\delta_2 = 400 \times 10^{-3} \text{ cm} = 0{,}4 \text{ cm}$$

Barra $\overline{CC'}$: $N_3 = 60$ kN

$$\sigma_3 = 200 \text{ MPa}$$

$$\delta_3 = \frac{8\,\delta_2 - 5\,\delta_1}{3} = \frac{8 \times 0{,}4 - 5 \times 0{,}24}{3} = 0{,}66 \text{ cm}$$

$$\varepsilon_3 = \frac{\delta_3}{l} = \frac{0{,}66}{400} = 1{,}65 \times 10^{-3}$$

En esta última barra se deduce primero el valor del alargamiento a partir de la ecuación de compatibilidad de las deformaciones y, una vez obtenido éste, se obtiene el valor de la deformación. Se observa que la barra $\overline{CC'}$ sigue fluyendo, pero no se rompe.

Todo el proceso de carga del sistema descrito se representa en el diagrama $N - P$ indicado en la Figura 2.37-*e*.

2.º Los esfuerzos normales residuales que se presentan en las barras, cuando se produce la descarga al llegar el valor de P a un valor muy próximo por defecto al de 155,294 kN, se obtienen gráficamente trazando por los puntos A, B y C rectas paralelas a las de carga de las correspondientes barras cuando trabajan en régimen elástico. Se realiza el cálculo gráfico en la misma Figura 2.37-*e*.

Las ecuaciones de las rectas de descarga de las barras del sistema son las siguientes:

a) De la barra $\overline{AA'}$: $N - 35{,}294 = \dfrac{39{,}138}{146{,}092}(P - 155{,}294)$

b) De la barra $\overline{BB'}$: $N - 60 = \dfrac{46{,}954}{146{,}092}(P - 155{,}294)$

c) De la barra $\overline{CC'}$: $N - 60 = \dfrac{60}{146{,}092}(P - 155{,}294)$

Estas ecuaciones, particularizadas para $P = 0$, nos dan los valores de los esfuerzos normales residuales. Se obtienen:

$$N_{1r} = -6{,}309 \text{ kN} \quad ; \quad N_{2r} = 10{,}088 \text{ kN} \quad ; \quad N_{3r} = 3{,}779 \text{ kN}$$

El cálculo de las tensiones residuales pedidas es inmediato

$$\sigma_{1r} = \frac{N_{1r}}{\Omega} = -\frac{6.309}{3 \times 10^{-4}}\, Pa = -21{,}03 \text{ MPa}$$

$$\sigma_{2r} = \frac{N_{2r}}{\Omega} = \frac{10.088}{3 \times 10^{-4}}\, Pa = 33{,}62 \text{ MPa}$$

$$\sigma_{3r} = \frac{N_{3r}}{\Omega} = -\frac{3.779}{3 \times 10^{-4}} = -12{,}60 \text{ MPa}$$

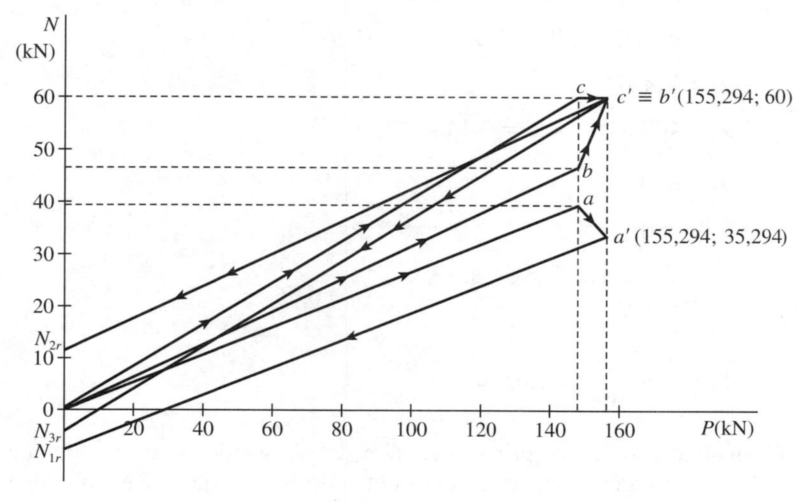

Figura 2.37-*e*

2.10. Tracción o compresión monoaxial producida por variaciones térmicas o defectos de montaje

Cuando tenemos un prisma mecánico recto y se calienta de forma uniforme de tal manera que su temperatura se eleva Δt °C, la longitud l de cualquiera de sus dimensiones experimenta una variación Δl dada por la ecuación

$$\Delta l = \alpha l \Delta t \tag{2.10-1}$$

en donde α es el *coeficiente de dilatación lineal,* que es constante para cada material y cuyos valores para un conjunto de materiales de uso bastante común se recogen en la Tabla 2.1.

Esta variación de las dimensiones iniciales no producirá tensión alguna si no hay ninguna causa que impida la libre dilatación. Pero sí se pueden producir tensiones en la pieza si la deformación se ve impedida total o parcialmente como ocurre, generalmente, en los sistemas hiperestáticos.

Consideremos, por ejemplo, la viga isostática indicada en la Figura 2.38. Al producirse una elevación Δt °C de la temperatura experimentará un alargamiento $\Delta l = \alpha l \, \Delta t$, puesto que no está restringida su libre dilatación, pero no existirá en la viga ninguna tensión como consecuencia de esta variación térmica.

Por el contrario, si la misma viga en vez de tener un apoyo fijo y otro móvil tuviera dos apoyos fijos (Fig. 2.39-*a*) y es, por tanto, un sistema hiperestático, la dilatación ya no es libre. El sistema queda en una situación equivalente a haber dejado libre la dilatación Δl y haber aplicado a continuación una fuerza N de tracción o compresión (de compresión, en nuestro caso) de valor tal que la deformación producida sea precisamente Δl (Fig. 2.39-*b*).

Ahora sí existen tensiones en la viga, que llamaremos *tensiones térmicas* o *tensiones de origen térmico.* Su valor se puede deducir fácilmente igualando, en este caso, las expresiones de Δl

$$-\Delta l = -\alpha \cdot l \, \Delta t = -\frac{N}{E\Omega} l = \frac{\sigma}{E} l$$

de donde:

$$\sigma = -\alpha E \, \Delta t \tag{2.10-2}$$

Tabla 2.1. Coeficientes de dilatación lineal

Material	α 10^{-6} °C^{-1}	Material	α 10^{-6} °C^{-1}
Acero de alta resistencia	14	Hierro fundido	9,9-12,0
Acero inoxidable	17	Fundición gris	10
Acero estructural	12	Ladrillo	5-7
Aluminio y sus aleaciones	23,4	Bronce	18-21
Latón	19,1-21,2	Bronce al manganeso	20
Hormigón	11,2	Vidrio	5-11
Níquel	13	Nylon	75-100

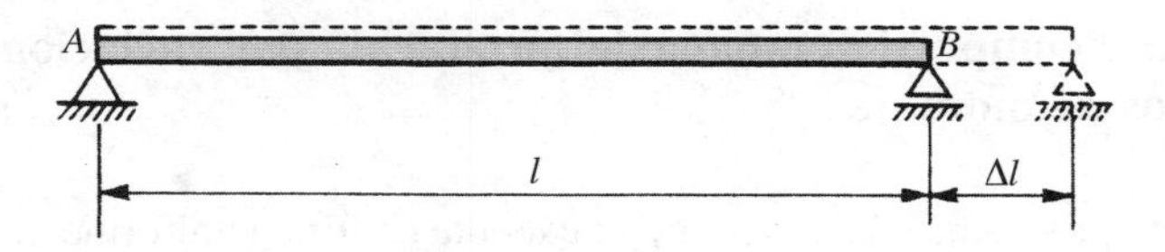

Figura 2.38

En el caso que tengamos una barra como la representada en la Figura 2.11 sometida a tracción o compresión, las matrices de tensiones y de deformación son, respectivamente:

$$[T] = \begin{pmatrix} \sigma_{nx} & 0 & 0 \\ 0 & 0 & 0 \\ 0 & 0 & 0 \end{pmatrix} \; ; \; [D] = \begin{pmatrix} \frac{\sigma_{nx}}{E} & 0 & 0 \\ 0 & -\mu\frac{\sigma_{nx}}{E} & 0 \\ 0 & 0 & -\mu\frac{\sigma_{nx}}{E} \end{pmatrix} \qquad (2.10\text{-}3)$$

Cuando provocamos en esta barra una variación térmica uniforme de Δt °C, la matriz de tensiones $[T]$ es la misma, es decir, el estado tensional no varía. Sin embargo, sí se modifica la matriz de deformación, pues habrá que sumar a las deformaciones longitudinales el término $\alpha\Delta t$, ya que la dilatación unitaria es la misma en todas las direcciones por tratarse de un material isótropo

$$[D] = \begin{pmatrix} \frac{\sigma_{nx}}{E} + \alpha\Delta t & 0 & 0 \\ 0 & -\mu\frac{\sigma_{nx}}{E} + \alpha\Delta t & 0 \\ 0 & 0 & -\mu\frac{\sigma_{nx}}{E} + \alpha\Delta t \end{pmatrix} \qquad (2.10\text{-}4)$$

Para el mismo prisma de la Figura 2.11 supuesto un calentamiento uniforme que eleva la temperatura Δt °C, el alargamiento total en dirección axial será:

$$\Delta l = \frac{Pl}{E\Omega} + l\,\alpha\Delta t \qquad (2.10\text{-}5)$$

Hemos supuesto que E es constante y esto es, generalmente, cierto para variaciones térmicas pequeñas. Para grandes valores de Δt habrá que tener en cuenta la variación de E con la temperatura.

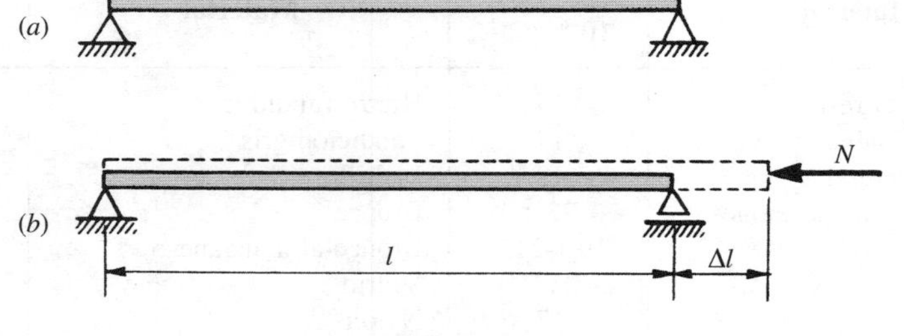

Figura 2.39

Del ejemplo expuesto anteriormente se deduce una regla general: una variación de temperatura en un sistema isostático no produce tensiones de origen térmico, pero sí las produce, en cambio, si el sistema es hiperestático.

También se deduce el procedimiento para determinar las tensiones térmicas cuando se impiden las dilataciones:

1.º Se calcula la dilatación, como si ésta fuera libre.

2.º Se aplica la fuerza de tracción o compresión monoaxial para que la pieza ocupe la posición a la que está obligada por las ligaduras impuestas.

3.º Se hace un esquema gráfico de los dos apartados anteriores y se deducirá de él la relación o relaciones geométricas entre las deformaciones debidas a las variaciones térmicas y las fuerzas de tracción o compresión aplicadas.

Las tensiones de origen térmico pueden llegar a alcanzar valores muy considerables. Para evitar sus consecuencias en las edificaciones y construcciones en general se suelen colocar *juntas de dilatación.*

Hay otra causa de que los sistemas hiperestáticos presenten tensiones antes de ser cargados. Nos referimos a los casos en que las dimensiones teóricas de las diversas partes de un sistema no coinciden con las reales, bien por defecto de fabricación, bien por error o imprecisión en el mismo cálculo. Lo cierto es que en el montaje es necesario forzar las barras del sistema para enlazarlas, lo que da origen a unas tensiones que podríamos llamar *tensiones por defectos de montaje.*

Supongamos, por ejemplo, que en el sistema considerado en el epígrafe anterior (representado en la Fig. 2.29) por un error en el corte de las barras, la barra $\overline{0A}$ no tiene longitud l sino $l - \Delta$. Al forzar las barras para enlazarlas entre sí la barra central sufre un alargamiento δ mientras que las laterales se acortan δ_1 (Fig. 2.40).

La condición de equilibrio estático

$$N_2 - 2N_1 \cos \alpha = 0 \tag{2.10-6}$$

junto con la ecuación de compatibilidad de las deformaciones

$$(\Delta - \delta) \cos \alpha = \delta_1 \tag{2.10-7}$$

y las relaciones entre las deformaciones de las barras y los esfuerzos normales que en ella se generan

$$\delta = \frac{N_2 l}{E\Omega} \quad ; \quad \delta_1 = \frac{N_1 l_1}{E\Omega} = \frac{N_1 l}{E\Omega \cos \alpha} \tag{2.10-8}$$

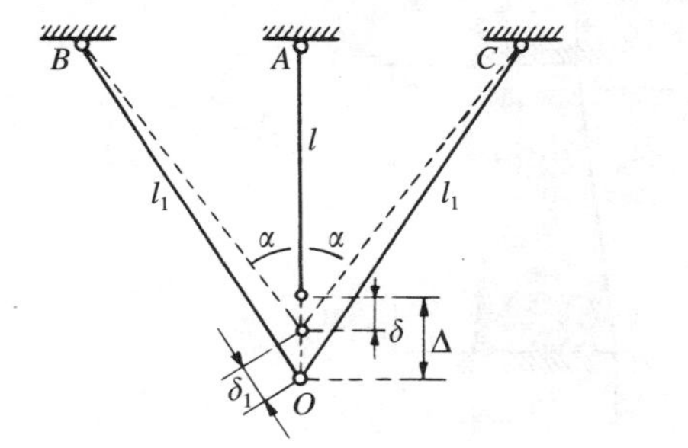

Figura 2.40

forman un sistema de ecuaciones, cuyas soluciones que nos interesan son:

$$\begin{cases} N_1 = \dfrac{\Delta E\Omega \cos^2 \alpha}{l(1 + 2\cos^3 \alpha)} \\ N_2 = \dfrac{2\Delta E\Omega \cos^3 \alpha}{l(1 + 2\cos^3 \alpha)} \end{cases} \quad (2.10\text{-}9)$$

Una primera consecuencia que se desprende de este resultado es que si ahora aplicamos en el nudo 0 una carga F, las tensiones de las barras son menores que las que tendrían sin el error en la longitud por defecto. Quiere esto decir que se ha elevado el valor de F_e, carga máxima elástica del sistema, y, consecuentemente, su capacidad resistente. De ahí que en ocasiones estos defectos en el montaje de los sistemas hiperestáticos se provoquen intencionadamente y permitan hacer una regulación artificial de los esfuerzos normales y las tensiones correspondientes.

Quizás el ejemplo más característico de esta regulación artificial de esfuerzos a la que nos referimos sea la que se hace en el hormigón pretensado.

El hormigón resiste muy mal los esfuerzos de tracción, por lo que al estirar las armaduras previamente al hormigonado y liberar los mecanismos de pretensado una vez fraguado el hormigón, se crea en la pieza un estado tensional inicial de compresión que permitirá aumentar el límite de la carga a tracción sin que se produzcan fisuras peligrosas.

Volviendo al ejemplo anterior (Fig. 2.40) nos damos cuenta de que el sistema considerado es equivalente al que se obtendría si en la barra central se produjera una disminución de temperatura $-\Delta t$ °C, tal que $\alpha l \, \Delta t = \Delta$.

De ahí que hayamos estudiado estas dos causas de existencia de esfuerzos normales en el mismo epígrafe.

Ejemplo 2.10.1. Un soporte troncocónico de hormigón de peso despreciable está empotrado en sus bases superior e inferior. El diámetro de la base inferior es $D_1 = 40$ cm y el de la base superior $D_2 = 20$ cm (Fig. 2.41).

Calcular las reacciones de los empotramientos cuando se eleva la temperatura $\Delta t = 30$ °C.

Datos del hormigón: $E = 2 \times 10^4$ MPa; $\alpha = 10^{-5}$ °C^{-1}

Si las reacciones en las bases inferior y superior son R_A y R_B, respectivamente, la única ecuación de la Estática es

$$R_A - R_B = 0$$

Figura 2.41

El sistema es hiperestático de primer grado. Sea N el esfuerzo normal en el soporte, que es constante ya que el peso es despreciable. La ecuación que nos resuelve el problema es la que expresa la compatibilidad de las deformaciones

$$\int \frac{N}{E\Omega}\, dx + \alpha h\, \Delta t = 0$$

siendo h la altura del soporte.

Ahora bien, el área Ω de la sección recta es función de la abscisa x de dicha sección. De la Figura 2.41-*a* se deduce

$$\Omega = \Omega_0 \frac{x^2}{h^2} = \frac{\pi D_2^2}{4\, h^2} x^2$$

Sustituyendo la expresión de Ω en la ecuación de compatibilidad de las deformaciones

$$\int_h^{2h} \frac{N \times 4\, h^2}{E\pi D_2^2 x^2}\, dx + \alpha h\, \Delta t = 0$$

e integrando:

$$\frac{4\, h^2\, N}{E\pi D_2^2} \left[-\frac{1}{x} \right]_h^{2h} + \alpha h\, \Delta t = 0$$

$$N = -\frac{\alpha \Delta t\, E\pi\, D_2^2}{2}$$

Para los valores dados:

$$N = -\frac{10^{-5} \times 30 \times 2 \times 10^{10} \times \pi \times 0{,}20^2}{2} \quad N = -377 \text{ kN}$$

se obtiene

$$R_A = R_B = N = -377 \text{ kN}$$

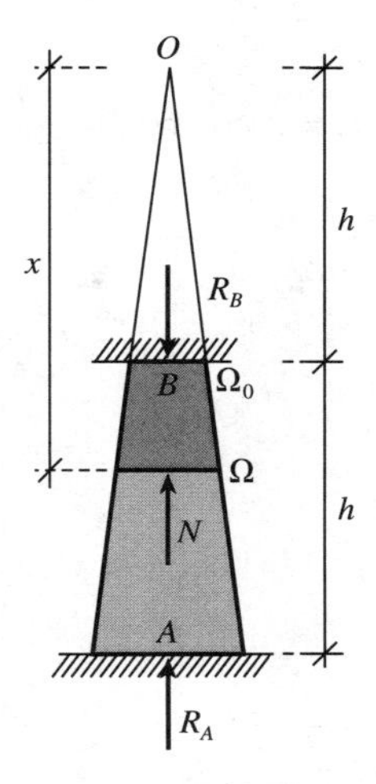

Figura 2.41-*a*

Ejemplo 2.10.2. El sistema de la Figura 2.42 está formado por tres barras de acero iguales, de longitud $l = 5$ m y sección recta de área $\Omega = 3$ cm^2. Por un error en el corte de las barras el nudo D de la barra CD se encuentra alejado de su punto de conexión la distancia $\Delta = 1$ cm. Conociendo el módulo de elasticidad del acero, $E = 2 \times 10^5$ MPa, y el coeficiente de dilatación lineal, $\alpha = 10^{-5}$ °C^{-1}, se pide:

1.º Calcular las tensiones que se producirán en las barras si se fuerzan en el montaje para salvar el defecto Δ.
2.º Hallar el incremento de temperatura Δt que sería preciso aplicar al sistema para que se pudiera realizar la conexión sin que se produzcan tensiones.

1.º Supongamos que N_1, N_2 y N_3 son los esfuerzos normales en las barras $\overline{CA}$, $\overline{CB}$ y $\overline{CD}$, respectivamente, una vez forzado el extremo D a conectar con el apoyo fijo previsto.

De las condiciones de equilibrio

$$\begin{cases} N_1 - N_3 = 0 \\ N_1 \cos 60° + N_3 \cos 60° = N_2 \end{cases}$$

se deduce:

$$N_1 = N_2 = N_3$$

es decir, que los esfuerzos normales en las tres barras, son iguales (Fig. 2.42-*a*).

Al disponer de dos ecuaciones de la Estática y ser tres el número de incógnitas, el sistema hiperestático es de primer grado. La ecuación que nos falta que es la que expresa la compatibilidad de las deformaciones es:

$$\Delta - \delta = \frac{N_2 l}{E\Omega}$$

y como

$$\delta_3 = \delta \cos 60° = \frac{N_3 l}{E\Omega}$$

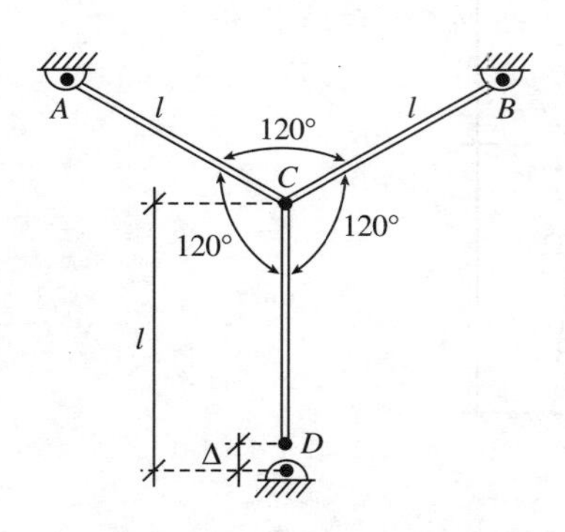

Figura 2.42

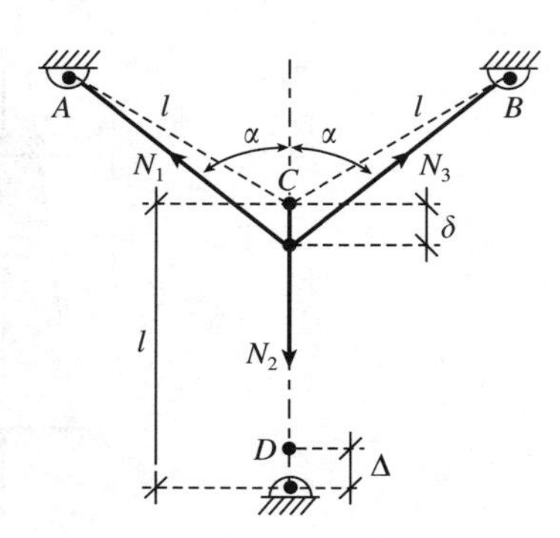

Figura 2.42-*a*

queda:

$$\Delta - \frac{N_3 l}{E\Omega \cos 60^\circ} = \frac{N_2 l}{E\Omega} \Rightarrow \Delta = \frac{3N_2 l}{E\Omega}$$

de donde

$$N_2 = \frac{\Delta E\Omega}{3l}$$

Sustituyendo valores:

$$N_2 = \frac{10^{-2} \times 2 \times 10^{11} \times 3 \times 10^{-4}}{3 \times 5} = 4 \times 10^4 \text{ N}$$

se obtiene:

$$N_1 = N_2 = N_3 = 40 \text{ kN}$$

2.º Para que se pudiera realizar la conexión, sin que se produzcan tensiones, se tendrá que verificar:

$$\delta + \alpha\, l\, \Delta t = \Delta$$

y como, en este caso

$$\delta = \frac{\delta_3}{\cos 60^\circ} = 2\,\delta_3 = 2\,\alpha\, l\, \Delta t$$

queda:

$$3\,\alpha\, l\, \Delta t = \Delta$$

de donde:

$$\Delta t = \frac{\Delta}{3\alpha l} = \frac{10^{-2}}{3 \times 10^{-5} \times 5} = 66{,}\widehat{6} \text{ °C}$$

2.11. Equilibrio de hilos y cables

Existen prismas mecánicos sometidos exclusivamente a tracción, sin que su línea media sea rectilínea. Es el caso de los hilos y cables flexibles, que han sido estudiados en Mecánica.

Recordemos que se denomina *hilo* a un sólido perfectamente flexible e inextensible, cuya dimensión de la sección transversal es muy pequeña en comparación con su dimensión longitudinal. De la perfecta flexibilidad se deduce la existencia solamente de esfuerzo normal —que en

Mecánica llamábamos tensión del hilo—, anulándose tanto el esfuerzo cortante como los momentos flector y torsor.

Al aplicar un sistema de cargas al hilo, éste adoptará una configuración geométrica de equilibrio que es isostática. Es fácil ver que la directriz del hilo es una curva plana cuando la solicitación que actúa sobre el mismo está formada por cargas verticales, únicos casos que consideraremos.

Veamos cuál sería la curva de equilibrio del hilo. El esfuerzo normal en las secciones transversales del hilo será una función $N = N(s)$ de la abscisa curvilínea s. Consideremos una porción elemental de hilo, aislado, sometido a una fuerza externa df que, como hemos dicho, supondremos actúa en dirección vertical (Fig. 2.43).

Planteando el equilibrio, tenemos

$$\begin{cases} (N + dN) \cos (\theta + d\theta) - N \cos \theta = 0 \\ (N + dN) \operatorname{sen} (\theta + d\theta) - N \operatorname{sen} \theta = df \end{cases} \tag{2.11-1}$$

sistema de ecuaciones equivalente a:

$$\begin{cases} d(N \cos \theta) = 0 \\ d(N \operatorname{sen} \theta) = df \end{cases} \tag{2.11-2}$$

De la primera ecuación se deduce que la proyección horizontal del esfuerzo normal en cualquier sección del hilo es constante

$$N \cos \theta = H = \text{constante} \tag{2.11-3}$$

Sustituyendo en la segunda ecuación, y teniendo en cuenta que tg $\theta = y'$, queda

$$d(N \operatorname{sen} \theta) = d(H \operatorname{tg} \theta) = H\, dy' = df$$

es decir

$$dy' = \frac{1}{H} df \Rightarrow y'' = \frac{1}{H} \frac{df}{dx} \tag{2.11-4}$$

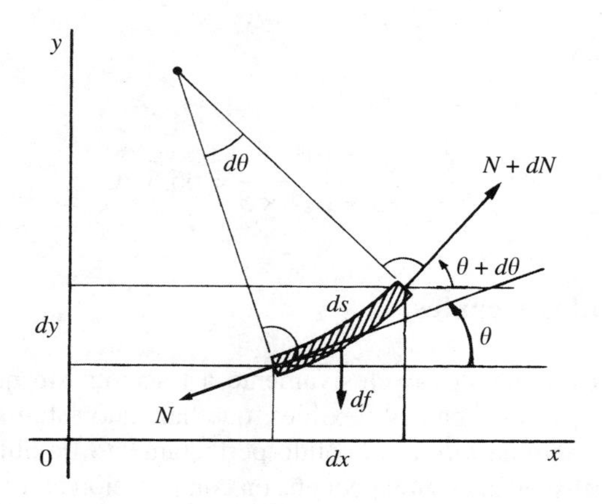

Figura 2.43

Se llega así a la ecuación diferencial de la curva de equilibrio, denominada *curva funicular*. Integrándola, se obtiene

$$y = y(x, C_1, C_2) \tag{2.11-5}$$

siendo C_1 y C_2 constantes de integración que se determinan imponiendo las condiciones de contorno, es decir, obligando a la curva a pasar por dos puntos fijos $A(x_1, y_1)$ y $B(x_2, y_2)$.

Una vez obtenida la curva funicular (2.11-5) se obtiene el valor de H a partir de la longitud L que es, generalmente, dato

$$L = \int ds = \int_{x_1}^{x_2} \sqrt{1 + y'^2}\, dx \tag{2.11-6}$$

y determinado el valor de H, el esfuerzo normal N se obtiene de la ecuación (2.11-3)

$$N = \frac{H}{\cos\theta} = H\sqrt{1 + y'^2} \tag{2.11-7}$$

Integremos la ecuación diferencial de la curva funicular (2.11-4) en los casos más usuales de carga:

a) *Hilo sometido a su propio peso*

Sea q el peso por unidad de longitud del hilo. En este caso, la expresión de la fuerza df que actúa sobre el elemento del hilo es

$$df = q ds = q\sqrt{1 + y'^2}\, dx \tag{2.11-8}$$

por lo que la ecuación diferencial de la curva funicular será:

$$dy' = \frac{q}{H}\sqrt{1 + y'^2}\, dx \Rightarrow \frac{dy'}{\sqrt{1 + y'^2}} = \frac{q}{H}\, dx \tag{2.11-9}$$

que es de variables separadas y de integración inmediata

$$\arg sh\, y' = \frac{q}{H} x + C_1 \Rightarrow y' = sh\left(\frac{q}{H} x + C_1\right) \tag{2.11-10}$$

Integrando nuevamente, se obtiene

$$y = \frac{H}{q}\, ch\left(\frac{q}{H} x + C_1\right) + C_2 \tag{2.11-11}$$

siendo C_1 y C_2 constantes de integración.

Esta ecuación corresponde a una *catenaria*.

Tomando adecuadamente los ejes coordenados podemos simplificar la ecuación de la catenaria. Así, si tomamos como eje y el que contenga al vértice V, punto de menor ordenada, y el eje x a distancia $a = \frac{H}{q}$ por debajo de este punto, se anulan las constantes de integración y la ecuación (2.11-11) de la catenaria se reduce a su forma canónica

$$y = ach \frac{x}{a} \qquad (2.11\text{-}12)$$

Cuando la relación f/l entre la fecha f y la cuerda l (Fig. 2.44) es muy pequeña, se puede despreciar el valor de y' respecto a la unidad. La ecuación (2.11-9) se reduce a

$$dy' = \frac{q}{H} dx \qquad (2.11\text{-}13)$$

Integrando, se obtiene

$$\begin{aligned} y' &= \frac{q}{H} x + C_1 \\ y &= \frac{q}{2H} x^2 + C_1 x + C_2 \end{aligned} \qquad (2.11\text{-}14)$$

ecuación que corresponde a una parábola. Es decir, para valores pequeños de la relación f/l, se puede considerar la parábola como figura aproximada de la catenaria.

b) *Hilo sometido a carga uniformemente repartida según el eje* x

Es el caso del puente colgante. Si es p la carga por unidad de longitud horizontal, la expresión de la fuerza df que actúa sobre el elemento de hilo es:

$$df = pdx \qquad (2.11\text{-}15)$$

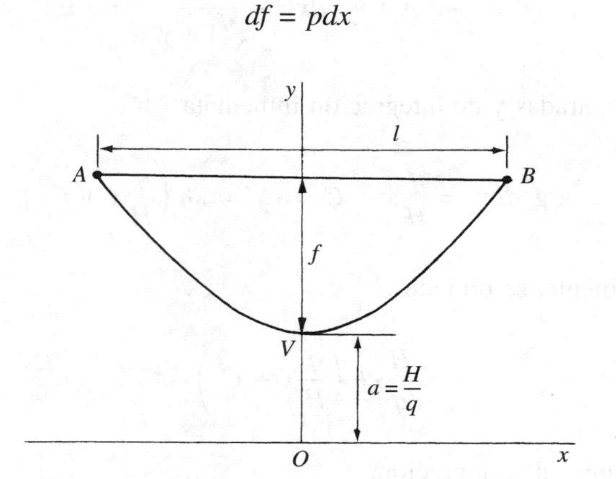

Figura 2.44

por lo que la ecuación diferencial de la curva funicular será

$$dy' = \frac{p}{H}\,dx \tag{2.11-16}$$

cuya integración nos da

$$y = \frac{p}{2H}x^2 + C_1x + C_2 \tag{2.11-17}$$

ecuación que corresponde a una parábola.

Tomando el sistema de ejes indicado en la Figura 2.45 esta ecuación se reduce a

$$y = \frac{p}{2H}\left(x^2 - \frac{l^2}{4}\right) \tag{2.11-18}$$

La longitud L del hilo es

$$L = 2\int_0^{l/2}\sqrt{1+y'^2}\,dx \simeq 2\int_0^{l/2}\left(1+\frac{y'^2}{2}\right)dx = 2\int_0^{l/2}\left(1+\frac{p^2}{2H^2}x^2\right)dx = l + \frac{p^2l^3}{24H^2} \tag{2.11-19}$$

ecuación que permite calcular H en función de L.

De la condición $y(0) = -f = -\dfrac{pl^2}{8H}$ se deduce

$$H = \frac{pl^2}{8f} \tag{2.11-20}$$

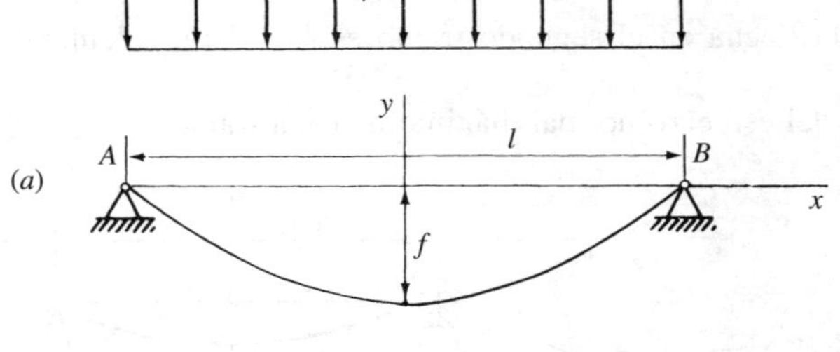

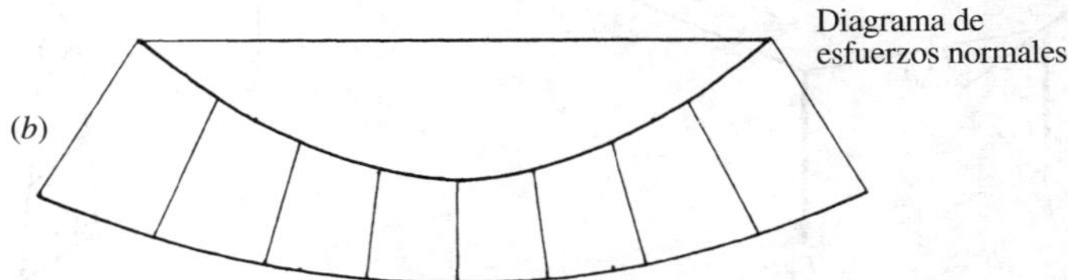

Figura 2.45

o bien, se obtiene la flecha f en función de H

$$f = \frac{pl^2}{8H} \tag{2.11-21}$$

Sustituyendo la expresión de y' en la ecuación (2.11-7) se obtiene el esfuerzo normal N en función de la abscisa x

$$N = H\sqrt{1 + \frac{p^2}{H^2}x^2} \tag{2.11-22}$$

cuyo diagrama se representa en la Figura 2.45-*b*. Se observa que el valor máximo de N se presenta en los puntos de amarre y el mínimo en el vértice.

c) *Hilo sometido a cargas puntuales*

En este caso, en los puntos en los que no hay carga, se verificará: $df = 0$, por lo que la integración de la ecuación de la curva funicular nos da

$$y = C_1x + C_2 \tag{2.11-23}$$

que es la ecuación de una recta (Fig. 2.46).

En los puntos en los que están aplicadas las cargas podemos poner

$$\Delta y' = \lim_{\Sigma \to 0} \frac{1}{H}\int_{\Sigma} df = \frac{F}{H}$$

es decir, se produce un punto anguloso.

La curva funicular se convierte, pues, en una poligonal (polígono funicular).

Ejemplo 2.11.1. La torre indicada en la Figura 2.47 sostiene los dos cables $\widehat{AB}$ y $\widehat{BC}$, cuyo peso por unidad de longitud es $q = 4$ N/m. Se ha realizado el diseño para que la sección de la torre esté sometida exclusivamente a compresión. Se pide:

1.° Sabiendo que la flecha en el segundo tramo es $f_2 = 3$ m, calcular la flecha f_1 en el primero.
2.° Hallar el valor del esfuerzo normal máximo en cada tramo.

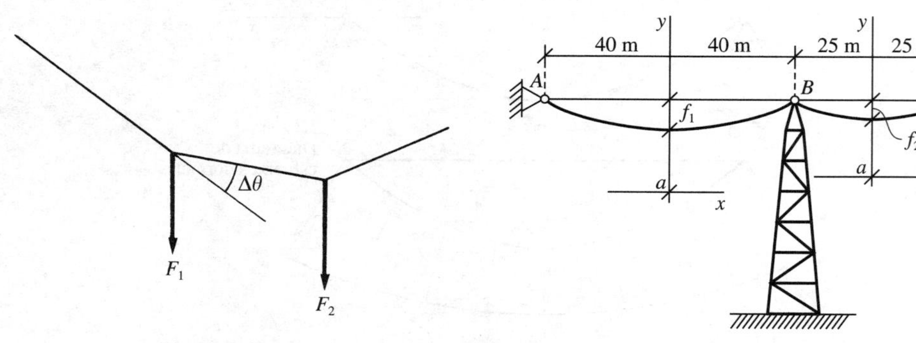

Figura 2.46 **Figura 2.47**

1.º El parámetro $a = \frac{H}{q}$ de las dos catenarias, que configuran los cables en el equilibrio, son iguales, ya que las proyecciones de los esfuerzos normales en ambas catenarias sobre la horizontal tienen que ser iguales, pues en caso contrario la torre trabajaría a flexión y no se cumpliría la condición del enunciado. La ecuación de ambas catenarias será la misma

$$y = a\, ch\, \frac{x}{a}$$

pero respecto de referencias distintas, evidentemente (Fig. 2.47-*a*).

Impongamos la condición de pertenencia de los puntos *B* y *C* a ellas

$$y = a\, ch\, \frac{x}{a} \begin{cases} a + f_1 = a\, ch\, \dfrac{40}{a} \\ a + f_2 = a\, ch\, \dfrac{25}{a} = a + 3 \end{cases}$$

De la segunda ecuación se obtiene, por tanteo

$$a = 104{,}6 \text{ m}$$

Conocido el valor del parámetro de la catenaria se deduce de forma inmediata el esfuerzo normal mínimo *H*.

$$H = a \cdot q = 104{,}6 \times 4 = 418{,}4 \text{ N}$$

De la primera ecuación se obtiene la flecha f_1 pedida

$$104{,}6 + f_1 = 104{,}6\, ch\, \frac{40}{104{,}6} = 112{,}34 \text{ m}$$

de donde:

$$f_1 = 7{,}74 \text{ m}$$

2.º Los esfuerzos normales máximos se presentan en las secciones de amarre. Consideraremos la sección *B* del cable $\widehat{AB}$ y la *C* del cable $\widehat{BC}$.

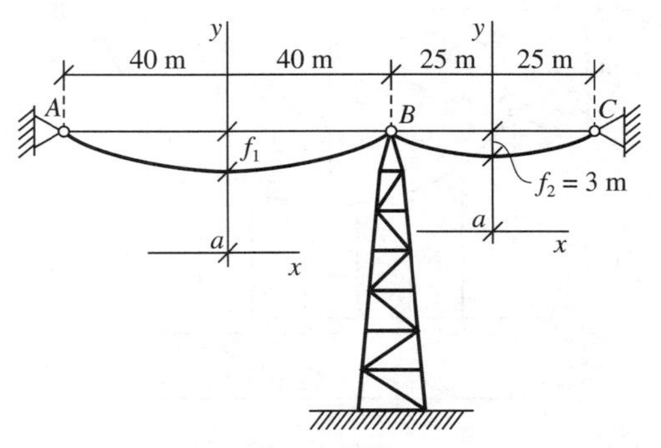

Figura 2.47-*a*

Los ángulos θ_B y θ_C que forman las tangentes a las catenarias en ambas secciones (Fig. 2.47-*b*), son:

$$\text{tg}\ \theta_B = y'_B = sh\ \frac{40}{104{,}6} = 0{,}3918 \Rightarrow \theta_B = 21{,}395° \Rightarrow \cos\ \theta_B = 0{,}931$$

$$\text{tg}\ \theta_C = y'_C = sh\ \frac{25}{104{,}6} = 0{,}2413 \Rightarrow \theta_C = 13{,}566° \Rightarrow \cos\ \theta_C = 0{,}972$$

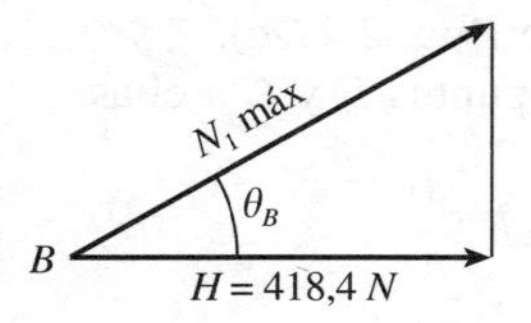

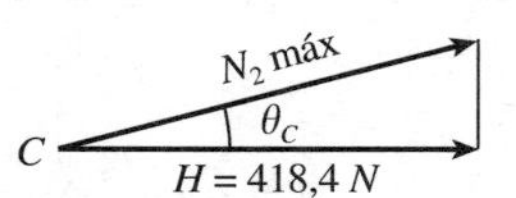

Figura 2.47-*b*

Por consiguiente, los esfuerzos normales máximos en cada uno de los tramos serán, respectivamente

$$N_{1\,\text{máx}} = \frac{418{,}4}{\cos\ 21{,}395°} = \frac{418{,}4}{0{,}931} = 450\ \text{N}$$

$$N_{2\,\text{máx}} = \frac{418{,}4}{\cos\ 13{,}566°} = \frac{418{,}4}{0{,}972} = 430\ \text{N}$$

Ejemplo 2.11.2. El cable que se indica en la Figura 2.48 soporta un tablero de 12 m de longitud, con carga uniformemente distribuida de $p = 50$ kg/m. Los puntos de amarre A y B presentan una diferencia de cota de 1,5 m. Sabiendo que la tangente a la curva, configuración geométrica de equilibrio del cable, en la sección de amarre B es $\theta_B = 40°$, se pide:

1.° Calcular el esfuerzo normal máximo en el cable.
2.° Determinar la ecuación de la curva de equilibrio del cable.

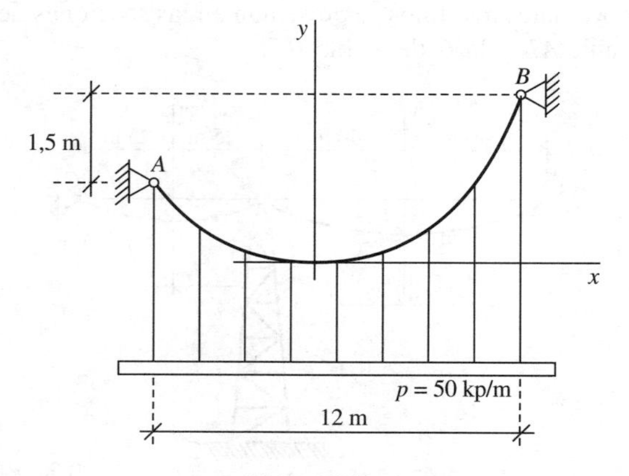

Figura 2.48

1.° Sabemos que la configuración geométrica de equilibrio del cable es una parábola. Respecto de la referencia indicada en la misma Figura 2.48 su ecuación es de la forma

$$y = \frac{p}{2H} x^2$$

en donde p es el peso del tablero por unidad de longitud y H la proyección sobre la horizontal del esfuerzo normal en cualquier sección del cable.

Particularizando esta ecuación para los puntos de amarre y teniendo en cuenta que la distancia entre sus proyecciones es de 12 m, se obtiene el sistema de ecuaciones

$$\begin{cases} y_A = \dfrac{p}{2H} x_A^2 \\ y_A + 1{,}5 = \dfrac{p}{2H} x_B^2 \\ x_B - x_A = 12 \end{cases}$$

De las dos primeras ecuaciones, restando miembro a miembro, se obtiene

$$1{,}5 = \frac{p}{2H}(x_B^2 - x_A^2) = \frac{12p}{2H}(x_B + x_A)$$

ecuación que junto a la tercera nos permite obtener x_B en función de H:

$$\left.\begin{aligned} x_B - x_A &= 12 \\ x_B + x_A &= \frac{H}{4p} \end{aligned}\right\} 2x_B = \frac{H}{200} + 12 \Rightarrow x_B = \frac{H}{400} + 6$$

y como se verifica la relación $px_B = H \operatorname{tg} \theta_B$ (Fig. 2.48-*a*)

queda:

$$50\left(\frac{H}{400} + 6\right) = H \operatorname{tg} 40°$$

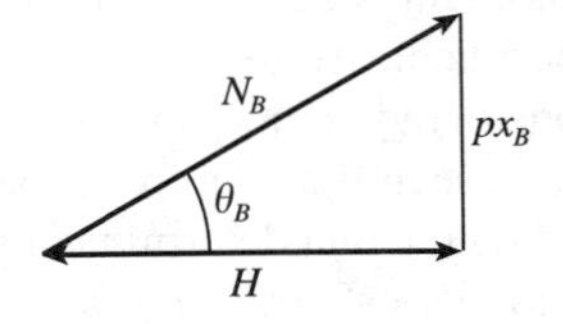

Figura 2.48-*a*

de donde:

$$H = \frac{300}{\text{tg } 40° - \frac{1}{8}} = 420,\ 11 \text{ kp}$$

El esfuerzo normal máximo se presentará en la sección de amarre B. Su valor es:

$$N_{\text{máx}} = \frac{H}{\cos 40°} = \frac{420{,}11}{0{,}766} = 548{,}45 \text{ kp}$$

2.º Una vez calculado el valor de H, la obtención de la ecuación de la parábola, curva de equilibrio del cable, es inmediata.

$$y = \frac{p}{2H} x^2 = \frac{50}{2 \times 420{,}11} x^2 = 0{,}0595\ x^2$$

2.12. Arcos funiculares

En un hilo sometido a una carga arbitraria $p = p(x)$, su línea media adopta una forma tal que los esfuerzos en cualquier sección transversal se reducen exclusivamente a los esfuerzos normales: el hilo está sometido a tracción pura en todas las secciones.

Si ahora consideramos un prisma mecánico cuya línea media coincida con la curva funicular de un hilo solicitado por el mismo sistema de cargas, este prisma mecánico estará también sometido a tracción pura. Sin embargo, existe una diferencia entre el hilo y el sólido elástico. Mientras que aquél es inextensible y, por lo tanto, indeformable, en éste sí que se producirá deformación. Esta circunstancia trae como consecuencia que en el sólido elástico aparezcan esfuerzos de cortadura y de flexión, que se denominan *esfuerzos secundarios* y que, generalmente son despreciables.

Si el cable o hilo de la Figura 2.49-*a* lo giramos 180° alrededor del eje x horizontal y lo sometemos al mismo sistema de fuerzas exteriores $p = p(x)$, es evidente que sus secciones quedarán sometidas a compresión en vez de a tracción.

Si en vez de ser un hilo, que es perfectamente flexible y por tanto inestable, es un sólido elástico cuya línea media es coincidente con el hilo, tenemos un arco que recibe el nombre de *arco funicular* (Fig. 2.49-*b*).

Es evidente que en un arco funicular, respecto del hilo o cable que tuviera la misma línea media, hay que aumentar las dimensiones de la sección transversal para evitar que aparezcan fenómenos de inestabilidad. Pero este aumento de las dimensiones de la sección da lugar a la aparición de esfuerzos cortantes y momentos flectores, que serán tanto más despreciables cuanto menos sea la deformación que experimenta el arco.

Por otra parte, como el arco, considerado como una estructura, ha de soportar además de las cargas permanentes otras variables, ya sean fijas o móviles, sólo será posible que coincida el eje del arco con el funicular correspondiente a una determinada posición de la carga exterior y, por tanto, no es posible evitar la aparición de esfuerzos cortantes y momentos flectores, cuando de alguna manera se modifica dicha carga.

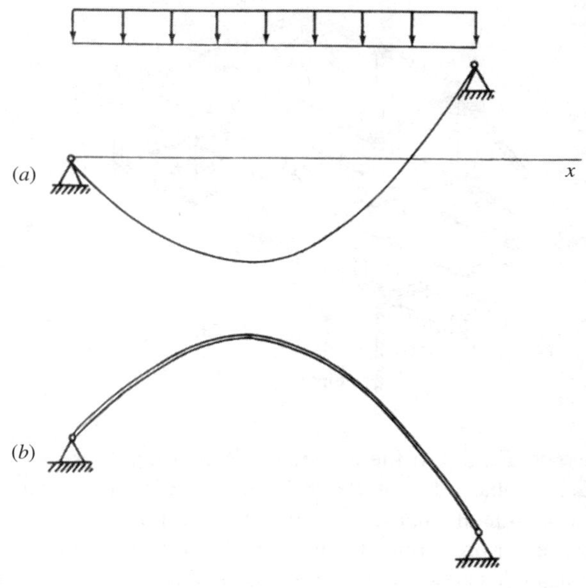

Figura 2.49

Para la determinación de la ley de esfuerzos normales en las diferentes secciones de un arco funicular, así como su proyección horizontal que será constante en todas las secciones del arco, o cualquier otro parámetro que nos pueda interesar, será de aplicación todo lo expuesto en el epígrafe anterior para el caso de cables.

2.13. Sistemas planos de barras articuladas

Se denominan *sistemas planos de barras articuladas* a los sistemas de barras rectilíneas unidas entre sí por sus extremos mediante articulaciones que reciben el nombre de nudos del sistema y tales que las líneas medias de todas las barras están situadas en un mismo plano.

Supondremos en lo que sigue que la solicitación exterior sobre un sistema plano está compuesta por fuerzas contenidas en su plano y que actúan exclusivamente sobre los nudos.

Cuando haya que aplicar una carga entre dos nudos o cuando la armadura deba soportar una carga distribuida, como en el caso del puente de celosía representado en la Figura 2.50, debe disponerse un sistema que a través de vigas y largueros transmita la carga a los nudos.

Asimismo, admitiremos la hipótesis de que los nudos son articulaciones perfectas[1], es decir, sin rozamiento; que los ejes de las articulaciones son perpendiculares al plano; y que el peso propio de las barras es despreciable.

De esta condición se desprende que en un sistema articulado plano en equilibrio las barras trabajarán exclusivamente, a tracción o compresión.

En efecto, consideremos una barra $A_i A_j$ (Fig. 2.51). Las acciones de los nudos A_i y A_j sobre esta barra, únicas que actúan sobre ella, tienen que ser iguales y opuestas para que su resultante

[1] Hipótesis establecida por Culmann en 1852.

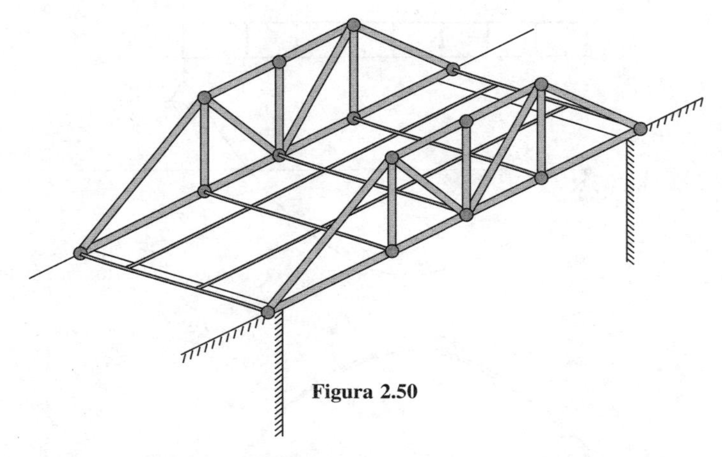

Figura 2.50

sea nula. Si sus líneas de acción no fueran coincidentes, estas fuerzas constituirían un par de momento no nulo, luego la barra no estaría en equilibrio, contra lo supuesto.

Este resultado nos permite afirmar, al considerar el equilibrio en su conjunto, que el sistema formado por las fuerzas exteriores aplicadas en los nudos, que generalmente son conocidas, y las reacciones en dos o más nudos en los que se apoye la estructura articulada, es un sistema equivalente a cero.

De dos tipos serán, en general, las incógnitas a calcular en un sistema articulado plano: reacciones de los apoyos y esfuerzos en las barras.

Si para el cálculo de las reacciones son suficientes las ecuaciones de la Estática, diremos que el sistema articulado es *exteriormente isostático*. Si no lo fueran, diríamos que el sistema es *exteriormente hiperestático*.

Análogamente, diremos que el sistema es *interiormente isostático* si para la determinación de los esfuerzos de todas las barras son suficientes las ecuaciones de la Estática. Si no lo son, debido a que existan barras superabundantes, el sistema es *interiormente hiperestático*.

Entre los sistemas articulados destacan los llamados *sistemas triangulados,* que son los formados por yuxtaposición de triángulos de tal forma que el lado común a dos de ellos es una barra que llamaremos barra interior (*montante* si es vertical y *diagonal* si es inclinada). Serán *barras de contorno* las que pertenecen a un solo triángulo y se llaman *cabezas* o *cordones* (superior o inferior).

Veamos en un sistema triangulado el número b de barras necesarias para que forme un sistema indeformable de n nudos.

Consideremos en primer lugar el triángulo formado por los tres nudos A_1, A_2, A_3 de la Figura 2.52. Para fijar el nudo A_4 se necesitan dos barras: la A_2 A_4 y A_3 A_4. Como partiendo del

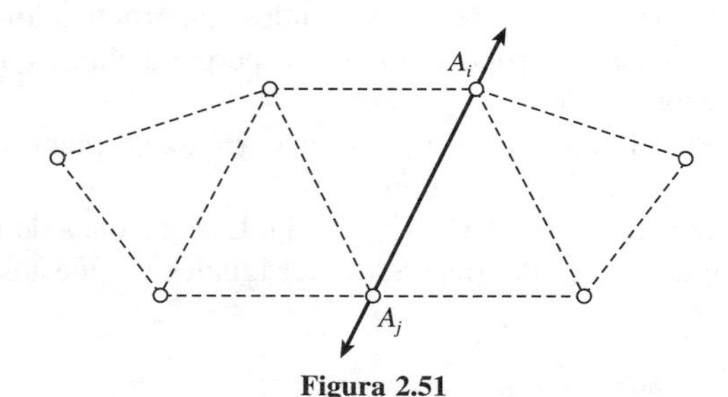

Figura 2.51

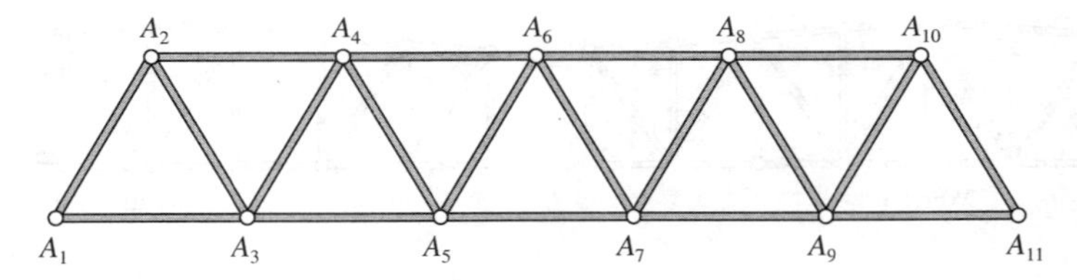

Figura 2.52

triángulo, existen $n - 3$ nudos en el resto del sistema, para fijarlos serán necesarios $2\ (n - 3)$ barras. Por tanto:

$$b = 3 + 2(n - 3) = 2n - 3 \qquad (2.13\text{-}1)$$

Podemos establecer una clasificación de los sistemas articulados planos. Los tipos más frecuentes son:

a) **Jácenas**. Se utilizan como vigas para cubrir grandes luces, así como armaduras de puentes. Algunos de estos sistemas se representan en la Figura 2.53.

b) **Cerchas**. Llamadas también armaduras de cubierta. Se utilizan, generalmente, para la construcción de las cubiertas de naves industriales. Los tipos más usuales son los indicados en la Figura 2.54.

c) **Arcos o pórticos**. (Fig. 2.55).

d) **Ménsulas o marquesinas**. Se utilizan para cubrir ciertos lugares, como gasolineras, andenes, aparcamientos, etc. Generalmente, las ménsulas se sujetan mediante dos apoyos: el superior, fijo y el inferior móvil, con objeto de que la reacción en este último sea perpendicular a la superficie de apoyo (Fig. 2.56).

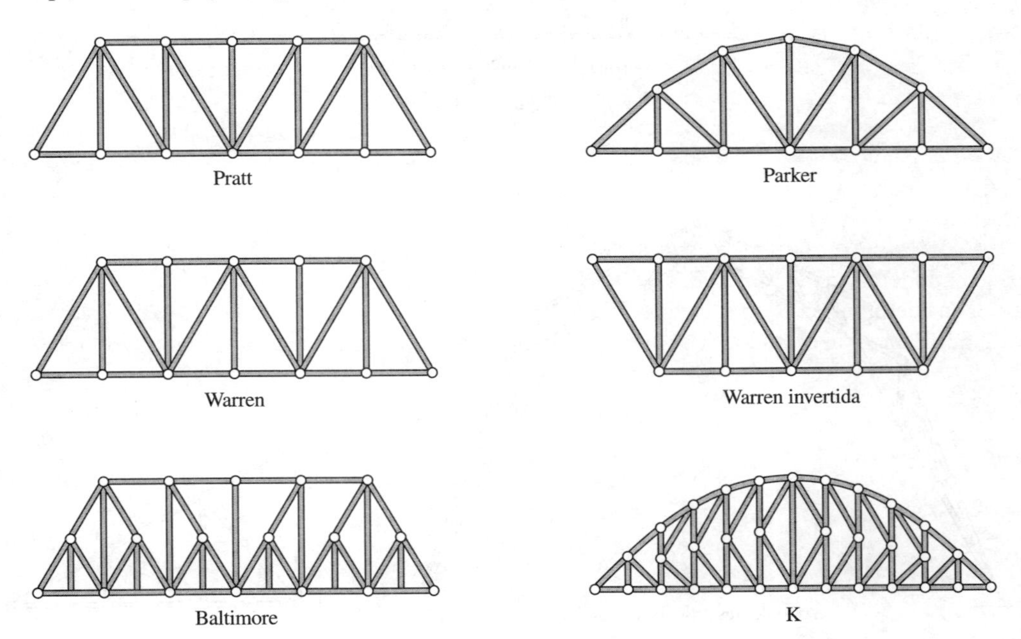

Figura 2.53

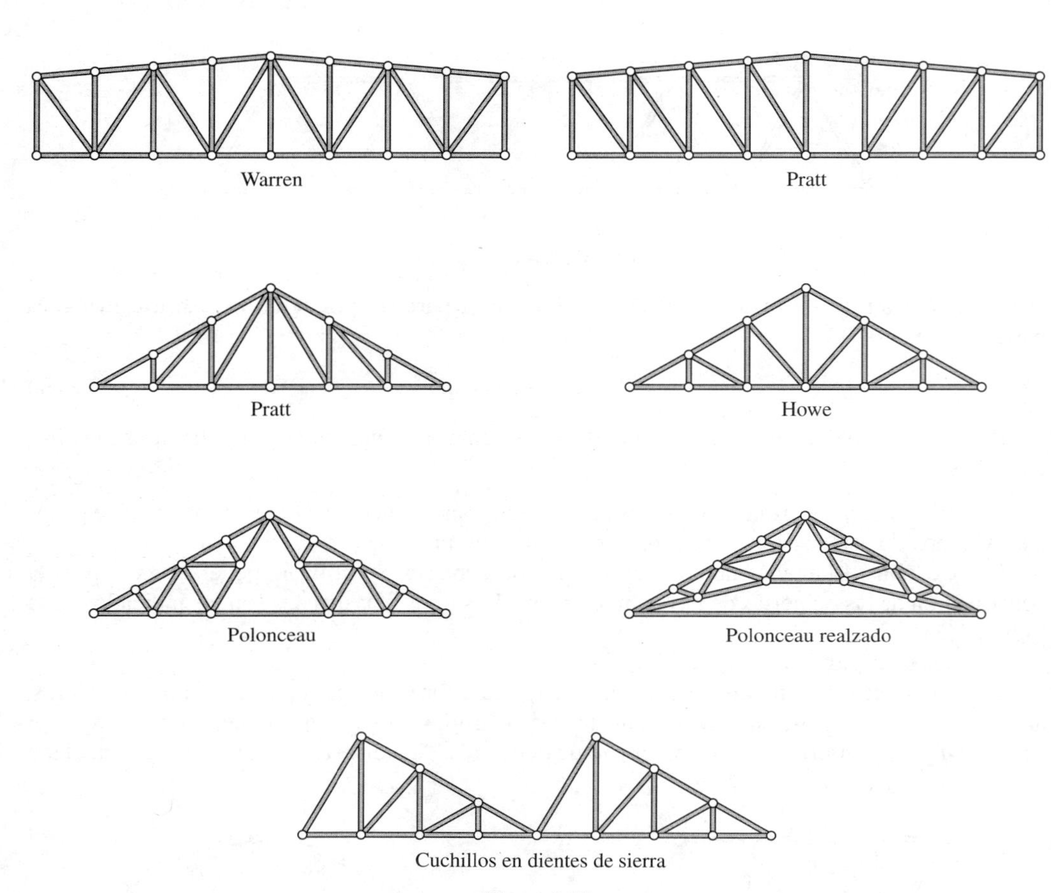

Figura 2.54

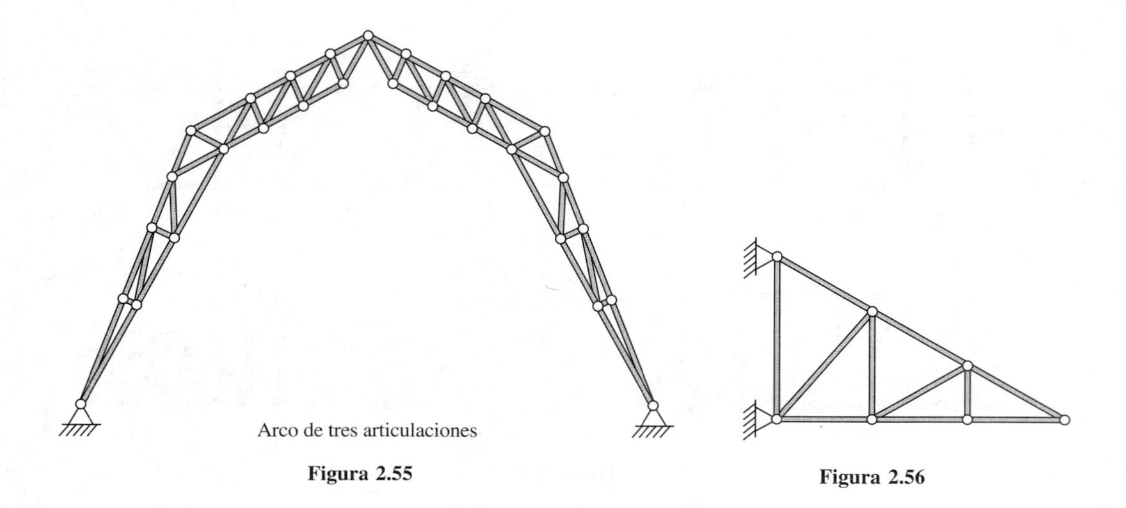

Figura 2.55

Figura 2.56

Además de las hipótesis de cáculo ya mencionadas supondremos que todas las barras son rectas. Si por razones de estética o de tipo constructivo las cabezas fueran curvas se considerará, a efectos del cálculo, cada una de las barras como la recta $A_i A_j$ que une sus extremos. En estas barras habrá que comprobar a flexión, la sección más alejada de la recta $A_i A_j$ y dimensionar la barra de acuerdo con el valor del momento flector que se obtenga.

Admitiremos, finalmente, que las deformaciones debidas a la elasticidad de las barras no modifican las líneas de acción de las fuerzas exteriores.

Conocido el sistema de fuerzas que actúan en los nudos, un primer paso, previo al cálculo de los esfuerzos en las barras, es determinar las reacciones en los apoyos. Como se trata de un sistema plano, el número de ecuaciones de que disponemos para el cálculo es de tres.

$$\Sigma F_x = 0 \quad ; \quad \Sigma F_y = 0 \quad ; \quad \Sigma M_z = 0 \tag{2.13-2}$$

siendo el plano xy del sistema de referencia coincidente con el plano de la estructura.

Para que el sistema sea exteriormente isostático, tres habrán de ser las incógnitas que determinen las reacciones de las ligaduras del sistema articulado. Esto se puede conseguir de diversas formas, siendo la más usual un apoyo fijo y otro móvil.

Consideremos el sistema articulado plano indicado en la Figura 2.57 cuyos apoyos A y B son fijo A y móvil B, ambos situados al mismo nivel. Sea $\vec{P}_i$ la fuerza exterior que actúa sobre el nudo $A_i(x_i, y_i)$ que consideraremos descompuesta en sus componentes rectangulares H_i y V_i.

La reacción en A, por tratarse de un apoyo fijo, tiene dos incógnitas: sus componentes H_A y V_A. De la reacción en B se conocen su dirección, perpendicular a la superficie de apoyo, por ser un apoyo móvil; luego equivale a una incógnita.

Para determinar analíticamente estas reacciones tomemos momentos respecto de A y proyectemos según las direcciones vertical y horizontal, respectivamente.

$$\left\{\begin{aligned} R_B &= \frac{1}{l}\,(\Sigma\ V_i x_i + \Sigma\ H_i y_i) \\ V_A &= \Sigma\ V_i - R_B \\ H_A &= \Sigma\ H_i \end{aligned}\right. \tag{2.13-3}$$

Se pueden calcular también las reacciones gráficamente, como se indica en la Figura 2.58 teniendo en cuenta que para que el sistema esté en equilibrio tienen que ser cerrados tanto el polígono de *Varignon* como el funicular.

Se calculará el eje central del sistema de fuerzas que actúan sobre los nudos prolongando los lados extremos del polígono funicular y trazando por el punto de intersección una paralela a la resultante $\vec{R}$ de las fuerzas $\vec{P}_i$.

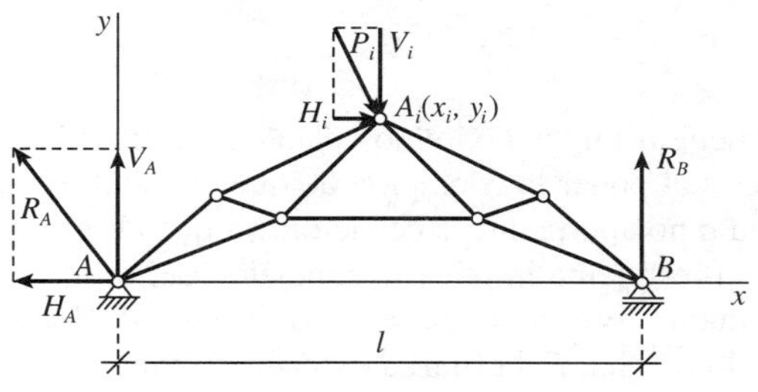

Figura 2.57

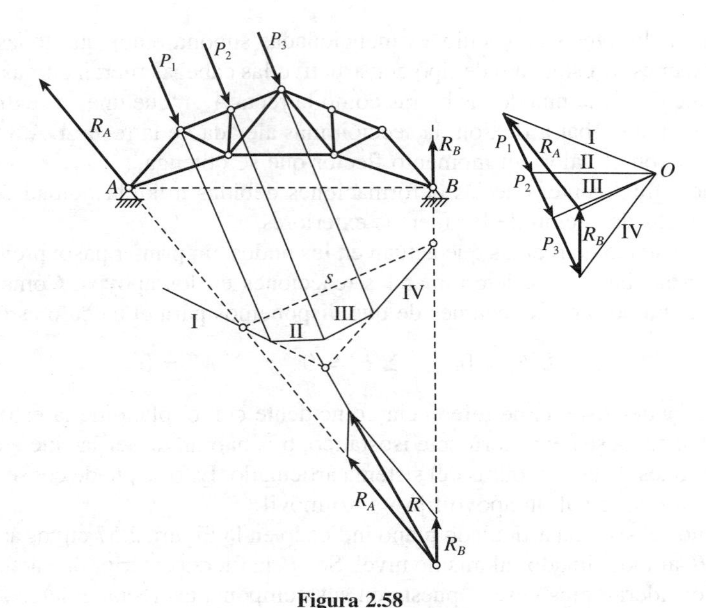

Figura 2.58

R_A tiene la dirección de la recta que une A con el punto de intersección del eje central con la vertical trazada por B.

2.14. Determinación de los esfuerzos en las barras de un sistema articulado plano isostático. Métodos analítico, de Cremona y de Ritter

Varios son los métodos de cálculo de los esfuerzos a los que resultan sometidas las barras de un sistema articulado plano. Buscando un cierto orden en la exposición de los más usuales, distinguiremos dos grupos: método de los nudos y método de las secciones.

En el primer grupo se considera el equilibrio de los n nudos del sistema, por lo que las fuerzas sobre dicho nudo en las direcciones de las barras que concurren en él serán opuestas a las que actúan sobre las barras. Convenimos en llamar barras positivas las sometidas a tracción y negativas las sometidas a compresión. A este grupo partenece el método analítico general y el método gráfico de *Cremona*.

Al segundo grupo petenece el método de *Ritter*, que estudiaremos con detalle en lo que sigue:

Método analítico

Si el sistema articulado tiene n nudos podremos plantear el equilibrio de cada uno de ellos y obtendremos $2n$ ecuaciones al poner la condición de que la resultante sea nula. En este caso la condición de momento nulo no aporta nueva ecuación, ya que al ser concurrentes las fuerzas en cada nudo la nulidad de la resultante implica la anulación del momento.

Tomaremos un sistema de referencia cartesiano ortogonal, fijando dos direcciones Ox y Oy. Consideremos el nudo A_i. Sea P_i la fuerza exterior o reacción (o suma de ambas) aplicada en él, y α_i el ángulo que esta fuerza forma con la dirección positiva del eje x. Sea F_{ij} el esfuerzo que la barra $A_i A_j$ ejerce sobre el nudo y θ_{ij} el ángulo que la barra $A_i A_j$ forma con la dirección positiva del eje x (Fig. 2.59).

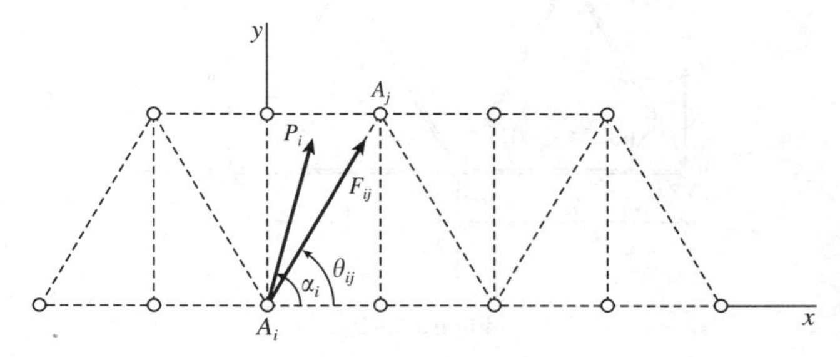

Figura 2.59

El equilibrio del nudo exige que se verifique:

$$\begin{cases} \sum_j F_{ij} \cos \theta_{ij} + P_i \cos \alpha_i = 0 \\ \sum_j F_{ij} \operatorname{sen} \theta_{ij} + P_i \operatorname{sen} \alpha_i = 0 \end{cases} \tag{2.14-1}$$

sistema de ecuaciones en el que los esfuerzos F_{ij} en las barras vienen con sus signos, es decir, si $F_{ij} > 0$ la barra $A_i A_j$ está sometida a tracción, y si $F_{ij} < 0$, a compresión.

Supuesto el sistema exteriormente isostático y conocidas las reacciones en los apoyos, las incógnitas del sistema de ecuaciones simples no homogéneo (2.14-1) son los esfuerzos en las barras F_{ij}. El número de ecuaciones es $2n$ (dos por cada nudo), pero están comprendidas las tres que nos han valido para obtener las reacciones, luego el número de ecuaciones independientes, será, en general, $2n - 3$. Si b es el número de barras, la condición necesaria para que el sistema sea interiormente isostático será:

$$b = 2n - 3 \tag{2.14-2}$$

Esta condición coincide con (2.13-1) para los sistemas triangulados. Se podría ver fácilmente que la condición (2.14-2) es necesaria para que el sistema sea estrictamente indeformable.

Si $b < 2n - 3$, hay exceso de ecuaciones para la determinación de los esfuerzos en las barras; el sistema es inestable.

Si $b > 2n - 3$, hay más incógnitas que ecuaciones debido a que el sistema tiene barras superabundantes, diremos en este caso que el sistema es interiormente hiperestático de grado p, siendo:

$$p = b - (2n - 3)$$

Ejemplo 2.14.1. En el sistema articulado representado en la Figura 2.60, sometido al sistema de cargas que se indica, calcular analíticamente los esfuerzos en las distintas barras del sistema. Todas las barras tienen la misma longitud.

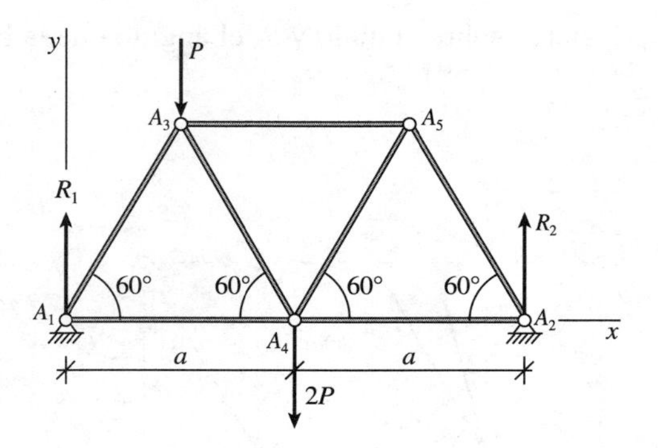

Figura 2.60

Determinamos primeramente las reacciones en los apoyos A_1 y A_2, considerando el sistema en su conjunto.

$$\left.\begin{array}{ll}\Sigma\ F_y = 0: & R_1 + R_2 = P + 2P = 3P \\ \Sigma\ M_{A_2} = 0: & R_1 \times 2a - P \times \dfrac{3}{2}\ a - 2P\ x\ a = 0\end{array}\right\} \Rightarrow R_1 = \frac{7P}{4};\ R_2 = \frac{5P}{4}$$

Una vez obtenidas las reacciones plantearemos el equilibrio en cada uno de los nudos A_i, considerando éstas como fuerzas exteriores aplicadas a los nudos correspondientes, y tendremos en cuenta que $F_{ij} = F_{ji}$.

$$A_1 \left\{\begin{array}{l} F_{14} + F_{13} \cos 60° = 0 \\ F_{13} \text{ sen } 60° + R_1 = 0 \end{array}\right. \Rightarrow F_{13} = -2{,}02P;\quad F_{14} = 1{,}01P$$

$$A_2 \left\{\begin{array}{l} F_{25} \cos 120° + F_{24} \cos 180° = 0 \\ R_2 + F_{25} \text{ sen } 120° = 0 \end{array}\right. \Rightarrow F_{26} = -1{,}44P;\quad F_{24} = 0{,}72P$$

$$A_3 \left\{\begin{array}{l} F_{35} + F_{31} \cos 240° + F_{34} \cos 300° = 0 \\ -P + F_{31} \text{ sen } 240° + F_{34} \text{ sen } 300° = 0 \end{array}\right. \Rightarrow F_{34} = 0{,}87P;\quad F_{35} = -1{,}45P$$

$$A_4 \left\{\begin{array}{l} F_{42} + F_{45} \cos 60° + F_{43} \cos 120° + F_{41} \cos 180° = 0 \\ F_{45} \text{ sen } 60° + F_{43} \text{ sen } 120° + 2P \text{ sen } 270° = 0 \end{array}\right. \Rightarrow F_{45} = 1{,}44P$$

Las ecuaciones de equilibrio del nudo A_5 nos sirven de comprobación.

$$A_5 \left\{\begin{array}{l} F_{53} \cos 180° + F_{54} \cos 240° + F_{52} \cos 300° = 0 \\ F_{54} \text{ sen } 240° + F_{52} \text{ sen } 300° = 0 \end{array}\right.$$

y, en efecto:

$$1{,}45P + 1{,}44P(-0{,}5) - 1{,}44P \times 0{,}5 = 0$$
$$1{,}44P \text{ sen } 240° - 1{,}44P \text{ sen } 300° = 0$$

Los resultados obtenidos los podemos recoger en el siguiente cuadro:

Barra	Esfuerzo	Tracción/Compresión
$A_1\ A_3$	2,02P	Compresión
$A_1\ A_4$	1,01P	Tracción
$A_3\ A_4$	0,87P	Tracción
$A_3\ A_5$	1,45P	Compresión
$A_4\ A_2$	0,72P	Tracción
$A_4\ A_5$	1,44P	Tracción
$A_5\ A_2$	1,44P	Compresión

Método de Cremona

Si un sistema está en equilibrio lo está cada una de sus partes considerada aisladamente. Podremos, por consiguiente, aplicar la condición de equilibrio de las fuerzas que actúan sobre cada nudo; esto es, las fuerzas externas y las internas de las barras que concurren en cada nudo forman un polígono cerrado de fuerzas.

A modo de ejemplo, sea el sistema articulado representado en la Figura 2.61 sometido a la carga P en el nudo B. Calculadas las reacciones en los apoyos A y E, según se indica, podemos ir

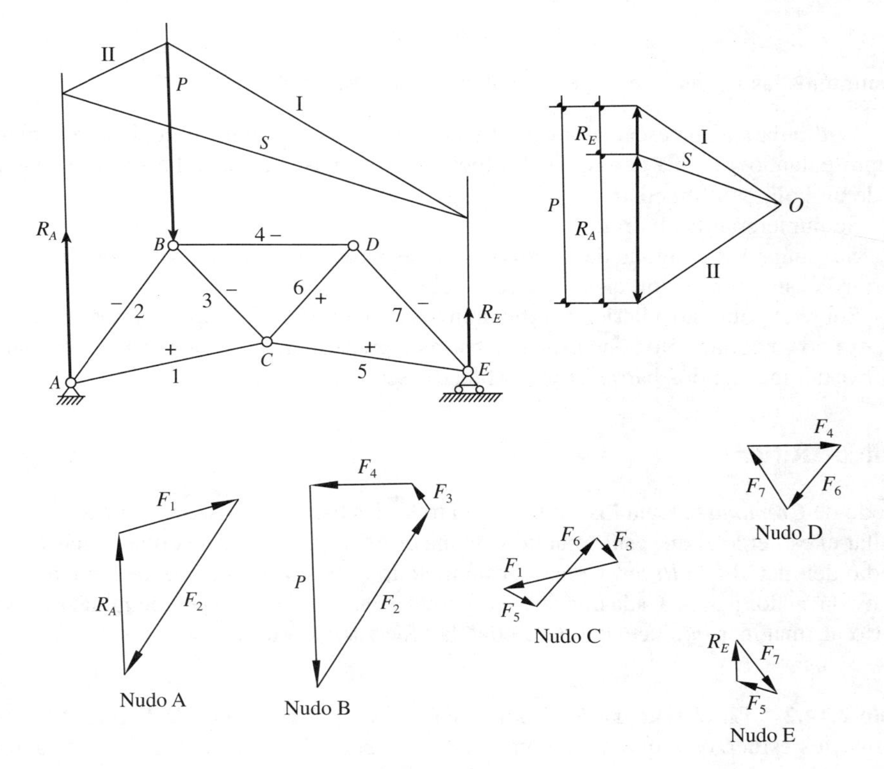

Figura 2.61

calculando los esfuerzos que las barras ejercen sobre los nudos (iguales y contrarios a los que los nudos ejercen sobre las barras) basándonos en lo dicho anteriormente y en que las direcciones de los esfuerzos en las barras tienen las direcciones de éstas.

El método de *Cremona* resuelve el cálculo anterior unificando todos los polígonos de fuerzas de los nudos del sistema en uno solo (Fig. 2.62).

Ya se comprende que habrá que seguir un cierto orden en la elección de los nudos de forma que haya dos incógnitas como máximo, así como adoptar un convenio de sentido en la elección de la barras.

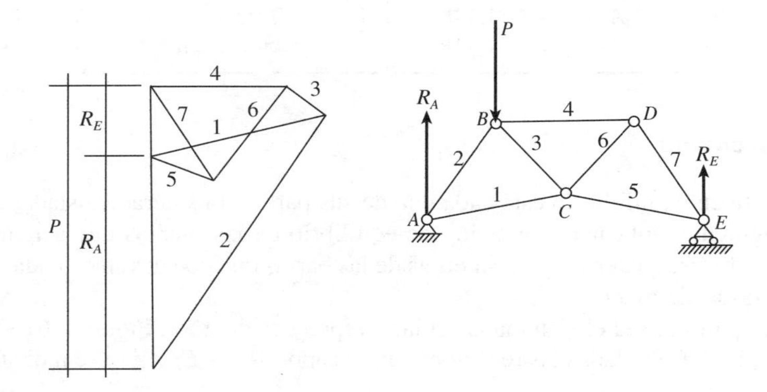

Figura 2.62

Resumimos las reglas a seguir en la aplicación de este método.

1.ª Se dibujará a una escala conveniente de longitudes el sistema articulado reducido a sus ejes, representando a escala de fuerzas las fuerzas exteriores. Se puede hacer gráficamente por medio de un polígono funicular.

2.ª Se numerarán las barras.

3.ª Se dibujará el polígono de fuerzas exteriores y reacciones de apoyo en orden correlativo al recorrer la estructura en un cierto sentido cíclico.

4.ª Sobre el polígono anterior se dibujarán los polígonos de fuerzas para cada nudo comenzando por uno en el que sólo concurran dos barras y prosiguiendo con los restantes de tal forma que no existan más de dos barras cuyos esfuerzos se desconozcan.

Método de Ritter

El método de *Cremona* calcula los esfuerzos en todas las barras del sistema. Cuando sólo interesara hallar el esfuerzo al que está sometido alguna de ellas la solución se obtiene más fácilmente por medio del método de *Ritter*. Consiste este método en realizar un corte ideal en la estructura que la divida en dos partes. Cada una de estas partes, consideradas independientemente, estará en equilibrio al imaginar que actúan sobre ellas las fuerzas exteriores correspondientes y las del corte.

Ejemplo 2.14.2. En el sistema de nudos articulados representado en la Figura 2.63, se pide determinar los esfuerzos a que están sometidas las barras *CD, ED* y *EF* cuando se aplican en todos los nudos del cordón superior cargas *P*.

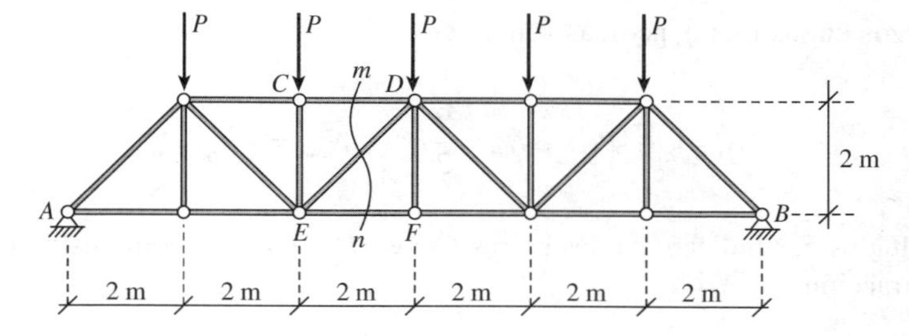

Figura 2.63

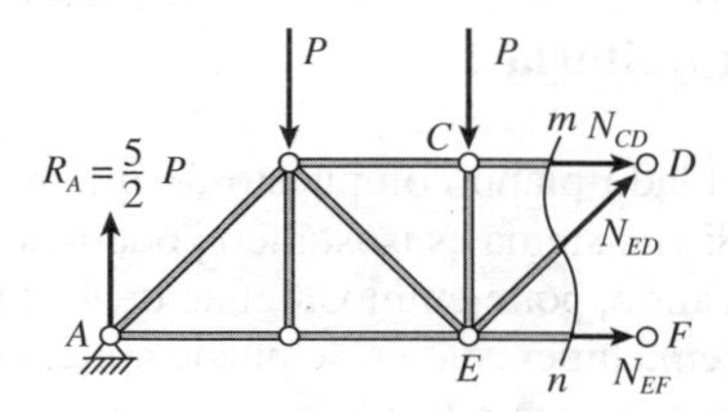

Figura 2.63-*a*

Primeramente calculamos las reacciones en los apoyos A y B. Por razones de simetría, las dos reacciones son verticales e iguales

$$R_A = R_B = \frac{5P}{2}$$

Nos interesa aplicar el método de Ritter, para lo cual hacemos el corte ideal indicado en la misma Figura 2.63. Eliminando la parte de la derecha, el sistema se reduce al representado en la Figura 2.63-*a*, que está en equilibrio.

Tomando momentos respecto del nudo E, intersección de las dos barras ED y EF obtendremos directamente el valor del esfuerzo normal N_{CD} en la otra barra

$$\frac{5}{2}P \times 4 - P \times 2 + N_{CD} \times 2 = 0 \Rightarrow N_{CD} = -4P$$

Procediendo análogamente, si tomamos momentos respecto del nudo D, intersección de las barras CD y EF, obtenemos el valor de N_{EF}

$$\frac{5}{2}P \times 6 - P \times 4 - P \times 2 + N_{EF} \times 2 = 0 \Rightarrow N_{EF} = \frac{9P}{2}$$

Como el punto de intersección de las barras CD y EF es un punto impropio, expresaremos la condición de equilibrio

$$\Sigma\, F_y = 0: \quad \frac{5}{2}P - 2P + N_{ED} \cos 45° = 0 \Rightarrow N_{ED} = -\frac{\sqrt{2}}{2}P$$

de donde se obtiene el valor del esfuerzo normal en la barra ED.

Los esfuerzos en las barras pedidas son, pues

$$N_{CD} = -4P; \qquad N_{EF} = \frac{9}{2}P; \qquad N_{ED} = -\frac{\sqrt{2}}{2}P$$

Estos resultados nos indican que las barras *CD* y *ED* trabajan a compresión mientras que la *EF* lo hace a tracción.

2.15. Cálculo de desplazamientos en sistemas planos de barras articuladas. Método de la carga unitaria

Consideremos un sistema articulado plano compuesto de *b* barras y *n* nudos, solicitado de un sistema de fuerzas exteriores. Si el sistema es isostático podemos determinar los esfuerzos a que están sometidas las barras, aplicando, por ejemplo, alguno de los métodos expuestos en el epígrafe anterior. Si se trata de un sistema hiperestático se puede aplicar el método general para resolución de tales sistemas, al que nos hemos referido en el epígrafe 2.8.

Tanto en un caso como en otro suponemos conocidos los esfuerzos a que están sometidas todas las barras. El potencial interno del sistema será:

$$\mathscr{T} = \frac{1}{2}\sum_{i=1}^{b}\frac{F_i^2 l_i}{E\Omega} \tag{2.15-1}$$

Para un sistema tal como el representado en la Figura 2.64 el cálculo del desplazamiento del punto *A* de aplicación de la carga *P* en la dirección de la misma es trivial, ya que expresado el potencial interno en función de *P*, la aplicación del teorema de Castigliano nos da

$$\delta_A = \frac{\partial \mathscr{T}}{\partial P} \tag{2.15-2}$$

Esta forma de proceder nos permite obtener exclusivamente el desplazamiento vertical del punto *A*. Puede interesarnos conocer los desplazamientos de todos los nudos del sistema o de parte de ellos en los que no haya aplicada ninguna carga, e incluso puede suceder que el vector desplazamiento de un nudo no tenga la dirección de la fuerza aplicada y tenga, por consiguiente, componente en una dirección perpendicular a ella, que puede ser de interés calcular.

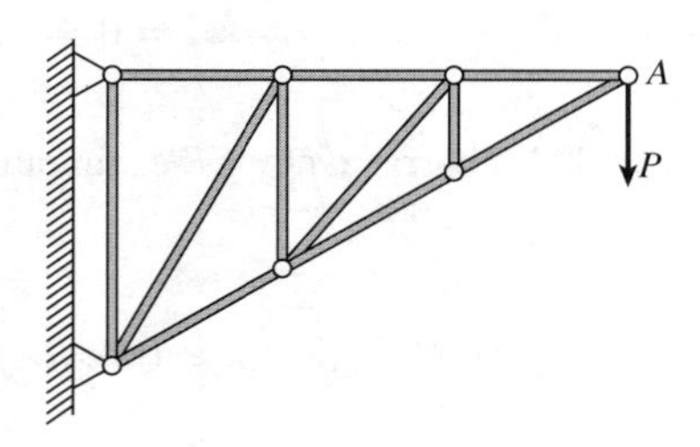

Figura 2.64

Para conseguir nuestro propósito de determinar el desplazamiento de cualquier nudo del sistema aplicaremos el llamado *método de la carga unitaria.* Consiste dicho método en suponer aplicada una fuerza o carga ficticia ϕ en el nudo cuyo desplazamiento nos interesa calcular, por ejemplo el desplazamiento vertical del nudo A del sistema indicado en la Figura 2.65-*a*. La expresión del potencial del sistema será ahora

$$\mathcal{T} = \frac{1}{2}\sum_{1}^{b}\frac{(F_{ip} + F_{i\phi})^2}{E\Omega_i} \tag{2.15-3}$$

expresión en la que F_{ip} representa el esfuerzo de la barra i debido a la acción del sistema de cargas dado y $F_{i\phi}$ el correspondiente a la acción exclusiva de la carga ϕ.

Ahora bien, $F_{i\phi} = \phi\, F_{i1}$, siendo F_{i1} el esfuerzo que aparece en la barra i al actuar, en la misma dirección de ϕ y en el mismo nudo que se supone aplicada ésta, la carga unidad exclusivamente (Fig. 2.65-*b*).

La componente vertical del vector desplazamiento del nudo A se puede obtener aplicando el teorema de Castigliano y hacer $\phi = 0$ en la expresión que resulte.

$$\mathcal{T} = \frac{1}{2}\sum_{1}^{b}\frac{(F_{ip} + \phi\, F_{i1})^2}{E\Omega_i}\, l_i \tag{2.15-4}$$

$$\delta_{vA} = \left(\frac{\partial \mathcal{T}}{\partial \phi}\right)_{\phi=0} = \sum_{1}^{b}\frac{F_{ip}F_{i1}}{E\Omega_i}\, l_i \tag{2.15-5}$$

Si fuera de interés calcular la componente horizontal del desplazamiento del nudo, procederíamos de forma análoga aplicando en dicho nudo la carga unidad en sentido horizontal (Fig. 2.65-*c*) y se obtendría

$$\delta_{hA} = \left(\frac{\partial \mathcal{T}}{\partial \phi}\right)_{\phi=0} = \sum_{1}^{b}\frac{F_{ip}F_{i1}}{E\Omega_i}\, l_i \tag{2.15-6}$$

expresión que, formalmente, es coincidente con la (2.15-5), pero ahora F_{i1} es el esfuerzo a que está sometida la barra i del sistema cuando se aplica exclusivamente la carga unidad sobre el nudo, en sentido horizontal.

Si el signo del desplazamiento calculado es positivo, significa que el desplazamiento tiene el mismo sentido que la carga unidad aplicada. Si fuera negativo, el desplazamiento tiene sentido opuesto.

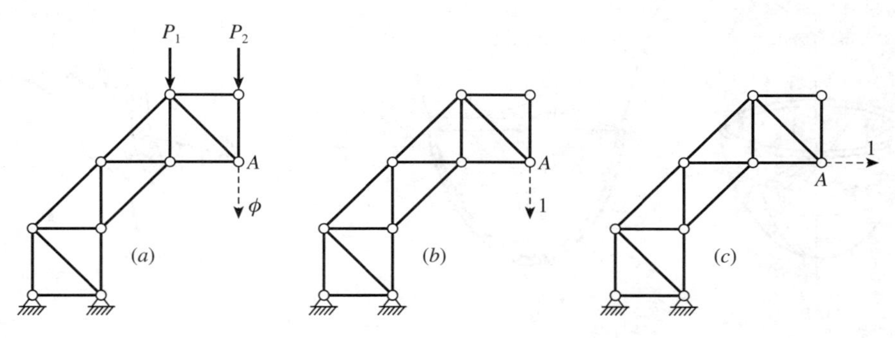

Figura 2.65

2.16. Tracción o compresión biaxial. Envolventes de revolución de pequeño espesor

Así como hemos visto la existencia de sólidos elásticos de línea media no rectilínea que trabajan a tracción pura (hilos o cables) o a compresión pura (arco funicular), es decir, a tracción o compresión monoaxial, también es frecuente encontrar cuerpos elásticos no planos cuya forma de trabajo sea a tracción o compresión biaxial. Tal es el caso de las *envolventes de pequeño espesor*.

Podemos definir una *envolvente* como el sólido elástico en el que una de sus dimensiones —el espesor— es mucho más pequeña que las otras. No cabe aquí hablar de línea media pero sí de *superficie media*, entendiendo por tal la superficie formada por los puntos que equidistan de las dos superficies que limitan la envolvente.

Atendiendo a la forma de la superficie media podemos hacer una clasificación de las envolventes en: *placas*, si la superficie media es un plano, y *envolventes* propiamente dichas si la superficie media no es plana.

En lo que sigue consideraremos solamente envolventes y dentro de éstas aquellas cuya superficie media es de revolución y están cargadas simétricamente respecto a su eje.

El cálculo del estado tensional biaxial a que está sometida una envolvente de revolución con las hipótesis de carga señaladas se reduce de forma muy notable como a continuación veremos en los casos en los que se pueda admitir un reparto uniforme de tensiones en su espesor. Tal hipótesis es la base de la llamada *teoría de la membrana*, que no es aplicable a envolventes sometidas a flexión.

La aplicación más importante de esta teoría es a depósitos de pared delgada sometidos a presión interior p que, en general, estará provocada por un gas o un líquido. La presión p no tiene que ser necesariamente constante, pero sí es necesario que presente simetría respecto al eje de revolución y varíe de forma continua.

Consideremos una envolvente de revolución de espesor constante e, tal como la representada en la Figura 2.66.

En la Figura 2.66-*c* se ha aislado un elemento del depósito limitado por dos planos meridianos y por dos secciones normales a las líneas meridianas, en el que se ha designado:

ρ_m, el radio de curvatura del arco de meridiano de la superficie media

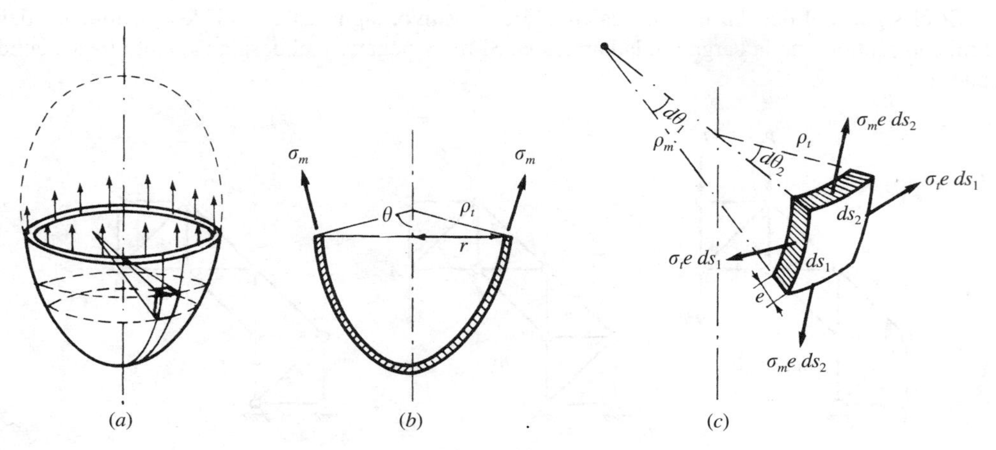

Figura 2.66

ρ_t, el radio de curvatura de la sección normal perpendicular al arco de meridiano
σ_m, la tensión en dirección del meridiano o *tensión meridiana.*
σ_t, la tensión en dirección normal a la sección meridiana o *tensión circunferencial*
ds_1, longitud del elemento de arco meridiano
ds_2, longitud del elemento de arco perpendicular al arco de meridiano

Sobre el elemento considerado actúan las siguientes fuerzas:

— la debida a la presión interior p: $pds_1\ ds_2$, que tiene dirección normal al elemento
— las engendradas por las tensiones σ_m: $\sigma_m e\ ds_2$
— las engendradas por las tensiones σ_t: $\sigma_t e\ ds_1$

La condición de equilibrio, proyectando las citadas fuerzas sobre la normal al elemento, nos da

$$pds_1 \cdot ds_2 - 2\sigma_m e\ ds_2 \frac{d\theta_1}{2} - 2\sigma_t e\ ds_1 \frac{d\theta_2}{2} = 0$$

y como

$$ds_1 = \rho_m d\theta_1 \quad ; \quad ds_2 = \rho_t d\theta_2$$

sustituyendo y simplificando, obtenemos

$$\frac{\sigma_m}{\rho_m} + \frac{\sigma_t}{\rho_t} = \frac{p}{e} \tag{2.16-1}$$

expresión que constituye la llamada *ecuación de Laplace*.

Esta ecuación nos proporciona una relación entre σ_m y σ_t. Pero ella sola es insuficiente para encontrar los valores de las tensiones. Para calcular éstas necesitamos otra ecuación, como puede ser la que se obtiene al cosiderar cortada la envolvente por una sección cónica normal a la superficie media de la envolvente (Fig. 2.66-*b*).

Si P es la resultante axial de las fuerzas exteriores, la ecuación buscada es:

$$\sigma_m \cdot 2\pi r \cdot e \text{ sen } \theta = P \tag{2.16-2}$$

que nos da directamente el valor de la tensión σ_m. Una vez obtenida σ_m, la obtención de σ_t es inmediata aplicando la ecuación de Laplace. Al no existir tensiones tangenciales sobre las caras del elemento considerado (Fig. 2.66-*c*), las tensiones σ_m y σ_t son principales.

A lo largo del espesor, entre las paredes interior y exterior de la envolvente, existe otra tensión principal que varía entre los valores $-p$ y 0, pero se considera despreciable respecto a σ_m y a σ_t.

La distribución de tensiones en las envolventes constituye, pues, un estado tensional biaxial en el que las líneas isostáticas están formadas por las dos familias de meridianos y paralelos a la superficie media de la envolvente.

Del razonamiento seguido se desprende que si se puede admitir la hipótesis de que las tensiones se reparten uniformemente en el espesor de la envolvente, las tensiones en la misma se pueden determinar aplicando solamente las condiciones de equilibrio.

Apliquemos los resultados obtenidos para calcular las tensiones en diversos casos de depósitos y de anillos.

a) *Depósito cilíndrico de radio* r *sometido a presión interior uniforme* p (Fig. 2.67)

Calculemos las tensiones meridiana y circunferencial en la superficie lateral del depósito. En este caso: $\rho_m = \infty$ y $\rho_t = r$, por lo que la ecuación de Laplace se reduce a:

$$\frac{\sigma_t}{r} = \frac{\rho}{e} \Rightarrow \sigma_t = \frac{pr}{e} \tag{2.16-3}$$

Para calcular σ_m, la ecuación de equilibrio nos da

$$\sigma_m \cdot 2\pi r \cdot e = p \cdot \pi r^2$$

de donde

$$\sigma_m = \frac{pr}{2e} \tag{2.16-4}$$

b) *Depósito esférico sometido a presión uniforme* p (Fig. 2.68)

En este caso $\rho_m = \rho_t = r$. También se verifica $\sigma_m = \sigma_t = \sigma$, por razón de simetría. La sola aplicación de la ecuación de Laplace nos permite obtener las tensiones

$$\frac{\sigma}{r} + \frac{\sigma}{r} = \frac{p}{e} \Rightarrow \sigma = \frac{pr}{2e} \tag{2.16-5}$$

c) *Depósito cónico abierto conteniendo un líquido de peso específico* γ (Fig. 2.69-*a*)

En este caso $\rho_m = \infty$; $\rho_t = r$. La tensión σ_t se obtiene mediante la aplicación de la ecuación de Laplace.

$$\frac{\sigma_t}{r} = \frac{p}{e} \Rightarrow \sigma_t = \frac{p \cdot r}{e} \tag{2.16-6}$$

pero en este caso tanto r como p son variables.

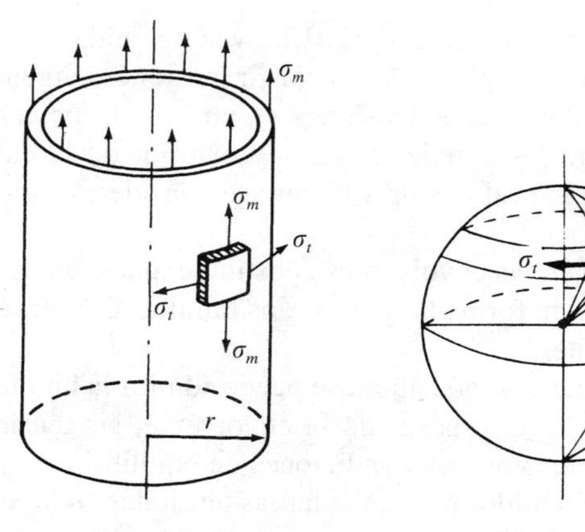

Figura 2.67 **Figura 2.68**

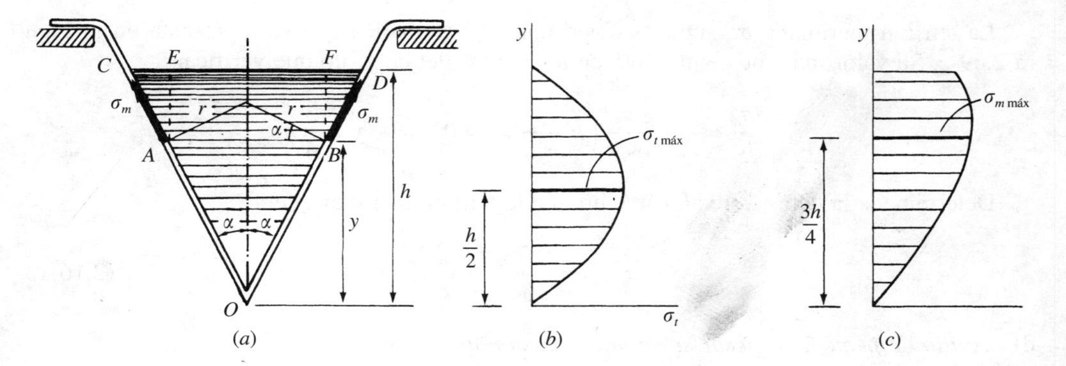

Figura 2.69

Podemos expresar ambas en función de la cota y

$$r = \frac{y \operatorname{tg} \alpha}{\cos \alpha} \quad ; \quad p = \gamma(h - y) \tag{2.16-7}$$

Sustituyendo en la ecuación (2.16-6), obtenemos

$$\sigma_t = \frac{\gamma \operatorname{tg} \alpha}{e \cos \alpha} y(h - y) \tag{2.16-8}$$

es decir, la tensión circunferencial varía según una ley parabólica (Fig. 2.69-*b*), cuyo valor máximo $\sigma_{t\,\text{máx}}$ se presenta en los puntos del depósito de cota $y = \dfrac{h}{2}$

$$\sigma_{t\,\text{máx}} = \frac{\gamma \operatorname{tg} \alpha}{4e \cos \alpha} h^2 \tag{2.16-9}$$

Para calcular la tensión meridiana σ_m en los puntos de cota y cortamos el depósito por una superficie cónica de generatrices perpendiculares a las paredes del depósito (Fig. 2.69-*a*).

La proyección vertical de las fuerzas de tracción engendradas por las tensiones meridianas σ_m sobre la sección del corte

$$2\pi y \operatorname{tg} \alpha \cdot e\sigma_m \cos \alpha \tag{2.16-10}$$

se ha de equilibrar con el peso del volumen del líquido *OAEFB*

$$\gamma[\pi y^2 (h - y) \operatorname{tg}^2 \alpha + \frac{1}{3} \pi y^2 y \operatorname{tg}^2 \alpha] = \gamma \pi y^2 \operatorname{tg}^2 \alpha \left(h - \frac{2}{3} y \right) \tag{2.16-11}$$

Igualando ambas expresiones se obtiene

$$\sigma_m = \frac{\gamma \operatorname{tg} \alpha}{2e \cos \alpha} y \left(h - \frac{2}{3} y \right) \tag{2.16-12}$$

La tensión meridiana σ_m sigue también una ley parabólica que se representa en la Figura 2.69-*c*. Su valor máximo se presenta en los puntos del depósito que verifican

$$\frac{d\sigma_m}{dy} = \frac{\gamma \operatorname{tg} \alpha}{2e \cos \alpha}\left(h - \frac{4}{3}y\right) = 0 \quad \Rightarrow \quad y = \frac{3}{4}h$$

Determinada la cota y, el valor máximo de la tensión meridiana será

$$\sigma_{m\,\text{máx}} = \frac{3\gamma \operatorname{tg} \alpha}{16e \cos \alpha} h^2 \tag{2.16-13}$$

d) *Anillo de pequeño espesor sometido a presión uniforme* p

Consideremos ahora el anillo de pequeño espesor e y radio interior r_i sometido a presión uniforme p en su cara interna, representado en la Figura 2.70-*a*. Para el cálculo de las tensiones en el anillo será aplicable lo dicho anteriormente para el depósito cilíndrico, es decir, la tensión circunferencial σ_t será

$$\sigma_t = \frac{pr_i}{e} \tag{2.16-14}$$

mientras que la tensión meridiana σ_m es nula por tratarse de un depósito abierto.

Por la hipótesis admitida de la teoría de la membrana, la distribución de la tensión σ_t en el espesor del anillo es uniforme.

En dirección circunferencial se producirá una deformación unitaria ε_t cuya expresión, en virtud de la ley de Hooke, será:

$$\varepsilon_t = \frac{\sigma_t}{E} = \frac{pr_i}{eE} \tag{2.16-15}$$

ya que en este caso el estado tensional es monoaxial.

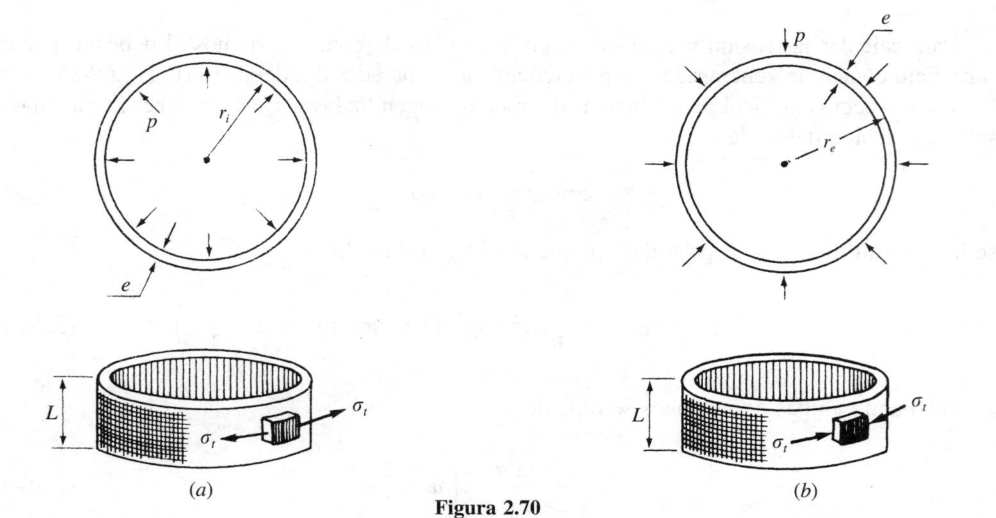

Figura 2.70

Si la presión p actúa sobre la cara exterior del anillo (Fig. 2.70-*b*) la tensión σ_t será de compresión y las expresiones de σ_t y de ε_t cambiarán de signo

$$\sigma_t = -\frac{pr_e}{e} \tag{2.16-16}$$

$$\varepsilon_t = \frac{pr_e}{eE} \tag{2.16-17}$$

Aunque el radio que figura en las expresiones de las tensiones y de las deformaciones corresponde a la superficie cilíndrica de la cara del anillo sobre la que actúa la presión p, se suele tomar en ambas el radio r de la superficie media.

Se puede calcular fácilmente el valor del radio r' de la superficie media deformada. En efecto, el incremento de longitud de la circunferencia media será

$$\Delta l = 2\pi r\,\varepsilon = \pm\frac{2\pi pr^2}{eE}$$

por lo que el nuevo radio r' verificará

$$2\pi r' = 2\pi r \pm \frac{2\pi pr^2}{eE}$$

es decir:

$$r' = r \pm \frac{pr^2}{eE} \tag{2.16-18}$$

2.17. Tracción o compresión triaxial

Si sobre un cuerpo elástico de forma paralelepipédica (Fig. 2.71) actúan fuerzas superficiales uniformes perpendiculares a sus caras, el cuerpo está sometido a un estado triaxial de tracción o de compresión, según sea el sentido de las fuerzas superficiales aplicadas.

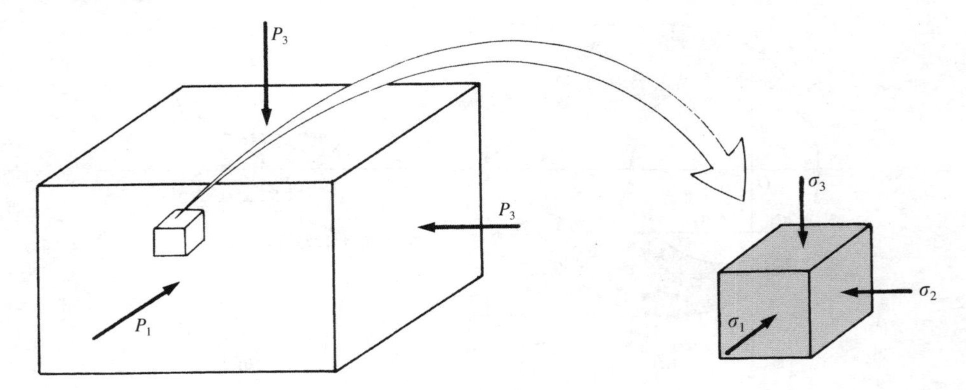

Figura 2.71

Si p_1, p_2 y p_3 son las fuerzas superficiales aplicadas por unidad de superficie, el estado tensional en un paralelepípedo elemental interior al cuerpo elástico de caras paralelas a las del cuerpo será, en virtud del principio de superposición, el indicado en la misma Figura 2.71. En el interior del sólido elástico existe un estado tensional homogéneo y en cualquiera de sus puntos las tensiones principales son

$$\sigma_1 = -p_1 \quad ; \quad \sigma_2 = -p_2 \quad ; \quad \sigma_3 = -p_3 \tag{2.17-1}$$

siendo coincidentes las direcciones principales con las correspondientes a sus ejes.

En cualquier punto, el vector tensión correspondiente a un plano definido por el vector $\vec{u}(\alpha, \beta\ \gamma)$, referido a un sistema de ejes coincidentes con las direcciones principales, es

$$[\vec{\sigma}] = [T][\vec{u}] = \begin{pmatrix} \sigma_1 & 0 & 0 \\ 0 & \sigma_2 & 0 \\ 0 & 0 & \sigma_3 \end{pmatrix} \begin{pmatrix} \alpha \\ \beta \\ \gamma \end{pmatrix} = \begin{pmatrix} \sigma_1\alpha \\ \sigma_2\beta \\ \sigma_3\gamma \end{pmatrix} \tag{2.17-2}$$

cuyas componentes intrínsecas son:

$$\begin{cases} \sigma_n = \vec{\sigma} \cdot \vec{u} = \sigma_1\alpha^2 + \sigma_2\beta^2 + \sigma_3\gamma^2 \\ \tau = \sqrt{\sigma^2 - \sigma_n^2} = \sqrt{\sigma_1^2\alpha^2 + \sigma_2^2\beta^2 + \sigma_3^2\gamma^3 - (\sigma_1\alpha^2 + \sigma_2\beta^2 + \sigma_3\gamma^2)^2} \end{cases} \tag{2.17-3}$$

Del círculo de Mohr (Fig. 2.72-*a*) se deduce que la tensión tangencial máxima tiene el valor

$$\tau_{\text{máx}} = \frac{\sigma_1 - \sigma_3}{2} \tag{2.17-4}$$

y se presenta en los dos planos del haz de vértice el eje 2 (que corresponde a la tensión de valor intermedio) y contienen respectivamente a las bisectrices de los ejes 1 y 3 (Fig. 2.72-*b*).

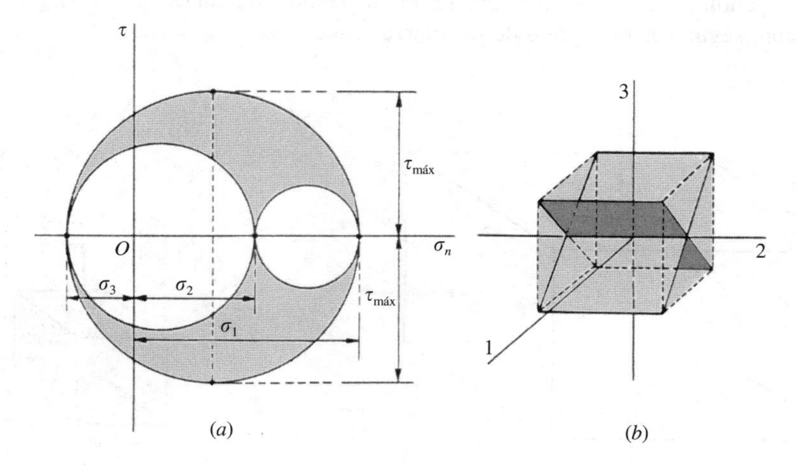

Figura 2.72

La matriz de deformación en cualquier punto será

$$[D] = \begin{pmatrix} \varepsilon_1 & 0 & 0 \\ 0 & \varepsilon_2 & 0 \\ 0 & 0 & \varepsilon_3 \end{pmatrix} \qquad (2.17\text{-}5)$$

siendo ε_1, ε_2 y ε_3 los alargamientos principales, que se obtienen de forma inmediata en función de las tensiones aplicando las leyes de Hooke.

$$\begin{cases} \varepsilon_1 = \dfrac{1}{E}\,[\sigma_1 - \mu(\sigma_2 + \sigma_3)] \\ \varepsilon_2 = \dfrac{1}{E}\,[\sigma_2 - \mu(\sigma_1 + \sigma_3)] \\ \varepsilon_3 = \dfrac{1}{E}\,[\sigma_3 - \mu(\sigma_1 + \sigma_2)] \end{cases} \qquad (2.17\text{-}6)$$

Si consideramos ahora el caso particular de ser $p_1 = p_2 = p$; $p_3 = q$ (Fig. 2.73-*a*), las tensiones principales en cualquier punto serán

$$\sigma_1 = \sigma_2 = -p \quad ; \quad \sigma_3 = -q \qquad (2.17\text{-}7)$$

El círculo de Mohr C_3 se reduce al punto A (Fig. 2.73-*b*). Para cualquier plano paralelo al eje z el vector tensión correspondiente tiene de componentes intrínsecas

$$\sigma_n = -p \quad ; \quad \tau = 0$$

por lo que cualquier dirección paralela al plano xy es dirección principal. Quiere esto decir que cualquier cilindro que imaginemos interior al prisma considerado, de generatrices paralelas al eje z, estará sometido a una presión constante p, normal en todos los puntos de su superficie lateral (Fig. 2.73-*c*).

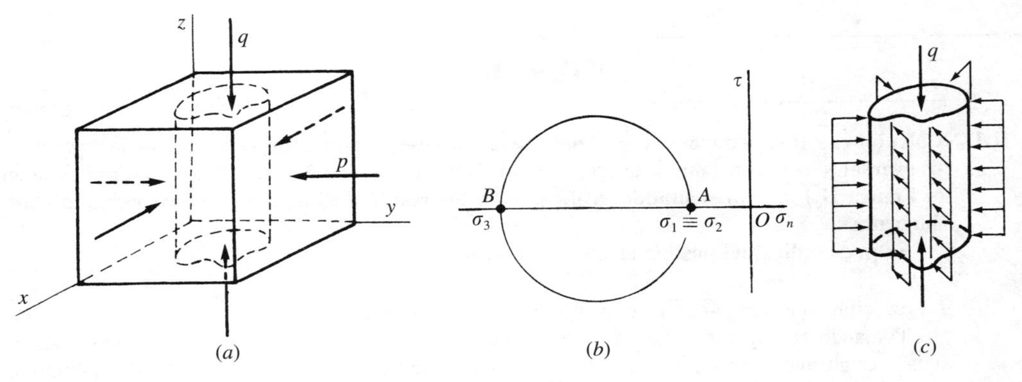

Figura 2.73

Si además se verifica que $q = p$, es decir

$$p_1 = p_2 = p_3 = p \qquad (2.17\text{-}8)$$

entonces las tensiones principales en cualquier punto de prisma son

$$\sigma_1 = \sigma_2 = \sigma_3 = -p \qquad (2.17\text{-}9)$$

En este caso los tres círculos de Mohr se reducen al punto A (Fig. 2.74-*b*). Para cualquier plano, el vector tensión correspondiente tiene de componentes intrínsecas

$$\sigma_n = -p \quad ; \quad \tau = 0$$

por lo que todas las direcciones son principales. Quiere esto decir que cualquier cuerpo que podamos imaginar interior al prisma considerado estará sometido a una presión constante p, normal en todos los puntos de su superficie lateral (Fig. 2.74-*c*).

Como este estado tensional es análogo al que se engendra en un fluido ideal (no viscoso) recibe el nombre de *estado tensional hidrostático.*

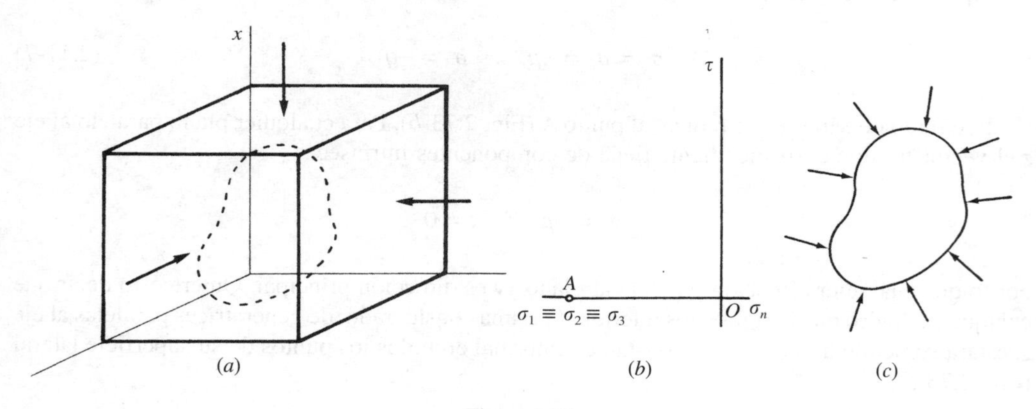

Figura 2.74

EJERCICIOS

II.1. Calcular el esfuerzo normal N, las tensiones σ y los desplazamientos verticales de las secciones trasversales de la columna de acero, de módulo de elasticidad $E = 2 \times 10^6$ kp/cm², indicada en la Figura II.1-*a*, representando gráficamente los resultados mediante los correspondientes diagramas.

Se prescindirá del posible efecto de pandeo.

La reacción en el empotramiento es $R = P_1 - P_2 + P_3 + 3aq = 10$ t

Tomando el origen de abscisas en el empotramiento, las leyes de los esfuerzos normales N, tensiones normales σ y desplazamientos verticales u de las secciones transversales de la columna de acero considerada, expresando x en metros, son:

- Para $0 < x < a$

$$N = -R = -10.000 \text{ kp}$$

$$\sigma = \frac{N}{\Omega_1} = -\frac{10.000}{15} = -666{,}\widehat{6} \text{ kp/cm}^2$$

$$u = \int_0^x \frac{\sigma}{E}\, dx = -\frac{666{,}\widehat{6}}{2 \times 10^6}\, x \text{ m} = -0{,}\widehat{3}\, x \text{ mm}$$

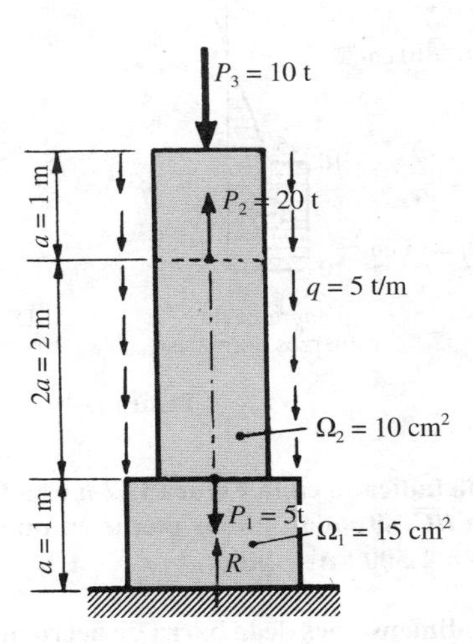

Figura II.1-*a*

- Para $a < x < 3a$

$$N = -R + P_1 + q(x - a) = -5.000 + 5.000(x - a) = 5.000(x - 2) \text{ kp}$$

$$\sigma = \frac{N}{\Omega_2} = \frac{5.000(x-2)}{10} = 500(x - 2) \text{ kp/cm}^2$$

$$u = -0{,}3 \text{ mm} + \int_1^x \frac{500(x-2)}{2 \times 10^6}\, 10^3\, dx \text{ mm} = \{-0{,}3 + 0{,}125[(x - 2)^2 - 1]\} \text{ mm}$$

- Para $3a < x < 4a$

$$N = -R + P_1 + q\,(x - a) - P_2 = 5.000\,(x - 2) - 20.000 = 5.000x - 30.000 \text{ kp}$$

$$\sigma = \frac{N}{\Omega_2} = \frac{5.000x - 30.000}{10} = 500x - 3.000 \text{ kp/cm}^2$$

$$u = -0{,}3 \text{ mm} + \int_3^x \frac{500x - 3.000}{2 \times 10^6}\, 10^3\, dx \text{ mm} = \left[-0{,}3 + \frac{1}{10^3}\,(125x^2 - 1.500x + 3.375)\right] \text{mm}$$

Los diagramas correspondientes se representan en la Figura II.1-*b*.

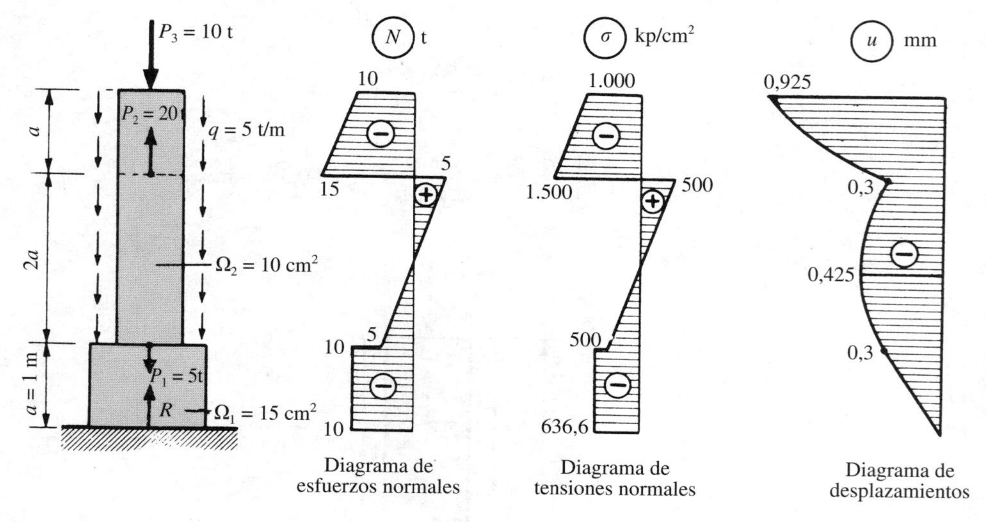

Figura II.1-*b*

II.2. El sistema articulado indicado en la Figura II.2-*a* está formado por una barra de acero $\overline{AB}$ y una viga de madera $\overline{BC}$, situadas ambas piezas en un plano vertical. Si se aplica en el nudo común una carga P = 1.500 kp se pide:

1.º Determinar las dimensiones de la barra de acero de sección circular y de la de madera de sección cuadrada.

2.º Calcular el desplazamiento del nudo *B*:

a) a partir de las deformaciones longitudinales de la barra de acero y de la viga de madera;

b) aplicando el teorema de Castigliano.

Las tensiones admisibles del acero y de la madera son respectivamente σ_1 = 800 kp/cm²; σ_2 = 10 kp/cm² y sus módulos de elasticidad $E_1 = 2 \times 10^6$ kp/cm² y E_2 = 1,2 × × 10^5 kp/cm².

Se prescindirá del posible efecto de pandeo de la viga de madera.

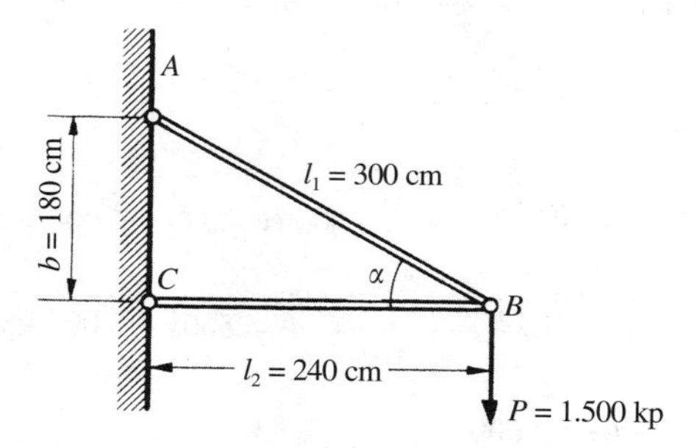

Figura II.2-*a*

1.º Calculemos primeramente los esfuerzos normales a los que están sometidas las barras $\overline{AB}$ y $\overline{BC}$. Por tratarse de un sistema isostático los valores de estos esfuerzos se determinan mediante las ecuaciones de equilibrio.

Si N_1 es el esfuerzo normal de tracción en la barra $\overline{AB}$ y N_2 el de compresión en la viga $\overline{BC}$, las ecuaciones de equilibrio del nudo B, son (Fig. II.2-*b*).

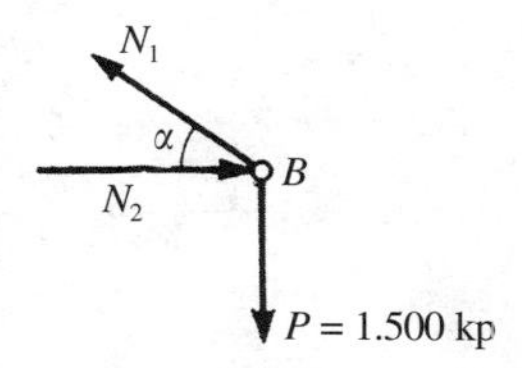

Figura II.2-*b*

$$\begin{cases} N_2 - N_1 \cos \alpha = 0 \\ N_1 \text{ sen } \alpha - P = 0 \end{cases} \Rightarrow \begin{cases} N_2 = \dfrac{4}{5} N_1 \\ \dfrac{3}{5} N_1 = 1.500 \end{cases}$$

de donde se obtienen:

$$N_1 = 2.500 \text{ kp} \quad ; \quad N_2 = 2.000 \text{ kp}$$

Las secciones de las dos barras serán mínimas cuando las tensiones en ambos materiales alcancen los valores de las tensiones admisibles

$$\Omega_1 = \frac{N_1}{\sigma_1} = \frac{2.500}{800} = 3{,}125 \text{ cm}^2 = \frac{\pi d^2}{4} \quad \Rightarrow \quad d = 2 \text{ cm}$$

$$\Omega_2 = \frac{N_2}{\sigma_2} = \frac{2.000}{10} = 200 \text{ cm}^2 = a^2 \quad \Rightarrow \quad a = 14{,}2 \text{ cm}$$

Por tanto, las longitudes del diámetro d de la barra $\overline{AB}$ y del lado a de la sección cuadrada de la viga $\overline{BC}$ son:

$$\boxed{d = 2 \text{ cm} \quad ; \quad a = 14{,}2 \text{ cm}}$$

2.º *a*) Supuestas las barras con las dimensiones calculadas, los alargamientos en ambas barras son:

$$\Delta l_1 = \frac{N_1 l_1}{E_1 \Omega_1} = \frac{2.500 \times 3.000}{2 \times 10^6 \cdot \pi} \text{ mm} = 1{,}19 \text{ mm}$$

$$\Delta l_2 = \frac{N_2 l_2}{E_2 \Omega_2} = -\frac{2.000 \times 2.400}{1{,}2 \times 10^5 \times 14{,}2^2} \text{ mm} = -0{,}20 \text{ mm}$$

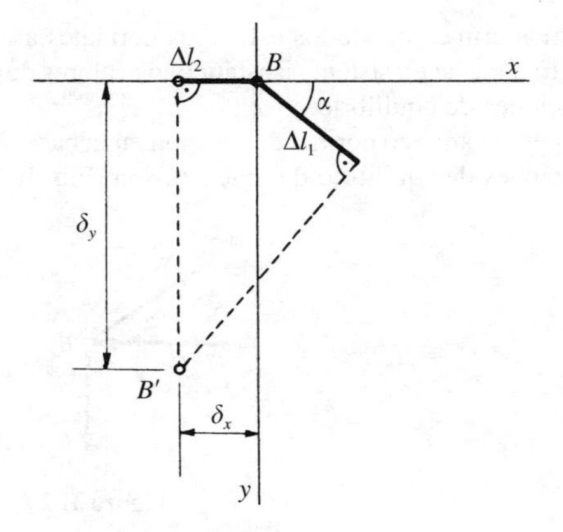

Figura II.2-*c*

Si (δ_x, δ_y) son las componentes del desplazamiento del nudo al que se aplica la carga P, referidas al sistema de ejes indicados en la Figura II.2-*c*, proyectando sobre ambas barras, tenemos:

$$\begin{cases} \Delta l_1 = \delta_x \cos \alpha + \delta_y \operatorname{sen} \alpha \\ \Delta l_2 = \delta_x \end{cases}$$

Sustituyendo valores:

$$1{,}19 = 0{,}8\ \delta_x + 0{,}6\ \delta_y$$
$$-0{,}20 = \delta_x$$

de donde:

$$\boxed{\delta_x = -0{,}20 \text{ mm} \quad ; \quad \delta_y = 2{,}25 \text{ mm}}$$

El signo negativo de δ_x nos dice que el nudo B se corre a la izquierda del eje vertical y, como se ha indicado en la Figura II.2-*c*.

b) Calculemos el potencial interno del sistema en función de P

$$\left.\begin{aligned} N_1 &= \frac{P}{\operatorname{sen} \alpha} \\ N_2 &= \frac{P}{\operatorname{tg} \alpha} \end{aligned}\right\} \quad \begin{aligned} \mathcal{T}_{AB} &= \frac{1}{2} \frac{N_1^2}{E_1 \Omega_1} l_1 = \frac{1}{2 \operatorname{sen}^2 \alpha} \frac{P^2 l_1}{E_1 \Omega_1} \\ \mathcal{T}_{BC} &= \frac{1}{2} \frac{N_2^2}{E_2 \Omega_2} l_2 = \frac{1}{2 \operatorname{tg}^2 \alpha} \frac{P^2 l_2}{E_2 \Omega_2} \end{aligned}$$

$$\mathcal{T} = \mathcal{T}_{AB} + \mathcal{T}_{BC} = \frac{1}{2 \operatorname{sen}^2 \alpha} \frac{P^2 l_1}{E_1 \Omega_1} + \frac{1}{2 \operatorname{tg}^2 \alpha} \frac{P^2 l_2}{E_2 \Omega_2}$$

Por el teorema de Castigliano, el desplazamiento vertical δ_V será

$$\delta_V = \frac{\partial \mathcal{T}}{\partial P} = \frac{1}{\operatorname{sen}^2 \alpha} \frac{P l_1}{E_1 \Omega_1} + \frac{1}{\operatorname{tg}^2 \alpha} \frac{P l_2}{E_2 \Omega_2}$$

Sustituyendo valores se tiene:

$$\boxed{\delta_V} = \frac{1}{0{,}6^2}\frac{1.500 \times 3.000}{2 \times 10^6 \pi} + \frac{1}{0{,}75^2}\frac{1.500 \times 2.400}{1{,}2 \times 10^5 \times 14{,}2^2} = \boxed{2{,}25 \text{ mm}}$$

en la dirección y sentido de la carga P.

Para calcular el desplazamiento horizontal δ_H supondremos aplicada en el nudo B una carga ficticia ϕ horizontal (Fig. II.2-*d*)

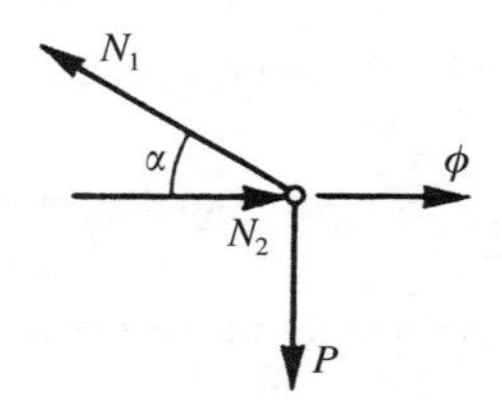

Figura II.2-*d*

$$\left.\begin{aligned} N_1 &= \frac{P}{\text{sen}\ \alpha} \\ N_2 &= \frac{P}{\text{tg}\ \alpha} - \phi \end{aligned}\right\} \quad \begin{aligned} \mathcal{T}_{AB} &= \frac{1}{2\ \text{sen}^2\alpha}\frac{P^2 l_1}{E_1\Omega_1} \\ \mathcal{T}_{BC} &= \frac{1}{2}\left(\frac{P}{\text{tg}\ \alpha} - \phi\right)^2 \frac{l_2}{E_2\Omega_2} \end{aligned}$$

Ahora, el potencial interno en función de ϕ tiene por expresión:

$$\mathcal{T} = \frac{1}{2\ \text{sen}^2\alpha}\frac{P^2 l_1}{E_1\Omega_1} + \frac{1}{2}\left(\frac{P}{\text{tg}\ \alpha} - \phi\right)^2 \frac{l_2}{E_2\Omega_2}$$

por lo que δ_H será, en virtud del teorema de Castigliano

$$\delta_H = \left(\frac{\partial \mathcal{T}}{\partial \phi}\right)_{\phi=0} = -\frac{P l_2}{\text{tg}\ \alpha\ E_2\Omega_2}$$

Sustituyendo valores se obtiene:

$$\boxed{\delta_H} = -\frac{1.500 \times 2.400}{0{,}75 \times 1{,}2 \times 10^5 \times 14{,}2^2} = \boxed{-0{,}2 \text{ mm}}$$

valor que, junto al de δ_V, coinciden con los obtenidos anteriormente.

II.3. La barra de la Figura II.3 tiene forma de dos troncos de cono iguales de radios $r = 20$ cm y $2r$, longitud $l = 6$ m, unidos por sus bases mayores. La barra está sometida a fuerzas $P = 6.000$ kp de tracción aplicadas en sus extremos.

Conociendo el módulo de elasticidad $E = 2 \times 10^5$ MPa y el coeficiente de Polisson $\mu = 0{,}3$, se pide:

1.º Calcular la variación unitaria del área de la sección recta.
2.º Determinar la variación de volumen de la barra.

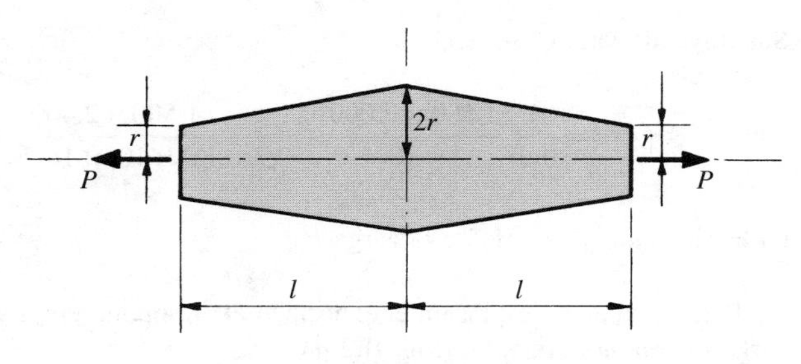

Figura II.3-*a*

1.º Por ser el semiángulo cónico muy pequeño

$$\alpha = \text{arc tg } \frac{r}{l} = \text{arc tg } \frac{0,2}{6} \Rightarrow \alpha = 1,9°$$

admitiremos un reparto uniforme de tensiones en todas las secciones rectas de la barra.

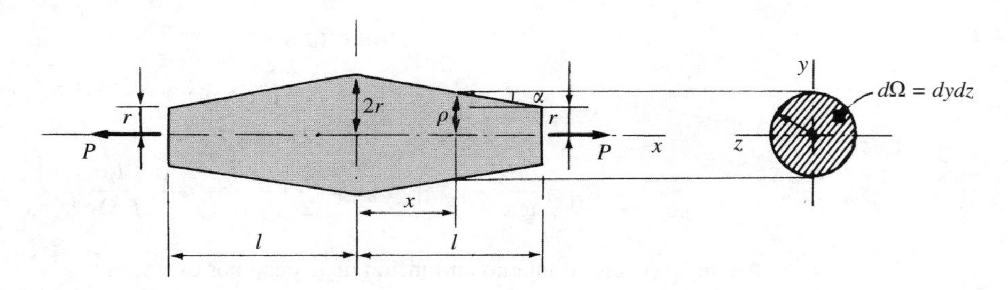

Figura II.3-*b*

Considerando el área elemental $d\Omega = dy\,dz$ en una sección recta (Fig. II.3-*b*) antes de la deformación, después de ella la nueva área se puede expresar de la siguiente forma

$$d\Omega + \Delta d\Omega = (dy + \Delta dy)(dz + \Delta dz) = dy\,dz\,(1 + \varepsilon_y)(1 + \varepsilon_z)$$

Como $d\Omega = dy\,dz$, restando se tiene:

$$\Delta d\Omega \simeq (\varepsilon_y + \varepsilon_z)\,dy\,dz$$

Ahora bien, por las leyes de Hooke

$$\varepsilon_y = \varepsilon_z = -\frac{\mu}{E}\,\sigma_{nx} \quad \Rightarrow \quad \varepsilon_y + \varepsilon_z = -\frac{2\mu}{E}\,\sigma_{nx}$$

la expresión anterior toma la forma

$$d\Delta\Omega = -\frac{2\mu}{E}\,\sigma_{nx}\,d\Omega$$

Aunque la tensión σ_{nx} es variable y depende exclusivamente de x podemos hacer la integración de esta ecuación, extendida a una determinada sección recta

$$\frac{\Delta\Omega}{\Omega} = -\frac{2\mu}{E}\,\sigma_{nx} = -\frac{2\mu}{E}\,\frac{P}{\pi\rho^2} = -\frac{2\mu P}{E\pi[r + (l - x)\,\text{tg}\,\alpha]^2}$$

Sustituyendo los valores dados, la variación unitaria del área de las secciones rectas situadas a distancia x de la sección media es

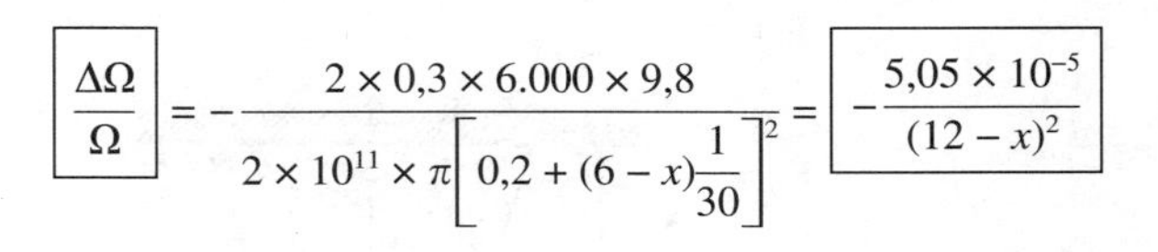

$$\boxed{\frac{\Delta\Omega}{\Omega}} = -\frac{2 \times 0{,}3 \times 6.000 \times 9{,}8}{2 \times 10^{11} \times \pi \left[0{,}2 + (6 - x)\dfrac{1}{30}\right]^2} = \boxed{-\frac{5{,}05 \times 10^{-5}}{(12 - x)^2}}$$

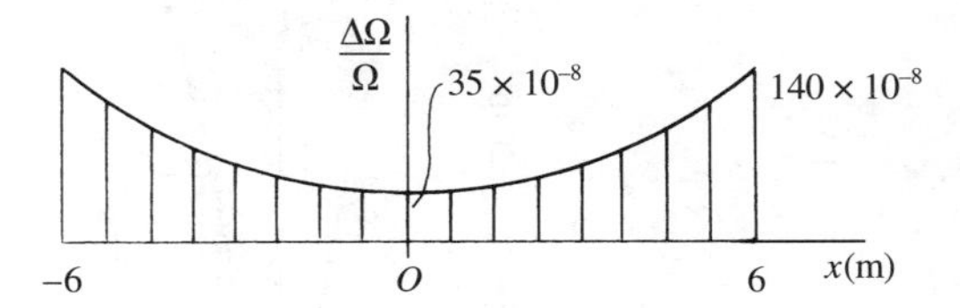

Figura II.3-*c*

que, como se observa en la Figura II.3-*c*, toma su valor mínimo en la sección media y el valor máximo en las secciones extremas.

2.º La aplicación de la fórmula (2.3-6) de la deformación cúbica unitaria, a la porción de barra comprendida entre dos secciones rectas indefinidamente próximas nos da la variación de volumen de esta parte de la barra

$$\frac{d\Delta V}{\Omega\, dx} = \varepsilon_x (1 - 2\mu) = \frac{P}{E\Omega}(1 - 2\mu)$$

$$d\Delta V = \frac{P}{E}(1 - 2\mu)\, dx$$

Integrando a lo largo de toda la barra, la variación de volumen será:

$$\Delta V = 2\int_0^l \frac{P(1 - 2\mu)}{E}\, dx = \frac{2Pl(1 - 2\mu)}{E}$$

Sustituyendo valores, se obtiene:

$$\Delta V = \frac{2 \times 6.000 \times 9{,}8 \times 6(1 - 0{,}6)}{2 \times 10^{11}}\ \text{m}^3 = 1.411{,}2 \times 10^{-9}\ \text{m}^3$$

es decir:

$$\boxed{\Delta V = 1{,}41\ \text{cm}^3}$$

II.4. Un prisma mecánico de sección variable, longitud $l = 30$ m, y eje recto vertical tiene el extremo superior rígidamente fijo. En el extremo inferior está aplicada una carga $P = 15$ t. Conociendo la tensión admisible $\sigma_{adm} = 1.200$ kp/cm², el módulo de elasticidad $E = 2 \times 10^6$ kp/cm² y el peso específico del material $\gamma = 7{,}8$ t/m³, se pide calcular:

1.º El área de la sección recta del empotramiento, si el prisma es un sólido de igual resistencia.

2.º El volumen del prisma mecánico.

3.º El alargamiento total.

4.º El potencial interno almacenado por el prisma.

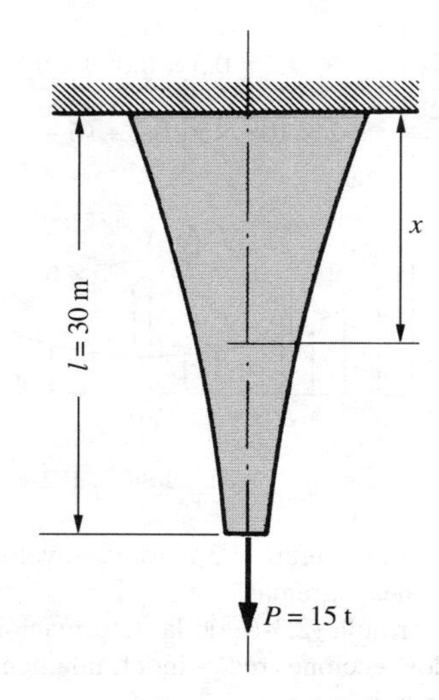

Figura II.4

1.º El área de la sección recta del empotramiento, en virtud de la fórmula (2.5-19) es

$$\Omega_0 = \frac{P}{\Omega} e^{\frac{\gamma l}{\sigma}} = \frac{15.000}{1.200} e^{\frac{7,8 \times 10^3 \times 30}{1.200 \times 10^4}} = 12,5 e^{0,0195} \text{ cm}^2$$

ya que

$$\sigma = \sigma_{\text{adm}} = 1.200 \text{ kp/cm}^2$$

Se obtiene:

$$\Omega_0 = 12,75 \text{ cm}^2$$

2.º La expresión del volumen de un sólido de igual resistencia, en general, será, en virtud de la ecuación (2.5-20)

$$V = \int_0^l \Omega(x)\, dx = \frac{P}{\sigma} \int_0^l e^{\frac{\gamma(l-x)}{\sigma}}\, dx = \frac{P}{\gamma} \left(e^{\frac{\gamma l}{\sigma}} - 1\right)$$

Sustituyendo valores:

$$V = \frac{15.000}{7,8 \times 10^3} \left(e^{\frac{7,8 \times 10^3 \times 30}{1.200 \times 10^4}} - 1\right) = 1,9230(e^{0,0195} - 1) \text{ m}^3$$

se obtiene:

$$\boxed{V = 37,866 \text{ dm}^3}$$

3.º Al ser σ = constante, también lo es el alargamiento unitario, en virtud de la ley de Hooke. El alargamiento total será

$$\Delta l = \varepsilon l = \frac{\sigma}{E} l = \frac{1.200 \times 3.000}{2 \times 10^6} \text{ cm} = 1{,}8 \text{ cm}$$

es decir

$$\boxed{\Delta l = 18 \text{ mm}}$$

4.º El potencial interno almacenado por el prisma, según la fórmula (2.7-5) será

$$\mathcal{T} = \int_0^l \frac{1}{2} \frac{N^2}{E\Omega} dx = \frac{\sigma^2}{2E} \int_0^l \Omega dx = \frac{\sigma^2}{2E} \frac{P}{\sigma} \int_0^l e^{\frac{\gamma(l-x)}{\sigma}} dx = \frac{\sigma^2 P}{2E\gamma} (e^{\frac{\gamma l}{\sigma}} - 1)$$

Para los valores dados:

$$\mathcal{T} = \frac{1.200^2 \times 15.000}{2 \times 2 \times 10^6 \times 7.8 \times 10^{-3}} (e^{\frac{7{,}8 \times 10^3 \times 30}{1.200 \times 10^4}} - 1) \text{ kp} \cdot \text{cm} = 13.632{,}5 \text{ kp} \cdot \text{cm}$$

o expresado en julios

$$\boxed{\mathcal{T} = 1.336 \text{ julios}}$$

II.5. Una pieza prismática vertical de longitud l = 3 m y sección de área Ω = 4 cm² está empotrada por su sección extrema superior. Está sometida a una fuerza de tracción P = 6 t aplicada en su sección extrema inferior y a una fuerza antagonista que actúa de forma uniforme sobre su superficie, de valor p = 1 t/m. Conociendo el valor del módulo de elasticidad $E = 2 \times 10^6$ kp/cm², calcular:

1.º El alargamiento total.
2.º La energía de deformación acumulada en la pieza.

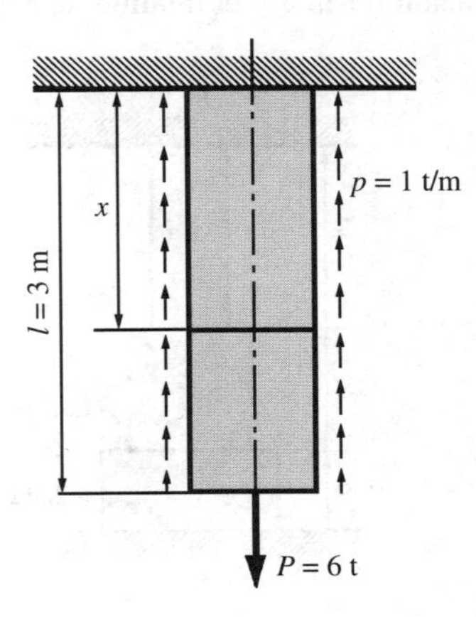

Figura II.5

1.° La ley de tensiones normales en la pieza, tomando como origen de abscisas la sección inferior, es

$$\sigma = \frac{P - p(l - x)}{\Omega}$$

De la ecuación de Hooke

$$\varepsilon = \frac{\Delta\, dx}{dx} = \frac{\sigma}{E} = \frac{P - p(l - x)}{E\Omega}$$

Integrando, se obtiene el alargamiento total

$$\Delta l = \int_0^l \frac{P - p(l - x)}{E\Omega}\, dx = \frac{l}{E\Omega}\left(P - \frac{pl}{2}\right) = \frac{300}{2 \times 10^6 \times 4}\left(6.000 - \frac{1.000 \times 3}{2}\right) = 0{,}168 \text{ cm}$$

es decir

$$\boxed{\Delta l = 1{,}68 \text{ mm}}$$

2.° Calcularemos la energía de deformación aplicando la fórmula (2.7-5)

$$\mathcal{T} = \int_0^l \frac{N^2}{2E\Omega}\, dx = \frac{1}{2E\Omega}\int_0^l [P - p(l - x)]^2\, dx = \frac{1}{2E\Omega}\left[P^2 x - \frac{p^2(l - x)^3}{3} + 2P\,p\,\frac{(l - x)^2}{2}\right]_0^l =$$

$$= \frac{l}{2E\Omega}\left(P^2 + \frac{p^2 l^2}{3} - Ppl\right) = \frac{300}{2 \times 2 \times 10^6 \times 4}\left(36 \times 10^6 + \frac{10^6 \times 9}{3} - 6 \times 10^6 \times 3\right) =$$

$$= 393{,}75 \text{ kp} \cdot \text{cm}$$

$$\boxed{\mathcal{T} = 38{,}59 \text{ julios}}$$

II.6. Las únicas fuerzas que actúan sobre la barra prismática escalonada de eje vertical indicada en la Figura II.6-*a* son las debidas a su propio peso. Conociendo el peso específico γ del material, el coeficiente de dilatación lineal α y el módulo de elasticidad E, se pide:

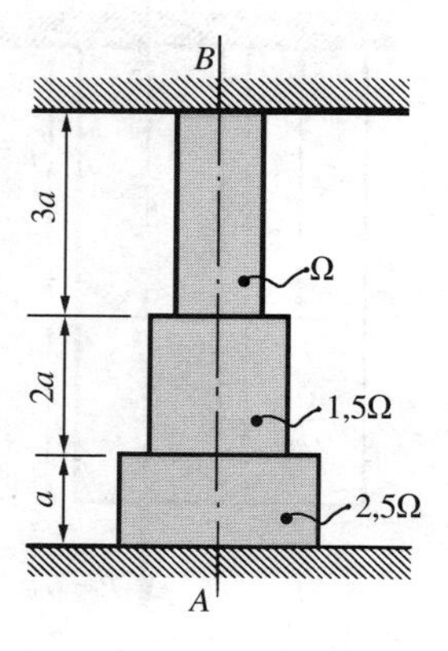

Figura II.6-*a*

1.º Calcular las reacciones en los empotramientos.
2.º Dibujar el diagrama de tensiones en las secciones rectas de la barra.
3.º ¿Cuál sería la reacción en el empotramiento superior si se eleva la temperatura Δt °C?

Se considerará despreciable el efecto de concentración de tensiones.

1.º Se trata de un caso hiperestático de primer grado. Si R_A y R_B son las reacciones de los empotramientos inferior y superior respectivamente, el valor de R_B deberá ser el de un esfuerzo de tracción que actuando en la sección superior de la barra escalonada produzca en ella un alargamiento nulo.

Aplicando, pues, la fórmula (2.5-13) tenemos

$$\Delta l = \frac{3a}{E\Omega}\left(R_B - \frac{\gamma \times 3a\Omega}{2}\right) + \frac{2a}{E \times 1{,}5\Omega}\left(R_B - \gamma \times 3a\Omega - \frac{\gamma \times 2a \times 1{,}5\Omega}{2}\right) +$$

$$+ \frac{a}{E \times 2{,}5\Omega}\left(R_B - \gamma \times 3a\Omega - \gamma \times 2a \times 1{,}5\Omega - \frac{\gamma a \times 2{,}5\Omega}{2}\right) = 0$$

de donde se obtiene la reacción en el empotramiento superior.

$$\boxed{R_B = \frac{201}{71}\,\gamma a\Omega}$$

De la única ecuación de equilibrio

$$R_A + R_B = \gamma 3a\Omega + \gamma 2a\ 1{,}5\Omega + \gamma a\ 2{,}5\Omega$$

se obtiene el valor de la otra reacción R_A

$$R_A = \frac{17}{2}\,\gamma a\Omega - \frac{201}{71}\,\gamma a\Omega = \frac{805}{142}\,\gamma a\Omega$$

$$\boxed{R_A = \frac{805}{142}\,\gamma a\Omega}$$

2.º El sistema que se considera es equivalente a una barra igual a la dada, empotrada en su extremo inferior y actuando en su extremo superior una fuerza de tracción igual a R_B (Fig. II.6-*b*).

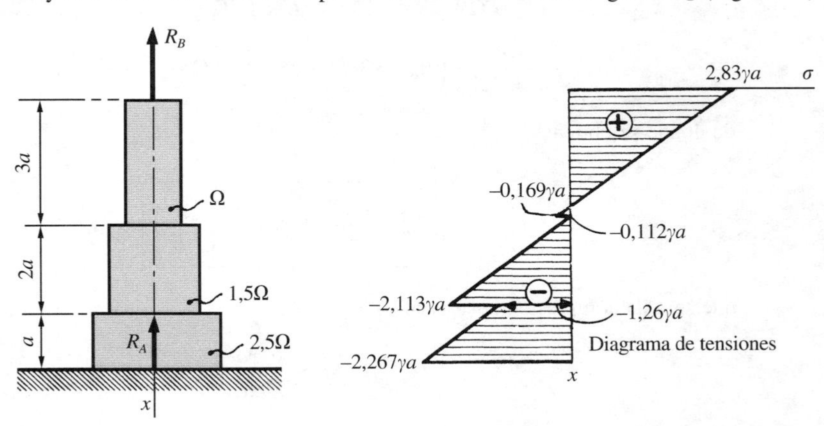

Figura II.6-*b* **Figura II.6-*c***

Las leyes de esfuerzos normales en la barra escalonada, así como las tensiones correspondientes, tomando como origen de abscisas el centro de gravedad de la sección superior, son:

Tramo $0 < x < 3a$

$$N = R_B - \gamma\Omega x = 2{,}83\ \gamma a\Omega - \gamma\Omega x$$

$$\sigma(0) = \frac{N(0)}{\Omega} = 2{,}83\ \gamma a$$

$$\sigma(3a^-) = \frac{N(3a^-)}{\Omega} = \frac{2{,}83 - 3}{\Omega}\gamma a\Omega = -0{,}169\ \gamma a$$

Tramo $3a < x < 5a$

$$N = R_B - 3\ \gamma a\Omega - 1{,}5\ \gamma\Omega(x - 3a) = -0{,}169\ \gamma a\Omega - 1{,}5\ \gamma\Omega(x - 3a)$$

$$\sigma(3a^+) = \frac{N(3a^+)}{1{,}5\Omega} = -\frac{0{,}169\gamma a\Omega}{1{,}5\Omega} - 0{,}112\ \gamma a$$

$$\sigma(5a^-) = \frac{N(5a^-)}{1{,}5\Omega} = \frac{-0{,}169 - 3}{1{,}5\Omega}\gamma a\Omega = -2{,}113\ \gamma a$$

Tramo $5a < x < 6a$

$$N = (-0{,}169 - 3)\ \gamma a\Omega - 2{,}5\ \gamma\Omega(x - 5a) = -3{,}169\ \gamma a\Omega - 2{,}5\ \gamma\Omega(x - 5a)$$

$$\sigma(5a^+) = \frac{N(5a^+)}{2{,}5\Omega} = -\frac{3{,}169}{2{,}5\Omega}\gamma a\Omega = -1{,}26\ \gamma a$$

$$\sigma(6a) = \frac{N(6a)}{2{,}5\Omega} = \frac{-3{,}169 - 2{,}5}{2{,}5\Omega}\gamma a\Omega = -2{,}267\ \gamma a$$

Con los valores que se ha obtenido, la construcción del diagrama de tensiones en las secciones rectas es inmediato. Se representa en la Figura II.6-*c*.

3.º Si se eleva la temperatura de la barra escalonada Δt °C, la expresión del alargamiento total de la barra, suponiendo R_B de compresión, será

$$\Delta l = 6a\alpha\Delta t - \frac{3a}{E\Omega}\left(R_B + \frac{\gamma 3a\Omega}{2}\right) - \frac{2a}{E \times 1{,}5\Omega}\left(R_B + \gamma 3a\Omega + \frac{\gamma 2a\ 1{,}5\Omega}{2}\right) -$$

$$- \frac{a}{E \times 2{,}5\Omega}\left(R_B + \gamma 3a\Omega + \gamma 2a \times 1{,}5\Omega + \frac{\gamma a \times 2{,}5\Omega}{2}\right) = 0$$

de donde se obtiene:

$$\boxed{R_B = \frac{15E\Omega}{71}\left(6\alpha\Delta t - \frac{67}{5}\frac{\gamma a}{E}\right)}$$

que será de compresión si se verifica

$$\Delta t > \frac{67\gamma a}{30\alpha E}$$

y de tracción en caso contrario.

II.7. Se quiere construir una viga de hormigón pretensado sometiendo la armadura metálica a una fuerza de tracción F antes de proceder al hormigonado. Una vez fraguado el hormigón y liberado el mecanismo de pretensado se somete la viga a un esfuerzo N de tracción. Si las áreas de las secciones de acero y hormigón son Ω_1 y Ω_2 respectivamente y sus módulos de elasticidad E_1 y E_2, calcular las tensiones a que van a estar sometidos ambos materiales.

Al aplicar la fuerza F a la armadura metálica de longitud l, ésta experimenta un alargamiento $\Delta l = \dfrac{Fl}{E_1\Omega_1}$ (Fig. II.7-*a*). Una vez fraguado el hormigón y liberado el mecanismo de pretensado la armadura estará sometida a un esfuerzo N_1 de tracción y el hormigón a un esfuerzo N_2 de compresión. La condición de equilibrio exige que estos esfuerzos sean iguales y opuestos.

Igualando los acortamientos que se producen en ambos materiales

$$\frac{F - N_1}{E_1\Omega_1} l = \frac{N_2}{E_2\Omega_2} l$$

habiendo despreciado en el segundo miembro Δl frente a l.

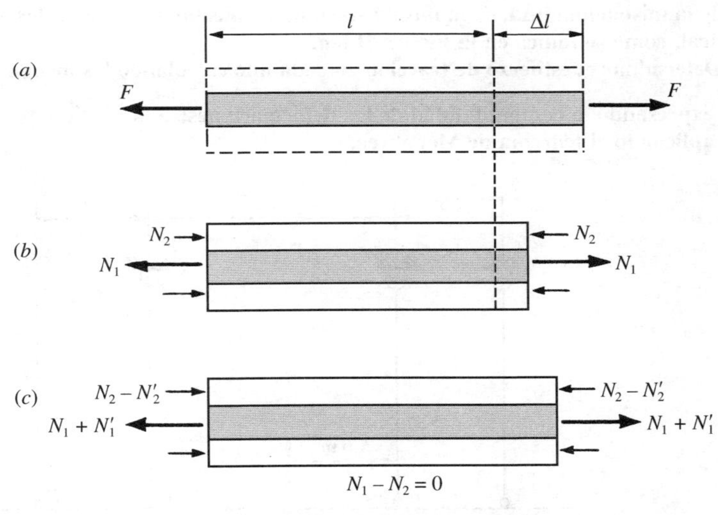

Figura II.7-*a*

De estas dos ecuaciones se obtiene:

$$N_1 = N_2 = F\,\frac{E_2\Omega_2}{E_1\Omega_1 + E_2\Omega_2}$$

Al aplicar ahora un esfuerzo N al conjunto formado solidariamente por los dos materiales, éste se reparte entre ambos: N'_1 sobre la armadura y N'_2 en el hormigón (Fig. II.7-*c*), que se superponen a los esfuerzos N_1 y N_2 que existían anteriormente.

$$\left.\begin{aligned} N'_1 + N'_2 &= N \\ \frac{N'_1}{E_1\Omega_1} l &= \frac{N'_2}{E_2\Omega_2} l \end{aligned}\right\} \Rightarrow \quad N'_1 = N\,\frac{E_1\Omega_1}{E_1\Omega_1 + E_2\Omega_2} \quad ; \quad N'_2 = N\,\frac{E_2\Omega_2}{E_1\Omega_1 + E_2\Omega_2}$$

La armadura sometida a un esfuerzo de tracción $N_1 + N_1'$ y el hormigón a un esfuerzo de $N_2' - N_2$, que es de tracción si es positivo o de compresión si es negativo.

Por tanto, en virtud del principio de superposición, las tensiones respectivas serán:

$$\sigma_1 = \frac{N_1 + N_1'}{\Omega_1} = \frac{F}{\Omega_1}\frac{E_2\Omega_2}{E_1\Omega_1 + E_2\Omega_2} + \frac{N}{\Omega_1}\frac{E_1\Omega_1}{E_1\Omega_1 + E_2\Omega_2}$$

$$\sigma_2 = \frac{-N_2 + N_2'}{\Omega_2} = -\frac{F}{\Omega_2}\frac{E_2\Omega_2}{E_1\Omega_1 + E_2\Omega_2} + \frac{N}{\Omega_2}\frac{E_2\Omega_2}{E_1\Omega_1 + E_2\Omega_2}$$

Simplificado, se tiene finalmente

$$\boxed{\sigma_1 = \frac{FE_2\Omega_2 + NE_1\Omega_1}{\Omega_1(E_1\Omega_1 + E_2\Omega_2)} \quad ; \quad \sigma_2 = \frac{(N - F)E_2}{E_1\Omega_1 + E_2\Omega_2}}$$

II.8. Una viga rígida e indeformable de peso $P = 1.000$ kp está suspendida por cuatro hilos verticales de la misma longitud, de la misma sección, del mismo metal, situados en un mismo plano vertical, como se indica en la Figura II.8-*a*.

Determinar el esfuerzo de tracción en cada hilo calculando las incógnitas hiperestáticas:

***a*) expresando la compatibilidad de las deformaciones;**
***b*) aplicando el teorema de Menabrea.**

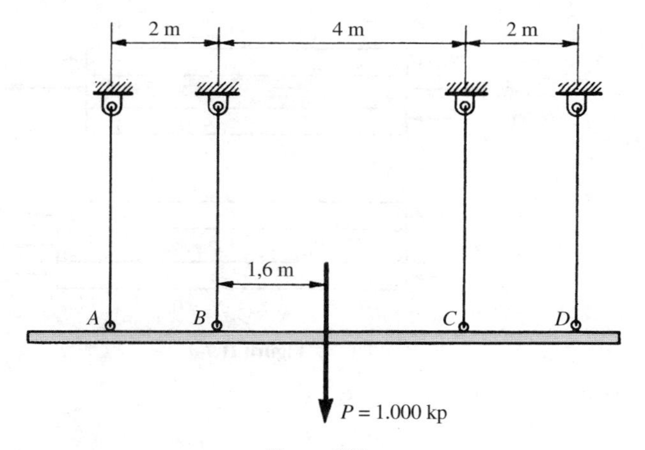

Figura II.8-*a*

Se trata de un sistema hiperestático de grado 2, ya que tenemos cuatro incógnitas: los esfuerzos en los cuatro hilos; y sólo dos ecuaciones de equilibrio: las que expresan nulidad de resultante y de momento

$$\begin{cases} N_1 + N_2 + N_3 + N_4 = 1.000 \\ 3{,}6N_1 + 1{,}6N_2 = 2{,}4N_3 + 4{,}4N_4 \end{cases}$$

habiendo tomado momentos respecto del centro de gravedad de la viga.

a) Las otras dos ecuaciones que necesitamos para la determinación de las incógnitas las podemos obtener expresando la compatibilidad de las deformaciones (Fig. II.8-*b*)

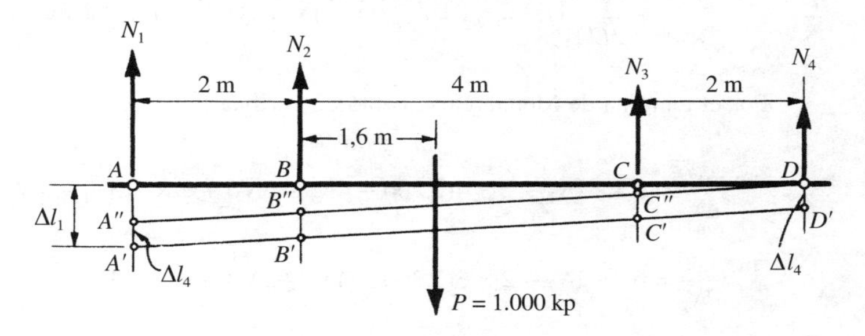

Figura II.8-*b*

$$\frac{\overline{BB''}}{\overline{CC''}} = \frac{\overline{BD}}{\overline{CD}} \Rightarrow \frac{\Delta l_2 - \Delta l_4}{\Delta l_3 - \Delta l_4} = 3 \quad \Rightarrow \quad \Delta l_2 + 2\Delta l_4 = 3\Delta l_3$$

$$\frac{\overline{AA''}}{\overline{CC''}} = \frac{\overline{AD}}{\overline{CD}} \Rightarrow \frac{\Delta l_1 - \Delta l_4}{\Delta l_3 - \Delta l_4} = 4 \quad \Rightarrow \quad \Delta l_1 + 3\Delta l_4 = 4\Delta l_3$$

Como $\Delta l = \dfrac{N}{E\Omega} l$, estas dos ecuaciones son equivalentes a:

$$N_2 + 2N_4 = 3N_3$$
$$N_1 + 3N_4 = 4N_3$$

que, junto a la dos ecuaciones de equilibrio, constituyen un sistema de cuatro ecuaciones con cuatro incógnitas, cuyas soluciones son:

$$\boxed{N_1 = 290 \text{ kp} \quad ; \quad N_2 = 270 \text{ kp} \quad ; \quad N_3 = 230 \text{ kp} \quad ; \quad N_4 = 210 \text{ kp}}$$

b) También podíamos haber resuelto el problema de determinación de las incógnitas hiperestáticas aplicando el teorema de Menabrea.

En efecto, las dos ecuaciones de equilibrio

$$\begin{cases} N_1 + N_2 + N_3 + N_4 = 1.000 \\ 3{,}6N_1 + 1{,}6N_2 - 2{,}4N_3 - 4{,}4N_4 = 0 \end{cases}$$

nos permiten expresar N_3 y N_4 en función de N_1 y N_2, que podemos considerar como incógnitas superabundantes

$$N_3 = 2.200 - 4N_1 - 3N_2$$
$$N_4 = 3N_1 + 2N_2 - 1.200$$

El potencial interno del sistema constituido por los cuatro hilos de longitud l es:

$$\mathcal{T} = \frac{1}{2E\Omega} (N_1^2 + N_2^2 + N_3^2 + N_4^2) l$$

que expresaremos en función de N_1 y N_2 exclusivamente

$$\mathcal{T} = \frac{1}{2E\Omega}\left[N_1^2 + N_2^2 + (2.200 - 4N_1 - 3N_2)^2 + (3N_1 + 2N_2 - 1.200)^2\right]l$$

Por el teorema de Menabrea se habrá de verificar:

$$\frac{\partial \mathcal{T}}{\partial N_1} = 0 \Rightarrow 2N_1 - 2 \times 4(2.200 - 4N_1 - 3N_2) + 2 \times 3(3N_1 + 2N_2 - 1.200) = 0$$

$$\frac{\partial \mathcal{T}}{\partial N_2} = 0 \Rightarrow 2N_2 - 2 \times 3(2.200 - 4N_1 - 3N_2) + 2 \times 2(3N_1 + 2N_2 - 1.200) = 0$$

Simplificando, se obtienen las dos ecuaciones siguientes:

$$\begin{cases} 13N_1 + 9N_2 = 6.200 \\ 9N_1 + 7N_2 = 4.500 \end{cases}$$

que nos permiten obtener los valores de N_1 y N_2 y, a partir de éstos, los de N_3 y N_4 mediante las ecuaciones consideradas anteriormente.

$$\boxed{N_1 = 290 \text{ kp} \quad ; \quad N_2 = 270 \text{ kp} \quad ; \quad N_3 = 230 \text{ kp} \quad ; \quad N_4 = 210 \text{ kp}}$$

II.9. En la Figura II.9-*a* se indica un dispositivo hiperestático constituido por un cable de acero dulce, de módulo de elasticidad $E_1 = 2 \times 10^6$ kp/cm², longitud $l_1 = 100$ cm y área de la sección recta $\Omega_1 = 1$ cm², y un tubo de duraluminio, de módulo de elasticidad $E_2 = 0{,}8 \times 10^6$ kp/cm², longitud $l_2 = 50$ cm y área de la sección recta $\Omega_2 = 2$ cm². Las dos partes del sistema no están sometidas a tensión alguna cuando está descargado. A partir de este estado se aplica en su extremo inferior una carga *P* que vamos aumentando de forma lenta y progresiva.

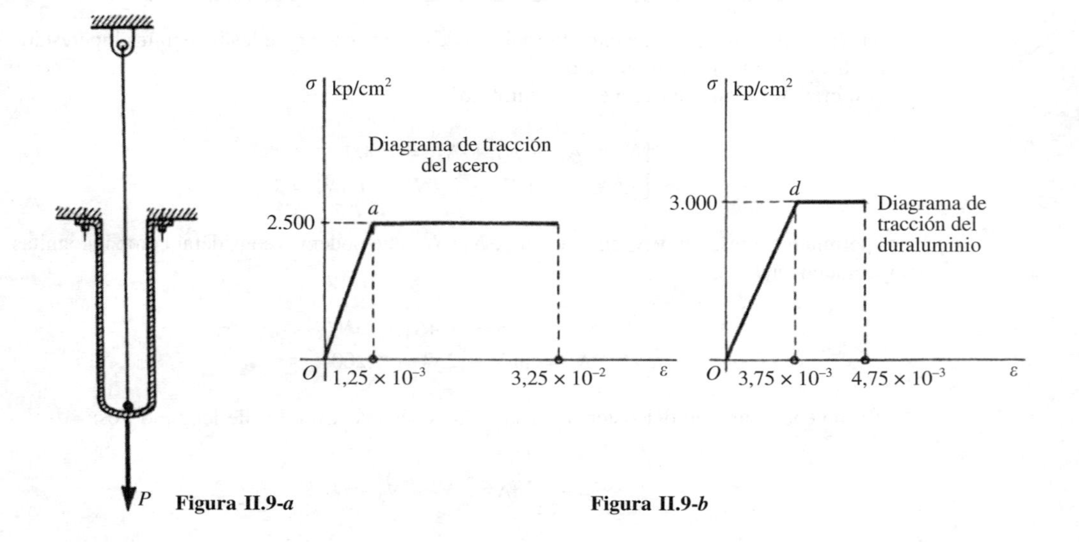

Figura II.9-*a*

Figura II.9-*b*

Conociendo los diagramas de tracción de ambos materiales indicados en la Figura II.9-*b*, se pide:

1.º Estudiar el comportamiento del dispositivo al aumentar *P* desde 0 hasta el menor valor que hace que acero y duraluminio trabajen simultáneamente en régimen plástico, dibujando las curvas que indiquen los valores de los esfuerzos en el cable y en el tubo en función de la carga *P*.

2.º Realizar un estudio análogo del proceso de descarga, es decir, cuando se alcanza el límite elástico de los dos materiales la carga *P* disminuye lenta y progresivamente hasta su valor inicial *P* = 0.

1.º Llamemos N_1 y N_2 los esfuerzos normales en el acero y en el duraluminio respectivamente. La Estática nos proporciona una sola ecuación de equilibrio

$$N_1 + N_2 = P$$

Por tanto, el dispositivo considerado es un sistema hiperestático de primer grado. La ecuación necesaria para la determinación de los esfuerzos normales, mientras las deformaciones sean elásticas, la podemos obtener expresando la igualdad de alargamientos del cable de acero y del tubo de duraluminio

$$\left.\begin{aligned} \Delta l_1 &= \frac{N_1 l_1}{E_1 \Omega_1} \\ \Delta l_2 &= \frac{N_2 l_2}{E_2 \Omega_2} \end{aligned}\right\} \Rightarrow \frac{N_1 l_1}{E_1 \Omega_1} = \frac{N_2 l_2}{E_2 \Omega_2}$$

Esta ecuación, junto con la de equilibrio, constituye un sistema de dos ecuaciones con dos incógnitas, cuyas soluciones son:

$$\boxed{N_1 = \frac{P l_2 E_1 \Omega_1}{l_2 E_1 \Omega_1 + l_1 E_2 \Omega_2} \quad ; \quad N_2 = \frac{P l_1 E_2 \Omega_2}{l_2 E_1 \Omega_1 + l_1 E_2 \Omega_2}}$$

A partir de los esfuerzos normales, la determinación de la tensión σ_a en el cable de acero y σ_d en el tubo de duraluminio es inmediata

$$\sigma_a = \frac{P l_2 E_1}{l_2 E_1 \Omega_1 + l_1 E_2 \Omega_2} \quad ; \quad \sigma_d = \frac{P l_1 E_2}{l_2 E_1 \Omega_1 + l_1 E_2 \Omega_2}$$

Sustituyendo valores, se tiene:

$$\sigma_a = \frac{P \times 50 \times 2 \times 10^6}{50 \times 2 \times 10^6 \times 1 + 100 \times 0{,}8 \times 10^6 \times 2} = \frac{P}{2{,}6}$$

$$\sigma_d = \frac{P \times 100 \times 0{,}8 \times 10^6}{50 \times 2 \times 10^6 \times 1 + 100 \times 0{,}8 \times 10^6 \times 2} = \frac{0{,}8P}{2{,}6}$$

Para que se cumpla la hipótesis de deformaciones elásticas, se tendrá que verificar:

$$\sigma_a = \frac{P}{2,6} < 2.500 \text{ kp/cm}^2 \Rightarrow P < 6.500 \text{ kp}$$

$$\sigma_d = \frac{0,8P}{2,6} < 3.000 \text{ kp/cm}^2 \Rightarrow P < 9.750 \text{ kp}$$

es decir, las dos partes del dispositivo trabajan en régimen elástico mientras la carga P se mantiene inferior a 6.500 kp. Cuando P alcanza este valor, los esfuerzos N_1 y N_2 valen

$$N_1 = \sigma_a \cdot \Omega_1 = \frac{6.500}{2,6} \times 1 = 2.500 \text{ kp}$$

$$N_2 = \sigma_d \cdot \Omega_2 = \frac{0,8 \times 6.500}{2,6} \times 2 = 4.000 \text{ kp}$$

En este instante el acero inicia la fluencia, manteniéndose N_1 constante cuando P aumenta. Las ecuaciones que nos dan ahora los valores de N_1 y N_2 son:

$$\boxed{\begin{cases} N_1 = 2.500 \text{ kp} \\ N_2 = P - N_1 = P - 2.500 \text{ kp} \end{cases}}$$

que serán válidas mientras se verifiquen las dos condiciones siguientes:

a) que la tensión en el tubo sea menor que el límite elástico del duraluminio

$$\sigma_d < 3.000 \text{ kp/cm}^2$$

b) que el alargamiento del cable esté comprendido en el escalón de plasticidad del acero.

De la primera condición se deduce:

$$\frac{P - 2.500}{2} < 3.000 \Rightarrow P < 8.500 \text{ kp}$$

Cuando $P = 8.500$ kp el tubo alcanza su límite elástico (punto d en el diagrama de tracción del duraluminio).

En cuanto a la segunda condición, calculemos el alargamiento unitario del cable

$$\Delta l_1 = \Delta l_2 = \frac{N_2 l_2}{E_2 \Omega_2} = \frac{6.000 \times 50}{0,8 \times 10^6 \times 2} \text{ cm} = 0,1875 \text{ cm}$$

$$\varepsilon_a = \frac{\Delta l_1}{l_1} = \frac{0,1875}{100} = 1,875 \times 10^{-3}$$

que como vemos, al observar el diagrama de tracción del acero, se encuentra dentro del escalón de plasticidad (punto a_1 en la Fig. II.9-c).

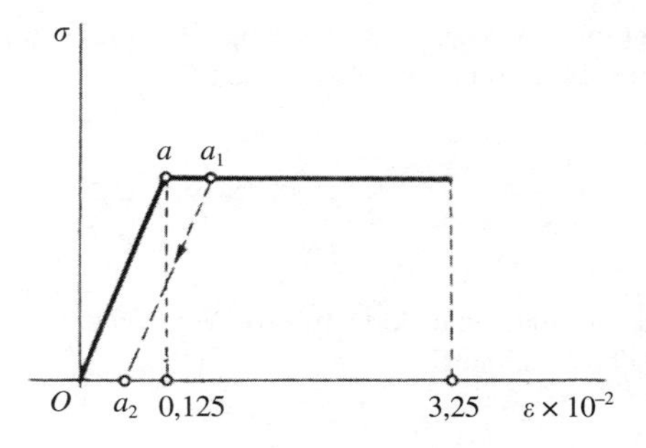

Figura II.9-*c*

Por tanto, las curvas $N - P$ que expresan la variación de los esfuerzos en el cable y en el tubo en función de P serán, en el proceso de carga, las indicadas en la Figura II.9-*d*, es decir, segmentos rectilíneos: $\overline{0A_1}$ y $\overline{A_1A_2}$ para el acero; $\overline{0D_1}$ y $\overline{D_1D_2}$ para el duraluminio.

2.º Si la carga P se disminuye lenta y progresivamente a partir del valor de 8.500 kp, la descarga del acero se realiza siguiendo el segmento rectilíneo $\overline{a_1a_2}$, paralelo a $\overline{0a}$ (Fig. II.9-*c*).

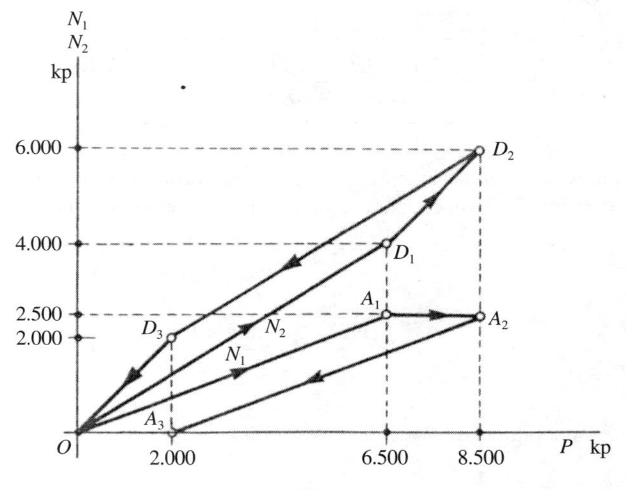

Figura II.9-*d*

El cable presentaría una deformación permanente unitaria dada por $\overline{0a_2}$

$$\overline{0a_2} = \overline{aa_1} = 1{,}875 \times 10^{-3} - 1{,}25 \times 10^{-3} = 0{,}625 \times 10^{-3}$$

que corresponde a un alargamiento Δl_0

$$\Delta l_0 = 0{,}625 \times 10^{-3} \times 10^2 \text{ cm} = 0{,}625 \text{ mm}$$

Por tanto, a partir del momento en que se inicia la descarga, la relación entre esfuerzo y deformación en el cable de acero será

$$\frac{N_1}{\Omega_1} = E_1\left(\frac{\Delta l_1}{l_1} - \frac{\Delta l_0}{l_1}\right) \Rightarrow N_1 = \frac{E_1\Omega_1}{l_1}(\Delta l_1 - \Delta l_0)$$

En el tubo la descarga se hace siguiendo la recta $d0$ del diagrama de tracción, de forma reversible respecto del proceso de carga.

$$N_2 = \frac{E_2\Omega_2}{l_2}\,\Delta l_2$$

La determinación de los esfuerzos N_1 y N_2 en función de P se hará resolviendo el siguiente sistema de ecuaciones

$$\left.\begin{aligned} N_1 + N_2 &= P \\ \Delta l_1 &= \Delta l_2 \end{aligned}\right\} \Rightarrow \frac{E_1\Omega_1}{l_1}(\Delta l - \Delta l_0) + \frac{E_2\Omega_2}{l_2}\Delta l = P$$

de donde

$$\Delta l = \frac{Pl_1l_2 + l_2E_1\Omega_1\Delta l_0}{l_2E_1\Omega_1 + l_1E_2\Omega_2}$$

$$\boxed{N_1 = \frac{E_1\Omega_1(Pl_2 - E_2\Omega_2\Delta l_0)}{l_2E_1\Omega_1 + l_1E_2\Omega_2} \quad ; \quad N_2 = \frac{E_2\Omega_2(Pl_1l_2 + l_2E_1\Omega_1\Delta l_0)}{l_2(l_2E_1\Omega_1 + l_1E_2\Omega_2)}}$$

expresiones válidas mientras N_1 sea un valor positivo, ya que el cable no puede estar sometido a compresión, es decir, para valores de P menores de 8.500 kp y que verifiquen la inecuación:

$$Pl_2 - E_2\Omega_2\Delta l_0 > 0$$

$$P > \frac{E_2\Omega_2}{l_2}\Delta l_0 = \frac{0{,}8 \times 10^6 \times 2}{50}\,0{,}0625 = 2.000 \text{ kp}$$

Para valores de P menores de 2.000 kp

$$\boxed{N_1 = 0 \quad ; \quad N_2 = P}$$

Las curvas $N - P$ del proceso de descarga, de acuerdo con los resultados obtenidos, se representan en la Figura II.9-*d* mediante los segmentos rectilíneos $\overline{A_2A_3}$ para el acero $\overline{D_2D_3}$ y $\overline{D_30}$ para el duraluminio.

II.10. Se prevé la sujección de una barra $\overline{AB}$ perfectamente rígida mediante tres barras del mismo material enlazadas por medio de articulaciones como se indica en la Figura II.10-*a*. Por un error cometido al cortar las barras, la prevista situarla en posición vertical de longitud l presenta un defecto Δ en su longitud. El área de las secciones de todas las barras tienen el mismo valor Ω y el módulo de elasticidad es E.

Calcular las tensiones de montaje.

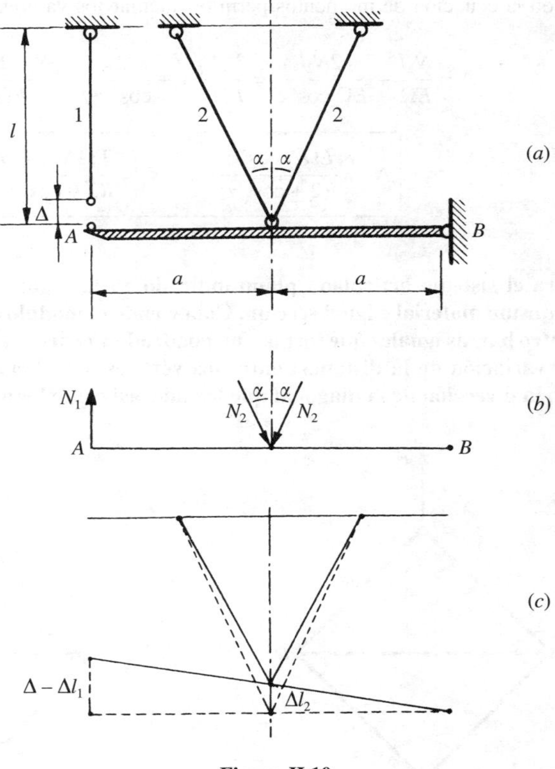

Figura II.10

Al ser Δ pequeño en comparación con a podemos admitir que las dos barras inclinadas experimentan el mismo acortamiento Δl_2, por lo que estarán sometidas a esfuerzos normales iguales.

Para calcular los esfuerzos N_1 de la barra vertical y N_2 de las barras inclinadas disponemos de la ecuación de equilibrio de la barra rígida $\overline{AB}$ que expresa la nulidad de momento respecto de la articulación B (Fig. II.10-*b*).

$$N_1\, 2a - 2N_2 \cos\alpha \times a = 0 \Rightarrow N_1 = N_2 \cos\alpha$$

y la ecuación de compatibilidad de deformaciones que se deduce de la Figura II.10-*c*.

$$\Delta - \Delta l_1 = 2\,\frac{\Delta l_2}{\cos\alpha}$$

Expresando las deformaciones en función de los esfuerzos, de esta última ecuación se obtiene otra equivalente

$$\Delta - \frac{N_1 l}{E\Omega} = \frac{2}{\cos\alpha}\,\frac{N_2}{E\Omega}\,\frac{l}{\cos\alpha}$$

que junto con la ecuación de momentos permite calcular los valores de los esfueszos normales

$$\Delta = \frac{N_1 l}{E\Omega} + \frac{2N_2 l}{E\Omega \cos^2 \alpha} = \frac{N_1 l}{E\Omega}\left(1 + \frac{2}{\cos^3 \alpha}\right) = \frac{N_1 l(2 + \cos^3 \alpha)}{E\Omega \cos^3 \alpha}$$

$$\boxed{N_1 = \frac{E\Omega\Delta \cos^3 \alpha}{l(2 + \cos^3 \alpha)} \quad ; \quad N_2 = \frac{E\Omega\Delta \cos^2 \alpha}{l(2 + \cos^3 \alpha)}}$$

II.11. Se considera el sistema articulado plano indicado en la Figura II.11-*a* formado por cinco barras del mismo material e igual sección. Conociendo el módulo de elasticidad *E*, la longitud *a* de las cuatro barras iguales que forman un cuadrado y el área Ω de la sección de las mismas, calcular la variación de la distancia entre los vértices *A* y *B* cuando se aplica en ellos una fuerza *F* en la dirección de la diagonal que los une, así como los alargamientos de las barras.

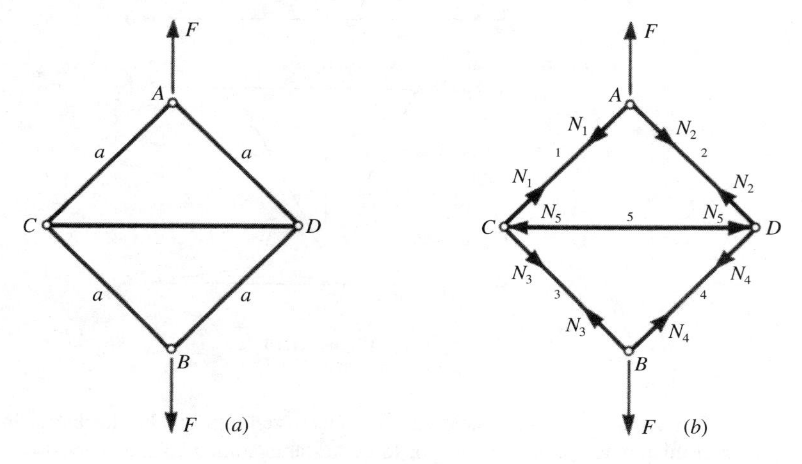

Figura II.11

Por razón de simetría los esfuerzos normales en las barras que forman los lados del cuadrado son iguales

$$N_1 = N_2 = N_3 = N_4$$

De la ecuación de equilibrio en el nudo *A* o *B* (Fig. II.11-*b*):

$$2\ N_1 \cos 45° = F, \text{ se deduce: } N_1 = \frac{F\sqrt{2}}{2}$$

es decir:

$$N_1 = N_2 = N_3 = N_4 = \frac{F\sqrt{2}}{2}$$

que son esfuerzos de tracción.

El esfuerzo N_5 en la quinta barra, que es de compresión, se obtiene de la ecuación de equilibrio en el nudo C o D.

$$N_5 = 2N_1 \cos 45° = F$$

Obtenidos los esfuerzos a los que están sometidas las barras el cálculo del potencial interno del sistema es inmediato:

$$\mathcal{T} = \Sigma \frac{N_i^2 l_i}{2E\Omega} = 4\frac{F^2 2a}{8E\Omega} + \frac{F^2 a\sqrt{2}}{2E\Omega} = \frac{F^2 a}{2E\Omega}(2 + \sqrt{2})$$

y expresado éste en función de la fuerza F, la variación δ de la distancia entre los vértices A y B pedida, en virtud del teorema de Castigliano, será:

$$\boxed{\delta = \frac{\partial \mathcal{T}}{\partial F} = \frac{Fa(2 + \sqrt{2})}{E\Omega}}$$

Las barras 1, 2, 3 y 4 están sometidas a una fuerza de tracción del mismo módulo $N = \frac{F\sqrt{2}}{2}$.

El alargamiento de estas barras es:

$$\boxed{\Delta l_1 = \Delta l_2 = \Delta l_3 = \Delta l_4 = \frac{Na}{E\Omega} = \frac{aF\sqrt{2}}{2E\Omega}}$$

La barra diagonal está sometida a compresión. La variación de su longitud será:

$$\boxed{\Delta l_5 = -\frac{N_5 a\sqrt{2}}{E\Omega} = -\frac{aF\sqrt{2}}{E\Omega}}$$

El signo menos indica que la barra 5 ha experimentado un acortamiento.

II.12. El cable de acero indicado en la Figura II.12-*a* cuando está descargado tiene una longitud $2l$ = 40 m y su peso por unidad de longitud es q = 4 N/m. Los puntos de amarre A y B están situados al mismo nivel y distantes $2l$. Suponiendo que la línea funicular es una parábola, se pide:

1.º Determinar la flecha que corresponde a la sección media del hilo.
2.º Calcular el valor del esfuerzo normal en dicha sección media.
3.º Hallar el valor del esfuerzo normal en los puntos de amarre.

Datos: módulo de elasticidad: $E = 1{,}2 \times 10^5$ MPa
área de la sección recta: $\Omega = 0{,}5$ cm^2

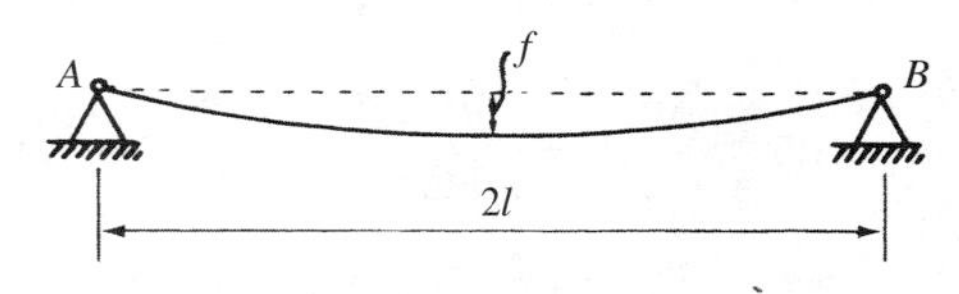

Figura II.12-*a*

1.º El cable está sometido a tracción en todas sus secciones. Como consecuencia de ello se va a producir un alargamiento que vamos a calcular en función de la flecha, por dos caminos distintos:

a) a partir de la longitud del arco de parábola entre los puntos de amarre A y B, y
b) calculando el alargamiento producido por el esfuerzo normal a que está sometido el cable.

La figura de equilibrio del cable tendido entre los puntos A y B es una catenaria, pero cuando la relación f/l es pequeña, como es nuestro caso, sabemos que se puede considerar la parábola como figura muy aproximada.

Tomando el sistema de ejes indicado en la Figura II.12-*b*, la ecuación de la parábola, según se deduce de la ecuación (2.11-14), es

$$y = \frac{q}{2H} x^2$$

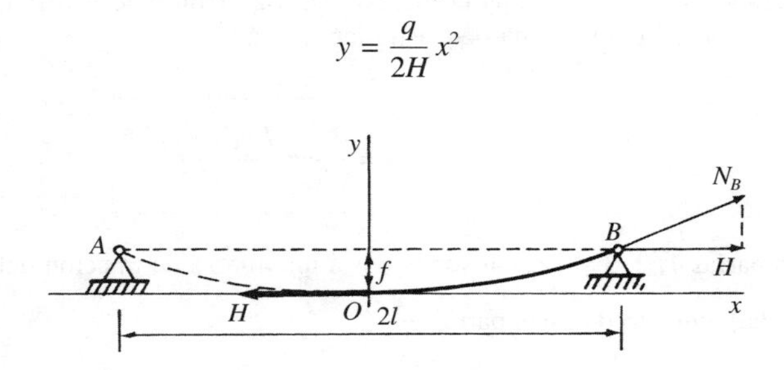

Figura II.12-*b*

que nos permite obtener la relación entre los valores de la flecha f y del esfuerzo normal H en la sección más baja

Para $x = \pm l$; $y = f \Rightarrow f = \dfrac{ql^2}{2H}$

Si L es la longitud de la mitad del cable después de la deformación, de la ecuación de la parábola se deduce:

$$L = \int_0^l \sqrt{1 + y'^2}\, dx = \int_0^l \left(1 + \frac{4f^2}{l^4} x^2\right)^{1/2} dx \simeq \int_0^l \left(1 + \frac{1}{2}\frac{4f^2}{l^4} x^2\right) dx =$$

$$= \left[x + \frac{2f^2}{3l^4} x^3\right]_0^l = l + \frac{2f^2}{3l}$$

Por otra parte, podemos expresar el esfuerzo normal N en función de la flecha, en virtud de la ecuación (2.11-7)

$$N = H\sqrt{1 + y'^2} = \frac{ql^2}{2f}\sqrt{1 + \frac{4f^2}{l^4} x^2}$$

El alargamiento de un elemento de cable de longitud ds es

$$\Delta ds = \frac{N}{E\Omega} ds = \frac{ql^2}{2fE\Omega}\sqrt{1 + \frac{4f^2}{l^4} x^2} \times \sqrt{1 + \frac{4f^2}{l^4} x^2}\, dx =$$

$$= \frac{ql^2}{2fE\Omega}\left(1 + \frac{4f^2}{l^4} x^2\right) dx$$

Integrando, obtenemos el alargamiento de la mitad del cable.

$$\Delta l = \int_0^l \frac{ql^2}{2fE\Omega}\left(1 + \frac{4f^2}{l^4}x^2\right)dx = \frac{ql^2}{2fE\Omega}\left(l + \frac{4f^2}{3l}\right) = \frac{ql}{6fE\Omega}(3l^2 + 4f^2)$$

Por lo tanto, la longitud L de la mitad del cable después de la deformación será:

$$L = l + \Delta l = l + \frac{ql}{6fE\Omega}(3l^2 + 4f^2)$$

Igualando las dos expresiones de L, tenemos

$$\frac{2f^2}{3l} = \frac{ql}{6fE\Omega}(3l^2 + 4f^2)$$

Despreciando f^2 frente a l^2, nos queda

$$\frac{2f^2}{3l} = \frac{ql\,3l^2}{6fE\Omega}$$

de donde:

$$\boxed{f = \sqrt[3]{\frac{3ql^4}{4E\Omega}}}$$

Sustituyendo valores en esta expresión, obtenemos la flecha

$$\boxed{f} = \left(\frac{3 \times 4 \times 20^4}{4 \times 1{,}2 \times 10^{11} \times 0{,}5 \times 10^{-4}}\right)^{1/3} = \boxed{0{,}43 \text{ m}}$$

2.º En la sección media el esfuerzo normal es precisamente H (Fig. II.12-*b*). De la ecuación que da la flecha en función de H, se deduce

$$f = \frac{ql^2}{2H} \Rightarrow H = \frac{ql^2}{2f}$$

Sustituyendo valores:

$$\boxed{H} = \frac{4 \times 20^2}{2 \times 0{,}43} = \boxed{1.861 \text{ N}}$$

3.º Como se ha visto anteriormente, la ley de esfuerzos normales es

$$N = \frac{ql^2}{2f}\sqrt{1 + \frac{4f^2}{l^4}x^2}$$

cuyos valores máximos corresponden a las secciones de los puntos de amarre, y se obtienen haciendo $x = \pm\, l$ en esta expresión.

$$\boxed{N_A = N_B} = \frac{4 \times 20^2}{2 \times 0{,}43}\sqrt{1 + \frac{4 \times 0{,}43^2}{20^4}20^2} = \boxed{1.862 \text{ N}}$$

II.13. Un neumático de forma tórica, de las dimensiones indicadas en la Figura II.13-*a*, está sometido a una presión interior $p = 10$ kp/cm². Si su espesor es $e = 1$ mm calcular las tensiones de membrana en cualquiera de los puntos más cercanos al eje de revolución.

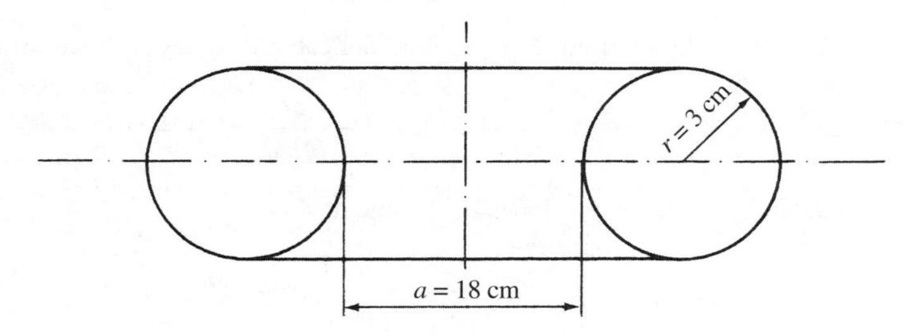

Figura II.13-*a*

Aplicaremos la ecuación de Laplace teniendo en cuenta que $\rho_m = 3$ cm; $\rho_t = -9$ cm

$$\frac{\sigma_m}{3} - \frac{\sigma_t}{9} = \frac{10}{0,1}$$

de donde

$$3\sigma_m - \sigma_t = 900 \text{ kp/cm}^2$$

La otra ecuación que necesitamos para determinar las tensiones de membrana en los puntos más cercanos al eje de revolución del toro, la obtenemos al plantear el equilibrio en el seccionamiento indicado en la Figura II.13-*b*.

$$\sigma_m \, 2\pi \frac{a}{2} e = \int_{\pi/2}^{\pi} pr \, d\theta \cdot 2\pi\left(\frac{a}{2} + r + r\cos\theta\right) \text{sen } \theta$$

de donde

$$\sigma_m = \frac{pr(a+r)}{ae} = \frac{10 \times 3(18+3)}{18 \times 0,1} = 350 \text{ kp/cm}^2$$

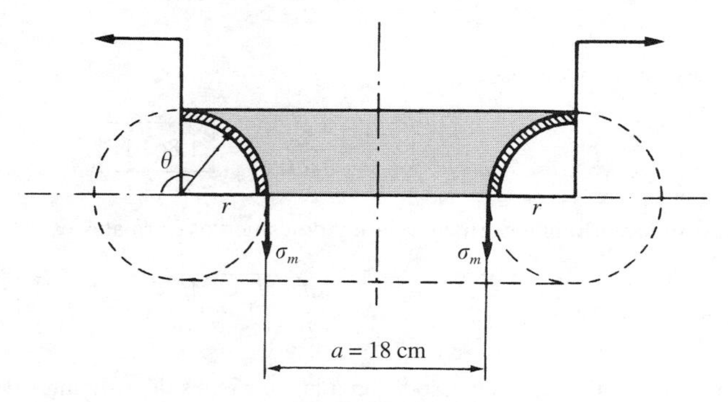

Figura II.13-*b*

Obtenido el valor de σ_m, de la ecuación $3\sigma_m - \sigma_t = 900$ se deduce

$$\sigma_t = 3\sigma_m - 900 = 150 \text{ kp/cm}^2$$

Por tanto, las tensiones de membrana pedidas son:

$$\sigma_m = 350 \text{ kp/cm}^2 \quad ; \quad \sigma_t = 150 \text{ kp/cm}^2$$

II.14. Representar gráficamente la variación de la tensión equivalente a lo largo de la generatriz del recipiente cilíndrico de paredes delgadas indicado en la Figura II.14-*a*, lleno hasta una altura *H* de un líquido de peso específico γ, aplicando los criterios de Tresca y de von Mises.

Se considerarán despreciables las tensiones de flexión engendradas en las paredes del recipiente, así como en el peso propio del mismo.

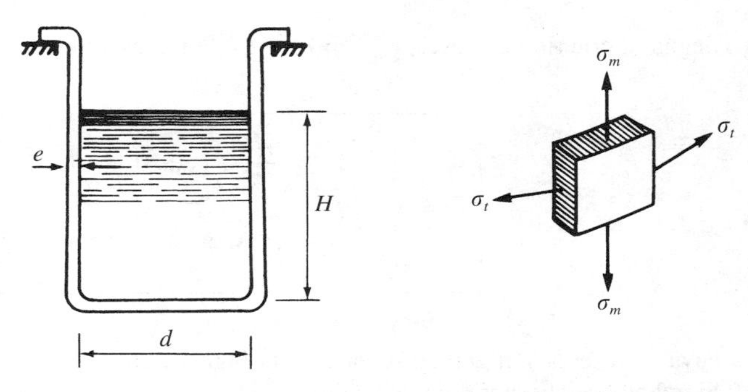

Figura II.14-*a* **Figura II.14-*b***

De las dos tensiones principales del estado biaxial existente en el depósito (Fig. II.14-*b*), σ_m es constante y la podemos calcular imaginando un corte del recipiente por un plano horizontal

$$\sigma_m = \frac{\gamma \dfrac{\pi d^2}{4} H}{\pi d e} = \frac{\gamma H d}{4e}$$

La determinación de la tensión circunferencial la hacemos aplicando la ecuación de Laplace, teniendo en cuenta que $\rho_m = \infty$

$$\sigma_t = \frac{pd}{2e} = \frac{\gamma d}{2e} x$$

ya que la presión p sobre la pared interna del depósito es la debida a la acción hidrostática del líquido que, como sabemos es

$$p = \gamma x$$

siendo x la distancia a la superficie libre.

Por tanto, las tensiones principales en el depósito cilíndrico, sin prejuzgar el orden de mayor a menor, son:

$$\frac{\gamma H d}{4e} \quad ; \quad \frac{\gamma d}{2e} x \quad ; \quad 0$$

Como en los criterios interviene el orden, es necesario establecer éste previamente.

Si $\sigma_m \geqslant \sigma_t$, que se verifica para

$$\frac{\gamma H d}{4e} \geqslant \frac{\gamma d}{2e} x, \text{ es decir, para } 0 \leqslant x \leqslant \frac{H}{2}$$

las tensiones principales son $\sigma_1 = \sigma_m$; $\sigma_2 = \sigma_m$; $\sigma_3 = 0$.

Si, por el contrario $\sigma_m \leqslant \sigma_t$, que se verifica para $\frac{H}{2} \leqslant x \leqslant H$, entonces las tensiones principales son: $\sigma_1 = \sigma_t$; $\sigma_2 = \sigma_m$; $\sigma_3 = 0$.

Calculemos ahora la tensión equivalente.

a) Según el criterio de Tresca, $\sigma_{\text{equiv}} = \sigma_1 - \sigma_3$. Por consiguiente

$$\sigma_{\text{equiv}} \begin{cases} = \sigma_m = \dfrac{\gamma H d}{4e}, \text{ para } 0 \leqslant x \leqslant \dfrac{H}{2} \\ = \sigma_t = \dfrac{\gamma d}{2e} x, \text{ para } \dfrac{H}{2} \leqslant x \leqslant H \end{cases}$$

cuya representación gráfica se hace en la Figura II.14-*c*.

b) Si aplicamos el criterio de von Mises:

$$\text{Para } 0 \leqslant x \leqslant \frac{H}{2} \quad ; \quad \sigma_{\text{equiv}} = \sqrt{\frac{1}{2}[(\sigma_1 - \sigma_2)^2 + (\sigma_2 - \sigma_3)^2 + (\sigma_3 - \sigma_1)^2]} =$$

$$\sqrt{\frac{1}{2}\,[(\sigma_m - \sigma_t)^2 + \sigma_t^2 + \sigma_m^2]} = \sqrt{\frac{1}{2}\left(\frac{\gamma d}{2e}\right)^2 \left[\left(\frac{H}{2} - x\right)^2 + x^2 + \frac{H^2}{4}\right]} =$$

$$= \frac{\gamma d}{2e}\sqrt{\frac{H^2}{4} + x^2 - \frac{H}{2}x}$$

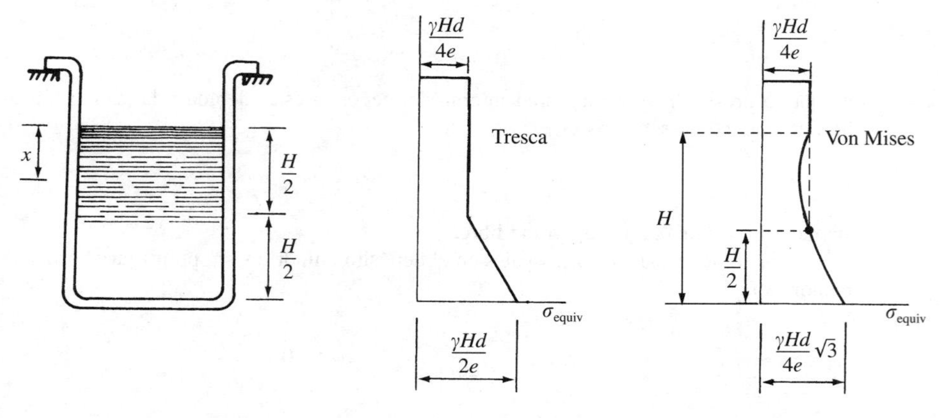

Figura II.14-*c*

Para $x \geqslant \frac{H}{2}$: $\sigma_{equiv} = \sqrt{\frac{1}{2}\left[(\sigma_t - \sigma_m)^2 + \sigma_m^2 + \sigma_t^2\right]}$, se obtiene la misma expresión que para $0 \leqslant x \leqslant \frac{H}{2}$, es decir, la expresión de la tensión equivalente, para $0 \leqslant x \leqslant H$, es:

$$\boxed{\sigma_{equiv} = \frac{\gamma d}{2e}\sqrt{\frac{H^2}{4} + x^2 - \frac{H}{2}x}}$$

cuya representación gráfica se hace también en la Figura II.14-*c*.

Se observa que la tensión equivalente según el criterio de von Mises es, en todas las secciones del recipiente, menor que la que resulta de aplicar el criterio de Tresca, salvo en los puntos del anillo correspondiente a $x = H/2$. Podemos, pues, decir que el coeficiente de seguridad del estado tensional en cualquier punto del depósito es mayor según el criterio de von Mises que según Tresca. Por consiguiente, el criterio de Tresca es más conservador que el de von Mises.

Para los puntos del cilindro que están por encima del nivel del líquido $\sigma_t = 0$. Por consiguiente, estamos en el caso en que $\sigma_1 = \sigma_m$; $\sigma_2 = \sigma_3 = 0$ y la tensión equivalente es

$$\sigma_{equiv} = \frac{\gamma H d}{4e}$$

II.15. La cercha representada en la Figura II.15 está sometida a las cargas que se indican. Calcular por el método de Cremona los esfuerzos que se ejercen sobre las barras del sistema.

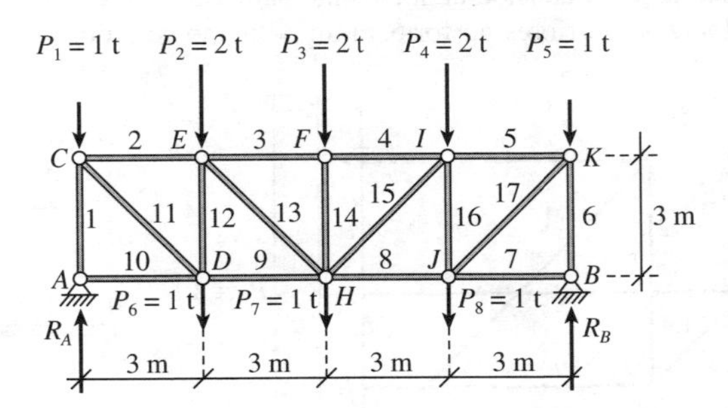

Figura II.15

La cercha que se considera es un sistema exterior e interiormente isostático. Las reacciones en los apoyos son iguales, por razón de simetría.

De las condiciones de equilibrio

$$\begin{cases} R_A + R_B = 2 \times 3 + 1 \times 5 = 11 \text{ t} \\ R_A = R_B \end{cases}$$

se obtiene:

$$R_A = R_B = 5{,}5 \text{ t}$$

Debido a la simetría geométrica y de cargas será suficiente calcular los esfuerzos de las barras de la mitad del sistema.

De la simple observación de la figura se deduce que son nulos los esfuerzos de las barras 7 y 10 y que los correspondientes a las barras 1 y 6 son iguales a las reacciones en los apoyos.

Fácilmente se obtienen los polígonos de fuerzas correspondientes a los nudos (Fig. II.15-*a*).

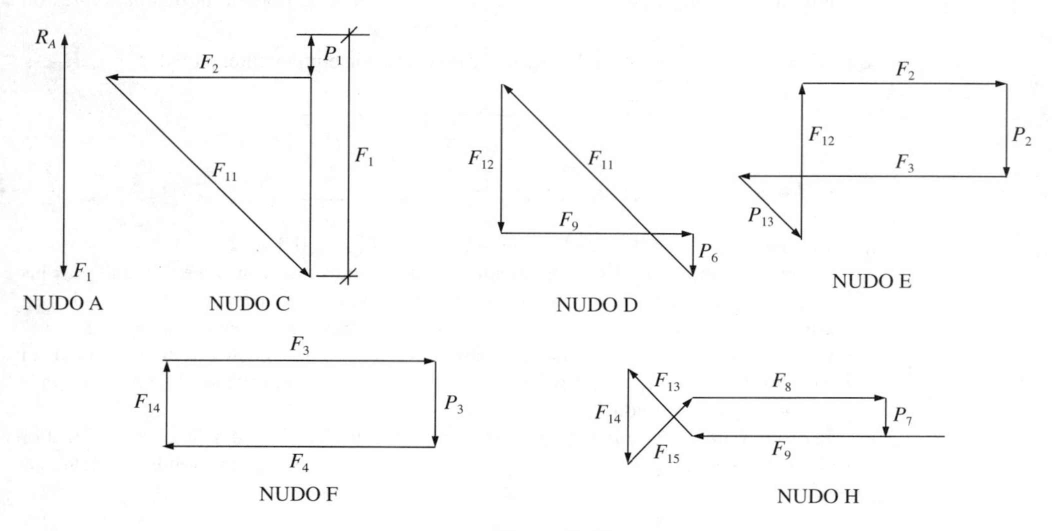

Figura II.15-*a*

En la Figura II.15-*b* se ha dibujado el diagrama de *Cremona* para la mitad izquierda de la cercha, adoptando la escala de fuerzas que en la misma figura se indica y tomando el sentido horario. En este caso, al considerar solamente parte de las fuerzas que actúan sobre el sistema, el polígono de fuerzas exteriores no formará un polígono cerrado.

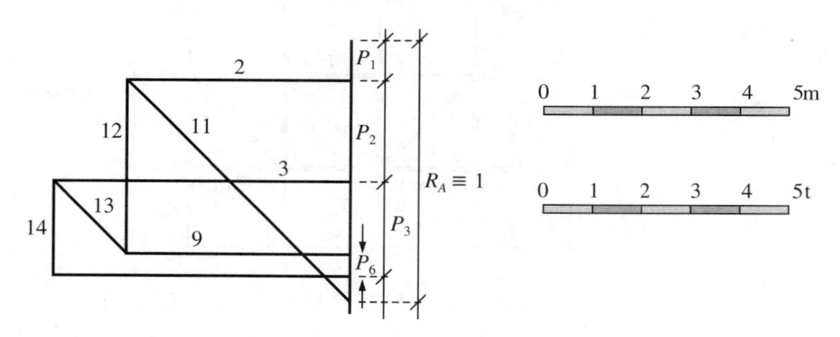

Figura II.15-*b*

De polígono de Cremona se obtienen los valores de los esfuerzos en las barras del sistema que se resumen en el siguiente cuadro.

Barra	Signo	Esfuerzo	Barra	Signo	Esfuerzo
1-6	–	5.500 kp	11-17	+	6.364 kp
2-5	–	4.500 kp	12-16	–	3.500 kp
3-4	–	6.000 kp	13-15	+	2.122 kp
7-10		0	14	–	2.000 kp
8-9	+	4.500 kp			

3

Teoría de la torsión

3.1. Introducción

Ya vimos que al realizar un seccionamiento en un prisma mecánico y eliminada una de sus partes (por ejemplo, la parte de la derecha en la Fig. 3.1), hemos de considerar en el centro de gravedad de la sección, para que la parte aislada siga en equilibrio, una fuerza y un par equivalentes a la acción externa que se ejerce sobre la parte eliminada. Estos dos vectores, resultante y momento resultante, constituyen el torsor o sistema equivalente al sistema de vectores deslizantes formado por la solicitación externa que actúa sobre dicha parte eliminada.

Descompuesta la resultante según los ejes del triedro trirrectángulo definido por la tangente a la línea media y las direcciones principales de inercia de la sección, obtenemos una componente normal según el primer eje (que origina en el prisma un trabajo de *tracción o compresión*), cuyos efectos ya han sido tratados, y otra componente en el plano de la sección (que origina un efecto de *cortadura*).

Por otra parte, descompuesto el momento resultante en estas tres mismas direcciones da origen a tres componentes: la primera, tangente a la línea media, es llamada *momento torsor*; las otras dos, en las direcciones de los ejes principales de inercia de la sección, son los *momentos flectores*, que estudiaremos más adelante.

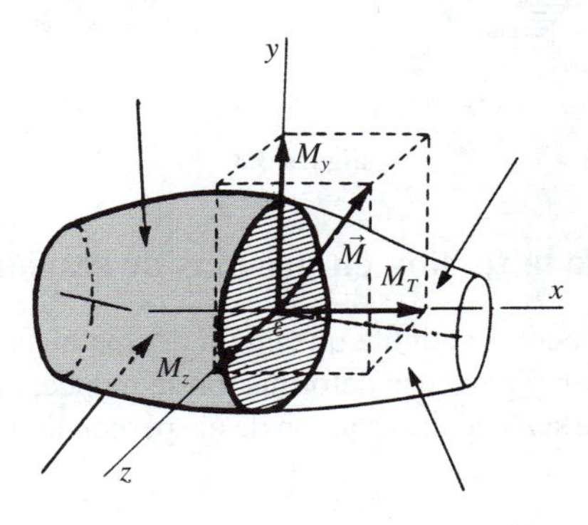

Figura 3.1

Diremos que un prisma mecánico está sometido a *torsión simple* cuando el momento en cualquier sección del mismo tiene solamente componentes en la dirección del eje x, es decir, es nulo el momento flector además de anularse los esfuerzos normal y cortante. Si el momento torsor es constante diremos que el prisma mecánico está sometido a *torsión pura*.

Para la representación de momentos torsores emplearemos indistintamente flechas curvas, que indican el sentido de giro, en representaciones axonométricas (Fig. 3.2-*b*), o una línea perpendicular al eje de la barra con dos círculos en representaciones planas. En uno de ellos se coloca un punto que indica la salida de la flecha curva hacia el lector, y en el otro un aspa que significa que la flecha curva entra en el plano alejándose del lector (Fig. 3.2-*c*).

El convenio de signos que adoptaremos para el momento torsor es el indicado en la Figura 3.3, en la que se ha representado una rebanada del prisma mecánico, es decir, la porción de barra comprendida entre dos secciones rectas indefinidamente próximas.

En este capítulo se hará un estudio de la distribución de tensiones y deformaciones que se producen en barras rectilíneas de sección recta circular sometidas a torsión, que tiene aplicación inmediata al cálculo de ejes de transmisión de potencia. Para el estudio de barras prismáticas de sección recta no circular es necesario echar mano de los recursos de la teoría de la elasticidad*. No obstante, para secciones de forma cualquiera expondremos en este capítulo un método empírico debido a *Prandtl* que se conoce con el nombre de *analogía de la membrana*. Finalmente, estudiaremos las tensiones y deformaciones que el momento flector produce en perfiles de pequeño espesor.

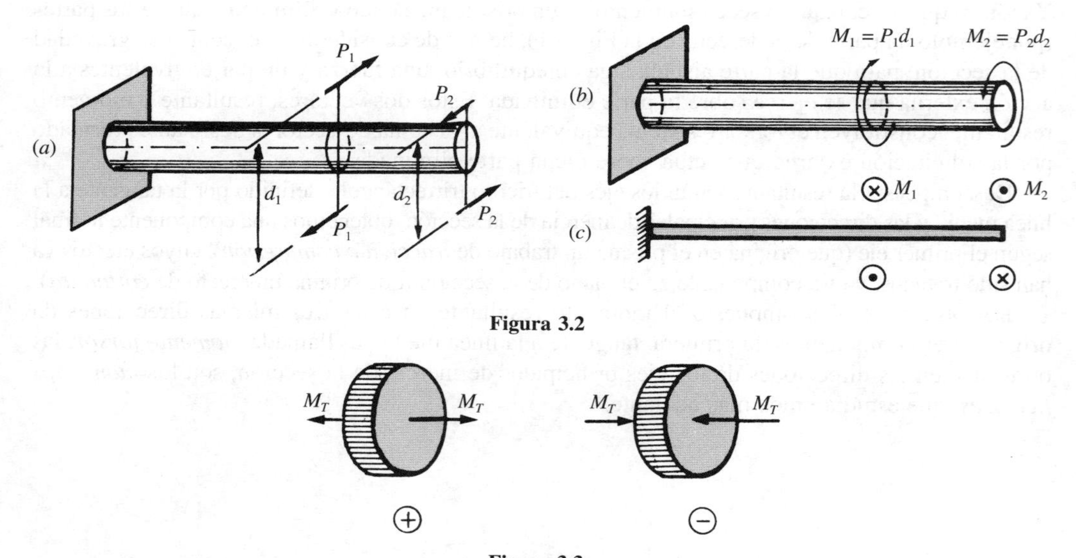

Figura 3.2

Figura 3.3

3.2. Teoría elemental de la torsión en prismas de sección circular

En la teoría elemental de la torsión se admite que en un prisma mecánico sometido a torsión pura las secciones rectas permanecen planas y la deformación se reduce, para dos secciones indefinidamente próximas distantes entre sí dx, a una rotación de eje perpendicular a las mismas y ángulo $d\varphi$.

* Una exposición rigurosa puede verse en el Capítulo 7 de la obra *Elasticidad*, del autor. McGraw-Hill, 1998.

– Con estas hipótesis de la teoría elemental se consiguen resultados exactos en barras prismáticas cuya sección recta sea un círculo o una corona circular.

Consideremos, pues, un prisma recto de sección circular constante sometido a un momento torsor M_T conseguido aplicando pares iguales M_T y $-M_T$ a las secciones extremas, tal como se indica en la Figura 3.4.

Sean Σ y Σ' dos secciones rectas muy próximas distantes entre sí dx. Si $\overline{AA'}$ es la porción de una fibra del prisma comprendida entre estas dos secciones, el punto A' pasará después de la deformación a ocupar la posición A'_1, tal que $\widehat{A'G'A'_1} = d\phi$ y $\overline{G'A'} = \overline{G'A'_1}$, en virtud de la segunda hipótesis admitida.

El *ángulo de torsión*, ϕ, es el de giro relativo total de los extremos de la barra cilíndrica. El ángulo de torsión por unidad de longitud será el cociente $\theta = d\phi/dx$.

Fácilmente se comprende que el giro relativo de una sección respecto de otra indefinidamente próxima es constante en el prisma considerado, por lo que $d\phi/dx$ también lo es.

Haciendo $d\phi/dx = 1/k$, siendo k una constante, resulta:

$$x = k\phi + C \tag{3.2-1}$$

en donde C es una constante de integración. Este resultado indica que la distancia de cualquier punto del prisma a un plano fijo arbitrario perpendicular al eje del mismo, es directamente proporcional al ángulo total girado en la deformación. Como, por otra parte, en la deformación se conservan las distancias al eje del prisma, de ambas condiciones se deduce que la deformada de cualquier fibra del prisma es una hélice cilíndrica. Así, si BC (Fig. 3.4) es una generatriz (fibra periférica) de la barra considerada, después de la deformación producida por el momento torsor, ésta pasará a ocupar la posición BC_1, tal que BC_1 es un arco de hélice.

Las hélices cilíndricas, según sabemos, tienen la propiedad de que las tangentes trazadas en cualquiera de sus puntos forman ángulo constante con el eje del cilindro al que pertenecen. Llamaremos *ángulo de hélice de torsión*, al desplazamiento angular de un elemento longitudinal, inicialmente recto en la superficie de una barra cilíndrica circular en estado tensional neutro, que se vuelve helicoidal después de la torsión.

Para deformaciones pequeñas, el arco $\widehat{CC_1}$ se confunde con la cuerda $\overline{CC_1}$, y $\overline{BC_1}$ se puede considerar como un segmento recto. Igualando el valor de CC_1 en los triángulos CG_2C_1 y CBC_1, se obtiene la expresión

$$R\phi = l\Phi \tag{3.2-2}$$

que relaciona el ángulo de torsión con el helicoidal.

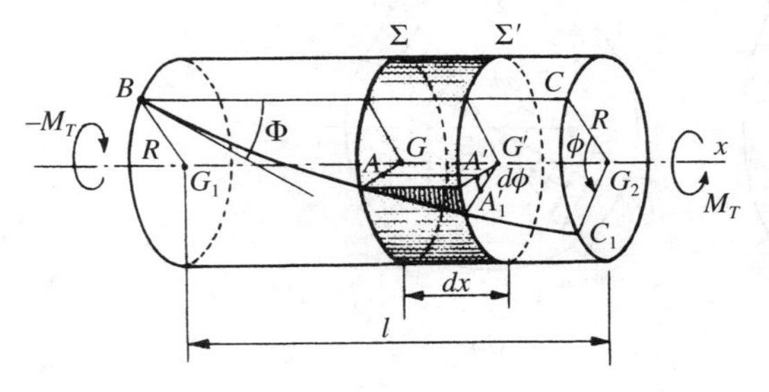

Figura 3.4

Lo indicado hasta ahora se refiere al estudio cualitativo de la deformación. El estudio cuantitativo entraña el conocimiento del estado tensional que se crea en el interior del prisma al aplicarle el momento M_T.

En virtud de las hipótesis admitidas, la deformación consiste en un desplazamiento relativo de dos secciones próximas, por lo que las únicas tensiones que actúan sobre una sección recta son tensiones de cortadura, de dirección, para cada punto, perpendicular al segmento que le une con el centro del círculo.

Consideremos el elemento de barra comprendida entre las secciones Σ y Σ' (Fig. 3.5).

El punto A' perteneciente a la sección Σ' pasa, después de la deformación, a la posición A_1'. La fibra AA' ha sufrido una distorsión angular

$$\gamma = \frac{\widehat{A'A_1'}}{\overline{AA'}} = \frac{r\,d\phi}{dx} \tag{3.2-3}$$

Si G es el módulo de elasticidad transversal del material de la barra, la tensión cortante τ será:

$$\tau = G\gamma = G\frac{d\phi}{dx}r \tag{3.2-4}$$

Al ser $d\phi/dx$ de valor constante en toda la barra, resulta que la tensión cortante τ es una función lineal de la distancia al centro de la sección, por lo que el espectro tensional para los puntos de un radio $G'D_1'$ es el representado en la Figura 3.5.

La tensión cortante máxima se presenta en los puntos periféricos de la barra y su valor será:

$$\tau_{\text{máx}} = G\frac{d\phi}{dx}R \tag{3.2-5}$$

La distribución de tensiones en la sección del prisma engendra un sistema de fuerzas, de resultante nula, cuyo momento resultante es el momento torsor. Esto nos permite obtener la relación entre la tensión cortante τ y el momento M_T.

En la superficie sombreada en la Figura 3.6 la distribución de fuerzas es circunferencial. Si $d\Omega$ es el área de esta superficie, el momento de las fuerzas sobre ellas es:

$$\tau\,d\Omega \cdot r = G\frac{d\phi}{dx}r^2\,d\Omega \tag{3.2-6}$$

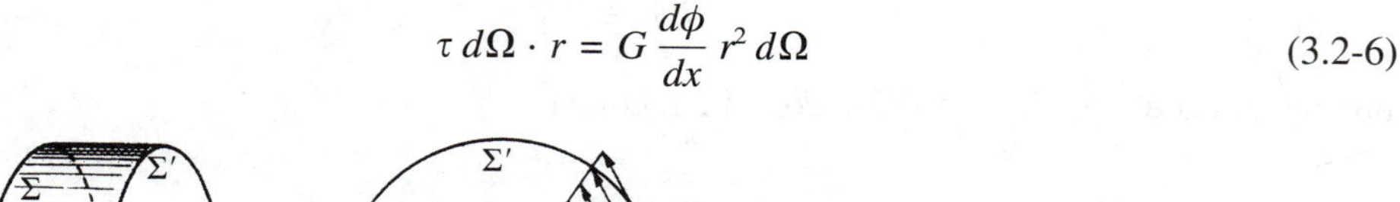

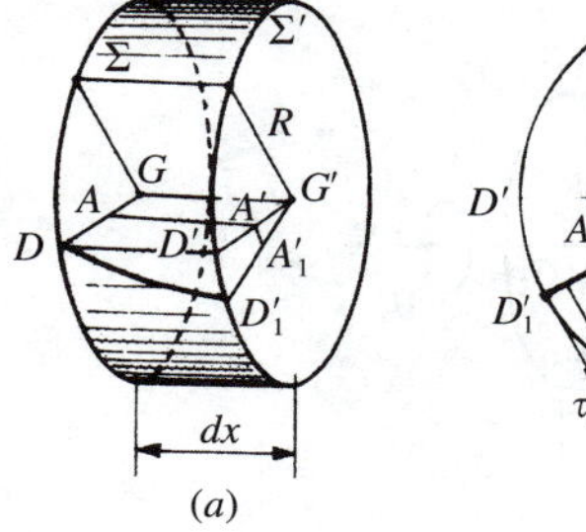

(*a*)

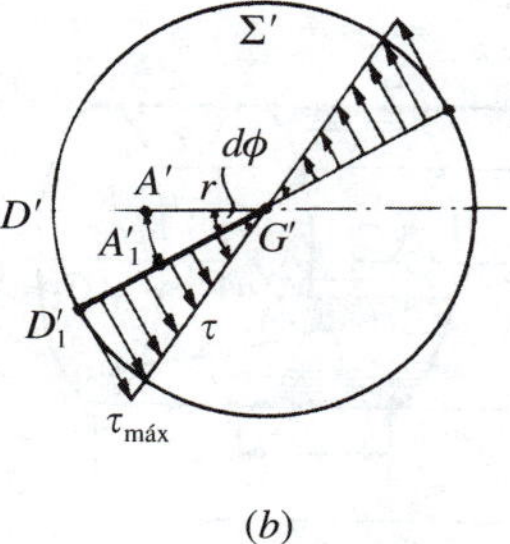

(*b*)

Figura 3.5

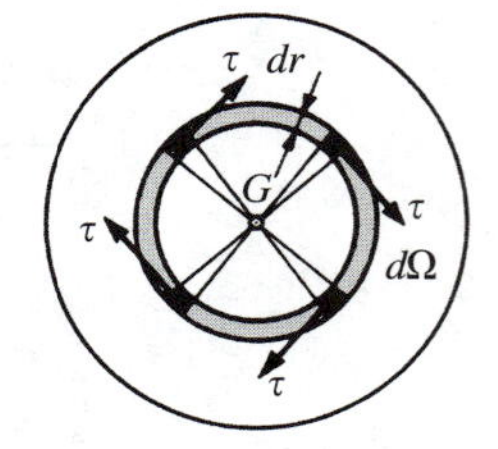

Figura 3.6

Considerando toda la superficie, el momento total es, en valor absoluto, igual al momento torsor. Por tanto:

$$M_T = \int_0^R G \frac{d\phi}{dx} r^2 \, d\Omega = G \frac{d\phi}{dx} \int_0^R r^2 \, d\Omega = GI_0 \frac{d\phi}{dx} \tag{3.2-7}$$

siendo I_0 el momento de inercia polar de la sección circular respecto de su centro. El producto GI_0 recibe el nombre de *rigidez a la torsión*.

Sustituyendo el valor de $G \dfrac{d\phi}{dx}$ dado por esta expresión, en la fórmula (3.2-4) de la tensión cortante, se obtiene:

$$\tau = \frac{M_T}{I_0} r \tag{3.2-8}$$

ecuación que relaciona la tensión cortante con el momento torsor.

El valor de la tensión cortante máxima es:

$$\tau_{máx} = \frac{M_T}{I_0} R \tag{3.2-9}$$

Si hacemos $R = r_{máx}$, esta expresión se puede poner en la forma:

$$\frac{M_T}{\tau_{máx}} = \frac{I_0}{r_{máx}} = W \tag{3.2-10}$$

Al segundo miembro, que depende exclusivamente de las características geométricas de la sección, se le suele llamar *módulo resistente a la torsión de la sección*. Lo representaremos por W, y sus dimensiones son $[L]^3$.

Al primer miembro le llamaremos *módulo resistente a la torsión en la sección* y éste dependerá de las solicitaciones que engendran el momento torsor y de la tensión máxima a cortadura que puede admitir el material.

Deberá cumplirse, pues, que el módulo resistente a la torsión de la sección colocada sea igual o superior al módulo resistente existente en la sección considerada.

Por otra parte, la expresión (3.2-7) nos permite calcular el ángulo de torsión ϕ entre dos secciones de abscisas a y b, respectivamente:

$$\phi = \int_a^b \frac{M_T}{GI_0} dx \tag{3.2-11}$$

Si la barra, o tramo de barra, de longitud l tiene sección recta circular de área constante y está sometida a torsión pura, la expresión anterior se reduce a

$$\phi = \frac{M_T}{GI_0} l \tag{3.2-12}$$

Una vez realizado el estudio del estado tensional en el interior de la barra prismática de sección circular, se puede deducir la forma de rotura que se puede presentar en la misma, si el material de que está hecha no resistiese por igual a tracción y a compresión.

En efecto, según sabemos, las tensiones cortantes correspondientes a dos planos perpendiculares entre sí son iguales en valor absoluto. Por tanto, las tensiones tangenciales en las secciones transversal y longitudinal a lo largo del radio $G'D'$ presentan un espectro tal como se indica en la Figura 3.7.

Ahora bien, consideremos un elemento de superficie cilíndrica de la barra torsionada limitado por dos generatrices muy próximas y por dos secciones rectas también muy próximas entre sí (Fig. 3.8-*a*). Por lo dicho anteriormente, sobre los lados de esta superficie elemental solamente actúan tensiones tangenciales.

El círculo de Mohr correspondiente a este caso (Fig. 3.8-*b*) indica que las dos direcciones principales son las bisectrices de los ejes de la superficie elemental considerada (Fig. 3.8-*c*). Las tensiones principales son una de tracción y otra de compresión. Si el material es menos resistente a la tracción que a la compresión y el momento torsor es lo suficientemente grande para que la tensión cortante máxima supere el valor de la tensión de rotura a tracción, se producirán grietas normales a la dirección de la tracción σ_1. Las grietas se manifestarán, pues, según hélices sobre la superficie de la barra torsionada, formando un ángulo de 45° con el eje de la misma.

Este fenómeno ocurrirá también en los puntos interiores del prisma, pero como los valores máximos de la tensión cortante se tienen en la superficie exterior del mismo, será en esta superficie donde primero se manifiesten las grietas (Fig. 3.9).

Ejemplo 3.2.1. Una barra prismática de sección circular, de radio R = 10 cm y longitud $l = 3$ m, está sometida a torsión pura mediante la aplicación de pares torsores M_T en sus secciones extremas. Sabiendo que el módulo de elasticidad transversal es 80 GPa, se pide:

1.° Calcular el valor máximo que puede alcanzar el par torsor aplicado sabiendo que la tensión de cortadura admisible es τ_{adm} = 100 MPa.

2.° Para el par torsor máximo, hallar la expresión $\phi = \phi(x)$ del ángulo girado por las secciones, representándola gráficamente.

3.° Suponiendo que el material de la barra se fisurara por tracción, determinar las líneas de fisura.

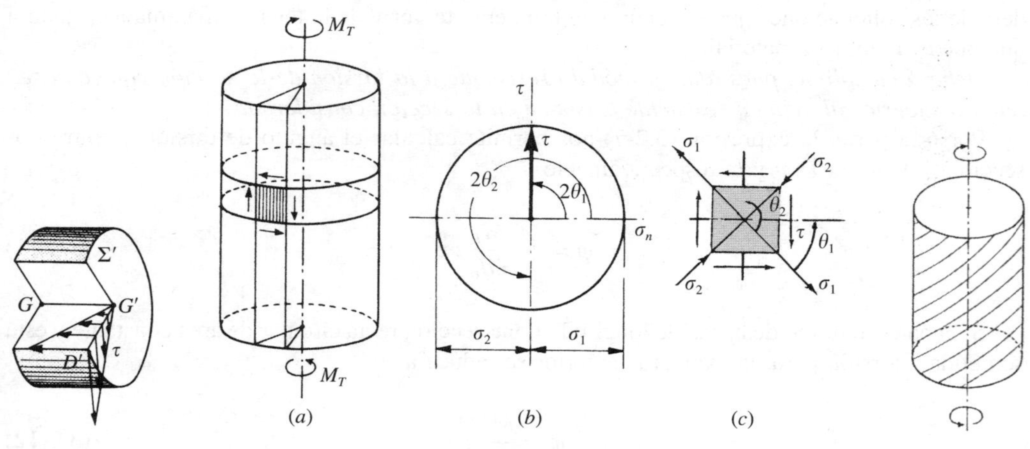

Figura 3.7 **Figura 3.8** **Figura 3.9**

1.º El par torsor aplicado a la barra genera un estado de tensiones tangenciales cuya distribución viene dada por la ecuación (3.2-8). El par torsor máximo aplicado a la barra será aquel que hace que la tensión máxima de cortadura sea igual a la tensión de cortadura admisible

$$\tau_{\text{adm}} = \frac{M_{T\text{máx}}}{I_0} R = \frac{2M_{T\text{máx}}}{\pi R^3}$$

Despejando y sustituyendo valores se obtiene:

$$M_{T\text{máx}} = \frac{\pi R^3 \tau_{\text{adm}}}{2} = \frac{M \times 0{,}1^3 \times 10^8}{2} \text{ N} \cdot \text{m} = 157 \text{ kN} \cdot \text{m}$$

2.º De la expresión (3.2-7) se deduce

$$d\phi = \frac{M_T}{GI_0} dx$$

e integrando se obtiene la ley pedida del ángulo de torsión

$$\phi(x) = \int_0^x \frac{M_T}{GI_0} dx = \frac{M_{T\text{máx}}}{GI_0} x = \frac{157 \times 10^3 \times 2}{80 \times 10^9 \times \pi \times 0{,}1^4} x \text{ rad} = 12{,}49 \times 10^{-3} x \text{ rad}$$

expresión que nos da el ángulo de giro relativo de la sección de abscisa x respecto de la sección extrema izquierda. Se representa en la Figura 3.10-*a*.

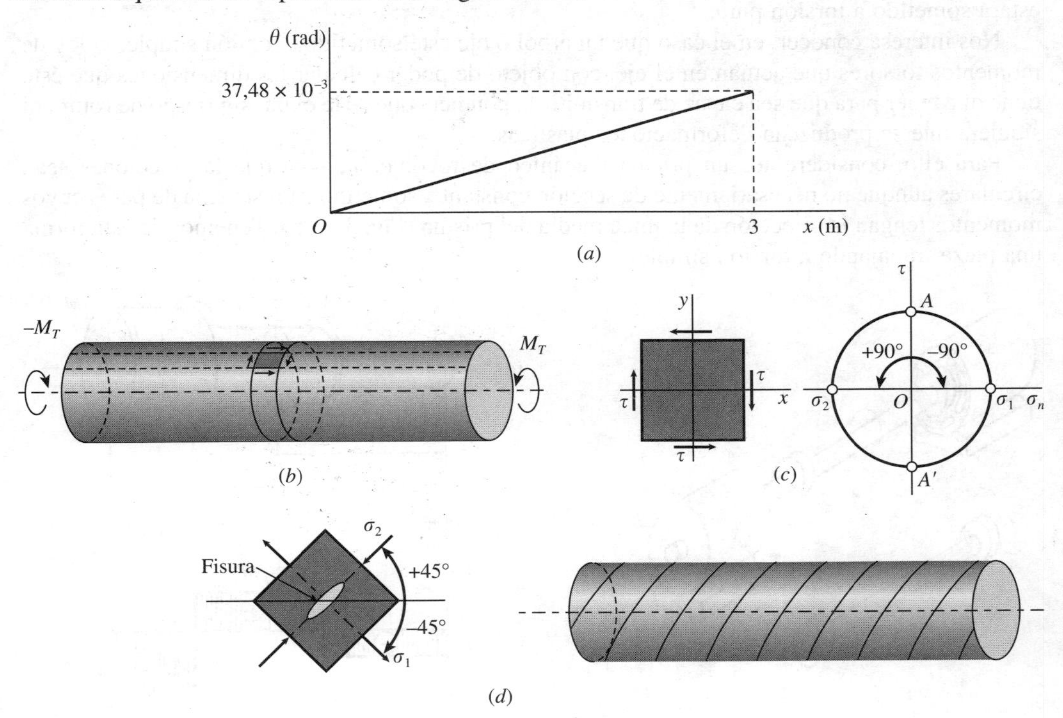

Figura 3.10

Si el par torsor M_T aplicado en la sección extrema derecha tiene el sentido indicado en la Figura 3.10-*b*, sobre el elemento superficial limitado por dos secciones indefinidamente próximas y por dos generatrices, también muy próximas, actúan las tensiones indicadas en la misma Figura 3.10-*b*.

Del círculo de Mohr (Fig. 3.10-*c*) se deducen las direcciones principales y, consecuentemente, si el material de la barra no tiene resistencia a tracción, las líneas de fisura serán hélices sobre la superficie exterior de la barra, cuyas tangentes forman un ángulo de 45° con el eje de la misma (Fig. 3.10-*d*).

3.3. Determinación de momentos torsores. Cálculo de ejes de transmisión de potencia

Entre las aplicaciones prácticas de la ingeniería es muy frecuente encontrarnos con piezas sometidas a torsión. Quizá la más usual sea la de los árboles de transmisión de potencia, como puede ser el caso del árbol o eje que transmite el movimiento de rotación de una turbina de vapor *A* a un generador eléctrico *B* representado en la Figura 3.11. Otros casos muy corrientes que se presentan en la práctica son los árboles que transmiten la potencia del motor de un automóvil al eje de transmisión, o del árbol que transmite el movimiento de un motor a una máquina-herramienta.

Si el giro del eje de la turbina de la Figura 3.11 es el indicado, éste ejerce sobre el árbol un momento torsor M_T que transmite el eje del generador, que a su vez, por el principio de acción y reacción, ejerce sobre el extremo del árbol un momento torsor igual y opuesto $-M_T$. El árbol estará sometido a torsión pura.

Nos interesa conocer, en el caso que un árbol o eje esté sometido a torsión simple, la ley de momentos torsores que actúan en el eje, con objeto de poder calcular las dimensiones que éste tiene que tener para que sea capaz de transmitir la potencia que se le exija, sin riesgo de rotura ni siquiera que se produzcan deformaciones plásticas.

Para ello, consideremos un prisma mecánico de revolución, para que las secciones sean circulares aunque no necesariamente de sección constante, sometido a un sistema de pares cuyos momentos tengan la dirección de la línea media del prisma (Fig. 3.12-*a*). Tenemos de esta forma una pieza trabajando a torsión simple.

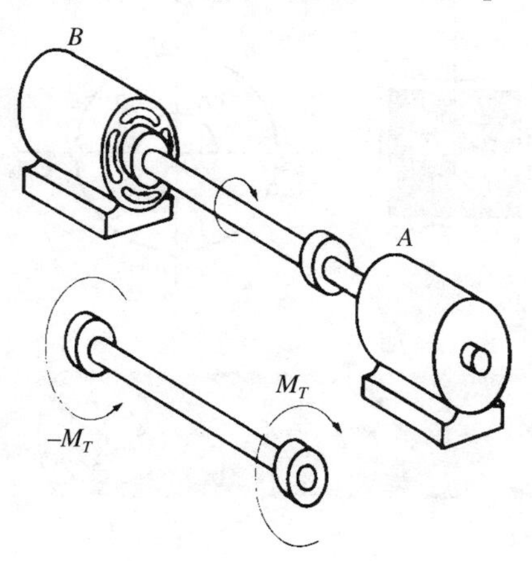

Figura 3.11

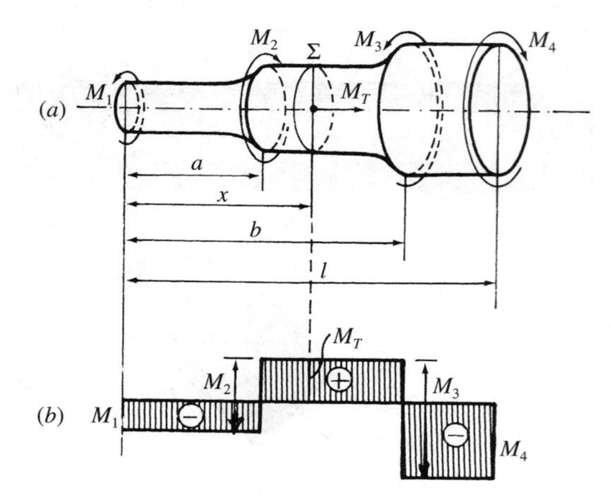

Figura 3.12

Una sección recta Σ divide al prisma en dos partes. Es evidente que el momento torsor sobre la sección Σ como perteneciente a la parte de la izquierda es igual a la suma de los momentos de los pares que actúan sobre la parte de la derecha. Podemos, por tanto, obtener analíticamente el momento torsor M_T a lo largo de todo el prisma en función de la distancia x desde la sección recta al extremo de la izquierda

$$M_T = M_T(x) \tag{3.3-1}$$

Esta función se puede representar gráficamente obteniéndose el llamado *diagrama de momentos torsores* (Fig. 3.12-*b*).

En el prisma indicado en la Figura 3.12-*a*, las leyes de momentos torsores serán:

$$\begin{aligned} M_{T1} &= -M_1 && ; \quad 0 < x < a \\ M_{T2} &= -M_1 + M_2 && ; \quad a < x < b \\ M_{T3} &= -M_1 + M_2 - M_3 = -M_4 && ; \quad b < x < l \end{aligned}$$

Cuando se presenta la necesidad de diseñar un eje, suelen ser datos la potencia N que tiene que transmitir y el número de revoluciones. Como sabemos, la potencia y el par aplicado al eje (momento torsor) están relacionados por la ecuación

$$N = M_T\omega \tag{3.3-2}$$

siendo ω la velocidad angular del eje. En esta ecuación, la potencia N viene dada en kp · m/seg cuando M_T se expresa en kp · m y ω en radianes por segundo (rad/seg).

Como la potencia N suele venir dada en CV y la velocidad de rotación en revoluciones por minuto, la expresión (3.3-2) tomará la forma

$$75N = M_T \frac{2\pi n}{60} \tag{3.3-3}$$

de donde podemos despejar el momento torsor

$$M_T = \frac{60 \times 75}{2\pi n} N \text{ m} \cdot \text{kp} = \frac{225.000N}{\pi n} \text{ cm} \cdot \text{kp} \tag{3.3-4}$$

Esta fórmula nos da, por tanto, el momento torsor M_T en función de la potencia N expresada en CV y la velocidad de rotación n expresada en revoluciones por minuto.

Por su notable importancia en la práctica, a modo de ejemplo, consideraremos algunos casos particulares de barras de sección circular constante o tubular sometidas a torsión cuando se utilizan como ejes de transmisión de potencia, obteniendo en cada caso el radio o radios correspondientes a partir del diagrama de momentos torsores.

Eje sometido a pares aislados (Fig. 3.13)

Si se trata de una barra cilíndrica sometida a pares aislados a lo largo de la longitud de la misma, el diagrama de momentos torsores sería el indicado en la Figura 3.13. A partir del diagrama obtendríamos la sección sometida a mayor momento torsor.

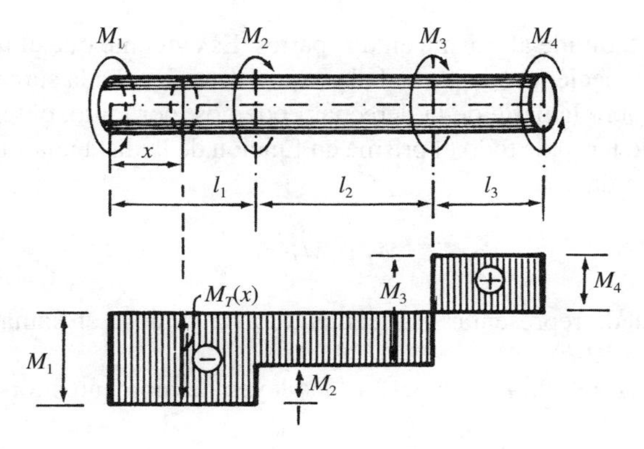

Figura 3.13

Si τ_{adm} es la tensión máxima admisible a cortadura que admite el material y $M_{T\,máx}$ el momento torsor máximo obtenido del diagrama, el módulo resistente W de la sección será tal que:

$$M_{T\,máx} \leqslant W \cdot \tau_{adm} \tag{3.3-5}$$

Ahora bien, el módulo resistente W tiene, para las secciones circular y tubular (Fig. 3.14), los siguientes valores:

– Para la sección circular:

$$\left.\begin{aligned} I_0 &= \frac{\pi R^4}{2} \\ r_{máx} &= R \end{aligned}\right\} \quad W = \frac{\pi R^3}{2} \tag{3.3-6}$$

– Para la sección anular:

$$\left.\begin{aligned} I_0 &= \frac{\pi(r_2^4 - r_1^4)}{2} \\ r_{máx} &= r_2 \end{aligned}\right\} \quad W = \frac{\pi(r_2^4 - r_1^4)}{2r_2} \tag{3.3-7}$$

Por tanto, se verificará para la primera sección:

$$M_{T\,máx} = \frac{\pi R^3}{2}\,\tau_{adm} \quad \Rightarrow \quad R = \sqrt[3]{\frac{2M_{T\,máx}}{\pi \tau_{adm}}} \tag{3.3-8}$$

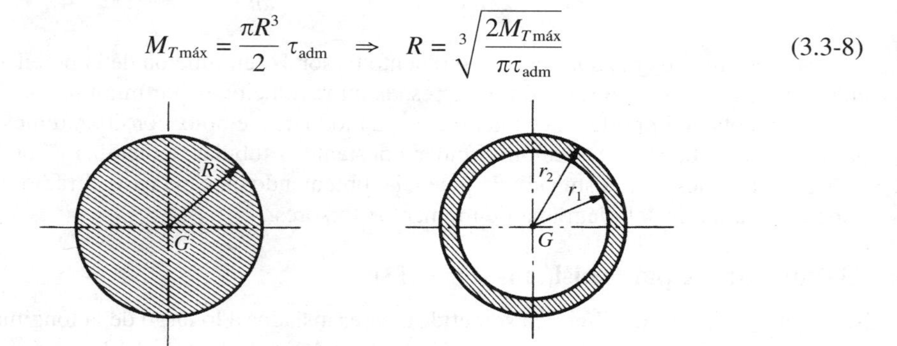

Figura 3.14

Teniendo en cuenta (3.3-4), la expresión del radio R, en centímetros, en función de la potencia N expresada en CV, será

$$R = \sqrt[3]{\frac{450.000N}{\pi^2 n \tau_{\text{adm}}}} \text{ cm} = 35{,}72 \sqrt[3]{\frac{N}{n\tau_{\text{adm}}}} \text{ cm} \tag{3.3-9}$$

Para la sección anular se tiene:

$$M_{T\text{máx}} = \frac{\pi(r_2^4 - r_1^4)}{2r_2} \tau_{\text{adm}} \tag{3.3-10}$$

En este último caso es necesario fijar otro dato para la determinación de los radios, por ejemplo, el espesor $e = r_2 - r_1$, pues tenemos una sola ecuación con dos incógnitas: r_2 y r_1.

El ángulo de torsión total ϕ será, en virtud de (3.2-12)

$$\phi = \frac{1}{GI_0} \Sigma M_{Ti} l_i \tag{3.3-11}$$

en donde M_{Ti} representa el momento torsor con su signo correspondiente al intervalo l_i, dado por el diagrama. El dominio de extensión del índice i en la sumatoria sería de 1 a 3 en el caso de la Figura 3.13.

Se puede ver fácilmente que el ángulo de torsión es igual, con toda generalidad, al valor del área del diagrama de momentos torsores dividido por la rigidez a la torsión GI_0.

Eje empotrado por un extremo y sometido a un par en el otro (Fig. 3.15)

Sea el eje AB de longitud l que tiene su extremo A empotrado en una pieza fija que supondremos rígida. Si está aplicado en el extremo libre B un par M el momento torsor es constante en toda la barra, por lo que el diagrama de momentos torsores será el indicado en la misma Figura 3.15.

El radio mínimo necesario para resistir el momento torsor M se obtendría de:

$$M = W\tau_{\text{adm}} \tag{3.3-12}$$

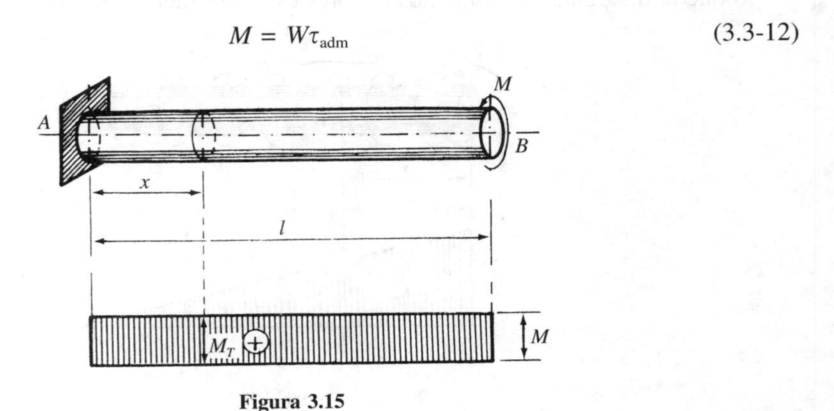

Figura 3.15

Para el caso de una sección circular:

$$M = \frac{\pi R^3}{2} \tau_{adm}$$

de donde:

$$R = \sqrt[3]{\frac{2M}{\pi \tau_{adm}}} \quad (3.3\text{-}13)$$

y para una sección anular:

$$M = \pi \frac{(r_2^4 - r_1^4)}{2r_2} \tau_{adm} \quad (3.3\text{-}14)$$

siendo necesario en este último caso dar otro dato para la determinación de los radios.

El ángulo de torsión valdrá:

$$\phi = \frac{M}{GI_0} l \quad (3.3\text{-}15)$$

expresión válida para ambos casos sin más que sustituir en cada uno de ellos el valor del momento de inercia polar que corresponda.

Eje empotrado por un extremo y sometido a un par de torsión uniforme (Fig. 3.16)

Si en vez de aplicar un par aislado al eje *AB* considerado anteriormente, lo sometemos a un par uniforme de momento por unidad de longitud *m* a lo largo de toda su longitud, el momento torsor en una sección a distancia *x* del extremo libre es:

$$M_T = ml - \int_0^x m\, dx = ml - mx \quad (3.3\text{-}16)$$

por lo que el diagrama de momentos torsores es el indicado en la Figura 3.16.

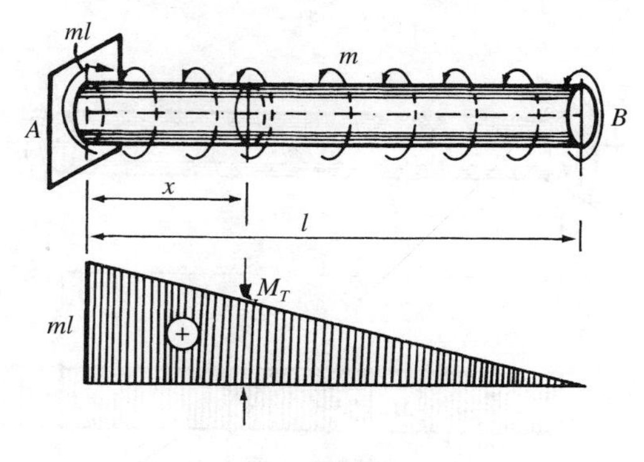

Figura 3.16

Las dimensiones de m serán $\dfrac{[F][L]}{[L]} = [F]$, es decir, las mismas que una fuerza. En el sistema técnico vendrá expresado en kp.

El diagrama nos indica que la sección sometida al momento torsor máximo (máximo absoluto) es la correspondiente al extremo empotrado.

El radio mínimo necesario para resistir este momento se obtendría de:

$$ml = W \cdot \tau_{\text{adm}} \tag{3.3-17}$$

Para una sección circular:

$$ml = \frac{\pi R^3}{2} \tau_{\text{adm}} \quad \Rightarrow \quad R = \sqrt[3]{\frac{2ml}{\pi \tau_{\text{adm}}}} \tag{3.3-18}$$

y para una sección anular

$$ml = \frac{\pi(r_2^4 - r_1^4)}{2r_2} \tau_{\text{adm}} \tag{3.3-19}$$

El ángulo de torsión será:

$$\phi = \int_0^l \frac{M_T}{GI_0} dx = \frac{m}{GI_0} \int_0^l x \, dx = \frac{ml^2}{2GI_0} \tag{3.3-20}$$

que como se ve es igual al valor del área del diagrama de momentos torsores dividido por la rigidez a la torsión.

Eje empotrado en sus extremos sometido a un par aislado (Fig. 3.17)

Es éste un caso de torsión hiperestática. En efecto, sea el eje AB de longitud l. Si en la sección de centro C situada a distancia l_1 del extremo A se aplica un par torsor M, aparecerán en los extremos empotrados unos momentos que llamaremos M_A y M_B. Por tratarse de pares, la resultante es nula, con lo que las ecuaciones de la Estática se reducen a una sola: $M_x = 0$

$$M = M_A + M_B \tag{3.3-21}$$

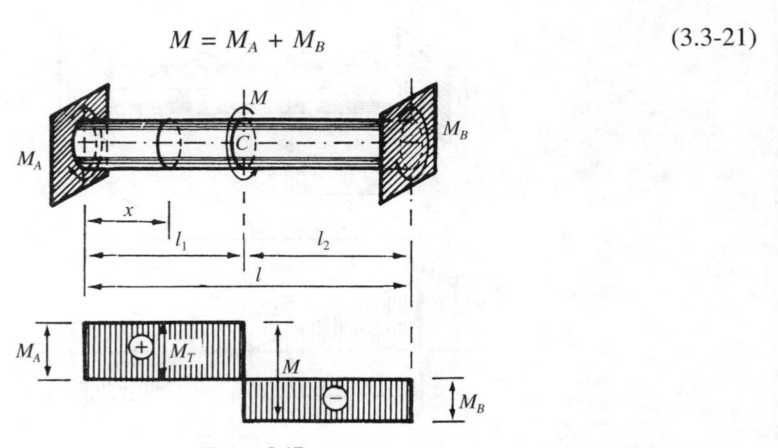

Figura 3.17

— Para la determinación de los momentos en los empotramientos es necesario hacer intervenir la deformación. Fácilmente se ve que la condición necesaria la obtenemos considerando los empotramientos fijos. Al ser esto así, el ángulo de torsión total del eje es nulo. Por tanto, se verificará:

$$- \frac{M_{T_1}}{GI_0} l_1 + \frac{M_{T_2}}{GI_0} l_2 = 0 \tag{3.3-22}$$

siendo M_{T_1} y M_{T_2} los momentos torsores en los intervalos $[0, l_1]$ y $[l_1, l]$ respectivamente

$$M_{T_1} = M_A \qquad \text{para} \quad 0 < x < l_1$$
$$M_{T_2} = M_A - M = -M_B \qquad \text{para} \quad l_1 < x < l$$

es decir,

$$\frac{M_A}{M_B} = \frac{l_2}{l_1} \tag{3.3-23}$$

El sistema formado por las ecuaciones (3.3-21) y (3.3-23) resuelve el problema:

$$\begin{cases} M = M_A + M_B \\ \dfrac{M_A}{M_B} = \dfrac{l_2}{l_1} \end{cases} \Rightarrow \quad \begin{aligned} M_A &= \frac{l_2}{l} M \\ M_B &= \frac{l_1}{l} M \end{aligned} \tag{3.3-24}$$

— El resultado nos indica que el máximo momento torsor se presenta en la sección del empotramiento más próxima al par M. Este momento máximo es el que interviene para el cálculo del eje, que se haría de forma exactamente igual a como se ha indicado en los casos anteriores.

Eje empotrado en sus extremos sometido a un par de torsión uniforme (Fig. 3.18)

En el caso de doble empotramiento, si m es el momento torsor por unidad de longitud a lo largo del eje, el momento torsor en una sección a distancia x del extremo A es:

$$M_T = M_A - mx \tag{3.3-25}$$

siendo M_A el momento torsor en la sección del extremo A debido al empotramiento.

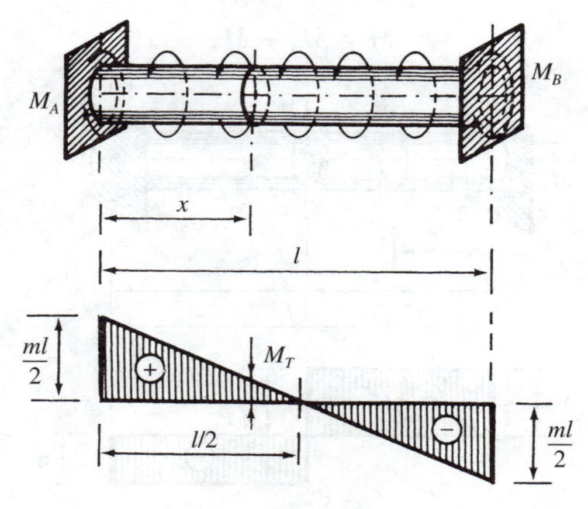

Figura 3.18

– En este caso, al ser los momentos en los extremos iguales, por razón de simetría, el problema es isostático

$$M = M_A + M_B = 2M_A = ml$$

de donde:

$$M_A = M_B = \frac{ml}{2} \tag{3.3-26}$$

– El diagrama de momentos torsores será lineal. Según se ve, para $x = l/2$ el momento torsor es nulo. Por tanto, el ángulo girado por la sección media respecto a una de las secciones extremas será:

$$\phi = \int_0^{l/2} \frac{M_T}{GI_0}\, dx = \frac{1}{GI_0} \int_0^{l/2} \left(\frac{ml}{2} - mx\right) dx = \frac{ml^2}{8GI_0} \tag{3.3-27}$$

– El momento torsor máximo se presenta en las secciones extremas:

$$M_{T\,\text{máx}} = \frac{ml}{2} \tag{3.3-28}$$

y éste es el valor que nos permitirá dimensionar el eje.

Ejemplo 3.3.1. Un eje de transmisión de potencia que gira a $n = 3.000$ rpm está unido a un motor de $N = 75$ CV de potencia. Sabiendo que el eje es de acero de tensión de cortadura admisible $\tau_{\text{adm}} = 100$ MPa, y que el módulo de elasticidad transversal del acero es $G = 80$ GPa, se pide:

1.º Calcular el radio mínimo que tiene que tener dicho eje.
2.º Determinar la longitud máxima del eje para que el ángulo de torsión no sea superior a 4°.

1.º El eje está sometido a un momento torsor $M_T = M$, constante, que está relacionado con la potencia N mediante la ecuación

$$N = \omega \cdot M_T$$

Este momento torsor tiene que verificar

$$M_T = \frac{N}{\omega} \leqslant W\tau_{\text{adm}} = \frac{\pi R^3}{2}\, \tau_{\text{adm}}$$

de donde:

$$R \geqslant \sqrt[3]{\frac{2N \times 60}{\pi \cdot 2\pi n \cdot \tau_{\text{adm}}}} = \sqrt[3]{\frac{2 \times 75 \times 75 \times 9{,}8 \times 60}{2\pi^2 \times 3.000 \times 10^8}} \text{ m} = 1{,}04 \text{ cm}$$

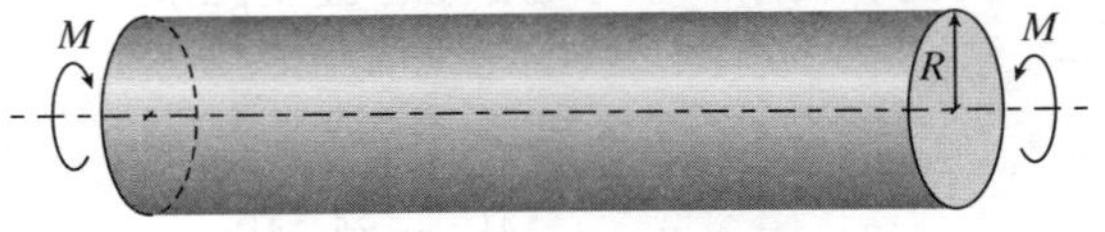

Figura 3.19

Por consiguiente, el radio mínimo pedido es

$$R = 1{,}04 \text{ cm}$$

2.º De la expresión del ángulo de torsión, en grados, del eje sometido a torsión pura

$$\phi = \frac{M_T}{GI_0} l \frac{180}{\pi} \leqslant 4$$

se deduce:

$$l \leqslant \frac{\pi G I_0 4}{180 M_T}$$

Como

$$I_0 = \frac{\pi R^4}{2} = \frac{M \times 1{,}04^4 \times 10^{-8}}{2} m^4 = 1{,}8376 \times 10^{-8} \text{ m}^4$$

y

$$M_T = \frac{N}{\omega} = \frac{75 \times 75 \times 9{,}8 \times 60}{2\pi \times 3.000} \text{ N} \cdot \text{m} = 175{,}47 \text{ N} \cdot \text{m}$$

sustituyendo, se obtiene

$$l \leqslant \frac{\pi \times 80 \times 10^9 \times 1{,}8376 \times 10^{-8} \times 4}{180 \times 175{,}47} = 0{,}58 \text{ m}$$

es decir, la longitud máxima del eje será

$$l_{\text{máx}} = 58 \text{ cm}$$

Ejemplo 3.3.2. Un eje de acero que girando a $n = 1.800$ rpm debe transmitir potencia tiene un diámetro $d = 50$ mm. La tensión cortante de fluencia del acero es $\tau_f = 850$ MPa. Tomando el coeficiente de seguridad $n = 10$, calcular, en grados, el ángulo de torsión del eje por unidad de longitud, cuando transmite la potencia máxima. El módulo de elasticidad transversal del acero es $G = 80$ GPa.

Como nos dan la tensión de fluencia y el coeficiente de seguridad, la obtención de la tensión admisible es inmediata.

$$\tau_{\text{adm}} = \frac{\tau_f}{n} = \frac{850}{10} \text{ MPa} = 85 \text{ MPa}$$

Ésta es la tensión máxima de cortadura en los puntos periféricos del eje. De la expresión

$$\tau_{adm} = \frac{M_T}{I_0} \frac{d}{2}$$

se deduce el valor del momento torsor a que va a estar sometido el eje cuando transmita la potencia máxima

$$M_T = \frac{2I_0\tau_{adm}}{d} = \frac{\pi \times 0{,}025^4 \times 85 \times 10^6}{0{,}05} \text{ N} \cdot \text{m} = 2.086{,}21 \text{ N} \cdot \text{m}$$

El ángulo de torsión por unidad de longitud, en radianes, será

$$\theta = \frac{M_T}{GI_0} = \frac{2.086{,}21 \times 2}{80 \times 10^9 \times 0{,}025^4} \text{ rad} = 0{,}0425 \text{ rad}$$

y en grados:

$$\theta = \frac{0{,}0425}{\pi} \times 180 = 2{,}435 \text{ °/m}$$

Ejemplo 3.3.3. Un eje *AB* de diámetro *D* de longitud $2l$, rígidamente empotrado en sus extremos, está sometido a un par torsor *M* aplicado en su sección media, como se indica en la Figura 3.20. La mitad del eje es hueca, de diámetro interior *d*.

1.° Calcular los momentos de empotramiento en las secciones *A* y *B*.
2.° Determinar el ángulo ϕ que habría que girar el empotramiento *B* para que se anulen las tensiones en el empotramiento *A*.

1.° Como es solamente una ecuación la que tenemos al imponer la condición de equilibrio

$$M_A + M_B = M$$

y son dos incógnitas, el eje considerado es un sistema hiperestático de primer grado. La ecuación complementaria que nos resuelve el cálculo de los momentos de empotramiento pedidos es la que expresa que el giro relativo de las secciones extremas es nulo

$$-\frac{M_A}{GI_0} l - \frac{M_A - M}{GI_0} l = 0$$

siendo I_0 e I_0' los momentos centrales de inercia de las secciones del eje llena y hueca, respectivamente.

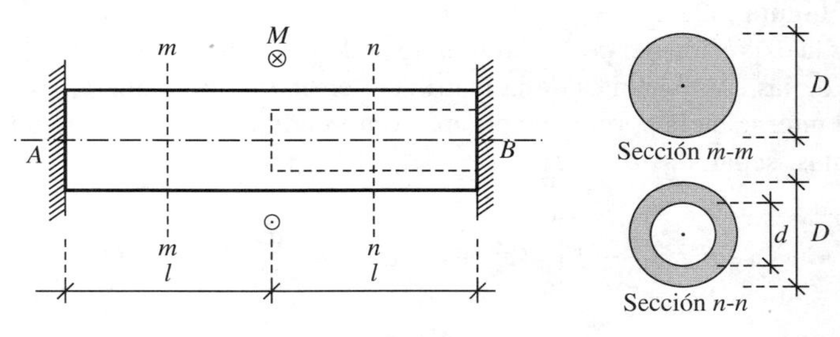

Figura 3.20

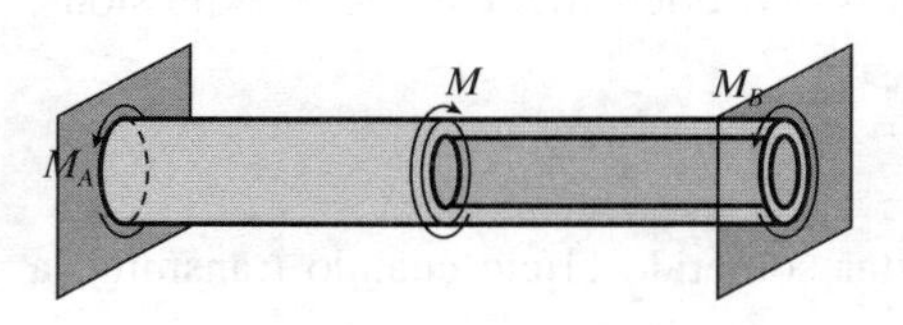

Figura 3.20-*a*

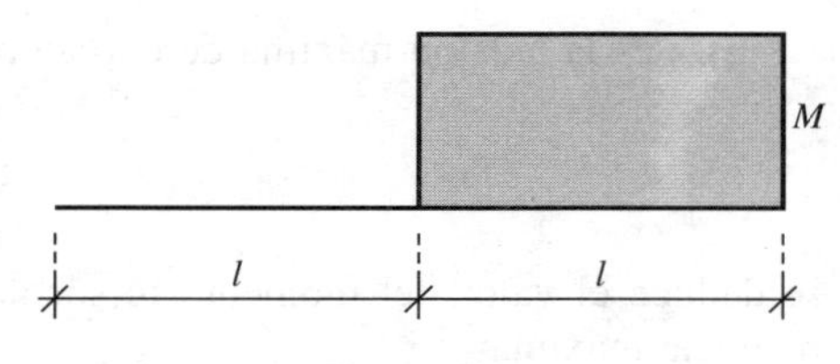

Figura 3.20-*b*

Como

$$I_0 = \frac{\pi D^4}{32} \quad ; \quad I_0' = \frac{\pi(D^4 - d^4)}{32}$$

resolviendo el sistema

$$\begin{cases} M_A + M_B = M \\ \dfrac{M_A}{D^4} = \dfrac{M_B}{D^4 - d^4} \end{cases}$$

se obtienen los momentos de empotramiento pedidos

$$M_A = \frac{D^4}{2D^4 - d^4} M \quad ; \quad M_B = \frac{D^4 - d^4}{2D^4 - d^4} M$$

con el sentido indicado en la Figura 3.20-*a*.

2.º Si se anulan las tensiones tangenciales en el empotramiento A, el diagrama de momentos torsores tiene que ser el indicado en la Figura 3.20-*b*.

El giro relativo del empotramiento B respecto del A que se pide es el ángulo de torsión ϕ del eje

$$\phi = \frac{M}{GI_0} l = \frac{32Ml}{\pi G(D^4 - d^4)}$$

3.4. Expresión del potencial interno de un prisma mecánico sometido a torsión pura

De lo expuesto en el epígrafe 3.2 se deduce que sobre las caras del entorno elemental de un punto interior de un prisma mecánico de sección circular sometido a torsión pura, actúan las tensiones indicadas en la Figura 3.21-*c*.

Para obtener la expresión del potencial interno podemos aplicar la fórmula (1.14-5), que nos da éste en función de las componentes de la matriz de tensiones, en la que $\sigma_{nx} = \sigma_{ny} = \sigma_{nz} = \tau_{yz} = 0$.

El potencial interno de la porción de prisma comprendido entre dos secciones rectas indefinidamente próximas, separadas dx, será:

$$d\mathscr{T} = \frac{dx}{2G} \iint_\Omega (\tau_{xy}^2 + \tau_{xz}^2)\, dy\, dz = \frac{dx}{2G} \iint_\Omega \tau^2\, d\Omega \tag{3.4-1}$$

estando extendida la integral a la sección recta del prisma.

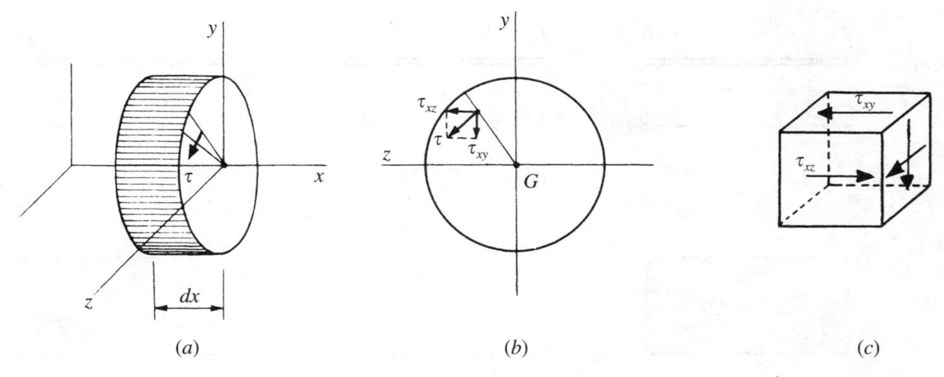

Figura 3.21

Sustituyendo τ por su expresión (3.2-8), se tiene:

$$d\mathcal{T} = \frac{dx}{2G} \iint_{\Omega} \frac{M_T^2}{I_0^2} r^2 \, d\Omega = dx \, \frac{M_T^2}{2GI_0^2} \iint_{\Omega} r^2 \, d\Omega = \frac{M_T^2}{2GI_0} \, dx \qquad (3.4\text{-}2)$$

El potencial interno del prisma se obtendrá integrando a lo largo del eje del mismo:

$$\mathcal{T} = \frac{1}{2} \int_0^l \frac{M_T^2}{GI_0} \, dx \qquad (3.4\text{-}3)$$

En esta expresión la integral se descompondrá en tantas otras como tramos con leyes de momentos torsores distintos se presenten en la barra.

Ejemplo 3.4.1. Tres barras de sección circular idénticas, de rigidez a la torsión GI_0 y longitud l, están empotradas en uno de sus extremos teniendo libre el otro extremo. Calcular la energía de deformación almacenada en cada una de las barras cuando se las somete a los pares torsores indicados en la Figura 3.22-*a*.

Vemos en cada uno de los casos indicados cuál sería el diagrama de momentos torsores. Se representa en la Figura 3.22-*b*. Aplicando la expresión (3.4-3) tenemos:

$$1) \quad \mathcal{T} = \int_0^l \frac{M^2}{2GI_0} \, dx = \frac{M^2 l}{2GI_0}$$

$$2) \quad \mathcal{T} = \int_{l/4}^{3l/4} \frac{M^2}{2GI_0} \, dx = \frac{M^2 l}{4GI_0}$$

$$3) \quad \mathcal{T} = \int_0^{l/4} \frac{(2M)^2}{2GI_0} \, dx + \int_{l/4}^{l} \frac{M^2}{2GI_0} \, dx = \frac{7M^2 l}{8GI_0}$$

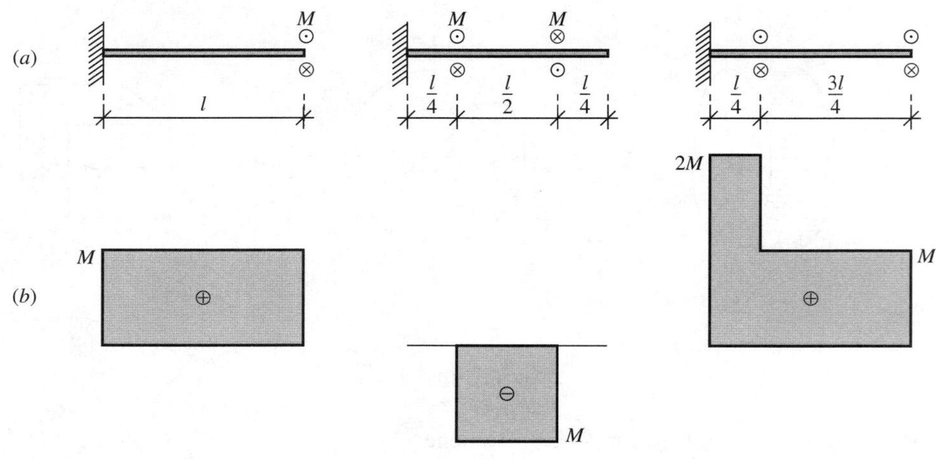

Figura 3.22

3.5. Torsión en prismas mecánicos rectos de sección no circular

Si sometemos una barra cilíndrica de sección no circular a unos pares en los extremos de la misma, que producen un momento torsor constante en todas sus secciones, se comprueba experimentalmente que las secciones rectas (planas antes de la torsión) no se mantienen planas después de la deformación, sino que se alabean.

Saint Venant demostró en 1853 que este alabeo es provocado por el aumento de las tensiones tangenciales en unas partes de la sección y por la disminución en otras, comparadas con las que le corresponderían si se conservaran las secciones planas, como ocurre en el caso de piezas prismáticas de sección circular.

Que las secciones planas no se conservan en caso de sección no circular se puede comprobar experimentalmente de una forma fácil, sometiendo a torsión una pieza prismática de goma de sección cuadrada en la que previamente se ha dibujado una retícula (Fig. 3.23-*a*) coincidiendo con lados de secciones rectas y líneas paralelas al eje de la pieza. Se comprueba que después de la deformación las secciones rectas, inicialmente planas, sufren un cierto alabeo (Fig. 3.23-*b*).

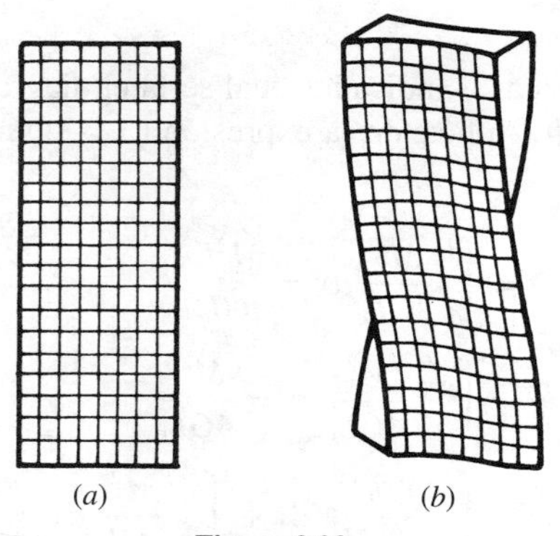

Figura 3.23

Consideremos el elemento de esquina de una sección recta de la barra de sección rectangular sometida a torsión indicada en la Figura 3.24-*a*. Si sobre la cara de este elemento, perteneciente a la sección recta, existiera la tensión tangencial τ, esta tensión se podría descomponer en dos componentes paralelas a los bordes de la barra. Por el teorema de reciprocidad de las tensiones tangenciales, a estas componentes les corresponderían tensiones cortantes que actuarían en los planos de las superficies exteriores. Como esto no es posible, ya que estas superficies están libres de todo esfuerzo, se deduce que τ debe ser nula.

También se obtiene experimentalmente que para una pieza prismática de sección no circular, por ejemplo, elíptica, la tensión de cortadura toma sus valores máximos en los extremos del eje menor, o sea, en los puntos del contorno más cercanos al eje de la pieza. Para una sección rectangular, mediante un estudio teórico, siguiendo los métodos de la teoría de la Elasticidad, se llega a obtener la distribución de tensiones tangenciales indicadas en la Figura 3.24-*b*. Estos resultados, comprobados experimentalmente, nos indican que las tensiones máximas $\tau_{\text{máx}}$ se presentan en los puntos del contorno más cercanos al centro de la sección, mientras que las tensiones se anulan en los vértices del rectángulo, que son los puntos más alejados del centro.

Esto está en contradicción con las hipótesis admitidas en la teoría elemental que, de ser generalizable a secciones cualesquiera, sería condición necesaria aunque no suficiente, que la tensión máxima de cortadura se presentara en los puntos más alejados del eje y nunca en los más cercanos.

Es por ello necesario abandonar la teoría elemental cuando las secciones de las piezas prismáticas no son circulares. En estos casos calcular la distribución tensional en el interior del prisma es un problema que solamente se resuelve de forma rigurosa aplicando la teoría de la Elasticidad.

En Resistencia de materiales, el estudio de la torsión de barras de sección recta no circular se hace de forma empírica mediante la denominada analogía de la membrana, que será expuesta en el siguiente epígrafe. No obstante, como dicha analogía se basa en la semejanza de la ecuación de la superficie de equilibrio de una membrana sometida a presión en una cara, con la ecuación diferencial de la función de tensiones en problemas de torsión, resumiremos aquí las conclusiones a las que se llega en la teoría de la elasticidad cuando se estudia la torsión de barras de sección recta no circular*.

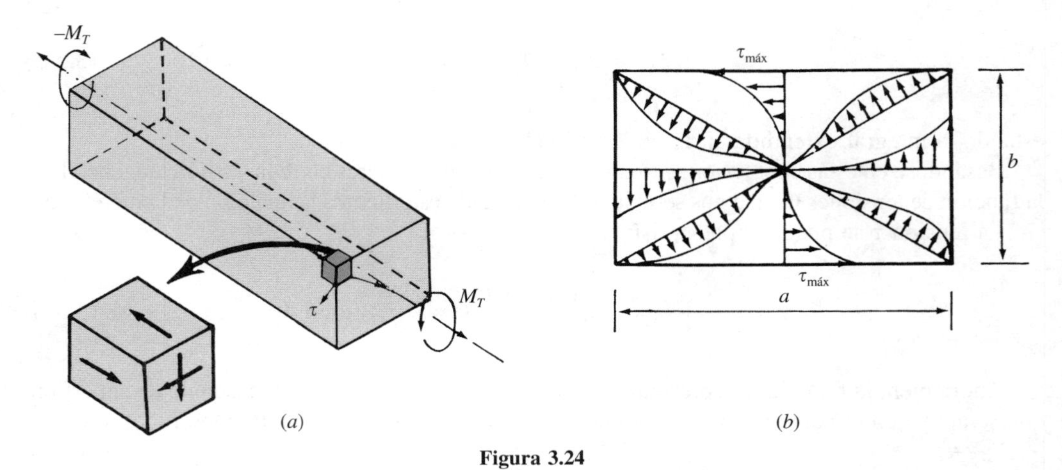

Figura 3.24

* Las demostraciones se pueden ver en la obra *Elasticidad*, del autor. McGraw-Hill, 1998.

Se demuestra allí que el problema de torsión de barras prismáticas se puede resolver mediante la determinación de una función de tensiones, llamada *función de Prandtl*

$$\Phi = \Phi(y, z) \tag{3.5-1}$$

estando los ejes y, z contenidos en el plano de la sección recta.

Una vez obtenida esta función la solución de tensiones que de ella se deriva, resuelve el problema

$$\tau_{xy} = \frac{\partial \Phi}{\partial z} \quad ; \quad \tau_{xz} = -\frac{\partial \Phi}{\partial y} \tag{3.5-2}$$

Para la determinación de la función de tensiones Φ hay que tener en cuenta que dicha función tiene que verificar las siguientes condiciones:

1.ª Que su laplaciana sea constante en todos los puntos de la sección recta

$$\Delta \Phi = -2G\theta \tag{3.5-3}$$

siendo θ el ángulo de torsión por unidad de longitud*.

2.ª Que la función Φ ha de tener un valor constante en todos los puntos del contorno, es decir, que si s es la abscisa curvilínea en el contorno, se tiene que verificar

$$\frac{d\Phi}{ds} = \quad \Rightarrow \quad \Phi = \text{cte} \tag{3.5-4}$$

y que esta constante puede ser elegida arbitrariamente (se suele tomar igual a cero).

3.ª Que en toda sección, la función Φ está relacionada con el momento torsor M_T que existe en la misma, mediante la relación

$$M_T = 2 \iint_\Omega \Phi(y, z)\, dy\, dz \tag{3.5-5}$$

estando la integral extendida al dominio formado por la sección recta.

Basándose en estas conclusiones, veamos una relación de interés entre la tensión tangencial $\vec{\tau}$ y la función de tensiones Φ, que nos será de utilidad cuando estudiemos la analogía de la membrana.

La tensión $\vec{\tau}$ se puede expresar así:

$$\vec{\tau} = \tau_{xy}\vec{j} + \tau_{xz}\vec{k} = \frac{\partial \Phi}{\partial z}\vec{j} - \frac{\partial \Phi}{\partial y}\vec{k} = -\vec{i} \times \text{grad}\, \Phi \tag{3.5-6}$$

Ahora bien, la función Φ representa una superficie o, mejor dicho, un casquete de superficie que se apoya en el contorno de la sección, ya que Φ se anula en el citado contorno.

---

* Una de las hipótesis que se admiten en la teoría de Saint-Venant es la constancia del ángulo de torsión por unidad de longitud, con independencia de la forma que pueda tener la sección recta de la barra prismática.

Si cortamos el casquete por planos paralelos al plano de la sección se obtienen una serie de curvas que no son otra cosa que las líneas de nivel del campo escalar $\Phi = \Phi(y, z)$ (Fig. 3.25).

Como el gradiente de la función Φ es, en cualquier punto P de la sección, perpendicular a la línea de nivel que pasa por él, y la tensión tangencial viene dada por (3.5-6), $\vec{\tau}$ resulta ser tangente a dicha curva de nivel.

En cuanto al módulo de $\vec{\tau}$, de la misma ecuación (3.5-6) se desprende:

$$\tau = |\vec{i} \times \text{grad } \Phi| = |\text{grad } \Phi| = \frac{d\Phi}{dn} \tag{3.5-7}$$

es decir, el módulo de la tensión tangencial en un punto cualquiera de la sección es igual a la derivada de la función Φ en la dirección normal a la línea de nivel que pasa por él.

De lo anterior se deduce que dibujadas en el plano de la sección las curvas de nivel de la función de tensiones, la tensión tangencial creada en un determinado punto P por un momento torsor es tangente a la curva de nivel que pasa por él y su módulo será tanto mayor cuanto más próximas se encuentren entre sí las líneas de nivel.

Veamos, como aplicación de lo expuesto, cómo podríamos resolver el cálculo de la distribución de tensiones en el caso de sección recta cuya ecuación analítica de la curva de su contorno fuera de la forma:

$$f(y, z) = 0 \tag{3.5-8}$$

y tal que su laplaciana fuera constante

$$\Delta f(y, z) = \text{constante} \tag{3.5-9}$$

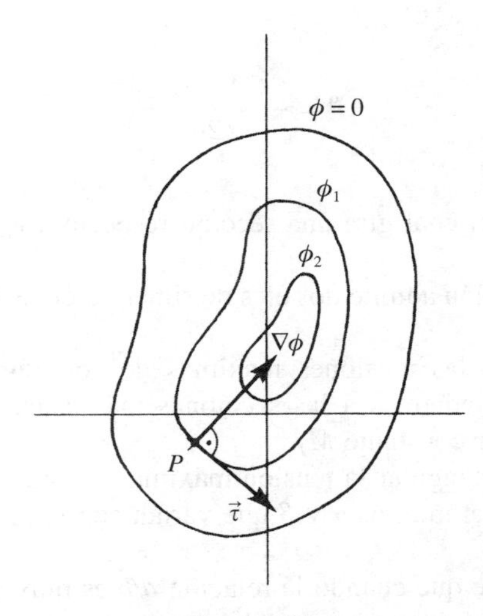

Figura 3.25

En tal caso, comprobamos que cualquier función del tipo

$$\Phi = Cf(y, z) \tag{3.5-10}$$

siendo C una constante, puede ser tomada como función de tensiones que nos resuelve el problema elástico de la torsión.

En efecto, la función Φ se anula en los puntos del contorno, en virtud de (3.5-8)

$$\Phi = Cf(y, z) = 0$$

La constante C se determina teniendo en cuenta la ecuación (3.5-5), que relaciona Φ y el momento torsor M_T

$$M_T = 2 \iint_\Omega \Phi(y, z)\, dy\, dz = 2C \iint_\Omega f(y, z)\, dy\, dz$$

de donde:

$$C = \frac{M_T}{2 \displaystyle\iint_\Omega f(y, z)\, dy\, dz} \tag{3.5-11}$$

Obtenida esta constante, el valor ϑ del ángulo girado por unidad de longitud, en virtud de (3.5-3), será:

$$\Delta\Phi = C\Delta f(y, z) = -2G\vartheta$$

de donde:

$$\vartheta = -\frac{C\Delta f(y, z)}{2G} \tag{3.5-12}$$

Al punto O, alrededor del cual gira una sección respecto a la indefinidamente próxima se denomina *centro de torsión.*

Es evidente que si la sección admite dos ejes de simetría, el centro de torsión coincide con el centro de gravedad.

En la Tabla 3.1 figuran las tensiones máximas de cortadura y ángulos de torsión por unidad de longitud, correspondientes a las secciones más usuales de prismas mecánicos sometidos a un momento torsor constante M_T.

En el caso de sección rectangular la tensión máxima de cortadura y el ángulo de torsión se expresan en función de los parámetros α y β que varían con la relación a/b y cuyos valores se recogen en la Tabla 3.2.

De la Tabla 3.2 se deduce que cuando la relación a/b es muy grande, $a/b > 10$, como es el caso de los flejes, ambos coeficientes son iguales y su valor común es 1/3.

Tabla 3.1. Valores de la tensión máxima de cortadura y ángulos de torsión en prismas mecánicos de sección no circular

Sección	Tensión máxima de cortadura	Ángulo de torsión por unidad de longitud
TRIÁNGULO EQUILÁTERO (lado a)	$\tau_{máx} = \dfrac{20M_T}{a^3}$	$\theta = \dfrac{80M_T}{a^4 G\sqrt{3}}$
CUADRADO (lado a)	$\tau_{máx} = \dfrac{M_T}{0{,}208a^3}$	$\theta = \dfrac{7{,}11M_T}{Ga^4}$
RECTÁNGULO (a, b)	$\tau_{máx} = \dfrac{M_T}{\alpha ab^2}$	$\theta = \dfrac{M_T}{G\beta ab^3}$
	Para los valores de α y β véase Tabla 3.2	
FLEJE (a; $t < \dfrac{a}{10}$)	$\tau_{máx} = \dfrac{3M_T}{at^2}$	$\theta = \dfrac{3M_T}{Gat^3}$
ELIPSE (a, b)	$\tau_{máx} = \dfrac{16M_T}{\pi ab^2}$	$\theta = \dfrac{16(a^2 + b^2)M_T}{G\pi a^3 b^3}$
TUBO RECTANGULAR (a, b, t)	$\tau_{máx} = \dfrac{M_T}{2abt}$	$\theta = \dfrac{(a + b)tM_T}{G2t^2a^2b^2}$

Tabla 3.2. Valores de α y β para secciones rectangulares

a/b	1	1,5	2	2,5	3	4	6	10	∞
α	0,208	0,231	0,246	0,256	0,267	0,282	0,299	0,312	0,333
β	0,141	0,196	0,229	0,249	0,263	0,281	0,299	0,312	0,333

Ejemplo 3.5.1. Una barra recta tiene como sección una elipse cuyas longitudes de los semiejes son a y b ($a > b$). Se somete la barra a torsión pura.

1.º Determinar la función de tensiones.
2.º Hallar las tensiones tangenciales en la sección, deduciendo el valor de la tensión máxima y punto, o puntos, donde se produce.

1.º La ecuación analítica de la curva del contorno de la sección es

$$f(y, z) = \frac{y^2}{a^2} + \frac{z^2}{b^2} - 1 = 0$$

Esta ecuación, evidentemente, se anula en su contorno. Además, su laplaciana es constante

$$\Delta f(y, z) = \frac{2}{a^2} + \frac{2}{b^2}$$

En estas condiciones, según sabemos, la función de tensiones es de la forma

$$\phi = C\left(\frac{y^2}{a^2} + \frac{z^2}{b^2} - 1\right)$$

siendo C una constante que determinaremos aplicando la fórmula (3.5-11)

$$C = \frac{M_T}{2\iint_\Omega f(y, z)\, dy\, dz} = \frac{M_T}{2\iint_\Omega \left(\frac{y^2}{a^2} + \frac{z^2}{b^2} - 1\right) dy\, dz} = \frac{M_T}{2\left(\frac{I_z}{a^2} + \frac{I_y}{b^2} - \Omega\right)}$$

Como

$$I_y = \frac{\pi a b^3}{4} \quad ; \quad I_z = \frac{\pi a^3 b}{4} \quad ; \quad \Omega = \pi a b$$

sustituyendo, tenemos:

$$C = \frac{M_T}{2\,\frac{\pi a b}{4}\left(\frac{a^2}{a^2} + \frac{b^2}{b^2} - 4\right)} = -\frac{M_T}{\pi a b}$$

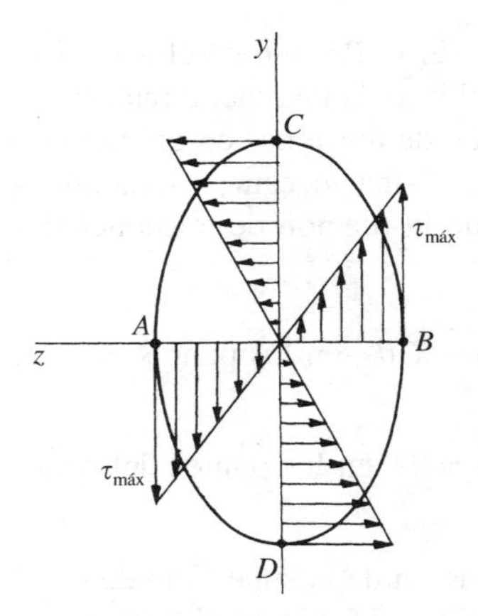

Figura 3.26

Por tanto, la función de tensiones pedida es

$$\phi = -\frac{M_T}{\pi ab}\left(\frac{y^2}{a^2} + \frac{z^2}{b^2} - 1\right)$$

2.º Las tensiones tangenciales en un punto (y, z), según (3.5-2), son:

$$\tau_{xy} = \frac{\partial \phi}{\partial z} = -\frac{2M_T}{\pi ab^3} z \quad ; \quad \tau_{xz} = -\frac{\partial \phi}{\partial y} = \frac{2M_T}{\pi a^3 b} y$$

Las tensiones tangenciales resultan ser funciones lineales de las coordenadas.

Como $a > b$, la tensión máxima de cortadura es τ_{xy} para $(y = 0; z = b)$. En este punto $\tau_{xy} = 0$

$$\tau_{máx} = -\frac{2M_T}{\pi ab^2}$$

En la Figura 3.26 se representan las tensiones tangenciales en los puntos de los ejes de la elipse sección.

Se observa que la tensión máxima se presenta en los extremos del semieje menor, es decir, en los puntos del contorno más cercanos al centro. Con la teoría elemental la máxima tensión se presentaría en los puntos más alejados.

3.6. Estudio experimental de la torsión por la analogía de la membrana

La resolución matemática del problema elástico en un prisma mecánico sometido a torsión puede presentar cierta dificultad, especialmente si la sección carece de simetría. Para estos casos, el análisis de las tensiones cortantes en la sección se realiza experimentalmente. El método empírico que más se aplica es el conocido con el nombre de *analogía de la membrana*. Fue presentado por el ingeniero y científico alemán *L. Prandtl* en el año 1903, y se basa en la semejanza de la ecuación de la superficie de equilibrio de una membrana sometida a presión en una cara, con la ecuación diferencial de la función de tensiones en problemas de torsión.

En efecto, consideremos un prisma mecánico sometido a torsión pura (Fig. 3.27). En el epígrafe anterior hemos visto que la función de tensiones Φ en torsión tiene que verificar las siguientes condiciones:

$$\Delta\Phi = -2G\theta \quad \text{en los puntos de la sección} \tag{3.6-1}$$

y

$$\frac{d\Phi}{ds} = 0 \quad \text{en los puntos del contorno} \tag{3.6-2}$$

Veamos ahora cuál es la ecuación de la superficie de equilibrio de una membrana delgada, por ejemplo, una película de jabón, colocada en el contorno plano de la sección de un tubo de paredes indefinidamente delgadas de la misma forma que la sección que se estudia, cuando se provoca en el interior de este tubo limitado por la membrana una presión uniforme p.

La superficie de equilibrio de ésta será de la forma

$$x = f(y, z) \tag{3.6-3}$$

La perfecta flexibilidad de la membrana nos permite asegurar que ésta no puede estar sometida a esfuerzos de flexión, por lo que las tensiones que actúan en los lados que limitan un elemento de superficie de la deformada de la membrana han de estar contenidas en el plano tangente (Fig. 3.28-*b*).

Si la membrana no soporta momentos flectores, tampoco podrá resistir esfuerzos cortantes. Del círculo de Mohr se deduce que las tensiones normales σ en los lados del elemento que rodee a un punto 0 han de ser iguales en cualquier dirección.

Si en el punto 0 tomamos una terna de vectores unitarios trirrectangulares ($\vec{t}_1$, $\vec{t}_2$, $\vec{n}$); los dos primeros en el plano tangente a la superficie deformada de la membrana en el punto 0 y de direcciones las de los lados de la superficie elemental; el tercero en dirección de la normal exterior, las tensiones por unidad de longitud del contorno* serán las indicadas en la Figura 3.28-*b*.

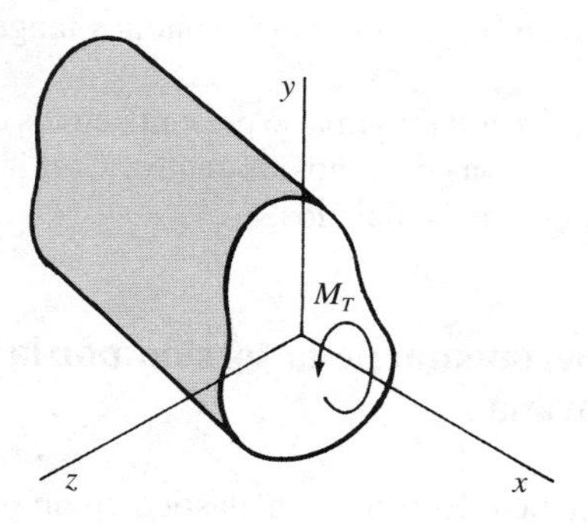

Figura 3.27

---

* Se supone la membrana muy fina, de espesor constante.

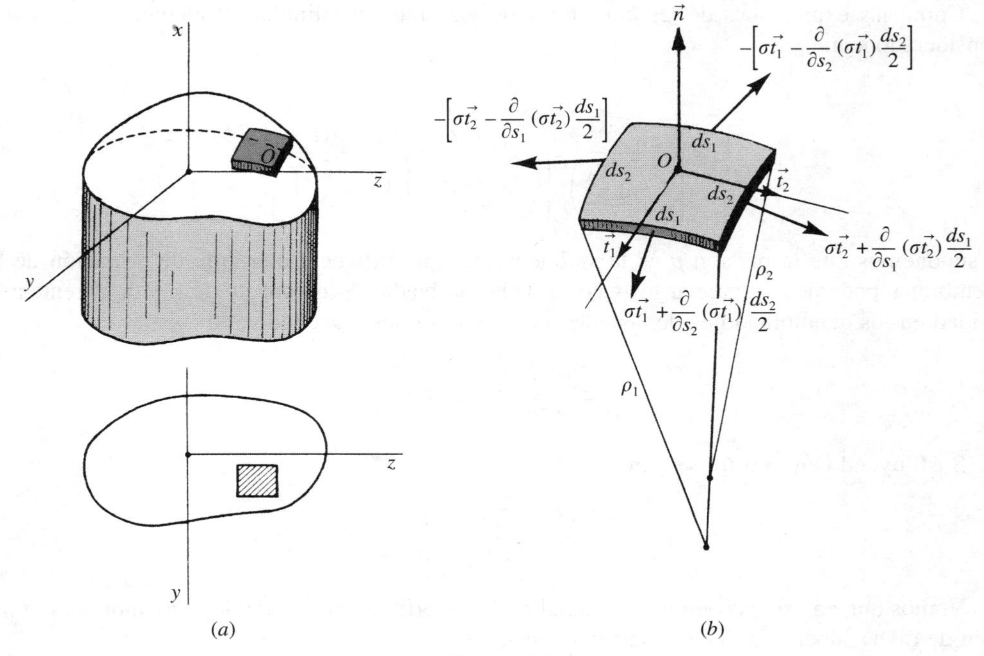

Figura 3.28

Sobre el elemento considerado actuarán las fuerzas debidas a estas tensiones además de la producida por la presión uniforme p, de valor

$$p\, ds_1\, ds_2 \vec{n}$$

Planteando, pues, el equilibrio de fuerzas sobre el elemento superficial, se tiene:

$$\frac{\partial}{\partial s_2}(\sigma \vec{t}_1)\, ds_2\, ds_1 + \frac{\partial}{\partial s_1}(\sigma \vec{t}_2)\, ds_1\, ds_2 + p\, ds_1\, ds_2 \vec{n} = 0 \qquad (3.6\text{-}4)$$

Ahora bien, como σ es constante y por las fórmulas de Frenet

$$\frac{\partial \vec{t}_1}{\partial s_2} = \frac{\vec{n}}{\rho_2} \quad ; \quad \frac{\partial \vec{t}_2}{\partial s_1} = \frac{\vec{n}}{\rho_1} \qquad (3.6\text{-}5)$$

siendo ρ_1, ρ_2 los radios de curvatura de los arcos ds_1 y ds_2, respectivamente, sustituyendo en (3.6-4) y dividiendo por $\sigma\, ds_1\, ds_2$, se tiene:

$$\frac{\vec{n}}{\rho_2} + \frac{\vec{n}}{\rho_1} + \frac{p}{\sigma}\vec{n} = 0$$

o lo que es lo mismo

$$\frac{1}{\rho_2} + \frac{1}{\rho_1} = -\frac{p}{\sigma} \qquad (3.6\text{-}6)$$

Como las expresiones de las curvaturas de los arcos que limitan el elemento superficial considerado son:

$$\frac{1}{\rho_1} = \frac{\dfrac{\partial^2 x}{\partial z^2}}{\left[1 + \left(\dfrac{\partial x}{\partial z}\right)^2\right]^{3/2}} \quad ; \quad \frac{1}{\rho_2} = \frac{\dfrac{\partial^2 x}{\partial y^2}}{\left[1 + \left(\dfrac{\partial x}{\partial y}\right)^2\right]^{3/2}}$$

si suponemos que la presión p es la suficiente para no provocar una gran deformación de la membrana, podemos despreciar los valores de las derivadas de x respecto de y, y de z frente a la unidad en los denominadores de las anteriores expresiones, quedando

$$\frac{1}{\rho_1} \simeq \frac{\partial^2 x}{\partial z^2} \quad ; \quad \frac{1}{\rho_2} \simeq \frac{\partial^2 x}{\partial y^2}$$

Sustituyendo en (3.6-6), se tiene:

$$\frac{\partial^2 x}{\partial y^2} + \frac{\partial^2 x}{\partial z^2} = -\frac{p}{\sigma} \tag{3.6-7}$$

Vemos que en esta ecuación diferencial de la superficie deformada de la membrana la función de dicha superficie tiene laplaciana constante

$$\Delta x = -\frac{p}{\sigma} = \text{constante} \tag{3.6-8}$$

y, además, se verifica en el contorno

$$\frac{dx}{ds} = 0 \tag{3.6-9}$$

ya que la función x se anula en todos los puntos del mismo.

La ecuación diferencial de la superficie de la membrana $x = f(y, z)$ presenta, pues, analogía formal con la función de tensiones Φ en torsión. La relación entre ambas se puede obtener dividiendo las expresiones (3.6-1) y (3.6-8)

$$\Delta\Phi = \frac{2G\theta}{p/\sigma}\,\Delta x \tag{3.6-10}$$

Como $\dfrac{2G\theta}{p/\sigma}$ es constante, de esta expresión se deduce

$$\Phi = \frac{2G\theta}{p/\sigma}\,x \tag{3.6-11}$$

De todo lo expuesto se desprende que la simple observación de la forma de la membrana permite deducir importantes relaciones cualitativas acerca de la distribución de tensiones tangenciales en una sección debidas a la acción de un momento torsor.

Puesto que

$$\tau_{xy} = \frac{\partial \Phi}{\partial z} = \frac{2G\theta}{p/\sigma}\frac{\partial x}{\partial z} \quad ; \quad \tau_{xy} = -\frac{\partial \Phi}{\partial y} = -\frac{2G\theta}{p/\sigma}\frac{\partial x}{\partial y} \tag{3.6-12}$$

las tensiones tangenciales τ_{xy} y τ_{xz} son proporcionales a las pendientes de las curvas que se obtienen al cortar la membrana por planos paralelos a los coordenados xz y xy, respectivamente.

Vimos también que el vector tangencial $\vec{\tau}$ en un punto de la sección es tangente a la línea de nivel del campo escalar $\Phi = \Phi(y, z)$ que pasa por dicho punto. Por consiguiente, la tensión tangencial $\vec{\tau}$ será tangente a la línea de nivel del campo escalar $x = f(y, z)$ que define la configuración de equilibrio de la membrana.

Además, el módulo de la tensión tangencial total en un punto también resulta ser proporcional a la pendiente máxima de la membrana en el punto considerado

$$\tau = |\nabla \Phi| = \frac{2G\theta}{p/\sigma}|\nabla x| = \frac{2G\theta}{p/\sigma}\frac{dx}{dn} \tag{3.6-13}$$

Por tanto, la tensión tangencial será tanto mayor cuanto más cercanas estén las líneas de nivel del campo escalar $x = f(y, z)$ que define la superficie de la membrana.

Según esto, en una elipse, en la que las curvas de nivel son del tipo indicado en la Figura 3.29, la tensión tangencial máxima se presentará en los extremos de los semiejes menores, que son los puntos del contorno más cercanos al centro.

Resumiendo, cuando sea necesario estudiar la distribución de tensiones en una barra rectilínea de sección no circular, independientemente de la forma de la sección, el problema de la torsión de la barra se puede resolver mediante la analogía de la membrana. Dicho método consiste en obtener experimentalmente la superficie de equilibrio de una membrana estirada sobre un contorno de la misma configuración que la sección recta de la barra y solicitada por una presión uniforme. La simple observación de la membrana deformada nos da la siguiente información:

1.º La tensión cortante en un punto de la barra en estudio es proporcional a la pendiente en el punto correspondiente de la membrana estirada.

2.º La dirección de la tensión cortante en un punto es perpendicular a la línea de máxima pendiente de la membrana en ese punto.

3.º El volumen encerrado por la membrana es proporcional al momento torsor que resiste la sección.

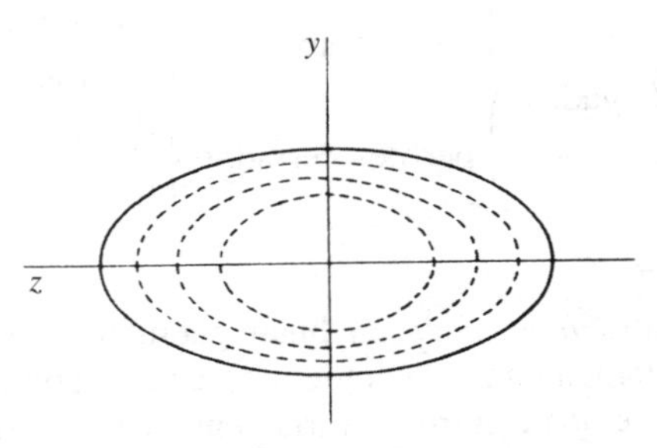

Figura 3.29

3.7. Torsión de perfiles delgados

En construcciones mecánicas se presenta con frecuencia la necesidad de calcular barras de paredes delgadas sometidas a torsión. Diremos que un prisma mecánico o barra es un *perfil delgado* cuando el espesor que presenta su sección recta es muy pequeño en comparación con las otras dimensiones lineales de la misma.

En epígrafes anteriores hemos visto cómo para determinar la distribución de tensiones tangenciales en barras de sección recta no circular ha sido necesario utilizar los métodos matemáticos de la teoría de la Elasticidad, y ya se comprende la complejidad del problema cuando la sección carezca de simetrías. Sin embargo, no es éste el caso de perfiles de pared delgada, en los que mediante ciertas hipótesis simplificativas es posible determinar de forma bastante sencilla la distribución de tensiones con suficiente aproximación para nuestros propósitos.

Así como en una barra de sección circular el ángulo de torsión por unidad de longitud es el cociente entre el momento torsor M_T y el módulo de torsión GI_0, según se deduce de (3.2-7)

$$\theta = \frac{M_T}{GI_0}$$

en una barra de sección no circular, o en un perfil delgado, el ángulo de torsión por unidad de longitud se suele expresar en la forma

$$\theta = \frac{M_T}{GJ}$$

en donde J es el *módulo de torsión o inercia torsional* y el producto GJ se denomina *rigidez a la torsión*.

Solamente cuando la sección es circular, la inercia torsional J es igual al momento de inercia polar de la sección respecto del centro de torsión. En tal caso, el centro de torsión coincide con el centro de gravedad de la sección.

Los perfiles delgados admiten una clasificación, según la forma de la sección recta, que podemos resumir en el siguiente cuadro.

$$\text{Perfiles delgados} \begin{cases} \text{perfiles abiertos} \begin{cases} \text{sin ramificar} \\ \text{ramificados} \end{cases} \\ \text{perfiles cerrados} \begin{cases} \text{de una sola célula} \\ \text{de varias células} \end{cases} \end{cases}$$

En todos ellos llamaremos *línea media* al lugar geométrico de los puntos medios de los espesores en una sección recta. Un punto cualquiera A vendrá definido por su abscisa s medida a partir de un origen 0 que podemos elegir arbitrariamente sobre la línea media.

Estudiemos separadamente los perfiles abiertos y los cerrados.

Perfiles delgados abiertos

Como se acaba de indicar, dentro de éstos distinguiremos perfiles sin ramificar y ramificados.

a) ***Perfiles abiertos sin ramificar*** (Fig. 3.30)

Consideremos el perfil delgado cuya sección es la indicada en la Figura 3.30 sometido a torsión. Si en la sección recta de un tubo de paredes indefinidamente delgadas, de la forma de este perfil, colocamos una membrana y aplicamos una presión uniforme p, como hemos indicado en el epígrafe anterior, la intersección de la membrana deformada con un plano perpendicular a la línea media es una parábola (Fig. 3.31-*a*). Esto nos indica que la tensión tangencial, que es proporcional a la pendiente a la curva deformada, es una función lineal cuyos valores máximos se presentan en los puntos periféricos de la sección recta del perfil y se anula en la línea media (Fig. 3.31-*b*).

La aplicación de la analogía de la membrana nos hace ver también que la deformación del perfil delgado y, por consiguiente, las tensiones cortantes en todo él, apenas dependen de la curvatura del contorno de la sección recta. Quiere esto decir que los resultados, para un perfil como el representado en la Figura 3.30 son los mismos si consideramos recto el contorno de su sección recta, es decir, que a efectos de calcular los valores de la tensión tangencial máxima $\tau_{\text{máx}}$ y el ángulo de torsión por unidad de longitud θ es equivalente considerar un perfil cuya sección sea rectangular de espesor e y longitud s.

Por tanto, podemos aplicar las fórmulas de la Tabla 3.1 para sección rectangular cuando se verifica $\frac{s}{e} > 10$, en la que los coeficientes α y β toman ambos el valor de 1/3.

La tensión tangencial máxima en el perfil delgado, cuya sección recta tiene espesor e constante y cuya línea media tiene longitud s es

$$\tau_{\text{máx}} = \frac{3M_T}{se^2} \tag{3.7-1}$$

En este caso, el ángulo de torsión por unidad de longitud del perfil será

$$\theta = \frac{3M_T}{Gse^3} \tag{3.7-2}$$

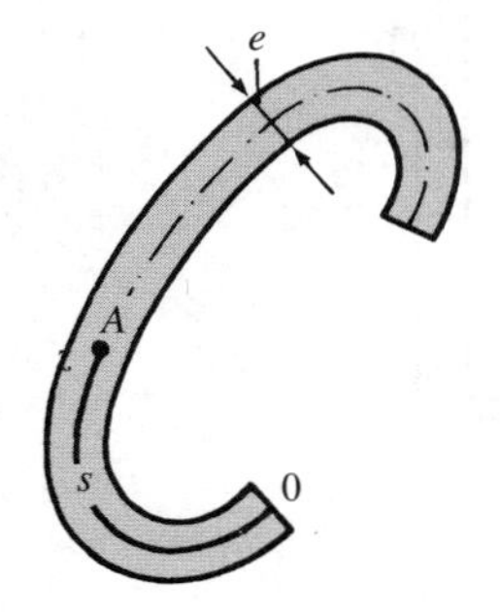

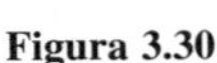

Figura 3.30

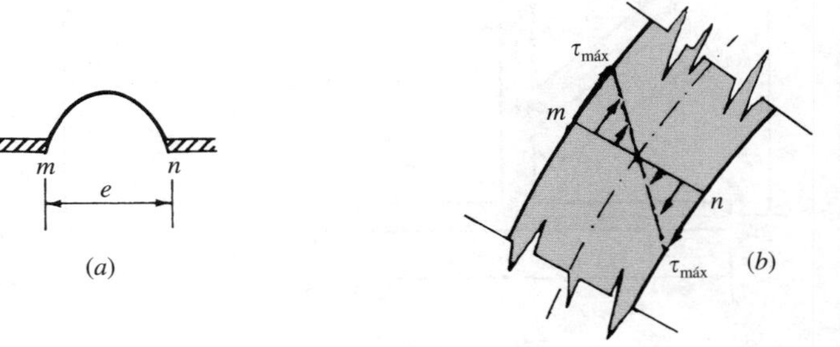

Figura 3.31

b) *Perfiles abiertos ramificados* (Fig. 3.32)

Consideremos ahora un perfil de pequeño espesor abierto ramificado como es alguno de los indicados en la Figura 3.32. El que sea ramificado impide que el perfil pueda ser enderezado para que la sección se transforme en un rectángulo. Si aplicamos la analogía de la membrana, observamos que la deformada de la membrana está formada por superficies cilíndricas de generatrices paralelas a la línea media. Existen, no obstante, puntos en los cuales no se da esta circunstancia, como son los puntos de ramificación y los extremos libres de cada uno de los tramos que forman la sección. Prescindiendo de las perturbaciones que esos puntos producen en la deformación de la membrana, podemos considerar la sección del perfil como formada por n tramos rectangulares de espesores e_i y longitudes s_i. Como suponemos que se verifica la condición de fleje, $\frac{s_i}{e_i} > 10$, es aplicable a cada una de sus partes las fórmulas dadas por la Tabla 3.1 de la tensión tangencial máxima y del ángulo de torsión por unidad de longitud

$$\tau_{\text{máx}\, i} = \frac{3M_{Ti}}{s_i e_i^2} \quad ; \quad \theta = \frac{3M_{Ti}}{G s_i e_i^3} \tag{3.7-3}$$

en donde M_{Ti} es el momento torsor que absorbe la parte de sección rectangular.

Como el momento torsor M_T en la sección es igual a la suma de todos los M_{Ti} y el ángulo de torsión es el mismo para todas las porciones rectangulares del perfil compuesto, de esta expresión se deduce:

$$M_T = \sum_1^n M_{Ti} = \frac{G\theta}{3} \sum_1^n s_i e_i^3 \tag{3.7-4}$$

y de aquí:

$$\theta = \frac{3M_T}{G \sum_1^n s_i e_i^3} \tag{3.7-5}$$

expresión que nos da el valor del ángulo de torsión por unidad de longitud en función del momento torsor y de las características geométricas de la sección.

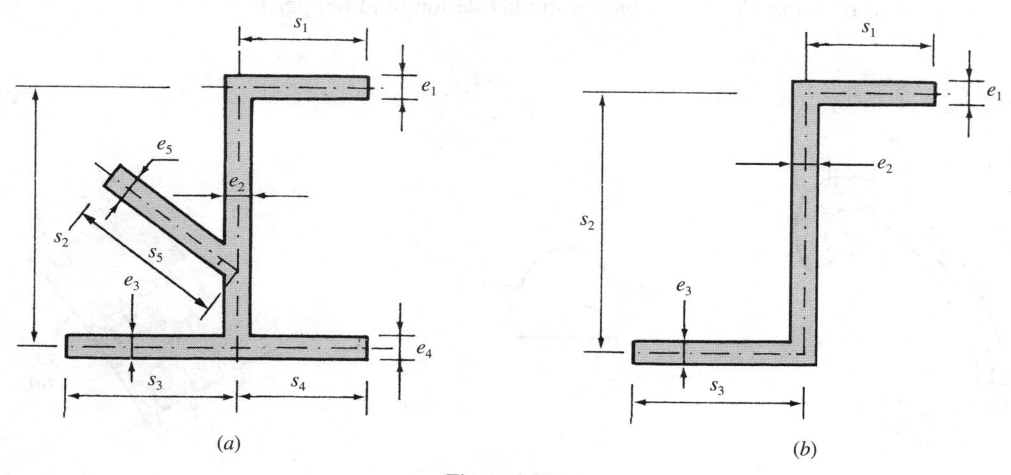

Figura 3.32

Veamos ahora cuál es la expresión de la tensión tangencial en el tramo i en función del espesor e_i. Eliminando M_{Ti} entre las dos ecuaciones (3.7-3), y teniendo en cuenta (3.7-5), se tiene:

$$\tau_{\text{máx}\,i} = \frac{3}{s_i e_i^2} \frac{G s_i e_i^3}{3} \frac{3M_T}{G \sum_1^n s_i e_i^3} = \frac{3M_T}{\sum_1^n s_i e_i^3} e_i \tag{3.7-6}$$

Se deduce que el máximo valor absoluto de la tensión tangencial en la sección del perfil se presenta en el tramo de espesor máximo, por lo que es esperable que cuando aumentamos el valor del momento torsor M_T el perfil rompa por el tramo más grueso y no por el más delgado, como podría dictarnos la intuición

$$\tau_{\text{máx}} = \frac{3M_T}{\sum_1^n s_i e_i^3} e_{\text{máx}} \tag{3.7-7}$$

Ejemplo 3.7.1. El perfil delgado indicado en la Figura 3.33 está sometido a un par torsor constante M_T. Se pide calcular:

1.º La inercia torsional del perfil y de cada tramo.
2.º El módulo resistente a torsión.
3.º Tensión tangencial máxima, indicando en donde se presenta.
4.º El ángulo de torsión por unidad de longitud.

Datos: $s_1 = 100$ mm; $s_2 = 200$ mm; $s_3 = 80$ mm; $e_1 = 10$ mm; $e_2 = 12$ mm; $e_3 = 6$ mm; $M_T = 500$ N · m; $G = 80$ GPa.

1.º Se trata de un perfil delgado ramificado formado por tres ramas rectangulares. De la ecuación (3.7-5) se deduce la rigidez a torsión

$$GJ = \frac{M_T}{\theta} = \frac{G \sum_1^3 s_i e_i^3}{3}$$

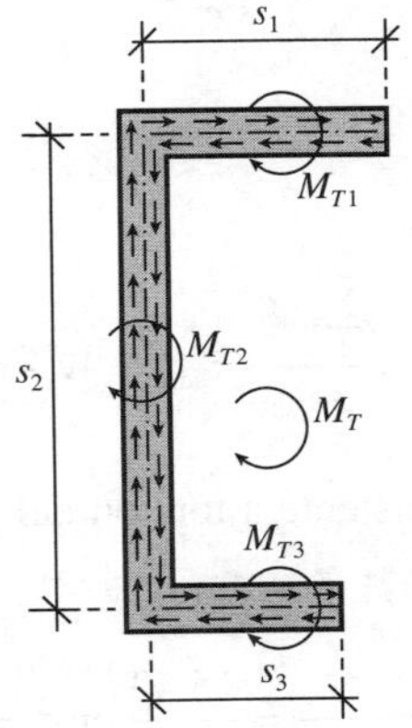

Figura 3.33

y de aquí la inercia torsional del perfil

$$J = \frac{\sum_1^3 s_i e_i^3}{3} = \frac{10 \times 1^3 + 20 \times 1{,}2^3 + 8 \times 0{,}6^3}{3} \text{ cm}^4 = 15{,}43 \text{ cm}^4$$

Para el cálculo de la inercia torsional de cada tramo tendremos en cuenta que el ángulo de torsión es el mismo para todas las porciones rectangulares que componen el perfil

$$\theta = \frac{M_T}{GJ} = \frac{M_{Ti}}{GJ_i}$$

y como, en virtud de (3.7-3)

$$M_{Ti} = \frac{G s_i e_i^3}{3} \theta \quad \Rightarrow \quad J_i = \frac{M_{Ti}}{G\theta} = \frac{s_i e_i^3}{3}$$

Las inercias torsionales de cada tramo serán:

$$J_1 = \frac{s_1 e_1^3}{3} = \frac{10}{3} \text{ cm}^4 = 3{,}33 \text{ cm}^4$$

$$J_2 = \frac{s_2 e_2^3}{3} = \frac{20 \times 1{,}2^3}{3} \text{ cm}^4 = 11{,}52 \text{ cm}^4$$

$$J_3 = \frac{s_3 e_3^3}{3} = \frac{8 \times 0{,}6^3}{3} \text{ cm}^4 = 0{,}58 \text{ cm}^4$$

2.º Sabemos que en un perfil ramificado la tensión de cortadura máxima se presenta en el tramo de mayor espesor

$$\tau_{\text{máx}} = \frac{3M_T}{\sum_1^3 s_i e_i^3} e_{\text{máx}} \leqslant \tau_{\text{adm}}$$

De esta expresión se deduce

$$M_T \leqslant \frac{\sum_1^3 s_i e_i^3}{3e_{\text{máx}}} \tau_{\text{adm}} = W \cdot \tau_{\text{adm}}$$

De aquí obtenemos el módulo resistente a torsión del perfil

$$W = \frac{\sum_1^3 s_i e_i^3}{3e_{\text{máx}}} = \frac{J}{e_{\text{máx}}} = \frac{15{,}43}{1{,}2} \text{ cm}^3 = 12{,}86 \text{ cm}^3$$

3.º La tensión de cortadura máxima se presenta en los puntos periféricos del tramo de mayor espesor. Su valor viene dado por la expresión (3.7-7)

$$\tau_{\text{máx}} = \frac{3M_T}{\sum_1^3 s_i e_i^3} e_{\text{máx}} = \frac{M_T}{J} e_{\text{máx}} = \frac{500 \times 10^2}{15{,}43} 1{,}2 = 3.888{,}53 \text{ N/cm}^2$$

o bien

$$\tau_{\text{máx}} = 38{,}9 \text{ MPa}$$

4.º El ángulo de torsión por unidad de longitud será

$$\theta = \frac{M_T}{GJ} = \frac{500}{80 \times 10^9 \times 15{,}43 \times 10^{-8}} \text{ rad/m} = 4{,}05 \times 10^{-2} \text{ rad/m}$$

c) *Perfiles delgados cerrados de una sola célula*

Consideremos ahora un perfil delgado cuya sección recta sea cerrada de una sola célula (Fig. 3.34-*a*). En este tipo de secciones es necesario hacer una observación respecto a la aplicación de la analogía de la membrana.

Si aplicamos la membrana como se indica en la Figura 3.34-*a*, la aplicación de la analogía de esta manera presenta la dificultad de no verificar la deformada la condición

$$\frac{dx}{ds} = 0$$

en todos los puntos del contorno interior c_2, aunque se verifique en el contorno exterior c_1, y se verifique también la otra condición

$$\Delta x = \text{constante}$$

siendo $x = x(y, z)$ la ecuación de la deformada de la membrana.

Por eso la analogía de la membrana descrita para perfiles abiertos se modifica en el caso de perfiles cerrados mediante el artificio indicado en la Figura 3.34-*b*. Se cubre el hueco limitado por el contorno c_2 con una placa plana perfectamente rígida unida a la membrana, de superficie igual a la limitada por c_1 y c_2, de tal forma que al aplicar la presión p la placa se mueve paralelamente a sí misma.

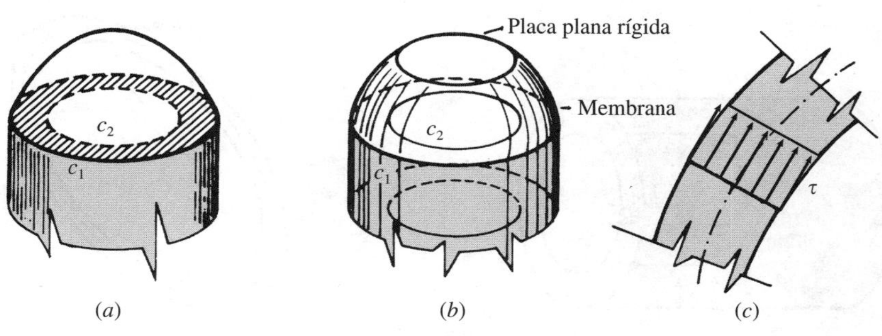

Figura 3.34

De la observación de la deformada, utilizando el artificio descrito, se deduce que en los perfiles delgados de una sola célula sometidos a torsión, la distribución de tensiones tangenciales a lo largo del segmento perpendicular a la línea media del perfil, es aproximadamente uniforme (Fig. 3.34-*c*).

Según esto, sean τ_1 y τ_2 las tensiones tangenciales en los puntos 1 y 2 (Fig. 3.35), en los que el perfil presenta espesores e_1 y e_2, respectivamente. Sobre las caras de un prisma elemental (representado en la misma figura) paralelas al eje del perfil, actúan tensiones rasantes, iguales a las tangenciales que actúan sobre las caras contenidas en planos normales al eje del perfil, en virtud de la propiedad de reciprocidad de las tensiones tangenciales.

La condición de equilibrio de este prisma elemental exige que la proyección de las fuerzas que actúan sobre el mismo en la dirección del eje del perfil ha de ser nula

$$\tau_1 e_1\, dx - \tau_2 e_2\, dx = 0$$

de donde se deduce, al haber tomado los puntos 1 y 2 de forma totalmente arbitraria, que

$$t = \tau e = \text{constante}$$

Esto indica que el *flujo de cortadura* $t = \tau e$ se mantiene constante a lo largo de todo el contorno cerrado, presentándose la tensión tangencial máxima en los puntos de espesor mínimo.

Para calcular el valor de la tensión tangencial τ veamos cuál es la expresión del momento torsor en función de ésta. Como el momento es independiente del punto (por tratarse de torsión pura) tomaremos un punto O arbitrario (Fig. 3.36)

$$M_T = \int_\gamma \tau e a\, ds = \tau e \int_\gamma a\, ds \tag{3.7-8}$$

siendo γ la línea media del contorno del perfil.

Ahora bien:

$$\int_\gamma a\, ds = 2\Omega^* \tag{3.7-9}$$

es el doble del área Ω^* delimitada por la línea media γ.

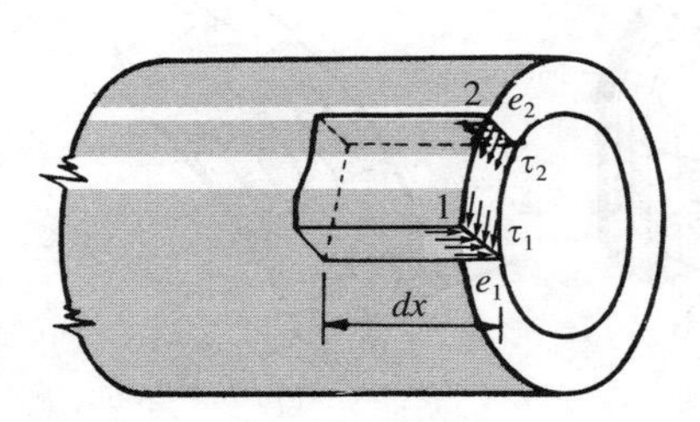

Figura 3.35

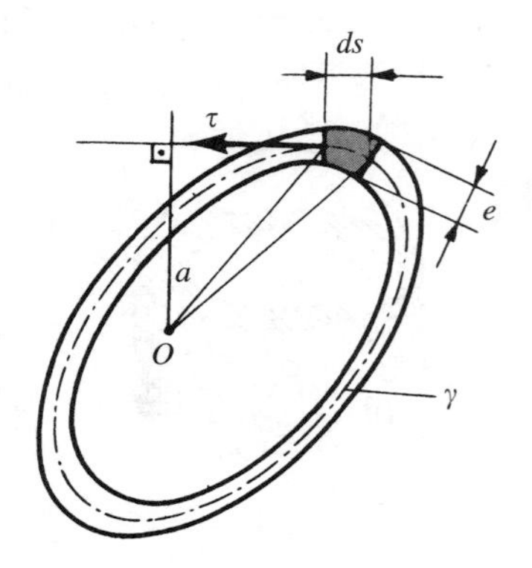

Figura 3.36

Por tanto, el valor de la tensión deducida en (3.7-8) es:

$$\tau = \frac{M_T}{2\Omega^* e} \tag{3.7-10}$$

expresión que se denomina *fórmula de Bredt* y que nos da la tensión tangencial en los puntos de la sección recta de un perfil delgado cerrado, de una sola célula, sometido a torsión.

Si el espesor es variable, la tensión tangencial máxima se presentará en los puntos del segmento correspondiente al mínimo espesor.

$$\tau_{\text{máx}} = \frac{M_T}{2\Omega^* e_{\text{mín}}} \tag{3.7-11}$$

Para el cálculo del ángulo de torsión por unidad de longitud, θ, consideremos la expresión del potencial interno de una rebanada de perfil limitada por dos secciones rectas separadas una distancia dx

$$d\mathcal{T} = \int_\gamma \frac{\tau^2}{2G}\, e\, ds\, dx$$

Para el perfil de longitud l, el potencial interno será

$$\mathcal{T} = \frac{l}{2G}\int_\gamma \tau^2 e\, ds = \frac{l\tau^2 e^2}{2G}\int_\gamma \frac{ds}{e} \tag{3.7-12}$$

y como $\tau e = \dfrac{M_T}{2\Omega^*}$, esta expresión toma la forma

$$\mathcal{T} = \frac{lM_T^2}{8G\Omega^{*2}}\int_\gamma \frac{ds}{e} \tag{3.7-13}$$

El valor de la integral que aquí aparece depende de cómo varíe el espesor a lo largo del contorno γ, es decir, es una característica geométrica de la sección.

Por otra parte, podemos expresar el potencial interno en función del momento torsor M_T y del ángulo de torsión $\phi = \theta l$, ya que θ es el ángulo de torsión por unidad de longitud

$$\mathcal{T} = \frac{1}{2} M_T \phi = \frac{1}{2} M_T \theta l \tag{3.7-14}$$

Igualando las expresiones (3.7-13) y (3.7-14), se obtiene finalmente:

$$\theta = \frac{2\mathcal{T}}{M_T l} = \frac{M_T}{4G\Omega^{*2}}\int_\gamma \frac{ds}{e} \tag{3.7-15}$$

Ejemplo 3.7.2. Un perfil delgado de aluminio de longitud $l = 3$ m, cuya sección recta es la indicada en la Figura 3.37, está sometido a un par torsor $M_T = 2$ kN · m. Sabiendo que el módulo de elasticidad transversal del aluminio es $G = 28$ GPa, calcular en MPa la tensión máxima de cortadura, así como el giro relativo entre las secciones extremas debido a la torsión.

Por tratarse de un perfil delgado cerrado, sabemos que la tensión tangencial es constante en los puntos de una perpendicular a la línea media de la sección recta del perfil, y su valor viene dado por la fórmula de Bredt

$$\tau = \frac{M_T}{2\Omega^* e}$$

siendo Ω^* el área encerrada por la línea media. La tensión máxima de cortadura corresponderá a los puntos de menor espesor, es decir, a los puntos de la parte curva de la sección recta.

Como

$$\Omega^* \simeq \frac{\pi r^2}{4} = \frac{\pi \times 9{,}7^2}{4} \text{ cm}^2 = 73{,}86 \text{ cm}^2$$

la tensión máxima de cortadura será

$$\tau_{\text{máx}} = \frac{M_T}{2\Omega^* e_{\text{mín}}} = \frac{2 \times 10^3}{2 \times 73{,}86 \times 10^{-4} \times 2 \times 10^{-3}} \text{ Pa} = 67{,}7 \text{ MPa}$$

Para el cálculo del ángulo de torsión aplicaremos la fórmula (3.7-15)

$$\phi = \theta l = \frac{M_T l}{4G\Omega^{*2}} \int_\gamma \frac{ds}{e}$$

Como

$$\int_\gamma \frac{ds}{e} \simeq 2\,\frac{97}{4} + \frac{1}{2}\,\frac{1}{4}\,2\pi \times 97 = 124{,}68$$

el giro relativo, en grados, entre las secciones extremas del perfil considerado es

$$\phi = \frac{2 \times 10^3 \times 3 \times 124{,}68}{4 \times 28 \times 10^9 \times 73{,}86^2 \times 10^{-8}}\,\frac{180}{\pi} = 7{,}02°$$

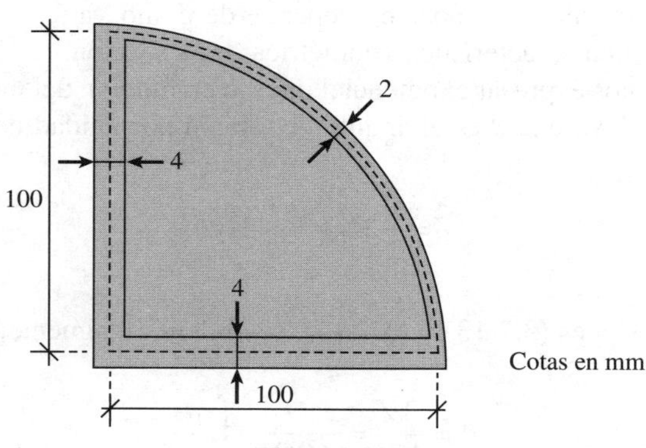

Figura 3.37

Ejemplo 3.7.3. Los dos perfiles representados en la Figura 3.38 están sometidos en sus secciones extremas a pares torsores iguales. Los dos perfiles tienen la misma sección pero se diferencian en que uno es abierto y el otro cerrado. Conociendo las dimensiones: $a = 2$ mm; $e = 4$ mm; $b = 6$ cm; $h = 10$ cm, se pide hacer un estudio comparativo de la resistencia y rigidez de ambos perfiles.

Para comparar la resistencia y la rigidez de los dos perfiles calcularemos la tensión tangencial máxima y el ángulo de torsión por unidad de longitud en cada uno de ellos.

El perfil abierto, como tiene tramos de distinto espesor, se considera como ramificado. Para el cálculo de la tensión máxima de cortadura le es de aplicación la fórmula (3.7-7)

$$\tau_{\text{máx } a} = \frac{3M_T}{\Sigma s_i e_i^3} e_{\text{máx}} = \frac{3M_T}{(10 - 0{,}2)0{,}4^3 + (10 - 0{,}2)0{,}2^3 + 2(6 - 0{,}2 - 0{,}1)0{,}2^3} 0{,}4 = \frac{1{,}2M_T}{0{,}7968} = 1{,}506M_T$$

Para el cálculo del ángulo de torsión por unidad de longitud en el perfil abierto aplicaremos la expresión (3.7-5)

$$\theta_a = \frac{3M_T}{G\Sigma s_i e_i^3} = \frac{3M_T}{0{,}7968G} = 3{,}765 \frac{M_T}{G}$$

En el perfil cerrado, la tensión $\tau_{\text{máx } c}$ se presenta en los puntos periféricos de los tramos de menor espesor, esto es, en los puntos de los tres tramos de espesor $a = 2$ mm. Su valor viene dado por la fórmula de Bredt

$$\tau_{\text{máx } c} = \frac{M_T}{2\Omega^* e_{\text{mín}}} = \frac{M_T}{2(10 - 0{,}2)(6 - 0{,}2 - 0{,}1)0{,}2} = 0{,}0447M_T$$

En la Figura 3.38-*a* se representan las tensiones tangenciales en ambos perfiles.

En cuanto al cálculo del ángulo de torsión en el perfil cerrado aplicamos la fórmula (3.7-15)

$$\theta_c = \frac{M_T}{4G\Omega^{*2}} \int_\gamma \frac{ds}{e}$$

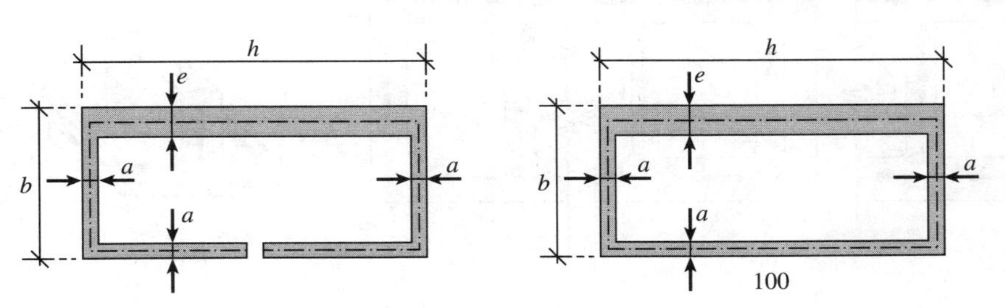

Figura 3.38

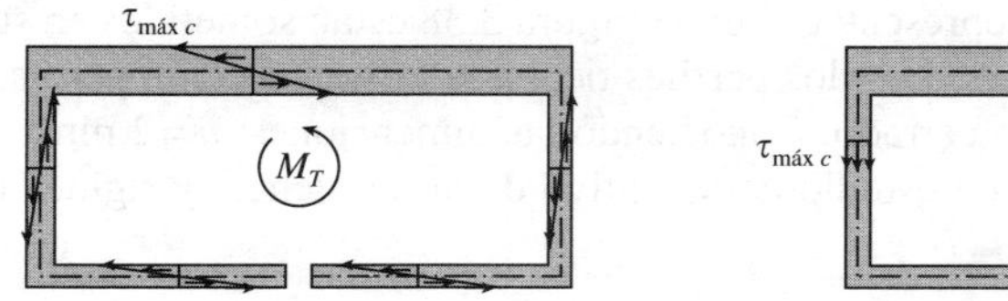

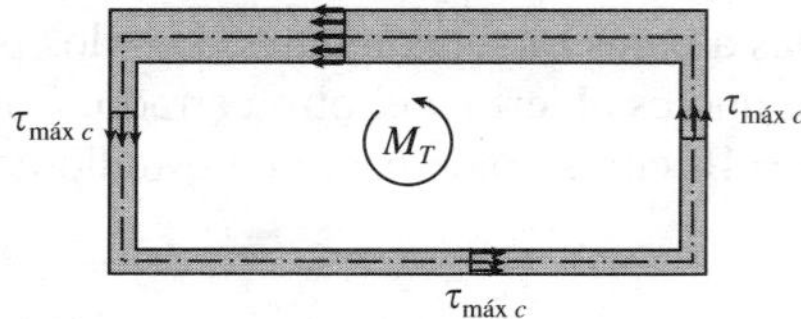

Figura 3.38-*a*

Como

$$\Omega^* = \left(b - \frac{e}{2} - \frac{a}{2}\right)(h - a) = (6 - 0{,}2 - 0{,}1)(10 - 0{,}2) = 55{,}86 \text{ cm}^2$$

y

$$\int_\gamma \frac{ds}{e} = \frac{h - a}{e} + 2\left(b - \frac{e}{2} - \frac{a}{2}\right) + \frac{h - a}{a} = \frac{9{,}8}{0{,}4} + 2 \times 5{,}7 + \frac{9{,}8}{0{,}2} = 84{,}9$$

sustituyendo valores, se tiene

$$\theta_c = \frac{M_T}{4G \times 55{,}86^2}\, 84{,}9 = 0{,}0068\, \frac{M_T}{G}$$

La relación entre las tensiones tangenciales máximas es

$$\frac{\tau_{\text{máx}\,a}}{\tau_{\text{máx}\,c}} = \frac{1{,}506}{0{,}0447} = 33{,}69$$

y entre los ángulos de torsión por unidad de longitud

$$\frac{\theta_a}{\theta_c} = \frac{3{,}765}{0{,}0068} = 553{,}68$$

Estas relaciones nos indican que el perfil cerrado es 33,69 veces más resistente y 553,68 veces más rígido que el perfil abierto.

tubos rectangulares huecos.

d) ***Perfiles delgados cerrados de varias células***

Consideremos ahora un perfil cerrado cuya sección es multicelular, como la indicada en la Figura 3.39-*a*, sometida a un momento torsor M_T.

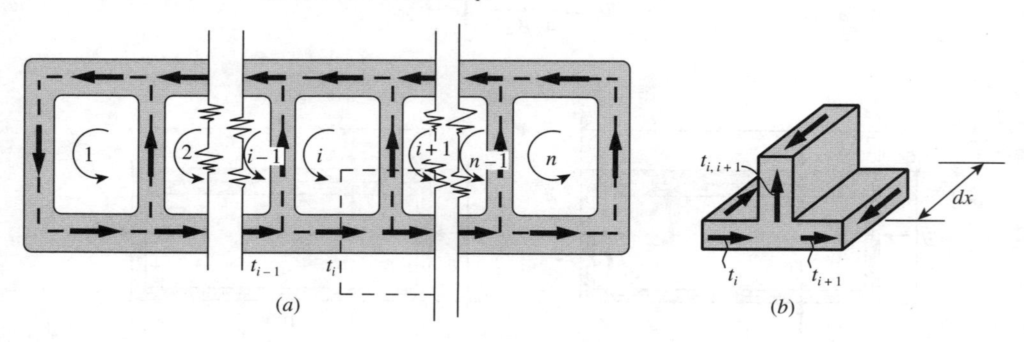

Figura 3.39

Cada célula es un perfil cerrado. Llamemos t_i al flujo de cortadura en las paredes que rodean a la celdilla i, y t_{ij} el flujo de cortadura en la pared común a las celdillas i y j. Realizando el corte alrededor del nudo, indicado en la Figura 3.39-*b*, y planteando el equilibrio en la dirección longitudinal del perfil:

$$t_i\,dx - t_{i+1}\,dx - t_{i,i+1}\,dx = 0 \qquad (3.7\text{-}16)$$

se obtiene la ecuación de continuidad del flujo

$$t_{i,i+1} = t_i - t_{i+1} \qquad (3.7\text{-}17)$$

que nos permite obtener los flujos de cortadura en las paredes entre celdillas.

En una sección cerrada como la indicada, son incógnitas los flujos de cortadura $t_1, t_2, ..., t_n$ en las paredes superior e inferior, pues los flujos de cortadura en las paredes intercelulares están determinados en función de éstos, en virtud de (3.7-17).

Para formular la ecuación de equilibrio de la Estática expresaremos que la suma de los momentos torsores M_{Ti} a que están sometidas todas las células es igual al momento torsor aplicado a la sección

$$M_T = \sum_1^n M_{Ti}$$

Como cada momento M_{Ti} se puede expresar en función del flujo de cortadura de la celdilla correspondiente, en virtud de la fórmula de Bredt

$$\tau_i = \frac{M_{Ti}}{2\Omega_i^* e_i} \quad \Rightarrow \quad M_{Ti} = 2t_i\Omega_i^*$$

siendo Ω_i^* el área encerrada por la línea media de la celdilla i, la ecuación de equilibrio toma la forma

$$M_T = 2t_1\Omega_1^* + 2t_2\Omega_2^* + \cdots + 2t_n\Omega_n^* \qquad (3.7\text{-}18)$$

Como es sólo una la ecuación de equilibrio y n el número de incógnitas —los flujos de cortadura t_i— el problema es de grado de hiperestaticidad $n - 1$. Por tanto, para poder calcular los flujos de cortadura se necesitan $n - 1$ ecuaciones complementarias, que se tienen que obtener considerando la deformación de la sección recta.

Se obtienen estas $n - 1$ ecuaciones expresando la condición de girar todas las celdillas el mismo ángulo de torsión por unidad de longitud

$$\theta_1 = \theta_2 = \cdots = \theta_n \qquad (3.7\text{-}19)$$

Ahora bien, en un perfil cerrado el ángulo de torsión se puede expresar en función del flujo de cortadura, ya que $M_T = 2t\Omega^*$, en virtud de la fórmula de Bredt. La espresión (3.7-15) toma entonces la siguiente forma

$$\theta = \frac{M_T}{4G\Omega^{*2}}\int_\gamma \frac{ds}{e} = \frac{t}{2G\Omega^*}\int_\gamma \frac{ds}{e} \qquad (3.7\text{-}20)$$

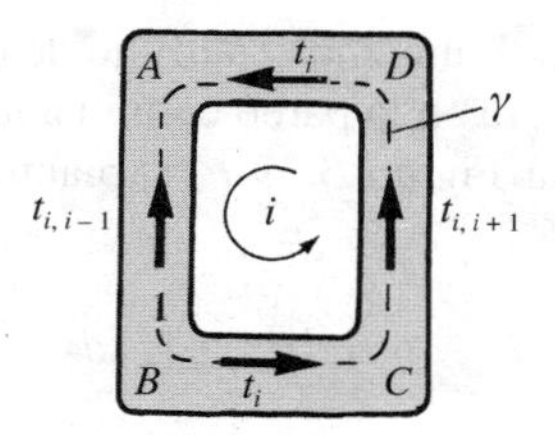

Figura 3.40

Aplicando esta expresión a la celdilla i (Fig. 3.40) de línea media γ, se tiene:

$$\theta_i = \frac{1}{2G\Omega_i^*}\left(-t_{i-1,i}\int_A^B \frac{ds}{e} + t_i\int_B^C \frac{ds}{e} + t_{i,i+1}\int_C^D \frac{ds}{e} + t_i\int_D^A \frac{ds}{e}\right) =$$

$$= \frac{1}{2G\Omega_i^*}\left[-(t_{i-1} - t_i)\int_A^B \frac{ds}{e} + t_i\int_B^C \frac{ds}{e} + (t_i - t_{i+1})\int_C^D \frac{ds}{e} + t_i\int_D^A \frac{ds}{e}\right]$$

Simplificando, se obtiene:

$$\theta_i = \frac{1}{2G\Omega_i^*}\left(-t_{i-1}\int_A^B \frac{ds}{e} + t_i\int_\gamma \frac{ds}{e} - t_{i+1}\int_C^D \frac{ds}{e}\right) \qquad (3.7\text{-}21)$$

El sistema de ecuaciones formado por la ecuación (3.7-18) y las $n - 1$ (3.7-19) permite obtener los flujos de cortadura $t_1, t_2, ..., t_n$. Una vez obtenidos éstos, se determina el valor del ángulo de torsión por unidad de longitud aplicando (3.7-21).

Finalmente, si GJ es la rigidez de la sección multicelular y GJ_i es la correspondiente a la celdilla i, de las expresiones

$$\left.\begin{aligned} \theta &= \frac{M_T}{GJ} \\ \theta_i &= \frac{M_{Ti}}{GJ_i} \end{aligned}\right\} \quad \frac{M_T}{GJ} = \frac{M_{Ti}}{GJ_i} = \frac{\Sigma M_{Ti}}{\Sigma GJ_i} \qquad (3.7\text{-}22)$$

se deduce

$$GJ = \Sigma GJ_i \qquad (3.7\text{-}23)$$

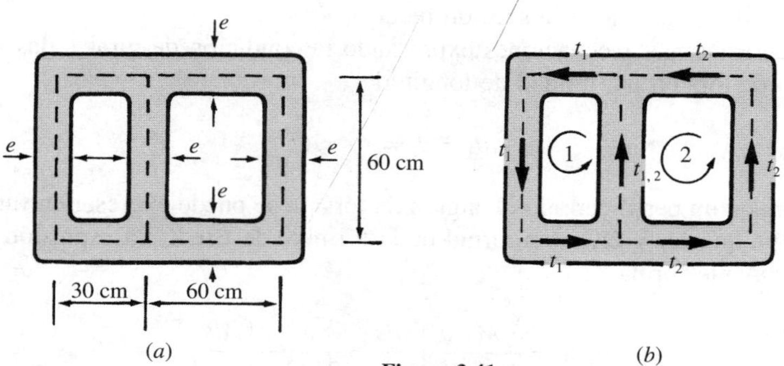

(*a*) (*b*)

Figura 3.41

es decir, la rigidez de la sección total es igual a la suma de las rigideces de cada una de las celdillas que la componen.

Ejemplo 3.7.4. Las paredes del perfil delgado cuya sección es la indicada en la Figura 3.41-*a* tiene espesor constante $e = 1$ cm. El perfil está sometido a un momento torsor $M_T = 8$ m·t en sentido antihorario. Conociendo el módulo de elasticidad transversal del material $G = 41$ GPa, se pide:

1.° Hallar la distribución de tensiones tangenciales en la sección del perfil.
2.° Calcular la rigidez a torsión del perfil.

1.° Aplicando la ecuación (3.7-21) obtenemos los ángulos de torsión por unidad de longitud, correspondientes a cada una de las células que forman la sección, en función de los flujos de cortadura (Fig. 3.41-*b*)

$$\theta_1 = \frac{1}{2G \times 30 \times 60}\left(t_1 \frac{180}{e} - t_2 \frac{60}{e}\right) = \frac{3t_1 - t_2}{60Ge}$$

$$\theta_2 = \frac{1}{2G \times 60 \times 60}\left(-t_1 \frac{60}{e} + t_2 \frac{240}{e}\right) = \frac{-t_1 + 4t_2}{120Ge}$$

Como los ángulos de torsión por unidad de longitud de ambas células tienen que ser iguales

$$\theta_1 = \theta_2 \quad \Rightarrow \quad \frac{3t_1 - t_2}{60Ge} = \frac{-t_1 + 4t_2}{120Ge}$$

de donde

$$t_2 = \frac{7}{6} t_1$$

Por otra parte, de la expresión (3.7-18) que expresa la equivalencia entre el momento torsor y los flujos cortantes de la sección, se tiene la ecuación

$$M_T = 2t_1(60 \times 30) + 2t_2(60 \times 60) = 3.600t_1 + 7.200t_2 = 12 \times 10^3 t_1$$

que junto con la anterior relación entre t_1 y t_2 forman un sistema de dos ecuaciones con dos incógnitas, cuyas soluciones son:

$$t_1 = \frac{M_T}{12 \times 10^3} \quad ; \quad t_2 = \frac{7M_T}{72 \times 10^3}$$

Sustituyendo el valor de M_T, obtenemos

$$t_1 = \frac{8 \times 10^3 \times 9{,}8}{12 \times 10^3 \times 10^{-4}} \frac{\text{N}}{\text{m}} = 65.334 \frac{\text{N}}{\text{m}}$$

$$t_2 = \frac{7 \times 8 \times 10^3 \times 9{,}8}{72 \times 10^3 \times 10^{-4}} \frac{\text{N}}{\text{m}} = 76.223 \frac{\text{N}}{\text{m}}$$

El flujo de cortadura en la pared común, según (3.7-17), es

$$t_{1,2} = t_1 - t_2 = -10.889 \frac{\text{N}}{\text{m}}$$

El signo negativo que el flujo de cortadura tiene sentido contrario al supuesto y, por tanto, la tensión tangencial τ

$$\tau_1 = \frac{t_1}{e} = \frac{65.334}{0,01}\ \frac{\text{N}}{\text{m}^2} = 6,5 \text{ MPa}$$

$$\tau_2 = \frac{t_2}{e} = \frac{76.223}{0,01}\ \frac{\text{N}}{\text{m}^2} = 7,6 \text{ MPa}$$

$$\tau_{1,2} = \frac{t_{1,2}}{e} = -\frac{10.889}{0,01}\ \frac{\text{N}}{\text{m}^2} = -1,1 \text{ MPa}$$

2.º La rigidez a la torsión, por definición, es

$$K = GJ = \frac{M_T}{\theta}$$

Como

$$M_T = 8 \text{ m} \cdot \text{t} = 8 \times 10^3 \times 9,8 \text{ m} \cdot \text{N} = 78.400 \text{ m} \cdot \text{N}$$

$$\theta = \theta_1 = \frac{3t_1 - t_2}{60Ge} = \frac{3 \times 65.334 - 76.223}{60 \times 41 \times 10^9 \times 1 \times 10^{-4}} \text{ rad/m} = 4,86 \times 10^{-4} \text{ rad/m}$$

Sustituyendo valores, se tiene

$$K = \frac{78.400}{4,86 \times 10^{-4}} \text{ m}^2 \cdot \text{N} = 1,61 \times 10^8 \text{ m}^2 \cdot \text{N}$$

EJERCICIOS

III.1. Dimensionar un eje cuyo esquema es el indicado en la Figura III.1-*a*, sabiendo que las poleas *A* y *C* son motrices, de potencias $N_1 = 3$ CV y $N_3 = 6$ CV, respectivamente, y que las *B* y *D*, mediante correas accionan una fresadora y un torno, de potencias $N_2 = 4$ CV y $N_4 = 5$ CV, respectivamente. La velocidad angular del eje es $n = 200$ rpm y la tensión máxima admisible $\tau_{adm} = 700$ kp/cm². Se supondrá que existe el número de apoyos, de rozamiento despreciable, necesarios para no considerar el efecto del momento flector.

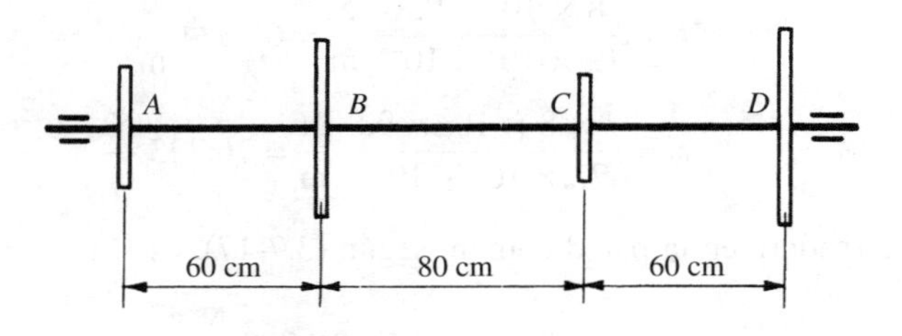

Figura III.1-*a*

La potencia transmitida por una polea es igual al producto del momento M_T por la velocidad angular ω

$$M_T \cdot \omega = 75N \text{ m} \cdot \text{kp/seg}$$

en donde N es la potencia en CV, M_T viene expresada en m · kp y ω en radianes/seg.

Si la velocidad angular se expresa en rpm

$$M_T \cdot \frac{2\pi n}{60} = 75N$$

de donde:

$$M_T = \frac{2.250}{\pi n} N \text{ m} \cdot \text{kp} = \frac{225.000}{\pi n} N \text{ cm} \cdot \text{kp}$$

Ahora bien, el momento torsor M_T está relacionado con la τ_{adm} por medio del módulo resistente

$$M_T = W \cdot \tau_{\text{adm}} = \frac{\pi R^3}{2} \tau_{\text{adm}}$$

Si τ_{adm} viene expresada en kp/cm^2, R vendrá dado en cm.

Igualando las dos últimas expresiones

$$\frac{\pi R^3}{2} \tau_{\text{adm}} = \frac{225.000}{3,14} \frac{N}{n}$$

de donde:

$$R = \sqrt[3]{\frac{450.000}{3,14^2} \frac{N}{n\tau_{\text{adm}}}} \text{ cm} = 35,72 \sqrt[3]{\frac{N}{n\tau_{\text{adm}}}} \text{ cm}$$

Apliquemos este resultado al árbol de la Figura III.1-*a*. De la relación:

$$M_T = \frac{2.250}{3,14n} N \text{ m} \cdot \text{kp}$$

resulta que la potencia que transmite el eje es proporcional al momento torsor.

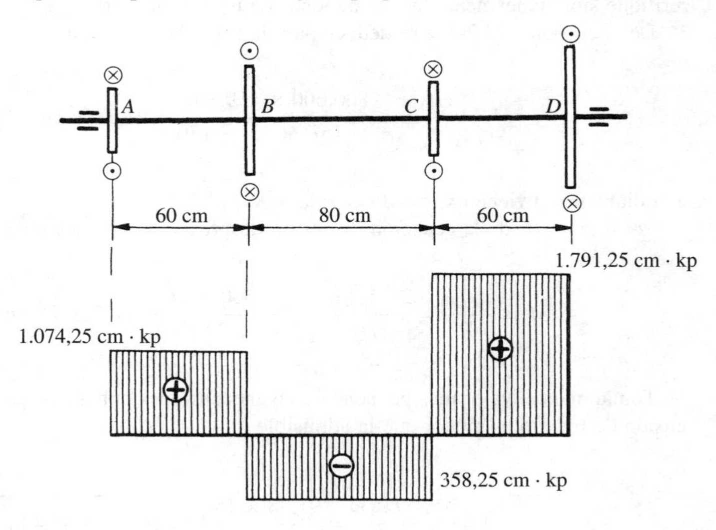

Figura III.1-*b*

Haciendo n = 200 rpm, queda:

$$M_T = \frac{2.250}{3{,}14 \times 200} N \text{ m} \cdot \text{kp} = 358{,}25N \text{ cm} \cdot \text{kp}$$

de donde se deduce el diagrama de momentos torsores en la Figura III.1-*b*.

El momento torsor máximo en valor absoluto $M_{T\text{máx}}$ = 1.791,25 cm · kp corresponde a la porción de eje *CD* que tiene que transmitir una potencia N = 5 CV. Sustituyendo este valor en la fórmula que se ha obtenido anteriormente, se tiene:

$$R = 35{,}72 \sqrt[3]{\frac{5}{200 \times 700}} \text{ cm} = 1{,}2 \text{ cm}$$

es decir, el diámetro mínimo que tiene que tener el eje para transmitir las potencias indicadas es

$$\boxed{D = 24 \text{ mm}}$$

III.2. Un eje debe transmitir una potencia de N = 700 CV a n = 180 rpm. Sabiendo que las condiciones de trabajo de un eje que transmite potencia son que el ángulo de torsión no debe ser superior a un grado en una longitud de 15 veces el diámetro, y que la tensión admisible es τ_{adm} = 600 kp/cm², se pide:

1.° Determinar la tensión cortante máxima.
2.° Calcular el diámetro mínimo del eje.

El módulo de elasticidad transversal es G = 800.000 kp/cm².

1.° Veamos cuál es el momento torsor máximo a que puede estar sometido el eje para que verifique simultáneamente las condiciones de trabajo indicadas.

De la ecuación (3.2-12) se deduce para la primera condición:

$$M_T = \frac{GI_0}{l} \phi \leqslant \frac{800.000 \times \pi D^4}{15D \times 32} \frac{\pi}{180} = 91{,}38D^3 \text{ cm} \cdot \text{kp}$$

si el diámetro D viene expresado en cm.

Por otra parte, de la ecuación (3.2-9) se desprende para la segunda condición

$$M_T \leqslant \frac{\tau_{adm} I_0}{R} = \frac{2 \cdot \tau_{adm} I_0}{D} = \frac{2 \times 600 \times \pi D^4}{D32} = 117{,}81D^3 \text{ cm} \cdot \text{kp}$$

Tomaremos el valor más pequeño de las inecuaciones obtenidas, que nos asegura que la tensión de trabajo es menor que la admisible

$$\boxed{\tau_{máx}} = \frac{91{,}38D^3}{\pi D^4/32} \frac{D}{2} = \frac{91{,}38 \times 16}{\pi} \text{ kp/cm}^2 = \boxed{465{,}4 \text{ kp/cm}^2}$$

2.º La expresión de la potencia N en función del momento torsor es:

$$N = \omega \cdot M_T$$

siendo ω la velocidad angular en rad/seg. Si M_T se expresa en m · kp la potencia viene dada en kp · m/seg.

Si ω se expresa en revoluciones por minuto y la potencia en CV, esta expresión se convierte en:

$$N = \frac{2\pi n}{60} \frac{M_T}{75} = \frac{\pi \cdot 180 \cdot M_T}{2.250} = 700 \text{ CV}$$

de donde:

$$M_T = \frac{700 \times 2.250}{\pi \cdot 180} = 2.785{,}21 \text{ m} \cdot \text{kp}$$

y como

$$M_T = 91{,}38 D^3 \text{ cm} \cdot \text{kp}$$

tenemos:

$$D^3 = \frac{278.521}{91{,}38} = 3.047{,}9 \text{ cm}^3$$

$$\boxed{D} = \sqrt[3]{3.047{,}9} \text{ cm} = \boxed{145 \text{ mm}}$$

III.3. Un eje que debe transmitir una potencia de 300 kW está formado por dos tramos de distinto material, rígidamente unidos entre sí: el primero, macizo, es de una aleación que tiene de diámetro D = 6 cm; el segundo, tubular de acero, tiene el mismo diámetro exterior que el primer tramo. Sabiendo que las tensiones de cortadura admisibles en la aleación y en el acero son $\tau_{adm\,1}$ = 600 kp/cm², y $\tau_{adm\,2}$ = 800 kp/cm², respectivamente, y que el ángulo de torsión por unidad de longitud del eje de acero es un 75 por 100 del correspondiente al eje de aleación, se pide:

1.º Calcular el diámetro interior del eje de acero.
2.º Hallar la velocidad angular a que debe girar el eje.

Se conoce la relación de los módulos de elasticidad transversal del acero G_2 y de la aleación G_1, $\frac{G_2}{G_1} = 2{,}2$.

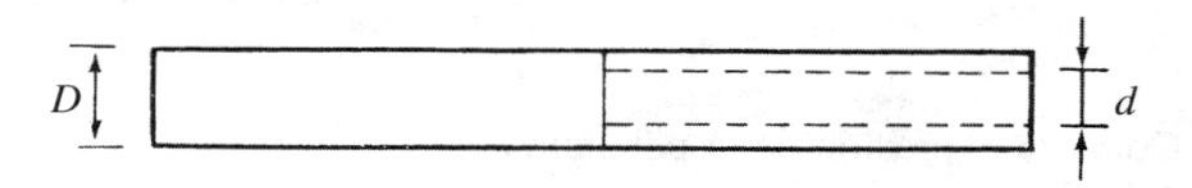

Figura III.3

1.º De la ecuación (3.2-12) y de la relación dada entre los ángulos de torsión de ambos materiales, se tiene:

$$\frac{M_T}{G_2 I_{02}} = 0{,}75 \frac{M_T}{G_1 I_{01}}$$

expresión en la que el índice 1 se refiere a la aleación y el índice 2 al acero

$$\frac{I_{01}}{I_{02}} = 0{,}75\,\frac{G_2}{G_1}$$

Sustituyendo valores, se tiene:

$$\frac{\pi \cdot 6^4}{\pi(6^4 - d^4)} = 0{,}75 \times 2{,}2$$

$$d^4 = 6^4 - \frac{6^4}{0{,}75 \times 2{,}2} = 510{,}55 \text{ cm}^4$$

de donde:

$$\boxed{d} = \sqrt[4]{510{,}55} = \boxed{4{,}75 \text{ cm}}$$

2.° Como la expresión de la tensión de cortadura máxima es:

$$\tau_{\text{máx}} = \frac{M_T}{I_0}R$$

la relación entre las tensiones máximas en el acero y en la aleación será:

$$\frac{\tau_{\text{máx}\,2}}{\tau_{\text{máx}\,1}} = \frac{I_{01}}{I_{02}} = 0{,}75 \times 2{,}2 = 1{,}65$$

De esta relación se desprende que en el acero la tensión de cortadura es la admisible $\tau_{\text{máx}\,2} = 800$ kp/cm^2, mientras que en la aleación la tensión cortante máxima es $\tau_{\text{máx}\,1} = \frac{\tau_{\text{máx}\,2}}{1{,}65} = 484{,}85$ kp/cm^2, inferior a su tensión de cortadura admisible.

Se puede obtener fácilmente el valor del momento torsor. En efecto, de la expresión de la tensión tangencial en el tramo macizo, se tiene:

$$\tau_{\text{máx}\,1} = \frac{32M_T}{\pi D^4}\,\frac{D}{2}$$

de donde:

$$M_T = \frac{\pi D^3 \tau_{\text{máx}\,1}}{16} = \frac{\pi \times 6^3 \times 484{,}85}{16} = 20.563 \text{ cm} \cdot \text{kp} = 205{,}63 \text{ m} \cdot \text{kp}$$

Como la expresión de la potencia es

$$N = \frac{M_T \cdot 2\pi n}{60}$$

despejando el número n de revoluciones por minutos y sustituyendo valores, se tiene:

$$\boxed{n} = \frac{60N}{2\pi M_T} = \frac{60 \cdot 300 \cdot 10^3}{2\pi \cdot 205{,}63 \cdot 9{,}8} = \boxed{1.422 \text{ rpm}}$$

III.4. A un eje de acero de longitud $l = 2$ m se han fijado 6 poleas de radios $r_1 = 10$ cm, $r_2 = 15$ cm, $r_3 = 8$ cm, $r_4 = 20$ cm, $r_5 = 5$ cm, $r_6 = 10$ cm, y situadas como indica la Figura III.4-*a*. El eje gira a velocidad angular constante alrededor de dos gorrones fijos *A* y *B* de rozamiento despreciable. Si el módulo de elasticidad transversal es $G = 850.000$ kp/cm^2 y la tensión máxima admisible a cortadura es $\tau_{adm} = 720$ kp/cm^2, calcular:

1.º Diámetro del eje.

2.º Ángulo máximo de torsión, expresado en grados.

(Se considera despreciable el peso propio.)

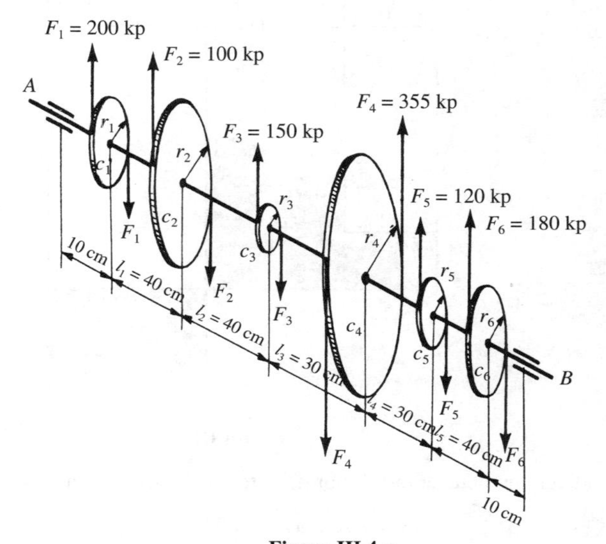

Figura III.4-*a*

1.º El eje que se considera está sometido a torsión pura. Los momentos de los pares, en valor absoluto, que actúan sobre cada una de las poleas son:

$$M_1 = F_1 2r_1 = 200 \times 20 = 4.000 \text{ cm} \cdot \text{kp}$$
$$M_2 = F_2 2r_2 = 100 \times 30 = 3.000 \text{ cm} \cdot \text{kp}$$
$$M_3 = F_3 2r_3 = 150 \times 16 = 2.400 \text{ cm} \cdot \text{kp}$$
$$M_4 = F_4 2r_4 = 355 \times 40 = 14.200 \text{ cm} \cdot \text{kp}$$
$$M_5 = F_5 2r_5 = 120 \times 10 = 1.200 \text{ cm} \cdot \text{kp}$$
$$M_6 = F_6 2r_6 = 180 \times 20 = 3.600 \text{ cm} \cdot \text{kp}$$

Con estos valores podemos obtener las leyes de momentos torsores en los distintos tramos del eje, tomando como origen el centro C_1 de la primera polea:

$$M_T = M_1 = 40 \text{ m} \cdot \text{kp} \qquad 0 < x < 40 \text{ cm}$$
$$M_T = M_1 + M_2 = 70 \text{ m} \cdot \text{kp} \qquad 40 \text{ cm} < x < 80 \text{ cm}$$
$$M_T = M_1 + M_2 + M_3 = 94 \text{ m} \cdot \text{kp} \qquad 80 \text{ cm} < x < 110 \text{ cm}$$
$$M_T = M_1 + M_2 + M_3 - M_4 = -48 \text{ m} \cdot \text{kp} \qquad 110 \text{ cm} < x < 140 \text{ cm}$$
$$M_T = - M_6 = -36 \text{ m} \cdot \text{kp} \qquad 140 \text{ cm} < x < 180 \text{ cm}$$

Una vez obtenidas las leyes, el dibujo del diagrama correspondiente.

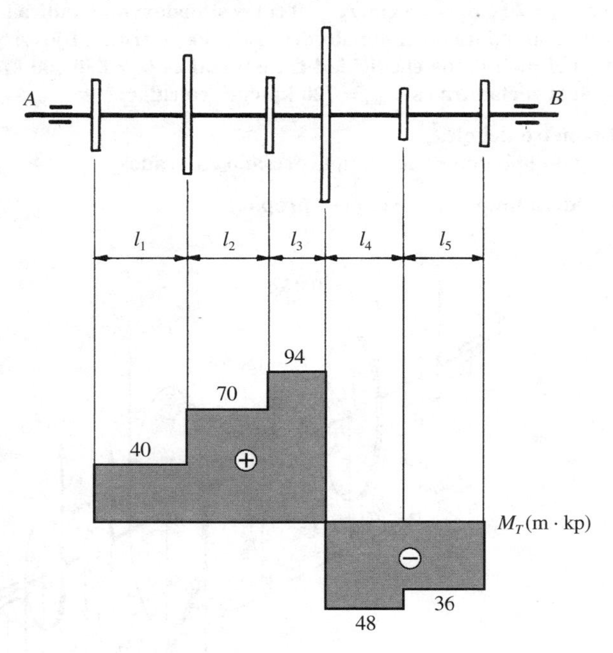

Figura III.4-*b*

Del diagrama obtenemos el momento torsor máximo a que va a estar sometido el eje:

$$M_{T\,\text{máx}} = 94 \text{ m} \cdot \text{kp}$$

Si R es el radio del eje, como éste es de sección circular, el módulo resistente es:

$$W = \frac{\pi R^3}{2}$$

por lo que,

$$M_{T\,\text{máx}} = \frac{\pi R^3}{2} \tau_{\text{adm}}$$

de donde:

$$R = \sqrt[3]{\frac{2M_{T\,\text{máx}}}{\pi \tau_{\text{adm}}}}$$

Sustituyendo valores:

$$R = \sqrt[3]{\frac{2 \times 9.400}{3{,}14 \times 720}} \text{ cm} = 2{,}1 \text{ cm}$$

El diámetro pedido será:

$$\boxed{D = 42 \text{ mm}}$$

2.º Según se deduce de la observación del diagrama de momentos torsores, al ser el área de momentos negativos menor en valor absoluto, que el de positivos, resulta que el máximo ángulo de torsión será el ángulo relativo girado por la polea C_1 respecto de la C_4. Su valor es, en radianes:

$$\theta = \frac{1}{GI_0}\sum_1^3 M_{T_i} l_i = \frac{1}{85 \times 10^8 \dfrac{\pi 2{,}1^4 \times 10^{-8}}{2}} [40 \times 0{,}4 + 70 \times 0{,}4 + 94 \times 0{,}3] \text{ rad}$$

de donde:

$$\theta = 0{,}0278 \text{ rad}$$

cuyo valor pedido en grados es:

$$\boxed{\theta°} = \frac{180}{\pi}\theta = 57{,}32 \times 0{,}0278 = \boxed{1{,}6°}$$

III.5. Un eje horizontal de longitud $l = 6$ m tiene los extremos perfectamente empotrados. A partir de uno de sus extremos actúan dos momentos torsores aislados de $M_{T1} = 10$ m · t y $M_{T2} = 15$ m · t en las secciones situadas a distancias $a_1 = 2$ m y $a_2 = 4$ m, respectivamente, de dicho extremo. Los momentos torsores tienen el sentido indicado en la Figura III.5-*a*. Se pide:

1.° Determinar los momentos de empotramiento.
2.° Calcular el mínimo diámetro del eje si la tensión de cortadura admisible es τ_{adm}=800 kp/cm².
3.° Hallar la expresión $\theta = \theta(x)$ del ángulo girado por las secciones, representándola gráficamente e indicando el valor máximo y sección en la que se alcanza. Se tomará $G = 8 \times 10^5$ kp/cm².

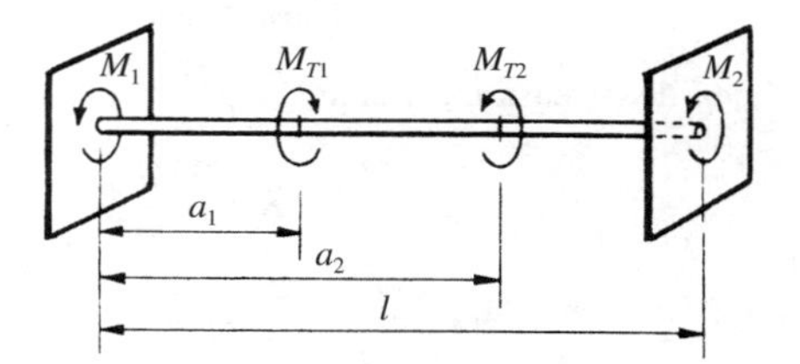

Figura III.5-*a*

1.° Sean M_1 y M_2 los momentos de empotramiento (Fig. III.5-*a*). La condición de equilibrio

$$M_1 - M_{T1} + M_{T2} + M_2 = 0$$

junto a la condición de ser nulo el giro relativo de las secciones empotradas:

$$\frac{M_1 a_1}{GI_0} + \frac{(M_1 - M_{T1})(a_2 - a_1)}{GI_0} + \frac{(M_1 - M_{T1} + M_{T2})(l - a_2)}{GI_0} = 0$$

nos permiten obtener los valores de M_1 y M_2

$$\begin{cases} M_1 + M_2 = -5 \\ 6M_1 = 10 \end{cases}$$

de donde:

$$\boxed{M_1 = \frac{5}{3} \text{ m} \cdot \text{t} \quad ; \quad M_2 = -\frac{20}{3} \text{ m} \cdot \text{t}}$$

El signo menos de M_2 significa que este momento torsor tiene sentido contrario al supuesto en la Figura III.5-*a*.

2.º Del diagrama de momentos torsores (Fig. III.5-*b*) se deduce que el momento torsor máximo se presenta en el tramo comprendido entre los dos momentos torsores aplicados. Su valor es:

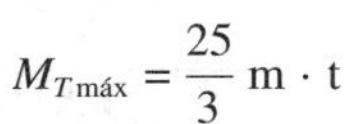

$$M_{T\,\text{máx}} = \frac{25}{3} \text{ m} \cdot \text{t}$$

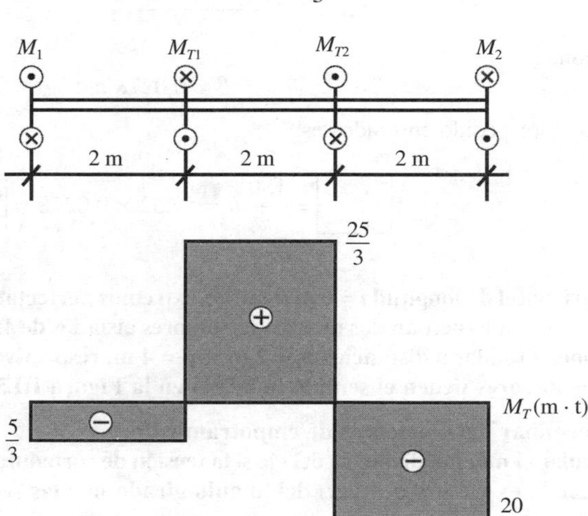

Figura III.5-*b*

De la expresión de la tensión cortante

$$\tau_{\text{adm}} = \frac{M_{T\,\text{máx}}}{I_0} R = \frac{32 M_{T\,\text{máx}} \cdot D}{\pi D^4 \cdot 2}$$

se deduce:

$$D^3 = \frac{16 M_{T\,\text{máx}}}{\pi \cdot \tau_{\text{adm}}}$$

Sustituyendo valores:

$$D = \sqrt[3]{\frac{16 \times 25 \times 10^5}{\pi \times 3 \times 800}} = \sqrt[3]{5.305{,}16} = 17{,}44 \text{ cm}$$

Tomaremos

$$\boxed{D = 175 \text{ mm}}$$

3.º La ecuación (3.3-11) nos permite expresar el ángulo de torsión ϕ en función de la abscisa x

$$\phi = \frac{-5}{3GI_0} x \qquad 0 \leqslant x \leqslant 2 \text{ m}$$

$$\phi = \frac{-10}{3GI_0} + \frac{25}{3GI_0}(x-2); \qquad 2 \text{ m} \leqslant x \leqslant 4 \text{ m}$$

$$\phi = \frac{40}{3GI_0} - \frac{20}{3GI_0}(x-4); \qquad 4 \text{ m} \leqslant x \leqslant 6 \text{ m}$$

Del diagrama del ángulo de torsión (Fig. III.5-*c*) se deduce que la sección que más ha girado es aquella en la que está aplicado el par torsor M_{T2}. El valor del ángulo girado por esta sección es:

$$\boxed{\phi_{\text{máx}}} = \frac{40}{3GI_0} = \frac{40 \times 10^7 \times 32}{3 \times 8 \times 10^5 \times \pi \times 17{,}5^4} = \boxed{1{,}81 \times 10^{-2} \text{ rad}}$$

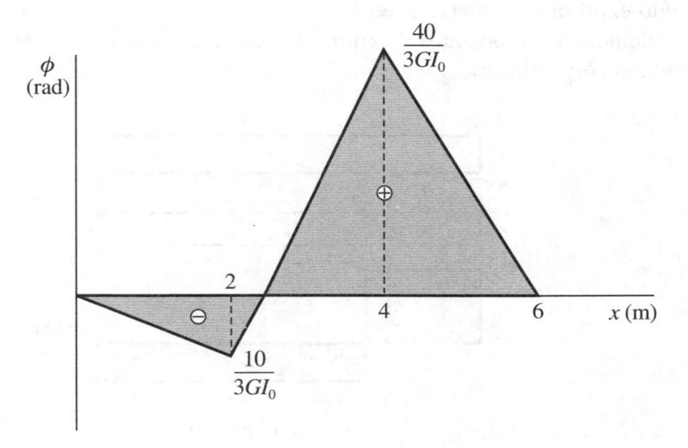

Figura III.5-*c*

III.6. Una barra de latón de sección cuadrada de lado a = 10 cm, que está empotrada en sus extremos, se torsiona mediante un par de fuerzas F cuyas líneas de acción están separadas una distancia d = 50 cm, actuando dicho par en una sección a distancia l_1 = 1 m de uno de sus extremos. Si la longitud de la barra es l = 3 m, calcular el valor máximo de F con la condición de que el ángulo máximo de torsión sea de 1/4°. Se tomará como módulo de elasticidad transversal $G = 3{,}52 \times 10^5$ kp/cm² y como tensión máxima admisible el valor τ_{adm} = 600 kp/cm².

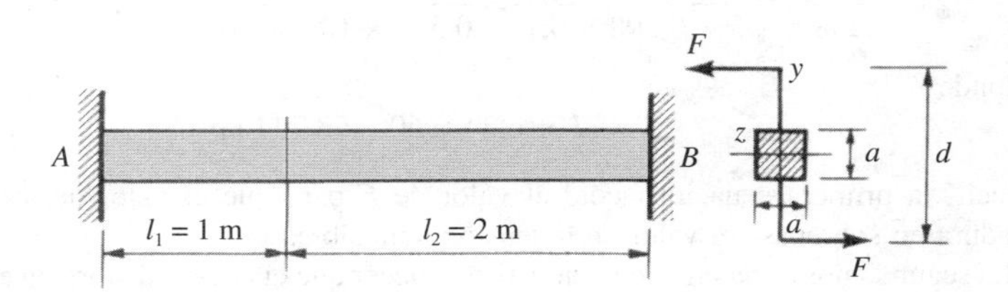

Figura III.6-*a*

Se trata de un caso de torsión hiperestática. Si $M = F \cdot d$ es el momento torsor producido por el par de fuerzas F, la ecuación de la Estática

$$M = M_A + M_B$$

y la ecuación de compatibilidad de las deformaciones

$$\frac{M_A}{GJ} l_1 + \frac{M_A - M}{GJ} l_2 = 0$$

constituyen un sistema de dos ecuaciones con dos incógnitas cuyas soluciones son:

$$M_A = M\frac{l_2}{l} = F\frac{1}{2}\times\frac{2}{3} = \frac{F}{3}\ \text{m}\cdot\text{kp}$$

$$M_B = M\frac{l_1}{l} = F\frac{1}{2}\times\frac{1}{3} = \frac{F}{6}\ \text{m}\cdot\text{kp}$$

estando expresada la fuerza F en kp.

Obtenidos los momentos de empotramiento, el dibujo del diagrama de momentos torsores es inmediato (Fig. III.6-*b*).

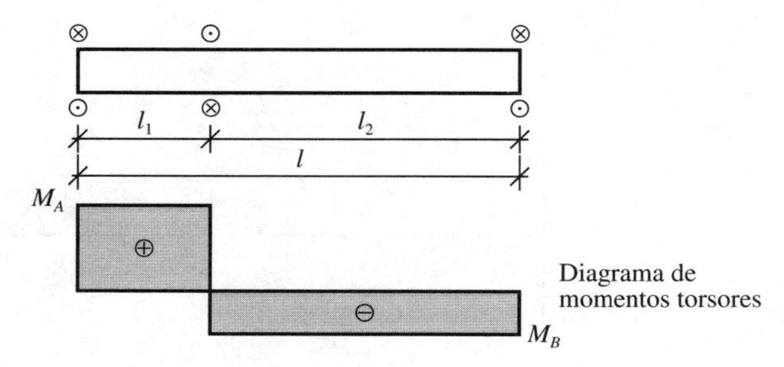

Figura III.6-*b*

De la Tabla 3.1 se obtienen los valores de la tensión máxima de cortadura y del ángulo de torsión, ambos en función del momento torsor M_T

$$\tau_{\text{máx}} = \frac{M_T}{0{,}208a^3} \quad ; \quad \theta = \frac{7{,}11\ lM_T}{Ga^4}$$

De la primera ecuación se obtiene:

$$\tau_{\text{máx}} = \frac{M_A}{0{,}208a^3} = \frac{F\ \text{kp/m}^2}{3\times 0{,}208\times 0{,}1^3} = \frac{F}{0{,}624\times 10^{-3}\times 10^4}\ \text{kp/cm}^2 \leqslant \tau_{\text{adm}} = 600\ \text{kp/cm}^2$$

de donde

$$F \leqslant 6{,}24\times 600 = 3.744\ \text{kp}$$

es decir, la primera ecuación acota el valor de F para que el valor de la tensión máxima de cortadura no sobrepase el valor de la tensión admisible.

La segunda nos daría otra acotación al establecer que el ángulo de torsión entre la sección en la que se aplica el par y cualquiera de las extremas es menor o igual a 0,25°.

Por tanto

$$0{,}25\ \frac{\pi}{180} \geqslant \frac{7{,}11\cdot l_1 M_A}{Ga^4} = \frac{7{,}11\times 1\times \dfrac{F}{3}\times 10^4}{3{,}52\times 10^5\times 10^4}$$

de donde:

$$F \leqslant 648\ \text{kp}$$

El valor máximo de F que cumple ambas acotaciones es, por consiguiente,

$$\boxed{F = 648\ \text{kp}}$$

III.7. En un eje hueco de transmisión de potencia, que tiene diámetro exterior D e interior d, sometido a torsión pura se alcanza una tensión cortante máxima $\tau_{máx}$.

1.° Sabiendo que el potencial interno por unidad de volumen es $\dfrac{5\tau_{máx}^2}{16G}$, determinar la relación de los diámetros del eje.

2.° Si es conocido el potencial interno por unidad de volumen $\mathcal{T}_u$ = 2.200 m · kp/m³ y el módulo de elasticidad transversal $G = 8 \times 10^5$ kp/cm², calcular los diámetros del eje si ha de transmitir una potencia de N = 500 kW a n = 180 rpm.

1.° De la expresión (3.4-1) que nos da el potencial interno

$$d\mathcal{T} = \frac{dx}{2G}\int_\Omega \tau^2\, d\Omega = \frac{dx}{2G}\frac{M_T^2}{I_0^2}\int_{d/2}^{D/2} r^2 \cdot 2\pi r\, dr = \frac{dx}{2G}\frac{M_T^2}{I_0^2}\frac{2\pi}{4}\frac{D^4 - d^4}{16} =$$

$$= \frac{dx}{G}\frac{M_T^2}{I_0^2}\frac{1}{16}\frac{\pi(D^2 - d^2)}{4}(D^2 + d^2)$$

se deduce la correspondiente al potencial interno por unidad de volumen

$$\mathcal{T}_u = \frac{d\mathcal{T}}{dx\,\pi(D^2 - d^2)/4} = \frac{1}{16G}\frac{M_T^2}{I_0^2}(D^2 + d^2) = \frac{1}{16G}\frac{4\tau_{máx}^2}{D^2}(D^2 + d^2)$$

Igualando esta expresión a la dada en el enunciado, se tiene:

$$\frac{1}{16G}\frac{4\tau_{máx}^2}{D^2}(D^2 + d^2) = \frac{5\tau_{máx}^2}{16G}$$

de donde:

$$\boxed{\frac{d}{D} = \frac{1}{2}}$$

2.° El valor de la $\tau_{máx}$ se puede obtener a partir de la expresión del potencial interno por unidad de volumen

$$\mathcal{T}_u = \frac{5\tau_{máx}^2}{16G} \quad \Rightarrow \quad \tau_{máx}^2 = \frac{16G\mathcal{T}_u}{5}$$

Sustituyendo valores, se tiene:

$$\tau_{máx} = \sqrt{\frac{16 \times 8 \times 10^5 \times 2.200 \times 10^{-4}}{5}} = 750{,}47 \text{ kp/cm}^2$$

Por otra parte, el momento torsor M_T a que está sometido el eje, en función de la potencia N a transmitir, es:

$$N = M_T\frac{2\pi n}{60} \quad \Rightarrow \quad M_T = \frac{30N}{\pi n} = \frac{30 \times 500 \times 10^3}{\pi \cdot 180} = 26.525{,}8 \text{ N} \cdot \text{m}$$

La tensión cortante máxima se presenta en los puntos periféricos. Por tanto:

$$\tau_{\text{máx}} = \frac{M_T}{I_0}\frac{D}{2} = \frac{16M_TD}{\pi(D^4 - d^4)} = \frac{16M_T}{\pi D^3[1 - (d/D)^4]}$$

Despejando y sustituyendo valores, se tiene:

$$D^3 = \frac{16M_T}{\pi\tau_{\text{máx}}\left(1 - \dfrac{d^4}{D^4}\right)} = \frac{16 \times 26.525,8 \times 10^2}{9,8 \times \pi \times 750,47(1 - 1/16)} = 1.959,33 \text{ cm}^3$$

de donde:

$$\boxed{D = 12,52 \text{ cm} \quad ; \quad d = 6,26 \text{ cm}}$$

III.8. Se considera una viga cilíndrica de sección elíptica de longitudes de semiejes *a* y *b* (*a* > *b*) sometida a torsión pura. Determinar los puntos de la sección en los cuales el módulo de la tensión tangencial tiene por valor la semisuma de los valores modulares que ésta toma en los extremos de los semiejes.

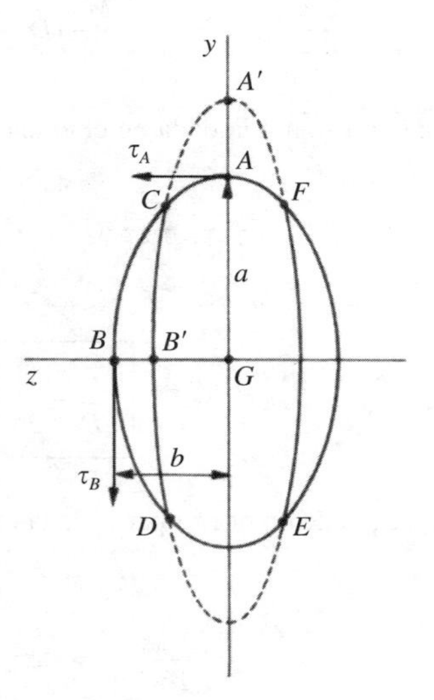

Figura III.8

Las tensiones tangenciales en los puntos de la sección elíptica son (véase ejemplo 3.5.1)

$$\tau_{xy} = -\frac{2M_T}{\pi ab^3}z \quad ; \quad \tau_{xz} = \frac{2M_T}{\pi a^3 b}y$$

El módulo de τ es:

$$\tau = \sqrt{\tau_{xy}^2 + \tau_{xz}^2} = \frac{2M_T}{\pi ab}\sqrt{\frac{y^2}{a^4} + \frac{z^2}{b^4}}$$

En $A(y = a; z = 0)$:

$$\tau_A = \frac{2M_T}{\pi a^2 b}$$

En $B(y = 0; z = b)$:

$$\tau_B = \frac{2M_T}{\pi a b^2}$$

La semisuma de estos valores es:

$$\tau = \frac{\tau_A + \tau_B}{2} = \frac{M_T}{\pi ab}\left(\frac{1}{a} + \frac{1}{b}\right)$$

Igualando esta expresión a la obtenida anteriormente, las coordenadas de los puntos $P(y, z)$, en los cuales la tensión tangencial es τ, verifican:

$$\frac{M_T}{\pi ab}\left(\frac{1}{a} + \frac{1}{b}\right) = \frac{2M_T}{\pi ab}\sqrt{\frac{y^2}{a^4} + \frac{z^2}{b^4}}$$

de donde:

$$\frac{y^2}{a^4} + \frac{z^2}{b^4} = \frac{(a + b)^2}{4a^2b^2}$$

o bien

$$\boxed{\frac{y^2}{\left(\dfrac{a(a + b)}{2b}\right)^2} + \frac{z^2}{\left(\dfrac{b(a + b)}{2a}\right)^2} = 1}$$

Esta ecuación representa una elipse, cuyas longitudes de los semiejes son:

$$a' = \frac{a(a + b)}{2b} > a \quad ; \quad b' = \frac{b(a + b)}{2a} < b$$

ya que $a > b$.

Por tanto, los puntos en los cuales el módulo de la tensión tangencial es τ son los de los arcos de elipse $\widehat{CD}$ y $\widehat{FE}$ indicados en la Figura III.8.

III.9. Un tubo de acero de diámetro exterior $D = 50$ mm e interior $d = 46$ mm está solicitado a torsión pura. Sabiendo que la tensión de fluencia del acero es $\sigma_f = 2.500$ kp/cm^2 y el coeficiente de Poisson $\mu = 0,3$, calcular el máximo momento torsor que puede transmitir el tubo si el coeficiente de seguridad es $n = 2,5$, aplicando:

1.º El criterio de Tresca.
2.º El criterio de von Mises.

El momento de inercia polar de la sección tubular respecto de un diámetro es:

$$I_0 = \frac{\pi(D^4 - d^4)}{32} = \frac{\pi(50^4 - 46^4)}{32} = 174.019 \text{ mm}^4$$

La tensión tangencial máxima en kp/cm^2, si el momento M_T se expresa en m · kp, es:

$$\tau_{\text{máx}} = \frac{M_T}{I_0}\frac{D}{2} = \frac{M_T \cdot 25}{174.019} 10^5 = 14{,}36\, M_T \text{ kp/cm}^2$$

Si el coeficiente de seguridad es $n = 2{,}5$, la tensión límite de tracción es:

$$\sigma_{\text{adm}} = \frac{\sigma_f}{n} = \frac{2.500}{2{,}5} = 1.000 \text{ kp/cm}^2$$

Con estos datos veamos cuál es el momento torsor máximo que puede transmitir el tubo:

1.º *Por el criterio de Tresca*: En este caso la condición será

$$\tau_{\text{máx}} \leqslant \frac{\sigma_{\text{adm}}}{2}$$

es decir:

$$14{,}36 M_T \leqslant \frac{1.000}{2} = 500 \text{ kp/cm}^2$$

de donde:

$$\boxed{M_T \leqslant 34{,}82 \text{ m} \cdot \text{kp}}$$

2.º *Por el criterio de von Mises*: Según este criterio $(\sigma_1 - \sigma_2)^2 + (\sigma_2 - \sigma_3)^2 + (\sigma_3 - \sigma_1)^2 \leqslant 2\sigma^2_{\text{adm}}$.
Pero los valores de las tensiones principales son:

$$\sigma_1 = \tau \quad ; \quad \sigma_2 = 0 \quad ; \quad \sigma_3 = -\tau$$

como fácilmente se deduce del círculo de Mohr.
Por tanto:

$$\tau^2 + \tau^2 + 4\tau^2 \leqslant 2\sigma^2_{\text{adm}}$$

$$14{,}36^2 M_T^2 \leqslant \frac{10^6}{3} \quad \Rightarrow \quad M_T^2 \leqslant \frac{10^6}{3 \times 14{,}36^2} = 1.616{,}48 \text{ m}^2 \cdot \text{kp}^2$$

de donde:

$$\boxed{M_T \leqslant 40{,}20 \text{ m} \cdot \text{kp}}$$

III.10. Un perfil delgado, cuya sección es una *I* de las dimensiones indicadas en la Figura III.10, está sometido a torsión pura. Si el módulo de elasticidad transversal es $G = 810.000$ kp/cm², calcular el máximo valor del momento torsor si la tensión tangencial admisible es $\tau_{adm} = 450$ kp/cm², no debiendo superar el ángulo de torsión por metro de longitud el valor de 6°.

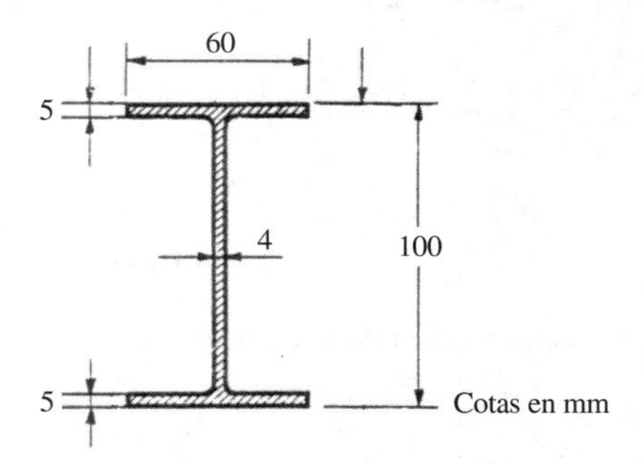

Figura III.10

Se trata de un perfil delgado abierto ramificado. La tensión tangencial máxima debida a la torsión se presenta en las alas que tienen las paredes de mayor espesor.

Despejando M_T de la expresión (3.7-6), que nos da la tensión tangencial máxima en función del momento torsor, se deduce:

$$M_T = \frac{1}{3}\frac{\Sigma s_i e_i^3}{e_{\text{máx}}}\tau_{\text{máx}} = \frac{(10 - 0{,}5)0{,}5^3 + 2 \times 6 \times 0{,}4^3}{3 \times 0{,}5} 450 \text{ kp} \cdot \text{cm} = 586{,}65 \text{ kp} \cdot \text{cm}$$

Éste sería el valor del momento torsor aplicado al perfil que produciría en el mismo una tensión tangencial máxima igual a la tensión admisible.

Para ver si cumple la otra condición referente al ángulo de torsión veamos qué momento torsor tendríamos que aplicar al perfil para que el ángulo girado por dos secciones separadas entre sí 1 m sea de 6°. Para ello expresamos el momento torsor en función de θ despejándolo de la ecuación (3.7-5)

$$M_T = \frac{G\Sigma s_i e_i^3}{3l}\theta$$

Sustituyendo valores, se tiene:

$$M_T = \frac{810.000[(10 - 0{,}5)0{,}5^3 + 2 \times 6 \times 0{,}4^3]}{3 \times 100}\frac{6\pi}{180} = 553 \text{ cm} \cdot \text{kp}$$

Tomaremos el menor de los valores obtenidos:

$$\boxed{M_T \leqslant 553 \text{ cm} \cdot \text{kp}}$$

III.11. Se consideran dos tubos de pared delgada, de las mismas dimensiones y material. El radio medio es *R* y espesor *e*. Uno de ellos es de sección cerrada y el otro será abierto longitudinalmente. Si a ambos se les somete a torsión pura, se pide:

1.° Hallar las relaciones entre las tensiones tangenciales máximas, y entre las rigideces a torsión cuando ambos tubos están sometidos al mismo momento torsor M_T.

2.° Calcular la relación entre los momentos torsores que se pueden aplicar a los tubos.

3.° Determinar la relación de los ángulos de torsión de ambos tubos.

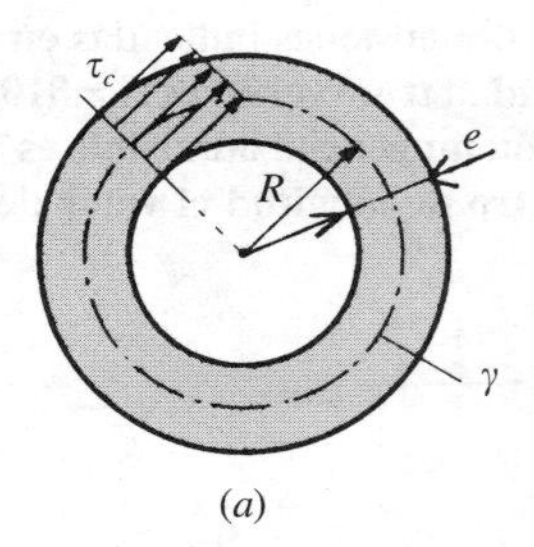

(*a*)

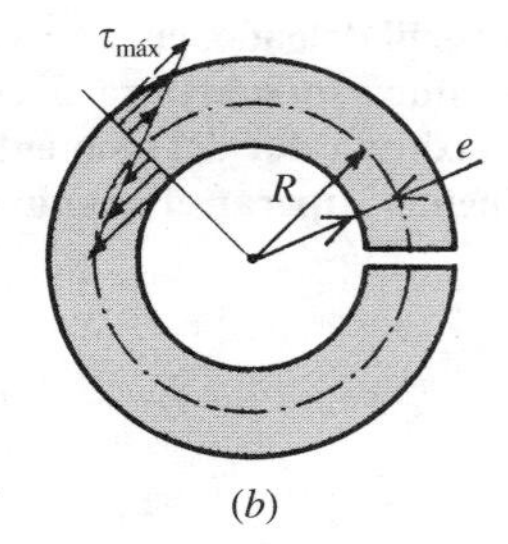

(*b*)

Figura III.11

1.º En el tubo cerrado, en virtud de la ecuación (3.7-10), tenemos:

$$\tau_c = \frac{M_T}{2e\Omega^*} = \frac{M_T}{2e\pi R^2}$$

siendo $\Omega^* = \pi R^2$ el área delimitada por la línea media γ de la sección.

La rigidez torsional es, según sabemos:

$$K_c = GJ = \frac{M_T}{\theta}$$

y teniendo en cuenta la ecuación (3.7-15), que relaciona ángulo de torsión por unidad de longitud y momento torsor, se tiene

$$K_c = \frac{M_T}{\theta} = \frac{4G\Omega^{*2}}{\displaystyle\int_\gamma \frac{ds}{e}} = \frac{4G\pi^2 R^4 e}{2\pi R} = 2G\pi R^3 e$$

En el tubo abierto, de (3.7-1) se deduce

$$\tau_{\text{máx}\,a} = \frac{3M_T}{se^2} = \frac{3M_T}{2\pi Re^2}$$

y por definición de rigidez a torsión, de (3.7-2) se deduce

$$K_a = \frac{M_T}{\theta} = \frac{Gse^3}{3} = \frac{G2\pi Re^3}{3}$$

Dividiendo entre sí las ecuaciones correspondientes, tenemos:

$$\boxed{\frac{\tau_{\text{máx}\,a}}{\tau_{\text{máx}\,c}}} = \frac{3M_T}{2\pi Re^2}\,\frac{2e\pi R^2}{M_T} = \boxed{\frac{3R}{e}} \qquad \boxed{\frac{K_a}{K_c}} = \frac{G2\pi Re^3}{3}\,\frac{1}{2G\pi R^3 e} = \boxed{\frac{e^2}{3R^2}}$$

Se observa que el cociente de las tensiones es un valor grande. Por el contrario, la relación entre las rigideces es un valor pequeño.

2.º Aplicaremos a ambos tubos, cerrado y abierto, sendos momentos torsores M_{Tc} y M_{Ta}, respectivamente, para que en ambos se alcance la tensión tangencial admisible.

En el tubo cerrado, en virtud de (3.7-11), se tiene:

$$M_{Tc} = 2\Omega^* e\tau_{\text{adm}} = 2\pi R^2 e\tau_{\text{adm}}$$

En el tubo abierto, por (3.7-1) podemos poner

$$M_{Ta} = \frac{1}{3} se^2\tau_{\text{adm}} = \frac{1}{3} 2\pi Re^2\tau_{\text{adm}}$$

Dividiendo ambas expresiones:

$$\boxed{\frac{M_{Tc}}{M_{Ta}} = \frac{3R}{e}}$$

3.º Ahora el momento torsor aplicado a cada perfil es el mismo, pues se trata de comparar los ángulos de torsión para una misma solicitación de torsión.

De la ecuación (3.7-15) se deduce:

$$\theta_c = \frac{M_T}{4G\Omega^{*2}} \int_\gamma \frac{ds}{e} = \frac{M_T \cdot 2\pi R}{4G\pi^2 R^4 e} = \frac{M_T}{2G\pi R^3 e}$$

y de (3.7-2), análogamente

$$\theta_a = \frac{3M_T}{Gse^3} = \frac{3M_T}{G2\pi R^3}$$

Dividiendo se tiene

$$\boxed{\frac{\theta_c}{\theta_a} = \frac{e^2}{3R^2}}$$

III.12. La varilla del agitador representado en la Figura III.12-*a* tiene una longitud *l*, siendo su sección transversal la indicada en la Figura III.12-*b*. Las cuatro aletas de la varilla tienen idénticas dimensiones, pudiéndose considerar la sección como de pared delgada. Se pide:

1.º Determinar el máximo momento torsor que es capaz de resistir la sección.

2.º Suponiendo que la acción del fluido agitado es un momento por unidad de longitud *m*, tal como se indica en la Figura III.12-*a*, determinar el giro relativo entre las secciones extremas de la varilla.

Datos: σ_{adm}, G.

Nota: El ángulo de torsión por unidad de longitud es único para el conjunto de la sección.

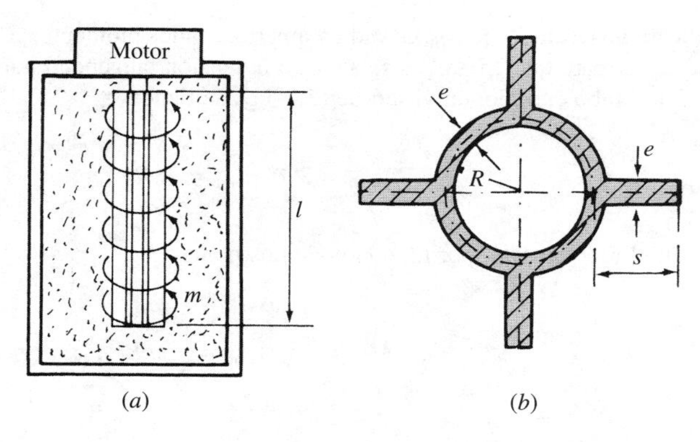

(*a*) (*b*)

Figura III.12

1.º El momento torsor M_T es absorbido por las secciones de las cuatro aletas y por la sección del tubo.

$$M_T = 4M_{Ta} + M_{Tt}$$

Veamos cuáles son las expresiones del ángulo de torsión de cada una de las aletas, por una parte, y del tubo por otra. El de la aleta, en virtud de (3.7-2), será

$$\theta_a = \frac{3M_{Ta}}{Gse^3}$$

y el del tubo, según (3.7-15)

$$\theta_t = \frac{M_{Tt}}{4G\Omega^{*2}} \int_\gamma \frac{ds}{e} = \frac{M_{Tt}}{4G(\pi R^2)^2} \frac{2\pi R}{e} = \frac{M_{Tt}}{2\pi G R^3 e}$$

Igualando ambas expresiones, se obtiene la ecuación

$$\theta_a = \theta_t \quad \Rightarrow \quad \frac{3M_{Ta}}{Gsa^3} = \frac{M_{Tt}}{2\pi G R^3 e}$$

que junto con $M_T = 4M_{Ta} + M_{Tt}$ constituye un sistema de ecuaciones que nos permite obtener M_{Ta} y M_{Tt}

$$M_{Ta} = \frac{se^2}{G\pi R^3 + 4se^2} M_T \quad ; \quad M_{Tt} = \frac{6\pi R^3}{6\pi R^3 + 4se^2} M_T$$

Calculemos las tensiones tangenciales máximas en aletas y cilindros, respectivamente

$$\tau_{\text{máx}\,a} = \frac{3M_{Ta}}{se^2} = \frac{3M_T}{6\pi R^3 + 4se^2} \quad ; \quad \tau_{\text{máx}\,t} = \frac{M_{Tt}}{2\Omega^* e} = \frac{3RM_T}{e(6\pi R^3 + 4se^2)}$$

Como $R \gg e$, se deduce que $\tau_{\text{máx}\,t} > \tau_{\text{máx}\,a}$ por lo que la condición que se tiene que verificar será

$$\tau_{\text{máx}\,t} = \frac{3RM_T}{e(6\pi R^3 + 4se^2)} \leqslant \tau_{\text{adm}}$$

de donde se obtiene el momento torsor máximo que es capaz de resistir la sección

$$\boxed{M_{T\,\text{máx}} = \frac{e(6\pi R^3 + 4se^2)}{3R} \tau_{\text{adm}}}$$

2.° La variación del momento torsor en la varilla es lineal desde un valor nulo en el extremo libre hasta el valor ml en el otro extremo

$$M_T = mx$$

Para el cálculo del ángulo de torsión por unidad de longitud es indistinto hacerlo en una aleta o en el tubo. Considerando una aleta, tenemos:

$$\theta_a = \frac{3M_{Ta}}{Gse^3} = \frac{3M_T}{Ge(6\pi R^3 + 4se^2)} = \frac{d\theta}{dx}$$

por lo que el giro relativo pedido entre las secciones extremas de la varilla será

$$\boxed{\theta} = \int_0^l \frac{3mx}{Ge(6\pi R^3 + 4se^2)}\,dx = \boxed{\frac{3ml^2}{2Ge(6\pi R^3 + 4se^2)}}$$

III.13. Dos tubos cilíndricos de pared delgada, del mismo espesor e, uno de sección cerrada y el otro de sección abierta, están uno dentro del otro como se indica en la Figura III.13. El radio de la superficie de contacto es R. En un extremo están ambos empotrados y en el otro están solidariamente unidos a una chapa circular que está sometida a un par torsor M_T. Se pide:

1.° Calcular el momento torsor que soporta cada tubo.
2.° Si M_{Ta} y M_{Tc} son los momentos torsores absorbidos por la sección abierta y cerrada, respectivamente, representar gráficamente la relación M_{Tc}/M_{Ta} en función del parámetro $\alpha = R/e$ en el supuesto que la teoría de torsión de perfiles delgados es válida a partir de $e = R/4$. ¿Qué conclusiones se pueden sacar de esta representación?
3.° Determinar si existe algún valor de α que haga $M_{Ta} = M_{Tc}$.

Nota: Se supondrá que las líneas medias de las dos secciones tienen el radio R, y que no hay rozamiento entre las superficies en contacto de ambos tubos.

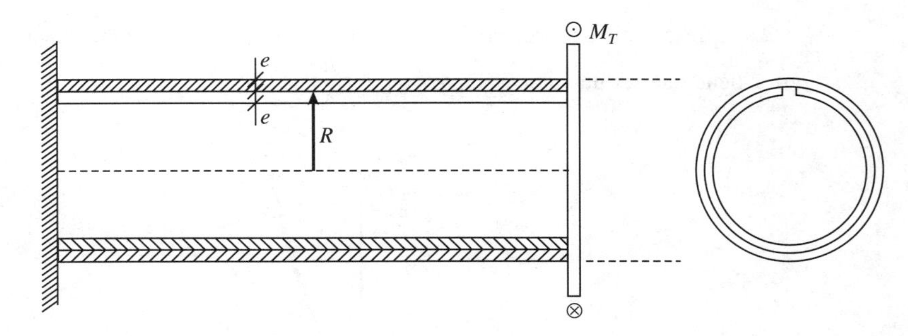

Figura III.13

1.° Se trata de un sistema hiperestático de primer grado. La ecuación de equilibrio es:

$$M_T = M_{Tc} + M_{Ta}$$

La ecuación de compatibilidad de las deformaciones será la que exprese que los ángulos de torsión por unidad de longitud en ambos tubos sean iguales.

Como las expresiones del ángulo de torsión en los tubos abierto y cerrado, respectivamente, en función del momento torsor que cada uno resiste son:

$$\theta_a = \frac{3M_{Ta}}{Gse^3} \quad ; \quad \theta_c = \frac{M_{Tc}}{4G\Omega^{*2}} \oint_\gamma \frac{ds}{e}$$

siendo: $\Omega^* = \pi R^2$; $s = 2\pi R$ (para ambos). Igualando las dos expresiones

$$\frac{3M_{Ta}}{G2\pi Re^3} = \frac{M_{Tc}}{4G\pi^2 R^4} \frac{2\pi R}{e}$$

se obtiene:

$$\frac{3M_{Ta}}{e^2} = \frac{M_{Tc}}{R^2}$$

o bien, en función del parámetro α

$$M_{Tc} = 3\left(\frac{R}{e}\right)^2 M_{Ta} = 3\alpha^2 M_{Ta}$$

Esta ecuación, junto a la de equilibrio, forma un sistema de dos ecuaciones con dos incógnitas, cuyas soluciones son:

$$\boxed{M_{Ta} = \frac{1}{1 + 3\alpha^2} M_T \quad ; \quad M_{Tc} = \frac{3\alpha^2}{1 + 3\alpha^2} M_T}$$

2.º La relación entre los momentos torsores que resisten las secciones, en función de α es:

$$\frac{M_{Tc}}{M_{Ta}} = 3\alpha^2$$

La representación gráfica pedida (Fig. III.13-*a*) será una rama parabólica para $\alpha \geqslant 4$, ya que α tiene que ser un valor positivo y $e_{\text{mín}} = \frac{R}{4}$

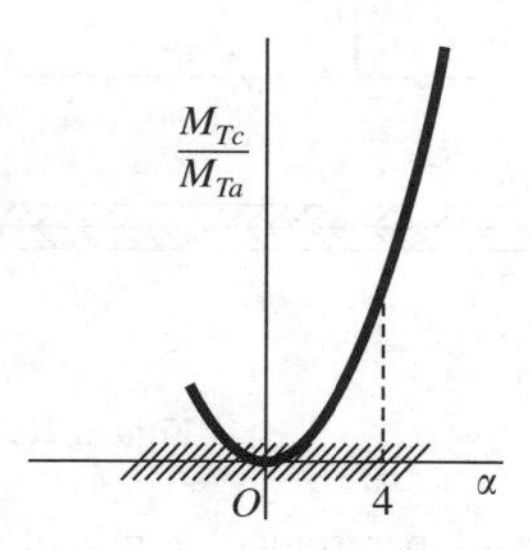

Figura III.13-*a*

De esta representación gráfica y de las expresiones que nos dan M_{Ta} y M_{Tc} en función de M_T, se deduce que si α aumenta, el momento torsor M_{Tc} que absorbe el tubo cerrado aumenta, mientras que el que resiste el tubo abierto, M_{Ta}, disminuye en la misma proporción.

$$\text{Si } \alpha \to \infty: \quad \frac{M_{Tc}}{M_{Ta}} \to \infty \quad \Rightarrow \quad M_{Ta} \to 0$$

esto es, si el radio R es muy grande respecto del espesor e, prácticamente el momento torsor aplicado al perfil lo absorbe casi por entero la sección cerrada.

3.° Si los momentos torsores que resisten las dos secciones son iguales, se tendría que verificar:

$$M_{Tc} = 3\alpha^2 M_{Ta} = M_{Ta} \quad \Rightarrow \quad 3\alpha^2 = 1 \quad \Rightarrow \quad \alpha = \frac{1}{\sqrt{3}} = \frac{R}{e}$$

es decir, para $e = \sqrt{3}R > R$, que no es posible.

Por tanto, no existe ningún valor de α para el que los momentos torsores que resisten ambos tubos sean iguales.

III.14. Las paredes del perfil delgado, cuya sección es la indicada en la Figura III.14, tienen espesor constante, siendo el radio de la línea media $R = 10$ cm. El perfil está sometido a un par torsor $M_T = 3$ m · t. Conociendo el módulo de elasticidad transversal del material, $G = 0{,}8 \times 10^6$ kp/cm²; y el valor de la tensión de cortadura admisible, $\tau_{adm} = 800$ kp/cm², se pide:

1.° Calcular el espesor mínimo de las paredes del perfil.
2.° Hallar el valor del ángulo de torsión por unidad de longitud.
3.° Calcular la rigidez a torsión del perfil.

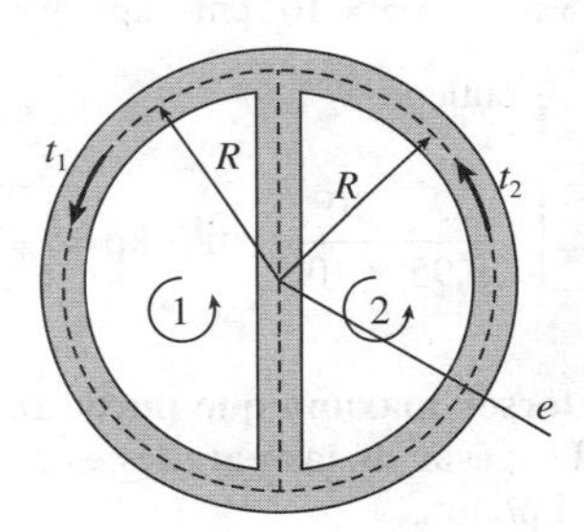

Figura III.14

1.° Por razón de simetría los flujos de cortadura t_1 y t_2 son iguales. Por ello, la ecuación de equilibrio nos permite calcular directamente su valor

$$M_T = 2t_1\Omega_1^* + 2t_2\Omega_2^* = 4t\,\frac{\pi R^2}{2}$$

de donde:

$$t = \frac{M_T}{2\pi R^2} = \frac{3 \times 10^5 \text{ cm} \cdot \text{kp}}{2\pi \times 100 \text{ cm}^2} = 477{,}46\ \frac{\text{kp}}{\text{cm}}$$

El espesor mínimo será aquel para el cual la tensión de cortadura máxima es igual a la admisible. De la ecuación

$$t = \tau_{adm} \cdot e_{mín}$$

se obtiene:

$$\boxed{e_{mín}} = \frac{t}{\tau_{adm}} = \frac{477{,}46}{800} \text{ cm} \simeq \boxed{0{,}6 \text{ cm}}$$

2.° Calculemos el ángulo de torsión por unidad de longitud de la celdilla 1, aplicando la ecuación (3.7-21)

$$\theta_1 = \frac{1}{2G\,\dfrac{\pi R^2}{2}}\left(t_1\,\frac{\pi R + 2R}{e} - t_2\,\frac{2R}{e}\right) = \frac{t}{GRe}$$

Sustituyendo valores:

$$\theta = \theta_1 = \frac{477{,}46}{0{,}8 \times 10^6 \times 10 \times 0{,}6}\,\frac{\text{rad}}{\text{cm}} = 9{,}95 \times 10^{-5}\ \text{rad/cm}$$

se obtiene:

$$\boxed{\theta = 9{,}95 \times 10^{-3}\ \text{rad/m}}$$

3.° La rigidez a la torsión es

$$K = GJ = \frac{M_T}{\theta}$$

Como:

$$M_T = 3\ \text{m} \cdot \text{t} = 3 \times 10^5\ \text{cm} \cdot \text{kp} \quad \text{y} \quad \theta = 9{,}95 \times 10^{-5}\ \text{rad/cm}$$

sustituyendo valores, se obtiene

$$\boxed{K} = \frac{3 \times 10^5}{9{,}95 \times 10^{-5}}\ \text{cm}^2 \cdot \text{kp} = \boxed{3{,}02 \times 10^9\ \text{cm}^2 \cdot \text{kp}}$$

III.15. Determinar el momento torsor máximo que puede resistir la sección indicada en la Figura III.15, sabiendo que el espesor de las paredes es e = 3 cm y que la tensión de cortadura admisible es τ_{adm} = 1.000 kp/cm².

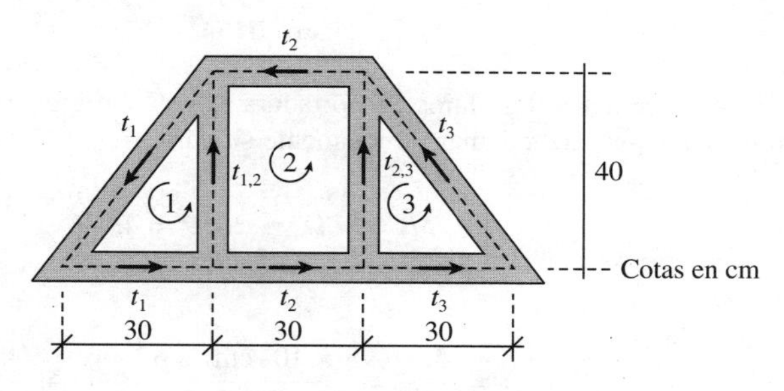

Figura III.15

Sobre cada tramo del perfil que se considera existe el flujo de cortadura que se indica en la misma Figura III.15.

El momento torsor M_T que se pide, en función de los flujos de cortadura, viene dado por la ecuación de equilibrio

$$M_T = \sum_1^3 2t_i\Omega_i^*$$

Para calcular los flujos de cortadura aplicaremos la ecuación (3.7-21) que nos da el ángulo de torsión de cada una de las celdillas

$$\theta_1 = \frac{1}{2G\Omega_1^*}\left(t_1 \frac{30 + 40 + 50}{e} - t_2 \frac{40}{e}\right)$$

$$\theta_2 = \frac{1}{2G\Omega_2^*}\left(-t_1 \frac{40}{e} + t_2 \frac{140}{e} - t_3 \frac{40}{e}\right)$$

$$\theta_3 = \frac{1}{2G\Omega_3^*}\left(-t_2 \frac{40}{e} + t_3 \frac{30 + 40 + 50}{e}\right)$$

Los valores de las áreas encerradas por la línea media son:

$$\Omega_1^* = \Omega_3^* = \frac{1}{2}\, 30 \times 40 \text{ cm}^2 = 600 \text{ cm}^2 \quad ; \quad \Omega_2^* = 30 \times 40 \text{ cm}^2 = 1.200 \text{ cm}^2$$

Imponiendo la condición de ser iguales los ángulos de torsión por unidad de longitud, de cada celdilla:

$$\theta_1 = \theta_2 \quad \Rightarrow \quad \frac{1}{600}\left(\frac{120}{3} t_1 - \frac{40}{3} t_2\right) = \frac{1}{1.200}\left(-\frac{40}{3} t_1 + \frac{140}{3} t_2 - \frac{40}{3} t_3\right)$$

$$\theta_2 = \theta_3 \quad \Rightarrow \quad \frac{1}{1.200}\left(-\frac{40}{3} t_1 + \frac{140}{3} t_2 - \frac{40}{3} t_3\right) = \frac{1}{600}\left(-\frac{40}{3} t_2 + \frac{120}{3} t_3\right)$$

Simplificando:

$$\begin{cases} 280t_1 - 220t_2 + 40t_3 = 0 \\ -40t_1 + 220t_2 - 280t_3 = 0 \end{cases}$$

sistema de ecuaciones del que obtenemos $t_1 = t_3$, resultado que podíamos haber intuido, por razones de simetría; $t_2 = 1,4545t_1$.

El mayor flujo de cortadura es t_2. El máximo momento torsor que resiste la sección dada es el que produce una tensión de cortadura en algún tramo igual a la tensión admisible.

Por consiguiente

$$t_2 = \tau_{\text{adm}} \cdot e = 1.000 \times 3 \, \frac{\text{kp}}{\text{cm}} = 3.000 \text{ kp/cm}$$

De la ecuación de equilibrio

$$M_T = \sum_1^3 2t_i\Omega_i^* = 2 \times 2\, \frac{3.000}{1,4545}\, 600 + 2 \times 3.000 \times 120 \text{ cm} \cdot \text{kp}$$

se obtiene el momento torsor pedido

$$\boxed{M_{T\text{máx}} = 72 \text{ m} \cdot \text{t}}$$

III.16. El embrague de discos indicado en la figura transmite un momento torsor M_T. La presión entre los dos discos que son circulares de diámetro d está ejercida por una fuerza normal P. Suponiendo que P se distribuye uniformemente sobre los platos del embrague y que el coeficiente de rozamiento entre ellos es μ, calcula el máximo momento M_T que puede ser transmitido por el embrague sin que se produzca deslizamiento.

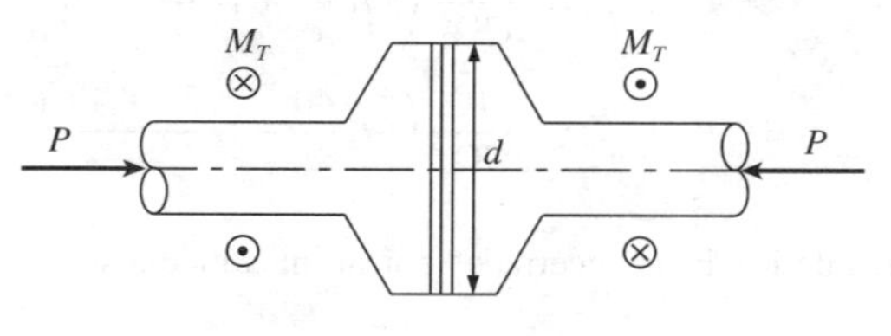

Figura III.16

El máximo momento torsor será aquel que corresponde cuando las fuerzas de rozamiento toman sus valores máximos. Sobre cada elemento de área del disco en coordenadas polares $r\,dr\,d\theta$ (Fig. III.16-*a*) la fuerza de rozamiento máxima F_r es normal a la recta que une el punto con el centro del disco y su valor es el producto de la reacción normal sobre el área por el coeficiente de rozamiento μ.

$$dN = \frac{4P}{\pi d^2}\, r\,dr\,d\theta \quad \Rightarrow \quad F_r = \mu\, \frac{4P}{\pi d^2}\, r\,dr\,d\theta$$

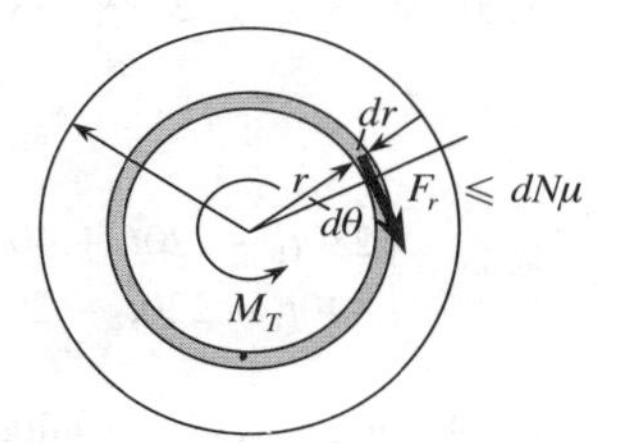

Figura III.16-*a*

El momento aplicado para que no exista deslizamiento tiene que verificar:

$$M_T \leqslant \iint \mu\, r\,dN = \frac{4\mu P}{\pi d^2} \int_0^{\frac{d}{2}} r^2\,dr \int_0^{2\pi} d\theta = \frac{\mu P d}{3}$$

Por consiguiente el máximo momento torsor pedido es

$$\boxed{M_{T\,\text{máx}} = \frac{\mu P d}{3}}$$

4

Teoría general de la flexión. Análisis de tensiones

4.1. Introducción

Cuando en toda sección recta de un prisma mecánico la resultante de las fuerzas situadas a un lado de la misma es nula y el vector momento resultante está contenido en dicha sección, diremos que el prisma está sometido a *flexión pura*. Ésta es *flexión pura asimétrica* (Fig. 4.1-*a*) cuando el momento flector $\vec{M}_F$ tiene componentes M_y y M_z según los ejes principales de inercia de la sección; y *flexión pura simétrica* (Fig. 4.1-*b*), si el vector momento que actúa en esa sección tiene solamente componente según uno de los ejes principales de inercia.

Si además del momento flector $\vec{M}_F$ actúan esfuerzos cortantes $\vec{T}$, se dice que el prisma trabaja a *flexión simple*, que puede ser *flexión simple* propiamente dicha cuando el momento flector $\vec{M}_F$ tiene la dirección de uno de los ejes principales de inercia de la sección (Fig. 4.2-*a*), o *flexión desviada* cuando el momento flector $\vec{M}_F$ tiene componentes según los dos ejes principales de inercia (Fig. 4.2-*b*).

Finalmente, si en los casos de flexión pura o de flexión simple actúa simultáneamente el esfuerzo normal N, a la flexión se le denomina *flexión compuesta* (Fig. 4.3).

En este capítulo analizaremos la distribución de tensiones en la sección recta en los casos de flexión pura simétrica y de flexión simple. La flexión desviada y la flexión compuesta serán estudiadas en el capítulo 6.

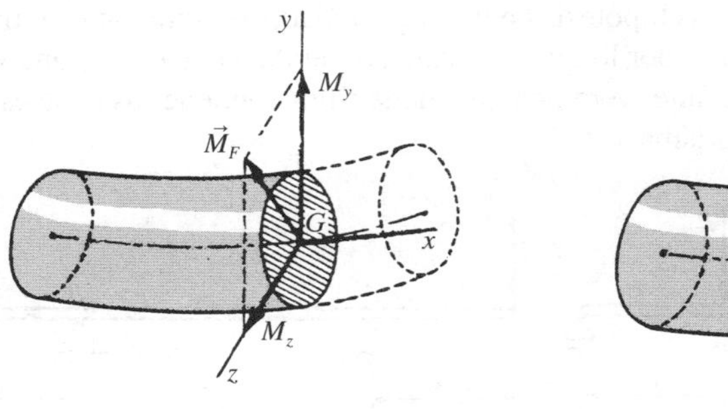

(*a*) Flexión pura asimétrica (*b*) Flexión pura simétrica

Figura 4.1

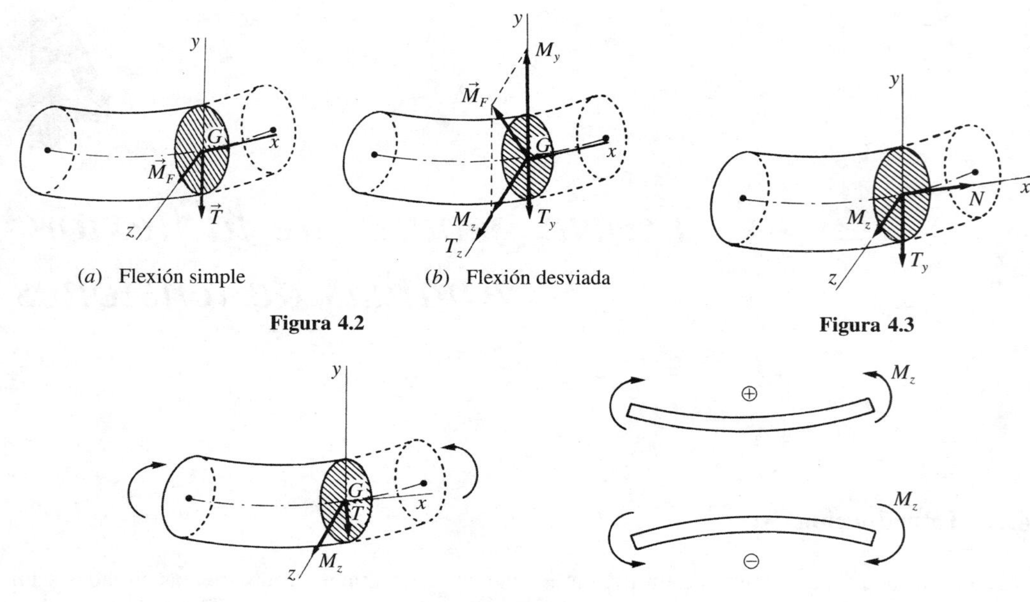

(*a*) Flexión simple (*b*) Flexión desviada

Figura 4.2

Figura 4.3

Figura 4.4

Para los casos de flexión pura o flexión simple adoptaremos el convenio usual de asignar el signo positivo al momento flector M_z cuando el prisma flexa como se muestra en la Figura 4.4, es decir, cuando el momento flector hace que la fibra inferior esté sometida a tracción.

4.2. Flexión pura. Ley de Navier

Como hemos indicado, consideraremos en lo que sigue el caso de flexión pura, sobreentendiéndose que se trata de flexión pura simétrica, como ocurre en los tramos *AB* de las vigas indicadas en la Figura 4.5.

Cuando consideramos un prisma mecánico y lo sometemos a flexión pura observamos que varía la curvatura de su línea media, acortándose unas fibras mientras que otras se alargan. Las primeras estarán necesariamente sometidas a esfuerzos de compresión y las segundas a esfuerzos de tracción. Es evidente (admitidas las hipótesis de homogeneidad, continuidad e isotropía), que una fibra no se acortará ni se alargará, por lo que no estará sometida a tensión alguna y de ahí su nombre de «*fibra neutra*». Más adelante, veremos que dicha fibra contiene los centros de gravedad de las distintas secciones del prisma.

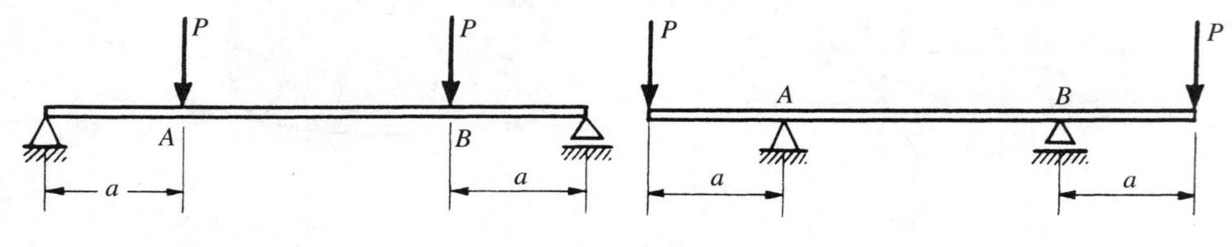

Figura 4.5

En el estudio de la flexión admitiremos las siguientes hipótesis fundamentales:

1. El sólido en flexión se mantiene dentro de los límites de elasticidad proporcional.
2. Las secciones planas antes de la deformación siguen siendo planas después de ella (*hipótesis de Bernoulli*).
3. Las deformaciones son suficientemente pequeñas para que la acción de las fuerzas exteriores no se vea modificada, en primera aproximación, por la deformación.

Una consecuencia inmediata que se deduce de las hipótesis establecidas es que en la sección no existen tensiones tangenciales. En efecto, en cualquier punto P del prisma, el ángulo inicialmente recto formado por una fibra longitudinal que pasa por él y la sección recta correspondiente, sigue siendo recto después de la deformación en virtud de la hipótesis de Bernoulli, por lo que según la ley de Hooke: $\tau = G\gamma = 0$, al ser nula la distorsión γ.

En la sección recta existirán, pues, solamente tensiones normales.

Es intuitivo que las fibras extremas, al ser las más deformadas, serán las sometidas a tensiones más elevadas. Pero, ¿cuánto valen dichas tensiones? ¿Cómo varían al pasar de una fibra a otra? Vamos a deducir la *ley de Navier* que nos expresa dicha variación.

Demostraremos la citada ley siguiendo dos métodos distintos: método geométrico y método analítico.

a) Método geométrico

Sean DE y CF las trazas de los planos que contienen a dos secciones rectas indefinidamente próximas de un prisma mecánico, sometido a flexión pura (Fig. 4.6).

Si unas fibras se alargan y otras se acortan, por la continuidad de las deformaciones existirá una fibra neutra que no experimente variación de longitud alguna.

Sea AB la traza de la superficie neutra, cuyo radio de curvatura es ρ.

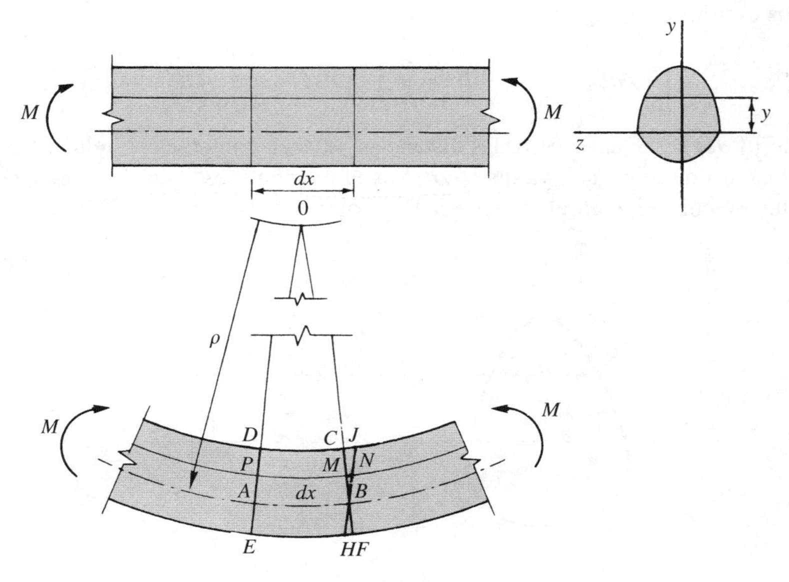

Figura 4.6

Es fácil demostrar que $M\hat{N}B \sim A\hat{B}0$, por lo que se podrá escribir:

$$\frac{\overline{MN}}{\overline{AB}} = \frac{\overline{MB}}{\overline{A0}} \tag{4.2-1}$$

Como $\overline{MN} = \Delta dx$; $\overline{AB} = dx$; $\overline{MB} = y$; $\overline{A0} = \rho$, se tiene:

$$\frac{\Delta dx}{dx} = \frac{y}{\rho} \tag{4.2-2}$$

Ahora bien, en virtud de la ley de Hooke $\Delta dx/dx = \varepsilon = \sigma/E$, por lo que:

$$\frac{\sigma}{E} = \frac{y}{\rho}$$

o lo que es lo mismo:

$$\sigma = \frac{E}{\rho} y \tag{4.2-3}$$

habiendo puesto el signo negativo ya que para la ordenada y positiva la tensión σ es de compresión, y suponiendo positivo el radio de curvatura.

Como el cociente E/ρ es constante en cada sección podemos enunciar la *ley de Navier*: *«En una sección sometida a flexión pura, los módulos de las tensiones que se ejercen sobre las distintas fibras son directamente proporcionales a sus distancias a la fibra neutra.»*

La representación gráfica de dichas tensiones será lineal (Fig. 4.7) y, como era de esperar, las máximas tensiones de compresión y de tracción corresponden a las fibras extremas.

Vamos a demostrar ahora que la fibra neutra contiene el centro de gravedad de la sección. En efecto, al tenerse que cumplir las condiciones del equilibrio elástico, la resultante de las fuerzas exteriores e interiores debe ser nula en cualquier sección. Por tratarse de flexión pura, la resultante de las fuerzas exteriores es nula, por lo que la resultante de fuerzas interiores debe ser igual a cero.

Podemos escribir, pues, que:

$$\int_{\Omega} \sigma\, d\Omega = \int_{\Omega} \sigma \frac{y}{y}\, d\Omega = \frac{\sigma}{y} \int_{\Omega} y\, d\Omega = \frac{E}{\rho} \int_{\Omega} y\, d\Omega = 0 \tag{4.2-4}$$

Para que $\int y\, d\Omega$ sea igual a cero, las distancias y deben contarse con relación a un eje que contenga el centro de gravedad, ya que $\int y\, d\Omega$ es el momento estático de una superficie plana respecto a un eje contenido en el mismo plano y solamente se anula en dicho caso.

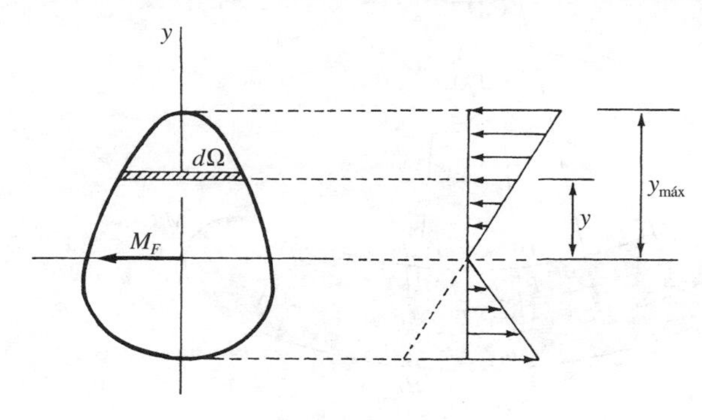

Figura 4.7

– Para garantizar el equilibrio elástico en cualquier sección no es suficiente la nulidad de la resultante. Se tiene que verificar, además, que el momento resultante del sistema de fuerzas engendradas por las tensiones normales tiene que ser igual al momento flector en dicha sección. Teniendo en cuenta que para un momento flector M_F positivo (Fig. 4.8) las tensiones normales son negativas para ordenadas y positivas, tendremos

$$M_F = -\int_\Omega y\sigma \, d\Omega = -\frac{\sigma}{y}\int_\Omega y^2 \, d\Omega = -\frac{\sigma}{y} I_z \tag{4.2-5}$$

siendo I_z el momento de inercia de la sección respecto del eje z.

– Este resultado nos permite expresar la constante de la ley de Navier en función del momento flector que actúa en la sección y las características geométricas de ésta,

$$\boxed{\sigma = -\frac{M_F}{I_z} y} \tag{4.2-6}$$

b) **Método analítico**

A este mismo resultado llegamos siguiendo un razonamiento puramente analítico.

En efecto, si la flexión es pura, la única componente no nula de la matriz de tensiones será la tensión normal $\sigma_{nx} = \sigma$ sobre la cara coincidente con la sección recta.

Admitida la hipótesis de Bernoulli sobre las secciones planas, la tensión normal σ será, en virtud de la ley de Hooke, una función lineal de y, z

$$\sigma = a + by + cz \tag{4.2-7}$$

siendo a, b, c constantes, estando esta ecuación referida al sistema usual de coordenadas, es decir, a los ejes principales de inercia de la sección en el centro de gravedad, que será el origen.

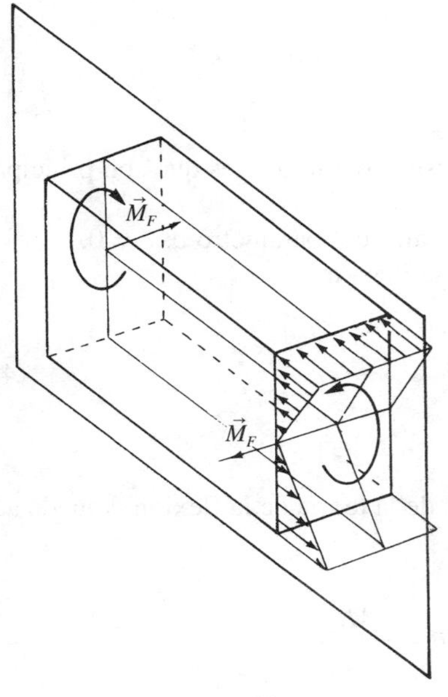

Figura 4.8

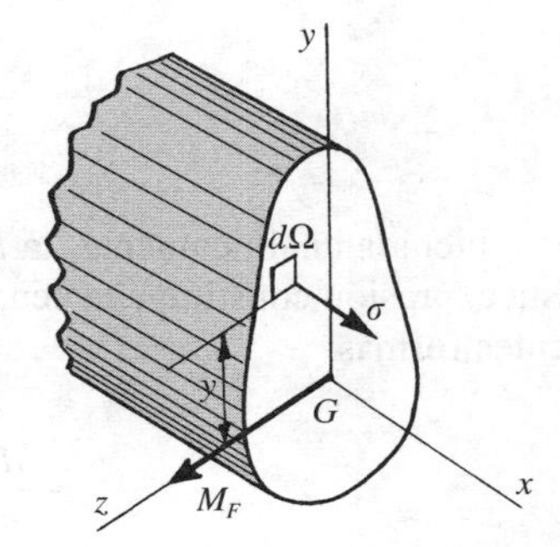

Figura 4.9

El sistema de fuerzas engendradas por las tensiones σ tiene que ser tal que su resultante sea nula y su momento, respecto a G, igual y opuesto al momento flector en la sección.

$$\iint_{\Omega} \sigma \, dy \, dz = 0 \tag{4.2-8}$$

$$\iint_{\Omega} \sigma y \, dy \, dz = -M_F \tag{4.2-9}$$

$$\iint_{\Omega} \sigma z \, dy \, dz = 0 \tag{4.2-10}$$

Sustituyamos el valor σ, dado por (4.2-7), en estas integrales.

En la primera se tiene:

$$a \iint_{\Omega} dy \, dz + b \iint_{\Omega} y \, dy \, dz + c \iint_{\Omega} z \, dy \, dz = 0 \tag{4.2-11}$$

De aquí se obtiene directamente: $a = 0$, ya que las dos últimas integrales son los momentos estáticos de la sección respecto a los ejes coordenados, que se anulan, por pasar éstos por el centro de gravedad.

De la segunda:

$$b \iint_{\Omega} y^2 \, dy \, dz + c \iint_{\Omega} yz \, dy \, dz = -M_F$$

se obtiene:

$$b = -\frac{M_F}{I_z} \tag{4.2-12}$$

ya que la segunda integral es el producto de inercia respecto a unos ejes que son principales y, por tanto, se anula.

Finalmente, de la ecuación (4.2-10) se obtiene el valor del parámetro c: $c = 0$.

Sustituyendo en (4.2-7) las constantes obtenidas, se llega a

$$\sigma = -\frac{M_F}{I_z} y \tag{4.2-13}$$

que es, obtenida analíticamente, la *ley de Navier*.

Esta expresión constituye la ecuación fundamental de la teoría de la flexión y puede adoptar diferentes formas:

$$-\frac{M_F}{\sigma} = \frac{I_z}{y} \quad \text{o bien:} \quad \sigma = -\frac{M_F}{\dfrac{I_z}{y}} \tag{4.2-14}$$

Si pretendemos hallar en una sección (en la que M_F e I_z son constantes) el valor de $\sigma_{\text{máx}}$, tendremos:

$$\sigma_{\text{máx}} = -\frac{M_F}{\dfrac{I_z}{y_{\text{máx}}}} \tag{4.2-15}$$

Al denominador de esta última expresión que, como se ve, depende exclusivamente de las características geométricas de la sección, se le suele llamar *módulo resistente de la sección*; lo vamos a representar por W_z, tiene dimensiones de $[L]^3$ y se expresa normalmente en cm^3.

Como:

$$\frac{M_F}{W_z} \leqslant \sigma_{\text{adm}} \quad ; \quad W_z = \frac{I_z}{y_{\text{máx}}} \geqslant \frac{M_F}{\sigma_{\text{adm}}}$$

$$-\frac{M_F}{\sigma_{\text{máx}}} = \frac{I_z}{y_{\text{máx}}} = W_z \tag{4.2-16}$$

llamaremos a $-M_F/\sigma_{\text{máx}}$ *módulo resistente en la sección* y éste dependerá de las solicitaciones que engendran el momento flector y de la tensión máxima que puede admitir el material.

Deberá cumplirse, pues, que el módulo resistente de la sección colocada sea igual o superior al módulo resistente existente en la sección considerada.

En perfiles laminados, los fabricantes tienen tabulados los módulos resistentes. En secciones cuyo W_z no figure en las tablas se determina hallando (analítica o gráficamente) I_z e $y_{\text{máx}}$. Así, en una sección rectangular (Fig. 4.10), el módulo resistente W_z será:

$$W_z = \frac{I_z}{y_{\text{máx}}} = \frac{ab^3}{12} : \frac{b}{2} = \frac{ab^2}{6} \tag{4.2-17}$$

Como caso particular, si se trata de una sección cuadrada ($a = b$) tendríamos:

$$W_z = \frac{a^3}{6} \tag{4.2-18}$$

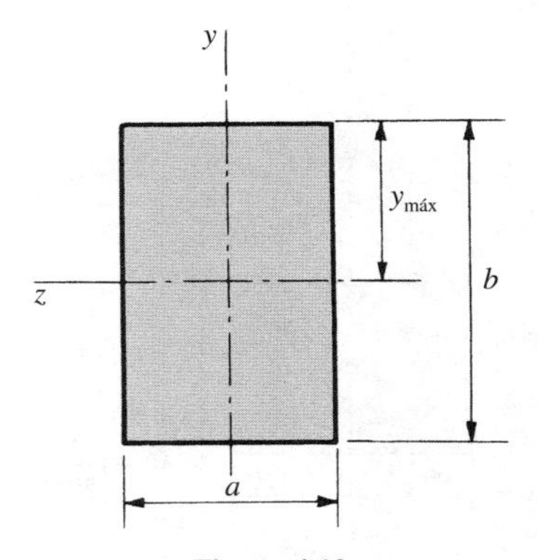

Figura 4.10

Ejemplo 4.2.1. Hallar los módulos resistentes W_y y W_z de la sección indicada en la Figura 4.11.

Calculamos primeramente la posición del centro de gravedad G de la sección que, por razón de simetría, estará sobre el eje y de simetría. Tomando momentos estáticos respecto de la base inferior, tenemos

$$40 \times 20 \times 50 + 30 \times 40 \times 15 = (40 \times 20 + 30 \times 40)\eta$$

de donde:

$$\eta = \frac{58.000}{2.000} \text{ mm} = 29 \text{ mm}$$

Los ejes principales Gy y Gz son los indicados en la misma Figura 4.11.
Los módulos resistentes W_y y W_z pedidos son, por definición:

$$W_y = \frac{I_y}{z_{\text{máx}}} \quad ; \quad W_z = \frac{I_z}{y_{\text{máx}}}$$

Como:

$$I_y = \frac{1}{12}(40 \times 20^3 + 30 \times 40^3) = \frac{2.240.000}{12} \text{ mm}^4 \quad ; \quad z_{\text{máx}} = 20 \text{ mm}$$

$$I_z = \frac{1}{3}\,40 \times 29^3 + 2\,\frac{1}{3}\,10 \times 1^3 + \frac{1}{3}\,20 \times 41^3 \text{ mm}^4 = \frac{2.354.000}{3} \text{ mm}^4 \quad ; \quad y_{\text{máx}} = 41 \text{ mm}$$

Sustituyendo valores, se obtiene

$$W_y = \frac{2.240.000}{12 \times 20} \text{ mm}^3 = 9.334 \text{ mm}^3 \quad ; \quad W_z = \frac{2.354.000}{3 \times 41} \text{ mm}^3 = 19.138 \text{ mm}^3$$

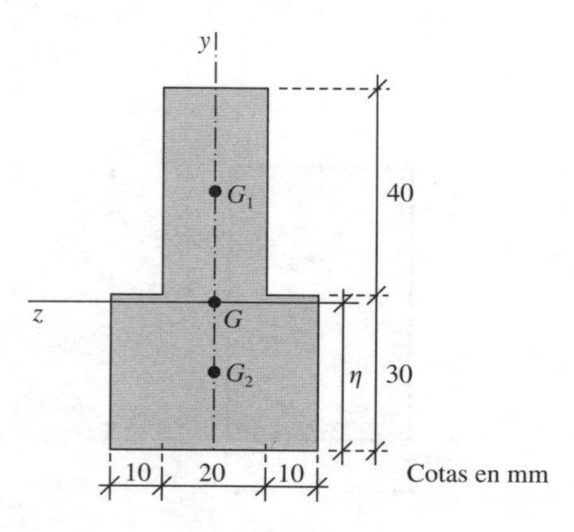

Figura 4.11

Ejemplo 4.2.2. Se consideran dos barras cuyas secciones son las indicadas en la Figura 4.12. Se pide determinar cuál de las dos secciones es más resistente trabajando a flexión simple con momentos M_y o M_z.

De la ley de Navier $\sigma = \dfrac{M}{W}$ se deduce que la sección más resistente para un determinado momento flector es aquella que tiene mayor módulo resistente. Por consiguiente, calculemos las relaciones $\dfrac{W_{y1}}{W_{y2}}$ y $\dfrac{W_{z1}}{W_{z2}}$

$$W_{y_1} = \frac{I_{y1}}{z_{\text{máx}}} = \frac{2\,\dfrac{1}{12}\,a(4a)^3 + \dfrac{1}{12}\,2a(2a)^3}{2a} = 6a^3$$

$$W_{y2} = \frac{I_{y2}}{z_{\text{máx}}} = \frac{2\,\dfrac{1}{12}\,a[(4a)^3 - (2a)^3] + \dfrac{1}{12}\,(2a)(4a)^3}{2a} = 10a^3$$

Dividiendo miembro a miembro, se tiene:

$$\frac{W_{y1}}{W_{y2}} = \frac{6}{10} = \frac{3}{5}$$

de donde se deduce que para momentos M_y es más resistente la sección 2.

Como geométricamente las secciones son iguales, pero los ejes están cambiados, la relación de módulos resistentes para momentos M_z será

$$\frac{W_{z1}}{W_{z2}} = \frac{5}{3}$$

y ahora, para momentos M_z, la sección 1 es la más resistente.

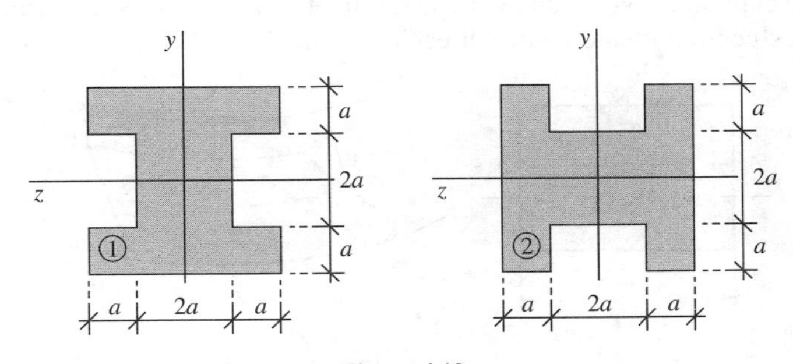

Figura 4.12

4.3. Flexión simple. Convenio de signos para esfuerzos cortantes y momentos flectores

Hasta aquí hemos considerado que el prisma mecánico trabaja a flexión pura, es decir, cuando no hay esfuerzos cortantes, como ocurre en los tramos *AB* de las vigas indicadas en la Figura 4.5.

Cabe preguntarnos si podemos aplicar la ley de Navier al cálculo de la distribución de tensiones normales en la sección recta de un prisma mecánico sometido a *flexión simple* (momento flector acompañado de esfuerzo cortante), dado que la existencia del esfuerzo cortante produce cierto alabeo de las secciones rectas, como más adelante tendremos ocasión de estudiar con detenimiento.

Para los casos de flexión simple admitiremos el *principio generalizado de Navier-Bernoulli.*

«Dos secciones planas indefinidamente próximas experimentan un alabeo después de la deformación, pero cualquiera de ellas puede superponerse con la otra mediante una traslación y un giro» (Fig. 4.13).

Al aplicar este principio se admite alabeo de las secciones debido al esfuerzo cortante y lo que se hace es despreciar el alabeo relativo de las dos secciones. Esto es admisible, pues, en general, las deformaciones producidas por el esfuerzo cortante son menores que las debidas al momento flector.

Admitido el principio generalizado de Navier-Bernoulli, veamos cómo se deforma una fibra, tal como la A_0B_0 indicada en la Figura 4.13. Si las secciones se hubieran mantenido planas, esta fibra habría pasado a ocupar la posición $A'B'$, pero al existir alabeo ha pasado a ser AB. Por el citado principio, el desplazamiento relativo ha sido el mismo, es decir, $A'B' = AB$.

Por tanto, si en la flexión simple las deformaciones son las mismas que en el caso de flexión pura, las fórmulas deducidas para tales deformaciones serán válidas, aun cuando el momento flector vaya acompañado de esfuerzo cortante. La pregunta que nos habíamos hecho de si sería válido aplicar la ley de Navier para el cálculo de la distribución de tensiones normales en las secciones rectas de una viga sometida a flexión simple tiene, pues, contestación afirmativa.

Es evidente que la resultante, así como el momento, de las fuerzas situadas a la derecha de una sección tiene igual módulo, igual dirección y distinto sentido que la resultante, o momento, de las que se encuentran a su izquierda, ya que el equilibrio estático exige que se verifique:

$$\Sigma \vec{F} = 0 \quad ; \quad \Sigma \vec{M} = 0$$

En un prisma sometido a flexión simple la resultante de las fuerzas situadas en una de las partes en que el prisma queda dividido por la sección es el esfuerzo cortante.

Supuesto que el prisma o viga admite plano de simetría y que las cargas verticales pertenecen a este plano, el esfuerzo cortante tendrá dirección vertical y la flexión será simétrica.

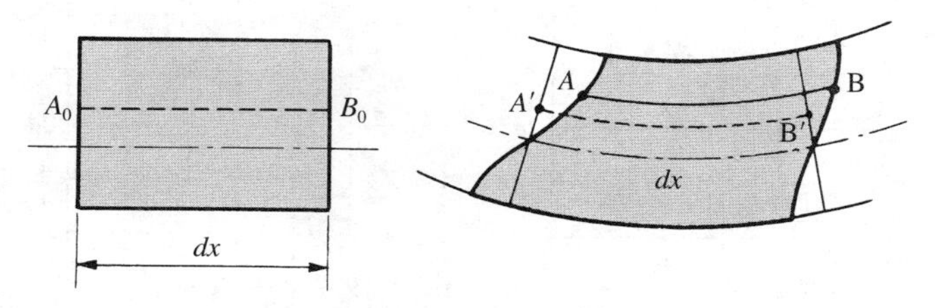

Figura 4.13

En este caso, que es el que consideraremos en lo que sigue, será necesario adoptar un convenio para los signos de ambas magnitudes, con objeto de evitar ambigüedades.

— Para el esfuerzo cortante, si la resultante de las fuerzas verticales situadas a la izquierda de la sección está dirigida hacia arriba, diremos que el esfuerzo cortante es positivo, siendo negativo en caso contrario (Fig. 4.14).

— Para el momento flector, la regla se basa en el tipo de deformación producida: diremos que el momento flector es positivo cuando las fibras comprimidas estén situadas por encima de la neutra y negativo cuando por debajo. Aplicaremos este criterio siempre, teniendo en cuenta que el momento engendrado por cada fuerza tendrá el signo que le corresponda según el tipo de deformación que dicha fuerza produciría prescindiendo de las demás.

Así, en una viga apoyada en sus extremos A y B (Fig. 4.15) el momento en una sección mn a distancia x de A, considerando las fuerzas situadas a su izquierda, será

$$M_i(x) = R_A x - P(x - a) \tag{4.3-1}$$

y el esfuerzo cortante

$$T_i(x) = R_A - P \tag{4.3-2}$$

Si consideramos las fuerzas situadas a la derecha de la sección, se tendría

$$M_d(x) = R_B(a + b - x) \tag{4.3-3}$$

$$T_d(x) = -R_B \tag{4.3-4}$$

Evidentemente se habrá de cumplir

$$M_i(x) = M_d(x) \tag{4.3-5}$$

$$T_i(x) = T_d(x) \tag{4.3-6}$$

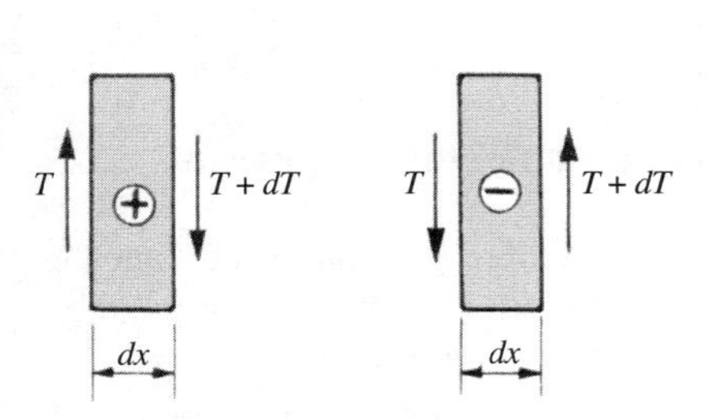

Figura 4.14

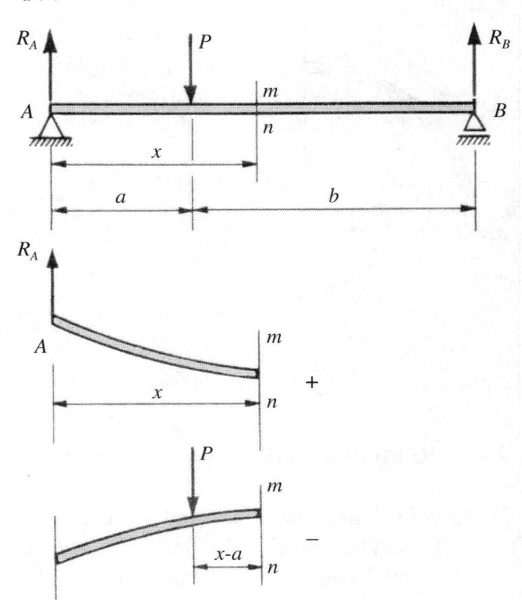

Figura 4.15

El esfuerzo cortante y el momento flector serán funciones de la abscisa x de la sección

$$T = T(x) \quad ; \quad M = M(x) \tag{4.3-7}$$

—La representación gráfica de estas funciones da lugar al *diagrama de esfuerzos cortantes* y *diagrama de momentos flectores*, respectivamente.

Ejemplo 4.3.1. La línea media de una barra AB tiene la forma de un cuarto de circunferencia de radio R, está sustentada mediante el empotramiento de su sección extrema A y sometida a la solicitación indicada en la Figura 4.16. Se pide dibujar los diagramas de momentos flectores y de esfuerzos cortantes.

Tomando como variable el ángulo θ que el radio que posiciona a una determinada sección forma con la vertical, las leyes de momentos flectores y de esfuerzos cortantes son:

$$M = -PR \operatorname{sen} \theta \qquad \text{para} \quad 0 \leqslant \theta < \frac{\pi}{4}$$

$$M = -PR \operatorname{sen} \theta - m \qquad \text{para} \quad \frac{\pi}{4} < \theta \leqslant \frac{\pi}{2}$$

$$T = P \cos \theta \qquad \text{para} \quad 0 \leqslant \theta \leqslant \frac{\pi}{2}$$

Los diagramas pedidos, con los convenios de signo que se indican, se representan en las Figuras 4.16-*a* y 4.16-*b*.

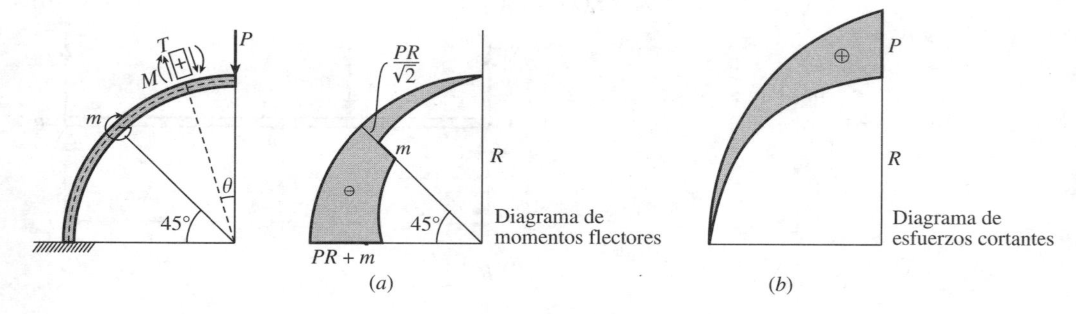

Figura 4.16

4.4. Relaciones entre el esfuerzo cortante, el momento flector y la carga

Hasta aquí hemos estudiado independientemente momentos flectores y esfuerzos cortantes de una viga sometida a flexión simple, sin tener en cuenta las relaciones que existen entre ambas magnitudes. Veamos cuáles son estas relaciones que nos serán de gran utilidad.

Antes de seguir adelante conviene que quede clara la inexistencia de fuerzas concentradas, ya que al actuar sobre una superficie de área nula engendrarían tensiones infinitas que sólo podrían resistir los sólidos rígidos que, como sabemos, no se dan en la Naturaleza. En rigor, las llamadas fuerzas concentradas son fuerzas uniformemente repartidas que actúan en superficies muy pequeñas o, lo que es lo mismo, dan valores de p (carga por unidad de longitud) muy grandes.

Entre dos secciones indefinidamente próximas podemos considerar que actúa una carga uniformemente repartida p que será función de la distancia x, incluso en el caso de fuerzas concentradas, o, por el contrario, que no actúa carga alguna (Fig. 4.17).

En el primer caso, tomando momentos respecto al centro de gravedad de la sección situada a la derecha, tendremos:

$$M + T\,dx = M + dM + p\,dx\,\frac{dx}{2} \qquad (4.4\text{-}1)$$

de donde, despreciando infinitésimos de segundo orden, se tiene:

$$T\,dx = dM \quad \Rightarrow \quad T = \frac{dM}{dx} \qquad (4.4\text{-}2)$$

En esta expresión, como se ve, no interviene la carga. Por tanto, esta expresión será aplicable tanto al caso en que sobre el elemento de viga exista carga repartida como si no.

— Se puede afirmar, pues, que: «*El esfuerzo cortante en una sección de una viga sometida a flexión simple coincide con la derivada de la función momento flector en dicha sección.*» Geométricamente, el esfuerzo cortante en una determinada sección viene medido por el valor de la tangente trigonométrica del ángulo que forma con el eje x (eje de la viga) la tangente al diagrama de momentos flectores en el punto de abscisa de esa sección.

— Basándonos en esta propiedad, podríamos obtener el diagrama de esfuerzos cortantes por derivación del de momentos flectores. Inversamente, dado el diagrama de esfuerzos cortantes se obtendría, por integración, el de momentos flectores.

— Veamos ahora que el esfuerzo cortante T y la función de carga p, funciones ambas de x, están relacionadas entre sí. En efecto, del equilibrio de fuerzas (Fig. 4.17-*a*)

$$T = p\,dx + T + dT \qquad (4.4\text{-}3)$$

— se deduce

$$\frac{dT}{dx} = -p \qquad (4.4\text{-}4)$$

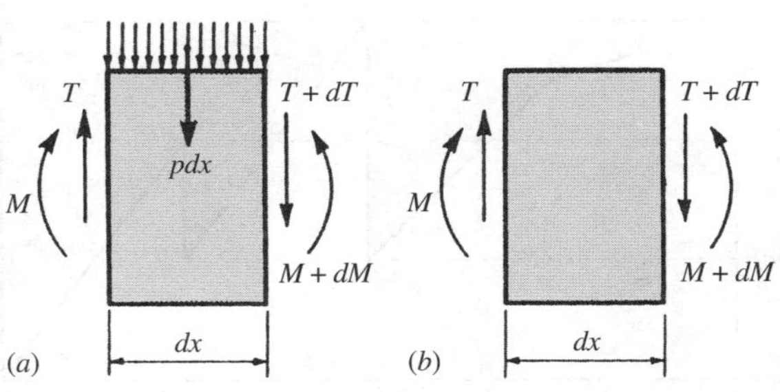

Figura 4.17

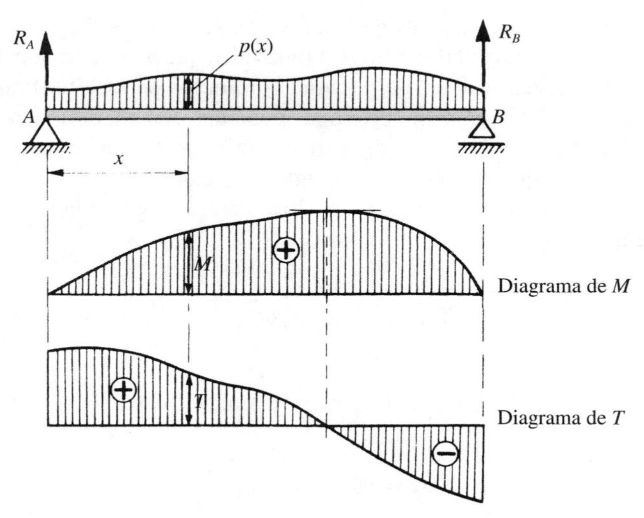

Figura 4.18

que podemos a su vez relacionar con M mediante (4.4-2) y poner:

$$-p = \frac{dT}{dx} = \frac{d^2M}{dx^2} \tag{4.4-5}$$

es decir, *la pendiente de la curva de esfuerzos cortantes coincide en cada sección con el valor de la carga unitaria, cambiada de signo.*

De lo anterior se deduce que si la carga distribuida varía según una función algebraica, las funciones del esfuerzo cortante y del momento flector serán también algebraicas de uno y dos órdenes superiores, respectivamente.

Ejemplo 4.4.1. Dado el diagrama de momentos flectores de una viga en voladizo, indicado en la Figura 4.19, determinar la solicitación exterior y el diagrama de esfuerzos cortantes.

De la observación del diagrama de momentos flectores se deduce fácilmente el esquema de cargas que actúa sobre la viga en voladizo (Fig. 4.19-*a*) y también el diagrama de esfuerzos cortantes.

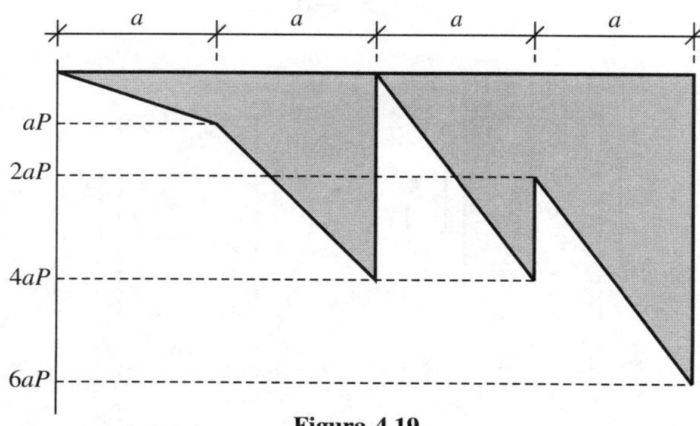

Figura 4.19

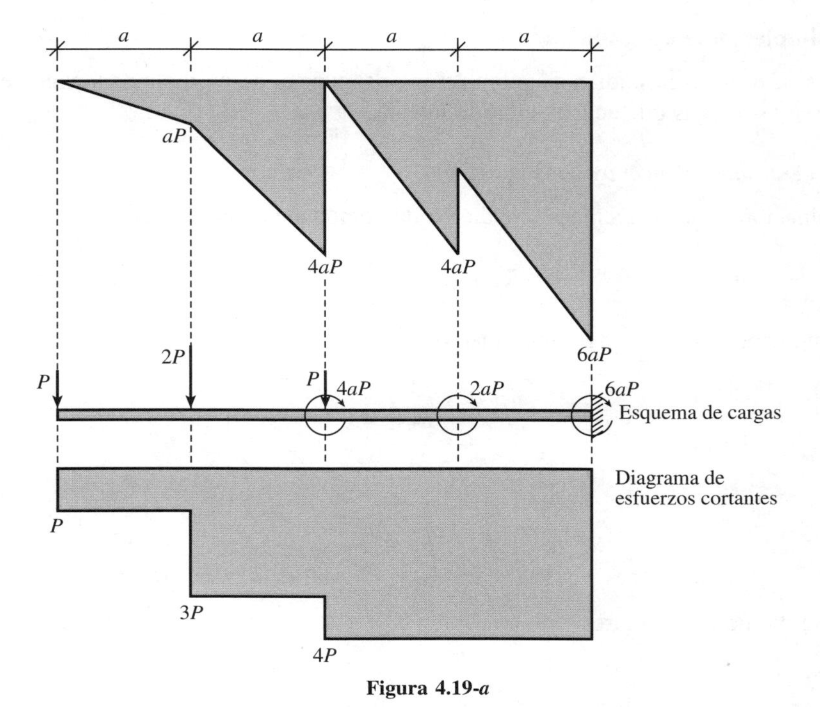

Figura 4.19-*a*

4.5. Determinación de momentos flectores y esfuerzos cortantes

El problema de dimensionado, atendiendo exclusivamente a la flexión, exige el conocimiento de los valores que tiene el momento flector en cada sección de la viga. Vamos, por tanto, a determinar los momentos flectores insistiendo especialmente en su valor máximo, en diversos casos isostáticos de sustentación y carga.

Como norma general, la determinación de momentos implica el conocimiento de todas las fuerzas que actúan sobre el prisma mecánico. En los casos que vamos a considerar se conocen directamente las cargas exteriores y hay que calcular las equilibrantes. Estas últimas se hallarán imponiendo las condiciones de equilibrio estático. Trataremos, a modo de ejemplo, los siguientes casos de sustentación:

a) Viga simplemente apoyada.
b) Viga en voladizo.

Paralelamente al estudio de los momentos flectores en los tipos de viga indicados, haremos el del esfuerzo cortante como proyección, sobre la sección que se considere, de la resultante de las fuerzas que actúan a un lado de la misma, adoptando en la correspondiente rebanada el convenio de signos que se ha establecido anteriormente. Comprobará el lector que en todos los casos se verifica que la función que define el esfuerzo cortante es la derivada de la función que define el momento flector.

– *a*) Viga simplemente apoyada

En todos los casos que se estudian a continuación se supone el peso propio de la viga despreciable respecto a las cargas que actúan sobre la misma.

a) *Carga centrada y concentrada* (Fig. 4.20)

Determinación de las reacciones: condición de componente vertical nula:

$$R_A + R_B - P = 0 \qquad (4.5\text{-}1)$$

Tomando momentos respecto del punto medio:

$$R_A \frac{l}{2} - R_B \frac{l}{2} = 0$$

de donde:

$$R_A = R_B = \frac{P}{2}$$

Leyes de momentos flectores:

$$M_{x_1} = R_A x = \frac{P}{2} x, \quad \text{válida en } 0 \leqslant x \leqslant \frac{l}{2} \qquad (4.5\text{-}2)$$

$$M_{x_2} = R_A x - P\left(x - \frac{l}{2}\right) = \frac{P}{2}(l - x), \quad \text{para } \frac{l}{2} \leqslant x \leqslant l \qquad (4.5\text{-}3)$$

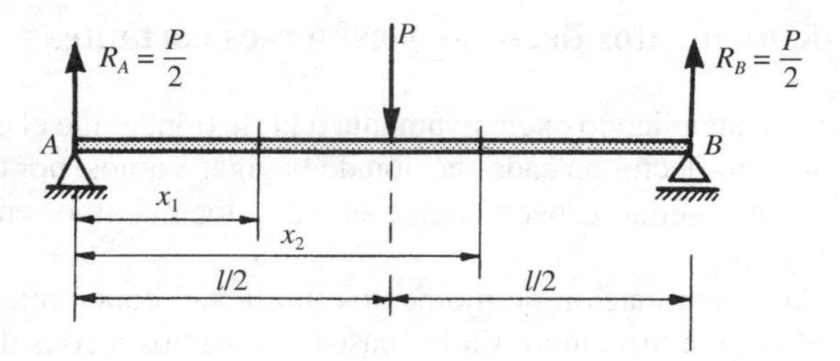

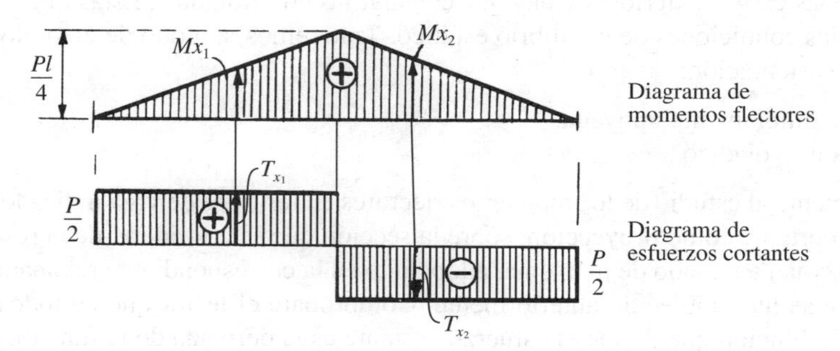

Figura 4.20

El momento flector máximo se presentará en el punto medio de la viga (obsérvese que se trata de un máximo absoluto y, por tanto, la primera derivada no es nula). Su valor se obtendrá haciendo $x = l/2$ en (4.5-2) o (4.5-3)

$$M_{\text{máx}} = \frac{Pl}{4} \tag{4.5-4}$$

Para una sección *mn* el valor del esfuerzo cortante será la suma geométrica de las fuerzas que actúan sobre la viga a uno de sus lados (consideraremos las fuerzas situadas a la izquierda).

Así tendremos:

$$T_{x_1} = R_A = \frac{P}{2}, \quad \text{válida para } 0 \leqslant x \leqslant \frac{l}{2} \tag{4.5-5}$$

$$T_{x_2} = R_A - P = -\frac{P}{2} = -R_B, \quad \text{para } \frac{l}{2} \leqslant x \leqslant l \tag{4.5-6}$$

b) *Carga descentrada y concentrada* (Fig. 4.21)

Determinación de las reacciones: condición de componente vertical nula:

$$R_A + R_B - P = 0 \tag{4.5-7}$$

Tomando momentos respecto del extremo B: $R_A \cdot l - Pb = 0$, de donde

$$R_A = \frac{Pb}{l} \quad ; \quad R_B = \frac{Pa}{l} \tag{4.5-8}$$

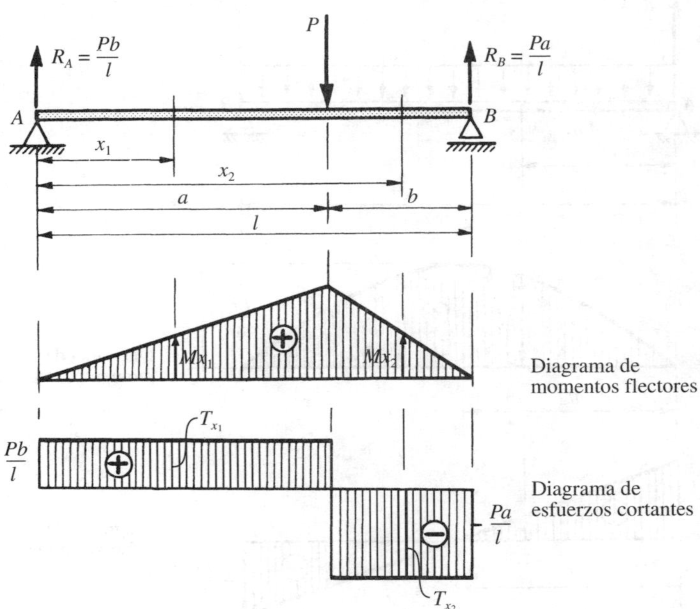

Figura 4.21

Leyes de momentos flectores:

$$M_{x_1} = R_A x = \frac{Pb}{l} x, \quad \text{válida en } 0 \leqslant x \leqslant a \tag{4.5-9}$$

$$M_{x_2} = R_{Ax} - P(x - a) = \frac{Pa}{l} (l - x), \quad \text{para } a \leqslant x \leqslant l \tag{4.5-10}$$

El momento flector máximo tendrá lugar en la sección en la que está aplicada la carga y su valor se obtiene haciendo $x = a$ en cualquiera de las ecuaciones de momentos:

$$M_{\text{máx}} = \frac{Pab}{l} \tag{4.5-11}$$

Leyes de esfuerzos cortantes:

$$T_{x_1} = R_A = \frac{Pb}{l}, \quad \text{válida para } 0 \leqslant x \leqslant a \tag{4.5-12}$$

$$T_{x_2} = R_A - P = -\frac{Pa}{l} = -R_B, \quad \text{para } a \leqslant x \leqslant l \tag{4.5-13}$$

c) *Carga uniformemente repartida* (Fig. 4.22)

Representaremos por p la carga por unidad de longitud. Suele expresarse en toneladas por metro lineal (t/m).

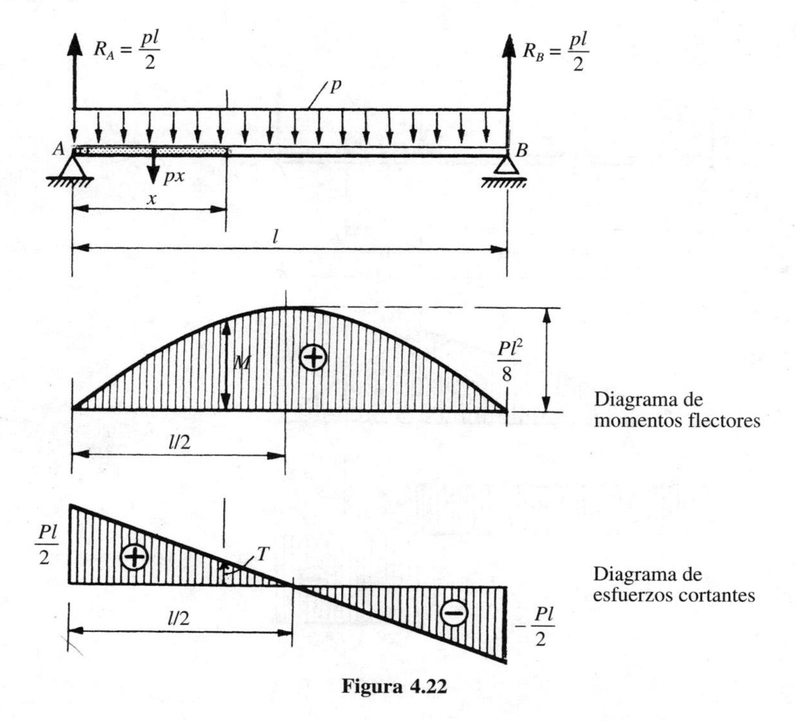

Figura 4.22

La determinación de las reacciones es muy simple, ya que por simetría:

$$R_A = R_B = \frac{pl}{2} \tag{4.5-14}$$

En este caso rige una sola ecuación de momentos para toda la viga:

$$M = R_A x - px\frac{x}{2} = \frac{pl}{2}x - \frac{px^2}{2}, \quad \text{para } 0 \leqslant x \leqslant l \tag{4.5-15}$$

ecuación de una parábola, por lo que el diagrama de momentos flectores será un arco de este tipo de cónica.

Para hallar el momento flector máximo igualaremos a cero la primera derivada, en virtud de la continuidad de la función en toda la viga:

$$\frac{dM}{dx} = \frac{pl}{2} - px = 0 \quad \Rightarrow \quad x = \frac{l}{2}$$

valor que sustituido en (4.5-15) nos da:

$$M_{\text{máx}} = \frac{pl^2}{8} \tag{4.5-16}$$

La ley de esfuerzos cortantes será:

$$T = R_A - px = \frac{pl}{2} - px \tag{4.5-17}$$

ecuación válida para cualquier sección de la viga.

Si se hace $T = 0$, resulta $x = l/2$, es decir, el esfuerzo cortante se anula en el punto medio de una viga simplemente apoyada con carga uniforme.

d) *Carga triangular* (Fig. 4.23)

Supondremos variable la carga por unidad de longitud, aumentando linealmente desde 0 en el apoyo A hasta el valor $p_{\text{máx}}$ en el B.

Las cargas $p\,dx$ sobre cada elemento diferencial de viga constituyen un sistema de vectores paralelos cuya resultante, la carga total P, es:

$$P = \frac{p_{\text{máx}} \cdot l}{2}$$

y tiene por línea de acción la recta $x = \frac{2}{3}\,l$. Las condiciones generales del equilibrio nos proporcionan las ecuaciones

$$\begin{cases} R_A + R_B = P \\ R_A \cdot l = P\,\dfrac{l}{3} \end{cases} \tag{4.5-18}$$

de donde:

$$R_A = \frac{P}{3} = \frac{p_{\text{máx}} \cdot l}{6} \quad ; \quad R_B = \frac{2P}{3} = \frac{p_{\text{máx}} \cdot l}{3} \tag{4.5-19}$$

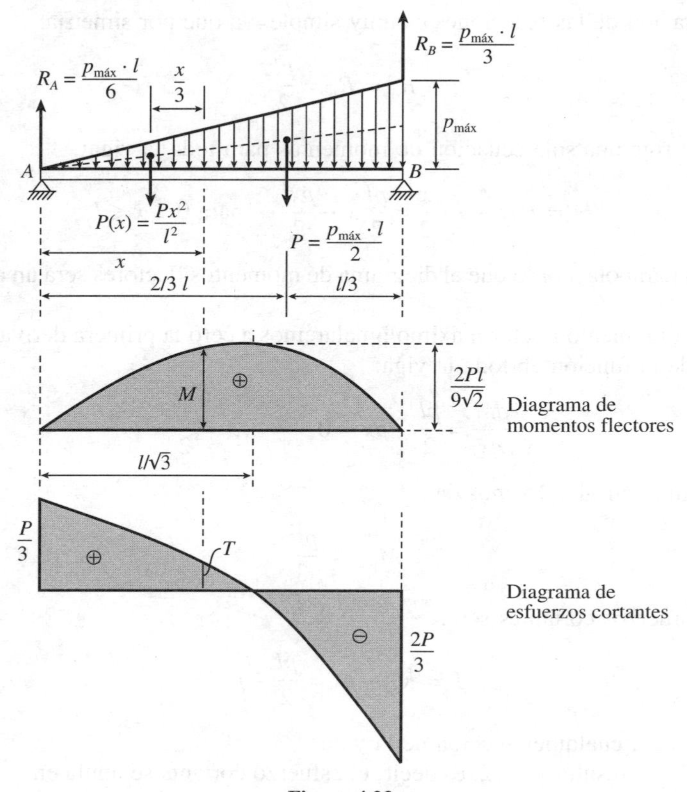

Figura 4.23

– La ecuación de momentos será única y tendrá validez en $0 \leqslant x \leqslant l$

$$M = R_A x - P(x)\,\frac{x}{3} = \frac{P}{3}\,x - \frac{Px^3}{3l^2} \tag{4.5-20}$$

Derivando e igualando a cero, se obtiene $x = l/\sqrt{3}$, por lo que:

$$M_{\text{máx}} = \frac{Pl}{3\sqrt{3}} - \frac{P}{3l^2}\,\frac{l^3}{3\sqrt{3}} = \frac{2Pl}{9\sqrt{3}} \tag{4.5-21}$$

También tenemos en este caso una función única para la ley de esfuerzos cortantes

$$T = R_A - \frac{Px^2}{l^2} = \frac{P}{3} - \frac{Px^2}{l^2} \tag{4.5-22}$$

ecuación válida para cualquier sección de la viga.

– El esfuerzo cortante se anula en una sola sección: la de abscisa

$$x = \frac{l}{\sqrt{3}} \tag{4.5-23}$$

b) Viga en voladizo

Vamos a suponerla perfectamente empotrada en un extremo (imposibilidad de giro en él), en todos los casos que se estudian a continuación.

a) *Carga concentrada en el extremo libre* (Fig. 4.24)

La ecuación de momentos puede escribirse directamente:

$$M = -Px, \quad \text{válida en } 0 \leqslant x \leqslant l \tag{4.5-24}$$

El momento flector máximo se dará en el empotramiento y valdrá:

$$M_{\text{máx}} = -Pl \tag{4.5-25}$$

y según se comprende fácilmente se trata de un máximo absoluto.

El esfuerzo es constante en todas las secciones de la viga

$$T = -P, \quad \text{para } 0 \leqslant x \leqslant l \tag{4.5-26}$$

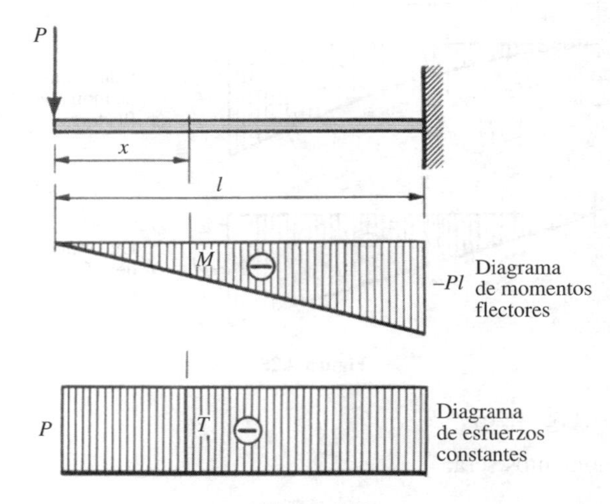

Figura 4.24

b) *Carga uniformemente repartida* (Fig. 4.25)

Sea *p* la carga por unidad de longitud. La ecuación de momentos será:

$$M = -px\,\frac{x}{2} = -\frac{px^2}{2}, \quad \text{válida en } 0 \leqslant x \leqslant 1 \tag{4.5-27}$$

El momento flector máximo se dará en el empotramiento y valdrá:

$$M_{\text{máx}} = -\frac{pl^2}{2} \tag{4.5-28}$$

y, como en el caso anterior, se trata de un máximo absoluto.

La ley de esfuerzos cortantes es:

$$T = -px, \quad \text{para } 0 \leqslant x \leqslant l \tag{4.5-29}$$

ecuación válida para cualquier sección de la viga. El valor máximo corresponde a la sección de empotramiento.

Haciendo $x = l$ en la ecuación (4.5-9), se obtiene:

$$T_{\text{máx}} = -pl = -P \tag{4.5-30}$$

que como se ve, se trata de un máximo absoluto.

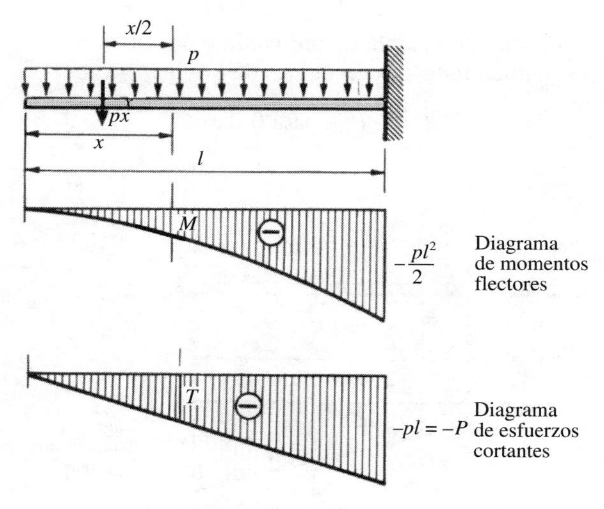

Figura 4.25

c) *Carga triangular* (Fig. 4.26)

La ecuación de momentos será:

$$M = -p_{\text{máx}} \frac{x^2}{2l} \frac{x}{3} = -\frac{P \cdot x^3}{3l^2}, \quad \text{válida en } 0 \leqslant x \leqslant l \tag{4.5-31}$$

El momento flector máximo se dará en el empotramiento y valdrá

$$M_{\text{máx}} = -\frac{p_{\text{máx}} \cdot l^2}{6} = -\frac{Pl}{3} \tag{4.5-32}$$

En este caso, como fácilmente se deduce de la Figura 4.26, como $P = \frac{1}{2} p_{\text{máx}} \cdot l$ es la carga total, se tiene:

$$T = -\frac{Px^2}{l^2} = -\frac{p_{\text{máx}}\, x^2}{2l} \tag{4.5-33}$$

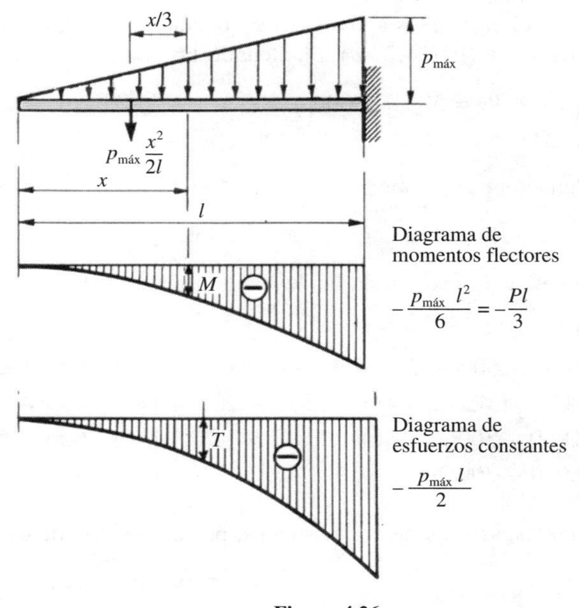

Figura 4.26

El diagrama de esfuerzos cortantes es una parábola de tangente horizontal en el punto correspondiente al extremo libre. El valor máximo (máximo absoluto) se presenta en la sección de empotramiento. Haciendo $x = l$ en la ecuación (4.5-33) se obtiene:

$$T_{máx} = -\frac{Pl^2}{l^2} = -P \qquad (4.5\text{-}34)$$

Ejemplo 4.5.1. Una viga recta AB de longitud $l = 10$ m soporta el sistema de cargas indicado en la Figura 4.27. Se pide:

1.º Dibujar los diagramas de momentos flectores y de esfuerzos cortantes.
2.º En caso de utilizar como viga AB un IPN, determinar el perfil necesario.
3.º Si la sección recta de la viga AB es un triángulo equilátero con la base superior horizontal, y la tensión admisible es $\sigma_{adm} = 1.200$ kp/cm^2, calcular la longitud del lado de la sección con la condición de que sea la imprescindible para resistir el sistema de cargas indicado.

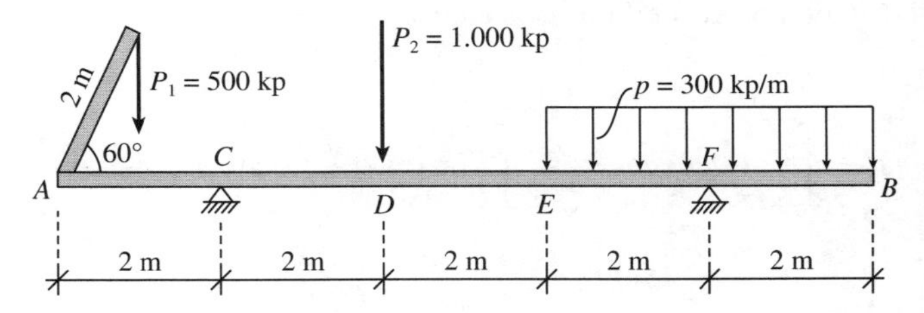

Figura 4.27

1.° Calculamos las reacciones en los apoyos C y F considerando sobre la viga el sistema de cargas estáticamente equivalente (Fig. 4.27-*a*). Planteando las condiciones de equilibrio:

$$\begin{cases} R_C + R_F = 500 + 1.000 + 300 \times 4 = 2.700 \text{ kp} \\ -500 + 500 \times 8 + 1.000 \times 4 - 6R_c = 0 \end{cases}$$

De este sistema de ecuaciones se obtiene:

$$R_c = 1.250 \text{ kp} \quad ; \quad R_F = 1.450 \text{ kp}$$

Obtenidas las reacciones, la obtención de las leyes de momentos flectores es inmediata:

$$\begin{array}{lll} M = 500 - 500x & \text{para} & 0 \leqslant x \leqslant 2 \text{ m} \\ M = 500 - 500x + 1.250(x-2) = 750x - 2.000 & \text{para} & 2 \text{ m} \leqslant x \leqslant 4 \text{ m} \\ M = 750x - 2.000 - 1.000(x-4) = -250x + 2.000 & \text{para} & 4 \text{ m} \leqslant x \leqslant 6 \text{ m} \\ M = -250x + 2.000 - 300/2(x-6)^2 & \text{para} & 6 \text{ m} \leqslant x \leqslant 8 \text{ m} \\ M = -250x + 2.000 - 300/2(x-6)^2 + 1.450(x-8) & \text{para} & 8 \text{ m} \leqslant x \leqslant 10 \text{ m} \end{array}$$

así como las correspondientes a los esfuerzos cortantes, por derivación de éstas:

$$\begin{array}{lll} T = -500 \text{ kp} & \text{para} & 0 < x < 2 \text{ m} \\ T = 750 \text{ kp} & \text{para} & 2 \text{ m} < x < 4 \text{ m} \\ T = -250 \text{ kp} & \text{para} & 4 \text{ m} < x < 6 \text{ m} \\ T = -250 - 300(x-6) = -300x + 1.550 & \text{para} & 6 \text{ m} < x < 8 \text{ m} \\ T = 300(10 - x) & \text{para} & 8 \text{ m} < x < 10 \text{ m} \end{array}$$

En las Figuras 4.27-*b* y 4.27-*c* se representan los correspondientes diagramas.

2.° Del diagrama de momentos flectores se obtiene el valor del momento flector máximo

$$M_{\text{máx}} = 1.000 \text{ m} \cdot \text{kp}$$

El módulo resistente mínimo que necesita tener el IPN será

$$W = \frac{M_{\text{máx}}}{\sigma_{\text{adm}}} = \frac{10^3 \times 10^2 \text{ cm} \cdot \text{kp}}{1.200 \text{ kp/cm}^2} = 84 \text{ cm}^3$$

Del prontuario de perfiles laminados deducimos que el perfil necesario será el IPN-160, cuyo módulo resistente más cercano por exceso es de 117 cm^3.

3.° Si el perfil AB fuera de sección recta triangular equilátera con la base superior horizontal (Fig. 4.27-*d*), calculemos el módulo resistente $W_z = \dfrac{I_z}{y_{\text{máx}}}$

$$I_z = \int_{-\frac{a\sqrt{3}}{3}}^{\frac{a\sqrt{3}}{6}} 2zy^2\, dy = \frac{2}{\sqrt{3}} \int_{-\frac{a\sqrt{3}}{3}}^{\frac{a\sqrt{3}}{6}} \left(y + \frac{a\sqrt{3}}{3}\right) y^2\, dy = \frac{a^4}{32\sqrt{3}}$$

$$y_{\text{máx}} = \frac{2}{3}\, a\, \frac{\sqrt{3}}{2} = \frac{a\sqrt{3}}{3}$$

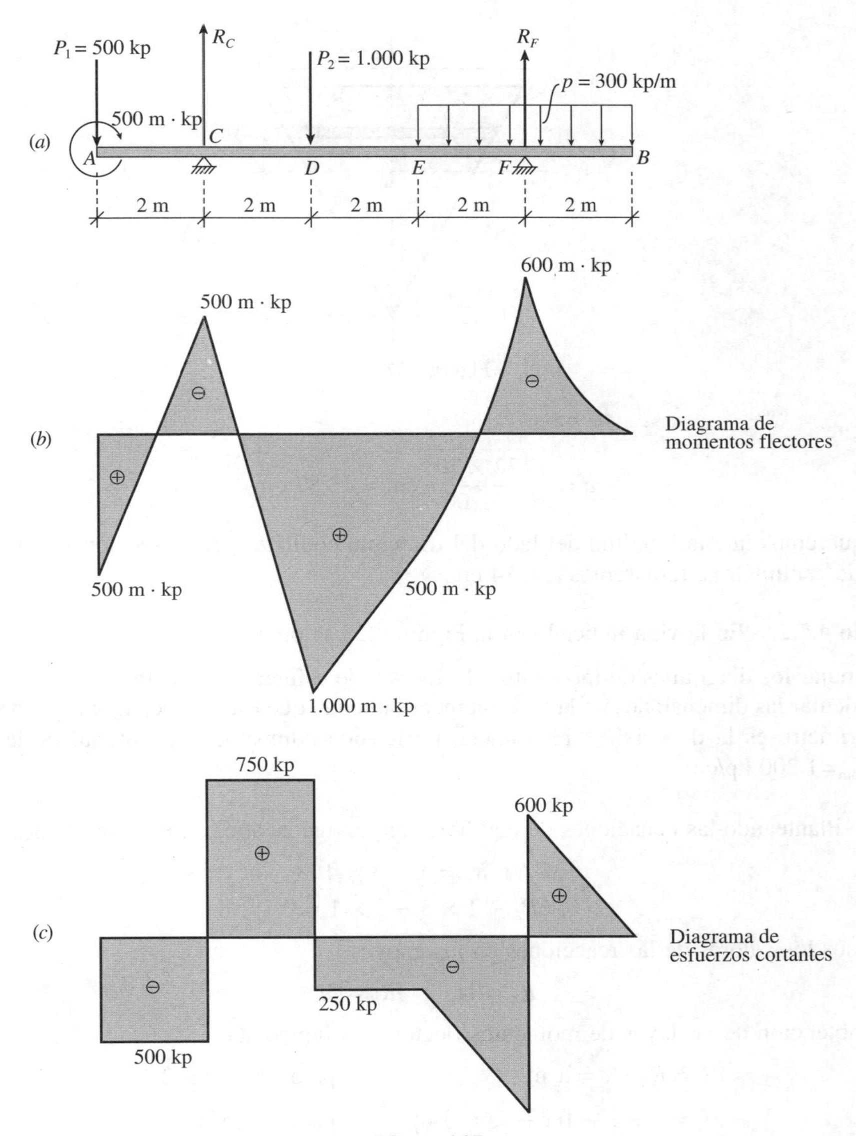

Figura 4.27

Sustituyendo, se tiene

$$W_z = \frac{a^4}{32\sqrt{3}} \, \frac{3}{a\sqrt{3}} = \frac{a^3}{32}$$

Como se ha de verificar

$$W_z = \frac{a^3}{32} \geqslant \frac{M_{\text{máx}}}{\sigma_{\text{adm}}} = \frac{10^5 \text{ cm} \cdot \text{kp}}{1.200 \text{ kp/cm}^2}$$

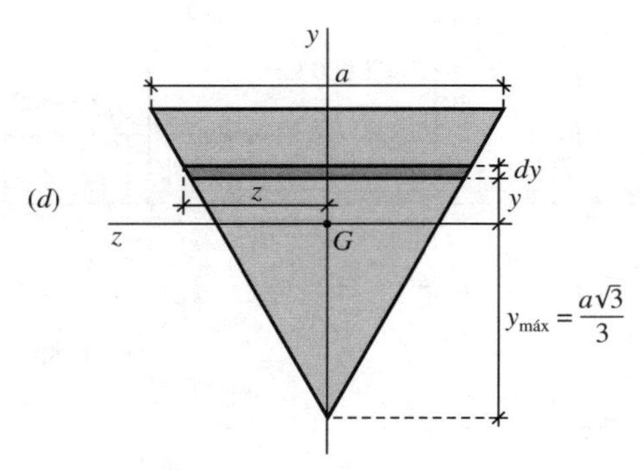

Figura 4.27 (bis)

se obtiene:

$$a = \sqrt[3]{\frac{32 \times 10^5}{1.200}} \text{ cm} = 13{,}87 \text{ cm}$$

Si queremos que la longitud del lado del triángulo equilátero de la sección sea un número entero de centímetros, tomaremos $a = 14$ cm.

Ejemplo 4.5.2. En la viga indicada en la Figura 4.28 se pide:

1.º Dibujar los diagramas de momentos flectores y de esfuerzos cortantes.
2.º Calcular las dimensiones de la sección recta sabiendo que ésta es rectangular y que para su perímetro es la de máxima resistencia. La tensión admisible del material de la viga es $\sigma_{adm} = 1.200$ kp/cm^2.

1.º Planteando las ecuaciones de equilibrio en la viga estáticamente (Fig. 4.28-*a*)

$$\begin{cases} R_A + R_B = 1 + 3 = 4t \\ 6R_A - 1 \times 3 - 3 \times 1 = 0 \end{cases}$$

obtenemos los valores de las reacciones en los apoyos

$$R_A = 1t \quad ; \quad R_B = 3t$$

La obtención de las leyes de momentos flectores es inmediata

$$M = R_A \cdot x = x \text{ m} \cdot \text{t} \qquad \text{para} \quad 0 \leqslant x \leqslant 2 \text{ m}$$

$$M = x + 1 - 1(x - 2) = 3 \text{ m} \cdot \text{t} \qquad \text{para} \quad 2 \text{ m} < x \leqslant 4 \text{ m}$$

$$M = 3 - 1{,}5\,\frac{(x-4)^2}{2} \qquad \text{para} \quad 4 \text{ m} \leqslant x \leqslant 6 \text{ m}$$

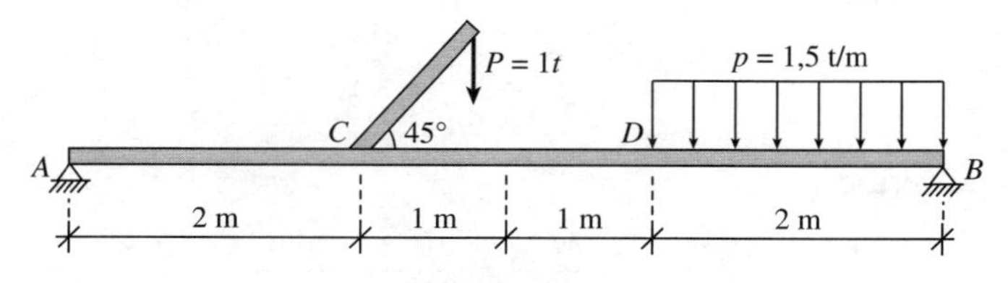

Figura 4.28

y a partir de éstas las de esfuerzos cortantes, por derivación

$$T = 1t \qquad \text{para} \quad 0 < x < 2 \text{ m}$$
$$T = 0 \qquad \text{para} \quad 2 \text{ m} < x < 4 \text{ m}$$
$$T = -1{,}5(x - 4) \qquad \text{para} \quad 4 \text{ m} < x < 6 \text{ m}$$

Los diagramas correspondientes se dibujan en las Figuras 4.28-*b* y 4.28-*c*.

2.º De la observación del diagrama de momentos se deduce el valor del momento flector máximo

$$M_{\text{máx}} = 3 \text{ m} \cdot \text{t}$$

Como

$$\sigma_{\text{máx}} = \frac{M_{\text{máx}}}{W_z}$$

la sección de máxima resistencia es la que tenga el módulo resistente máximo. Si b es el ancho de la sección y h su altura, el perímetro p es

$$p = 2(b + h)$$

Expresando el módulo resistente en función de la altura

$$W_z = \frac{1}{12} bh^3 \frac{2}{h} = \frac{bh^2}{6} = \frac{1}{6}\left(\frac{p}{2} - h\right)h^2$$

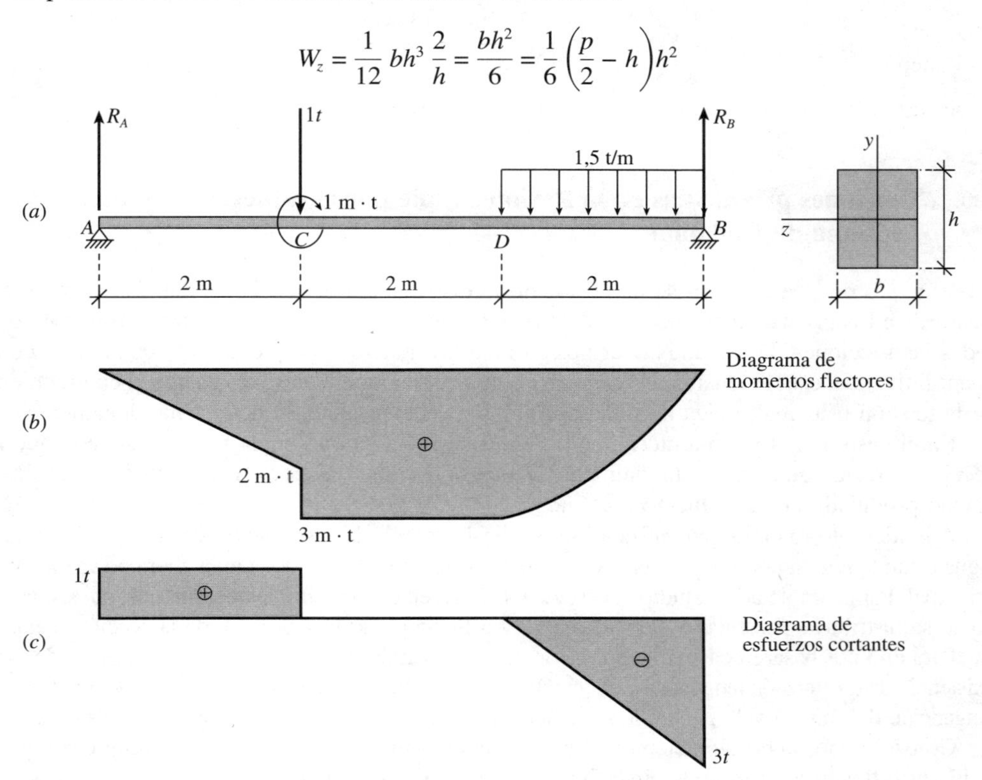

Figura 4.28-*a*-*b*-*c*

y anulando su derivada

$$\frac{dW_z}{dh} = \frac{ph - 3h^2}{6} = \frac{h(p - 3h)}{6} = 0$$

se obtienen las soluciones

$$h = 0, \quad \text{que no es válida, y} \quad p = 3h \quad \Rightarrow \quad h = \frac{p}{3}$$

Se comprueba que para este último valor de h se trata de un máximo, ya que

$$\frac{d^2W_z}{dh^2} = \frac{p - 6h}{6} = -\frac{p}{6} < 0$$

De este resultado se deduce el ancho b

$$b = \frac{p}{2} - h = \frac{p}{6} = \frac{h}{2}$$

Ahora bien, como

$$W_z \geqslant \frac{M_{\text{máx}}}{\sigma_{\text{adm}}} = \frac{3 \times 10^2 \text{ cm} \cdot \text{t}}{1{,}2 \text{ t/cm}^2} = 250 \text{ cm}^3$$

$$\frac{bh^2}{6} = \frac{1}{6}\frac{h}{2}h^2 = \frac{h^3}{12} \geqslant 250 \text{ cm}^3 \quad \Rightarrow \quad h^3 \geqslant 3.000 \text{ cm}^3$$

La altura mínima será, pues

$$h = \sqrt[3]{3.000} \text{ cm} = 14{,}42 \text{ cm}$$

y el ancho

$$b = 7{,}21 \text{ cm}$$

4.6. Tensiones producidas en la flexión simple por el esfuerzo cortante. Teorema de Colignon

Al principio de este capítulo se ha estudiado la distribución de tensiones debidas al momento flector. En los prismas mecánicos sometidos a flexión pura, al ser el esfuerzo cortante nulo en todas las secciones, la ley de Navier nos da una información completa, tanto cualitativa como cuantitativa, del estado tensional creado en el interior del medio elástico, ya que el conocimiento de la tensión principal, única no nula, normal a la sección recta, lo determina plenamente.

En el caso que el prisma mecánico o viga trabaje a flexión simple hemos indicado que las secciones rectas de la viga, inicialmente planas, presentan después de la deformación cierto alabeo producido por el esfuerzo cortante.

Admitido el principio generalizado de Navier-Bernoulli, la distribución de tensiones normales sigue estando regida por la ley de Navier, si bien la dirección del eje de la viga ahora no es dirección principal. Para completar el estudio del estado tensional en flexión simple necesitamos, pues, conocer cómo se distribuye el esfuerzo $T(x)$ a lo largo y a lo ancho de la superficie de la sección recta.

Para ello nos basaremos en el teorema de reciprocidad de las tensiones tangenciales, es decir, la existencia de una tensión tangencial τ en un punto de la sección recta exige la presencia de otra también tangencial, del mismo valor, sobre la superficie de la fibra longitudinal que pasa por ese punto.

Consideremos la porción elemental de prisma mecánico sometido a flexión simple comprendido entre dos secciones rectas indefinidamente próximas, separadas dx (Fig. 4.29). Sobre las secciones de abscisas x y $x + dx$ los momentos flectores difieren en dM.

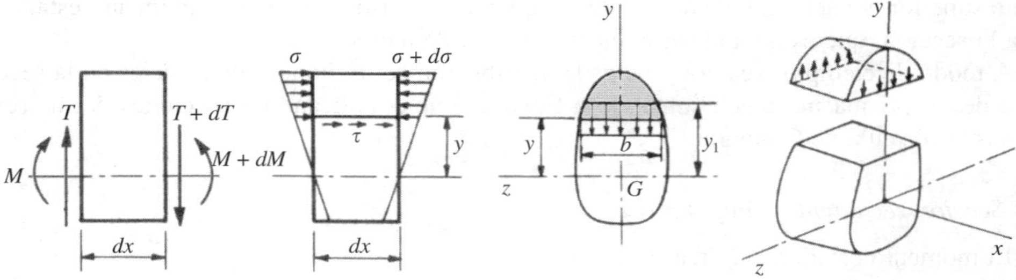

Figura 4.29

Cortemos este elemento por un plano a distancia y de la fibra neutra y consideremos el equilibrio de la parte superior: la resultante de las fuerzas normales tiene que ser equilibrada por las fuerzas engendradas por las tensiones τ sobre la porción de fibra longitudinal.

La resultante de las fuerzas normales en la parte izquierda sobre el área sombreada Ω^* es:

$$N^* = \int_{\Omega^*} \sigma \, d\Omega \tag{4.6-1}$$

que se puede poner, en virtud de la ley de Navier, de la siguiente forma:

$$N^* = \frac{M}{I_z} \int_{\Omega^*} y_1 \, d\Omega = \frac{Mm}{I_z} \tag{4.6-2}$$

siendo m el momento estático respecto al eje z (fibra neutra) del área de la sección situada por encima de la sección longitudinal (área sombreada en la Fig. 4.29).

En la sección derecha, la resultante de las fuerzas normales será:

$$N^* + dN^* = \frac{(M + dM)m}{I_z} \tag{4.6-3}$$

Su diferencia

$$dN^* = \frac{dM\, m}{I_z} \tag{4.6-4}$$

tiene que ser equilibrada por la resultante de las fuerzas debidas a las tensiones τ en la sección longitudinal.

Admitiendo que las tensiones tangenciales se reparten uniformemente a lo largo del segmento de longitud b, se tiene:

$$\tau b \, dx = \frac{dM \cdot m}{I_z} = \frac{T\, dx \cdot m}{I_z} \tag{4.6-5}$$

de donde obtenemos:

$$\boxed{\tau = \frac{Tm}{bI_z}} \tag{4.6-6}$$

expresión llamada *fórmula de Colignon*, que nos permite calcular la distribución de tensiones tangenciales en las secciones rectas.

Al ser las tensiones tangenciales en las secciones longitudinales (llamadas también tensiones rasantes) iguales a las correspondientes en las secciones rectas, la fórmula de Colignon es válida para el cálculo de ambas.

Una primera consecuencia que se deduce de esta fórmula es que las tensiones cortantes son nulas en los puntos superior e inferior de la sección, ya que para ambos se verifica $m = 0$; en el punto superior por ser nula el área sombreada, y en el inferior por ser m el momento estático de toda la sección, que es nula al ser el eje z principal de inercia.

A modo de ejemplo, veamos cuál es la distribución de tensiones tangenciales en la sección recta de un prisma mecánico sometido a flexión simple, aplicando a secciones de diferentes formas la fórmula de Colignon.

a) *Sección rectangular* (Fig. 4.30)

El momento estático del área rayada es:

$$m = \int_y^{h/2} by\,dy = \left[\frac{by^2}{2}\right]_y^{h/2} = \frac{b}{2}\left(\frac{h^2}{4} - y^2\right)$$

y el momento de inercia de la sección:

$$I_z = 2\int_0^{h/2} by^2\,dy = 2\left[\frac{by^3}{3}\right]_0^{h/2} = \frac{bh^3}{12}$$

Sustituyendo en (4.6-6), se obtiene:

$$\tau = \frac{T\,\dfrac{b}{8}\,(h^2 - 4y^2)}{b\,\dfrac{bh^3}{12}} = \frac{3}{2}\,\frac{T}{\Omega}\,\frac{h^2 - 4y^2}{h^2} \tag{4.6-7}$$

siendo $\Omega = hb$ el área de la sección.

El diagrama de tensiones tangenciales según la altura de la sección es una parábola. La tensión tangencial máxima se presenta en la fibra neutra ($y = 0$)

$$\tau_{\text{máx}} = \frac{3}{2}\,\frac{T}{\Omega} \tag{4.6-8}$$

y representa un 50 por 100 más del valor que resultaría si T se repartiera uniformemente en toda la superficie.

b) *Sección circular* (Fig. 4.31)

El momento estático es:

$$m = \int_y^R by\,dy = 2\int_y^R y\sqrt{R^2 - y^2}\,dy = -\frac{2}{3}\,[(R^2 - y^2)^{3/2}]_y^R = \frac{2}{3}\,(R^2 - y^2)^{3/2}$$

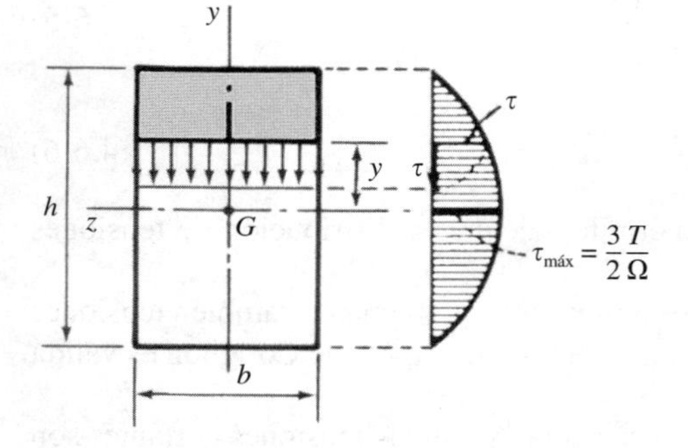

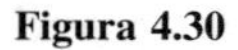

Figura 4.30

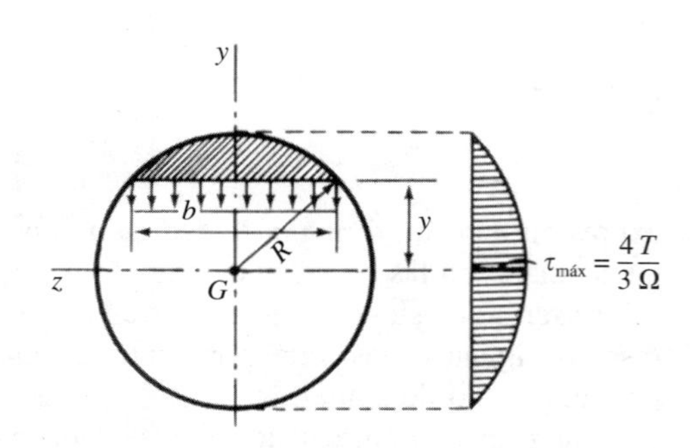

Figura 4.31

y el momento de inercia:

$$I_z = \frac{\pi R^4}{4}$$

Sustituyendo en la fórmula de Colignon, se obtiene:

$$\tau = \frac{T\dfrac{2}{3}(R^2 - y^2)^{3/2}}{2\sqrt{R^2 - y^2}\,\dfrac{\pi R^4}{4}} = \frac{4}{3}\,\frac{T}{\Omega}\,\frac{R^2 - y^2}{R^2} \tag{4.6-9}$$

El diagrama de tensiones tangenciales según la altura de la sección es una parábola. La tensión tangencial máxima se presenta en la fibra neutra ($y = 0$)

$$\tau_{\text{máx}} = \frac{4}{3}\,\frac{T}{\Omega} \tag{4.6-10}$$

y resulta ser un 33 por 100 más del valor que resultaría si T se repartiera uniformemente en toda la superficie.

c) *Sección triangular* (Fig. 4.32)

En este caso se tiene:

$$I_z = \int_{-\frac{h}{3}}^{\frac{2}{3}h} by^2\,dy = \frac{a}{h}\int_{-\frac{h}{3}}^{\frac{2}{3}h}\left(\frac{2}{3}h - y\right)y^2\,dy = \frac{ah^3}{36}$$

$$m = \frac{1}{2}b\left(\frac{2}{3}h - y\right)\left[y + \frac{1}{3}\left(\frac{2}{3}h - y\right)\right] = \frac{b}{3}\left(\frac{2}{3}h - y\right)\left(y + \frac{h}{3}\right)$$

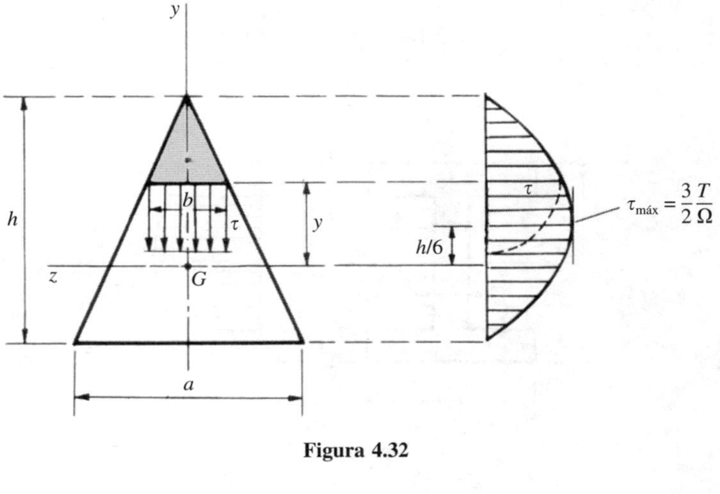

Figura 4.32

La ley de tensiones cortantes será:

$$\tau = \frac{T\frac{1}{3}b\left(\frac{2}{3}h - y\right)\left(y + \frac{h}{3}\right)}{b\frac{ah^3}{36}} = \frac{6T}{h^2\Omega}\left(\frac{2}{3}h - y\right)\left(y + \frac{h}{3}\right) \tag{4.6-11}$$

El valor máximo se presenta a distancia $h/6$ de la fibra neutra:

$$\tau_{\text{máx}} = \frac{3T}{2\Omega} \tag{4.6-12}$$

y resulta ser un 50 por 100 más del valor que resultaría si T se repartiera uniformemente en toda la superficie.

d) *Sección doble te simétrica* (Fig. 4.33)

a') En el ala:

$$m = 2b(h - y)\frac{1}{2}(h + y) = b(h^2 - y^2)$$

$$I_z = \frac{1}{12}2b \cdot 8h^3 - \frac{1}{12}(2b - e)(h - e_1)^3 \cdot 8 = \frac{2}{3}[2bh^3 - (2b - e)(h - e_1)^3]$$

$$\tau = \frac{3T(h^2 - y^2)}{4[2bh^3 - (2b - e)(h - e_1)^3]} \tag{4.6-13}$$

b') En el alma:

$$m = b(h^2 - y^2) - \frac{(2b - e)}{2}[(h - e_1)^2 - y^2]$$

$$\tau = T\frac{2b(h^2 - y^2) - (2b - e)[(h - e_1)^2 - y^2]}{2 \cdot e\frac{2}{3}[2bh^3 - (2b - e)(h - e_1)^3]} \tag{4.6-14}$$

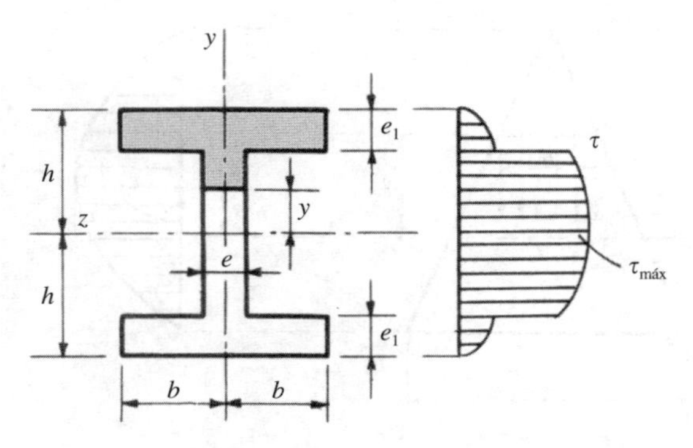

Figura 4.33

El esfuerzo máximo se presenta en la fibra media ($y = 0$) y vale:

$$\tau_{\text{máx}} = \frac{T[2bh^2 - (2b - e)(h - e_1)^2]}{4e\left[\frac{2bh^3}{3} - \frac{(2b - e)(h - e_1)^3}{3}\right]} \tag{4.6-15}$$

e) *Sección rómbica* (Fig. 4.34)

$$m = \frac{a}{h}\int_y^h (h - y)y\,dy = \frac{1}{6}\frac{a}{h}(h - y)(h^2 + hy - 2y^2)$$

$$I_z = 2\left[\frac{ah^3}{36} + \frac{1}{2}ah\left(\frac{h}{3}\right)^2\right] = \frac{ah^3}{6}$$

$$\tau = \frac{\frac{T}{6}\frac{a}{h}(h - y)(h^2 + hy - 2y^2)}{a\frac{h - y}{h}a\frac{h^3}{6}} = \frac{T}{\Omega}\left(1 + \frac{y}{h} - \frac{2y^2}{h^2}\right) \tag{4.6-16}$$

El esfuerzo en la fibra neutra ($y=0$) vale $\tau = \frac{T}{\Omega}$, pero el máximo se da en $y = \frac{h}{4}$ y vale $\tau_{\text{máx}} = \frac{9}{8}\frac{T}{\Omega}$, que representa un 12,5 por 100 más del que resultaría si se repartiera uniformemente el esfuerzo cortante T en toda la superficie.

De los casos de sección circular, triangular o rómbica se deduce el carácter aproximado del razonamiento y, por ende, de la fórmula de Colignon obtenida.

En efecto, al no ser los lados laterales de la sección paralelos al eje vertical y haber obtenido la tensión tangencial τ paralela a este eje, en los puntos próximos a los lados τ tendrá componentes según la tangente y según la normal al contorno de la sección (Fig. 4.35).

Por el teorema de reciprocidad de las tensiones tangenciales, de ser esta descomposición correcta, tendría que estar solicitada la superficie exterior del prisma mecánico por fuerzas tangenciales en sentido longitudinal, cosa que no es cierta.

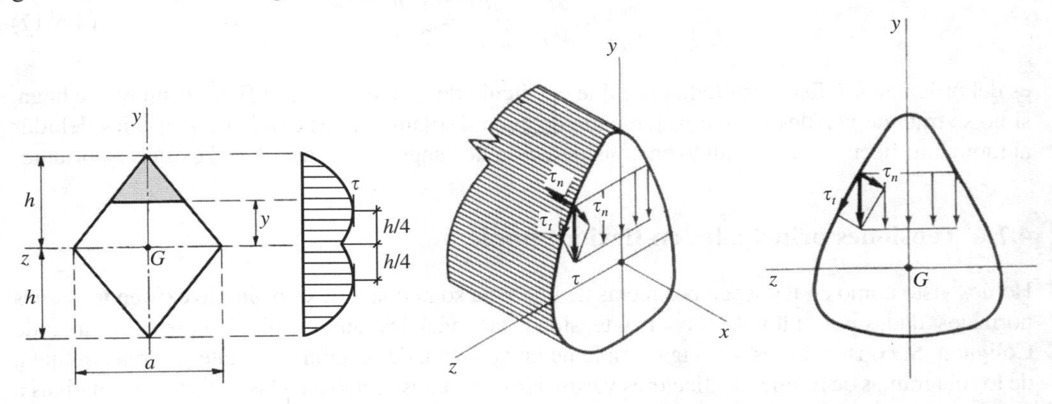

Figura 4.34 **Figura 4.35**

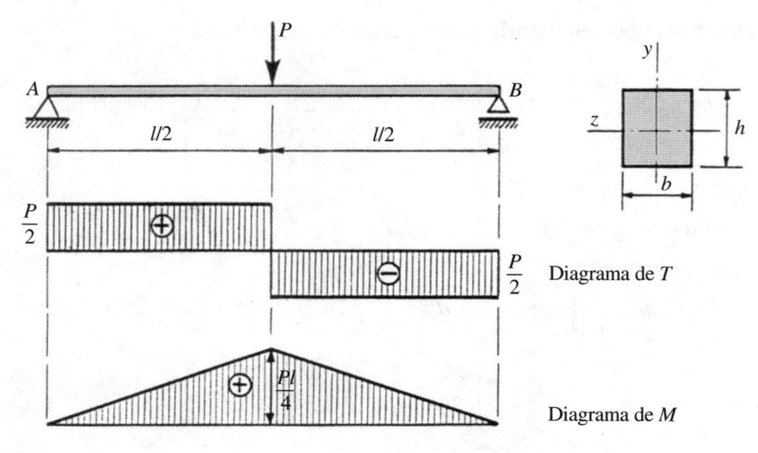

Figura 4.36

Para obtener con rigor la distribución de tensiones tangenciales habría que aplicar los métodos complejos que utiliza la teoría de la Elasticidad. El resultado que se obtiene, en la mayoría de los casos, pone de manifiesto que las componentes de τ sobre el eje z son de un grado de importancia muy pequeño respecto a las componentes respecto del eje y, lo que justifica que se admita la fórmula de Colignon para obtener, con suficiente aproximación, los valores de las tensiones tangenciales producidas por el esfuerzo cortante.

Por otra parte, si comparamos los valores de la tensión normal máxima $\sigma_{\text{máx}}$ y la tensión tangencial máxima $\tau_{\text{máx}}$ de un prisma mecánico trabajando a flexión simple, por ejemplo, en la sección media de la viga recta de sección rectangular simplemente apoyada con carga concentrada P (Fig. 4.36) tenemos:

$$\sigma_{\text{máx}} = \frac{M_z}{W_z} = \frac{\frac{P}{2}\frac{l}{2}}{\frac{bh^2}{6}} = \frac{3Pl}{2bh^2} \quad ; \quad \tau_{\text{máx}} = \frac{3}{2}\frac{\frac{P}{2}}{\Omega} = \frac{3P}{4bh}$$

El cociente de ambas:

$$\frac{\tau_{\text{máx}}}{\sigma_{\text{máx}}} = \frac{3P}{4bh} : \frac{3Pl}{2bh^2} = \frac{1}{2}\frac{h}{l} \tag{4.6-17}$$

es del orden de h/l. Este resultado hace que el cálculo de la resistencia en flexión simple se haga, si no se trata de perfiles delgados, teniendo en cuenta solamente las tensiones normales debidas al momento flector y no tomando en consideración las tangenciales debidas al esfuerzo cortante.

4.7. Tensiones principales en flexión simple

Hemos visto cómo en las secciones rectas de una viga sometida a flexión simple existen tensiones normales, dadas por la ley de Navier, y tensiones tangenciales, que se calculan por la fórmula de Colignon. Si consideramos una viga simplemente apoyada, de sección constante y carga continua, de los diagramas de momentos flectores y esfuerzos cortantes se deducen las variaciones relativas a las tensiones normales y tangenciales en los planos de las secciones rectas (Fig. 4.37).

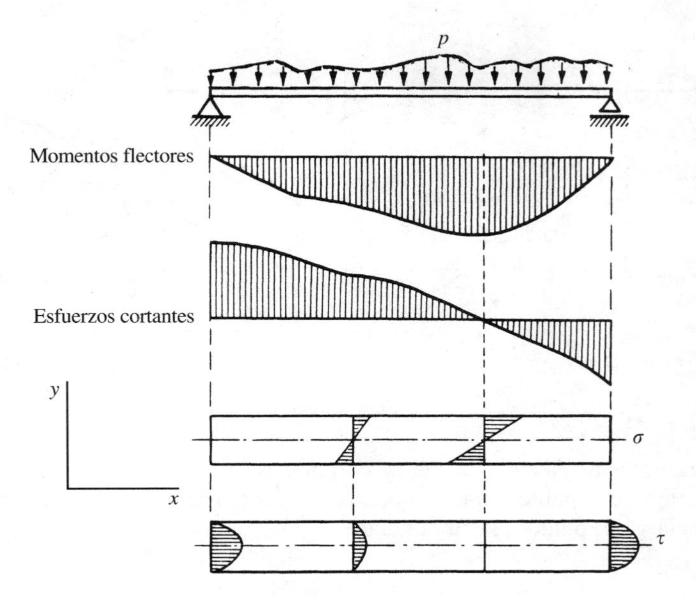

Figura 4.37

— En las secciones extremas la distribución de esfuerzos cortantes es de tipo parabólico, mientras que los esfuerzos normales se anulan. Si vamos recorriendo las secciones, a partir de uno de los extremos, a medida que nos acercamos a la sección de momento flector máximo disminuyen las tensiones cortantes a la vez que aumentan las normales.

En la sección del máximo momento flector se anulan las tensiones tangenciales y la tensión normal máxima se presenta en los puntos más alejados de la fibra neutra. Salvo en esta sección en la que las tensiones normales son tensiones principales en todos los puntos de ella, en cualquier otro punto de la viga el cálculo de los valores de las tensiones principales no es tan inmediato.

— En una viga como la indicada en la Figura 4.37 que admita plano vertical de simetría, las componentes de la matriz de tensiones en los puntos de la misma son:

$$\left\{\begin{array}{lll}\sigma_{nx} = -\dfrac{M_z}{I_z}\,y & ; & \sigma_{ny} = \sigma_{nz} = 0 \\ \tau_{xy} = \dfrac{Tm}{bI_z} & ; & \tau_{yz} = \tau_{xz} = 0\end{array}\right. \tag{4.7-1}$$

— Para un determinado punto P la tensión máxima será la mayor de las tensiones principales, cuyos valores se pueden obtener fácilmente mediante la construcción gráfica de Mohr (Fig. 4.38-*b*)

$$\sigma_{1,2} = \frac{1}{2}\,(\sigma \pm \sqrt{\sigma^2 + 4\tau^2}) \tag{4.7-2}$$

Ahora bien, por medio de la ley de Navier y fórmula de Colignon

$$\sigma = -\frac{M_z}{I_z}\,y \quad ; \quad \tau = \frac{Tm}{bI_z}$$

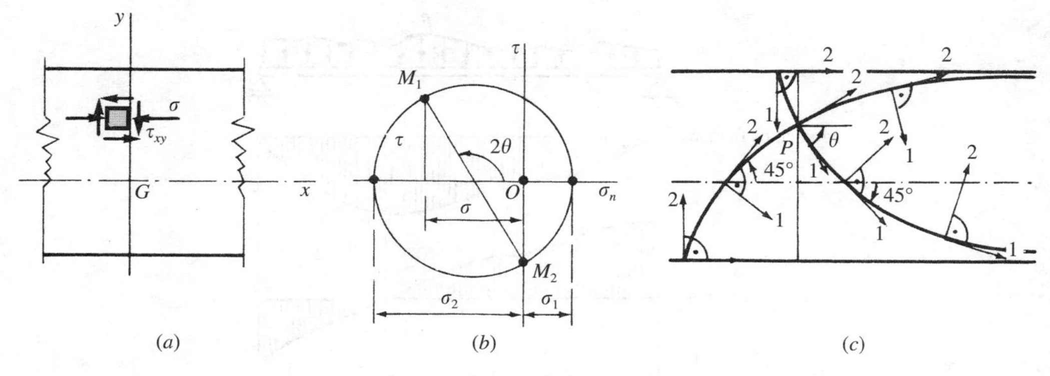

Figura 4.38

siendo M_z y T el momento flector y esfuerzo cortante, respectivamente, que actúa en la sección recta a la que pertenece el punto P, podemos expresar las tensiones principales en función de M_z, T y de la distancia y del punto a la fibra neutra

$$\sigma_{1,2} = \frac{1}{2I_z}\left(-M_z y \pm \sqrt{M_z^2 y^2 + 4\,\frac{T^2 m^2}{b^2}}\right) \tag{4.7-3}$$

expresión que nos permite calcular el valor de la tensión máxima en los puntos de la sección que se considera.

Del mismo círculo de Mohr se deducen las direcciones principales definidas por el ángulo θ, tal que

$$\operatorname{tg} 2\theta = \frac{2\tau}{\sigma} \tag{4.7-4}$$

es decir, las direcciones principales en cualquier punto de la sección están en un plano paralelo al de simetría vertical de la viga y la dirección principal 1 forma con el eje longitudinal de la misma un ángulo θ, contado en sentido horario, como se indica en la Figura 4.38-*c*.

Para estudiar cómo varían las direcciones principales se pueden utilizar las líneas isostáticas. Se denominan así a las curvas tales que en cada uno de sus puntos las tangentes son coincidentes con las direcciones principales. Existen dos familias de líneas isostáticas que son ortogonales entre sí.

De la ecuación (4.7-4) se deduce lo siguiente:

a) En las fibras extremas superior e inferior una familia de isostáticas es normal a la fibra, ya que en ellas $\tau = 0$ y, por tanto,

$$\operatorname{tg} 2\theta = 0 \quad \Rightarrow \quad \theta_1 = 0 \quad ; \quad \theta_2 = \frac{\pi}{2}$$

es decir, las isostáticas en los bordes superior e inferior de la pieza los cortan ortogonal o asintóticamente.

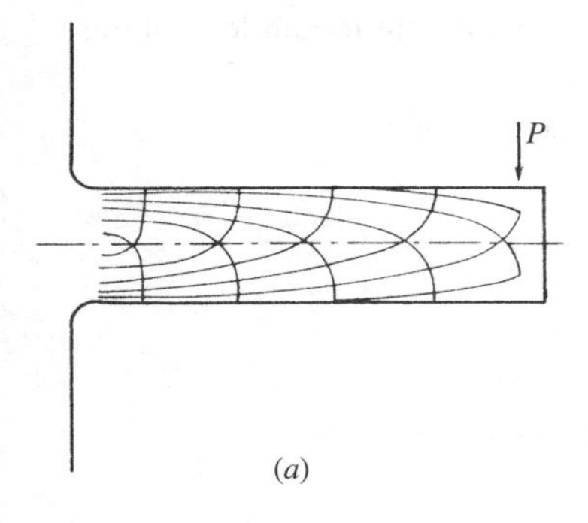

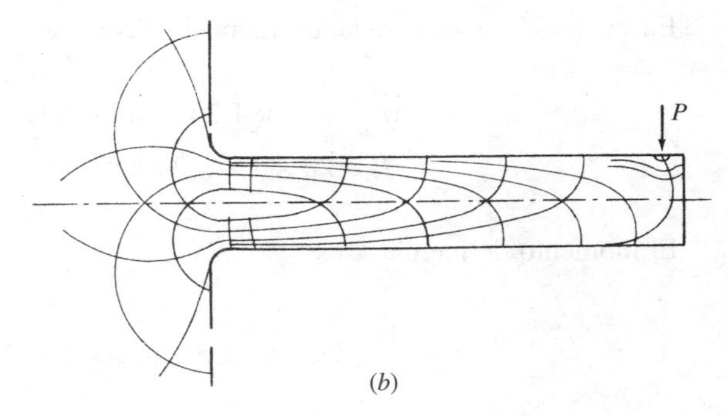

Figura 4.39

— *b*) En la fibra neutra: $\sigma = 0$

$$\text{tg } 2\theta = \pm\infty \quad \Rightarrow \quad \theta = \pm\frac{\pi}{4}$$

es decir, en los puntos de la línea neutra las isostáticas cortan a ésta bajo ángulos de ±45°.

En la Figura 4.39-*a* se han dibujado las isostáticas en el caso de una viga de sección rectangular con carga *P* en su extremo libre, obtenidas mediante la determinación en un cierto número de puntos de las direcciones principales por el método gráfico de Mohr, como se ha indicado anteriormente, y que es el método que se sigue en *Resistencia de Materiales*.

En la Figura 4.39-*b* se han dibujado, asimismo, las isostáticas de la misma viga anterior sometida al mismo estado de carga, pero obtenidas experimentalmente mediante los métodos propios de la fotoelasticidad, es decir, se obtienen las isoclinas en el banco fotoelástico y a partir de éstas, mediante integración gráfica, se llega a las isostáticas.

De la observación de ambas figuras se desprende que las isostáticas determinadas por la *Resistencia de Materiales* coinciden con las obtenidas experimentalmente, salvo en las zonas próximas a la aplicación de las cargas, como, por otra parte, establece el principio de Saint-Venant.

Ejemplo 4.7.1. Una viga en voladizo *AB*, de sección rectangular 16 × 10 cm y longitud $l = 2$ m, está sometida a una carga uniforme $p = 20$ kN/m. Calcular las tensiones principales en el punto *C* indicado en la Figura 4.40, perteneciente a la sección recta situada a 80 cm del empotramiento.

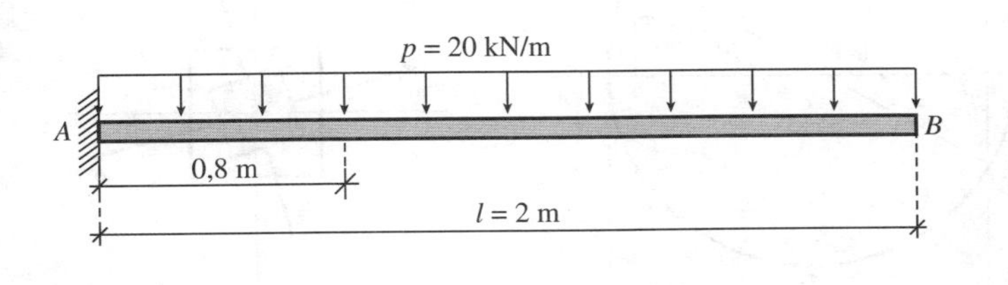

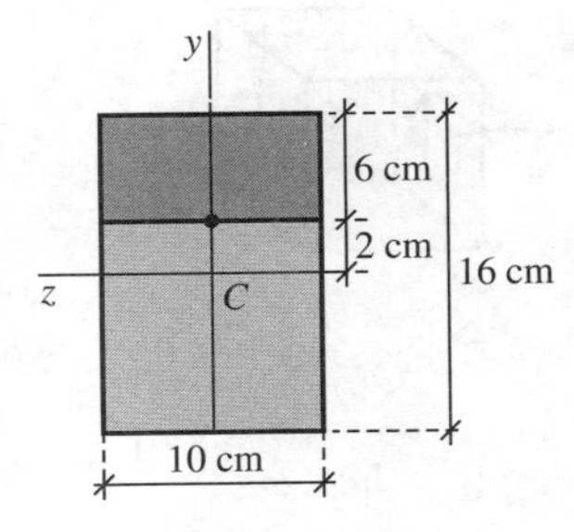

Figura 4.40

En la sección considerada, el momento flector y el esfuerzo cortante toman los valores

$$M_z = -20 \times 1{,}2 \times 0{,}6 \text{ m} \cdot \text{kN} = -14{,}4 \text{ m} \cdot \text{kN}$$

$$T_y = 20 \times 1{,}2 = 24 \text{ kN}$$

El momento de inercia I_z es

$$I_z = \frac{1}{12} 10 \times 16^3 \text{ cm}^4 = 3.413{,}3 \text{ cm}^4 = 3{,}413 \times 10^{-5} \text{ m}^4$$

Las tensiones que actúan sobre el elemento que rodea al punto C (Fig. 4.40-*a*) son: la tensión normal σ, cuyo valor viene dado por la ley de Navier, y la tensión tangencial τ, que obtendremos aplicando la fórmula de Colignon

$$\sigma = -\frac{M_z}{I_z} y_c = \frac{14{,}4 \times 10^3}{3{,}413 \times 10^{-5}} 2 \times 10^{-2} \frac{\text{N}}{\text{m}^2} = 8{,}437 \text{ MPa}$$

$$\tau = \frac{Tm}{bI_z} = \frac{24 \times 10^3 \times 6 \times 10 \times 5 \times 10^{-6}}{10 \times 3{,}413 \times 10^{-5}} \frac{\text{N}}{\text{m}^2} = 2{,}10 \text{ MPa}$$

Las tensiones principales en el punto C pedidas se obtienen de forma inmediata mediante el círculo de Mohr (Fig. 4.40-*b*)

$$\sigma_{1,2} = \frac{\sigma}{2} \pm \sqrt{\left(\frac{\sigma}{2}\right)^2 + \tau^2} = \frac{8{,}437}{2} \pm \sqrt{4{,}218^2 + 2{,}10^2} \text{ MPa}$$

$$\sigma_1 = 8{,}931 \text{ MPa} \quad ; \quad \sigma_2 = -0{,}493 \text{ MPa}$$

En la Figura 4.40-*c* se dibujan las direcciones principales en las que actúan.

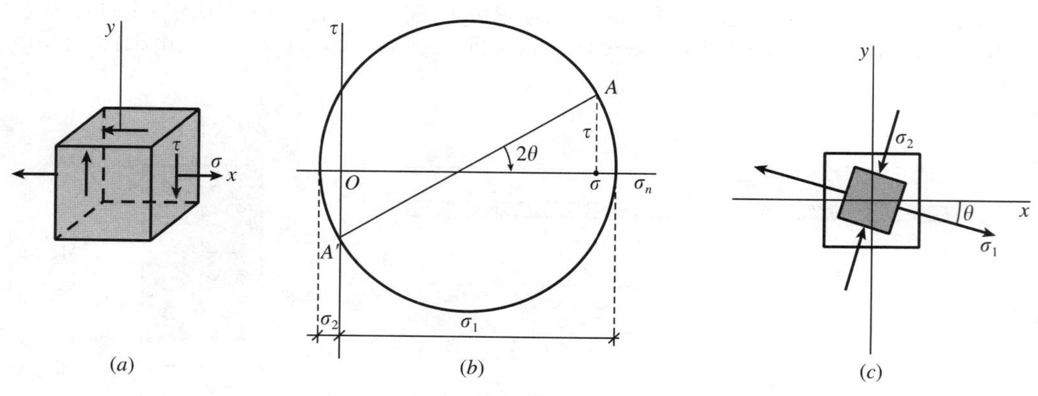

Figura 4.40

4.8. Estudio de las tensiones cortantes en el caso de perfiles delgados sometidos a flexión simple

Llamaremos *perfil de pared delgada* o, simplemente, *perfil delgado* a un prisma mecánico cuya sección recta está limitada por dos curvas próximas, cuya distancia e entre ellas se denomina *espesor de la pared.*

Anteriormente se ha indicado que en el cálculo de una pieza que trabaja a flexión simple, si no se trata de un perfil de pared delgada, juegan un papel importante las tensiones normales debidas al momento flector y tienen poca importancia las tangenciales debidas al esfuerzo cortante.

Por el contrario, cuando consideramos perfiles delgados, el conocimiento de cómo se distribuyen las tensiones tangenciales en la sección recta del perfil tiene un extraordinario interés.

Con objeto de ir fijando las ideas consideremos un perfil delgado de sección abierta, con plano de simetría y cargado en dicho plano, por ejemplo, el perfil en doble te representado en la Figura 4.41. La distribución de tensiones normales debidas al momento flector M_z se regirá por la ley de Navier.

Por ello, al considerar un corte ideal mm', normal a la línea media del contorno, el razonamiento para calcular el valor de la tensión cortante τ, igual a la tensión rasante en el plano paralelo al eje longitudinal del perfil, es idéntico al seguido para la obtención de la fórmula de Colignon. Por tanto, la expresión de la tensión tangencial en los puntos de la traza del plano mm' de corte será

$$\tau = \frac{T_y m_z}{e I_z} \qquad (4.8\text{-}1)$$

en donde T_y es el esfuerzo cortante en la sección en la dirección del eje y; m_z, el momento estático de la sección rayada en la figura respecto del eje z; e, el espesor del perfil en el punto que se ha hecho el corte, e I_z, el momento de inercia de toda la sección respecto del eje z.

Hay, sin embargo, una diferencia importante respecto al estudio hecho anteriormente sobre la tensión cortante en perfiles no delgados. Allí suponíamos que la tensión cortante tenía la dirección del eje vertical, no obstante hacer la observación de que esta suposición podía estar en contradicción con el teorema de reciprocidad de las tensiones tangenciales. En los perfiles delgados, por el contrario, supondremos que las tensiones tangenciales son paralelas al contorno y sensiblemente constantes según el espesor.

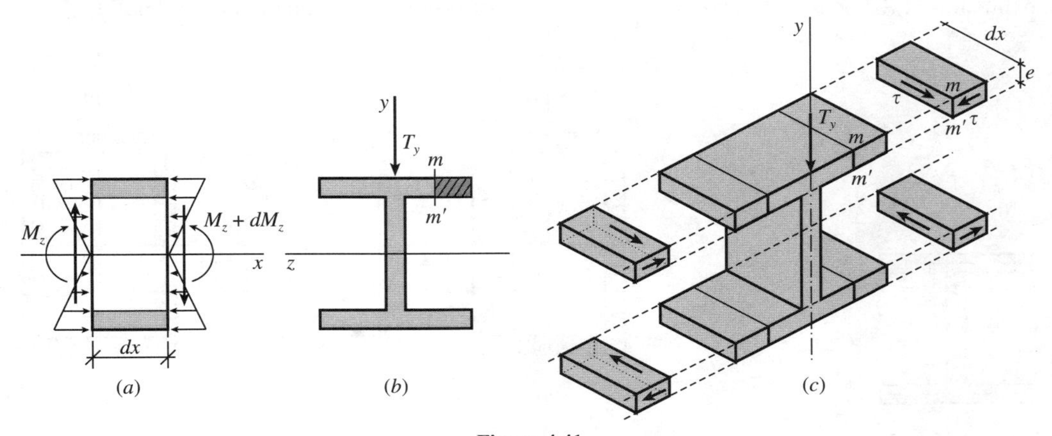

Figura 4.41

— Como la dirección de la tensión tangencial en un punto depende de la forma del perfil y no de la carga aplicada, si las cargas son tales que el esfuerzo cortante $\vec{T}$ en la sección tiene componentes T_y y T_z respecto de los ejes principales de inercia, la fórmula (4.8-1) se convertirá en:

$$\tau = \frac{T_y m_z}{e I_z} + \frac{T_z m_y}{e I_y} \qquad (4.8\text{-}2)$$

expresión del valor modular de la tensión cortante en los puntos de la sección del perfil. La dirección ya hemos indicado que es paralela al contorno. En cuanto al sentido, la reciprocidad de las tensiones tangenciales permite determinarlo sin que exista ambigüedad, como fácilmente se deduce al observar los cortes ideales indicados en la Figura 4.41-*c*. Los sentidos de las tensiones cortantes en las alas y en el alma del perfil *I* considerado se indican en la Figura 4.42, para un esfuerzo cortante T_y positivo.

– La ecuación (4.8-1) se puede poner en la forma

$$t = \tau e = \frac{T_y m_z}{I_z} \qquad (4.8\text{-}3)$$

– Al producto en cada punto de la sección recta del perfil de la tensión tangencial en él por el espesor *e* de la sección en dicho punto se denomina *flujo de cortadura t*. Este flujo de cortadura no es otra cosa que la fuerza cortante por unidad de longitud en la sección recta del perfil. Como en todos los puntos de la sección T_y e I_z son constantes, el flujo de cortadura resulta ser proporcional al momento estático m_z.

Consideremos ahora un perfil de sección cerrada que presenta simetría, al menos, respecto del plano de carga, como puede ser el perfil tubular rectangular representado en la Figura 4.43.

Es evidente que, por razón de simetría, es nula la tensión tangencial en los puntos de corte de la sección recta del pefil con el plano de simetría, coincidente con el plano de carga, y, por consiguiente, son también nulas las correspondientes tensiones rasantes. Si se trata de determinar la tensión tangencial en puntos de los tramos superior o inferior, realizaríamos un corte ideal como el indicado en la Figura 4.43-*a*. Al plantear el equilibrio sobre el elemento de sección el área rayada en dicha figura, estaríamos en el mismo caso de perfil de sección abierta que se ha visto anteriormente. La tensión tangencial en los puntos del corte *mm'* vendría dada por la misma expresión (4.8-1), en la que m_z es el momento estático del área rayada respecto del eje *z*.

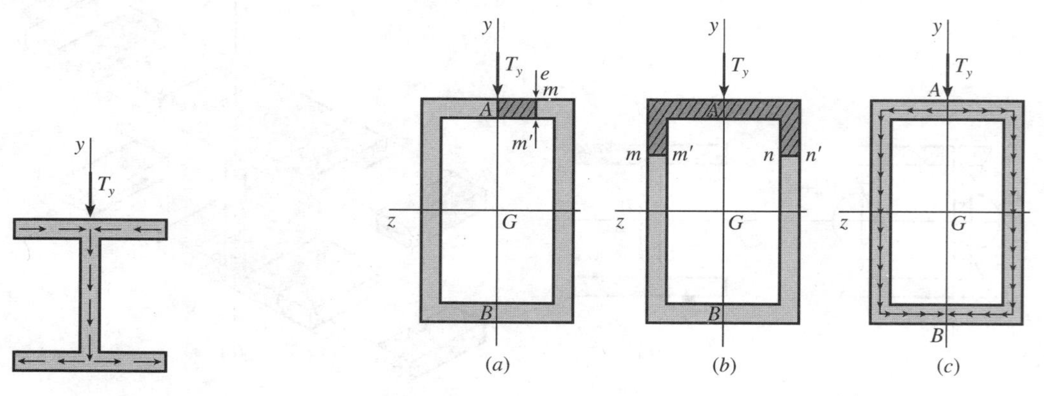

Figura 4.42

Figura 4.43

Si queremos determinar el valor de la tensión tangencial en los tramos laterales, haríamos el doble corte $mm' - nn'$ indicado en la Figura 4.43-*b*. Obtendríamos la misma expresión (4.8-1), siendo ahora m_z el momento estático del área rayada en dicha figura.

Para el perfil de sección cerrada considerado, el sentido de las tensiones tangenciales en los puntos de su sección, son los indicados en la Figura 4.43-*c*, para un esfuerzo T_y positivo.

Hemos visto que en el caso de un *perfil de sección abierta*, como es el indicado en la Figura 4.41, así como en el de un *perfil de sección cerrada*, como el representado en la Figura 4.43, la fórmula (4.8-1) determina el valor de la tensión tangencial τ. De esta expresión se deduce que en los extremos del perfil de sección abierta $\tau = 0$, que tiene que ser así, pues en caso contrario tendría que estar sometido en el borde a una tensión tangencial que no existe. En los perfiles de sección cerrada, en los que el plano de carga es plano de simetría, la tensión τ se anula en los puntos de intersección de la sección con la traza de dicho plano de carga.

Pero cuando se trata de un *perfil de sección cerrada*, en el que el plano de carga coincide con un plano principal de inercia, pero la sección carece de simetrías, como es el caso de un perfil cuya sección se representa en la Figura 4.44, ya no se puede afirmar que esta fórmula nos da el valor de la tensión tangencial, porque, ¿qué significado tiene entonces el momento estático m_z?

Consideremos la porción de perfil delgado de sección cerrada contenido entre dos planos indefinidamente próximos, separados entre sí dx, y en ella la parte comprendida entre las secciones longitudinales que contienen los puntos A y B (Fig. 4.44).

Como consecuencia de actuar en la sección izquierda una tensión normal σ y en la de la derecha $\sigma + d\sigma$, existirá una fuerza resultante, de valor

$$\int_{\Omega^*} \frac{M_z + dM_z}{I_z} y \, d\Omega - \int_{\Omega^*} \frac{M_z}{I_z} y \, d\Omega = \int_{\Omega^*} \frac{dM_z}{I_z} y \, d\Omega =$$

$$= \frac{T_y \, dx}{I_z} \int_{\Omega^*} y \, d\Omega = \frac{T_y \, dx \, m_z}{I_z} \tag{4.8-4}$$

en donde m_z es el momento estático de la superficie rayada Ω^* en la Figura 4.44 respecto al eje Gz.

Si e_A y e_B son los espesores de la pared del perfil en A y B, y τ_A y τ_B las tensiones tangenciales respectivas, proyectando sobre el eje x las fuerzas que actúan sobre el elemento de perfil indicado en la Figura 4.44 se tiene

$$\tau_B \cdot e_B \, dx - \tau_A \cdot e_A \, dx - \frac{T_y m_z}{I_z} dx = 0 \tag{4.8-5}$$

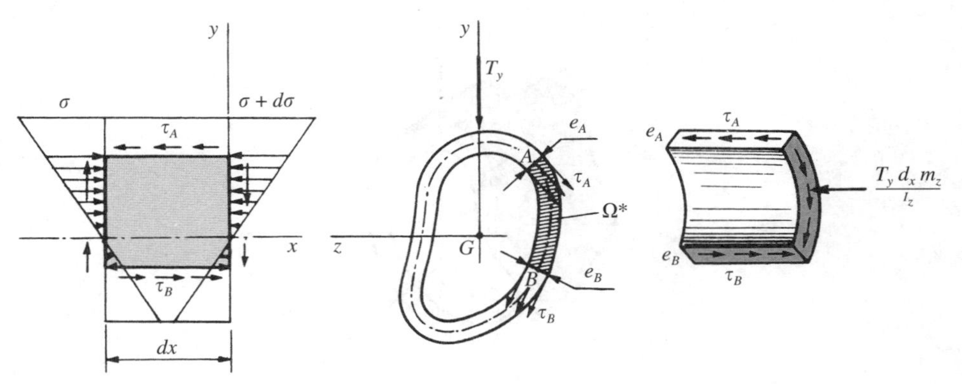

Figura 4.44

de donde:

$$t_B = t_A + \frac{T_y m_z}{I_z} \tag{4.8-6}$$

Esta expresión nos permite obtener el flujo de cortadura t en una sección transversal de la pared del perfil si es conocida esta magnitud en otra. Es evidente que si la sección del perfil tiene un eje de simetría y el esfuerzo cortante tiene su dirección y está contenido en el plano longitudinal que le contiene, los puntos de intersección del eje con el contorno son puntos de cizallamiento nulo, por razón de simetría, como hemos visto anteriormente. Tomando uno de estos puntos como punto A, la fórmula (4.8-6), que coincide con la (4.8-3), nos permite conocer el flujo de cortadura a lo largo de todo el contorno.

Pero si la sección es de forma cualquiera, la ecuación (4.8-6) es insuficiente para calcularlo. Consideremos en este caso un rectángulo elemental, en un plano tangente al prisma, limitado por dos generatrices AB, CD, y dos arcos AC, BD, de dos secciones indefinidamente próximas (Fig. 4.45).

Al producirse la deformación del perfil, una vez cargado, las generatrices AB y CD del prisma no giran. Sin embargo, las aristas AC y BD del rectángulo giran un ángulo γ, tal que $\overline{CC_1} = \gamma\, ds$, siendo ds la longitud del arco AC.

Si llamamos u al desplazamiento de A en la dirección del eje x, el desplazamiento de C será $u + \frac{du}{ds} ds$.

El desplazamiento relativo longitudinal del punto C respecto del A será:

$$\overline{CC_1} = \gamma\, ds = \frac{\tau}{G}\, ds = du$$

y como la integral curvilínea a lo largo del contorno cerrado c es

$$\oint_c du = 0 \tag{4.8-7}$$

se tiene, finalmente

$$\oint_c \tau\, ds = 0 \tag{4.8-8}$$

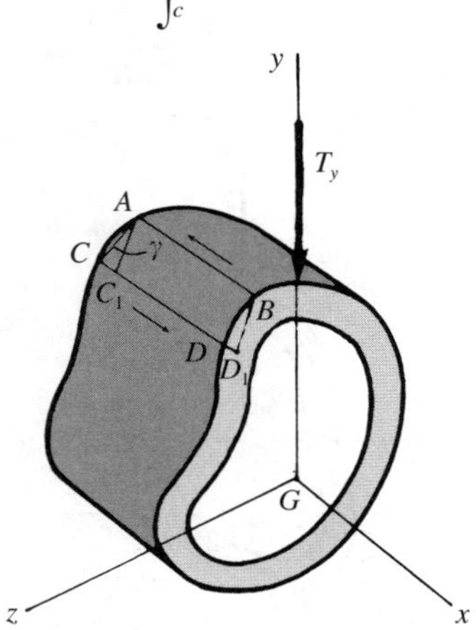

Figura 4.45

Si sustituimos ahora τ por su expresión (4.8-6), tenemos

$$\oint_c \tau\, ds = \oint\left(\frac{t_A}{e} + \frac{T_y m_z}{eI_z}\right) ds = 0 \qquad (4.8\text{-}9)$$

de donde:

$$t_A \oint_c \frac{ds}{e} = -\frac{T_y}{I_z}\oint_c \frac{m_z}{e}\, ds \qquad (4.8\text{-}10)$$

expresión que, como vemos, nos permite calcular t_A.

Una vez conocido el flujo de cortadura t_A en el punto A, origen de arcos, la ecuación (4.8-6) nos permitirá obtener el flujo de cortadura en cualquier otro punto del contorno.

Ejemplo 4.8.1. Calcular la distribución de tensiones tangenciales en la sección del perfil doble te indicada en la Figura 4.46, que trabaja a flexión simple y está sometida a un esfuerzo cortante T_y positivo.

La distribución de la tensión tangencial en la sección del perfil que se considera será simétrica respecto del eje y.

Bastará, pues, considerar sólo la mitad de la sección. Así, para calcular la distribución en el ala, que llamaremos τ_1, realizaremos un corte mm' (Fig. 4.46). Planteando el equilibrio se llega a la fórmula análoga a la de Colignon

$$\tau = \frac{T_y m_z}{eI_z}$$

en donde m_z es el momento estático del área rayada en la Figura 4.46-*a*.

Como $m_z = ex\,\dfrac{h}{2}$, sustituyendo, se tiene

$$\tau_1 = \frac{T_y ex\,\dfrac{h}{2}}{eI_z} = \frac{T_y h}{2I_z}\,x$$

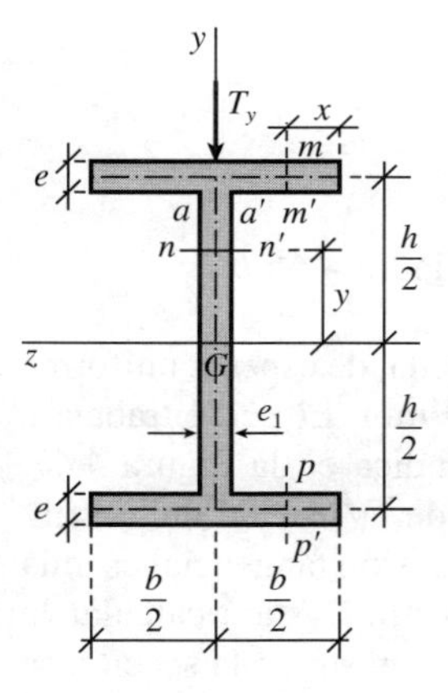

Figura 4.46

La ley de tensiones tangenciales en las alas es lineal, con valores nulos en los extremos. El valor máximo corresponde a los puntos del eje y en los que $x = \dfrac{b}{2}$

$$\tau_{1\,\text{máx}} = \frac{T_y bh}{4I_z}$$

con los sentidos indicados en la Figura 4.46-*b*, deducidos del sentido de las tensiones rasantes en las caras longitudinales de corte, como se indica en la Figura 4.46-*a*.

Para hallar la ley de tensiones tangenciales τ_2 en el alma haremos el corte nn'. Si y es la distancia de la sección de corte al eje z, la fórmula que se obtiene es igual a la anterior, pero ahora m_z es el

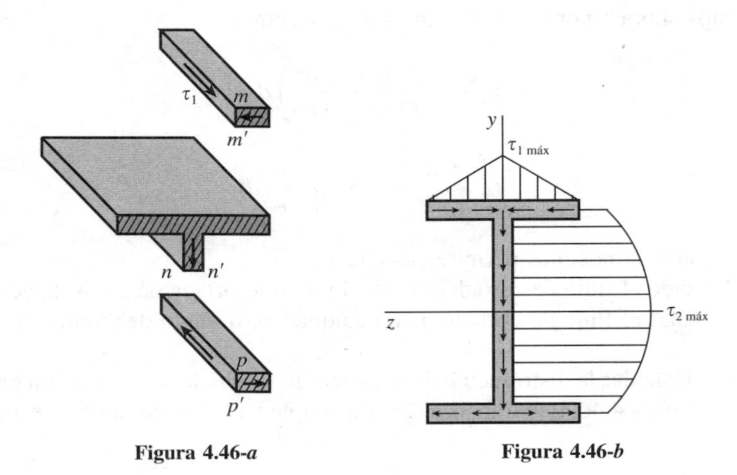

Figura 4.46-*a* Figura 4.46-*b*

momento estático de la sección del perfil que se encuentra por encima del corte (área rayada en la Fig. 4.46-*a*)

$$\tau_2 = \frac{T_y\left[be\,\frac{h}{2} + e_1\left(\frac{h}{2} - \frac{e}{2} - y\right)\frac{1}{2}\left(\frac{h}{2} - \frac{e}{2} + y\right)\right]}{e_1 I_z}$$

siendo e_1 el espesor del alma. Simplificando, se tiene

$$\tau_2 = \frac{T_y\left\{beh + e_1\left[\left(\frac{h-e}{2}\right)^2 - y^2\right]\right\}}{2e_1 I_z}$$

ley parabólica que presenta su máximo en el eje neutro, es decir, para $y = 0$

$$\tau_{2\,máx} = \frac{T_y\left[beh + e_1\left(\frac{h-e}{2}\right)^2\right]}{2e_1 I_z}$$

Los diagramas de las distribuciones pedidas se representan en la Figura 4.46-*b*.

Ejemplo 4.8.2. La línea media de la sección de un perfil de pared delgada, de espesor uniforme $e = 4$ mm, es un triángulo equilátero cuyo lado tiene longitud $a = 60$ mm. El perfil trabaja a flexión simple, sometido a un esfuerzo cortante $T_y = 6$ kN, como se indica en la Figura 4.47. Hallar las leyes de distribución de la tensión tangencial en los puntos de la sección del perfil.

Como la traza del plano de carga es eje de simetría de la sección, la tensión tangencial es nula en los puntos A y D de corte de dicho eje con la sección recta del perfil. Bastará calcular la distribución de la tensión tangencial en los tramos AC y DC, ya que en el resto de la sección se obtendrá por simetría.

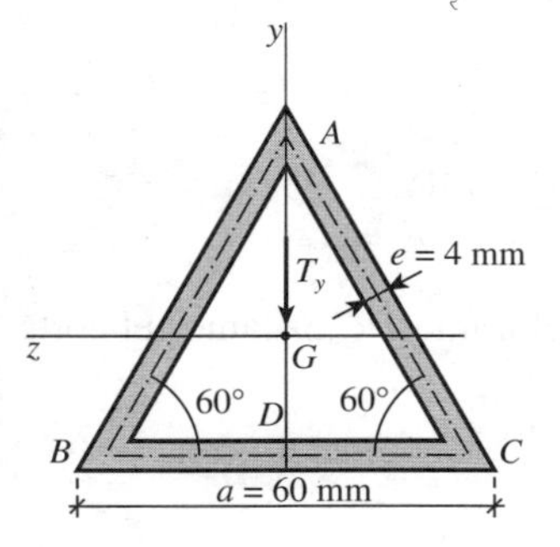

Figura 4.47

Para determinar la ley de tensiones tangenciales en el lado AC realizaremos el corte mm' (Fig. 4.47-*a*). La tensión tangencial en los puntos de ese corte es tangente a la línea media de la sección recta del perfil y su valor es:

$$\tau = \frac{T_y m_z}{e I_z}$$

Para el cálculo de m_z e I_z tendremos en cuenta la equivalencia del paralelogramo y del rectángulo indicados en la Figura 4.47-*b*, siendo $b = \dfrac{e}{\cos 30°} = \dfrac{4}{\cos 30°} = 4{,}618$ mm

$$m_z = b\left(\frac{2}{3}h - y\right)\frac{1}{2}\left(\frac{2}{3}h + y\right) = \frac{b}{2}\left(\frac{4}{9}h^2 - y^2\right) = 2{,}309(1.199{,}929 - y^2) \text{ mm}^3$$

estando z expresada en mm

$$I_z = 2\left(\frac{1}{12}4{,}618 \times 51{,}96^3 + 4{,}618 \times 51{,}96 \times 8{,}66^2\right) + \frac{1}{12}60 \times 4^3 + 60 \times 4 \times 17{,}32^2 \text{ mm}^4 =$$

$$= 216.278{,}096 \text{ mm}^4 = 0{,}216278 \times 10^{-6} \text{ m}^4$$

Sustituyendo valores en la expresión de τ se obtiene la ley de tensiones tangenciales en AC o AB

$$\tau = \frac{6 \times 10^3 \times 2{,}309(1.199{,}929 - y^2) \times 10^{-9}}{4 \times 10^{-3} \times 0{,}216278 \times 10^{-6}} \frac{\text{N}}{\text{m}^2} =$$

$$= 16.014{,}111(1.199{,}929 - y^2) \frac{\text{N}}{\text{m}^2}$$

ley parabólica que presenta su máximo para $y = 0$

$$\tau_{\text{máx}} = 16.014{,}111 \times 1.199{,}929 \frac{\text{N}}{\text{m}^2} = 19{,}22 \text{ MPa}$$

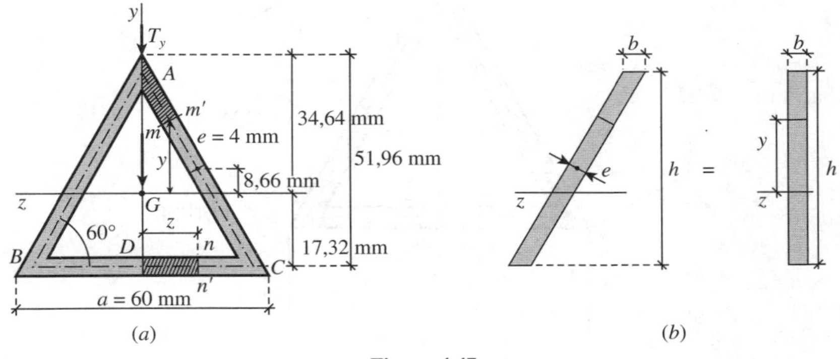

Figura 4.47

Para $y = -17{,}32$ mm:

$$\tau = 16.014{,}111(1.199{,}929 - 17{,}32^2)\ \frac{\text{N}}{\text{m}^2} = 14{,}41 \text{ MPa}$$

Para la determinación de la ley de tensiones tangenciales en el tramo *DC* hagamos el corte *nn'* (Fig. 4.47-*a*)

$$\tau = \frac{T_y m_z}{e I_z}$$

siendo m_z el momento estático del área rayada

$$m_z = xe\,\frac{h}{3} = 69{,}28x \text{ mm}^3$$

expresando x en mm.

Sustituyendo valores en la expresión de τ

$$\tau = \frac{6 \times 10^3 \times 69{,}28x \times 10^{-9}}{4 \times 10^{-3} \times 0{,}216278 \times 10^{-6}}\ \frac{\text{N}}{\text{m}^2} = 0{,}4805x \text{ MPa}$$

ley lineal, que para $z = 30$ mm

$$\tau = 0{,}4805 \times 30 = 14{,}41 \text{ MPa}$$

La distribución de tensiones tangenciales pedida se representa en la Figura 4.47-*c*.

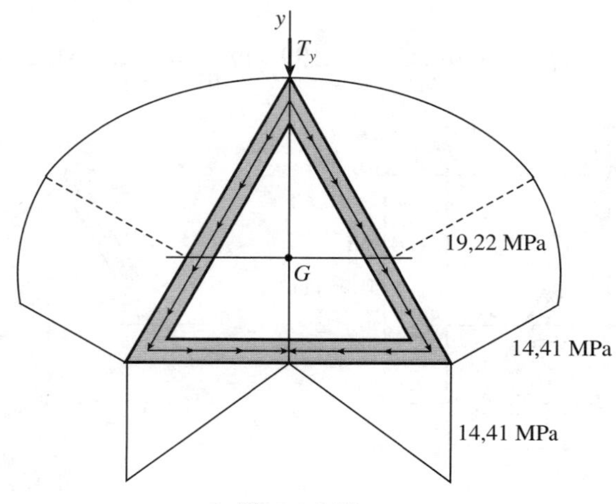

Figura 4.47-*c*

4.9. Secciones de perfiles delgados con eje principal vertical que no es de simetría. Centro de esfuerzos cortantes

Consideremos ahora un perfil de sección abierta que presenta simetría respecto al eje principal horizontal, pero no respecto al eje principal vertical, como es el perfil cuya sección semicircular se indica en la Figura 4.48. Supondremos constante el espesor *e* y que el esfuerzo cortante que actúa en la sección está contenido en el plano *Gy*.

Como

$$I_z = 2\int_{\pi/2}^{\pi} eR(R \text{ sen } \alpha)^2 \, d\alpha = \frac{\pi R^3 e}{2}$$

$$m_z = \int_{\pi/2}^{\theta} eRR \text{ sen } \alpha \, d\alpha = -R^2 e \cos\theta$$

la tensión cortante en la sección *mn* es, en virtud de la fórmula de Colignon

$$\tau = \frac{T_y m_z}{e I_z} = -\frac{2T_y}{\pi R e}\cos\theta \qquad (4.9\text{-}1)$$

Podemos comprobar que la resultante de las fuerzas de cortadura engendradas por estas tensiones tangenciales en toda la sección es igual al esfuerzo cortante.

En efecto, proyectando las fuerzas de cortadura sobre el eje vertical y tomando sentido positivo el descendente, se tiene

$$2\int_{\pi/2}^{\pi} \tau \cos(\pi - \theta)\, d\Omega = \frac{4T_y}{\pi R e}\int_{\pi/2}^{\pi} \cos^2\theta R e \, d\theta =$$

$$= \frac{2T_y}{\pi}\left[\theta + \frac{\text{sen } 2\theta}{2}\right]_{\pi/2}^{\pi} = T_y \qquad (4.9\text{-}2)$$

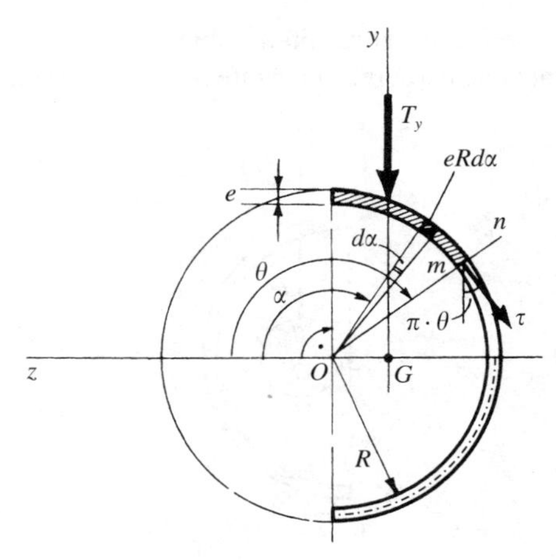

Figura 4.48

Si calculamos ahora el momento de las fuerzas de cortadura respecto del centro 0 del arco, tenemos

$$M_0 = 2 \int_{\pi/2}^{\pi} \tau ReR\, d\theta = -2eR^2 \frac{2T_y}{\pi Re} \int_{\pi/2}^{\pi} \cos\,\theta\, d\theta = \frac{4RT_y}{\pi} \qquad (4.9\text{-}3)$$

Esto nos indica que aplicando el esfuerzo cortante en el plano vertical, la reducción del sistema de fuerzas de cortadura de la sección recta en el centro 0 del arco se compone de una fuerza, igual al esfuerzo cortante T_y, y un momento $M_0 = \frac{4R}{\pi} T_y$ (Fig. 4.49-*a*).

Si reducimos el sistema de fuerzas al centro de gravedad G (Fig. 4.49-*b*), la resultante T_y es la misma y el momento

$$M_G = M_0 - \overline{0G} \cdot T_y = \frac{4R}{\pi} T_y - \frac{2R}{\pi} T_y = \frac{2RT_y}{\pi} \qquad (4.9\text{-}4)$$

Veamos que en el caso que nos ocupa existirá un punto C en el eje z tal que el sistema de fuerzas de cortadura que actúan en la sección recta del perfil se reduzca exclusivamente a la resultante T_y, anulándose el momento. Este punto C, que llamaremos *centro de esfuerzos cortantes*, no es otro que el de intersección con el eje z del eje central del sistema de vectores constituido por las fuerzas de cortadura sobre la sección recta del perfil.

La posición del *centro de esfuerzos cortantes* C se determinará con la condición de pertenecer al eje z y de que se verifique en él la nulidad del momento

$$M_C = M_G - \overline{GC} \cdot T_y = 0 \qquad (4.9\text{-}5)$$

de donde:

$$\overline{GC} = \frac{M_G}{T_y} = \frac{2R}{\pi} \qquad (4.9\text{-}6)$$

Varias consecuencias se deducen del resultado obtenido. Por una parte, la distancia $\overline{GC}$ del centro de gravedad G al centro de esfuerzos cortantes C es independiente de T_y. Por otra, que el

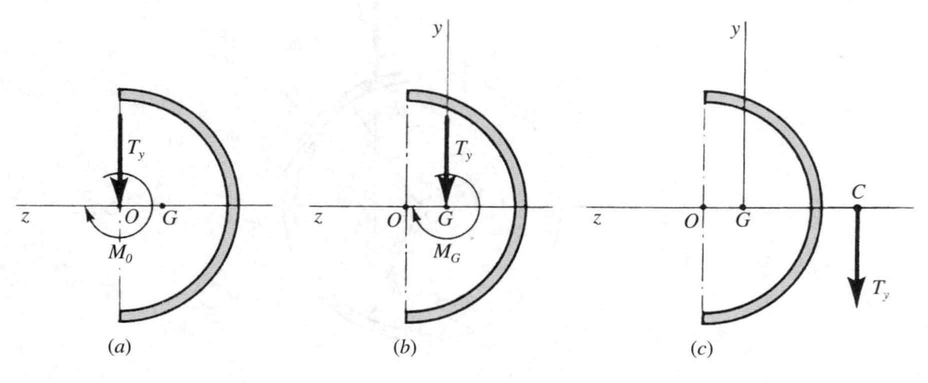

Figura 4.49

sistema de fuerzas de cortadura que se engendran en la sección recta del perfil de pared delgada es equivalente a una fuerza igual al esfuerzo cortante que actúa en dicha sección y a un momento torsor alrededor del eje longitudinal del perfil, del valor

$$M_T = T_y \cdot \overline{GC} \tag{4.9-7}$$

siendo C el *centro de esfuerzos cortantes.*

Quiere esto decir que al efecto de flexión producida por la carga aplicada en su plano principal vertical se superpone un efecto de torsión que producirá un giro de la sección transversal de la placa, como consecuencia de la no simetría del plano vertical. También deducimos que si el plano de carga fuera paralelo a Gy, pasando por C, el perfil flexaría pero no existiría el efecto de torsión.

Este efecto de torsión del prisma mecánico, en el caso de flexión de perfiles delgados, es debido, como hemos visto, a que el esfuerzo cortante en la sección está contenido en un eje principal de inercia, pero este eje no es de simetría. Si el otro eje principal sí es de simetría, el centro de esfuerzos cortantes está situado sobre él, y se determina imponiendo la condición de que en él el sistema de fuerzas engendradas en la sección por las tensiones tangenciales se reduce a su resultante T_y, es decir, el momento resultante es nulo. Evidentemente, si los dos ejes principales son de simetría, entonces el centro de esfuerzos cortantes coincide con el centro de gravedad de la sección.

Veamos ahora cómo calcular el centro de esfuerzos cortantes en el caso general de que la sección recta del perfil no presente ningún eje de simetría.

Sea un perfil de sección arbitraria, como la indicada en la Figura 4.50. Suponemos que en la sección actúa un esfuerzo cortante $\vec{T}$ de componentes T_y y T_z respecto de los ejes Gy y Gz, respectivamente.

El momento de las fuerzas de cortadura respecto de un punto C del plano de la sección es

$$M_C = \int_c \tau e r \, ds = \int_c \tau e \, d\omega \tag{4.9-8}$$

siendo $d\omega = r\,ds$ una magnitud que depende exclusivamente de las características geométricas de la sección y de la posición del punto C, que denominaremos *área sectorial elemental*, y estando extendida la integral a toda la línea media γ de la sección recta del perfil.

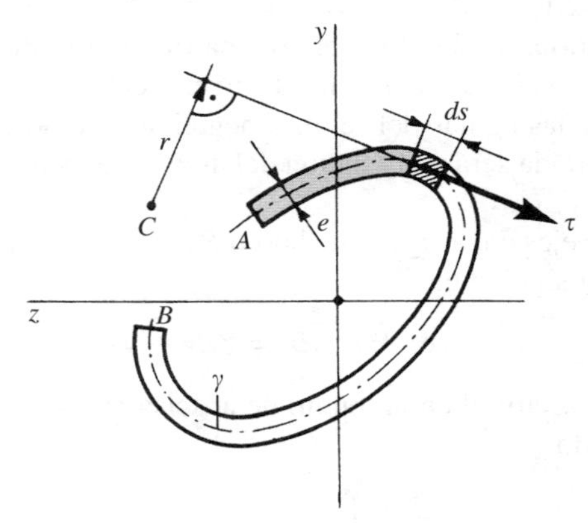

Figura 4.50

Sustituyendo τ por su expresión (4.8-2), válida para este caso, tenemos

$$M_C = \frac{T_y}{I_z} \int_\Omega m_z \frac{d\omega}{d\Omega} d\Omega + \frac{T_z}{I_y} \int_\Omega m_y \frac{d\omega}{d\Omega} d\Omega \qquad (4.9\text{-}9)$$

Integraremos por partes cada una de estas integrales

$$\int_\Omega m_z \frac{d\omega}{d\Omega} d\Omega = [m_z\omega]_A^B - \int_\Omega \frac{dm_z}{d\Omega} \omega \, d\Omega = -\int_\Omega y\omega \, d\Omega \qquad (4.9\text{-}10)$$

ya que m_z se anula en los puntos A y B, extremos de la línea media del contorno, y $\frac{dm_z}{d\Omega}$ es igual a la coordenada y del elemento de área $d\Omega$ de la sección.

Análogamente haríamos con la segunda integral (4.9-9), con lo que llegaríamos a

$$M_C = -\frac{T_y}{I_z} \int_\Omega y\omega \, d\Omega - \frac{T_z}{I_y} \int_\Omega z\omega \, d\Omega \qquad (4.9\text{-}11)$$

El punto C será el centro de esfuerzos cortantes si esta expresión se anula, independientemente de los valores que tengan T_y y T_z, es decir, si

$$\int_\Omega y\omega \, d\Omega = 0 \quad ; \quad \int_\Omega z\omega \, d\Omega = 0 \qquad (4.9\text{-}12)$$

Estas serán, pues, las ecuaciones que definen el centro de esfuerzos cortantes del perfil que, como vemos, no depende del esfuerzo cortante aplicado, sino solamente de las características geométricas de la sección recta del mismo.

Haremos, finalmente, algunas observaciones sobre la forma práctica de aplicar estas ecuaciones.

La magnitud

$$\omega = \int_0^s r \, ds \qquad (4.9\text{-}13)$$

llamada *área sectorial*, presupone la elección de un punto P, llamado *polo*, y la elección, también, de un punto arbitrario pero fijo 0 sobre la línea media del contorno, como origen de la abscisa curvilínea s (Fig. 4.51).

Vemos que el área sectorial es el doble del área barrida por el radio vector con origen en el polo y extremo en la línea media del contorno. Convendremos en tomarla positiva si el radio vector gira en el sentido de las agujas del reloj, y negativa en caso contrario.

El área vectorial así definida será una función del arco s y dependerá del origen de arcos y de la posición del polo P.

Tomando un sistema de ejes con origen en el polo P (Fig. 4.52), el área sectorial elemental se puede expresar de la forma siguiente:

$$d\omega = |\overrightarrow{PA} \times \overrightarrow{AB}| = z \, dy - y \, dz \qquad (4.9\text{-}14)$$

y, por consiguiente, el área sectorial en un punto de abscisa curvilínea s será, de acuerdo con el convenio de signos adoptado

$$\omega = \int_0^s z \, dy - y \, dz \qquad (4.9\text{-}15)$$

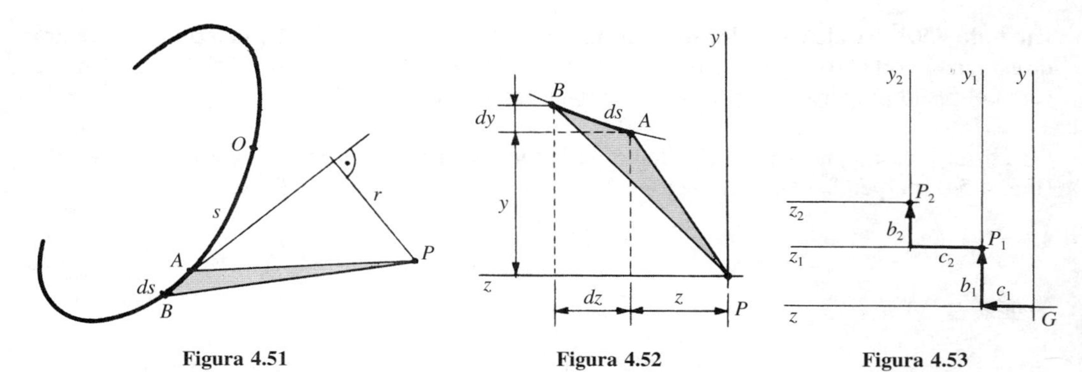

Figura 4.51 **Figura 4.52** **Figura 4.53**

Consideremos ahora dos polos P_1 y P_2, a los que corresponden las áreas sectoriales $\omega_1(s)$ y $\omega_2(s)$, respectivamente, y veamos cuál es la relación entre ambos valores.

Tomando los sistemas de ejes indicados en la Figura 4.53, tenemos

$$z_2 = z_1 - c_2 \quad ; \quad dz_2 = dz_1$$

$$y_2 = y_1 - b_2 \quad ; \quad dy_2 = dy_1$$

$$\omega_2(s) = \int_0^s z_2\, dy_2 - y_2\, dz_2 = \int_0^s (z_1 - c_2)\, dy_1 - (y_1 - b_2)\, dz_1 =$$

$$= \omega_1(s) - c_2(y_1 - y_{01}) + b_2(z_1 - z_{01}) \qquad (4.9\text{-}16)$$

siendo (y_{01}, z_{01}) las coordenadas del origen 0 de la abscisa curvilínea s.

Como $z_1 = z - c_1$; $y_1 = y - b_1$, podemos expresar esta relación en función de las coordenadas del punto de la línea media del contorno, respecto de los ejes principales de inercia de la sección

$$\omega_2(s) = \omega_1(s) - c_2(y - y_{01} - b_1) + b_2(z - z_{01} - c_1) \qquad (4.9\text{-}17)$$

Supongamos ahora que tomamos un polo arbitrario P_1 y hacemos coincidir P_2 con el centro de esfuerzos cortantes C. Teniendo en cuenta la expresión (4.9-17), las ecuaciones (4.9-12) se pueden poner de la forma siguiente:

$$\int_\Omega y\omega\, d\Omega = \int_\Omega y[\omega_1 + y_c(z - z_{01} - c_1) - z_c(y - y_{01} - b_1)]\, d\Omega =$$

$$= \int_\Omega y\omega_1\, d\Omega - z_c \int_\Omega y^2\, d\Omega = 0 \qquad (4.9\text{-}18)$$

$$\int_\Omega z\omega\, d\Omega = \int_\Omega z[\omega_1 + y_c(z - z_{01} - c_1) - z_c(y - y_{01} - b_1)]\, d\Omega =$$

$$= \int_\Omega z\omega_1\, d\Omega + y_c \int_\Omega z^2\, d\Omega = 0 \qquad (4.9\text{-}19)$$

De estas ecuaciones se deducen las expresiones de las coordenadas (y_c, z_c) del centro de esfuerzos cortantes respecto del sistema de ejes con origen el polo arbitrario P_1

$$z_c = \frac{\int_\Omega y\omega_1\, d\Omega}{I_z} \quad ; \quad y_c = -\frac{\int_\Omega z\omega_1\, d\Omega}{I_y} \qquad (4.9\text{-}20)$$

Ejemplo 4.9.1. Calcular la ley de distribución de la tensión tangencial y determinar el centro de esfuerzos cortantes de la sección de un perfil angular en L de lados iguales, siendo el plano de carga el plano principal xy. El esfuerzo cortante es T_y.

La fórmula a aplicar para el cálculo de la tensión tangencial en los puntos de corte mm' (Fig. 4.54), perpendicular a la línea media de la sección recta del perfil, es

$$\tau = \frac{T_y m_z}{e I_z}$$

siendo:

$$m_z = se\left(a - \frac{s}{2}\right)\frac{\sqrt{2}}{2}$$

$$I_z = 2\int_0^a e\,\frac{(a-s)^2}{2}\,ds = e\left[-\frac{(a-s)^3}{3}\right]_0^a = \frac{ea^3}{3}$$

Sustituyendo estas expresiones en la de τ, tenemos

$$\tau = \frac{T_y se\left(a - \dfrac{s}{2}\right)\dfrac{\sqrt{2}}{2}}{e\,\dfrac{ea^3}{3}} = \frac{3\sqrt{2}T_y}{4ea^3}\,s(2a - s)$$

La ley de distribución de la tensión tangencial en el tramo AC es parabólica, con valor máximo para $s = a$

$$\tau_{\text{máx}} = \frac{3\sqrt{2}}{4ea}\,T_y$$

En el tramo CB la distribución es simétrica respecto del eje z, en cuanto a valores modulares se refiere, pero con los sentidos indicados en la Figura 4.54-*a*.

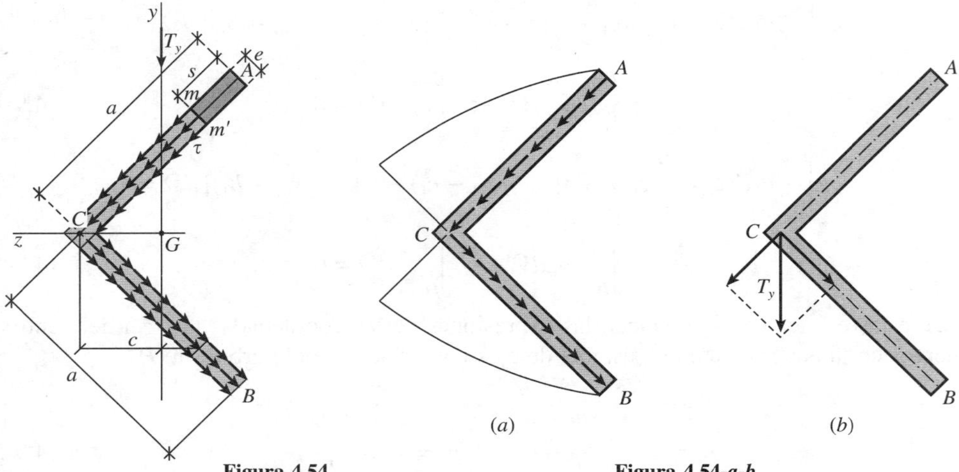

Figura 4.54 **Figura 4.54-*a*-*b***

A la vista de la distribución de tensiones tangenciales podemos afirmar que el centro de esfuerzos cortantes es el vértice C, ya que las fuerzas engendradas por las tensiones tangenciales son concurrentes en dicho punto. Se comprueba que la resultante de estas fuerzas es T_y.

En efecto, sobre cada lado del angular la resultante de las fuerzas producidas por τ es:

$$\int_0^a \tau e\, ds = \frac{3\sqrt{2}T_y}{4a^3}\int_0^a s(2a-s)\, ds = T_y\frac{\sqrt{2}}{2}$$

y, por consiguiente, la suma de la resultante sobre cada uno de los lados es T_y (Fig. 4.54-*b*).

La posición del centro de esfuerzos C respecto a G vendrá dada por

$$\overline{GC} = \frac{a}{2}\,\frac{\sqrt{2}}{2} = \frac{a\sqrt{2}}{4}$$

Ejemplo 4.9.2. Determinar la posición del centro de esfuerzos cortantes de la sección del perfil delgado representado en la Figura 4.55, de espesor e constante.

En el ala AB hacemos el corte mm'. La expresión de τ es

$$\tau = \frac{T_y m_z}{eI_z}$$

siendo:

$$m_z = seh$$

$$I_z = 2\left(\frac{1}{12}ae^3 + aeh^2\right) + \frac{1}{12}e(2h)^3 = \frac{1}{6}ae^3 + 2eh^2\left(a+\frac{h}{3}\right) \simeq 2eh^2\left(a+\frac{h}{3}\right)$$

habiendo despreciado el término $\frac{1}{6}ae^3$ por ser muy pequeño frente al otro sumando.

Sustituyendo en la expresión de τ, se obtiene la ley lineal

$$\tau = \frac{T_y}{e}\,\frac{seh}{2eh^2\left(a+\frac{h}{3}\right)} = \frac{T_y}{2eh\left(a+\frac{h}{3}\right)}\,s$$

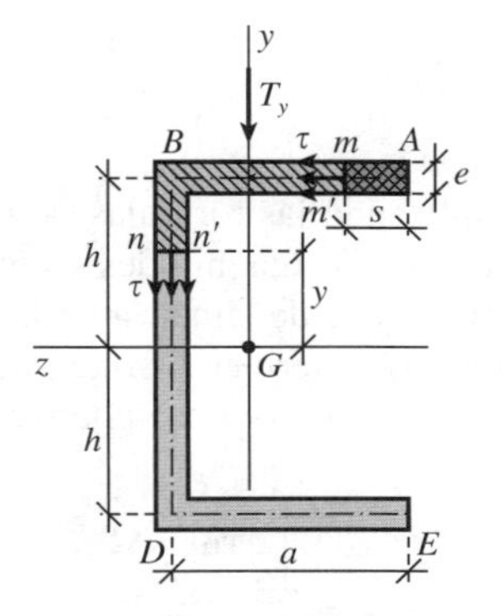

Figura 4.55

En BD hacemos el corte nn'. El momento estático m_z es ahora

$$m_z = eah + e(h - y)\frac{1}{2}(h + y) = eah + \frac{e}{2}(h^2 - y^2)$$

por lo que la ley de tensiones tangenciales resulta ser una ley parabólica

$$\tau = \frac{T_y}{e}\frac{eah + \frac{e}{2}(h^2 - y^2)}{2eh^2\left(a + \frac{h}{3}\right)} = \frac{T_y}{2eh^2\left(a + \frac{h}{3}\right)}\left[ah + \frac{1}{2}(h^2 - y^2)\right]$$

Las leyes obtenidas de tensiones tangenciales se representan en la Figura 4.55-*a*.

Las fuerzas engendradas por τ en AB y DE son iguales y opuestas, por lo que tienen suma nula. Se comprueba que la resultante de las fuerzas en BD es igual al esfuerzo cortante T_y. En efecto

$$2\int_0^h \tau e\,dy = 2\frac{T_y}{2h^2\left(a + \frac{h}{3}\right)}\int_0^h\left[ah + \frac{1}{2}(h^2 - y^2)\right]dy =$$

$$= \frac{T_y}{h^2\left(a + \frac{h}{3}\right)}\left[ah^2 + \frac{1}{2}\left(h^3 - \frac{h^3}{3}\right)\right] = T_y$$

Reduciendo el sistema de estas fuerzas al punto O (Fig. 4.55-*b*) la resultante es T_y y el momento $\vec{M}_0$, saliente del plano del papel y de módulo

$$M_0 = 2h\int_0^a \tau e\,ds = \frac{T_y}{a + \frac{h}{3}}\int_0^a s\,ds = \frac{3a^2T_y}{2(3a + h)}$$

El centro C de esfuerzos cortantes pedido se encontrará en el eje z, que es eje de simetría, a la izquierda de O y a una distancia OC tal que

$$\overline{OC} = \frac{M_0}{T_y} = \frac{3a^2}{2(3a + h)}$$

Al mismo resultado llegamos aplicando las fórmulas (4.9-20), que nos dan las coordenadas del centro de esfuerzos cortantes utilizando magnitudes sectoriales.

En nuestro caso, $y_c = 0$, por ser el eje z de simetría de la sección recta del perfil.

Tomaremos P_1 como polo (punto O anterior) y origen de arcos O sobre la línea media el extremo superior (punto A anterior) (Fig. 4.55-*c*). La coordenada z_c viene dada por

$$z_c = \frac{\int_\Omega y\omega_1\,d\Omega}{I_z}$$

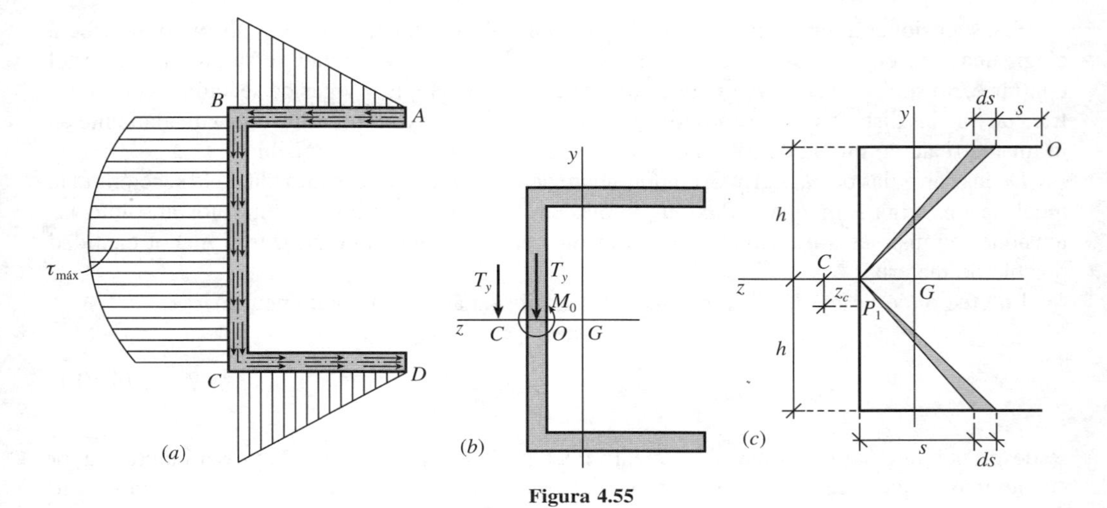

Figura 4.55

Como el área sectorial es:

$$\begin{aligned} \omega_1 &= sh && \text{en el ala superior} \\ \omega_1 &= ah && \text{en el alma} \\ \omega_1 &= ah + sh && \text{en el ala inferior} \end{aligned}$$

$$\text{y} \quad d\Omega = e\, ds$$

el numerador de la expresión de z_c será:

$$\int_\Omega y\omega_1\, d\Omega = h\int_0^a she\, ds + ah\int_h^{-h} y(-e\, dy) + h\int_0^a (ah + sh)e\, ds = ea^2h^2$$

Como

$$I_z = \frac{2}{3}\, eh^2(3a + h)$$

sustituyendo, se tiene

$$z_c = \frac{ea^2h^2}{\dfrac{2}{3}\, eh^2(3a + h)} = \frac{3a^2}{2(3a + h)}$$

resultado, evidentemente, igual al obtenido anteriormente.

4.10. Vigas armadas

El diseño de una viga que va a estar sometida a flexión simple se suele reducir a la elección de su sección recta entre perfiles comerciales normalizados, de tal forma que las tensiones máximas en la viga no superen los valores de las tensiones admisibles.

Si las tensiones admisibles a tracción y a compresión son iguales en valor absoluto, se deberá elegir una viga cuya sección recta tenga su centro de gravedad a mitad de su altura. Si, por el contrario, no son iguales en valor absoluto, es aconsejable emplear vigas de sección recta asimétrica tal que las distancias del centro de gravedad a las fibras extremas estén aproximadamente en la misma relación que la de los valores absolutos de las tensiones admisibles.

De las fórmulas de Navier y Colignon se puede deducir la forma estimada de la sección recta ideal de una viga sometida a flexión simple, en el caso de ser iguales en valor absoluto las tensiones admisibles a tracción y a compresión, con la condición de utilizar la menor cantidad posible de material.

En efecto, de la ley de Navier, aplicada a la fibra más alejada de la neutra

$$\sigma_{\text{máx}} = -\frac{M_z}{I_z}\, y_{\text{máx}} \tag{4.10.1}$$

se desprende que para soportar el momento flector M_z la capacidad resistente será tanto mayor cuanto más pequeña sea la tensión máxima o, lo que es lo mismo, cuanto mayor sea el momento de inercia I_z, para un valor de $y_{\text{máx}}$ constante.

Esta condición se verifica cuando la superficie de la sección se encuentra lo más alejada posible del eje z, como sería el caso indicado en la Figura 4.56-*a*.

Evidentemente, desde el punto de vista constructivo, sería imposible la utilización de tal perfil, por lo que la continuidad de la superficie nos llevaría a la obtención de una sección ideal como la representada en la Figura 4.56-*b*, que tampoco sería posible.

Por otra parte, de la fórmula de Colignon

$$\tau = \frac{T_y m_z}{b I_z} \tag{4.10-2}$$

se deduce que la tensión tangencial máxima originada por el esfuerzo cortante T_y, que se presenta, como vimos, en la fibra neutra, será tanto menor cuanto menor sea m_z, y esto se verifica cuando sobre la fibra neutra se concentra la mayor superficie posible del perfil. Aunque la anchura b e I_z también tienen influencia, éstas son menores que la del momento estático m_z.

La sección ideal para soportar el esfuerzo cortante será tal como la indicada en la Figura 4.56-*c*.

Por tanto, la sección ideal de la viga para trabajar a flexión simple será la superposición de las dos secciones ideales para el momento M_z y para el esfuerzo cortante T_y, que acabamos de ver (Fig. 4.56-*d*).

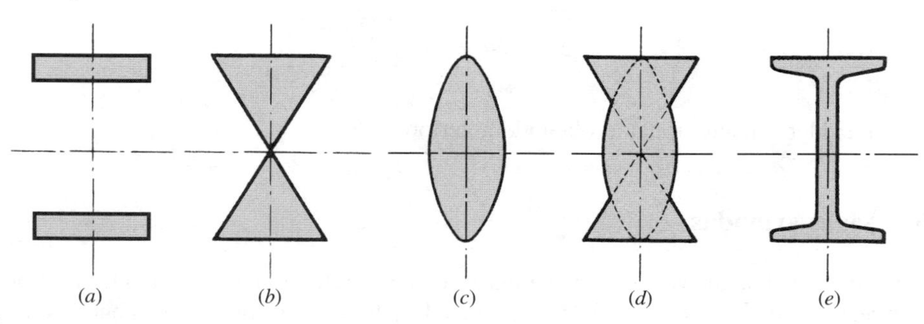

Figura 4.56

Teniendo en cuenta que la tensión debida al esfuerzo cortante suele ser menor que la debida al momento flector, este perfil se acercará bastante en su forma al perfil doble *T* (Fig. 4.56-*e*). De ahí la importancia de este tipo de vigas y de las llamadas *vigas armadas* o *vigas en doble T*, de cuyo estudio nos vamos a ocupar.

Una *viga armada* está compuesta de diversos perfiles laminados unidos entre sí mediante roblones, tornillos o cordones de soldadura, formando una sección doble *T*.

Las vigas armadas se construyen, generalmente, cuando es necesario obtener secciones con forma o dimensiones diferentes a las de los perfiles comerciales.

En una viga armada se distinguen las siguientes partes fundamentales: hierro plano, de altura h_1, que constituye el *alma* de la viga; hierros planos (dos o más), situados en las partes superior e inferior, que se laman *platabandas*.

Nos referiremos en primer lugar a las vigas armadas remachadas, en las que además de los elementos citados hay que considerar como parte fundamental cuatro hierros angulares que van a actuar como elementos intermedios para la unión del alma y platabandas por medio de remaches.

Se admite la hipótesis de que las partes que componen la viga armada se unirán de forma tal que su comportamiento sea el mismo que si la viga fuera una pieza única. El cálculo de una viga armada constará, pues, de dos partes. En la primera, se dimensiona la viga como si fuera maciza teniendo en cuenta los valores máximos de las magnitudes flectoras a que va a estar sometida. En la segunda, se dimensionan los elementos de unión. Es decir, una vez fijadas las dimensiones del alma y de las platabandas, el diseño de una viga armada se reduce al cálculo de los remaches de unión entre alma y angulares, así como de los remaches de unión entre angulares y platabandas, determinando el diámetro de los remaches y el *paso de remachado*, es decir, la distancia entre los ejes de dos remaches consecutivos. Generalmente, el diámetro de los taladros está determinado por consideraciones constructivas y suele venir indicado en los catálogos de perfiles laminados.

Consideremos la viga armada indicada en la Figura 4.58 trabajando a flexión simple. Para el dimensionamiento de la sección se considera que ésta es neta, es decir, se descuentan los huecos de los elementos de unión, aunque en la práctica se considere en la mayoría de los casos la sección llena, sin descontarlos.

Todos los remaches van a estar sometidos a cortadura. En efecto, los remaches que unen platabandas y angulares han de soportar los esfuerzos rasantes que existen en la superficie plana común de ambas partes de la viga armada. También los remaches que unen angulares y alma han de soportar los esfuerzos rasantes que se engendran entre alma y el conjunto formado por angulares y platabanda de la correspondiente cabeza de la viga armada.

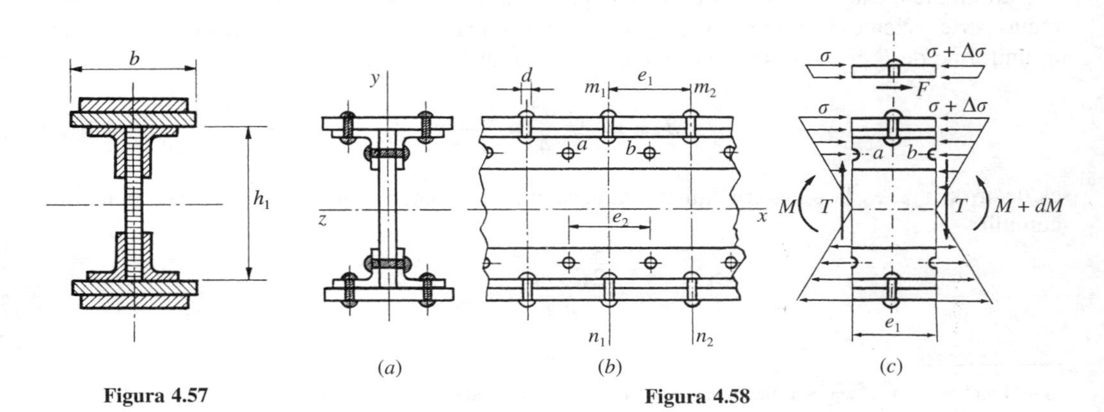

Figura 4.57 **Figura 4.58**

Para la determinación del paso de remachado consideraremos la porción de viga que comprende una pareja de remaches con sus ejes en un plano medio, limitada por dos planos que equidistan de esta pareja de remaches y las otras dos parejas de remaches contiguas a un lado y a otro de ella (Fig. 4.58-*c*).

Sobre la sección de la izquierda en la que actúa un momento flector M existe una distribución de tensiones normales σ, y sobre la sección de la derecha, en la que el momento flector es $M + \Delta M$, las tensiones normales serán $\sigma + \Delta\sigma$ (Fig. 4.58-*c*). Esta diferencia de tensiones normales es causa de una fuerza rasante que tiende a hacer deslizar el ala de la viga, formada por la platabanda y los dos angulares, a lo largo del eje longitudinal del alma, deslizamiento que es impedido por las fuerzas de rozamiento existentes entre las superficies en contacto de ala y alma y por los remaches que unen angulares y alma.

Suponiendo despreciable el efecto de rozamiento, la fuerza F que actúa sobre cada pareja de remaches será:

$$F = \int_{\Omega_1} (\sigma + \Delta\sigma)\, d\Omega - \int_{\Omega_1} \sigma\, d\Omega = \int_{\Omega_1} \Delta\sigma\, d\Omega \qquad (4.10\text{-}3)$$

estando extendida la integral a la superficie Ω_1, formada por la sección recta de la platabanda.

Por la ley de Navier, al ser constante la sección, podemos poner

$$\Delta\sigma = \frac{\Delta M}{I_z}\, y \qquad (4.10\text{-}4)$$

y como de la ecuación de momentos en el equilibrio de la rebanada considerada (Fig. 4.58-*c*)

$$(M + \Delta M) - M - Te_1 = 0 \; *$$

se deduce.

$$\Delta M = Te_1 \qquad (4.10\text{-}5)$$

la ecuación (4.10-4) toma la forma

$$F = \int_{\Omega_1} \frac{T_y e_1}{I_z}\, y\, d\Omega = \frac{T_y e_1}{I_z} \int_{\Omega_l} y\, d\Omega = \frac{T_y e_1}{I_z}\, m_z \qquad (4.10\text{-}6)$$

siendo m_z el momento estático respecto al eje z de la sección recta de la platabanda.

Ahora bien, esta fuerza F es absorbida por la pareja de roblones a través de sus secciones rectas pertenecientes al plano de separación entre platabandas y angulares. Suponiendo un reparto uniforme de F en estas secciones, la tensión cortante τ en ellas verificará:

$$F = \tau \cdot 2\pi \frac{d^2}{4} = \frac{T_y e_1}{I_z}\, m_z \qquad (4.10\text{-}7)$$

es decir, si τ_{adm} es la tensión admisible a cortadura del material de los roblones, se tiene que cumplir:

$$\tau = \frac{2T_y e_1 m_z}{\pi d^2 I_z} \leqslant \tau_{adm}$$

---

* En el caso que T sea variable en la porción de viga considerada, se tomará un valor medio T^*.

de donde se obtiene la expresión del valor máximo del paso de remachado en las platabandas

$$e_1 \leqslant \frac{\pi d^2 I_z \tau_{\text{adm}}}{2T_y m_z} \tag{4.10-8}$$

Por otra parte, los roblones que unen angulares al alma están sometidos a doble cortadura como consecuencia de la existencia de una fuerza rasante. Razonando análogamente a como se ha hecho para el cálculo de la fuerza F que actúa sobre los roblones que unen los angulares a la platabanda, llegaríamos a obtener como expresión de la fuerza rasante

$$F = \frac{Te_2}{I_z} \int_{\Omega_1 + \Omega_2} y \, d\Omega = \frac{Te_2}{I_z} m'_z \tag{4.10-9}$$

en donde e_2 es el paso de remachado en el alma, y m'_z el momento estático respecto del eje z de las secciones de la platabanda y de la pareja de angulares de una de las cabezas de la viga armada (Fig. 4.59-*a*).

Como son dos secciones del roblón las que soportan esta fuerza rasante, el paso de remachado e_2 en el alma deberá verificar

$$e_2 \leqslant \frac{\pi d^2 I_z \tau_{\text{adm}}}{2T_y m'_z} \tag{4.10-10}$$

Si queremos que el paso de remachado sea el mismo en alas y alma, y si el diámetro d es común para todos los roblones, se tomará como paso de remachado e el menor valor entre e_1 y e_2.

También en la sección *ab* del alma (Fig. 4.58-*b*) existe una fuerza rasante

$$F = \frac{Te}{I_z} \int_{\Omega_1 + \Omega_2 + \Omega_3} y \, d\Omega = \frac{Te}{I_z} m''_z \tag{4.10-11}$$

en donde m''_z es el momento estático respecto del eje z de las secciones de platabandas, angulares y parte del alma situada por encima de la sección considerada (Fig. 4.59-*b*).

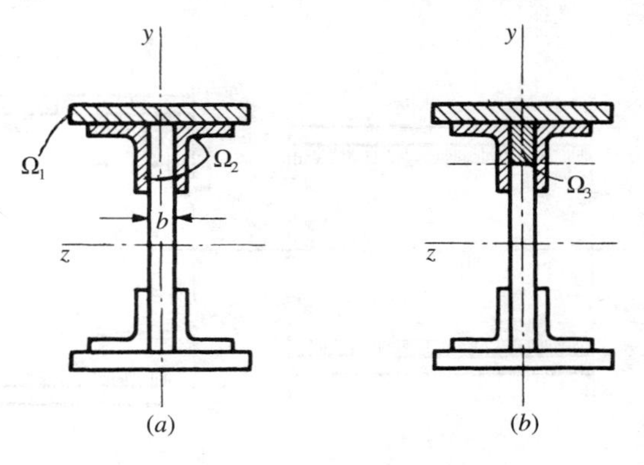

Figura 4.59

Como esta fuerza se supone que se reparte uniformemente sobre el área $(e - d)b$ de la sección longitudinal *ab* origina una tensión cortante de valor

$$\tau = \frac{F}{b(e - d)} = \frac{Te}{b(e - d)I_z} m_z'' \qquad (4.10\text{-}12)$$

Otra forma de unir las partes fundamentales de una viga armada es mediante cordones de soldadura. Se tienen así las *vigas soldadas*, en las que los cordones de soldadura pueden ser continuos o discontinuos (Fig. 4.60).

Pueden estar constituidas por varias platabandas y se pueden ejecutar, también, soldando platabandas a perfiles laminados *I*.

Para el cálculo de los cordones de soldadura que unen alma y platabandas tendremos en cuenta que éstos han de soportar los esfuerzos rasantes que tienden a hacer deslizar las platabandas respecto al alma.

De la ecuación (4.10-7) se deduce que el esfuerzo rasante por unidad de longitud de la viga es

$$f = \frac{T_y m_z}{I_z} \qquad (4.10\text{-}13)$$

siendo T_y el esfuerzo cortante que actúa en la sección transversal de la viga; I_z el momento de inercia de la sección respecto al eje z; y m_z el momento estático de la sección de la platabanda que se considere, respecto al eje z.

Admitiremos que el esfuerzo rasante se distribuye uniformemente en la sección de los cordones de soldadura que contienen el ancho de garganta.

Por ello, si τ es la tensión a cortadura de la soldadura, el ancho de garganta a de los cordones verificará

$$\tau 2a = \frac{T_y m_z}{I_z} \leqslant \tau_{\text{adm}} \cdot 2a \quad \Rightarrow \quad a \geqslant \frac{T_y m_z}{2 I_z \tau_{\text{adm}}} \qquad (4.10\text{-}14)$$

expresión que permite determinar las dimensiones que deberán tener los cordones en el caso de soldadura continua como es el indicado en la Figura 4.60-*b*.

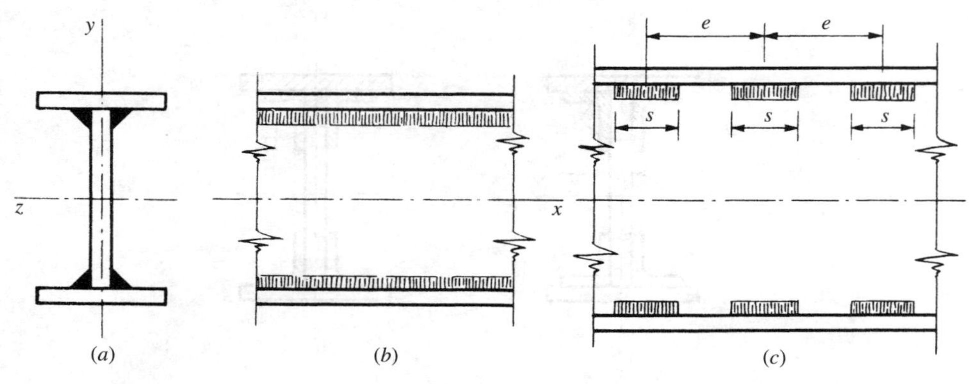

Figura 4.60

No obstante, las normas de los diferentes países suelen establecer los valores mínimos que debe tener el ancho de garganta en vigas armadas soldadas.

Si los cordones son discontinuos (Fig. 4.60-*c*), los parámetros del problema verificarán

$$2\tau \cdot s \cdot a = \frac{Tm}{I_z} e \leqslant 2\tau_{\text{adm}} \cdot s \cdot a \tag{4.10-15}$$

expresión que relaciona los tres parámetros s, a y e, y que permite calcular cualquiera de ellos si son fijados previamente los valores de los otros dos.

Una de las principales ventajas que presentan las vigas armadas es poder construirlas de sección variable. Como hemos indicado anteriormente, en la mayoría de las secciones de una viga de sección constante sometida a flexión simple está infrautilizada su capacidad resistente, ya que la viga se diseña para que cualquiera de sus secciones resista la acción flectora más desfavorable. Esto nos induce a pensar en la posibilidad de diseñar vigas de sección variable con la consiguiente economía de material.

En este tipo de vigas se mantiene constante el ancho y la sección variable se consigue variando el número de platabandas, de tal forma que el momento resistente máximo que cada sección puede soportar se adapte, por defecto, lo más posible, al diagrama de momentos flectores a que va a estar sometida la viga.

La determinación de las longitudes de las platabandas se suele hacer por el método gráfico que se indica en la Figura 4.61.

El diagrama de momentos flectores se envuelve por una poligonal escalonada, en la que la ordenada del primer escalón corresponde al momento flector máximo que puede soportar la sección sin platabandas; la ordenada del segundo escalón es el momento flector máximo que puede soportar la sección con una platabanda; la ordenada del tercer escalón, el momento flector máximo que puede soportar la sección con dos platabandas; la ordenada del cuarto escalón, el momento flector máximo que pueden soportar las secciones con tres platabandas (en la Fig. 4.61 el momento flector máximo a que va a estar sometida la viga).

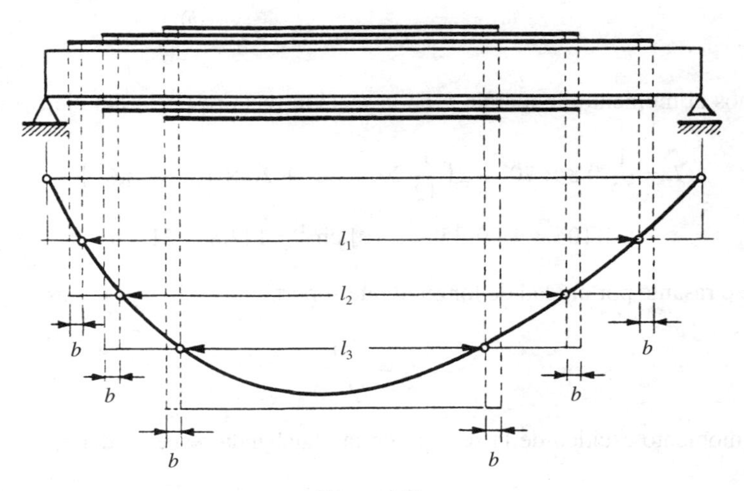

Figura 4.61

Los vértices de la poligonal, que pertenecen al contorno del diagrama de momentos flectores, determinan, como fácilmente se deduce de la observación de la Figura 4.45-*d*, las longitudes teóricas de las platabandas. En la práctica se prolongan una longitud *b* a ambos lados.

Los espesores de las platabandas se fijarán de tal forma que se verifique en el tramo con *n* platabandas:

$$M_{n\,\text{máx}} = W_{zn} \cdot \sigma_{\text{adm}} \tag{4.10-16}$$

siendo W_{zn} el módulo resistente de la sección con las *n* platabandas, y $M_{n\,\text{máx}}$ el momento flector máximo en el tramo correspondiente.

Ejemplo 4.10.1. Una viga armada tiene un alma de dimensiones 700 × 8 mm y cada ala es una platabanda de 200 × 12 mm, unida al alma mediante dos angulares de lados iguales ⌊ 90 × 8 mm, como se indica en la Figura 4.62.

Sabiendo que el paso de remachado de angulares con la platabanda es e_1 = 40 cm, y de angulares con el alma es de e_2 = 20 cm, calcular el diámetro mínimo de los roblones.

Datos: La viga está sometida a un esfuerzo cortante T_y = 30 kN. La tensión de cortadura admisible del material de los roblones es τ_{adm} = 60 MPa.

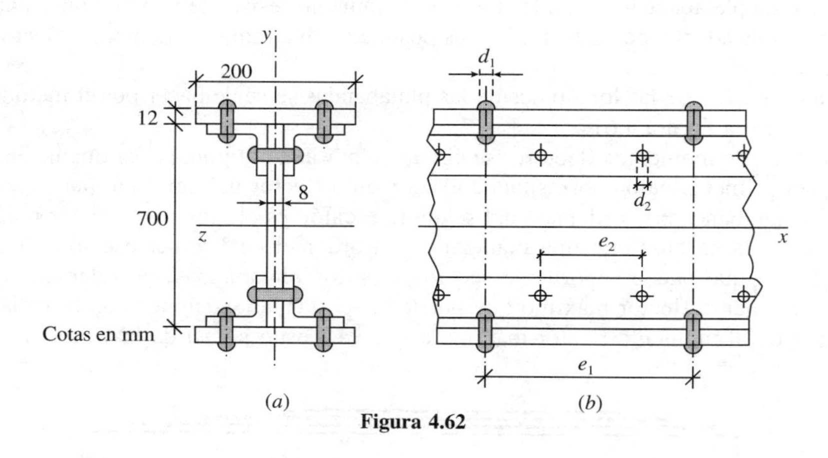

Figura 4.62

Calculemos el momento de inercia I_z de la sección recta respecto del eje *z*

$$I_z = \frac{1}{12}\,0{,}8 \times 70^3 + 2\left(\frac{1}{12}\,20 \times 1{,}2^3 + 20 \times 1{,}2 \times 35{,}6^2\right) +$$

$$+\ 4[104 + 13{,}9(35 - 2{,}5)^2]\ \text{cm}^4 = 142.849{,}21\ \text{cm}^4$$

El esfuerzo rasante por unidad de longitud que soportan los roblones de los angulares-ala, es

$$f_1 = \frac{T_y m_z}{I_z}$$

siendo m_z el momento estático de la sección de la platabanda respecto del eje *z*

$$m_z = 20 \times 1{,}2 \times 35{,}6\ \text{cm}^3 = 854{,}4\ \text{cm}^3$$

Sustituyendo valores en la expresión de f_1, se tiene

$$f_1 = \frac{30 \times 10^3 \times 854,4}{142.849,21} \frac{\text{N}}{\text{cm}} = 179,43 \frac{\text{N}}{\text{cm}}$$

Por consiguiente, el esfuerzo rasante que soporta cada pareja de roblones es

$$f_1 e_1 = 2 \frac{\pi d_1^2}{4} \tau_{\text{adm}}$$

siendo d_1 el diámetro de estos roblones.

Sustituyendo valores

$$179,43 \times 40 = 2 \frac{\pi d_1^2}{4} 60 \times \frac{10^6}{10^4}$$

se obtiene el diámetro de los roblones que unen angulares-ala

$$d_1 = 0,873 \text{ cm} = 8,73 \text{ mm}$$

Por otra parte, el esfuerzo rasante por unidad de longitud que soportan los roblones angulares-alma es

$$f_2 = \frac{T_y m_z'}{I_z}$$

siendo ahora m_z' el momento estático de la sección de la platabanda más la de los angulares respecto del eje z

$$m_z' = 20 \times 1,2 \times 35,6 + 2 \times 13,9 \times (35 - 2,5) \text{ cm}^3 = 1.757,9 \text{ cm}^3$$

Sustituyendo valores en la expresión de f_2, se tiene

$$f_2 = \frac{30 \times 10^3 \times 1.757,9}{142.849,21} \frac{\text{N}}{\text{cm}} = 369,18 \frac{\text{N}}{\text{cm}}$$

por lo que el esfuerzo rasante que soporta cada roblón de diámetro d_2 es

$$f_2 e_2 = \frac{\pi d_2^2}{4} \tau_{\text{adm}}$$

$$369,18 \times 20 = 2 \times \frac{\pi d_2^2}{4} \times 60 \frac{10^6}{10^4}$$

de donde se obtiene el diámetro mínimo que tienen que tener los roblones que unen angulares-alma

$$d_2 = 0,885 \text{ cm} = 8,85 \text{ mm}$$

Ejemplo 4.10.2. Se quiere construir una viga armada en doble T con una placa de acero de sección rectangular 700 × 10 mm y platabandas de 220 × 12 mm, mediante cordones de soldadura discontinuos, de ancho de garganta $a = 5$ mm y longitud $s = 10$ cm. Calcular el paso e de los cordones de soldadura, sabiendo que el esfuerzo cortante a que va a estar sometida la viga es $T_y = 300$ kN y que el valor de la tensión de cortadura admisible de las soldaduras es $\tau_{\text{adm}} = 100$ MPa.

El esfuerzo rasante por unidad de longitud en la superficie común al alma y platabanda es

$$f = \frac{T_y m_z}{I_z}$$

siendo:

$$m_z = 22 \times 1{,}2 \times 35{,}6 \text{ cm}^3 = 939{,}84 \text{ cm}^3$$

$$I_z = \frac{1}{12}\, 1 \times 70^3 + 2\left(\frac{1}{12}\, 22 \times 1{,}2^3 + 22 \times 1{,}2 \times 35{,}6^2\right) \text{cm}^4 = 95.506{,}277 \text{ cm}^4$$

Sustituyendo valores en la expresión de f, se tiene

$$f = \frac{300 \times 10^3 \times 939{,}84}{95.506{,}277}\, \frac{\text{N}}{\text{cm}} = 2.952{,}18\, \frac{\text{N}}{\text{cm}}$$

Como el esfuerzo rasante se distribuye uniformemente en la sección del ancho de garganta

$$fe = 2s \cdot a \cdot \tau_{\text{adm}}$$

despejando e se obtiene:

$$e = \frac{2s \cdot a \cdot \tau_{\text{adm}}}{f} = \frac{2 \times 10 \times 0{,}5 \times 100 \times 10^2}{2.952{,}18} \text{ cm} = 34 \text{ cm}$$

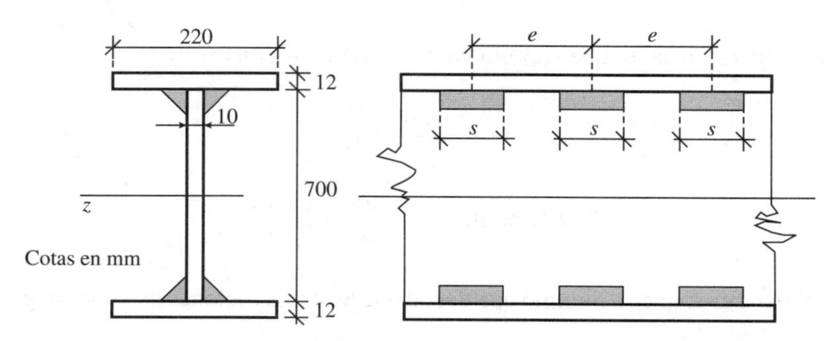

Figura 4.63

4.11. Vigas compuestas

En todo lo anterior hemos considerado que el material del que está fabricada una viga trabajando a flexión era homogéneo. Pero existen razones que pueden aconsejar utilizar en las estructuras vigas que estén construidas de más de un material. A estas vigas se las denomina *vigas compuestas*. Son ejemplos de secciones de vigas compuestas las indicadas en la Figura 4.64, aunque el ejemplo más generalizado de este tipo de vigas lo constituye las vigas de hormigón armado (Fig. 4.64-*d*).

La hipótesis que se admite en este tipo de vigas es la de la conservación de las secciones planas, es decir, las secciones rectas que son planas antes de la deformación permanecen planas después de ella.

Consideremos la viga formada por dos materiales, cuya sección es la indicada en la Figura 4.65-*a*. Suponiendo que esta sección está sometida a un momento positivo M, la deformación que experimenta la sección en sentido longitudinal será tal como la representada en la Figura 4.65-*b*.

Unas fibras se alargan y otras se acortan, existiendo, como en el caso de vigas de un solo material, una fibra que no se alargará ni acortará: es la fibra neutra, pero ahora esta fibra neutra no contendrá al baricentro de la sección.

Las leyes de las tensiones normales en cada una de las partes se pueden obtener aplicando la ley de Navier en su forma (4.2-3)

$$\sigma_1 = -\frac{E_1}{\rho} y \quad ; \quad \sigma_2 = -\frac{E_2}{\rho} y \tag{4.11-1}$$

siendo E_1 y E_2 los módulos de elasticidad de los materiales 1 y 2, respectivamente; ρ, el radio de curvatura de la fibra neutra en la sección considerada; e y, la distancia de la fibra que se trate a la fibra neutra. La distribución de tensiones en la sección se representa en la Figura 4.65-*c*.

Ahora bien, la fuerza que se ejerce sobre un elemento de área $d\Omega$ del primer material es

$$dF_1 = \sigma_1 \, d\Omega = -\frac{E_1}{\rho} y \, d\Omega \tag{4.11-2}$$

mientras que la expresión de la fuerza que se ejerce sobre un elemento de área igual a $d\Omega$ del segundo material es

$$dF_2 = \sigma_2 \, d\Omega = -\frac{E_2}{\rho} y \, d\Omega \tag{4.11-3}$$

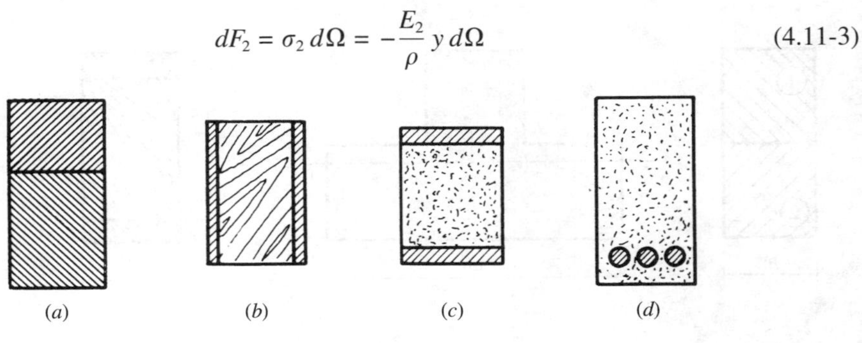

Figura 4.64

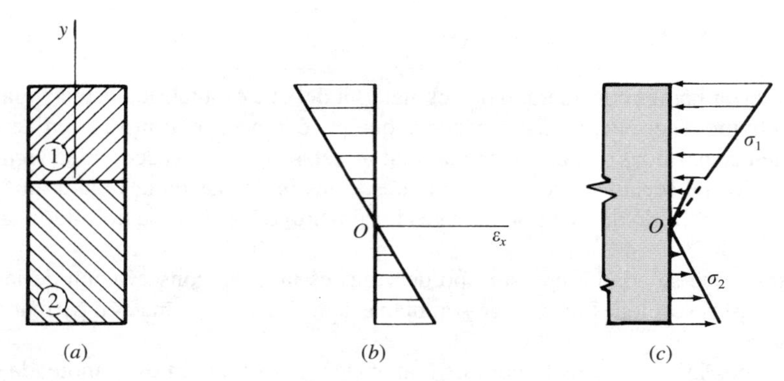

Figura 4.65

Si hacemos

$$\frac{E_2}{E_1} = n$$

la expresión (4.11-3) toma la forma

$$dF_2 = -\frac{nE_1}{\rho} y \, d\Omega = -\frac{E_1}{\rho} y \, d(n\Omega) \qquad (4.11\text{-}4)$$

De la observación de las expresiones (4.11-2) y (4.11-4) se deduce que la misma fuerza dF_2 se podría ejercer sobre un elemento de área $n \, d\Omega$ del primer material, es decir, la resistencia a la flexión de la viga compuesta sería la misma si toda la sección fuera del primer material, pero multiplicando el ancho de la parte del segundo material por el factor n. Se obtiene de esta forma la llamada *sección transformada*. En la Figura 4.66 se representan las secciones transformadoras para los casos de viga bimetálica (*a*) y viga de madera reforzada con placas de acero (*b*). En ambos casos la sección transformada la hemos referido al primer material, pero es evidente que podíamos haberla referido al segundo sin más que haber multiplicado el ancho de la parte del material 1 por el factor

$$m = \frac{E_1}{E_2} = \frac{1}{n}$$

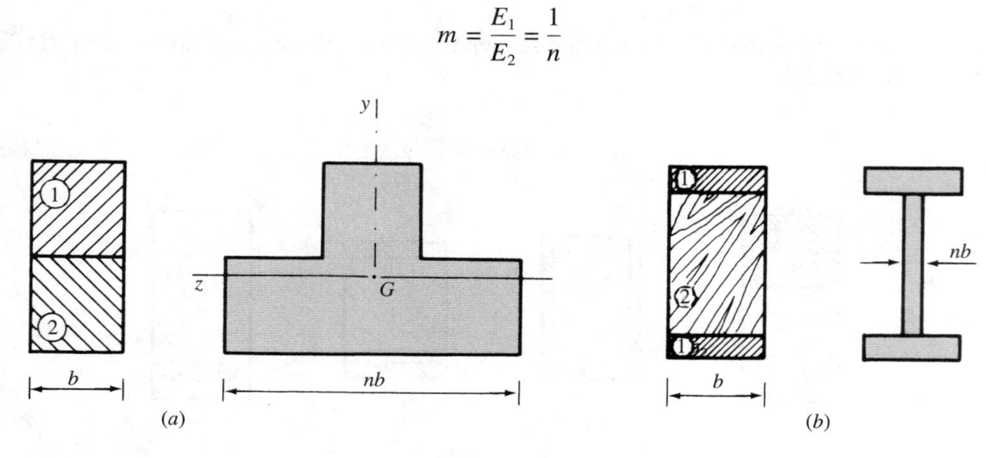

Figura 4.66

Con la utilización de la sección transformada es inmediata la obtención del eje neutro, es decir, la intersección de la fibra neutra con el plano de la sección recta. En efecto, de la condición de ser nulo el esfuerzo normal en la sección

$$\int_1 \sigma_1 \, d\Omega + \int_2 \sigma_2 \, d\Omega = 0 \tag{4.11-5}$$

que podemos poner en la forma

$$E_1 \int_1 y \, d\Omega + E_2 \int_2 y \, d\Omega = E_1 \left[\int_1 y \, d\Omega + \int_2 y \, d(n\Omega) \right] = 0 \tag{4.11-6}$$

se deduce que el eje neutro de la viga compuesta contiene el centro de gravedad de la sección transformada.

Para la determinación de las leyes de tensiones normales en función del momento flector M_z expresaremos la condición de ser éste igual, con signo cambiado, al momento de las fuerzas engendradas por las tensiones normales en ambas partes de la sección

$$M_z = -\int_\Omega \sigma y \, d\Omega = -\int_1 \sigma_1 y \, d\Omega - \int_2 \sigma_2 y \, d\Omega =$$
$$= \frac{E_1}{\rho} \int_1 y^2 d\Omega + \frac{E_2}{\rho} \int_2 y^2 \, d\Omega = \frac{1}{\rho} (E_1 I_1 + E_2 I_2) \tag{4.11-7}$$

siendo I_1 e I_2 los momentos de inercia de las secciones de los materiales 1 y 2, respectivamente, respecto del eje neutro.

De aquí se obtiene

$$\frac{1}{\rho} = \frac{M_z}{E_1 I_1 + E_2 I_2} \tag{4.11-8}$$

siendo el denominador $E_1 I_1 + E_2 I_2$ la *rigidez a la flexión de la viga compuesta*.

Sustituyendo la expresión de la curvatura en las ecuaciones (4.11-1) se obtienen las leyes de distribución de las tensiones normales

$$\sigma_1 = -\frac{M_z E_1}{E_1 I_1 + E_2 I_2} y \quad ; \quad \sigma_2 = -\frac{M_z E_2}{E_1 I_1 + E_2 I_2} y \tag{4.11-9}$$

Se observa que en el caso que las dos partes fueran del mismo material: $E_1 = E_2 = E$; $I_1 + I_2 = I_z$, ambas expresiones se reducen a la fórmula de Navier.

Las expresiones (4.11-9) se pueden poner en la forma:

$$\sigma_1 = -\frac{M_z}{I_1 + nI_2} y = -\frac{M_z}{I_z} y \quad ; \quad \sigma_2 = -\frac{M_z}{\dfrac{E_1}{E_2} I_1 + I_2} y = -n \frac{M_z}{I_z} y \tag{4.11-10}$$

siendo I_z el momento de inercia de la superficie transformada respecto del eje neutro.

Como antes se ha dicho, quizá el ejemplo más extendido de vigas compuestas lo constituya las vigas de hormigón armado. El hormigón es un material que tiene una gran capacidad resistente a compresión, pero no así a tracción. Por eso, en las vigas de hormigón que van a estar sometidas a flexión se colocan unos redondos de acero, llamados *armaduras*, que van a absorber los esfuerzos de tracción (Fig. 4.67-*a*).

En las vigas de hormigón armado se supone que la resistencia a tracción es nula, por lo que en la sección transformada (Fig. 4.67-*b*) se prescinde de la zona sometida a tracción. La sección transformada del acero será nA, siendo A el área de la sección de las armaduras y n

$$n = \frac{E_a}{E_h} \tag{4.11-11}$$

es la relación entre los módulos de elasticidad del acero y del hormigón.

El eje neutro, dado que contiene el centro de gravedad de la sección transformada, se puede determinar imponiendo la condición de ser nulo respecto de él el momento estático de dicha sección

$$ba\frac{a}{2} - nA(h - a) = 0 \tag{4.11-12}$$

Se obtiene así la ecuación de segundo grado

$$\frac{1}{2}ba^2 + nAa - nAh = 0$$

cuya raíz válida determina la distancia del eje neutro a la fibra superior de la sección de la viga compuesta

$$a = \frac{-nA + \sqrt{n^2A^2 + 2bnAh}}{b} = \frac{nA}{b}\left(\sqrt{1 + \frac{2bh}{nA}} - 1\right) \tag{4.11-13}$$

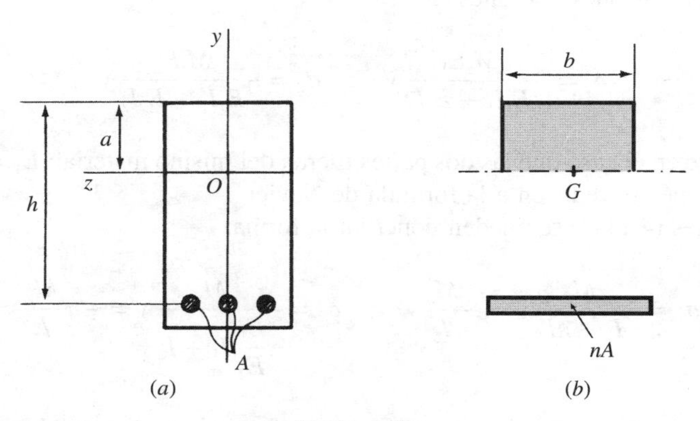

Figura 4.67

Las expresiones de las tensiones en hormigón y acero, en virtud de (4.11-9), son

$$\sigma_h = -\frac{M_z E_h}{E_h I_h + E_a I_a} y = -\frac{M_z}{I_h + nI_a} y = -\frac{M_z}{I_z} y$$

$$\sigma_a = \frac{M_z E_a}{E_h I_h + E_a I_a}(h - a) = \frac{M_z (h - a)}{\dfrac{E_h}{E_a}\left(I_h + \dfrac{E_a}{E_h} I_a\right)} = \frac{nM_z (h - a)}{I_z} \qquad (4.11\text{-}14)$$

siendo:

- I_h e I_a, los momentos de inercia respecto del eje neutro de la parte de hormigón sometida a compresión y del acero de las armaduras, respectivamente.
- I_z, el momento de inercia de la sección transformada, referida al hormigón, respecto del eje neutro.

Una vez determinada la situación de éste, la expresión de I_z será

$$I_z = \frac{1}{3} ba^3 + nA(h - a)^2 = I_h + nI_a \qquad (4.11\text{-}15)$$

Ejemplo 4.11.1. La viga compuesta de sección rectangular indicada en la Figura 4.68 está sometida a un momento flector positivo $M_z = 115$ kN · m. Sabiendo que los módulos de elasticidad del acero y del latón son, respectivamente, $E_1 = 210$ GPa y $E_2 = 105$ GPa, se pide calcular las leyes de distribución de las tensiones normales en ambos materiales, representándolos gráficamente.

Si referimos la sección de latón a su equivalente de acero, obtenemos la sección transformada indicada en la Figura 4.68-*a*, teniendo en cuenta que $n = \dfrac{E_2}{E_1} = \dfrac{105}{210} = 0{,}5$.

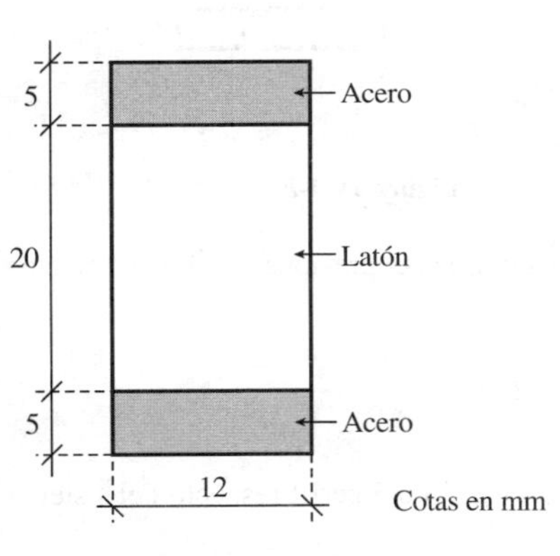

Figura 4.68

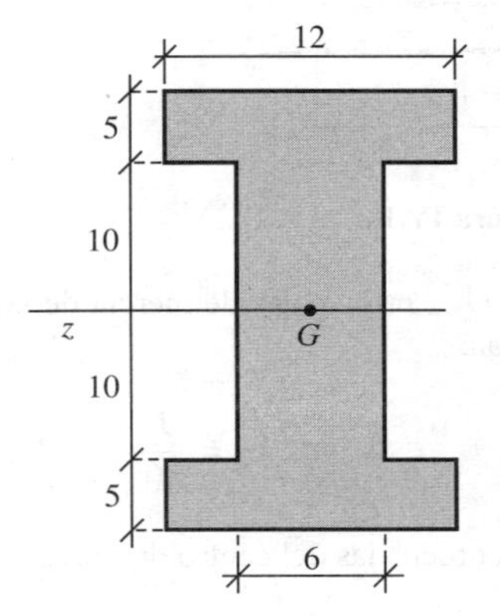

Figura 4.68-*a*

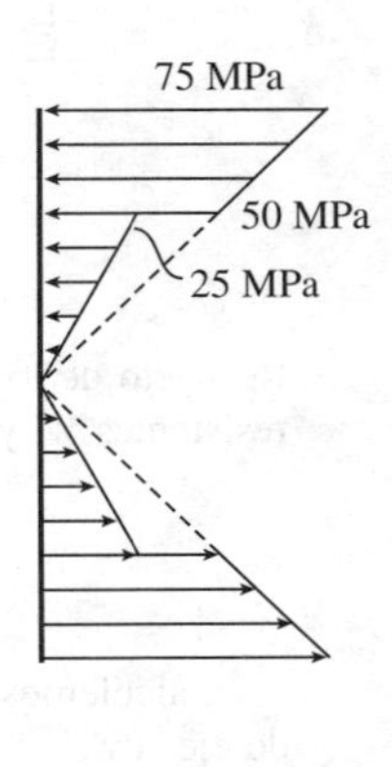

Figura 4.68-*b*

El eje neutro es el eje horizontal de simetría. El momento de inercia de la superficie transformada respecto de él es:

$$I_z = \frac{1}{12}\,6 \times 20^3 + 2\left(\frac{1}{12}\,12 \times 5^3 + 5 \times 12 \times 12{,}5^2\right) \text{cm}^4 = 23.000 \text{ cm}^4$$

Las leyes de distribución de las tensiones normales en acero y latón son, respectivamente,

$$\sigma_a = -\frac{M_z}{I_z}\,y = -\frac{115 \times 10^3}{23.000 \times 10^{-8}}\,y = -500y \text{ MPa}$$

$$\sigma_l = -n\,\frac{M_z}{I_z}\,y = -0{,}5 \times 500y = -250y \text{ MPa}$$

estando expresada la coordenada y en metros.

La representación gráfica queda indicada en la Figura 4.68-*b*.

EJERCICIOS

IV.1. Hallar los módulos resistentes W_y, W_z del perfil en *U* indicado en la Figura IV.1-*a*.

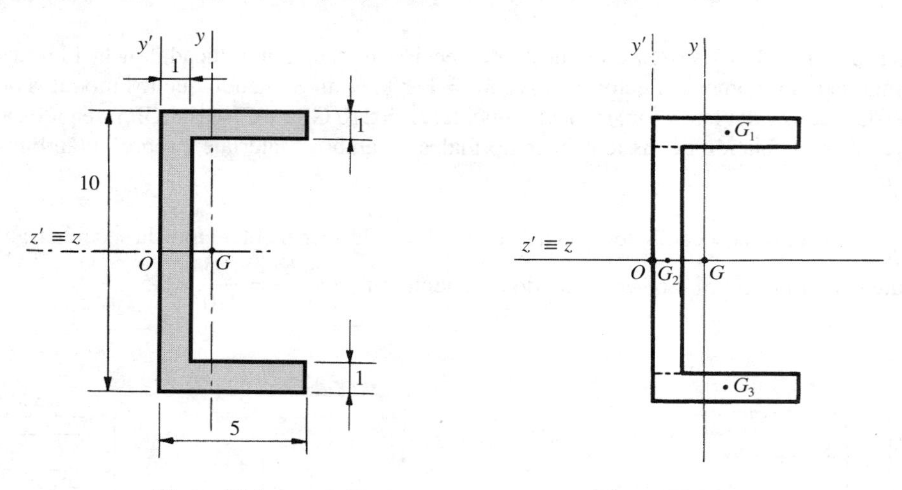

Figura IV.1-*a* **Figura IV.1-*b***

Respecto de los ejes *Gyz*, principales de inercia de la sección, las expresiones de los momentos resistentes W_y y W_z son:

$$W_y = \frac{I_y}{z_{\text{máx}}} \quad ; \quad W_z = \frac{I_z}{y_{\text{máx}}}$$

Calculemos las coordenadas del centro de gravedad $G\,(y'_G,\ z'_G)$ del perfil respecto del sistema de ejes $0y'z'$.

Por razón de simetría, $y'_G = 0$.

Para el cálculo de z'_G supondremos descompuesta la sección recta del perfil en tres superficies, cuyos centros de gravedad y áreas respectivas son:

$$G_1(4{,}5;\ 2{,}5) \quad ; \quad \Omega_1 = 5$$
$$G_2(0;\ 0{,}5) \quad ; \quad \Omega_2 = 8$$
$$G_3(-4{,}5;\ 2{,}5) \quad ; \quad \Omega_3 = 5$$

$$z'_G = \frac{\Sigma\Omega_i z_i}{\Sigma\Omega_i} = \frac{2(5 \times 2{,}5) + 8 \times 0{,}5}{18} = \frac{29}{18} = 1{,}61 \text{ cm}$$

Respecto a los ejes de este mismo sistema de referencia, los momentos de inercia son:

$$I_{y'} = \frac{2}{3} \times 1 \times 5^3 + \frac{1}{3} \times 8 \times 1^3 = 86 \text{ cm}^4$$

$$I_{z'} = \frac{2}{3} \times 1 \times 4^3 + \frac{2}{3} \times 5(5^3 - 4^3) = 246 \text{ cm}^4$$

Los momentos de inercia respecto de los ejes principales de inercia son, en virtud del teorema de Steiner

$$I_y = I_{y'} - \Omega z_G^2 = 86 - 18 \times \frac{29^2}{18^2} = 39{,}27 \text{ cm}^4$$
$$I_z = I_{z'} = 246 \text{ cm}^4$$

Por tanto, los módulos resistentes pedidos serán:

$$\boxed{W_y} = \frac{39{,}27}{5 - \dfrac{29}{18}} = \boxed{11{,}59 \text{ cm}^3} \quad ; \quad \boxed{W_z} = \frac{246}{5} = \boxed{49{,}2 \text{ cm}^3}$$

IV.2. Una viga, cuya sección recta es la indicada en la Figura IV.2-*a*, trabaja a flexión simple, de tal forma que en una determinada sección la fibra superior está sometida a una tensión de compresión $\sigma_{c\,\text{máx}}$ = 1.000 kp/cm², mientras que en la inferior la tensión es de tracción y su valor es $\sigma_{t\,\text{máx}}$ = 500 kp/cm². Se pide:

1.° Situación de la fibra neutra.
2.° Calcular la anchura *b* del ala de la viga.
3.° Determinar el momento flector que actúa en la sección considerada.

1.° Conocidos los valores de las tensiones normales en las fibras extremas, se deduce inmediatamente la situación de la fibra neutra.

En efecto, como la variación de la tensión normal es lineal, de la semejanza de los triángulos *GAA'* y *GBB'* (Fig. IV.2-*b*), se deduce:

$$\frac{h_1}{h_2} = \frac{\sigma_{c\,\text{máx}}}{\sigma_{t\,\text{máx}}} = \frac{1.000}{500} = 2$$

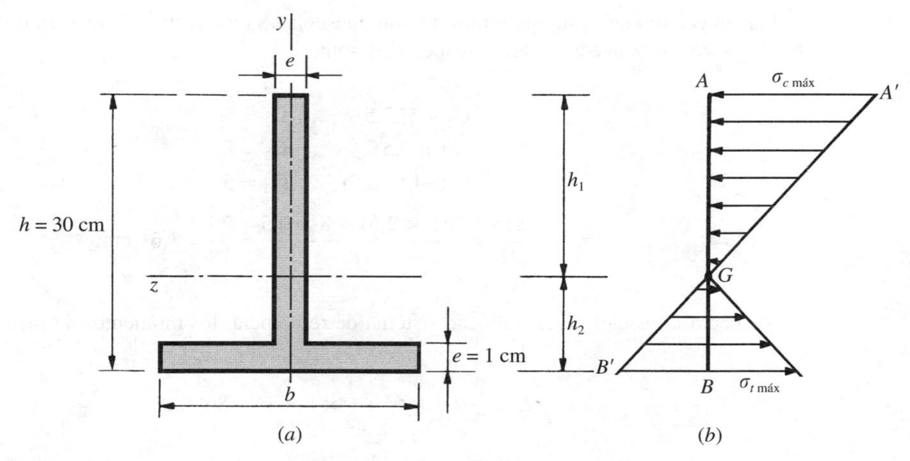

Figura IV.2

Como $h_1 + h_2 = h = 30$ cm $\Rightarrow$ $h_1 = \dfrac{2h}{3} = 20$ cm; $h_2 = \dfrac{h}{3} = 10$ cm, es decir:

La fibra neutra se encuentra a una distancia de 10 cm por encima de la fibra inferior de la viga

2.º La situación de la fibra neutra depende exclusivamente de la geometría de la sección. La anchura b se determinará imponiendo la condición de ser nulo el momento estático de la sección respecto del eje z

$$\int_{-h_2}^{-(h_2-e)} by\,dy + \int_{-(h_2-e)}^{h_1} ey\,dy = 0$$

$$\frac{b}{2}[y^2]_{-h_2}^{-(h_2-e)} + \frac{e}{2}[y^2]_{-(h_2-e)}^{h_1} = 0$$

$$b[(h_2 - e)^2 - h_2^2] + e[h_1^2 - (h_2 - e)^2] = 0$$

de donde

$$b = \frac{h_1^2 - (h_2 - e)^2}{2h_2 - e}$$

Sustituyendo valores, se obtiene:

$$\boxed{b} = \frac{400 - 81}{19} = \boxed{16{,}79 \text{ cm}}$$

3.º La expresión de la tensión normal que existe en la sección considerada es, en virtud de la ley de Navier

$$\sigma = \frac{\sigma_{c\,máx}}{h_1}\,y = -\frac{1.000}{20}\,y = -50y$$

El momento flector M que actúa en dicha sección es igual al momento de las fuerzas engendradas por las tensiones normales

$$\boxed{M} = \int_{-10}^{-9} b\, 50y^2\, dy + \int_{-9}^{20} e\, 50y^2\, dy = \frac{16,79 \times 50}{3} [(-9)^3 - (-10)^3] +$$

$$+ \frac{50}{3} [(20)^3 - (-9)^3] \text{ cm} \cdot \text{kp} = \boxed{1.970,18 \text{ m} \cdot \text{kp}}$$

IV.3. Una viga de longitud L, sometida a tres cargas concentradas P iguales —dos en los extremos y una en el centro— descansa sobre dos apoyos situados en un mismo plano horizontal. Si los dos apoyos, situados a una distancia mutua d, están centrados, se pide:

1.º Determinar la relación que tiene que existir entre L y d para que el momento flector máximo sea el menor posible.

2.º En estas condiciones y si $d = 4$ m, $P = 4$ t, dimensionar la viga en los dos supuestos siguientes:

a) La viga es de madera, de sección rectangular de ancho $b = 10$ cm y $\sigma_{adm} = 100$ kp/cm².

b) La viga es un IPN de $\sigma_{adm} = 1.000$ kp/cm².

1.º En la Figura IV.3 se obtiene el diagrama de momentos flectores de la viga como superposición de dos estados; uno de ellos formado por las cargas aplicadas en los extremos de los voladizos (Fig. IV.3-*b*) y el otro por la carga central (Fig. IV.3-*c*).

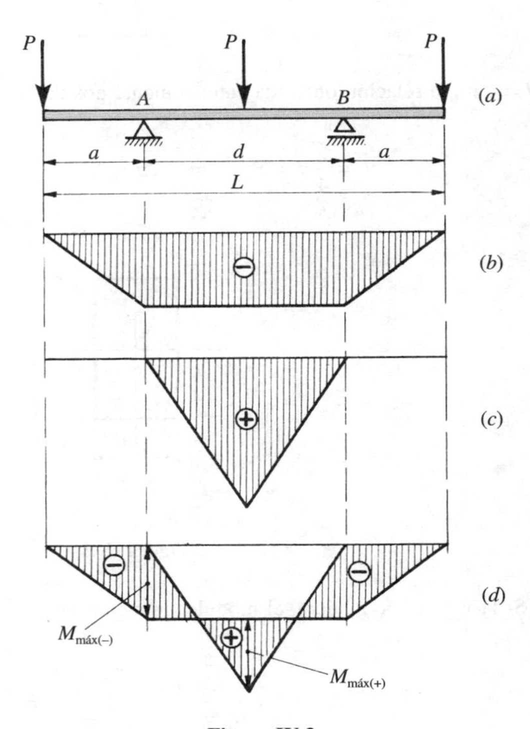

Figura IV.3

Para que el momento flector máximo sea el menor posible, la distancia entre apoyos ha de ser tal que el valor del momento máximo positivo, que se presenta en el centro de la viga, sea igual al valor absoluto del momento máximo negativo, que se presenta en cualquiera de los apoyos.

Como el valor del momento máximo negativo es

$$M_{\text{máx}}(-) = -P\,\frac{L-d}{2}$$

y el del momento máximo positivo

$$M_{\text{máx}}(+) = \frac{1}{2}\,\frac{Pd}{4}$$

igualando los valores absolutos de ambos, se tiene:

$$\frac{P(L-d)}{2} = \frac{Pd}{8}$$

de donde se obtiene la relación pedida

$$\boxed{\frac{L}{d} = \frac{5}{4}}$$

2.º Si $d = 4$ m, la relación obtenida anteriormente nos da la longitud de la viga

$$L = \frac{5}{4}\,d = 5 \text{ m} \quad \Rightarrow \quad 2a = L - d \quad \Rightarrow \quad a = 50 \text{ cm}$$

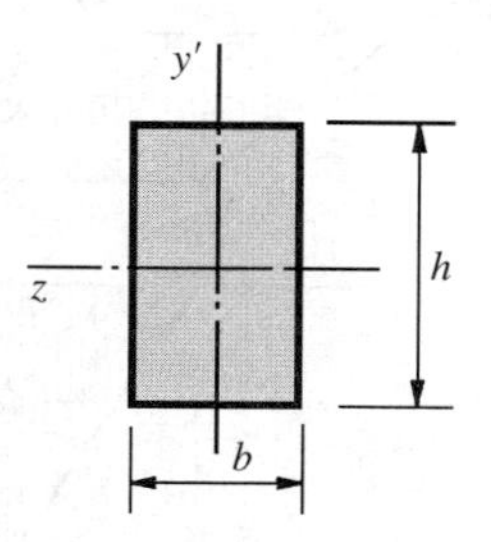

Figura IV.3-*e*

a) Si la viga es de madera, el módulo resistente es:

$$W_z = \frac{I_z}{y_{\text{máx}}} = \frac{\frac{1}{12}\,bh^3}{h/2} = \frac{bh^2}{6}$$

Como el momento flector máximo es $M_{máx} = Pa$, se tiene

$$\sigma_{máx} = \frac{M_{máx}}{W_z} = \sigma_{adm} \quad \Rightarrow \quad \frac{6Pa}{bh^2} = \sigma_{adm} \quad \Rightarrow \quad h = \sqrt{\frac{6Pa}{b\sigma_{adm}}}$$

Sustituyendo valores se obtiene la mínima longitud que deberá tener el canto de la viga de madera

$$\boxed{h} = \sqrt{\frac{6 \times 4.000 \times 50}{10 \times 100}} = \boxed{34{,}65 \text{ cm}}$$

b) Si se trata de un perfil normal doble *T*, entramos en la tabla de perfiles laminados con el valor del módulo resistente

$$W_z = \frac{M}{\sigma_{máx}} = \frac{Pa}{\sigma_{adm}} = \frac{4.000 \times 50}{1.000} = 200 \text{ cm}^3$$

y encontramos

$$\boxed{\text{IPN } 200}$$

al que corresponde un módulo resistente de 214 cm^3, el más próximo por exceso al valor necesario.

IV.4. El perfil croquizado es el estrictamente necesario para resistir el mínimo momento máximo de la viga dibujada. En la sección sometida al máximo momento flector la fuerza total que actúa en los rectángulos rayados es de *F* = 1.400 kp.

Sabiendo que el número que expresa la carga lineal sobre el tramo *AB* en kp/m es igual al de la carga concentrada en el extremo del voladizo expresada en kp, dibujar los diagramas de momentos flectores y de esfuerzos cortantes.

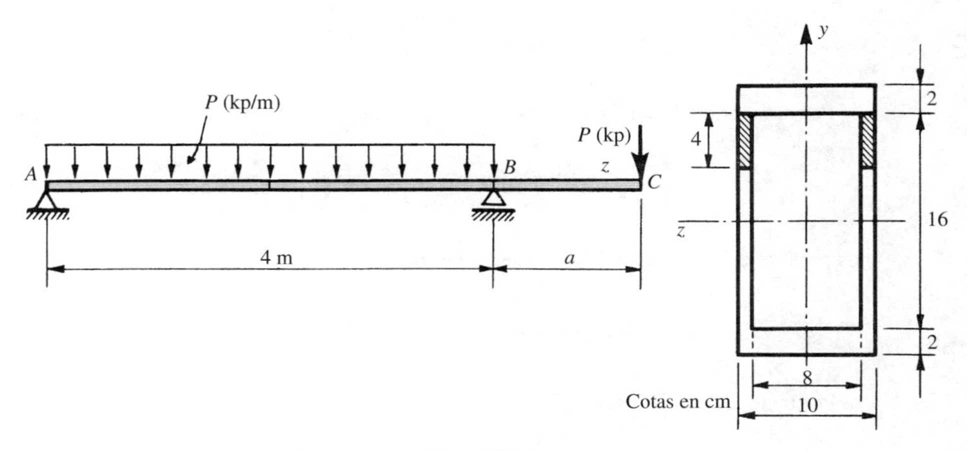

Figura IV.4-*a*

Al conocer la fuerza total sobre el área rayada queda determinado el momento flector máximo.

En efecto, sean σ y σ' las tensiones normales que corresponden a las fibras extremas del área rayada (Fig. IV.4-*b*).

En la expresión de F

$$F = 2\,\frac{\sigma + \sigma'}{2}\,h_1 e = (\sigma + \sigma')h_1 e$$

podemos poner σ y σ' en función de $\sigma_{\text{máx}}$ (Fig. IV.4-*b*)

$$\frac{\sigma'}{\sigma_{\text{máx}}} = \frac{\overline{GQ}}{\overline{GS}} = \frac{8}{10} \quad\Rightarrow\quad \sigma' = \frac{4}{5}\,\sigma_{\text{máx}} \quad ; \quad \frac{\sigma}{\sigma_{\text{máx}}} = \frac{\overline{GN}}{\overline{GS}} = \frac{4}{10} \quad\Rightarrow\quad \sigma = \frac{2}{5}\,\sigma_{\text{máx}}$$

$$F = \left(\frac{2}{5} + \frac{4}{5}\right)\sigma_{\text{máx}} \cdot h_1 \cdot e \quad\Rightarrow\quad \sigma_{\text{máx}} = \frac{5F}{6h_1 e}$$

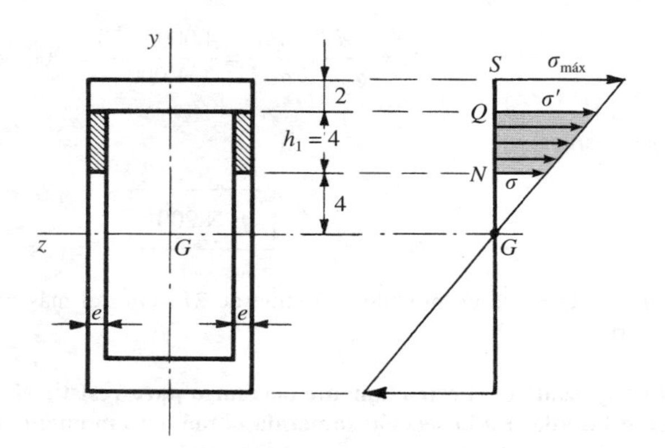

Figura IV.4-*b*

Sustituyendo valores, se tiene

$$\sigma_{\text{máx}} = \frac{5 \times 1.400}{6 \times 4 \times 1} = 291{,}7 \text{ kp/cm}^2$$

Por otra parte, el momento de inercia de la sección respecto al eje horizontal z, cuyo valor es

$$I_z = 2\left(\frac{1}{3} \times 10 \times 10^3 - \frac{1}{3} \times 8 \times 8^3\right) = 3.936 \text{ cm}^4$$

nos permite calcular el módulo resistente del perfil

$$W_z = \frac{I_z}{y_{\text{máx}}} = \frac{3.936}{10} = 393{,}6 \text{ cm}^3$$

Por tanto, el momento flector máximo será

$$M_{\text{máx}} = W_z \cdot \sigma_{\text{máx}} = 393{,}6 \times 291{,}7 \text{ cm} \cdot \text{kg} = 1.148 \text{ m} \cdot \text{kp}$$

Este momento flector máximo, con signo negativo, se presenta en la sección del apoyo B, según se desprende de la condición de ser el perfil croquizado el estrictamente necesario para resistir el mínimo momento máximo. Además, este momento flector es, en valor absoluto, igual al momento flector máximo que se presenta en la zona de momentos positivos.

Calcularemos ahora las reacciones R_A y R_B en los apoyos tomando momentos respecto de B y A, respectivamente

$$R_A \times 4 - 4P \times 2 + Pa = 0 \quad \Rightarrow \quad R_A = \frac{P(8 - a)}{4}$$

$$R_B \times 4 - P(4 + a) - 4P \times 2 = 0 \quad \Rightarrow \quad R_B = \frac{P(12 + a)}{4}$$

Las leyes de momentos flectores y de esfuerzos cortantes en el tramo AB serán

$$M = \frac{P(8 - a)}{4} x - \frac{P}{2} x^2 \quad ; \quad T = \frac{P(8 - a)}{4} - Px$$

El momento flector positivo máximo en este tramo se presenta en la sección para la cual es nulo el esfuerzo cortante

$$T = \frac{dM}{dx} = 0 \quad \Rightarrow \quad x = \frac{8 - a}{4}$$

Por tanto, el momento flector máximo positivo

$$M_{\text{máx}}(+) = \frac{P(8 - a)^2}{16} - \frac{P}{2} \frac{(8 - a)^2}{16} = \frac{P(8 - a)^2}{32}$$

tendrá que ser igual al valor absoluto del momento máximo negativo

$$M_{\text{máx}}(-) = -Pa$$

es decir:

$$Pa = \frac{P(8 - a)^2}{32} \quad \Rightarrow \quad a^2 - 48a + 64 = 0$$

de donde se obtiene la longitud a del voladizo:

$$a = 1{,}37 \text{ m}$$

El valor de la carga P se obtendrá a partir del momento flector máximo

$$M_{\text{máx}} = 1.148 = aP = 1{,}37P \quad \Rightarrow \quad P = \frac{1.148}{1{,}37} = 837{,}95 \text{ kp}$$

Con estos valores, las reacciones valdrán

$$R_A = \frac{P(8 - a)}{4} = \frac{837{,}95(8 - 1{,}37)}{4} = 1.388{,}9 \text{ kp}$$

$$R_B = \frac{P(12 + a)}{4} = \frac{837{,}95(12 + 1{,}37)}{4} = 2.800{,}8 \text{ kp}$$

Con estos resultados el dibujo de los diagramas pedidos es inmediato (Fig. IV.4-*c*).

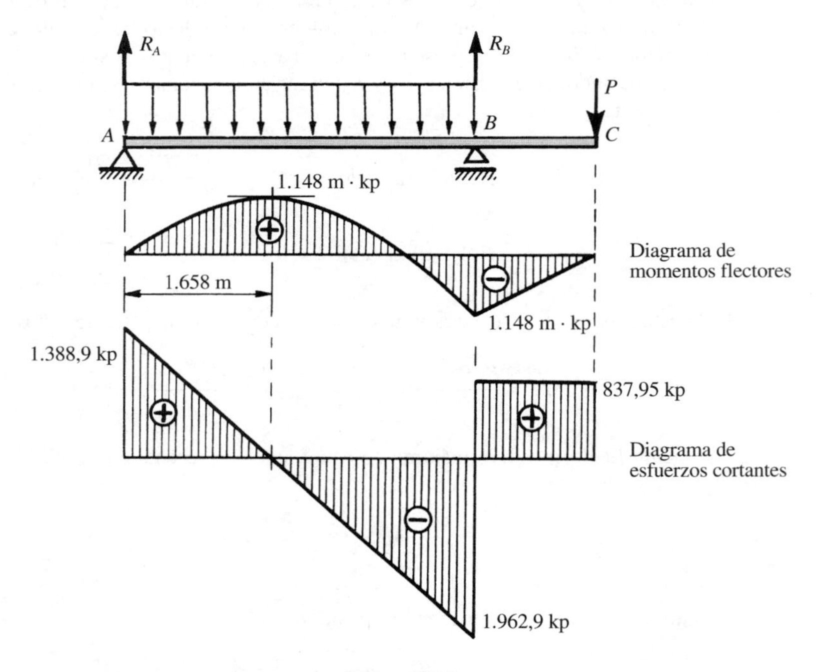

Figura IV.4-*c*

IV.5. Sobre una viga recta *AB* de longitud l = 6 m y de sección rectangular actúa la solicitación exterior indicada en la Figura IV.5-*a*. Se pide:

1.º Dibujar el diagrama de momentos flectores.
2.º Dimensionar la sección $a \times b$, imponiendo la condición $a + b = 30$ cm para que sea máxima la resistencia a la flexión.
3.º Calcular la tensión máxima provocada por la flexión, indicando la sección o secciones en que este valor máximo se alcanza.

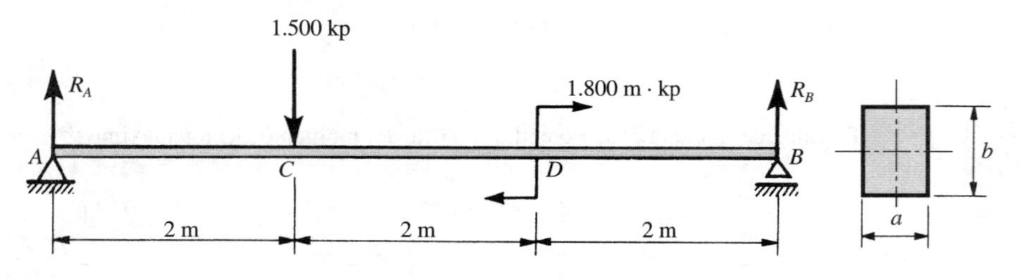

Figura IV.5-*a*

1.º Cálculo de las reacciones

$$\left.\begin{array}{l} R_A + R_B - 1.500 = 0 \\ 6R_A - 1.500 \times 4 + 1.800 = 0 \end{array}\right\} \Rightarrow R_A = 700 \text{ kp} \quad ; \quad R_B = 800 \text{ kp}$$

Si x es la distancia de la sección que se considera al extremo A, las leyes de momentos flectores son:

$$M = R_A \cdot x = 700x \qquad \text{para} \quad 0 \text{ m} \leqslant x \leqslant 2 \text{ m}$$
$$M = 700x - 1.500(x - 2) = -800x + 3.000 \qquad \text{para} \quad 2 \text{ m} \leqslant x \leqslant 4 \text{ m}$$
$$M = -800x + 3.000 + 1.800 = -800x + 4.800 \qquad \text{para} \quad 4 \text{ m} \leqslant x \leqslant 6 \text{ m}$$

Obtenidas las leyes de momentos flectores, el dibujo del diagrama correspondiente es inmediato (Fig. IV.5-*b*)

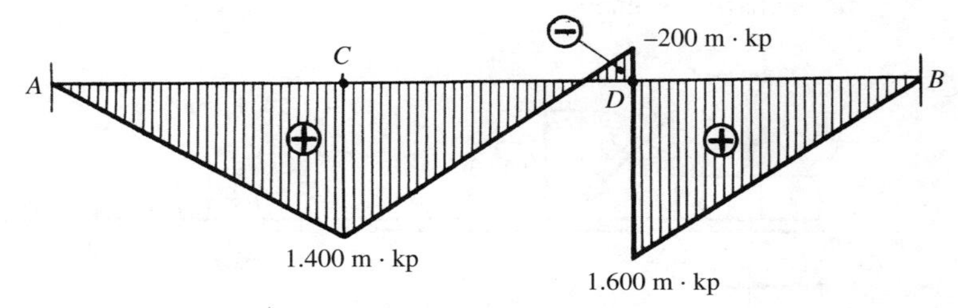

Diagrama de momentos flectores

Figura IV.5-*b*

2.º La resistencia será máxima cuando para un momento flector dado, la tensión máxima es mínima

$$\sigma_{\text{máx}} = \frac{M_{\text{máx}}}{W_z}, \quad \text{siendo } W_z = \frac{ab^2}{6}$$

es decir, cuando el módulo resistente es máximo.

Como $a + b = k$ ($k = 30$ cm), podemos expresar el módulo resistente en función de la altura b

$$W_z = \frac{ab^2}{6} = \frac{(k - b)b^2}{6}$$

El valor de W_z máximo lo dará el valor de b, tal que

$$\frac{dW_z}{db} = \frac{1}{6}(2kb - 3b^2) = 0 \quad \begin{cases} b = 0 \text{ (solución no válida)} \\ b = \dfrac{2k}{3} = \dfrac{60}{3} = 20 \text{ cm} \end{cases}$$

Por tanto, la sección más resistente a la flexión es la que tiene por dimensiones

$$\boxed{a = 10 \text{ cm} \quad ; \quad b = 20 \text{ cm}}$$

3.º La mayor tensión máxima se presentará en la sección situada a la derecha del apoyo D, en la que el momento flector es máximo $M_{\text{máx}} = 1.600$ m · kp

$$\sigma_{\text{máx}} = \frac{M_{\text{máx}}}{W_z} = \frac{1.600 \times 10^2 \text{ cm} \cdot \text{kp}}{\dfrac{1}{6} \times 10 \times 20^2 \text{ cm}^3} = 240 \text{ kp/cm}^2$$

$$\boxed{\sigma_{\text{máx}} = 240 \text{ kp/cm}^2}$$

IV.6. **Se considera una viga recta sometida al sistema de cargas indicado en la Figura IV.6-*a*. La sección es tubular-rectangular de espesor constante e = 10 mm. Sabiendo que la tensión admisible es σ_{adm} = 1.200 kp/cm² y el módulo de elasticidad E = 2,1 × 10⁶ kp/cm², se pide:**

1.º Dibujar el diagrama de esfuerzos cortantes.

2.º Dibujar el diagrama de momentos flectores.

3.º Calcular las dimensiones de la sección sabiendo que se verifica la relación $\frac{h}{b} = 2$.

4.º Calcular la fuerza normal sobre la mitad superior del perfil, en la sección sometida a momento flector máximo.

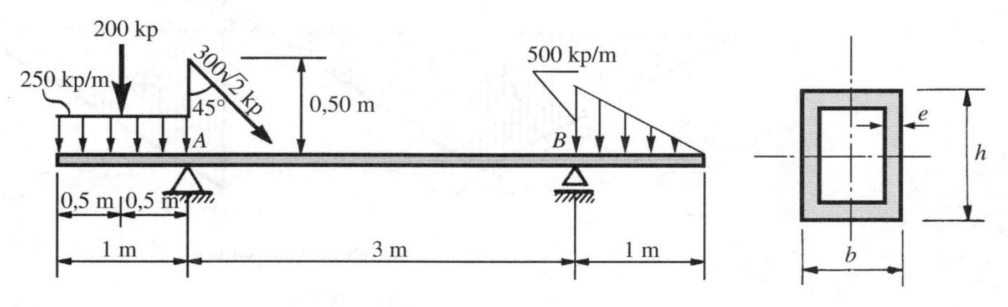

Figura IV.6-*a*

1.º Calcularemos en primer lugar las reacciones en los apoyos, considerando en A solamente la componente vertical V_A ya que la horizontal no influye en el resto de la viga. Para ello utilizaremos el diagrama equivalente de cargas indicado en la Figura IV.6-*b*.

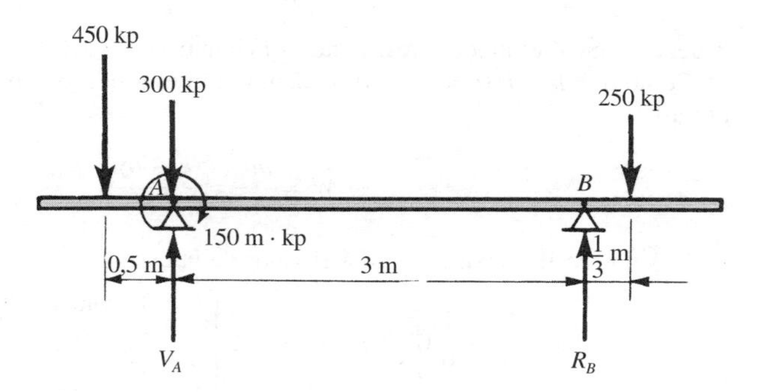

Figura IV.6-*b*

Proyectando fuerzas sobre la vertical:

$$V_A + R_B - 450 - 300 - 250 = 0$$

Tomando momentos respecto de A:

$$150 - 450 \times 0{,}5 - 3R_B + 250\left(3 + \frac{1}{3}\right) = 0$$

se obtiene:

$$R_B = 252{,}8 \text{ kp} \quad ; \quad V_A = 747{,}2 \text{ kp}$$

Obtenidos estos valores, las leyes de esfuerzos cortantes son:

$$T = -250x \qquad \text{para} \quad 0 \text{ m} \leqslant x < 0{,}5 \text{ m}$$

$$T = -250x - 200 \qquad \text{para} \quad 0{,}5 \text{ m} < x < 1 \text{ m}$$

$$T = -450 - 300 + 747{,}2 = -2{,}8 \qquad \text{para} \quad 1 \text{ m} < x < 4 \text{ m}$$

$$T = -2{,}8 + 252{,}8 - \frac{500 + 500(5 - x)}{2}(x - 4) = 250(x - 5)^2 \qquad \text{para} \quad 4 \text{ m} < x \leqslant 5 \text{ m}$$

Su diagrama se representa en la Figura IV.6-*c*.

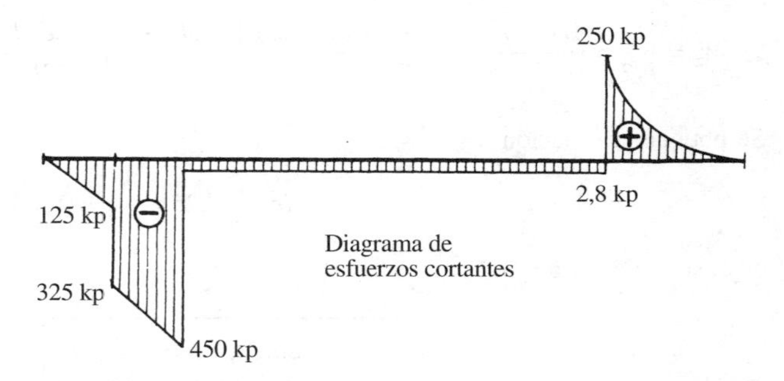

Figura IV.6-*c*

2.º Las leyes de momentos flectores son:

$$M = -250\,\frac{x^2}{2} = -125x^2 \qquad \text{para} \quad 0 \text{ m} \leqslant x \leqslant 0{,}5 \text{ m}$$

$$M = -125x^2 - 200(x - 0{,}5) = -125x^2 - 200x + 100 \qquad \text{para} \quad 0{,}5 \text{ m} \leqslant x < 1 \text{ m}$$

$$M = -450(x - 0{,}5) + 150 + (747{,}2 - 300)(x - 1) = -2{,}8x - 72{,}2 \qquad \text{para} \quad 1 \text{ m} < x \leqslant 4 \text{ m}$$

$$M = -\frac{500}{2}(5 - x)^2\,\frac{(5 - x)}{3} = -\frac{250}{3}(5 - x)^2 \qquad \text{para} \quad 4 \text{ m} \leqslant x \leqslant 5 \text{ m}$$

Su diagrama se representa en la Figura IV.6-*d*.

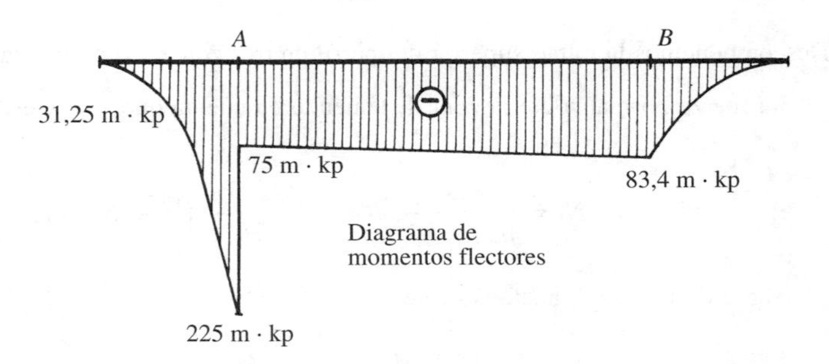

Figura IV.6-*d*

3.° El momento flector máximo se presenta en el apoyo A. Su valor absoluto es:

$$M_{\text{máx}} = 225 \text{ m} \cdot \text{kp}$$

En esta sección, la tensión normal máxima es:

$$\sigma_{\text{máx}} = \sigma_{\text{adm}} = \frac{M_{\text{máx}}}{W_z} \quad \Rightarrow \quad W_z = \frac{M_{\text{máx}}}{\sigma_{\text{adm}}} = \frac{225 \times 10^2 \text{ cm} \cdot \text{kp}}{1.200 \text{ kp/cm}^2} = 18{,}75 \text{ cm}^3$$

Expresemos el módulo resistente en función de las dimensiones, teniendo en cuenta la relación dada $h/b = 2$, y que $e = 10$ mm $= 1$ cm

$$W_z = \frac{I_z}{h/2} = \frac{1/12[bh^3 - (b - 2e)(h - 2e)^3]}{h/2} = \frac{8b^4 - (b - 2e)(b - e)^3 \cdot 8}{12b} = 18{,}75 \text{ cm}^3$$

Se obtiene la ecuación

$$10b^3 - 18b^2 - 42{,}25b - 4 = 0$$

cuya solución es $b = 3{,}2$ cm

$b = 3{,}2$ cm ; $h = 6{,}4$ cm

4.°

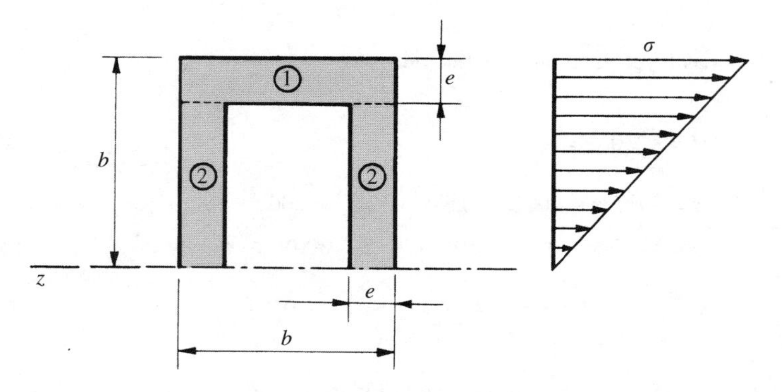

Figura IV.6-*e*

Descomponemos la mitad superior del perfil en tres zonas, como indica la figura.

La fuerza normal sobre la zona 1, teniendo en cuenta que $\frac{h}{2} = b$, es:

$$N_1 = \int_{b-e}^{b} \frac{M_{\text{máx}}}{I_z} yb \, dy = \frac{M_{\text{máx}} \cdot b}{2I_z} [b^2 - (b - e)^2]$$

Sobre cada zona 2, análogamente:

$$N_2 = \int_{0}^{b-e} \frac{M_{\text{máx}}}{I_z} ye \, dy = \frac{M_{\text{máx}} \cdot e}{2I_z} (b - e)^2$$

La fuerza normal pedida, que es de tracción por ser el momento flector negativo, será

$$N = N_1 + 2N_2 = \frac{M_{\text{máx}}}{2I_z}[(b^3 - b(b-e)^2 + 2e(b-e)^2] = \frac{M_{\text{máx}} \cdot e}{2I_z}(4b^2 - 5be + 2e^2)$$

Sustituyendo valores, y teniendo en cuenta que:

$$I_z = W_z \cdot \frac{h}{2} = W_z \cdot b = 18{,}75 \times 3{,}2 = 60 \text{ cm}^4$$

$$\boxed{N} = \frac{225 \times 10^2}{120}(4 \times 3{,}2^2 - 5 \times 3{,}2 + 2) \text{ kp} = \boxed{5.055 \text{ kp}}$$

IV.7. Construir los diagramas de esfuerzos cortantes, momentos flectores y esfuerzos normales del pórtico indicado en la Figura IV.7-*a*.

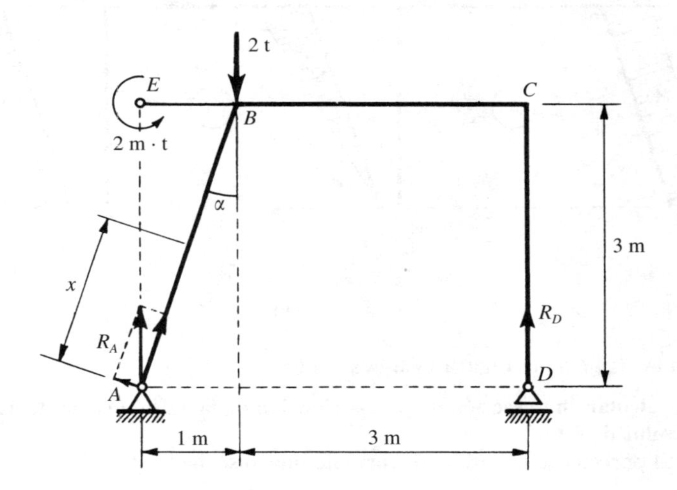

Figura IV.7-*a*.

El sistema es isostático. Calcularemos las reacciones:

Proyección fuerzas sobre la vertical:

$$R_A + R_D - 2 = 0$$

Tomando momentos respecto de A:

$$2 - 2 \times 1 + 4R_D = 0$$

se obtiene:

$$R_A = 2 \text{ t} \quad ; \quad R_D = 0$$

Este resultado indica que las barras *BC* y *CD* del pórtico dado no están solicitadas por ningún tipo de esfuerzo.

Barra	Esfuerzos cortantes	Momentos flectores	Esfuerzos normales
AB	$T_y = R_A \operatorname{sen} \alpha = \frac{2}{\sqrt{10}}$	$M_z = \frac{2}{\sqrt{10}} x$	$N - R_A \cos \alpha = -\frac{6}{\sqrt{10}}$
EB	$T_y = 0$	$M_z = -2$	$N = 0$
BC	$T_y = 0$	$M_z = 0$	$N = 0$
CD	$T_y = 0$	$M_z = 0$	$N = 0$

Los diagramas de esfuerzos cortantes, momentos flectores y esfuerzos normales se indican en la Figura IV.7-*b*.

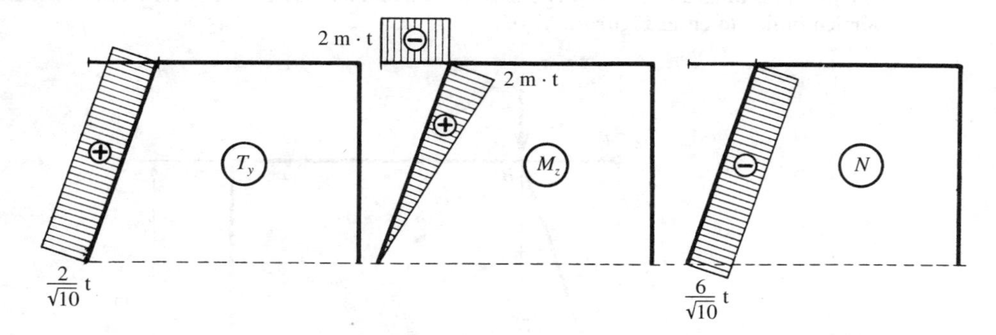

Figura IV.7-*b*

IV.8. Dada la viga *I* de la Figura IV.8-*a*, se pide:

1.º Calcular en la sección *nn'* la distribución de la tensión cortante, calculando el máximo valor de ésta.

2.º El porcentaje del esfuerzo cortante que absorbe el alma.

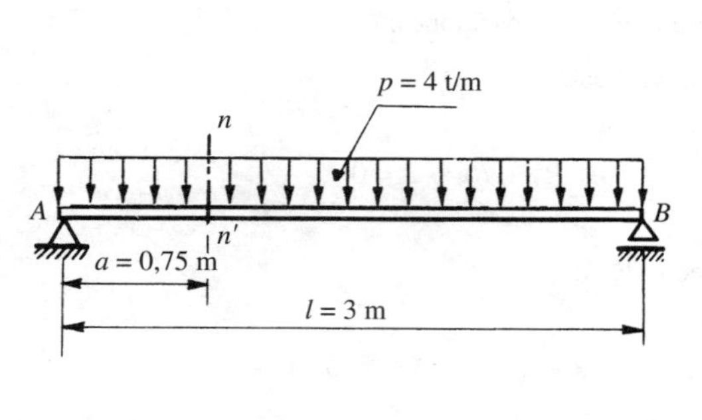

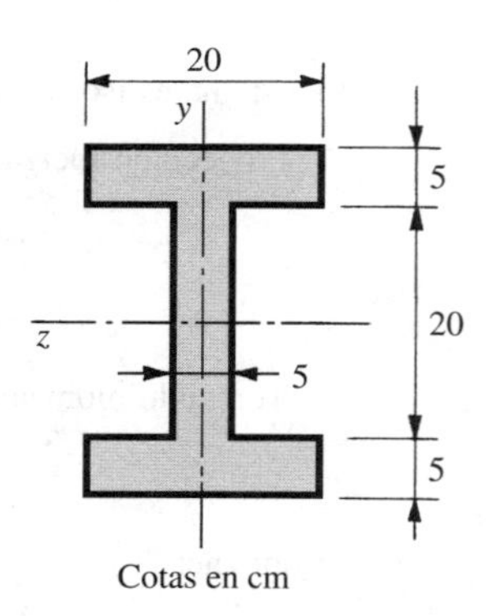

Figura IV.8-*a*

1.º Como el valor de la reacción del apoyo A es $R_A = \frac{pl}{2} = \frac{4 \times 3}{2} = 6$ t, el esfuerzo cortante T_y en la sección nn' será

$$T_y = R_A - pa = 6 - 4 \times 0{,}75 = 3 \text{ t} = 3.000 \text{ kp}$$

Por otra parte, el momento de inercia de la sección respecto al eje z es:

$$I_z = \frac{20 \times 30^3}{12} - \frac{15 \times 20^3}{12} = 35 \times 10^3 \text{ cm}^4$$

Con estos valores podemos calcular la distribución de las tensiones cortantes en la sección nn' de la viga aplicando la fórmula de Colignon:

a) En las alas

$$\tau = \frac{T_y m}{b I_z} = \frac{3.000 \times 20(15 - y)\,\frac{15 + y}{2}}{20 \times 35 \times 10^3} = \frac{3(225 - y^2)}{70} \text{ kp/cm}^2$$

válida para $15 \geqslant |y| > 10$.

b) En el alma

$$\tau_1 = \frac{T_y m}{b_1 I_z} = \frac{3.000\left[20 \times 5 \times \frac{10 + 15}{2} + 5(10 - y)\,\frac{10 + y}{2}\right]}{5 \times 35 \times 10^3} = \frac{7{,}5(600 - y^2)}{175} \text{ kp/cm}^2$$

válida para $10 > |y| \geqslant 0$.

Obtenidas las leyes analíticas de distribución de la tensión cortante, se hace la representación gráfica en la Figura IV.8-*b*.

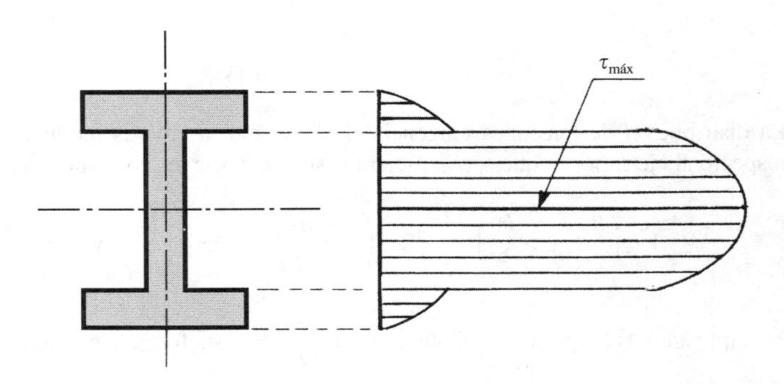

Figura IV.8-*b*

La tensión cortante máxima se presenta en la fibra neutra. Su valor es:

$$\boxed{\tau_{\text{máx}}} = \frac{7{,}5 \times 600}{175} = \boxed{25{,}71 \text{ kp/cm}^2}$$

2.° El esfuerzo cortante absorbido por el alma será

$$T_{\text{alma}} = 2 \int_0^{10} \tau_1 \, 5 \, dy = \frac{10 \times 7,5}{175} \int_0^{10} (600 - y^2) \, dy = 2.428,6 \text{ kp}$$

por lo que el porcentaje pedido será:

$$\boxed{\frac{T_{\text{alma}}}{T_y} \cdot 100 = \frac{2.428,6}{3.000} \times 100 = 80,95\,\%}$$

IV.9. La Figura IV.9-*a* representa la sección recta de una viga sometida a flexión simple. Conociendo el esfuerzo cortante T_y en la misma, calcular la distribución de tensiones tangenciales.

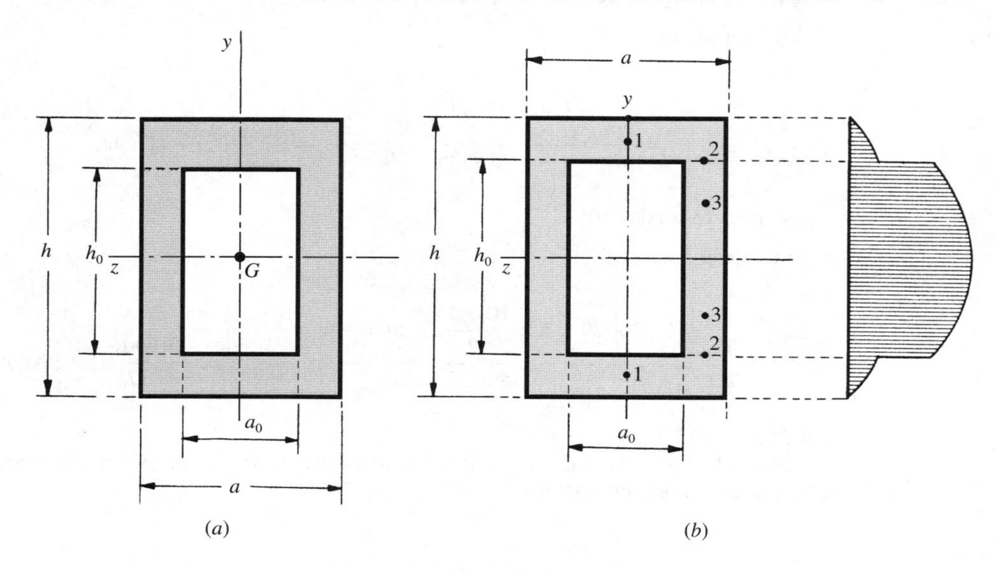

Figura IV.9

La distribución de tensiones tangenciales, en cuanto a valores modulares se refiere, es simétrica respecto al eje z, por lo que será suficiente estudiar las leyes correspondientes en puntos tales como:

$$1 \quad \left(\frac{h}{2} \geqslant y > \frac{h_0}{2}\right) \quad ; \quad 2 \quad \left(y = \frac{h_0}{2}\right) \quad ; \quad 3 \quad \left(\frac{h_0}{2} > y \geqslant 0\right) \quad \text{(Fig. IV.9-}b\text{)}$$

Aplicaremos la fórmula de Colignon $\tau = \dfrac{T_y m_z}{b I_z}$. En esta fórmula son constantes T_y e $I_z = \dfrac{ah^3 - a_0 h_0^3}{12}$.

— En los puntos 1 $\left(\dfrac{h}{2} \geqslant y > \dfrac{h_0}{2}\right)$

$$\left.\begin{aligned} b &= a \\ m_z &= \int_y^{h/2} a y \, dy = \frac{a}{2}\left(\frac{h^2}{4} - y^2\right) \end{aligned}\right\} \quad \boxed{\tau = \frac{6T_y}{ah^3 - a_0 h_0^3}\left(\frac{h^2}{4} - y^2\right)}$$

— En los puntos 2 $\left(y = \dfrac{h_0}{2}\right)$

$$\left.\begin{aligned} b &= a - a_0 \\ m_z &= \frac{a}{8}(h^2 - h_0^2) \end{aligned}\right\} \qquad \boxed{\tau = \frac{3T_y}{2(a - a_0)} \, \frac{a(h^2 - h_0^2)}{ah^3 - a_0h_0^3}}$$

— En los puntos 3 $\left(\dfrac{h_0}{2} \geqslant y \geqslant 0\right)$

$$\left.\begin{aligned} b &= a - a_0 \\ m &= \frac{a}{8}(h^2 - h_0^2) + 2\,\frac{a - a_0}{2}\left(\frac{h_0}{2} - y\right)\left(\frac{h_0}{2} + y\right) = \frac{a}{8}(h^2 - h_0^2) + (a - a_0)\left(\frac{h_0^2}{4} - y^2\right) \end{aligned}\right\}$$

$$\boxed{\tau = \frac{12T_y}{(a - a_0)(ah^3 - a_0h_0^3)}\left[\frac{a}{8}(h^2 - h_0^2) + (a - a_0)\left(\frac{h_0^2}{4} - y^2\right)\right]}$$

El diagrama de tensiones tangenciales se ha dibujado en la misma Figura IV.9-*b*.

IV.10. Hallar la ley de distribución de tensiones tangenciales en las secciones rectas de la viga en voladizo, de anchura constante y espesor variable, indicada en la Figura IV.10-*a*, que está sometida en su extremo a una carga *P* uniformemente repartida sobre el borde transversal. Dibujar los diagramas correspondientes en las secciones extremas y en la sección media de la viga.

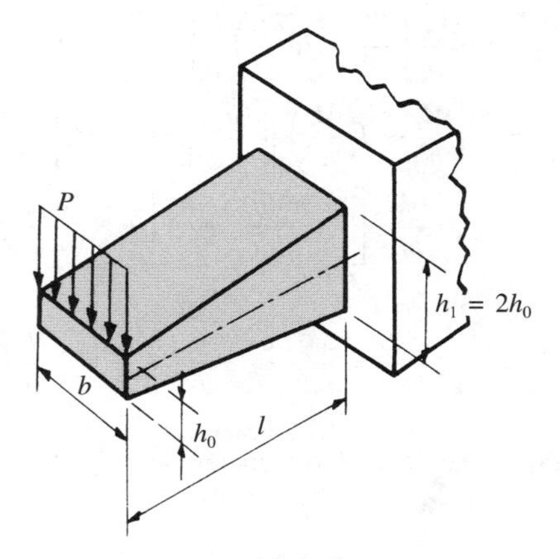

Figura IV.10-*a*

Si realizamos un corte por un plano longitudinal paralelo a la fibra neutra, a la porción de prisma comprendida entre dos planos transversales indefinidamente próximos separados entre sí dx (Fig. IV.10-*b*), la condición de equilibrio nos da

$$\int_y^{\frac{h+dh}{2}} (\sigma + d\sigma) b \, dy - \int_y^{h/2} \sigma b \, dy = \tau b \, dx$$

en donde τ es la tensión rasante en los puntos del plano longitudinal de corte que, por el teorema de reciprocidad de las tensiones tangenciales, es igual a las tensiones tangenciales en los puntos de la sección recta de la viga, comunes a ambos planos.

Como por la ley de Navier

$$\sigma = \frac{M_z}{I_z} y = \frac{M_z}{\frac{1}{12} bh^3} y = \frac{12M_z}{bh^3} y \quad ; \quad \sigma + d\sigma = \frac{12y}{b}\left[\frac{M_z}{h^3} + d\left(\frac{M_z}{h^3}\right)\right]$$

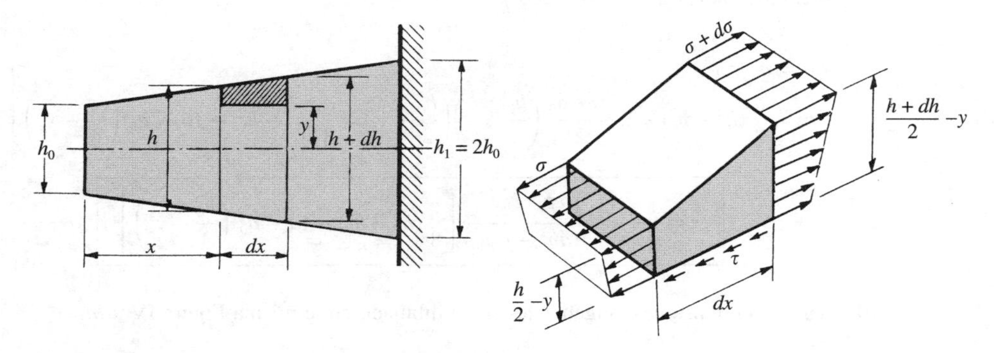

Figura IV.10-*b*

la ecuación de equilibrio toma la forma:

$$\tau\, dx = \frac{12}{b}\left[\frac{M_z}{h^3} + d\left(\frac{M_z}{h^3}\right)\right]\int_y^{(h+dh)/2} y\, dy - \frac{12M_z}{bh^3}\int_y^{h/2} y\, dy =$$

$$= \frac{6}{b}\left[\frac{M_z}{h^3} + d\left(\frac{M_z}{h^3}\right)\right]\left[\frac{(h+dh)^2}{4} - y^2\right] - \frac{6M_z}{bh^3}\left(\frac{h^2}{4} - y^2\right) =$$

$$= \frac{6M_z}{bh^3}\left[\frac{(h+dh)^2}{4} - \frac{h^2}{4}\right] + \frac{6}{b}\left(\frac{h^2}{4} - y^2\right) d\left(\frac{M_z}{h^3}\right)$$

de donde:

$$\tau = \frac{3M_z}{bh^2}\frac{dh}{dx} + \frac{6}{b}\left(\frac{h^2}{4} - y^2\right)\frac{d}{dx}\left(\frac{M_z}{h^3}\right)$$

Ahora bien, expresando h y M_z en función de x

$$h = h_0\left(1 + \frac{x}{l}\right) \quad ; \quad M_z = Px$$

se tiene:

$$\boxed{\tau = \frac{3Px}{bh_0\left(1 + \frac{x}{l}\right)^2 l} + \frac{6P}{bh_0^3}\left[\frac{h_0^2}{4}\left(1 + \frac{x}{l}\right)^2 - y^2\right]\frac{1 - 2\frac{x}{l}}{\left(1 + \frac{x}{l}\right)^4}}$$

expresión que corresponde a la ley de distribución pedida de tensiones tangenciales en los puntos de la viga.

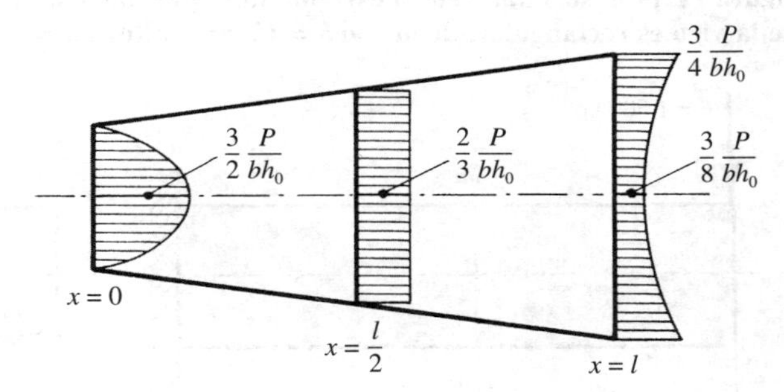

Figura IV.10-*c*

Obsérvese que, salvo en la sección extrema, las tensiones tangenciales en los puntos de las fibras superior e inferior no se anulan.

Particularicemos esta ecuación para las secciones extremas y sección media de la viga. Para $x = 0$, la ley de tensiones tangenciales es parabólica

$$\tau = \frac{6P}{bh_0^3}\left(\frac{h_0^2}{4} - y^2\right)$$

con el valor máximo para la fibra neutra, es decir, para $y = 0$

$$\tau_{\text{máx}} = \frac{3}{2}\frac{P}{bh_0}$$

Para $x = \frac{l}{2}$ se tiene:

$$\tau = \frac{2}{3}\frac{P}{bh_0}$$

que es constante en toda la sección.

Finalmente, para $x = l$

$$\tau = \frac{3P}{4bh_0} - \frac{6P}{16bh_0^3}(h_0^2 - y^2)$$

que tiene su valor máximo en los puntos de las fibras superior e inferior, es decir, para $y = \pm h_0$

$$\tau_{\text{máx}} = \frac{3}{4}\frac{P}{bh_0}$$

El valor de la tensión tangencial mínima en esta sección se presenta en la fibra neutra

$$\tau_{\text{mín}} = \frac{3}{8}\frac{P}{bh_0}$$

IV.11. Calcular los módulos y direcciones respectivas de las tensiones en los puntos situados a distancia d = 6 cm por debajo de la fibra neutra en la sección mn de la viga en voladizo indicada en la Figura IV.11-*a*, solicitada en su extremo libre por una carga P = 1.500 kp. La sección recta de la viga es rectangular, de ancho b = 12 cm y altura h = 24 cm.

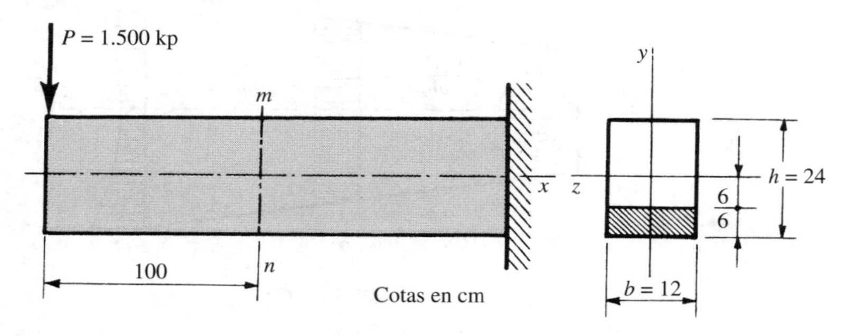

Figura IV.11-*a*

Calculemos el momento de inercia de la sección respecto al eje z, y el momento estático de la sección rayada en la figura

$$I_z = \frac{1}{12} bh^3 = \frac{1}{12} \times 12 \times 24^3 = 13.824 \text{ cm}^4$$

$$m_z = 6 \times 12 \times 9 = 648 \text{ cm}^3$$

Las tensiones normal y cortante, en virtud de la ley de Navier y de la fórmula de Colignon, son

$$\sigma = -\frac{M_z}{I_z} y = -\frac{-1.500 \times 100}{13.824} (-6) = -65{,}10 \text{ kp/cm}^2$$

$$\tau = \frac{T_y m_z}{I_z b} = \frac{1.500 \times 648}{13.824 \times 12} = 5{,}86 \text{ kp/cm}^2$$

Con estos valores, la obtención de las tensiones principales es inmediata

$$\sigma_{1,2} = \frac{\sigma}{2} \pm \sqrt{\left(\frac{\sigma}{2}\right)^2 + \tau^2} = -\frac{65{,}10}{2} \pm \sqrt{\left(\frac{65{,}10}{2}\right)^2 + 5{,}86^2} = -32{,}55 \pm 33{,}07$$

$$\boxed{\sigma_1 = 0{,}52 \text{ kp/cm}^2 \quad ; \quad \sigma_2 = -65{,}62 \text{ kp/cm}^2}$$

A los mismos resultados llegaríamos mediante los círculos de Mohr (Fig. IV.11-*b*).

Si D (−65,10; −5,86) es el punto representativo de la cara perpendicular al eje x y D' (0; 5,86) el correspondiente al plano perpendicular al eje y, la construcción del círculo de Mohr es inmediata, ya que el centro C es el punto medio del segmento DD'.

De la misma figura del círculo de Mohr se deduce que el ángulo α que forma el eje y con la dirección principal que corresponde a la tensión principal positiva, contado en sentido antihorario, es tal que

$$\text{tg } 2\alpha = \frac{2\tau}{\sigma} = \frac{2 \times 5{,}86}{65{,}10} = 0{,}180 \quad \Rightarrow \quad \boxed{\alpha = 5° \, 6' \, 10''}$$

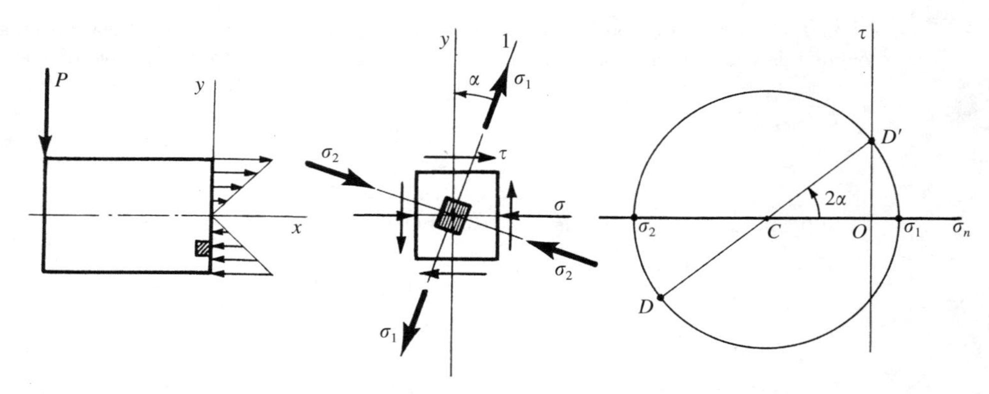

Figura IV.11-*b*

IV.12. Se desea construir una viga cajón uniendo mediante remaches dos perfiles UPN 200 y planchas de 25 mm de espesor, formando la sección recta indicada en la Figura IV.12. Sabiendo que la tensión admisible a cortadura es τ_{adm} = 900 kp/cm² y que el esfuerzo cortante máximo a que va a estar sometida la viga es de T_y = 3.000 kp, calcular las uniones remachadas.

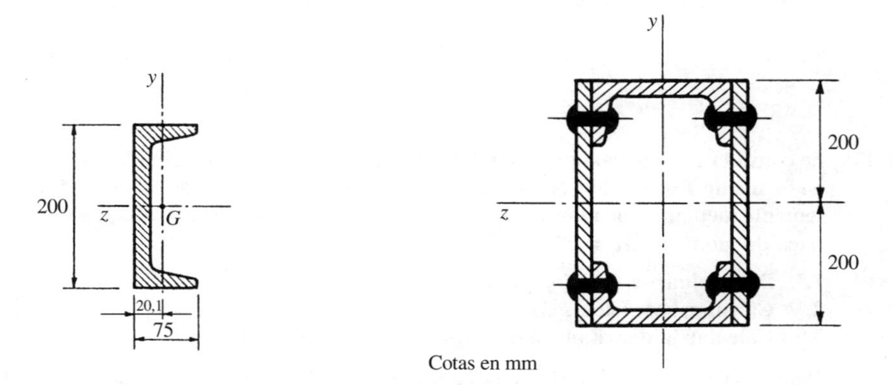

Figura IV.12

Del prontuario de perfiles laminados se obtienen para el UPN 200 los siguientes valores

$$\Omega = 32{,}2 \text{ cm}^2 \quad ; \quad I_y = 148 \text{ cm}^2$$

El momento de inercia respecto del eje z de la sección de la viga cajón, aplicando el teorema de Steiner para el cálculo de los momentos de inercia de los perfiles en U, será

$$I_z = 2(148 + 32{,}2 \times 17{,}99^2) + 2\left(\frac{1}{12} \times 2{,}5 \times 40^3\right) = 47.805 \text{ cm}^4$$

El momento estático de uno de los perfiles respecto al eje z, es

$$m_z = 32{,}2 \times 17{,}99 = 579{,}27 \text{ cm}^3$$

Si F es la fuerza de deslizamiento que soporta cada remache de la cabeza por unidad de longitud de viga, en virtud de la ecuación (4.10-6) aplicada a nuestro caso, se verificará

$$2F = \frac{T_y e}{I_z} m_z$$

Si fijamos el paso de remachado e = 25 cm, el valor de la fuerza F será

$$F = \frac{T_y e m_z}{2I_z} = \frac{3.000 \times 25 \times 579{,}27}{2 \times 47.805} = 454{,}4\text{kp}$$

La fuerza F suponemos que se reparte uniformemente en la sección recta del remache

$$\tau_{\text{adm}} = \frac{F}{\dfrac{\pi d^2}{4}} = \frac{4F}{\pi d^2}$$

De esta ecuación obtenemos el diámetro de los remaches

$$\boxed{d} = \sqrt{\frac{4F}{\pi \tau_{\text{adm}}}} = \sqrt{\frac{4 \times 454{,}4}{3{,}14 \times 900}} = \boxed{0{,}8 \text{ cm}}$$

IV.13. Se considera la viga compuesta indicada en la Figura IV.13-*a* formada por una viga de acero en forma de T que se ha reforzado con dos vigas rectangulares de madera, fijadas convenientemente mediante tornillos pasantes. Cuando la viga compuesta trabaja a flexión pura simétrica de momento M_z = 30 m · kN, se pide:

1.º Determinar la posición del eje neutro.
2.º Calcular la tensión máxima en la madera.
3.º Calcular la distribución de tensiones normales en el acero.

Datos: **Módulos de elasticidad: de la madera, $E_m = 1{,}25 \times 10^4$ MPa; del acero, $E_a = 2 \times 10^5$ MPa.**

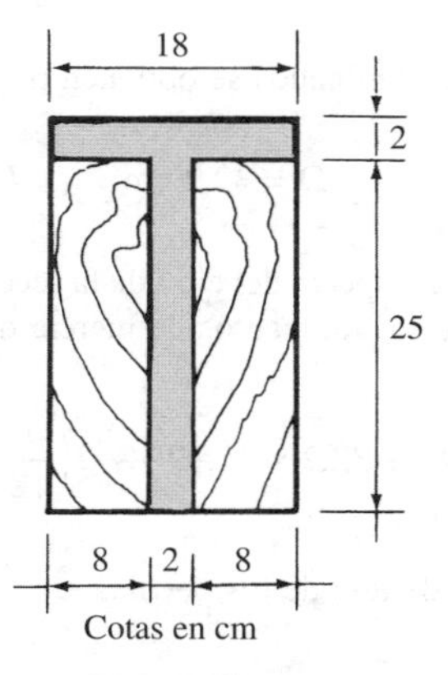

Figura IV.13-*a*

1.° Como la relación entre los módulos de elasticidad de los dos materiales de la viga compuesta es

$$n = \frac{E_a}{E_m} = \frac{2 \times 10^5}{1{,}25 \times 10^4} = 16$$

obtenemos la sección transformada multiplicando las dimensiones horizontales de la parte de acero de la sección por $n = 16$, es decir, una sección transformada exclusivamente de madera (Fig. IV.13-*b*).

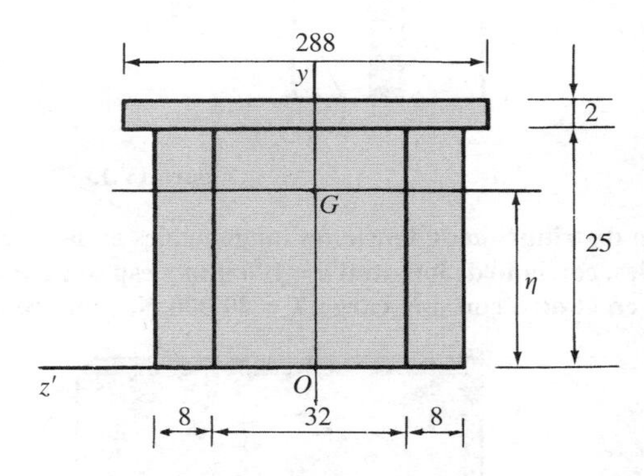

Figura IV.13-*b*

El eje neutro pedido en la sección de la viga compuesta considerada está a la misma altura que el centro de gravedad de la sección transformada. Para calcular éste tomaremos un eje z' coincidente con el borde inferior de la viga. La distancia η del centro de gravedad será:

$$\eta = \frac{\Sigma\, \Omega_i y_i}{\Sigma\, \Omega_i} = \frac{288 \times 2 \times 26 + 48 \times 25 \times 12{,}5}{288 \times 2 + 48 \times 25} = 16{,}88 \text{ cm}$$

Por tanto, el eje netro será una recta paralela al borde inferior de la viga compuesta y a una distancia de 16,88 cm de éste.

2.° El momento de inercia I_z de la sección respecto del eje z (eje neutro) será:

$$I_z = \frac{1}{12} \times 288 \times 2^3 + 288 \times 2(26 - 16{,}88)^2 + \frac{1}{12} \times 48 \times 25^3 + 48 \times 25(16{,}88 - 12{,}5)^2$$
$$= 133.622 \text{ cm}^4$$

La tensión máxima en la madera se presenta en los puntos de la fibra inferior

$$\boxed{\sigma_{\text{máx}}} = -\frac{M_z}{I_z}\eta = -\frac{30 \times 10^3 \times 10^2}{133.622}(-16{,}88) \text{ N/cm}^2 = 379 \text{ N/cm}^2 = \boxed{3{,}79 \text{ MPa}}$$

3.° La distribución de tensiones en el acero se regirá por la ley de Navier para vigas compuestas

$$\sigma_a = -n\frac{M_z}{I_z}y = -16\,\frac{30 \times 10^3 \times 10^2}{133.622}\,y = -3{,}59y \text{ MPa}$$

cuando y se expresa en centímetros. Se representa en la Figura IV.13-*c*.

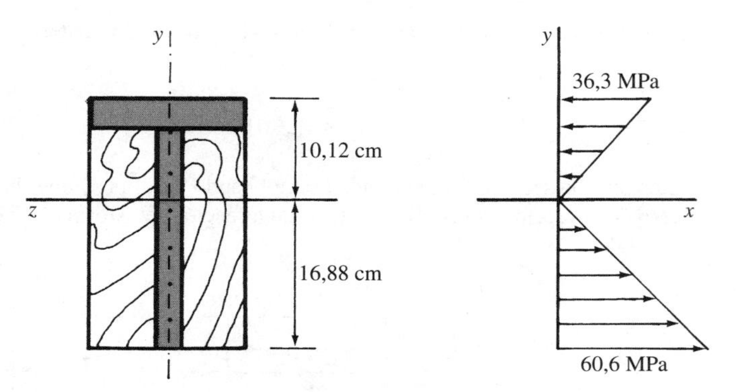

Figura IV.13-*c*

IV.14. Calcular la distribución de tensiones tangenciales en la sección recta de un angular en L de lados iguales, con lado de longitud $a = 100$ mm y espesor $e = 4$ mm, empotrado en un extremo y cargado en el otro con una carga $T = 20.000$ N, como se indica en la Figura IV.14-*a*.

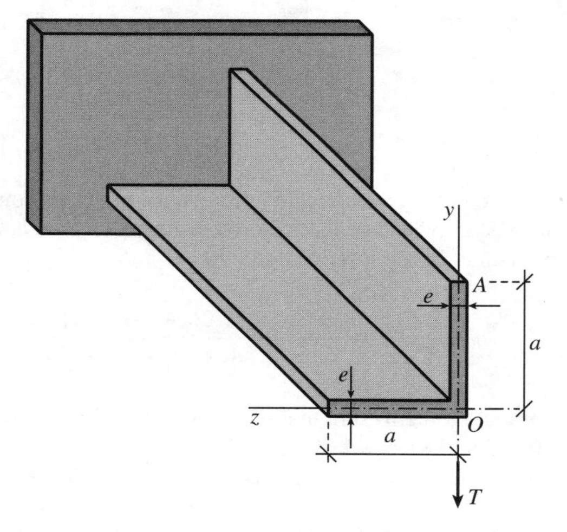

Figura IV.14-*a*

El esfuerzo cortante es constante en todo el perfil que, a la vista de las dimensiones dadas, podemos considerar perfil de paredes delgadas.

La carga T produce flexión, pero no torsión, porque el vértice 0 del angular es el centro de esfuerzos cortantes y la línea de acción de la carga pasa por dicho punto.

Descompongamos el esfuerzo cortante T en las direcciones de los ejes η y ξ, principales de inercia de la sección (Fig. IV.14-*b*)

$$T_\eta = T_\xi = T \cos 45° = \frac{T}{\sqrt{2}}$$

Los momentos de inercia respecto a los ejes principales de inercia son:

$$I_\eta = 2\left[\frac{1}{3}\, e\sqrt{2}\left(a\,\frac{1}{\sqrt{2}}\right)^3\right] = \frac{1}{3}\, ea^3 \quad ; \quad I_\xi = 2\left[\frac{1}{12}\, e\sqrt{2}\left(a\,\frac{1}{\sqrt{2}}\right)^3\right] = \frac{1}{12}\, ea^3$$

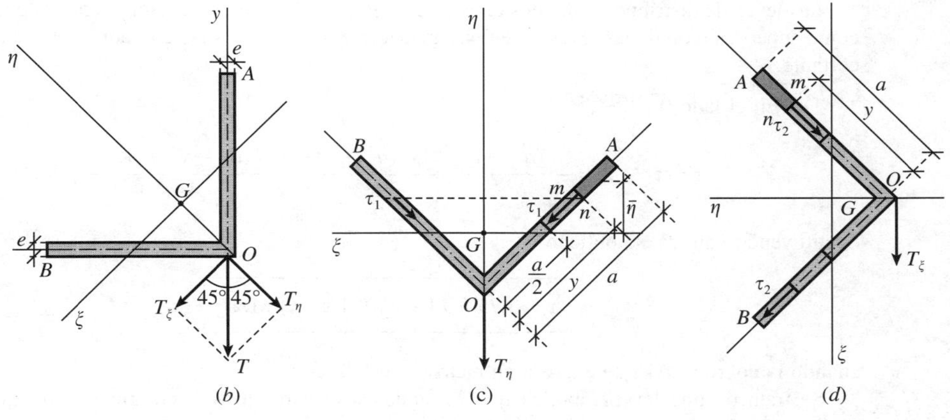

Figura IV.14

Veamos ahora cuáles son las distribuciones de las tensiones tangenciales debidas a cada una de las componentes del esfuerzo cortante.

a) Tensión tangencial debida a T_η. La distribución de τ_1 será simétrica respecto al eje η. Haciendo el corte ideal *mn* (Fig. IV.14-*c*). Sea $\bar{\eta}$ la distancia del centro de gravedad de la sección rayada respecto del eje ξ

$$\bar{\eta} = \frac{1}{2}(a + y)\cos 45° - \frac{a}{2}\cos 45° = \frac{1}{2\sqrt{2}}\, y$$

El momento estático m_ξ será:

$$m_\xi = (a - y)e\bar{\eta} = \frac{1}{2\sqrt{2}}\, e(a - y)y$$

La obtención de la ley de distribución de la tensión tangencial τ_1 es inmediata

$$\tau_1 = \frac{T_\eta m_\xi}{I_\xi e} = \frac{\dfrac{T}{\sqrt{2}}\,\dfrac{1}{2\sqrt{2}}\, e(a - y)y}{\dfrac{1}{12}\, ea^3 e} = \frac{3T(a - y)y}{a^3 e}$$

b) Tensión tangencial debida a T_ξ. Realicemos ahora el corte *mn* indicado en la Figura IV.14-*d*, tenemos:

$$m_\eta = (a - y)e\,\frac{1}{2}(a + y)\cos 45° = \frac{l}{2\sqrt{2}}(a^2 - y^2)$$

por lo que la ley de tensiones tangenciales será:

$$\tau_2 = \frac{T_\xi m_\eta}{I_\eta e} = \frac{\dfrac{T}{\sqrt{2}}\,\dfrac{e}{2\sqrt{2}}(a^2 - y^2)}{\dfrac{1}{3}\, ea^3 e} = \frac{3T}{4ea^3}(a^2 - y^2)$$

Las leyes de distribución de tensiones tangenciales pedidas en la sección recta, las obtenemos como superposición de las leyes obtenidas anteriormente debidas a las componentes del esfuerzo cortante.

1) En el lado $\overline{0A}$

$$\tau = \tau_1 + \tau_2 = \frac{3T(a - y)y}{a^3 e} + \frac{3T(a^2 - y^2)}{4ea^3} = \frac{3T(a - y)(a + 5y)}{4ea^3}$$

Sustituyendo valores, se obtiene

$$\boxed{\tau = 3.750(0{,}1 - y)(0{,}1 + 5y) \text{ MPa}}$$

cuando la coordenada y se expresa en metros.

Se trata de una ley parabólica que se anula en el extremo A y presenta un máximo para $y = 0{,}42 = 4$ cm

$$\tau_{\text{máx}} = 67{,}5 \text{ MPa}$$

Se representa en la Figura IV.14-*e*.

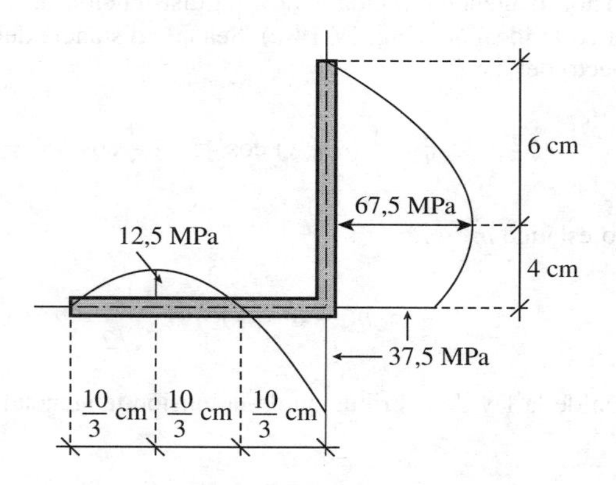

Figura IV.14-*e*

2) En el lado $\overline{0B}$

$$\tau = \tau_2 - \tau_1 = \frac{3T(a^2 - z^2)}{4ea^3} - \frac{3T(a - z)z}{ea^3} = \frac{3T(a - z)(a - 3z)}{4ea^3}$$

Sustituyendo valores, se obtiene

$$\boxed{\tau = 3.750(0{,}1 - z)(0{,}1 - 3z) \text{ MPa}}$$

Se trata ahora de otra ley parabólica que se anula en el extremo B y en los puntos de $z = \frac{a}{3} = \frac{10}{3}$ cm con un máximo absoluto en el vértice 0

$$\boxed{\tau_{\text{máx}} = 37{,}5 \text{ MPa}}$$

IV.15. Un prisma recto de longitud $l = 4$ m y sección rectangular, de ancho $b = 3$ m y altura $h = 1$ m, está sometido a la solicitación exterior indicada en la Figura IV.15-*a*, además de una tracción uniforme de 2,5 kp/cm² que actúa en las caras laterales *ABFE* y *DCHJ*. Admitiendo una distribución de tensiones de acuerdo con las teorías de la Resistencia de Materiales y no teniendo en cuenta el peso propio, se pide:

1.° Hallar la matriz de tensiones en un punto cualquiera del prisma, referido a un sistema de ejes paralelos a las aristas del mismo.

2.° Dibujar en perspectiva las tensiones normales y tangenciales que actúan sobre el paralelepípedo elemental que rodea al centro geométrico del prisma.

3.° Calcular la tensión máxima en un punto del prisma perteneciente al plano vertical de simetría que está a distancia de 3,5 m de la sección extrema *ABCD* y a 0,25 m por encima del plano horizontal de simetría.

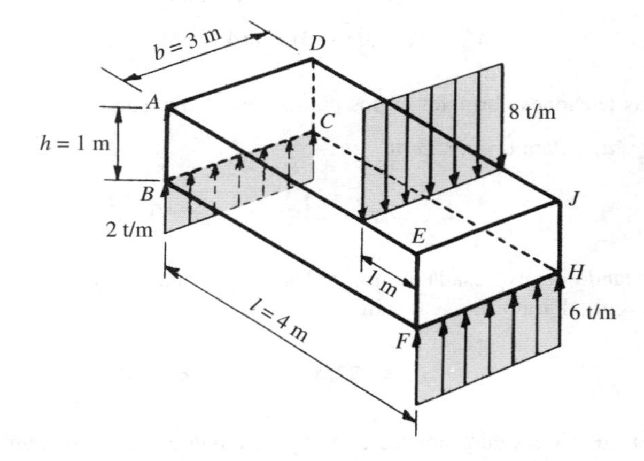

Figura IV.15-*a*

1.° El problema propuesto es equivalente a la consideración de una viga recta de 1 m de ancho, sometida a las cargas representadas en la Figura IV.15-*b*.

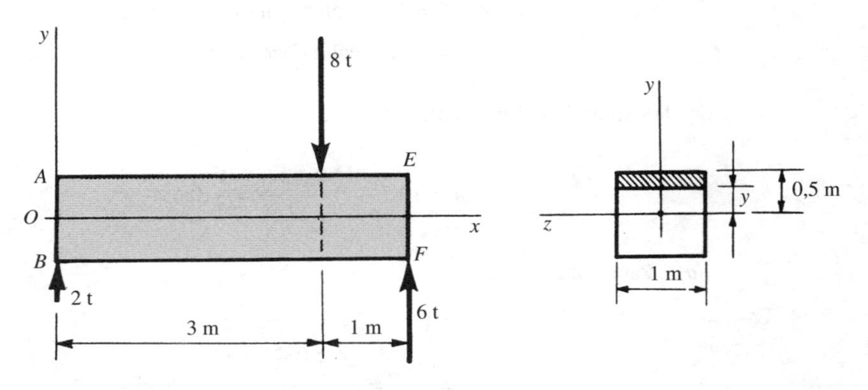

Figura IV.15-*b*

Tomando el sistema de ejes indicado en la misma figura, la tensión normal σ_{nx} es en virtud de la ley de Navier

$$\sigma_{nx} = -\frac{M_z}{I_z} y = -\frac{M_z}{1/12} y = -12M_z y$$

Las otras dos tensiones son inmediatas

$$\sigma_{ny} = 0 \quad ; \quad \sigma_{nz} = 2{,}5 \text{ kp/cm}^2 = 25 \text{ t/m}^2$$

Como para el momento M_z existen dos leyes:

$$M_z = 2x, \quad \text{válida para } 0 \leqslant x \leqslant 3 \text{ m}$$

$$M_z = 2x - 8(x - 3) = 6(4 - x), \quad \text{valida para } 3 \text{ m} \leqslant x \leqslant 4 \text{ m}$$

las tensiones normales en los puntos del prisma son:

a) Para $0 \leqslant x \leqslant 3$ m

$$\sigma_{nx} = -24xy \quad ; \quad \sigma_{ny} = 0 \quad ; \quad \sigma_{nz} = 25 \text{ t/m}^2$$

estando σ_{nx} expresada en t/m^2 si las coordenadas x e y se miden ambas en metros.

b) Para $3 \text{ m} \leqslant x < 4$ m

$$\sigma_{nx} = -72(4 - x)y \quad ; \quad \sigma_{ny} = 0 \quad ; \quad \sigma_{nz} = 25 \text{ t/m}^2$$

Las tensiones tangenciales τ_{xz} y τ_{yz} se anulan en todos los puntos del prisma

$$\tau_{xz} = \tau_{yz} = 0$$

Para calcular τ_{xy} aplicaremos la fórmula de Colignon, teniendo en cuenta que existen también dos leyes para el esfuerzo cortante

$$T_y = 2 \text{ t}, \quad \text{válida para } 0 < x < 3 \text{ m}$$

$$T_y = -6 \text{ t}, \quad \text{válida para } 3 \text{ m} < x < 4 \text{ m}$$

y que la expresión del momento estático es:

$$m_z = (0{,}5 - y)\,\frac{0{,}5 + y}{2} = \frac{1}{2}\,(0{,}5^2 - y^2)$$

a) Para $0 < x < 3$ m

$$\tau_{xy} = \frac{T_y m_z}{b I_z} = \frac{-2\,\frac{1}{2}\,(0{,}5^2 - y^2)}{1/12} = 12y^2 - 3$$

b) Para 3 m < x < 4 m

$$\tau_{xy} = \frac{6\,\frac{1}{2}\,(0{,}5^2 - y^2)}{1/12} = 9 - 36y^2$$

Por tanto, la matriz de tensiones en los puntos tales que 0 < x < 3 m es

$$[T] = \begin{pmatrix} -24xy & 12y^2 - 3 & 0 \\ 12y^2 - 3 & 0 & 0 \\ 0 & 0 & 25 \end{pmatrix} \text{t/m}^2$$

y en los puntos que verifiquen 3 m < x < 4 m

$$[T] = \begin{pmatrix} -72(4 - x)y & 9 - 36y^2 & 0 \\ 9 - 36y^2 & 0 & 0 \\ 0 & 0 & 25 \end{pmatrix} \text{t/m}^2$$

2.º En el centro geométrico del prisma, la matriz de tensiones es la primera. Particularizando para sus coordenadas x = 2, y = 0, se tiene

$$[T] = \begin{pmatrix} 0 & -3 & 0 \\ -3 & 0 & 0 \\ 0 & 0 & 25 \end{pmatrix} \text{t/m}^2$$

Se representan las tensiones que actúan en las caras del paralelepípedo elemental que rodea al centro geométrico del prisma en el croquis indicado en la Figura IV.15-*c*.

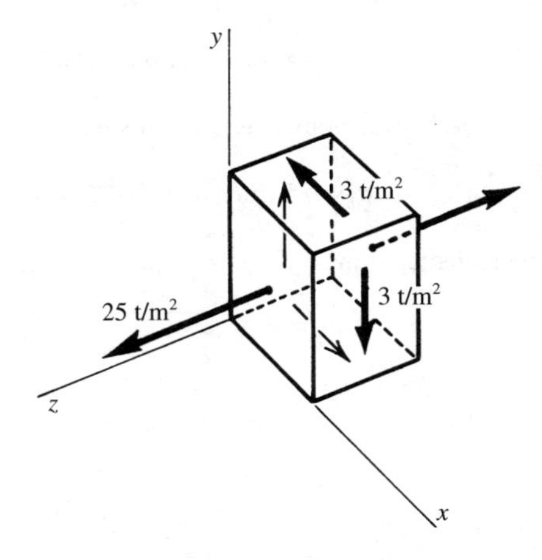

Figura IV.15-*c*

3.° Las coordenadas del punto indicado en el enunciado son $x = 3{,}5$ m; $y = 0{,}25$ m; $z = 0$. La matriz de tensiones en dicho punto se obtiene particularizando la matriz válida en el intervalo $3 \text{ m} < x < 4 \text{ m}$ del apartado 1.°

$$[T] = \begin{pmatrix} 18 & 6{,}75 & 0 \\ 6{,}75 & 0 & 0 \\ 0 & 0 & 25 \end{pmatrix} \text{t/m}^2$$

Las tensiones que existen en las caras de un paralelepípedo elemental que rodea al punto se dibujan en la Figura IV.15-*d*

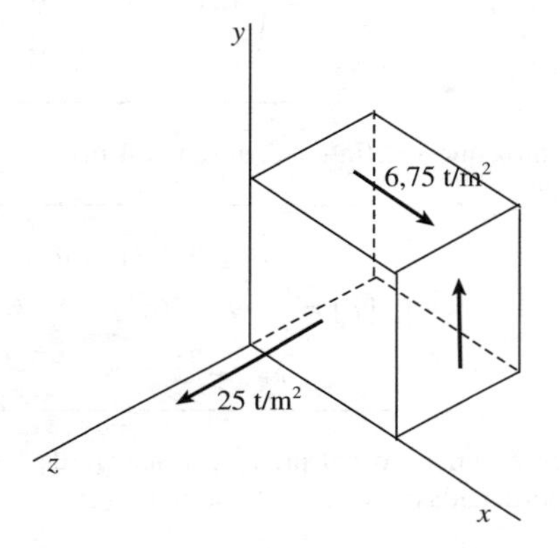

Figura IV.15-*d*

La tensión máxima pedida es la mayor tensión principal, que podemos obtener mediante la ecuación característica

$$\begin{vmatrix} 18-\sigma & 6{,}75 & 0 \\ 6{,}75 & -\sigma & 0 \\ 0 & 0 & 25-\sigma \end{vmatrix} = 0$$

$$\Rightarrow \ (25-\sigma)(\sigma^2 - 18\sigma - 6{,}75^2) = 0$$

Las raíces de la ecuación característica son:

$$\sigma_1 = 25 \text{ t/m}^2; \ \sigma_2 = 20{,}25 \text{ t/m}^2; \ \sigma_3 = 2{,}25 \text{ t/m}^2$$

Por consiguiente, la máxima tensión pedida en el punto considerado es:

$$\boxed{\sigma_{\text{máx}} = 25 \text{ t/m}^2}$$

5

Teoría general de la flexión. Análisis de deformaciones

5.1. Introducción

Así como hemos dedicado el capítulo anterior al estudio de la distribución de tensiones en una pieza prismática de línea media rectilínea, solicitada a flexión pura o a flexión simple, dedicaremos éste al análisis de las deformaciones que se producen en la pieza cuando se la somete a estos tipos de solicitación. Es decir, nuestro objetivo es ahora el estudio de la rigidez de las vigas.

Hay que hacer notar que el diseño de una pieza que va a constituir un elemento estructural, bien como órgano de una máquina, tal como un torno o una fresadora, o bien formando parte de una estructura de edificación, viene con frecuencia determinada más por su rigidez que por su resistencia.

Por eso, en las normas de los diferentes países, tanto de construcciones de máquinas como de edificaciones, se fijan las deformaciones máximas o *deformaciones admisibles* que pueden presentarse en los elementos estructurales sometidos a flexión. Esto hace que, frecuentemente, determinadas piezas de las estructuras se diseñen haciendo que las deformaciones máximas sean iguales a las deformaciones admisibles. En tales casos, se realiza la comprobación de que las tensiones no superen los valores admisibles.

En este capítulo se expondrán varios métodos que nos permitan determinar la deformación de las vigas solicitadas a flexión bajo un sistema de cargas externas dado y siendo conocidas las condiciones de sustentación. En primer lugar, se obtendrá la deformada de la línea media de la viga por el método clásico de la *doble integración* y basándonos en este método estableceremos el procedimiento más moderno de la *ecuación universal*, que simplifica de forma muy notable su aplicación.

Otro método, el de *área de momentos*, basado en los llamados teoremas de Mohr, presenta notables ventajas en el caso que nos interese conocer la deformación de una determinada sección de la viga, así como el *método de la viga conjugada* que es, en realidad, una variante del anteriormente citado, pero que se distingue en su aplicación práctica.

No podía faltar algún método que se fundamente en los teoremas energéticos. Tal es el *método de Mohr*, que más adelante consideraremos como el más general para el cálculo de deformaciones de prismas mecánicos sometidos a solicitaciones arbitrarias.

Finalmente, hemos de decir que los conocimientos que nos proporciona el estudio de la deformación de las vigas, los habremos de tener presentes para obtener las ecuaciones de deformación necesarias que, junto a las ecuaciones de equilibrio estático, nos permitan la resolución de los sistemas hiperestáticos que estudiaremos en el capítulo 7.

5.2. Método de la doble integración para la determinación de la deformación de vigas rectas sometidas a flexión simple. Ecuación de la línea elástica

Consideraremos un prisma mecánico de sección recta constante, inicialmente recto, que admite plano medio de simetría tal que las cargas están contenidas en él. Este prisma está sometido, pues, a flexión simple simétrica siendo para cada sección el eje z el eje neutro, es decir, el lugar geométrico de los puntos de la sección en los cuales se anula la tensión normal debida al momento flector. La superficie que está formada por los ejes neutros de todas las secciones rectas del prisma es la llamada *superficie neutra*. Esta superficie neutra contendrá las fibras longitudinales de la pieza que habrán variado de forma debido a la acción del sistema de fuerzas exteriores, pero que no han variado de longitud. La intersección de la superficie neutra con el plano medio es la deformada de la línea media del prisma mecánico. A esta curva se la denomina *línea elástica* o, simplemente, *elástica*.

Para estudiar la deformación de la pieza considerada obtendremos la ecuación de la línea elástica referida a un sistema cartesiano ortogonal cuyo eje x sea coincidente con la línea media del prisma mecánico antes de producirse la deformación, eje y positivo el eje vertical ascendente y el origen de coordenadas el baricentro de la sección extrema A (Fig. 5.1). Toda sección C experimentará un desplazamiento que tendrá, en general, componentes horizontal y vertical. En el caso de cargas verticales, único que consideraremos en este epígrafe, supondremos despreciable el valor de las componentes en la dirección del eje longitudinal frente a las componentes en la dirección perpendicular al mismo. Quiere esto decir que la deformación de cualquier sección C estará definida por las dos magnitudes siguientes (Fig. 5.1):

a) y_c, desplazamiento perpendicular al eje longitudinal.
b) θ_c, ángulo de flexión o ángulo girado por la sección.

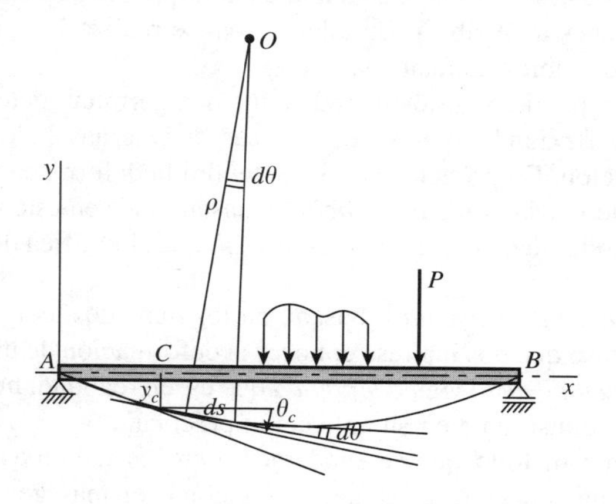

Figura 5.1

El haber tomado el sistema de referencia indicado implica el convenio de signos, tanto para los desplazamientos como para los ángulos girados por las secciones: el signo del desplazamiento será el que corresponda a su ordenada en la ecuación de la elástica, mientras que el ángulo girado, que es igual al ángulo que forma la tangente a la elástica con el eje x, será positivo si el giro se realiza en sentido antihorario.

Para determinar la ecuación de la línea elástica consideremos dos secciones rectas indefinidamente próximas separadas ds, y sea $d\theta$ el ángulo que forman después de la deformación y ρ su radio de curvatura (Fig. 5.1).

Recordando la definición de curvatura C de una curva plana:

$$C = \lim_{\Delta s \to 0} \frac{\Delta\theta}{\Delta s} = \frac{d\theta}{ds} = \frac{d\theta}{\rho\, d\theta} = \frac{1}{\rho} \qquad (5.2\text{-}1)$$

y sabiendo que:

$$\theta = \text{arctg}\, y'$$

$$ds = \sqrt{dx^2 + dy^2} = \sqrt{1 + y'^2}\, dx$$

se llega a la expresión de la curvatura en coordenadas cartesianas

$$C = \frac{d\theta}{ds} = \frac{d\theta}{dy'}\frac{dy'}{dx}\frac{dx}{ds} = \frac{y''}{(1 + y'^2)^{3/2}} = \frac{1}{\rho} \qquad (5.2\text{-}2)$$

Ahora bien, de (4.2-3) y (4.2-6) se deduce:

$$\frac{E}{\rho} = \frac{M_z}{I_z} \Rightarrow \frac{1}{\rho} = \frac{M_z}{EI_z} \qquad (5.2\text{-}3)$$

expresión en la que va implícito el convenio de signos para la curvatura (Fig. 5.2):

Curvatura positiva, cuando la línea elástica presenta concavidad respecto del punto del infinito del semieje y positivo.

Curvatura negativa, cuando la elástica es convexa, también hacia arriba.

De esta ecuación se deduce que en el caso de ser el momento flector constante a lo largo del prisma mecánico, es decir, cuando la viga está sometida a flexión pura, el radio de curvatura ρ es constante y, por tanto, la elástica será un arco de circunferencia.

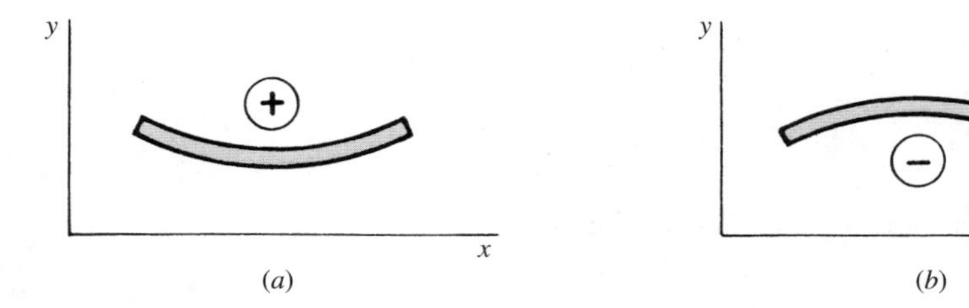

Figura 5.2

Para el caso de ser variable el momento flector M_z, es decir, cuando la viga está sometida a flexión simple, de las expresiones (5.2-2) y (5.2-3) se obtiene:

$$\frac{y''}{(1 + y'^2)^{3/2}} = \frac{M_z}{EI_z} \tag{5.2-4}$$

que representa la *ecuación diferencial exacta de la línea elástica.* El producto EI_z que depende del material empleado y de las características geométricas de la sección recibe el nombre de *módulo de rigidez a la flexión* de la viga.

La integración de esta ecuación diferencial no lineal es, generalmente, bastante difícil, ya que su integración, que para grandes deformaciones es ineludible, conduce a integrales elípticas cuyos valores vienen tabulados. Sin embargo, cuando es posible admitir la hipótesis de pequeñez de las deformaciones, podemos suponer despreciable y'^2 frente a la unidad. Entonces obtenemos la *ecuación diferencial aproximada de la línea elástica*

$$EI_z y'' = M_z \tag{5.2-5}$$

cuya integración no presenta ninguna dificultad especial. En lo sucesivo, y mientras no se diga lo contrario, utilizaremos esta ecuación diferencial aproximada dada la simplificación que introduce en los cálculos.

Una doble integración nos permitirá hallar la ecuación $y = y(x)$, que nos indica para cada sección cuanto ha bajado (o subido) el centro de gravedad de la sección a causa de la deformación flectora. Será muy interesante hallar en qué sección se presenta y cuánto vale la máxima deformación vertical que denominaremos *flecha*, por lo que la expresión (utilizada por algunos autores) *flecha máxima,* resultaría una redundancia.

Al integrar las ecuaciones diferenciales de la línea elástica aparecerán, en cada ecuación integral, dos constantes arbitrarias que deberemos determinar imponiendo las condiciones de contorno. Las ecuaciones admiten, pues, infinitas soluciones desde un punto de vista matemático, pero físicamente cada problema tiene una solución que deberemos identificar.

Una primera consecuencia que se deduce de la ecuación (5.2-5) es que en las secciones de la viga en las que se anula el momento flector la curva elástica presenta puntos de inflexión en los puntos correspondientes a dichas secciones.

Si la rigidez EI_z es variable a lo largo de la viga, será necesario expresarla en función de la abscisa x antes de integrar la ecuación diferencial (5.2-5).

Ejemplo 5.2.1. Calcular la ecuación de la elástica y la flecha que se produce en una viga simplemente apoyada, de luz l, rigidez a la flexión EI_z, sometida a una carga uniformemente repartida p (Fig. 5.3).

Como la ley de momentos flectores es

$$M_z = \frac{pl}{2} x - \frac{p}{2} x^2$$

válida en toda la viga ($0 \leqslant x \leqslant 1$), la ecuación diferencial de la elástica será:

$$M_z = EI_z y'' = \frac{pl}{2} x - \frac{p}{2} x^2$$

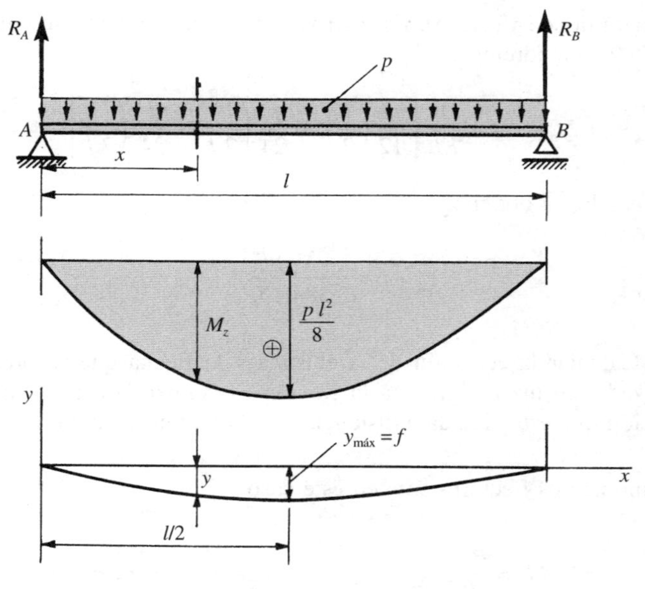

Figura 5.3

Integrando dos veces, se tiene

$$EI_z y' = \frac{pl}{4} x^2 - \frac{p}{6} x^3 + C_1$$

$$EI_z y = \frac{pl}{12} x^3 - \frac{p}{24} x^4 + C_1 x + K_1 \qquad (5.2\text{-}6)$$

Para determinar las constantes de integración C_1 y K_1 que nos definirán la única solución de la ecuación diferencial, que además de solución matemática se adapta al problema mecánico o físico en cuestión, impondremos la condición de contorno

$$y(0) = 0 \quad ; \quad y(l) = 0$$

Por tanto, sustituyendo en (5.2-6) se obtiene:

$$\begin{aligned} y(0) &= 0 \Rightarrow K_1 = 0 \\ y(l) &= 0 \Rightarrow \frac{pl^4}{12} - \frac{pl^4}{24} + C_1 l = 0 \end{aligned} \quad \Rightarrow \quad \begin{cases} K_1 = 0 \\ C_1 = -\dfrac{pl^3}{24} \end{cases} \qquad (5.2\text{-}7)$$

por lo que la ecuación de la línea elástica es:

$$y = \frac{1}{EI_z} \left(\frac{pl}{12} x^3 - \frac{p}{24} x^4 - \frac{pl^3}{24} x \right) \qquad (5.2\text{-}8)$$

La flecha se dará donde $y'(x) = 0$. Es fácil ver que esta condición se cumple para $x = l/2$. Sustituyendo en (5.2-8) tendremos:

$$y_{\text{máx}} = f = \frac{1}{EI_z}\left[\frac{pl}{12}\left(\frac{l}{2}\right)^3 - \frac{p}{24}\left(\frac{l}{2}\right)^4 - \frac{pl^3}{24}\left(\frac{l}{2}\right)\right]$$

de donde simplificando, se obtiene:

$$f = -\frac{5}{384}\frac{pl^4}{EI_z} \qquad (5.2\text{-}9)$$

Ejemplo 5.2.2. Calcular la ecuación de la elástica y la flecha que se produce en una viga simplemente apoyada, de luz l, rigidez a la flexión EI_z sometida a una carga concentrada P aplicada a la sección que está situada a distancia a del extremo izquierdo (Fig. 5.4).

Las leyes de momentos flectores son, en este caso

$$M_z = \frac{Pb}{l}x \qquad \text{para } 0 \leqslant x \leqslant a$$

$$M_z = \frac{Pb}{l}x - P(x - a) \qquad a \leqslant x \leqslant a + b$$

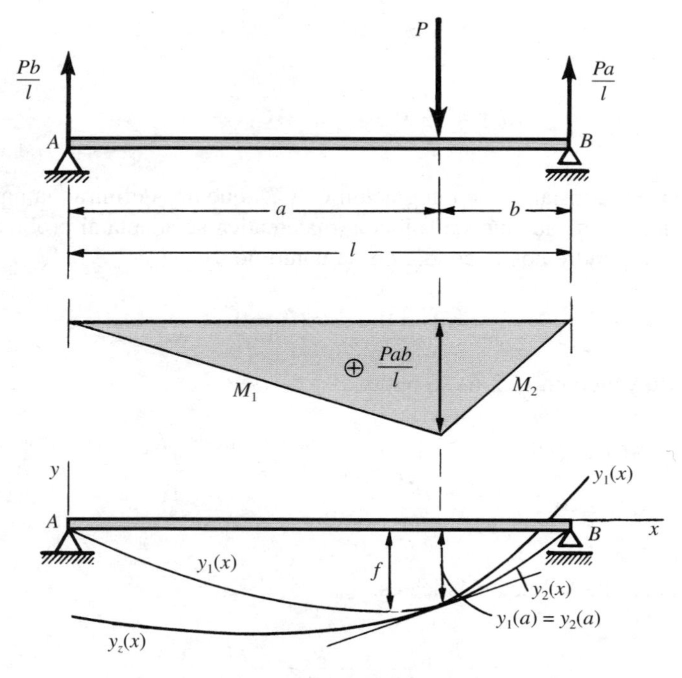

Figura 5.4

Sustituyendo estos valores en la ecuación de la elástica, se tiene:

$$M_z = EI_z y_1'' = \frac{Pb}{l} x \quad ; \quad M_z = EI_z y_2'' = \frac{Pb}{l} x - P(x-a)$$

$$EI_z y_1' = \frac{Pb}{2l} x^2 + C_1 \quad ; \quad EI_z y_2' = \frac{Pb}{2l} x^2 - \frac{P(x-a)^2}{2} + C_2 \qquad (5.2\text{-}10)$$

$$EI_z y_1 = \frac{Pb}{6l} x^3 + C_1 x + K_1 \quad ; \quad EI_z y_2 = \frac{Pb}{6l} x^3 - \frac{P(x-a)^3}{6} + C_2 x + K_2$$

Sabemos, por la continuidad de la línea elástica, que la deformación en todo punto de la misma tiene un solo valor y la tangente es única. También se cumplirá que en los apoyos la deformación es nula. De ahí, pues, imponiendo estas condiciones, se obtiene:

$$y_1'(a) = y_2'(a) \Rightarrow \frac{Pb}{2l} a^2 + C_1 = \frac{Pb}{2l} a^2 + C_2, \text{ de donde } C_1 = C_2$$

$$y_1(a) = y_2(a) \Rightarrow \frac{Pb}{6l} a^3 + C_1 a + K_1 = \frac{Pb}{6l} a^3 + C_2 a + K_2, \text{ de donde } K_1 = K_2$$

$$y_1(0) = 0 \quad \Rightarrow 0 = K_1$$

$$y_2(l) = 0 \quad \Rightarrow 0 = \frac{Pb}{6l} l^3 - \frac{P(l-a)^3}{6} + C_2 l, \text{ de donde } C_2 = \frac{Pb}{6l}(b^2 - l^2)$$

Por lo tanto:

$$EI_z y_1 = \frac{Pb}{6l} x^3 + \frac{Pb}{6l}(b^2 - l^2)\, x \qquad \text{para} \quad 0 \leqslant x \leqslant a \qquad (5.2\text{-}11)$$

$$EI_z y_2 = \frac{Pb}{6l} x^3 - \frac{P(x-a)^3}{6l} + \frac{Pb}{6l}(b^2 - l^2)\, x \qquad \text{para} \quad a \leqslant x \leqslant a \leqslant + b \qquad (5.2.12)$$

La flecha corresponde a un valor de x_f tal que $y'(x_f) = 0$. Por consiguiente, haremos $y_1'(x_f) = 0$ e $y_2'(x_f) = 0$. De las dos soluciones que anulan dichas primeras derivadas se adaptará a nuestro problema aquella que corresponda al intervalo de existencia real o física de la curva en cuestión. Compruebe el lector que esta circunstancia si $a > l/2$ sólo se da para una solución de $y_1' = 0$.

$$\frac{Pb}{2l} x_f^2 + \frac{Pb}{6l}(b^2 - l^2) = 0$$

de donde:

$$x_f = \sqrt{\frac{l^2 - b^2}{3}} = \sqrt{\frac{(l+b)(l-b)}{3}} = \sqrt{\frac{(l+b)a}{3}} \qquad (5.2\text{-}13)$$

por lo que el valor de la flecha es:

$$y_{\text{máx}} = f = \frac{l}{EI_z}\left[\frac{Pb}{6l}\left(\sqrt{\frac{(l+b)a}{3}}\right)^3 + \frac{Pb}{6l}(b^2 - l^2)\sqrt{\frac{(l+b)a}{3}}\right] = \\ = -\frac{Pb}{9l\sqrt{3}\,EI_z}\sqrt{(l^2-b^2)^3} \qquad (5.2\text{-}14)$$

En el caso de estar la carga centrada, la flecha se presentará en la sección media de la viga, es decir, su valor vendrá dado por la ecuación (5.2-14) particularizada para $x = l/2$.

$$f = -\frac{Pl/2}{9l\sqrt{3}\,EI_z}\left(\frac{3l^2}{4}\right)^{3/2} = -\frac{Pl^3}{48EI_z} \qquad (5.2\text{-}15)$$

5.3. Ecuación universal de la deformada de una viga de rigidez constante

El segundo ejemplo que hemos considerado en el epígrafe anterior para ilustrar la obtención de la ecuación de la línea elástica de una viga recta nos hace ver la dificultad analítica que el método expuesto presenta, cuando existen varias leyes de momentos flectores a lo largo de su luz. Porque si existen n tramos será necesario resolver $2n$ ecuaciones para la determinación de las $2n$ constantes de integración, ya que el número de constantes es el doble del número de tramos.

Para disminuir esta dificultad se trata de buscar una ecuación universal que, independientemente del número de tramos que existan en la viga, sea preciso determinar solamente dos constantes de integración.

Para la formulación de esta ecuación universal utilizaremos las llamadas *funciones de discontinuidad*, que se definen de la siguiente forma:

$$F_n(x) = \langle x - a\rangle^n = \begin{cases} 0 & \text{cuando} \quad x \leqslant a \\ (x-a)^n & \text{cuando} \quad x \geqslant a \end{cases} \qquad (5.3\text{-}1)$$

para $n = 0, 1, 2, \ldots$ número entero. En esta ecuación a es el valor a partir del cual la función de la variable independiente x tiene un valor no nulo, es decir, los paréntesis angulares, que son el símbolo matemático de una función de discontinuidad, nos indican que la función se anula cuando la expresión entre estos paréntesis es negativa y que toma el valor $(x - a)^n$ para x mayor o igual que a.

Indicado esto sobre las funciones de discontinuidad, consideremos una viga de sección transversal constante a la que está aplicado un momento exterior $\mathcal{M}$, una fuerza concentrada P, una carga uniformente repartida p y una carga triangular, que consideraremos de signo positivo si tienen los sentidos indicados en la Figura 5.5, es decir, el momento exterior $\mathcal{M}$ será positivo si tiene sentido horario, y las cargas concentrada, uniformemente repartida y triangular son positivas si tienen sentido ascendente.

Si tomamos el extremo izquierdo de la viga como origen de abscisas, sean a y b las correspondientes a las secciones en las que están aplicados el momento exterior $\mathcal{M}$ y la fuerza concen-

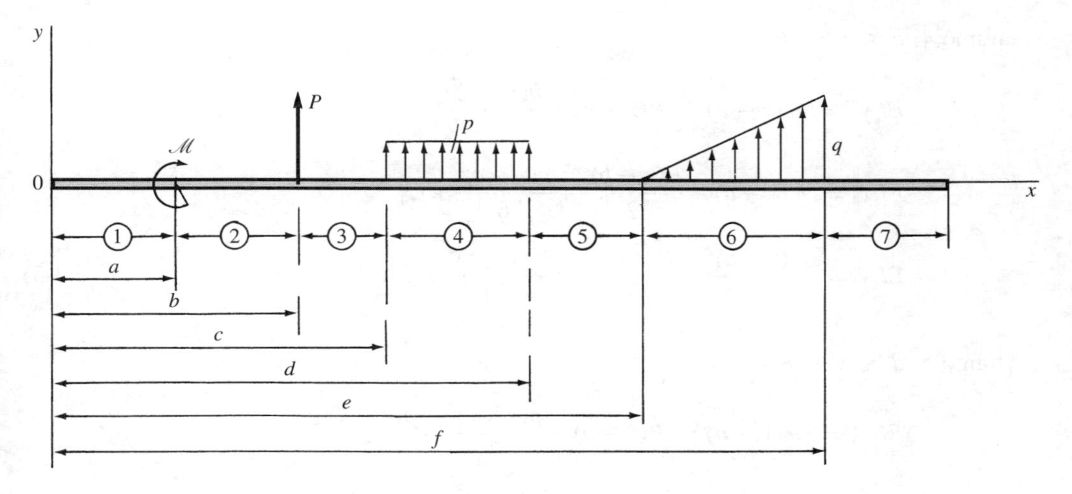

Figura 5.5

trada respectivamente. Sean, asimismo, c y d las abscisas del comienzo y final de la carga uniformemente repartida, así como e y f las abscisas de comienzo y final de la carga triangular.

Para llegar a obtener la ecuación universal que vamos buscando expresaremos el momento flector en cada uno de los siete tramos que se distinguen en la viga poniendo el momento exterior en la forma $\mathscr{M}(x - a)^0$.

Con este artificio, el momento flector y la ecuación de la línea elástica en cada uno de los tramos serán:

tramo 1: $0 \leqslant x \leqslant a$

$$EI_z y_1'' = 0$$
$$EI_z y_1' = C_1$$
$$EI_z y_1 = C_1 x + K_1 \tag{5.3-2}$$

tramo 2: $a \leqslant x \leqslant b$

$$EI_z y_2'' = \mathscr{M}(x - a)^0$$
$$EI_z y_2' = \mathscr{M}(x - a) + C_2$$
$$EI_z y_2 = \frac{\mathscr{M}(x - a)^2}{2} + C_2 x + K_2 \tag{5.3-3}$$

tramo 3: $b \leqslant x \leqslant c$

$$EI_z y_3'' = \mathscr{M}(x - a)^0 + P(x - b)$$
$$EI_z y_3' = \mathscr{M}(x - a) + \frac{P(x - b)^2}{2} + C_3$$
$$EI_z y_3 = \frac{\mathscr{M}(x - a)^2}{2} + \frac{P(x - b)^3}{6} + C_3 x + K_3 \tag{5.3-4}$$

tramo 4: $c \leqslant x \leqslant d$

$$EI_z y_4'' = \mathcal{M}(x-a)^0 + P(x-b) + \frac{p(x-c)^2}{2}$$

$$EI_z y_4' = \mathcal{M}(x-a) + \frac{P(x-b)^2}{2} + \frac{p(x-c)^3}{6} + C_4$$

$$EI_z y_4 = \frac{\mathcal{M}(x-a)^2}{2} + \frac{P(x-b)^3}{6} + \frac{p(x-c)^4}{24} + C_4 x + K_4 \tag{5.3-5}$$

tramo 5: $d \leqslant x \leqslant e$

$$EI_z y_5'' = \mathcal{M}(x-a)^0 + P(x-b) + \frac{p(x-c)^2}{2} - \frac{p(x-d)^2}{2}$$

$$EI_z y_5' = \mathcal{M}(x-a) + \frac{P(x-b)^2}{2} + \frac{p(x-c)^3}{6} - \frac{p(x-d)^3}{6} + C_5$$

$$EI_z y_5 = \frac{\mathcal{M}(x-a)^2}{2} + \frac{P(x-b)^3}{6} + \frac{p(x-c)^4}{24} - \frac{p(x-d)^4}{24} + C_5 x + K_5 \tag{5.3-6}$$

En este tramo se ha supuesto que la carga uniformemente repartida se prolonga hasta la sección que se considera, descontando, naturalmente, la parte añadida (Fig. 5.6).

tramo 6: $e \leqslant x \leqslant f$

$$EI_z y_6'' = \mathcal{M}(x-a)^0 + P(x-b) + \frac{p(x-c)^2}{2} - \frac{p(x-d)^2}{2} + \frac{q(x-e)^3}{(f-e)6}$$

$$EI_z y_6' = \mathcal{M}(x-a) + \frac{P(x-b)^2}{2} + \frac{p(x-c)^3}{6} - \frac{p(x-d)^3}{6} + \frac{q(x-e)^4}{(f-e)24} + C_6$$

$$EI_z y_6 = \frac{\mathcal{M}(x-a)^2}{2} + \frac{P(x-b)^3}{6} + \frac{p(x-c)^4}{24} - \frac{p(x-d)^4}{24} + \frac{q(x-e)^5}{(f-e)120} + C_6 x + K_6 \tag{5.3-7}$$

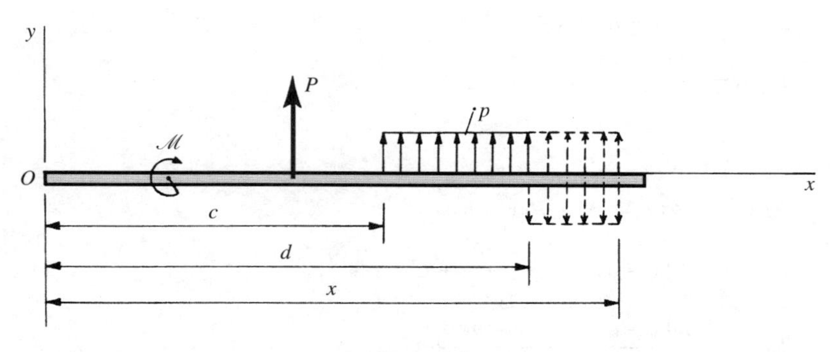

Figura 5.6

tramo 7: $f \leqslant x$

$$EI_z y_7'' = \mathscr{M}(x-a)^0 + P(x-b) + \frac{p(x-c)^2}{2} - \frac{p(x-d)^2}{2} + \frac{q[(x-e)^3-(x-f)^3]}{(f-e)6} - \frac{q(x-f)^2}{2}$$

$$EI_z y_7' = \mathscr{M}(x-a) + \frac{P(x-b)^2}{2} + \frac{p(x-c)^3}{6} - \frac{p(x-d)^3}{6} + \frac{q[(x-e)^4-(x-f)^4]}{(f-e)24} - \frac{q(x-f)^3}{6} + C_7$$

$$EI_z y_7 = \frac{\mathscr{M}(x-a)^2}{2} + \frac{P(x-b)^3}{6} + \frac{p(x-c)^4}{24} - \frac{p(x-d)^4}{24} + \frac{q[(x-e)^5-(x-f)^5]}{(f-e)120} - \frac{q(x-f)^4}{24} + C_7 x + K_7 \qquad (5.3\text{-}8)$$

También en este último tramo se ha supuesto que la carga triangular se prolonga como se indica en la Figura 5.7 descontando la parte añadida, que en este caso se puede considerar como la suma de una carga negativa uniforme de valor q más otra, asimismo negativa, de igual pendiente que la carga triangular que actúa sobre la viga.

Para obtener las catorce constantes de integración imponemos las siguientes condiciones de contorno, que expresan la continuidad de la línea elástica, así como la continuidad de su derivada

$$\text{Para } x = a \begin{cases} y_1' = y_2' \Rightarrow C_1 = C_2 \\ y_1 = y_2 \Rightarrow C_1 a + K_1 = C_2 a + K_2 \Rightarrow K_1 = K_2 \end{cases}$$

$$\text{Para } x = b \begin{cases} y_2' = y_3' \Rightarrow C_2 = C_3 \\ y_2 = y_3 \Rightarrow C_2 b + K_2 = C_3 b + K_3 \Rightarrow K_2 = K_3 \end{cases}$$

$$\text{Para } x = c \begin{cases} y_3' = y_4' \Rightarrow C_3 = C_4 \\ y_3 = y_4 \Rightarrow C_3 c + K_3 = C_4 c + K_4 \Rightarrow K_3 = K_4 \end{cases}$$

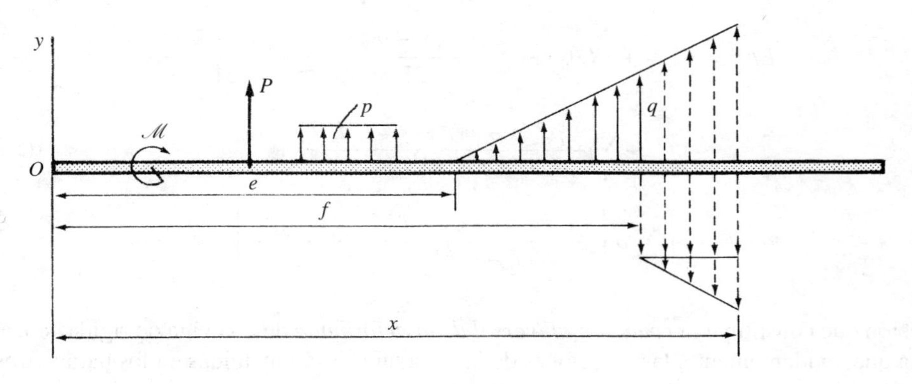

Figura 5.7

$$\text{Para } x = d \begin{cases} y_4' = y_5' \Rightarrow C_4 = C_5 \\ y_4 = y_5 \Rightarrow C_4 d + K_4 = C_5 d + K_5 \Rightarrow K_4 = K_5 \end{cases}$$

$$\text{Para } x = e \begin{cases} y_5' = y_6' \Rightarrow C_5 = C_6 \\ y_5 = y_6 \Rightarrow C_5 e + K_5 = C_6 e + K_6 \Rightarrow K_5 = K_6 \end{cases}$$

$$\text{Para } x = f \begin{cases} y_6' = y_7' \Rightarrow C_6 = C_7 \\ y_6 = y_7 \Rightarrow C_6 f + K_6 = C_7 f + K_7 \Rightarrow K_6 = K_7 \end{cases}$$

Vemos, en efecto, que las catorce constantes de integración se reducen a dos, ya que

$$C_1 = C_2 = C_3 = C_4 = C_5 = C_6 = C_7 = C \tag{5.3-9}$$

$$K_1 = K_2 = K_3 = K_4 = K_5 = K_6 = K_7 = K \tag{5.3-10}$$

Es fácil ver qué significado tienen estas dos constantes ya que de las ecuaciones correspondientes al primer tramo, particularizadas para $x = 0$, obtenemos:

$$C = EI_z\theta_0 \quad ; \quad K = EI_z y_0 \tag{5.3-11}$$

La constante $C = EI_z\theta_0$ representa el ángulo girado por la sección que contiene al origen de coordenadas multiplicado por la rigidez de la sección de la viga. La otra constante, $K = EI_z y_0$, representa el corrimiento vertical del centro de gravedad de la sección origen de abscisas multiplicado por la rigidez EI_z.

Si la viga que se considera está solicitada de momentos aislados $\mathcal{M}_i$, aplicados en secciones de abscisa a_i; de cargas concentradas P_i, actuando en secciones de abscisas b_i; de cargas uniformes p_i, actuando en tramos que empiezan en las secciones de abscisas c_i y finalizan en las de abscisas d_i; y de cargas triangulares que varían desde cero hasta valores q_i en tramos (e_i, f_i), la ecuación de la elástica de dicha viga, utilizando las funciones de discontinuidad que se han definido anteriormente, se puede expresar de la siguiente forma:

$$\begin{aligned} EI_z y = EI_z y_0 + EI_z\theta_0 x + \sum_i \frac{\mathcal{M}_i \langle x - a_i\rangle^2}{2!} + \sum_i \frac{P_i \langle x - b_i\rangle^3}{3!} + \\ + \sum_i + \frac{p_i[\langle x - c_i\rangle^4 - \langle x - d_i\rangle^4]}{4!} + \\ + \sum_i q_i \left[\frac{\langle x - e_i\rangle^5 - \langle x - f_i\rangle^5}{(f_i - e_i)5!} - \frac{\langle x - f_i\rangle^4}{4!}\right] \end{aligned} \tag{5.3-12}$$

expresión que constituye la *ecuación universal de la deformada* de una viga de rigidez constante y en la que, evidentemente, las reacciones de las ligaduras están incluidas en los parámetros que comprende la solicitación que actúa sobre la viga.

Derivando la ecuación (5.3-12) se obtiene la *ecuación universal* para los ángulos de giro

$$EI_z\theta = EI_z\theta_0 + \sum_i \mathscr{M}\langle x - a_i\rangle + \sum_i \frac{p\,\langle x - b_i\rangle^2}{2!} + \sum_i \frac{[\langle x - c_i\rangle^3 - \langle x - d_i\rangle^3]}{3!} + \\ + \sum_i q_i\left[\frac{\langle x - e_i\rangle^4 - \langle x - f_i\rangle^4}{(f_i - e_i)4!} - \frac{\langle x - f_i\rangle^3}{3!}\right] \tag{5.3-13}$$

en virtud del principio de pequeñez de las deformaciones, ya que entonces $y' = \theta$, siendo θ el ángulo girado por la sección.

Ejemplo 5.3.1. Calcular, aplicando la ecuación universal de la elástica, la flecha en la viga AB indicada en la Figura 5.8, en función de la carga p, la longitud l y la rigidez EI_z.

Planteando las ecuaciones de equilibrio obtenemos la reacción R_A y el momento M_A en el empotramiento.

$$R_A - 2p\frac{l}{2} - pl = 0 \quad \Rightarrow R_A = 2pl$$

$$M_A - 2pl\frac{l}{2} = 0 \quad \Rightarrow M_A = pl^2$$

Se trata de una viga de sección constante, sometida a: un momento aislado M_A (negativo) aplicado en la sección del empotramiento; una carga concentrada R_A (positiva) aplicada también en la sección del empotramiento; una carga constante p (negativa) que actúa sobre toda la viga; y otra carga constante $2p$ (negativa) que actúa en el tramo $[l/4, 3\,l/4]$ (Fig. 5.8-*a*).

La ecuación universal de la elástica será:

$$EI_zy = EI_zy_0 + EI_z\theta_0\,x - \frac{M_A}{2}x^2 + \frac{R_A}{6}x^3 - \frac{p}{24}x^4 - \frac{2p}{24}[\langle x - l/4\rangle^4 - \langle x - 3\,l/4\rangle^4]$$

Como el origen es el empotramiento, se anulan y_0 y θ_0.

$$EI_zy = -\frac{pl^2}{2}x^2 + \frac{2pl}{6}x^3 - \frac{p}{24}x^4 - \frac{2p}{24}[\langle x - l/4\rangle^4 - \langle x - 3\,l/4\rangle^4]$$

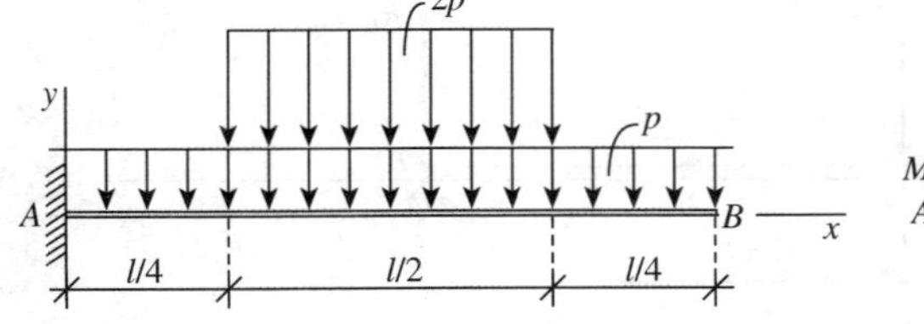

Figura 5.8

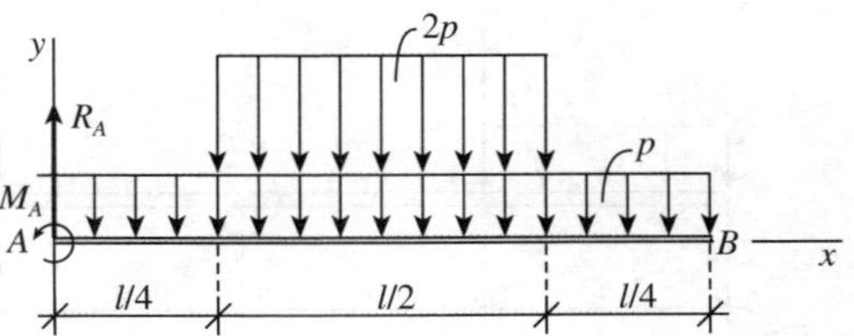

Figura 5.8-*a*

La flecha se obtiene particularizando esta ecuación para $x = l$

$$EI_z f = -\frac{pl^4}{2} + \frac{pl^4}{3} - \frac{pl^4}{24} - \frac{pl^4}{12}\left(\frac{3^4}{4^4} - \frac{1}{4^4}\right) = -\frac{15}{64} pl^4$$

es decir:

$$f = -\frac{15}{64}\frac{pl^4}{EI_z} = -0{,}234\,\frac{pl^4}{EI_z}$$

Ejemplo 5.3.2. Se considera la viga indicada en la Figura 5.9 entre cuyos parámetros existen las relaciones $P = 2ap$; $M = pa^2$. Se pide calcular, en función de a, p y de la rigidez a la flexión EI_z.

1.º Ecuación de la elástica.
2.º Ley de giro de las secciones.
3.º Valor de la flecha.

1.º De las ecuaciones de equilibrio

$$R_A + R_B = 3ap$$

$$2a^2p + R_A \cdot 4a - ap\,\frac{9}{2}\,a - 2ap \cdot 2a = 0$$

se obtiene:

$$R_A = \frac{13}{8}\,ap \quad ; \quad R_B = \frac{11}{8}\,ap$$

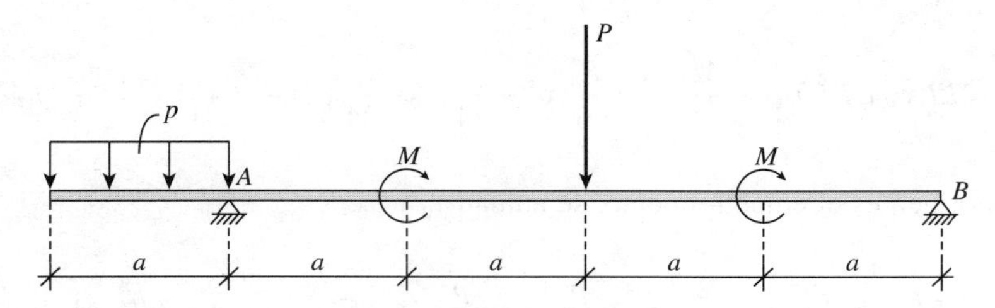

Figura 5.9

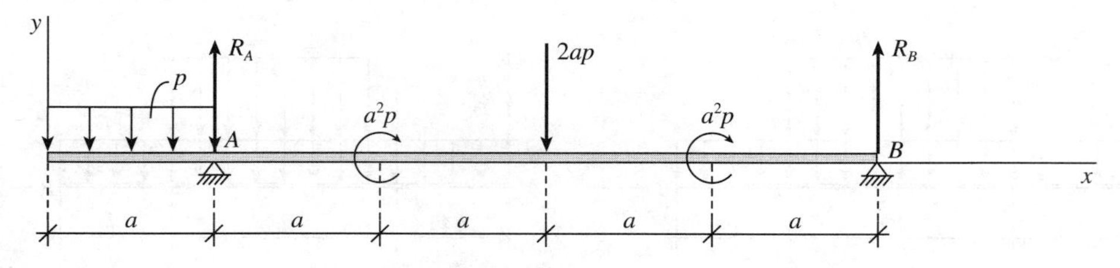

Figura 5.9-*a*

La ecuación universal de la elástica será:

$$EI_z y = EI_z y_0 + EI_z \theta_0 \, x - \frac{p}{24}\,[x^4 - \langle x - a\rangle^4] + \frac{13ap}{48}\,\langle x - a\rangle^3 +$$

$$+ \frac{a^2 p}{2}\,\langle x - 2a\rangle^2 - \frac{ap}{3}\,\langle x - 3a\rangle^3 + \frac{a^2 p}{2}\,\langle x - 4a\rangle^2$$

Determinemos las constantes de integración y_0 θ_0 imponiendo las condiciones de contorno

$$y(a) = 0 \quad : EI_z y_0 + EI_z \theta_0 \, a - \frac{pa^4}{24} = 0$$

$$y(5a) = 0 \; : EI_z y_0 + 5EI_z \theta_0 \, a - \frac{pa^4}{24}\,(625 - 256) + \frac{13pa^4}{48}\,64 + \frac{pa^4}{2}\,9 -$$

$$- \frac{pa^4}{3}\,8 + \frac{pa^4}{2} = - \frac{103}{24}\,pa^4$$

Obtenemos el sistema de ecuaciones

$$\left.\begin{aligned} EI_z y_0 + EI_z \theta_0 \, a &= \frac{pa^4}{24} \\ EI_z y_0 + 5EI_z \theta_0 \, a &= - \frac{103}{24}\,pa^4 \end{aligned}\right\} \Rightarrow EI_z y_0 = \frac{9}{8}\,pa^4 \quad ; \quad EI_z \theta_0 = - \frac{13}{12}\,pa^3$$

La ecuación universal pedida será:

$$EI_z y = \frac{9}{8}\,pa^4 - \frac{13}{12}\,pa^3 \, x - \frac{p}{24}\,[x^4 - \langle x - a\rangle^4] + \frac{13ap}{48}\,\langle x - a\rangle^3 +$$

$$+ \frac{a^2 p}{2}\,\langle x - 2a\rangle^2 - \frac{ap}{3}\,\langle x - 3a\rangle^3 + \frac{a^2 p}{2}\,\langle x - 4a\rangle^2$$

2.° Derivando la ecuación universal obtenemos la ley de giro de las secciones:

$$EI_z \theta = - \frac{13}{12}\,pa^3 - \frac{p}{6}\,[x^3 - \langle x - a\rangle^2] + \frac{13ap}{16}\,\langle x - a\rangle^2 +$$

$$+ a^2 p\,\langle x - 2a\rangle - ap\,\langle x - 3a\rangle^2 + a^2 p\,\langle x - 4a\rangle$$

3.° Para el cálculo de la flecha hagamos un dibujo a estima de la elástica de la viga (Fig. 5.9-*c*) auxiliándonos del diagrama de momentos flectores (Fig. 5.9-*b*), que nos da información sobre el signo de la curvatura, y de los valores de los ángulos girados por las secciones extremas de cada tramo.

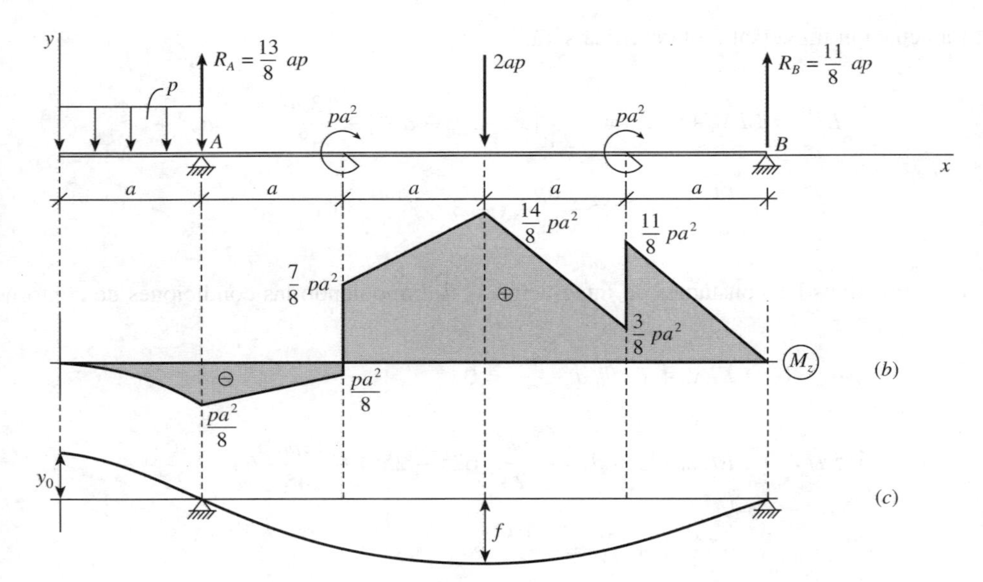

Figura 5.9-*b-c*

$$EI_z\theta(0) = -\frac{13}{12}pa^3 = -1{,}08\ pa^3$$

$$EI_z\theta(a) = \left(-\frac{13}{12} - \frac{1}{6}\right)pa^3 = -1{,}25\ pa^3$$

$$EI_z\theta(2a) = \left(-\frac{13}{12} - \frac{7}{6} + \frac{13}{16}\right)pa^3 = -1{,}43\ pa^3$$

$$EI_z\theta(3a) = \left(-\frac{13}{12} - \frac{19}{6} + \frac{13}{16}4 + 1\right)pa^3 = 0$$

$$EI_z\theta(4a) = \left(-\frac{13}{12} - \frac{37}{6} + \frac{13}{16}9 + 2 - 1\right)pa^3 = 1{,}06\ pa^3$$

$$EI_z\theta(5a) = \left(-\frac{13}{12} - \frac{61}{6} + \frac{13}{16}16 + 3 - 4 + 1\right)pa^3 = 1{,}75\ pa^3$$

Se observa que, casualmente, el máximo relativo se presenta en la sección en donde está aplicada la carga $P = 2ap$.

Particularizando la ecuación universal para $x = 3a$, obtenemos la flecha f:

$$EI_z f = \left[\frac{9}{8} - \frac{13}{12}3 - \frac{1}{24}(81 - 16) + \frac{13}{48}8 + \frac{1}{2}\right]pa^4 = -\frac{13}{6}pa^4$$

es decir:

$$f = -2{,}17\frac{pa^4}{EI_z}$$

5.4. Teoremas de Mohr

En los epígrafes anteriores hemos calculado el desplazamiento $y(x)$ de las secciones de una viga sometida a flexión simple, así como los ángulos girados $\theta(x)$, mediante un procedimiento matemático como es el de integrar una ecuación diferencial. El resultado es aplicable a cualquier sección de la viga.

Existen, sin embargo, numerosos casos en los que no es necesario hacer el cálculo completo de la elástica, ya que sólo se requiere conocer el desplazamiento del centro de gravedad o el giro de determinada sección. Para estos casos, y fundamentalmente cuando la sección transversal es variable, son especialmente aplicables los llamados *teoremas de Mohr*, denominados por muchos autores *teoremas de las áreas de momentos*, que vamos a exponer a continuación.

Estos teoremas son dos, y en ambos se considera a lo largo de la viga el diagrama obtenido dividiendo en cada punto de la elástica el momento flector M_z en la sección correspondiente por la rigidez a la flexión EI_z.

a) Primer teorema de Mohr

De la expresión de la curvatura:

$$C = \frac{d\theta}{ds} = \frac{M_z}{EI_z}$$

se obtiene la correspondiente al ángulo $d\theta$ que forman después de la flexión dos secciones indefinidamente próximas, separadas inicialmente dx.

$$d\theta = \frac{M_z}{EI_z} ds = \frac{M_z}{EI_z} \sqrt{1 + y'^2}\, dx \simeq \frac{M_z\, dx}{EI_z} \tag{5.4-1}$$

ya que $y' \simeq 0$ en virtud de la pequeñez de las deformaciones.

Esta expresión nos indica que el ángulo elemental $d\theta$ entre las normales o las tangentes en dos puntos indefinidamente próximos de la elástica, es igual al área elemental $M_z\, dx$ del diagrama de momentos flectores dividida por el módulo de rigidez a la flexión EI_z (Fig. 5.10).

El ángulo θ_{CD} que forman las tangentes a la elástica en los puntos de abscisas x_C y x_D, que no es otra cosa que el giro relativo de la sección D respecto de la C, se obtendrá integrando (5.4-1).

$$\theta_{CD} = \theta_D - \theta_C = \int_{x_C}^{x_D} \frac{M_z}{EI_z}\, dx \tag{5.4-2}$$

expresión del primer *teorema de Mohr*, que podemos enunciar así: *el ángulo θ_{CD} formado por las tangentes trazadas en dos puntos a la línea elástica de una viga de rigidez EI_z es igual al área del diagrama M_z/EI_z interceptada por las verticales trazadas por aquellos puntos.*

Se observa que el ángulo θ_{CD} tiene el mismo signo que el diagrama de momentos flectores, es decir, que para un área positiva del diagrama de momentos flectores, el giro de la tangente en la sección D respecto a la tangente en la sección C se mide en sentido antihorario, como es el caso representado en la Figura 5.10. Por el contrario, si el área del diagrama de momentos flectores es negativa entre las secciones C y D, el signo de la tangente en la sección D respecto de la tangente en la sección C se produciría en sentido horario.

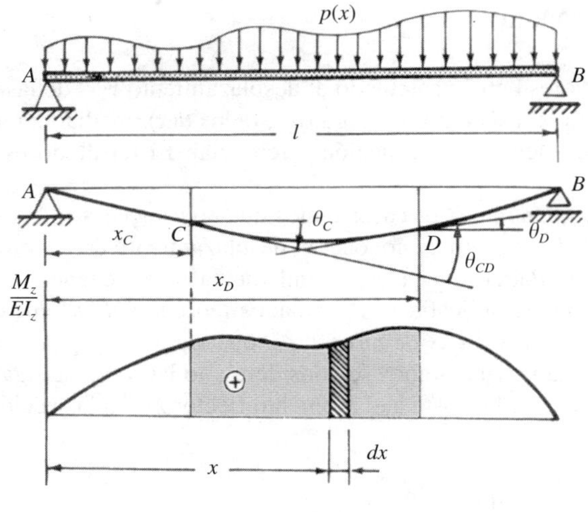

Figura 5.10

Si, como suele ocurrir frecuentemente, el módulo de rigidez a la flexión es constante, esta ecuación se puede poner en la forma:

$$\theta_{CD} = \frac{1}{EI_z} \int_{x_C}^{x_D} M_z \, dx \tag{5.4-3}$$

En este caso la expresión admite una sencilla interpretación y el primer teorema de Mohr se puede enunciar así: *el ángulo θ_{CD} formado por las tangentes trazadas en dos puntos a la línea elástica de una viga de rigidez constante es igual al área del diagrama de momentos flectores interceptada por las verticales trazadas por aquellos puntos, dividida por el producto EI_z.*

b) Segundo teorema de Mohr

Las tangentes en los puntos N y N' de la línea elástica de una viga recta (Fig. 5.11) correspondientes a las secciones de abscisas x y $x + dx$ respectivamente, cortan a la vertical trazada por la sección C, de abscisa x_c, en dos puntos P y P'. La longitud del segmento $\overline{PP'}$, que representamos por dv en la Figura 5.11, en virtud de (5.4-1) valdrá:

$$dv = -(x - x_c)\, d\alpha = -(x - x_c) \frac{M_z}{EI_z} dx \tag{5.4-4}$$

habiendo puesto el signo menos consecuente con el convenio de asignar el signo positivo cuando el vector $\overrightarrow{PP'}$ es ascendente, y negativo en caso contrario.

Si llamamos δ_{CD} la distancia desde la sección C hasta la intersección D' de la tangente en la sección D a la elástica, con la vertical trazada por C, el valor de esta distancia se obtendrá integrando la expresión (5.4-4) entre las abscisas de la viga correspondientes a las secciones C y D.

$$\delta_{CD} = \int_{x_C}^{x_D} dv = -\int_{x_C}^{x_D} (x - x_c) \frac{M_z}{EI_z} dx \tag{5.4-5}$$

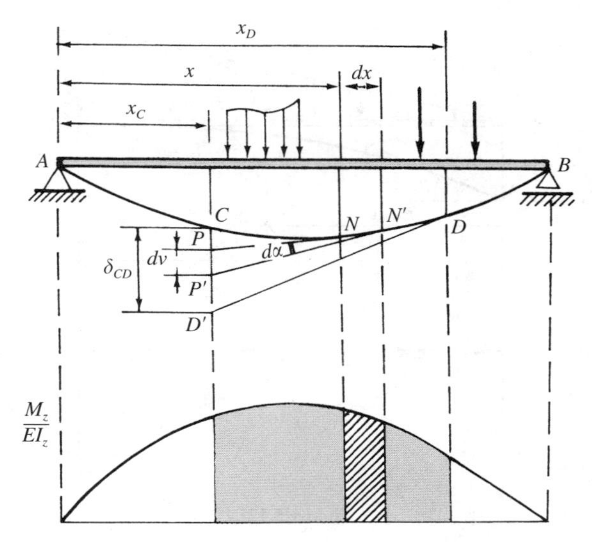

Figura 5.11

Veamos el significado de la expresión (5.4-5): $\frac{M_z}{EI_z}\,dx$ representa el área infinitesimal rayada en el diagrama de momentos flectores dividido por EI_z. Su multiplicación por $(x - x_c)$ nos da el momento estático de dicha área respecto a un eje vertical de abscisa x_c.

Podemos enunciar el *segundo teorema de Mohr* diciendo: *el segmento definido sobre un eje vertical de abscisa x_c por el punto de la elástica común al eje (punto C) y el de intersección (punto D') con la tangente a la elástica en el punto D de abscisa x_D vale lo que el momento estático del área del diagrama M_z/EI_z comprendida entre las verticales de abscisas x_C y x_D respecto al eje considerado.*

En el caso de tratarse de vigas de rigidez EI_z constante, la expresión (5.4-5) se puede poner en la forma

$$\delta_{CD} = -\frac{1}{EI_z}\int_{x_C}^{x_D} (x - x_c)\, M_z\, dx \tag{5.4-6}$$

y el segundo teorema de *Mohr* se puede enunciar así: *la longitud δ_{CD} del segmento definido por un punto C de la elástica y el punto D' de intersección de la vertical trazada por C y la tangente en otro punto D de la misma, es igual al momento estático, respecto al eje vertical que pasa por C, del área del diagrama de momentos flectores entre las abscisas correspondientes a C y D, dividido por la rigidez EI_z.*

De la expresión (5.4-5) se desprende que el signo de δ_{CD} es el del sentido del vector $\overrightarrow{CD'}$, es decir, es positivo si el punto *C* está situado por debajo de la tangente a la elástica en el punto *D*, y negativo si está por encima.

Ejemplo 5.4.1. Calcular el ángulo girado por la sección del extremo libre, así como el valor de la flecha de la viga en voladizo de longitud *l* representada en la Figura 5.12, sometida a una carga triangular cuyo valor máximo por unidad de longitud es p_0. El módulo de rigidez a flexión es EI_z.

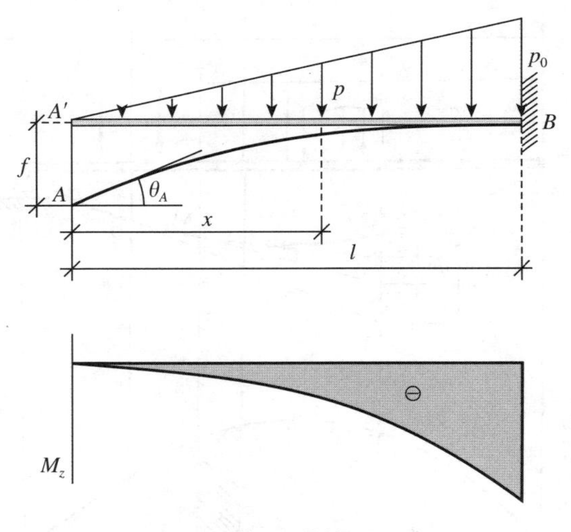

Figura 5.12

Para calcular el ángulo girado por la sección extrema aplicaremos el primer teorema de Mohr

$$M_z = -\frac{1}{2}px \cdot \frac{x}{3} = -\frac{p_0}{6l}x^3$$

$$\theta_B - \theta_A = -\theta_A = -\frac{1}{EI_z}\int_0^l \frac{p_0}{6l}x^3\,dx = -\frac{p_0 l^4}{24EI_z}$$

es decir:

$$\theta_A = \frac{p_0 l^4}{24EI_z}$$

que al ser positivo nos indica que la sección gira en sentido horario, como se indica en la Figura 5.12.

Para el cálculo de la flecha aplicamos el segundo teorema de Mohr

$$\delta_{AB} = f = -\frac{1}{EI_z}\int_0^l \left(-\frac{p_0}{6l}x^3\right)x\,dx = \frac{p_0 l^4}{30EI_z}$$

Al ser positivo este resultado nos indica que la sección A está situada por debajo de la tangente en B.

Ejemplo 5.4.2. La carga en voladizo de longitud l representada en la Figura 5.13 está sometida a una carga uniforme p y a un momento $M = pl^2$ aplicado en su sección media. Las rigideces de los dos tramos de longitudes $l/2$ son EI_1 y EI_2 respectivamente, existiendo entre ellas la relación $I_1 = 4I_2$.

Calcular el ángulo girado por la sección extrema B, así como el valor de la flecha.

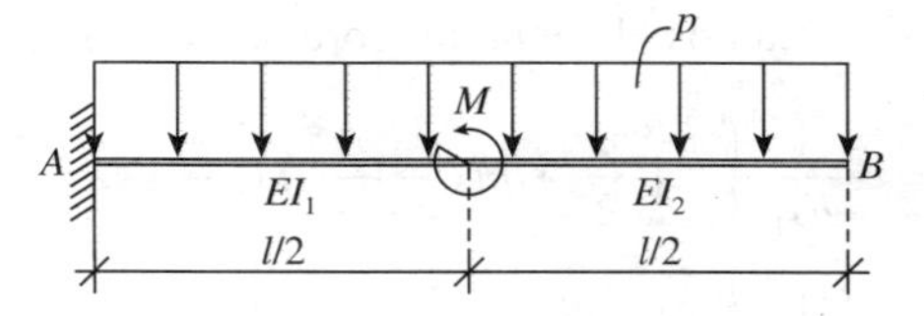

Figura 5.13

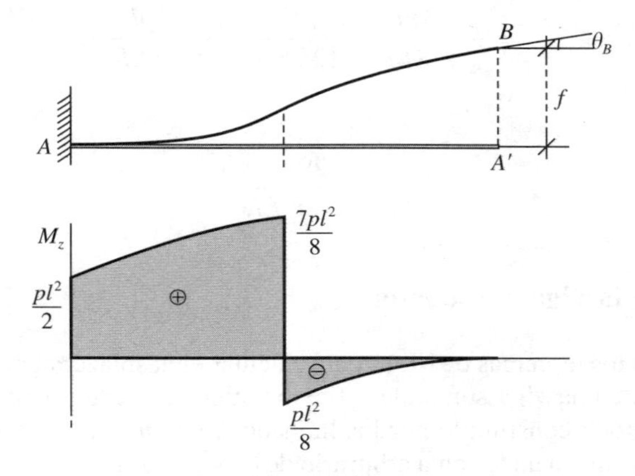

Figura 5.13-*a*

Las leyes de momentos flectores en la viga que se considera son:

$$M_z = pl^2 - \frac{pl^2}{2} + plx - p\,\frac{x^2}{2} = \frac{pl^2}{2} + plx - \frac{px^2}{2}, \quad \text{para} \quad 0 \leqslant x \leqslant l/2$$

$$M_z = \frac{pl^2}{2} + plx - \frac{px^2}{2} - pl^2 = -\frac{pl^2}{2} + plx - \frac{px^2}{2}, \quad \text{para} \quad l/2 \leqslant x \leqslant l$$

Aplicando el primer teorema de Mohr:

$$\theta_{AB} = \theta_B - \theta_A = \theta_B = \frac{1}{EI_1}\int_0^{l/2}\left(\frac{pl^2}{2} + plx - \frac{px^2}{2}\right)dx + \frac{1}{EI_2}\int_{l/2}^{l}\left(-\frac{pl^2}{2} + plx - \frac{px^2}{2}\right)dx =$$

$$= \frac{17\,pl^3}{48EI_1} - \frac{pl^3}{48EI_2} = \frac{pl^3}{48EI_1}\,(17 - 4) = \frac{13\,pl^3}{48EI_1}$$

El resultado $\theta_B > 0$ nos indica que la elástica de la viga tiene la forma indicada en la Figura 5.13-*a* y que, por consiguiente, la flecha se presentará en la sección del extremo libre.

Para el cálculo de la flecha aplicamos el segundo teorema de Mohr.

$$\delta_{BA} = f = -\frac{1}{EI_1}\int_0^{l/2}\left(\frac{pl^2}{2} + plx - \frac{px^2}{2}\right)(l - x)\,dx +$$

$$+\frac{1}{EI_2}\int_{l/2}^{l}\left(-\frac{pl^2}{2} + plx - \frac{px^2}{2}\right)(l - x)\,dx =$$

$$= -\frac{33pl^4}{128EI_1} + \frac{pl^4}{128EI_2} = -\frac{33pl^4}{128EI_1} + \frac{4pl^4}{128EI_1}$$

es decir:

$$f = -\frac{29}{128}\frac{pl^4}{EI_1}$$

5.5. Teoremas de la viga conjugada

Además de contar con los teoremas de Mohr para calcular el desplazamiento vertical o el giro de determinada sección de una viga sometida a flexión simple, puede ser particularmente últil la aplicación de otro método constituido por los llamados *teoremas de la viga conjugada*.

Dada una viga sometida a un sistema arbitrario de cargas, llamaremos *viga conjugada* de ésta a la misma viga sometida a una carga ficticia distribuida igual al diagrama de momentos flectores dividido por EI_z, con una sustentación regida por las reglas que más adelante se verán, y de tal forma que cuando el momento flector sea positivo la carga ficticia de la viga conjugada está dirigida hacia arriba y cuando el momento flector sea negativo la carga ficticia está dirigida hacia abajo.

Consideremos una viga simplemente apoyada sometida a un sistema arbitrario de cargas (Fig. 5.14-*a*) y construyamos su viga conjugada (Fig. 5.14-*b*). Supondremos que una sustentación de un apoyo articulado en la sección extrema de la viga dada le corresponde una sustentación igual de la viga conjugada. Más adelante veremos que esta suposición es correcta. Por tanto, si la viga dada está simplemente apoyada, la viga conjugada es una viga de la misma luz que también está simplemente apoyada.

En la viga dada, si se toma el sentido ascendente como sentido positivo para las cargas, las expresiones (4.6-5) que relacionan carga, esfuerzo cortante y momento flector son:

$$p = \frac{dT}{dx} = \frac{d^2 M_z}{dx^2} \qquad (5.5\text{-}1)$$

Su línea elástica viene dada por la ecuación diferencial

$$\frac{d^2y}{dx^2} = \frac{M_z}{EI_z} \qquad (5.5\text{-}2)$$

Ahora bien, la viga conjugada, sometida a la carga

$$\bar{p} = \frac{M_z}{EI_z}$$

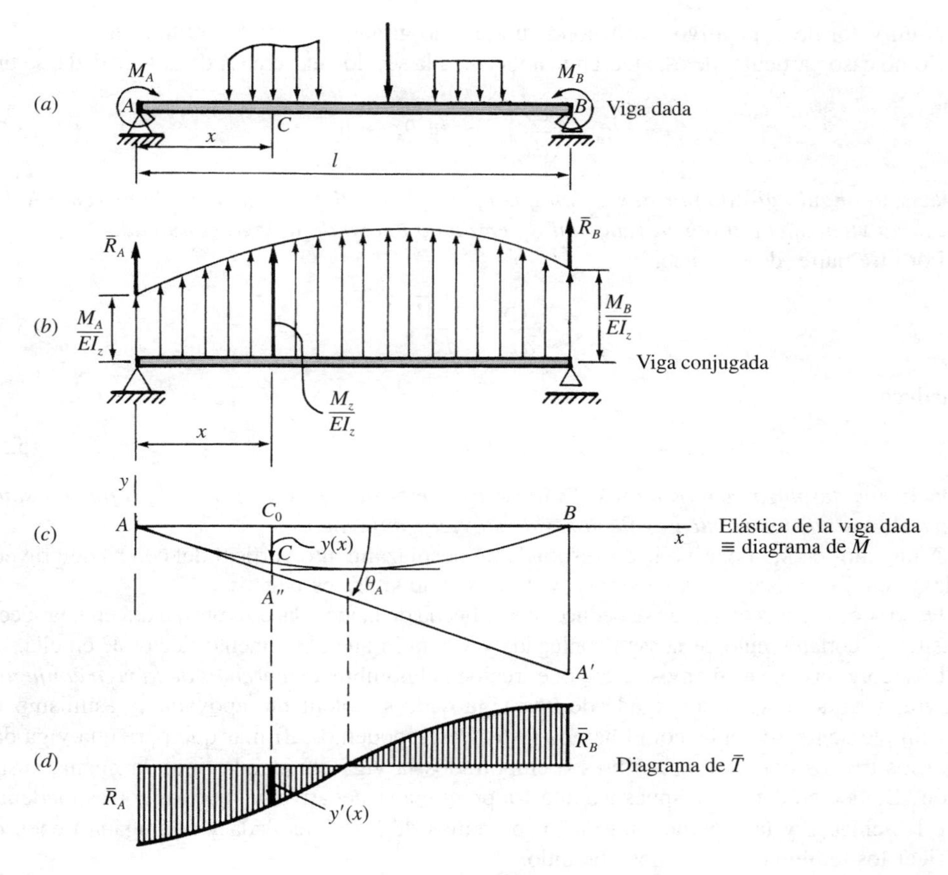

Figura 5.14

tendrá una ley de esfuerzos cortantes $\bar{T}$ y de momentos flectores $\overline{M}_z$ que, en virtud de las dos ecuaciones anteriores, estarán relacionados entre sí de la siguiente forma

$$\frac{d^2y}{dx^2} = \frac{M_z}{EI_z} = \bar{p} = \frac{d\bar{T}}{dx} = \frac{d^2\,\overline{M}}{dx^2} \tag{5.5-3}$$

De la ecuación

$$\frac{d^2y}{dx^2} = \frac{d\bar{T}}{dx} \tag{5.5-4}$$

es decir:

$$\frac{dy}{dx} = \bar{T} \tag{5.5-5}$$

se deduce el siguiente teorema: *los giros de las diversas secciones de la viga dada coinciden con los esfuerzos cortantes de la viga conjugada.*

A un valor de $\overline{T}$ positivo corresponde un ángulo girado en sentido antihorario.

Como caso particular de este teorema, aplicado a la sección extrema A de la viga dada, se tiene

$$\bar{R}_A = \left(\frac{dy}{dx}\right)_{x=0} = \text{tg } \theta_A \simeq \theta_A \tag{5.5-6}$$

es decir: *el ángulo girado por la sección que corresponde al apoyo articulado extremo A de la viga dada viene medido por la reacción $\bar{R}_A$ en dicho apoyo de la viga conjugada.*

Por otra parte, de la ecuación

$$\frac{d^2y}{dx^2} = \frac{d^2\,\overline{M}}{dx^2} \tag{5.5-7}$$

se deduce:

$$\overline{M} = y \tag{5.5-8}$$

es decir: *los desplazamientos de las distintas secciones de una viga sometida a flexión simple vienen dados por los momentos flectores de su viga conjugada.*

A un valor de $\overline{M}_C$ positivo le corresponde un desplazamiento vertical del centro de gravedad de la sección C en sentido ascendente, y descendente si $\overline{M}_C$ es negativo.

De los dos últimos teoremas se deduce que la flecha de la viga dada se presentará en una sección de esfuerzo cortante nulo de la viga conjugada y valdrá lo que el momento flector $\overline{M}$ en ella.

Los teoremas que acabamos de exponer reciben el nombre de *teoremas de la viga conjugada.* Es evidente que la viga conjugada de una viga dada simplemente apoyada es asimismo una viga simplemente apoyada, como hemos visto. Pero ¿podemos afirmar que para una viga dada de varios tramos con extremos libres o empotrados la viga conjugada tiene la misma sustentación? Evidentemente, la respuesta a nuestra pregunta es negativa, ya que las correspondencias entre los enlaces y las condiciones en los extremos de las vigas dada y conjugada tienen que verificar los teoremas que hemos obtenido.

Así, podemos establecer la correspondencia que resumimos en el siguiente cuadro:

Viga dada		**Viga conjugada**	
Enlace	**Características de la sección**	**Características de la sección**	**Enlace**
Apoyo articulado extremo	$\theta_C \neq 0\ ;\ y_C = 0$	$\overline{T}_C \neq 0\ ;\ \overline{M}_C = 0$	Apoyo articulado
Apoyo articulado intermedio	$\theta_{C1} = \theta_{C2} \neq 0;\ y_C = 0$	$\overline{T}_{C1} = \overline{T}_{C2} \neq 0\ ;\ \overline{M}_C = 0$	Rótula intermedia
Extremo libre en voladizo	$\theta_C \neq 0\ ;\ y_C \neq 0$	$\overline{T}_C \neq 0\ ;\ \overline{M}_C \neq 0$	Extremo empotrado
Extremo empotrado	$\theta_C = 0\ ;\ y_C = 0$	$\overline{T}_C = 0\ ;\ \overline{M}_C = 0$	Extremo libre
Rótula intermedia	$\theta_{C1} \neq \theta_{C2}\ ;\ y_C \neq 0$	$\overline{T}_{C1} \neq \overline{T}_{C2}\ ;\ \overline{M}_C \neq 0$	Apoyo intermedio

habiendo indicado con los subíndices $_{C1}$ y $_{C2}$ las secciones indefinidamente próximas a izquierda y derecha, respectivamente, de la sección C

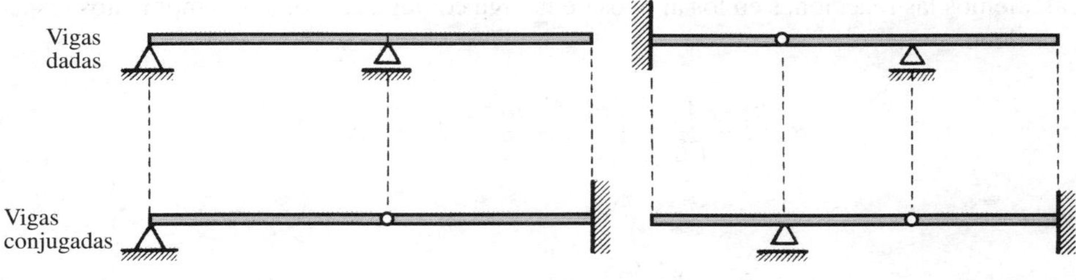

Figura 5.15

Este cuadro nos permite establecer las siguientes reglas para obtener la sustentación de la viga conjugada de una dada:

1) el apoyo articulado, extremo libre o empotramiento, en un extremo de la viga dada, permanece siendo apoyo articulado o pasa a ser empotramiento o extremo libre, respectivamente, en la viga conjugada;

2) el apoyo articulado de la vida dada que no esté situado en un extremo, pasa a ser una articulación o rótula en la viga conjugada;

3) la articulación o rótula de la viga dada pasa a ser apoyo articulado de la viga conjugada; que se representa en la Figura 5.15.

Como normalmente el material utilizado es homogéneo y la sección recta no varía y, por tanto, el módulo de rigidez a la flexión es constante, resulta cómodo trabajar con una carga ficticia igual al diagrama de momento y dividir luego los resultados por EI_z.

Ejemplo 5.5.1. Se considera una viga simplemente apoyada, de rigidez EI_z constante, longitud l y sometida a una carga uniforme p por unidad de longitud. Calcular, aplicando los teoremas de la viga conjugada, los giros de las secciones extremas así como el valor de la flecha.

Como la ley de momentos flectores en la viga dada (Fig. 5.16-*a*) es:

$$M_z = \frac{pl}{2}x - \frac{px^2}{2}$$

la viga conjugada será la representada en la Figura 5.16-*b*, sometida a la carga parabólica

$$\bar{p} = \frac{1}{EI_z}\left(\frac{pl}{2}x - \frac{px^2}{2}\right)$$

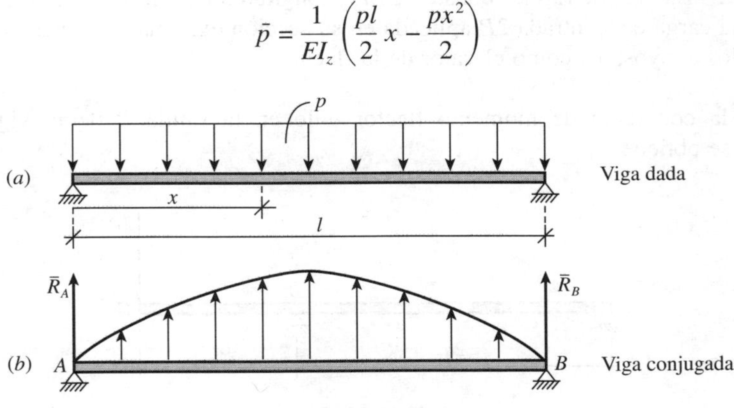

Figura 5.16

Calculemos las reacciones en los apoyos de la viga conjugada. Tomando momentos respecto de *B*, se tiene:

$$\bar{R}_A \cdot l + \frac{1}{EI_z}\int_0^l \left(\frac{pl}{2}x - \frac{px^2}{2}\right)(l - x)\, dx = 0$$

de donde:

$$\bar{R}_A = -\frac{1}{2l\,EI_z}\int_0^l (pl^2x - 2\,plx^2 + px^3)\, dx = -\frac{pl^3}{24EI_z}$$

Por razón de simetría, la expresión de $\bar{R}_B$ será:

$$\bar{R}_B = -\frac{pl^3}{24EI_z}$$

Por consiguiente, los giros pedidos de las secciones *A* y *B* serán:

$$\theta_A = \bar{T}_A = \bar{R}_A = -\frac{pl^3}{24EI_z}$$

$$\theta_B = \bar{T}_B = -\bar{R}_B = \frac{pl^3}{24EI_z}$$

Debido a la simetría, la flecha se presentará en la sección media. Su valor será:

$$f = \bar{M}\left(\frac{l}{2}\right) = \bar{R}_A\,\frac{l}{2} + \int_0^{l/2} \frac{1}{EI_z}\left(\frac{pl}{2}x - \frac{px^2}{2}\right)\left(\frac{l}{2} - x\right) dx =$$

$$= -\frac{pl^3}{24EI_z}\,\frac{l}{2} + \frac{1}{EI_z}\left[\frac{pl^2}{4}\,\frac{x^2}{2} - \frac{pl}{2}\,\frac{x^3}{3} - \frac{pl}{4}\,\frac{x^3}{3} + \frac{p}{2}\,\frac{x^4}{4}\right]_0^{l/2} = -\frac{5\,pl^4}{384EI_z}$$

Ejemplo 5.5.2. La viga de rigidez constante EI_z y longitud $3a$, indicada en la Figura 5.17, está sometida a una carga concentrada $2P$ aplicada en su sección extrema. Calcular los giros de las secciones de los apoyos, así como el valor de la flecha.

Poniendo la condición de momento flector nulo en la rótula *B* de la viga conjugada (Fig. 5.17-*a*), se obtiene $\bar{R}_A$.

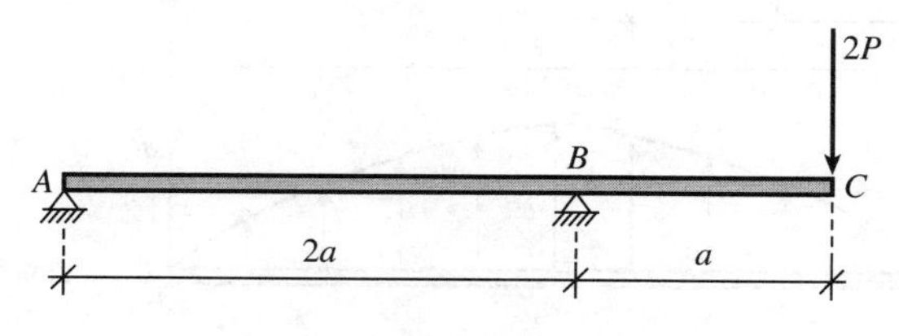

Figura 5.17

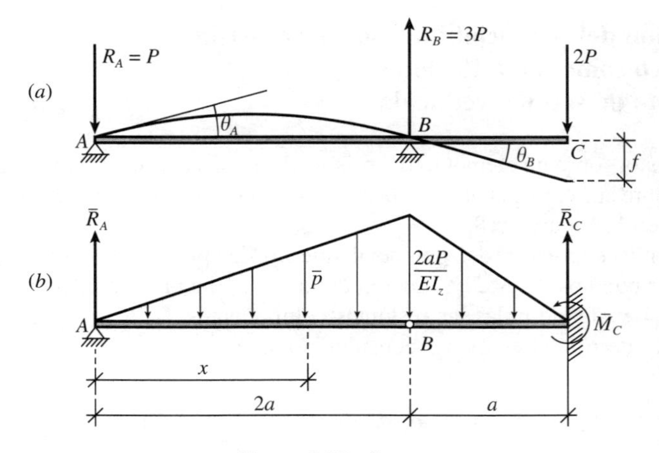

Figura 5.17-*a-b*

$$\bar{R}_A \cdot 2a - \frac{2aP}{2EI_z} 2a \frac{2a}{3} = 0 \quad \Rightarrow \quad \bar{R}_A = \frac{2Pa^2}{3EI_z}$$

De la ley de esfuerzos cortantes de la viga conjugada

$$\bar{T} = \bar{R}_A - \frac{1}{2} \bar{p}\, x = \frac{2Pa^2}{3EI_z} - \frac{P}{EI_z} x^2$$

se deduce:

$$\theta_A = \bar{T}_A = \bar{R}_A = \frac{2Pa^2}{3EI_z}$$

$$\theta_B = \bar{T}_B = 2 \frac{Pa^2}{3EI_z} - \frac{P}{EI_z} 4a^2 = - \frac{10Pa^2}{3EI_z}$$

La flecha pedida será igual al momento de empotramiento $\bar{M}_c$ en la viga conjugada

$$\bar{R}_A \cdot 3a - \frac{1}{2} 3a \frac{2aP}{EI_z} \frac{a + 3a}{3} = \bar{M}_c$$

$$3a \frac{2Pa^2}{3EI_z} - \frac{4Pa^3}{EI_z} = - \frac{2Pa^3}{EI_z} = \bar{M}_c$$

es decir

$$f = - \frac{2Pa^3}{EI_z}$$

Compruebe el lector que el desplazamiento vertical máximo en el tramo *AB* es notablemente menor que el valor que corresponde al extremo libre *C* de la viga considerada.

5.6. Expresión del potencial interno de un prisma mecánico sometido a flexión simple. Concepto de sección reducida

Según hemos visto, sobre un elemento del prisma de aristas paralelas a los ejes, las tensiones que se engendran sobre sus caras, cuando el prisma mecánico se somete a flexión simple, se reducen a las indicadas en la Figura 5.18.

Para obtener la expresión del potencial interno del prisma mecánico podemos aplicar la fórmula (1.14-5) que nos da éste en función de las componentes de la matriz de tensiones, en la que $\sigma_{nx} = \sigma$, $\tau_{xy} = \tau$ siendo nulas las restantes componentes.

El potencial interno del elemento considerado será:

$$d\mathscr{T} = \frac{1}{2E}\,\sigma^2\,dx\,dy\,dz + \frac{1}{2G}\,\tau^2\,dx\,dy\,dz \tag{5.6-1}$$

Si el elemento de prisma que se considera es el comprendido entre dos secciones rectas indefinidamente próximas separadas *dx*, el potencial interno correspondiente se obtendría integrando esta ecuación y extendiendo la integral a la sección recta:

$$d\mathscr{T} = \frac{dx}{2E}\iint_{\Omega}\sigma^2\,d\Omega + \frac{dx}{2G}\iint_{\Omega}\tau^2\,d\Omega \tag{5.6-2}$$

Ahora bien, sustituyendo los valores de σ y τ dados por la ley de Navier y por la fórmula de Colignon respectivamente, tenemos:

$$\begin{aligned} d\mathscr{T} &= \frac{dx}{2E}\iint_{\Omega}\left(\frac{M_z}{I_z}\,y\right)^2 d\Omega + \frac{dx}{2G}\int\left(\frac{T_y m_z}{bI_z}\right)^2 b\,dy = \\ &= \frac{M_z^2\,dx}{2EI_z^2}\iint_{\Omega} y^2\,d\Omega + \frac{T_y^2\,dx}{2GI_z^2}\int\frac{m_z^2}{b}\,dy \end{aligned} \tag{5.6-3}$$

Como $\iint_{\Omega} y^2\,d\Omega$ es el momento de inercia respecto al eje de flexión, haciendo:

$$\frac{1}{\Omega_{1y}} = \frac{1}{I_z^2}\int\frac{m_z^2}{b}\,dy \tag{5.6-4}$$

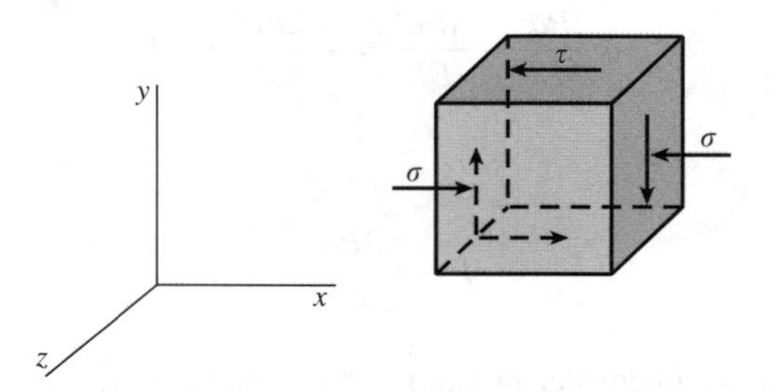

Figura 5.18

la expresión (5.6-3) se puede poner en la forma:

$$d\mathscr{T} = \frac{M_z^2}{2EI_z}\,dx + \frac{T_y^2}{2G\Omega_{1y}}\,dx \tag{5.6-5}$$

El potencial interno del prisma se obtendrá *integrando a lo largo del eje del mismo*

$$\mathscr{T} = \int_0^l \frac{M_z^2}{2EI_z}\,ds + \int_0^l \frac{T_y^2}{2G\Omega_{1y}}\,ds \tag{5.6-6}$$

siendo ds el elemento de arco de línea media.

Vemos que el potencial interno consta de dos términos: el primero representa el potencial debido al momento flector; y el segundo, el debido al esfuerzo cortante. En este último aparece Ω_{1y} que, según se ha definido, depende exclusivamente de las características geométricas de la sección. Por comparación con la expresión que nos da el potencial de un prisma sometido a cortadura pura llamaremos a Ω_{1y} *sección reducida*.

Ejemplo 5.6.1. Calcular la sección reducida de una sección rectangular (Fig. 5.19)

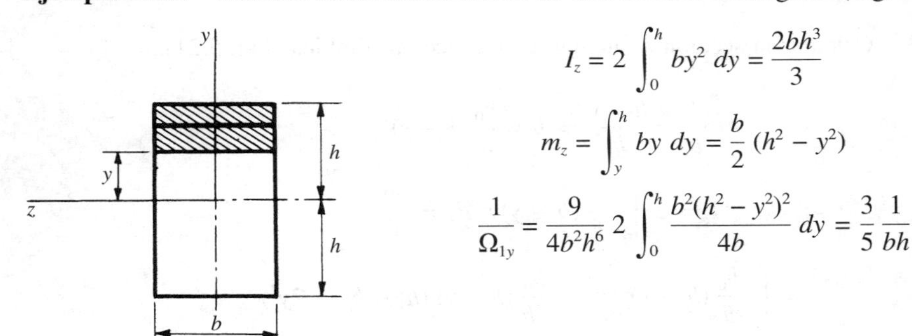

$$I_z = 2\int_0^h by^2\,dy = \frac{2bh^3}{3}$$

$$m_z = \int_y^h by\,dy = \frac{b}{2}(h^2 - y^2)$$

$$\frac{1}{\Omega_{1y}} = \frac{9}{4b^2h^6}\,2\int_0^h \frac{b^2(h^2-y^2)^2}{4b}\,dy = \frac{3}{5}\,\frac{1}{bh}$$

Figura 5.19

Como 2 $bh = \Omega$, queda:

$$\Omega_{1y} = \frac{5}{6}\,\Omega$$

Ejemplo 5.6.2. Calcular la sección reducida de una sección circular (Fig. 5.20)

$$I_G = \int_0^R 2\pi r^3\,dr = \frac{\pi R^4}{2} \Rightarrow I_z = \frac{\pi R^4}{4}$$

$$m_z = \int_\theta^{\pi/2} 2R\cos\varphi R\,\mathrm{sen}\,\varphi R\cos\varphi\,d\varphi = 2R^3\int_\theta^{\pi/2}\cos^2\varphi\,\mathrm{sen}\,\varphi\,d\varphi = \frac{2R^3}{3}\cos^3\theta$$

$$\frac{1}{\Omega_{1y}} = \frac{16}{\pi^2R^8}\,2\int_0^{\pi/2}\frac{4R^6\cos^6\theta}{9\cdot 2R\cos\theta}\,R\cos\theta\,d\theta = \frac{64}{9\,\pi^2\,R^2}\int_0^{\pi/2}\cos^6\theta\,d\theta = \frac{10^*}{9\pi R^2}$$

* Véase P. Puig Adam, «Cálculo integral», pág. 87.

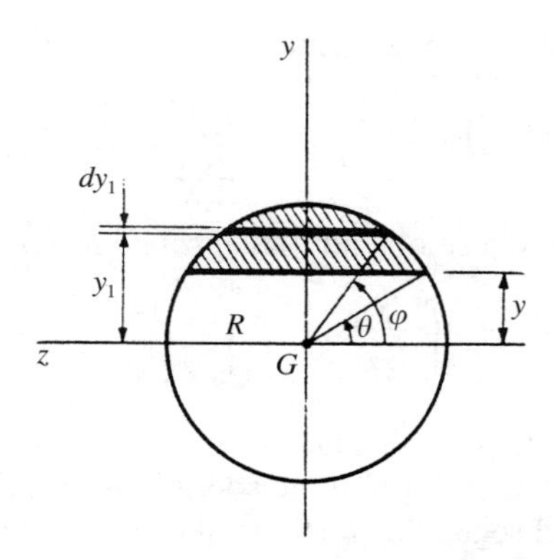

Figura 5.20

Como $\Omega = \pi R^2$, queda:

$$\Omega_{1y} = \frac{9}{10}\,\Omega$$

Ejemplo 5.6.3. Calcular la sección reducida de una sección rómbica (Fig. 5.21).

Como
$$\frac{b}{b_0} = \frac{h - y}{h} \Rightarrow b = \frac{b_0}{h}\,(h - y)$$

$$I_z = 2\int_0^h \frac{b_0}{h}\,(h - y)y^2\,dy = \frac{bh^3}{6}$$

$$m_z = \int_y^h \frac{b_0}{h}\,(h - y)y\,dy = \frac{b_0}{6h}\,(h - y)\,(h^2 + hy - 2y^2)$$

$$\int \frac{m_z^2}{b}\,dy = 2\int_0^h \frac{b_0^2}{36\,h^2}\,(h - y)^2\,(h^2 + hy - 2y^2)^2\,\frac{h}{b_0}\,\frac{1}{(h - y)}\,dy = \frac{b_0 h^5}{18}\cdot\frac{31}{60}$$

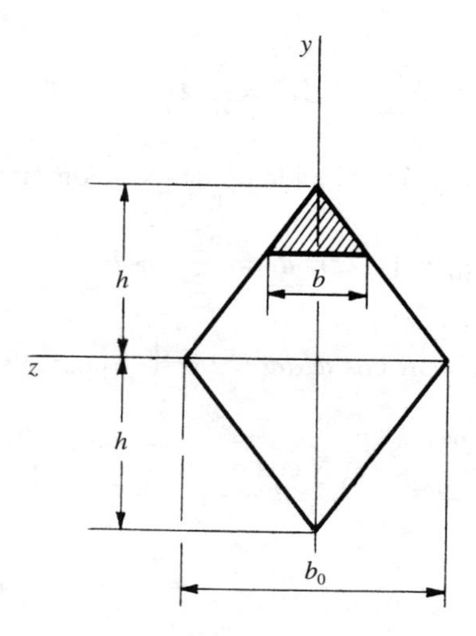

Figura 5.21

Por tanto,

$$\frac{1}{\Omega_{1y}} = \frac{36}{b_0^2 h^6} \frac{b_0 h^5}{18} \frac{31}{60}$$

de donde

$$\Omega_{1y} = \frac{30}{31} \Omega$$

5.7. Deformaciones por esfuerzos cortantes

En el estudio de la deformación de una viga sometida a flexión simple hecho hasta aquí se ha considerado solamente el momento flector, es decir, se ha supuesto despreciable el efecto producido por el esfuerzo cortante. En la mayoría de los casos se puede considerar, efectivamente, despreciable la deformación debida al esfuerzo cortante, pero para vigas cortas el efecto cortante frente al del momento flector puede ser apreciable, como veremos más adelante y, por tanto, habría que tenerlo en cuenta.

Como la tensión tangencial τ debida al esfuerzo cortante no se mantiene constante en todos los puntos de la sección, la distorsión angular que sufren las fibras de la viga es variable. Las secciones rectas, por tanto, no se mantendrán planas después de la deformación sino que experimentarán cierto alabeo.

No obstante, lo que vamos a determinar es el desplazamiento relativo $dv = \gamma\, dx$ (Fig. 5.22) entre dos secciones indefinidamente próximas a causa del esfuerzo cortante T_y. Del segundo término del segundo miembro de la ecuación (5.6-5), que expresa el potencial interno del prisma elemental limitado por ambas secciones debido al esfuerzo cortante T_y, se obtiene, aplicando el teorema de Castigliano, el desplazamiento relativo dv.

$$dv = \frac{\partial (d\mathscr{T})}{\partial T_y} = \frac{T_y}{G\Omega_{1y}}\, dx \qquad (5.7\text{-}1)$$

y como $dv = \gamma\, dx$, se deduce que el ángulo de deslizamiento γ (en realidad se trata de un valor medio) tiene por expresión:

$$\gamma = \frac{T_y}{G\Omega_{1y}} \qquad (5.7\text{-}2)$$

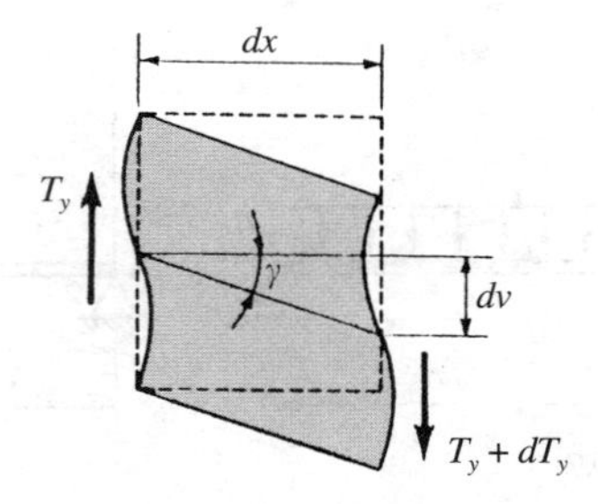

Figura 5.22

La expresión (5.7-1) nos permite calcular de forma inmediata, si la sección reducida de la viga es constante, la línea elástica de la deformación debida exclusivamente al esfuerzo cortante.

El efecto, teniendo en cuenta que $T_y = \dfrac{dM_z}{dx}$ e integrando, se obtiene:

$$y_1 = -\int_0^x dv = -\int_0^x \frac{T_y}{G\Omega_{1y}}\, dx = -\frac{1}{G\Omega_{1y}} \int_0^x dM_z = \frac{-1}{G\Omega_{1y}}\,[M_z(x) - M_z(0)] \qquad (5.7\text{-}3)$$

en donde $M_z(x)$ es el momento en una sección de abscisa x y M_0 el momento en el origen.

En realidad esta deformación habría que superponerla a la dada por la elástica que hemos visto en el epígrafe 5.2, en la que solamente hacíamos intervenir el momento flector, pero como ya se ha indicado la deformación debida al esfuerzo cortante se suele despreciar respecto a la producida por el momento flector.

A modo de ejemplo, calculemos la relación entre las flechas debidas a una y otra causa en los casos de una viga simplemente apoyada sometida a carga uniformemente repartida y a carga concentrada aplicada en su punto medio, ambas de sección rectangular.

En ambos casos las expresiones del momento de inercia de la sección respecto al eje z y de la sección reducida, son:

$$I_z = 2\int_0^{h/2} by^2\, dy = \frac{1}{12}\, bh^3 \quad ; \quad \Omega_{1y} = \frac{5}{6}\,\Omega = \frac{5}{6}\, bh$$

a) **Viga bajo carga uniformemente repartida** (Fig. 5.23-*a*)

La flecha debida al momento flector fue calculada anteriormente y su valor, según la ecuación (5.2-9), es:

$$f_{M_z} = -\frac{5}{384}\frac{pl^4}{EI_z} = \frac{5pl^4}{32Ebh^3} \qquad (5.7\text{-}4)$$

Para calcular la debida al esfuerzo cortante aplicaremos la ecuación (5.7-3), teniendo en cuenta que la ley de momentos es

$$M_z(x) = \frac{pl}{2}\, x - \frac{px^2}{2}$$

y que la flecha se presenta en el punto medio de la viga.

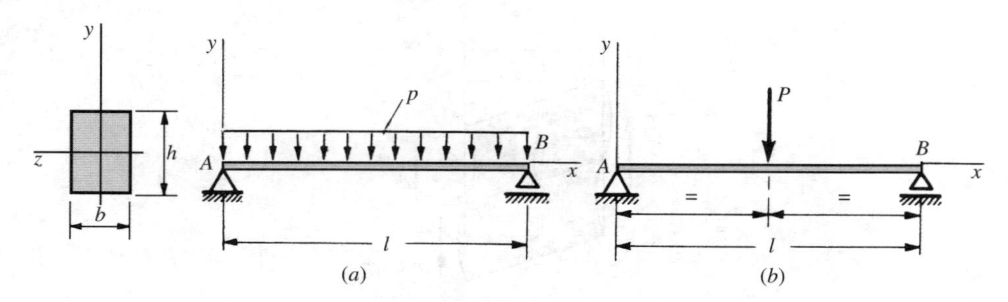

Figura 5.23

Por tanto, tomando el sentido positivo del eje y el vertical ascendente, tenemos:

$$f_{T_y} = (y_1)_{x=l/2} = -\frac{1}{G\Omega_{1y}}\left(\frac{pl^2}{4} - \frac{pl^2}{8}\right) = -\frac{pl^2}{8G\Omega_{1y}} = -\frac{3pl^2}{20Ghb} \qquad (5.7\text{-}5)$$

Si el material de la viga es acero, $G = \frac{3}{8}E$, la relación entre f_{T_y} y f_{M_z} será:

$$\frac{f_{T_y}}{f_{M_z}} = \frac{3pl^2}{20Ghb}\,\frac{32Ebh^3}{5pl^4} = \frac{64}{25}\left(\frac{h}{l}\right)^2 = 2{,}56\left(\frac{h}{l}\right)^2 \qquad (5.7\text{-}6)$$

***b*) Viga bajo carga concentrada y centrada** (Fig. 5.23-*b*)

La flecha debida al momento flector se puede calcular mediante la expresión (5.2-15).

$$f_{M_z} = -\frac{Pl^3}{48EI_z} = -\frac{Pl^3}{4Ebh^3}$$

La flecha debida al esfuerzo cortante, dado que la ley de momentos flectores es $M_z(x) = (P/2)x$, válida para $0 \leqslant x \leqslant l/2$, será:

$$f_{T_y} = (y_1)_{x=l/2} = -\frac{Pl}{4G\Omega_1} = -\frac{4Pl}{5Ebh} \qquad (5.7\text{-}8)$$

La relación entre f_T y f_M, en este caso, es:

$$\frac{f_{T_y}}{f_{M_z}} = \frac{4Pl}{5Ebh}\,\frac{4Ebh^3}{Pl^3} = \frac{16}{5}\left(\frac{h}{l}\right)^2 = 3{,}2\left(\frac{h}{l}\right)^2 \qquad (5.7\text{-}9)$$

Obtenidas las relaciones entre las flechas debidas al esfuerzo cortante y al momento flector en los dos casos estudiados, podemos calcular el porcentaje que representa f_{T_y} respecto a f_{M_z}, para los valores más usuales de la relación *h/l* (Tabla 5.1).

Del cuadro de valores se deduce que la influencia de las deformaciones debidas al esfuerzo cortante es muy pequeña respecto a las producidas por el momento flector y que esta influencia disminuye a medida que lo hace la relación *h/l*. De ahí que podamos considerar despreciables las primeras respecto a las segundas.

Tabla 5.1. Valores de f_{T_y}/f_{M_z} en %

	h/l			
	1/6	**1/8**	**1/10**	**1/12**
Viga bajo carga uniformemente repartida	7,11	4,00	2,56	1,77
Viga bajo carga concentrada y centrada	8,88	5,00	3,20	2,22

Aunque los cálculos realizados lo han sido para una viga de sección rectangular puede el lector considerar distintas formas de la sección recta y diversos casos de carga y comprobará que llega a análogos resultados a los obtenidos en nuestros ejemplos, es decir, concluirá que en la mayoría de los casos las deformaciones debidas al esfuerzo cortante son despreciables frente a las producidas por el momento flector.

5.8. Método de Mohr para el cálculo de deformaciones

Otro método para el cálculo de deformaciones, basado en consideraciones energéticas, es el llamado *método de Mohr* que vamos a exponer a continuación. Aunque el método es aplicable a cualquier sistema elástico sometido a una solicitación arbitraria, como veremos en el Capítulo 10, ahora lo aplicaremos a un prisma mecánico sometido a flexión simple.

Consideremos la viga de la Figura 5.24 que admite plano medio de simetría, sometida a un sistema de cargas verticales situadas en su plano medio y propongámonos calcular la deformación de la sección *C*.

Para calcular el desplazamiento de esta sección el método consiste en suponer situada una carga ficticia Φ aplicada en la sección cuyo desplazamiento queremos calcular, de dirección aquella en que queremos medir la proyección del vector desplazamiento. Se calcula el potencial interno de la viga sometida a la solicitación formada por la carga real más la carga ficticia Φ. El desplazamiento δ_c de la sección *C* en la dirección de Φ se calcula aplicando el teorema de Castigliano particularizando el resultado para $\Phi = 0$.

$$\delta_c = \left(\frac{\partial \mathscr{T}}{\partial \Phi}\right)_{\Phi=0} \tag{5.8-1}$$

Por el principio de superposición, el momento flector y esfuerzo cortante de la viga con la carga dada más la carga ficticia Φ será la suma de momentos flectores y esfuerzos cortantes respectivamente, correspondientes a la carga real por una parte, y a la carga ficticia actuando sola sobre la viga, por otra.

Ahora bien, por la linealidad entre causa y efecto, el momento flector o esfuerzo cortante en una sección debidos a la carga Φ es igual al efecto producido por una carga unidad aplicada en *C*, de la misma dirección y sentido que Φ (Fig. 54.24-*b*), multiplicado por el módulo de la carga Φ.

Por tanto, las leyes de momentos flectores y esfuerzos cortantes en la viga con la carga real más la carga ficticia Φ serán:

$$\begin{aligned} M_z &= M_{z0} + \Phi M_{z1} \\ T_y &= T_{y0} + \Phi T_{y1} \end{aligned} \tag{5.8-2}$$

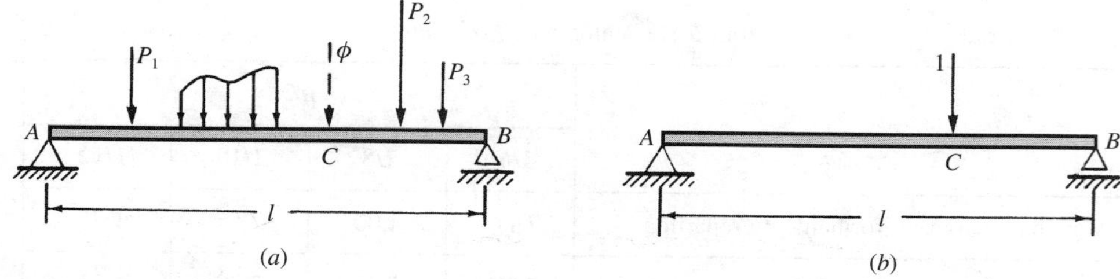

Figura 5.24

en donde:

M_{z0} es la ley de momentos flectores de la viga dada sometida a la carga real.
T_{y0} es la ley de esfuerzos cortantes de la viga dada sometida a la carga real.
M_{z1} es la ley de momentos flectores producidos por una carga unidad aplicada en la sección C.
T_{y1} es la ley de esfuerzos cortantes producidos por una carga unidad aplicada en la sección C.

El potencial interno de la viga, en virtud de (5.6-6), es:

$$\mathcal{T} = \int_0^l \frac{M_z^2}{2EI_z}\,ds + \int_0^l \frac{T_y^2}{2G\Omega_{1y}}\,ds = \int_0^l \frac{(M_{z0} + \Phi M_{z1})^2}{2EI_z}\,dx + \int_0^l \frac{(T_{y0} + \Phi T_{y1})^2}{2G\Omega_{1y}}\,dx \qquad (5.8\text{-}3)$$

Por el teorema de Castigliano, el desplazamiento vertical de la sección C será:

$$\delta_c = \left(\frac{\partial \mathcal{T}}{\partial \Phi}\right)_{\Phi=0} = \int_0^l \frac{M_{z0} M_{z1}}{EI_z}\,dx + \int_0^l \frac{T_{y0} T_{y1}}{G\Omega_{1y}}\,dx \qquad (5.8\text{-}4)$$

Como ya vimos anteriormente, el término debido al esfuerzo cortante podemos despreciarlo respecto al debido al momento flector, por lo que podemos poner como expresión del desplazamiento de cualquier sección C la siguiente:

$$\delta_c = \int_0^l \frac{M_{z0} M_{z1}}{EI_z}\,dx \qquad (5.8\text{-}5)$$

en donde M_{z1} es, como ya se ha dicho, la ley de momentos flectores debidos a una carga unidad aplicada en dicha sección C.

Puede ocurrir, como en el ejemplo que hemos puesto, que las leyes de momentos flectores pueden ser distintas en los diversos tramos de la viga o del sistema elástico que se considere. En estos casos la integral (5.8-5) se descompondría en suma de integrales

$$\delta_c = \Sigma \int \frac{M_{z0} M_{z1}}{EI_z}\,ds \qquad (5.8\text{-}6)$$

estando cada una extendida a la línea media del tramo en cuyo intervalo de la abscisa s tuvieran validez simultánea las leyes de M_{z0} y M_{z1}.

Si se presentara el caso de calcular el desplazamiento de una sección C de un sistema elástico, tal como el indicado en la Figura 5.25, en el que no es posible suponer despreciable la componente horizontal, como se ha hecho en el caso de vigas rectas sometidas a cargas verticales, la aplicación del método exigiría la consideración de una carga ficticia vertical Φ_v (Fig. 5.25-*a*) para calcular la componente vertical δ_{cv} del desplazamiento, mientras que para calcular la componente horizontal δ_{ch} sería necesario considerar una carga ficticia horizontal Φ_h (Fig. 5.25-*b*).

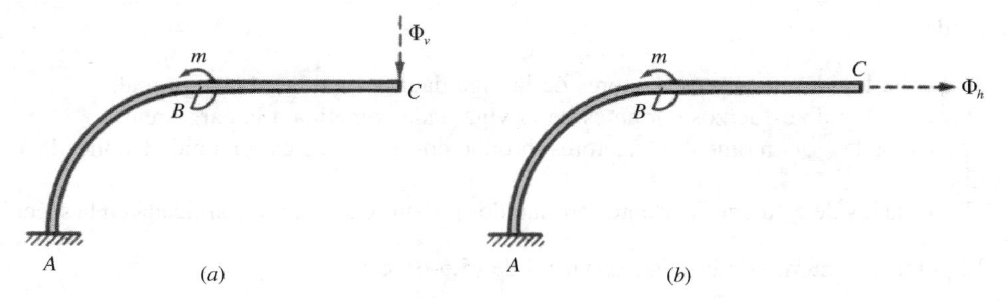

Figura 5.25

Si se trata de calcular el ángulo de giro de la sección C aplicando este método suponemos aplicado en ella un momento ficticio Φ (Fig. 5.26-*a*).

Se calcula el potencial interno de la viga sometida a la solicitación formada por la carga real más el momento ficticio Φ. El giro θ_c de la sección C se calcula aplicando el teorema de Castigliano particularizando el resultado para $\Phi = 0$.

$$\theta_C = \left(\frac{\partial \mathcal{T}}{\partial \Phi}\right)_{\Phi=0} \tag{5.8-7}$$

Procediendo análogamente a como hemos hecho anteriormente para el cálculo del desplazamiento, las leyes de momentos flectores y esfuerzos cortantes en la viga con la carga dada más el momento ficticio Φ serán:

$$\begin{aligned} M_z &= M_{z0} + \Phi M_{z1} \\ T_y &= T_{y0} + \Phi T_{y1} \end{aligned} \tag{5.8-8}$$

en donde M_{z0} y T_{y0} tienen el mismo significado que en las ecuaciones (5.8-2), pero ahora:

M_{z1} es la ley de momentos flectores producidos por un momento unidad aplicado en la sección C.

T_{z1} es la ley de esfuerzos cortantes producidos por un momento unidad aplicado en la sección C.

La expresión (5.8-3) del potencial interno sigue siendo válida, por lo que la aplicación del teorema de Castigliano nos dará:

$$\theta_C = \left(\frac{\partial \mathcal{T}}{\partial \phi}\right)_{\phi=0} = \int_0^l \frac{M_{z0} M_{z1}}{EI_z}\, dx + \int_0^l \frac{T_{y0}\, T_{y1}}{G\Omega_{1y}}\, dx \tag{5.8-9}$$

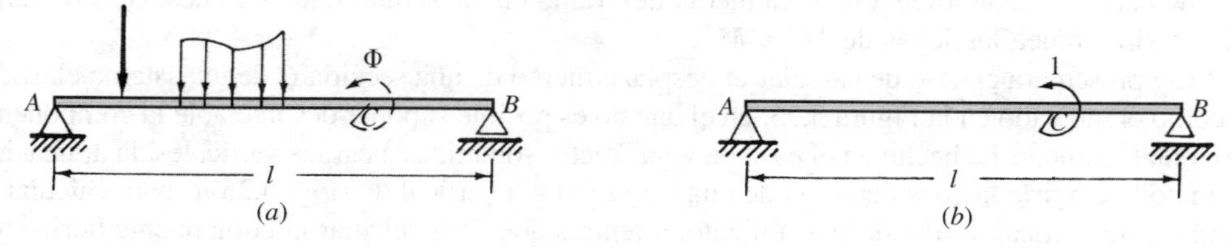

Figura 5.26

e igualmente que antes podemos considerar despreciable el término debido al esfuerzo cortante, y si existen varias leyes de momentos flectores a lo largo de la viga, la expresión del ángulo girado por la sección l será

$$\theta_C = \Sigma \int \frac{M_{z0} M_{z1}}{EI_z}\, ds \tag{5.8-10}$$

Indicaremos, finalmente que si el signo, tanto del desplazamiento δ_c como del giro θ_C, es positivo quiere decir que el desplazamiento o el giro de la sección que se considera coincide con el de la solicitación unitaria aplicada.

Ejemplo 5.8.1. Calcular, aplicando el método de Mohr, la flecha que presenta una viga simplemente apoyada de longitud l y rigidez EI_z constante, sometida a una carga uniforme p por unidad de longitud.

La flecha pedida es igual al desplazamiento de la sección media de la viga (Fig. 5.27).

Las leyes de momentos flectores en la viga considerada sometida a la carga real, así como en la viga sobre la que actúa una carga ficticia en la sección media, son:

$$M_{z0} = \frac{pl}{2}x - \frac{px^2}{2} \qquad ; \quad 0 \leqslant x \leqslant l$$

$$M_{z1} \begin{cases} = \dfrac{x}{2} & ; \quad 0 \leqslant x \leqslant l/2 \\[2mm] = \dfrac{x}{2} - 1 \cdot \left(x - \dfrac{l}{2}\right) = -\dfrac{x}{2} + \dfrac{l}{2} & ; \quad l/2 \leqslant x \leqslant l \end{cases}$$

Por el método de Mohr, el desplazamiento de la sección media C de la viga es:

$$f = \delta_c = \frac{1}{EI_z}\int_0^{l/2}\left(\frac{pl}{2}x - \frac{px^2}{2}\right)\frac{x}{2}\,dx + \frac{1}{EI_z}\int_{l/2}^{l}\left(\frac{pl}{2}x - \frac{px^2}{2}\right)\left(-\frac{x}{2} + \frac{l}{2}\right)dx =$$

$$= \frac{1}{EI_z}\left[\frac{pl}{4}\frac{x^3}{3} - \frac{p}{4}\frac{x^4}{4}\right]_0^{l/2} + \frac{1}{EI_z}\left[-\frac{pl}{4}\frac{x^3}{3} + \frac{pl^2}{4}\frac{x^2}{2} + \frac{p}{4}\frac{x^4}{4} - \frac{pl}{4}\frac{x^3}{3}\right]_{l/2}^{l} = \frac{5}{384}\frac{pl^4}{EI_z}$$

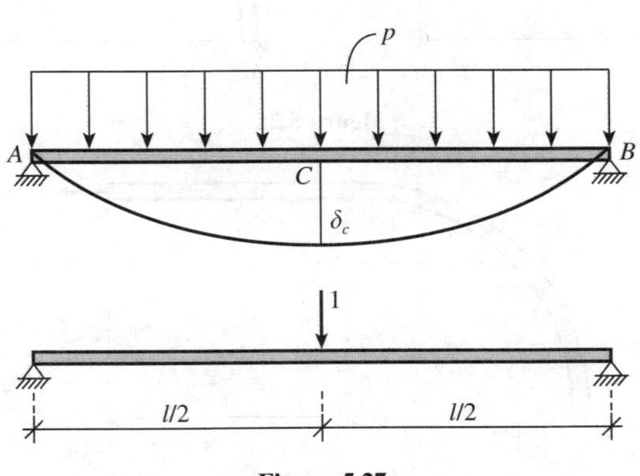

Figura 5.27

Ejemplo 5.8.2. Calcular el desplazamiento y el giro de la sección extrema C del sistema elástico indicado en la Figura 5.25, siendo AB un cuadrante de circunferencia de radio R y BC un tramo rectilíneo de longitud a. La rigidez a la flexión EI_z es constante.

Para calcular la componente vertical del desplazamiento de la sección C aplicamos una carga unidad en sentido vertical (Fig. 5.28). Las leyes de momentos flectores de la carga real y de la carga ficticia serán:

$$M_{z0}\begin{cases} M_C^B = 0 \\ M_B^A = m \end{cases} \qquad M_{z1}\begin{cases} = x & 0 \leqslant x \leqslant a \\ = 1 \cdot (a + R \text{ sen } \theta) & 0 \leqslant \theta \leqslant \pi/2 \end{cases}$$

Despreciando la deformación producida por el esfuerzo cortante tenemos:

$$\delta_{cv} = \int_0^l \frac{M_{z0} \cdot M_{z1}}{EI_z}\, ds = \frac{1}{EI_z}\int_0^{\pi/2} m(a + R \text{ sen } \theta)\, Rd\theta =$$

$$= \frac{mR}{EI_z}\,[a\theta - R\cos\theta]_0^{\pi/2} = \frac{mR}{EI_z}\left(a\frac{\pi}{2} + R\right) = \frac{mR(a\pi + 2R)}{2EI_z}$$

El signo positivo nos indica que el desplazamiento vertical de la sección C tiene el mismo sentido que el de la carga unidad aplicada.

Para el cálculo de la componente horizontal del desplazamiento, aplicamos la carga ficticia unidad en dirección horizontal (Fig. 5.28-*a*).

En este caso:

$$M_{z1}\begin{cases} M_C^B = 0 \\ = -R(1 - \cos\theta) & 0 \leqslant \theta \leqslant \pi/2 \end{cases}$$

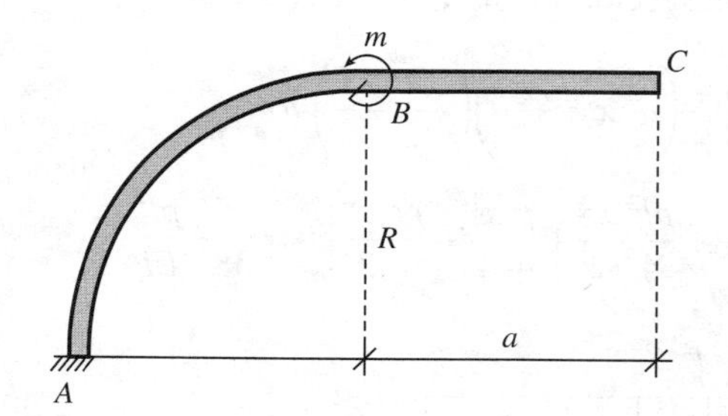

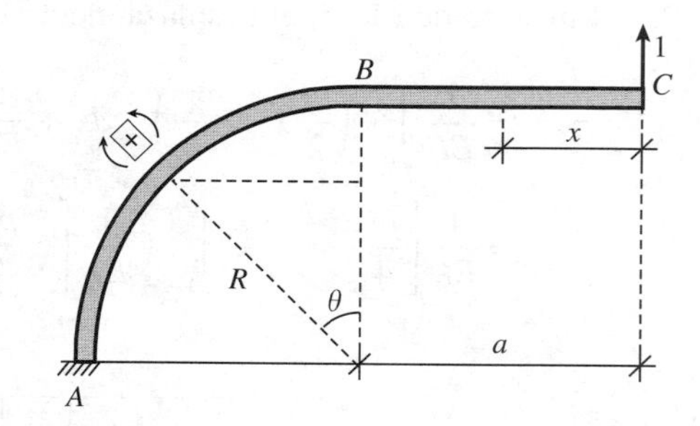

Figura 5.28

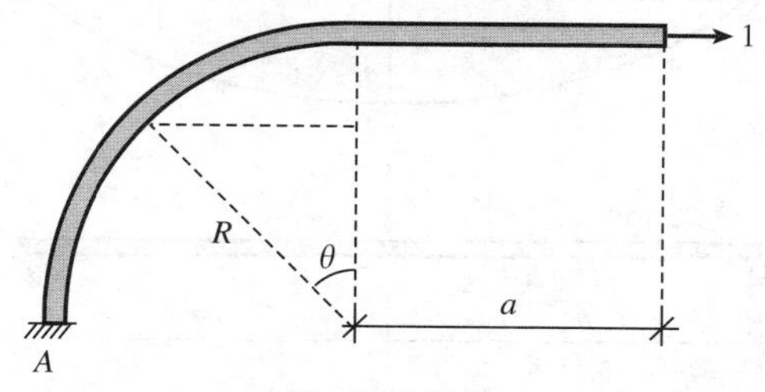

Figura 5.28-*a*

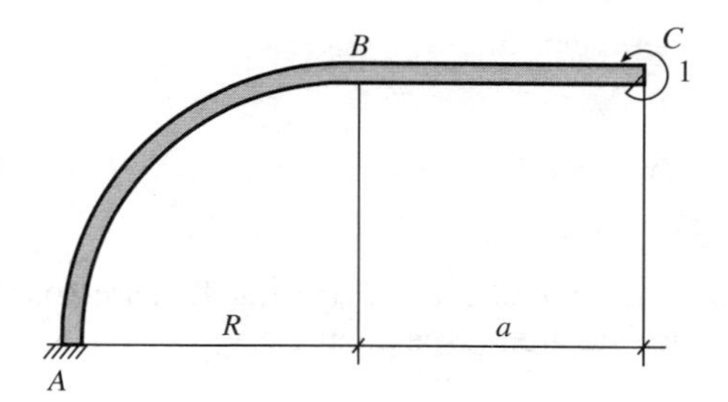

Figura 5.28-*b*

$$\delta_{ch} = \int_0^l \frac{M_{z0} \cdot M_{z1}}{EI_z} ds = \frac{-1}{EI_z} \int_0^{\pi/2} mR(1 - \cos\theta)\, R d\theta = -\frac{mR^2(\pi - 2)}{2EI_z}$$

El signo negativo del resultado nos indica que el desplazamiento de la sección C que se produce en dirección horizontal tiene sentido contrario al de la carga ficticia aplicada, es decir, hacia la izquierda.

Para el cálculo del ángulo que gira la sección C aplicamos un momento unidad ficticio (Fig. 5.28-*b*).

Como en este caso el momento $M_{z1} = 1$ en todas las secciones del sistema, se tiene:

$$\theta_C = \int_0^l \frac{M_{z0} \cdot M_{z1}}{EI_z} ds = \frac{1}{EI_z} \int_0^{\pi/2} m\, R d\theta = \frac{m\pi R}{2EI_z}$$

resultado, que, al ser positivo, nos indica que la sección C gira en el mismo sentido que el momento unidad aplicado, es decir, en sentido antihorario.

5.9. Método de multiplicación de los gráficos

La aplicación del método de Mohr nos lleva a calcular integrales del tipo (5.8-5) o (5.8-9), es decir, integrales en las que aparecen el producto de dos funciones de la misma variable x.

Teniendo en cuenta que el diagrama de momentos flectores en la pieza de la fuerza o momento unidad van a ser rectilíneos, vamos a exponer el denominado *método de multiplicación de los gráficos* que permite encontrar los valores de las integrales de Mohr sin necesidad de calcularlas.

Supongamos que queremos calcular la integral del producto $F_0(x) \cdot F_1(x)$ de dos funciones, una de las cuales al menos es líneal en un intervalo de longitud l.

$$I = \int_0^l F_0(x) \cdot F_1(x)\, dx \tag{5.9-1}$$

Si F_1 es una función lineal

$$F_1 = ax + b \tag{5.9-2}$$

la expresión (5.9-1) se convierte en:

$$I = \int_0^l F_0(x)(ax + b)\, dx = a \int_0^l xF_0(x)\, dx + b \int_0^l F_0(x)\, dx \tag{5.9-3}$$

La segunda integral es el área del diagrama $F_0(x)$, que llamaremos Ω_0, mientras que la segunda es el momento estático de este área respecto al eje y

$$\int_0^l xF_0(x)\, dx = \Omega_0 \cdot x_G \tag{5.9-4}$$

siendo x_G la abscisa del centro de gravedad del diagrama correspondiente a la función $F_0(x)$ (Fig. 5.29).

Sustituyendo en la expresión (5.9-3), tenemos:

$$I = a\Omega_0 x_G + b\Omega_0 = \Omega_0(ax_G + b) = \Omega_0 F_1(x_G) \tag{5.9-5}$$

es decir: *la integral del producto $F_0(x) \cdot F_1(x)$ de dos funciones, siendo lineal F_1 y pudiendo ser F_0 de configuración arbitraria, es igual al producto del área del diagrama de F_0 por la ordenada del diagrama lineal que corresponde a la abscisa del centro de gravedad del área Ω_0.*

Para el signo de I se tendrán en cuenta los signos que tengan los dos diagramas, según la forma de trabajar que tenga la pieza sometida a la solicitación exterior dada o a la acción unitaria (fuerza o momento).

Si el signo de la multiplicación de los gráficos es positivo, el resultado nos indica que el sentido del corrimiento o giro de la sección que se considera coincide con el de la solicitación unitaria aplicada.

Conviene hacer la observación que el producto de los dos gráficos, si uno de ellos es de configuración arbitraria, no es conmutativo. Sin embargo, sí lo será si las dos funciones $F_0(x)$ y $F_1(x)$ son ambas lineales.

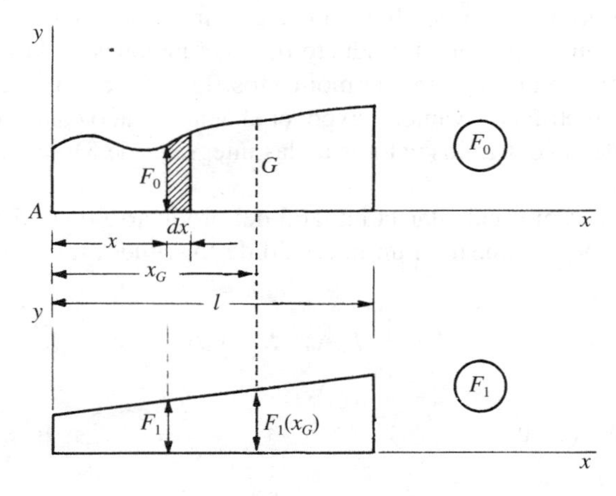

Figura 5.29

Ejemplo 5.9.1. Calcular, por el método de multiplicación de gráficos, la flecha de la viga indicada en la Figura 5.30, de rigidez EI_z constante.

La flecha es el desplazamiento vertical de la sección media C. Teniendo en cuenta los diagramas de los momentos M_{z0} y M_{z1} (Fig. 5.30), la multiplicación de los gráficos nos da:

Tramos AD y EB: $\dfrac{2}{EI_z}\left(\dfrac{1}{2}\dfrac{Pl}{4}\dfrac{l}{4}\dfrac{2}{3}\dfrac{l}{8}\right) = \dfrac{Pl^3}{192EI_z}$

Tramos DC y CE: $\dfrac{2}{EI_z}\left[\dfrac{Pl}{4}\dfrac{l}{4}\dfrac{1}{2}\left(\dfrac{l}{8}+\dfrac{l}{4}\right)\right] = \dfrac{3Pl^3}{128EI_z}$

Por tanto, la flecha pedida será:

$$f = \delta_c = \int_0^l \frac{M_{z0}M_{z1}}{EI_z}\,dx = \frac{Pl^3}{EI_z}\left(\frac{1}{192}+\frac{3}{128}\right) = \frac{11Pl^3}{384EI_z}$$

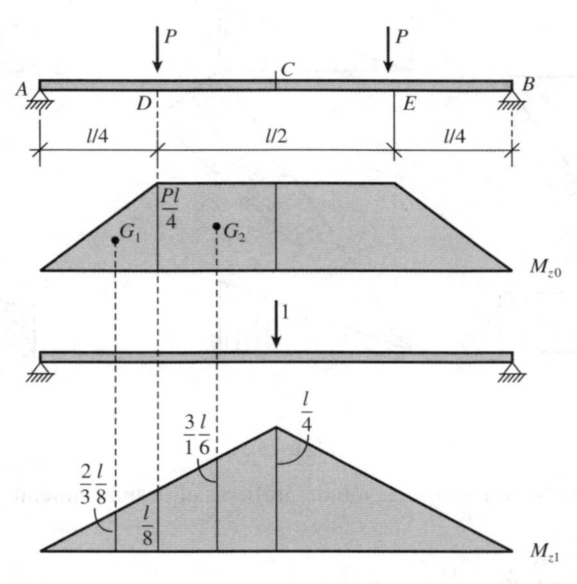

Figura 5.30

Ejemplo 5.9.2. La barra *ABCD* indicada en la Figura 5.31-*a* está contenida en un plano vertical y empotrada en su sección extrema D.

Calcular el desplazamiento, así como el giro que experimenta la sección extrema A, cuando se aplica en dicha sección una carga P, sabiendo que la rigidez a la flexión EI_z es constante.

A continuación se dibujan en los tres tramos de la barra los diagramas de momentos flectores: M_{z0}, de la carga real (Fig. 5.31-*b*); M_{z1}, de la carga ficticia unidad horizontal (Fig. 5.31-*c*); M_{z1}, de la carga ficticia unidad vertical (Fig. 5.31-*d*) y también M_{z1} correspondiente al momento ficticio unidad (Fig. 5.31-*e*).

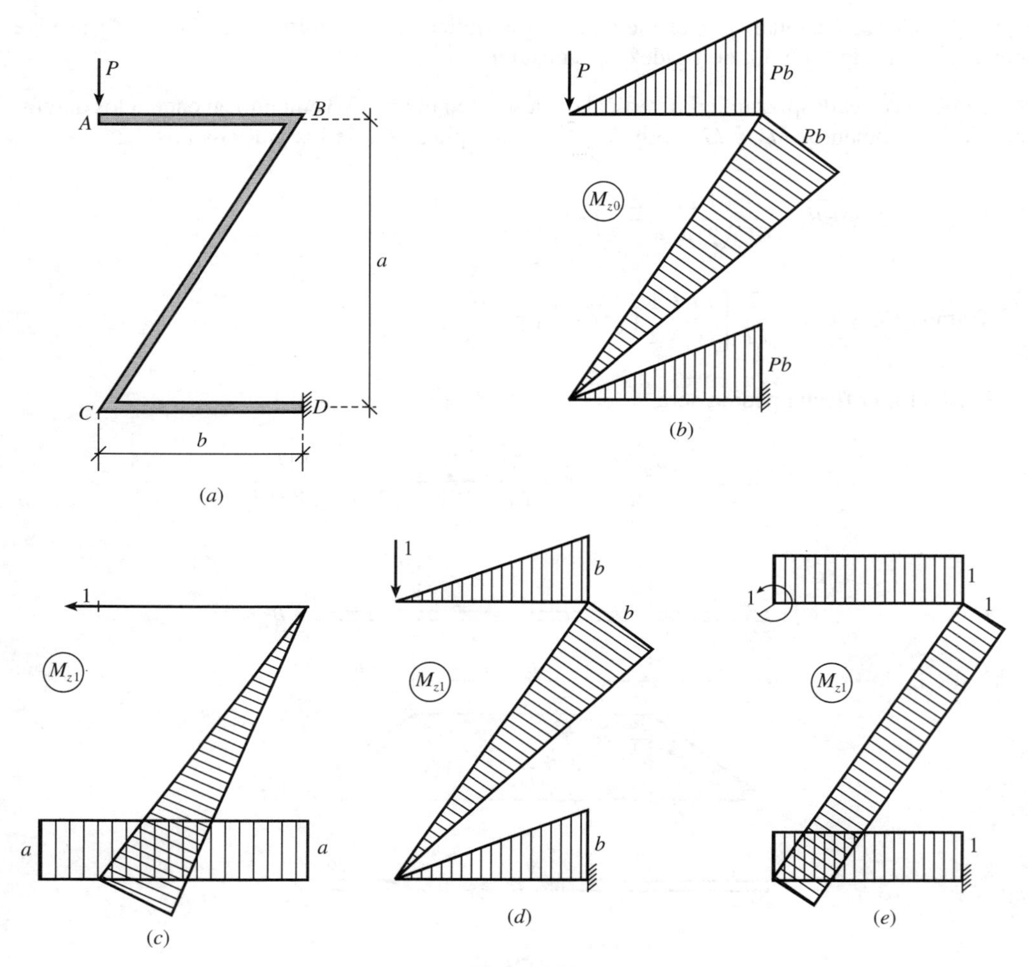

Figura 5.31

Aplicando el método de multiplicación de gráficos, al desplazamiento vertical de la sección A será:

$$\delta_{Av} = \int_0^l \frac{M_{z0} \cdot M_{z1}}{EI_z}\, dx = \frac{1}{EI_z}\left(2\frac{1}{2}\, Pb^2\, \frac{2}{3}\, b + \frac{1}{2}\, Pb\, \sqrt{a^2 + b^2}\, \frac{2}{3}\, b \right)$$

$$\delta_{Av} = \frac{Pb^2}{3EI_z}\left(2b + \sqrt{a^2 + b^2}\right)$$

Considerando ahora el diagrama de momentos flectores M_{z1} debido a la carga unitaria horizontal (Fig. 5.31-*c*), si aplicamos el mismo método, el desplazamiento horizontal de la sección A de la barra considerada es:

$$\delta_{Ah} = \frac{1}{EI_z}\left(\frac{1}{2}\, Pb\, \sqrt{a^2 + b^2}\, \frac{a}{3} + \frac{1}{2}\, Pb^2\, a\right)$$

$$\delta_{Ah} = \frac{Pab}{2EI_z}\left(\frac{\sqrt{a^2+b^2}}{3} + b\right)$$

y el giro

$$\theta_A = \frac{1}{EI_z}\left(2\frac{1}{2}Pb^2 + \frac{1}{2}Pb\sqrt{a^2+b^2}\right) = \frac{Pb}{2EI_z}(2b + \sqrt{a^2+b^2})$$

Como ambos resultados son positivos, indican que tanto las componentes del desplazamiento como el giro de la sección A se producen en el mismo sentido que tienen, respectivamente, las cargas unidad y momento unidad aplicados.

5.10. Cálculo de desplazamientos en vigas sometidas a flexión simple mediante uso de series de Fourier

Otro método que se puede utilizar para el cálculo del desplazamiento de secciones de vigas sometidas a flexión simple es el basado en la utilización de series de Fourier.

Consideremos en primer lugar una viga simplemente apoyada de longitud l y rigidez EI_z constante, sometida a una distribución de carga definida por la ecuación

$$p = p_0 \operatorname{sen} \frac{n\pi x}{l} \tag{5.10-1}$$

siendo n un número entero y p_0 una contante, que es el valor máximo de la carga aplicada a la viga. Tomaremos el semieje positivo de ordenadas el vertical ascendente.

Como la ecuación diferencial de la elástica es

$$EI_z \frac{d^2y}{dx^2} = M_z \tag{5.10-2}$$

y, como vimos en (4.6-5), la carga es la derivada segunda del momento flector, la ecuación (5.10-2) la podemos poner en la siguiente forma

$$EI_z \frac{d^4y}{dx^4} = \frac{d^2M}{dx^2} = p_0 \operatorname{sen} \frac{n\pi x}{l} \tag{5.10-3}$$

cuya integración nos da

$$EI_z \frac{d^3y}{dx^3} = -\frac{p_0 l}{n\pi} \cos \frac{n\pi x}{l} + C_1 \tag{5.10-4}$$

$$EI_z \frac{d^2y}{dx^2} = -p_0\left(\frac{l}{n\pi}\right)^2 \operatorname{sen} \frac{n\pi x}{l} + C_1 x + C_2 \tag{5.10-5}$$

siendo C_1 y C_2 constantes de integración que podemos determinar imponiendo las condiciones de contorno de ser nula la curvatura de la elástica en los extremos de la viga.

$$\frac{d^2y}{dx^2} = 0, \text{ para } x = 0 \text{ y } x = l \Rightarrow C_1 = C_2 = 0$$

De la ecuación resultante

$$EI_z \frac{d^2y}{dx^2} = - p_0 \left(\frac{l}{n\pi}\right)^2 \text{sen}\, \frac{n\pi x}{l} \qquad (5.10\text{-}6)$$

comparándola con la (5.10-2) se deduce que la ley de momentos flectores en la viga sometida a una carga senoidal es también senoidal.

Integrando una y otra vez la ecuación diferencial anterior, tenemos

$$EI_z \frac{dy}{dx} = p_0 \left(\frac{l}{n\pi}\right)^3 \cos \frac{n\pi x}{l} + C_3 \qquad (5.10\text{-}7)$$

$$EI_z y = p_0 \left(\frac{l}{n\pi}\right)^4 \text{sen}\, \frac{n\pi x}{l} + C_3 x + C_4 \qquad (5.10\text{-}8)$$

Imponiendo la condición de contorno de ser nulos los desplazamientos en los extremos, se deduce la nulidad de las dos constantes de integración.

$$\text{Para } x = 0 \;\; ; \;\; y = 0 \Rightarrow C_4 = 0$$

$$\text{Para } x = l \;\; ; \;\; y = 0 \Rightarrow C_3 = 0$$

La ecuación (5.10-8) se reduce a

$$EI_z y = p_0 \left(\frac{l}{n\pi}\right)^4 \text{sen}\, \frac{n\pi x}{l} \qquad (5.10\text{-}9)$$

Si la carga que actúa sobre la viga tiene la forma más general de un desarrollo en serie de Fourier.

$$p = p_1 \,\text{sen}\, \frac{\pi x}{l} + p_2 \,\text{sen}\, \frac{2\pi x}{l} + p_3 \,\text{sen}\, \frac{3\pi x}{l} + \cdots = \sum_{n=1}^{\infty} p_n \,\text{sen}\, \frac{n\pi x}{l} \qquad (5.10\text{-}10)$$

se puede aplicar el principio de superposición para obtener la ecuación de la elástica

$$EI_z y = \sum_{n=1}^{\infty} p_n \left(\frac{l}{n\pi}\right)^4 \text{sen}\, \frac{n\pi x}{l} \qquad (5.10\text{-}11)$$

siendo $p_n (n = 1, 2, ...)$ los coeficientes de Fourier, cuyos valores se obtienen multiplicando los dos miembros de (5.10-10) por sen $\frac{n\pi x}{l}\, dx$ e integrando a lo largo de la viga

$$\int_0^l p \,\text{sen}\, \frac{n\pi x}{l}\, dx = p_1 \int_0^l \text{sen}\, \frac{\pi x}{l} \,\text{sen}\, \frac{n\pi x}{l}\, dx + \cdots + p_n \int_0^l \text{sen}\, \frac{n\pi x}{l} \,\text{sen}\, \frac{n\pi x}{l}\, dx + \cdots \qquad (5.10\text{-}12)$$

Las integrales del segundo miembro se anulan todas salvo la correspondiente a p_n que vale $l/2$*, por lo que los coeficientes de Fourier serán

$$p_n = \frac{2}{l} \int_0^l p \,\text{sen}\, \frac{n\pi x}{l}\, dx \qquad (5.10\text{-}13)$$

---

* Véase «Cálculo Integral» de P. Puig Adam, Lección 10 § 7, o cualquier texto de matemáticas que contenga el estudio de series de Fourier.

A modo de ejemplo veamos a qué resultado nos conduce la aplicación de este método para obtener las flechas en dos de los casos que hemos visto anteriormente aplicando el método de integración.

El primer caso a que nos referimos es al de una viga con carga uniforme p por unidad de longitud (Fig. 5.32-*a*).

Los coeficientes de Fourier para este caso, según la ecuación (5.10-13), serán

$$p_n = -\frac{2p}{l}\int_0^l \operatorname{sen}\frac{n\pi x}{l}\,dx = -\frac{2p}{l}\left[-\frac{l}{n\pi}\cos\frac{n\pi x}{l}\right]_0^l = -\frac{2p}{n\pi}(1-\cos n\pi)$$

cuyo valor depende de que n sea par o impar:

$$\text{para } n \text{ par:} \quad \cos n\pi = 1 \Rightarrow p_n = 0$$

$$\text{para } n \text{ impar:} \quad \cos n\pi = -1 \Rightarrow p_n = -\frac{4p}{n\pi}$$

La ecuación (5.10-11) de la elástica tomará la forma

$$EI_z y = -\frac{4p}{\pi}\left(\frac{l}{\pi}\right)^4\left(\operatorname{sen}\frac{n\pi}{l} + \frac{1}{3^5}\operatorname{sen}\frac{3\pi x}{l} + \frac{1}{5^5}\operatorname{sen}\frac{5\pi x}{l} + \cdots\right) \quad (5.10\text{-}14)$$

Por tanto, la ecuación de la flecha se obtendrá particularizando esta ecuación para $x = l/2$

$$f = y_c = -\frac{4pl^4}{\pi^5 EI_z}\left(1 - \frac{1}{3^5} + \frac{1}{5^5} - \frac{1}{7^5} + \cdots\right) \quad (5.10\text{-}15)$$

Despreciando los términos de la serie a partir del segundo, se obtiene como valor aproximado de la flecha

$$f \simeq -\frac{4pl^4}{\pi^5 EI_z} = -\frac{4pl^4}{306EI_z} = -\frac{5{,}019pl^4}{384EI_z} = -\frac{5(1+0{,}003)pl^4}{384EI_z} \quad (5.10\text{-}16)$$

Si comparamos esta expresión con la (5.2-9) de la flecha obtenida por doble integración observamos que el error por exceso cometido al tomar el primer término de la expresión (5.10-15), obtenida al aplicar el método que utiliza series de Fourier, es del orden del 0,3 por 100.

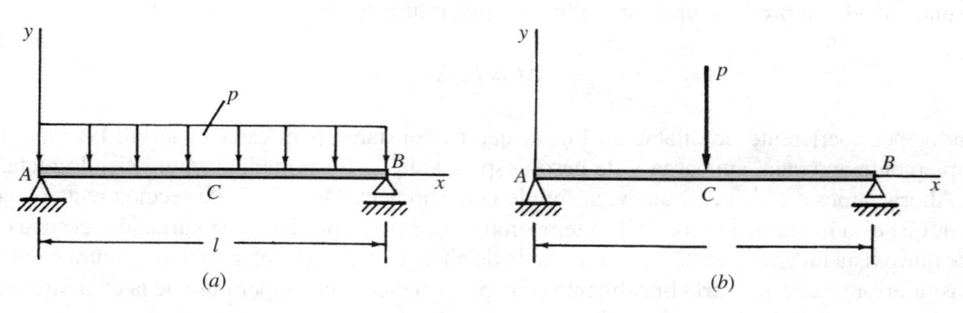

Figura 5.32

El segundo caso al que vamos a aplicar el método que hemos expuesto es el de una viga simplemente apoyada sometida a una carga P en la sección media C (Fig. 5.32-*b*). En este caso la carga equivalente se puede expresar así:

$$p = -\frac{2P}{l}\left(\operatorname{sen}\frac{\pi}{2}\operatorname{sen}\frac{\pi x}{l} + \operatorname{sen}\frac{2\pi}{2}\operatorname{sen}\frac{2\pi x}{l} + \operatorname{sen}\frac{3\pi}{2}\operatorname{sen}\frac{3\pi x}{l} + \cdots\right) \qquad (5.10\text{-}17)$$

y la ecuación de la elástica, según (5.10-11), será:

$$EI_z y = -\frac{2Pl^3}{l}\left(\operatorname{sen}\frac{\pi}{2}\operatorname{sen}\frac{\pi x}{l} + \frac{1}{2^4}\operatorname{sen}\frac{2\pi}{2}\operatorname{sen}\frac{2\pi x}{l} + \frac{1}{3^4}\operatorname{sen}\frac{3\pi}{2}\operatorname{sen}\frac{3\pi x}{l} + \cdots\right) \qquad (5.10\text{-}18)$$

de donde, particularizando para $x = l/2$:

$$f = y_c = -\frac{2Pl^3}{\pi^4 EI_z}\left(1 + \frac{1}{3^4} + \cdots\right) \qquad (5.10\text{-}19)$$

Despreciando los términos de la serie a partir del segundo, se obtiene como valor aproximado de la flecha en este caso

$$f \simeq -\frac{2Pl^3}{\pi^4 EI_z} = -\frac{Pl^3}{48{,}7EI_z} = -\frac{0{,}985Pl^3}{48EI_z} \qquad (5.10\text{-}20)$$

Comparando esta expresión con la (5.2-15) que nos da el valor de la flecha de la viga que estamos considerando cuando se aplica el método de la doble integración, se deduce que el error cometido tomando solamente el primer término de la expresión obtenida aplicando el método basado en la utilización de las series de Fourier es del orden de 1,5 por 100 por defecto.

5.11. Deformaciones de una viga por efecto de la temperatura

Ya vimos en el epígrafe 2.6 el comportamiento de un prisma mecánico cuando se produce una variación térmica. Allí se consideraba uniforme dicha variación, es decir, todas las partículas del material experimentaban el mismo incremento de temperatura. En tales circunstancias, si la dilatación de un prisma mecánico recto de longitud l es libre, el incremento de longitud del prisma, cuando se produce una variación de temperatura Δt, es

$$\Delta l = l\alpha\,\Delta t$$

siendo α el coeficiente de dilatación lineal, que es constante para cada material. En una viga simplemente apoyada, sin carga y de peso despreciable, la línea media seguirá siendo recta.

Ahora vamos a considerar una viga simplemente apoyada (Fig. 5.33) de sección recta rectangular, que está inicialmente toda ella a temperatura t_0, pero se produce una variación térmica que hace que exista un gradiente térmico constante de abajo a arriba, es decir, la temperatura entre las caras inferior y superior varía linealmente (Fig. 5.33-*c*). Sea t_1 la temperatura de la cara inferior y t_2 la correspondiente a la cara superior.

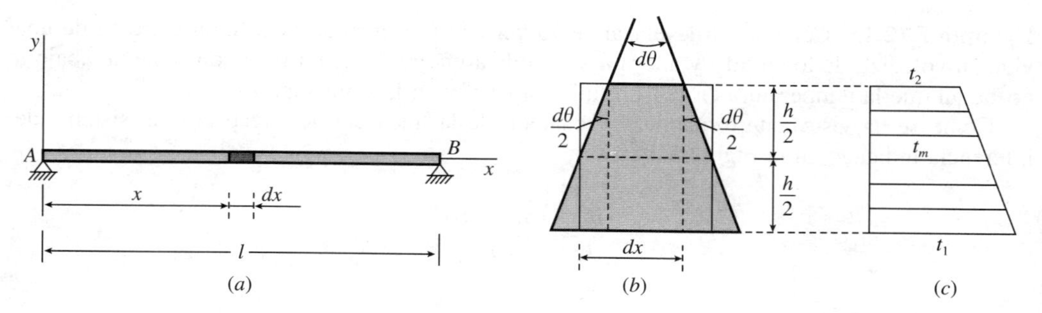

Figura 5.33

El comportamiento de la viga es ahora totalmente diferente, ya que los alargamientos de las fibras longitudinales son distintos. Por este motivo, la línea media se curvará. Intuitivamente vemos que el efecto producido por la temperatura es equivalente a un alargamiento uniforme $\Delta l = l\alpha(t_m - t_0)$ siendo $t_m = \dfrac{t_1 + t_2}{2}$ la temperatura media y t_0 la temperatura inicial, seguido de una flexión pura como la que genera un momento flector aplicado en las secciones extremas.

Para obtener la ecuación diferencial de la elástica veamos cual sería la expresión de su curvatura que podemos obtener expresando el alargamiento relativo de las fibras de la cara inferior, según se desprende de la Figura 5.33-*b*

$$dx\,[1 + \alpha(t_1 - t_0)] - dx[1 + \alpha(t_2 - t_0)] = 2h\,\frac{d\theta}{2}$$

De aquí se obtiene

$$\frac{d\theta}{dx} = \frac{\alpha(t_1 - t_2)}{h} \tag{5.11-1}$$

por lo que la ecuación diferencial de la elástica de la viga debida a la variación térmica indicada, en virtud de (5.2-2), será

$$\frac{d^2y}{dx^2} = \frac{\alpha(t_1 - t_2)}{h} \tag{5.11-2}$$

La ecuación de la elástica se obtendría a partir de ésta por doble integración. Se observa que desde un punto de vista formal, y en lo que al cálculo de desplazamientos verticales se refiere, la ecuación (5.11-2) se obtendría a partir de la (5.2-5) reemplazando M_z/EI_z por $\alpha(t_1 - t_2)/h$, por lo que ésta sería la sustitución que tendríamos que hacer si aplicamos los teoremas de Mohr o de la viga conjugada.

Si la temperatura media t_m difiere en un valor notable de la inicial t_0 podría interesar tener en cuenta el desplazamiento horizontal. Para una sección C de abscisa x sería

$$\delta_{Ch} = \alpha(t_m - t_0)x \tag{5.11-3}$$

Los giros de las secciones vendrían dados por la ecuación obtenida al realizar la primera integración de la ecuación diferencial de la elástica (5.11-2).

Ejemplo 5.12.1. Calcular el desplazamiento vertical y el giro de la sección extrema de una viga en voladizo de longitud l y altura h sometida a un gradiente térmico constante de abajo a arriba tal que la temperatura en la fibra inferior es t_1 y en la fibra superior es t_2.

Como se ha visto anteriormente, la ecuación de la línea elástica, respecto del sistema de inferencia indicado en la Figura 5.34, es

$$\frac{d^2y}{dx^2} = \frac{\alpha(t_1 - t_2)}{h}$$

Integrando, se tiene:

$$\frac{dy}{dx} = \frac{\alpha(t_1 - t_2)}{h} x + C$$

$$y = \frac{\alpha(t_1 - t_2)}{2h} x^2 + Cx + K$$

siendo C y K constantes de integración que determinaremos imponiendo las condiciones de contorno.

$$\left. \begin{array}{l} y(0) = 0 \Rightarrow K = 0 \\ y'(0) = 0 \Rightarrow C = 0 \end{array} \right\} \quad y = \frac{\alpha(t_1 - t_2)}{2h} x^2$$

El desplazamiento vertical y el giro de la sección extrema B se obtienen particularizando las ecuaciones de y e y' para $x = l$

$$\delta_B = \frac{\alpha(t_1 - t_2)l^2}{2h} \quad ; \quad \theta_B = \frac{\alpha(t_1 - t_2)l}{h}$$

que tendrán los sentidos indicados en la Figura 5.34-*a* cuando $t_1 > t_2$ y sentidos opuestos, en caso contrario.

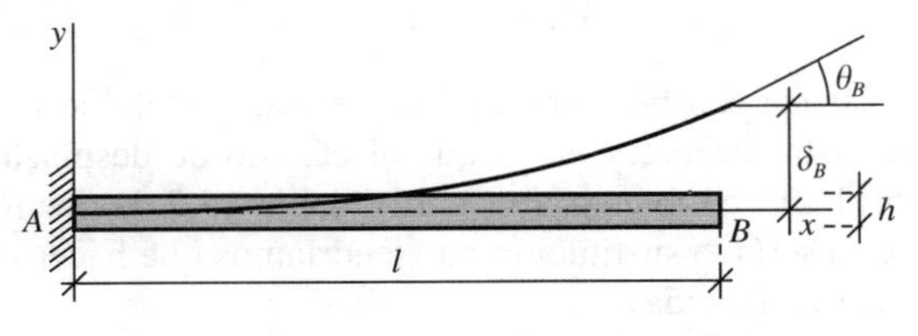

Figura 5.34

Ejemplo 5.12.2. Se considera una viga simplemente apoyada de longitud l y altura h. Se calienta la viga de forma tal que en una sección la temperatura presenta un gradiente constante siendo t_1 la temperatura en la parte inferior y t_2 en la parte superior. En sentido longitudinal el calentamiento no es uniforme sino que la diferencia $t_1 - t_2$ varía linealmente, $t_1 - t_2 = Kx$, siendo K una constante. Calcular la flecha que presenta la viga.

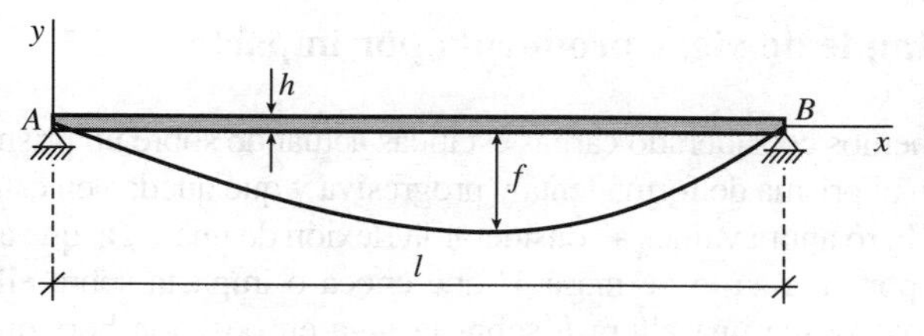

Figura 5.35

La ecuación de la elástica, en este caso, es

$$\frac{d^2y}{dx^2} = \frac{\alpha(t_1 - t_2)}{h} = \frac{\alpha K x}{h}$$

Integrando, se tiene:

$$\frac{dy}{dx} = \frac{\alpha K}{2h} x^2 + C_1$$

$$y = \frac{\alpha K}{6h} x^3 + C_1 x + C_2$$

Las constantes de integración las obtendremos aplicando las condiciones de contorno

$$y(0) = 0 \Rightarrow C_2 = 0$$

$$y(l) = 0 \quad : \quad \frac{\alpha K}{6h} l^3 + C_1 l = 0 \Rightarrow C_1 = -\frac{\alpha K l^2}{6h}$$

La ecuación de la elástica será:

$$y = \frac{\alpha K}{6h} x^3 - \frac{\alpha K l^2}{6h} x$$

La flecha se presentará en la sección de abscisa x en la que se anule la derivada

$$\frac{dy}{dx} = \frac{\alpha K}{2h} x^2 - \frac{\alpha K l^2}{6h} = 0 \quad \Rightarrow \quad x = \frac{l}{\sqrt{3}}$$

Por consiguiente, la flecha vendrá dada por la ecuación de la elástica para $x = \dfrac{l}{\sqrt{3}}$

$$f = \frac{\alpha K}{6h} \frac{l^3}{3\sqrt{3}} - \frac{\alpha K l^2}{6h} \frac{l}{\sqrt{3}} = -\frac{\alpha K l^3}{9\sqrt{3}\, h}$$

5.12. Flexión simple de vigas producida por impacto

Hasta aquí siempre hemos considerado cargas estáticas actuando sobre un prisma mecánico, es decir, cargas que se aplican al prisma de forma lenta y progresiva y que quedan en estado de reposo relativo respecto del mismo. Pero ahora vamos a considerar la flexión de una viga, que admite plano medio de simetría, producida por un cuerpo de masa M que choca o impacta sobre ella moviéndose en ese plano, bien porque cae desde una altura h sobre la viga en posición horizontal (Fig. 5.36-*a*) bien porque el cuerpo choca a velocidad v_0 con la viga situada en posición vertical (Fig. 5.36-*b*).

En ambos casos el impacto produce una deformación de la viga de tal forma que toda la energía cinética del cuerpo que choca se transforma en energía de deformación de la viga. La resolución de problemas de este tipo se hace siempre por consideraciones energéticas. Admitiremos la hipótesis que no hay pérdidas de energía por rozamiento externo o interno, así como que la masa M sigue unida a la viga hasta que ésta alcance la deformación máxima δ. Esta deformación máxima δ genera un estado tensional del que nos puede interesar el cálculo del valor de la tensión máxima, ya que si ésta es superior al límite elástico del material de la viga se producirán en ella deformaciones de carácter permanente.

Después de producida la deformaciónl máxima δ seguirá un período transitorio durante el cual la viga vibra, hasta desaparecer la vibración y quedar ésta junto con la carga en situación de equilibrio elástico.

Definimos como *carga estática equivalente P* la que actuando sobre la viga en equilibrio estático produciría la misma energía de deformación que la carga de impacto. Su valor se obtendrá en función de la deformación máxima δ cuya expresión hemos visto como se realizaría su cálculo en epígrafes anteriores.

La energía de deformación que la carga P produciría en la viga

$$\mathcal{T} = \frac{1}{2} P\delta$$

tendría que igualarse a la energía cinética del cuerpo que impacta.

A modo de ejemplo consideremos el caso de una viga simplemente apoyada sobre la que impacta en su sección media una carga de masa M que cae desde una altura h (Fig. 5.37).

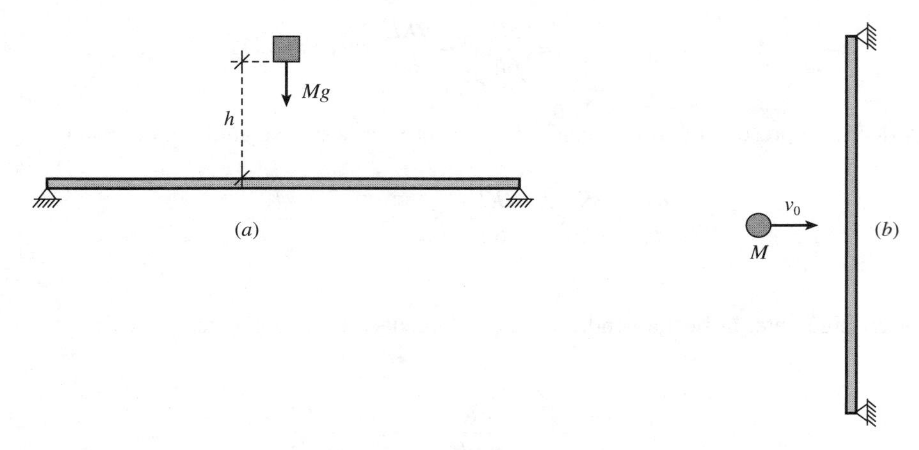

Figura 5.36

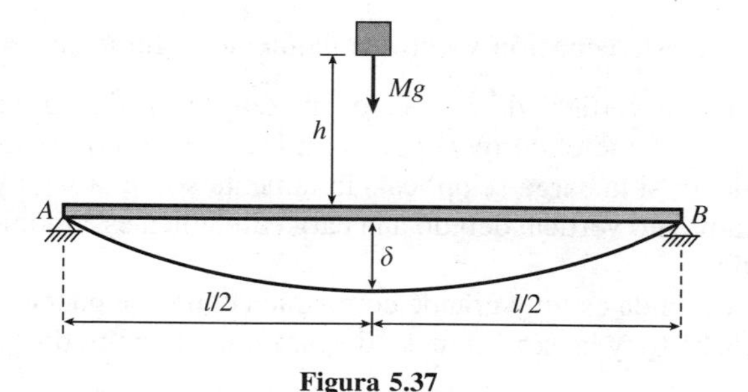

Figura 5.37

En estas condiciones, la pérdida de energía potencial de la masa M, cuyo valor es

$$Mg(h + \delta) \tag{5.12-1}$$

siendo g la aceleración de la gravedad, tiene que ser igual al potencial interno o energía de deformación almacenada por la viga.

Ahora bien, para calcular el potencial interno de la viga tengamos presente el valor de la carga estática equivalente P que produciría una flecha δ, que según (5.2-15) sería tal que

$$\delta = \frac{Pl^3}{48EI_z} \quad \text{de donde} \quad P = \frac{48EI_z\,\delta}{l^3}$$

y que el potencial interno se puede expresar en función de las fuerzas exteriores mediante la ecuación (1.14-3) de Clapeyron

$$\mathscr{T} = \frac{1}{2}P\delta = \frac{24EI_z\delta^2}{l^3} \tag{5.12-2}$$

Igualando las expresiones (5.12-1) y (5.12-2), tenemos

$$\frac{24EI_z\delta^2}{l^3} = Mg(h + \delta) \tag{5.12-3}$$

o bien

$$24EI_z\delta^2 - Mgl^3\delta - Mgl^3h = 0 \tag{5.12-4}$$

ecuación de segundo grado, cuya solución válida es

$$\delta = \frac{Mgl^3 + \sqrt{(Mgl^3)^2 + 96EI_zMgl^3h}}{48EI_z} = \frac{Mgl^3}{48EI_z} + \sqrt{\left(\frac{Mgl^3}{48EI_z}\right)^2 + 2h\,\frac{Mgl^3}{48EI_z}} \tag{5.12-5}$$

Si llamamos δ_{est} a la flecha que correpondería a la carga Mg colocada de forma estática en la sección media de la viga, la ecuación anterior se puede poner en la forma

$$\delta = \delta_{\text{est}} + \sqrt{\delta_{\text{est}}^2 + 2h\delta_{\text{est}}} \tag{5.12-6}$$

De la observación de esta ecuación y del razonamiento seguido se deduce:

1.º El desplazamiento vertical de la sección media de la viga producida por una carga dinámica es siempre mayor que el correspondiente a la carga como estática.

2.º Si $h = 0$, es decir, si la carga se aplica súbitamente sobre la viga y no de forma lenta y progresiva, el desplazamiento vertical debido a la carga dinámica es el doble del correspondiente a la carga como estática.

3.º Si la altura h de caída es muy grande comparada con δ, se puede despreciar δ_{est}^2 frente a $2h\delta_{est}$ en la ecuación (5.12-6), y la expresión del desplazamiento debido a la carga dinámica sería

$$\delta = \sqrt{2h\delta_{est}} \qquad (5.12\text{-}7)$$

4.º El valor de δ dado por (5.12-6) es el máximo que puede tener el desplazamiento vertical de la sección media, toda vez que en su obtención se ha supuesto que no había pérdidas de energía durante el impacto, es decir, no se ha considerado la energía disipada en la deformación local de las superficies de contacto, tanto de la masa como de la viga, ni la energía necesaria para el posible rebote hacia arriba de la masa que choca con la viga.

La expresión (5.12-6) se puede poner en la forma

$$\delta = \delta_{est}\left(1 + \sqrt{1 + \frac{2h}{\delta_{est}}}\right) \qquad (5.12\text{-}8)$$

El paréntesis que es igual a la relación entre la deformación debida a la carga dinámica y la deformación que produce la misma carga pero colocada estáticamente, se denomina *factor de impacto*.

Ejemplo 5.12.1. Sobre la sección extrema libre de una viga en voladizo de longitud l y sección rectangular de ancho b y altura a, cae un cuerpo de masa M desde una altura h.

Calcular la flecha δ que llega a alcanzar la viga como consecuencia del impacto, así como el valor de la tensión máxima que se produce en la viga. Se supondrá $h \gg \delta$.

Si P es la carga estática equivalente, el desplazamiento vertical máximo que se produce en la viga, según el segundo teorema de Mohr, es

$$\delta = \frac{1}{EI_z}\frac{1}{2}Pl^2\frac{2}{3}l = \frac{Pl^3}{3EI_z}$$

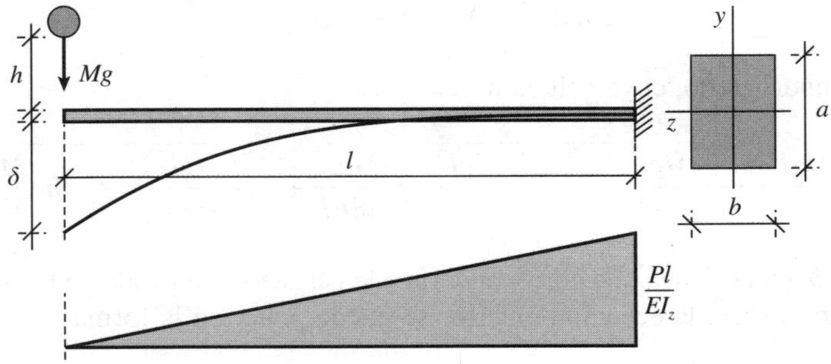

Figura 5.38

Como la pérdida de energía potencial de la masa M se transforma en energía de deformación de la viga, igualando las expresiones correspondientes, se tiene:

$$\mathscr{T} = Mg(h + \delta) \simeq Mgh = \frac{1}{2} P\delta = \frac{P^2 l^3}{6EI_z}$$

La flecha que llega a alcanzar la viga como consecuancia del impacto es

$$\delta = \frac{Pl^3}{3EI_z} = \frac{l^3}{3EI_z}\sqrt{\frac{6MghEI_z}{l^3}} = \sqrt{\frac{2hMgl^3}{3EI_z}}$$

La tensión máxima se produce en la sección de empotramiento, de tracción en la fibra superior y de compresión en la fibra inferior

$$\sigma_{\text{máx}} = \pm \frac{Pl}{I_z}\frac{a}{2} = \pm \frac{6}{ba^2 l}\sqrt{\frac{6hMgEI_z}{l}}$$

Ejemplo 5.12.2. Sobre la sección C, de abscisa $a = 0{,}50$ m, de una viga simplemente apoyada de longitud $l = 2$ m (Fig. 5.39) cae, desde una altura $h = 50$ cm, una carga de masa $M = 5$ kg. La viga es de acero inoxidable, de módulo de elasticidad $E = 190$ GPa y sección rectangular 40×50 mm. Calcular la tensión máxima que el impacto produce en la viga.

Si P es la carga estática equivalente, el desplazamiento vertical de la sección C que produce dicha carga, según el método de Mohr (Fig. 5.39-*a*), es

$$\delta = \frac{1}{EI_z}\left(\frac{1}{2}\frac{P(l-a)a^2}{l}\frac{2}{3}\frac{(l-a)a}{l} + \frac{1}{2}\frac{P(l-a)^2 a}{l}\frac{2}{3}\frac{(l-a)a}{l}\right) = \frac{Pa^2(l-a)^2}{3lEI_z}$$

Igualando la pérdida de energía potencial de la masa M a la energía de deformación de la viga en el momento en el que el desplazamiento de la sección C es δ

$$\mathscr{T} = \frac{1}{2} P\delta = Mgh = \frac{P^2 a^2 (l-a)^2}{6lEI_z}$$

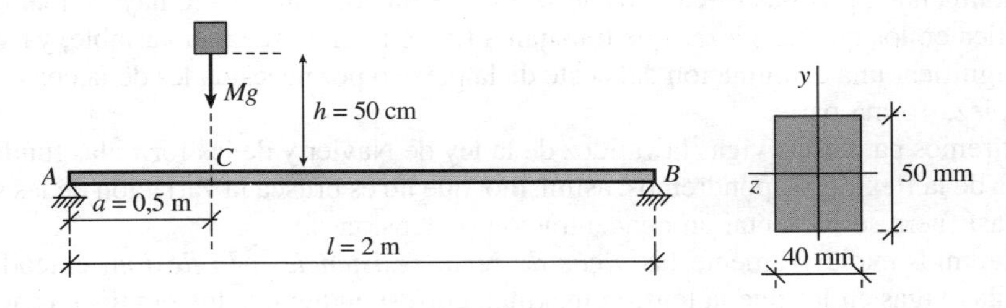

Figura 5.39

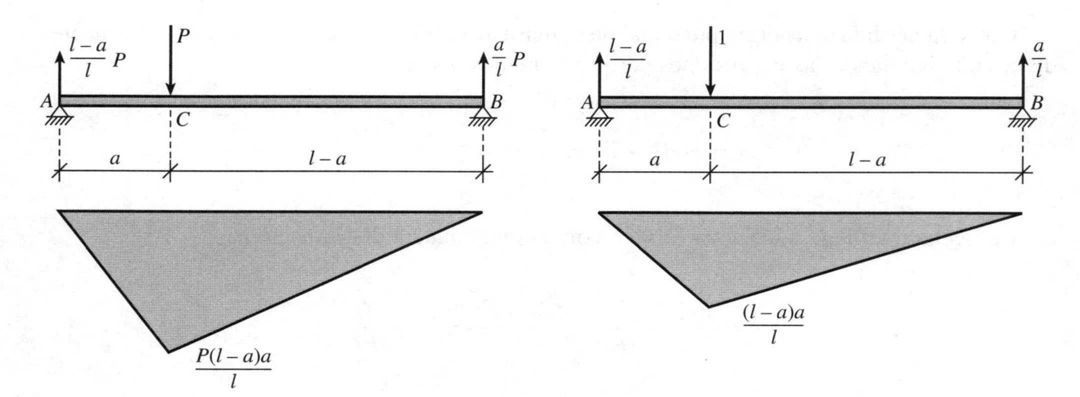

Figura 5.39-*a*

despejando P, se tiene

$$P = \frac{\sqrt{6hlMgEI_z}}{a(l-a)} = \frac{\sqrt{6 \times 0{,}5 \times 2 \times 5 \times 9{,}8 \times 190 \times 10^9 \times \frac{1}{12} 0{,}04 \times 0{,}05^3}}{0{,}5 \times 1{,}5} = 6.432{,}38 \text{ N}$$

Por tanto, la tensión máxima se producirá en la sección C que es la que está sometida al momento flector máximo.

$$M_{\text{máx}} = P \frac{l-a}{l} a = 6.432{,}38 \cdot \frac{1{,}5}{2} 0{,}5 = 2.412{,}2 \text{ N} \cdot \text{m}$$

$$\sigma_{\text{máx}} = \frac{M_{\text{máx}}}{I_z} y_{\text{máx}} = \frac{2.412{,}2}{\frac{1}{12} 500 \times 10^{-8}} 0{,}025 = 144{,}52 \text{ MPa}$$

5.13. Vigas de sección variable sometidas a flexión simple

En la exposición de la teoría general de la flexión que se ha hecho hasta aquí nos hemos referido fundamentalmente a prismas mecánicos de sección recta constante. Pero hay inumerables casos en la práctica en los que las piezas que trabajan a flexión tienen sección variable, ya sea porque ello va a significar una disminución del coste de la pieza o por necesidades de la construcción de la que la pieza forma parte.

Admitiremos para estas vigas la validez de la ley de Navier y de las fórmulas fundamentales de la teoría de la flexión. Supondremos, asimismo, que no es brusca la variación de las secciones, ya que si así fuera se presentarían concentración de tensiones.

Estudiaremos exclusivamente las *vigas de igual resistencia a la flexión*, entendiendo por tales aquellas vigas en las que la tensión máxima, correspondiente a los puntos en cada sección más alejados de la línea neutra, es constante en todas ellas.

Esta condición se podrá expresar de la siguiente forma:

$$\sigma_{\text{máx}} = \frac{M_z}{W_z} = K \tag{5.13-1}$$

siendo K una constante, es decir,

$$W_z = \frac{M_z}{K} \tag{5.13-2}$$

el módulo resistente de la sección es proporcional al valor absoluto del momento flector en ella.

En cuanto a la deformación de la línea media de estas vigas, si el eje z es de simetría, la ecuación diferencial de la línea elástica será

$$y'' = \frac{M_z}{EI_z} = \frac{M_z}{EW_z\frac{h}{2}} = \frac{2M_z}{EW_zh} = \frac{2K}{Eh} \tag{5.13-3}$$

tomando como sistema de referencia el formado por el eje x coincidente con la línea media no deformada y el eje y positivo ascendente.

Como

$$y'' \simeq \frac{1}{\rho} \tag{5.13-4}$$

siendo ρ el radio de curvatura de la línea elástica, de la ecuación (5.13-3) se deduce que si la altura h de la viga es constante también lo es ρ y, por tanto, la línea elástica es un arco de circunferencia.

A modo de ejemplo estudiaremos varios casos de interés en la práctica, de vigas en voladizo de sección rectangular de igual resistencia a la flexión.

a) **Viga en voladizo con altura constante y anchura variable, sometida a carga concentrada en el extremo libre** (Fig. 5.40)

Al ser la sección transversal rectangular de ancho b_x y altura h, el módulo resistente es:

$$W_z = \frac{I_z}{h/2} = \frac{\frac{1}{12}\,b_xh^3}{h/2} = \frac{b_xh^2}{6}$$

El momento flector en la sección de abscisa x es:

$$M_z = -Px$$

Como en esta sección genérica la tensión máxima de tracción

$$\sigma_{\text{máx}} = -\frac{M_z}{W_z} = \frac{6Px}{b_xh^2} \tag{5.13-5}$$

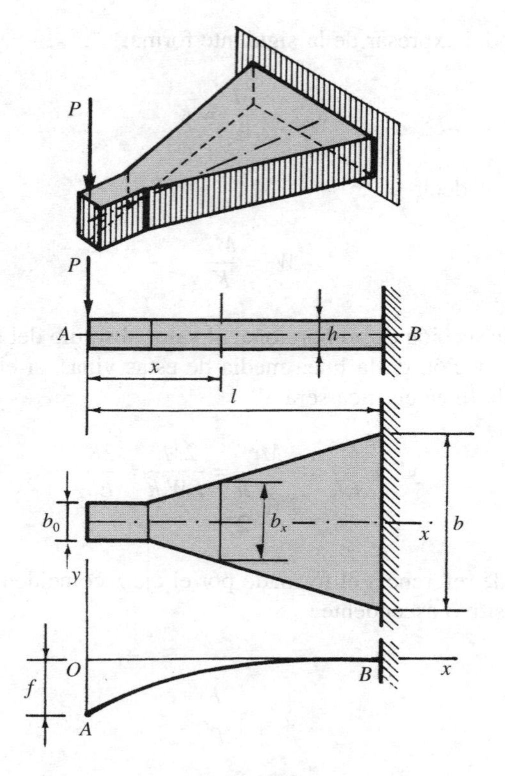

Figura 5.40

tiene que ser igual a la $\sigma_{\text{máx}}$ en el empotramiento

$$\sigma_{\text{máx}} = \frac{6Pl}{bh^2} \tag{5.13-6}$$

igualando ambas expresiones, se tiene

$$\frac{6Px}{b_x h^2} = \frac{6Pl}{bh^2} \tag{5.13-7}$$

de donde:

$$b_x = \frac{b}{l}\, x \tag{5.13-8}$$

es decir, el ancho de la viga ha de variar linealmente (Fig. 5-40).

Como en la sección extrema libre del voladizo el momento flector es nulo, pero el esfuerzo cortante es igual a P, no se puede admitir anchura nula. La anchura b_0 de la sección extrema se determina imponiendo la condición de resistencia a las tensiones tangenciales

$$\tau_{\text{máx}} = \frac{3}{2}\,\frac{T}{\Omega} = \frac{3P}{2b_0 h} \leqslant \tau_{\text{adm}}$$

de donde

$$b_0 \geqslant \frac{3P}{2h\ \tau_{adm}} \tag{5.13-9}$$

Podemos comprobar que la línea es un arco de circunferencia. En efecto, el radio de curvatura tiene por expresión

$$\rho = \frac{EI_z}{M_z} = \frac{E\ \dfrac{1}{12}\ \dfrac{b}{l}\ xh^3}{Px} = \frac{Ebh^3}{12Pl} \tag{5.13-10}$$

que es constante.

Una forma sencilla de calcular la flecha es la de aplicar el segundo teorema de Mohr que nos da la distancia desde el extremo libre A a la tangente horizontal en el empotramiento B.

$$\delta_{AB} = f = -\int_0^l \frac{M_z}{EI_z}\ x\ dx = \int_0^l \frac{12Pl}{Ebh^3}\ x\ dx = \frac{6Pl^3}{Ebh^3} \tag{5.13-11}$$

También se puede hallar el valor de la flecha calculando la ecuación de la línea elástica y particularizarla para $x = 0$.

$$y'' = \frac{M_z}{EI_z} = -\frac{12Pl}{Ebh^3}$$

$$y' = -\frac{12Pl}{Ebh^3}\ x + C$$

$$y = -\frac{6Pl}{Ebh^3}\ x^2 + Cx + K \tag{5.13-12}$$

Determinaremos las constantes de integración mediante las condiciones de contorno

$$y'(l) = 0 \quad ; \quad -\frac{12Pl^2}{Ebh^3} + C = 0 \Rightarrow C = \frac{12Pl^2}{Ebh^3}$$

$$y(l) = 0 \quad ; \quad -\frac{6Pl^3}{Ebh^3} + \frac{12Pl^3}{Ebh^3} + K = 0 \Rightarrow K = -\frac{6Pl^3}{Ebh^3}$$

Por tanto, la ecuación de la línea elástica es:

$$y = -\frac{6Pl}{Ebh^3}\ x^2 + \frac{12Pl^2}{Ebh^3}\ x - \frac{6Pl^3}{Ebh^3} \tag{5.13-13}$$

Se comprueba que el valor de la flecha que se deduce de esta ecuación [$f = y(0)$] coincide con el obtenido aplicando el segundo teorema de Mohr.

b) Viga en voladizo con altura variable y ancho constante sometida a carga uniformemente repartida (Fig. 5.41)

Considerando la línea media horizontal, si b es el ancho constante en toda la viga y h la altura en la sección del empotramiento, el módulo resistente de una sección de abscisa x es:

$$W_z = \frac{I_z}{h_x/2} = \frac{\frac{1}{12}bh_x^3}{h_x/2} = \frac{bh_x^2}{6}$$

y el momento flector

$$M_z = -\frac{px^2}{2}$$

Por cosiguiente, de la condición de igual resistencia a la flexión, la tensión máxima en la sección de abscisa x

$$\sigma_{\text{máx}} = -\frac{M_z}{W_z} = \frac{\frac{px^2}{2}}{\frac{bh_x^2}{6}} = \frac{3px^2}{bh_x^2} \tag{5.13-14}$$

tiene que ser igual a la tensión máxima en la sección del empotramiento

$$\sigma_{\text{máx}} = \frac{3pl^2}{bh^2} \tag{5.13-15}$$

Igualando ambas expresiones se deduce:

$$h_x = \frac{h}{l}x \tag{5.13-16}$$

es decir, la altura de la viga presenta una variación lineal.

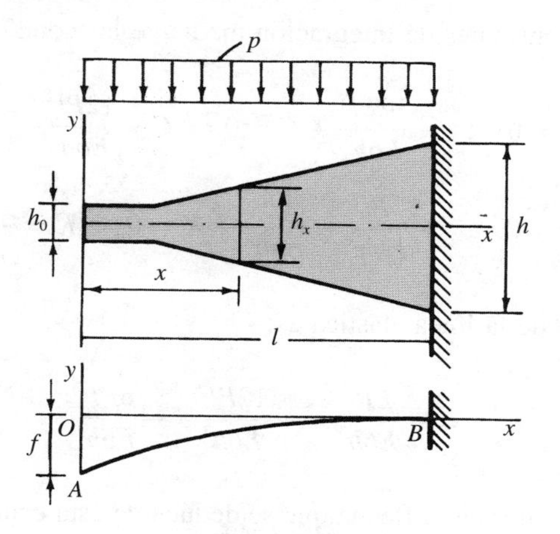

Figura 5.41

La flecha es el desplazamiento vertical del extremo libre y se puede calcular aplicando el segundo teorema de Mohr.

$$\delta_{AB} = f = -\int_0^l \frac{M_z}{EI}\, x\, dx = \int_0^l \frac{\dfrac{px^2}{2}}{E\,\dfrac{1}{12}\,b\,\dfrac{h^3}{l^3}\,x^3}\, x\, dx = \frac{pl^4}{2EI_l} \tag{5.13-17}$$

siendo I_l el momento de inercia de la sección recta en el empotramiento, respecto del eje z.

La determinación de la ecuación de la línea elástica se puede hacer fácilmente por doble integración, como se ha hecho en el caso estudiado anteriormente.

c) **Viga en voladizo con altura variable y ancho constante, sometida a carga concentrada en el extremo libre** (Fig. 5.42)

Considerando también en este caso la línea media horizontal sea b el ancho de la viga y h la altura en la sección del empotramiento.

El módulo resistente de una sección de abscisa x es:

$$W_z = \frac{I_z}{h_x/2} = \frac{\dfrac{1}{12}\,bh_x^3}{h_x/2} = \frac{bh_x^2}{6}$$

y el momento flector

$$M_z = -Px$$

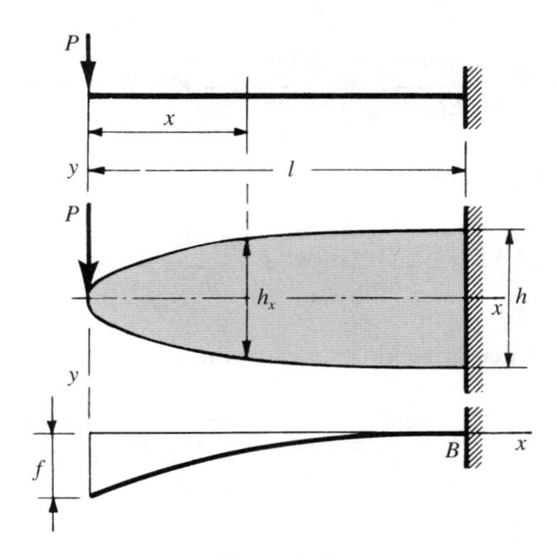

Figura 5.42

En este caso, de la condición de igual resistencia a la flexión

$$\sigma_{\text{máx}} = -\frac{M_z}{W_z} = \frac{Px}{\dfrac{bh_x^2}{6}} = \frac{6Px}{bh_x^2} = \frac{6Pl}{bh^2}$$

se deduce:

$$h_x^2 = \frac{h^2}{l}x \tag{5.13-18}$$

es decir, la variación de la altura de la sección recta se rige por una ley parabólica.

Calculemos la flecha a partir de la ecuación de la línea elástica

$$y'' = \frac{M_z}{EI_z} = -\frac{Px}{E\,\dfrac{1}{12}\,b\,\dfrac{h^3}{l^{3/2}}\,x^{3/2}} = -\frac{12Pl^{3/2}}{Ebh^3x^{1/2}}$$

$$y' = -\frac{12Pl^{3/2}}{Ebh^3}\,2x^{1/2} + C$$

$$y = -\frac{24Pl^{3/2}}{Ebh^3}\,\frac{2}{3}\,x^{3/2} + Cx + K \tag{5.13-19}$$

Las condiciones de contorno $y'(l) = 0$; $y(l) = 0$ nos permiten obtener las constantes de integración

$$y'(l) = 0\text{: } -\frac{24Pl^{3/2}}{Ebh^3}\,l^{1/2} + C = 0 \Rightarrow C = \frac{24Pl^2}{Ebh^3}$$

$$y(l) = 0\text{: } -\frac{16Pl^{3/2}}{Ebh^3}\,l^{3/2} + \frac{24Pl^2}{Ebh^3}\,l + K = 0 \Rightarrow K = -\frac{8Pl^3}{Ebh^3}$$

La ecuación de la elástica será

$$y = -\frac{16Pl^{3/2}}{Ebh^3}\,x^{3/2} + \frac{24Pl^2}{Ebh^3}\,x - \frac{8Pl^3}{Ebh^3} \tag{5.13-20}$$

Se obtiene la flecha particularizando esta ecuación para $x = 0$

$$f = -\frac{8Pl^3}{Ebh^3} = -\frac{8Pl^3}{12E\,\dfrac{1}{12}\,bh^3} = -\frac{2Pl^3}{3EI_l} \tag{5.13-21}$$

siendo I_l el momento de inercia de la sección del empotramiento respecto al eje z.

5.14. Resortes de flexión

Supongamos dos vigas en voladizo iguales, de la misma longitud l y sección rectangular de anchura b y altura h. La primera de ellas (Fig. 5.43-*a*) está formada por n láminas superpuestas, y la segunda (Fig. 5.43-*b*) es un prisma compacto.

Si aplicamos en los extremos de ambas vigas una carga P, veamos cuáles son las tensiones máximas que se producen en las secciones de los correspondientes empotramientos, como consecuencia de la flexión a que están sometidas.

En la viga formada por n láminas supondremos que no existe rozamiento entre las mismas y que cada lámina flexa independientemente absorbiendo en la sección del empotramiento un momento flector $\frac{Pl}{n}$. En cada lámina de esta sección se produce una tensión normal máxima, cuyo valor es

$$\sigma_{\text{máx}} = -\frac{M_z}{I_z} y_{\text{máx}} = \frac{Pl/n}{\frac{1}{12} b(h/n)^3} \frac{h}{2n} = \frac{6Pl}{bh^2} n \tag{5.14-1}$$

En cambio, si se considera la viga de un solo prisma la tensión normal máxima es:

$$\sigma_{\text{máx}} = -\frac{M_z}{I_z} y_{\text{máx}} = \frac{Pl}{\frac{1}{12} bh^3} \frac{h}{2} = \frac{6Pl}{bh^2} \tag{5.14-2}$$

Al ser la tensión máxima en la viga compuesta de láminas n veces mayor que la correspondiente a la viga normal, para una misma carga, la viga compacta es n veces más resistente que la viga compuesta de láminas.

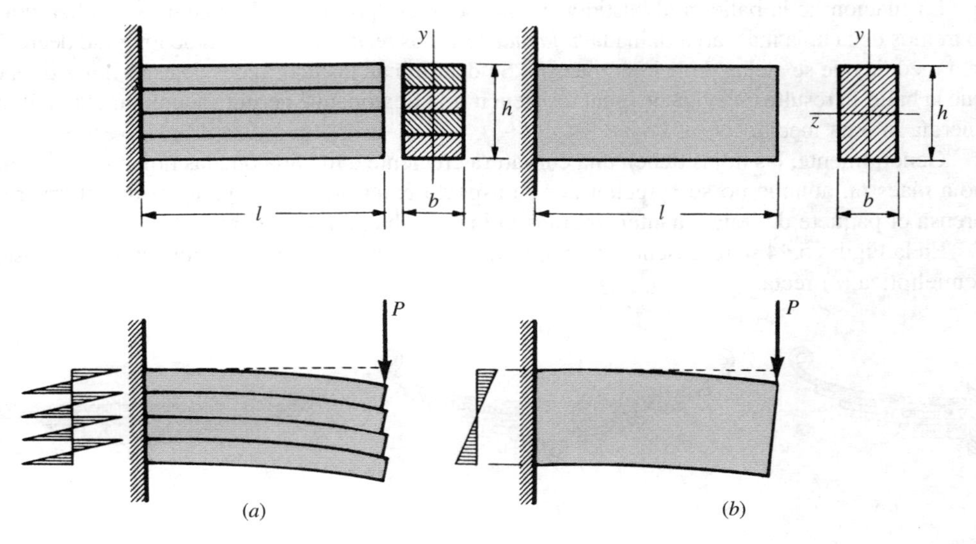

Figura 5.43

Veamos ahora la variación del valor absoluto de la curvatura de la elástica en ambos casos. En la viga de láminas, se tiene:

$$\frac{1}{\rho} = \frac{|M_z|}{EI_z} = \frac{Pl/n}{E\,\dfrac{1}{12}\,b(h/n)^3} = \frac{12Pl}{Ebh^3}\,n^2 \tag{5.14-3}$$

mientras que en la viga normal:

$$\frac{1}{\rho} = \frac{|M_z|}{EI_z} = \frac{Pl}{E\,\dfrac{1}{12}\,bh^3} = \frac{12Pl}{Ebh^3} \tag{5.14-4}$$

Como las flechas varían proporcionalmente a la variación de la curvatura, los resultados anteriores nos indican que la viga formada por n láminas es n^2 veces más flexible y solamente n veces menos resistente que la viga de una pieza de las mismas dimensiones.

Precisamente en la particularidad de deformabilidad que presentan las vigas formadas por láminas reside el fundamento de los denominados *resortes de flexión* o *ballestas.*

La *ballesta* es una viga recta o de pequeña curvatura, compuesta de varias láminas superpuestas llamadas *hojas*, destinadas a absorber con su deformación el máximo de energía.

Se utilizan principalmente en los sistemas de suspensión de vehículos cuya misión fundamental es amortiguar las percusiones debidas a las irregularidades de las carreteras y la inercia del propio vehículo.

Se fabrican de acero de alto límite elástico, con objeto de que puedan acumular el máximo de energía interna. Suelen ser de acero al carbono aleado con manganeso y silicio o con manganeso, silicio y cromo.

La fijación de la ballesta al bastidor o a la estructura portante del vehículo se realiza por los extremos de la hoja más larga llamada *hoja maestra*. Las restantes hojas son de longitud decreciente a medida que se alejan de la hoja maestra. Se determinan las longitudes de estas hojas de modo que la ballesta resulte una viga de igual resistencia a la flexión, que permita acumular el máximo de energía interna media.

Generalmente, las hojas tienen una curvatura creciente a medida que las hojas se alejan de la hoja maestra, aunque no se aprecien por su aspecto exterior, ya que para formar el resorte se prensa el paquete de hojas manteniéndolas unidas mediante abrazaderas.

En la Figura 5.44 se representan tres tipos de muelles de ballesta: *a*) de un cuarto de elipse; *b*) semielíptica; *c*) recta.

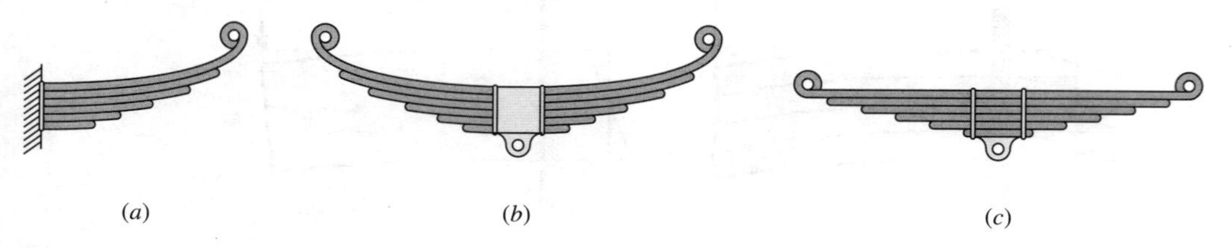

Figura 5.44

Para que la longitud y curvatura de la ballesta puedan cambiar bajo carga es necesario que uno de sus extremos se fije al bastidor mediante *las gemelas*, sistema de articulación que permite los movimientos necesarios de flexión y alargamiento.

Cualquiera de los tipos indicados en la Figura 5.44 parten de una viga de igual resistencia a la flexión de espesor constante, es decir, de vigas de planta triangular, según se ha visto en el epígrafe 5.13-*a*.

Consideremos en primer lugar una ballesta de un cuarto de elipse, cuyas hojas están obtenidas a partir de una viga triangular en voladizo de espesor constante h (Fig. 5.45).

Consideraremos que las hojas de la ballesta son planas, ya que lo que vamos a decir para ellas es aplicable cuando las hojas tienen una preforma con cierta curvatura.

Suponiendo despreciable el rozamiento entre las diferentes hojas y que el momento Pl en la sección del empotramiento es absorbido en partes iguales por las n hojas, la tensión normal máxima en la sección de cada una de las láminas será:

$$\sigma_{\text{máx}} = -\frac{M_z}{I_z} y_{\text{máx}} = \frac{Pl/n}{\frac{1}{12}bh^3}\frac{h}{2} = \frac{6Pl}{nbh^2} \qquad (5.14\text{-}5)$$

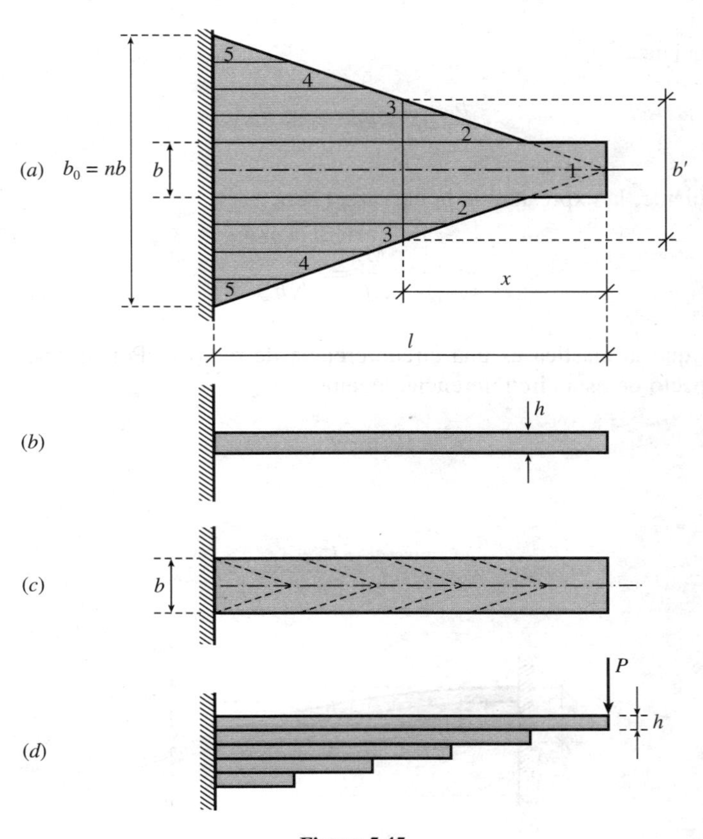

Figura 5.45

Se comprueba que esta tensión máxima tiene el mismo valor que la que correspondería a la viga triangular de partida (Fig. 5.45-*a*). En efecto, la tensión máxima es:

$$\sigma_{\text{máx}} = -\frac{M_z}{I_z} y_{\text{máx}} = \frac{Pl}{\frac{1}{12} nbh^3} \frac{h}{2} = \frac{6Pl}{nbh^2} \qquad (5.14\text{-}6)$$

que coincide con la tensión máxima en cada una de las hojas.

Hay, por lo tanto, una equivalencia entre la ballesta y la viga triangular de partida.

Para el cálculo de la flecha veamos cual sería la expresión de la curvatura de la elástica de la viga de partida o, lo que es lo mismo, de cada una de las láminas que componen la ballesta.

El momento flector en la sección de abscisas x de la viga triangular es

$$M_z = Px$$

y el momento de inercia

$$I_z = \frac{1}{12} b'h^3 = \frac{b_0 h^3}{12l} x$$

ya que por semejanza

$$\frac{b'}{b_0} = \frac{x}{l} \quad \Rightarrow \quad b' = \frac{b_0}{l} x$$

Por consiguiente, la expresión de la curvatura será

$$\frac{1}{\rho} = \frac{M_z}{EI_z} = \frac{12Pl}{Eb_0h^3} \qquad (5.14\text{-}7)$$

Se observa que la elástica es una circunferencia de radio ρ. Por la potencia del punto A (Fig. 5.46) respecto de esta circunferencia, tenemos

$$l^2 = f(2\rho - f) \simeq 2f\rho$$

de donde

$$f = \frac{l^2}{2\rho} \qquad (5.14\text{-}8)$$

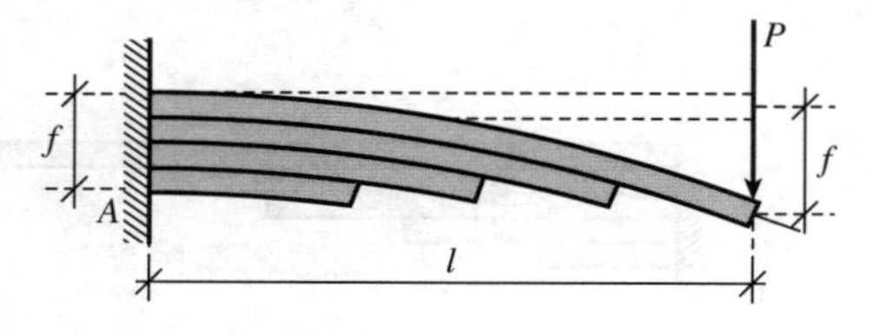

Figura 5.46

Despejando ρ de (5.14-7) y sustituyendo en (5.14-8) se obtiene la expresión de la flecha que se produce en la ballesta considerada al estar sometida a una carga P en su extremo libre

$$f = \frac{6Pl^3}{Enbh^3} \tag{5.14-9}$$

Si se trata de una ballesta recta, como la representada en la Figura 5.44-*c*, se puede considerar generada a partir de una viga rómbica (Fig. 5.47) sometida en su sección media a una carga P.

Si l es la longitud entre los extremos de la viga, el momento flector en la sección de abscisa x, $0 \leqslant x \leqslant l/2$, es

$$M_z = \frac{P}{2}x$$

y el momento de inercia

$$I_z = \frac{1}{12}b'h^3 = \frac{b_0h^3}{6l}x$$

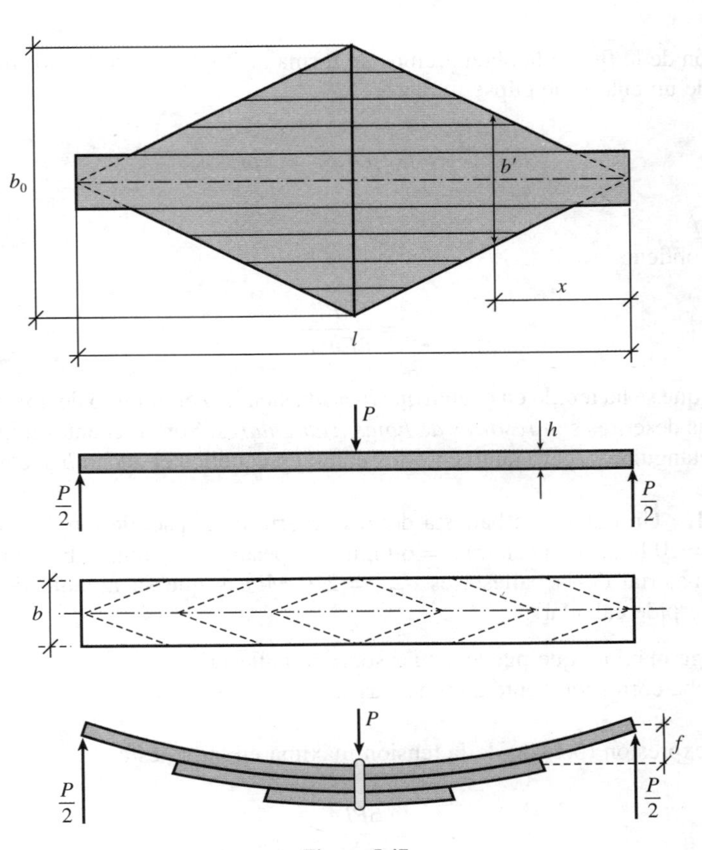

Figura 5.47

ya que por semejanza, ahora se verifica

$$\frac{b'}{b_0} = \frac{2}{l/2} \quad \Rightarrow \quad b' = \frac{2b_0}{l} x$$

La tensión normal máxima en una sección de abscisa x será

$$\sigma_{\text{máx}} = \frac{M_z}{I_z} y_{\text{máx}} = \frac{\dfrac{P}{2} x}{\dfrac{b_0 h^3}{6l} x} \frac{h}{2} = \frac{3Pl}{2b_0 h^2} \tag{5.14-10}$$

La elástica será en este caso también un arco de circunferencia de radio ρ

$$\frac{1}{\rho} = \frac{M_z}{EI_z} = \frac{\dfrac{P}{2} x}{E \dfrac{1}{12} \dfrac{2b_0}{l} x \, h^3} = \frac{3Pl}{Eb_0 h^3} = \text{constante} \tag{5.14-11}$$

La expresión de la flecha la obtendremos de forma análoga a como hemos hecho en el caso de la ballesta de un cuarto de elipse

$$\frac{l^2}{4} = f(2\rho - f) \simeq 2\rho f \tag{5.14-12}$$

ya que $2\rho \gg f$

De aquí se obtiene

$$f = \frac{3Pl^3}{8Enbh^3} \tag{5.14-13}$$

expresión en la que se ha tenido en cuenta que $b_0 = nb$, siendo n el mínimo de hojas de la ballesta.

Las ballestas descritas son *resortes de hojas triangulares*. Son frecuentes también los resortes de hojas rectangulares, pero tanto en éstos como en aquéllos el ancho b suele ser constante.

Ejemplo 5.14.1. Un muelle de ballesta del tipo cuarto de elipse, de longitud l = 60 cm está formado por n = 10 hojas de anchura b = 60 mm y espesor h = 5 mm. Sabiendo que la tensión admisible del material de la ballesta es σ_{adm} = 210 MPa y que su módulo de elasticidad es E = 210 GPa, se pide calcular:

1.° La carga máxima que puede actuar sobre la ballesta.
2.° La flecha correspondiente a dicha carga.

1.° De la expresión (5.14-6) de la tensión máxima en la ballesta

$$\sigma_{\text{máx}} = \frac{6Pl}{nbh^2} \leqslant \sigma_{\text{adm}}$$

se deduce

$$P \leqslant \frac{nbh^2 \cdot \sigma_{adm}}{6l}$$

Sustituyendo valores:

$$P \leqslant \frac{10 \times 60 \times 10^{-3} \times 5^2 \times 10^{-6} \times 210 \times 10^6}{6 \times 0{,}6} = 875 \text{ N}$$

se obtiene:

$$P_{máx} = 0{,}875 \text{ kN}$$

2.º La flecha en este tipo de resorte de flexión viene dada por la expresión (5.14-9). Sustituyendo valores en ella

$$f = \frac{6Pl^3}{Enbh^3} = \frac{6 \times 875 \times 0{,}6^3}{210 \times 10^9 \times 10 \times 60 \times 10^{-3} \times 5^3 \times 10^{-9}} = 0{,}072 \text{ m}$$

se obtiene

$$f = 72 \text{ mm}$$

Ejemplo 5.14.2. Un resorte de flexión de tipo semielíptico, de logitud $l = 70$ cm, formado por hojas de espesor $h = 7$ mm y anchura $b = 5$ mm se ha diseñado para soportar una carga $P = 5$ kN aplicada en su sección central y para una flecha máxima $f_{adm} = 3$ cm.

Sabiendo que el módulo de elasticidad del material de la ballesta es $E = 210$ GPa y la tensión admisible $\sigma_{máx} = 200$ MPa, se pide calcular el número de hojas y la tensión máxima que se genera.

El número de hojas del resorte lo podemos obtener al expresar que la flecha, dada por la ecuación (5.14-13), no puede sobrepasar el valor de la flecha admisible, ni la tensión máxima puede superar la tensión admisible.

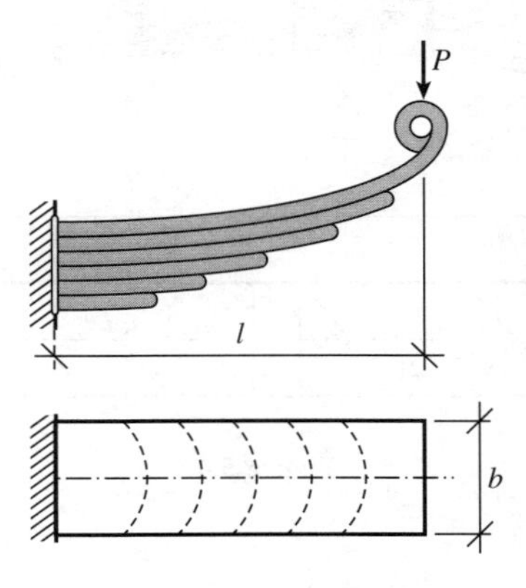

Figura 5.48

De la condición

$$f = \frac{3Pl^3}{8Enbh^3} \leqslant f_{adm}$$

se deduce:

$$n \geqslant \frac{3Pl^3}{8Ebh^3 f_{adm}} = \frac{3 \times 5 \times 10^3 \times 0{,}7^3}{8 \times 210 \times 10^9 \times 0{,}05 \times 7^3 \times 10^{-9} \times 0{,}03} = 5{,}95$$

Como el número de hojas tiene que ser un número entero, el cumplimiento de la condición de la flecha exije que $n \geqslant 6$.

Para que se verifique la condición de ser la tensión máxima inferior a la admisible, aplicaremos la ecuación (5.14-10), teniendo en cuenta que $b_0 = nb$

$$\sigma_{máx} = \frac{3Pl}{2nbh^2} \leqslant 200 \times 10^6$$

De aquí, sustituyendo valores, se obtiene:

$$n \geqslant \frac{3 \times 5 \times 10^3 \times 0{,}7}{2 \times 0{,}05 \times 7^2 \times 10^{-6} \times 200 \times 10^6} = 10{,}71$$

El resultado nos indica que la ballesta que se diseña, para que se cumplan las especificaciones del enunciado se tiene que construir con 11 hojas.

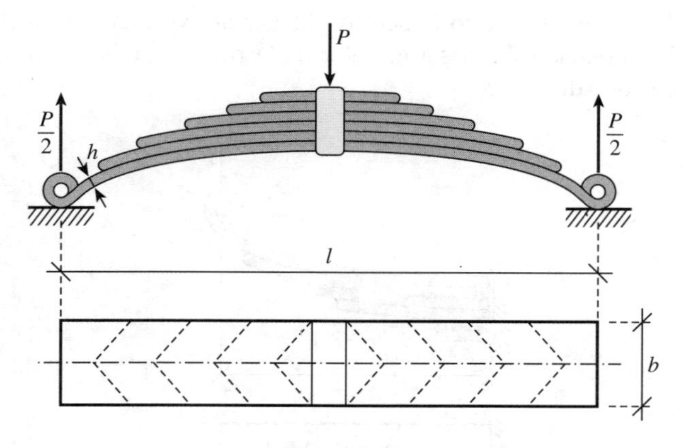

Figura 5.49

EJERCICIOS

V.1. Determinar las dimensiones de la viga de sección restangular que puede obtenerse de un rollizo de madera de radio R para que presente mínima deformación cuando esté sometido a flexión simple.

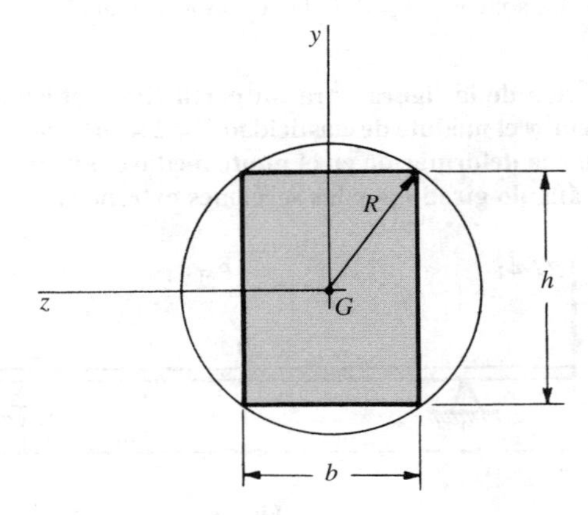

Figura V.1

Integrando la ecuación diferencial aproximada de la línea elástica, obtenemos

$$EI_z y'' = M_z$$

$$y' = \int \frac{M_z dx}{EI_z} + C$$

$$y = \int \left(\int \frac{M_z dx}{EI_z} \right) dx + Cx + K$$

siendo C y K constantes de integración que dependen de las condiciones de sustentación.

Si suponemos que el material del rollizo es homogéneo E = cte, de esta expresión se deduce que para varias posibles vigas que obtuviéramos del rollizo, sometidas al mismo sistema de cargas, la flecha $f = y_{\text{máx}}$ será mínima para el mayor valor posible del momento de inercia I_z.

Como

$$I_z = \frac{1}{12} b\, h^3 \qquad \text{y} \qquad b^2 = 4\, R^2 - h^2$$

se puede expresar I_z en función exclusivamente de h.

$$I_z = \frac{h^3}{12} \sqrt{4\, R^2 - h^2}$$

Los extremos relativos de esta función $I_z = I_z(h)$ se obtendrán de la ecuación que anula la derivada

$$\frac{dI_z}{dh} = \frac{1}{12} \left(3\, h^2 \sqrt{4\, R^2 - h^2} - h^3 \frac{2\, h}{2 \sqrt{4\, R^2 - h^2}} \right) = 0$$

De aquí y de la relación entre b y h se obtiene

$$\boxed{h = R\sqrt{3} \quad ; \quad b = R}$$

que son las soluciones que corresponden al máximo de I_z, ya que se comprueba que para estos valores $\frac{d^2 I_z}{dh^2} < 0$. La solución $h = 0$ de la ecuación que anula la derivada carece de sentido.

V.2. Dimensionar la viga de la figura para un perfil IPN, sabiendo que la tensión admisible es $\sigma_{adm} = 1.000$ kp/cm² y el módulo de elasticidad $E = 2 \times 10^6$ kp/cm². Una vez determinado el IPN a utilizar, calcular la deformación en el punto medio del vano y en los extremos de los voladizos, así como el ángulo girado por las secciones extremas.

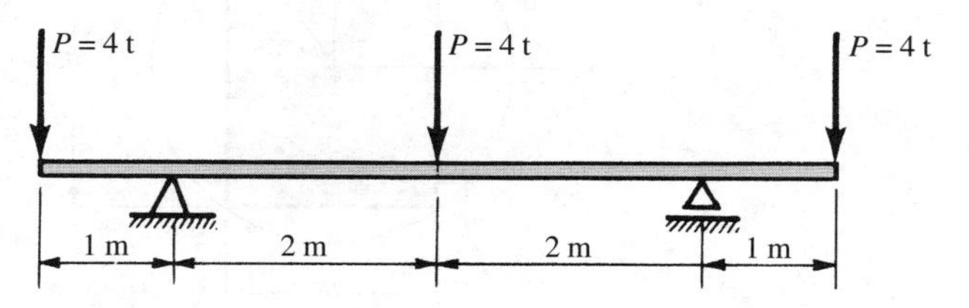

Figura V.2-*a*

El cálculo de las reacciones en los apoyos es inmediato, ya que son iguales por razón de simetría

$$R_A + R_B = 12 \text{ t} \quad ; \quad R_A = R_B = 6 \text{ t}$$

Si dibujamos el diagrama de momentos flectores (Fig. V.2-*b*) observamos que el valor absoluto máximo del momento flector es

$$M_{z\,máx} = 4 \text{ m} \cdot \text{t}$$

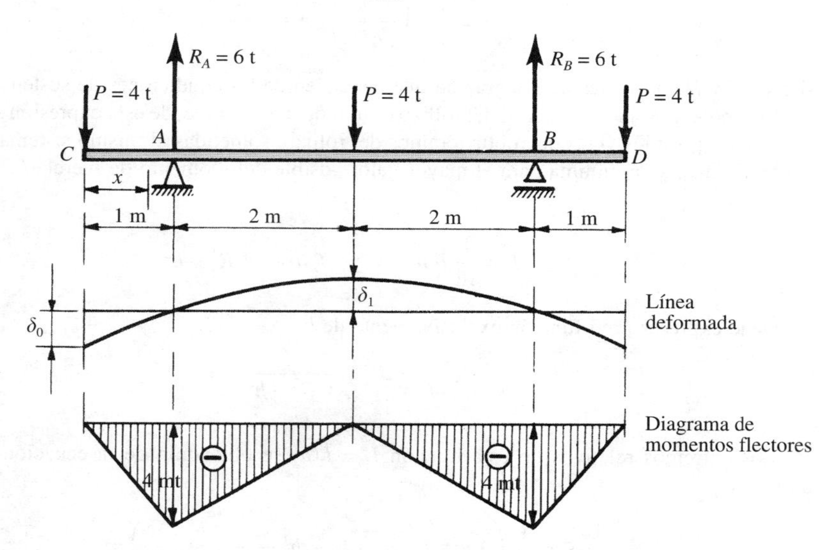

Figura V.2-*b*

El módulo resistente necesario será:

$$W_z = \frac{M_{z\,\text{máx}}}{\sigma_{\text{adm}}} = \frac{4 \times 10^5 \text{ kp} \cdot \text{cm}}{10^3 \text{ kp/cm}^2} = 400 \text{ cm}^3$$

El valor más próximo por exceso dado por las tablas de perfiles laminados es $W_z = 442$ cm^3, que corresponde a un IPN 260 y cuyo momento de inercia respecto al eje z es $I_z = 5.740$ cm^4.

Por tanto, el perfil necesario es

$$\boxed{\text{IPN } 260}$$

Para calcular las deformaciones pedidas determinaremos la ecuación de la línea elástica

$$EI_z y_1'' = -4x \qquad \text{para} \quad 0 \text{ m} \leqslant x \leqslant 1 \text{ m}$$

$$EI_z y_2'' = -4x + 6(x-1) \qquad \text{para} \quad 1 \text{ m} \leqslant x \leqslant 3 \text{ m}$$

habiendo considerado solamente la mitad de la viga, ya que la deformada de la otra mitad se deduce por simetría.

Integrando estas dos ecuaciones,

$$EI_z y_1' = -2x^2 + C_1 \qquad EI_z y_2' = -2x^2 + 3(x-1)^2 + K_1$$

$$EI_z y_1 = -\frac{2}{3}x^3 + C_1 x + C_2 \quad ; \quad EI_z y_2 = -\frac{2}{3}x^3 + (x-1)^3 + K_1 x + K_2$$

Las constantes de integración se determinan imponiendo las condiciones de contorno

$$\left.\begin{array}{lll} y_1(1) = 0 & ; & -\frac{2}{3} + C_1 + C_2 = 0 \\ y_2(1) = 0 & ; & -\frac{2}{3} + K_1 + K_2 = 0 \\ y_1'(1) = y_2'(1) & ; & -2 + C_1 = -2 + K_1 \\ y_2'(3) = 0 & ; & -18 + 3 \times 4 + K_1 = 0 \end{array}\right\} \quad \begin{array}{l} C_1 = K_1 = 6 \\ C_2 = K_2 = -\frac{16}{3} \end{array}$$

La línea elástica de la mitad de la viga está, pues, definida por las ecuaciones

$$y_1 = \frac{1}{EI_z}\left(-\frac{2}{3}x^3 + 6x - \frac{16}{3}\right) \qquad \text{para} \quad 0 \text{ m} \leqslant x \leqslant 1 \text{ m}$$

$$y_2 = \frac{1}{EI_z}\left[-\frac{2}{3}x^3 + (x-1)^3 + 6x - \frac{16}{3}\right] \quad \text{para} \quad 1 \text{ m} \leqslant x \leqslant 3 \text{ m}$$

Las deformaciones pedidas las podemos obtener particularizando estas ecuaciones para $x = 0$ la primera, y para $x = 3$ m la segunda

$$\boxed{\delta_0} = y_1(0) = -\frac{16}{3\,EI_z} = -\frac{16 \times 10^6 \times 10^3}{3 \times 2 \times 10^6 \times 5.740} = \boxed{-0{,}464 \text{ cm}}$$

$$\boxed{\delta_1} = y_2(3) = -\frac{1}{EI_z} = \left(-18 + 8 + 18 - \frac{16}{3}\right) = \frac{8}{3\,EI_z} = \boxed{0{,}232 \text{ cm}}$$

El ángulo que ha girado la sección extrema C se determina particularizando la ecuación que se obtiene en la primera integración de la ecuación diferencial de la elástica para $x = 0$

$$\boxed{\theta_c} = y_1'(0) = -\frac{6}{EI_z} = \frac{6 \times 10^4 \times 10^3}{2 \times 10^6 \times 5.740} = 5{,}22 \times 10^{-3} \text{ rad} = \boxed{0° \ 17' \ 58''}$$

El signo positivo nos indica que el giro del extremo C tiene sentido antihorario.

V.3. En las secciones C y D de una viga AB simplemente apoyada, de luz $l = 5a$, están aplicados momentos $\mathscr{M}$ y $-\mathscr{M}$, respectivamente. La abscisa de la sección C es $2a$ y la de D, $4a$, contadas ambas a partir del extremo A. Se pide:

1.º Calcular la ecuación de la elástica.
2.º Dibujar la deformada de la viga, a estima, indicando el valor de la flecha y la sección en que se presenta.
3.º El ángulo que forman los planos de las secciones C y D.

1.º La viga dada se compone de tres tramos, en cada uno de los cuales existirá una ley para la deformada.

Para su cálculo aplicaremos la ecuación universal (5.3-12) teniendo en cuenta que los parámetros de la misma para nuestro caso son exclusivamente los indicados en la Figura V.3-*a*, ya que se anulan las reacciones en A y B.

$$EI_z y = EI_z y_0 + EI_z \theta_0 \, x + \frac{\mathscr{M}\langle x - 2a \rangle^2}{2} - \frac{\mathscr{M}\langle x - 4a \rangle^2}{2}$$

La condición de contorno en el apoyo A nos da $y_0 = 0$.

Para la determinación de la constante θ_0 aplicamos la condición de ser nulo el desplazamiento en el extremo B. Para

$$x = 5a : y = 0 \Rightarrow 0 = EI_z\theta_0 \cdot 5a + \mathscr{M}\frac{9a^2 - a^2}{2} \Rightarrow EI_z\theta_0 = -\frac{4}{5}\mathscr{M} a$$

Por tanto, las leyes que definen la línea elástica son:

$$\boxed{\begin{array}{ll} EI_z y = -\dfrac{4}{5}\mathscr{M}\, a\, x & \text{para } 0 \leqslant x \leqslant 2a \\ EI_z y = -\dfrac{4}{5}\mathscr{M}\, a\, x + \dfrac{\mathscr{M}(x-2a)^2}{2} & \text{para } 2a \leqslant x \leqslant 4a \\ EI_z y = \dfrac{6}{5}\mathscr{M}\, a\, x - 6\,\mathscr{M}\, a^2 & \text{para } 4a \leqslant x \leqslant 5a \end{array}}$$

2.º El ángulo girado por la sección extrema A es precisamente θ_0, que figura en la constante de integración que hemos calculado anteriormente

$$\theta_A = \theta_0 = -\frac{4}{5}\frac{\mathscr{M} a}{EI_z}$$

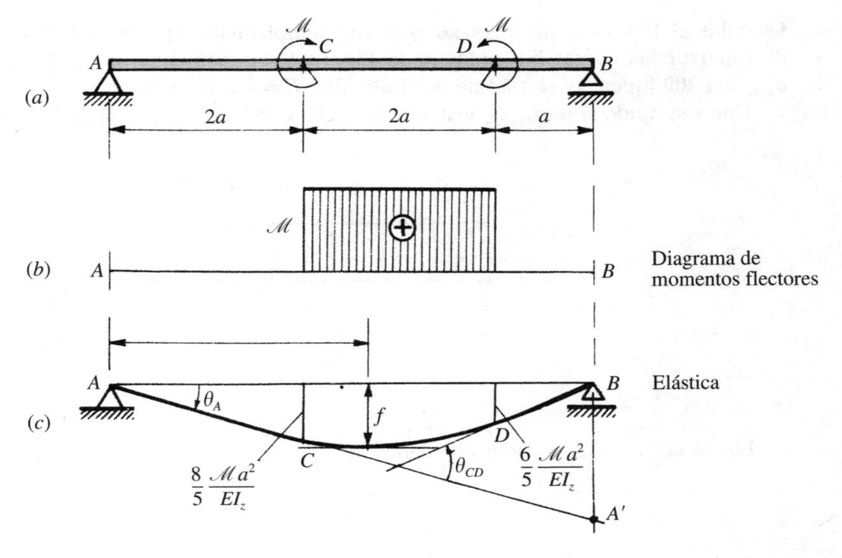

Figura V.3

Al mismo valor llegaríamos aplicando el segundo teorema de Mohr. En efecto, la distancia de B a A', intersección de la tangente en A con la vertical por B, es el momento estático del área de momentos respecto de B, dividido por EI_z (Fig. V.3-*b*)

$$\delta_{BA} = \overline{BA'} = -\frac{\mathcal{M}\cdot 2a}{EI_z}2a = \frac{-4\ \mathcal{M}a^2}{EI_z}$$

$$\theta_A = \frac{\overline{BA'}}{\overline{AB}} = \frac{-4\ \mathcal{M}a^2}{5a\,EI_z} = \frac{-4\ \mathcal{M}a}{5\,EI_z}$$

La flecha se presenta en el segundo tramo

$$\frac{dy}{dx} = -\frac{4}{5}\mathcal{M}a + \mathcal{M}(x_0 - 2a) = 0 \Rightarrow \boxed{x_0 = \frac{14}{5}a}$$

y su valor se obtiene particularizando la ecuación de la elástica del segundo tramo para $x = x_0$

$$\boxed{f} = \frac{1}{EI_z}\left[-\frac{4}{5}\mathcal{M}a\frac{14}{5}a + \frac{\mathcal{M}}{2}\left(\frac{4}{5}a\right)^2\right] = \boxed{-\frac{96}{50}\frac{\mathcal{M}a^2}{EI_z}}$$

Con estos datos y observando que los tramos $\overline{AC}$ y $\overline{DB}$ son rectilíneos, fácilmente se dibuja la elástica (Fig. V.3-*c*).

3.º Aplicando el primer teorema de Mohr, el ángulo que forman los planos de las secciones C y D será

$$\boxed{\theta_{CD} = \int_{2a}^{4a}\frac{M_z dx}{EI_z} = \frac{\mathcal{M}\ 2a}{EI_z}}$$

V.4. Calcular el IPN más adecuado de una viga simplemente apoyada, de luz l = 6 m, que ha de soportar las cargas indicadas en la Figura V.4-*a*, sabiendo que la tensión admisible es σ_{adm} = 1.200 kp/cm² y el módulo de elasticidad $E = 2 \times 10^6$ kp/cm².

Una vez fijado el perfil, determinar la flecha e indicar la sección en la que se presenta.

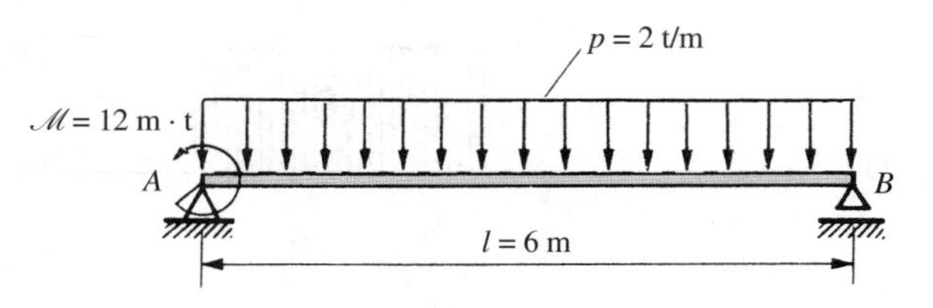

Figura V.4-*a*

Las reacciones en los apoyos extremos son:

$$R_A = \frac{pl}{2} + \frac{\mathscr{M}}{l} = \frac{2 \times 6}{2} + \frac{12}{6} = 8 \text{ t}$$

$$R_B = \frac{pl}{2} - \frac{\mathscr{M}}{l} = \frac{2 \times 6}{2} - \frac{12}{6} = 4 \text{ t}$$

Con estos valores es fácil expresar la ley de momentos flectores, válida para toda la viga

$$M_z = -\mathscr{M} + R_A x - \frac{px^2}{2} = -12 + 8x - \frac{2x^2}{2} = -x^2 + 8x - 12$$

y dibujar el correspondiente diagrama de momentos flectores (Fig. V.4-*b*).

De su observación se desprende que el valor del momento flector máximo es

$$|M_{\text{máx}}| = 12 \text{ m t}$$

y se presenta en la sección extrema A.

El módulo resistente mínimo de la sección tiene que ser

$$W_z = \frac{M_{z\,\text{máx}}}{\sigma_{\text{adm}}} = \frac{12 \times 10^5 \text{ cm kp}}{1.200 \text{ kp cm}^{-2}} = 1.000 \text{ cm}^3$$

Según la tabla de perfiles laminados, el módulo resistente más cercano por exceso a éste es de 1.090 cm³, correspondiente a un perfil

IPN 360

cuyo momento de inercia es I_z = 19.610 cm⁴.

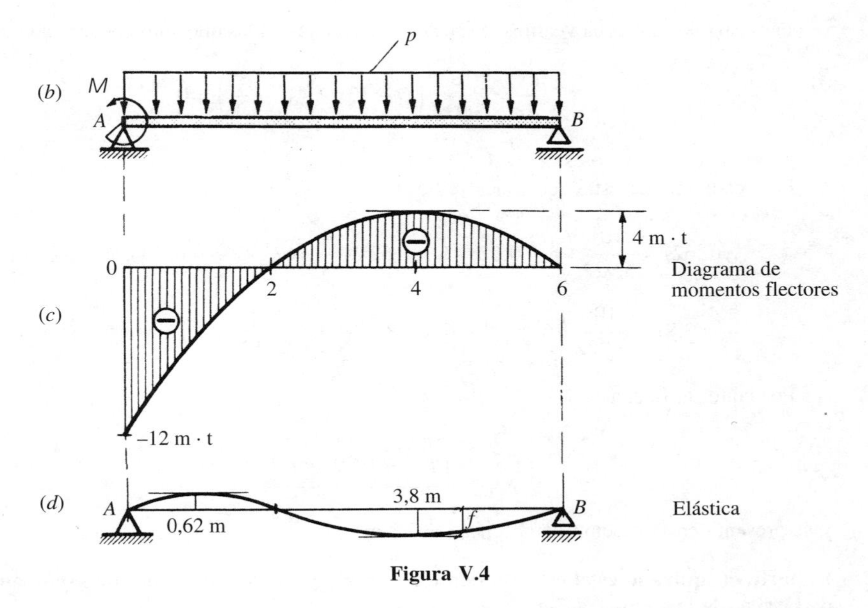

Figura V.4

Calculemos ahora la elástica aplicando la ecuación universal (5.3-12), que se reduce a

$$EI_z y = EI_z y_0 + EI_z\theta_0\, x + \frac{\mathscr{M} x^2}{2} + \frac{R_A\, x^3}{6} + \frac{px^4}{24}$$

Sustituyendo valores, se tiene:

$$EIy = EIy_0 + EI\theta_0\, x - \frac{12x^2}{2} + \frac{8x^3}{6} - \frac{2x^4}{24}$$

siendo $EI_z y_0$ y $EI_z\theta_0$ constantes de integración, que determinaremos a partir de las condiciones de contorno.

$$x = 0 \quad ; \quad y = 0 \Rightarrow EI_z y_0 = 0$$

$$x = 6 \quad ; \quad y = 0 \Rightarrow 0 = 6\,EI_z\theta_0 - 6 \times 36 + \frac{4}{3}\,216 - \frac{1.296}{12} \Rightarrow EI_z\theta_0 = 6$$

Por tanto, la ecuación de la elástica es

$$EI_z y = 6x - 6x^2 + \frac{4}{3}\,x^3 - \frac{1}{12}\,x^4$$

Como $E = 2 \times 10^7$ t/m^2 e $I_z = 19.610 \times 10^{-8}$ m^4, esta ecuación se puede expresar así

$$\boxed{y = \frac{10^2}{3.922}\left(6x - 6x^2 + \frac{4}{3}\,x^3 - \frac{1}{12}\,x^4\right) \text{cm}}$$

en la que y viene dada en centímetros cuando la x se expresa en metros.

Para calcular la flecha veamos la sección o secciones en las que anula la derivada de la elástica

$$\frac{dy}{dx} = \frac{10^2}{3.922}\left(6 - 12x + 4x^2 - \frac{x^2}{3}\right) = 0$$

Se obtienen dos valores: $x_1 \simeq 0{,}62$ m ; $x_2 \simeq 3{,}8$ m
Para cada una de estas secciones se tiene

$$y(0{,}62) = \frac{10^2}{3.922}\left(6 \times 0{,}62 - 6 \times 0{,}62^2 + \frac{4}{3}\,0{,}62^3 - \frac{1}{12}\,0{,}62^4\right) \text{cm} = 0{,}043 \text{ cm}$$

$$y(3{,}8) = \frac{10^2}{3.922}\left(6 \times 3{,}8 - 6 \times 3{,}8^2 + \frac{4}{3}\,3{,}8^3 - \frac{1}{12}\,3{,}8^4\right) \text{cm} = -\,0{,}205 \text{ cm}$$

Por tanto, la flecha es

$$\boxed{f = -\,0{,}205 \text{ cm}}$$

y se presenta en la sección de abscisa $x = 3{,}8$ m.

V.5. El perfil croquizado es el estrictamente necesario para resistir el mínimo momento máximo de la viga de la Figura V.5-*a*.

Sabiendo que la fuerza resultante debida a las tensiones normales sobre el área rayada *CDEF* de la sección correspondiente al apoyo *B* es de 3.857 kp se pide:

1.º Determinar los valores de las cargas *P* y la longitud *a* del voladizo.
2.º Calcular el ángulo que forman las tangentes a la elástica en los puntos de abscisas 2 m y 4 m.

El módulo de elasticidad es $E = 2 \times 10^6$ kp/cm².

1.º Calculemos primeramente la posición del centro de gravedad *G* del pefil, respecto del sistema de ejes *y' z'* indicados en la Figura V.5-*a*.

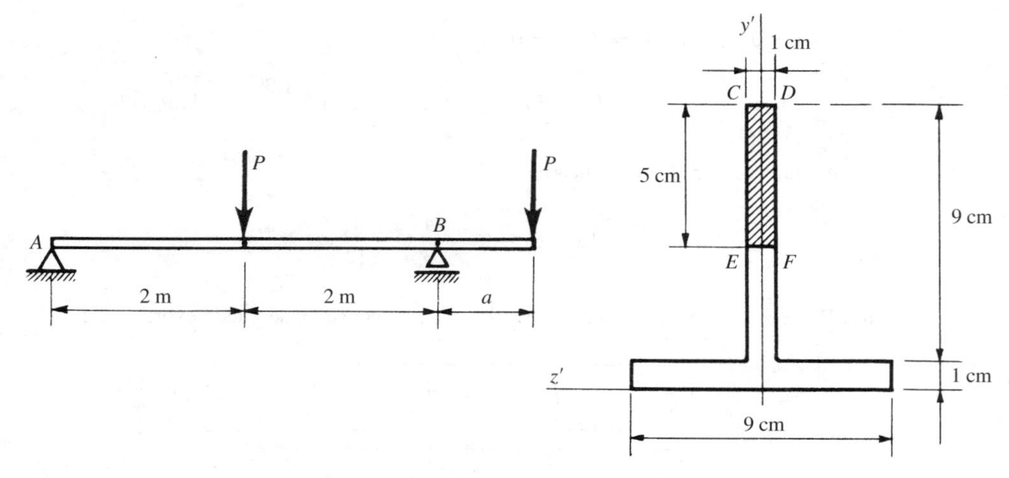

Figura V.5-*a*

Descomponiendo el área total del perfil en dos partes, se tiene:

$$\left.\begin{array}{ll} 1. \; G_1(0;\ 0{,}5) \; ; & \Omega_1 = 9 \text{ cm}^2 \\ 2. \; G_2(0;\ 5{,}5) \; ; & \Omega_2 = 9 \text{ cm}^2 \end{array}\right\} \Rightarrow y'_G = \frac{\Sigma\,\Omega_i\, y'_i}{\Sigma\,\Omega_i} = \frac{9 \times 0{,}5 + 9 \times 5{,}5}{9+9} = 3 \text{ cm}$$

Del dato de ser la fuerza que actúa sobre el área rayada de valor 3.857 kp, se deduce (Fig. V.5-*b*)

$$\frac{\sigma_{\text{máx}}}{7} = \frac{\sigma_{EF}}{2} \Rightarrow \sigma_{EF} = \frac{2}{7}\,\sigma_{\text{máx}}$$

$$F = \frac{\sigma_{máx} + \sigma_{EF}}{2} \times 5 \times 1 = \frac{\sigma_{\text{máx}}\left(1 + \dfrac{2}{7}\right)}{2} \times 5 = \frac{45}{14}\,\sigma_{\text{máx}}$$

de donde:

$$\sigma_{\text{máx}} = \frac{14}{45}\,F = \frac{14}{45}\,3.857 = 1.200 \text{ kp/cm}^2$$

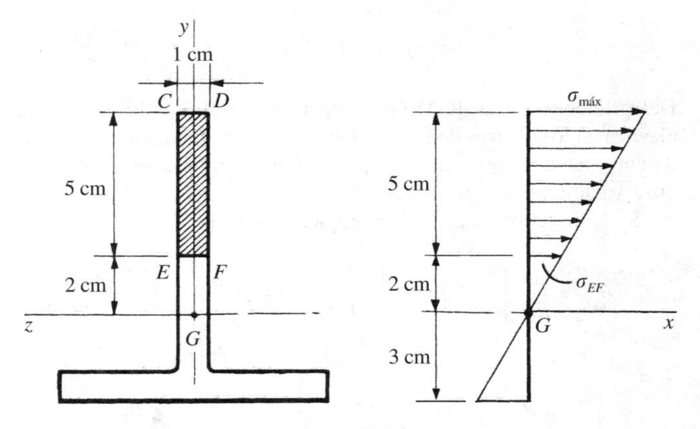

Figura V.5-*b*

Como el momento de inercia respecto al eje z es

$$I_z = \frac{1}{3}\,1 \times 7^3 + \frac{1}{3}\,(9 \times 3^3 - 8 \times 2^3) = 174 \text{ cm}^4$$

el momento resistente será

$$W_z = \frac{I_z}{y_{\text{máx}}} = \frac{M_{z\,\text{máx}}}{\sigma_{\text{máx}}}$$

De esta expresión se deduce el valor del momento flector máximo en la viga considerada

$$M_{z\,\text{máx}} = \frac{I_z}{y_{\text{máx}}}\,\sigma_{\text{máx}} = \frac{174}{7}\,1.200 = 29.828{,}5 \text{ cm} \cdot \text{kp} = 0{,}298 \text{ m t}$$

Este momento ha de presentarse en la sección del apoyo B y en la sección C, media de AB, para que se verifique la condición del enunciado.

Tomando momentos respecto del apoyo B tenemos:

$$4\,R_A + aP - 2\,P = 0 \Rightarrow R_A = \frac{P}{2} - \frac{aP}{4}$$

Igualando los valores absolutos de los momentos flectores máximos en C y B,

$$M_C = 2\,R_A = P - \frac{aP}{2} = aP$$

Se obtiene la longitud a del voladizo

$$\boxed{a = \frac{2}{3}\,m = 0{,}66\text{ m}}$$

Por otra parte, como $M_{\text{máx}} = aP = 0{,}298$ m · t una vez conocido el valor de a, la determinación de la carga P es inmediata

$$\boxed{P} = \frac{M_{\text{máx}}}{a} = \frac{0{,}298}{0{,}66} = \boxed{0{,}447\text{ t}}$$

2.º Del primer teorema de Mohr se deduce que el ángulo θ_{CB} formado por las tangentes a la elástica en los centros de las secciones C y B se anula por ser el área de momentos, comprendida entre las dos abscisas correspondientes, igual a cero, como fácilmente se desprende de la observación de la Figura V.5-*c*.

Se comprueba analíticamente que, en efecto

$$\theta_{CB} = \frac{1}{EI_z}\int_2^4 M_z dx = \frac{1}{EI_z}\int_2^4 [R_A x - P(x-2)]\,dx = \frac{P}{EI_z}\int_2^4 \left(-\frac{2}{3}x + 2\right) dx = 0$$

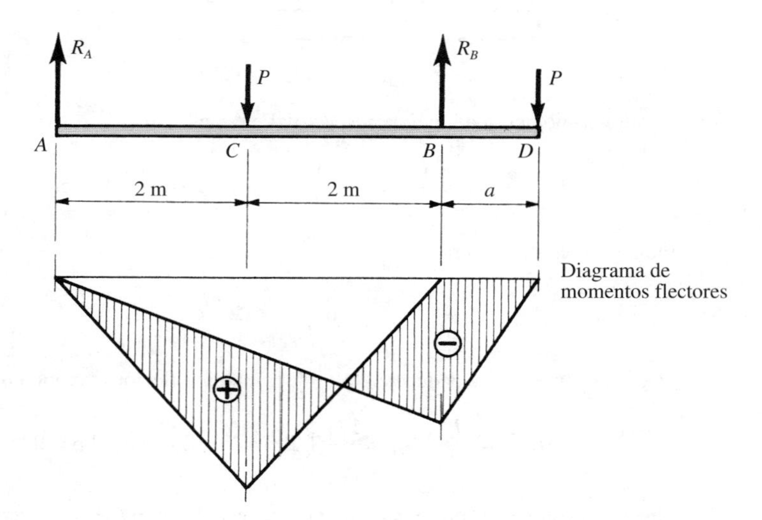

Figura V.5-*c*

V.6. Dado el sistema elástico indicado en la Figura V.6-*a*, se pide:

1.° Dibujar los diagramas de esfuerzos cortantes y momentos flectores de la viga *AF*.
2.° Dibujar la correspondiente viga conjugada con su sistema de cargas.
3.° Calcular el desplazamiento vertical y giro de la sección *C*, así como el desplazamiento vertical de la rótula *D*.
4.° Suponiendo que la barra *HC* se comporta como sólido rígido, hallar el desplazamiento horizontal de la sección *H*.
5.° Dibujar a estima la elástica de todo el sistema elástico señalando claramente los resultados obtenidos y los puntos de inflexión, si los hubiere.

Las barras *AD* y *DF* son de la misma sección, y su módulo de rigidez a la flexión es EI_z.

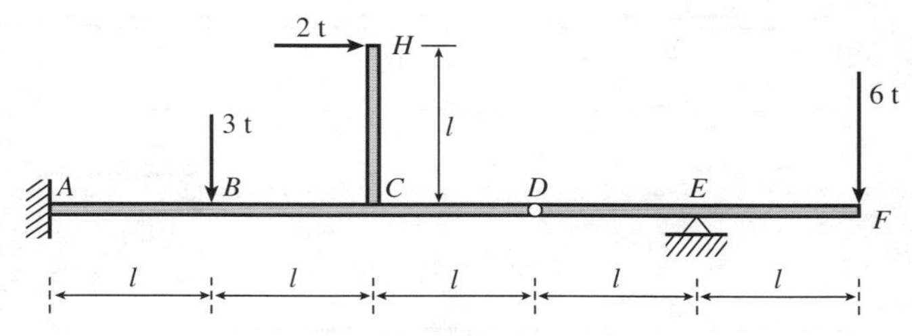

Figura V.6-*a*

1.° Calculemos las reacciones en el empotramiento *A* y en el apoyo *E* proyectando sobre la vertical, tomando momentos respectos de la sección *A* y poniendo la condición de que el momento flector se anula en la rótula *D*.

$$\begin{cases} R_A + R_E = 9 \text{ t} \\ M_A + 3l + 2l - 4l\ R_E + 6 \times 5l = 0 \\ 6 \times 2l - R_E l = 0 \end{cases}$$

No hemos considerado la componente horizontal de la reacción en el empotramiento, porque no interviene en la resolución del problema.

De este sistema de ecuaciones se obtiene

$$R_E = 12 \text{ t} \quad ; \quad R_A = -3 \text{ t} \quad ; \quad M_A = 13l \text{ m} \cdot \text{t } (l \text{ en metros})$$

Obtenidos estos valores, las leyes de esfuerzos cortantes y de momentos flectores son:

tramo *AB* : $0 \leqslant x \leqslant l$

$T(x) = -3$

$M_z(x) = 13l - 3x$

tramo *BC* : $l \leqslant x \leqslant 2l$

$T(x) = -6$

$M_z(x) = 13l - 3x - 3(x - l) = 16l - 6x$

tramo *CD* : $2l < x \leqslant 3l$

$T(x) = -6$

$M_z(x) = 16l - 6x + 2l = 18l - 6x$

tramo *DE* : $3l \leqslant x \leqslant 4l$

$T(x) = -6$

$M_z(x) = 18l - 6x$

tramo EF : $4l \leqslant x \leqslant 5l$

$$T(x) = 6$$

$$M_z(x) = 18l - 6x + 12(x - 4l) = -30l + 6x$$

El dibujo de ambos diagramas es ahora inmediato. Se representan en las Figuras V.6-*c* y V.6-*d*.

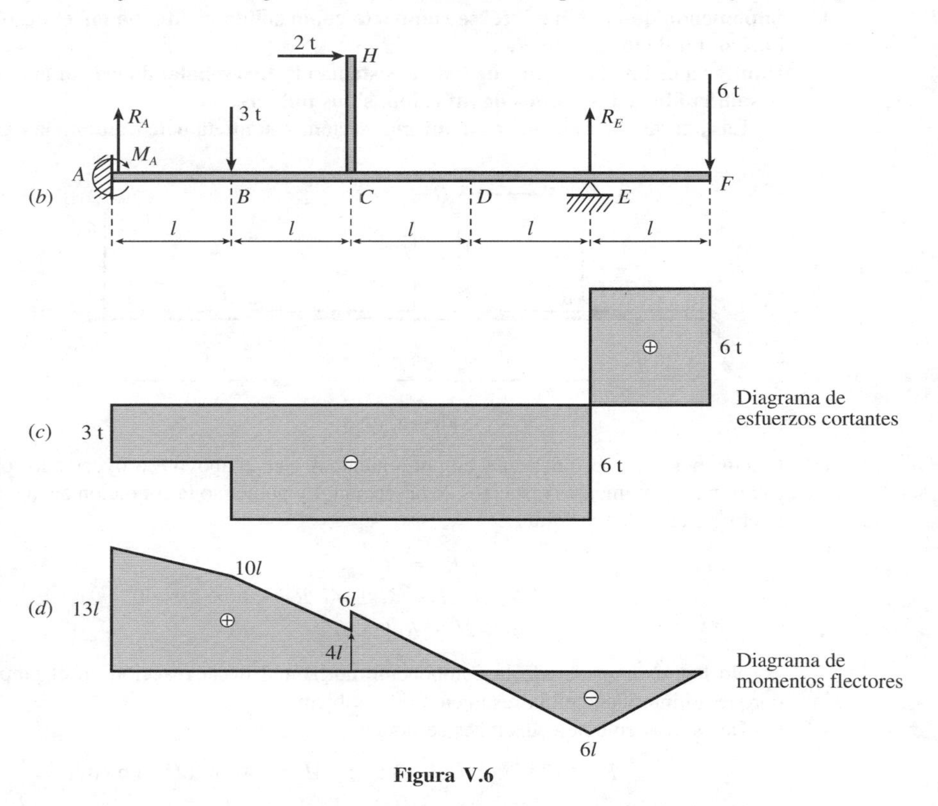

Figura V.6

Los valores de los momentos flectores vendrán dados en m · t cuando l se exprese en metros.

2.º Aplicando las reglas de sustentación que se han visto en el epígrafe 5.5, la viga conjugada tiene: un extremo libre en la sección A, un apoyo articulado en D, una rótula en E y un empotramiento en la sección extrema F. Está sometida a una carga distribuida igual al diagrama de momentos flectores dividido por la rigidez EI_z. Se representa en la Figura V.6-*e*.

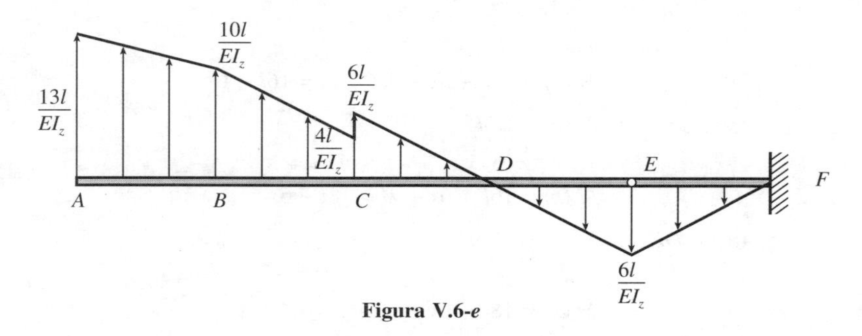

Figura V.6-*e*

3.º Aplicando el segundo teorema de Mohr, el desplazamiento vertical de la sección C será:

$$\boxed{y_C} = \delta_{CA} = -\int_0^{2l} \frac{M_z(x)(2l - x)}{EI_z}\,dx = \frac{1}{EI_z}\int_0^{l}(13l - 3x)(x - 2l)\,dx +$$

$$+\frac{1}{EI_z}\int_l^{2l}(16l - 6x)(x - 2l)\,dx = -\frac{35l^3}{2\,EI_z} - \frac{4l^3}{EI_z} = \boxed{-\frac{43l^3}{2\,EI_z}}$$

El signo negativo nos indica que el centro de gravedad de la sección C de la elástica queda por encima de la tangente en A, es decir, la ordenada y_C es positiva.

Para calcular el giro de la sección C aplicaremos el primer teorema de Mohr

$$\boxed{\theta_C} = \theta_{AC} = -\int_0^{2l}\frac{M_z(x)}{EI_z}\,dx = \frac{1}{EI_z}\int_0^{l}(13l - 3x)\,dx + \frac{1}{EI_z}\int_l^{2l}(16l - 6x)\,dx =$$

$$= -\frac{23l^2}{2\,EI_z} - \frac{7l^2}{EI_z} = \boxed{\frac{37l^2}{2\,EI_z}}$$

El signo positivo nos indica que el giro de la sección C se ha producido en sentido antihorario.

El desplazamiento vertical de la rótula D lo calcularemos aplicando el segundo teorema de Mohr.

$$\boxed{y_D} = \delta_{DA} = -\int_0^{3l}\frac{M_z(x)(3l - x)}{EI_z}\,dx = \frac{1}{EI_z}\int_0^{l}(13l - 3x)(x - 3l)\,dx +$$

$$+\frac{1}{EI_z}\int_l^{2l}(16l - 6x)(x - 3l)\,dx + \frac{1}{EI_z}\int_{2l}^{3l} = (18l - 6x)(x - 3l)\,dx =$$

$$= -\frac{29l^3}{EI_z} - \frac{11l^3}{EI_z} - \frac{2l^3}{EI_z} = \boxed{-\frac{42l^3}{EI_z}}$$

El signo negativo nos indica, como ya se ha dicho antes para la sección C, que el centro de gravedad de la sección D queda por encima de la tangente a la elástica en A.

4.º Si la barra CH se comporta como sólido rígido, de la Figura V.6-*f* fácilmente se deduce el cálculo del desplazamiento horizontal de la sección extrema H

$$\delta_H \simeq \widehat{HH'} = l \cdot \theta_C$$

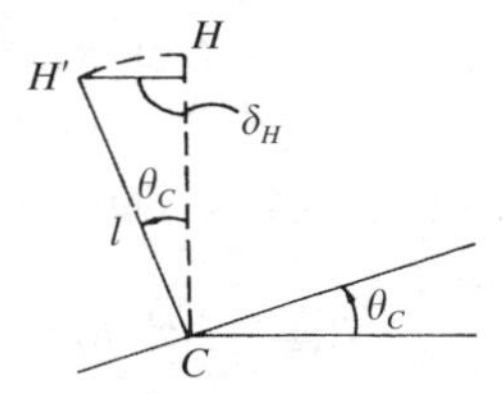

Figura V.6-*f*

Sustituyendo el valor de θ_C obtenido en el apartado anterior, se tiene:

$$\boxed{\delta_H = \frac{37l^3}{2\,EI_z}}$$

5.º Con todos los resultados obtenidos, se puede dibujar la elástica del sistema considerado (Fig. V.6-*g*)

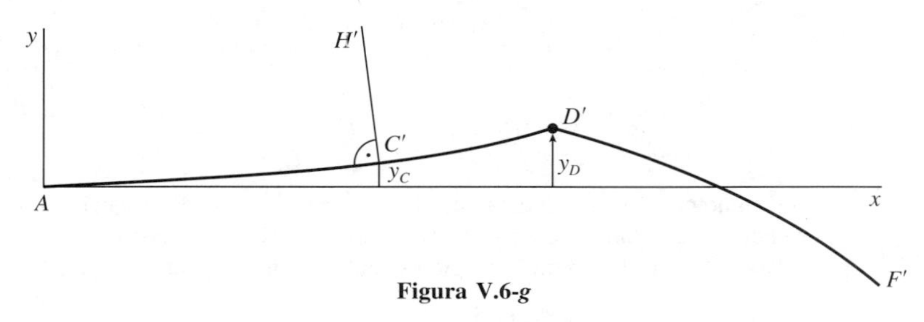

Figura V.6-*g*

Se observa que no existe ningún punto de inflexión.

V.7. Dado el sistema elástico de la Figura V.7-*a*, en el que las vigas *AB* y *BE* son de la misma sección y rigidez, se pide:

1.º Dibujar los diagramas de esfuerzos cortantes y de momentos flectores.
2.º Calcular el desplazamiento vertical de la rótula *B*, por aplicación del segundo teorema de Mohr.
3.º Determinar el giro y el desplazamiento vertical de la sección extrema libre *E*, por aplicación de los teoremas de la viga conjugada.
4.º Dibujar a estima la elástica, señalando los resultados.

1.º Calculemos las reacciones en el empotramiento y en el apoyo *D*. Proyectando las cargas sobre la vertical:

$$R_A + R_D = P$$

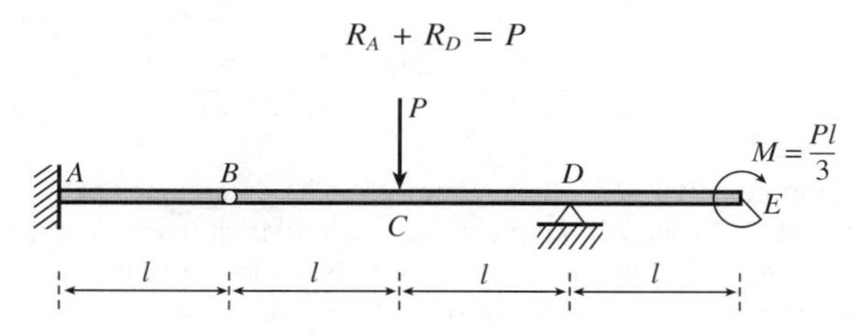

Figura V.7-*a*

Tomando momentos respecto de la rótula, de la solicitación a uno y otro lado de la misma

$$\begin{cases} M_A + R_A \cdot l = 0 \\ M - R_D \cdot 2l + Pl = 0 \end{cases}$$

De este sistema de ecuaciones se obtiene

$$R_A = \frac{P}{3} \quad ; \quad R_D = \frac{2P}{3} \quad ; \quad M_A = -\frac{Pl}{3}$$

La leyes de esfuerzos cortantes y de momentos flectores serán:

tramo AC : $0 \leqslant x \leqslant 2l$

$$T(x) = R_A = \frac{P}{3}$$

$$M(x) = M_A + R_A x = \frac{P}{3}(x - l)$$

tramo CD : $2l \leqslant x \leqslant 3l$

$$T(x) = R_A - P = -\frac{2P}{3}$$

$$M(x) = M_A + R_A \cdot x - P(x - 2l) = \frac{P}{3}(5l - 2x)$$

tramo DE : $3l \leqslant x \leqslant 4l$

$$T(x) = R_A - P + R_D = 0$$

$$M(x) = \frac{P}{3}(5l - 2x) + R_D(x - 3l) - \frac{Pl}{3}$$

Los diagramas de esfuerzos cortantes y de momentos flectores se representan en las Figuras V.7-*c* y V.7-*d*.

2.° El desplazamiento vertical de la rótula B es igual a la distancia de la sección B a la tangente trazada a la elástica en el empotramiento A. Por el segundo teorema de Mohr:

$$\boxed{y_B} = \delta_{BA} = -\frac{1}{EI_z}\int_0^l \frac{P}{3}(x - l)(l - x)\, dx = \boxed{\frac{Pl^3}{9\,EI_z}}$$

El resultado positivo del desplazamiento indica que el punto de la elástica correspondiente a la sección B queda por debajo de la tangente a la misma en el extremo A.

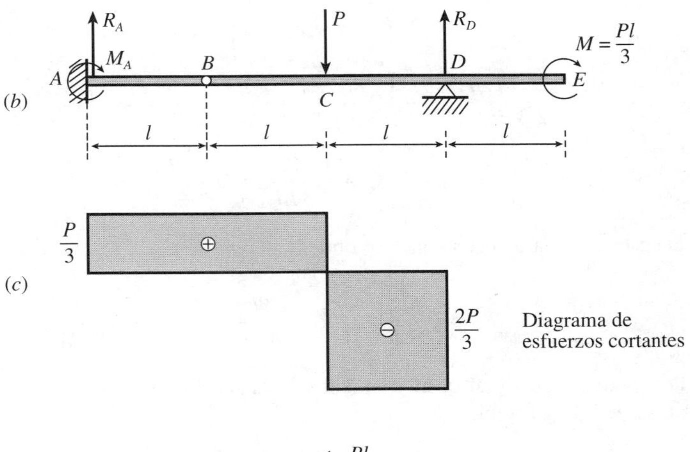

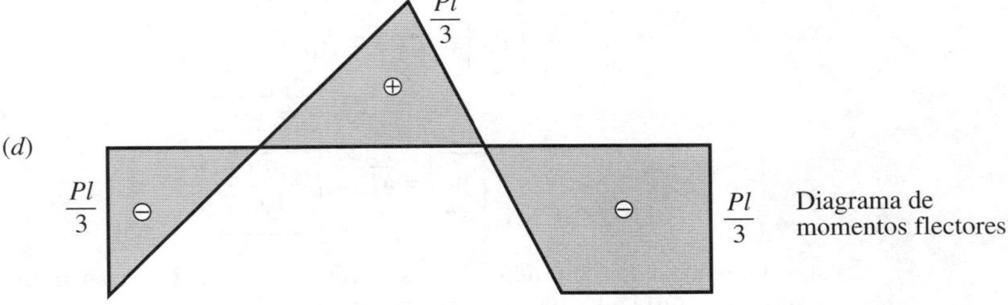

Figura V.7

3.º A partir del diagrama de momentos flectores y teniendo en cuenta las reglas correspondientes sobre la sustentación, podemos dibujar la viga conjugada de la viga dada tal como se indica en la Figura V.7-*e*.

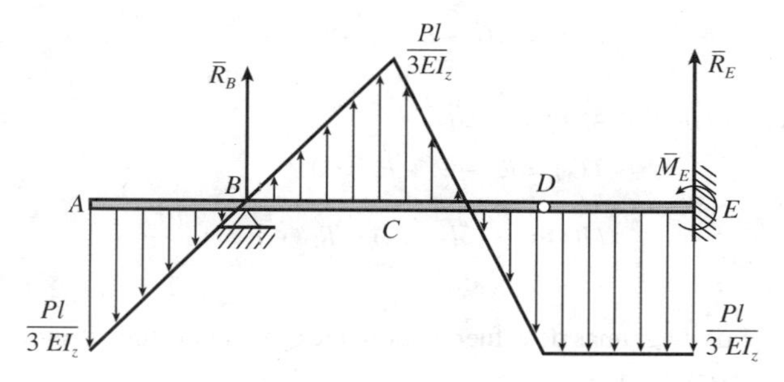

Figura V.7-*e*

Calculemos las reacciones de las ligaduras en la viga conjugada. Proyectando las cargas sobre la vertical:

$$\bar{R}_B + \bar{R}_E = \frac{1}{EI_z}\frac{Pl^2}{3}$$

Tomando momentos respecto de la rótula *D*, de la solicitación que actúa a uno y otro lado de la misma:

$$\bar{R}_E\, l + \bar{M}_E - \frac{Pl}{3\,EI_z}\, l\, \frac{l}{2} = 0$$

$$\frac{1}{2}\frac{Pl}{3\,EI_z}\frac{l}{2}\frac{1}{3}\frac{l}{2} - \frac{1}{2}\frac{Pl}{3\,EI_z}\frac{l}{2}\left(\frac{l}{2} + \frac{2}{3}\frac{l}{2}\right) - \frac{1}{2}\frac{Pl}{3\,EI_z}\, l\left(l + \frac{l}{3}\right) -$$

$$- \bar{R}_B\, 2l + \frac{1}{2}\frac{Pl}{3\,EI_z}\, l\left(2l + \frac{2l}{3}\right) = 0$$

De este sistema de ecuaciones se obtiene

$$\bar{R}_B = \frac{Pl^2}{12\,EI_z} \quad ; \quad \bar{R}_E = \frac{Pl^2}{4\,EI_z} \quad ; \quad \bar{M}_E = -\frac{Pl^3}{12\,EI_z}$$

Por tanto, el giro y el desplazamiento de la sección extrema *E* serán, en virtud de los teoremas de la viga conjugada

$$\boxed{\theta_E} = \bar{T}_E = -\bar{R}_E = \boxed{-\frac{Pl^2}{4\,EI_z}}$$

$$\boxed{y_E} = \bar{M}_E = \boxed{-\frac{Pl^3}{12\,EI_z}}$$

El signo negativo de θ_E indica que la sección extrema *E* ha experimentado en la deformación un giro de sentido horario, así como el negativo de la expresión de y_E indica que el desplazamiento de esta sección es hacia abajo.

4.º Con todos estos resultados fácilmente se dibuja la elástica (Fig. V.7-*f*).

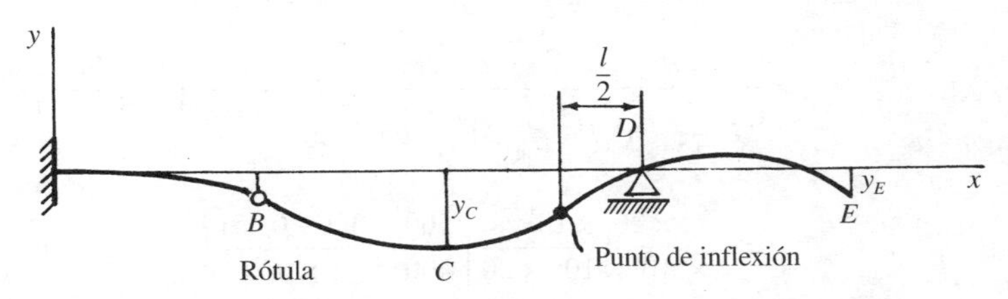

Figura V.7-*f*

V.8. Calcular el valor de la energía de deformación de una viga recta *AB* de longitud l = 5 m, sección rectangular de ancho b = 10 cm y altura h = 20 cm, sometida a un momento exterior $\mathcal{M}$ = 20 m · t, aplicado en su extremo derecho *B*, en sentido antihorario.

Se conoce el módulo de elasticidad $E = 2 \times 10^6$ kp/cm² y el valor del coeficiente de Poisson μ = 0,25.

La viga que se considera está sometida a flexión simple. Según la ecuación (5.6-6) la expresión del potencial interno es

$$\mathcal{T} = \int_0^l \frac{M_z^2}{2\,EI_z}\,dx + \int_0^l \frac{T_y^2}{2\,G\Omega_{1y}}\,dx$$

Las leyes de momentos flectores y esfuerzos constantes, según se desprende de la Figura V.8 son:

$$M_z = \frac{\mathcal{M}}{l}\,x \quad ; \quad T_y = \frac{\mathcal{M}}{l}$$

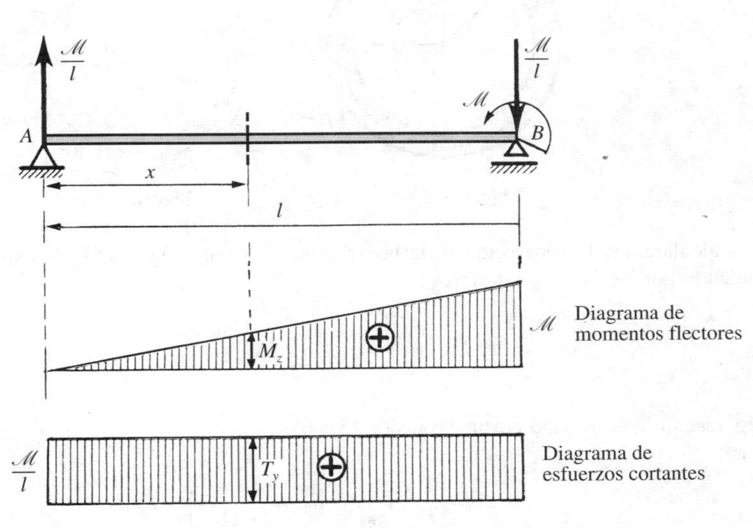

Figura V.8

Sustituyendo estas expresiones en la de $\mathcal{T}$, teniendo en cuenta que $I_z = \frac{1}{12}\,bh^3$ y $\Omega_{1y} = \frac{5}{6}\,bh$, se tiene

$$\mathcal{T} = \frac{\mathcal{M}^2}{2EI_z l^2}\int_0^l x^2\,dx + \frac{\mathcal{M}^2}{2G\Omega_{1y} l^2}\int_0^l dx =$$

$$= \frac{\mathcal{M}^2}{2E\,\frac{1}{12}\,bh^3\,l^2}\,\frac{l^2}{3} + \frac{\mathcal{M}^2\,2(1+\mu)}{2E\,\frac{5}{6}\,bh\,l^2}\,l = \frac{2\,\mathcal{M}^2}{E\,b\,h}\left[\frac{l}{h^2} + \frac{3(1+\mu)}{5l}\right] =$$

$$= \frac{2\times 20^2\times 10^{10}}{2\times 10^6\times 10\times 20}\left[\frac{500}{400} + \frac{3(1+0{,}25)}{5\times 500}\right] = 25.030 \text{ cm kp}$$

es decir

$$\boxed{\mathcal{T}} = 25.030 \text{ cm kp} = 25.030\,\frac{9{,}8}{100}\,j = \boxed{2.452{,}94 \text{ julios}}$$

V.9. Un anillo circular de fundición de sección recta rectangular h = 6 mm; b = 4 mm y radio medio R = 60 mm, como indica la Figura V.9-*a* está cortado radialmente. En ausencia de fuerzas exteriores, la separación entre las secciones del corte es despreciable.

Despreciando el efecto del esfuerzo normal calcular la separación de las secciones extremas cuando se aplican dos fuerzas iguales y opuestas F = 50 N, perpendicularmente a dichas secciones.

Datos del material del anillo: $E = 12 \times 10^4$ MPa; $G = 48 \times 10^3$ MPa.

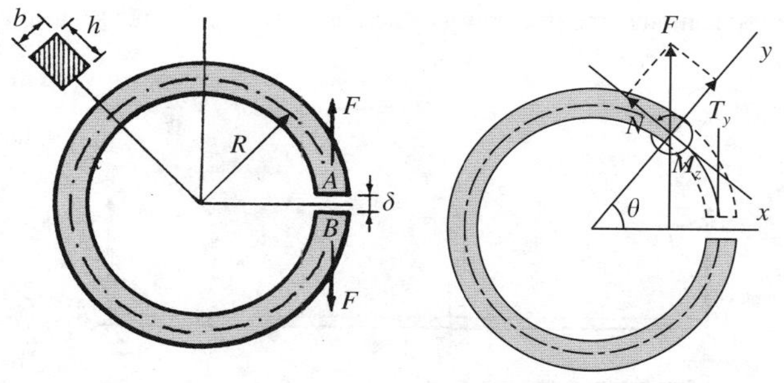

Figura V.9-*a* **Figura V.9-*b***

Calcularemos la separación δ de las secciones extremas igualando la expresión del trabajo realizado por las fuerzas exteriores

$$\mathcal{T} = \frac{1}{2}\,F\delta$$

al potencial interno dado por la expresión (5.6-6)

$$\mathcal{T} = \frac{1}{2EI_z}\int_{\widehat{AB}} M_z^2\,ds + \frac{1}{2G\Omega_{1y}}\int_{\widehat{AB}} T_y^2\,ds$$

Las leyes de esfuerzos cortantes y de momentos flectores en el anillo son (Fig. V.9-*b*)

$$T_y = F \text{ sen } \theta \quad ; \quad M_z = FR(1 - \cos\theta)$$

El potencial interno, despreciando el efecto del esfuerzo normal, es

$$\mathscr{T} = \frac{1}{2EI_z}\int_0^{2\pi} F^2R^2(1-\cos\theta)^2 R\,d\theta + \frac{1}{2G\Omega_{1y}}\int_0^{2\pi} F^2\operatorname{sen}^2\theta\, R\,d\theta =$$

$$= \frac{F^2R^3}{2EI_z}\int_0^{2\pi}(1-\cos\theta)^2\,d\theta + \frac{F^2R}{2G\Omega_{1y}}\int_0^{2\pi}\operatorname{sen}^2\theta\,d\theta =$$

$$= \frac{F^2R^3}{2EI_z}\int_0^{2\pi}(1-2\cos\theta+\cos^2\theta)\,d\theta + \frac{F^2R}{2G\Omega_{1y}}\int_0^{2\pi}\frac{1-\cos 2\theta}{2}\,d\theta =$$

$$= \frac{3\pi F^2R^3}{2EI_z} + \frac{\pi F^2R}{2G\Omega_{1y}}$$

La separación δ de las secciones extremas del anillo la calculamos aplicando el teorema de Castigliano

$$\delta = \frac{\partial\mathscr{T}}{\partial F} = \frac{3\pi F R^3}{EI_z} + \frac{\pi F R}{6\Omega_{1y}}$$

Sustituyendo los valores dados

$$I_z = \frac{1}{12}bh^3 = \frac{4\times 6^3}{12} = 72 \text{ mm}^4 \quad ; \quad \Omega_{1y} = \frac{5}{6}\Omega = \frac{5}{6}6\times 4 = 20 \text{ mm}^2$$

$$\delta = \frac{3\pi\times 50\times 60^3}{120.000\times 72} + \frac{\pi\times 50\times 60}{48.000\times 20}\text{ mm} = (11{,}78 + 0{,}009)\text{ mm}$$

se obtiene

$$\boxed{\delta \simeq 11{,}79 \text{ mm}}$$

V.10. Determinar, aplicando el método de Mohr, la influencia relativa del esfuerzo cortante en el valor de la flecha de una viga simplemente apoyada de longitud l = 4 m sometida a dos cargas concentradas como se indica en la Figura V.10-*a*, siendo la viga de sección constante rectangular de dimensiones b = 8 cm, h = 12 cm y de un material cuyo coeficiente de Poisson es μ = 0,25.

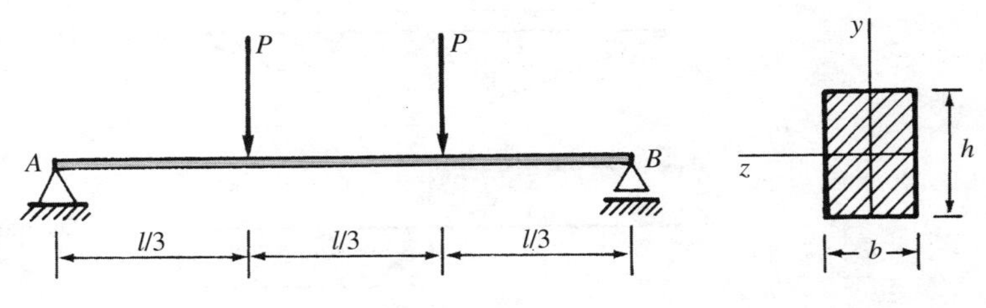

Figura V.10-*a*

Según Mohr, el desplazamiento vertical de la sección media de la viga que consideramos debido al momento flector, es

$$y_{T_y} = \int_0^l \frac{M_{z0}M_{z1}}{EI_z}\,dx$$

mientras que el debido al esfuerzo cortante viene dado por

$$y_{M_z} = \int_0^l \frac{T_{y0}T_{y1}}{G\Omega_{1y}}\,dx$$

teniendo los términos que figuran en ambas integrales el significado indicado en el epígrafe 5.8 y situando la carga unidad en la sección media, que es donde se presenta la flecha.

Las leyes de momentos flectores y de esfuerzos cortantes que figuran en las integrales anteriores, según se deduce de las Figuras V.10-*b* y V.10-*c*, son:

- Para la carga real

$$0 \leqslant x < \frac{l}{3}: M_{z0} = Px \quad ; \quad T_{y0} = P$$

$$l/3 < x < \frac{2l}{3}: M_{z0} = \frac{Pl}{3} \quad ; \quad T_{y0} = 0$$

$$2/3l < x \leqslant l: M_{z0} = P(l - x) \quad ; \quad T_{y0} = -P$$

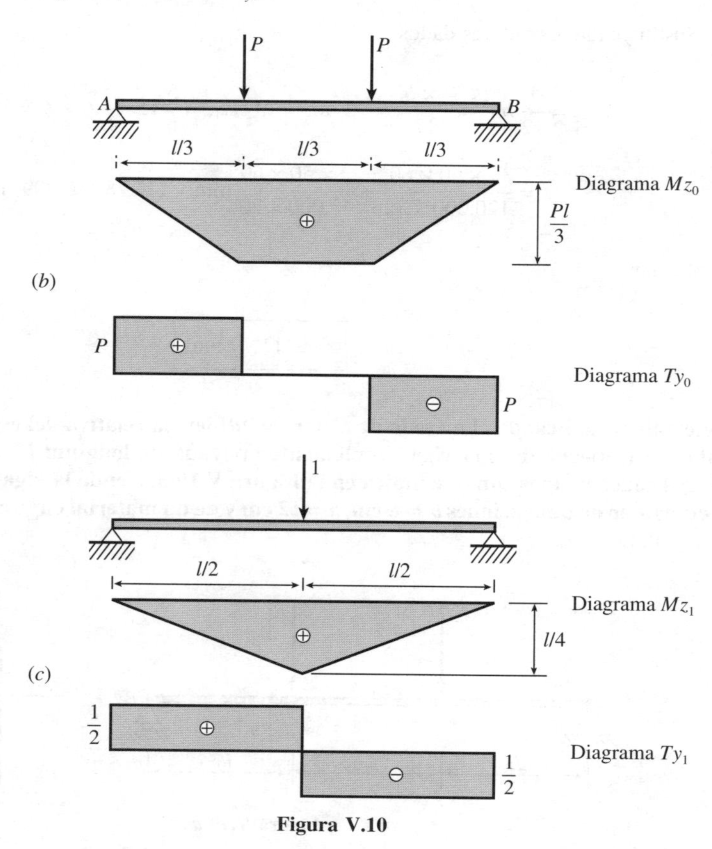

Figura V.10

- Para la carga unidad

$$0 \leqslant x < l/2: M_{z1} = \frac{1}{2} x \quad ; \quad T_{y1} = \frac{1}{2}$$

$$l/2 < x \leqslant l: M_{z1} = \frac{1}{2}(l - x) \quad ; \quad T_{y1} = -\frac{1}{2}$$

Por tanto, considerando la mitad de la viga y multiplicando por 2 por razón de simetría, tenemos:

$$f_{M_z} = \frac{2}{EI_z}\left(\int_0^{l/3} Px \frac{1}{2} x\, dx + \int_{l/3}^{l/2} \frac{Pl}{3}\frac{1}{2} x\, dx\right) = \frac{23Pl^3}{648EI_z}$$

$$f_{T_y} = \frac{2}{G\Omega_{1y}} \int_0^{l/3} P\frac{1}{2}\, dx = \frac{Pl}{3G\Omega_{1y}}$$

Como $I_z = \frac{1}{12} bh^3$ y $\Omega_1 = \frac{5}{6} bh$, sustituyendo, se tiene

$$f_{M_z} = \frac{23Pl^3}{648E\,\dfrac{bh^3}{12}} = \frac{23Pl^3}{54Ebh^3}$$

$$f_{T_y} = \frac{Pl}{3\,\dfrac{E}{2 \times 1{,}25}\,\dfrac{5}{6}\,bh} = \frac{Pl}{Ebh}$$

Dividiendo ambas expresiones

$$\frac{f_{T_y}}{f_{M_z}} = \frac{Pl}{Ebh}\,\frac{54\,Ebh^3}{23\,Pl^3} = 2{,}34\left(\frac{h}{l}\right)^2$$

para los valores dados, se obtiene

$$\boxed{\frac{f_{T_y}}{f_{M_z}}} = 2{,}34\left(\frac{12}{400}\right)^2 = \boxed{0{,}21 \times 10^{-2}}$$

El resultado nos dice que la influencia del esfuerzo cortante en el valor de la flecha, respecto de la producida por el momento flector, es del orden del 0,2 por 100.

Compruebe el lector que obteniendo la flecha debida al momento flector por aplicación de la ecuación universal de la elástica y la correspondiente al esfuerzo cortante mediante la ecuación (5.7-3), se llega al mismo resultado.

V.11. Dado el sistema indicado en la Figura V.11-*a*, se pide:

1.º Dibujar los diagramas de esfuerzos normales, esfuerzos cortantes y momentos flectores.

2.º Determinar el IPE necesario, sabiendo que:

$$\sigma_{adm} = 1.000 \text{ kp/cm}^2 \quad ; \quad E = 2 \times 10^6 \text{ kp/cm}^2$$

3.º Calcular el giro del nudo *F*.

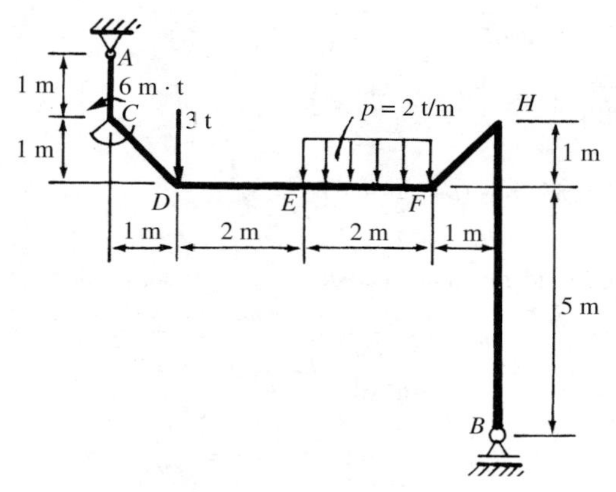

Figura V.11-*a*

1.° Las reacciones en los apoyos A y B del sistema considerado son ambas verticales, ya que el apoyo articulado A, aunque es fijo, no existe ninguna otra fuerza horizontal. Proyectando sobre la vertical y tomando momentos respecto de B tenemos:

$$\begin{cases} R_A + R_B = 7 \text{ t} \\ 6R_A - 6 - 3 \times 5 - 4 \times 2 = 0 \end{cases}$$

de donde:

$$R_A = 4{,}83 \text{ t} \quad ; \quad R_B = 2{,}16 \text{ t}$$

Obtenidos los valores de las reacciones, las leyes de esfuerzos normales, esfuerzos cortantes y momentos flectores son inmediatas.

- Esfuerzos normales

$\overline{AC}$: $N = R_A = 4{,}83$ t
$\overline{CD}$: $N = R_A \cos 45° = 3{,}41$ t
$\overline{DF}$: $N = 0$
$\overline{FH}$: $N = R_B \cos 45° = 1{,}53$ t
$\overline{HB}$: $N = -R_B = -2{,}16$ t

- Esfuerzos cortantes

$\overline{AC}$: $T_y = 0$
$\overline{CD}$: $T_y = R_A \text{ sen } 45° = 3{,}41$ t
$\overline{DE}$: $T_y = R_A - 3 = 1{,}83$ t
$\overline{EF}$: $T_y = 1{,}83 - 2(x - 2) = (5{,}83 - 2x)$ t
$\overline{FH}$: $T_y = -2{,}16 \cos 45° = -1{,}53$ t
$\overline{HB}$: $T_y = 0$

- Momentos flectores

$\overline{AC}$: $M_z = 0$
$\overline{CD}$: $M_z = -6 + 3{,}41\, x$ m · t
$\overline{DE}$: $M_z = R_A(x + 1) - 6 - 3x = 1{,}83x - 1{,}17$ m · t
$\overline{EF}$: $M_z = 1{,}83x - 1{,}17 - (x - 2)^2$ m · t
$\overline{FH}$: $M_z = R_B 0{,}707x = 1{,}52x$ m · t
$\overline{HB}$: $M_z = 0$

Los diagramas correspondientes se representan en las Figuras V.11-*c*, V.11-*d* y V.11-*e*

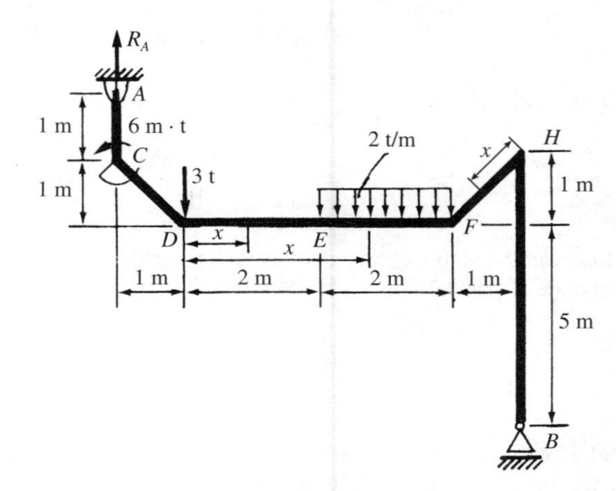

Figura V.11-*b*

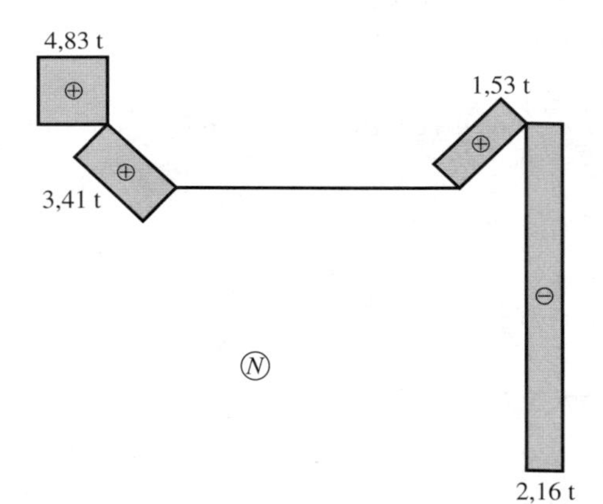

Figura V.11-*c*

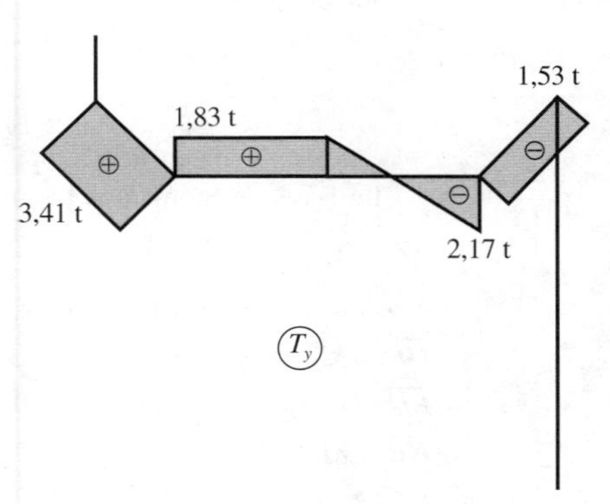

Figura V.11-*d*

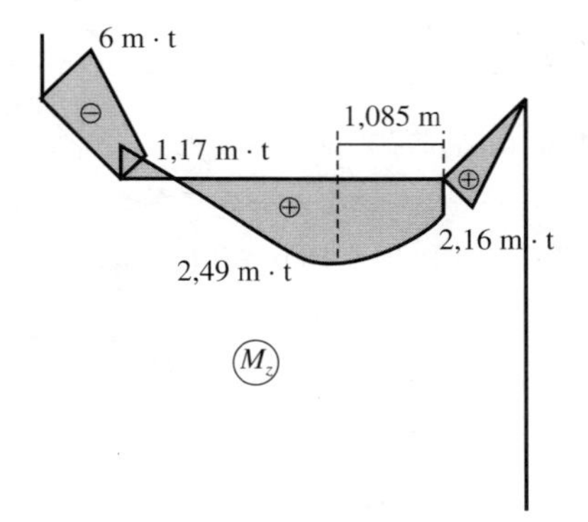

Figura V.11-*e*

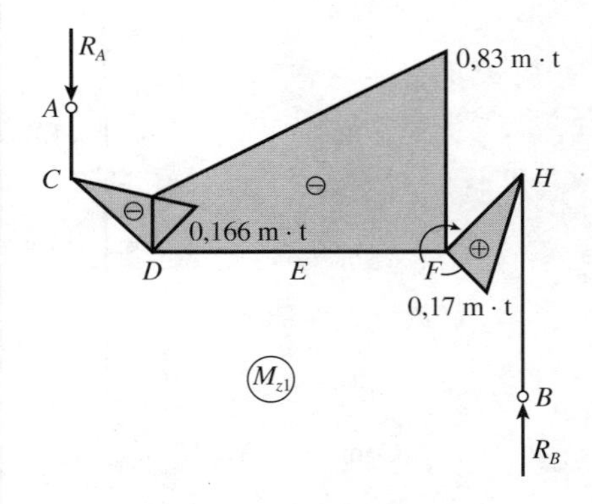

Figura V.11-*f*

2.º Del diagrama de momentos flectores se deduce el valor del momento flector máximo

$$M_{z\,\text{máx}} = 6 \text{ m}\cdot\text{t} = 6 \times 10^5 \text{ cm}\cdot\text{kp}$$

El módulo resistente será

$$W_z = \frac{M_{z\,\text{máx}}}{\sigma_{\text{adm}}} = \frac{6 \times 10^5}{10^3} \text{ cm}^3 = 600 \text{ cm}^3$$

Observando la tabla correspondiente a los perfiles IPE, el valor más próximo, por exceso, corresponde al perfil

IPE 330

3.º Para el cálculo del giro de la sección F despreciaremos el efecto de los esfuerzos normal y cortante, frente al momento flector.

Siguiendo el método de Mohr, aplicamos un momento unidad en sentido horario, como se indica en la Figura V.11-*f*, y dibujamos el diagrama de momentos flectores que tal aplicación produce en el sistema, una vez calculadas las reacciones

$$\left.\begin{aligned} 6R_A - 1 &= 0 \\ R_A - R_B &= 0 \end{aligned}\right\} \text{ de donde: } R_A = R_B = 0{,}16 \text{ t}$$

La leyes de momentos flectores M_{z1} son:

$\overline{AC}$: $M_{z1} = 0$

$\overline{CD}$: $M_{z1} = -0{,}166 \times 0{,}707x = -0{,}117x$

$\overline{DF}$: $M_{z1} = -0{,}166(x + 1)$

$\overline{FH}$: $M_{z1} = 0{,}166 \times 0{,}707x = 0{,}177x$

$\overline{HB}$: $M_{z1} = 0$

El ángulo θ_F girado por la sección F será:

$$\theta_F = \int \frac{M_{z0}M_{z1}}{EI_z}\,ds = \frac{1}{EI_z}\left[\int_0^{\sqrt{2}} (-6 + 3{,}41x)(-0{,}117x)\,dx + \right.$$

$$+ \int_0^2 (1{,}83x - 1{,}17)(-0{,}166x - 0{,}166)\,dx +$$

$$+ \int_2^4 [1{,}83x - 1{,}17 - (x - 2)^2][-0{,}166x - 0{,}166]\,dx +$$

$$\left. + \int_0^{\sqrt{2}} 1{,}52x \times 0{,}117x\,dx \right] = -\frac{23{,}806}{EI_z}$$

Como $E = 2 \times 10^6$ kp/cm^2 $= 2 \times 10^7$ t/m^2

$$I_z = 11.770 \text{ cm}^4 = 11.770 \times 10^{-8} \text{ m}^4$$

Sustituyendo estos valores:

$$\boxed{\theta_F} = -\frac{23{,}806}{2 \times 10^7 \times 11.770 \times 10^{-8}} = \boxed{-10{,}11 \times 10^{-3} \text{ rad}}$$

El signo negativo indica que tiene sentido distinto al del momento unidad aplicado, es decir, la sección F gira en sentido antihorario.

V.12. Calcular el desplazamiento vertical experimentado por el extremo *A* del sistema representado en la Figura V.12-*a*, al aplicar una carga *P* en dicho punto.
Las rigideces a la flexión en los tramos *AB* y *BC* son respectivamente EI_1 y EI_2.

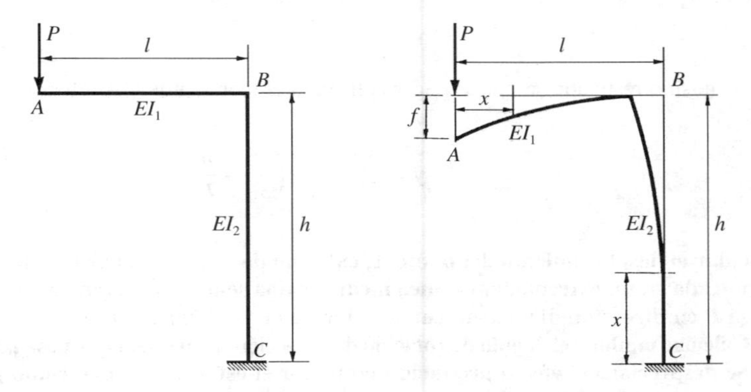

Figura V.12-*a* **Figura V.12-*b***

El desplazamiento vertical del extremo A es la flecha de la barra AB. La calcularemos igualando dos expresiones del potencial interno del sistema.

Por una parte, hallaremos el potencial interno en función del momento flector, despreciando el efecto de los esfuerzos normal y cortante.

Potencial interno de la barra AB:

$$M_1 = -Px$$

$$\mathcal{T}_1 = \frac{1}{2EI_1}\int_0^l M_1^2\, dx = \frac{P^2}{2EI_1}\int_0^l x^2\, dx = \frac{P^2 l^3}{6EI_1}$$

Potencial interno de la barra CB:

$$M_2 = Pl$$

$$\mathcal{T}_2 = \frac{1}{2EI_2}\int_0^h M_2^2\, dx = \frac{P^2 l^2 h}{2EI_2}$$

El potencial interno del sistema será:

$$\mathcal{T} = \mathcal{T}_1 + \mathcal{T}_2 = \frac{P^2 l^2}{2E}\left(\frac{l}{3I_1} + \frac{h}{I_2}\right)$$

Por otra parte, el potencial interno en función de las fuerzas exteriores es

$$\mathcal{T} = \frac{1}{2} Pf$$

Igualando ambas expresiones

$$\frac{1}{2}Pf = \frac{P^2l^2}{2E}\left(\frac{l}{3I_1} + \frac{h}{I_2}\right)$$

se obtiene el valor de la flecha

$$\boxed{f = \frac{Pl^2}{E}\left(\frac{l}{3I_1} + \frac{h}{I_2}\right)}$$

Al mismo resultado se puede llegar aplicando el teorema de Castigliano

$$f = \frac{\partial \mathscr{T}}{\partial P} = \frac{Pl^2}{E}\left(\frac{l}{3I_1} + \frac{h}{I_2}\right)$$

V.13. Calcular el desplazamiento del punto *A*, extremo de una barra elástica de sección constante, empotrada en un extremo, cuya línea media es una semicircunferencia, cuando se aplica una carga *P* en dirección diametral, como se indica en la Figura V.13-*a*.

Calcular también el ángulo de rotación de la sección transversal que pasa por el mismo punto. Se despreciará el efecto producido tanto por el esfuerzo normal como por el cortante.

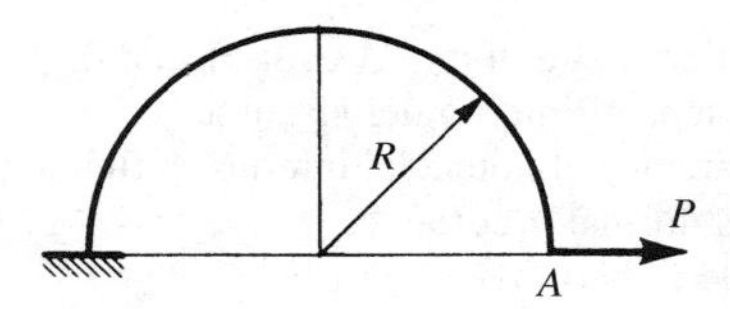

Figura V.13-*a*

El vector desplazamiento $\vec{\delta}$ del punto *A* tiene dos componentes δ_{Ax} y δ_{Ay}, según los ejes indicados en la Figura V.13-*b*.

Para la determinación de ambas aplicaremos el método de Mohr considerando una fuerza unidad en la dirección de *P*, para calcular la componente δ_{Ax} en la dirección *x*, y otra fuerza, también de módulo unidad, en dirección del eje *y* para el cálculo de δ_{Ay}.

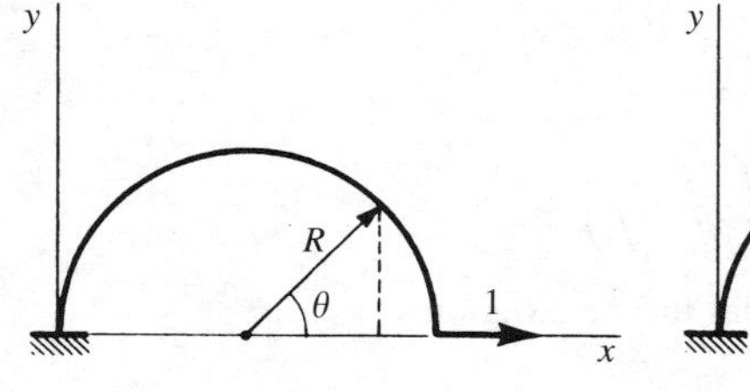

Figura V.13-*b*

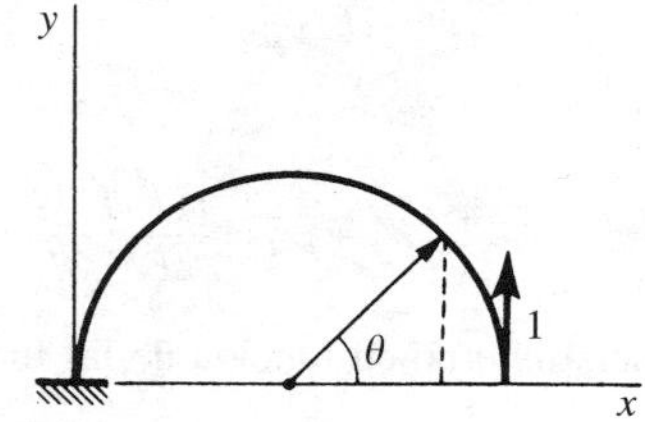

Figura V.13-*c*

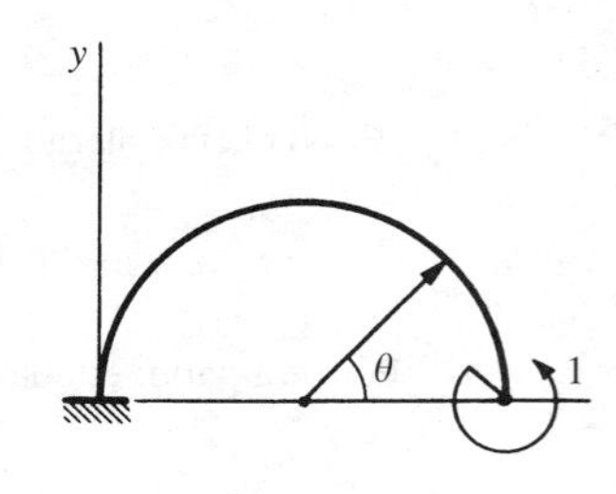

Figura V.13-*d*

La ley de momentos flectores en una sección definida por el ángulo θ es

$$M_{z0} = PR \text{ sen } \theta$$

Por otra parte, las leyes de momentos flectores debidos a la carga unidad en la dirección de los ejes x e y respectivamente son:

$$M_{z1x} = R \text{ sen } \theta; \quad M_{z1y} = R\,(1 - \cos\theta)$$

Por tanto, las componentes del vector desplazamiento son:

$$\delta_{Ax} = \int_0^l \frac{M_{z0} M_{z1x}}{EI}\, ds = \frac{1}{EI_z} \int_0^\pi PR \text{ sen } \theta \cdot R \text{ sen } \theta \cdot Rd\,\theta = \frac{\pi PR^3}{2EI_z}$$

$$\delta_{Ay} = \int_0^l \frac{M_{z0} M_{z1y}}{EI_z}\, ds = \frac{1}{EI_z} \int_0^\pi PR \text{ sen } \theta \cdot R(1 - \cos\theta) \cdot Rd\theta = \frac{2PR^3}{EI_z}$$

$$\boxed{\delta_{Ax} = \frac{\pi PR^3}{2EI_z} \quad ; \quad \delta_{Ay} = \frac{2PR^3}{EI_z}}$$

Análogamente, para el cálculo del giro de la sección A aplicamos un momento unidad en dicha sección extrema (Fig. V.13-*d*)

$$M_{z0} = PR \text{ sen } \theta \quad ; \quad M_{z1} = 1$$

$$\boxed{\theta_A} = \int_0^l \frac{M_{z0} M_{z1}}{EI_z}\, ds = \frac{1}{EI_z} \int_0^\pi PR \text{ sen } \theta \cdot 1 \cdot R\, d\theta = \boxed{\frac{2PR^2}{EI_z}}$$

V.14. Una barra curva de rigidez EI_z, cuya línea media es una semicircunferencia está empotrada por uno de sus extremos. Sobre la barra y en el plano de la misma actúa una carga lineal uniforme p en dirección radial como indica la Figura V.14-*a*. Calcular mediante el método de Mohr el giro de la sección B, así como el corrimiento horizontal que dicha sección experimenta.

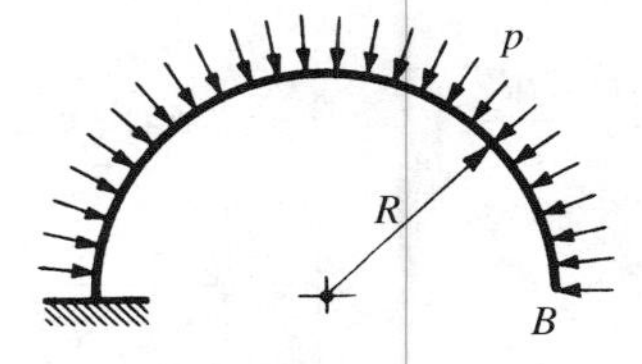

Figura V.14-*a*

En la sección definida por el ángulo θ, la resultante F de la carga radial situada a la derecha de la sección es (Fig. V.14-*b*):

$$F = 2 \int_0^{\theta/2} p \cos\alpha R\, d\alpha = 2pR \int_0^{\theta/2} \cos\alpha\, d\alpha = 2p\, R \text{ sen } \frac{\theta}{2}$$

por lo que el momento flector M_0 debido a la carga aplicada será

$$M_{z0} = -F \cdot R \text{ sen } \frac{\theta}{2} = -2pR^2 \text{ sen}^2 \frac{\theta}{2}$$

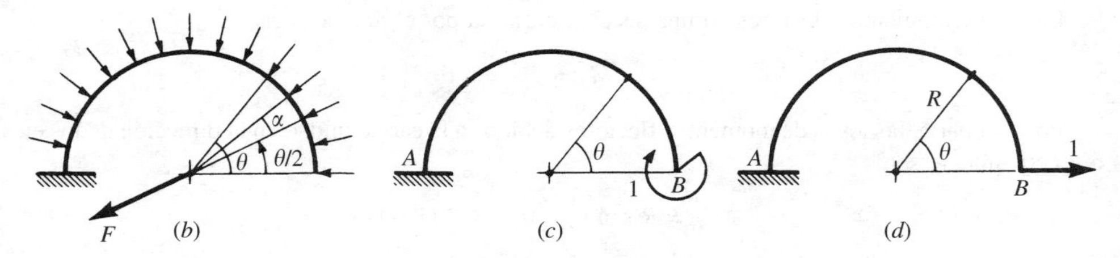

Figura V.14

Como la ley de momentos flectores debidos a un momento unidad aplicado en la sección B (Fig. V.14-*c*) es

$$M_{z1} = -1$$

el método de Mohr nos permite obtener θ_B

$$\boxed{\theta_B} = \int \frac{M_{z0} M_{z1}}{EI_z}\, ds = \frac{1}{EI_z}\int_0^{\pi} 2PR \operatorname{sen}^2 \frac{\theta}{2} \cdot R\, d\theta = \boxed{\frac{\pi p R^3}{EI_z}}$$

valor del ángulo girado por la sección extrema B, en sentido horario.

Para determinar el desplazamiento horizontal de la misma sección B aplicaremos una fuerza unidad en la dirección en que queremos calcular la proyección del vector desplazamiento (Fig. V.14-*d*)

$$M_{z1} = R \operatorname{sen} \theta$$

$$\delta_{Bh} = \int \frac{M_{z0} M_{z1}}{EI_z}\, ds = \frac{1}{EI_z}\int_0^{\pi} -2pR^2 \operatorname{sen}^2 \frac{\theta}{2}\, R \operatorname{sen} \theta\, R\, d\theta =$$

$$= -\frac{2pR^4}{EI_z}\int_0^{\pi} \operatorname{sen}^2 \frac{\theta}{2} \cdot 2 \operatorname{sen} \frac{\theta}{2} \cos \frac{\theta}{2}\, d\theta = -\frac{2pR^4}{EI_z}$$

$$\boxed{\delta_{Bh} = -\frac{2pR^4}{EI_z}}$$

El signo menos nos indica que el desplazamiento horizontal es hacia la izquierda.

V.15. Calcular los desplazamientos vertical, horizontal y angular de la sección extrema de una barra en L con la sustentación y carga indicadas en la Figura V.15-*a*. El tramo horizontal vertical tiene rigidez EI_1 y el vertical EI_2.

Se hará el cálculo aplicando las integrales de Mohr y resolviendo éstas mediante el método de multiplicación de gráficos.

Se prescindirá de los efectos producidos por los esfuerzos normal y cortante.

Aplicar los resultados obtenidos al siguiente caso: P = 150 kp; $E = 2 \times 10^6$ kp/cm^2; $I_1 = 2I_2$ = 12,2 cm^4; a = 1 m; b = 1,5 m.

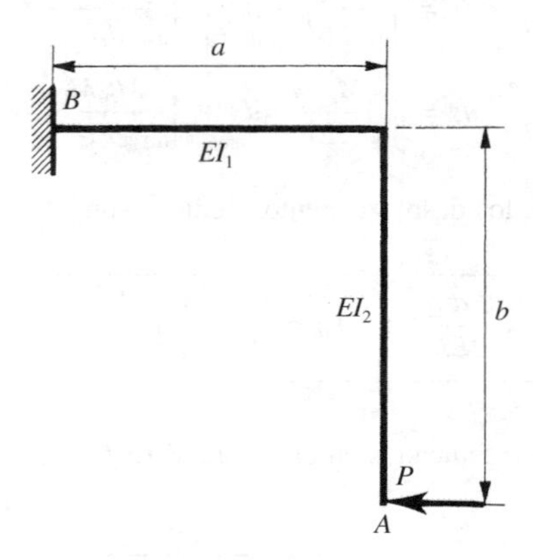

Figura V.15-*a*

En las Figuras V.15-*b*, *c*, *d*, *e* dibujamos los diagramas de momentos flectores: de la carga $P(M_{z0})$; de una carga unidad vertical aplicada en $A(M_{z1})$; de una carga unidad horizontal aplicada también en $A(M_{z2})$; y de un momento unidad aplicado en la misma sección $A(M_{z3})$

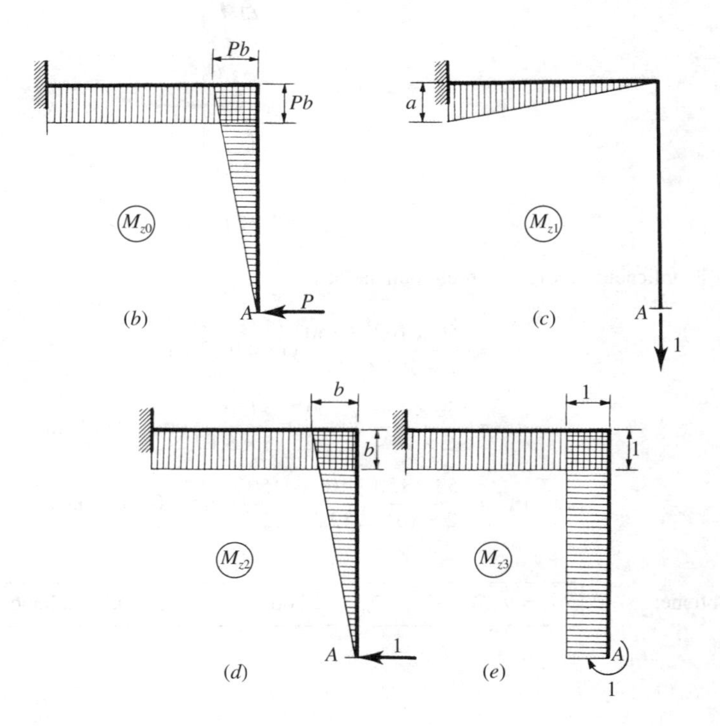

Figura V.15

$$\delta_{Av} = \int \frac{M_{z0}M_{z1}}{EI_z}\,ds = \int_0^a \frac{M_{z0}M_{z1}}{EI_1}\,dx + \int_0^b \frac{M_{z0}M_{z1}}{EI_2}\,dy = \frac{1}{EI_1}\,Pba\,\frac{a}{2} = \frac{Pa^2b}{2EI_1}$$

$$\delta_{Ah} = \int \frac{M_{z0}M_{z2}}{EI_z}\,ds = \int_0^a \frac{M_{z0}M_{z2}}{EI_1}\,dx + \int_0^b \frac{M_{z0}M_{z2}}{EI_2}\,dy = \frac{1}{EI_1}\,Pbab + \frac{1}{EI_2}\,\frac{1}{2}\,Pb^2\,\frac{2}{3}\,b$$

$$\theta_A = \int \frac{M_{z0}M_{z3}}{EI_z}\,ds = \int_0^a \frac{M_{z0}M_{z3}}{EI_1}\,dx + \int_0^b \frac{M_{z0}M_{z3}}{EI_2}\,dy = \frac{1}{EI_1}\,Pab + \frac{1}{EI_2}\,b\,\frac{Pb}{2}$$

es decir, resumiendo, los desplazamientos pedidos son:

$$\boxed{\delta_{Av} = \frac{Pa^2b}{2EI_1} \quad ; \quad \delta_{Ah} = \frac{Pb^2}{E}\left(\frac{a}{I_1} + \frac{b}{3I_2}\right) \quad ; \quad \theta_A = \frac{Pb}{E}\left(\frac{a}{I_1} + \frac{b}{2I_2}\right)}$$

que tienen los sentidos indicados en la Figura V.15-*f*.

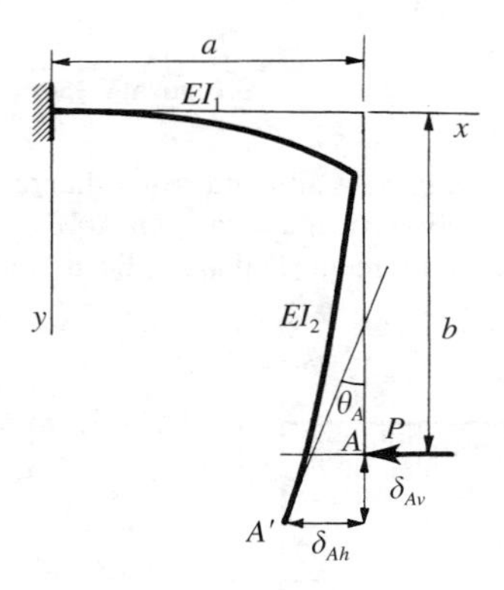

Figura V.15-*f*

Para la aplicación indicada en el enunciado:

$$\delta_{Av} = \frac{150 \times 100^2 \times 150}{2 \times 10^6 \times 12{,}2}\ \text{cm} = 9{,}22\ \text{cm}$$

$$\delta_{Ah} = \frac{150 \times 150^2}{2 \times 10^6}\left(\frac{100}{12{,}2} + \frac{150}{3 \times 6{,}1}\right)\ \text{cm} = 27{,}66\ \text{cm}$$

$$\theta_A = \frac{150 \times 150}{2 \times 10^6}\left(\frac{100}{12{,}2} + \frac{150}{12{,}2}\right)\ \text{rad} = 0{,}23\ \text{radianes}$$

se obtiene: $\boxed{\delta_{Av} = 9{,}22\ \text{cm} \quad ; \quad \delta_{Ah} = 27{,}66\ \text{cm} \quad ; \quad \theta_A = 0{,}23\ \text{radianes}}$

6

Flexión desviada y flexión compuesta

6.1. Introducción

En capítulos anteriores hemos considerado que el momento flector en una sección del prisma mecánico tenía la dirección coincidente con uno de los ejes centrales de inercia de la misma* (Fig. 6.1-*a*). Estudiaremos ahora las particularidades que presenta un prisma mecánico en el que la solicitación exterior produce en una sección recta un momento contenido en su plano, pero cuya dirección no coincide con ninguno de los dos ejes centrales de inercia. Si, además, el esfuerzo normal es nulo, diremos que el prisma mecánico está sometido a *flexión desviada* (Fig. 6.1-*b*).

Cuando el esfuerzo normal no es nulo y existe, además, un momento flector $\vec{M}_F$, diremos que el prisma trabaja a *flexión compuesta*.

En estos tipos de flexión, el convenio de signos para el momento flector en prismas mecánicos sometidos a flexión simple que se ha establecido en el capítulo 4 carece de sentido. Aunque, si nos damos cuenta, el convenio de decir que el momento flector M_z es positivo cuando la fibra inferior está sometida a tracción, es equivalente a decir que el momento flector en la sección que consideramos tiene positiva su componente M_z respecto de la referencia yz definida en el prisma, como fácilmente se desprende de la observación de la Figura 4.4, siempre y cuando el semieje y positivo se tome hacia arriba.

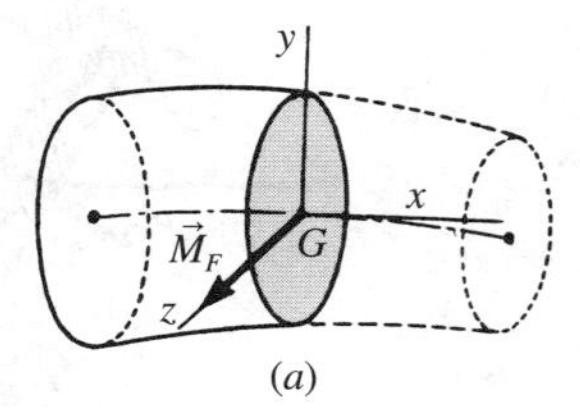

(*a*)

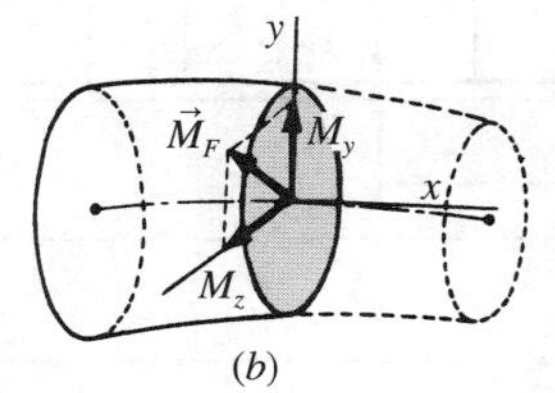

(*b*)

Figura 6.1

---

* Se habrá observado que la existencia del momento flector implica la existencia en general de un esfuerzo cortante. Por tanto, cuando decimos que en la sección existe un momento flector $\vec{M}_F$ entenderemos que existe implícitamente un esfuerzo cortante $\vec{T}$.

Ahora consideremos que los signos de los momentos M_y y M_z son los que le corresponden según los ejes yz adoptados que, como sabemos, son coincidentes con los ejes centrales de inercia de la sección.

No perdamos de vista que M_y y M_z son, en cada sección, las componentes del momento de las fuerzas que actúan sobre la parte eliminada situada a la derecha de la sección o, lo que es lo mismo, el momento de las fuerzas que actúan sobre la parte que está a la izquierda de la sección, cambiado de signo.

6.2. Flexión desviada en el dominio elástico. Análisis de tensiones

Consideremos una viga, tal como la representada en la Figura 6.2, cargada en un plano que no contiene a ninguno de los dos ejes centrales de inercia de las secciones rectas. Sea $\vec{M}_F$ el momento flector en una sección y M_y, M_z sus componentes respecto de los ejes centrales Gy y Gz, respectivamente. Calculemos el valor de la tensión normal σ en un punto P (y, z) de la sección por aplicación del principio de superposición, sumando los valores correspondientes a cada una de las componentes del momento flector, calculados mediante la ley de Navier.

Así, la tensión normal σ' debida al momento M_z es

$$\sigma' = -\frac{M_z}{I_z} y \tag{6.2-1}$$

mientras que la expresión de la tensión σ'' producida por M_y es

$$\sigma'' = \frac{M_y}{I_y} z \tag{6.2-2}$$

con el signo más, ya que para M_y positivo corresponden tensiones de tracción en el semiplano $z > 0$, como fácilmente se desprende de la Figura 6.3.

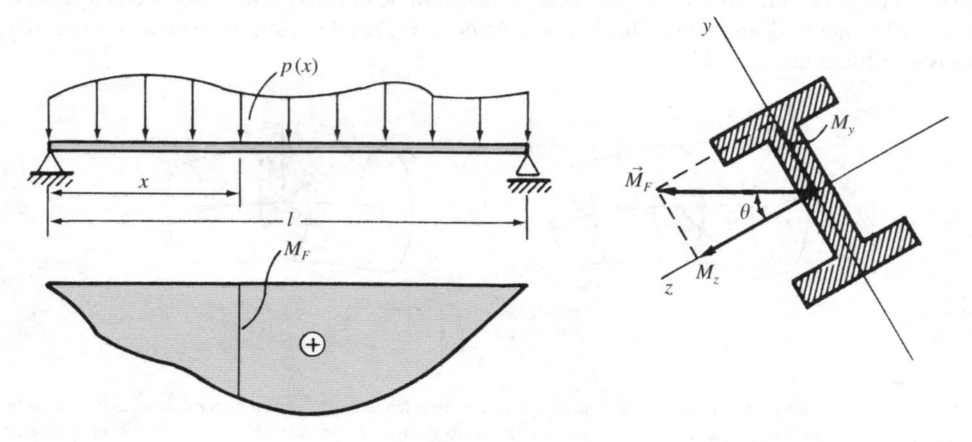

Figura 6.2

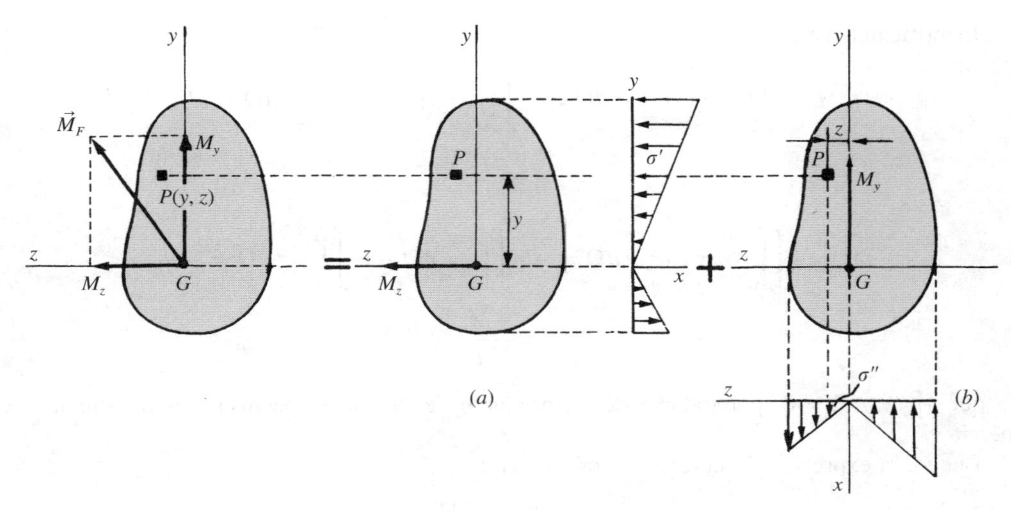

Figura 6.3

Por tanto, la tensión normal correspondiente al punto *P* será

$$\sigma = -\frac{M_z}{I_z}y + \frac{M_y}{I_y}z \tag{6.2-3}$$

Al mismo resultado hubiéramos llegado por vía analítica. En efecto, admitiendo la hipótesis de Bernoulli de conservación de las secciones planas, la tensión normal σ será una función lineal de las coordenadas de la forma

$$\sigma = a + by + cz \tag{6.2-4}$$

siendo a, b, c parámetros que determinaremos imponiendo las condiciones de ser nulo el esfuerzo normal y tener las componentes del momento los valores M_y y M_z.

$$\iint_\Omega \sigma\, d\Omega = \iint_\Omega (a + by + cz)\, d\Omega = a\Omega = 0 \quad \Rightarrow \quad a = 0$$

ya que $\iint_\Omega y\, d\Omega = \iint_\Omega z\, d\Omega = 0$, por tratarse de momentos estáticos respecto de ejes que contienen al centro de gravedad de la sección.

La condición de equilibrio exige que el momento flector en la sección sea igual al momento de las fuerzas engendradas por la distribución de tensiones normales

$$\vec{M}_F = \iint_\Omega \begin{vmatrix} \vec{i} & \vec{j} & \vec{k} \\ 0 & y & z \\ \sigma & 0 & 0 \end{vmatrix} d\Omega = \vec{j} \iint_\Omega \sigma z\, d\Omega - \vec{k} \iint_\Omega \sigma y\, d\Omega = M_y\vec{j} + M_z\vec{k} \tag{6.2-5}$$

Identificando se tiene:

$$M_y = \iint_\Omega (by + cz)z\, d\Omega = b \iint_\Omega yz\, d\Omega + c \iint_\Omega z^2\, d\Omega = cI_y$$

$$c = \frac{M_y}{I_y}$$

$$M_z = -\iint_\Omega (by + cz)y\, d\Omega = -b \iint_\Omega y^2\, \mathrm{d}\Omega - \mathrm{c} \iint_\Omega yz\, d\Omega = -bI_z$$

$$b = -\frac{M_z}{I_z}$$

ya que $\iint_\Omega yz\, d\Omega = 0$, por tratarse de un producto de inercia respecto a ejes principales de inercia.

Luego, la expresión de la tensión normal será:

$$\sigma = -\frac{M_z}{I_z} y + \frac{M_y}{I_y} z$$

idéntica a la obtenida aplicando el principio de superposición.

El *eje neutro* de la sección se puede obtener como lugar geométrico de los puntos P cuya tensión nomal es nula. Su ecuación será:

$$-\frac{M_z}{I_z} y + \frac{M_y}{I_y} z = 0 \qquad (6.2\text{-}6)$$

que corresponde a una recta que pasa por el centro de gravedad de la sección.

De esta ecuación se desprende que el eje neutro no coincide con la línea de acción del momento flector, ya que despejando y en ella, se tiene

$$y = \frac{I_z}{I_y} \frac{M_y}{M_z} z \qquad (6.2\text{-}7)$$

Como $\dfrac{M_y}{M_z} = \operatorname{tg} \theta$, la ecuación del eje neutro se puede poner en la forma

$$y = \left(\frac{I_z}{I_y} \operatorname{tg} \theta\right) z \qquad (6.2\text{-}8)$$

de donde se deduce que el eje neutro forma con el eje z un ángulo ϕ tal que

$$\operatorname{tg} \phi = \frac{I_z}{I_y} \operatorname{tg} \theta \qquad (6.2\text{-}9)$$

Vemos, en efecto, que salvo el caso en que se verifique $I_z = I_y$ el eje neutro no coincidiría con la línea de acción del momento flector. Por eso se denomina *flexión desviada* a este tipo de flexión.

Ahora bien, como I_z e I_y son magnitudes esencialmente positivas, los ángulos ϕ y θ tendrán el mismo signo. Si $I_z > I_y$, el ángulo ϕ es mayor que el ángulo θ; el eje neutro estará situado entre la línea de acción del momento flector y el eje y. Si, por el contrario, $I_z < I_y$, el ángulo ϕ es menor que el ángulo θ, y el eje neutro estará situado entre la línea de acción del momento flector y el eje z.

Se desprende, pues, que el eje neutro está situado siempre entre el momento flector en la sección y el eje principal que corresponde al momento de inercia mínimo.

El eje neutro divide a la sección en dos zonas, una traccionada y otra comprimida. Para distinguir cada una de ellas se puede tomar un punto cualquiera de la sección perteneciente a una de las zonas y sustituir sus coordenadas en la ecuación (6.2-3). Si el valor de σ es positivo, el punto elegido pertenece a la zona traccionada; si es negativo, a la zona comprimida.

La tensión normal en un punto P (y, z) se puede expresar en función de la distancia d al eje neutro (Fig. 6.4). En efecto, por geometría analítica sabemos que la distancia d de un punto P (y, z) a una recta cuya ecuación (6.2-6) tiene por expresión

$$d = \pm \frac{-\dfrac{M_z}{I_z} y + \dfrac{M_y}{I_y} z}{\sqrt{\left(\dfrac{M_z}{I_z}\right)^2 + \left(\dfrac{M_y}{I_y}\right)^2}} \tag{6.2-10}$$

Pero el numerador de esta expresión es precisamente el valor de la tensión σ en el punto P, por lo que podemos poner:

$$d = \pm \frac{\sigma}{k}, \quad \text{siendo } k = \sqrt{\left(\frac{M_z}{I_z}\right)^2 + \left(\frac{M_y}{I_y}\right)^2} \quad \text{constante en la sección,}$$

o lo que es lo mismo

$$\sigma = kd \tag{6.2-11}$$

habiendo tomado como semiplano positivo el correspondiente a la zona traccionada.

De esta expresión se deduce que la tensión normal es una función lineal de la distancia al eje neutro, por lo que los puntos de la sección sometidos a la tensión normal máxima serán los más alejados del eje neutro. La determinación de estos puntos se hace fácilmente en el caso de secciones de forma sencilla. Pero si la sección es de forma compleja, la ecuación (6.2-11) nos

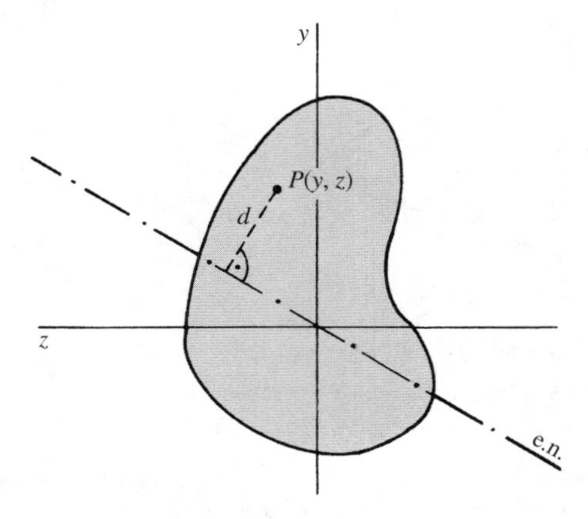

Figura 6.4

sugiere poder determinar los puntos sometidos a tensiones máximas a tracción y a compresión, de forma gráfica como se indica en la Figura 6.5.

Se dibuja la sección y se trazan los ejes centrales de inercia y, z, así como el eje neutro. Trazando las tangentes a la sección paralela al eje neutro obtenemos los puntos A y B, que son los que van a estar sometidos a tensiones normales máximas. En la Figura 6.5, en el punto A, la tensión normal es de compresión y en el B de tracción. De la ecuación (6.2-11) también se deduce la posibilidad de representar la distribución de tensiones normales en el plano de la sección (Fig. 6.5).

Para la distribución de tensiones tangenciales, debidas al esfuerzo cortante $\vec{T}\,(T_y, T_z)$, podemos admitir que cada una de sus componentes se rige por la fórmula de Colignon, si bien insistimos en el carácter aproximado de la misma.

En cada punto $P\,(y, z)$ de la sección existirá, pues, una tensión tangencial $\vec{\tau}$ de componentes τ_{xy} y τ_{xz}, dadas por las siguientes expresiones:

$$\tau_{xy} = \frac{T_y m_z}{b I_z} \quad ; \quad \tau_{xz} = \frac{T_z m_y}{c I_y} \qquad (6.2\text{-}12)$$

en las que las componentes T_y, T_z del esfuerzo cortante tienen el signo que les corresponda respecto de los ejes indicados en la figura*, y siendo m_y, m_z los momentos estáticos de las áreas de la sección situadas por encima o a la izquierda de las fibras de coordenadas y, z del punto considerado (áreas rayadas en la Fig. 6.6); b, c la anchura y altura, respectivamente, de las fibras que pasan por el punto P.

Si nos planteamos determinar el perfil idóneo de las secciones rectas de un prisma mecánico sometido a flexión desviada, seguiríamos un razonamiento análogo al expuesto cuando tratábamos esta cuestión en el caso de flexión simple. Llegaríamos a la conclusión que, en el caso de ser $M_y = M_z$, la forma óptima para la sección recta es la de una corona circular, capaz de resistir el mismo momento flector en cualquier dirección (Fig. 6.7-*a*).

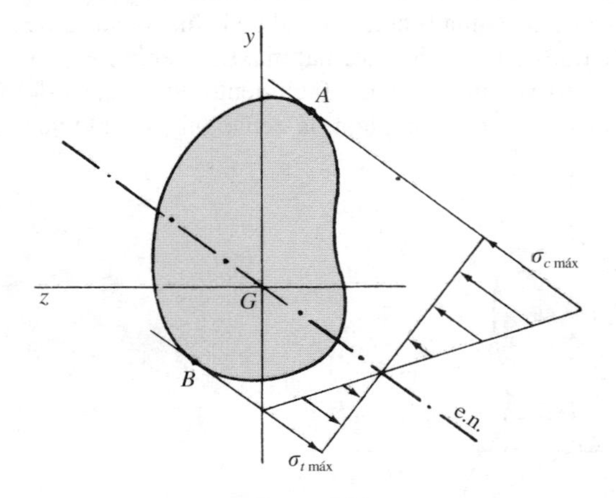

Figura 6.5

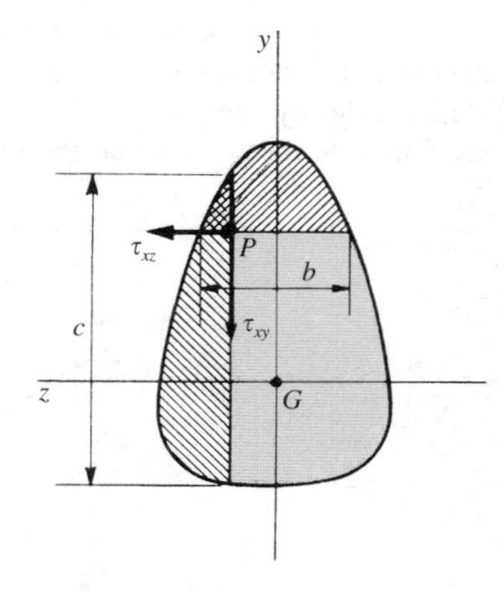

Figura 6.6

* Téngase presente que el esfuerzo cortante que actúa en la sección es igual y opuesto a la proyección sobre el plano de la misma de la resultante de la solicitación que actúa sobre la parte del prisma comprendida entre la sección origen y la que se considera.

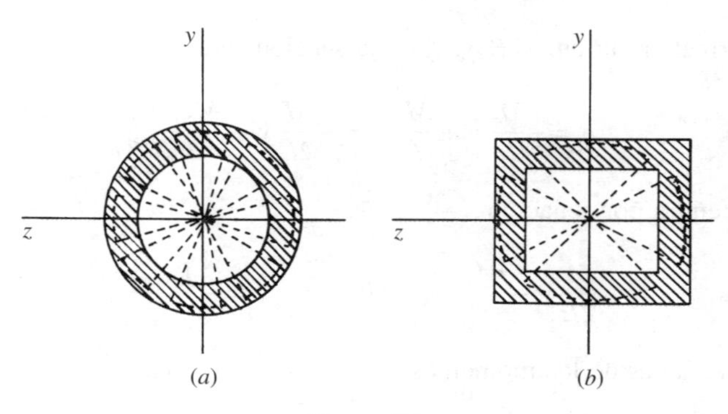

Figura 6.7

En los casos en los que $M_y \neq M_z$ será aconsejable utilizar *vigas cajón* de contorno rectangular (Fig. 6.7-*b*).

Ejemplo 6.2.1. En una viga de sección semicircular de radio $R = 15$ cm, sometida a flexión pura, el momento flector $M = 22$ kN · m forma con el eje z un ángulo $\theta = 60°$, como se indica en la Figura 6.8. Se pide:

1.° Determinar el eje neutro.
2.° Calcular las máximas tensiones de tracción y de compresión, señalando los puntos en que se presentan.

1.° La viga trabaja a flexión pura desviada, siendo las componentes del momento flector respecto a los ejes principales de inercia de la sección

$$M_y = -M \text{ sen } 60° = -M \frac{\sqrt{3}}{2}$$

$$M_z = M \cos 60° = M \frac{1}{2}$$

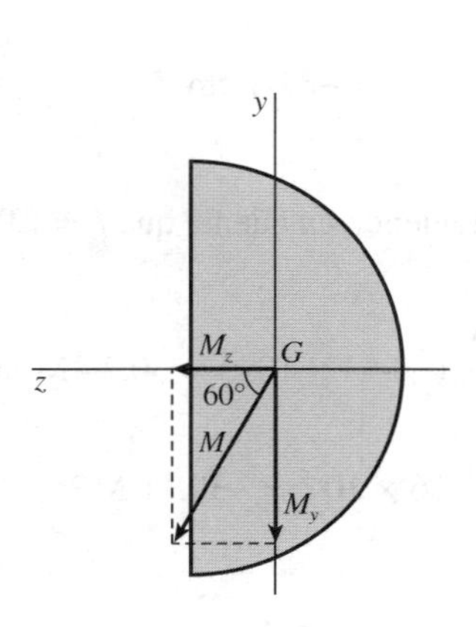

Figura 6.8

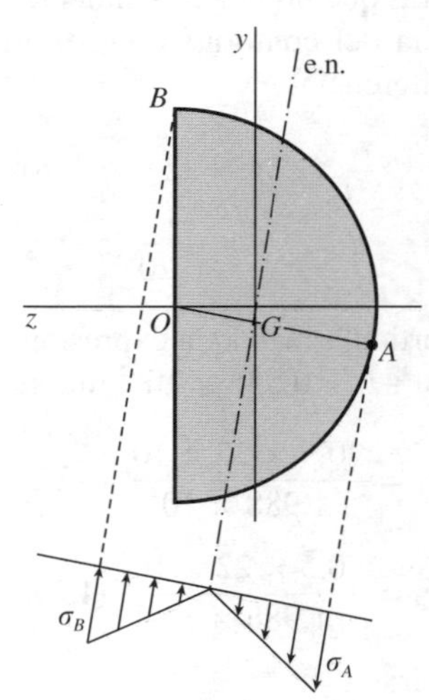

Figura 6.8-*a*

La tensión normal en un punto $P(y, z)$ de la sección será

$$\sigma = -\frac{M_z}{I_z} y + \frac{M_y}{I_y} z = -\frac{M}{2I_z} y - \frac{M\sqrt{3}}{2I_y} z$$

El eje neutro tendrá por ecuación

$$-\frac{M}{2I_z} y - \frac{M\sqrt{3}}{2I_y} z = 0 \quad \Rightarrow \quad y = -\frac{I_z\sqrt{3}}{I_y} z$$

Como las expresiones de los momentos de inercia I_z e I_y son:

$$I_z = \frac{\pi R^4}{8}$$

$$I_y = \frac{\pi R^4}{8} - \frac{\pi R^2}{2}\left(\frac{4R}{3\pi}\right)^2 = R^4\left(\frac{\pi}{8} - \frac{8}{9\pi}\right) = \frac{R^4(9\pi^2 - 64)}{72\pi}$$

Sustituyendo valores, se obtiene

$$y = -\frac{\pi R^4\sqrt{3}}{8} \frac{72\pi}{R^4(9\pi^2 - 64)} z = -6{,}20z$$

El eje neutro se representa en la Figura 6.8-*a*.

2.° En la misma figura se observa que la máxima tensión de compresión se presenta en el vértice B, mientras que la máxima tensión de tracción se presenta en A, perteneciente a la tangente a la sección paralela al eje neutro. Las coordenadas de B son:

$$y_B = 15 \text{ cm} \quad ; \quad z_B = \frac{4R}{3\pi} = 6{,}366 \text{ cm}$$

mientras que las correspondientes al punto A las obtenemos como intersección de la semicircunferencia del contorno y la semirrecta perpendicular al eje neutro trazada por el centro de la circunferencia

$$\left.\begin{array}{l} y^2 + (z - 6{,}366)^2 = 15^2 \\ y = \dfrac{1}{6{,}20}(z - 6{,}366) \end{array}\right\} \quad y_A = -2{,}39 \text{ cm} \quad ; \quad z_A = -8{,}44 \text{ cm}$$

Particularizando la expresión de σ para los puntos A y B, teniendo en cuenta que $I_z = 1{,}988 \times 10^{-4}$ m^4; $I_y = 0{,}556 \times 10^{-4}$ m^4, se tiene:

$$\sigma_A = -\frac{0{,}5 \times 22 \times 10^3}{1{,}988 \times 10^{-4}}(-2{,}39 \times 10^{-2}) - \frac{0{,}866 \times 22 \times 10^3}{0{,}556 \times 10^{-4}}(-8{,}44 \times 10^{-2}) = 30{,}24 \text{ MPa}$$

$$\sigma_B = -\frac{0{,}5 \times 22 \times 10^3}{1{,}988 \times 10^{-4}}(15 \times 10^{-2}) - \frac{0{,}866 \times 22 \times 10^3}{0{,}556 \times 10^{-4}} 6{,}366 \times 10^{-2} = -30{,}11 \text{ MPa}$$

es decir:

$$\sigma_A = 30{,}24 \text{ MPa} \quad ; \quad \sigma_B = -30{,}11 \text{ MPa}$$

6.3. Expresión del potencial interno de un prisma mecánico sometido a flexión desviada. Análisis de deformaciones

Según hemos visto, sobre un elemento del prisma de aristas paralelas a los ejes, las tensiones que se engendran sobre sus caras, cuando el prisma mecánico se somete a flexión desviada, se reducen a las indicadas en la Figura 6.9.

Para obtener la expresión del potencial interno podemos aplicar la fórmula (1.14-5), que nos da éste en función de las componentes de la matriz de tensiones, en la que $\sigma_{nx} = \sigma$, teniendo en cuenta que

$$\sigma_{ny} = \sigma_{nz} = \tau_{yz} = 0$$

El potencial interno del elemento considerado será:

$$d\mathcal{T} = \frac{1}{2E}\,\sigma^2\,dx\,dy\,dz + \frac{1}{2G}\,(\tau_{xy}^2 + \tau_{xz}^2)\,dx\,dy\,dz \qquad (6.3\text{-}1)$$

Si el elemento de prisma que se considera es el comprendido entre dos secciones rectas indefinidamente próximas separadas entre sí dx, el potencial interno correspondiente se obtiene integrando esta ecuación y extendiendo la integral a la sección recta

$$d\mathcal{T} = \frac{dx}{2E}\iint_\Omega \sigma^2\,d\Omega + \frac{dx}{2G}\iint_\Omega \tau_{xy}^2\,d\Omega + \frac{dx}{2G}\iint_\Omega \tau_{xz}^2\,d\Omega \qquad (6.3\text{-}2)$$

Ahora bien, sustituyendo los valores de la tensión normal σ y las tensiones tangenciales τ_{xy}, τ_{xz} por sus expresiones (6.2-1) y (6.2-9), se tiene:

$$d\mathcal{T} = \frac{dx}{2E}\iint_\Omega \left(\frac{M_z^2}{I_z^2}\,y^2 + \frac{M_y^2}{I_y^2}\,z^2 - 2\,\frac{M_z M_y}{I_z I_y}\,yz\right) d\Omega +$$

$$+ \frac{dx}{2G}\int \frac{T_y^2 m_z^2}{b^2 I_z^2}\,b\,dy + \frac{dx}{2G}\int \frac{T_z^2 m_y^2}{c^2 I_y^2}\,c\,dz \qquad (6.3\text{-}3)$$

Simplificando, nos queda:

$$d\mathcal{T} = \frac{M_y^2}{2EI_y}\,dx + \frac{M_z^2}{2EI_z}\,dx + \frac{T_y^2}{2G\Omega_{1y}}\,dx + \frac{T_z^2}{2G\Omega_{1z}}\,dx \qquad (6.3\text{-}4)$$

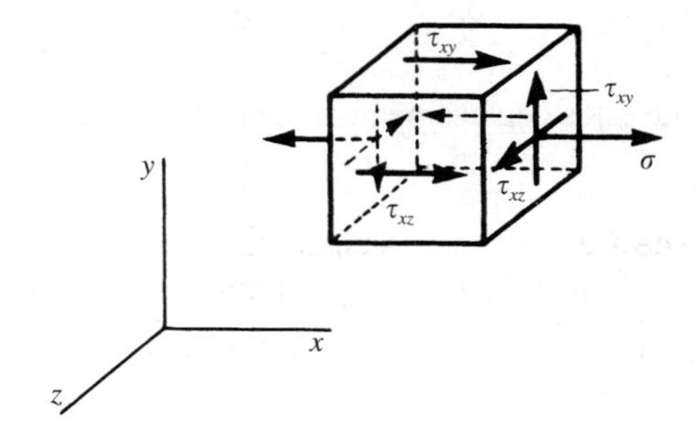

Figura 6.9

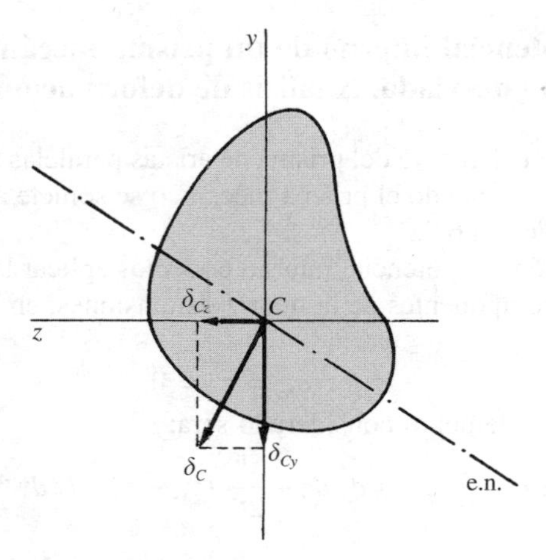

Figura 6.10

siendo:

$$\frac{1}{\Omega_{1y}} = \frac{1}{I_z^2}\int \frac{m_z^2}{b}\,dy \quad ; \quad \frac{1}{\Omega_{1z}} = \frac{1}{I_y^2}\int \frac{m_y^2}{c}\,dz \tag{6.3-5}$$

las secciones reducidas de la sección recta del prisma.

El potencial interno del prisma se obtiene integrando la expresión (6.3-4) a lo largo del eje del mismo

$$\mathcal{T} = \int_0^l \frac{M_y^2}{2EI_y}\,dx + \int_0^l \frac{M_z^2}{2EI_z}\,dx + \int_0^l \frac{T_y^2}{2G\Omega_{1y}}\,dx + \int_0^l \frac{T_z^2}{2G\Omega_{1z}}\,dx \tag{6.3-6}$$

Para calcular las deformaciones se puede considerar la flexión desviada como superposición de dos flexiones simples y componer vectorialmente los desplazamientos δ_{Cy}, δ_{Cz}, en las direcciones de los respectivos ejes a que cada una de ellas daría lugar actuando independientemente de la otra. Por tanto, el desplazamiento total de la sección C será (Fig. 6.10)

$$\delta_C = \sqrt{\delta_{Cy}^2 + \delta_{Cz}^2} \tag{6.3-7}$$

Para calcular cada uno de estos deplazamientos se puede aplicar el método de Mohr expuesto en el epígrafe 5.8.

Ejemplo 6.3.1. Una viga de acero de sección en doble te, inclinada un ángulo $\alpha = 30°$, como se indica en la Figura 6.11, está sometida a una carga uniforme $p = 3$ kN/m. Se pide:

1.º Calcular la energía de deformación almacenada en la viga.
2.º Determinar el valor de la flecha.

Dato: módulo de elasticidad del acero: $E = 200$ GPa.

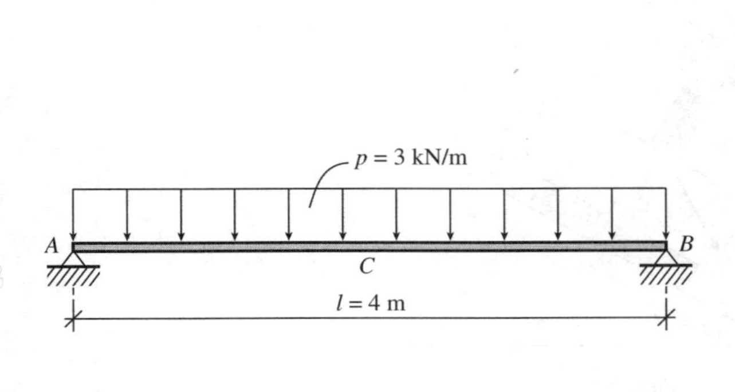

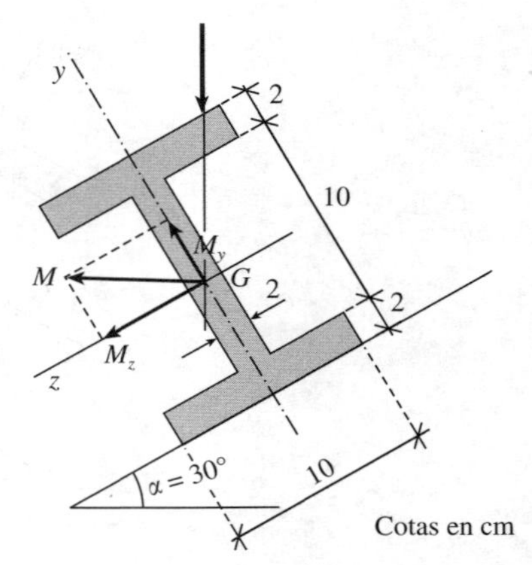

Figura 6.11

1.° Las leyes de momentos flectores, válidas en toda la viga, son:

$$M_y = \left(\frac{pl}{2}x - \frac{px^2}{2}\right) \text{sen } \alpha = 3 \times 10^3 \left(x - \frac{x^2}{4}\right) \text{N} \cdot \text{m}$$

$$M_z = \left(\frac{pl}{2}x - \frac{px^2}{2}\right) \cos \alpha = 3 \times 10^3 \times \sqrt{3}\left(x - \frac{x^2}{4}\right) \text{N} \cdot \text{m}$$

estando expresada la abscisa x en metros.

Por otra parte, los momentos de inercia son:

$$I_z = \frac{1}{12} 10 \times 14^3 - \frac{1}{12} 8 \times 10^3 = 1.620 \text{ cm}^4 \quad ; \quad I_y = 2\frac{1}{12} 2 \times 10^3 + \frac{1}{12} 10 \times 2^3 = 340 \text{ cm}^4$$

Para calcular la energía de deformación pedida aplicaremos la expresión (6.3-6), en la que despreciaremos los términos debidos a los esfuerzos cortantes

$$\mathcal{T} = \frac{{}^1\!/_2 \times 9 \times 10^6}{200 \times 10^9 \times 340 \times 10^{-8}} \int_0^4 \left(x - \frac{x^2}{4}\right)^2 dx + \frac{{}^1\!/_2 \times 27 \times 10^6}{200 \times 10^9 \times 1.620 \times 10^{-8}} \int_0^4 \left(x - \frac{x^2}{4}\right) dx =$$

$$= \frac{1}{2}(13{,}235 + 8{,}333)\left[\frac{x^3}{3} + \frac{x^5}{16 \times 5} - 2\frac{x^4}{4 \times 4}\right]_0^4 = 23 \text{ J}$$

2.° La flecha se presenta en la sección media C. Las flechas debidas a cada componente del momento flector son:

$$\delta_{Cy} = \frac{5}{384}\frac{pl^4}{EI_z}\cos\alpha = \frac{5}{384}\frac{3 \times 10^3 \times 4^4}{200 \times 10^9 \times 1.620 \times 10^{-8}}\frac{\sqrt{3}}{2} \text{ m} = 2{,}673 \text{ mm}$$

$$\delta_{Cz} = \frac{5}{384}\frac{pl^4}{EI_y}\text{sen } \alpha = \frac{5}{384}\frac{3 \times 10^3 \times 4^4}{200 \times 10^9 \times 340 \times 10^{-8}}\frac{1}{2} \text{ m} = 7{,}353 \text{ mm}$$

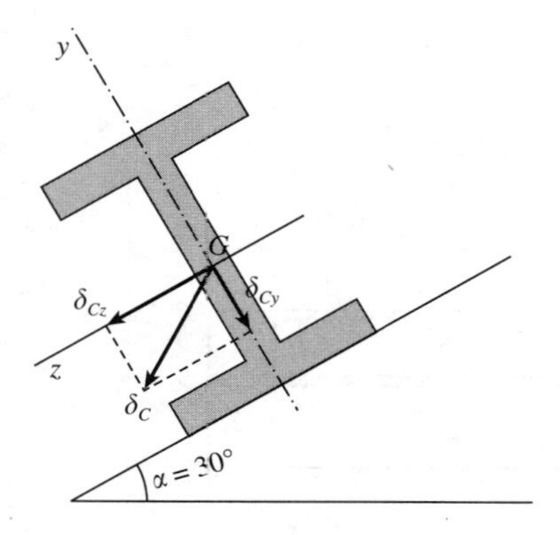

Figura 6.11-*a*

6.4. Relación entre la traza del plano de carga y el eje neutro

Supondremos en lo que sigue un prisma mecánico de línea media rectilínea que admite *plano de carga*, es decir, que las fuerzas que actúan sobre él son perpendiculares a la línea media y ambas, carga y línea media, están contenidas en un mismo plano. En estas condiciones, el momento flector y la traza del plano serán perpendiculares (Fig. 6.12).

Existe una interesante relación entre la traza del plano de carga, el eje neutro y la elipse central de inercia de la sección. En efecto, consideremos la elipse central de inercia, cuya ecuación es:

$$I_y y^2 + I_z z^2 = K^2 = I_y I_z \qquad (6.4\text{-}1)$$

o lo que es lo mismo:

$$f(yzt) = \frac{y^2}{I_z} + \frac{z^2}{I_y} - t^2 = 0 \qquad (6.4\text{-}2)$$

siendo t la coordenada homogénea.

El punto impropio de la recta, traza del plano de carga, tiene de coordenadas $(M_z, -M_y, 0)$. La dirección conjugada de esta recta respecto de la elipse de inercia es la polar del punto impropio.

Su ecuación es:

$$M_z f'_y - M_y f'_z = 0 \qquad (6.4\text{-}3)$$

siendo f'_y y f'_z las semiderivadas de la función $f(x, y, t)$ respecto de las coordenadas y y z, respectivamente

$$f'_y = \frac{y}{I_z} \quad ; \quad f'_z = \frac{z}{I_y}$$

Sustituyendo en (6.4-3) se obtiene

$$\frac{M_z}{I_z} y - \frac{M_y}{I_y} z = 0 \qquad (6.4\text{-}4)$$

que es precisamente la ecuación del eje neutro.

Luego *la dirección del eje neutro resulta ser la dirección conjugada del plano de carga respecto de la elipse central de inercia de la sección.*

En la Figura 6.13 se representa una construcción gráfica del eje neutro: basta trazar por el centro de gravedad G una paralela a las tangentes a la elipse de inercia en los puntos de intersección con la traza del plano de carga.

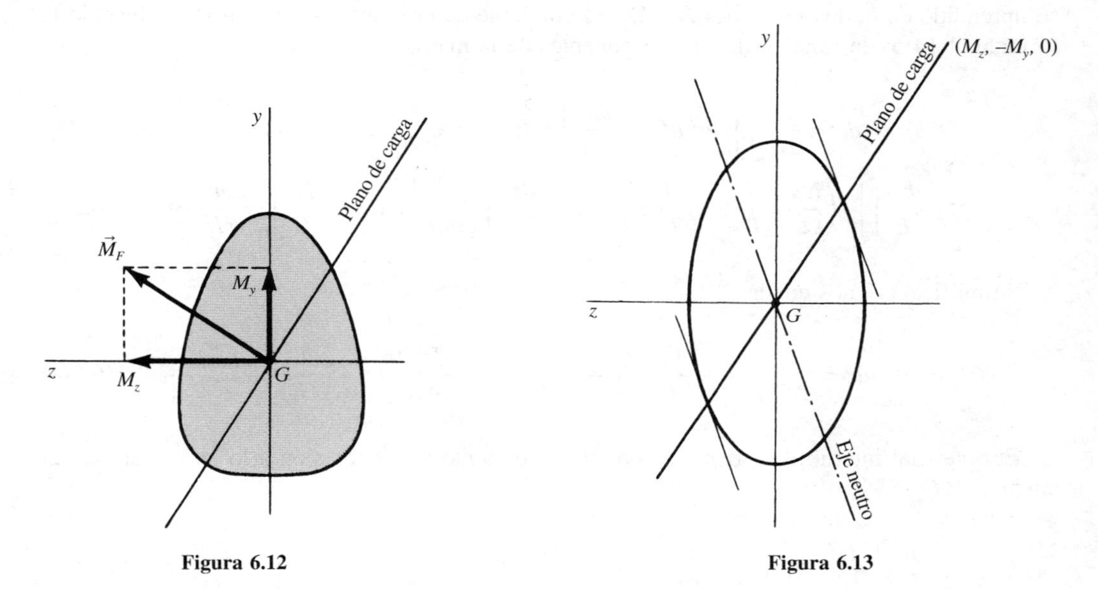

Figura 6.12 **Figura 6.13**

6.5. Flexión compuesta

Diremos que un prisma mecánico está sometido a *flexión compuesta* cuando el sistema de fuerzas que le solicitan, situadas a un lado de la sección, se reducen en su centro de gravedad a un momento flector y a un esfuerzo normal.

Si M_y y M_z son las componentes del momento de las fuerzas situadas a la derecha de la sección recta y si N es el esfuerzo normal, la tensión normal en un punto $P(y, z)$, en virtud del principio de superposición, será:

$$\sigma = \frac{N}{\Omega} - \frac{M_z}{I_z} y + \frac{M_y}{I_y} z \tag{6.5-1}$$

siendo Ω el área de la sección recta.

Cuando el esfuerzo normal es de compresión, el valor de N será negativo, y positivo cuando es de tracción.

Sin embargo, cuando N es de compresión, la fórmula (6.5-1) sólo es válida para prismas mecánicos de gran rigidez, ya que, como veremos en el capítulo 8, la aplicación de esfuerzos de compresión en barras esbeltas puede poner en peligro su estabilidad.

El *eje neutro*, lugar geométrico de los puntos de tensión normal nula, tendrá por ecuación:

$$\frac{N}{\Omega} - \frac{M_z}{I_z} y + \frac{M_y}{I_y} z = 0 \tag{6.5-2}$$

que representa una recta que no pasa por el centro de gravedad.

Se observa que cuando se superpone un esfuerzo normal a una flexión desviada, el eje neutro que corresponde a la flexión desviada experimenta una traslación en la dirección del eje y, de valor $\frac{NI_z}{\Omega M_z}$.

Para hallar las deformaciones calcularemos el potencial interno de un elemento de prisma comprendido entre dos secciones Σ y Σ' indefinidamente próximas, separadas dx, aplicando la fórmula (1.14-5) en función de las componentes de la matriz de tensiones

$$d\mathcal{T} = \frac{dx}{2E}\iint_\Omega \sigma^2\, d\Omega + \frac{dx}{2G}\iint_\Omega \tau_{xy}^2\, d\Omega + \frac{dx}{2G}\iint_\Omega \tau_{xz}^2\, d\Omega =$$

$$= \frac{dx}{2E}\iint_\Omega \left(\frac{N}{\Omega} - \frac{M_z}{I_z}y + \frac{M_y}{I_y}z\right)^2 d\Omega + \frac{dx}{2G}\int_\Omega \frac{T_y^2 m_z^2}{b^2 I_z^2}\, b\, dy + \frac{dx}{2G}\int_\Omega \frac{T_z^2 m_y^2}{c^2 I_y^2}\, c\, dz \qquad (6.5\text{-}3)$$

Simplificando, nos queda:

$$d\mathcal{T} = \frac{N^2}{2E\Omega}dx + \frac{M_y^2}{2EI_y}dx + \frac{M_z^2}{2EI_z}dx + \frac{T_y^2}{2G\Omega_{1y}}dx + \frac{T_z^2}{2G\Omega_{1z}}dx \qquad (6.5\text{-}4)$$

El potencial interno del prisma se obtiene integrando esta expresión a lo largo del eje del mismo

$$\mathcal{T} = \int_0^l \frac{N^2}{2E\Omega}dx + \int_0^l \frac{M_y^2}{2EI_y}dx + \int_0^l \frac{M_z^2}{2EI_z}dx + \int_0^l \frac{T_y^2}{2G\Omega_{1y}}dx + \int_0^l \frac{T_z^2}{2G\Omega_{1z}}dx \qquad (6.5\text{-}5)$$

El cálculo de las deformaciones se puede hacer a partir de esta expresión del potencial interno aplicando el método de Mohr, o bien de forma análoga a como se ha expuesto en el epígrafe 6.3 para el caso de flexión desviada, superponiendo las deformaciones debidas a cada flexión simple y al esfuerzo normal N.

6.6. Tracción o compresión excéntrica. Centro de presiones

Cuando sobre la sección recta de un prisma mecánico actúa una carga N paralela a su eje pero aplicada en un punto C que no coincide con el centro de gravedad diremos que el prisma está sometido a una *tracción o compresión excéntrica.* El efecto producido por tal solicitación es equivalente a una flexión compuesta.

En efecto, si reducimos el sistema de fuerzas formado por la carga $\vec{N}$ aplicada en el punto $C(e_y, e_z)$, llamado *centro de presiones*, al centro de gravedad de la sección (Fig. 6.14), el torsor equivalente está constituido por una fuerza normal $\vec{N}$, equipolente a la aplicada en C, y un momento contenido en el plano de la sección, de componentes:

$$M_y = N \cdot e_z \quad ; \quad M_z = -N \cdot e_y \qquad (6.6\text{-}1)$$

magnitudes que caracterizan a la flexión compuesta.

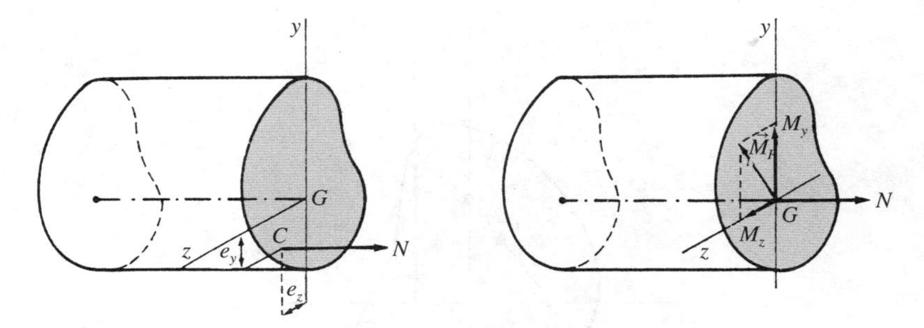

Figura 6.14

El eje neutro se puede obtener sustituyendo en la ecuación (6.5-2) los valores de los momentos flectores dados por las expresiones (6.6-1)

$$\frac{1}{\Omega} + \frac{e_y}{I_z} y + \frac{e_z}{I_y} z = 0 \qquad (6.6\text{-}2)$$

De esta ecuación se deduce que la posición del eje neutro no depende de la magnitud de la carga normal N aplicada.

Si el centro de presiones está situado sobre uno de los ejes centrales de inercia de la sección, de la misma ecuación (6.6-2) se desprende que el eje neutro correspondiente es perpendicular a ese eje principal. En efecto, si el centro de presiones C_1 está sobre el eje principal z:

$$e_y = 0 \quad \Rightarrow \quad \text{el eje neutro es } z = -\frac{I_y}{e_z \Omega} \qquad (6.6\text{-}3)$$

Si C_2 está sobre el eje y:

$$e_z = 0 \quad \Rightarrow \quad \text{el eje neutro es } y = -\frac{I_z}{e_y \Omega} \qquad (6.6\text{-}4)$$

Los signos negativos de las expresiones (6.6-3) y (6.6-4), al ser los momentos de inercia y el área de la sección magnitudes esencialmente positivas, indican que los ejes neutros cortan a los ejes principales en puntos cuya coordenada no nula tiene signo opuesto a la correspondiente del centro de presiones.

De lo anterior se deduce otra interesante propiedad de la tracción o compresión excéntrica. Supongamos que el centro de presiones se desplaza a lo largo de una recta que corta a los ejes principales en los puntos C_1 y C_2 (Fig. 6.15). Por el principio de superposición, el efecto producido por el esfuerzo normal N aplicado en el centro de presiones C es equivalente a la acción de dos esfuerzos normales N_1 y N_2 aplicados en C_1 y C_2, respectivamente, tales que

$$N_1 \cdot \overline{C_1C_2} = N \cdot \overline{CC_2} \quad ; \quad N_2 \cdot \overline{C_1C_2} = N \cdot \overline{CC_1} \qquad (6.6\text{-}5)$$

Ahora bien, los ejes neutros correspondientes a ambas tracciones o compresiones excéntricas se cortan en el punto C' cuyas coordenadas son:

$$y_{C'} = -\frac{I_z}{\Omega \cdot \overline{GC_2}} \quad ; \quad z_{C'} = -\frac{I_y}{\Omega \cdot \overline{GC_1}} \qquad (6.6\text{-}6)$$

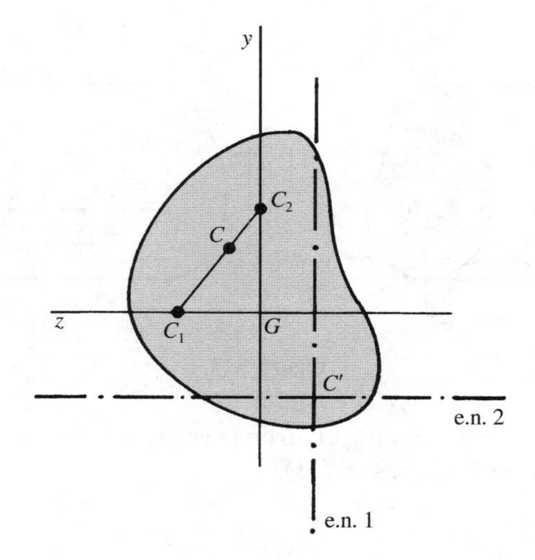

Figura 6.15

que son constantes e independientes, por tanto, de la posición C sobre la recta considerada. Quiere esto decir que cuando en una tracción o compresión excéntrica, el centro de presiones se desplaza sobre una recta, su correspondiente eje neutro pasa por un punto fijo C'.

Hemos visto que una tracción o compresión excéntrica es equivalente a una flexión compuesta. Recíprocamente, toda flexión compuesta es equivalente a un esfuerzo normal excéntrico, es decir, a una fuerza de tracción o compresión aplicada en un punto no coincidente con el centro de gravedad.

En efecto, sea $\vec{M}_F$ el momento flector y $\vec{N}$ es el esfuerzo normal en una determinada sección (Fig. 6.14). El eje central del sistema de vectores constituido por este torsor es paralelo a $\vec{N}$ y perpendicular, por tanto, al plano de la sección. Como el eje central es único, y el segundo invariante del sistema de vectores es cero por ser $\vec{M}_F$ perpendicular a $\vec{N}$, existe un punto $C(e_y, e_z)$, tal que el momento en él es nulo

$$\vec{M}_F - \vec{GC} \times \vec{N} = 0 \qquad (6.6\text{-}7)$$

Del desarrollo de esta expresión vectorial

$$M_y\vec{j} + M_z\vec{k} - \begin{vmatrix} \vec{i} & \vec{j} & k \\ 0 & e_y & e_z \\ N & 0 & 0 \end{vmatrix} = 0$$

se obtiene:

$$\left.\begin{aligned} M_y - Ne_z = 0 \\ M_z + Ne_y = 0 \end{aligned}\right\} \Rightarrow \quad e_y = -\frac{M_z}{N} \quad ; \quad e_z = \frac{M_y}{N} \qquad (6.6\text{-}8)$$

El punto $C(e_y, e_z)$ es el que hemos llamado *centro de presiones*.

Existe una interesante relación entre el centro de presiones y el eje neutro. Para encontrarla consideraremos la elipse de inercia de la sección, cuya ecuación pondremos en la forma:

$$I_y y^2 + I_z z^2 = \frac{I_y I_z}{\Omega} \qquad (6.6\text{-}9)$$

o lo que es lo mismo, en coordenadas homogéneas

$$f(y, z, t) = \frac{y^2}{I_z} + \frac{z^2}{I_y} - \frac{t^2}{\Omega} = 0 \qquad (6.6\text{-}10)$$

La polar del centro de presiones $C\left(-\frac{M_z}{N}, \frac{M_y}{N}, 1\right)$ es:

$$e_y f'_y + e_z f'_z + 1 \cdot f'_t = 0$$

como

$$f'_y = \frac{y}{I_z} \quad ; \quad f'_z = \frac{z}{I_y} \quad ; \quad f'_t = -\frac{t}{\Omega}$$

sustituyendo estos valores, se tiene:

$$-\frac{M_z}{N}\frac{y}{I_z} + \frac{M_y}{N}\frac{z}{I_y} - \frac{1}{\Omega} = 0 \quad \Rightarrow \quad -\frac{N}{\Omega} - \frac{M_z}{I_z} y + \frac{M_y}{I_y} z = 0 \qquad (6.6\text{-}11)$$

Si comparamos esta ecuación con la (6.5-2) del eje neutro, deducimos que esta recta es simétrica del eje neutro respecto del centro de gravedad. Podemos afirmar, por tanto, que *el eje neutro es la antipolar del centro de presiones respecto de la elipse central de inercia de la sección.*

En la Figura 6.16 se indica una construcción gráfica para obtener el eje neutro a partir del centro de presiones C: *a*) cuando C es exterior a la elipse de tensiones; *b*) cuando C es interior.

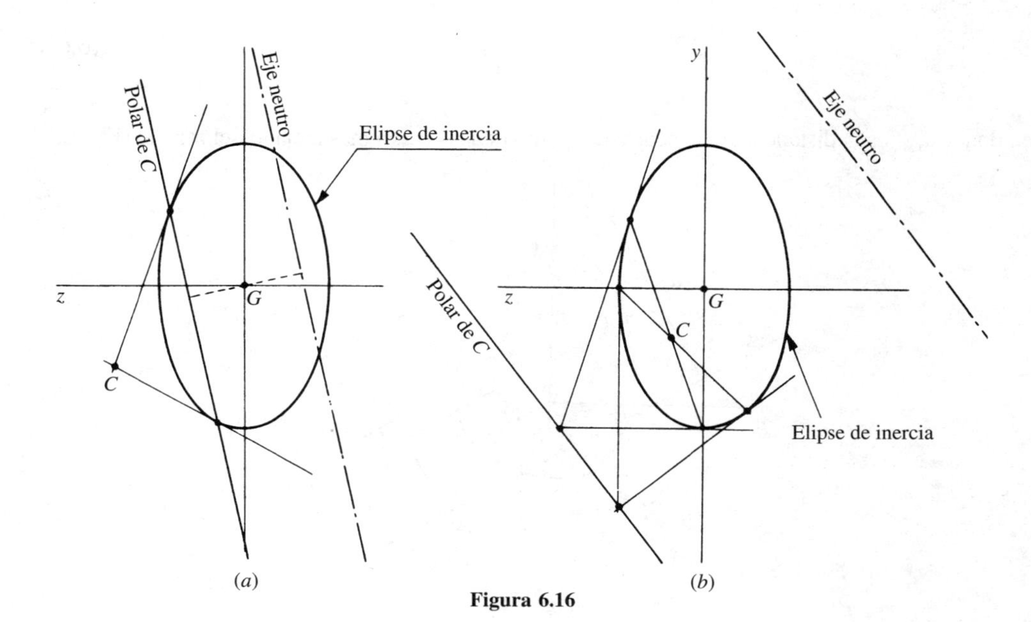

Figura 6.16

La tensión normal σ en un punto $P(y, z)$ dada por la ecuación (6.5-1) se puede expresar en función de la distancia d del punto al eje neutro. En efecto, hemos visto en el epígrafe 6.2 que en la flexión desviada la tensión normal es una función lineal de la distancia al eje neutro. Por tanto, considerando la flexión compuesta como la superposición de una flexión desviada y una tracción o compresión uniforme, seguirá siendo válida la forma de la ecuación (6.2-11) $\sigma = kd$.

Para determinar la constante k en nuestro caso, expresaremos la proporcionalidad entre las tensiones del punto P y del centro de gravedad G, y las distancias de ambos puntos al eje neutro (Fig. 6.15).

$$\frac{\sigma}{\sigma_G} = \frac{d}{a} \tag{6.6-12}$$

siendo a la distancia del centro de gravedad al eje neutro.

Como

$$\sigma_G = \frac{N}{\Omega} \tag{6.6-13}$$

la expresión de la tensión normal en P será

$$\sigma = \frac{N}{\Omega a} d \tag{6.6-14}$$

De esta expresión se deduce la fórmula para obtener el valor de la tensión normal máxima

$$\sigma_{\text{máx}} = \frac{N}{\Omega a} d_{\text{máx}} \tag{6.6-15}$$

en donde $d_{\text{máx}}$ es la distancia al eje neutro del punto de la sección más alejado del mismo (Fig. 6.17).

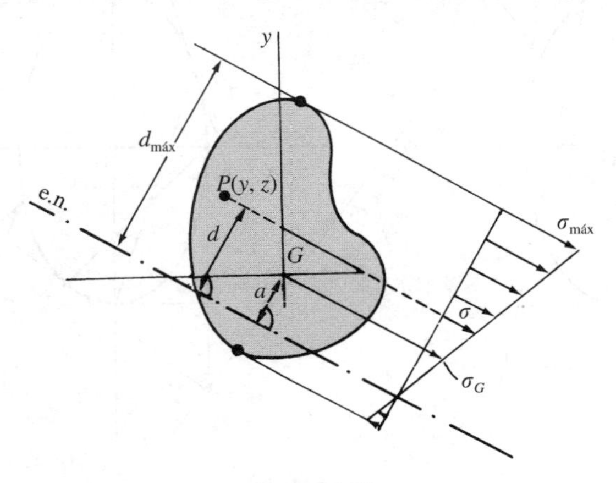

Figura 6.17

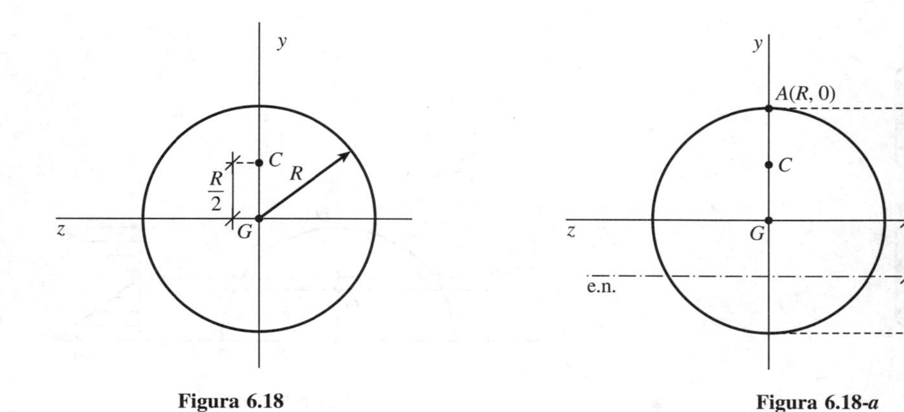

Figura 6.18 **Figura 6.18-*a***

Ejemplo 6.6.1. Una barra prismática de sección circular de radio R está sometida a una carga de compresión excéntrica P aplicada en un punto C, a distancia $R/2$ de su centro. Determinar la posición del eje neutro y el valor de la tensión máxima.

Como todas las rectas diametrales en la sección recta son direcciones principales tomaremos el eje y de tal forma que el centro de presiones $C(R/2, 0)$ esté sobre él (Fig. 6.18). La barra trabaja a flexión compuesta, de esfuerzo normal $N = -P$ y momento flector $M_z = PR/2$. La expresión de la tensión será

$$\sigma = -\frac{P}{\Omega} - \frac{M_z}{I_z} y = -\frac{P}{\pi R^2} - \frac{PR}{2\,\dfrac{\pi R^4}{4}} y = -\frac{P}{\pi R^2}\left(1 + \frac{2}{R} y\right)$$

de donde se deduce de forma inmediata la ecuación del eje neutro

$$y = -\frac{R}{2}$$

La tensión máxima se presenta en el punto más alejado del eje neutro, que es $A(R, 0)$ (Fig. 6-18-*a*)

$$\sigma_{\text{máx}} = -\frac{P}{\pi R^2}\left(1 + \frac{2}{R} R\right) = -\frac{3P}{\pi R^2}$$

Ejemplo 6.6.2. Determinar las tensiones máximas de tracción y de compresión en una barra de sección circular de radio $R = 5$ cm, en el que existe el debilitamiento indicado en la Figura 6.19, siendo AB un diámetro, si la barra está sometida a una fuerza de tracción $P = 30$ kN.

Se considerará despreciable el efecto de concentración de tensiones.

La parte de la barra de sección semicircular trabaja a flexión compuesta de esfuerzo normal N y momento flector M_z

$$N = P = 30 \text{ kN} \quad ; \quad M_z = P \cdot \overline{0G} = P\,\frac{4R}{3\pi} = 636{,}62 \text{ m} \cdot \text{N}$$

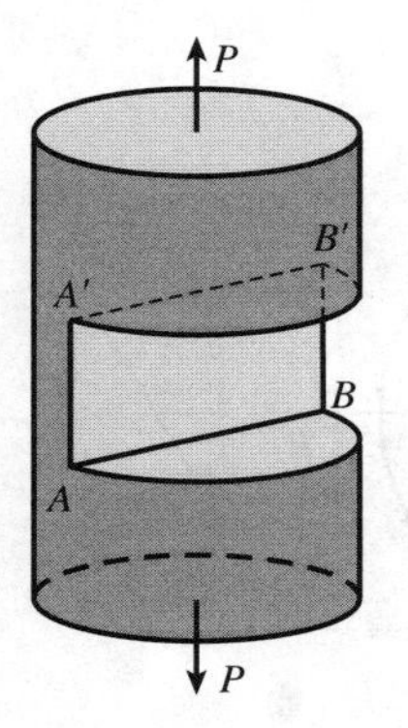

Figura 6.19

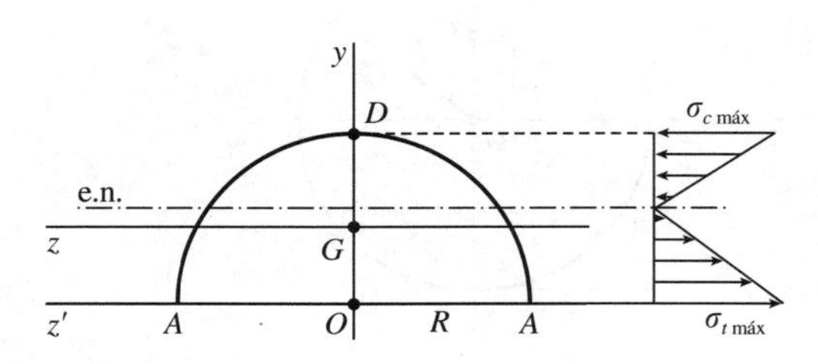

Figura 6.19-*a*

Como

$$I_z = I_{z'} - \frac{\pi R^2}{2}\left(\frac{4R}{3\pi}\right)^2 = \frac{\pi R^4}{8} - \frac{8\pi R^4}{9\pi^2} = \pi R^4\left(\frac{1}{8} - \frac{8}{9\pi^2}\right) =$$

$$= \pi \times 5^4 \times 10^{-8}\,\frac{9\pi^2 - 64}{72\pi^2} = 68,60 \times 10^{-8} \text{ m}^4$$

la expresión de la tensión normal será

$$\sigma = \frac{2P}{\pi R^2} - \frac{M_z}{I_z}\,y = \frac{2 \times 30 \times 10^3}{\pi \times 5^2 \times 10^{-4}} - \frac{636,62}{68,6 \times 10^{-8}}\,y\,\frac{\text{N}}{\text{m}^2} = 7,64 - 928,02y \text{ MPa}$$

La ecuación del eje neutro es:

$$7,64 - 928,02y = 0$$

es decir

$$y = 0,82 \times 10^{-2} \text{ m}$$

La máxima tensión de tracción se presenta en los puntos del diámetro AB

$$\left(y = -\frac{4R}{3\pi} = -2,12 \times 10^{-2} \text{ m}\right)$$

$$\sigma_{t\,máx} = 7,64 + 928,02 \times 2,12 \times 10^{-2} \text{ MPa} = 27,31 \text{ MPa}$$

mientras que la tensión máxima de compresión se da en el punto D

$$[y_D = (5 - 2,12) \times 10^{-2} \text{ m} = 2,88 \times 10^{-2} \text{ m}]$$

$$\sigma_{c\,máx} = 7,64 - 928,02 \times 2,88 \times 10^{-2} \text{ MPa} = -19,09 \text{ MPa}$$

6.7. Núcleo central de la sección

Una sección recta de un prisma mecánico sometido a tracción o compresión excéntrica puede ser cortada o no por el eje neutro. En caso afirmativo, el eje neutro divide a la sección en dos partes, una de las cuales está sometida a tracción y la otra a compresión. Si no la corta, toda la sección está sometida a tracción o a compresión.

Hemos visto en el epígrafe anterior que el eje neutro depende de la situación del centro de presiones. De la expresión de la distancia a del centro de gravedad de la sección al eje neutro, cuya ecuación es la (6.6-2)

$$a = \frac{\frac{1}{\Omega}}{\sqrt{\left(\frac{e_y}{I_z}\right)^2 + \left(\frac{e_z}{I_y}\right)^2}} \qquad (6.7\text{-}1)$$

se deduce que a medida que el centro de presiones C se aproxima al centro de gravedad de la sección, el eje neutro se aleja de él.

Existirá en el plano de la sección una curva cerrada γ que rodea al centro de gravedad, tal que considerando cualquiera de sus puntos como centro de presiones el eje neutro es tangente a la sección del prisma mecánico. Por lo dicho en el párrafo anterior, si tomamos como centro de presiones cualquier punto interior al área encerrada por la curva γ, estará asegurado que las tensiones normales en toda la sección sean de tracción o de compresión. A la zona delimitada por esta curva γ se la denomina *núcleo central de la sección.*

Podemos definir, pues, el *núcleo central de la sección* como el lugar geométrico de los puntos tales que tomados como centro de presiones en una tracción o compresión excéntrica, las tensiones normales en todos los puntos de la sección tienen el mismo signo.

Veamos cómo determinamos el núcleo central de la sección: consideremos un punto C_1 tal que su antipolar c_1 respecto de la elipse central de inercia de la sección sea tangente a la misma. Para las infinitas tangentes a la sección, los antipolos correspondientes describen una curva cerrada γ (Fig. 6.21). Si el centro de presiones es uno de los puntos situados en el interior de dicha curva, el eje neutro correspondiente no cortará a la sección.

Por consiguiente, el núcleo central de una sección está formado por los puntos interiores a una curva cerrada, lugar geométrico de los antipolos de las tangentes que envuelven a la sección.

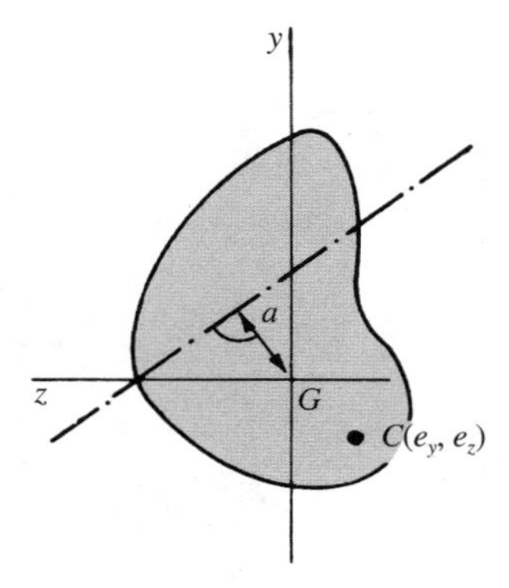

Figura 6.20

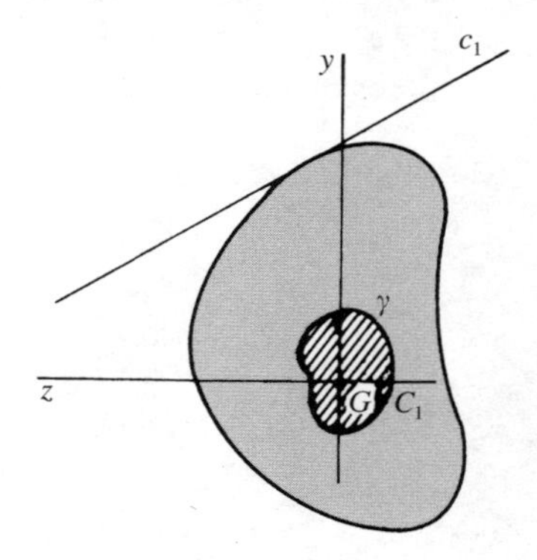

Figura 6.21

Ejemplo 6.7.1. Hallar el núcleo central de una sección rectangular de altura h y ancho b (Fig. 6.22).

Sean A, B, A' y B' los centros de presiones que corresponden a los ejes neutros que contienen a las rectas PQ, QN, MN y MP, respectivamente (Fig. 6.22). Los centros de presiones que corresponden a los ejes neutros que coinciden con las rectas tangentes en uno de los vértices del rectángulo, por ejemplo, el vértice M, por lo visto anteriormente serán puntos alineados comprendidos entre los centros de presiones que corresponden a los ejes neutros coincidentes con MN y MP, es decir, puntos del segmento $A'B'$.

El núcleo central de la sección será el rombo $ABA'B'$ (Fig. 6.22). Podemos calcular fácilmente las longitudes de las diagonales de este rombo, expresando la condición de que el eje neutro correspondiente al centro de presiones $A(\eta, 0)$ es la recta PQ.

Aplicando la ecuación del eje neutro en su forma (6.6-2), se tiene:

$$\frac{1}{\Omega} + \frac{e_y}{I_z} y + \frac{e_z}{I_y} z = 0$$

Como:

$$\Omega = bh \quad ; \quad I_y = \frac{1}{12} hb^3 \quad ; \quad I_z = \frac{1}{12} bh^3$$

tenemos:

$$\frac{1}{bh} + \frac{\eta}{\frac{1}{12} bh^3} y = 0 \quad \Rightarrow \quad y = -\frac{h^2}{12\eta} = -\frac{h}{2}$$

de donde se obtiene:

$$\eta = \frac{h}{6}$$

Por tanto, las longitudes de las diagonales del rombo resultan ser

$$\overline{AA'} = \frac{h}{3} \quad ; \quad \overline{BB'} = \frac{b}{3}$$

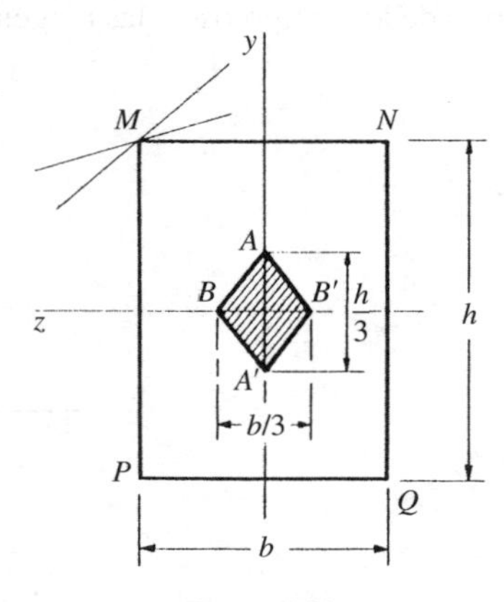

Figura 6.22

Ejemplo 6.7.2. Hallar el núcleo central de la sección en doble T indicada en la Figura 6.23.

La familia de rectas tangentes a la sección en doble T (Fig. 6.23) es idéntica a la sección rectangular. Por consiguiente, el núcleo central será también un rombo, si bien las longitudes de las diagonales serán distintas.

Procedamos de forma análoga al caso anterior para calcular las longitudes de las diagonales del rombo.

Si $A(\eta, 0)$ es el centro de presiones que corresponde al eje neutro $y = -\frac{h}{2}$, tenemos:

$$\frac{1}{\Omega} + \frac{\eta}{I_z} y = 0 \quad \Rightarrow \quad y = -\frac{I_z}{\Omega\eta} = -\frac{h}{2}$$

de donde:

$$\eta = \frac{2I_z}{h\Omega}$$

Si $B(0, \zeta)$ es el centro de presiones que corresponde al eje neutro $z = -\frac{b}{2}$, obtenemos análogamente

$$\zeta = \frac{2I_y}{b\Omega}$$

es decir, el núcleo central de una sección en doble T es un rombo cuyo centro es coincidente con el centro de gravedad, tiene los vértices sobre los ejes principales, y las longitudes de las diagonales son:

$$\overline{AA'} = \frac{4I_z}{h\Omega} \quad ; \quad \overline{BB'} = \frac{4I_y}{b\Omega}$$

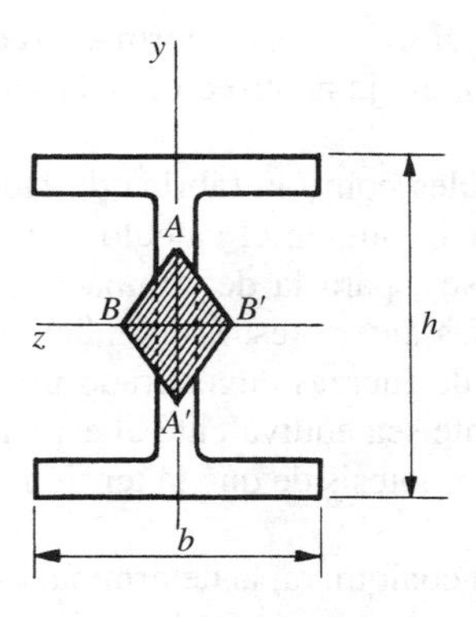

Figura 6.23

Ejemplo 6.7.3. Hallar el núcleo central de una sección circular de radio R.

El núcleo central será un círculo, cuyo radio r podemos calcular expresando la condición de que el eje neutro para el centro de presiones $A(r, 0)$ es la recta $y = -R$

$$\frac{1}{\Omega} + \frac{r}{I_z} y = 0 \quad \Rightarrow \quad y = -\frac{I_z}{r\Omega} = -R$$

Como $\Omega = \pi R^2$ e $I_z = \dfrac{\pi R^4}{4}$, sustituyendo, se tiene:

$$r = \frac{I_z}{R\Omega} = \frac{\pi R^4}{4\pi R^3} = \frac{R}{4}$$

es decir, el núcleo central de una sección circular es un círculo cuyo radio es la cuarta parte del correspondiente a la sección.

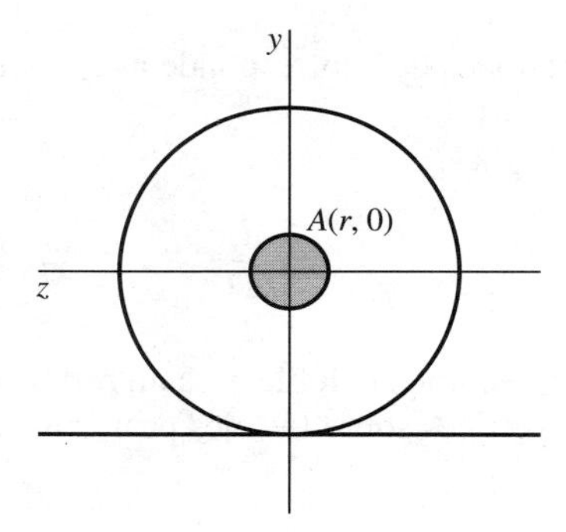

Figura 6.24

6.8. Caso de materiales sin resistencia a la tracción

Como se ha visto anteriormente, si el esfuerzo normal excéntrico aplicado tiene el punto de aplicación fuera del núcleo central, el eje neutro corta a la sección y la divide en dos zonas: una comprimida y otra traccionada.

Existen diversos materiales, tales como la fábrica de ladrillo y el hormigón en masa, muy poco resistentes a la tracción, por lo que en el cálculo se supondrá nula la tensión en la zona sometida a tracción. En estos casos, para la determinación del eje neutro no son válidas las fórmulas obtenidas en los epígrafes anteriores. La condición que tendremos que imponer para determinarlo será que el sistema de fuerzas engendrado por la distribución de tensiones en la zona de compresión exclusivamente sea equivalente al esfuerzo normal N y al momento flector M en la sección y admitiremos la hipótesis de que la tensión de compresión es proporcional a la distancia al eje neutro.

Cuando se trate de una sección cualquiera, la determinación del eje neutro se puede hacer por aproximaciones sucesivas: en primer lugar se calcula el eje neutro aplicando la fórmula (6.5-2) y se suprime la parte de la sección sometida a tracción; se vuelve a calcular el eje neutro para la parte de sección restante y se suprime la parte que esté sometida a tracción..., y así sucesivamente. Se llegará a obtener por este procedimiento una sección residual sometida exclusivamente a compresión.

Consideremos el caso, muy frecuente en la práctica, de sección simétrica y el punto C de aplicación de la fuerza exterior esté sobre el eje de simetría (Fig. 6.25).

La distancia η_c del punto de paso de la fuerza exterior a la recta AB que limita la zona comprimida se puede obtener imponiendo las condiciones de equilibrio. La resultante de las fuerzas de compresión engendradas por las tensiones normales ha de ser igual a N

$$N = \int \sigma \, d\Omega = \int k\eta \, d\Omega = km_e \tag{6.8-1}$$

siendo m_e el momento estático de la zona comprimida respecto de la recta AB que la limita.

El momento respecto de esta recta AB del sistema de fuerzas debidas a las tensiones normales ha de ser igual al momento de la fuerza N respecto de la misma recta:

$$N\eta_c = \int \sigma\eta \, d\Omega = \int k\eta^2 \, d\Omega = kI_e \tag{6.8-2}$$

siendo I_e el momento de inercia de la zona comprimida respecto de la recta AB.

Dividiendo miembro a miembro ambas expresiones, se tiene:

$$\eta_c = \frac{I_e}{m_e} \tag{6.8-3}$$

expresión que permite determinar la posición de la recta AB que limita la zona comprimida.

En el caso de una sección rectangular (Fig. 6.26), caso que se da con mucha frecuencia en la práctica, el momento de inercia de la zona comprimida respecto de la recta AB es:

$$I_e = \int_0^{h_1} b\eta^2 \, d\eta = \frac{bh_1^3}{3}$$

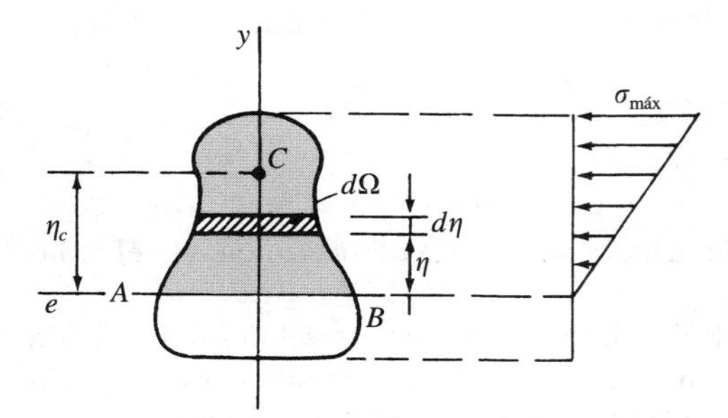

Figura 6.25

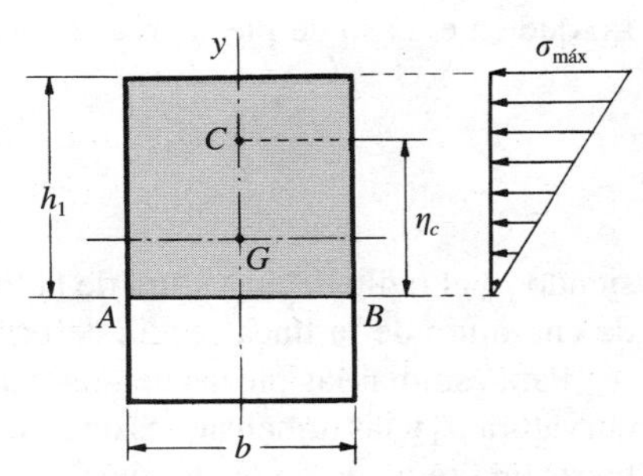

Figura 6.26

El momento estático, análogamente, tiene por expresión:

$$m_e = bh_1 \frac{h_1}{2} = \frac{bh_1^2}{2}$$

Por tanto, la distancia del centro de presiones al eje neutro es:

$$\eta_c = \frac{I_e}{m_e} = \frac{\frac{1}{3} bh_1^3}{\frac{1}{2} bh_1^2} = \frac{2h_1}{3} \tag{6.8-4}$$

El valor de la tensión máxima se obtiene igualando la resultante de las fuerzas engendradas por las tensiones normales y la fuerza *N* aplicada

$$\frac{1}{2} \sigma_{\text{máx}} \cdot bh_1 = \text{N}$$

de donde

$$\sigma_{\text{máx}} = \frac{2N}{bh_1} \tag{6.8-5}$$

es decir, la tensión máxima es el doble de la que correspondería si el esfuerzo normal *N* se repartiera de forma uniforme sobre la sección eficaz.

6.9. Flexión de piezas curvas

A pesar de que iniciamos nuestro estudio considerando un prisma mecánico en general, en toda la exposición que se ha hecho hasta aquí hemos particularizado para vigas cuya línea media o directriz era una recta. Hay, sin embargo, innumerables ejemplos prácticos en los que las piezas presentan inicialmente cierta curvatura, como es el caso de los arcos, ganchos de grúa y eslabones de cadena.

En piezas de curvatura pequeña se obtiene una buena aproximación aplicando las fórmulas obtenidas para las vigas rectas. Solamente habría que tener en cuenta que la variación de curvatura, que en el caso de piezas rectas viene dada por la ecuación (5.2-3), habría que sustituirla por

$$\frac{1}{\rho} - \frac{1}{\rho_0} = \frac{M_z}{EI_z} \tag{6.9-1}$$

siendo ρ_0 el radio de curvatura de la línea media de la barra antes de la deformación, y ρ el radio de curvatura de la línea media deformada.

Para estudiar las piezas de gran curvatura, es decir, piezas en las que los valores del radio de curvatura ρ_0 y las dimensiones de la sección recta son del mismo orden de magnitud, es necesario hacer una revisión de las hipótesis que se admitieron y del método seguido en el estudio de las piezas rectas.

Consideraremos en lo que sigue prismas mecánicos de directriz curva y plano medio, es decir, prismas que posean un plano de simetría y se verifique que las fuerzas que les soliciten estén contenidas en dicho plano. Esto equivale a decir que la línea media es una curva plana, que la intersección de cualquier sección recta con el plano medio es una dirección principal de inercia de dicha sección, y que la curva elástica está contenida en el citado plano medio.

Consideremos una pieza de curvatura constante como la indicada en la Figura 6.27-*a* y apliquemos el momento M en las secciones extremas (Fig. 6.27-*b*), con lo que la pieza considerada estará sometida a flexión pura. Seguiremos admitiendo la hipótesis de Bernoulli, es decir, las secciones rectas que son planas antes de la deformación, siguen siendo planas después de ella. El centro de curvatura C de la línea media de la pieza pasa a la posición C'. Observamos que la fibra superior se acorta y la inferior se alarga, por lo que existirá una superficie neutra, es decir, formada por fibras que ni se alargan ni se acortan.

Pero ahora la fibra neutra, es decir, la intersección de la superficie neutra con el plano medio de simetría, no coincide con la línea media, como demostraremos más adelante. Sea r_0 el radio de curvatura de la fibra de la pieza que va a ser neutra después de la deformación. Para estudiar la distribución de tensiones en la sección consideremos el elemento de pieza comprendido entre dos secciones indefinidamente próximas (Fig. 6.27-*c*) que forman un ángulo $d\theta$, y sea DD' la fibra neutra de este elemento. La deformación relativa de la sección $A'B'$ respecto de la AB será un giro de ángulo $\Delta d\theta$ alrededor de D', punto perteneciente a la fibra neutra.

Fijémonos en la fibra EE' que dista y de la fibra neutra. El alargamiento longitudinal unitario que experimenta esta fibra es

$$\varepsilon = -\frac{\overline{E'E'_1}}{\overline{EE'}} \tag{6.9-2}$$

pero como

$$\overline{E'E'_1} = y\Delta d\theta \quad ; \quad \overline{EE'} = (r_0 - y)\, d\theta$$

la expresión (6.9-2) toma la forma

$$\varepsilon = -\frac{y\Delta d\theta}{(r_0 - y)\, d\theta} \tag{6.9-3}$$

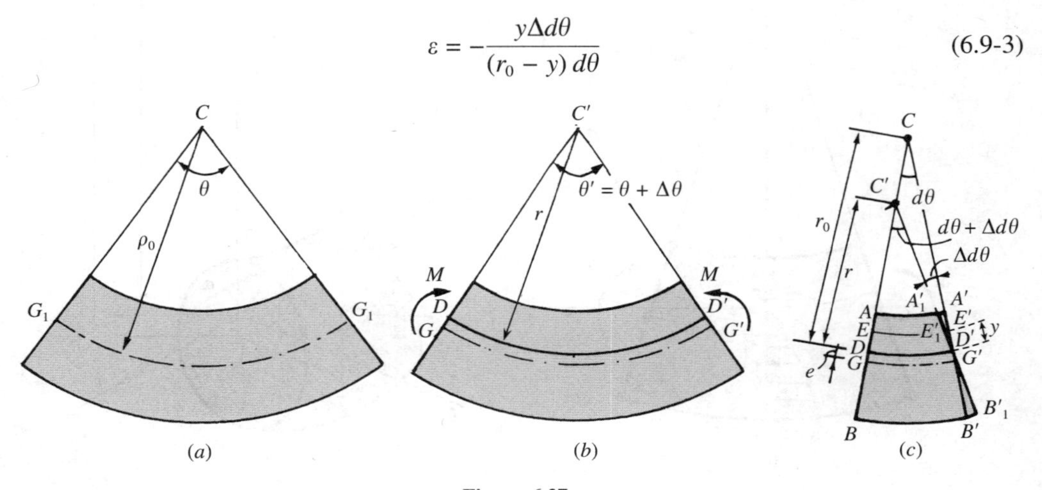

Figura 6.27

Ahora bien, de la expresión de la longitud de la fibra neutra

$$\widehat{DD'} = r(d\theta + \Delta d\theta) = r_0\, d\theta$$

siendo r el radio de curvatura de la superficie neutra, se deduce:

$$\frac{\Delta d\theta}{d\theta} = \frac{r_0}{r} - 1 = r_0\left(\frac{1}{r} - \frac{1}{r_0}\right) \tag{6.9-4}$$

Sustituyendo en la ecuación (6.9-3), se tiene:

$$\varepsilon = -r_0\left(\frac{1}{r} - \frac{1}{r_0}\right)\frac{y}{r_0 - y} \tag{6.9-5}$$

Por tanto, la tensión normal en los puntos de la sección recta será, en virtud de la ley de Hooke

$$\sigma = -Er_0\left(\frac{1}{r} - \frac{1}{r_0}\right)\frac{y}{r_0 - y} \tag{6.9-6}$$

Esta expresión nos dice que en piezas de gran curvatura las tensiones normales en una sección se distribuyen según una ley hiperbólica (Fig. 6.28-*a*). Se observa que las tensiones máximas a tracción y a compresión se presentan en las fibras superior e inferior de la sección.

Se ha dicho antes que la fibra neutra no coincide en las piezas de gran curvatura con la línea media, es decir, el eje neutro de una sección recta no pasa por el centro de gravedad de la misma. Calcularemos la localización de la fibra neutra imponiendo la condición de ser la resultante y

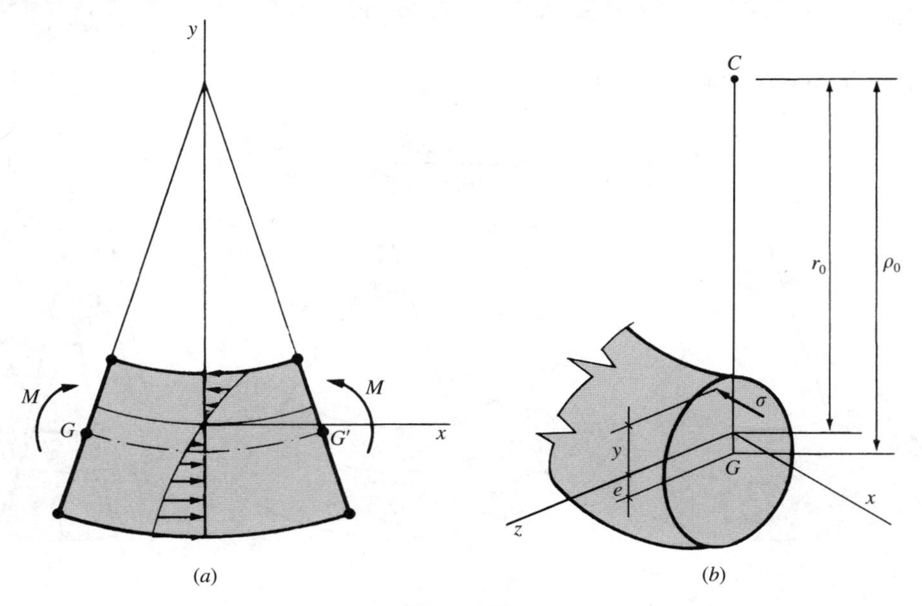

Figura 6.28

momento resultante de las fuerzas engendradas por las tensiones normales en toda la sección un sistema estáticamente equivalente al momento flector $\vec{M}_F$, es decir

$$N = \int_\Omega \sigma \, d\Omega = 0 \quad ; \quad M = -\int_\Omega \sigma y \, d\Omega \tag{6.9-7}$$

Sustituyendo en la primera de estas ecuaciones la expresión de σ dada por (6.9-6), se tiene

$$-Er_0\left(\frac{1}{r} - \frac{1}{r_0}\right)\int_\Omega \frac{y}{r_0 - y}\, d\Omega = 0$$

de donde se deduce:

$$\int_\Omega \frac{y}{r_0 - y}\, d\Omega = 0 \tag{6.9-8}$$

Procediendo igualmente en la segunda ecuación (6.9-7), se tiene:

$$M = Er_0\left(\frac{1}{r} - \frac{1}{r_0}\right)\int_\Omega \frac{y^2}{r_0 - y}\, d\Omega = Er_0\left(\frac{1}{r} - \frac{1}{r_0}\right)\left(-\int_\Omega y\, d\Omega + r_0 \int_\Omega \frac{y}{r_0 - y}\, d\Omega\right)$$

De esta última expresión se deduce que el eje neutro no pasa por el centro de gravedad, ya que si pasara, la primera integral se anularía por ser nulo el momento estático de la sección respecto de un eje que pasa por el centro de gravedad, y como se anula la segunda en virtud de (6.9-8), tendría que ser cero M, lo que no es posible. Por tanto, el valor de la primera integral es Ωe, siendo e la distancia del eje neutro al centro de gravedad, pues es el momento estático de la sección respecto del eje neutro, que tomaremos como eje z.

La expresión del momento flector se reduce a

$$M = -Er_0\left(\frac{1}{r} - \frac{1}{r_0}\right)\Omega e = \frac{\sigma(r_0 - y)}{y}\,\Omega e \tag{6.9-9}$$

que nos permite expresar la tensión normal en función de M

$$\sigma = \frac{M}{\Omega e}\,\frac{y}{r_0 - y} \tag{6.9-10}$$

Para determinar la posición del eje neutro haremos en (6.9-8) el cambio de variable

$$u = r_0 - y \quad \Rightarrow \quad y = r_0 - u$$

$$\int_\Omega \frac{y}{r_0 - y}\, d\Omega = \int_\Omega \frac{r_0 - u}{u}\, d\Omega = \int_\Omega \frac{r_0}{u}\, d\Omega - \Omega = 0$$

Así, se obtiene:

$$r_0 = \frac{\Omega}{\displaystyle\int_\Omega \frac{d\Omega}{u}} \tag{6.9-11}$$

expresión de la que se deduce que, al ser el denominador una integral que es una característica geométrica de la sección, la situación del eje neutro en una pieza curva sometida a flexión pura depende exclusivamente de la geometría de la sección y es, por tanto, independiente del valor del momento flector.

De la observación de la expresión (6.9-10) se deduce que el eje neutro en una sección transversal de una pieza de gran curvatura está siempre localizado entre el centro de gravedad de la misma y el centro de curvatura. En efecto, para M positivo y la ordenada y también positiva, σ es negativa, por lo que el momento estático Ωe tiene que ser negativo. Para que así sea, el centro de gravedad G tiene que estar situado, respecto del eje neutro, al otro lado del centro de curvatura.

En el caso que la sección estuviera sometida, además de un momento flector, a una tracción o compresión, para calcular la distribución de tensiones se aplicaría, obviamente, el principio de superposición.

Ejemplo 6.9.1. Calcular la posición del eje neutro en la sección rectangular indicada en la Figura 6.29, de una pieza de gran curvatura sometida a flexión.

El denominador de la fórmula (6.9-11) en este caso tendrá por expresión

$$\int_{\Omega} \frac{d\Omega}{u} = \int_{\rho_0 - h/2}^{\rho_0 + h/2} \frac{b\,du}{u} = b \ln \frac{\rho_0 + \dfrac{h}{2}}{\rho_0 - \dfrac{h}{2}}$$

Por tanto, el radio de curvatura de la fibra que después de aplicar el momento flector va a ser la fibra neutra será

$$r_0 = \frac{h}{\ln \dfrac{\rho_0 + \dfrac{h}{2}}{\rho_0 - \dfrac{h}{2}}}$$

siendo ρ_0 el radio de curvatura de la línea media antes de producirse la deformación.

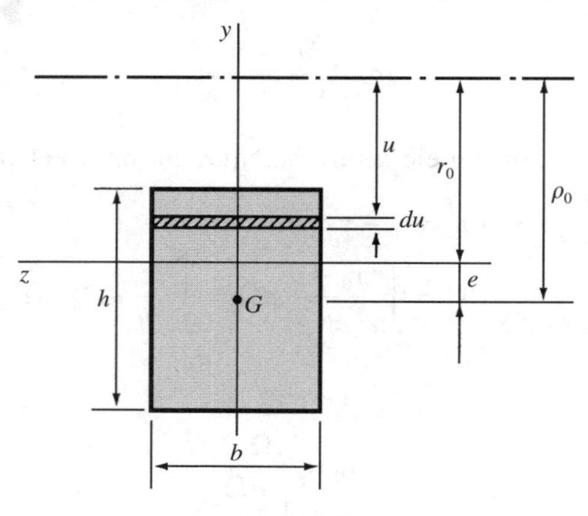

Figura 6.29

El eje neutro se encuentra a una distancia e del centro de gravedad G, acercándose hacia el centro de curvatura.

$$e = \rho_0 - r_0 = \rho_0 - \frac{h}{\ln \dfrac{\rho_0 + \dfrac{h}{2}}{\rho_0 - \dfrac{h}{2}}}$$

Ejemplo 6.9.2. Calcular la posición del eje neutro en la sección triangular indicada en la Figura 6.30, de una pieza de gran curvatura sometida a flexión.

Aplicaremos la fórmula

$$r_0 = \frac{\Omega}{\displaystyle\int_\Omega \frac{d\Omega}{u}}$$

Como:

$$\Omega = \frac{1}{2}\, ah$$

$$\int_\Omega \frac{d\Omega}{u} = \int_\Omega \frac{b\,du}{u}\,du = \frac{a}{h}\int_{r_1}^{r_2} \frac{r_2 - u}{u}\,du = \frac{a}{h}\,[r_2 \ln u - u]_{r_1}^{r_2} = a\left(\frac{r_2}{h}\ln\frac{r_2}{r_1} - 1\right)$$

dividiendo ambas expresiones obtenemos

$$\boxed{r_0 = \frac{h}{2\left(\dfrac{r_2}{h}\ln\dfrac{r_2}{r_1} - 1\right)}}$$

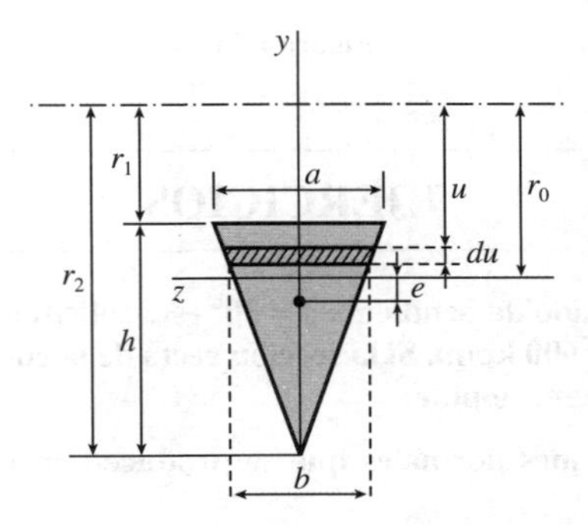

Figura 6.30

Ejemplo 6.9.3. Calcular la posición del eje neutro en la sección trapecial indicada en la Figura 6.31, de una pieza de gran curvatura sometida a flexión.

En este caso, como:

$$\Omega = \frac{b_1 + b_2}{2} h$$

$$\int_\Omega \frac{d\Omega}{u} = \int_{r_1}^{r_2} \frac{b_2 + \dfrac{b_1 - b_2}{h}(r_2 - u)}{u} du = \frac{1}{h} \int_{r_1}^{r_2} \frac{b_2(r_2 - r_1) + (b_1 - b_2)r_2 - (b_1 - b_2)u}{u} du =$$

$$= \frac{1}{h} \left[(b_1 r_2 - b_2 r_1) \ln \frac{r_2}{r_1} - (b_1 - b_2)(r_2 - r_1) \right]$$

Por división de ambas expresiones, se obtiene

$$\boxed{r_0 = \frac{h^2(b_1 + b_2)}{2\left[(b_1 r_2 - b_2 r_1) \ln \dfrac{r_2}{r_1} - h(b_1 - b_2) \right]}}$$

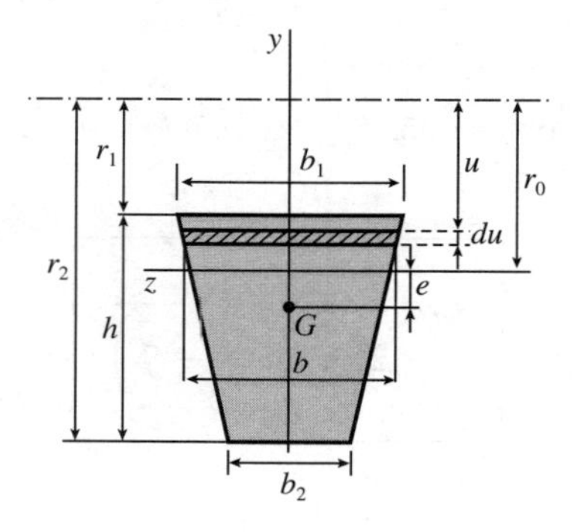

Figura 6.31

EJERCICIOS

VI.1. La correa AB de un tejado de pendiente $\alpha = 30°$ está solicitada por una carga vertical uniformemente repartida $p = 600$ kp/m. Si la sección recta de la correa es rectangular de dimensiones $b = 9$ cm y $h = 20$ cm, se pide:

1.º Calcular las tensiones normales que se producen en la sección de máximo momento flector.

2.º Determinar analítica y gráficamente el eje neutro correspondiente a dicha solicitación.

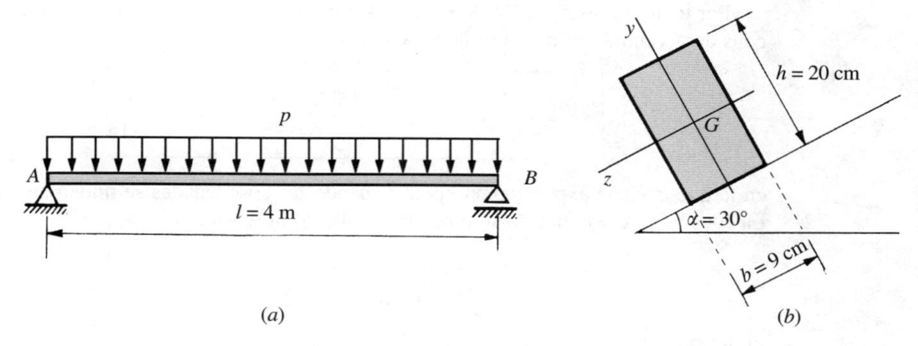

Figura VI.1

1.° El momento flector máximo se presenta en la sección media de la viga. Su valor es:

$$M_{\text{máx}} = R_A \frac{l}{2} - p \frac{l}{2} \frac{l}{4} = \frac{pl^2}{8} = \frac{600 \times 4^2}{8} = 1.200 \text{ m} \cdot \text{kp}$$

Sus componentes respecto a los ejes coordenados son:

$$M_y = M \text{ sen } \alpha = 1.200 \times \text{sen } 30° = 600 \text{ m} \cdot \text{kp}$$

$$M_z = M \cos \alpha = 1.200 \times \cos 30° = 1.093{,}2 \text{ m} \cdot \text{kp}$$

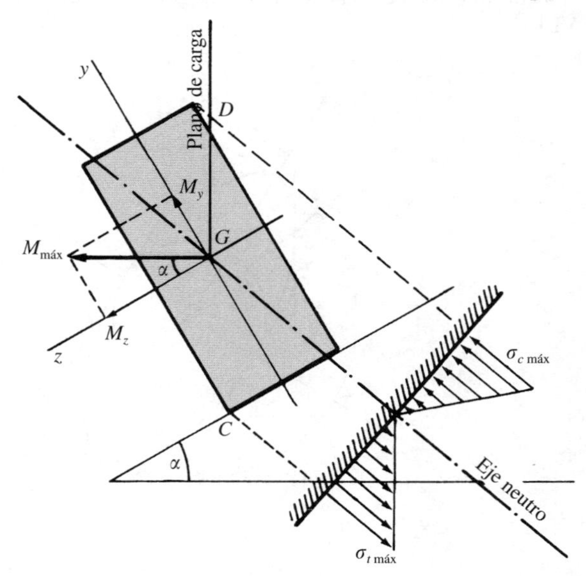

Figura VI.1-*c*

Los momentos de inercia respecto a los ejes principales de inercia de la sección son:

$$I_z = \frac{1}{12} bh^3 = \frac{1}{12} 9 \times 20^3 = 6.000 \text{ cm}^4$$

$$I_y = \frac{1}{12} hb^3 = \frac{1}{12} 20 \times 9^3 = 1.215 \text{ cm}^4$$

Por tanto, la distribución de tensiones normales en los puntos de la sección recta que se considera vendrá definida por la ecuación:

$$\sigma = -\frac{M_z}{I_z} y + \frac{M_y}{I_y} z = -\frac{1.039{,}2 \times 10^2}{6.000} y + \frac{600 \times 10^2}{1.215} z$$

en la que σ viene expresada en kp/cm² cuando las coordenadas se miden en cm.

2.º La ecuación del eje neutro se obtendrá anulando la tensión σ

$$-\frac{1.039{,}2}{6.000} y + \frac{600}{1.215} z = 0$$

Simplificando se obtiene

$$y = 2{,}85z$$

La tensión máxima, según se desprende de la Figura VI.1-*c*, se presenta en los puntos $C(-10; 4{,}5)$ (tracción) y $D(10; -4{,}5)$ (compresión)

$$\sigma_{\text{máx}} = \frac{1.039{,}2 \times 10^2}{6.000} 10 + \frac{600 \times 10^2}{1.215} 4{,}5 = 395{,}4 \text{ kp/cm}^2$$

La construcción para la determinación gráfica del eje neutro queda indicada en la Figura VI.1-*d*.

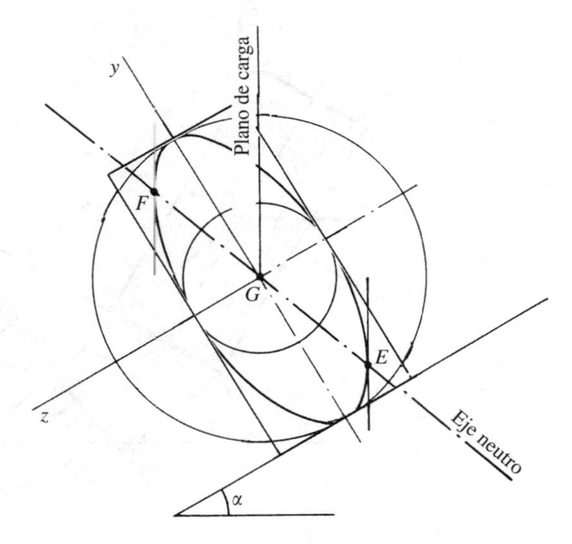

Figura VI.1-*d*

Se dibuja la elipse central de inercia de la sección cuya ecuación analítica podemos poner en la forma

$$I_y y^2 + I_z z^2 = \frac{I_y I_z}{600} \quad \Rightarrow \quad \frac{y^2}{\left(\sqrt{\dfrac{I_z}{60}}\right)^2} + \frac{z^2}{\left(\sqrt{\dfrac{I_y}{60}}\right)^2} = 1$$

en la que simplificando y sustituyendo valores, se tiene:

$$\frac{y^2}{10^2} + \frac{z^2}{4{,}5^2} = 1$$

y se calcula la dirección conjugada respecto de ella de la dirección definida por el plano de carga, trazando tangentes a la elipse paralelas a la traza de dicho plano de carga. Si F y E son los puntos de tangencia, el eje neutro es la recta que une dichos puntos.

VI.2. Una viga de madera de sección rectangular y luz $l = 3$ está apoyada en sus extremos y actúa sobre ella una carga uniformemente repartida $p = 300$ kp/m. El plano de carga es vertical y contiene los centros de gravedad de las secciones, inclinadas un ángulo α = arc tg 1/3 (Fig. VI.2-*a*). El módulo de elasticidad es $E = 10^5$ kp/cm². Determinar la tensión normal máxima y el corrimiento vertical de la sección en que ésta se presenta.

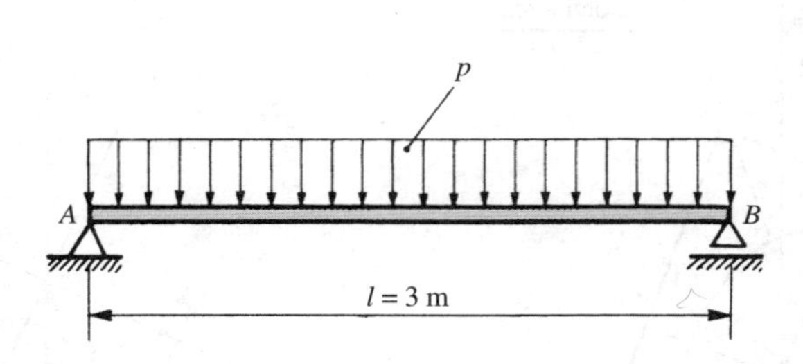

Figura VI.2-*a*

Al ser la sección constante, la tensión normal máxima se presenta en los puntos más alejados del eje neutro en la sección de máximo momento flector. Ésta es la sección media de la viga, en la que el momento flector vale

$$M_{\text{máx}} = R_A \frac{l}{2} - p\frac{l}{2}\frac{l}{4} = \frac{pl^2}{8} = 33.750 \text{ cm} \cdot \text{kp}$$

Los momentos flectores respecto a los ejes principales de inercia de la sección son:

$$M_y = M_{\text{máx}} \operatorname{sen} \alpha = 33.750 \frac{1}{\sqrt{10}} = 10.672 \text{ cm} \cdot \text{kp}$$

$$M_z = M_{\text{máx}} \cos \alpha = 33.750 \frac{3}{\sqrt{10}} = 32.018 \text{ cm} \cdot \text{kp}$$

La distribución de tensiones normales en la sección se obtiene aplicando la fórmula (6.2-3)

$$\sigma = -\frac{M_z}{I_z} y + \frac{M_y}{I_y} z$$

y como

$$\left.\begin{aligned} I_z &= \frac{bh^3}{12} \\ I_y &= \frac{hb^3}{12} \end{aligned}\right\} \quad \sigma = -\frac{12M_z}{bh^3} y + \frac{12M_y}{hb^3} z$$

La ecuación del eje neutro será:

$$-\frac{12M_z}{bh^3}y + \frac{12M_y}{hb^3}z = 0 \quad \Rightarrow \quad y = \frac{h^2M_y}{b^2M_z}z = \frac{16}{27}z$$

La tensión normal máxima pedida se presenta en los vértices A y B más alejados del eje neutro (Fig. VI.2-*b*, no hecha a escala) en A será de tracción y en B de compresión. Su valor modular es:

$$\sigma_A = |\sigma_B| = \boxed{\sigma_{\text{máx}}} = -\frac{12 \times 32.018}{15 \times 20^3}\left(-\frac{20}{2}\right) + \frac{12 \times 10.672}{20 \times 15^3}\left(\frac{15}{2}\right) = \boxed{46{,}25 \text{ kp/cm}^2}$$

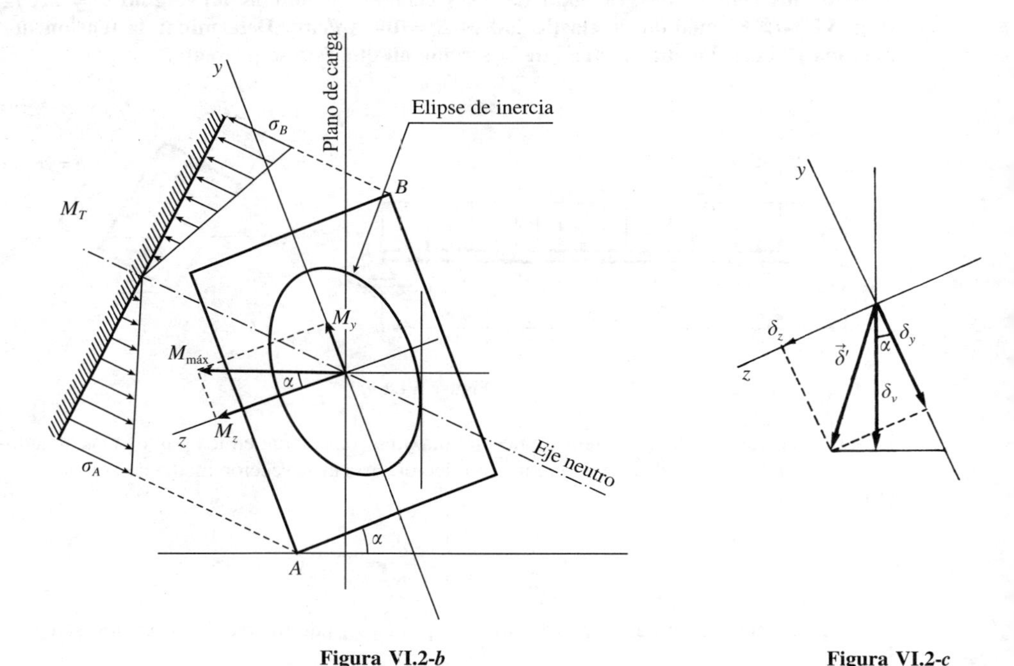

Figura VI.2-*b* **Figura VI.2-*c***

Para calcular el desplazamiento vertical tendremos en cuenta los corrimientos δ_y y δ_z debidos a M_z y M_y, respectivamente (en este caso los corrimientos son las flechas correspondientes, es decir, las deformaciones máximas) (Fig. VI.2-*c*).

El desplazamiento $\vec{\delta}$ tiene de componentes, en valor absoluto

$$\delta_y = \frac{5}{384}\frac{p\cos\alpha l^4}{EI_z} \quad ; \quad \delta_z = \frac{5}{384}\frac{p\,\text{sen}\,\alpha l^4}{EI_y}$$

Proyectando sobre la vertical se obtiene el desplazamiento pedido

$$\delta_v = \delta_y\cos\alpha + \delta_z\,\text{sen}\,a$$

$$\delta_v = \frac{5}{384}\frac{pl^4}{E}\left(\frac{\cos^2\alpha}{I_z} + \frac{\text{sen}^2\,\alpha}{I_y}\right)$$

Sustituyendo valores

$$\delta_v = \frac{5}{384}\,\frac{3 \times 300^4}{10^5}\left(\frac{\frac{9}{10}}{\frac{1}{12}\,15 \times 20^3} + \frac{\frac{1}{10}}{\frac{1}{12}\,20 \times 15^3}\right)\text{cm}$$

se obtiene:

$$\boxed{\delta_v = 3{,}41 \text{ mm}}$$

VI.3. Una viga en voladizo de línea media horizontal y longitud l = 2 m está formada por un angular de lados iguales ∟120 × 10, sometida a una carga vertical concentrada P en su sección extrema normal a la cara superior, como se indica en la Figura VI.3. Sabiendo que la línea de acción de la carga P pasa por el centro de gravedad de la sección y que la tensión admisible del material del angular es σ_{adm} = 150 MPa, se pide hallar el valor máximo de la carga P que actúa en la sección extrema de la viga.

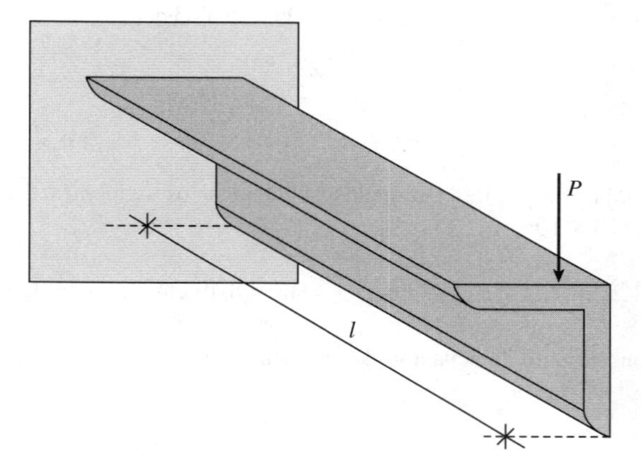

Figura VI.3

El perfil angular trabaja a flexión desviada. Los ejes principales de inercia son los indicados en la Figura VI.3-*a*.

Las componentes del momento flector máximo que se da en la sección del empotramiento, como fácilmente se desprende de la Figura VI.3-*a*, son:

$$M_y = -\frac{Pl\sqrt{2}}{2} \quad ; \quad M_z = -\frac{Pl\sqrt{2}}{2}$$

El eje neutro tiene por ecuación, referida a los ejes principales de inercia de la sección:

$$-\frac{M_z}{I_z}y + \frac{M_y}{I_y}z = \frac{Pl\sqrt{2}}{2}\left(\frac{1}{I_z}y - \frac{1}{I_y}z\right) = 0$$

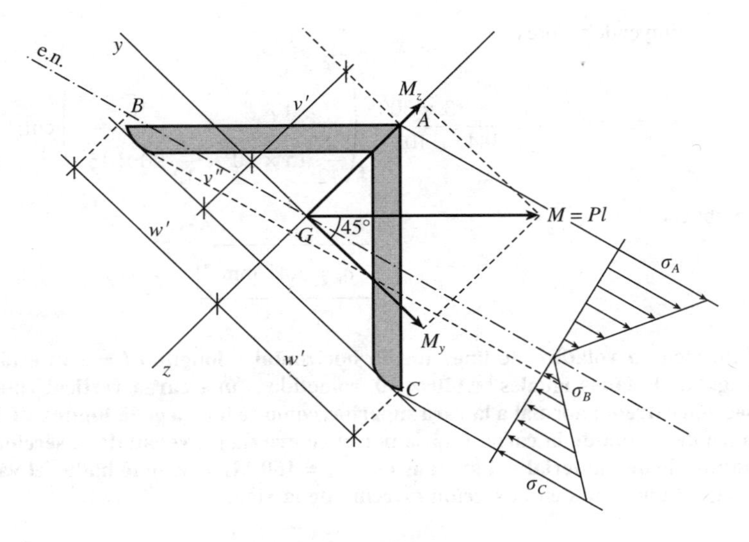

Figura VI.3-*a*

es decir:

$$y = \frac{I_z}{I_y} z$$

De la tabla de perfiles laminados obtenemos los siguientes datos para el angular de lados iguales $\llcorner 120 \times 10$

$$I_y = 129 \text{ cm}^4 \quad ; \quad I_z = 497 \text{ cm}^4 \quad ; \quad w' = 8{,}49 \text{ cm} \quad ; \quad v' = 4{,}69 \text{ cm} \quad ; \quad v'' = 4{,}23 \text{ cm}$$

Por consiguiente, la ecuación del eje neutro es

$$y = \frac{497}{129} z = 3{,}85z$$

Como la expresión de la tensión normal es:

$$\sigma = \frac{Pl\sqrt{2}}{2} \left(\frac{1}{I_z} y - \frac{1}{I_y} z \right)$$

particularizándola para los puntos $A(0, -4{,}69)$ cm; $B(8{,}49, 4{,}23)$ cm; $C(-8{,}49, 4{,}23)$ cm, tenemos

$$\sigma_A = \frac{P\sqrt{2}}{129 \times 10^{-8}} 4{,}69 \times 10^{-2} = 51.416P \frac{\text{N}}{\text{m}^2} \quad (P \text{ en N})$$

$$\sigma_B = \frac{P\sqrt{2}}{497 \times 10^{-8}} 8{,}49 \times 10^{-2} - \frac{P\sqrt{2}}{129 \times 10^{-8}} 4{,}23 \times 10^{-2} = -22.215P \frac{\text{N}}{\text{m}^2}$$

$$\sigma_C = \frac{P\sqrt{2}}{497 \times 10^{-8}} 8{,}49 \times 10^{-2} - \frac{P\sqrt{2}}{129 \times 10^{-8}} 4{,}23 \times 10^{-2} = -70.531P \frac{\text{N}}{\text{m}^2}$$

El máximo valor de P pedido será aquel que haga que la tensión máxima σ_C no supere el valor de la tensión admisible

$$70.531P \leqslant 150 \times 10^6$$

de donde:

$$\boxed{P_{\text{máx}} = 2.126 \text{ N}}$$

VI.4. En la Figura VI.4-*a* se representan las secciones de los perfiles IPN 80 y tubular, de dimensiones 40×80 mm y espesor $e = 2$ mm, que se pueden utilizar como correas en un tejado de pendiente $\alpha = 20°$. Si ambas vigas van a estar sometidas a carga vertical, se pide:

1.º Indicar cuál de las dos secciones es más resistente.

2.º Valor que tendría que tener el ángulo α para que ambas secciones presenten igual resistencia.

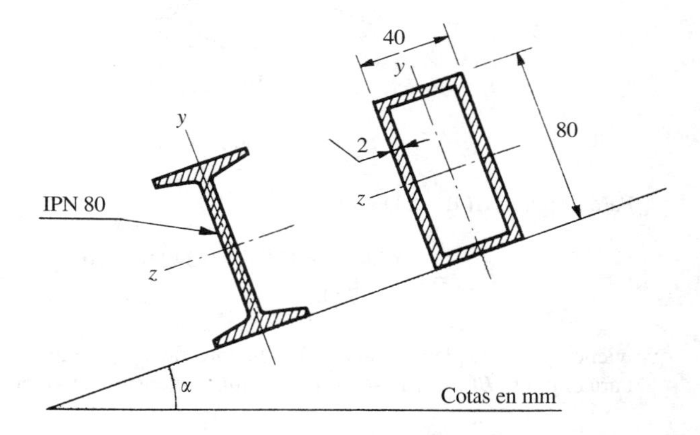

Figura VI.4-*a*

1.º Del Prontuario de perfiles laminados (véase Apéndice) se obtienen las características mecánico-geométricas del perfil IPN 80

$$I_y = 6{,}29 \text{ cm}^4 \quad ; \quad I_z = 77{,}8 \text{ cm}^4$$

Las correspondientes a la sección tubular son:

$$I_y = \frac{1}{12}(80 \times 40^3 - 76 \times 36^3) \times 10^{-4} = 13{,}12 \text{ cm}^4$$

$$I_z = \frac{1}{12}(40 \times 80^3 - 36 \times 76^3) \times 10^{-4} = 38{,}97 \text{ cm}^4$$

Como:

$$M_y = M \text{ sen } \alpha = 0{,}342M \quad ; \quad M_z = M \cos \alpha = 0{,}940M$$

para un mismo momento flector M actuando sobre ambas secciones, las tensiones normales que se producen en cada una de ellas serán:

a) En la sección IPN:

La fórmula a aplicar para el cálculo de la tensión normal es:

$$\sigma = -\frac{M_z}{I_z} y + \frac{M_y}{I_y} z$$

Las tensiones máximas se producen en los vértices A y B (Fig. VI.4-*b*).

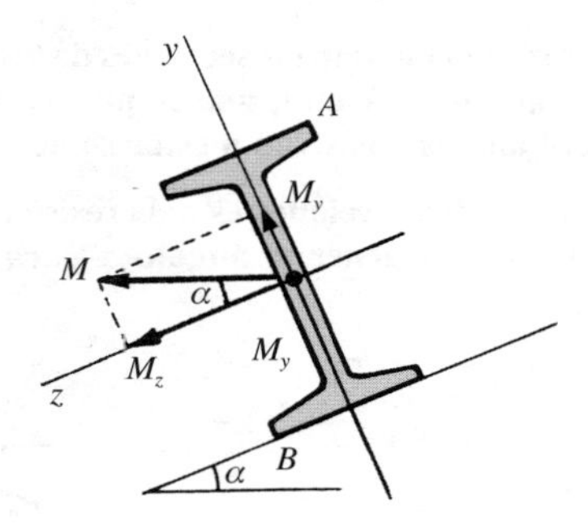

Figura VI.4-*b*

Para el punto $A(4; -2{,}1)$ cm:

$$\sigma_{\text{máx}} = -\frac{0{,}940M \times 10^2}{77{,}8} 4 - \frac{0{,}342M \times 10^2}{6{,}29} 2{,}1 = -16{,}25M$$

que viene dada en kp/cm^2 cuando el momento flector se expresa en m · kp.

Para el punto $B(-4; 2{,}1)$ se obtiene la misma tensión en valor absoluto, pero de tracción.

b) En la sección tubular:

Análogamente, para el punto $A(4, -2)$ cm, obtenemos:

$$\sigma'_{\text{máx}} = \frac{-0{,}940M \times 10^2}{38{,}97} 4 - \frac{0{,}342M \times 10^2}{13{,}12} 2 = -14{,}86M$$

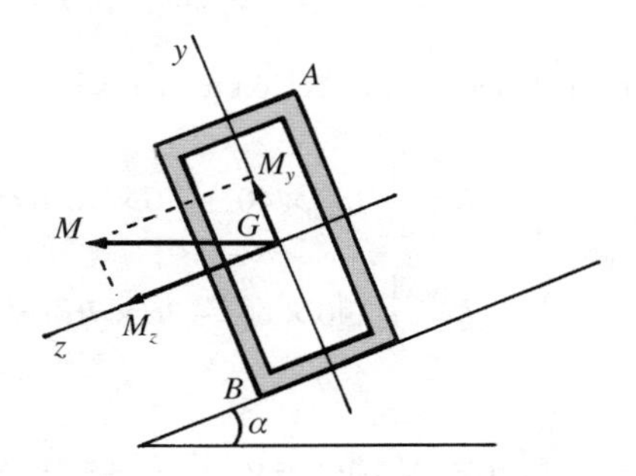

Figura VI.4-*c*

y en el punto $B(-4, 2)$ cm; $\sigma'_{\text{máx}} = 14{,}86M$ que son de compresión en A y de tracción en B.

De los valores de las tensiones máximas obtenidas a que van a estar sometidas ambas secciones se deduce que *la sección tubular es casi un 10 por 100 más resistente que el IPN.*

2.° De la expresión de la tensión normal

$$\sigma = -\frac{M \cos \alpha}{I_z} y + \frac{M \operatorname{sen} \alpha}{I_y} z$$

se deduce que el valor máximo de ésta depende del ángulo α. El valor de este ángulo para el que ambos perfiles presenten igual resistencia, vendrá dado por la ecuación $\sigma_{\text{máx}} = \sigma'_{\text{máx}}$, es decir, igualamos las tensiones máximas en ambos casos

$$\frac{\cos \alpha}{77{,}8} 4 + \frac{\operatorname{sen} \alpha}{6{,}29} 2{,}1 = \frac{\cos \alpha}{38{,}97} 4 + \frac{\operatorname{sen} \alpha}{13{,}12} 2$$

Simplificando:

$$0{,}051230 \cos \alpha = 0{,}181424 \operatorname{sen} \alpha$$

$$\operatorname{tg} \alpha = \frac{0{,}051230}{0{,}181424} = 0{,}2823$$

de donde se obtiene el valor del ángulo α para que los dos perfiles considerados presenten igual resistencia

$$\boxed{\alpha = 15° \, 46' \, 6''}$$

VI.5. Una viga en voladizo de sección rectangular constante, ancho b = 30 cm, altura h = 40 cm y longitud l = 2 m, está sometida en su sección extrema a una fuerza F = 500 kp y cuya línea de acción contiene a la diagonal AC de dicha sección, como se indica en la Figura VI.5-*a*. Se pide:

1.° Hallar las leyes de variación del vector tensión en los puntos de la línea media de la viga sobre los planos diagonales de la misma.

2.° Calcular, en el plano que contiene a la sección recta media, el vector tensión en los puntos medios de los lados del rectángulo que la limita.

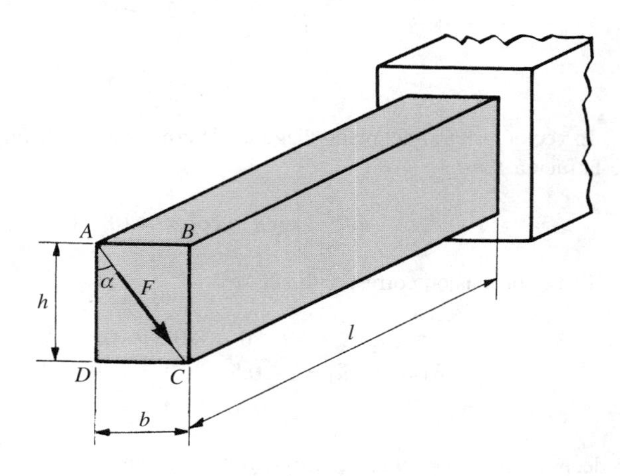

Figura VI.5-*a*

1.° La viga que se considera está sometida a flexión desviada. Como en la línea media se anulan las tensiones normales debidas al momento flector, sólo habrá tensiones tangenciales producidas por el esfuerzo cortante (Fig. VI.5-*b*)

$$T_y = F \cos \alpha = 500 \frac{4}{5} = 400 \text{ kp}$$

$$T_z = -F \text{ sen } \alpha = -500 \frac{3}{5} = -300 \text{ kp}$$

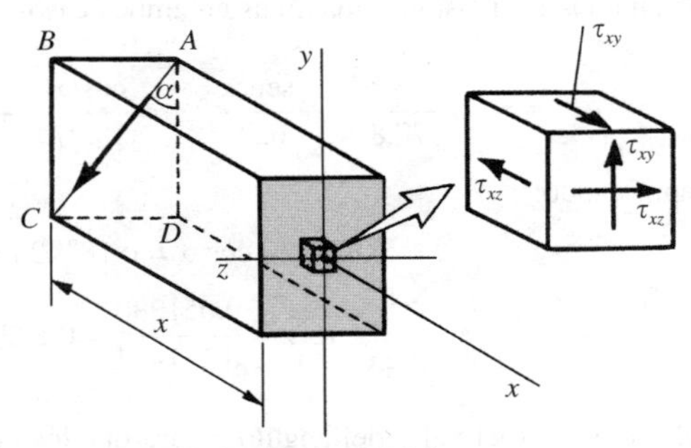

Figura VI.5-*b*

Los valores de las tensiones tangenciales en los puntos de la línea media son:

$$\tau_{xy} = \frac{3}{2} \frac{T_y}{\Omega} = \frac{3}{2} \frac{400}{1.200} = 0{,}5 \text{ kp/cm}^2$$

$$\tau_{xz} = \frac{3}{2} \frac{T_z}{\Omega} = -\frac{3}{2} \frac{300}{1.200} = -0{,}375 \text{ kp/cm}^2$$

Las restantes tensiones son nulas, por lo que la matriz de tensiones en los puntos de la línea media de la viga, referida a la terna de ejes indicados en la Figura VI.5-*b*, será:

$$[T] = \begin{pmatrix} 0 & 0{,}5 & -0{,}375 \\ 0{,}5 & 0 & 0 \\ -0{,}375 & 0 & 0 \end{pmatrix} \text{kp/cm}^2$$

El vector unitario del plano diagonal determinado por la línea media y la línea de acción de la fuerza $\vec{F}$ es:

$$\vec{u}(0, \quad \text{sen } \alpha, \quad \cos \alpha) = (0, \quad 0{,}6, \quad 0{,}8)$$

El vector tensión correspondiente será:

$$[\vec{\sigma}] = [T][\vec{u}] = \begin{pmatrix} 0 & 0{,}5 & -0{,}375 \\ 0{,}5 & 0 & 0 \\ -0{,}375 & 0 & 0 \end{pmatrix} \begin{pmatrix} 0 \\ 0{,}6 \\ 0{,}8 \end{pmatrix} = \begin{pmatrix} 0 \\ 0 \\ 0 \end{pmatrix}$$

es decir, *la tensión es nula a lo largo de toda la línea media en el plano definido por la línea media y la diagonal AC de la sección extrema libre.*

Considerando ahora el otro plano diagonal, de vector unitario $\vec{u}(0,\ \text{sen}\ \alpha,\ -\cos\alpha) =$ $= (0,\ 0{,}6,\ -0{,}8)$, se tiene:

$$[\vec{\sigma}] = \begin{pmatrix} 0 & 0{,}5 & -0{,}375 \\ 0{,}5 & 0 & 0 \\ -0{,}375 & 0 & 0 \end{pmatrix} \begin{pmatrix} 0 \\ 0{,}6 \\ -0{,}8 \end{pmatrix} = \begin{pmatrix} 0{,}6 \\ 0 \\ 0 \end{pmatrix} \text{kp/cm}^2$$

Este resultado nos indica que *sobre el plano diagonal definido por la línea media y la diagonal BD, la tensión es constante a lo largo de toda la línea media y tiene la misma dirección que ésta.*

2.º Las componentes del momento flector en la sección media de la viga ($x = 100$ cm) son:

$$M_y = -M\ \text{sen}\ \alpha = -Fx\ \text{sen}\ \alpha = -500 \times 100 \times \frac{3}{5} = -3 \times 10^4\ \text{cm} \cdot \text{kp}$$

$$M_z = -M \cos\alpha = -Fx \cos\alpha = -500 \times 100 \times \frac{4}{5} = -4 \times 10^4\ \text{cm} \cdot \text{kp}$$

En los puntos P y Q, puntos medios de las aristas superior e inferior, respectivamente, la tensión normal debida a M_y se anula, así como la tangencial debida a T_y. En P:

$$\sigma_{nx} = -\frac{M_z}{I_z} y = \frac{4 \times 10^4}{\frac{1}{12} 30 \times 40^3} 20 = 5\ \text{kp/cm}^2, \quad \text{que es de tracción}$$

$$\tau_{xz} = \frac{3}{2} \frac{T_z}{\Omega} = \frac{3 \times (-300)}{2 \times 1.200} = -0{,}375\ \text{kp/cm}^2$$

y en Q:

$$\sigma_{nx} = -\frac{M_z}{I_z} y = -5\ \text{kp/cm}^2, \quad \text{que es de compresión}$$

$$\tau_{xz} = \frac{3}{2} \frac{T_z}{\Omega} = \frac{3}{2} \frac{(-300)}{1.200} = -0{,}375\ \text{kp/cm}^2$$

Los vectores tensión tienen igual valor absoluto en ambos puntos

$$\boxed{\sigma_P = \sigma_Q} = \sqrt{\sigma_{nx}^2 + \tau_{xz}^2} = \sqrt{5^2 + 0{,}375^2} = \boxed{5{,}01\ \text{kp/cm}^2}$$

y se representa en la Figura VI.5-*c*.

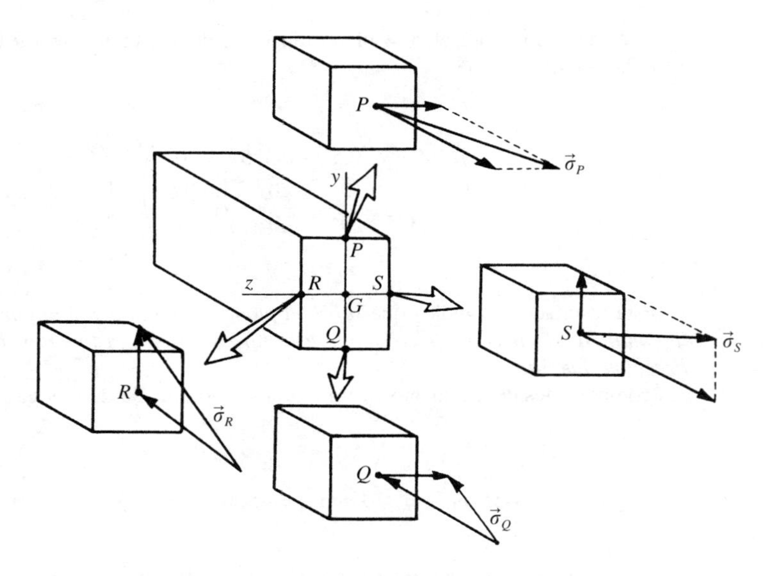

Figura VI.5-*c*

En los puntos *R* y *S*, puntos medios de las aristas verticales, se anulan: la tensión normal debida a M_z y la tangencial producida por T_z. En *R*:

$$\sigma_{nx} = \frac{M_y}{I_y} z = -\frac{3 \times 10^4}{\frac{1}{12} 40 \times 30^3} 15 = -5 \text{ kp/cm}^2, \quad \text{que es de compresión}$$

y en *S*:

$$\sigma_{nx} = \frac{M_y}{I_y} z = 5 \text{ kp/cm}^2, \quad \text{que es de tracción}$$

$$\tau_{xy} = \frac{3}{2} \frac{T_y}{\Omega} = \frac{3}{2} \frac{400}{1.200} = 0,5 \text{ kp/cm}^2$$

dirigida en la dirección del eje *y* positivo.

Los módulos de los vectores tensión correspondientes son:

$$\boxed{\sigma_R = \sigma_S} = \sqrt{\sigma_{nx}^2 + \tau_{xy}^2} = \sqrt{5^2 + 0,5^2} = \boxed{5,02 \text{ kp/cm}^2}$$

VI.6. Sobre un pilar de sección rectangular 20 × 30 cm actúa una carga *P* = 10 t en la forma esquematizada en la Figura VI.6-*a*.

1.° Determinar la posición del eje neutro.

2.° Calcular el valor de σ_{adm}, indicando si es de tracción o de compresión.

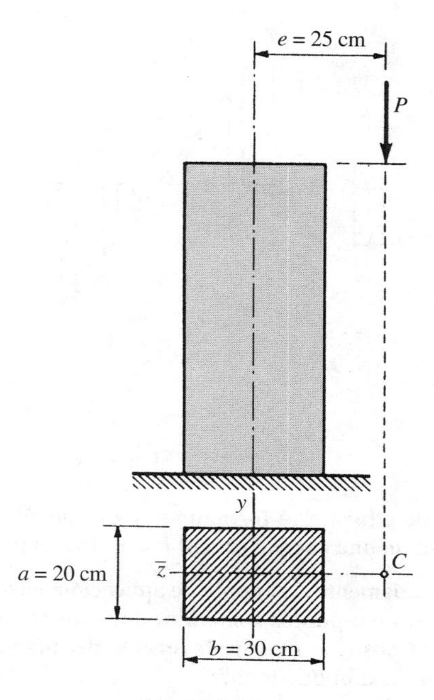

Figura VI.6-*a*

1.° El pilar dado trabaja a flexión compuesta, superposición de una compresión uniforme

$$\sigma_1 = \frac{10.000}{20 \times 30} = 16,6 \text{ kp/cm}^2$$

y de una flexión simple, cuya tensión máxima $\sigma_{2\,\text{máx}}$ vale:

$$\sigma_{2\,\text{máx}} = \frac{M_y}{I_y}\frac{b}{2} = \frac{Pe}{\frac{1}{12}ab^3}\frac{b}{2} = \frac{6Pe}{ab^2} = \frac{6 \times 10.000 \times 25}{20 \times 30^2} = 83,3 \text{ kp/cm}^2$$

La posición del eje neutro viene determinada por su distancia x al eje principal de inercia de la sección (Fig. VI.6-*b*)

$$\left.\begin{aligned} \sigma_1 &= x \cdot \text{tg}\,\alpha \\ \text{tg}\,\alpha &= \frac{\sigma_{2\,\text{máx}}}{b/2} \end{aligned}\right\} \quad x = \frac{\sigma_1}{\sigma_{2\,\text{máx}}}\frac{b}{2} = \frac{16,6}{83,3} \times 15 = 3 \text{ cm}$$

$$\boxed{x = 3 \text{ cm}}$$

2.° La tensión máxima (de compresión) será:

$$\sigma_{\text{máx}} = \sigma_1 + \sigma_{2\,\text{máx}} = 16,6 + 83,3 = 100 \text{ kp/cm}^2$$

$$\boxed{\sigma_{\text{máx}} = -100 \text{ kp/cm}^2}$$

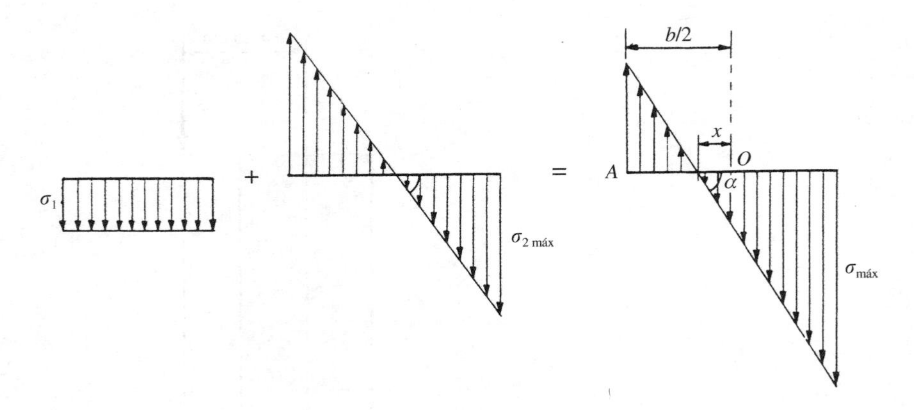

Figura VI.6-*b*

VI.7. Un pilar de 3 m de altura está formado por dos perfiles normales UPN 180 yuxtapuestos. Sobre este pilar actúa una carga vertical *P* = 10 t en el punto *C* indicado en la Figura VI.7-*a*.

1.° Indicar razonadamente si el punto de aplicación pertenece al núcleo central de la sección.
2.° Calcular el punto o puntos sometidos a mayor tensión indicando el valor de ésta.
3.° ¿Cuál sería la posición más desfavorable del plano de carga si esta sección estuviera solicitada por flexión desviada?

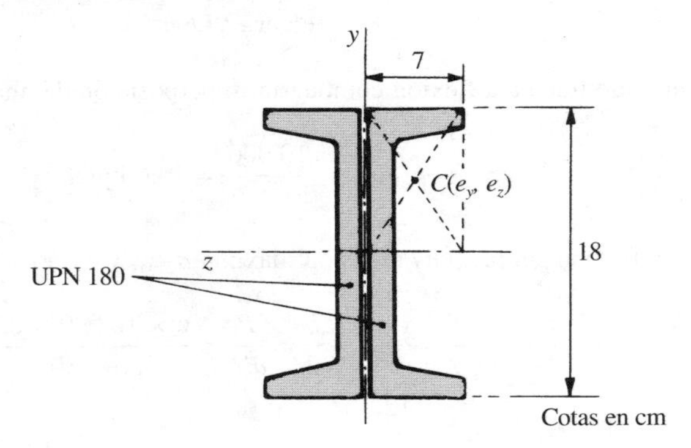

Figura VI.7-*a*

1.° Del Prontuario de perfiles laminados (véase Apéndice) se recogen los siguientes datos para un perfil UPN 180:

$$\Omega = 28 \text{ cm}^2 \quad ; \quad I_z = 1.350 \text{ cm}^4 \quad ; \quad I_y = 114 \text{ cm}^4 \quad ; \quad c = 1{,}92 \text{ cm}$$

de donde se deducen las características mecánico-geométricas de los dos perfiles yuxtapuestos, referidas a los ejes indicados en la Figura VI.7-*a*

$$\Omega = 2 \times 28 = 56 \text{ cm}^2 \quad ; \quad I_z = 1.350 \times 2 = 2.700 \text{ cm}^4 \quad ; \quad I_y = 2(114 + 28 \times 1{,}92^2) = 434 \text{ cm}^4$$

Para contestar a la primera pregunta calcularemos el eje neutro para la carga aplicada en *C* como antipolar de este punto respecto de la elipse de inercia de la sección

$$\frac{y^2}{I_z} + \frac{z^2}{I_y} - \frac{1}{\Omega} = 0$$

La antipolar del punto $C(e_y, e_z)$ tiene la ecuación

$$e_y \frac{y}{I_z} + e_z \frac{z}{I_z} + \frac{1}{\Omega} = 0$$

Sustituyendo valores, se tiene

$$\frac{4,5}{2.700} y - \frac{3,5}{434} z + \frac{1}{56} = 0$$

de donde la ecuación del eje neutro es:

$$y = 4,84z - 10,71$$

que corta a los ejes en los puntos:

$$A(-10,71; 0) \quad ; \quad B(0; 2,20)$$

cuyas coordenadas están expresadas en centímetros.

En la Figura VI.7-*b* se observa que el eje neutro corta a la sección, por lo que *el punto C es exterior al núcleo central.*

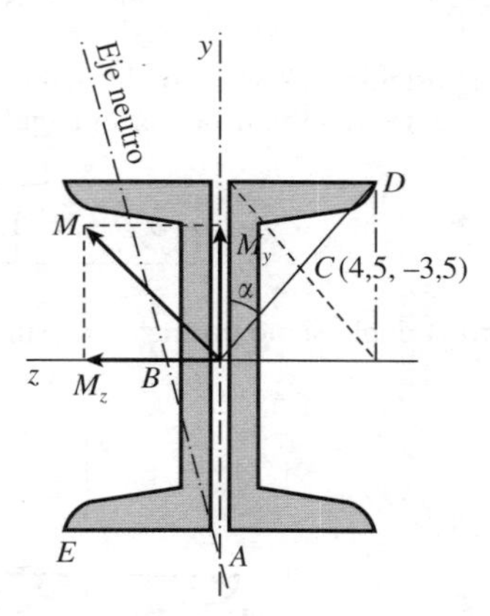

Figura VI.7-*b*

2.º El punto sometido a la tensión normal máxima es el más alejado del eje neutro, es decir, el *D*. La expresión de dicha tensión máxima será:

$$\sigma_D = -\frac{P}{\Omega} - \frac{M_z}{I_z} y_D + \frac{M_y}{I_y} z_D = -\frac{P}{\Omega} - \frac{Pe_y}{I_z} y_D - \frac{Pe_z}{I_y} z_D$$

Sustituyendo valores, se tiene

$$\boxed{\sigma_D} = 10.000\left(-\frac{1}{56} - \frac{4,5}{2.700} 9 - \frac{3,5}{434} 7\right) = \boxed{-893 \text{ kp/cm}^2} \quad \text{(compresión)}$$

La máxima tensión normal de tracción se presenta en el vértice $E(-9, 7)$

$$\boxed{\sigma_E} = 10.000\left(-\frac{1}{56} + \frac{4,5}{2.700} 9 + \frac{3,5}{434} 7\right) = \boxed{536 \text{ kp/cm}^2} \quad \text{(tracción)}$$

3.º Si la sección estuviera solicitada a flexión desviada, la traza del plano de carga pasaría por el centro de gravedad. Si llamamos α al ángulo que forma la traza del plano de carga con el eje y (Fig. VI.7-*c*), la tensión máxima se presentará en los vértices D o E, una a tracción y otra a compresión. Su expresión será:

$$\sigma_{\text{máx}} = M\left(-\frac{\cos\alpha}{I_z}y + \frac{\operatorname{sen}\alpha}{I_y}z\right)$$

Se obtiene así una expresión que nos da $\sigma_{\text{máx}}$ en función del ángulo α. La posición más desfavorable del plano de carga corresponderá al valor de α que haga que la función $\sigma_{\text{máx}}$ sea un máximo relativo, es decir, se tiene que anular su derivada respecto de α

$$\frac{d\sigma_{\text{máx}}}{d\alpha} = M\left(\frac{\operatorname{sen}\alpha}{I_z}y + \frac{\cos\alpha}{I_y}z\right) = 0$$

de donde, sustituyendo las coordenadas del punto $D(9, -7)$, o $E(-9, 7)$

$$\operatorname{tg}\alpha = -\frac{zI_z}{yI_y} = \frac{7 \times 2.700}{9 \times 434} = 4{,}84$$

Por tanto, la posición más desfavorable del plano de carga si la sección estuviera solicitada a flexión desviada, vendría dada por el ángulo α

$$\boxed{\alpha = \pm 78^\circ\ 19'\ 24''}$$

habiendo puesto el doble signo por razón de simetría.

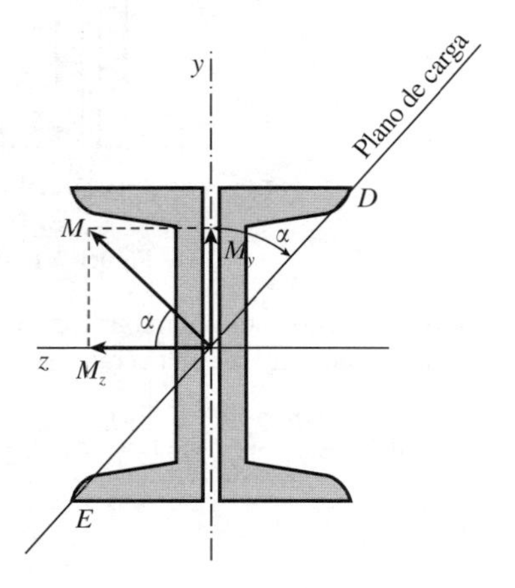

Figura VI.7-*c*

VI.8. La Figura VI.8-*a* representa la sección de una pilastra atravesada por una bajante de diámetro 2*r* = 15 cm. Se pide:

1.º Calcular el núcleo central de la sección.
2.º Supuesta en *D* una carga de *P* = 30 t, determinar el estado de tensiones de la sección.

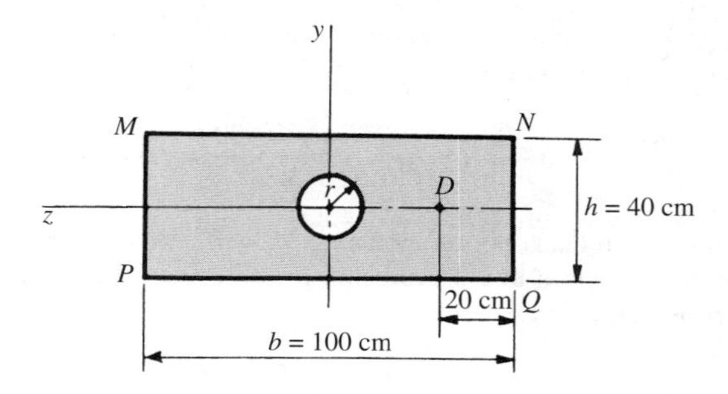

Figura VI.8-*a*

1.° Las características mecánico-geométricas de la sección son:

$$I_y = \frac{1}{12} hb^3 - \frac{\pi r^4}{4} = \frac{1}{12} 40 \times 100^3 - \frac{\pi \times 7{,}5^4}{4} = 3.330.848 \text{ cm}^4$$

$$I_z = \frac{1}{12} bh^3 - \frac{\pi r^4}{4} = \frac{1}{12} 100 \times 40^3 - \frac{\pi \times 7{,}5^4}{4} = 530.848 \text{ cm}^4$$

$$\Omega = bh - \pi r^2 = 100 \times 40 - \pi \times 7{,}5^2 = 3.823{,}3 \text{ cm}^2$$

A partir de estos valores se tiene la ecuación de la elipse central de inercia

$$\frac{y^2}{530.848} + \frac{z^2}{3.330.848} = \frac{1}{3.823{,}3}$$

o lo que es lo mismo:

$$\frac{y^2}{138{,}8} + \frac{z^2}{871{,}2} = 1$$

El núcleo central es el paralelogramo $ABA'B'$ (Fig. VI.8-*b*). Calcularemos las posiciones de los vértices A y B imponiendo la condición de que la polar de A $(\eta, 0)$ respecto de la elipse de inercia es la recta $MN(y = 20)$

$$\frac{y\eta}{138{,}8} = 1 \quad \Rightarrow \quad y = \frac{138{,}8}{\eta} = 20 \quad \Rightarrow \quad \eta = \frac{138{,}8}{20} = 6{,}94 \text{ cm}$$

Figura VI.8-*b*

y que la polar de $B(0, \zeta)$ es la recta $MP(z = 50)$

$$\frac{z\zeta}{871{,}2} = 1 \quad \Rightarrow \quad z = \frac{871{,}2}{\zeta} = 50 \quad \Rightarrow \quad \zeta = \frac{871{,}2}{50} = 17{,}42 \text{ cm}$$

El núcleo central es un rombo cuyas longitudes de las diagonales son: $\overline{AA'} = 2 \times 6{,}94 = 13{,}88$ cm, y $\overline{BB'} = 2 \times 17{,}42 = 34{,}84$ cm.

2.º La carga $P = 30$ t aplicada en D origina un estado de tensiones equivalente a la superposición de una compresión uniforme

$$\sigma_1 = \frac{P}{\Omega} = \frac{30.000}{3.823,3} = 7,84 \text{ kp/cm}^2$$

y la tensión originada por un momento $M_y = P \times 30 = 30.000 \times 30 = 9 \times 10^5$ cm · kp. Este momento da lugar a una distribución lineal, cuyo valor máximo (de tracción en MP y de compresión en NQ) es

$$\sigma_{2\,\text{máx}} = \frac{M_y}{I_y} z = \frac{9 \times 10^5}{3.330.848} 50 = 13,5 \text{ kp/cm}^2$$

De la Figura VI.8-*c* se deduce fácilmente la situación del eje neutro

$$\frac{x}{\sigma_{2\,\text{máx}} - \sigma_1} = \frac{b}{2\sigma_{2\,\text{máx}}} \Rightarrow x = \frac{(13,5 - 7,84)100}{2 \times 13,5} = 21 \text{ cm}$$

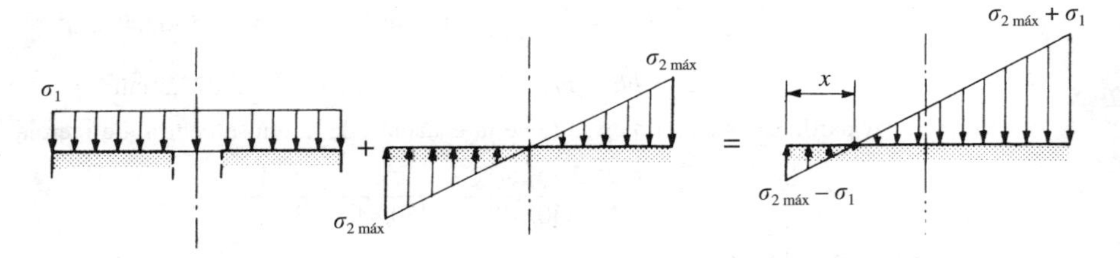

Figura VI.8-*c*

En la misma Figura VI.8-*c* se indica la distribución de tensiones pedida.

VI.9. Un pilar cuya sección recta se representa en la Figura VI.9-*a* está sometido, a través de una placa suficientemente rígida situada en su parte superior, a una carga de compresión $N = 15$ t aplicada en el punto A. Se pide:

1.º Determinar analíticamente la situación del eje neutro.

2.º El estado de tensiones que la carga N origina, indicando los valores máximos de las tensiones a tracción y a compresión.

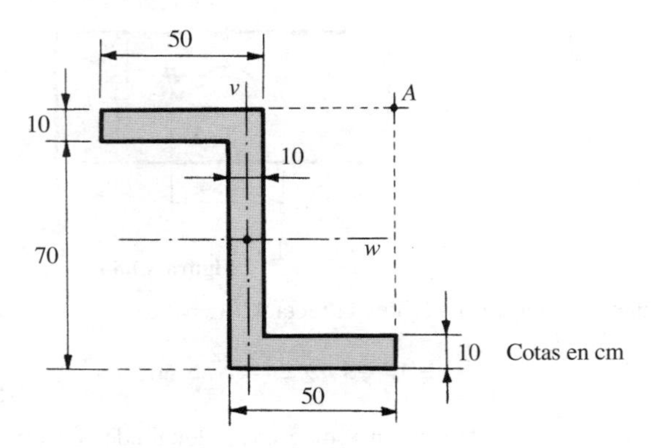

Figura VI.9-*a*

1.º Las características mecánico-geométricas de la sección, respecto de los ejes *vw* indicados en la figura, tienen los siguientes valores:

$$\begin{cases} I_v = \dfrac{1}{12} 80 \times 10^3 + 2\,\dfrac{1}{3}\,10(45^3 - 5^3) = 613.333{,}3 \text{ cm}^4 \\ I_w = 2\,\dfrac{1}{3}\,(50 \times 40^3 - 40 \times 30^3) = 1.413.333{,}3 \text{ cm}^4 \\ P_{vw} = -2 \displaystyle\int_{30}^{40} v\,dv \int_{5}^{45} w\,dv = -2\,\dfrac{40^2 - 30^2}{2} \times \dfrac{45^2 - 5^2}{2} = -700.000 \text{ cm}^4 \end{cases}$$

$$\Omega = 80 \times 10 + 2 \times 40 \times 10 = 1.600 \text{ cm}^2$$

Ahora bien, sabemos que la expresión del momento de inercia de un área plana respecto de una recta δ contenida en su plano (Fig. VI.9-*b*), en función de los momentos de inercia I_v, I_w, respecto de dos ejes perpendiculares con origen en un punto *O* de dicha recta y de su correspondiente producto de inercia P_{vw} es:

$$I_\delta = I_v \text{ sen}^2\,\alpha + I_w \cos^2 \alpha - P_{vw} \text{ sen } 2\alpha$$

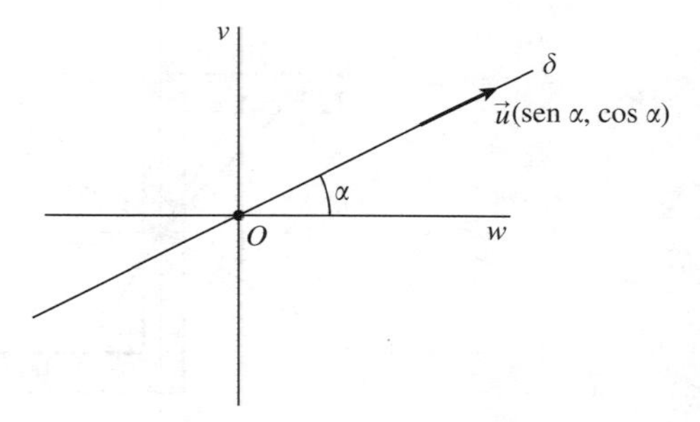

Figura VI.9-*b*

Calcularemos los ejes principales de inercia de la sección como las direcciones respecto de las cuales los momentos de inercia son máximos o mínimos relativos. Por consiguiente, las direcciones principales vendrán dadas por los ángulos α tales que:

$$\frac{dI_\delta}{d\alpha} = 2I_v \text{ sen } \alpha \cos \alpha - 2I_w \cos \alpha \text{ sen } \alpha - 2P_{vw} \cos 2\alpha = 0$$

es decir, para

$$\text{tg } 2\alpha = \frac{2P_{vw}}{I_v - I_w} = \frac{-2 \times 700.000}{613.333{,}3 - 1.413.333{,}3} = 1{,}75$$

se obtiene:

$$2\alpha_1 = 60{,}255° \quad ; \quad 2\alpha_2 = 60{,}255° + 180°$$

$$\alpha_1 = 30{,}1275° \quad ; \quad \alpha_2 = 120{,}1275°$$

Los momentos de inercia principales serán:

$$I_z = I_v \operatorname{sen}^2 \alpha_1 + I_w \cos^2 \alpha_1 - P_{vw} \operatorname{sen} 2\alpha_1 = 1.819.559 \text{ cm}^4$$
$$I_y = I_v \operatorname{sen}^2 \alpha_2 + I_w \cos^2 \alpha_2 - P_{vw} \operatorname{sen} 2\alpha_2 = 207.108 \text{ cm}^4$$

El momento flector M en la sección tiene de módulo

$$M = N \cdot d = 15.000\sqrt{40^2 + 45^2} = 903.119{,}6 \text{ cm} \cdot \text{kp}$$

y forma un ángulo β con el eje w (Fig. VI.9-*c*) tal que

$$\operatorname{tg} \beta = \frac{45}{40} = 1{,}125 \quad \Rightarrow \quad \beta = 48{,}366°$$

Las componentes del momento flector $\vec{M}$ respecto de los ejes principales de inercia de la sección son:

$$M_y = M \operatorname{sen} (\alpha + \beta) = 903.119{,}6 \cdot \operatorname{sen} 78{,}49° = 884.969 \text{ cm} \cdot \text{kp}$$
$$M_z = M \cos (\alpha + \beta) = 903.119{,}6 \cdot \cos 78{,}49° = 180.208 \text{ cm} \cdot \text{kp}$$

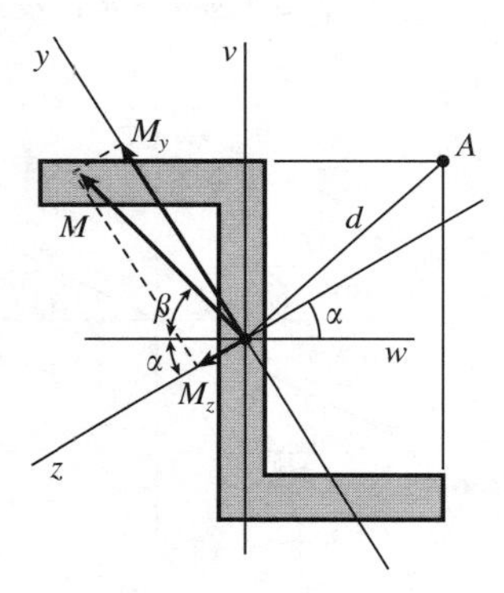

Figura VI.9-*c*

La tensión normal en la sección tiene por expresión:

$$\sigma = \frac{N}{\Omega} - \frac{M_z}{I_z} y + \frac{M_y}{I_y} z = -\frac{15.000}{1.600} - \frac{180.208}{1.819.559} y + \frac{884.969}{207.108} z$$

por lo que la ecuación del eje neutro será:

$$\sigma = 0 \quad \Rightarrow \quad -9{,}375 - 0{,}099y + 4{,}273z = 0$$

$$\boxed{y = 43{,}16z - 94{,}70}$$

eje que resulta ser casi paralelo al eje y. Para determinarlo gráficamente se procede como queda indicado en la Figura VI.9-*d*, teniendo en cuenta que el eje neutro es la antipolar del centro de presiones respecto de la elipse central de inercia.

2.º La distribución de tensiones viene dada por la ley

$$\boxed{\sigma = -9{,}375 - 0{,}099y + 4{,}273z}$$

que nos indica que por encima del eje neutro las tensiones son de compresión y por debajo de tracción. Los puntos sometidos a las tensiones máximas son los más alejados del eje neutro, es decir, el punto B a compresión y el D a tracción (Fig. VI.9-*d*).

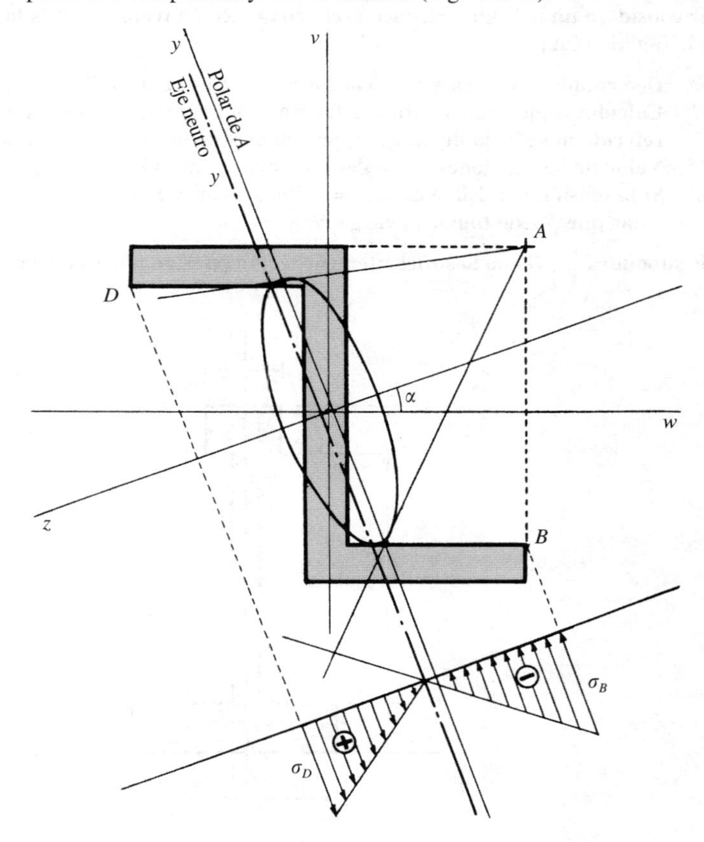

Figura VI.9-*d*

Calculemos las coordenadas y, z de ambos puntos. Referidos a los ejes v, w las coordenadas de B son (−30, 45) y las de D (30, −45).

Como las fórmulas de transformación son:

$$\begin{cases} y = v \cos \alpha - w \operatorname{sen} \alpha \\ -z = v \operatorname{sen} \alpha + w \cos \alpha \end{cases}$$

tenemos:

$$\begin{cases} y_B = -30 \times 0{,}865 - 45 \times 0{,}502 = -48{,}54 \text{ cm} \\ z_B = 30 \times 0{,}502 - 45 \times 0{,}865 = -23{,}87 \text{ cm} \end{cases}$$

$$\begin{cases} y_D = 30 \times 0{,}865 + 45 \times 0{,}502 = 48{,}54 \text{ cm} \\ z_D = -30 \times 0{,}502 + 45 \times 0{,}865 = 23{,}87 \text{ cm} \end{cases}$$

Sustituyendo estos valores en la ecuación de σ, se obtiene:

$$\sigma_B = -9{,}375 + 0{,}099 \times 48{,}54 - 4{,}272 \times 23{,}87 = -106{,}5 \text{ kp/cm}^2$$
$$\sigma_D = -9{,}375 - 0{,}099 \times 48{,}54 + 4{,}272 \times 23{,}87 = 87{,}8 \text{ kp/cm}^2$$

VI.10. Se considera un prisma mecánico recto cuya sección transversal es la indicada en la Figura VI.10-*a*. Se pide:

1.º Determinar analítica y gráficamente el núcleo central de la sección.
2.º Calcular el eje neutro para una fuerza *N* de compresión que actúa en el punto *P*(−4, −2), referido al sistema de ejes *y*, *z*, principales de inercia de la sección.
3.º Valor de las tensiones normales máximas a tracción y a compresión cuando *N* = 5 t.
4.º Si la tensión admisible es σ_{adm} = 1.200 kp/cm² y *E* = 2 × 10⁶ kp/cm², hallar el máximo valor que puede tomar la carga *N*.

Se supondrá el prisma lo suficientemente corto para no tener en cuenta el efecto de pandeo.

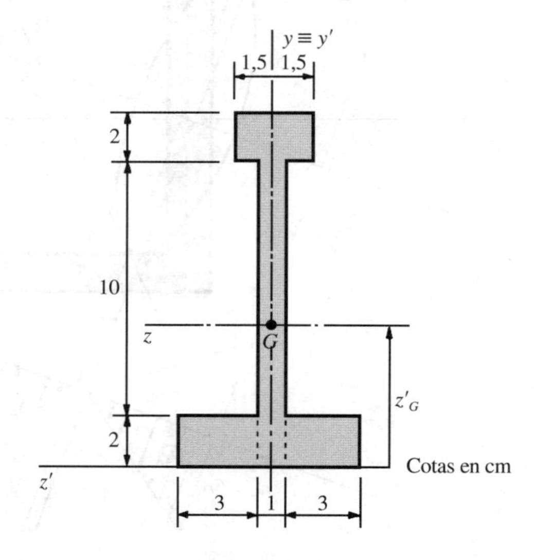

Figura VI.10-*a*

1.º Determinemos primeramente la posición del centro de gravedad *G*. Por razón de simetría *G* está en el eje *y*. Para su cálculo descompondremos la sección en tres áreas parciales

$$\Omega_1 = 2 \times 7 = 14 \text{ cm}^2 \quad ; \quad G_1(1, 0)$$
$$\Omega_2 = 10 \times 1 = 10 \text{ cm}^2 \quad ; \quad G_2(7, 0)$$
$$\Omega_3 = 2 \times 3 = 6 \text{ cm}^2 \quad ; \quad G_3(13, 0)$$
$$\Omega = 2 \times 7 + 10 \times 1 + 2 \times 3 = 30 \text{ cm}^2$$
$$z'_G = \frac{14 \times 1 + 10 \times 7 + 6 \times 13}{30} = \frac{162}{30} = 5{,}4 \text{ cm}$$

Calculemos ahora los valores de los momentos de inercia áxicos, que necesitamos conocer para la determinación analítica y gráfica del eje neutro

$$I_y = \frac{1}{12}(2 \times 7^3 + 10 \times 1^3 + 2 \times 3^3) = 62{,}5 \text{ cm}^4$$

$$I_z = \frac{1}{3}(7 \times 5{,}4^3 - 6 \times 3{,}4^3) + \frac{1}{3}(3 \times 8{,}6^3 - 2 \times 6{,}6^3) = 733{,}2 \text{ cm}^4$$

El núcleo central de la sección será el hexágono *MPRNSQ* (Fig. VI.10-*b*), tal que los vértices son los centros de presiones que corresponden a los ejes neutros coincidentes con las tangentes *m*, *p*, *r*, *n*, *s* y *q*, respectivamente.

Para la determinación analítica de las coordenadas de los vértices del hexágono utilizaremos la ecuación del eje neutro en su forma (6.6-2).

De la condición de que al centro de presiones $M(y_M, 0)$ corresponde como eje neutro la recta $y = 8{,}6$ cm, se deduce:

$$\frac{1}{\Omega} + \frac{y_M}{I_z} y = 0 \quad \Rightarrow \quad y = -\frac{I_z}{\Omega y_M} = 8{,}6 \quad \Rightarrow \quad y_M = -\frac{733{,}2}{30 \times 8{,}6} = -2{,}84 \text{ cm}$$

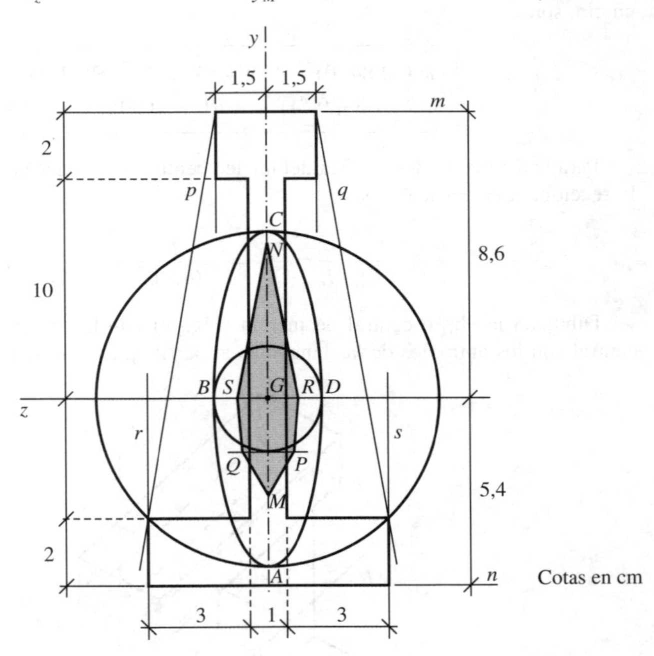

Figura VI.10-*b*

Análogamente, al centro de presiones $N(y_N, 0)$ corresponde el eje neutro $y = -5{,}4$ cm

$$\frac{1}{\Omega} + \frac{y_N}{I_z} y = 0 \quad \Rightarrow \quad y = -\frac{I_z}{\Omega y_N} = -5{,}4 \quad \Rightarrow \quad y_N = \frac{733{,}2}{30 \times 5{,}4} = 4{,}53 \text{ cm}$$

A $R(0, z_R)$ le corresponde el eje neutro $z = 3{,}5$ cm

$$\frac{1}{\Omega} + \frac{z_R}{I_y} z = 0 \quad \Rightarrow \quad z = -\frac{I_y}{\Omega z_R} = 3{,}5 \quad \Rightarrow \quad z_R = -\frac{62{,}5}{30 \times 3{,}5} = -0{,}60 \text{ cm}$$

Por razón de simetría se deducen las coordenadas de $S(0, 0{,}60)$. Por otra parte, el eje neutro, cuando el centro de presiones es $P(y_P, z_P)$, es la recta p cuya ecuación es:

$$\frac{y - 8{,}6}{8{,}6 + 3{,}4} = \frac{z - 1{,}5}{1{,}5 - 3{,}5} \quad \Rightarrow \quad y + 6z - 17{,}6 = 0$$

Identificando ambas expresiones:

$$\frac{z_P \cdot I_z}{y_P\, I_y} = 6 \quad ; \quad \frac{I_z}{\Omega y_P} = -17{,}6$$

se obtiene:

$$y_P = -\frac{733{,}2}{30 \times 17{,}6} = -1{,}38 \text{ cm} \quad ; \quad z_P = -\frac{6 \times 62{,}5 \times 1{,}38}{733{,}2} = -0{,}71 \text{ cm}$$

es decir, las coordenadas de P son: $P(-1{,}38, -0{,}71)$ cm y, por razón de simetría, las de Q: $Q(-1{,}38, 0{,}71)$ cm.

Resumiendo, las coordenadas de los vértices del hexágono, núcleo central de la sección, en cm, son:

$M(-2{,}84, 0)$; $N(4{,}53, 0)$; $P(-1{,}38, -0{,}71)$
$Q(-1{,}38, 0{,}71)$; $R(0, -0{,}60)$; $S(0, 0{,}60)$

Para la determinación gráfica del núcleo central dibujemos la elipse central de inercia de la sección, cuya ecuación es:

$$\frac{y^2}{I_z} + \frac{z^2}{I_y} = \frac{1}{\Omega} \quad \Rightarrow \quad \frac{y^2}{(4{,}94)^2} + \frac{z^2}{(1{,}44)^2} = 1$$

Dibujada la elipse central de inercia (Fig. VI.10-*b*), los vértices *MNPQRS* del núcleo central son los antipolos de las tangentes al perfil m, n, p, q, r, s, respectivamente.

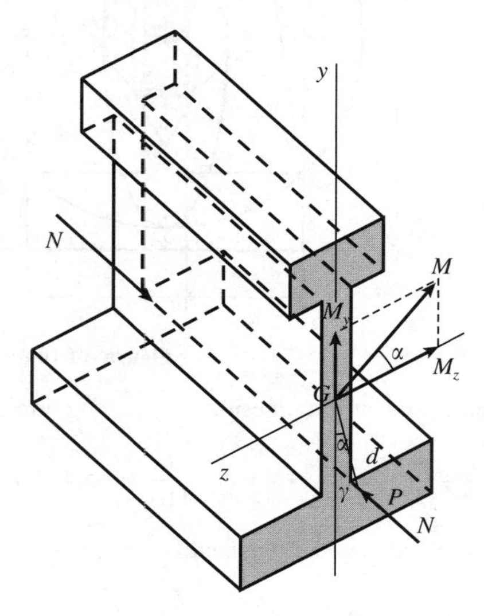

Figura VI.10-*c*

2.º El momento flector M forma con el eje z un ángulo α cuya tangente vale:

$$\operatorname{tg} \alpha = \frac{2}{4} = 0{,}5 \quad \Rightarrow \quad \alpha = 26{,}565°$$

Sus componentes son:

$$M_y = M \operatorname{sen} \alpha = Nd \operatorname{sen} \alpha$$
$$M_z = -M \cos \alpha = -Nd \cos \alpha$$

siendo $d = \sqrt{2^2 + 4^2} = 4{,}472$ cm la distancia de P al centro de gravedad G.

Sustituyendo valores, se tiene:

$$M_y = N \times 4{,}472 \times 0{,}447 = 2N$$
$$M_z = -N \times 4{,}472 \times 0{,}894 = -4N$$

estando expresado N en valor absoluto.

La distribución de tensiones normales en la sección viene regida por la ecuación

$$\sigma = -\frac{N}{\Omega} - \frac{M_z}{I_z} y + \frac{M_y}{I_y} z = \frac{-N}{30} + \frac{4N}{733{,}2} y + \frac{2N}{62{,}5} z$$

en la que σ vendrá dada en kp/cm² cuando N se expresa en kp y las coordenadas en cm.

La obtención de la ecuación del eje neutro es inmediata

$$\sigma = 0 \quad \Rightarrow \quad -\frac{N}{30} + \frac{4N}{733{,}2} y + \frac{2N}{62{,}5} z = 0$$

de donde, simplificando, se obtiene

$$\boxed{y = -5{,}86z + 6{,}11}$$

Podemos obtener el eje neutro gráficamente calculando la antipolar del punto P respecto de la elipse central de inercia.

El procedimiento gráfico queda indicado en la Figura VI.10-*d*.

3.º Los puntos sometidos a mayor tensión son los más alejados del eje neutro, es decir, los puntos R y S indicados en la misma Figura VI.10-*d*.

Para el punto R de coordenadas (–5,4, –3,5), se tiene:

$$\boxed{\sigma_1} = -\frac{5.000}{30} - \frac{4 \times 5.000}{733{,}2} 5{,}4 - \frac{2 \times 5.000}{62{,}5} 3{,}5 = \boxed{-874 \text{ kp/cm}^2} \quad \text{(compresión)}$$

Para S(8,6, 1,5)

$$\boxed{\sigma_2} = -\frac{5.000}{30} + \frac{4 \times 5.000}{733{,}2} 8{,}6 + \frac{2 \times 5.000}{62{,}5} 1{,}5 = \boxed{307{,}93 \text{ kp/cm}^2} \quad \text{(tracción)}$$

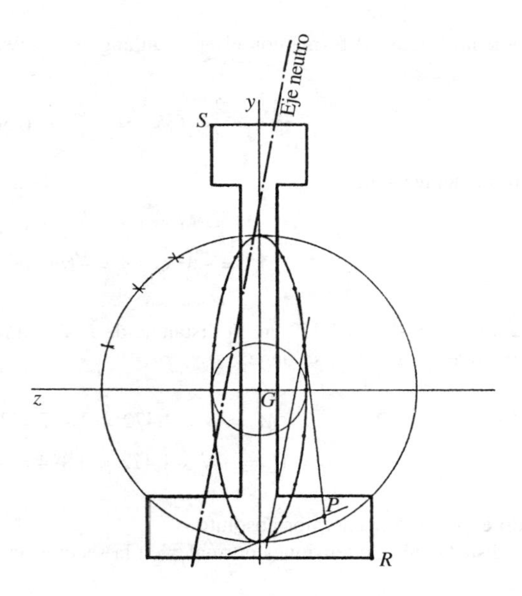

Figura VI.10-*d*

4.° Como la máxima tensión se presenta en el punto R, podemos poner

$$\sigma_{\text{adm}} = -\frac{N_{\text{máx}}}{30} - \frac{4N_{\text{máx}}}{733,2}\,5,4 - \frac{2N_{\text{máx}}}{62,5}\,3,5 = -0,174N_{\text{máx}}$$

de donde se obtiene el máximo valor que puede tener la carga N

$$\boxed{N_{\text{máx}} = -\frac{1.200}{0,174} = -6.896 \text{ kp}}$$

VI.11. Calcular la anchura b del muro de una presa de altura $h = 5$ m (Fig. VI.11-*a*) para que en los puntos de la sección de su base no se produzcan tensiones de tracción. El muro es de hormigón, de peso específico $\gamma_h = 2,4$ t/m³.

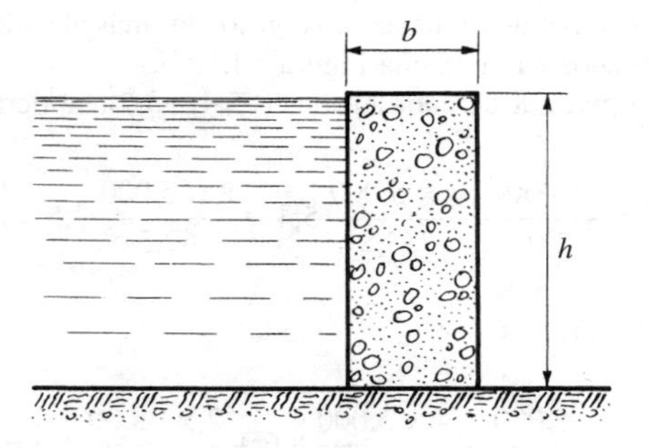

Figura VI.11-*a*

Consideremos la porción de muro de longitud unidad (1 m) en la dirección del eje z (Fig. VI.11-*b*). Sobre la base de este prisma actúa:

— La compresión del peso propio del muro

$$P = \gamma_h bh = 2.400\, b \times 5 = 12.000\, b \text{ kp}$$

estando expresado el ancho b en metros.

— Un momento flector debido a la fuerza F resultante de la acción hidrostática sobre la cara en contacto con el agua.

Como el valor de F es:

$$F = \frac{1}{2}\gamma_a h^2 \times 1 = \frac{1}{2}\, 1.000 \times 25 = 12.500 \text{ kp}$$

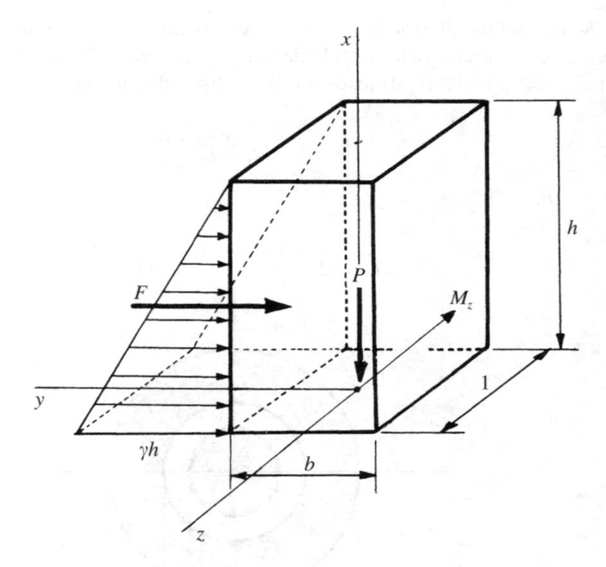

Figura VI.11-*b*

y su línea de acción está a 1/3 de la altura, sobre la base, el valor del momento flector será:

$$M_z = -F\frac{h}{3} = -12.500\frac{5}{3} = -\frac{62.500}{3} \text{ m} \cdot \text{kp}$$

Se trata, pues, de un caso de flexión compuesta. La ecuación que nos da la tensión normal en los puntos de la base es:

$$\sigma = \frac{P}{\Omega} - \frac{M_z}{I_z}y$$

de donde se deduce la correspondiente al eje neutro

$$-\frac{12.000\, b}{b \cdot 1} + \frac{\dfrac{62.500}{3}y}{\dfrac{1}{12}\, 1 \cdot b^3} = 0 \quad \Rightarrow \quad y = \frac{30}{625}b^3$$

Para que no se produzcan tensiones de tracción en la sección de la base, el eje neutro tiene que ser exterior a la base, es decir,

$$y = \frac{30}{625} b^3 \geqslant \frac{b}{2}$$

de donde se obtiene la anchura mínima del muro para que no se produzcan tensiones de tracción en los puntos de la sección de la base

$$\boxed{b \geqslant \sqrt{\frac{625}{60}} = 3{,}23 \text{ m}}$$

VI.12. Hallar el núcleo central de una corona circular.

Sean R_1 y R_2 los radios interior y exterior, respectivamente, de la corona circular. Por razón de simetría, el núcleo central será un círculo de radio r, que determinaremos imponiendo la condición de que la polar del punto $A(r, 0)$ respecto de la elipse de inercia

$$\frac{y^2}{I_z} + \frac{z^2}{I_y} - \frac{1}{\Omega} = 0$$

es la recta $y = R$

$$\frac{ry}{I_z} - \frac{1}{\Omega} = 0 \quad \Rightarrow \quad y = \frac{I_z}{r\Omega} = R_2$$

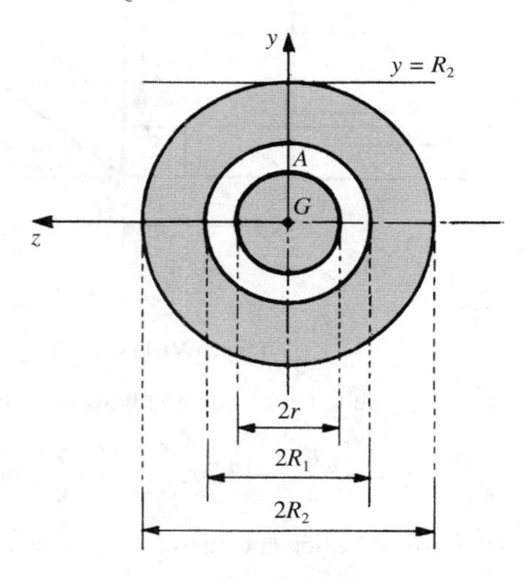

Figura VI.12

de donde:

$$r = \frac{I_z}{\Omega R_2}$$

Ahora bien, como $\Omega = \pi(R_2^2 - R_1^2)$ y los momentos de inercia de la sección respecto a los ejes son:

$$I_y = I_z = \frac{\pi(R_2^4 - R_1^4)}{4}$$

Sustituyendo las expresiones de Ω e I_z, en función de los radios exterior R_2 e interior R_1, se tiene:

$$r = \frac{\pi(R_2^4 - R_1^4)}{4\pi(R_2^2 - R_1^2)R_2} = \frac{R_2^2 + R_1^2}{4R_2}$$

El núcleo central de la sección de una corona circular es, pues, un círculo de radio r.
Al mismo resultado llegamos aplicando la ecuación del eje neutro dado por la expresión (6.6-2)

$$\frac{1}{\Omega} + \frac{e_y}{I_z} y + \frac{e_z}{I_y} z = 0$$

imponiendo la condición de que el eje neutro es la recta $y = -R_2$, cuando el centro de presiones es A

$$\frac{1}{\Omega} + \frac{r}{I_z} y = 0 \quad \Rightarrow \quad y = -\frac{I_z}{r\Omega} = -R_2 \quad \Rightarrow \quad r = \frac{I_z}{\Omega R_2}$$

VI.13. Hallar el núcleo central de un triángulo equilátero de altura *h*.

Por razón de simetría, el núcleo central será un triángulo, equilátero también, que tiene el mismo centro de gravedad que el triángulo dado. Bastará, pues, determinar la posición de algunos de los vértices, por ejemplo, la posición de A'

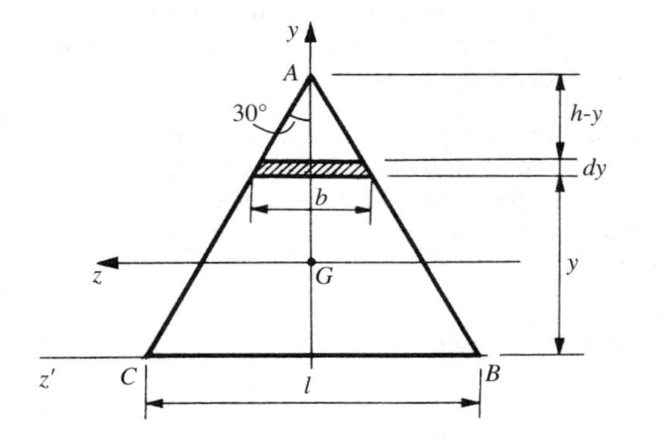

Figura VI.13-*a*

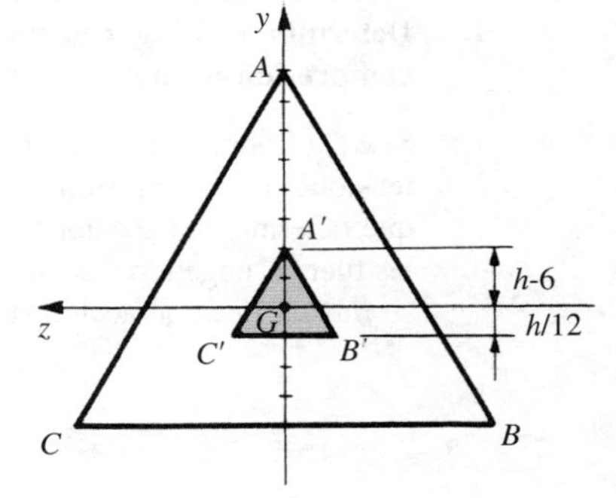

Figura VI.13-*b*

Calculemos el momento de inercia respecto del eje z' (Fig. VI.13-*a*)

$$I_{z'} = \int_0^h by^2\,dy = \int_0^h 2(h-y)\,\text{tg}\,30°\,y^2\,dy = \frac{h^4}{6\sqrt{3}} = \frac{h^3 l}{12}$$

Respecto al eje z, paralelo al z', en virtud del teorema de Steiner, el momento de inercia I_z es:

$$I_z = I_{z'} - \frac{1}{2}lh\left(\frac{h}{3}\right)^2 = \frac{lh^3}{36}$$

Calcularemos la posición de $A'(\eta, 0)$ imponiendo la condición de que este punto es el antipolo del lado BC respecto de la elipse de inercia

$$\frac{y^2}{I_z} + \frac{z^2}{I_y} = \frac{1}{\Omega}$$

es decir, que la polar del punto de coordenadas $(-\eta, 0)$ es $y = -\dfrac{h}{3}$

$$-\frac{\eta y}{\frac{lh^3}{36}} - \frac{1}{\frac{1}{2}lh} = 0 \quad \Rightarrow \quad y = -\frac{h^2}{18\eta} = -\frac{h}{3}$$

de donde:

$$\boxed{\eta = \frac{h}{6}}$$

El núcleo central será, pues, el triángulo equilátero $A'B'C'$ indicado en la Figura VI.13-*b*.

VI.14. La sección recta de un prisma mecánico sometido a compresión excéntrica es un triángulo equilátero, de lado $a = 3$ m. Sabiendo que el material del prisma no resiste a tracción, se pide:

1.º Calcular la sección parcialmente eficaz y el valor de la tensión máxima, si la carga de compresión es $N = 80$ t y está aplicada en un punto a distancia $d = 0{,}5$ m de uno de los vértices y sobre el eje de simetría de la sección que pasa por el mismo.

2.º Determinar el lugar geométrico de los puntos en los que se puede aplicar la carga de compresión para asegurar que la sección es totalmente eficaz.

1.º Sea C el punto de aplicación de la carga N. La carga da lugar a una distribución lineal de tensiones de compresión $\sigma(x)$. No existen tensiones de tracción. Calcularemos la longitud D que determina la sección parcialmente eficaz imponiendo la condición que la resultante de las fuerzas engendradas por la distribución de tensiones es un vector igual a la carga N y con su misma línea de acción (Fig. VI.14).

$$N = \int_0^D \sigma(x) \cdot b(x)\, dx$$

$$Nd = \int_0^D \sigma(x) \cdot b(x) x\, dx$$

Como $\sigma(x)$ y $b(x)$ tienen por expresiones

$$b(x) = \frac{a}{h} x \quad ; \quad \sigma(x) = \sigma_{\text{máx}} - \frac{\sigma_{\text{máx}}}{D} x$$

como fácilmente se desprende observando la Figura VI.14, sustituyendo, se tiene:

$$N = \int_0^D \left(\sigma_{\text{máx}} - \frac{\sigma_{\text{máx}}}{D} x\right) \frac{a}{h} x\, dx = \frac{aD^2 \sigma_{\text{máx}}}{6h}$$

$$Nd = \int_0^D \left(\sigma_{\text{máx}} - \frac{\sigma_{\text{máx}}}{D} x\right) \frac{a}{h} x^2\, dx = \frac{aD^3 \sigma_{\text{máx}}}{12h}$$

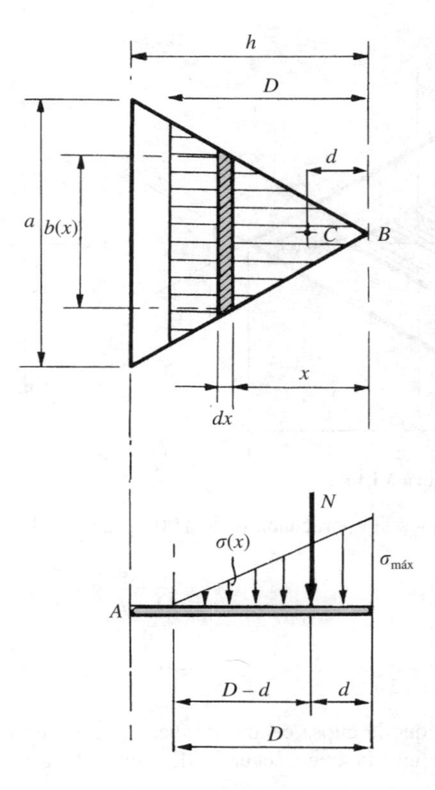

Figura VI.14

Dividiendo estas dos expresiones obtenemos:

$$d = \frac{D}{2} \quad \Rightarrow \quad D = 2d = 2 \times 0{,}5 = 1 \text{ m}$$

es decir, la sección parcialmente eficaz es un triángulo equilátero de altura $D = 1$ m, situado como se indica en la Figura VI.14.

Sustituyendo en la primera ecuación el valor de D, se obtiene el valor de la tensión máxima pedida.

$$\sigma_{\text{máx}} = \frac{6Nh}{aD^2} = \frac{6Na\sqrt{3}/2}{aD^2} = \frac{3 \times 80.000 \times \sqrt{3}}{100^2} = 41{,}57 \text{ kp/cm}^2$$

$$\boxed{\sigma_{\text{máx}} = 41{,}57 \text{ kp/cm}^2}$$

2.º El lugar geométrico que se pide no es otra cosa que el nucleo central de la sección. Por razón de simetría el nucleo central será un triángulo equilátero $\widehat{MNP}$ (Fig. VI.14-*a*) ya que M, N y P son los centros de presiones a los que corresponden los ejes neutros m, n y p, respectivamente, coincidentes con los lados de la sección recta del prisma mecánico considerado.

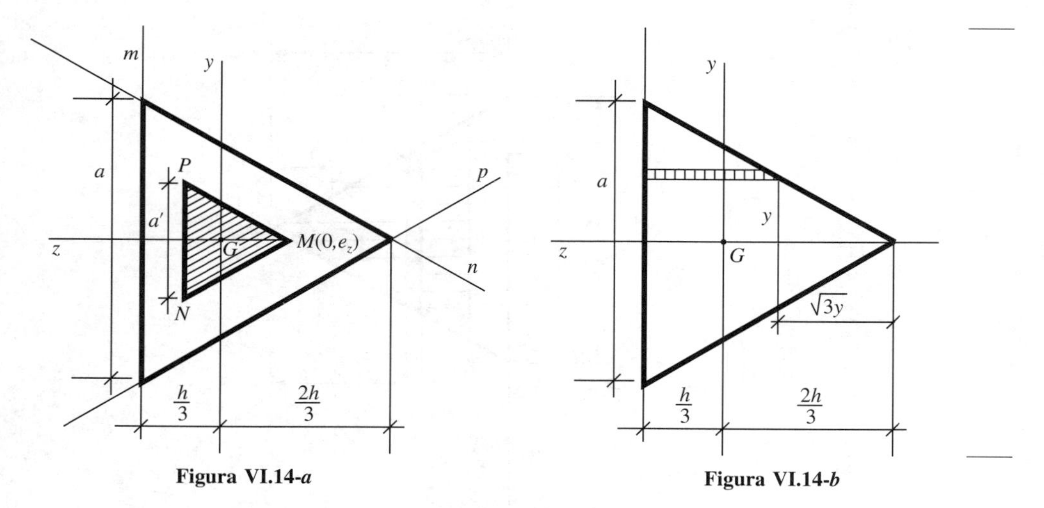

Figura VI.14-*a*

Figura VI.14-*b*

Calculemos la coordenada e_z de $M(0, e_z)$ aplicando la ecuación (6.6-2)

$$\frac{1}{\Omega} + \frac{e_y}{I_z}\,y + \frac{e_z}{I_y}\,z = 0$$

Como $\Omega = \frac{1}{2}\,ah = \frac{a^2\sqrt{3}}{4}$; $e_y = 0$

e $I_y = I_z$ ya que la elipse central de inercia de la sección es una circunferencia. El cálculo del momento de inercia áxico, según se desprende de la Figura VI.14-*b*, es inmediato.

$$I_y = I_z = 2\int_0^{\frac{a}{2}} (h - \sqrt{3}\,y)y^2 dy = 2\left[h\frac{y^3}{3} - \sqrt{3}\,\frac{y^4}{4}\right]_0^{\frac{a}{2}} = \frac{a^4\sqrt{3}}{96}$$

Sustituyendo y teniendo en cuenta que el eje neutro que corresponde al punto M como centro de presiones es la recta $z = \frac{h}{3}$, se tiene

$$z = -\frac{I_y}{\Omega e_z} = -\frac{\frac{a^4\sqrt{3}}{96}}{\frac{a^2\sqrt{3}}{4}\cdot e_z} = \frac{h}{3} = \frac{a\sqrt{3}}{6} \quad \Rightarrow \quad e_z = -\frac{a\sqrt{3}}{12}$$

Por consiguiente, el lugar geométrico pedido es la zona delimitada por un triángulo equilátero con centro de gravedad coincidente con el de la sección del prisma mecánico, lados paralelos al contorno de la sección y lado de longitud a'

$$a' = 2\,\frac{3}{2}\,\frac{a\sqrt{3}}{12}\,\frac{\sqrt{3}}{2} = \frac{3a}{8}$$

VI.15. Mediante la soldadura de tres placas con la forma y dimensiones adecuadas se construye la viga curva de sección en doble T indicada en la Figura VI.15-*a*. Se pide:

1.º Calcular la distancia *e* entre el centro de gravedad de la sección y el eje neutro que produce exclusivamente el momento flector.

2.º Hallar la distribución de tensiones normales en la sección *m-n*, indicando los valores correspondientes a los puntos que están sometidos a tensión normal máxima a tracción y a compresión.

3.º Sabiendo que la tensión admisible a compresión de material es $\sigma_{máx}$ = 65 MPa, determinar el máximo valor de *P* que puede aplicarse a la viga.

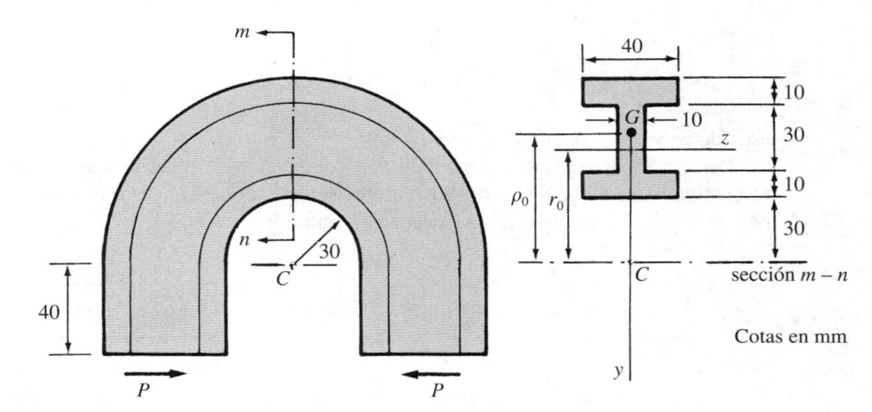

Figura VI.15-*a*

1.º Según se desprende de la Figura VI.15-*a*, el radio de curvatura de la línea media en la sección considerada es ρ_0 = 55 mm. Para calcular el radio r_0 de la superficie neutra aplicaremos la fórmula dada por la ecuación (6.9-11)

$$r_0 = \frac{\Omega}{\displaystyle\int_\Omega \frac{d\Omega}{u}} = \frac{2 \times 40 \times 10 + 30 \times 10}{\displaystyle\int_{30}^{40} \frac{40}{u}\,du + \int_{40}^{70} \frac{10}{u}\,du + \int_{70}^{80} \frac{40}{u}\,du} =$$

$$= \frac{1.100}{40 \ln \frac{4}{3} + 10 \ln \frac{7}{4} + 40 \ln \frac{8}{7}} \text{ mm} = \frac{1.100}{22{,}444} \text{ mm} = 49 \text{ mm}$$

La distancia *e* entre el centro de gravedad *G* de la sección y el eje neutro que produce exclusivamente el momento flector será:

$$\boxed{e} = \rho_0 - r_0 = 55 - 49 = \boxed{6 \text{ mm}}$$

2.º La distribución de tensiones normales debidas al momento flector viene dada por la ecuación (6.9-10)

$$\sigma = \frac{M_F}{\Omega e} \frac{y}{r_0 - y}$$

mientras que la debida al esfuerzo normal es

$$\sigma = -\frac{P}{\Omega}$$

siendo: $M_F = P(40 + 55) = 95P$ mm · N, expresando P en newtons

$$\Omega = 1.100 \text{ mm}^2 \quad ; \quad e = 6 \text{ mm} \quad ; \quad r_0 = 49 \text{ mm}$$

Aplicando el principio de superposición y sustituyendo valores se obtiene

$$\sigma = -\frac{P}{1.100} - \frac{95P}{1.100 \times 6} \frac{y}{49 - y} \text{ N/mm}^2$$

estando expresada la coordenada y en mm.

Las tensiones máximas a tracción y a compresión se presentan en los puntos A y B, respectivamente (Fig. VI.15-*b*). Sus valores se obtendrán sin más que sustituir $y = -31$ mm para A, e $y = 19$ mm, para B, en la ecuación anterior

$$\boxed{\sigma_A} = -\frac{P}{1.100} + 0{,}0144P \frac{31}{49 + 31} \text{ N/mm}^2 = \boxed{4{,}67 \times 10^{-3}P \text{ N/mm}^2}$$

$$\boxed{\sigma_B} = -\frac{P}{1.100} - 0{,}0144P \frac{19}{49 + 19} \text{ N/mm}^2 = \boxed{-10{,}03 \times 10^{-3}P \text{ N/mm}^2}$$

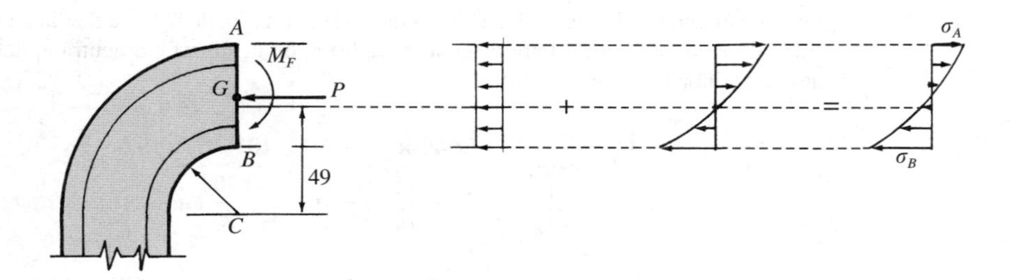

Figura VI.15-*b*

3.º El máximo valor de P que se puede aplicar a la viga curva considerada será aquel que haga que la tensión en B sea igual a σ_{adm}

$$\frac{-65 \times 10^6}{10^6} = -P_{\text{máx}}\left(\frac{1}{1.100} + 0{,}0144 \frac{19}{49 - 19}\right) \text{N/mm}^2$$

de donde:

$$\boxed{P_{\text{máx}}} = \frac{65}{0{,}0100} = \boxed{6.500 \text{ N}}$$

7

Flexión hiperestática

7.1. Introducción

En todos los casos de flexión de vigas estudiadas hasta ahora hemos supuesto que éstas eran isostáticas, es decir, que la sola aplicación de las ecuaciones de la Estática permite determinar las reacciones de las ligaduras y, por consiguiente, son suficientes para calcular la distribución de tensiones en el interior de las vigas.

Sin embargo, hay infinidad de casos en los que las ecuaciones de equilibrio son insuficientes para determinar las reacciones de las ligaduras, como ocurre, por ejemplo, en las vigas rectas representadas en la Figura 7.1.

En todos los casos indicados supondremos que las vigas admiten plano medio de simetría y las cargas están contenidas en dicho plano. En todos los casos, son tres las ecuaciones de equilibrio de las que se dispone para calcular las reacciones de las ligaduras, dos que expresan la nulidad de la resultante de las fuerzas exteriores y las reacciones de las ligaduras, y otra que traduce la condición de ser nulo el momento resultante de todas estas fuerzas respecto de cualquier punto.

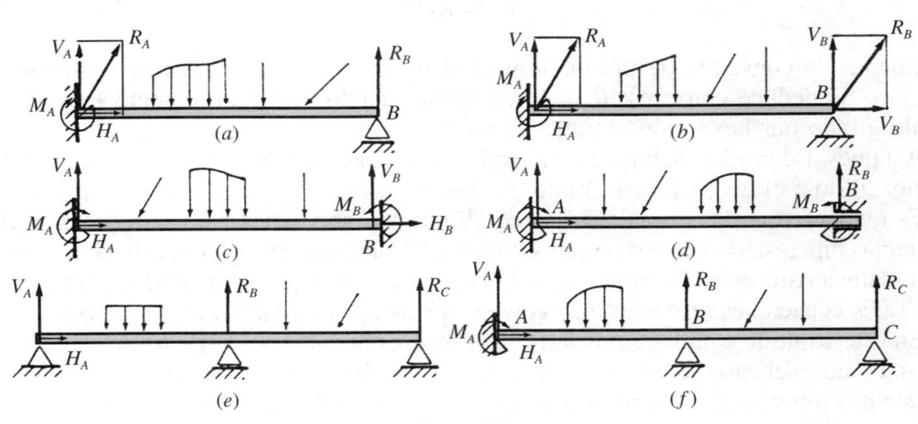

Figura 7.1

Si el número de incógnitas que determinan la totalidad de las reacciones sobre la viga es superior a tres, es evidente que la viga está indeterminada desde el punto de vista estático. Así, en la viga empotrada-apoyada con el apoyo móvil, indicada en la Figura 7.1-*a*, el número de incógnitas es de cuatro: tres, que definen la reacción R_A y el momento M_A en la sección empotrada; y otra, la reacción en el otro extremo B que sólo tiene componente vertical por tratarse de un apoyo móvil. Si en vez de ser el apoyo móvil es fijo (Fig. 7.1-*b*), existe una incógnita más respecto del caso anterior, que es la componente horizontal H_B de la reacción en la sección extrema B, es decir, existirían cinco incógnitas.

La indeterminación aumenta en la viga biempotrada (Fig. 7.1-*c*), ya que son seis las incógnitas, tres por cada empotramiento. Obsérvese que en este caso existirían componentes horizontales de las reacciones en las secciones extremas, aun cuando todas las cargas fueran verticales. Para obviar esta circunstancia, las vigas biempotradas que consideraremos en lo que sigue serán en realidad empotradas en un extremo y con una corredera longitudinal en el otro (Fig. 7.1-*d*), es decir, que en el extremo B están impedidos el giro y el desplazamiento vertical, pero no el horizontal.

Finalmente, en la Figura 7.1 se han representado vigas de dos tramos: la primera, con tres apoyos (Fig. 7.1-*e*), tiene cuatro incógnitas; la segunda, con un extremo empotrado y dos apoyos (Fig. 7.1-*f*), el número de incógnitas para la determinación de las reacciones es de cinco. Para vigas de más tramos, cada apoyo móvil introduce una incógnita más en el problema. Las vigas que tienen más de un tramo reciben el nombre de *vigas continuas*.

En todos los casos indicados es posible eliminar ligaduras sin que la viga deje de estar en equilibrio. Podemos decir, por consiguiente, que existen ligaduras que son superfluas para mantener el equilibrio.

Estas vigas reciben el nombre de vigas *hiperestáticas* o *estáticamente indeterminadas*. Llamaremos *grado de hiperestaticidad* al número de incógnitas superfluas, es decir, a la diferencia entre el número de incógnitas y el número de ecuaciones de equilibrio que tenemos al aplicar las leyes de la Estática.

En el caso de que alguno de los extremos de la viga esté empotrado, distinguiremos entre empotramiento elástico y empotramiento perfecto. Diremos que el *empotramiento elástico* se presenta cuando el ángulo girado por la sección extrema es proporcional al momento que en ella actúa:

$$\vartheta_A = k_A M_A \tag{7.1-1}$$

Cuando la constante de proporcionalidad se anula, $k_A = 0$, tenemos *empotramiento perfecto*. Se deduce entonces: $\vartheta_A = 0$, es decir, cuando el empotramiento es perfecto el ángulo girado por la sección extrema es nulo.

Así pues, los grados de hiperestaticidad de las vigas representadas en la Figura 7.1 son: *a*) uno; *b*) dos; *c*) tres; *d*) dos; *e*) uno; *f*) dos.

Es evidente que las ecuaciones de equilibrio son necesarias para la resolución de los problemas hiperestáticos, pero no son suficientes. Habrá que completarlas haciendo intervenir las características de deformación de la viga, en número igual a su grado de hiperestaticidad. Tales ecuaciones se denominan *ecuaciones de compatibilidad de las deformaciones*.

En este capítulo estudiaremos la flexión hiperestática de vigas de un solo tramo, y de varios, como es el caso de las vigas continuas. Extenderemos el estudio de las vigas al caso de sistemas hiperestáticos y se expondrán algunos métodos entre los que se utilizan para hacer su cálculo.

7.2. Métodos de cálculo de vigas hiperestáticas de un solo tramo

Como ya se ha indicado, cuando nos encontramos con una viga hiperestática es necesario considerar junto a las ecuaciones de equilibrio otras que hemos llamado ecuaciones de compatibilidad de las deformaciones.

Existen varios métodos para el cálculo de vigas hiperestáticas de un solo tramo, únicas que consideraremos en este epígrafe. Entre ellos, veamos en qué consisten los que están basados en:

a) La ecuación diferencial de la línea elástica.
b) Los teoremas de Mohr.

a) *Método basado en la ecuación diferencial de la elástica*

El procedimiento a seguir es esencialmente el mismo que el descrito en el capítulo 5 para la determinación de la deformada de la viga, mediante doble integración. Se formula la ecuación diferencial de la elástica considerando las incógnitas como si fueran valores conocidos. Se determinan éstos, más los valores de las dos constantes de integración que este método introduce como nuevas incógnitas, mediante el sistema de ecuaciones formado por las ecuaciones de equilibrio y las que se obtienen al imponer las condiciones de contorno en la ecuación de la elástica.

Ejemplo 7.2.1. Determinar la ley de momentos flectores de una viga empotrada-apoyada, de longitud l y rigidez EI_z constante, sometida a una carga uniforme p (Fig. 7.2).

Se trata de un sistema hiperestático de primer grado, ya que existen tres incógnitas: las reacciones R_A y R_B en las secciones extremas y el momento de empotramiento M_A, mientras que el número de ecuaciones de equilibrio es de dos, ya que no existen cargas oblicuas.

$$\Sigma F_y = 0: \quad R_A + R_B - pl = 0 \tag{7.2-1}$$

$$\Sigma M = 0: \quad M_A + \frac{pl^2}{2} - R_B l = 0 \tag{7.2-2}$$

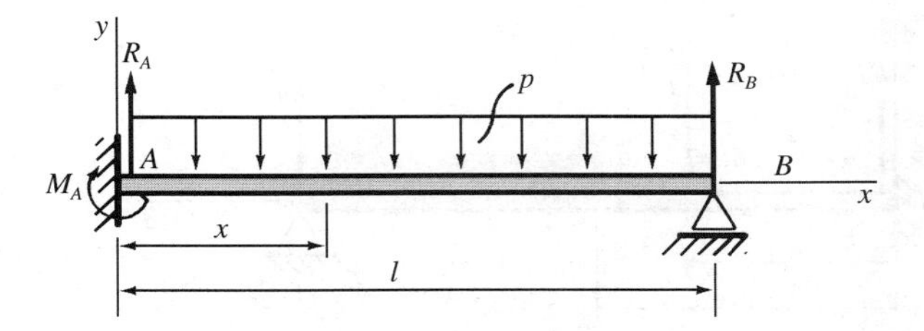

Figura 7.2

Para resolver la indeterminación algebraica utilizaremos la ecuación de la elástica

$$EI_z y'' = M_A + R_A x - \frac{px^2}{2} \tag{7.2-3}$$

$$EI_z y' = M_A x + R_A \frac{x^2}{2} - \frac{px^3}{6} + C$$

$$EI_z y = M_A \frac{x^2}{2} + R_A \frac{x^3}{6} - \frac{px^4}{24} + Cx + K$$

Las condiciones de contorno son:

$$\text{para } x = 0: \quad y = 0 \quad \Rightarrow \quad K = 0$$

$$y' = 0 \quad \Rightarrow \quad C = 0$$

$$x = l: \quad y = 0 \quad \Rightarrow \quad M_A \frac{l^2}{2} + R_A \frac{l^3}{6} - \frac{pl^4}{24} = 0 \tag{7.2-4}$$

Para determinar las reacciones de las ligaduras tenemos, pues, el sistema formado por las ecuaciones (7.2-1), (7.2-2) y (7.2-4)

$$\begin{cases} R_A + R_B - pl = 0 \\ M_A + \dfrac{pl^2}{2} - R_B l = 0 \\ M_A + R_A \dfrac{l}{3} - \dfrac{pl^2}{12} = 0 \end{cases}$$

que nos da las siguientes soluciones

$$R_A = \frac{5pl}{8} \quad ; \quad R_B = \frac{3pl}{8} \quad ; \quad M_A = -\frac{pl^2}{8}$$

Por consiguiente, la ley de momentos flectores en la viga será:

$$M_z = M_A + R_A x - p\,\frac{x^2}{2} = -\frac{pl^2}{8} + \frac{5pl}{8}\,x - p\,\frac{x^2}{2}$$

Ejemplo 7.2.2. Determinar la ley de momentos flectores de una viga empotrada-apoyada, de longitud l y rigidez EI_z constante, sometida a una carga P aplicada en la sección de abscisa a (Fig. 7.3).

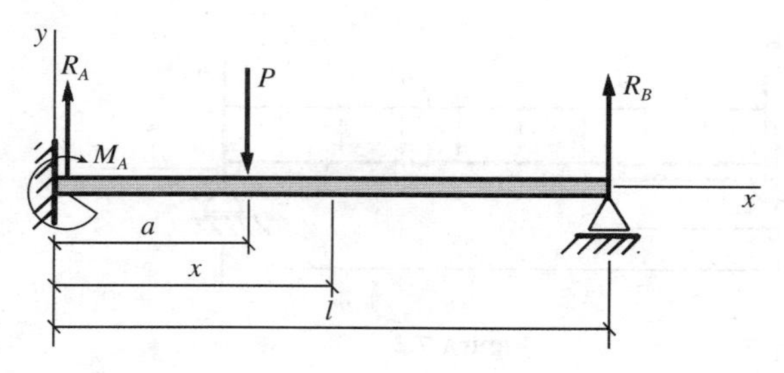

Figura 7.3

Se trata de un sistema hiperestático de primer grado, ya que lo único que difiere del ejemplo anterior es en la carga.

Las ecuaciones de equilibrio en este caso son:

$$R_A + R_B - P = 0 \tag{7.2-5}$$

$$M_A + aP - R_B l = 0 \tag{7.2-6}$$

Utilizaremos en este caso la ecuación universal de la línea elástica

$$EI_z y = EI_z y_0 + EI_z \theta_0 x + \frac{M_A}{2} x^2 + \frac{R_A}{6} x^3 - \frac{P}{6} \langle x - a \rangle^3 \tag{7.2-7}$$

Las condiciones de contorno son:

$$\text{para } x = 0: \quad y = 0 \;\Rightarrow\; EI_z y_0 = 0$$

$$y' = 0 \;\Rightarrow\; EI_z \theta_0 = 0$$

$$x = l: \quad y = 0 \;\Rightarrow\; \frac{M_A}{2} l^2 + \frac{R_A}{6} l^3 - \frac{P}{6} b^3 = 0 \tag{7.2-8}$$

Las reacciones de las ligaduras se obtendrán resolviendo el sistema formado por las ecuaciones (7.2-5), (7.2-6) y (7.2-8)

$$\begin{cases} R_A + R_B - P = 0 \\ M_A + aP - R_B l = 0 \\ 3M_A l^2 + R_A l^3 - Pb^3 = 0 \end{cases}$$

que nos proporciona las siguientes soluciones

$$R_A = \frac{Pb}{2l^3}(3l^2 - b^2) \quad ; \quad R_B = \frac{Pa^2}{2l^3}(3l - a) \quad ; \quad M_A = -\frac{Pab}{2l^2}(l + b)$$

Las leyes de momentos flectores en la viga serán:

$$\begin{cases} M_z = -\dfrac{Pba}{2l^2}(l + b) + \dfrac{Pb}{2l^3}(3l^2 - b^2)x & \text{para} \quad 0 \leqslant x \leqslant a \\ M_z = \dfrac{Pa^2}{2l^3}(3l - a)(l - x) & \text{para} \quad a \leqslant x \leqslant l \end{cases}$$

b) *Método basado en los teoremas de Mohr*

Los teoremas de Mohr se pueden aplicar a vigas hiperestáticas proporcionándonos las ecuaciones complementarias a las de equilibrio que son necesarias para la resolución de un problema estáticamente indeterminado. Estas ecuaciones complementarias expresan condiciones sobre las pendientes y deformaciones de la viga, en número igual al de incógnitas superfluas.

El método consiste en elegir la incógnita o incógnitas supefluas, eliminando o modificando convenientemente la ligadura o ligaduras correspondientes. Cada incógnita superflua se considera como una carga desconocida que, junto con las otras cargas, conocidas o desconocidas, ha de producir deformaciones compatibles con las ligaduras reales. En la práctica, se dibuja el diagrama M_z/EI_z de las cargas conocidas, por una parte, así como los mismos diagramas para cada una de las incógnitas superfluas, por otra, y se aplican los teoremas de Mohr que proporcionan las ecuaciones necesarias para el cálculo de las incógnitas superfluas.

Si la viga que se considera es hiperestática de primer grado, la ligadura superflua la podemos elegir entre cualquiera de las incógnitas que aparecen en la formulación de las ecuaciones de equilibrio. Por ejemplo, si consideramos una viga empotrada-apoyada (Fig. 7.4-*a*) sometida a una determinada carga $p = p(x)$, si tomamos como ligadura superflua el apoyo B, al suprimirlo y sustituirlo por la reacción R_B que tal ligadura produce, podemos considerar la viga dada como la superposición de otras dos: una viga en voladizo de longitud igual a la dada pero eliminada la ligadura superflua sometida a la carga real que actúa sobre ella (*viga isostática*); y otra igual a la dada, pero sometida solamente a la acción de la incógnita correspondiente a la ligadura superflua (*viga hiperestática*) (Fig. 7.4-*b*).

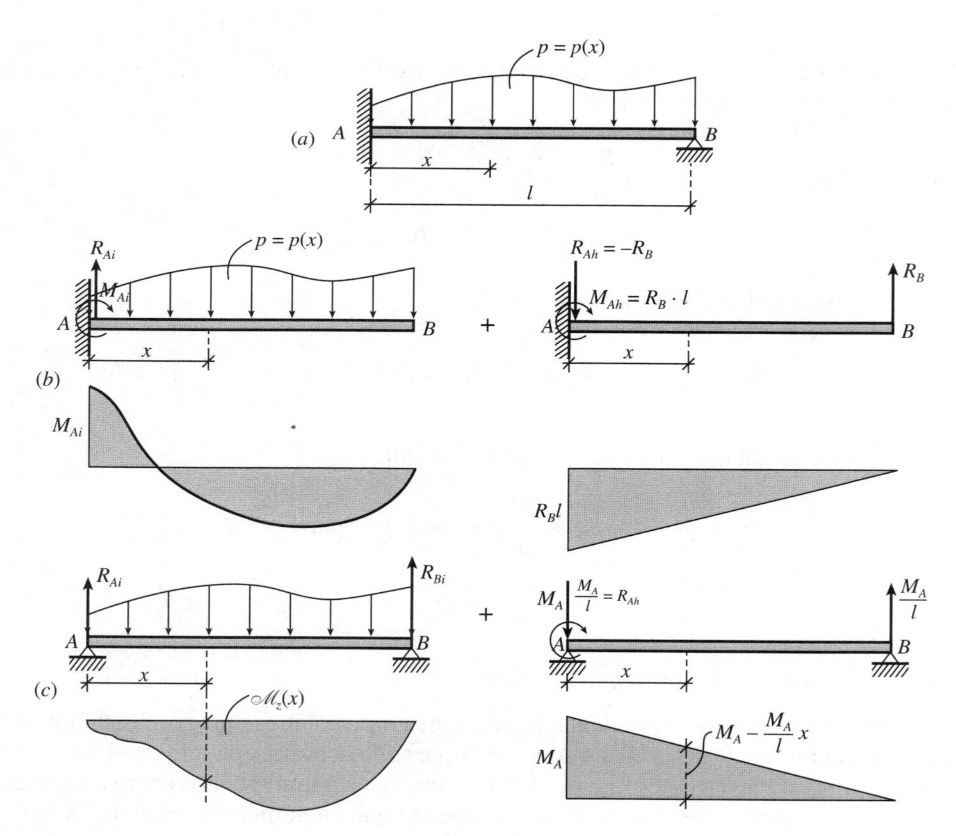

Figura 7.4

Pero si tomamos como incógnita superflua el momento de empotramiento M_A, podemos considerar la viga dada como superposición de una viga simplemente apoyada sometida a la carga real (viga isostática) y otra, sometida solamente a la acción de la incógnita superflua M_A (viga hiperestática) (Fig. 7.4-*c*).

En ambos casos, la aplicación del segundo teorema de Mohr nos facilita la ecuación complementaria que unida a las ecuaciones de equilibrio hace que el sistema de ecuaciones sea algebraicamente determinado.

Como en el primer caso (Fig. 7.4-*b*) la ley de momentos flectores es

$$M_z(x) = \mathscr{M}_z(x) + R_B(l - x) \tag{7.2-9}$$

siendo $\mathscr{M}_z(x)$ la ley de momentos flectores de la viga isostática, la incógnita hiperestática R_B se puede obtener aplicando el segundo teorema de Mohr expresando que el desplazamiento total del extremo B, como suma de los correspondientes a las vigas isostática e hiperestática, tiene que ser nulo.

$$\int_0^l M_z(x)(l - x)\, dx = 0 \tag{7.2-10}$$

Sustituyendo la expresión (7.2-9) en esta ecuación, se tiene

$$\int_0^l \mathscr{M}_z(x)(l - x)\, dx + \int_0^l R_B(l - x)^2\, dx = 0$$

ecuación que nos permite obtener R_B

$$R_B = -\frac{\displaystyle\int_0^l \mathscr{M}_z(x)(l - x)\, dx}{\displaystyle\int_0^l (l - x)^2\, dx} \tag{7.2-11}$$

En el segundo caso (Fig. 7.4-*c*), la ley de momentos flectores será:

$$M_z(x) = \mathscr{M}_z(x) + M_A - \frac{M_A}{l}x = \mathscr{M}_z(x) + M_A\left(1 - \frac{x}{l}\right) \tag{7.2-12}$$

siendo $\mathscr{M}_z(x)$ la ley de momentos flectores de la viga isostática, que es distinta de la correspondiente al caso anterior.

El valor del momento hiperestático M_A se puede obtener aplicando el segundo teorema de Mohr, tomando como referencia el extremo B

$$\int_0^l M_z(x)(l - x)\, dx = 0 \tag{7.2-13}$$

Sustituyendo la expresión de $M_z(x)$ dada por (7.4-4), queda:

$$\int_0^l \mathscr{M}_z(x)(l - x)\,dx + M_A \int_0^l \left(1 - \frac{x}{l}\right)(l - x)\,dx = 0 \qquad (7.2\text{-}14)$$

ecuación que nos permite obtener M_A

$$M_A = -\frac{\displaystyle\int_0^l \mathscr{M}_z(x)(l - x)\,dx}{\displaystyle\int_0^l \left(1 - \frac{x}{l}\right)(l - x)\,dx} \qquad (7.2\text{-}15)$$

Si consideramos ahora una viga hiperestática de segundo grado, tal como la representada en la Figura 7.5-*a*, es decir, una viga que hemos denominado biempotrada, tomaremos como incógnitas hiperestáticas los momentos de empotramiento M_A y M_B.

La ley de momentos flectores de la viga biempotrada que se considera será, en virtud del principio de superposición, el resultado de sumar algebraicamente las leyes de ambos

$$M_z(x) = \mathscr{M}_z(x) + M_A + \frac{M_B - M_A}{l}\,x \qquad (7.2\text{-}16)$$

Para la determinación analítica de los momentos de empotramiento M_A y M_B la condición de empotramientos perfectos exige la nulidad de giro de ambas secciones extremas.

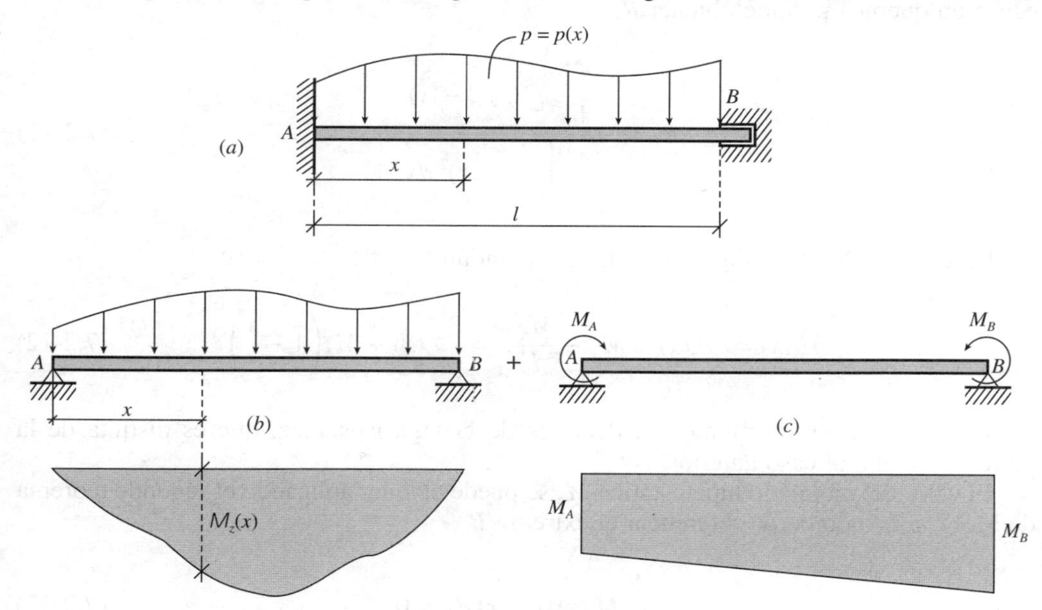

Figura 7.5

Por tanto, aplicando el primer y segundo teorema de Mohr, supuesto que el material es homogéneo (E = cte) y la sección recta se mantiene constante, tenemos:

$$\int_0^l M_z(x)\,dx = \int_0^l \mathscr{M}_z(x)\,dx + \int_0^l \left(M_A + \frac{M_B - M_A}{l}x\right)dx = 0 \qquad (7.2\text{-}17)$$

$$\int_0^l M_z(x)x\,dx = \int_0^l \mathscr{M}_z(x)x\,dx + \int_0^l \left(M_A + \frac{M_B - M_A}{l}x\right)x\,dx = 0 \qquad (7.2\text{-}18)$$

sistema de dos ecuaciones con dos incógnitas, cuya solución nos resuelve el problema.

De las ecuaciones (7.2-17) y (7.2-18) se deduce:

a) El área del diagrama de momentos flectores isostáticos es igual, en valor absoluto, al área del diagrama de momentos hiperestáticos.

b) Los momentos estáticos de los citados diagramas, respecto al eje vertical que pase por uno de los extremos, tienen igual valor absoluto.

De aquí se desprende que los centros de gravedad de los diagramas de momentos isostáticos e hiperestáticos están a la misma distancia de las verticales que pasan por los extremos.

En algunos casos en que se presente simetría de cargas y se verifique $M_A = M_B$, la viga biempotrada que es hiperestática de segundo grado pasaría a ser hiperestática de primer grado, por lo que sería suficiente aplicar solamente el primer teorema de Mohr para calcular los momentos hiperestáticos.

Ejemplo 7.2.3. Determinar la ley de momentos flectores de una viga empotrada-apoyada, de longitud l y rigidez EI_z, sometida a una carga P aplicada en la sección de abscisa a. Se aplicarán los teoremas de Mohr para calcular la incógnita hiperestática.

Tomando el momento de empotramiento M_A como incógnita hiperestática, la aplicación del segundo teorema de Mohr al expresar que es nula la distancia del centro de gravedad de la sección B a la tangente trazada por A a la elástica de la viga, se tiene:

$$\frac{1}{EI_z}\left(\frac{1}{2}\,l\,\frac{Pab}{l}\,\frac{l+b}{3} + \frac{1}{2}\,M_A l\,\frac{2l}{3}\right) = 0 \qquad (7.2\text{-}19)$$

De esta expresión se obtiene directamente M_A

$$M_A = -\frac{Pab}{2l^2}\,(l+b) \qquad (7.2\text{-}20)$$

Esta ecuación, junto a las dos de equilibrio

$$\Sigma F_y = 0: \quad R_A + R_B - P = 0 \qquad (7.2\text{-}21)$$

$$\Sigma M = 0: \quad M_A + Pa - R_B l = 0 \qquad (7.2\text{-}22)$$

permite calcular las otras dos reacciones

$$R_A = \frac{Pb}{2l^3}\,(3l^2 - b^2) \quad ; \quad R_B = \frac{Pa^2}{2l^3}\,(3l - a)$$

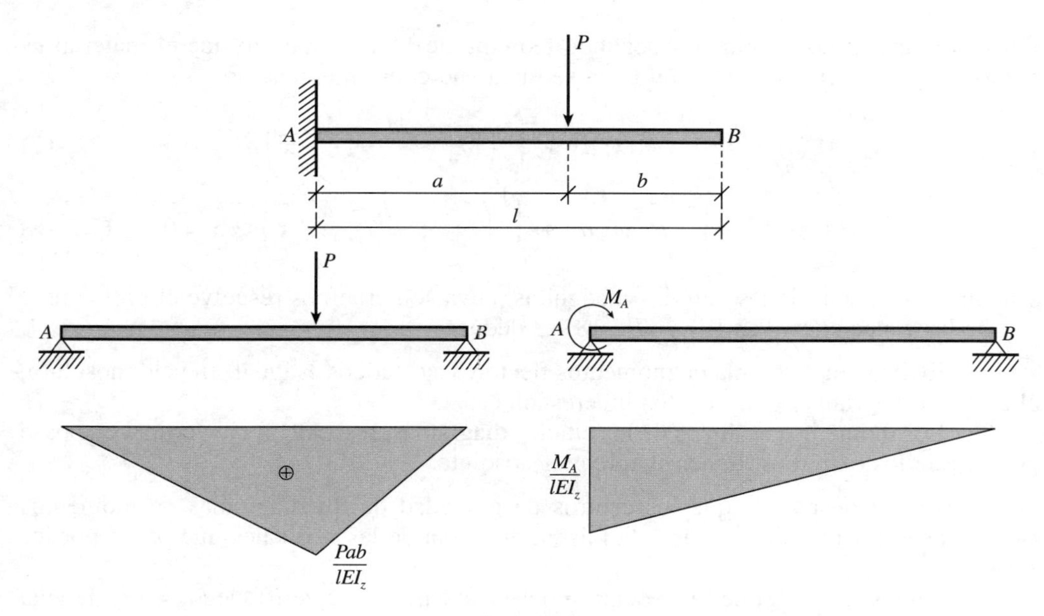

Figura 7.6

Calculadas las reacciones de las ligaduras, la expresión de la ley de momentos flectores en la viga es inmediata

$$\begin{cases} M_z(x) = -\dfrac{Pba}{2l^2}(l + b) + \dfrac{Pb}{2l^3}(3l^2 - b^2)x & \text{para} \quad 0 \leqslant x \leqslant a \\ M_z(x) = \dfrac{Pa^2}{2l^3}(3l - a)(l - x) & \text{para} \quad a \leqslant x \leqslant l \end{cases}$$

que se puede poner en una única expresión utilizando las funciones de discontinuidad

$$M_z(x) = -\frac{Pab}{2l^2}(l + b) + \frac{Pb}{2l^3}(3l^2 - b^2)x - P\langle x - a \rangle$$

Ejemplo 7.2.4. Determinar la ley de momentos flectores y de esfuerzos cortantes de una viga biempotrada AB, de longitud l y rigidez EI_z constante, sometida a una carga P que actúa en la sección de abscisa a. Se considerará que el extremo B es una corredera.

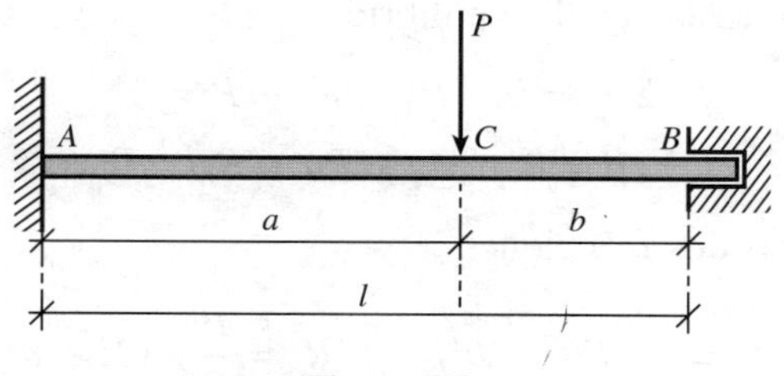

Figura 7.7

Al tratarse de una viga hiperestática de segundo grado tenemos que elegir dos incógnitas superfluas. Consideremos como ligadura superflua el empotramiento de la sección B. Esta ligadura comprende dos incógnitas superfluas, la reacción R_B y el momento M_B, por lo que podemos eliminar el empotramiento. De esta forma obtenemos la viga en voladizo indicada en la Figura 7.8-*a*.

Calculemos las deformaciones que producen la carga P, la reacción R_B, y el momento de empotramiento M_B, actuando separadamente.

La carga P produce una deformación angular que se puede obtener fácilmente aplicando el primer teorema de Mohr, teniendo en cuenta que la elástica es rectilínea en la porción de viga CB

$$(\theta_B)_P = (\theta_C)_P = -\frac{Pa^2}{2EI_z}$$

El desplazamiento vertical de B debido a P se puede obtener así:

$$(y_B)_P = (y_C)_P + (\theta_B)_P b = -\frac{1}{EI_z}\frac{Pa^2}{2}\frac{2}{3}a - \frac{Pa^2}{2EI_z}b = -\frac{Pa^2}{6EI_z}(2a + 3b)$$

habiendo calculado $(y_C)_P$ mediante el segundo teorema de Mohr.

Análogamente, se calculan las deformaciones debidas a la reacción R_B

$$(\theta_B)_R = \frac{R_B l^2}{2EI_z} \quad ; \quad (y_B)_R = \frac{R_B l^2}{2EI_z}\frac{2l}{3} = \frac{R_B l^3}{3EI_z}$$

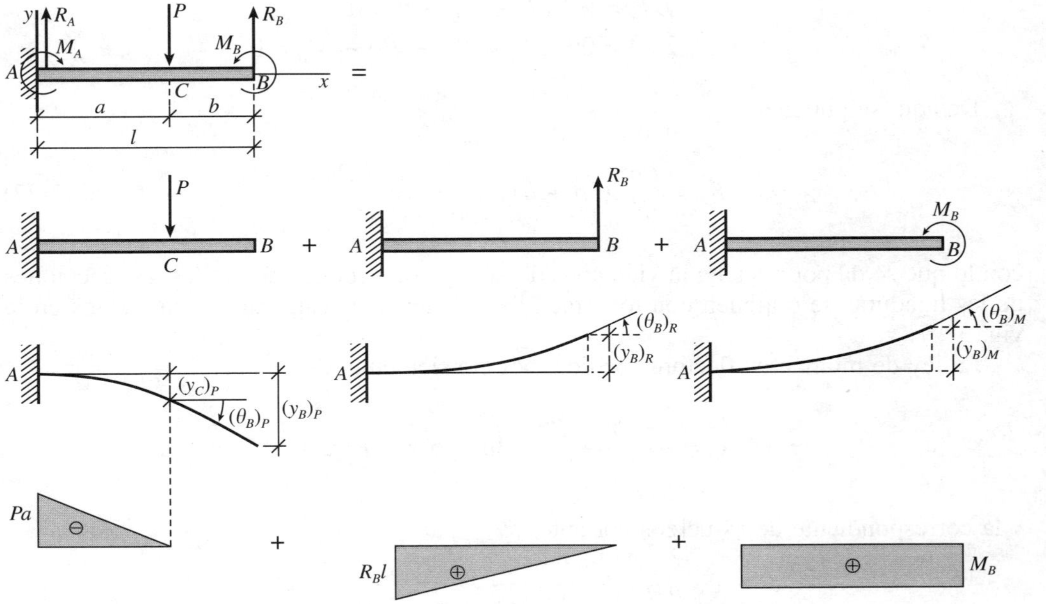

Figura 7.8-*a*

y al momento M_B

$$(\theta_B)_M = \frac{M_B l}{EI_z} \quad ; \quad (y_B)_M = \frac{M_B l}{EI_z}\frac{l}{2} = \frac{M_B l^2}{2EI_z}$$

Las ecuaciones de compatibilidad de las deformaciones son en nuestro caso

$$\theta_B = 0 \quad ; \quad y_B = 0 \tag{7.2-23}$$

El principio de superposición nos permite poner:

$$\theta_B = (\theta_B)_P + (\theta_B)_R + (\theta_B)_M = -\frac{Pa^2}{2EI_z} + \frac{R_B l^2}{2EI_z} + \frac{M_B l}{EI_z} = 0 \tag{7.2-24}$$

$$y_B = (y_B)_P + (y_B)_R + (y_B)_M = -\frac{Pa^2}{6EI_z}(2a + 3b) + \frac{R_B l^3}{3EI_z} + \frac{M_B l^2}{2EI_z} = 0 \tag{7.2-25}$$

Resolviendo el sistema formado por las ecuaciones (7.2-24) y (7.2-25) se obtienen los valores de las dos incógnitas que hemos elegido como superfluas

$$R_B = \frac{Pa^2}{l^3}(a + 3b) \quad ; \quad M_B = \frac{Pa^2 b}{l^2} \tag{7.2-26}$$

Las otras incógnitas se determinan mediante las ecuaciones de equilibrio

$$\begin{aligned} \Sigma F_y = 0: &\quad R_A + R_B - P = 0 \\ \Sigma M = 0: &\quad M_A + R_A l - Pb - M_B = 0 \end{aligned}$$

De aquí se obtienen:

$$R_A = \frac{Pb^2}{l^3}(3a + b) \quad ; \quad M_A = -\frac{Pab^2}{l^2} \tag{7.2-27}$$

con lo que se da por resuelta la viga considerada, ya que conociendo todas las reacciones de las ligaduras se obtienen con toda facilidad las leyes de esfuerzos y momentos en la viga.

La ley de momentos flectores pedida, por consiguiente, es

$$M_z(x) = -\frac{Pab^2}{l^2} + \frac{Pb^2}{l^3}(3a + b)x - P\langle x - a\rangle$$

y la correspondiente de esfuerzos cortantes

$$T_y(x) = \frac{dM_z(x)}{dx} = \frac{Pb^2}{l^3}(3a + b) - P\langle x - a\rangle^\circ$$

7.3. Vigas continuas

Con frecuencia se encuentran en las estructuras de edificios, en las cubiertas de naves industriales y en otras clases de estructuras, vigas de varios tramos o *vigas continuas*, que son estáticamente indeterminadas.

Podemos definir la *viga continua* como un prisma mecánico recto sometido a flexión, apoyado en una o varias secciones intermedias y cuyos extremos son apoyos simples o empotramientos. La Figura 7.9 representa la viga continua más sencilla, o sea, una viga recta sobre tres apoyos, uno articulado fijo y dos móviles. Con objeto de evitar componentes horizontales de las reacciones en los apoyos intermedios, no deseables, consideraremos que todos los apoyos intermedios son articulados móviles. Así, un extremo es siempre apoyo fijo o empotramiento perfecto y el resto de ligaduras son apoyos articulados móviles.

De la simple observación de la Figura 7.9 se deduce la principal ventaja de las vigas continuas: la disminución de los momentos flectores máximos en los tramos. Como consecuencia, resultarán más económicas que una serie de vigas de longitudes iguales a la de cada tramo, y sometidas a las mismas cargas, apoyadas independientemente.

Los diferentes tipos de vigas continuas que se pueden presentar se esquematizan en la Figura 7.10. Estudiemos el grado de hiperestaticidad de una viga continua. Para ello tendremos en cuenta que el apoyo articulado fijo equivale a dos incógnitas, el apoyo móvil a una y el empotramiento a tres, como ya hemos indicado anteriormente.

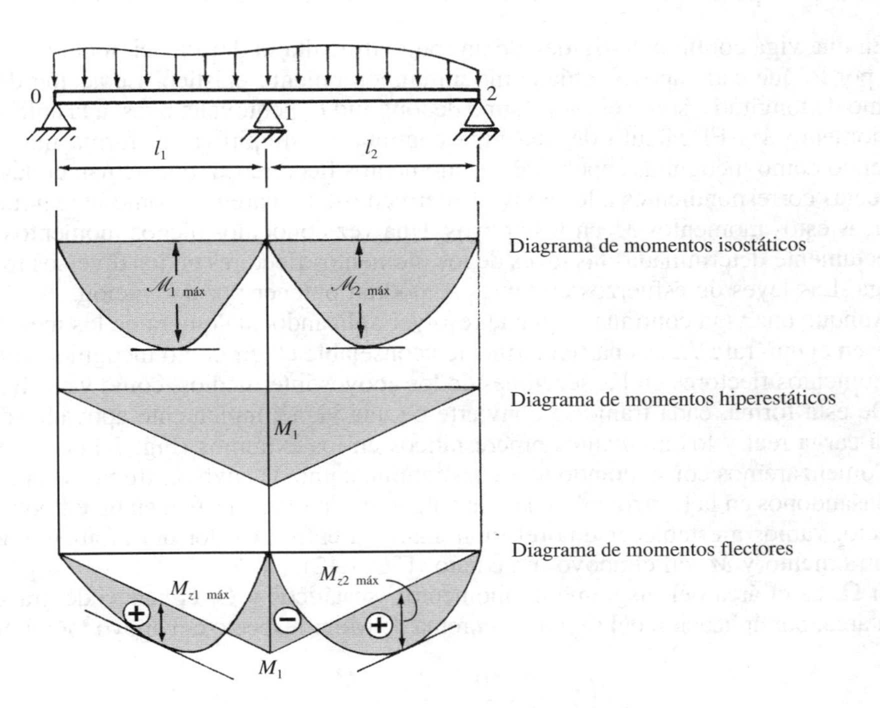

Figura 7.9

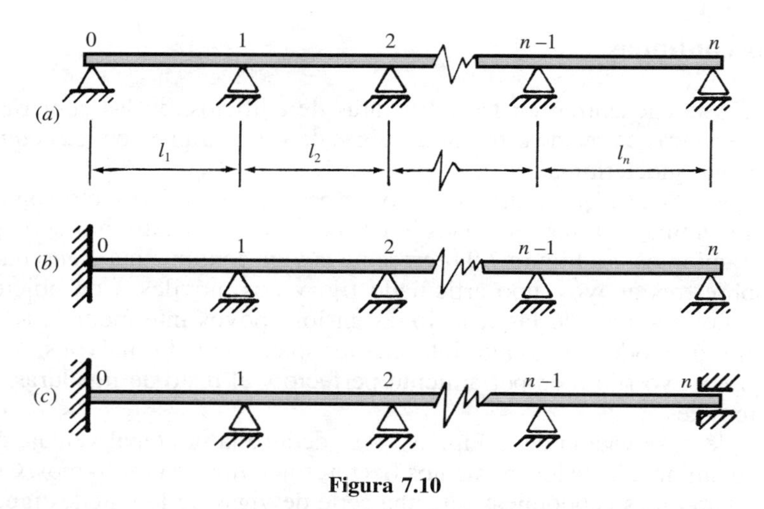

Figura 7.10

Supuesto el sistema de cargas contenidas en un plano vertical, el número de ecuaciones de equilibrio es de tres. Por tanto, el grado de hiperestaticidad de los tres tipos señalados será:

tipo (*a*): $(n + 2)$ incógnitas $- 3$ ecuaciones $= n - 1$
tipo (*b*): $(n + 3)$ incógnitas $- 3$ ecuaciones $= n$
tipo (*c*): $(n - 1) + 3 + 2$ incógnitas $- 3$ ecuaciones $= n + 1$

En una viga continua la rigidez de un tramo dificulta la deformación del tramo contiguo, por lo que cada apoyo actúa como un empotramiento elástico. La acción del tramo i-ésimo de longitud l_i sobre el $i + 1$-ésimo de longitud l_{i+1} equivale, pues, a la aplicación de un momento M_i. El cálculo de una viga continua se simplifica de forma muy notable eligiendo como incógnitas superfluas los momentos flectores M_i que actúan en las secciones rectas correspondientes a los apoyos intermedios. Tomaremos como incógnitas hiperestáticas estos momentos M_i en los apoyos. Una vez conocidos dichos momentos quedan perfectamente determinadas las leyes de los momentos flectores en los diversos tramos de la viga. Las leyes de esfuerzos cortantes se podrán obtener por derivación.

Aunque una viga continua se puede resolver aplicando cualquiera de los métodos descritos en el epígrafe 7.2, es particularmente aconsejable elegir como incógnitas superfluas los momentos flectores en las secciones de los apoyos intermedios, como ya se ha indicado. De esta forma, cada tramo se convierte en una viga simplemente apoyada solicitada por la carga real y los momentos hiperestáticos en los extremos (Fig. 7.11).

Comenzaremos considerando una viga continua, uno de cuyos extremos está empotrado. Basándonos en la horizontalidad de la tangente a la línea elástica en un empotramiento perfecto, vamos a establecer una relación analítica entre el valor del momento M_0 en el empotramiento y M_1 en el apoyo inmediato (Fig. 7.12).

Si Ω_1 es el área del diagrama de momentos isostáticos y G_1 el centro de gravedad de dicha área, por aplicación del segundo teorema de Mohr respecto del apoyo móvil, tenemos

$$\frac{1}{EI_z}\left(\Omega_1 d_1 + \frac{M_0 l_1}{2}\,\frac{2}{3}\,l_1 + \frac{M_1 l_1}{2}\,\frac{l_1}{3}\right) = 0$$

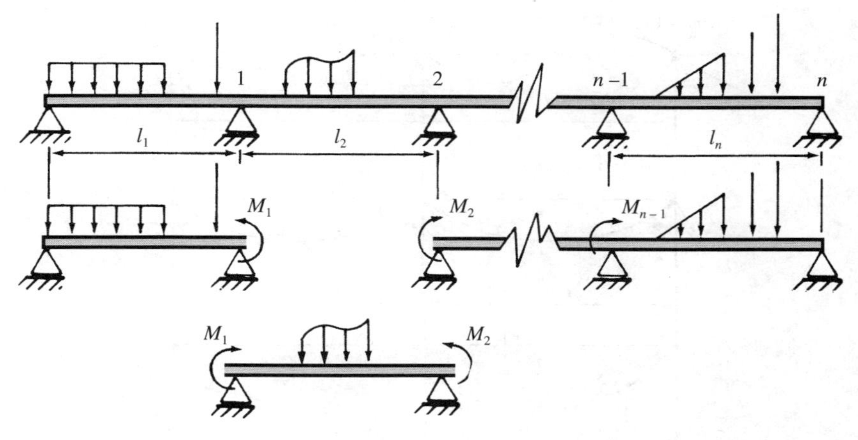

Figura 7.11

de donde:

$$2M_0 + M_1 = -6\,\frac{\Omega_1 d_1}{l_1^2} = -\frac{6}{l_1^2}\int_0^{l_1} \mathscr{M}_z(x)(l_1 - x)\,dx \tag{7.3-1}$$

expresión analítica del llamado *teorema de los dos momentos*.

Consideremos ahora dos tramos contiguos de la viga continua, es decir, la porción de viga en la que existen tres apoyos consecutivos (Fig. 7.13).

Si la línea elástica presenta un punto anguloso en alguno de los apoyos significaría que en ese apoyo habríamos sobrepasado las deformaciones elásticas. Como nos movemos en el campo de elasticidad, la derivada de la línea elástica ha de ser una función continua. Esto significa que la tangente a dicha línea, en cualquier apoyo, es única. Esta condición nos permite escribir (Fig. 7.13)

$$\alpha_i + \alpha_h = -(\beta_i + \beta_h) \tag{7.3-2}$$

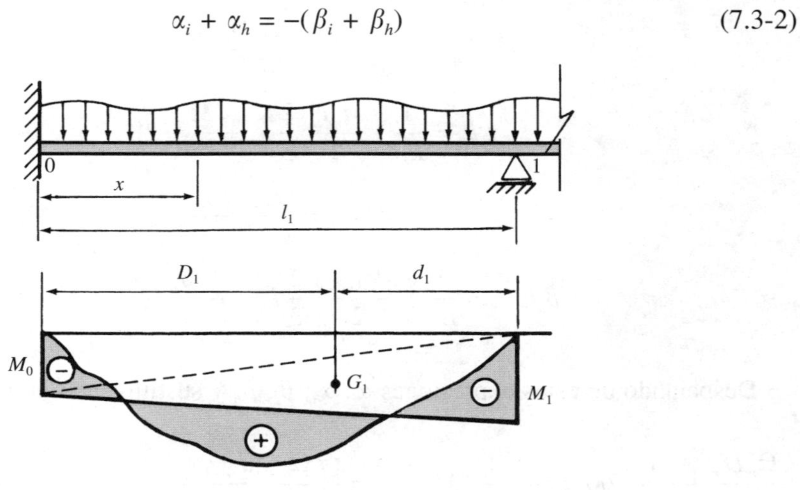

Figura 7.12

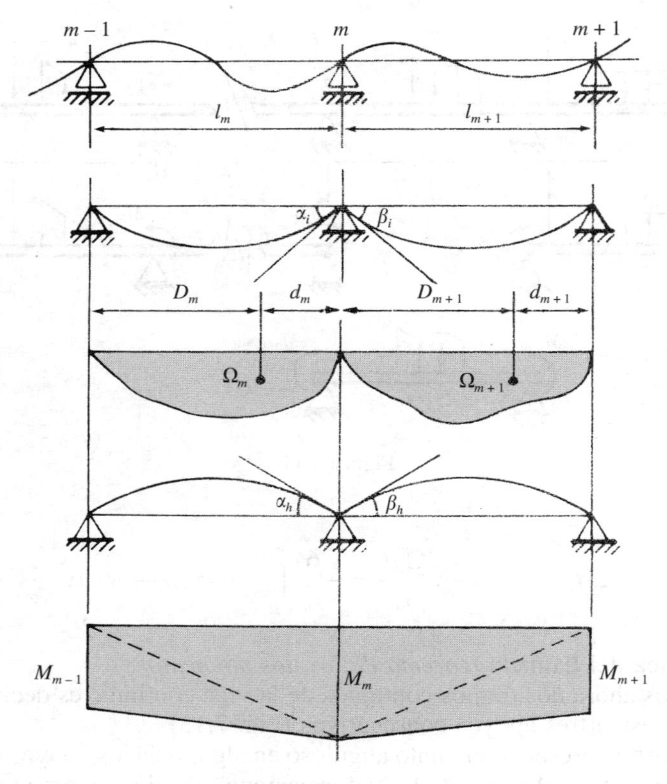

Figura 7.13

Supondremos la viga homogénea y de sección constante (EI_z constante). Por el segundo teorema de Mohr, tenemos:

$$\alpha_i l_m = \frac{\Omega_m D_m}{EI_z} \tag{7.3-3}$$

$$\alpha_h l_m = \frac{1}{EI_z}\left(\frac{M_m l_m}{2}\,\frac{2}{3}\,l_m + \frac{M_{m-1} l_m}{2}\,\frac{l_m}{3}\right) \tag{7.3-4}$$

$$\beta_i l_{m+1} = \frac{\Omega_{m+1} d_{m+1}}{EI_z} \tag{7.3-5}$$

$$\beta_h l_{m+1} = \frac{1}{EI_z}\left(\frac{M_m l_{m+1}}{2}\,\frac{2}{3}\,l_{m+1} + \frac{M_{m+1} l_{m+1}}{2}\,\frac{l_{m+1}}{3}\right) \tag{7.3-6}$$

Despejando de estas expresiones α_i, α_h, β_i, β_h y sustituyendo en (7.3-2) se obtiene

$$\frac{\Omega_m D_m}{EI_z l_m} + \frac{1}{6EI_z}\,2M_m l_m + \frac{1}{6EI_z}\,M_{m-1} l_m = -\left(\frac{\Omega_{m+1} d_{m+1}}{EI_z l_{m+1}} + \frac{1}{6EI_z}\,2M_m l_{m+1} + \frac{1}{6EI_z}\,M_{m+1} l_{m+1}\right)$$

de donde:

$$M_{m-1}l_m + 2M_m(l_m + l_{m+1}) + M_{m+1}l_{m+1} = -6\left(\frac{\Omega_m D_m}{l_m} + \frac{\Omega_{m+1}d_{m+1}}{l_{m+1}}\right) \qquad (7.3\text{-}7)$$

expresión analítica del denominado *teorema de los tres momentos*. Este teorema es denominado también de *Clapeyron*, ya que es Clapeyron (1799-1864) quien estableció que debido a la continuidad de la elástica y de su derivada en los apoyos intermedios de una viga continua, las pendientes en los extremos de dos tramos contiguos en el apoyo común deben ser iguales.

Ahora se comprende muy bien porqué la elección como momentos hiperestáticos de los momentos flectores en las secciones correspondientes a los apoyos intermedios simplifica de forma notable los cálculos, ya que mediante la aplicación del teorema de los tres momentos tenemos un sistema de ecuaciones en el que en cada una de ellas aparecen como máximo tres incógnitas, independientemente del número de incógnitas que existan.

La aplicación de este teorema a cada terna de apoyos consecutivos nos proporciona en casos de vigas continuas del tipo (*a*) $n - 1$ ecuaciones, que resuelven la hiperestaticidad del problema.

Si las vigas son del tipo (*b*) o (*c*), aplicaremos también el teorema de los dos momentos obteniendo una o dos ecuaciones más, según el tipo de que se trate.

Una vez que se conocen los momentos hiperestáticos, se obtienen de forma inmediata las leyes de momentos flectores y de esfuerzos cortantes, así como sus correspondientes diagramas.

En el tramo *m*-ésimo de longitud l_m (Fig. 7.14) la ley de momentos flectores será

$$M_z(x) = \mathcal{M}_z(x) + M_{m-1} + \frac{M_m - M_{m-1}}{l}x \qquad (7.3\text{-}8)$$

y la de esfuerzos cortantes

$$T_y(x) = \frac{d\mathcal{M}_z(x)}{dx} + \frac{M_m - M_{m-1}}{l} \qquad (7.3\text{-}9)$$

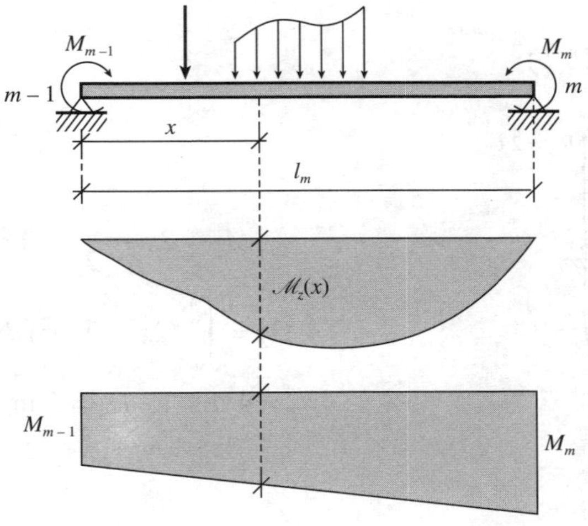

Figura 7.14

Ejemplo 7.3.1. Dibujar los diagramas de momentos flectores y de esfuerzos cortantes de la viga continua indicada en la Figura 7.15.

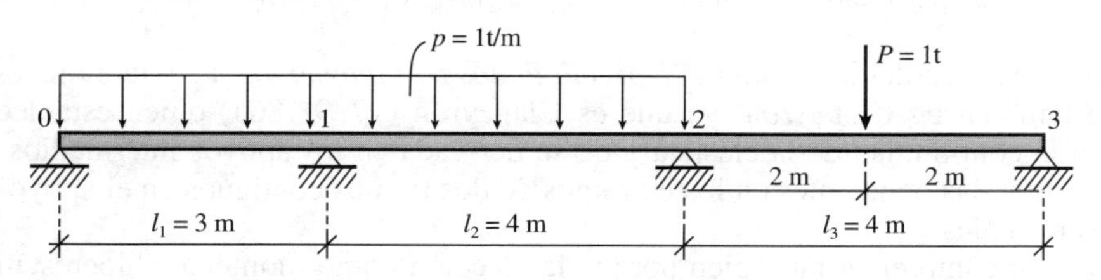

Figura 7.15

La viga que se considera es de grado de hiperestaticidad 2. Los diagramas de momentos flectores de las vigas isostáticas que corresponden a cada uno de los tramos serían:

Tramo 0-1 (Fig. 7.15-*a*)

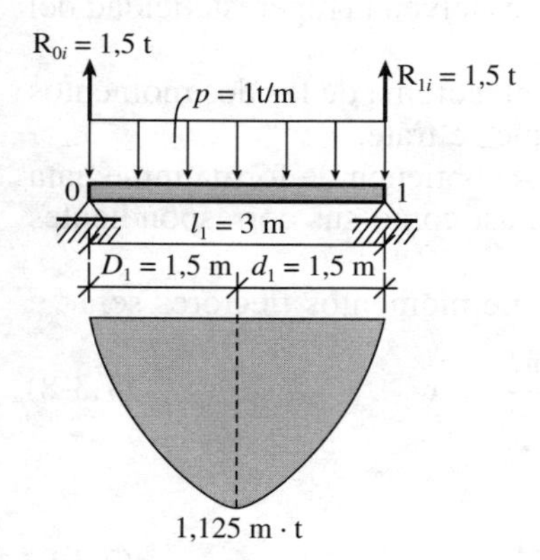

Figura 7.15-*a*

$$M_{zi} = 1{,}5x - \frac{x^2}{2}, \quad 0 \leqslant x \leqslant 3 \text{ m}$$

$$\Omega_1 = \int_0^3 (1{,}5x - 0{,}5x^2)\, dx = 2{,}25 \text{ m}^2 \cdot \text{t}$$

$$l_1 = 3 \text{ m} \quad ; \quad D_1 = 1{,}5 \text{ m} \quad ; \quad d_1 = 1{,}5 \text{ m}$$

Tramo 1-2 (Fig. 7.15-*b*)

R$_{1i}$ = 2 t

R$_{2i}$ = 2 t

p = 1t/m

1

2

l_2 = 4 m

D_2 = 2 m

d_2 = 2 m

2 m · t

$$M_{zi} = 2x - \frac{x^2}{2}, \quad 0 \leqslant x \leqslant 4 \text{ m}$$

$$\Omega_2 = \int_0^4 (2x - 0{,}5x^2)\, dx = \frac{16}{3} \text{ m}^2 \cdot \text{t}$$

$$l_2 = 4 \text{ m} \quad ; \quad D_2 = 2 \text{ m} \quad ; \quad d_2 = 2 \text{ m}$$

Figura 7.15-*b*

Tramo 2-3 (Fig. 7.15-*c*)

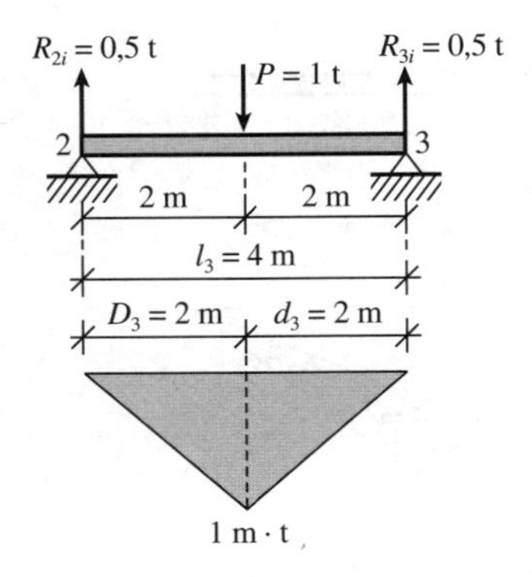

Figura 7.15-*c*

$$M_{zi} = 0{,}5x - P\langle x - 2\rangle, \quad 0 \leqslant x \leqslant 4 \text{ m}$$

$$\Omega_3 = \frac{1}{2}\, 4 \times 1 = 2 \text{ m}^2 \cdot \text{t}$$

$$l_3 = 4 \text{ m} \quad ; \quad D_3 = 2 \text{ m} \quad ; \quad d_3 = 2 \text{ m}$$

Aplicando el teorema de los tres momentos:

$$\begin{cases} M_0 l_1 + 2M_1(l_1 + l_2) + M_2 l_2 = -6\left(\dfrac{\Omega_1 D_1}{l_1} + \dfrac{\Omega_2 d_2}{l_2}\right) \\ M_1 l_2 + 2M_2(l_2 + l_3) + M_3 l_3 = -6\left(\dfrac{\Omega_2 D_2}{l_2} + \dfrac{\Omega_3 d_3}{l_3}\right) \end{cases}$$

Sustituyendo valores, se obtiene el sistema de ecuaciones

$$14M_1 + 4M_2 = -\frac{91}{4}$$

$$4M_1 + 16M_2 = -22$$

cuyas soluciones son:

$$M_1 = -\frac{69}{52} = -1{,}327 \text{ m} \cdot \text{t} \quad ; \quad M_2 = -\frac{217}{108} = -1{,}043 \text{ m} \cdot \text{t}$$

Una vez obtenidas las incógnitas hiperestáticas, el dibujo del diagrama de momentos flectores es inmediato (Fig. 7.15-*d*).

Para el dibujo del diagrama de esfuerzos cortantes calcularemos las reacciones en los apoyos. Por superposición de la viga isostática e hiperestática en cada tramo, la expresión de la reacción en el apoyo *m* será:

$$R_m = R'_{m,m-1} + R'_{m,m+1} + \frac{M_{m-1} - M_m}{l_m} + \frac{M_{m+1} - M_m}{l_{m+1}}$$

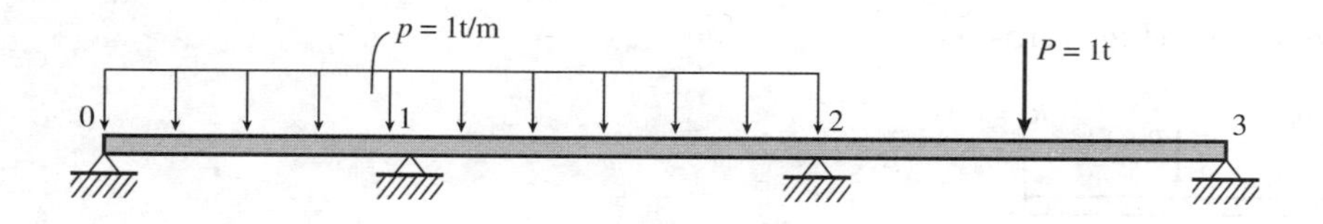

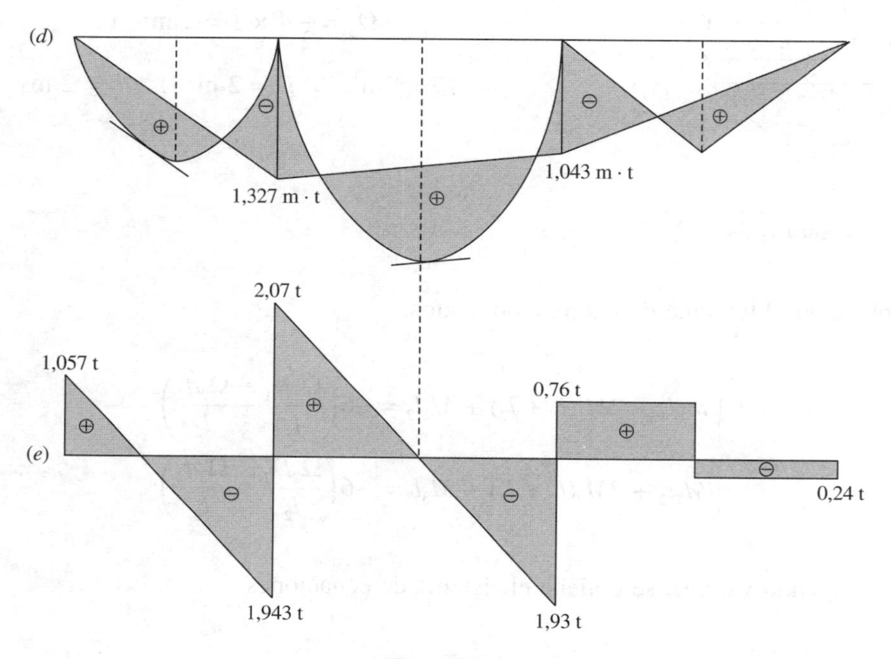

Figura 7.15

siendo $R'_{m,m-1}$ y $R'_{m,m+1}$ las reacciones de las vigas isostáticas en los tramos anterior y posterior a dicho apoyo; los otros dos términos son las reacciones de las vigas hiperestáticas, también en los tramos contiguos:

$$R_0 = R'_{01} + \frac{M_1}{l_1} = 1{,}5 - \frac{1{,}327}{3} = 1{,}057\text{ t}$$

$$R_1 = R'_{10} + R'_{12} - \frac{M_1}{l_1} + \frac{M_2 - M_1}{l_2} = 1{,}5 + 2 + \frac{1{,}327}{3} + \frac{-1{,}043 + 1{,}327}{4} = 4{,}013\text{ t}$$

$$R_2 = R'_{21} + R'_{23} + \frac{M_1 - M_2}{l_2} - \frac{M_2}{l_3} = 2 + 0{,}5 + \frac{-1{,}327 + 1{,}043}{4} + \frac{1{,}043}{4} = 2{,}69\text{ t}$$

$$R_3 = R'_{32} + \frac{M_2}{l_3} = 0{,}5 - \frac{1{,}043}{4} = 0{,}24\text{ t}$$

El diagrama de esfuerzos cortantes se dibuja en la Figura 7.15-*e*, en la que se puede observar la correspondencia con el diagrama de momentos flectores (Fig. 7.15-*d*).

Ejemplo 7.3.2. Dibujar el diagrama de momentos flectores de la viga continua de rigidez constante EI_z indicada en la Figura 7.16, así como la elástica a estima, señalando la situación de los puntos de inflexión.

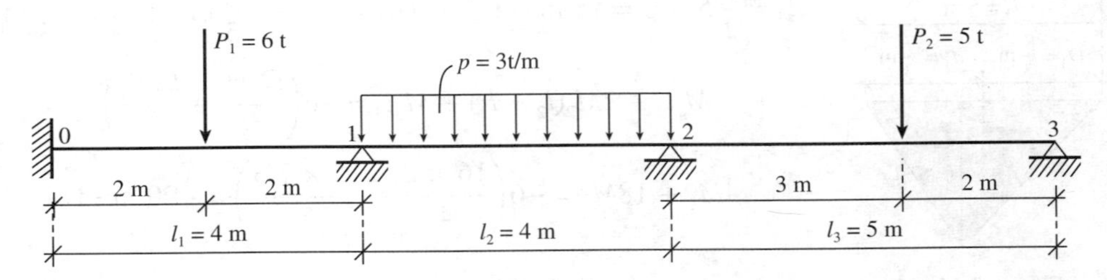

Figura 7.16

Consideremos en primer lugar las vigas isostáticas correspondientes a cada tramo y apliquemos el teorema de los dos momentos al tramo 0-1 y el de los tres momentos a los tramos 0-1-2 y 1-2-3

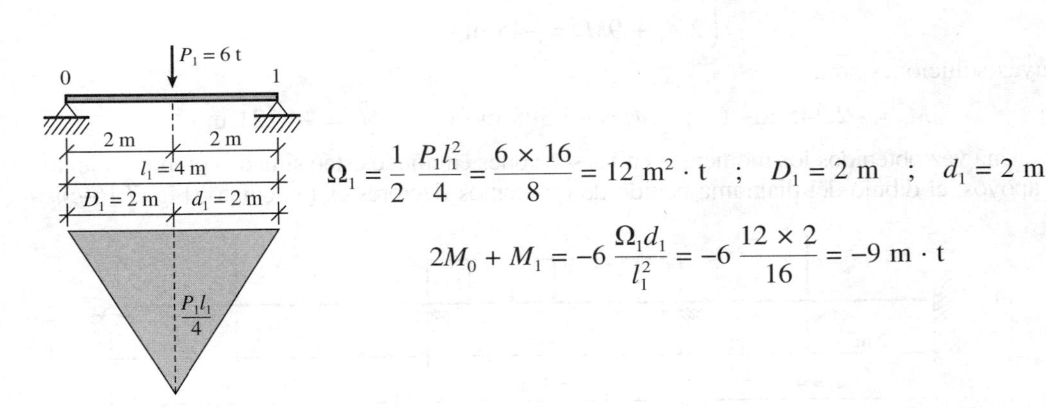

$$\Omega_1 = \frac{1}{2}\frac{P_1 l_1^2}{4} = \frac{6 \times 16}{8} = 12 \text{ m}^2 \cdot \text{t} \quad ; \quad D_1 = 2 \text{ m} \quad ; \quad d_1 = 2 \text{ m}$$

$$2M_0 + M_1 = -6\,\frac{\Omega_1 d_1}{l_1^2} = -6\,\frac{12 \times 2}{16} = -9 \text{ m} \cdot \text{t}$$

Figura 7.16-*a*

p = 3 t/m

$l_2 = 4$ m

$D_2 = 2$ m $d_2 = 2$ m

$\frac{Pl_2^2}{8}$

$$\Omega_2 = \int_0^4 \left(\frac{pl_2}{2}x - \frac{px^2}{2}\right) dx = \left[6\,\frac{x^2}{2} - \frac{3}{6}x^3\right]_0^4 = 16 \text{ m}^2 \cdot \text{t}$$

$$M_0 l_1 + 2M_1(l_1 + l_2) + M_2 l_2 = -6\left(\frac{\Omega_1 D_1}{l_1} + \frac{\Omega_2 d_2}{l_2}\right)$$

$$4M_0 + 16M_1 + 4M_2 = -6\left(\frac{12 \times 2}{4} + \frac{16 \times 2}{4}\right) = -84 \text{ m} \cdot \text{t}$$

Figura 7.16-*b*

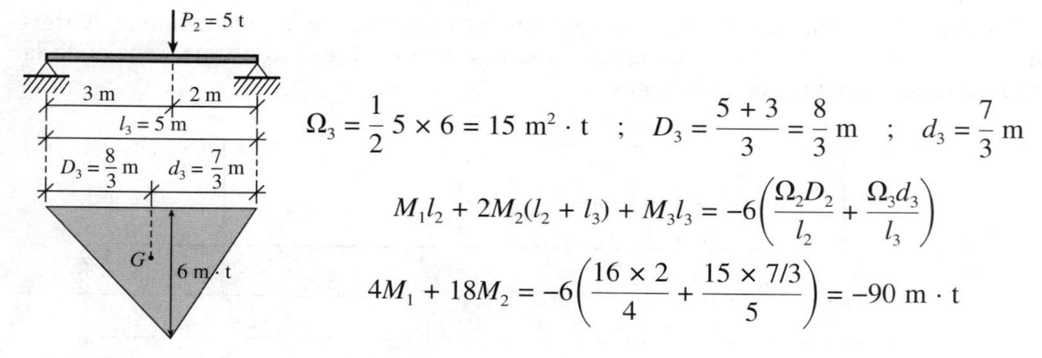

$$\Omega_3 = \frac{1}{2}\,5 \times 6 = 15 \text{ m}^2 \cdot \text{t} \quad ; \quad D_3 = \frac{5+3}{3} = \frac{8}{3} \text{ m} \quad ; \quad d_3 = \frac{7}{3} \text{ m}$$

$$M_1 l_2 + 2M_2(l_2 + l_3) + M_3 l_3 = -6\left(\frac{\Omega_2 D_2}{l_2} + \frac{\Omega_3 d_3}{l_3}\right)$$

$$4M_1 + 18M_2 = -6\left(\frac{16 \times 2}{4} + \frac{15 \times 7/3}{5}\right) = -90 \text{ m} \cdot \text{t}$$

Figura 7.16-*c*

Obtenemos así el siguiente sistema de ecuaciones

$$\begin{cases} 2M_0 + M_1 = -9 \text{ m} \cdot \text{t} \\ M_0 + 4M_1 + M_2 = -21 \text{ m} \cdot \text{t} \\ 2M_1 + 9M_2 = -45 \text{ m} \cdot \text{t} \end{cases}$$

cuyas soluciones son:

$$M_0 = -2{,}745 \text{ m} \cdot \text{t} \quad ; \quad M_1 = -3{,}508 \text{ m} \cdot \text{t} \quad ; \quad M_2 = -4{,}221 \text{ m} \cdot \text{t}$$

Una vez obtenidos los momentos en las secciones en donde están situados empotramiento y apoyos, el dibujo del diagrama pedido de momentos flectores es inmediato (Fig. 7.16-*c*).

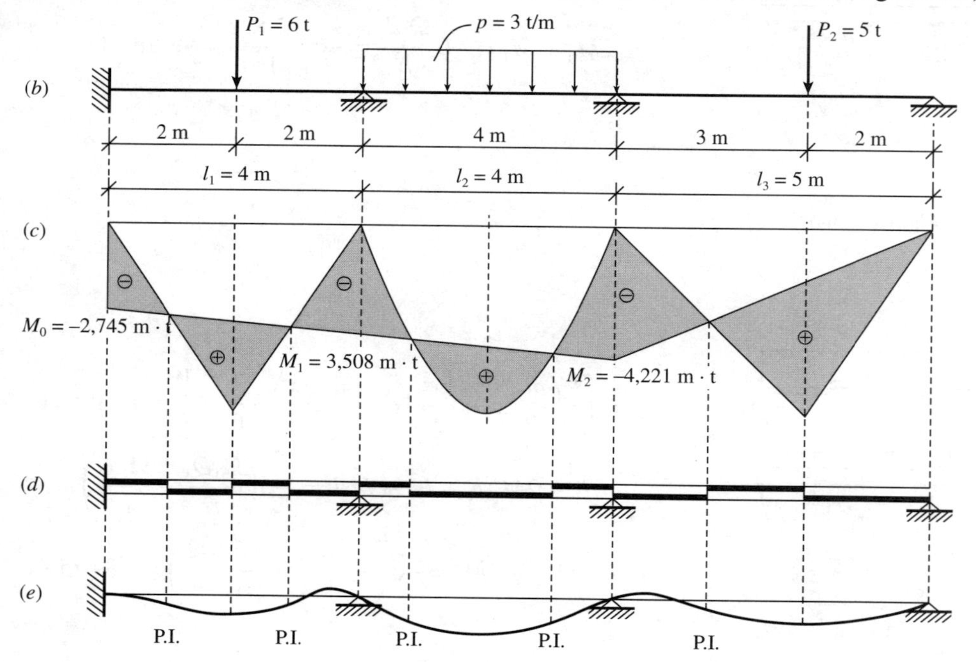

Figura 7.16-*d*

En la Figura 7.16-*d* se ha hecho la representación simbólica de la línea elástica, indicando con línea gruesa la situación de la fibra traccionada, para hacer a continuación el dibujo a estima de la elástica (Fig. 7.16-*e*), en el que se han señalado los puntos de inflexión (P.I.) de la misma.

7.4. Vigas Gerber

Se denominan así a las vigas continuas que se convierten en vigas isostáticas introduciendo rótulas intermedias, o articulaciones, en número igual al grado de hiperestaticidad. El nombre se debe al ingeniero Gerber, que fue quien primero las utilizó. En estas vigas las ecuaciones de compatibilidad de las deformaciones son las que expresan que en las rótulas intercaladas el momento flector es nulo. Se comprende que para que la viga sea isostática el número de rótulas tiene que coincidir con el número de incógnitas superfluas, es decir, con el grado de hiperestaticidad.

Como sabemos, una rótula transmite esfuerzo cortante y esfuerzo normal, no así el momento flector, ya que permite libremente el giro de los elementos que une. Por transmitir el esfuerzo normal, seguiremos considerando un apoyo fijo y móviles los demás, ya que si no fuera así podrían aparecer esfuerzos normales no deseables en el caso, por ejemplo, de una posible dilatación.

En este tipo de vigas utilizaremos la misma nomenclatura que se ha establecido para las vigas continuas. Seguiremos considerando que M_i es el momento en la sección del apoyo *i*. Con objeto de ir fijando las ideas, consideremos una viga continua como la indicada en la Figura 7.17.

Esta viga continua es de grado de hiperestaticidad 2. Es evidente que si colocamos dos rótulas, G_1 y G_2, por ejemplo, en las secciones del segundo tramo en las que se anula el momento flector, esta viga ahora es isostática. El diagrama de momentos flectores no varía, lo que nos indica que podemos seguir considerando cada tramo

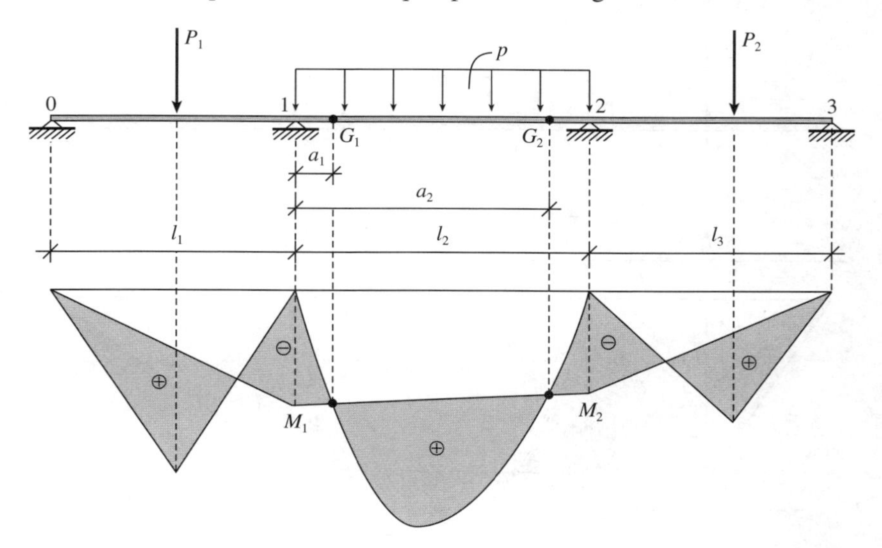

Figura 7.17

como la superposición de una viga isostática y otra, con momentos aplicados en las secciones extremas que no son otra cosa que los momentos flectores que existen en las secciones de los correspondientes apoyos.

Una primera consecuencia que se deduce de lo que se acaba de exponer es que las dos rótulas las podemos situar de forma diversa. Evidentemente, la distribución de articulaciones no puede ser hecha de forma arbitraria, ya que se tiene que cumplir la condición que la viga no se convierta en un mecanismo. Uno de los tramos, por lo menos, habrá de carecer de rótula, si se coloca una en cada uno de los demás. Cuando existen tres o más tramos se suelen distribuir las rótulas de tal forma que en los tramos extremos pueden colocarse o no, y en los demás, ninguna y dos, alternadamente.

Supongamos ahora que en vez de situar las rótulas en esas secciones, las colocamos en otra posición, como la indicada en la Figura 7.18.

Ahora el diagrama de momentos flectores es distinto del caso anterior a pesar de ser idéntico el estado de carga de la viga, como fácilmente se deduce de la simple observación de la Figura 7.18.

De esta forma se deduce un método muy sencillo para la determinación de los momentos flectores en una viga Gerber: una vez dibujados los momentos flectores de las vigas isostáticas, se determinan sobre ellos los puntos en los que se van a anular los momentos flectores que, evidentemente, se corresponden con las abscisas de las rótulas o articulaciones. La recta que une esos dos puntos pertenecen al diagrama de momentos de la viga hiperestática, del tramo en donde se sitúan las rótulas, de la viga continua de partida.

Los momentos M_1 y M_2 se obtendrán del sistema de ecuaciones

$$\left.\begin{aligned} M(G_1) &= 0: \quad \mathscr{M}(b_1) + M_1 + \frac{M_2 - M_1}{l_2}\, b_1 = 0 \\ M(G_2) &= 0: \quad \mathscr{M}(b_2) + M_1 + \frac{M_2 - M_1}{l_2}\, b_2 = 0 \end{aligned}\right\} \qquad (7.4\text{-}1)$$

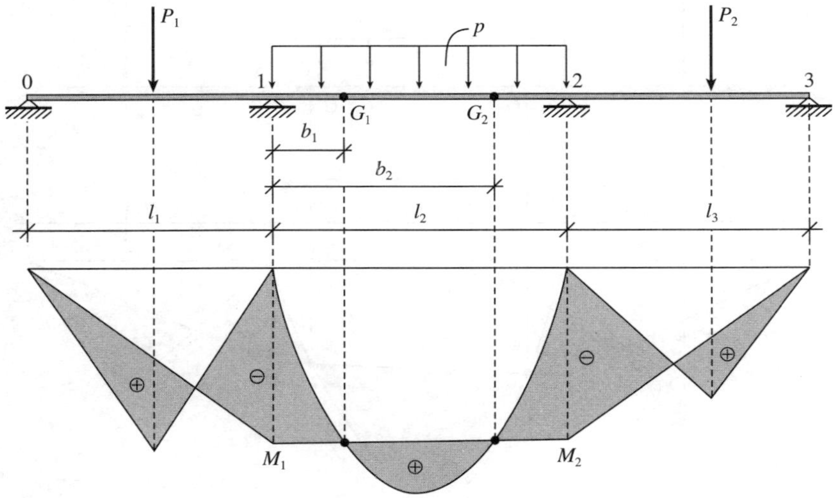

Figura 7.18

en donde $\mathscr{M}(b_1)$ y $\mathscr{M}(b_2)$ indican los valores del momento flector en la viga isostática correspondientes a las secciones de abscisas b_1 y b_2, respectivamente.

De una forma general, si la articulación G_i está situada en el tramo m-ésimo, la ecuación que expresa la nulidad del momento flector en ella sería (Fig. 7.19)

$$M(G_i) = 0: \quad \mathscr{M}(a_i) + M_{m-1} + \frac{M_m - M_{m-1}}{l_m} a_i = 0 \tag{7.4-2}$$

Las reacciones en los apoyos se deducen fácilmente considerando cada tramo como superposición de la viga isostática sometida a las cargas dadas, y de la viga en la que actúan en sus secciones extremas los momentos flectores correspondientes. Evidentemente, para todo apoyo intermedio habrá que considerar las reacciones del apoyo en los tramos contiguos.

Así, en el apoyo m, si la reacción en la viga isostática de la izquierda es $R'_{m,m-1}$, y en la de la derecha es $R'_{m,m+1}$, la reacción en la otra viga es $\dfrac{M_{m-1} - M_m}{l_m}$ en el tramo de la izquierda, y $\dfrac{M_{m+1} - M_m}{l_{m+1}}$ en el de la derecha, la reacción en el apoyo m, por el principio de superposición, será:

$$R_m = R'_{m,m-1} + R'_{m,m+1} + \frac{M_{m-1} - M_m}{l_m} + \frac{M_{m+1} - M_m}{l_{m+1}} \tag{7.4-3}$$

Una vez determinadas las reacciones, las leyes de esfuerzos cortantes así como el dibujo de su correspondiente diagrama sería inmediato.

De lo expuesto hasta aquí sobre las vigas Gerber se deduce que, situando de forma adecuada las rótulas, se pueden igualar en valor absoluto los momentos flectores que corresponden a los apoyos (momentos negativos) con los momentos flectores máximos en los tramos (momentos positivos). De esta forma se pueden disminuir las dimensiones de la viga y optimizar así su capacidad resistente.

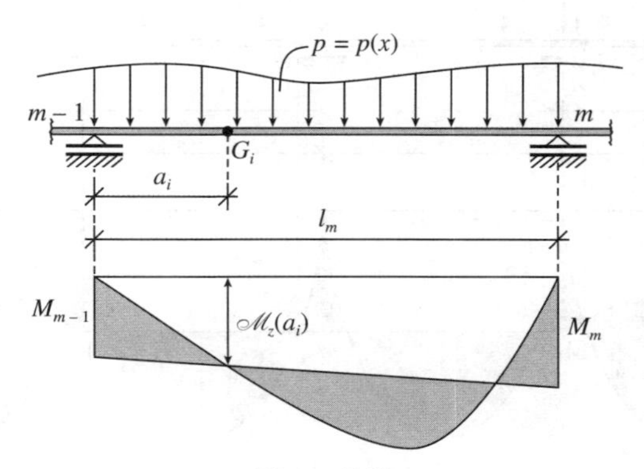

Figura 7.19

Ejemplo 7.4.1. Se ha de diseñar como viga Gerber la correa de la cubierta horizontal de una nave industrial que va a estar sometida a una carga uniforme $p = 3$ kN/m. La correa descansa sobre cinco apoyos, dos extremos y tres intermedios igualmente distanciados entre sí $l = 3$ m. Se pide cómo hay que situar las rótulas para que sean mínimas las dimensiones de la correa, determinando, asimismo, qué IPN habría que utilizar, sabiendo que el módulo de elasticidad del perfil es $E = 2 \times 10^5$ MPa y que la flecha en una viga no puede exceder a 1/300 de su luz.

Las dimensiones del perfil que se utilice tendrá dimensiones mínimas cuando los momentos positivos máximos sean iguales en valor absoluto a los negativos. Para ello se tiene que verificar que

$$M_1 = M_2 = M_3 = -\frac{pl^2}{16}$$

Como el sistema considerado es hiperestático de tercer grado, colocaremos tres rótulas: G_1, en el primer tramo, y otras dos, G_2 y G_3, en el tercero.

En el primer tramo se tendrá que verificar que el momento flector máximo $M_{\text{máx } 1}$, que se presenta en la sección media del tramo $0G_1$, sea igual en valor absoluto a M_1. Tendremos presente que toda porción de viga comprendida entre cada dos secciones de momento flector nulo se comporta, en lo que a esfuerzos cortantes y momentos flectores se refiere, como una viga simplemente apoyada, de luz igual a la separación entre ambas secciones.

Si $0G_1 = x_1$:

$$M_{\text{máx } 1} = \frac{px_1^2}{8} = \frac{pl^2}{16} \quad \Rightarrow \quad x_1 = \frac{l_1}{\sqrt{2}}$$

y, por consiguiente,

$$a_1 = l - x_1 = l\left(1 - \frac{1}{\sqrt{2}}\right) = 0{,}2929l$$

es decir, la rótula G_1 se sitúa en el primer tramo a una distancia $a_1 = 0{,}2929l$ del apoyo 1.

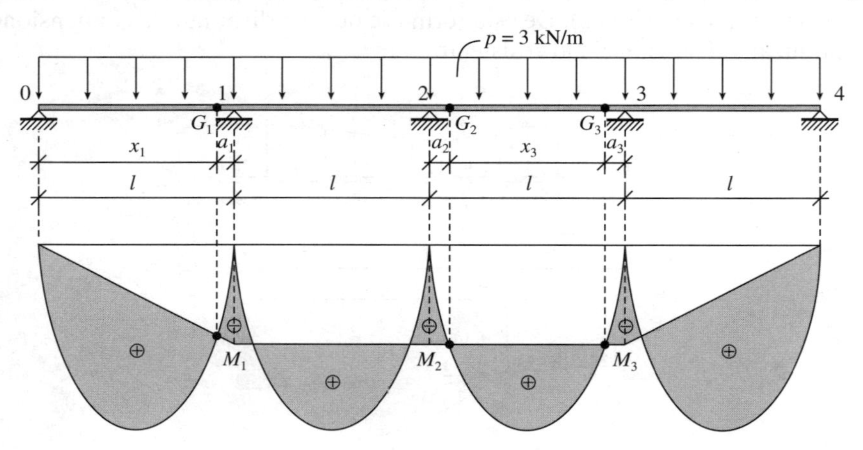

Figura 7.20

Por otra parte, en el tercer tramo, si $\overline{G_2G_3} = x_3$ y $\overline{2G_2} = a_2$, el momento flector en el apoyo 2 es

$$-\frac{px_3}{2}a_2 - \frac{pa^2}{2} = -\frac{px_3^2}{8}$$

De aquí se obtiene la ecuación de segundo grado en x_3

$$x_3^2 - 4a_2x_3 - 4a_2^2 = 0$$

cuya solución válida es:

$$x_3 = \frac{4a_2 + \sqrt{16a_2^2 + 16a_2^2}}{2} = 2a_2(1 + \sqrt{2})$$

Como

$$l = 2a_2 + x_3 = 2a_2(2 + \sqrt{2})$$

despejando a_2 se obtiene

$$a_2 = \frac{l}{2(2 + \sqrt{2})} = 0{,}1464l$$

es decir, las rótulas G_2 y G_3 se situarán en el tercer tramo a distancia $a_2 = 0{,}1464l$ de los apoyos 2 y 3.

Para determinar el perfil necesario expresaremos la condición de que la flecha no puede superar a 1/300 de la luz.

Podemos admitir que, por razón de simetría, la tangente a la elástica de la viga en el apoyo central es horizontal. La flecha f (Fig. 7.20-*a*) se compone de dos partes: una, la distancia de la rótula G_2 a la tangente a la elástica en el apoyo 2, que podemos calcular aplicando el primer teorema de Mohr; y otra, que es la flecha de una viga simplemente apoyada, de luz x_3, sometida a carga uniforme p

$$f = \frac{1}{EI_z}\int_0^{a_2}\left(\frac{pl^2}{16} - \frac{pl}{2}x\right)(a_2 - x)\,dx + \frac{5}{384}\frac{px_3^4}{EI_z}$$

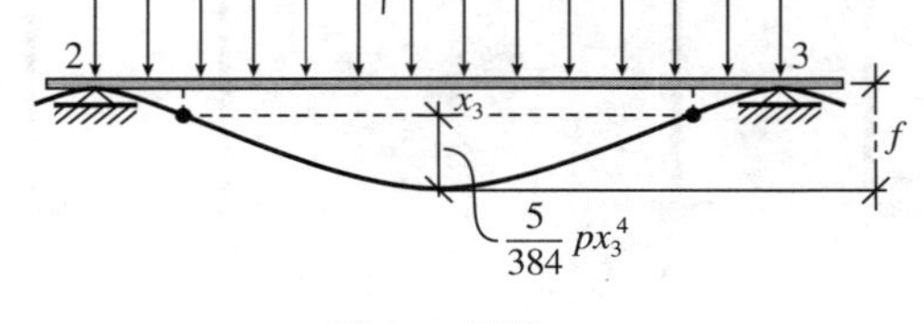

Figura 7.20-*a*

Integrando y teniendo en cuenta que $a_2 = 0{,}1464l$, tenemos

$$f = \frac{1}{EI_z}\left[\int_0^{a_2} \frac{pl^2}{16} a_2\, dx - \int_0^{a_2} \frac{pl^2}{16} x\, dx - \int_0^{a_2} \frac{pl}{2} a_2 x\, dx + \int_0^{a_2} \frac{pl}{2} x^2\, dx + \frac{5px_3^4}{384}\right] =$$

$$= \frac{pl^4}{EI_z}\left(\frac{0{,}1464^2}{16} - \frac{0{,}1464^2}{32} - \frac{0{,}1464^3}{4} + \frac{0{,}1464^3}{6} + \frac{5}{384} 0{,}7136^4\right) =$$

$$= 3{,}784 \times 10^{-3} \frac{pl^4}{EI_z} \leqslant \frac{l}{300}$$

de donde el valor de I_z mínimo será

$$I_z \geqslant \frac{3{,}784 \times 10^{-3} \times 3 \times 10^3 \times 3^4 \times 300}{3 \times 2 \times 10^{11}} = 46 \times 10^{-8}\ \text{m}^4 = 46\ \text{cm}^4$$

De la tabla de perfiles laminados se obtiene el perfil necesario: IPN-80, cuyo I_z es $I_z = 77{,}8\ \text{cm}^4$.

7.5. Sistemas hiperestáticos. Grado de hiperestaticidad de un sistema

En los epígrafes anteriores nos hemos referido a vigas hiperestáticas y se han expuesto diversos métodos para realizar su cálculo. Ahora consideraremos *sistemas hiperestáticos*, que son los que están formados por un conjunto de barras ensambladas entre sí, bien mediante nudos rígidos, bien mediante articulaciones.

En lo que sigue consideraremos sistemas hiperestáticos planos, es decir, sistemas en los que las líneas medias de las barras que lo componen están situadas en un plano, así como que las cargas que le solicitan están contenidas en dicho plano. Cuando se nos presenta la necesidad de estudiar un sistema hiperestático, esto es, cuando tenemos que calcular las leyes de momentos flectores, esfuerzos cortantes y esfuerzos normales, lo primero que hay que hacer es analizar su esquema para determinar el *grado de hiperestaticidad*, que ya hemos definido en el epígrafe 7.2 en el caso de vigas.

Fijémonos en el sistema representado en la Figura 7.21-*a*, formado por un doble pórtico cuyos nudos supondremos perfectamente rígidos y sus tres soportes perfectamente empotrados en terreno firme.

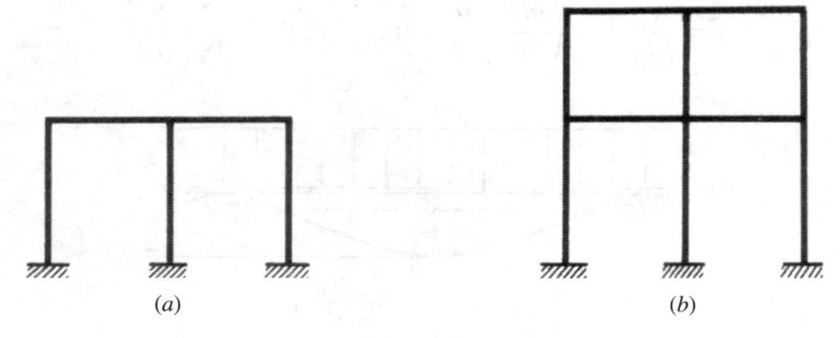

Figura 7.21

Según vimos en el epígrafe 1.11, un empotramiento equivale a tres incógnitas: dos componentes de la reacción y la tercera que corresponde al momento. Por tanto, para conocer las acciones de las ligaduras externas sobre el sistema de la Figura 7.21-*a* se necesita determinar nueve incógnitas. Como el número de ecuaciones de equilibrio es tres, por tratarse de un sistema plano, tenemos seis incógnitas estáticamente indeterminadas o hiperestáticas. Es evidente que conocidas las reacciones y los momentos en las secciones de los empotramientos de los soportes del sistema considerado están perfectamente determinadas las leyes de momentos flectores, esfuerzos cortantes y esfuerzos normales en todas y cada una de las partes del sistema. Pero si consideramos el pórtico de la Figura 7.21-*b*, que tiene las mismas ligaduras externas que el anterior, vemos que el conocimiento de las seis incógnitas estáticamente indeterminadas es insuficiente para la determinación de momentos y esfuerzos en todas las barras del sistema. Esto es debido a que se han introducido contornos cerrados.

Pero antes de seguir adelante y ver a cuántos grados de hiperestaticidad equivale un contorno cerrado, nos damos cuenta que existen dos causas que hacen que el sistema sea hiperestático: las incógnitas en exceso de los enlaces provenientes de las ligaduras externas al sistema, y las que se derivan de la forma que estén conectadas entre sí las diversas partes del propio sistema. En el primer caso tenemos los *sistemas exteriormente hiperestáticos*, como es el caso de la viga continua representada en la Figura 7.22-*a*; y en el segundo, los *sistemas interiormente hiperestáticos*, como es el pórtico de la Figura 7.22-*b*, con un apoyo fijo en A y otro móvil en B.

Si llamamos *ligaduras superfluas* a aquellas cuya eliminación se puede realizar sin perjudicar la invariabilidad del sistema, diremos que el *grado de hiperestaticidad* es igual al número de ligaduras superfluas, tanto exteriores como interiores, cuya eliminación convierte el sistema dado en isostático invariable, entendiendo por tal el sistema cuya configuración geométrica no puede cambiar sin deformación de sus elementos, ya que en caso contrario se trataría de un *mecanismo*.

Si llamamos n al grado de hiperestaticidad del sistema y n_e, n_i los correspondientes a las ligaduras superfluas exteriores e interiores, respectivamente, se verificará:

$$n = n_e + n_i \tag{7.5-1}$$

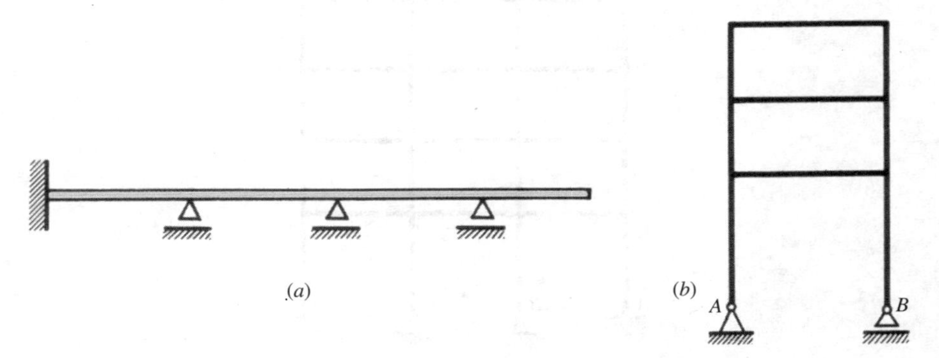

Figura 7.22

Calcularemos el grado de hiperestaticidad aplicando esta relación, es decir, hallaremos el número de incógnitas superfluas que corresponden a las ligaduras externas, por una parte, y a las internas, por otra, y después sumaremos ambos números.

El cálculo de n_e es muy simple, pues se obtendrá como diferencia entre la suma de las incógnitas que corresponden a todas las ligaduras externas y tres, ya que este número es el de ecuaciones que tenemos al plantear las ecuaciones de equilibrio del sistema, que suponemos plano, según hemos indicado antes.

Así, en el sistema representado en la Figura 7.23 el número de incógnitas debidas a las ligaduras externas en A, B, C, D es 3, 2, 2 y 3, respectivamente. Por tanto, el valor de n_e será

$$n_e = 3 + 2 + 2 + 3 - 3 = 7$$

Para calcular n_i veamos primeramente que un contorno cerrado (Fig. 7.24-*a*) equivale a tres grados de hiperestaticidad. En efecto, si realizamos un corte en uno de los lados del contorno (Fig. 7.24-*b*) éste se convierte en isostático. Este seccionamiento equivale a eliminar tres ligaduras internas, cuyas reacciones serían el esfuerzo normal, el esfuerzo cortante y el momento flector, que existen en la sección en la que se ha supuesto realizado el corte.

Si en vez de hacer un corte introducimos una articulación (Fig. 7.24-*c*) se mantienen los esfuerzos normal y cortante, pero se elimina el momento flector. Por tanto, la introducción de una articulación, que calificaremos de ordinaria, en uno de los elementos de un sistema hiperestático equivale a eliminar una incógnita y rebaja en una unidad el grado de hiperestaticidad del sistema.

Cuando estudiemos un sistema tendremos en cuenta el número C de contornos cerrados y el número de barras que concurren en cada articulación existente, ya que una articulación en el que concurran b barras equivale a $(b - 1)$ articulaciones ordinarias, según se desprende fácilmente de la Figura 7.25 al ser equivalentes los dos esquemas indicados.

Podríamos resumir lo dicho proponiendo como fórmula para calcular el grado de hiperestaticidad interior la siguiente:

$$n_i = 3C - A \tag{7.5-2}$$

en donde C es el número de contornos cerrados y A el número de articulaciones, tomando cada una de ellas el valor del número de barras menos una que concurran en la misma.

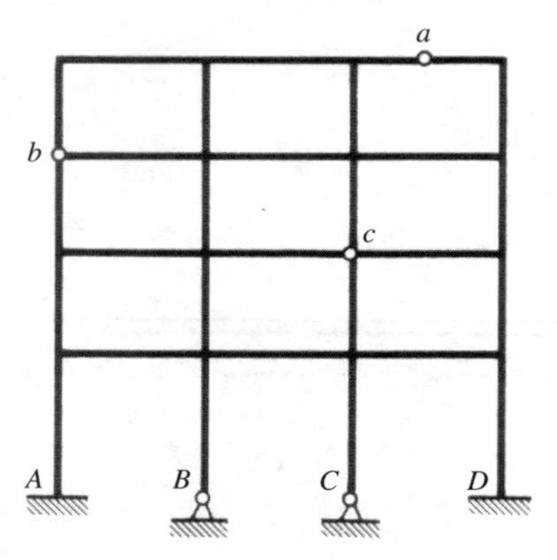

Figura 7.23

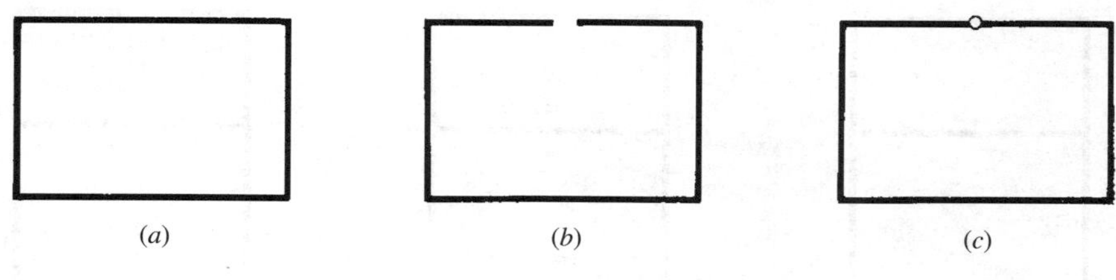

Figura 7.24

Hay que hacer la observación que el terreno no cierra contornos, es decir, que el pórtico simple de la Figura 7.26 es de grado de hiperestaticidad tres, siendo las tres ligaduras superfluas ligaduras externas, ya que ligaduras interiores no tiene ninguna.

Así, el número de contornos cerrados en el sistema de la Figura 7.23 es $C = 9$; la articulación a rebaja una unidad el grado de hiperestaticidad; la articulación b, dos; y tres, la articulación c. El grado de hiperestaticidad interior es

$$n_i = 3 \times 9 - (1 + 2 + 3) = 21$$

Por tanto, el grado de hiperestaticidad del sistema será:

$$n = n_e + n_i = 7 + 21 = 28$$

es decir, el sistema dado tiene 28 ligaduras superfluas.

Convertido un sistema hiperestático en isostático eliminando las ligaduras superfluas, la eliminación de una ligadura más cualquiera de este sistema isostático lo transforma en mecanismo y, por consiguiente, un sistema isostático tiene el número de ligaduras estrictamente mínimo necesario para asegurar su invariabilidad.

Por el contrario, si introducimos en un sistema isostático cualquier ligadura por encima de este número mínimo, la ligadura es superflua y transforma el sistema dado en sistema hiperestático.

Al eliminar las ligaduras superfluas hay que tener buen cuidado de no eliminar aquellas que puedan convertir el sistema en mecanismo.

Por ejemplo, en el pórtico de la Figura 7.27-*a*, de grado de hiperestaticidad tres, no podríamos eliminar el apoyo móvil e introducir la articulación *a* (Fig. 7.27-*b*), ya que se convertiría en un sistema variable, es decir, en un mecanismo. Sí podríamos, por el contrario, realizar un corte en cualquiera de los lados del contorno cerrado (Fig. 7.27-*c*).

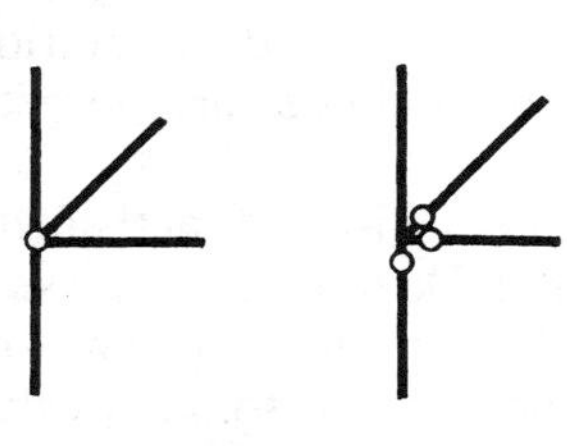

Figura 7.25

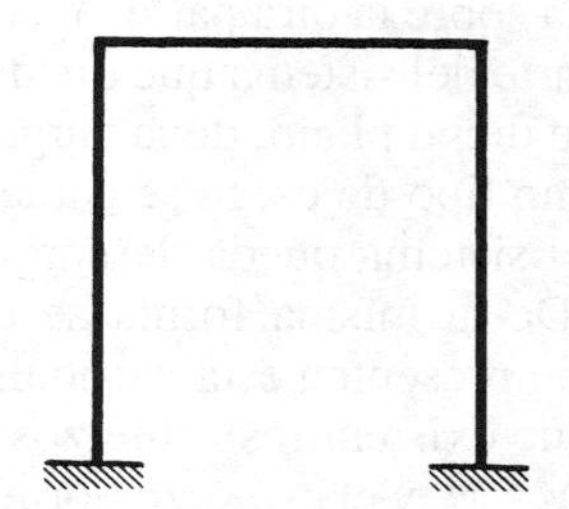

Figura 7.26

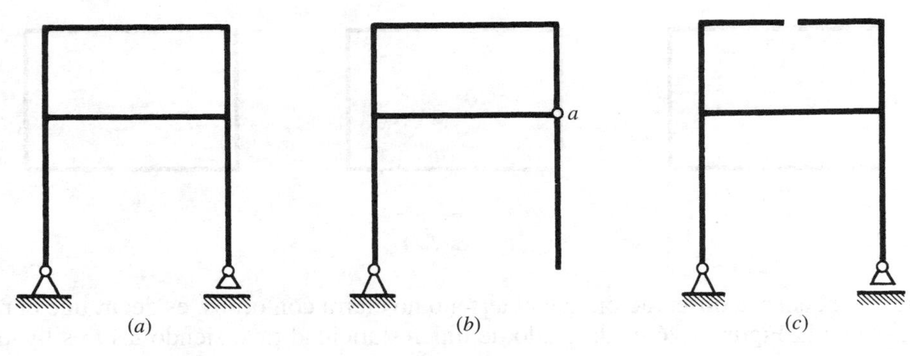

Figura 7.27

Ejemplo 7.5.1. Calcular el grado de hiperestaticidad del sistema indicado en la Figura 7.28.

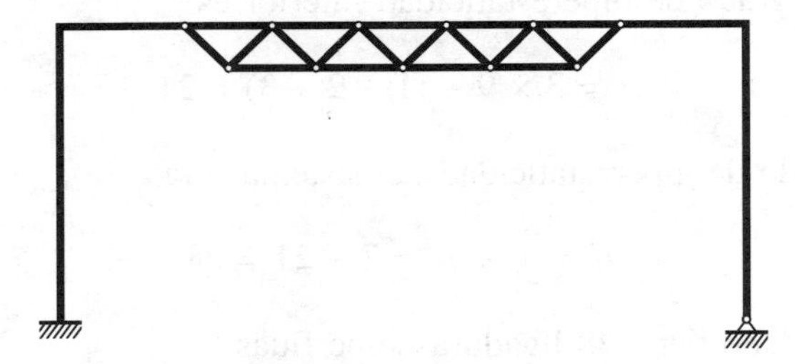

Figura 7.28

Por las ecuaciones (7.5-1) y (7.5-2), el grado de hiperestaticidad es

$$n = n_e + 3C - A = (5 - 3) + (3 \times 9) - (4 \times 2 + 7 \times 3) = 0$$

es decir, al ser el grado de hiperestaticidad 0, nos indica que el sistema dado es isostático.

7.6. Simetría y antisimetría en sistemas hiperestáticos

El grado de hiperestaticidad de un sistema puede disminuir cuando la estructura admite un plano de simetría y la carga aplicada presenta simetría o antisimetría respecto a él. Decimos que la carga es *simétrica*, cuando la carga sobre la parte del sistema que queda a un lado del plano de simetría es imagen especular, respecto de dicho plano, de la carga que actúa sobre la otra parte. Y entendemos que la carga es *antisimétrica* cuando la carga sobre la parte del sistema que queda a un lado del plano de simetría es imagen especular, respecto de dicho plano, de la carga que actúa sobre la otra parte, pero de sentido contrario. Este último tipo de carga se caracteriza porque, al superponerle el estado de carga simétrico a él, el sistema queda descargado.

De la misma forma se definen los esfuerzos interiores simétricos y antisimétricos, según presenten esta particularidad respecto del plano de corte. De la Figura 7.29 se deduce que existen tres esfuerzos simétricos respecto del plano de corte: los momentos flectores M_y, M_z y el esfuerzo normal N. Los otros tres esfuerzos: momento torsor M_T y esfuerzos cortantes T_y y T_z, son antisimétricos.

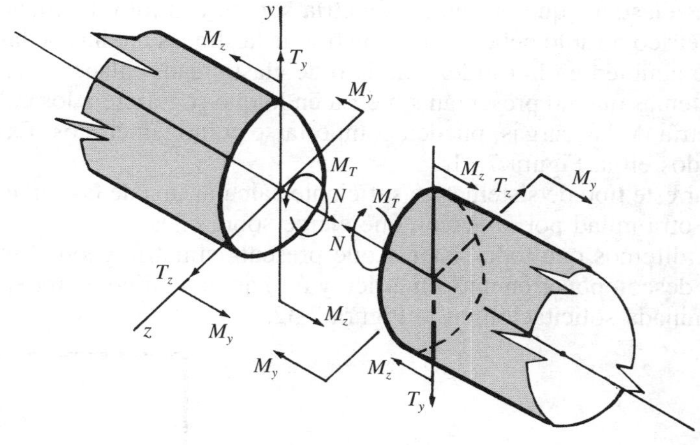

Figura 7.29

Por razón de simetría podemos afirmar que en los cortes que el plano de simetría determina en el sistema, los esfuerzos interiores simétricos son nulos cuando la carga es antisimétrica. En el caso de ser la carga simétrica los que se anulan son los esfuerzos antisimétricos.

Es evidente que cualquiera de estas circunstancias hace disminuir el grado de hiperestaticidad del sistema. Por ejemplo, en el pórtico indicado en la Figura 7.30-*a* la carga que actúa en su plano es simétrica. De los tres esfuerzos interiores que existen, pues, es un caso plano, dos son simétricos (N y M_z) y el tercero (T) es antisimétrico. Si la carga no fuera simétrica, el grado de hiperestaticidad del sistema sería 3. Sin embargo, como el esfuerzo cortante es nulo en la sección perteneciente al plano de simetría, el grado de hiperestaticidad es realmente 2.

Análogamente, en el pórtico simétrico con carga antisimétrica indicado en la Figura 7.30-*b*, son nulos los esfuerzos interiores simétricos N y M_z, por lo que el grado de hiperestaticidad real es 1.

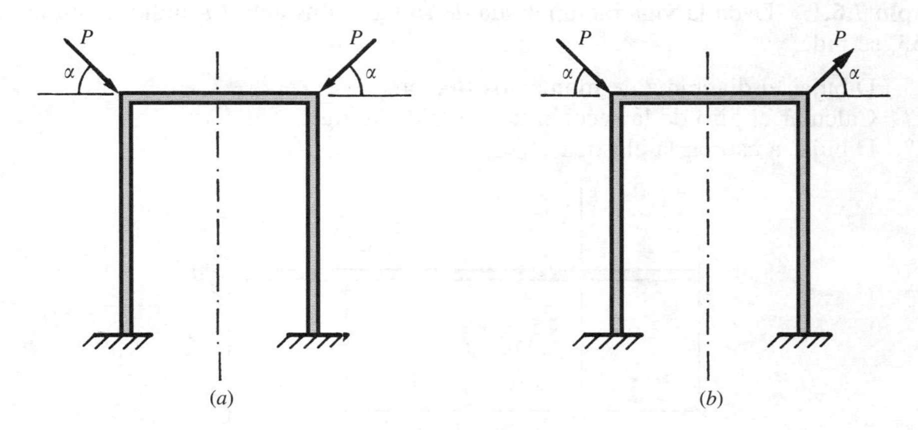

Figura 7.30

Los sistemas elásticos que presentan simetría son de uso muy frecuente. Para que el sistema sea simétrico no sólo debe existir simetría de las líneas medias de las barras que lo componen, sino también en la rigidez, módulo de elasticidad, enlaces, etc.

Algunos sistemas que no presentan simetría en lo que se refiere a los enlaces, siempre que exista simetría de las cargas, pueden comportarse como simétricos. Es el caso de los sistemas indicados en la Figura 7.31.

Para calcular este tipo de sistemas es suficiente calcular una de las mitades simétricas, sustituyendo la otra mitad por la acción que ejerce sobre ella.

Finalmente, diremos que todo sistema que presenta simetría geométrica, pero no de carga, se puede descomponer en uno simétrico y otro antisimétrico, como queda reflejado para una determinada solicitación en la Figura 7.32.

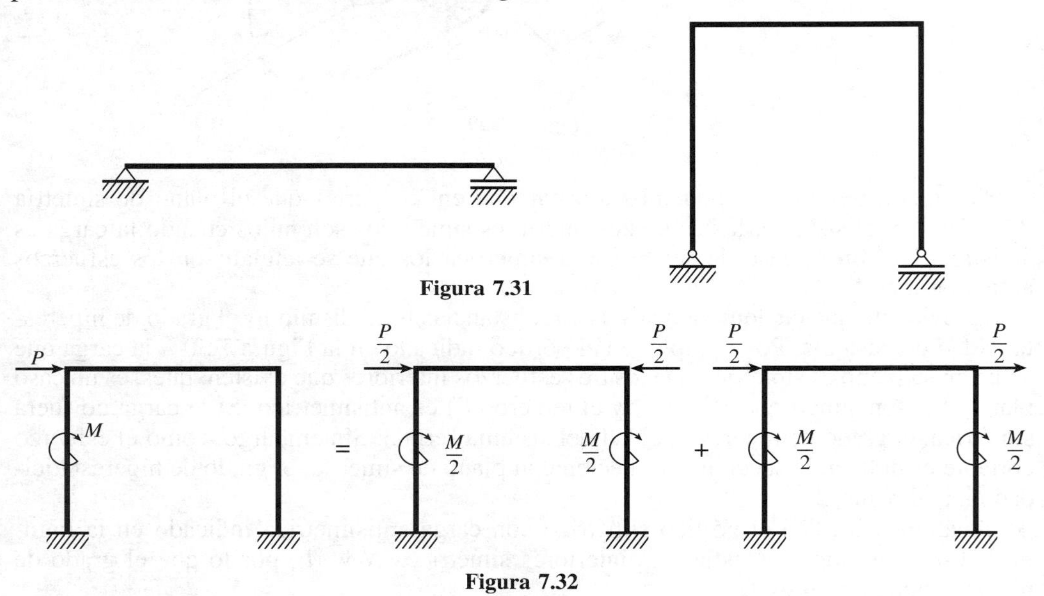

Figura 7.31

Figura 7.32

Ejemplo 7.6.1. Dada la viga biempotrada de rigidez constante EI_z indicada en la Figura 7.33, se pide:

1.º Dibujar el diagrama de momentos flectores.
2.º Calcular el giro de la sección media C de la viga.
3.º Dibujar a estima la elástica.

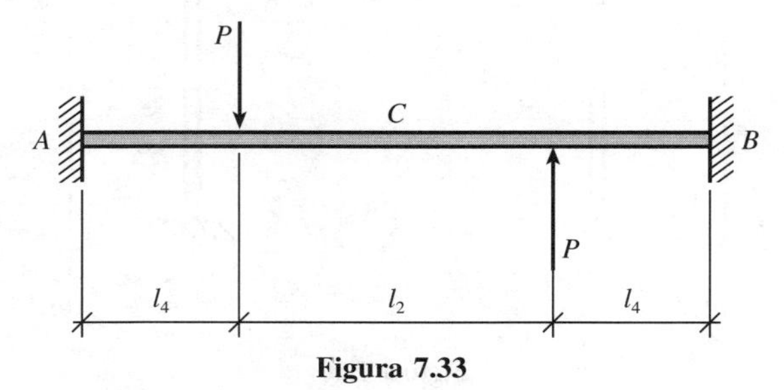

Figura 7.33

1.º Se trata de un sistema hiperestático de tercer grado que, al ser simétrico con carga antisimétrica, en la sección media C se anulan esfuerzo normal y momento flector M_z. Además, es nulo el desplazamiento de la sección C.

Por consiguiente, el estudio del sistema dado se reduce al del indicado en la Figura 7.33-*a*.

El momento M_A se determina aplicando el segundo teorema de Mohr

$$\frac{1}{EI_z}\left(\frac{1}{2}\,\frac{Pl}{8}\,\frac{l}{2}\,\frac{l}{4}+\frac{1}{2}\,M_A\,\frac{l}{2}\,\frac{2}{3}\,\frac{l}{2}\right)=0$$

De aquí se obtiene:

$$M_A=-\frac{3Pl}{32}$$

Como la reacción en A es

$$R_A=\frac{P}{2}-\frac{M_A}{l/2}=\frac{P}{2}+\frac{6Pl}{32l}=\frac{22}{32}\,P$$

la ley de momentos flectores será:

$$M_z=-\frac{3Pl}{32}+\frac{22}{32}\,Px-P\langle x-l/4\rangle$$

expresión que nos permite dibujar el diagrama de momentos flectores en la mitad de la viga, obteniendo el diagrama de la otra mitad por simetría (Fig. 7.33-*b*).

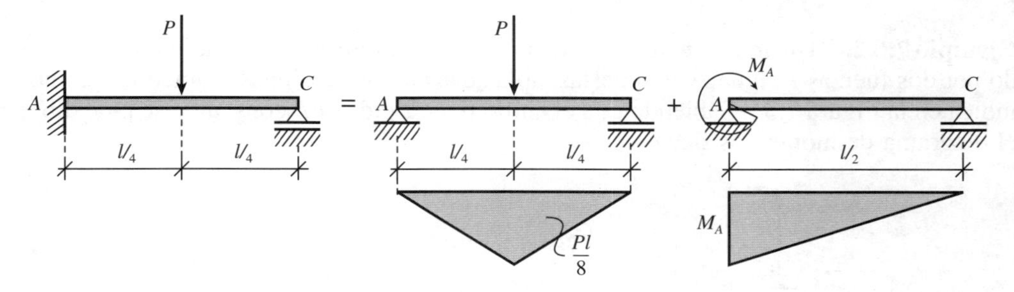

Figura 7.33-*a*

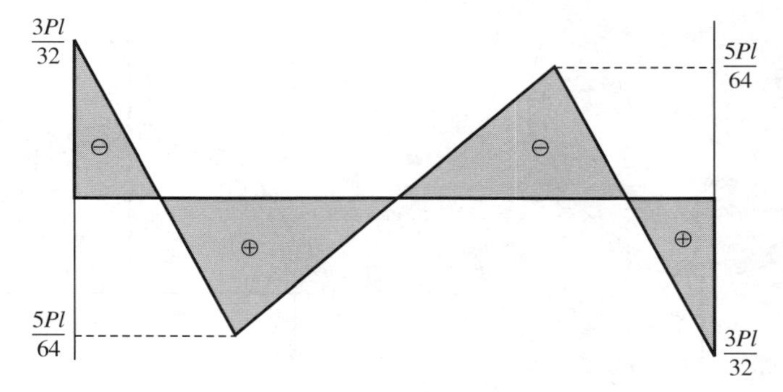

Figura 7.33-*b*

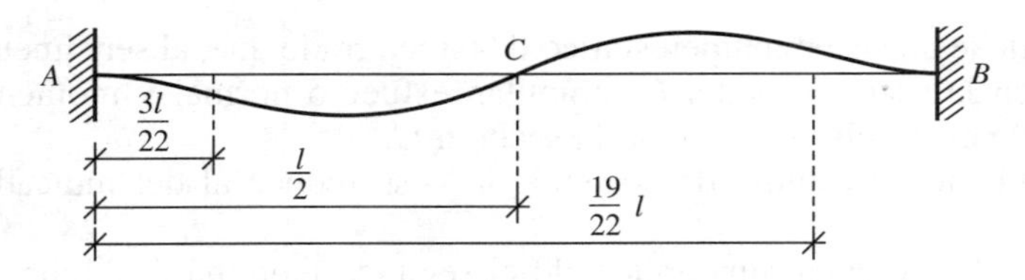

Figura 7.33-*c*

2.º El giro de la sección C lo podemos calcular aplicando el primer teorema de Mohr, teniendo en cuenta que el área del diagrama de momentos flectores se puede obtener por suma de las correspondientes a los diagramas de momentos de las vigas isostática e hiperestática

$$\theta_{AC} = \theta_C - \theta_A = \theta_C = \frac{1}{EI_z}\left(\frac{1}{2}\,\frac{Pl}{8}\,\frac{l}{2} - \frac{1}{2}\,\frac{3Pl}{32}\,\frac{l}{2}\right) = \frac{Pl^2}{128EI_z}$$

3.º A la vista del diagrama de momentos flectores, el dibujo a estima de la elástica es inmediato (Fig. 7.33-*c*).

La elástica presenta puntos de inflexión en aquellas secciones en las que se anula el momento flector

$$-\frac{3Pl}{32} + \frac{22}{32}\,Px_1 = 0 \quad \Rightarrow \quad x_1 = \frac{3}{22}\,l$$

Existen otros dos puntos de inflexión, que se obtienen por simetría

$$x_2 = \frac{l}{2} \quad ; \quad x_3 = l - \frac{3}{22}\,l = \frac{19}{22}\,l$$

Ejemplo 7.6.2. Un anillo cuya línea media es una circunferencia de radio R está solicitado por dos fuerzas F, iguales y opuestas, aplicadas en dos secciones diametrales como se indica en la Figura 7.34. Sabiendo que el anillo tiene rigidez EI_z constante, se pide dibujar el diagrama de momentos flectores.

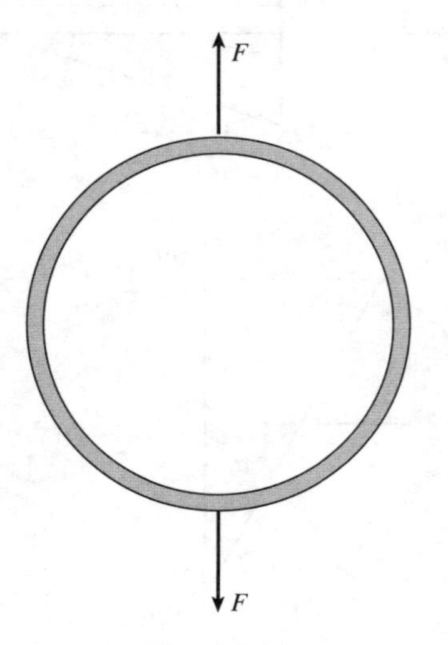

Figura 7.34

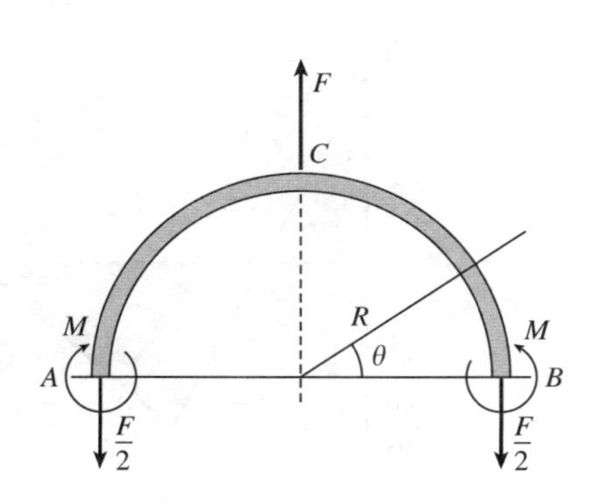

Figura 7.34-*a*

El anillo es un sistema hiperestático de tercer grado, pero al tratarse de un sistema simétrico con carga simétrica, el grado de hiperestaticidad se reduce a uno, ya que cortamos el anillo por el plano de simetría perpendicular a la línea de acción de las fuerzas F (Fig. 7.34-*a*), en las secciones de corte se anula el esfuerzo cortante, los esfuerzos normales toman ambos el valor $\frac{F}{2}$, y solamente tenemos como incógnita hiperestática el momento flector M.

Para determinar el valor del momento M hallaremos la expresión del potencial interno del anillo $\mathcal{T} = f(M, F)$, para poder aplicar el teorema de Menabrea, ya que, por razón de simetría, el giro de la sección A o C es igual a cero

$$\frac{\partial \mathcal{T}}{\partial M} = 0$$

La ley de momentos flectores es:

$$M_z = M - \frac{F}{2} R(1 - \cos \theta)$$

Para el cálculo del potencial interno tendremos en cuenta que debido a la simetría, es suficiente multiplicar por 4 el potencial interno de un cuarto de anillo. Supondremos despreciables los efectos debidos a los esfuerzos cortante y normal frente al debido al momento flector.

$$\mathcal{T} = 4 \int_0^{\pi/2} \frac{M_z^2}{2EI_z} ds = 4 \int_0^{\pi/2} \frac{\left[M - \frac{FR}{2}(1 - \cos \theta)\right]^2}{2EI_z} R\, d\theta = \frac{2R}{EI_z} \int_0^{\pi/2} \left[M - \frac{FR}{2}(1 - \cos \theta)\right]^2 d\theta$$

Por el teorema de Menabrea

$$\frac{\partial \mathcal{T}}{\partial M} = \frac{4R}{EI_z} \int_0^{\pi/2} \left[M - \frac{FR}{2}(1 - \cos \theta)\right] d\theta = \frac{4R}{EI_z}\left[M \frac{\pi}{2} - \frac{FR}{2}\left(\frac{\pi}{2} - 1\right)\right]$$

de donde se obtiene

$$M = \frac{FR(\pi - 2)}{2\pi}$$

Por tanto, la ley de momentos flectores es

$$M_z = \frac{FR(\pi - 2)}{2\pi} - \frac{FR}{2}(1 - \cos \theta) = FR(-0{,}3183 + 0{,}5 \cos \theta)$$

El momento flector se anula para

$$\cos \theta_1 = \frac{0{,}3183}{0{,}5} = 0{,}6366 \quad \Rightarrow \quad \theta_1 = 5^\circ\, 28'$$

El diagrama pedido se representa, para la mitad del anillo, en la Figura 7.34-*b*. Para la otra mitad del anillo el diagrama sería el simétrico.

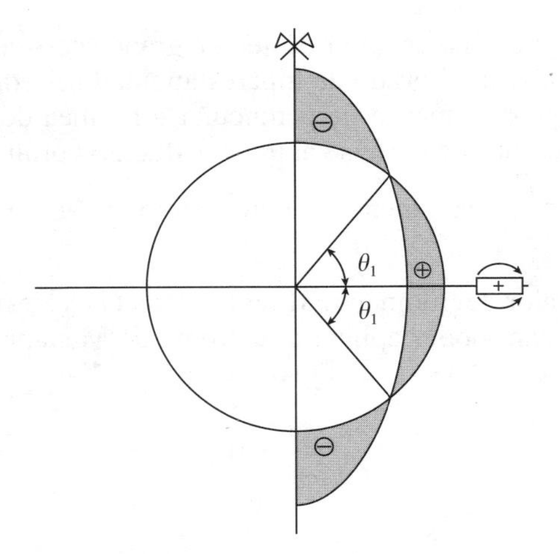

Figura 7.34-*b*

7.7. Método de las fuerzas para el cálculo de sistemas hiperestáticos

En epígrafes anteriores se han considerado exclusivamente vigas rectas hiperestáticas y se han resuelto los casos muy frecuentes en la práctica de vigas biempotradas o empotrado-apoyadas aplicando los teoremas de Mohr. No es éste el único método para la resolución de tales vigas. Ya hemos visto que existen otros, como puede ser el que se basa en la utilización de la ecuación de la línea elástica o aquellos que tienen su fundamento en los teoremas energéticos. Por un camino o por otro llegaríamos, evidentemente, a los mismos resultados.

Pero en la práctica nos encontramos con sistemas ciertamente más complejos, como pueden ser los compuestos por barras unidas rígidamente. Su resolución pertenece al campo de *teoría de las estructuras*. Sin embargo, vamos a exponer aquí un método general de cálculo de sistemas hiperestáticos reticulados, denominado *método de las fuerzas*, que nos permitirá resolver sistemas de relativa complejidad.

Consiste el *método de las fuerzas* en liberar el sistema hiperestático de las ligaduras superfluas sustituyéndolas por las fuerzas y momentos correspondientes, una vez determinado el grado de hiperestaticidad del sistema que, como hemos visto anteriormente, es igual al número de ligaduras superfluas. El sistema estáticamente determinado así obtenido se denomina *sistema base*. Hay que hacer notar que se pueden elegir arbitrariamente las n reacciones hiperestáticas entre las $n + 3$ incógnitas del sistema, pudiendo obtenerse

$$\binom{n+3}{n} = \frac{(n+3)(n+2)(n+1)}{6}$$

sistemas base a partir del mismo sistema hiperestático. Es evidente que el resultado a que se llega es el mismo independientemente del sistema base que se haya elegido, pero una elección afortunada del mismo puede simplificar los cálculos de forma notable.

Así, por ejemplo, dado el pórtico de la Figura 7.35-*a* es fácil ver que el grado de hiperestaticidad es dos. Eliminando, pues, dos incógnitas superfluas como pueden ser:

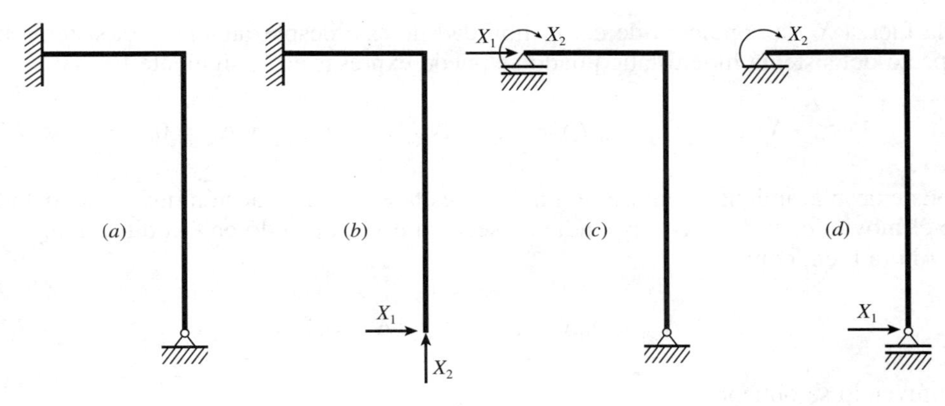

Figura 7.35

a) Las correspondientes al apoyo fijo, sustituyendo éste por las fuerzas X_1 y X_2, horizontal y vertical, respectivamente (Fig. 7.35-*b*).

b) Las que corresponden al empotramiento modificado, liberándolo de la imposibilidad de giro y desplazamiento horizontal, sustituyéndolo por un apoyo móvil y añadiendo una fuerza horizontal X_1 y un momento X_2 (Fig. 7.35-*c*).

c) Modificar el apoyo fijo y convertirlo en móvil, así como modificar el empotramiento convirtiéndolo en un apoyo fijo. En este caso habrá que considerar una fuerza horizontal X_1 en el apoyo móvil, equivalente a la coacción liberada, y a un momento en el apoyo fijo, que equivale al momento de empotramiento eliminado (Fig. 7.35-*d*).

El sistema base que se obtiene en cada uno de estos casos es el que se representa en la Figura 7.36.

El sistema base tiene que ser necesariamente un sistema isostático y, como hemos visto anteriormente, al eliminar o modificar las ligaduras superfluas en el sistema dado, tiene que ser un sistema estable, nunca un mecanismo.

Volvamos al caso general de un sistema de grado de hiperestaticidad *n*. En virtud de principio de superposición de efectos si Δ_i es el desplazamiento del punto de aplicación

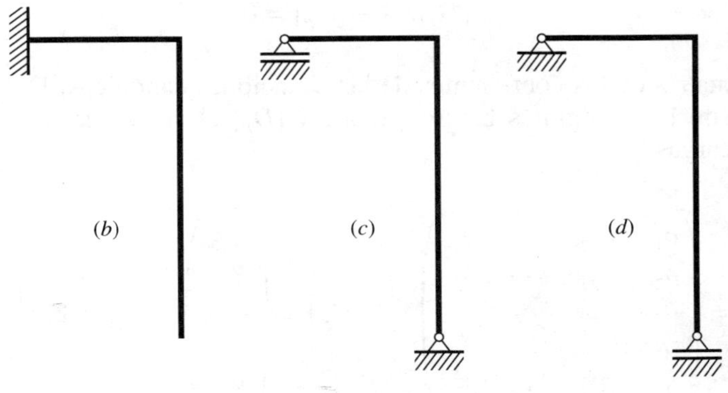

Figura 7.36

de la fuerza X_i, la condición de compatibilidad de este desplazamiento del sistema base respecto del sistema hiperestático dado se puede expresar de la siguiente forma:

$$\Delta_i(X_1, X_2, ..., X_n, P) = \Delta_{iX_1} + \Delta_{iX_2} + \cdots + \Delta_{ix_n} + \Delta_{iP} = 0 \qquad (7.7\text{-}1)$$

Este desplazamiento siempre será nulo, pues la X_i es una reacción que existe debido a que el movimiento de la correspondiente sección está impedido en esa dirección.

Ahora bien, como

$$\Delta_{iX_1} = \delta_{i1}X_1 \quad ; \quad \cdots \quad ; \quad \Delta_{iX_n} = \delta_{in}X_n \qquad (7.7\text{-}2)$$

sustituyendo se obtiene:

$$\delta_{i1}X_1 + \delta_{i2}X_2 + \cdots + \delta_{in}X_n + \Delta_{iP} = 0 \qquad (7.7\text{-}3)$$

en donde δ_{ij} es el desplazamiento en el sistema base del punto de aplicación de la fuerza X_i, en la dirección de ella misma, al aplicar la fuerza $X_j = 1$, y siendo Δ_{iP} el desplazamiento en el sistema base del punto de aplicación de la fuerza X_i, en su dirección, debido a la carga que actúa sobre el sistema.

Como se tienen n incógnitas X_i, se obtendrán n ecuaciones (7.7-3)

$$\begin{cases} \delta_{11}X_1 + \delta_{12}X_2 + \cdots + \delta_{1n}X_n + \Delta_{1P} = 0 \\ \delta_{21}X_1 + \delta_{22}X_2 + \cdots + \delta_{2n}X_n + \Delta_{2P} = 0 \\ \cdots\cdots\cdots\cdots\cdots\cdots\cdots\cdots \\ \cdots\cdots\cdots\cdots\cdots\cdots\cdots\cdots \\ \delta_{n1}X_1 + \delta_{n2}X_2 + \cdots + \delta_{nn}X_n + \Delta_{nP} = 0 \end{cases} \qquad (7.7\text{-}4)$$

Las ecuaciones de este sistema reciben el nombre de *ecuaciones canónicas* del método de las fuerzas. Se pueden expresar matricialmente de la siguiente forma:

$$[D][X] + [D_P] = 0 \qquad (7.7\text{-}5)$$

siendo $[D]$ la matriz de los coeficientes de las ecuaciones canónicas; $[X]$ el vector cuyas componentes son las incógnitas hiperestáticas, y $[D_P]$ el vector de los desplazamientos debidos a las cargas

$$[D] = \begin{pmatrix} \delta_{11} & \delta_{12} & \cdots & \delta_{1n} \\ \delta_{21} & \delta_{22} & \cdots & \delta_{2n} \\ \cdots & \cdots & \cdots & \cdots \\ \cdots & \cdots & \cdots & \cdots \\ \delta_{n1} & \delta_{n2} & \cdots & \delta_{nn} \end{pmatrix} \quad ; \quad [X] = \begin{pmatrix} X_1 \\ X_2 \\ \cdots \\ \cdots \\ X_n \end{pmatrix} \quad ; \quad [D_P] = \begin{pmatrix} \Delta_{1P} \\ \Delta_{2P} \\ \cdots \\ \cdots \\ \Delta_{nP} \end{pmatrix} \qquad (7.7\text{-}6)$$

Los coeficientes δ_{ij} de las incógnitas se pueden calcular, en caso de barras rectas o barras curvas de pequeña curvatura, mediante el método de Mohr expuesto en 5.8

$$\delta_{ij} = \sum \int \frac{M_{zi} M_{zj}}{EI_z} ds + \sum \int \frac{N_i N_j}{E\Omega} ds + \sum \int \frac{T_{yi} T_{yj}}{G\Omega_{1y}} ds \qquad (7.7\text{-}7)$$

siendo:

M_{zi}, N_i, T_{yi}, las leyes de momentos flectores, esfuerzos normales y esfuerzos cortantes, respectivamente, del sistema base sometido a la fuerza $X_i = 1$.

M_{zj}, N_j, T_{yj}, las leyes de momentos flectores, esfuerzos normales y esfuerzos cortantes, respectivamente, producidos por la fuerza $X_j = 1$.

Por otra parte, los desplazamientos Δ_{iP}, términos independientes de las ecuaciones canónicas, se calculan de igual forma aplicando el método de Mohr.

$$\Delta_{iP} = \sum \int \frac{M_{zi} M_{zP}}{EI_z} ds + \sum \int \frac{N_i N_P}{E\Omega} ds + \sum \int \frac{T_{yi} T_{yP}}{G\Omega_{1y}} ds \qquad (7.7\text{-}8)$$

siendo:

M_{zP}, N_P, T_{yP}, las leyes de momentos flectores, esfuerzos normales y esfuerzos cortantes, respectivamente, en el sistema base sometido a la carga aplicada al sistema.

En el caso de sistemas de barras de sección constante cada una de las integrales que aparecen en las expresiones (7.7-7) y (7.7-8) se pueden calcular por el método de multiplicación de los gráficos expuesto en 5.9. Como ya se ha indicado, la influencia de los esfuerzos normal y cortante se puede considerar despreciable frente al momento flector, por lo que las citadas expresiones se reducen a

$$\delta_{ij} = \sum \int \frac{M_{zi} M_{zj}}{EI_z} ds \quad ; \quad \Delta_{ip} = \sum \int \frac{M_{zi} M_{zP}}{EI_z} ds \qquad (7.7\text{-}9)$$

El cálculo de estas integrales se puede simplificar adoptando un sistema base adecuado, de entre los sistemas base posibles.

Ejemplo 7.7.1. Dibujar los diagramas de momentos flectores, esfuerzos cortantes y esfuerzos normales en el semipórtico de rigidez constante EI_z indicado en la Figura 7.37. Se determinarán las incógnitas hiperestáticas aplicando el método de las fuerzas.

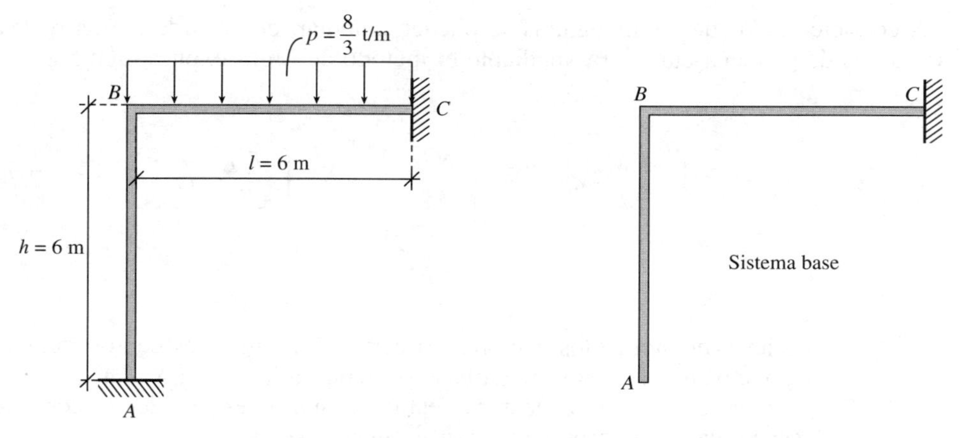

Figura 7.37 **Figura 7.37-*a***

Al tener el semipórtico los dos extremos empotrados, se trata de un sistema de tercer grado de hiperestaticidad. Tomaremos como incógnitas hiperestáticas las debidas al empotramiento A, por lo que el sistema base es el indicado en la Figura 7.37-*a*.

Aplicando el método de las fuerzas, las ecuaciones canónicas son:

$$\begin{cases} \delta_{11}X_1 + \delta_{12}X_2 + \delta_{13}X_3 + \Delta_{1P} = 0 \\ \delta_{21}X_1 + \delta_{22}X_2 + \delta_{23}X_3 + \Delta_{2P} = 0 \\ \delta_{31}X_1 + \delta_{32}X_2 + \delta_{33}X_3 + \Delta_{3P} = 0 \end{cases}$$

siendo X_1 y X_2 las componentes horizontal y vertical, respectivamente, de la reacción en la sección A; y X_3, el momento de empotramiento.

Para el cálculo de los coeficientes de influencia δ_{ij}, así como los Δ_{iP}, supondremos despreciables las deformaciones debidas a los esfuerzos normal y cortante. Aplicaremos, pues, las ecuaciones (7.7-9) y utilizaremos, siempre que sea posible, el método de multiplicación de gráficos.

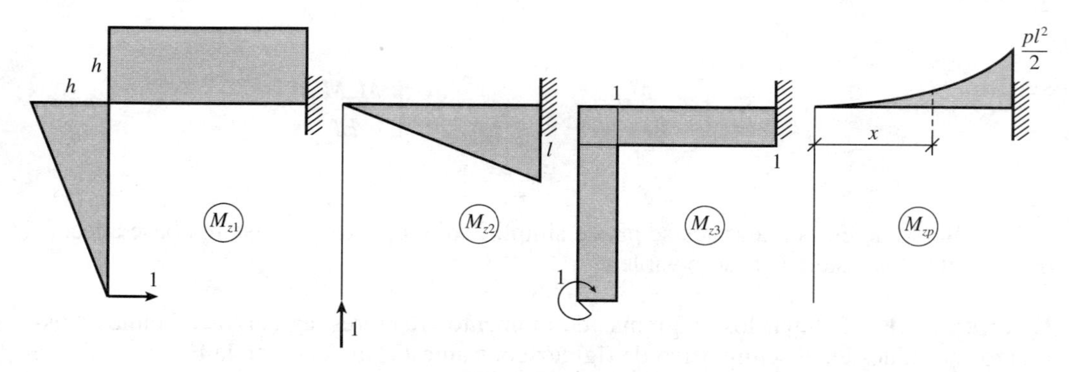

Figura 7.37-*b*

Una vez dibujados los diagramas de momentos flectores M_{z1}, M_{z2}, M_{z3} y M_{zP} (Fig. 7.37-*b*), el cálculo de los coeficientes es inmediato

$$\delta_{11} = \frac{1}{EI_z}\left(\frac{1}{2}h^2\frac{2}{3}h + hlh\right) = \frac{288}{EI_z}$$

$$\delta_{22} = \frac{1}{EI_z}\left(\frac{1}{2}l^2\frac{2}{3}l\right) = \frac{72}{EI_z}$$

$$\delta_{33} = \frac{1}{EI_z}(h + l) = \frac{12}{EI_z}$$

$$\delta_{12} = \delta_{21} = -\frac{1}{EI_z}\left(\frac{1}{2}l^2h\right) = -\frac{108}{EI_z}$$

$$\delta_{13} = \delta_{31} = \frac{1}{EI_z}\left(\frac{1}{2}h^2 - hl\right) = -\frac{54}{EI_z}$$

$$\delta_{23} = \delta_{32} = \frac{1}{EI_z}\left(\frac{1}{2}l^2\right) = \frac{18}{EI_z}$$

$$\Delta_{1P} = \frac{1}{EI_z}\int_0^l h\frac{px^2}{2}\,dx = \frac{576}{EI_z}$$

$$\Delta_{2P} = \frac{1}{EI_z}\int_0^l x\left(-\frac{px^2}{2}\right)dx = -\frac{432}{EI_z}$$

$$\Delta_{3P} = -\frac{1}{EI_z}\int_0^l \frac{px^2}{2}\,dx = -\frac{96}{EI_z}$$

Obtenidos los coeficientes, se tienen las ecuaciones canónicas:

$$\begin{cases} 288X_1 - 108X_2 - 54X_3 + 576 = 0 \\ -108X_1 + 72X_2 + 18X_3 - 432 = 0 \\ -54X_1 + 18X_2 + 12X_3 - 96 = 0 \end{cases}$$

cuyas soluciones son:

$$X_1 = 1 \text{ t} \quad ; \quad X_2 = 7 \text{ t} \quad ; \quad X_3 = 2 \text{ m} \cdot \text{t}$$

Aplicando las ecuaciones de equilibrio se obtienen las componentes de la reacción y el momento de empotramiento en la sección C (Fig. 7.37-*c*)

$$\Sigma F_x = 0: \quad X_1 - H_C = 0 \qquad \Rightarrow \quad H_C = 1 \text{ t}$$

$$\Sigma F_y = 0: \quad X_2 + V_C - pl = 0 \qquad \Rightarrow \quad V_C = 9 \text{ t}$$

$$\Sigma M = 0: \quad X_3 + X_2 l - X_1 h - \frac{pl^2}{2} + M_C = 0 \quad \Rightarrow \quad M_C = 10 \text{ m} \cdot \text{t}$$

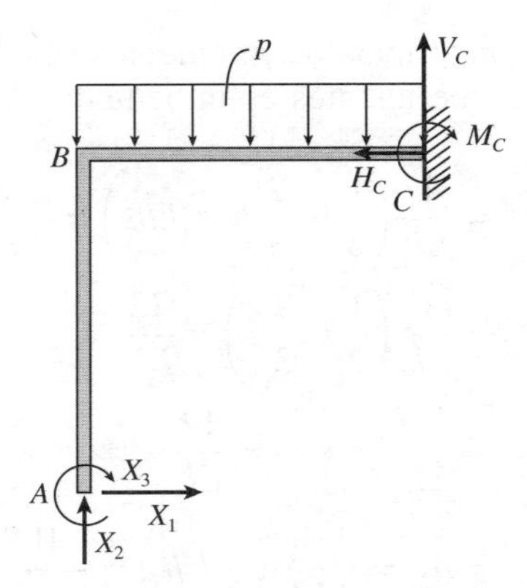

Figura 7.37-c

Obtenidas todas las incógnitas (Fig. 7.37-*d*), el dibujo de los diagramas de momentos flectores (Fig. 7.37-*e*), esfuerzos cortantes (Fig. 7.37-*f*) y esfuerzos normales (Fig. 7.37-*g*) es inmediato. Como siempre, los momentos se dibujan en la parte de la fibra traccionada.

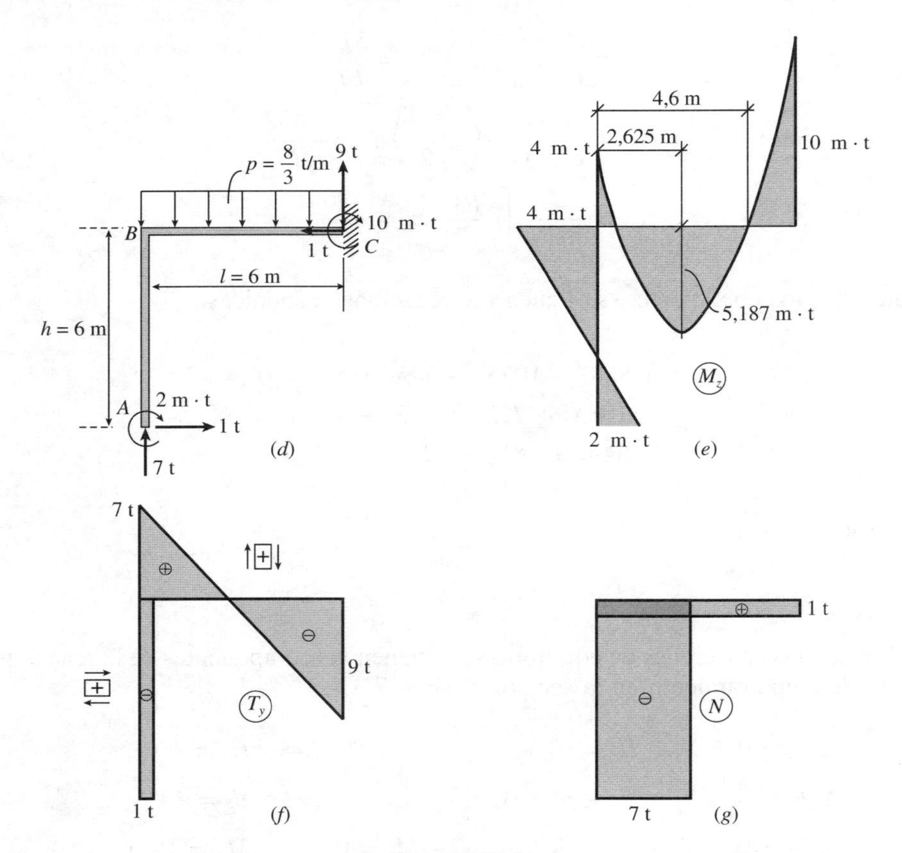

Figura 7.37-*d*

Las leyes de esfuerzos son:

Soporte AB: $M_z = 2 - x \quad 0 \leqslant x \leqslant 6$ m

$T_y = -1 \quad 0 \leqslant x \leqslant 6$ m

$N = -7 \quad 0 \leqslant x \leqslant 6$ m

Dintel BC: $M_z = 2 + 7x - 6 - \frac{8}{3}\frac{x^2}{2} = -4 + 7x - \frac{4}{3}x^2$

$T_y = 7 - \frac{8}{3}x$

$N = -1$

Ejemplo 7.7.2. Resolver por aplicación del método de las fuerzas la viga continua indicada en la Figura 7.38, calculando las leyes de momentos flectores en cada uno de sus tramos.

Para resolver esta viga continua, que es de segundo grado de hiperestaticidad, por el método de las fuerzas, tomamos como ligaduras superfluas los dos apoyos intermedios, es decir, las incógnitas hiperestáticas son las reacciones X_1 y X_2 en los apoyos 1 y 2, respectivamente. El sistema base es la viga simplemente apoyada en los apoyos 0 y 3.

Las ecuaciones canónicas son:

$$\begin{cases} \delta_{11}X_1 + \delta_{12}X_2 + \Delta_{1P} = 0 \\ \delta_{21}X_1 + \delta_{22}X_2 + \Delta_{2P} = 0 \end{cases}$$

Las leyes de momentos flectores son:

$$M_{z0} \begin{cases} M_{z0} = \frac{109}{22}x - \frac{x^2}{2} & ; \quad 0 \leqslant x \leqslant 7 \text{ m} \\ M_{z0} = \frac{109}{22}x - 7(x - 3{,}5) = \frac{49}{2} - \frac{45}{22}x & ; \quad 7 \text{ m} \leqslant x \leqslant 9 \text{ m} \\ M_{z0} = \frac{67}{22}(11 - x) & ; \quad 9 \text{ m} \leqslant x \leqslant 11 \text{ m} \end{cases}$$

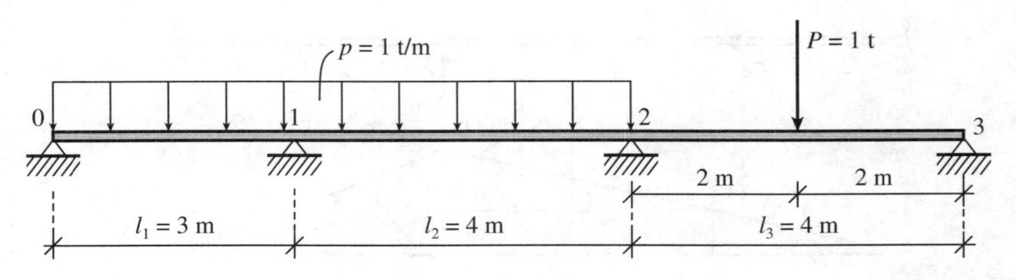

Figura 7.38

$$M_{z1} \begin{cases} M_{z1} = -\dfrac{8}{11}\,x & ; \quad 0 \leqslant x \leqslant 3 \text{ m} \\ M_{z1} = -\dfrac{3}{11}\,(11 - x) = -\left(3 - \dfrac{3}{11}\,x\right) & ; \quad 3 \text{ m} \leqslant x \leqslant 11 \text{ m} \end{cases}$$

$$M_{z2} \begin{cases} M_{z2} = -\dfrac{4}{11}\,x & ; \quad 0 \leqslant x \leqslant 7 \text{ m} \\ M_{z2} = -\dfrac{7}{11}\,(11 - x) = -\left(7 - \dfrac{7}{11}\,x\right) & ; \quad 7 \text{ m} \leqslant x \leqslant 11 \text{ m} \end{cases}$$

Los diagramas correspondientes se dibujan en las Figuras 7.38-*a*, 7.38-*b* y 7.38-*c*.

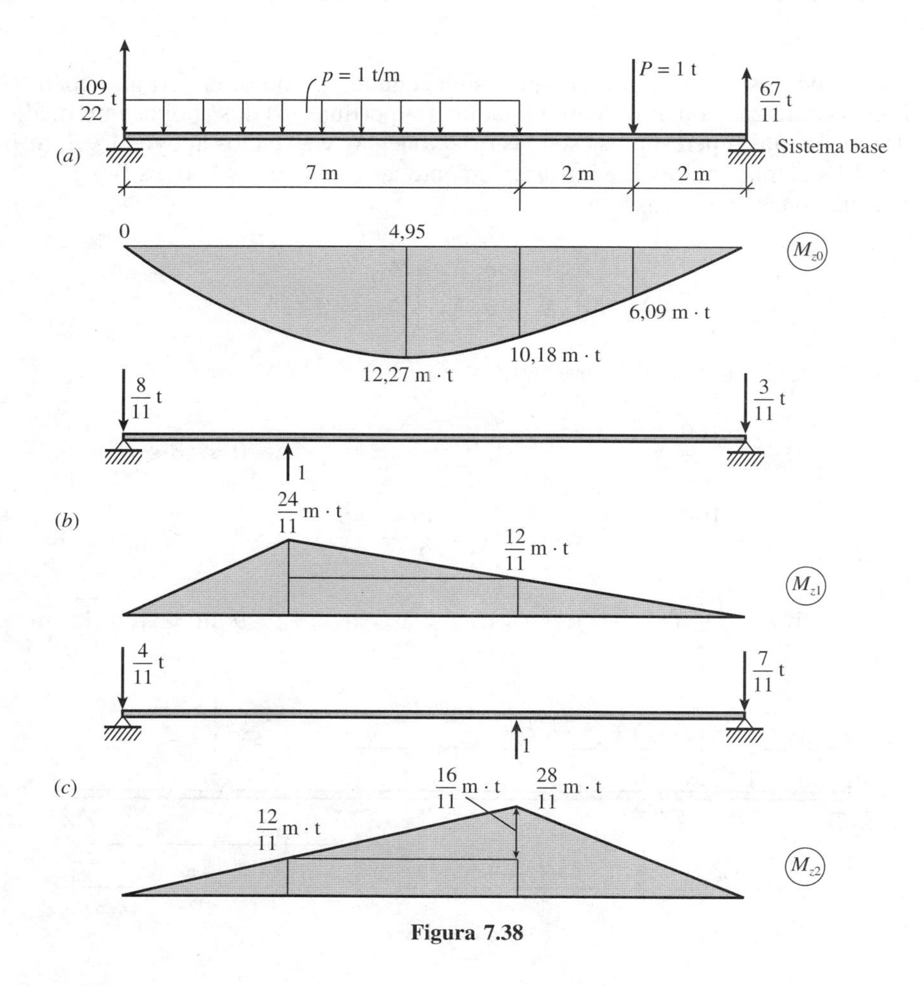

Figura 7.38

Calculemos los coeficientes de influencia δ_{ij} aplicando el método de multiplicación de gráficos, y los Δ_{iP} por integración.

$$\delta_{11} = \frac{1}{EI_z}\left(\frac{1}{2}\,3\,\frac{24}{11}\,\frac{2}{3}\,\frac{24}{11} + \frac{1}{2}\,8\,\frac{24}{11}\,\frac{2}{3}\,\frac{24}{11}\right) = \frac{17{,}454}{EI_z}$$

$$\delta_{22} = \frac{1}{EI_z}\left(\frac{1}{2}\,7\,\frac{28}{11}\,\frac{2}{3}\,\frac{28}{11} + \frac{1}{2}\,4\,\frac{28}{11}\,\frac{2}{3}\,\frac{28}{11}\right) = \frac{23{,}757}{EI_z}$$

$$\delta_{12} = \frac{1}{EI_z}\left[\frac{1}{2}\,3\,\frac{24}{11}\,\frac{2}{3}\,\frac{12}{11} + \frac{1}{2}\,4\,\frac{12}{11}\left(\frac{1}{3}\,\frac{16}{11} + \frac{12}{11}\right) + 4\,\frac{12}{11}\left(\frac{8}{11} + \frac{12}{11}\right) + \frac{1}{2}\,4\,\frac{12}{11}\,\frac{2}{3}\,\frac{28}{11}\right] = \frac{17{,}454}{EI_z}$$

$$\Delta_{1P} = \frac{-1}{EI_z}\left[\int_0^3 \left(\frac{109}{22}x - \frac{x^2}{2}\right)\frac{8}{11}x\,dx + \int_3^7 \left(\frac{109}{22}x - \frac{x^2}{2}\right)\left(3 - \frac{3}{11}x\right)dx + \right.$$
$$\left. + \int_7^9 \left(\frac{49}{2} - \frac{45}{22}x\right)\left(3 - \frac{3}{11}x\right)dx + \int_9^{11} \frac{67}{22}(11 - x)\left(3 - \frac{3}{11}x\right)dx\right] = -\frac{116{,}985}{EI_z}$$

$$\Delta_{2P} = \frac{-1}{EI_z}\left[\int_0^7 \left(\frac{109}{22}x - \frac{x^2}{2}\right)\frac{4}{11}x\,dx + \int_7^9 \left(\frac{49}{2} - \frac{45}{22}x\right)\left(7 - \frac{7}{11}x\right)dx + \right.$$
$$\left. + \int_9^{11} \frac{67}{22}(11 - x)\left(7 - \frac{7}{11}x\right)dx\right] = -\frac{133{,}954}{EI_z}$$

Del sistema de ecuaciones que constituyen las ecuaciones canónicas

$$\begin{cases} 17{,}454X_1 + 17{,}454X_2 - 116{,}985 = 0 \\ 17{,}454X_1 + 23{,}757X_2 - 133{,}954 = 0 \end{cases}$$

se obtienen las reacciones en los apoyos 1 y 2, respectivamente

$$X_1 = 4{,}010t \quad ; \quad X_2 = 2{,}692t$$

La aplicación de las ecuaciones de equilibrio nos permite obtener los valores de las reacciones en los otros dos apoyos

$$\begin{cases} R_0 + X_1 + X_2 + R_3 = 8 \\ R_0 11 + X_1 8 + X_2 4 - 7 \times 7{,}5 - 1 \times 2 = 0 \end{cases}$$

Se obtienen los valores:

$$R_0 = 1{,}059t \quad ; \quad R_3 = 0{,}239t$$

Con ellos, es fácil expresar las leyes pedidas de momentos flectores:

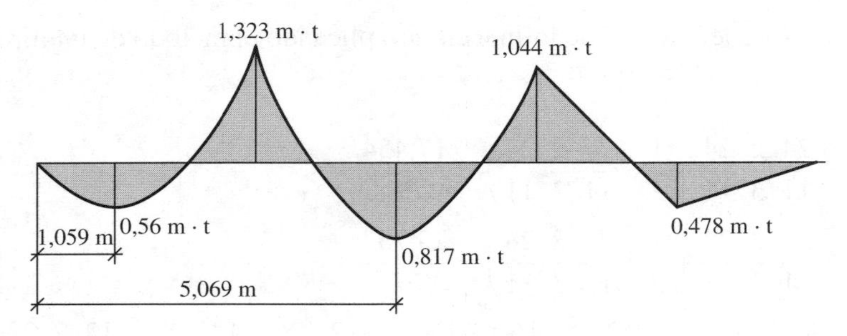

Figura 7.38-*d*

Tramo 0-1: $0 \leqslant x \leqslant 3$ m

$$M_z = 1{,}059x - \frac{x^2}{2}$$

Tramo 1-2: $3 \text{ m} \leqslant x \leqslant 7$ m

$$M_z = 1{,}059x - \frac{x^2}{2} + 4{,}010(x - 3) = -0{,}5x^2 + 5{,}069x - 12{,}03$$

Tramo 2-3: $7 \text{ m} \leqslant x \leqslant 9$ m

$$M_z = 0{,}239(11 - x) - 1(9 - x) = 0{,}761x - 6{,}371$$

$9 \text{ m} \leqslant x \leqslant 11$ m

$$M_z = 0{,}239(11 - x) = -0{,}239x + 2{,}629$$

El diagrama de momentos flectores se representa en la Figura 7.38-*d*.

7.8. Aplicación del teorema de Castigliano para la resolución de sistemas hiperestáticos

Uno de los métodos que se pueden utilizar para el cálculo de las incógnitas superfluas de un sistema hiperestático consiste en aplicar el teorema de Castigliano. Se empieza procediendo de la misma forma a como se hace aplicando el método de las fuerzas, esto es, se eligen las incógnitas superfluas X_i que sustituyen a las correspondientes ligaduras. Tales incógnitas superfluas se consideran como cargas desconocidas que, junto a las cargas que actúan sobre el sistema considerado, deben dar lugar a deformaciones compatibles con las condiciones que imponen las ligaduras reales.

Como el movimiento de una determinada incógnita hiperestática, que será un desplazamiento en su dirección si es una fuerza, o un giro si se trata de un momento, viene dado por la derivada parcial del potencial interno respecto de ella, calcularemos previamente la expresión del potencial interno del sistema debido a la acción conjunta de las cargas dadas y de las reacciones superfluas. Se obtienen así una expresión

$$\mathcal{T} = \mathcal{T}(X_1, X_2, ..., X_n, P) \tag{7.8-1}$$

Si las ligaduras no permiten el desplazamiento de la reacción de la ligadura X_i en la dirección de la misma, o el giro alrededor del eje definido por el momento, en su caso, las condiciones de compatibilidad de los desplazamientos serán

$$\frac{\partial \mathscr{T}}{\partial X_i} = 0, \quad i = 1, 2, ..., n \tag{7.8-2}$$

que constituyen un sistema de ecuaciones que nos permite obtener todas las incógnitas hiperestáticas.

Una vez obtenidas éstas, el cálculo de las reacciones isostáticas se puede hacer mediante la aplicación de las ecuaciones de equilibrio de la Estática.

Ejemplo 7.8.1. Calcular las reacciones de las ligaduras del semipórtico indicado en la Figura 7.39-*a*, por aplicación del teorema de Castigliano. La rigidez EI_z es constante.

Se trata de un pórtico de extremos empotrados, de tercer grado de hiperestaticidad. Elegimos como incógnitas superfluas las tres debidas al empotramiento en la sección *A* (Fig. 7.24-*b*). Liberado el pórtico del empotramiento en *A*, las leyes de momentos flectores, esfuerzos normales, y esfuerzos cortantes en el soporte *AB* y en el dintel *BC* son:

Soporte *AB*:
$$M_z = X_3 - X_1 x$$
$$N = -X_2$$
$$T_y = -X_1$$

Dintel *BC*:
$$M_z = X_3 - X_1 h + X_2 x - \frac{px^2}{2}$$
$$N = -X_1$$
$$T_y = X_2 - px$$

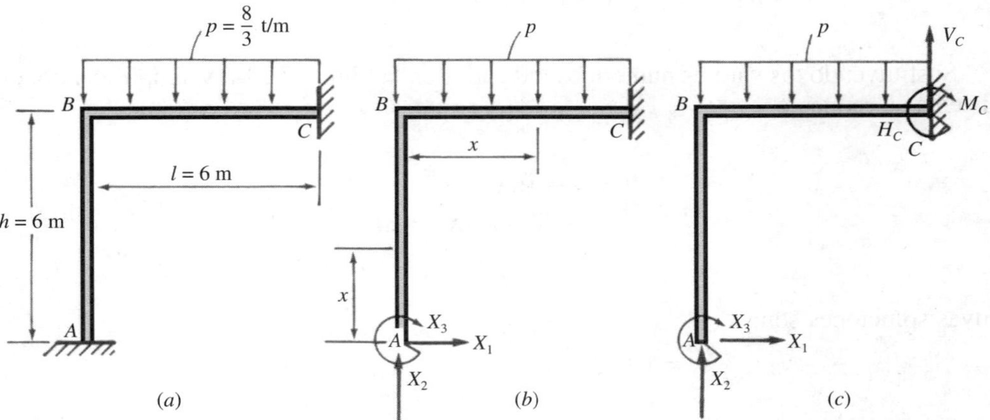

Figura 7.39

El potencial interno del pórtico que se considera es

$$\mathscr{T} = \int_0^h \frac{(X_3 - X_1 x)^2}{2EI_z}\,dx + \int_0^l \frac{\left(X_3 - X_1 h + X_2 x - \dfrac{px^2}{2}\right)^2}{2EI_z}\,dx +$$

$$+ \int_0^h \frac{X_2^2}{2E\Omega}\,dx + \int_0^l \frac{X_1^2}{2E\Omega}\,dx + \int_0^h \frac{X_1^2}{2G\Omega_{1y}}\,dx + \int_0^l \frac{(X_2 - px)^2}{2G\Omega_{1y}}\,dx$$

Como ya se ha indicado, se pueden despreciar los términos debidos a los esfuerzos normal y cortante frente a los debidos al momento flector, por lo que el potencial interno se reducirá a los dos primeros sumandos de la expresión anterior.

Teniendo en cuenta esta circunstancia y aplicando las condiciones de compatibilidad de las deformaciones, se tiene:

$$\frac{\partial \mathscr{T}}{\partial X_1} = 0 \quad \Rightarrow \quad \frac{1}{EI_z}\left[\int_0^h (X_3 - X_1 x)(-x)\,dx + \int_0^l \left(X_3 - X_1 h + X_2 x - \frac{px^2}{2}\right)(-h)\,dx\right] = 0$$

$$\frac{\partial \mathscr{T}}{\partial X_2} = 0 \quad \Rightarrow \quad \frac{1}{EI_z}\int_0^l \left(X_3 - X_1 h + X_2 x - \frac{px^2}{2}\right)x\,dx = 0$$

$$\frac{\partial \mathscr{T}}{\partial X_3} = 0 \quad \Rightarrow \quad \frac{1}{EI_z}\left[\int_0^h (X_3 - X_1 x)\,dx + \int_0^l \left(X_3 - X_1 h + X_2 x - \frac{px^2}{2}\right)dx\right] = 0$$

o bien:

$$\begin{cases} X_3 \dfrac{h^2}{2} - X_1 \dfrac{h^3}{3} + X_3 hl - X_1 h^2 l + X_2 h \dfrac{l^2}{2} - \dfrac{hpl^3}{6} = 0 \\ X_3 \dfrac{l^2}{2} - X_1 \dfrac{hl^2}{2} + X_2 \dfrac{l^3}{3} - \dfrac{pl^4}{8} = 0 \\ X_3 h - X_1 \dfrac{h^2}{2} + X_3 l - X_1 hl + X_2 \dfrac{l^2}{2} - \dfrac{pl^3}{6} = 0 \end{cases}$$

Sustituyendo los valores numéricos indicados en la Figura 7.24-*a* y simplificando, este sistema se reduce a

$$\begin{cases} 3X_3 - 16X_1 + 6X_2 = 32 \\ X_3 - 6X_1 + 4X_2 = 24 \\ 2X_3 - 9X_1 + 3X_2 = 16 \end{cases}$$

cuyas soluciones son:

$$X_1 = 1 \text{ t} \quad ; \quad X_2 = 7 \text{ t} \quad ; \quad X_3 = 2 \text{ m} \cdot \text{t}$$

La obtención ahora de la reacción, así como el momento de empotramiento en la sección C, es inmediata aplicando las ecuaciones de equilibrio (véase ejemplo 7.7.1).

7.9. Construcción de los diagramas de momentos flectores, esfuerzos cortantes y normales en sistemas hiperestáticos

Una vez obtenidas las incógnitas hiperestáticas $X_i (i = 1, 2, ..., n)$ mediante la aplicación de alguno de los métodos expuestos para la resolución de sistemas hiperestáticos, las leyes de momentos flectores, esfuerzos cortantes y esfuerzos normales, en virtud del principio de superposición de efectos, se pueden hallar mediante la expresión

$$S = S_1 X_1 + S_2 X_2 + \cdots + S_n X_n + S_P \qquad (7.9\text{-}1)$$

siendo:

S, la magnitud a determinar.
S_i, la magnitud a determinar que se produce en el sistema básico al aplicar $X_i = 1$.
S_P, la magnitud a determinar producida en el sistema básico al actuar la carga aplicada al sistema.

En el caso de sistemas hiperestáticos de barras rectas podemos construir los diagramas de momentos flectores representando gráficamente las leyes que en cada una de dichas barras vienen dadas por la aplicación de la ecuación (7.9-1)

$$M_z = M_{z1} X_1 + M_{z2} X_2 + \cdots + M_{zn} X_n + M_{zP} \qquad (7.9\text{-}2)$$

Los diagramas de esfuerzos cortantes se pueden construir a partir de los correspondientes a los momentos flectores, simplificando de este modo la aplicación de la fórmula (7.9-1). En efecto, consideraremos un prisma mecánico (Fig. 7.25-*a*) obtenido al realizar dos cortes en las secciones A y B. Aislando el prisma indicado del sistema hiperestático, éste estará sometido, en el caso más general, a:

a) Las cargas exteriores que están directamente aplicadas al sistema hiperestático dado.

b) Los momentos flectores M_{AB} y M_{BA} que el resto del sistema ejerce sobre el prisma aislado y cuyos valores pueden ser obtenidos del diagrama de momentos correspondientes.

c) Los esfuerzos cortantes T_{AB} y T_{BA} y los esfuerzos normales N_{AB} y N_{BA} que ejerce también el resto del sistema sobre el prisma. Análogamente a como hemos hecho en 7.3, la acción general descrita sobre la pieza se puede descomponer en la acción sobre una viga isostática con la misma carga (Fig. 7.40-*b*) y sobre otra no cargada en cuyos extremos actúan los momentos M_{AB} y M_{BA}, respectivamente (Fig. 7.40-*c*).

El momento flector en una sección de abscisa x, en virtud del principio de superposición, será:

$$M_z(x) = \mathcal{M}_z(x) + M_{AB} + \frac{M_{BA} - M_{AB}}{l} x \qquad (7.9\text{-}3)$$

siendo $\mathcal{M}_z(x)$ la ley de momentos sobre la viga isostática.

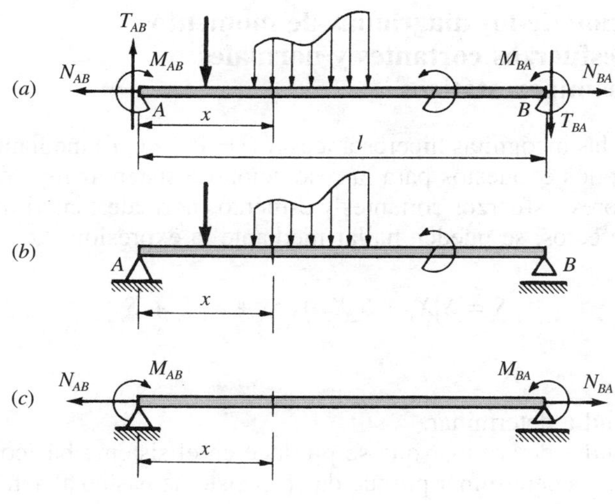

Figura 7.40

Por la relación existente entre esfuerzo cortante y momento flector, tenemos:

$$T_y(x) = \frac{dM_z(x)}{dx} = \frac{d\mathscr{M}_z(x)}{dx} + \frac{M_{AB} - M_{AB}}{l} \tag{7.9-4}$$

siendo $\dfrac{d\mathscr{M}_z(x)}{dx}$ la ley de esfuerzos cortantes sobre la viga isostática (Fig. 7.40-*b*).

La ecuación nos muestra que es posible determinar los esfuerzos cortantes en las secciones de un sistema hiperestático conociendo el diagrama de momentos flectores y las cargas directamente aplicadas al mismo.

A partir del diagrama de esfuerzos cortantes se puede obtener el correspondiente a los esfuerzos normales aislando los nudos del sistema y aplicando a los mismos las cargas exteriores que les estuvieran directamente aplicadas los esfuerzos cortantes y los momentos flectores anteriormente determinados. Los esfuerzos normales se calcularán expresando la condición de equilibrio de los nudos (Fig. 7.41).

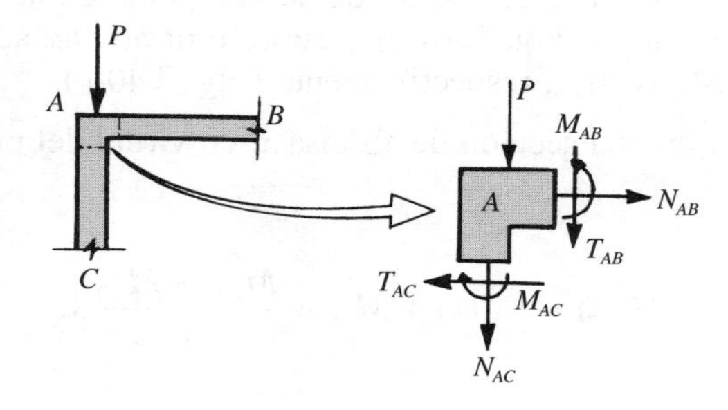

Figura 7.41

7.10. Cálculo de deformaciones y desplazamientos en los sistemas hiperestáticos

El razonamiento seguido en 5.8 cuando se expuso el método de Mohr para el cálculo de desplazamientos en un sistema elástico es válido tanto para sistemas isostáticos como hiperestáticos. Por ejemplo, si se quiere hallar el desplazamiento de la sección D del pórtico representado en la Figura 7.42-*a* aplicamos en ella una carga ficticia unidad. El desplazamiento en la dirección de esa carga es, según el citado método de Mohr

$$\delta_D = \sum \int \frac{M_{z0} M_{z1}}{EI_z} ds + \sum \int \frac{N_0 N_1}{E\Omega} ds + \sum \int \frac{T_{y0} T_{y1}}{G\Omega_1 y} ds \qquad (7.10\text{-}1)$$

en donde:

M_{z0}, N_0, T_{y0}, son las leyes de momentos flectores, esfuerzos normales y esfuerzos cortantes del sistema hiperestático sometido a la carga real.

M_{z1}, N_1, T_{y1}, son las leyes de momentos flectores, esfuerzos normales y esfuerzos cortantes producidas en el sistema hiperestático descargado cuando se aplica una carga unidad en D.

Si son despreciables los efectos producidos por los esfuerzos normal y cortante, suposición que haremos en lo que sigue, la anterior expresión se reduce a:

$$\delta_D = \sum \int \frac{M_{z0} M_{z1}}{EI_z} ds \qquad (7.10\text{-}2)$$

Pero este método presenta el gran inconveniente de tener que calcular dos veces el sistema hiperestático, por lo que no es útil su aplicación.

La utilización del referido método de Mohr se puede simplificar notablemente teniendo en cuenta la equivalencia del sistema hiperestático dado y cualquiera de los sistemas isostáticos que se obtienen al eliminar las ligaduras superfluas, sustituyéndolas por las reacciones correspondientes.

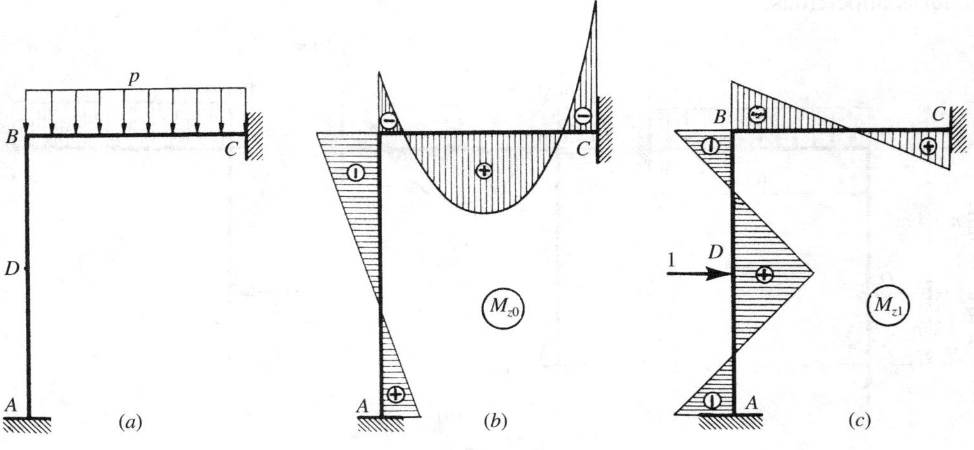

Figura 7.42

Así, por ejemplo, si en el semipórtico considerado en el ejemplo 7.7.1 (Fig. 7.37-*a*) eliminamos las ligaduras superfluas del empotramiento *A*, y las sustituimos por las fuerzas X_i, X_2 y momento X_3 (Fig. 7.43-*a*), el desplazamiento δ_D buscado será:

$$\delta_D = \sum \int \frac{M_{z0}M_{z1}}{EI_z}\, ds \tag{7.10-3}$$

siendo:

M_{z0}, la ley de momentos flectores en el sistema base cuando está solicitado por la carga aplicada al sistema y por las reacciones que sustituyen a las ligaduras superfluas (Fig. 7.42-*b*) (equivalente al sistema hiperestático dado).

M_{z1}, la ley de momentos flectores en el sistema base debido a la carga unidad aplicada en el punto *D* cuyo desplazamiento, en la dirección de dicha carga unidad, queremos calcular (Fig. 7.43-*c*).

Para los valores numéricos del citado ejemplo y para el punto *D* situado a la altura de un tercio de la longitud del soporte *AB*, se tiene:

$$\delta_D = \frac{1}{EI_z}\left(\frac{1}{2}\,4 \times 4\,\frac{2}{3}\,4\right) - \frac{4}{EI_z}\int_0^6 \left(-\frac{4}{3}x^2 + 7x - 4\right) dx = -\frac{8}{3EI_z}$$

Este cálculo podríamos hacerlo también considerando el diagrama M_{zP} de momentos flectores en el sistema base isostático, debido a la carga, y el diagrama M_{z1} de momentos flectores en el sistema hiperestático debido a la carga unidad aplicada en el punto *D*, como se expone más adelante en el ejemplo 7.10.1.

A la vista de este ejemplo y pudiendo aplicar este proceder a cualquier caso, podemos dar la siguiente regla para calcular el desplazamiento de un punto de un sistema hiperestático: integraremos a lo largo de todas las barras del sistema el producto de dos leyes de momentos flectores divididas por EI_z, de las cuales una de ellas puede ser la engendrada por las cargas reales, o bien la debida a la carga unitaria en el sistema hiperestático dado; la otra puede ser obtenida para el sistema auxiliar derivado del dado por eliminación de las ligaduras superfluas.

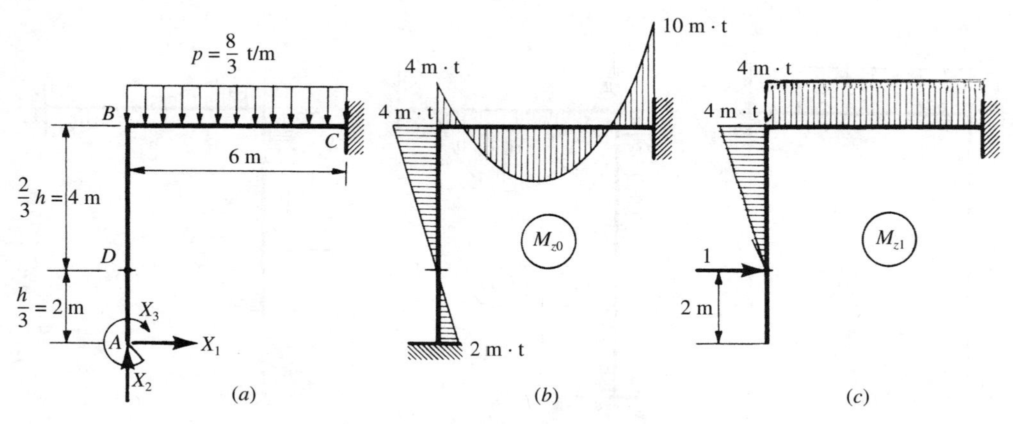

Figura 7.43

Además de los desplazamientos que los distintos puntos de un sistema hiperestático experimentan cuando se carga éste, pueden existir otras causas que modifican el estado de deformación sin variar la carga. Nos referimos a las deformaciones producidas por la acción de variaciones térmicas a que pueda estar sometido el sistema, así como a los asientos que puedan experimentar los apoyos.

El cálculo de los efectos producidos por la variación de temperatura se puede hacer mediante ecuaciones canónicas del tipo

$$\delta_{i1}X_1 + \delta_{i2}X_2 + \cdots + \delta_{in}X_n + \Delta_{it} = 0 \qquad (7.10\text{-}5)$$

en las que Δ_{it} es el desplazamiento en el sistema base del punto de aplicación de la fuerza X_i en su dirección, debido a la variación térmica.

En cuanto al cálculo de los efectos a que dan lugar los asientos en los apoyos, si se obtiene el sistema base seccionando e introduciendo articulaciones, las ecuaciones canónicas se pueden poner en la forma

$$\delta_{i1}X_1 + \delta_{i2}X_2 + \cdots + \delta_{in}X_n + \Delta_{i\Delta} = 0 \qquad (7.10\text{-}6)$$

en donde $\Delta_{i\Delta}$ es el desplazamiento en el sistema base del punto de aplicación de la fuerza X_i en su dirección, debido al asiento de los apoyos.

Ejemplo 7.10.1. Determinar el desplazamiento horizontal de la sección *D* del semipórtico del ejemplo 7.7.1, situada en el soporte *AB* a distancia de 2 m del empotramiento *A*, considerando como sistema base el mismo que se tomó en dicho ejemplo.

Aplicaremos el método de las fuerzas para resolver, en primer lugar, el sistema hiperestático sometido a la carga unidad horizontal aplicada en *D* (Fig. 7.44-*a*).

Los diagramas de momentos flectores en el sistema base, de los esfuerzos unidad actuando en la sección *A* en la misma dirección y sentido que las incógnitas hiperestáticas X_1, X_2 y X_3 son los mismos que se han dibujado en la Figura 7.37-*b*. Por consiguiente, los coeficientes δ_{ij} son:

$$\delta_{11} = \frac{288}{EI_z} \quad ; \quad \delta_{12} = \delta_{21} = -\frac{108}{EI_z} \quad ; \quad \delta_{13} = \delta_{31} = -\frac{54}{EI_z}$$

$$\delta_{22} = \frac{72}{EI_z} \quad ; \quad \delta_{23} = \delta_{32} = \frac{18}{EI_z} \quad ; \quad \delta_{33} = \frac{12}{EI_z}$$

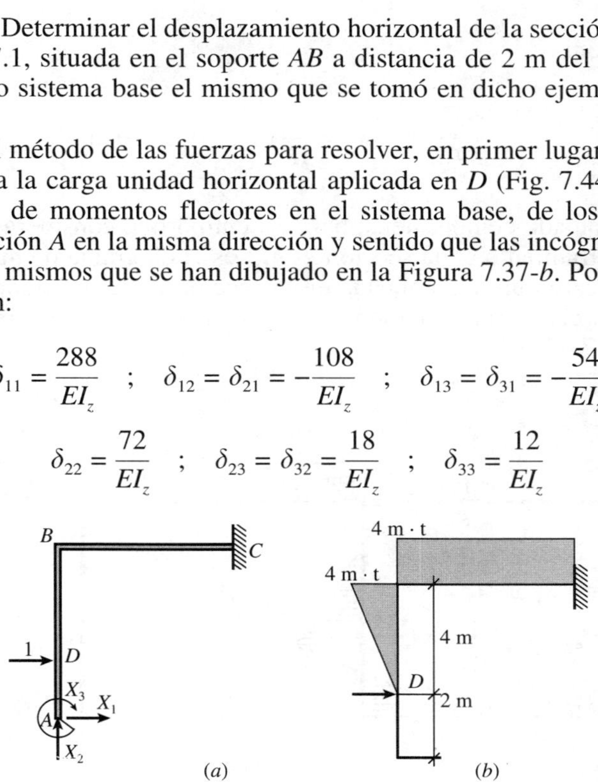

(*a*) (*b*)

Figura 7.44

Los Δ_{iP} en este caso, teniendo en cuenta que el diagrama de momentos flectores de la carga unidad aplicada en la sección D del sistema base es el indicado en la Figura 7.44-*b*, son

$$\Delta_{1P} = \frac{1}{EI_z}\left[\frac{1}{2}\,4 \times 4\left(2 + \frac{2}{3}\,4\right) + 6 \times 6 \times 4\right] = \frac{544}{3EI_z}$$

$$\Delta_{2P} = \frac{1}{EI_z}\left(\frac{1}{2}\,6^2 \times 4\right) = -\frac{72}{EI_z}$$

$$\Delta_{3P} = -\frac{1}{EI_z}\left(6 \times 1 \times 4 + \frac{1}{2}\,4 \times 4\right) = -\frac{32}{EI_z}$$

El sistema de ecuaciones canónicas es:

$$\begin{cases} 288X_1 - 108X_2 - 54X_3 + \dfrac{544}{3} = 0 \\ -108X_1 + 72X_2 + 18X_3 - 72 = 0 \\ -54X_1 + 18X_2 + 12X_3 - 32 = 0 \end{cases}$$

cuyas soluciones son:

$$X_1 = -\frac{43}{54}\ \text{t} \quad ; \quad X_2 = \frac{1}{18}\ \text{t} \quad ; \quad X_3 = -1\ \text{m}\cdot\text{t}$$

Como hemos tomado como sistema base el semipórtico considerado en el que se ha eliminado el empotramiento en la sección A, M_{z1} es el diagrama de momentos flectores producidos por la carga unidad aplicada en la sección D del semipórtico hiperestático (Fig. 7.44-*d*), y M_{zP} el diagrama de momentos flectores en el sistema base producido por la carga real (Fig. 7.44-*e*).

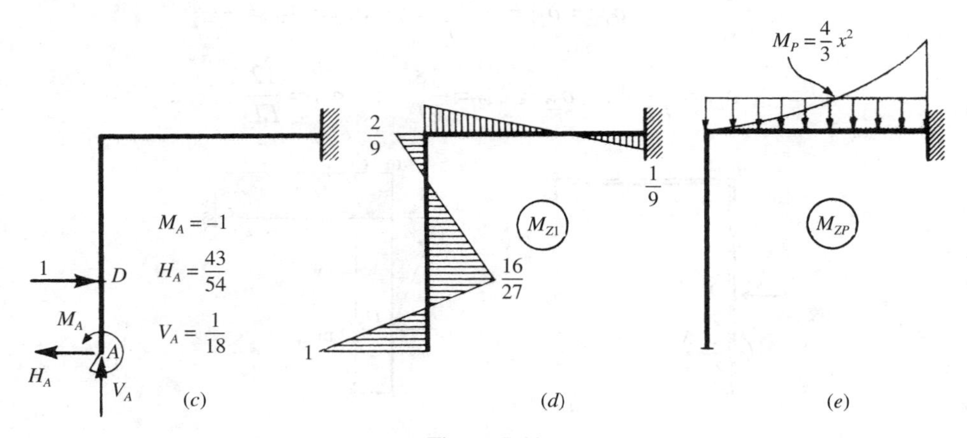

Figura 7.44

En este caso la expresión del desplazamiento del punto D es:

$$\delta_D = \sum \int \frac{M_{z1} M_{zP}}{EI_z} ds$$

Las leyes de momentos flectores son, respectivamente,

$$M_{z1} \begin{cases} \text{en el soporte:} & M_{z1} = -1 + \dfrac{43}{54} x \quad ; \quad 0 \leqslant x \leqslant 2 \text{ m} \\ & M_{z1} = -\dfrac{11}{54} x + 1 \quad ; \quad 2 \text{ m} \leqslant x \leqslant 6 \text{ m} \\ \text{en el dintel:} & M_{z1} = -\dfrac{2}{9} + \dfrac{1}{18} x \quad ; \quad 0 \leqslant x \leqslant 6 \text{ m} \end{cases}$$

$$M_{zP} \begin{cases} \text{en el soporte:} & M_{zP} = 0 \\ \text{en el dintel:} & M_{zP} = -\dfrac{4}{3} x^2 \end{cases}$$

Por tanto, el valor de δ_D será:

$$\delta_D = \frac{1}{EI_z} \int_0^6 \left(-\frac{2}{9} + \frac{1}{18} x \right) \left(-\frac{4}{3} x^2 \right) dx = -\frac{8}{3EI_z}$$

EJERCICIOS

VII.1. Una viga recta horizontal de longitud $l = 6$ m y sección constante está perfectamente empotrada en uno de sus extremos y apoyada en el otro. En las secciones situadas a distancias 2 m y 4 m del empotramiento actúan cargas concentradas de 10 y 5 t, respectivamente. Se pide:

1.° Dibujar los diagramas de momentos flectores y esfuerzos cortantes.
2.° Calcular la distancia al empotramiento del punto, o puntos de inflexión de la elástica.
3.° Determinr el perfil IPN necesario para $\sigma_{adm} = 1.200$ kp/cm^2.
4.° La situación y valor de la flecha, conociendo $E = 2 \times 10^6$ kp/cm^2.
5.° Calcular el ángulo que forma con la horizontal la tangente a la elástica en el extremo apoyado.

1.° La solicitación que actúa sobre la viga se descompone en las tres acciones parciales indicadas en la Figura VII.1-*a*.

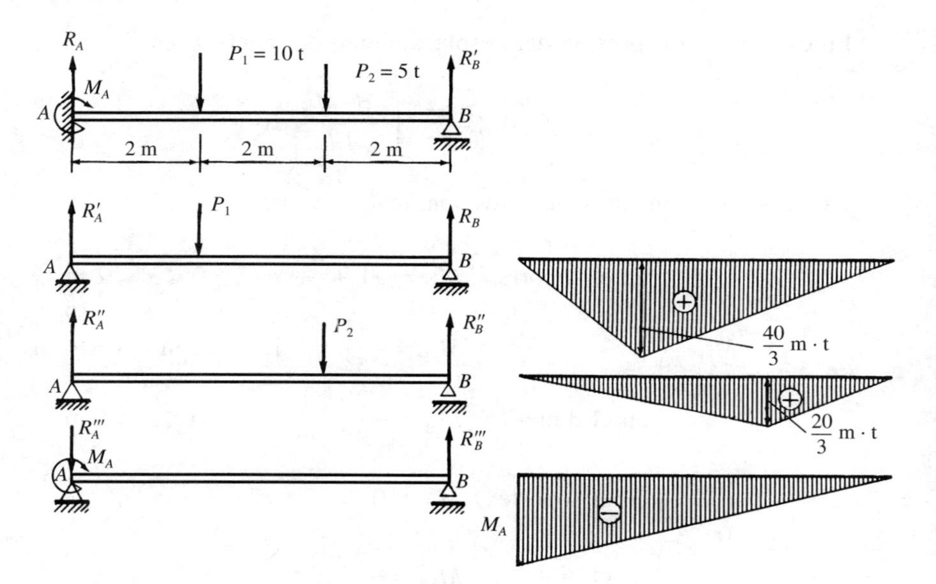

Figura VII.1-*a*

La reacciones en los extremos A y B que origina cada una de estas acciones es:

$$R'_A = \frac{20}{3}\text{ t} \quad ; \quad R'_B = \frac{10}{3}\text{ t}$$

$$R''_A = \frac{5}{3}\text{ t} \quad ; \quad R''_B = \frac{10}{3}\text{ t}$$

$$R'''_A = \frac{M_A}{6} \quad ; \quad R'''_B = \frac{M_A}{6}\cdot$$

El momento de empotramiento M_A lo calculamos aplicando el segundo teorema de Mohr

$$\frac{1}{2}\,6\,\frac{40}{3}\,\frac{6+4+0}{3} + \frac{1}{2}\,6\,\frac{20}{3}\,\frac{6+2+0}{3} + \frac{1}{2}\,6M_A\,\frac{2}{3}\,6 = 0$$

de donde obtenemos:

$$M_A = -15{,}55 \text{ m} \cdot \text{t}$$

Las reacciones tendrán los siguientes valores

$$R_A = R'_A + R''_A + R'''_A = \frac{20}{3} + \frac{5}{3} + \frac{15{,}55}{6} = 10{,}93 \text{ t}$$

$$R_B = R'_B + R''_B + R'''_B = \frac{10}{3} + \frac{10}{3} - \frac{15{,}55}{6} = 4{,}07 \text{ t}$$

Las leyes de momentos flectores son:

$$M = M_A + R_A x = -15{,}55 + 10{,}93x \quad ; \quad 0 \leqslant x \leqslant 2 \text{ m}$$
$$M = -15{,}55 + 10{,}93x - 10(x-2) = 4{,}45 + 0{,}93x \quad ; \quad 2 \text{ m} \leqslant x \leqslant 4 \text{ m}$$
$$M = 4{,}45 + 0{,}93x - 5(x-4) = 24{,}45 - 4{,}07x \quad ; \quad 4 \text{ m} \leqslant x \leqslant 6 \text{ m}$$

y las correspondientes de esfuerzos cortantes:

$$T = R_A = 10{,}93 \text{ t} \quad ; \quad 0 < x < 2 \text{ m}$$
$$T = R_A - P_1 = 0{,}93 \text{ t} \quad ; \quad 2 \text{ m} < x < 4 \text{ m}$$
$$T = R_A - P_1 - P_2 = -4{,}07 \text{ t} \quad ; \quad 4 \text{ m} < x < 6 \text{ m}$$

Los diagramas pedidos de momentos flectores y de esfuerzos cortantes se representan en la Figura VII.1-*b*.

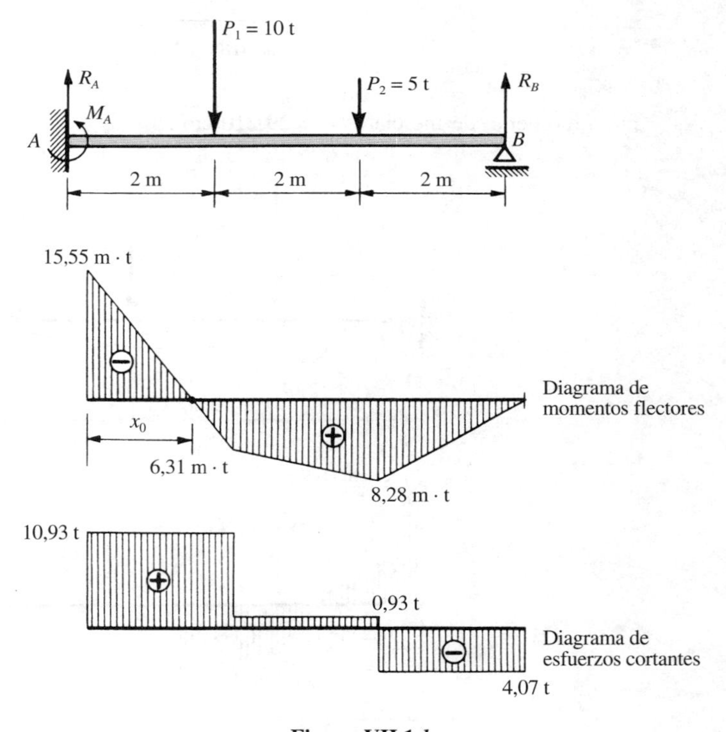

Figura VII.1-*b*

2.º Los puntos de inflexión de la elástica se presentan en las secciones en las que se anula el momento flector. Por tanto, en la viga que consideramos solamente existe un punto de inflexión, según se deduce de la observación del diagrama de momentos flectores. Si x_0 es la distancia de dicho punto al empotramiento, se habrá de verificar

$$-15{,}55 + 10{,}93x_0 = 0$$

de donde:

$$\boxed{x_0 = 1{,}42 \text{ m}}$$

3.º De la simple observación del diagrama de momentos flectores de la viga se deduce que el valor absoluto del momento flector máximo es

$$M_{\text{máx}} = 15{,}55 \text{ m} \cdot \text{t} = 15{,}55 \times 10^5 \text{ cm} \cdot \text{kp}$$

Para resistirlo, es necesario que la sección tenga como mínimo un módulo resistente W_z de valor

$$W_z = \frac{M_{\text{máx}}}{\sigma_{\text{adm}}} = \frac{15{,}55 \times 10^5 \text{ cm} \cdot \text{kp}}{1.200 \text{ kp} \cdot \text{cm}^{-2}} = 1.295{,}8 \text{ cm}^3$$

que corresponde a un

IPN 400

cuyo momento de inercia es $I_z = 29.210 \text{ cm}^4$.

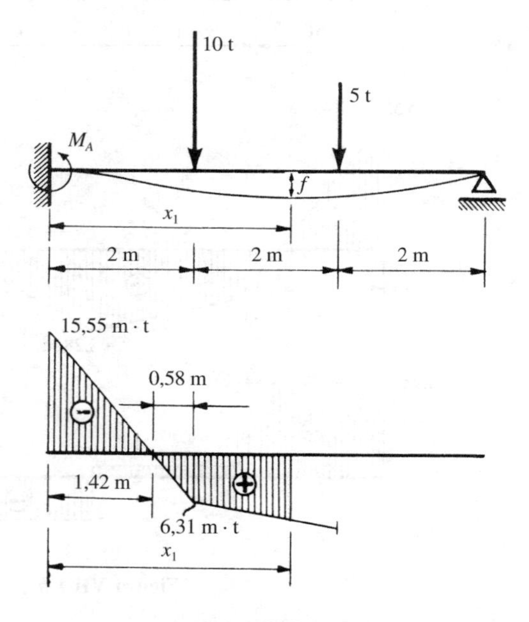

Figura VII.1-*c*

4.º Para determinar la situación de la flecha se intuye que deberá presentarse en una sección del tramo comprendido entre las dos cargas P_1 y P_2 aplicadas. Por el primer teorema de Mohr, si x_1 es la abscisa de la sección que buscamos, se tiene (Fig. VII.1-*c*):

$$-\frac{1}{2}\, 1{,}42 \times 15{,}55 + \frac{1}{2}\, 0{,}58 \times 6{,}31 + \frac{6{,}31 + (4{,}45 + 0{,}93x)}{2}\,(x - 2) = 0$$

Simplificando:

$$0{,}93x_1^2 + 8{,}9x_1 - 39{,}94 = 0$$

ecuación de segundo grado cuya solución válida es:

$$\boxed{x_1 = 3{,}33 \text{ m}}$$

Para calcular el valor de la flecha aplicaremos el segundo teorema de Mohr

$$f = \frac{1}{EI_z}\left[-\frac{1}{2}\,1{,}42 \times 15{,}55 \times \frac{1}{3}\,1{,}42 + \frac{1}{2}\,0{,}58 \times 6{,}31\left(1{,}42 + \frac{2}{3}\,0{,}58\right) + \right.$$

$$\left. + \int_2^{3{,}33} (4{,}45 + 0{,}93x)x\,dx\right] = \frac{22{,}82 \text{ m}^3 \cdot \text{t}}{EI_z \text{ kp} \cdot \text{cm}^2}$$

$$f = \frac{22{,}82 \times 10^6 \times 10^3}{2 \times 10^6 \times 29.210} \text{ cm} = 0{,}39 \text{ cm}$$

$$\boxed{f = 3{,}9 \text{ mm}}$$

5.º Aplicando el primer teorema de Mohr, el ángulo θ_B que forma con la horizontal el extremo apoyado será igual al área del diagrama de momentos flectores, dividida por EI_z. Área de momentos positivos:

$$\frac{1}{2}\,0{,}58 \times 6{,}31 + \frac{1}{2}\,(6{,}31 + 8{,}28)2 + \frac{1}{2}\,2 \times 8{,}17 = 24{,}59 \text{ m}^2 \cdot \text{t}$$

Área de momentos negativos:

$$\frac{1}{2}\,1{,}42 \times 15{,}55 = 11{,}04 \text{ m}^2 \cdot \text{t}$$

Área total:

$$24{,}59 - 11{,}04 = 13{,}55 \text{ m}^2 \cdot \text{t} = 13{,}55 \times 10^7 \text{ cm}^2 \cdot \text{kp}$$

Por tanto:

$$\boxed{\theta_B} = \frac{13{,}55 \times 10^7}{2 \times 10^6 \times 29.210} = 2{,}3 \times 10^{-3} \text{ rad} = \boxed{0^\circ\, 7'\, 54''\, 5}$$

VII.2. Una viga recta *AB* de longitud $l = 5$ m está empotrada en uno de sus extremos y apoyada en el otro. La sección es constante, de forma rectangular, de anchura *b* y altura *h*. En un punto, a 3 m de distancia del empotramiento *A*, se aplica un momento M_1 = = 1.500 m · kp de eje perpendicular al plano vertical de simetría de la viga. Se pide:

1.º Dibujar los diagramas de momentos flectores y de esfuerzos cortantes.

2.º Determinar las dimensiones de la sección sabiendo que la relación entre los lados de la misma es $b/h = 1/3$ y que la tensión máxima admisible es σ_{adm} = 1.200 kp/cm².

1.º Consideramos la solicitación equivalente formada por el momento M_1 y por el momento de empotramiento, actuando sobre una viga igual, pero simplemente apoyada en los extremos. Descomponiendo la solicitación dada sobre la viga hiperestática, en las acciones indicadas sobre la viga isostática, se tiene:

$$R'_A = \frac{-1.500}{5} = -300 \text{ kp} \quad ; \quad R'_B = 300 \text{ kp}$$

$$R''_A = -\frac{M_A}{5} \quad ; \quad R''_B = \frac{M_A}{5}$$

Con las reacciones isostáticas el diagrama de momentos flectores está perfectamente determinado (Fig. VII.2-*a*).

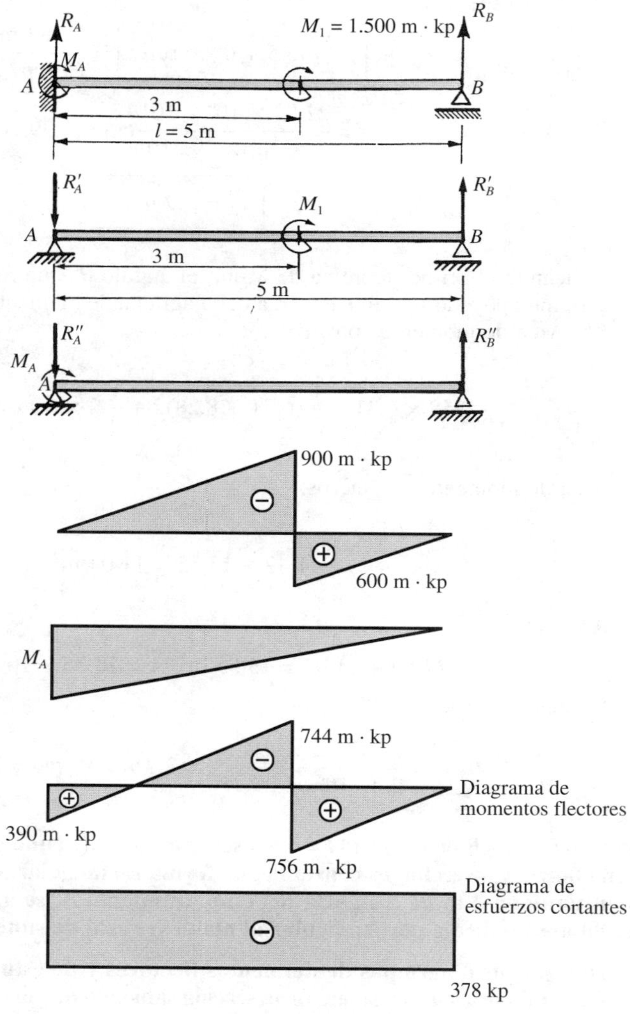

Figura VII.2-*a*

Suponiendo que el momento hiperestático tiene el sentido indicado en la figura, aplicando el segundo teorema de Mohr se tiene:

$$-\frac{1}{2}\,3 \times 900(2+1) + \frac{1}{2}\,2 \times 600\,\frac{2}{3}\,2 + \frac{5}{2}\,M_A\,\frac{2}{3}\,5 = 0$$

de donde:

$$M_A = 390 \text{ m} \cdot \text{kp}$$

Las reacciones hiperestáticas son:

$$R''_A = -\frac{390}{5} = -78 \text{ kp} \quad ; \quad R''_B = \frac{390}{5} = 78 \text{ kp}$$

Las reacciones definitivas serán:

$$R_A = R'_A + R''_A = -300 - 78 = -378 \text{ kp}$$
$$R_B = R'_B + R''_B = 300 + 78 = 378 \text{ kp}$$

Las leyes de momentos flectores son:

$$M = 390 - 378x \quad \text{válida para} \quad 0 \leqslant x \leqslant 3 \text{ m}$$
$$M = 390 - 378x + 1.500 = -1.890 - 378x \quad 3 \text{ m} \leqslant x \leqslant 5 \text{ m}$$

y la de esfuerzos cortantes:

$$T = -378 \text{ kp}$$

constante en todas las secciones de la viga.

Los diagramas correspondientes se representan en la misma Figura VII.2-*a*.

2.º El módulo resistente necesario es:

$$W_z = \frac{M_{\text{máx}}}{\sigma_{\text{adm}}} = \frac{75.600 \text{ cm} \cdot \text{kp}}{1.200 \text{ kp} \cdot \text{cm}^{-2}} = 63 \text{ cm}^3$$

Como

$$W_z = \frac{I_z}{y_{\text{máx}}} = \frac{\frac{1}{12}\,bh^3}{h/2} = \frac{bh^2}{6} = \frac{3b^3}{2}$$

se deduce:

$$b = \sqrt[3]{\frac{2W_z}{3}} = \sqrt[3]{\frac{2 \times 63}{3}} = \sqrt[3]{42} = 3{,}476 \text{ cm}$$

$$h = 3b = 3 \times 3{,}476 = 10{,}428 \text{ cm}$$

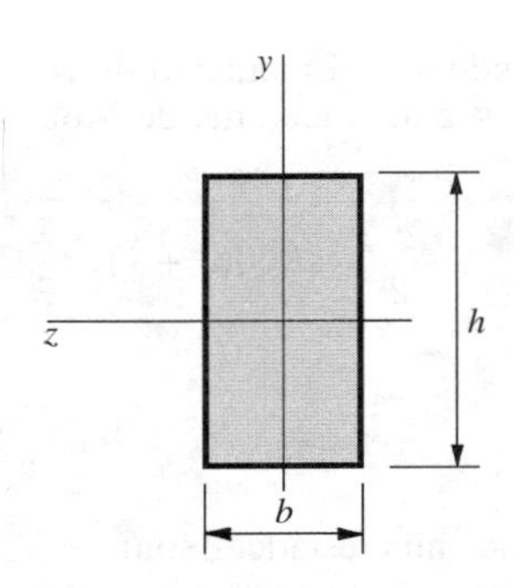

Figura VII.2-*b*

Se tomaría, pues:

$$b = 35 \text{ mm} \quad ; \quad h = 105 \text{ mm}$$

VII.3. Una viga *AB* de longitud *l* que tiene su extremo *A* perfectamente empotrado y el extremo *B* sobre apoyo móvil, está sometida a una carga uniformemente repartida *p*. Se pide:

1.º Calcular la reacción en el apoyo móvil: *a*) por los teoremas de Mohr; *b*) por el método de las fuerzas; *c*) por el método de Mohr.
2.º Dibujar el diagrama de momentos flectores indicando los valores de los momentos positivos y negativos máximos, así como las secciones en las que se presentan.
3.º Calcular el ángulo que forman las tangentes en los extremos de la viga.
4.º Determinar la situación de la flecha y el valor de ésta.

1.º *a*) *Por los teoremas de Mohr.* Análogamente a como se ha procedido en ejercicios anteriores, dibujamos los diagramas de momentos flectores isostáticos y de momentos flectores hiperestáticos, obteniendo el diagrama definitivo de momentos por superposición (Fig. VII.3-*a*).

Para calcular el valor del momento de empotramiento M_A aplicando el segundo teorema de Mohr, se tiene:

$$\int_0^l \left(\frac{pl}{2}x - \frac{px^2}{2}\right)x\,dx + \frac{1}{2}M_A l\,\frac{2}{3}\,l = 0$$

de donde:

$$M_A = -\frac{pl^2}{8}$$

Las reacciones isostáticas e hiperestáticas son:

$$R_{Ai} = \frac{pl}{2} \quad ; \quad R_{Bi} = \frac{pl}{2}$$

$$R_{Ah} = \frac{pl}{8} \quad ; \quad R_{Bh} = -\frac{pl}{8}$$

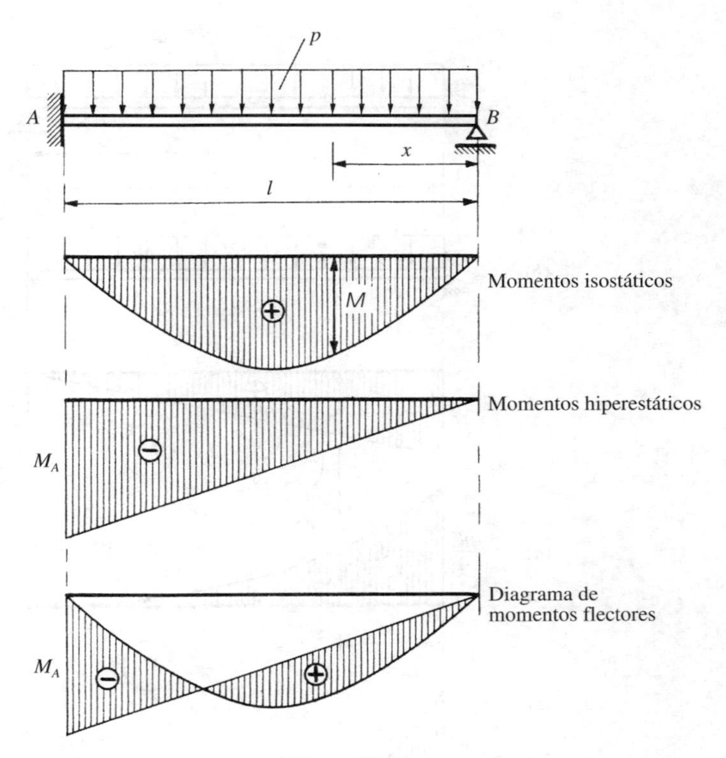

Figura VII.3-*a*

Por tanto, las reacciones definitivas serán:

$$R_A = R_{Ai} + R_{Ah} = \frac{5pl}{8} \quad ; \quad R_B = R_{Bi} + R_{Bh} = \frac{3pl}{8}$$

La reacción pedida es R_B

$$\boxed{R_B = \frac{3pl}{8}}$$

b) *Por el método de las fuerzas.* Se trata de un sistema hiperestático de primer grado. Obtenemos el sistema base eliminando el apoyo móvil y sustituyéndolo por una fuerza X_1 (Fig. VII.3-*b*).

En este caso tendremos solamente una ecuación canónica

$$\delta_{11}X_1 + \Delta_{1P} = 0$$

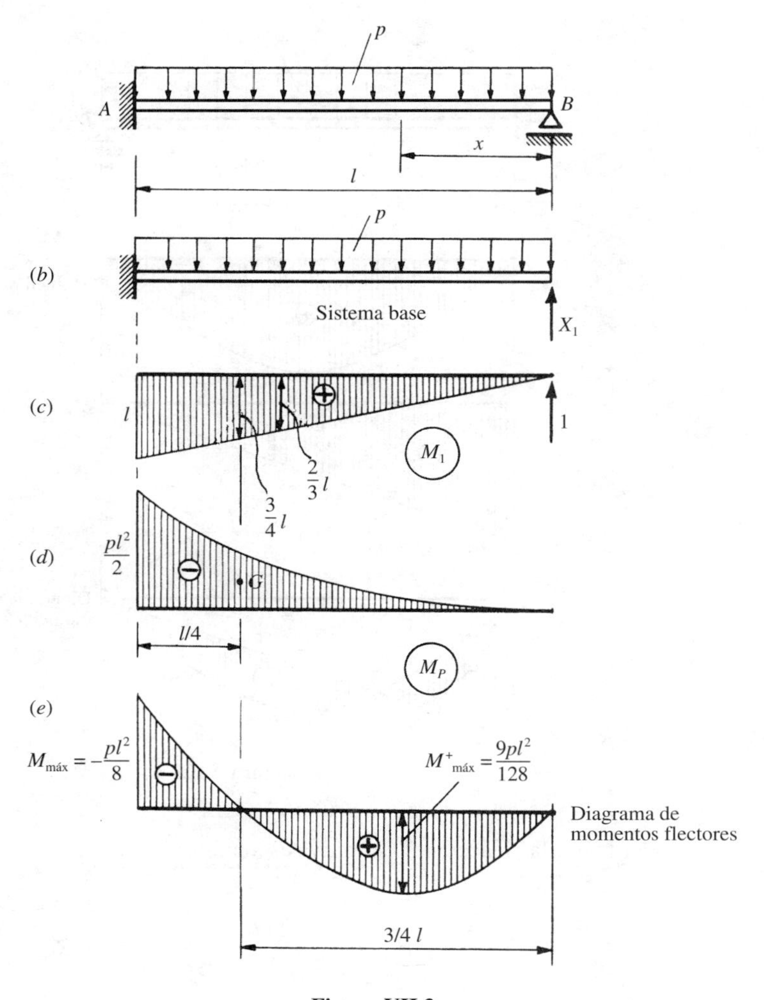

Figura VII.3

Calcularemos los valores de los coeficientes δ_{11} y Δ_{1P} aplicando el método de multiplicación de los gráficos (Fig. VII.3-*c* y *d*)

$$\delta_{11} = \frac{1}{EI_z}\left(\frac{1}{2}\,l \cdot l\,\frac{2}{3}\,l\right) = \frac{l^3}{3EI_z}$$

$$\Delta_{1P} = \frac{1}{EI_z}\,\frac{3}{4}\,l\int_0^l -\frac{px^2}{2}\,dx = -\frac{pl^4}{8EI_z}$$

Por tanto, el valor de la reacción X_1 en el apoyo móvil es:

$$\boxed{X_1 = -\frac{\Delta_{1P}}{\delta_{11}} = \frac{3pl}{8}}$$

c) *Por el método de Mohr.* Sustituimos el apoyo móvil por la reacción X_1. El corrimiento del extremo B es nulo

$$y_B = \int \frac{MM_1}{EI_z}\,dx = 0$$

Como $M = X_1 x - \dfrac{px^2}{2}$, se tiene

$$\frac{1}{EI_z}\int_0^l \left(X_1 x - \frac{px^2}{2}\right) x\,dx = \frac{1}{EI_z}\left(X_1\frac{l^3}{3} - \frac{pl^4}{8}\right) = 0$$

de donde:

$$\boxed{X_1 = \frac{3pl}{8}}$$

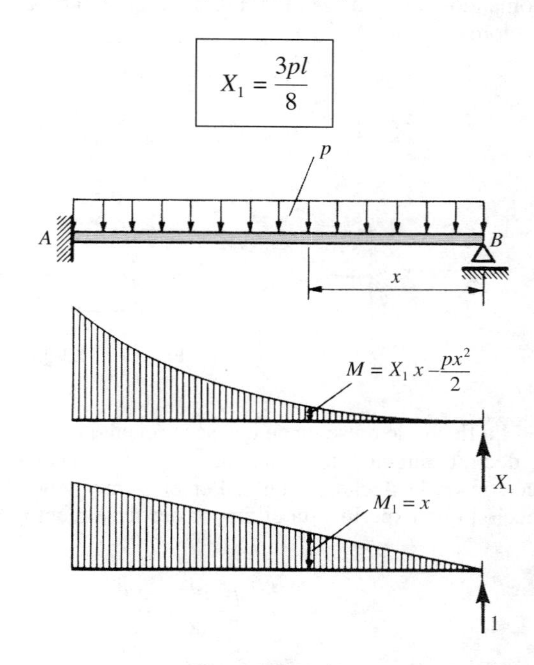

Figura VII.3-*f*.

2.° La ley de momentos flectores será

$$M = \frac{3pl}{8}x - \frac{px^2}{2}$$

cuya representación gráfica se indica en la Figura VII.3-*e*.

En este diagrama se señala el valor del momento de empotramiento

$$\boxed{M_A = (M)_{x=l} = -\frac{pl^2}{8}}$$

que coincide con el momento flector negativo máximo. El momento flector positivo máximo es

$$\boxed{M^+_{\text{máx}} = (M)_{x=3/8l} = \frac{9pl^2}{128}}$$

3.º Como en el empotramiento es horizontal la tangente a la viga, el ángulo que forman las tangentes en los extremos es igual al ángulo que forma la tangente a la elástica en el extremo B. Calcularemos éste aplicando el primer teorema de Mohr

$$\boxed{\theta_B} = \frac{1}{EI_z}\int_0^l \left(\frac{3pl}{8}x - \frac{px^2}{2}\right)dx = \boxed{\frac{pl^3}{48EI_z}}$$

4.º Tomando como origen de abscisas el empotramiento A, la ley de momentos flectores es:

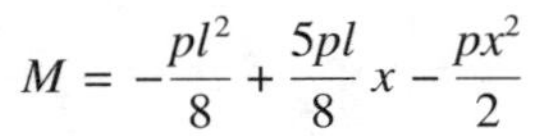

$$M = -\frac{pl^2}{8} + \frac{5pl}{8}x - \frac{px^2}{2}$$

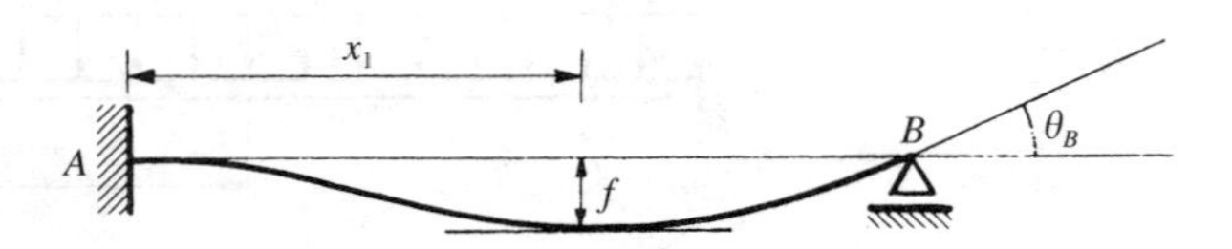

Figura VII.3-*g*

La flecha se presenta en una sección tal que la tangente a la elástica es horizontal, es decir, el ángulo que forman las tangentes a la elástica, en el empotramiento y en la sección de la flecha, es nulo. Por el primer teorema de Mohr, la abscisa x_1 de la sección que experimenta el mayor desplazamiento vertical verificará

$$\int_0^{x_1}\left(-\frac{pl^2}{8} + \frac{5pl}{8}x - \frac{px^2}{2}\right)dx = 0$$

de donde:

$$\boxed{x_1 = 0{,}578l}$$

Para calcular el valor de la flecha tendremos en cuenta que ésta es la distancia del extremo A a la tangente en la sección correspondiente. Aplicando el segundo teorema de Mohr, se tiene:

$$f = \frac{1}{EI_z}\int_0^{0{,}578l}\left(-\frac{pl^2}{8} + \frac{5pl}{8}x - \frac{px^2}{2}\right)x\,dx$$

de donde:

$$\boxed{f = 5{,}4 \times 10^{-3}\,\frac{pl^4}{EI_z}}$$

VII.4. La viga recta de la Figura VII.4-*a* está empotrada por sus extremos y se encuentra sometida a la carga indicada. Se pide:

1.º Calcular los momentos en los empotramientos.
2.º Determinar las reacciones verticales en ambos extremos.
3.º Dibujar los diagramas de momentos flectores y de esfuerzos cortantes.
4.º Calcular la situación de los puntos de inflexión de la elástica.

Se considerará que el empotramiento *B* es una corredera.

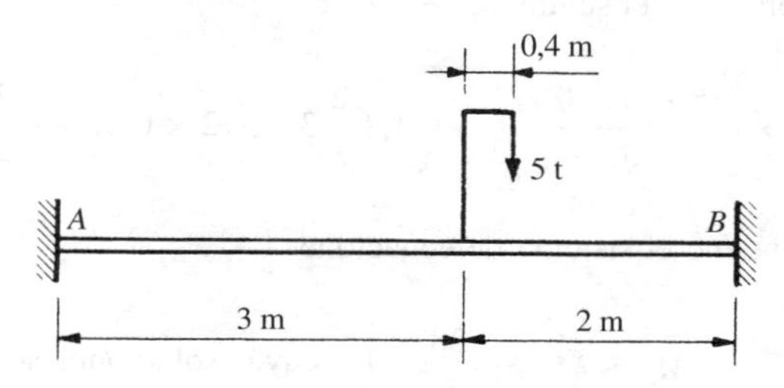

Figura VII.4-*a*

1.º Del sistema dado pasamos al sistema equivalente indicado en la Figura VII.4-*b*, que descomponemos en forma análoga a como hemos hecho en ejercicios anteriores.

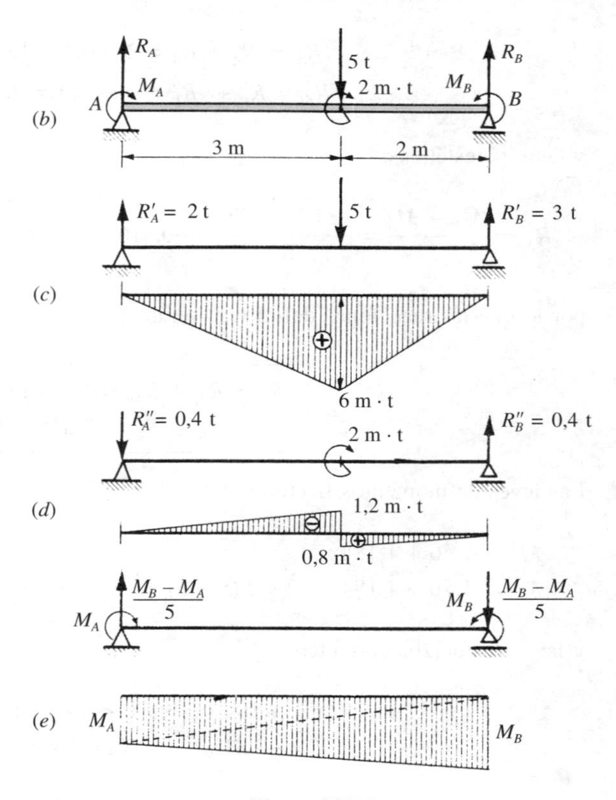

Figura VII.4

El cálculo de los momentos de empotramiento lo haremos por aplicación de los teoremas de Mohr.

Por el primer teorema:

$$\frac{1}{2} 5 \times 6 - \frac{1}{2} 3 \times 1{,}2 + \frac{1}{2} 2 \times 0{,}8 + \frac{M_A + M_B}{2} 5 = 0$$

y aplicando el segundo:

$$\frac{1}{2} 5 \times 6 \frac{5 + 3 + 0}{3} - \frac{1}{2} 3 \times 1{,}2 \frac{2}{3} 3 + \frac{1}{2} 2 \times 0{,}8 \left(3 + \frac{2}{3}\right) + \frac{1}{2} 5M_A \frac{5}{3} + \frac{1}{2} 5M_B \frac{10}{3} = 0$$

se obtiene el sistema de ecuaciones

$$\left.\begin{aligned} M_A + M_B &= -\frac{28}{5} \\ M_A + 2M_B &= -9{,}44 \end{aligned}\right\} \quad \begin{array}{l} \text{cuyas soluciones son:} \\ M_A = -1{,}76 \text{ m} \cdot \text{t} \quad ; \quad M_B = -3{,}84 \text{ m} \cdot \text{t} \end{array}$$

2.º Las reacciones isostáticas son:

$$R_{Ai} = R'_A + R''_A = 2 - 0{,}4 = 1{,}6 \text{ t}$$
$$R_{Bi} = R'_B + R''_B = 3 + 0{,}4 = 3{,}4 \, t$$

y las hiperestáticas:

$$R_{Ah} = \frac{M_B - M_A}{l} = \frac{-3{,}84 + 1{,}76}{5} = -0{,}416 \text{ t} \quad ; \quad R_{Bh} = -\frac{M_B - M_A}{l} = 0{,}416 \text{ t}$$

por lo que las reacciones definitivas serán:

$$\boxed{\begin{aligned} R_A &= R_{Ai} + R_{Ah} = 1{,}184 \text{ t} \\ R_B &= R_{Bi} + R_{Bh} = 3{,}816 \text{ t} \end{aligned}}$$

3.º Las leyes de momentos flectores son:

$$M = -1{,}76 + 1{,}184x \quad ; \quad 0 \leqslant x \leqslant 3 \text{ m}$$
$$M = -1{,}76 + 1{,}184x + 2 - 5(x - 3) = 13{,}24 - 3{,}816x \quad ; \quad 3 \text{ m} \leqslant x \leqslant 5 \text{ m}$$

y las de esfuerzos cortantes

$$T = 1{,}184 \text{ t} \quad ; \quad 0 < x < 3 \text{ m}$$
$$T = -3{,}816 \text{ t} \quad ; \quad 3 \text{ m} < x < 5 \text{ m}$$

cuyas representaciones gráficas se hacen en las Figuras VII.4-*f* y *g*.

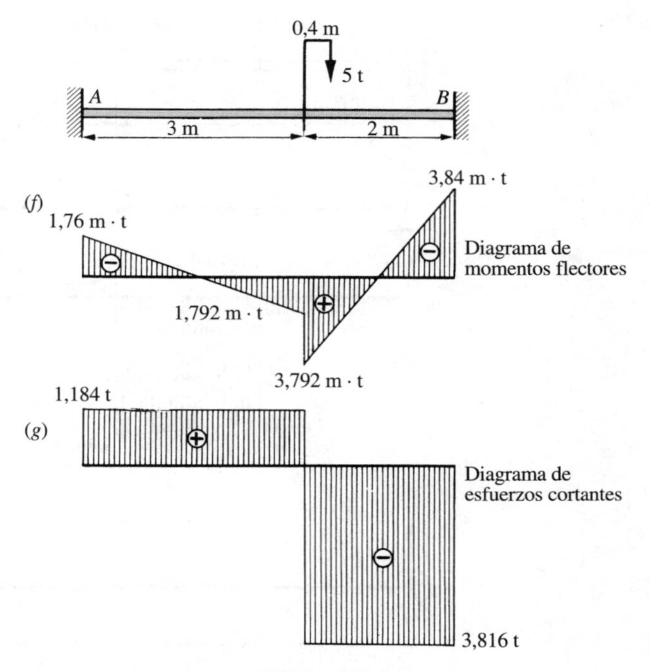

Figura VII.4

VII.5. En la viga indicada en la Figura VII.5-*a*, se pide:

1.º Dibujar los diagramas de momentos flectores y de esfuerzos cortantes.
2.º Dimensionar la viga sabiendo que la sección es rectangular, cuyo canto es doble del ancho, siendo la tensión admisible σ_{adm} = 1.200 kp/cm².

Se considerará que el empotramiento *B* es una corredera.

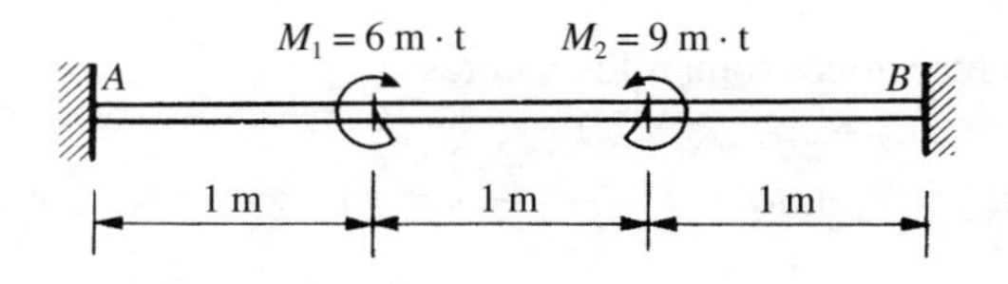

Figura VII.5-*a*

1.º Descompuesta la solicitación dada en las solicitaciones parciales indicadas en las Figuras VII.5-*b* y *c*, apliquemos los teoremas de Mohr para calcular los momentos M_A y M_B en los empotramientos

$$\int_0^3 \frac{M}{EI_z}\,dx = 0 \quad \Rightarrow \quad \frac{7+8}{2}\,1 + \frac{M_A + M_B}{2}\,3 = 0 \quad \Rightarrow \quad M_A + M_B = -5 \text{ m} \cdot \text{t}$$

$$\int_0^3 \frac{M}{EI_z}\,x\,dx = 0 \quad \Rightarrow \quad \frac{1}{2}\,\frac{2}{3} + \frac{1}{2}\left(1 + \frac{2}{3}\right) + 7 \times 1{,}5 - \frac{1}{2}\left(2 + \frac{1}{3}\right) +$$

$$+ \frac{3}{2}\,M_A\,\frac{1}{3}\,3 + \frac{3}{2}\,M_B\,\frac{2}{3}\,3 = 0 \quad \Rightarrow \quad M_A + 2M_B = -7 \text{ m} \cdot \text{t}$$

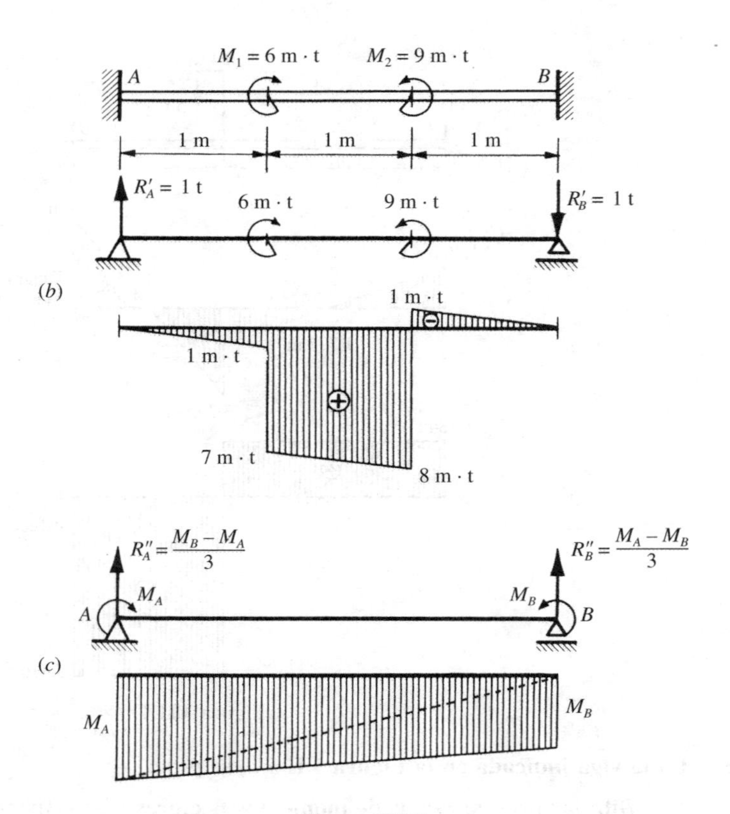

Figura VII.5

De estas dos ecuaciones se obtienen los dos momentos de empotramiento

$$M_A = -3 \text{ m} \cdot \text{t} \quad ; \quad M_B = -2 \text{ m} \cdot \text{t}$$

Las reacciones toman los valores

$$R_A = R'_A + R''_A = 1 + \frac{-2 + 3}{3} = \frac{4}{3} \text{ t} \quad ; \quad R_B = R'_B + R''_B = -1 + \frac{-3 + 2}{3} = -\frac{4}{3} \text{ t}$$

La construcción de los diagramas de momentos flectores (Fig. VII.5-*d*) y de esfuerzos cortantes (Fig. VII.5-*e*) es inmediata.

2.º De la observación del diagrama de momentos flectores se deduce el momento flector máximo $M_{\text{máx}} = \frac{17}{3}$ m · t. Como el módulo resistente de la sección es:

$$W_z = \frac{I_z}{y_{\text{máx}}} = \frac{bh^2}{6} = \frac{2b^3}{3}$$

ya que $h = 2b$, de la condición

$$\frac{M_{\text{máx}}}{\sigma_{\text{adm}}} \leqslant W_z$$

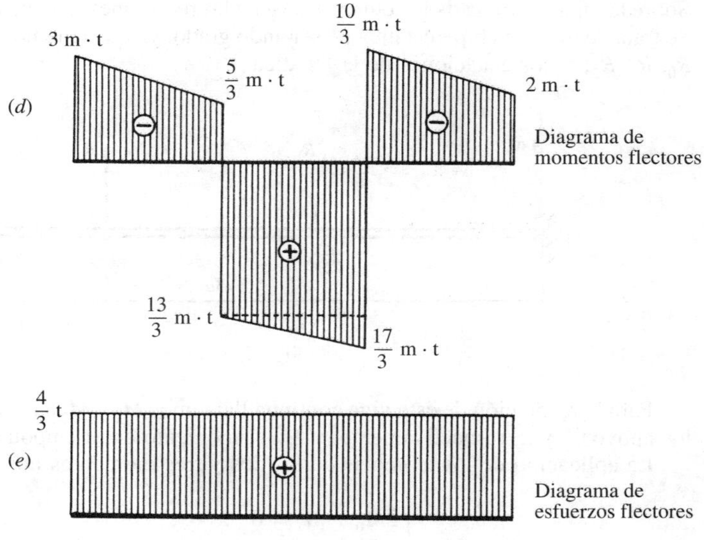

Figura VII.5

se deduce:

$$b^3 = \frac{3W_z}{2} = \frac{3}{2}\,\frac{17 \times 10^5}{3 \times 1.200} \quad \Rightarrow \quad b = 8{,}914 \text{ cm} \simeq 9 \text{ cm}$$

Las dimensiones pedidas serán

$$\boxed{b = 9 \text{ cm} \quad ; \quad h = 18 \text{ cm}}$$

VII.6. Dada la viga continua de la Figura VII.6-*a* con las dimensiones y cargas indicadas, se pide:

1.º Dibujar los diagramas de momentos flectores y de esfuerzos cortantes, acotando sus valores.
2.º Dibujar la deformada a estima.
3.º Calcular el desplazamiento vertical del extremo del voladizo sabiendo que la rigidez a la flexión EI_z es constante en toda la viga.

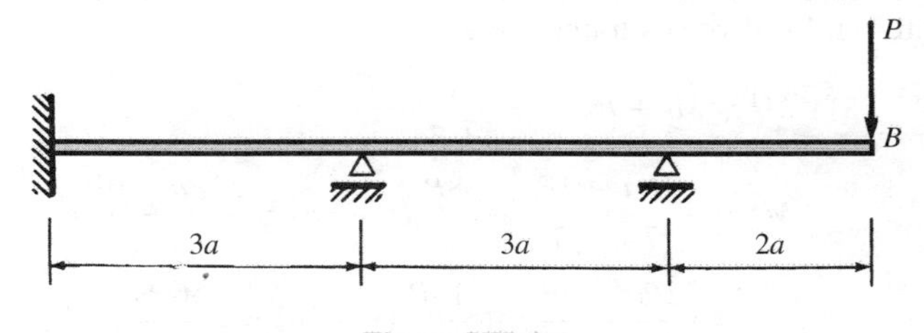

Figura VII.6-*a*

Sobre la viga continua dada actúan la carga y las reacciones indicadas en la Figura VII.6-*b*. Se trata de una viga hiperestática de segundo grado, ya que tenemos cuatro incógnitas: M_0, R_0, R_1, R_2, y dos ecuaciones de la Estática.

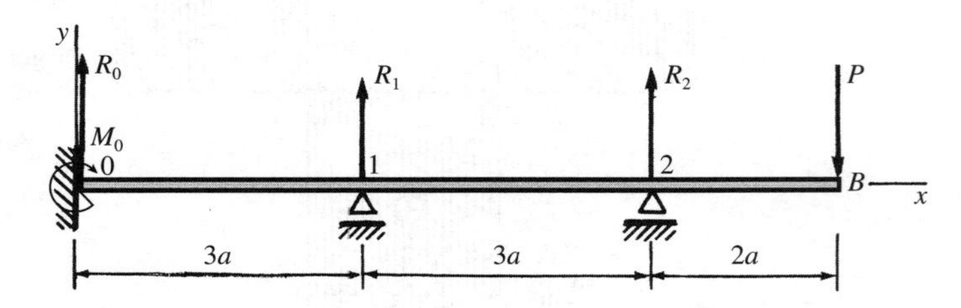

Figura VII.6-*b*

Para la resolución de esta viga continua llamemos M_1 y M_2 a los momentos flectores en los apoyos 1 y 2, respectivamente, y M_0 al momento en el empotramiento.

La aplicación de los teoremas de los dos y tres momentos nos da:

$$\begin{cases} 2M_0 + M_1 = 0 \\ M_0 3a + 2M_1(3a + 3a) + M_2 3a = 0 \end{cases}$$

Como $M_2 = -2Pa$, de este sistema de ecuaciones se obtiene:

$$M_0 = -\frac{2Pa}{7} \quad ; \quad M_1 = \frac{4Pa}{7}$$

Por otra parte, las ecuaciones de la Estática y la condición de ser M_1 el momento flector en la sección del apoyo 1, nos proporciona las ecuaciones:

$$\Sigma F_y = 0: \quad R_0 + R_1 + R_2 = P$$

$$\Sigma M = 0: \quad M_0 - R_1 3a - R_2 6a + 8Pa = 0$$

$$M_1 = \frac{4Pa}{7}: \quad M_0 + R_0 \cdot 3a = \frac{4Pa}{7}$$

De aquí se obtienen las reacciones R_0, R_1 y R_2

$$R_0 = \frac{2P}{7} \quad ; \quad R_1 = -\frac{8P}{7} \quad ; \quad R_2 = \frac{13P}{7}$$

Tomando como origen de abscisas el extremo empotrado, las leyes de momentos flectores en los diversos tramos serán:

$$M_0^1 = M_0 + R_0 x = -\frac{2Pa}{7} + \frac{2P}{7} x \qquad ; \quad 0 \leqslant x \leqslant 3a$$

$$M_1^2 = -\frac{2Pa}{7} + \frac{2P}{7} x - \frac{8P}{7}(x - 3a) = \frac{22Pa}{7} - \frac{6P}{7} x \qquad ; \quad 3a \leqslant x \leqslant 6a$$

$$M_2^B = \frac{22Pa}{7} - \frac{6P}{7} x + \frac{13P}{7}(x - 6a) = -\frac{56Pa}{7} + Px \qquad ; \quad 6a \leqslant x \leqslant 8a$$

Las leyes de esfuerzos cortantes se obtienen fácilmente por derivación de estas últimas

$$T_0^1 = \frac{2P}{7} \quad ; \quad T_1^2 = -\frac{6P}{7} \quad ; \quad T_2^B = P$$

Los diagramas pedidos se dibujan en las Figuras VII.6-*c* y *d*.

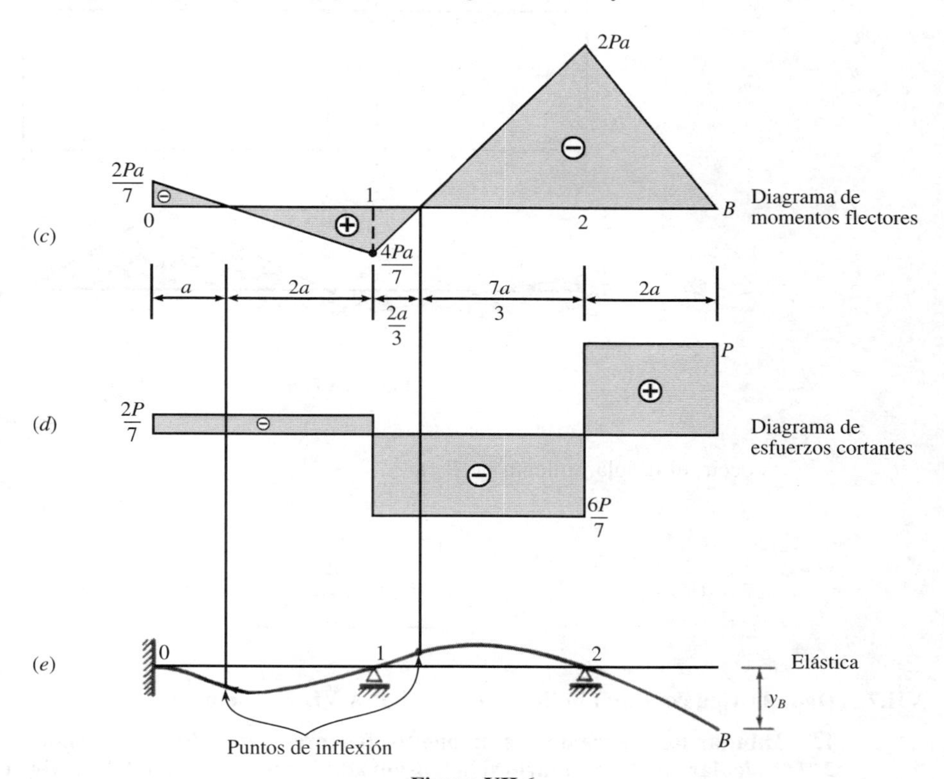

Figura VII.6

2.º Obtenido el diagrama de momentos flectores se puede dibujar sin ninguna dificultad la elástica de la viga continua considerada. Es lo que se hace en la Figura VII.6-*e*, en la que se han señalado los puntos de inflexión que existen.

3.º Para el cálculo del desplazamiento de la sección extrema *B* podemos aplicar cualquiera de los métodos que se han expuesto en el capítulo 5. Sin embargo, en nuestro caso, es particularmente aconsejable aplicar el método de Mohr y calcular las integrales correspondientes mediante la aplicación del método de multiplicación de gráficos, ya que el diagrama de momentos flectores M_0 de la carga real ya lo hemos calculado (Fig. VII.6-*f*), y el correspondiente a la carga unidad aplicada en *B* es particularizado el anterior para $P = 1$ (Fig. VII.6-*g*).

$$y_B = \frac{1}{EI_z}\int_0^l M_0 M_1\,dx = \frac{1}{EI_z}\left(\frac{1}{2}\,\frac{2Pa}{7}\,a\,\frac{2}{3}\,\frac{2a}{7} + \frac{1}{2}\,\frac{4Pa}{7}\,2a\,\frac{2}{3}\,\frac{4a}{7} + \frac{1}{2}\,\frac{4Pa}{7}\,\frac{2a}{3}\,\frac{2}{3}\,\frac{4a}{7} + \right.$$

$$\left. + \frac{1}{2}\,2Pa\,\frac{7a}{3}\,\frac{2}{3}\,2a + \frac{1}{2}\,2Pa2a\,\frac{2}{3}\,2a\right) = \frac{6{,}09Pa^3}{EI_z}$$

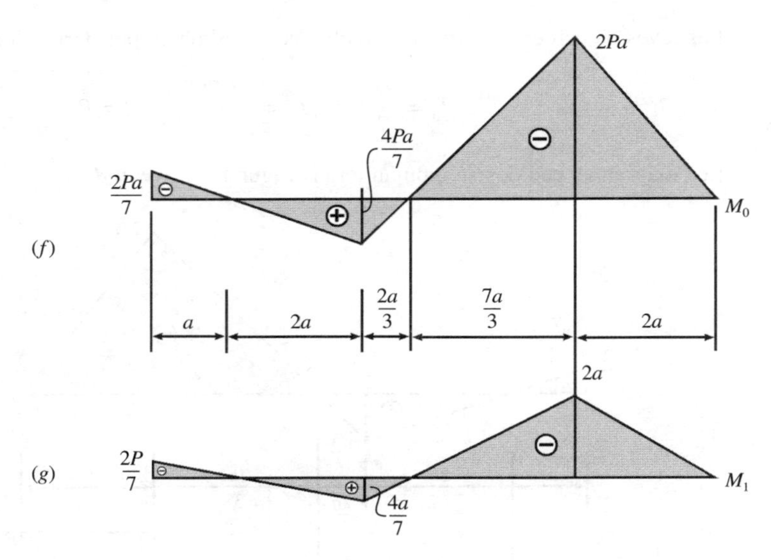

Figura VII.6

es decir, el desplazamiento de B es

$$y_B = \frac{6{,}09Pa^3}{EI_z}$$

VII.7. Dada la viga continua indicada en la Figura VII.7-*a*, se pide:

1.º Dibujar los diagramas de momentos flectores y de esfuerzos cortantes.

2.º Calcular el IPN necesario si la tensión admisible del material de la viga es σ_{adm} = = 100 MPa.

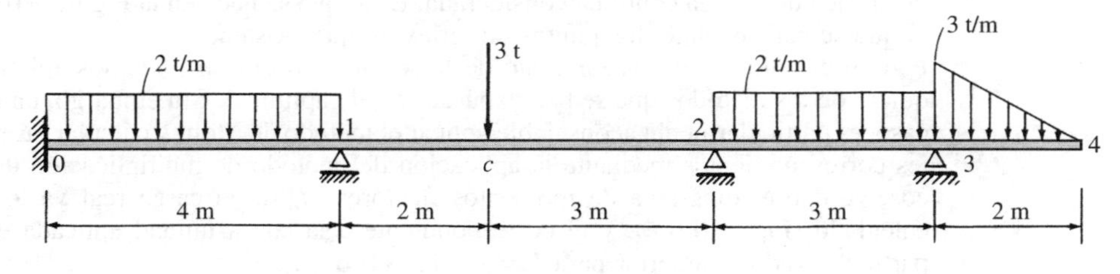

Figura VII.7-*a*

1.º Dibujemos los diagramas de momentos isostáticos de cada tramo de la viga continua considerada, indicando las distancias de los centros de gravedad de las áreas de cada uno de estos diagramas a los apoyos extremos (Fig. VII.7-*b*).

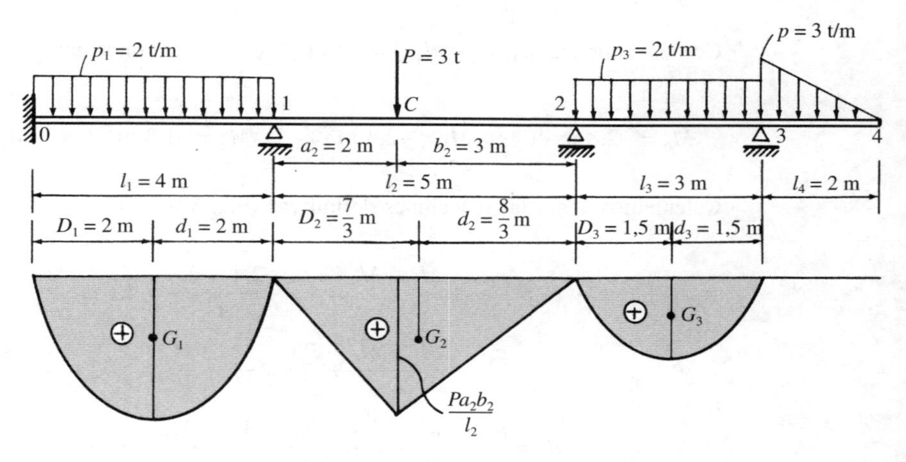

Figura VII.7-*b*

Si M_0 es el momento en el empotramiento y M_1, M_2, M_3 son los momentos flectores en las secciones de los apoyos 1, 2 y 3, respectivamente, aplicando los teoremas de los dos y tres momentos tenemos:

$$2M_0 + M_1 = -6\,\frac{\Omega_1 d_1}{l_1^2}$$

$$M_0 l_1 + 2M_1(l_1 + l_2) + M_2 l_2 = -6\left(\frac{\Omega_1 D_1}{l_1} + \frac{\Omega_2 d_2}{l_2}\right)$$

$$M_1 l_2 + 2M_2(l_2 + l_3) + M_3 l_3 = -6\left(\frac{\Omega_2 D_2}{l_2} + \frac{\Omega_3 d_3}{l_3}\right)$$

Como:

$$\Omega_1 = \int_0^{l_1}\left(\frac{p_1 l_1}{2}x - \frac{p_1 x^2}{2}\right)dx = \frac{p_1 l_1^3}{12} = \frac{32}{3}\ \text{m}^2\cdot\text{t}$$

$$\Omega_2 = \frac{1}{2}\,\frac{Pa_2b_2}{l_2}\,l_2 = 9\ \text{m}^2\cdot\text{t}$$

$$\Omega_3 = \frac{p_3 l_3^3}{12} = 4{,}5\ \text{m}^2\cdot\text{t}$$

sustituyendo valores, se tiene:

$$2M_0 + M_1 = -6\,\frac{\frac{32}{3}\,2}{4^2} = -8\ \text{m}\cdot\text{t}$$

$$4M_0 + 18M_1 + 5M_2 = -6\left[\frac{\frac{32}{3}\,2}{4} + \frac{9\,\frac{8}{3}}{5}\right] = -\frac{304}{5}$$

$$5M_1 + 16M_2 + 3M_3 = -6\left[\frac{9\,\frac{7}{3}}{5} + \frac{4{,}5\times 1{,}5}{3}\right] = -\frac{387}{10}$$

Como se conoce $M_3 = -\frac{1}{2} pl_4 \frac{l_4}{3} = -2$ m · t, este sistema nos da:

$$M_0 = -2{,}8 \text{ m} \cdot \text{t} \quad ; \quad M_1 = -2{,}4 \text{ m} \cdot \text{t} \quad ; \quad M_2 = -1{,}3 \text{ m} \cdot \text{t} \quad ; \quad M_3 = -2 \text{ m} \cdot \text{t}$$

Calculemos ahora las reacciones definitivas (Fig. VII.7-*c*)

$$R_0 = \frac{p_1 l_1}{2} + \frac{M_1 - M_0}{l_1} = 4 + \frac{-2{,}4 + 2{,}8}{4} = 4{,}1 \text{ t}$$

$$R_1 = \frac{p_1 l_1}{2} - \frac{M_1 - M_0}{l_1} + \frac{Pb_2}{l_2} + \frac{M_2 - M_1}{l_2} = 5{,}92 \text{ t}$$

$$R_2 = \frac{p_3 l_3}{2} + \frac{M_3 - M_2}{l_3} + \frac{Pa_2}{l_2} - \frac{M_2 - M_1}{l_2} = 3{,}75 \text{ t}$$

$$R_3 = \frac{p_3 l_3}{2} - \frac{M_3 - M_2}{l_3} + \frac{1}{2} pl_4 = 6{,}23 \text{ t}$$

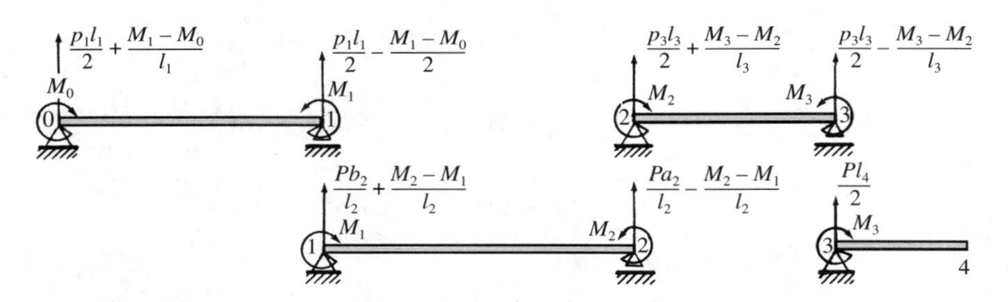

Figura VII.7-*c*

Una vez obtenidas las reacciones definitivas, calcularemos las leyes de momentos flectores tomando como origen de abscisas en cada tramo el apoyo izquierdo, salvo en el voladizo, que tomaremos como origen la sección extrema

$$M_0^1 = M_0 + \left(\frac{p_1 l_1}{2} + \frac{M_1 - M_0}{l_1} \right) x - \frac{p_1 x^2}{2} = -2{,}8 + 4{,}1x - x^2$$

$$M_1^c = M_1 + \left(\frac{Pb_2}{l_2} + \frac{M_2 - M_1}{l_2} \right) x = -2{,}4 + 2{,}02x$$

$$M_c^2 = M_1 + \left(\frac{Pb_2}{l_2} + \frac{M_2 - M_1}{l_2} \right) x - P(x - 2) = 3{,}6 - 0{,}98x$$

$$M_2^3 = M_2 + \left(\frac{p_3 l_3}{2} + \frac{M_3 - M_2}{l_3} \right) x - \frac{p_3 x^2}{2} = -1{,}3 + 2{,}76x - x^2$$

$$M_3^4 = -\frac{px^3}{12} = -\frac{x^3}{4}$$

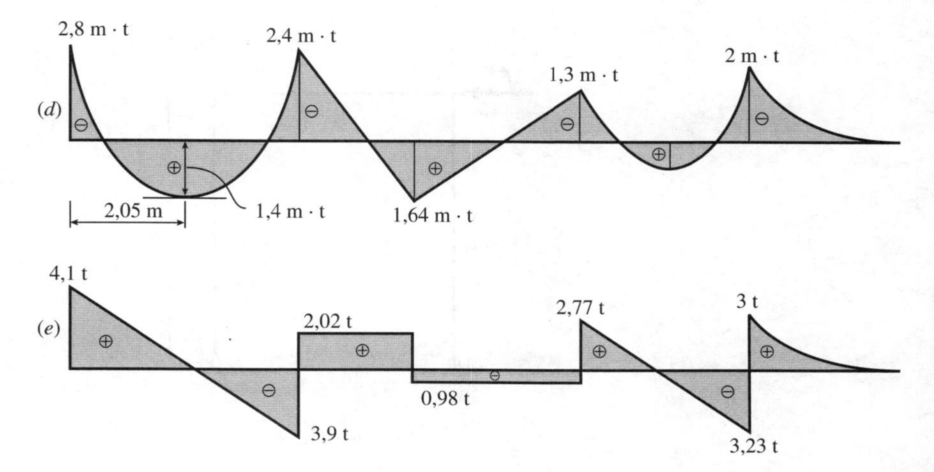

Figura VII.7

Se representan en la Figura VII.7-*d*.

Las leyes de esfuerzos cortantes son:

$$T_0^1 = R_0 - p_1 x = 4{,}1 - 2x \text{ t}$$

$$T_1^c = R_0 - p_1 l_1 + R_1 = 2{,}02 \text{ t}$$

$$T_c^2 = 2{,}02 - 3 = -0{,}98 \text{ t}$$

$$T_2^3 = -0{,}98 + R_2 - p_3 x = 2{,}77 - 2x \text{ t}$$

$$T_3^4 = \frac{3px^2}{12} = 0{,}75x^2 \text{ t}$$

Se representa en la Figura VII.7-*e*.

2.° El máximo momento flector se presenta en el empotramiento: $M_{\text{máx}} = 2{,}8$ m · t. El módulo resistente mínimo necesario será

$$W_z = \frac{M_{\text{máx}}}{\sigma_{\text{adm}}} = \frac{2{,}8 \times 10^3 \times 9{,}8 \text{ N} \cdot \text{m}}{100 \times 10^6 \text{ N/m}^2} = 274{,}4 \text{ cm}^3$$

que corresponde a un

IPN 220

con un momento de inercia $I_z = 3.060$ cm^4.

VII.8. En el pórtico representado en la Figura VII.8-*a* formado por tres barras de las rigideces indicadas se pide:

1.° Calcular, por aplicación del teorema de Menabrea, las reacciones en las articulaciones de los apoyos fijos.

2.° Dibujar los diagramas de momentos flectores, esfuerzos cortantes y esfuerzos axiales.

3.° Calcular el desplazamiento del punto *B* en el que está aplicada la fuerza *F*.

4.° Dibujar a estima la deformada del pórtico señalando la situación de los puntos de inflexión, si los hubiere.

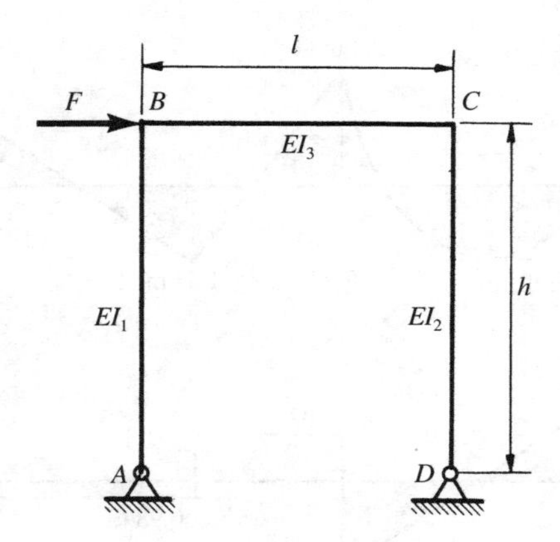

Figura VII.8-*a*

1.º El sistema tiene cuatro incógnitas: las componentes verticales V_1, V_2 y las horizontales H_1, H_2 de las reacciones en las articulaciones de los apoyos fijos (Fig. VII.8-*b*). Por tanto, se trata de un sistema hiperestático de primer grado. Para resolverlo por el método de Menabrea, las tres ecuaciones de equilibrio

$$\begin{cases} F + H_1 + H_2 = 0 \\ V_1 + V_2 = 0 \\ Fh + V_1 l = 0 \end{cases}$$

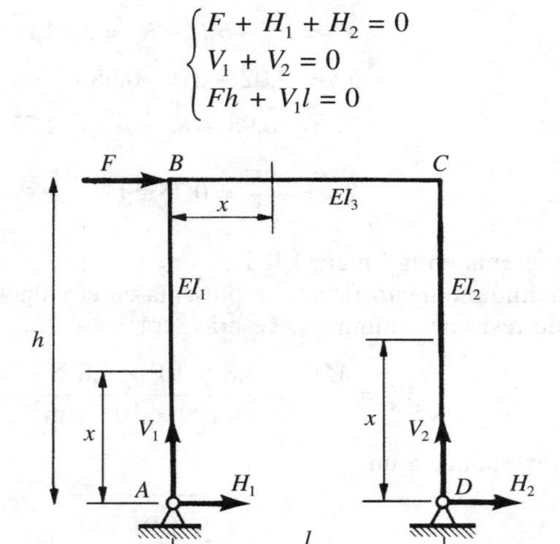

Figura VII.8-*b*

permiten expresar tres incógnitas en función de la otra

$$\begin{cases} H_2 = -F - H_1 \\ V_1 = -\dfrac{Fh}{l} \\ V_2 = \dfrac{Fh}{l} \end{cases}$$

Calcularemos el potencial interno del sistema como suma de las energías de deformación de cada una de las barras que lo constituyen, despreciando los efectos producidos por esfuerzos normales y cortantes

$$\mathcal{T}_{AB} = \frac{1}{2EI_1}\int_0^h H_1^2 x^2\,dx = \frac{H_1^2 h^3}{6EI_1}$$

$$\mathcal{T}_{BC} = \frac{1}{2EI_3}\int_0^l (V_1 x - H_1 h)^2\,dx = \frac{1}{2EI_3}\int_0^l \left(-\frac{Fh}{l}x - H_1 h\right)^2 dx =$$

$$= \frac{h^2}{2EI_3}\left(\frac{F^2 l}{3} + H_1^2 l + FH_1 l\right)$$

$$\mathcal{T}_{DC} = \frac{1}{2EI_2}\int_0^h H_2^2 x^2\,dx = \frac{1}{2EI_2}\int_0^h (F + H_1)^2 x^2\,dx = \frac{(F + H_1)^2 h^3}{6EI_2}$$

El potencial interno del sistema es:

$$\mathcal{T} = \mathcal{T}_{AB} + \mathcal{T}_{BC} + \mathcal{T}_{DC} = \frac{H_1^2 h^3}{6EI_1} + \frac{h^2}{2EI_3}\left(\frac{F^2 l}{3} + H_1^2 l + FH_1 l\right) + \frac{(F + H_1)^2 h^3}{6EI_2}$$

Por el teorema de Menabrea:

$$\frac{\partial \mathcal{T}}{\partial H_1} = \frac{H_1 h^3}{3EI_1} + \frac{h^2}{2EI_3}(2H_1 l + Fl) + \frac{(F + H_1)h^3}{3EI_2} = 0$$

de donde se obtiene:

$$\boxed{H_1 = -\frac{3lI_1I_2 + 2hI_1I_3}{2[hI_3(I_1 + I_2) + 3lI_1I_2]}F}$$

La otra componente horizontal se obtiene de la ecuación de equilibrio

$$\boxed{H_2 = -\frac{3lI_1I_2 + 2hI_2I_3}{2[hI_3(I_1 + I_2) + 3lI_1I_2]}F}$$

Los signos menos nos indican que las componentes horizontales calculadas tienen sentido contrario al supuesto en la Figura VII.8-*b*.

Las componentes verticales ya se obtuvieron directamente

$$\boxed{V_1 = -\frac{Fh}{l} \quad ; \quad V_2 = \frac{Fh}{l}}$$

Los sentidos de las reacciones se indican en la Figura VII.8-*c*.

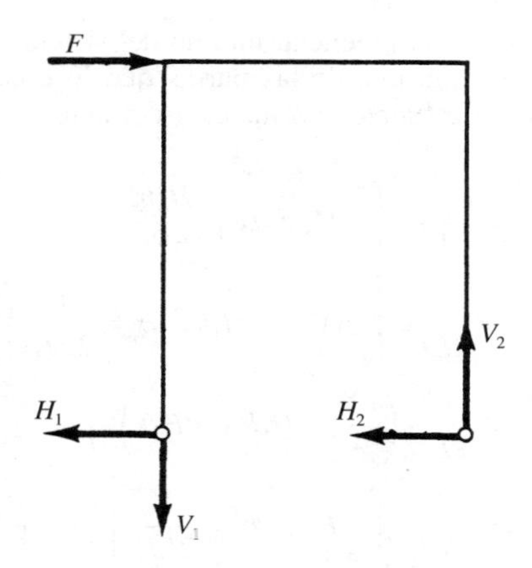

Figura VII.8-*c*

2.º Una vez obtenidas las reacciones en las articulaciones, la construcción de los diagramas de momentos flectores, esfuerzos cortantes y esfuerzos normales es inmediata (Fig.VII.8-*d*).

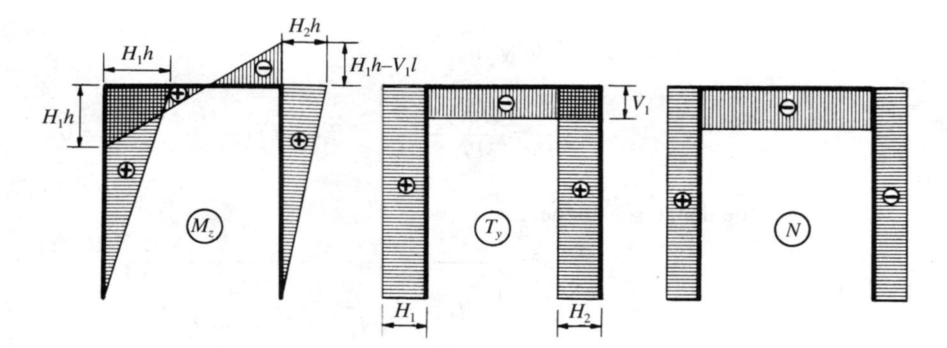

Figura VII.8-*d*

3.º Para el cálculo del desplazamiento horizontal δ_B del punto B igualaremos el trabajo exterior realizado por la fuerza F y el potencial interno del sistema

$$\mathcal{T} = \frac{1}{2} F \cdot \delta_B \quad \Rightarrow \quad \delta_B = \frac{2\mathcal{T}}{F}$$

$$\boxed{\delta_B = \frac{H_1^2 h^3}{3FEI_1} + \frac{h^2}{EI_3 F}\left(\frac{F^2 l}{3} + H_1^2 l + FH_1 l\right) + \frac{(F + H_1)^2 h^3}{3FEI_2}}$$

4.º La deformada del sistema presenta un solo punto de inflexión y éste se encuentra en la elástica del dintel, en el punto en el que se anula el momento flector

$$M = H_1 h - V_1 x = 0 \quad \Rightarrow \quad x = \frac{H_1 h}{V_1}$$

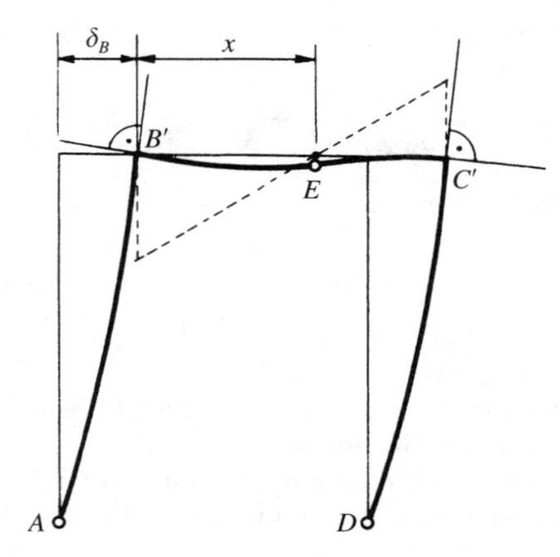

Figura VII.8-*e*

Para el dibujo de la deformada del pórtico hay que tener en cuenta que las tangentes en los nudos B y C forman ángulos de 90° en cada uno de ellos, por tratarse de nudos rígidos. El punto de inflexión E se corresponde con el punto de momento flector nulo.

VII.9. Resolver el pórtico hiperestático del ejercicio anterior por aplicación del método de las fuerzas.

Como se trata de un sistema hiperestático de primer grado tomaremos como sistema base el que se obtiene modificando el apoyo D, convirtiéndolo en apoyo móvil (Fig. VII.9-*a*).

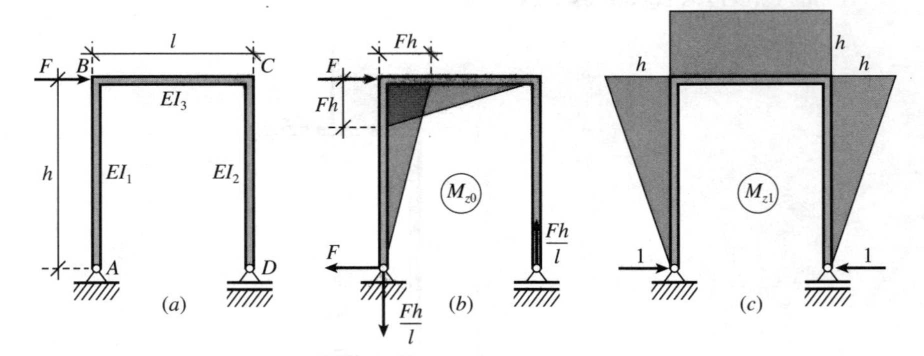

Figura VII.9

La ecuación canónica será

$$\delta_{11}X_1 + \Delta_{1P} = 0$$

Dibujemos los diagramas de momentos flectores, M_{z0} y M_{z1} (Figs. VII.9-*b* y *c*). Aplicando el método de multiplicación de gráficos, obtenemos los coeficientes δ_{11} y Δ_{1P}

$$\delta_{11} = \frac{1}{EI_1}\frac{h^2}{2}\frac{2}{3}h + \frac{1}{EI_2}\frac{h^2}{2}\frac{2}{3}h + \frac{1}{EI_3}lh^2$$

$$\Delta_{1P} = -\frac{1}{EI_1}\frac{Fh^2}{2}\frac{2}{3}h - \frac{1}{EI_3}\frac{Fhl}{2}h$$

Sustituyendo estas expresiones en la ecuación canónica:

$$\frac{h^2}{E}\left(\frac{h}{3I_1}+\frac{h}{3I_2}+\frac{3l}{3I_3}\right)X_1=\frac{Fh^2}{E}\left(\frac{h}{3I_1}+\frac{l}{2I_3}\right)$$

y simplificando, obtenemos

$$\boxed{X_1=\frac{I_2(3lI_1+2hI_3)}{2[3lI_1I_2+hI_3(I_1+I_2)]}F}$$

resultado coincidente, evidentemente, con el obtenido en el ejercicio anterior ($-H_2$) aplicando el teorema de Menabrea.

Una vez obtenida la reacción, que hemos tomado como incógnita hiperestática, el resto de las reacciones las obtendríamos aplicando las ecuaciones de equilibrio.

VII.10. Un cuadro rectangular que tiene la forma y dimensiones indicadas en la Figura VII.10-*a*, está solicitado por dos fuerzas *F*, iguales y opuestas, aplicadas en los puntos medios de dos lados opuestos. Si la sección de las barras es constante y los vértices del cuadro son nudos perfectamente rígidos, se pide:

1.º Calcular la energía de deformación del cuadro.
2.º Construir los diagramas de momentos flectores en las barras del mismo.
3.º Dibujar la deformada a estima, indicando la situación de los puntos de inflexión.
4.º Calcular la variación de la distancia entre los puntos de aplicación de las fuerzas *F*.
5.º Calcular la variación de la distancia entre los puntos medios de las barras *AD* y *BC*.

En el cálculo de las incógnitas hiperestáticas se despreciará el efecto producido por los esfuerzos cortantes y axiales.

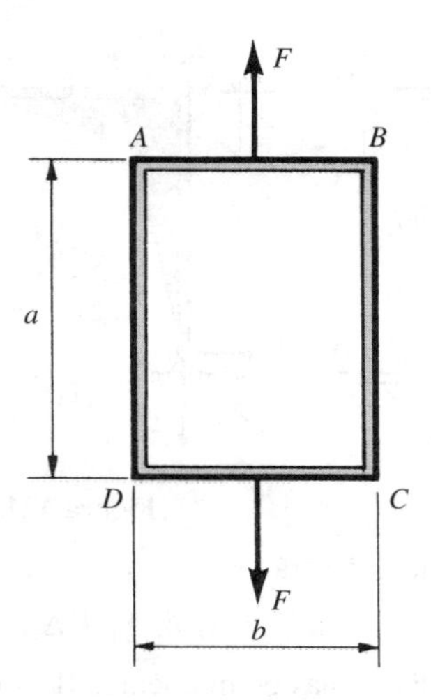

Figura VII.10-*a*

1.º Un contorno cerrado es un sistema hiperestático de tercer grado. Sin embargo, el sistema que se considera es de primer grado, debido a la simetría geométrica del cuadro respecto de la solicitación aplicada. En efecto, si realizamos un corte por el plano de simetría perpendicular a la línea de acción de las fuerzas *F* se tiene como incógnita solamente el momento M_E, ya que M_L es igual y opuesto a M_E; los esfuerzos normales son conocidos: $N_E = N_L = \frac{F}{2}$; y los esfuerzos cortantes son nulos, por razón de simetría: $T_E = T_L = 0$.

Consideremos una cuarta parte del cuadro, por ejemplo, *EAP*. Las leyes de momentos flectores son:

En el tramo *EA*: $M = M_E$

En el tramo *AP*: $M = M_E - N_E x = M_E - \frac{F}{2}x \quad 0 \leqslant x \leqslant \frac{b}{2}$

El potencial interno del cuadro será cuatro veces el de la parte considerada

$$\mathcal{T} = 4\int_0^{a/2} \frac{M_E^2}{2EI_z}\,dx + 4\int_0^{b/2} \frac{\left(M_E - \frac{F}{2}x\right)^2}{2EI_z}\,dx = \frac{1}{EI_z}\left[M_E^2(a+b) - \frac{M_E F b^2}{4} + \frac{F^2 b^3}{48}\right]$$

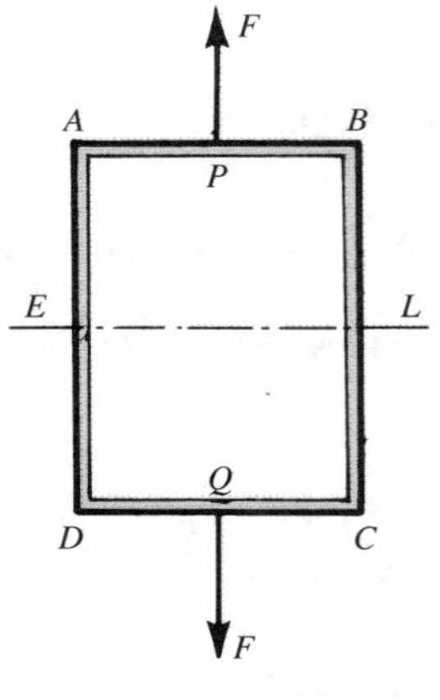

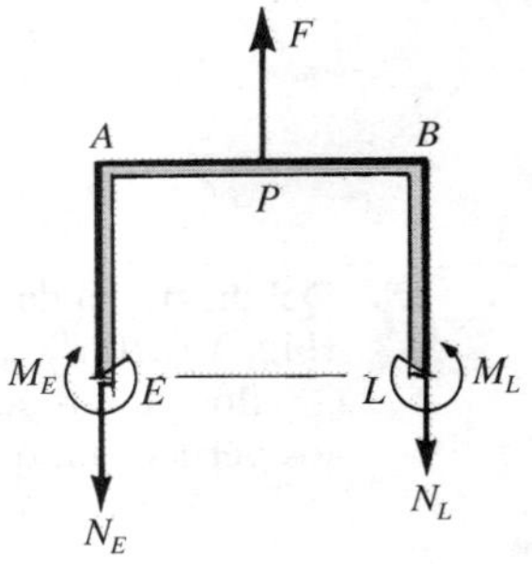

Figura VII.10-*b*

Por el teorema de Menabrea

$$\frac{\partial \mathcal{T}}{\partial M_E} = 0 \quad \Rightarrow \quad 2M_E(a+b) - \frac{Fb^2}{4} = 0 \quad \Rightarrow \quad M_E = \frac{Fb^2}{8(a+b)}$$

Sustituyendo en la expresión del potencial interno, se tiene:

$$\mathcal{T} = \frac{1}{EI_z}\left[\frac{F^2b^4}{64(a+b)} - \frac{F^2b^4}{32(a+b)} + \frac{F^2b^3}{48}\right]$$

y simplificando:

$$\boxed{\mathcal{T} = \frac{F^2 b^3}{192 EI_z}\,\frac{4a+b}{a+b}}$$

2.º Se representa el diagrama de momentos flectores en la Figura VII.10-*c*.

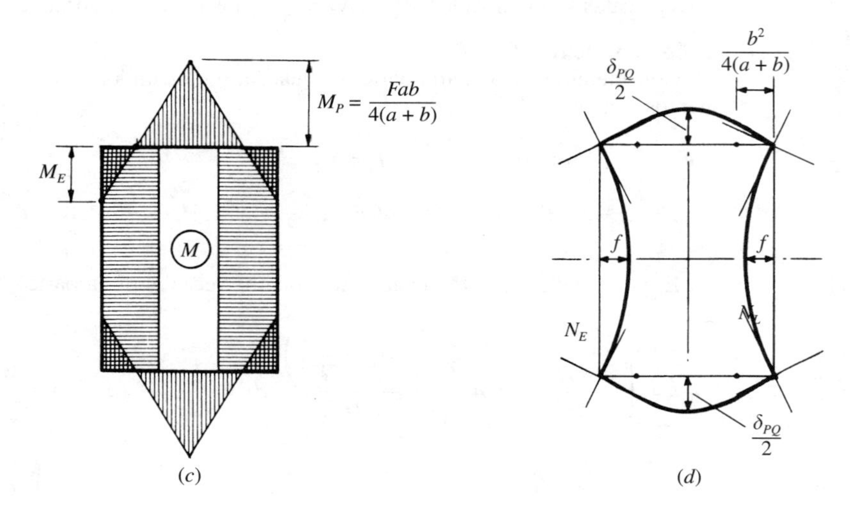

Figura VII.10

3.º Del diagrama de momentos flectores fácilmente se deduce la forma de la deformada (Fig. VII.10-*d*).

Los puntos de inflexión se presentan en los tramos *AB* y *DC* a una distancia x de los vértices tal que verifica:

$$M = M_E - N_E x = \frac{Fb^2}{8(a+b)} - \frac{F}{2}x = 0$$

de donde:

$$\boxed{x = \frac{b^2}{4(a+b)}}$$

4.º La variación δ_{PQ} de la distancia entre los puntos P y Q de aplicación de las fuerzas se puede obtener igualando el trabajo realizado por las fuerzas aplicadas y el potencial interno

$$\frac{1}{2}F \cdot \delta_{PQ} = \mathscr{T} = \frac{F^2b^3}{192EI_z}\,\frac{4a+b}{a+b}$$

de donde:

$$\boxed{\delta_{PQ} = \frac{Fb^3}{96EI_z}\,\frac{4a+b}{a+b}}$$

5.º El cálculo de la variación δ_{EL} de la distancia entre los puntos E y L lo haremos teniendo en cuenta que las barras AD y BC trabajan a flexión pura y, por consiguiente, la elástica de cualquiera de estas barras es un arco de circunferencia de radio

$$\rho = \frac{EI_z}{M_E} = \frac{8EI_z(a + b)}{Fb^2}$$

De la relación

$$\left(\frac{a}{2}\right)^2 = f(2\rho - f)$$

siendo f la mitad de la variación δ_{EL} pedida, se deduce:

$$f^2 - 2\rho f + \frac{a^2}{4} = 0$$

ecuación de segundo grado, cuya raíz válida es:

$$f = \rho - \sqrt{\rho^2 - \frac{a^2}{4}} = \rho\left(1 - \sqrt{1 - \frac{a^2}{4\rho^2}}\right) \simeq \rho\left[1 - \left(1 - \frac{a^2}{8\rho^2}\right)\right] = \frac{a^2}{8\rho} = \frac{Fa^2b^2}{64EI_z(a + b)}$$

$$\boxed{\delta_{EL} = 2f = \frac{Fa^2b^2}{32(a + b)EI_z}}$$

VII.11. En el sistema plano indicado en la Figura VII.11-*a* se pide:

1.º Construir el diagrama de momentos flectores.

2.º Dibujar a estima la deformada del sistema señalando la situación de los puntos de inflexión.

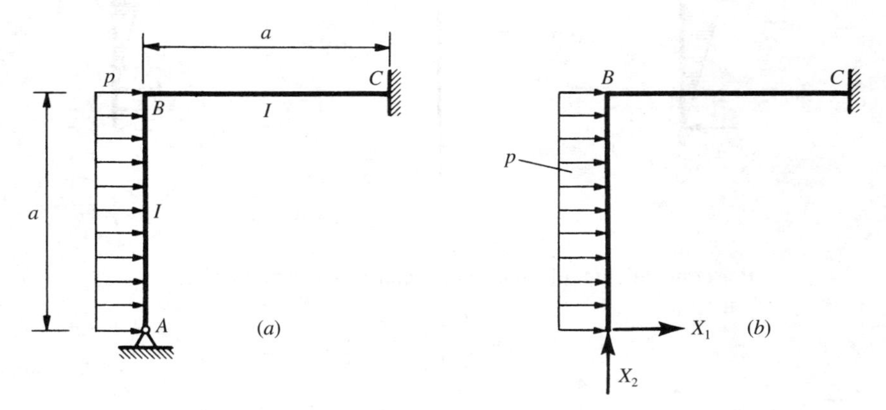

Figura VII.11

1.º Calcularemos las incógnitas hiperestáticas del pórtico por aplicación del método de las fuerzas. Como el grado de hiperestaticidad del sistema es dos, eliminamos las dos ligaduras superfluas correspondientes al apoyo fijo y las sustituimos por las fuerzas X_1 y X_2, obteniendo de esta forma el sistema base (Fig. VII.11-*b*).

Las ecuaciones canónicas son:

$$\begin{cases} \delta_{11}X_1 + \delta_{12}X_2 + \Delta_{1P} = 0 \\ \delta_{21}X_1 + \delta_{22}X_2 + \Delta_{2P} = 0 \end{cases}$$

Los valores de los coeficientes y términos independientes los podemos obtener multiplicando los correspondientes diagramas de momentos M_{z1}, M_{z2}, M_{zP}, representados en la Figura VII.11-*c*.

$$\delta_{11} = \frac{1}{EI_z}\left(\frac{1}{2}a^2\frac{2}{3}a + a^3\right) = \frac{4a^3}{3EI_z}$$

$$\delta_{12} = \delta_{21} = -\frac{1}{EI_z}a^2\frac{1}{2}a = -\frac{a^3}{2EI_z}$$

$$\delta_{22} = \frac{1}{EI_z}\frac{1}{2}a^2\frac{2}{3}a = \frac{a^3}{3EI_z}$$

$$\Delta_{1P} = \frac{1}{EI_z}\left(\int_0^a \frac{px^2}{2}x\,dx + a^2\frac{pa^2}{2}\right) = \frac{5pa^4}{8EI_z}$$

$$\Delta_{2P} = -\frac{1}{EI_z}\frac{1}{2}a^2\frac{pa^2}{2} = -\frac{pa^4}{4EI_z}$$

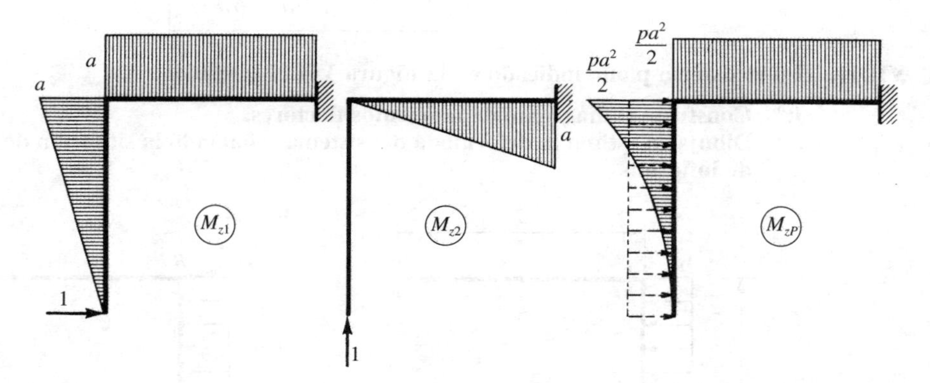

Figura VII.11-*c*

Por consiguiente, el sistema de ecuaciones canónicas es:

$$\begin{cases} \frac{4}{3}X_1 - \frac{1}{2}X_2 + \frac{5pa}{8} = 0 \\ -\frac{1}{2}X_1 + \frac{1}{3}X_2 - \frac{pa}{4} = 0 \end{cases}$$

cuyas soluciones son:

$$X_1 = -\frac{3ap}{7} \quad ; \quad X_2 = \frac{3ap}{28}$$

Las leyes de momentos flectores en soporte y dintel, respectivamente, son:

$$M_A^B = \frac{3ap}{7}x - \frac{px^2}{2}$$

$$M_B^C = \frac{3ap}{28}x + \frac{3pa^2}{7} - \frac{pa^2}{2} = \frac{3ap}{28}x - \frac{pa^2}{14}$$

Los diagramas correspondientes se dibujan en la Figura VII.11-*d*.

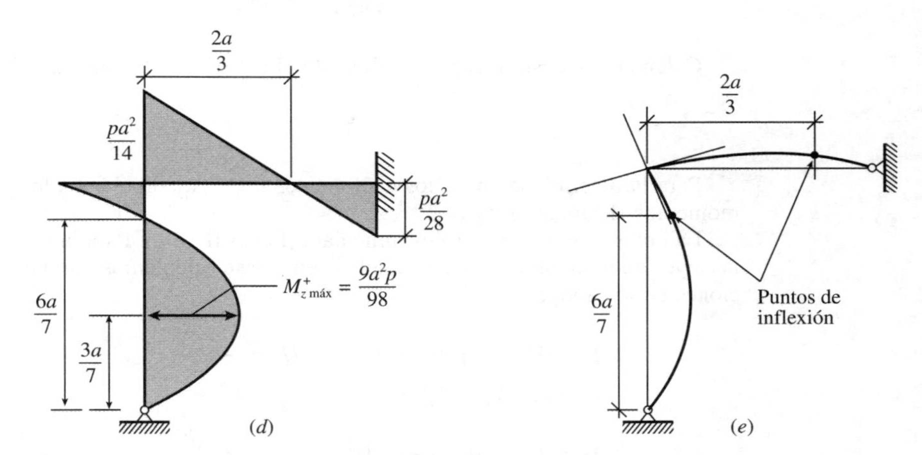

Figura VII.11

2.º Con los resultados obtenidos, el dibujo a estima de la elástica es inmediato (Fig. VII.11-*e*).

VII.12. Sobre el sistema plano de la Figura VII.12-*a* actúa la carga indicada. Se pide:

1.º Calcular las reacciones en los extremos articulados *A* y *B*.

2.º Dibujar los diagramas de esfuerzos normales, esfuerzos cortantes y momentos flectores para la siguiente aplicación numérica: $q = 5$ kN/m; $a = 16$ m; $h = 6$ m.

3.º Dibujar a estima la elástica.

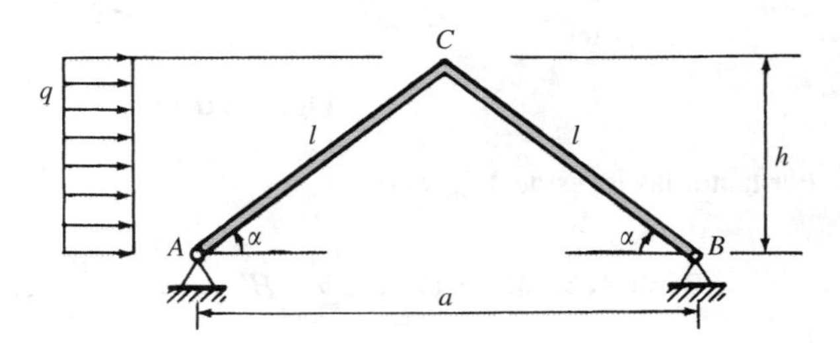

Figura VII.12-*a*

1.º El sistema considerado es de primer grado de hiperestaticidad. Tomaremos como incógnita hiperestática la componente horizontal del apoyo *B*, por lo que el sistema base se obtendrá modificando el apoyo fijo *B* en apoyo móvil (Fig. VII.12-*b*).

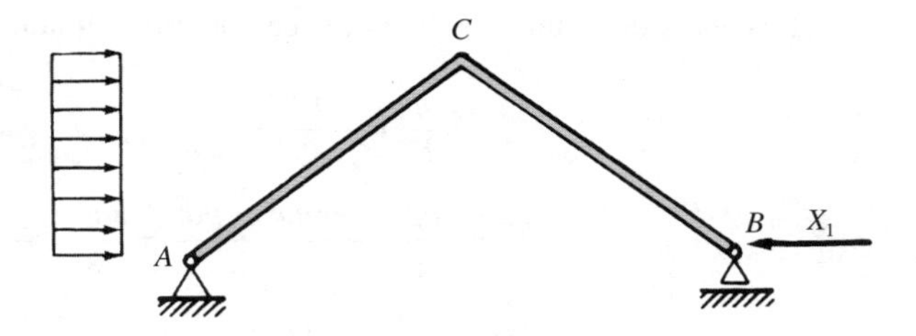

Figura VII.12-*b*

Calcularemos esta incógnita aplicando el método de las fuerzas

$$\delta_{11} X_1 + \Delta_{1P} = 0$$

Para la determinación de los coeficientes δ_{11} y Δ_{1P} dibujemos los diagramas de momentos flectores M_{z1} y M_{zP}.

La obtención del primero es inmediata (Fig. VII.12-*c*). Para la determinación de las leyes de momentos flectores en el sistema base calculemos previamente las reacciones en los apoyos

$$\Sigma F_x = 0: \quad qh + H'_A = 0 \quad \Rightarrow \quad H'_A = -qh$$

$$\Sigma F_y = 0: \quad V'_A + V'_B = 0$$

$$\Sigma M = 0: \quad V'_B a - \frac{qh^2}{2} = 0 \Bigg\} \quad \Rightarrow \quad V'_B = \frac{qh^2}{2a} \quad ; \quad V'_A = -\frac{qh^2}{2a}$$

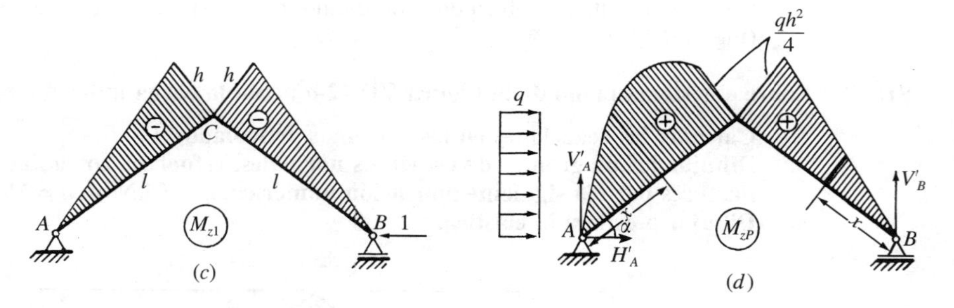

Figura VII.12

Por tanto, las leyes de M_{zP} serán:

Barra *AC*: $$M_{zP} = (V'_A \cos\alpha - H'_A \operatorname{sen}\alpha)x - \frac{qx^2}{2}\operatorname{sen}^2\alpha =$$

$$= \left(-\frac{qh^2}{2a}\frac{a}{2l} + \frac{qh^2}{l}\right)x - \frac{qh^2}{2l^2}x^2 = \frac{qh^2}{2l}\left(\frac{3x}{2} - \frac{x^2}{l}\right)$$

Barra *BC*: $$M_{zP} = (V'_B \cos\alpha)x = \frac{qh^2}{2a}\frac{a}{2l}x = \frac{qh^2}{4l}x$$

Los coeficientes de la ecuación canónica son:

$$\delta_{11} = \frac{2}{EI_z}\left(\frac{hl}{2}\,\frac{2}{3}\,h\right) = \frac{2lh^2}{3EI_z}$$

$$\Delta_{1P} = \frac{1}{EI_z}\int M_{z1}M_{zP}\,dx = \frac{1}{EI_z}\int_0^l\left(-\frac{h}{l}\,x\right)\frac{qh^2}{2l}\left(\frac{3x}{2} - \frac{x^2}{l}\right)dx - \frac{1}{EI_z}\,\frac{1}{2}\,lh\,\frac{2}{3}\,\frac{qh^2}{4} =$$

$$= -\frac{1}{EI_z}\,\frac{qh^3}{2l^2}\left[\frac{x^3}{2} - \frac{x^4}{4l}\right]_0^l - \frac{1}{EI_z}\,\frac{qh^3l}{12} = -\frac{5}{24}\,\frac{qh^3l}{EI_z}$$

Una vez determinados los coeficientes, la ecuación canónica nos permite obtener el valor de la incógnita hiperestática

$$\frac{2lh^2}{3EI_z}X_1 - \frac{5}{24}\,\frac{qh^3l}{EI_z} = 0 \quad \Rightarrow \quad X_1 = \frac{5qh}{16}$$

El resto de las reacciones se obtienen aplicando las ecuaciones de equilibrio

$$\Sigma F_x = 0: \quad H_A + H_B + qh = 0$$

$$\Sigma F_y = 0: \quad V_A + V_B = 0$$

$$\Sigma M = 0: \quad V_B \cdot a - \frac{qh^2}{2} = 0$$

Por tanto, las reacciones pedidas en los extremos articulados A y B serán:

$$\vec{R}_A\left(V_A = -\frac{qh^2}{2a} \quad ; \quad H_A = -\frac{11qh}{16}\right)$$

$$\vec{R}_B\left(V_B = \frac{qh^2}{2a} \quad ; \quad H_B = -\frac{5qh}{16}\right)$$

2.º

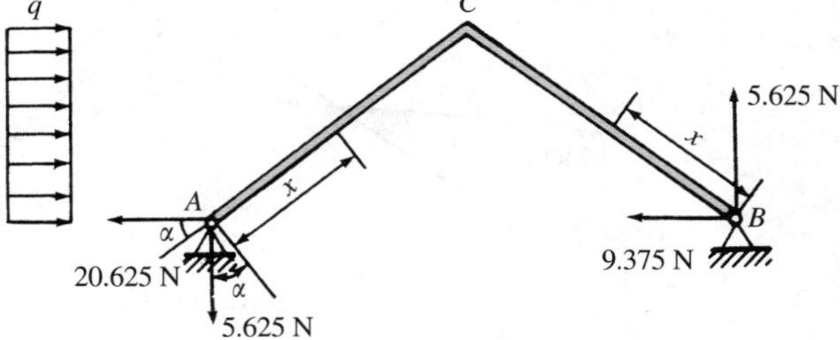

Figura VII.12-*e*

Para la aplicación numérica, tenemos

$$V_A = -\frac{5.000 \times 36}{32} = -5.625 \text{ N} \quad ; \quad H_A = -\frac{11 \times 5.000 \times 6}{16} = -20.625 \text{ N}$$

$$V_B = 5.625 \text{ N} \quad ; \quad H_B = -\frac{5 \times 5.000 \times 6}{16} = -9.375 \text{ N}$$

Las leyes de esfuerzos normales son:

Barra AC: $N = 5.625 \text{ sen } \alpha + 20.625 \cos \alpha - qx \text{ sen } \alpha \cos \alpha =$

$= 5.625 \times 0{,}6 + 20.625 \times 0{,}8 - 5.000 \times 0{,}8 \times 0{,}6x =$

$= 19.875 - 2.400x$

Barra BC: $N = -5.625 \text{ sen } \alpha - 9.375 \cos \alpha = -5.625 \times 0{,}6 - 9.375 \times 0{,}8 = -10.875$ N

El diagrama de esfuerzos normales se representa en la Figura VII.12-*f*.

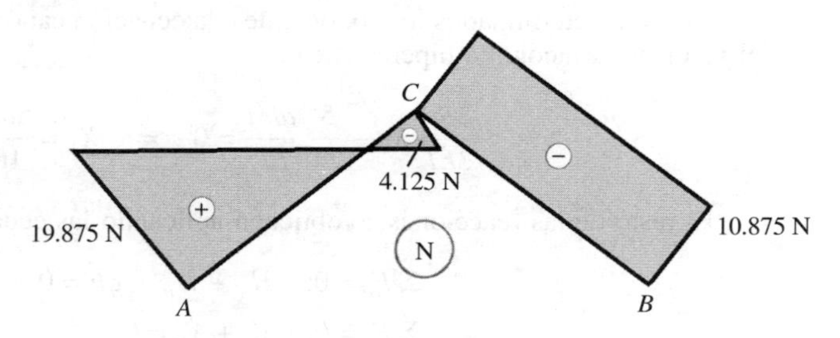

Figura VII.12-*f*

Las leyes de esfuerzos cortantes son:

Barra AC: $T = 20.625 \text{ sen } \alpha - 5.625 \cos \alpha - qx \text{ sen}^2 \alpha =$

$= 20.625 \times 0{,}6 - 5.625 \times 0{,}8 - 5.000 \times 0{,}6^2 x = 7.875 - 1.800x$

Barra BC: $T = 9.375 \text{ sen } \alpha - 5.625 \cos \alpha = 9.375 \times 0{,}6 - 5.625 \times 0{,}8 = 1.125$ N

El diagrama de esfuerzos cortantes se representa en la Figura VII.12-*g*.

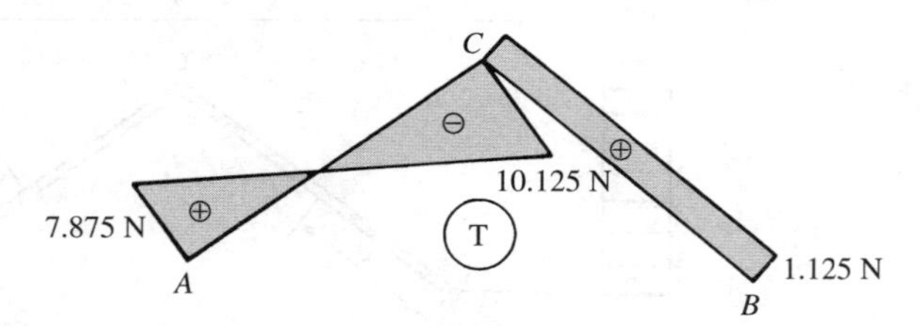

Figura VII.12-*g*

Las leyes de momentos flectores son:

Barra AC: $M = (20.625 \text{ sen } \alpha - 5.625 \cos \alpha)x - q \dfrac{x^2 \text{ sen}^2 \alpha}{2} =$

$= (20.625 \times 0{,}6 - 5.625 \times 0{,}8)x - \dfrac{5.000 \times 0{,}6^2}{2} x^2 = 7.875x - 900x^2$

Barra BC: $M = (5.625 \cos \alpha - 9.375 \text{ sen } \alpha)x = (5.625 \times 0{,}8 - 9.375 \times 0{,}6)x = -1.125x$

El diagrama de momentos flectores se representa en la Figura VII.12-*h*.

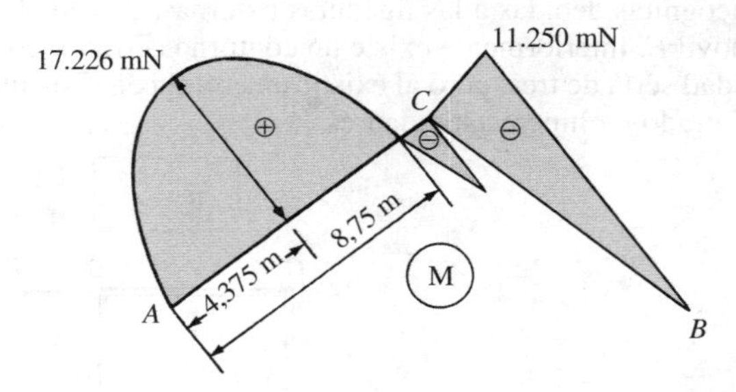

Figura VII.12-*h*

3.º Con los resultados obtenidos, reflejados en el diagrama de momentos flectores, se dibuja sin ninguna dificultad la deformada (Fig. VII.12-*i*).

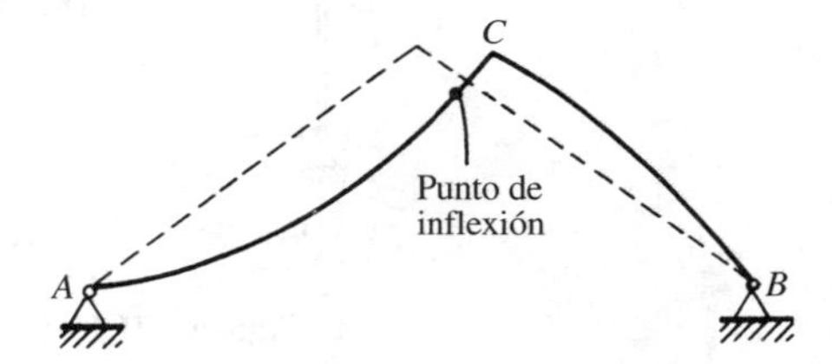

Figura VII.12-*i*

VII.13. Dada la estructura indicada en la Figura VII.13-*a*, constituida por barras de la misma rigidez EI_z, se pide:

1.º Calcular el grado de hiperestaticidad del sistema.
2.º Diagramas de esfuerzos normales, de esfuerzos cortantes y de momentos flectores.
3.º Dibujar a estima la deformada, indicando la situación de los puntos de inflexión, si los hubiere.

No se considerarán las deformaciones debidas a los esfuerzos normal y cortante.

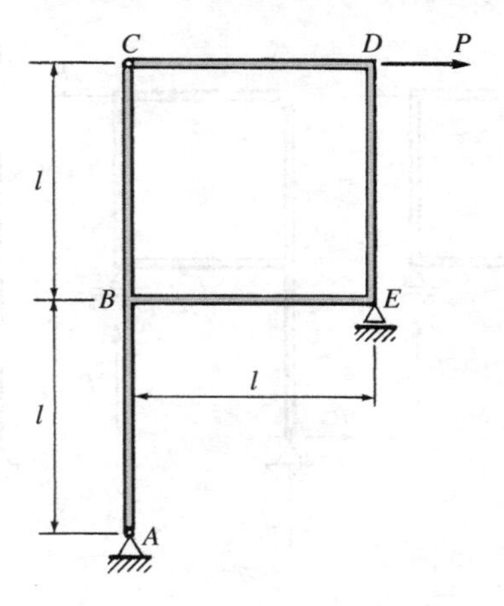

Figura VII.13-*a*

1.º La estructura dada es un sistema que es exteriormente isostático, ya que sólo hay tres incógnitas debidas a las ligaduras externas: dos en el apoyo fijo A y una en el apoyo móvil E. Interiormente existe un contorno cerrado, por lo que el grado de hiperestaticidad sería de tres, pero al existir una rótula en C disminuye en una unidad. Así pues, el grado de hiperestaticidad es

$$\boxed{n = 2}$$

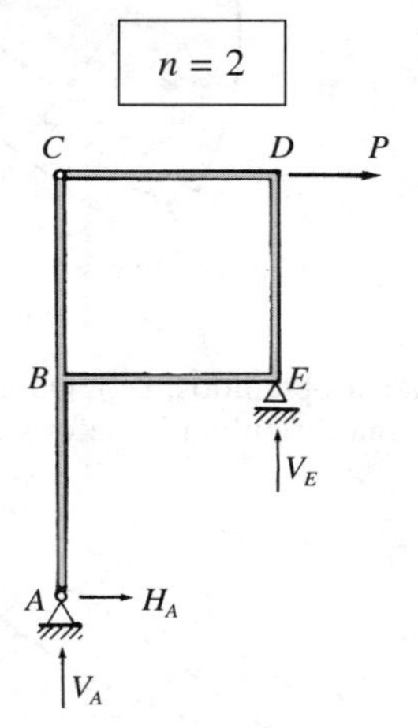

Figura VII.13-*b*

Las reacciones de las ligaduras externas se obtienen aplicando las ecuaciones de equilibrio

$$\Sigma F_x = 0: \quad P + H_A = 0 \quad \Rightarrow \quad H_A = -P$$

$$\left.\begin{aligned} \Sigma F_y = 0: &\quad V_E + V_A = 0 \\ \Sigma M = 0: &\quad V_E l - P2l = 0 \end{aligned}\right\} \quad \Rightarrow \quad V_E = -V_A = 2P$$

2.º Tomaremos como incógnitas hiperestáticas los esfuerzos normal y cortante transmitidos a través de la rótula C. Al realizar el corte por esta rótula podemos descomponer el sistema dado, en virtud del principio de superposición, como se indica en la Figura VII.13-*c*.

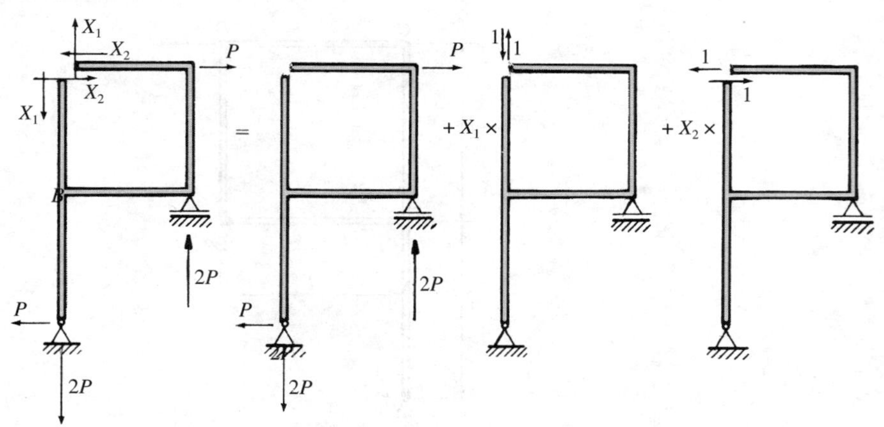

Figura VII.13-*c*

Las ecuaciones canónicas del método de las fuerzas son:

$$\begin{cases} \delta_{11}X_1 + \delta_{12}X_2 + \Delta_{1P} = 0 \\ \delta_{21}X_1 + \delta_{22}X_2 + \Delta_{2P} = 0 \end{cases}$$

Para el cálculo de los coeficientes δ_{ij} consideraremos los diagramas de momentos flectores M_{zP}, M_{z1} y M_{z2} (Fig. VII.13-*d*) en los que se ha dibujado cada uno de ellos en la parte de la fibra traccionada.

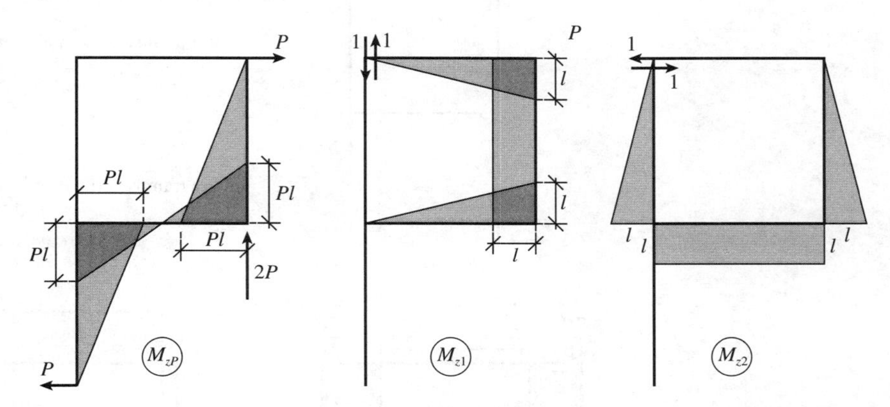

Figura VII.13-*d*

Aplicando el método de multiplicación de gráficos, tenemos:

$$\delta_{11} = \frac{1}{EI_z}\left(2\,\frac{1}{2}\,l^2\,\frac{2}{3}\,l + l^2 l\right) = \frac{5l^3}{3EI_z}$$

$$\delta_{12} = -\frac{2}{EI_z}\left(\frac{1}{2}\,l^2 l\right) = -\frac{l^3}{EI_z}$$

$$\delta_{22} = \frac{1}{EI_z}\left(2\,\frac{1}{2}\,l^2\,\frac{2}{3}\,l + l^2 l\right) = \frac{5l^3}{3EI_z}$$

$$\Delta_{1P} = \frac{1}{EI_z}\left(\frac{1}{2}\,Pl^2 l + \frac{1}{2}\,Pl\,\frac{l}{2}\,\frac{5}{6}\,l - \frac{1}{2}\,Pl\,\frac{l}{2}\,\frac{1}{3}\,\frac{l}{2}\right) = \frac{2Pl^3}{3EI_z}$$

$$\Delta_{2P} = \frac{-1}{EI_z}\left(\frac{1}{2}\,Pl^2\,\frac{2}{3}\,l\right) = -\frac{Pl^3}{3EI_z}$$

El sistema de ecuaciones canónicas es

$$\begin{cases} \dfrac{5}{3}\,X_1 - X_2 + \dfrac{2P}{3} = 0 \\[2ex] -X_1 + \dfrac{5}{3}\,X_2 - \dfrac{P}{3} = 0 \end{cases}$$

cuyas soluciones son:

$$X_1 = -\frac{7P}{16} \quad ; \quad X_2 = -\frac{P}{16}$$

Con los resultados obtenidos, indicados en la Figura VII.13-*e*, y con el convenio de signos para esfuerzos que se representa en la Figura VII.13-*f*, la obtención de los diagramas de esfuerzos normales (Fig. VII.13-*g*), esfuerzos cortantes (Fig. VII.13-*h*) y momentos flectores (Fig. VII.13-*i*), es inmediata.

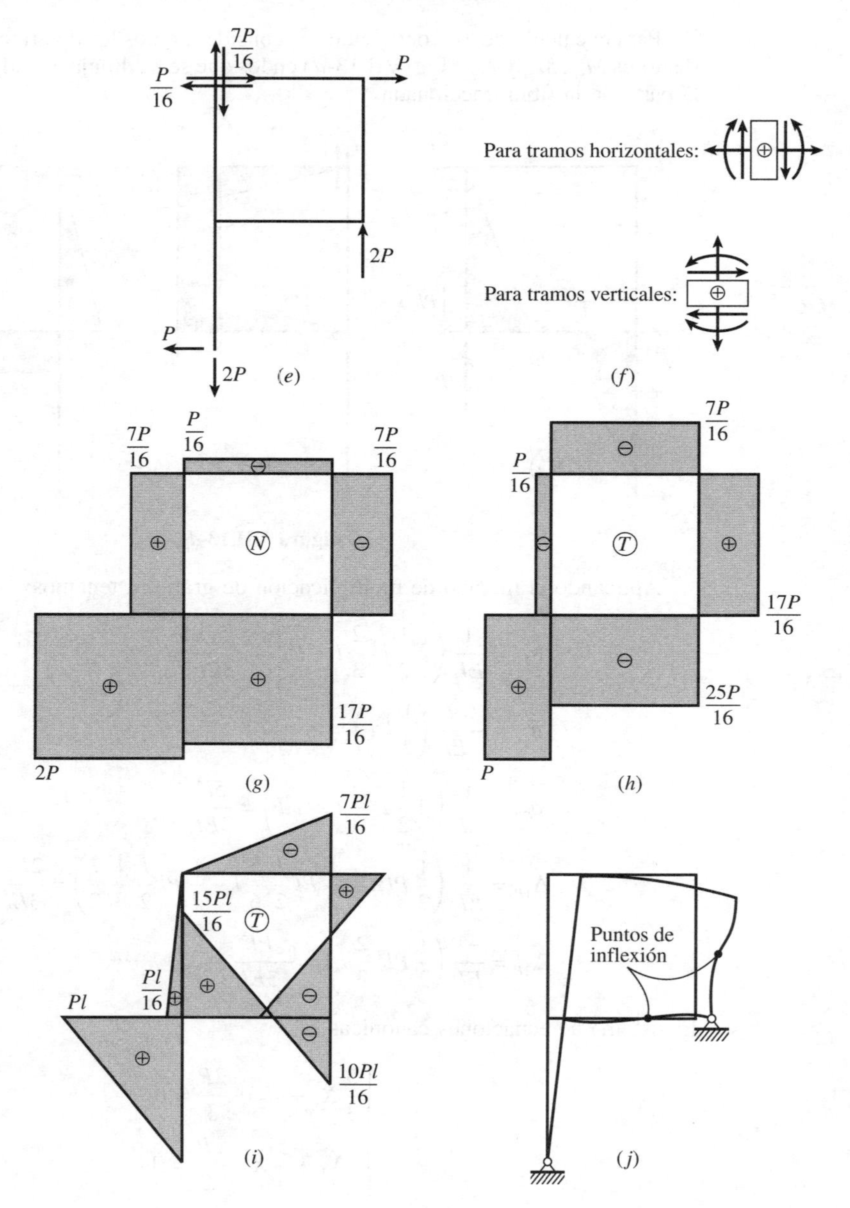

Figura VII.13

3.° Con el diagrama de momentos obtenidos se dibuja sin ninguna dificultad la deformada a estima de la estructura dada (Fig. VII.13-*j*).

VII.14. **El sistema elástico plano indicado en la Figura VII.14-*a* está formado por las pletinas verticales de acero *AC* y *BD* y por el tablero horizontal *AB*, que tiene rigidez prácticamente infinita. Ambas pletinas están empotradas por sus extremos inferiores, e igualmente resultan empotradas al tablero por sus extremos superiores. En el nudo superior izquierdo actúa una fuerza horizontal $F = 200$ kp. Se pide:**

1.º Dibujar los diagramas de esfuerzos normales, esfuerzos cortantes y momentos flectores, en todas las partes de la estructura.

2.º Calcular el desplazamiento horizontal del punto *A* de aplicación de la fuerza *F*.

El módulo de elasticidad de las pletinas es $E = 2 \times 10^6$ kp/cm^2.

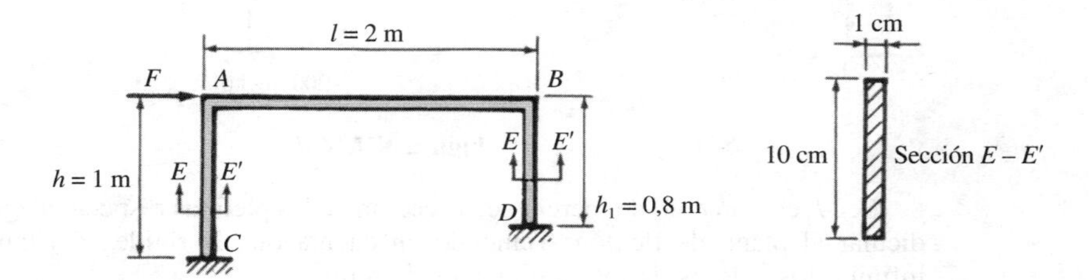

Figura VII.14-*a*

1.º La estructura dada es un sistema hiperestático de tercer grado. Tomaremos como incógnitas hiperestáticas las componentes vertical y horizontal de la reacción en el empotramiento *D*, así como el momento en dicho empotramiento (Fig. VII.14-*b*). El sistema base es la estructura dada, liberada del empotramiento *D* (Fig. VII.14-*c*).

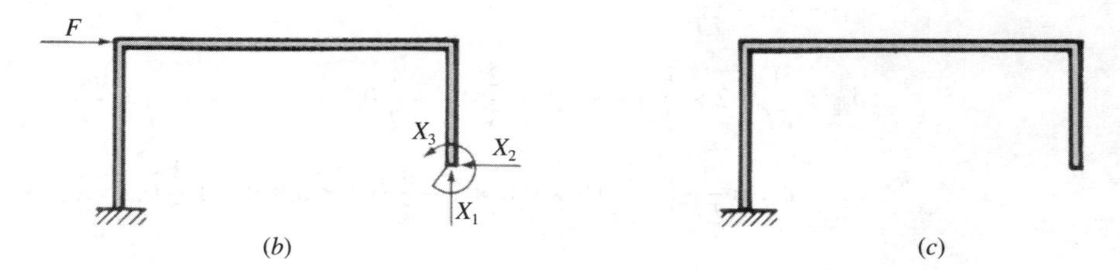

Figura VII.14

Por tanto, para el cálculo de los coeficientes del sistema de ecuaciones canónicas del método de las fuerzas

$$\begin{cases} \delta_{11}X_1 + \delta_{12}X_2 + \delta_{13}X_3 + \Delta_{1P} = 0 \\ \delta_{21}X_1 + \delta_{22}X_2 + \delta_{23}X_3 + \Delta_{2P} = 0 \\ \delta_{31}X_1 + \delta_{32}X_2 + \delta_{33}X_3 + \Delta_{3P} = 0 \end{cases}$$

aplicaremos el método de multiplicación de los gráficos, para lo cual consideraremos los diagramas de momentos flectores M_{z1}, M_{z2}, M_{z3} y M_{zP} (Fig. VII.14-*d*)*.

* En el dibujo de las leyes de momentos flectores adoptaremos el convenio de dibujar el diagrama en la parte que corresponde a la fibra traccionada.

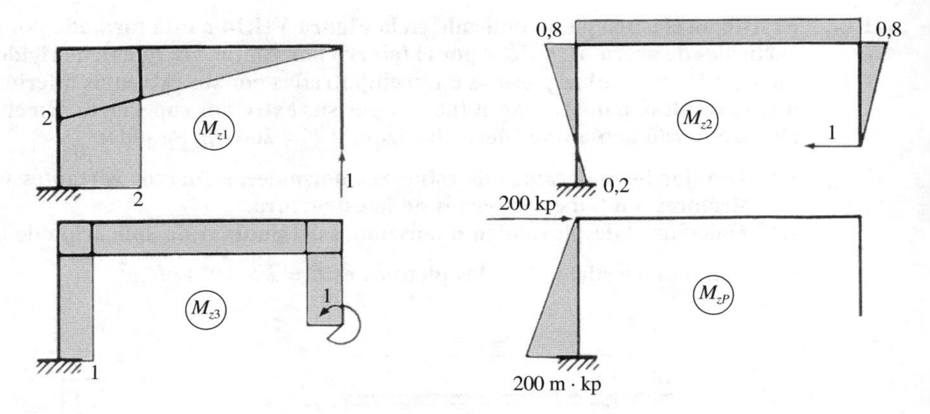

Figura VII.14-*d*

Sea I_z el momento de inercia de la sección de las pletinas respecto al eje z, perpendicular al plano de flexión. Teniendo en cuenta que la rigidez del tablero AB es infinita, los valores de los coeficientes δ_{ij} serán:

$$\delta_{11} = \frac{1}{EI_z}(2 \times 1 \times 2) = \frac{4}{EI_z}$$

$$\delta_{12} = \delta_{21} = \frac{1}{EI_z}\left(-\frac{1}{2}\,0{,}8 \times 0{,}8 \times 2 + \frac{1}{2}\,0{,}2 \times 0{,}2 \times 2\right) = -\frac{0{,}6}{EI_z}$$

$$\delta_{13} = \delta_{31} = \frac{2}{EI_z}$$

$$\delta_{22} = \frac{1}{EI_z}\left(2 \times \frac{1}{2}\,0{,}8 \times 0{,}8 \times \frac{2}{3}\,0{,}8 + \frac{1}{2}\,0{,}2 \times 0{,}2 \times \frac{2}{3}\,0{,}2\right) = \frac{0{,}344}{EI_z}$$

$$\delta_{23} = \delta_{32} = \frac{1}{EI_z}\left(-\frac{1}{2}\,0{,}8 \times 0{,}8 \times 1 - \frac{1}{2}\,0{,}8 \times 0{,}8 \times 1 + \frac{1}{2}\,0{,}2 \times 0{,}2 \times 1\right) = -\frac{0{,}62}{EI_z}$$

$$\delta_{33} = \frac{1}{EI_z}(1 \times 1 \times 1 + 1 \times 0{,}8 \times 1) = \frac{1{,}8}{EI_z}$$

$$\Delta_{1P} = \frac{1}{EI_z}\left(-\frac{1}{2}\,200 \times 2\right) = -\frac{200}{EI_z}$$

$$\Delta_{2P} = \frac{1}{EI_z}\left[\frac{1}{2}\,0{,}8 \times 0{,}8 \times \frac{1}{3}\,160 - \frac{1}{2}\,0{,}2 \times 0{,}2\left(160 + \frac{2}{3}\,40\right)\right] = \frac{13{,}33}{EI_z}$$

$$\Delta_{3P} = -\frac{1}{EI_z}\left(\frac{1}{2}\,200 \times 1 \times 1\right) = -\frac{100}{EI_z}$$

Con estos valores, tenemos el sistema

$$\begin{cases} 4X_1 - 0{,}6X_2 + 2X_3 = 200 \\ -0{,}6X_1 + 0{,}344X_2 - 0{,}62X_3 = -13{,}33 \\ 2X_1 - 0{,}62X_2 + 1{,}8X_3 = 100 \end{cases}$$

cuyas soluciones son:

$$X_1 = 43{,}38 \text{ kp} \quad ; \quad X_2 = 132{,}27 \text{ kp} \quad ; \quad X_3 = 52{,}91 \text{ m} \cdot \text{kp}$$

Las restantes incógnitas, debidas al empotramiento en la sección extrema C, se obtienen aplicando las ecuaciones de equilibrio

$$\Sigma F_x = 0: \quad 200 - H_C - X_2 = 0 \quad \Rightarrow \quad H_C = 67{,}72 \text{ kp}$$
$$\Sigma F_y = 0: \quad X_1 - V_C = 0 \quad \Rightarrow \quad V_C = 43{,}38 \text{ kp}$$
$$\Sigma M = 0: \quad X_3 + M_C + X_2(h - h_1) + X_1 l - F = 0 \quad \Rightarrow \quad M_C = 33{,}87 \text{ m} \cdot \text{kp}$$

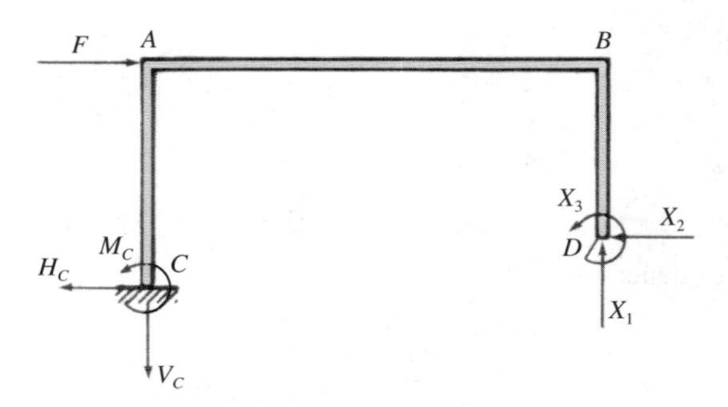

Figura VII.14-*e*

Obtenidas todas las reacciones, fácilmente se dibujan los diagramas de esfuerzos normales (Fig. VII.14-*f*), de esfuerzos cortantes (Fig. VII.14-*g*) y de momentos flectores (Fig. VII.14-*h*).

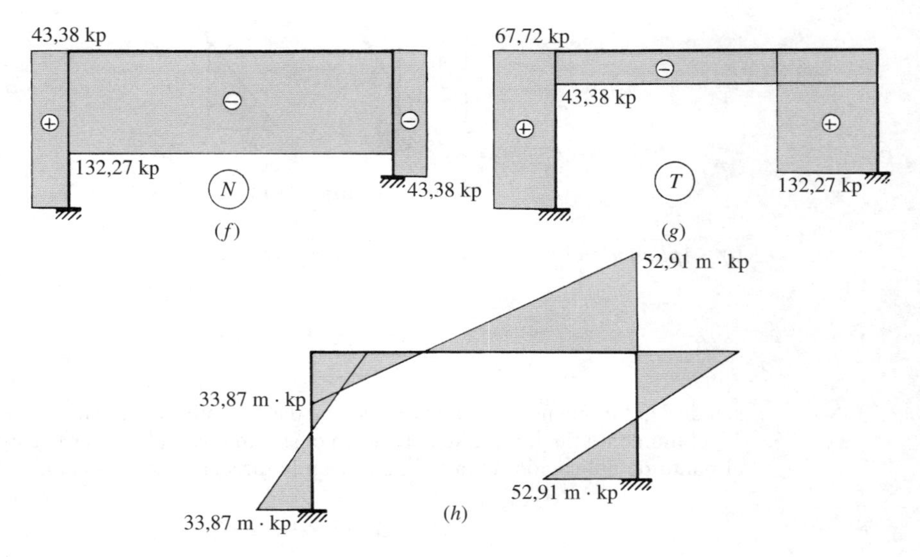

Figura VII.14

2.º Considerando despreciable el efecto producido por los esfuerzos normal y cortante, calcularemos el desplazamiento del punto de aplicación de la fuerza F siguiendo dos métodos distintos:

a) *Aplicando el segundo teorema de Mohr.* Dado que la rigidez del tablero horizontal es infinita, el desplazamiento vertical se puede calcular aplicando el segundo teorema de Mohr, ya que el momento flector M en los extremos de la pletina CA es el momento M_C calculado anteriormente.

Así pues, del diagrama de momentos flectores de la Figura VII.14-*i* se deduce

$$\Delta = \frac{1}{EI_z}\left(\frac{1}{2} M \frac{h}{2} \frac{5}{6} h - \frac{1}{2} M \frac{h}{2} \frac{1}{3} \frac{h}{2}\right) = \frac{Mh^2}{6EI_z}$$

Como

$$I_z = \frac{1}{12}\, 10 \times 1^3 = \frac{5}{6} \text{ cm}^4$$

y

$$E = 2 \times 10^6 \text{ kp/cm}^2$$

se tiene:

$$\boxed{\Delta} = \frac{33{,}87 \times 10^2 \times 100^2}{6 \times 2 \times 10^6 \times \frac{5}{6}} = \boxed{3{,}38 \text{ cm}}$$

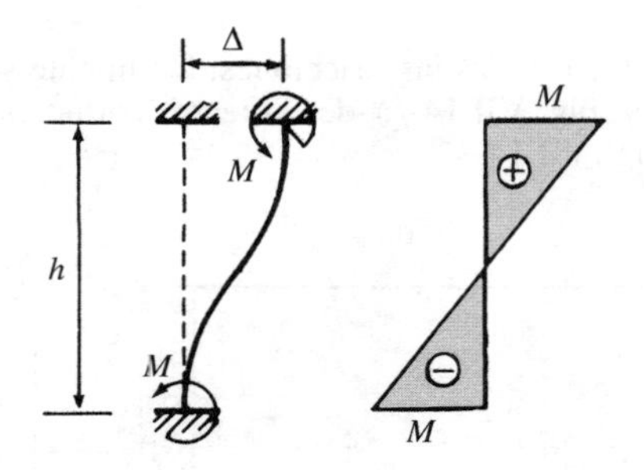

Figura VII.14-*i*

b) *Aplicando el método de Mohr.* El desplazamiento Δ será

$$\Delta = \frac{1}{EI_z} \int MM_1 \, dx$$

siendo M el momento flector en el sistema dado, representado en la Figura VII.14-*h*, M_1 el momento flector que se obtiene en el sistema base al aplicar la carga unidad en el punto de aplicación de la fuerza F y en la dirección de ésta (Fig. VII.14-*j*)

$$M = -33{,}87 \times 10^2 + 67{,}72x$$

$$M_1 = -100 + x$$

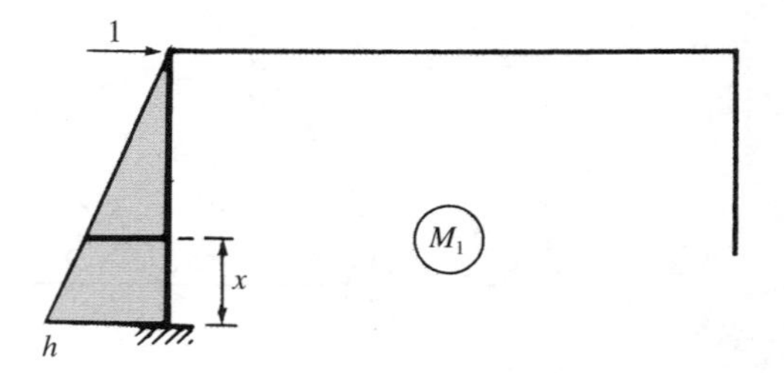

Figura VII.14-*j*

$$\boxed{\Delta} = \frac{1}{EI_z}\int_0^{100} (-33{,}87 \times 10^2 + 67{,}72x)(-100 + x)\,dx = \boxed{3{,}38 \text{ cm}}$$

VII.15. Se considera un anillo cuya línea media es una circunferencia de radio R = 2 m, de sección recta constante y sometido a las fuerzas contenidas en el plano de su directriz, que se indican en la Figura VII.15-*a*. Calcular las leyes de momentos flectores y de esfuerzos normales y cortantes, dibujando y acotando los correspondientes diagramas. En el cálculo de las incógnitas hiperestáticas se despreciarán los efectos producidos por los esfuerzos normal y cortante.

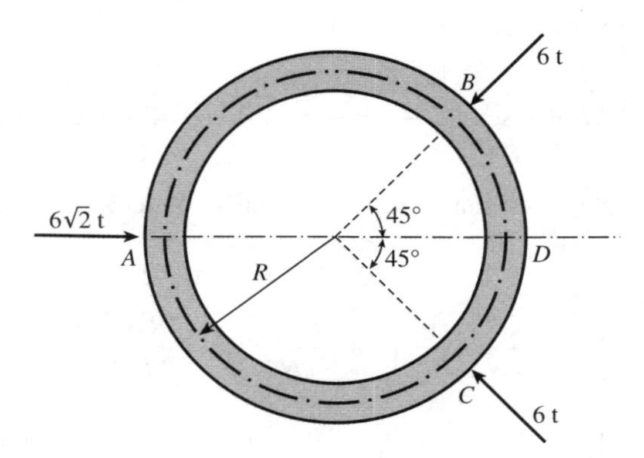

Figura VII.15-*a*

El anillo que se considera, por ser cerrado, es interiormente hiperestático de tercer grado. Sin embargo, por tratarse de un sistema simétrico y con carga simétrica respecto del diámetro AD coincidente con la línea de acción de la fuerza de $6\sqrt{2}$ t, el grado de hiperestaticidad se reduce a segundo grado.

Tomaremos como incógnitas hiperestáticas el esfuerzo normal y el momento flector en la sección A (Fig. VII.15-*b*).

Las leyes de momentos flectores son:

$$M_z = NR(1 - \cos\theta) - M - 3\sqrt{2}R \operatorname{sen}\theta \quad ; \quad 0 \leqslant \theta \leqslant \frac{3\pi}{4}$$

$$M_z = NR(1 - \cos\theta) - M - 3\sqrt{2}R \operatorname{sen}\theta - 6R \operatorname{sen}\left(\theta - \frac{3\pi}{4}\right) \quad ; \quad \frac{3\pi}{4} \leqslant \theta \leqslant \pi$$

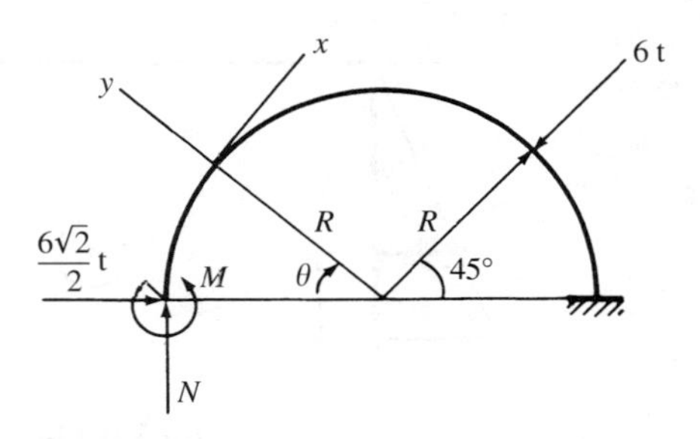

Figura VII.15-*b*

Calcularemos las incógnitas hiperestáticas N y M aplicando el teorema de Menabrea. Para ello, calculemos el potencial interno de medio anillo

$$\mathscr{T} = \int_0^{3\pi/4} \frac{M_z^2}{2EI_z}\, ds + \int_{3\pi/4}^{\pi} \frac{M_z^2}{2EI_z}\, ds$$

$$* \quad \frac{\partial \mathscr{T}}{\partial M} = \frac{1}{EI_z}\int_0^{\pi} M_z \frac{\partial M_z}{\partial M} R\, d\theta = -\frac{R}{EI_z}\int_0^{\pi} M_z\, d\theta = 0$$

$$\int_0^{\pi} [NR(1 - \cos\theta) - M - 3\sqrt{2}R \operatorname{sen}\theta]\, d\theta + \int_{3\pi/4}^{\pi} - 6R \operatorname{sen}\left(\theta - \frac{3\pi}{4}\right) d\theta = 0$$

$$NR[\theta - \operatorname{sen}\theta]_0^{\pi} - \pi M + 3\sqrt{2}R[\cos\theta]_0^{\pi} + 6R\left[\cos\left(\theta - \frac{3\pi}{4}\right)\right]_{3\pi/4}^{\pi} = 0$$

Teniendo en cuenta $R = 2$ m, de aquí se obtiene la ecuación

$$2\pi N - \pi M - 6\sqrt{2} - 12 = 0$$

$$* \quad \frac{\partial \mathscr{T}}{\partial N} = \frac{1}{EI_z}\int_0^{\pi} M_z \frac{\partial M_z}{\partial N} R\, d\theta = \frac{R^2}{EI_z}\int_0^{\pi} M_z(1 - \cos\theta)\, d\theta = 0$$

$$\int_0^{\pi} [NR(1 - \cos\theta)^2 - M(1 - \cos\theta) - 3\sqrt{2}R \operatorname{sen}\theta(1 - \cos\theta)]\, d\theta -$$

$$- \int_{3\pi/4}^{\pi} 6R \operatorname{sen}\left(\theta - \frac{3\pi}{4}\right)(1 - \cos\theta)\, d\theta = 0$$

$$\left[NR(\theta - 2\operatorname{sen}\theta) + \frac{1}{2}\left(\theta + \frac{\operatorname{sen} 2\theta}{2}\right)\right]_0^{\pi} - M[\theta - \operatorname{sen}\theta]_0^{\pi} + 3\sqrt{2}R[\cos\theta]_0^{\pi} +$$

$$+ 3\sqrt{2}R\left[\frac{\operatorname{sen}^2\theta}{2}\right]_0^{\pi} + 6R\left[\cos\left(\theta - \frac{3\pi}{4}\right)\right]_{3\pi/4}^{\pi} + 6R\int_{3\pi/4}^{\pi} \operatorname{sen}\left(\theta - \frac{3\pi}{4}\right)\cos\theta\, d\theta = 0$$

Como

$$\int_{3\pi/4}^{\pi} \operatorname{sen}\left(\theta - \frac{3\pi}{4}\right)\cos\theta\, d\theta = \frac{1}{2}\int_{3\pi/4}^{\pi}\left[\operatorname{sen}\left(2\theta - \frac{3\pi}{4}\right) + \operatorname{sen}\left(-\frac{3\pi}{4}\right)\right] d\theta =$$

$$= \frac{1}{2}\left[-\frac{1}{2}\cos\left(2\theta - \frac{3\pi}{4}\right)\right]_{3\pi/4}^{\pi} - \frac{1}{2}\operatorname{sen}\frac{3\pi}{4}\,[\theta]_{3\pi/4}^{\pi} = -\frac{\pi\sqrt{2}}{16}$$

sustituyendo valores y simplificando se obtiene la ecuación

$$12\pi N - 4\pi M - 24\sqrt{2} - 48 - 3\pi\sqrt{2} = 0$$

que junto con

$$2\pi N - \pi M - 6\sqrt{2} - 12 = 0$$

forman un sistema de dos ecuaciones con dos incógnitas, cuyas soluciones son:

$$M = -4{,}4 \text{ m} \cdot \text{t} \quad ; \quad N = 1{,}06 \text{ t}$$

Conocidos los valores de las incógnitas hiperestáticas, la obtención de las leyes de momentos flectores, esfuerzos normales y esfuerzos cortantes en la mitad del anillo es inmediata. En la otra mitad se obtendrán por simetría

$$M_z = 2{,}12(1 - \cos\theta) + 4{,}4 - 8{,}48 \operatorname{sen}\theta \quad ; \quad 0 \leqslant \theta \leqslant \frac{3\pi}{4}$$

$$M_z = 2{,}12(1 - \cos\theta) + 4{,}4 - 8{,}48 \operatorname{sen}\theta - 12 \operatorname{sen}\left(\theta - \frac{3\pi}{4}\right) \quad ; \quad \frac{3\pi}{4} \leqslant \theta \leqslant \pi$$

Se dibuja el diagrama acotado de momentos flectores en la Figura VII.15-*c*.

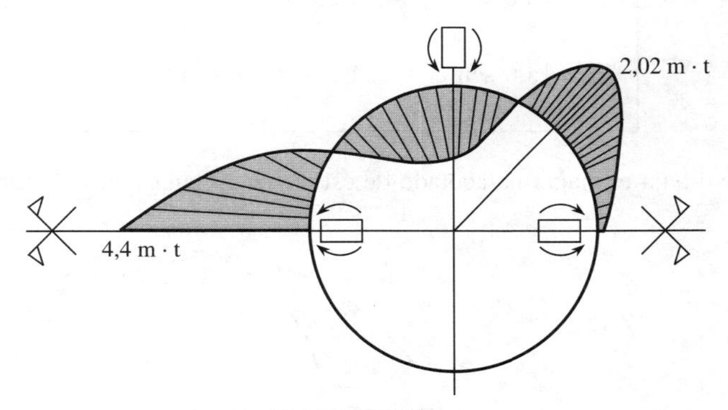

Figura VII.15-*c*

Se observa que el momento flector máximo se produce en la sección A en la que se aplica la carga de $6\sqrt{2}$ t

$$M_{\text{máx}} = 4{,}4 \text{ m} \cdot \text{t}$$

Las leyes de esfuerzos normales son

$$N = -1{,}06 \cos\theta - 4{,}24 \operatorname{sen}\theta \quad ; \quad 0 \leqslant \theta \leqslant \frac{3\pi}{4}$$

$$N = -1{,}06 \cos\theta - 4{,}24 \operatorname{sen}\theta - 6 \operatorname{sen}\left(\theta - \frac{3\pi}{4}\right) \quad ; \quad \frac{3\pi}{4} \leqslant \theta \leqslant \pi$$

Se dibuja el diagrama acotado de esfuerzos normales en la Figura VII.15-*d*.

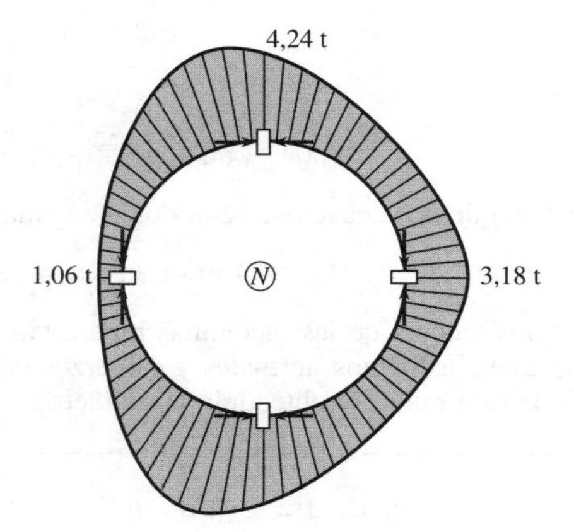

Figura VII.15-*d*

Se observa que todas las secciones del anillo trabajan a compresión.
Finalmente, las leyes de esfuerzos cortantes son:

$$T_y = 1{,}06 \text{ sen } \theta - 4{,}24 \cos \theta \quad ; \quad 0 \leqslant \theta \leqslant \frac{3\pi}{4}$$

$$T_y = 1{,}06 \text{ sen } \theta - 4{,}24 \cos \theta - 6 \cos \left(\theta - \frac{3\pi}{4}\right) \quad ; \quad \frac{3\pi}{4} \leqslant \theta \leqslant \pi$$

Se dibuja el diagrama acotado de esfuerzos cortantes en la Figura VII.15-*e*.

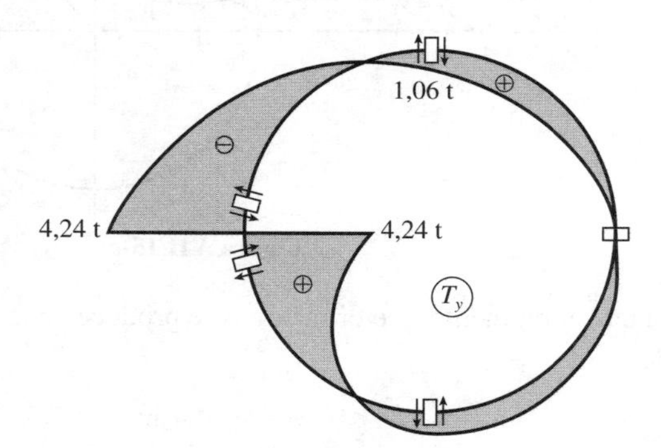

Figura VII.15-*e*

8

Flexión lateral. Pandeo

8.1. Introducción

El comportamiento de los materiales cuando se les somete a tracción ya ha sido descrito y estudiado en los primeros capítulos. Sin embargo, cuando la fuerza axial que se ejerce sobre un prisma mecánico recto es de compresión, el comportamiento es tanto más distante del que corresponde a un esfuerzo de tracción cuanto mayor es la relación entre la longitud y la dimensión de la sección recta, es decir, cuanto más esbelta sea la pieza.

Si estudiamos el comportamiento de materiales tan distintos como son el acero, hormigón y madera, cuando se someten a compresión prismas de estos materiales cuya altura sea de 5 a 10 veces la dimensión de la sección transversal, experimentalmente se obtiene que el agotamiento se produce para tensiones de rotura que son: superiores a la tensión de fluencia por tracción en los aceros; de 7 a 12 veces las tensiones de rotura por tracción en los hormigones y piedras naturales; y sólo el 40 por 100 de la resistencia por tracción en el sentido longitudinal de las fibras, en el caso de maderas.

A medida que aumenta la relación entre la altura y la longitud de la sección recta, experimenta una variación más marcada el comportamiento. Por ejemplo, para piezas prismáticas en las que esta relación es superior a 100, cuando la carga toma un cierto valor crítico, el eje de la pieza abandona su forma recta y adopta forma curva. Este fenómeno, por el cual la pieza sometida a compresión flexa lateralmente, recibe el nombre de *pandeo* o *flexión lateral*.

También observamos que si sometemos a compresión axial piezas de la misma sección recta, del mismo material, pero de diferentes longitudes, la carga que produce el cambio de forma de la línea media es menor cuanto más esbelta es la pieza, y que una vez producido el cambio de forma, si la carga de compresión sigue aumentando lentamente, las deformaciones que se producen en la pieza crecen muy rápidamente y la pieza se rompe para un valor de la carga ligeramente superior a la carga crítica.

De lo dicho se deduce que al llegar la carga exterior a alcanzar el valor de la carga crítica, la pieza prismática considerada deja de estar en equilibrio estable, por lo que el fenómeno de pandeo es un problema de estabilidad elástica.

En este capítulo analizaremos las causas y efectos del pandeo en las piezas rectas, que llamaremos *columnas*, sometidas a compresión, así como la influencia que tienen los posibles tipos de ligaduras a que se puede ver sometida la pieza. Y puesto que, como hemos dicho, el fenómeno de pandeo es un problema de estabilidad, comenzaremos nuestro estudio con el análisis de ésta.

8.2. Estabilidad del equilibrio elástico. Noción de carga crítica

Para entender con claridad este nuevo concepto de pandeo recordemos el ejemplo que se suele poner en Mecánica. Sea la barra rígida *OA*, articulada en el extremo fijo *O*. Por medio de un resorte de constante k se mentiene la barra en posición vertical (Fig. 8.1-*a*).

Supongamos que el extremo *A*, contado a partir de su posición de equilibrio, sufre un pequeño desplazamiento $\overline{AA'} = x$. Sobre el estremo *A'* actúa una fuerza horizontal de módulo kx que ejerce el resorte y que, en caso de desaparecer la fuerza causante del desplazamiento, hace que la barra vuelva a ocupar su posición vertical de equilibrio. El equilibrio en este caso es estable.

Supongamos que en el extremo de la barra actúa una fuerza F dirigida hacia abajo (Fig. 8.1-*b*)

Para estudiar la estabilidad del sistema en este caso consideraremos el momento respecto del extremo *O* de las fuerzas que actúan sobre la barra: por una parte, el momento Fx de la fuerza F que tiende a separar la barra de su posición de equilibrio y, por otra, el momento kxl, antagonista del anterior, producido por la fuerza horizontal kx del resorte que tiende a recuperar el equilibrio. El equilibrio de la barra será estable si se verifica:

$$kxl > Fx$$

o

$$F < kl \tag{8.2-1}$$

es decir, el equilibrio es estable solamente si la fuerza F aplicada es inferior a un cierto valor crítico $F_{cr} = kl$. Superado este valor el equilibrio ya es inestable.

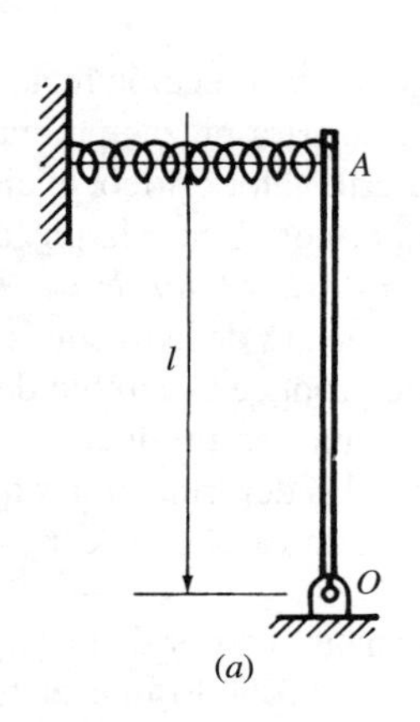

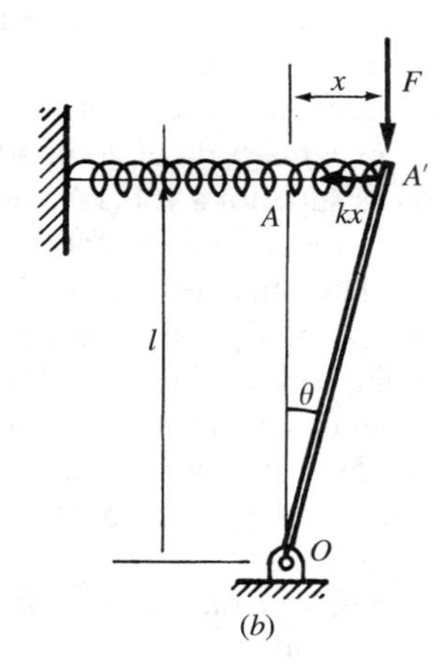

Figura 8.1

Veamos cómo aplicamos estos conceptos al estudio del comportamiento de una columna de sección constante con extremos articulados, sometida a una carga de compresión P (Fig. 8.2-*a*). Supondremos que la fuerza P está aplicada en el baricentro de la sección extrema, es decir, que la línea de acción de la fuerza F es coincidente con el eje longitudinal de la columna, así como que el plano xy indicado es un plano de simetría, en el que se lleva a cabo cualquier flexión a que se puede someter la columna.

Para valores pequeños de la carga P la columna permanece recta. La tensión de compresión axial es, como sabemos

$$\sigma = \frac{P}{\Omega}$$

siendo Ω el área de la sección recta.

Para analizar la estabilidad del equilibrio se aplica una carga transversal F (Fig. 8.2-*b*) que da lugar a que la columna flexe en el plano xy y seguidamente se retira la carga F. En este instante, la solicitación que existe en una sección cualquiera C (Fig. 8.2-*d*) está compuesta por un esfuerzo normal igual a la carga de compresión P y por un momento flector M_z, que no depende de la carga P sino solamente de la curvatura de la elástica, en virtud de la relación que se vio en el capítulo 4 al obtener la ley de Navier

$$\frac{M_z}{I_z} = \frac{E}{\rho} \quad \Rightarrow \quad M_z = \frac{EI_z}{\rho} \tag{8.2-2}$$

Analicemos el comportamiento de la columna a partir del momento en que retiramos la carga transversal F, estudiando el equilibrio de la porción AC de columna. El momento de la solicitación que actúa sobre AC respecto del extremo A es

$$M_A = M_z - Py$$

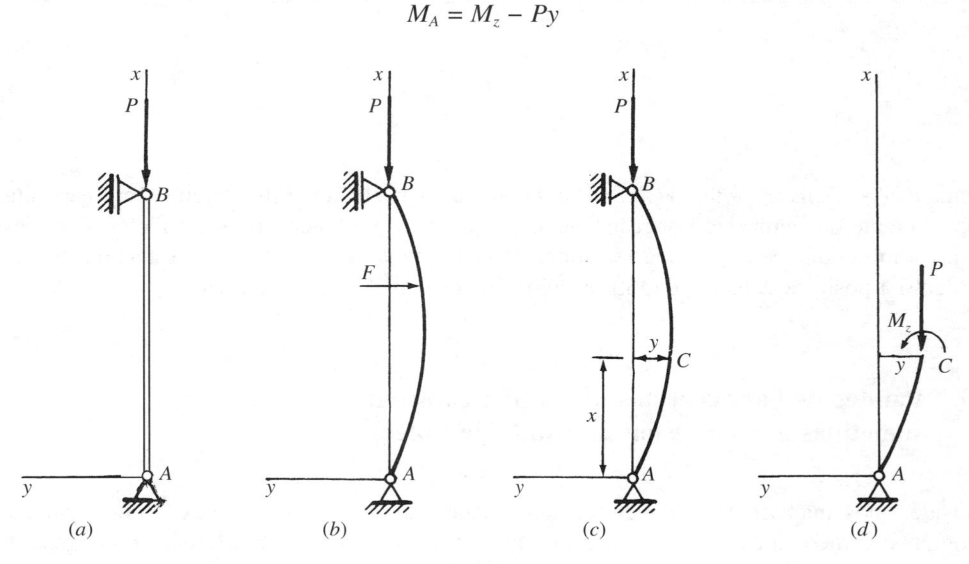

Figura 8.2

Para que la columna se quedara flexada como estaba antes de ser retirada la carga transversal, es decir para que la columna se encuentre en una posición de equilibrio indiferente, tendría que ser $M_A = 0$, para lo cual se tendría que verificar $Py = M_z$.

Si no se cumple esta igualdad, la columna no está en equilibrio y se moverá a partir del instante en que retiremos la carga transversal. Si $Py < M_z$, entonces $M_A > 0$ y el movimiento hará que la columna recupere su forma rectilínea de equilibrio: el equilibrio es estable.

Si, por el contrario, $Py > M_z$, entonces $M_A < 0$ y la columna sigue curvándose progresivamente hasta la rotura: el equilibrio es inestable.

El valor de la carga que hace que el equilibrio de la columna sea indiferente se denomina *carga crítica.* Dicho de otra forma, podemos definir la *carga crítica* como la fuerza de compresión para la cual son formas igualmente de equilibrio tanto la forma rectilínea como la curvilínea próxima a ella.

La experiencia demuestra que mientras la carga de compresión se mantenga inferior al valor de la carga crítica, las deformaciones de la columna son pequeñas, pero cuando el valor de la carga alcanza el valor crítico, la columna pierde la estabilidad y las deformaciones aumentan de forma rápida produciendo su rotura.

La columna que hemos considerado en nuestro razonamiento es una columna ideal, es decir, de material homogéneo, de sección recta constante, inicialmente recta y sometida a una carga axial de compresión que se aplica en el baricentro de la sección extrema.

Sin embargo, las columnas suelen presentar pequeñas imperfecciones en la composición del material, defectos de fabricación, así como una inevitable excentricidad en la aplicación de la carga, que hace que la columna flexe incluso para pequeños valores de la carga. Aún tratándose de una columna ideal, cuando la carga de compresión alcanza el valor P_{cr} la columna pierde la estabilidad, ya que cualquier perturbación, entre las que se encuentran las imperfecciones inevitables aludidas, hará que se produzcan bruscamente grandes deformaciones que provocarán su rotura.

Queda, pues, patente el peligro que corre la columna cuando la carga de compresión alcanza el valor de P_{cr}. Para evitarlo, se considera una carga de pandeo admisible $P_{p\,\text{adm}}$.

$$P_{p\,\text{adm}} = \frac{P_{cr}}{n} \tag{8.2-3}$$

siendo n el *coeficiente de seguridad por pandeo*, que se suele tomar mayor que el correspondiente coeficiente de seguridad por resistencia, ya que hay que tener en cuenta factores de riesgo desfavorables como son las imperfecciones de la columna, a que antes hemos hecho referencia, así como a posibles defectos de fabricación, excentricidad de la carga, etc.

8.3. Pandeo de barras rectas de sección constante sometidas a compresión. Fórmula de Euler

Consideremos una barra recta AB de sección constante Ω articulada en sus extremos y sometidas a compresión mediante una fuerza P. Si por un defecto de simetría, o por falta de homogeneidad, la barra se deforma lateralmente, aparece en cada sección un momento flector.

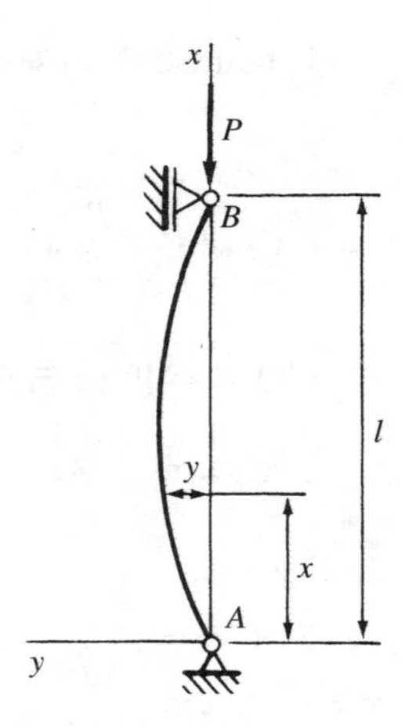

Figura 8.3

Así, en una sección de la viga, de abscisa x (Fig. 8.3), existirá un momento flector $-Py$, producto de la fuerza de compresión por la ordenada de la elástica, suponiendo que la flexión se produce en el plano xy (más adelante justificaremos cuál es el plano en que se verifica ésta, que dependerá de la forma de la sección recta).

La ecuación diferencial aproximada de la línea elástica será:

$$EI_z \frac{d^2y}{dx^2} = -Py$$

o lo que es lo mismo

$$\frac{d^2y}{dx^2} + \frac{P}{EI_z} y = 0 \qquad (8.3\text{-}1)$$

ecuación diferencial de segundo orden cuya ecuación característica es:

$$r^2 + \frac{P}{EI_z} = 0$$

Por ser siempre $P/EI_z > 0$, las raíces de esta ecuación característica son imaginarias conjugadas, por lo que la solución general de la ecuación (8.3-1) es:

$$y = C_1 \operatorname{sen} \sqrt{\frac{P}{EI_z}}\, x + C_2 \cos \sqrt{\frac{P}{EI_z}}\, x \qquad (8.3\text{-}2)$$

siendo C_1 y C_2 constantes de integración que determinaremos imponiendo las condiciones de contorno

$$x = 0 \quad ; \quad y = 0 \quad ; \quad x = l \quad ; \quad y = 0$$

La primera condición nos conduce a la nulidad de la segunda constante $C_2 = 0$, por lo que la ecuación (8.3-2) se reduce a:

$$y = C_1 \text{ sen } \sqrt{\frac{P}{EI_z}}\, x$$

Para $x = l/2$ la ordenada y toma su valor máximo $y = y_{\text{máx}}$, por lo que

$$C_1 = y_{\text{máx}}$$

luego la ecuación finita de la línea elástica será:

$$y = y_{\text{máx}} \cdot \text{sen } \sqrt{\frac{P}{EI_z}}\, x \qquad (8.3\text{-}3)$$

que deberá cumplir la segunda condición de contorno:

$$x = l: \quad y = 0 \quad \Rightarrow \quad C_1 \text{ sen } \sqrt{\frac{P}{EI_z}}\, l = 0$$

De esta ecuación se decucen las dos soluciones siguientes:

$$C_1 = y_{\text{máx}} = 0.$$

Solución trivial. Nos indica que la barra permanece recta, es decir, existe la posibilidad de que la barra conserve su forma recta aun cuando esta posición no sea de equilibrio estable, y

$$\sqrt{\frac{P}{EI_z}}\, l = n\pi \qquad (8.3\text{-}4)$$

siendo n un número entero.

La elástica toma la forma de infinitas sinusoides de amplitudes C_1 infinitésimas, las cuales representan infinitas posiciones de equilibrio próximas a la recta.

El menor valor entero de P (para $n = 1$) que verifica esta ecuación se denomina *carga crítica de pandeo*.

$$P_{cr} = \frac{\pi^2 EI_z}{l^2} \qquad (8.3\text{-}5)$$

Cuando la carga P adquiere el valor crítico, el equilibrio estable de la pieza recta se convierte en equilibrio inestable o indiferente, ya que la ecuación de la elástica sería

$$y = C_1 \cdot \text{sen } \frac{\pi}{l}\, x \qquad (8.3\text{-}6)$$

La expresión (8.3-5) es llamada *fórmula de Euler*. Nos dice que si la fuerza de compresión que actúa sobre la viga de sección recta constante alcanza la carga crítica de pandeo, la constante C_1 de la ecuación de la elástica (que representa la máxima deformación) se puede hacer arbitrariamente grande, lo que produciría inexorablemente la ruina o rotura de la viga.

Es notable que esta fórmula, expuesta por Euler en 1744 en la memoria «De curvis elasticis», hace más de doscientos cincuenta años, fue obtenida en una época en la que los materiales empleados comúnmente en la construcción eran la madera y la piedra, y para los que no tenía especial interés el problema de la estabilidad elástica.

Hemos supuesto que la viga recta de sección constante y sometida a compresión flexaba en el plano determinado por la fibra media y los ejes Gy de las secciones rectas. Pero podemos preguntarnos ¿por qué la flexión no se realiza en otro plano distinto?, o aún dicho de otra forma ¿qué condiciones deben cumplirse para que la flexión se produzca, en efecto, en el plano supuesto?

Esta condición la deducimos directamente por simple inspección de la fórmula (8.3-5). El plano de pandeo vendrá determinado por el menor valor de la carga crítica de pandeo, pues corresponderá al menor valor del momento de inercia (ya que todos los restantes factores que aparecen en la fórmula son constantes). Pero como Gy y Gz son ejes principales de inercia de la sección, uno de ellos es el máximo y otro el mínimo. Suponiendo que $I_z < I_y$ la flexión lateral se produce en efecto en el plano supuesto. De una forma general se podrá decir que el pandeo se producirá en el plano perpendicular al eje al que corresponde el momento de inercia mínimo.

La fórmula de Euler, que nos da la carga crítica de una columna con sus extremos articulados es

$$P_{cr} = \frac{\pi^2 E I_{\text{mín}}}{l^2} \tag{8.3-7}$$

Hay que indicar que cuando decimos que los extremos de la columna son articulados queremos decir que la flexión lateral podría haberse producido en cualquier plano, es decir, los apoyos actúan como rótulas esféricas (Fig. 8.4-*a*).

Sería distinto si se tratara de extremos articulados mediante rótulas cilíndricas, ya que en este caso (Fig. 8.4-*b*) el giro del extremo estaría impedido en el plano que contiene al eje de la articulación cilíndrica y en ese caso la columna actuaría como empotrada (plano xz en la Fig. 8.4-*b*).

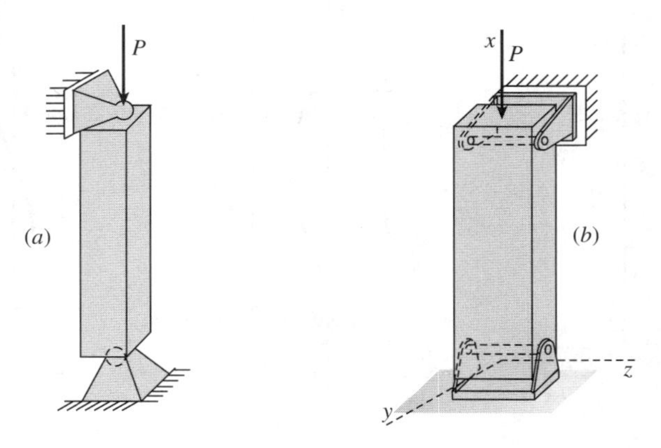

Figura 8.4

8.4. Valor de la fuerza crítica según el tipo de sustentación de la barra. Longitud de pandeo

La fórmula (8.3-5) se ha obtenido considerando articulados los dos extremos de la barra comprimida. Ahora bien, en el caso de modificar las condiciones de articulación en los extremos de la barra podemos utilizar la fórmula citada para calcular la carga crítica de pandeo sustituyendo la longitud l por la que llamaremos *longitud de pandeo* l_p, que es la que existe entre dos puntos consecutivos de inflexión de la línea elástica. Así, si consideramos, por ejemplo, la barra empotrada en un extremo y libre en el otro (Fig. 8.5-*a*) este sistema elástico es equivalente a una barra biarticulada de longitud $l_p = 2l$. Por tanto, la carga crítica de pandeo en este caso sería:

$$P_{cr} = \frac{\pi^2 EI_z}{(2l)^2} \tag{8.4-1}$$

Asimismo, para los casos de sujeción indicados en la Figura 8.5-*b* y *c* la longitud de pandeo es $l_p = l/2$ y, por tanto, la carga crítica de pandeo será:

$$P_{cr} = \frac{\pi^2 EI_z}{(l/2)^2} \tag{8.4-2}$$

La consideración de la longitud de pandeo $l_p = \alpha l$ nos permite generalizar la fórmula de Euler para calcular la carga crítica de pandeo de una barra comprimida

$$P_{cr} = \frac{\pi^2 EI_z}{(\alpha l)^2} \tag{8.4-3}$$

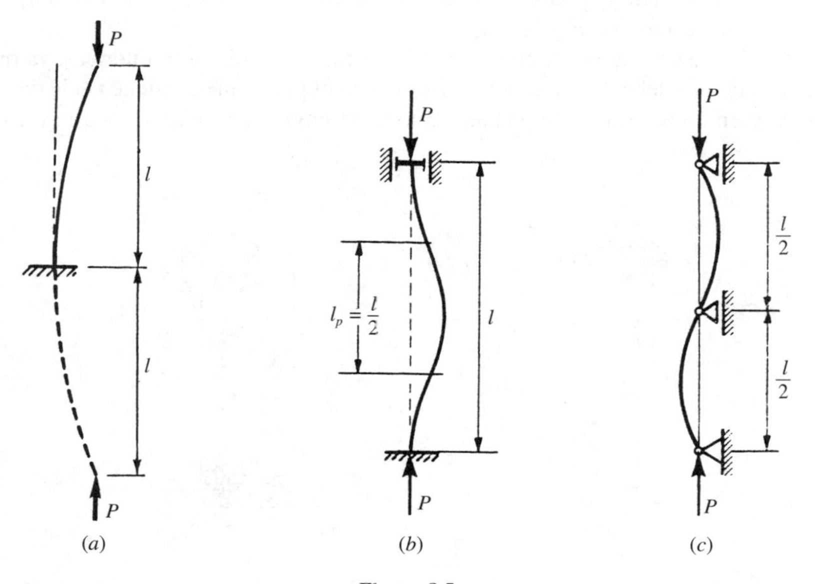

Figura 8.5

donde α es el *coeficiente de reducción de la longitud* de la barra, que depende del tipo de sujeción de sus extremos.

El cálculo de la longitud de pandeo de un prisma mecánico recto sometido a compresión, sujeto en los extremos de una forma arbitraria, se hará integrando la ecuación diferencial de la línea elástica. Imponiendo las condiciones de contorno se determinará el valor de la constante $k = \sqrt{P/EI_z}$ y a partir de ella la carga de pandeo, igualando k al menor valor que verifique la ecuación que resulte. Finalmente, identificando con la fórmula de Euler, se obtiene la longitud de pandeo l_p o, si se quiere, el coeficiente de reducción de la longitud.

A modo de ejemplo, apliquemos lo dicho al cálculo de la longitud de pandeo de una barra empotrada en un extremo y articulada en el otro (Fig. 8.6).

En este caso, en la expresión del momento habrá que tener en cuenta la reacción R de la articulación causada por el momento de empotramiento en el otro extremo. En una sección de abscisa x, el momento flector es:

$$M_z = -Py + R(l - x)$$

por lo que la ecuación diferencial de la línea elástica será:

$$EI_z y'' = -Py + R(l - x) \tag{8.4-4}$$

o bien, dividiendo por EI_z y haciendo $P/EI_z = k^2$

$$y'' + k^2 y = \frac{R}{EI_z}(l - x) \tag{8.4-5}$$

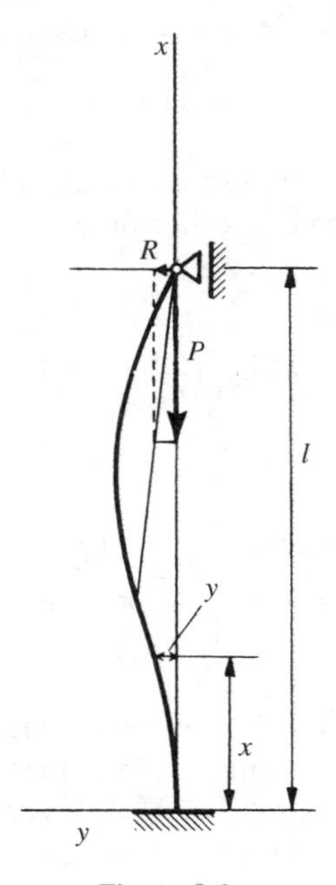

Figura 8.6

La solución de esta ecuación diferencial es:

$$y = C_1 \text{ sen } kx + C_2 \cos kx + \frac{R}{EI_z k^2}(l - x) \tag{8.4-6}$$

siendo C_1 y C_2 constantes de integración que determinaremos imponiendo las condiciones de contorno:

$$\left.\begin{array}{lll} x = 0 \;;\; y = 0 & \Rightarrow & C_2 + \dfrac{Rl}{EI_z k^2} = 0 \\ x = 0 \;;\; y' = 0 & \Rightarrow & C_1 k - \dfrac{R}{EI_z k^2} = 0 \\ x = l \;;\; y = 0 & \Rightarrow & C_1 \text{ sen } kl + C_2 \cos kl = 0 \end{array}\right\} \tag{8.4-7}$$

Estas tres ecuaciones constituyen un sistema homogéneo de tres ecuaciones con tres incógnitas. La condición para que el sistema tenga solución distinta de la trivial, que carece de interés, es:

$$\begin{vmatrix} 0 & 1 & \dfrac{1}{EI_z k^2} \\ k & 0 & -\dfrac{1}{EI_z k^2} \\ \text{sen } kl & \cos kl & 0 \end{vmatrix} = 0 \tag{8.4-8}$$

Desarrollando el determinante, se llega a la ecuación transcendente:

$$\text{tg } kl = kl$$

que se puede resolver gráficamente como se indica en la Figura 8.7.

El menor valor de kl que verifica esta ecuación es $kl = 4.49$.

Por tanto:

$$kl = \sqrt{\frac{P_{cr}}{EI_z}}\, l = 4{,}49$$

de donde:

$$P_{cr} = \frac{4{,}49^2 EI_z}{l^2} = \frac{\pi^2 EI_z}{\left(\dfrac{\pi}{4{,}49}\, l\right)^2} = \frac{\pi^2 EI_z}{(0{,}7l)^2} \tag{8.4-9}$$

es decir, la longitud de pandeo es $l_p = 0{,}7l$ y el coeficiente de reducción de la longitud $\alpha = 0{,}7$.

Tanto en el caso expuesto de barra empotrado-articulada en el que $\alpha = 0{,}7$, como en el de barra biempotrada en el que $\alpha = 0{,}5$ se han supuesto los empotramientos perfectamente rígidos. En el caso de que los empotramientos no presenten rigidez perfecta, el coeficiente de reducción de la longitud α se acercará tanto más a la unidad cuanto más elásticos sean éstos.

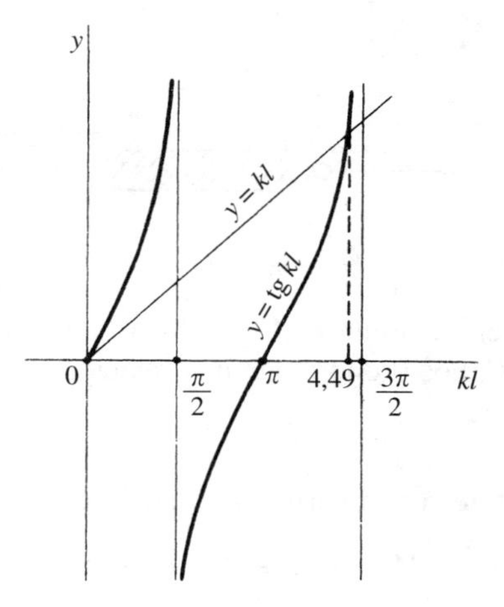

Figura 8.7

La fórmula de Euler

$$P_{cr} = \frac{\pi^2 E I_z}{l_p^2} \tag{8.4-10}$$

en la que I_z es el momento de inercia de la sección recta de la columna respecto al eje perpendicular en el que se produce la flexión debida al pandeo, se puede poner en función de la llamada *esbeltez mecánica* de la columna, que se define como el cociente

$$\lambda = \frac{l_p}{i} \tag{8.4-11}$$

entre la longitud de pandeo l_p y el radio de giro i de la sección respecto al eje perpendicular al plano de pandeo

$$P_{cr} = \frac{\pi^2 E I_z}{l_p^2} = \frac{\pi^2 E \Omega}{\left(\frac{l_p}{i}\right)^2} = \frac{\pi^2 E \Omega}{\lambda^2} \tag{8.4-12}$$

Ejemplo 8.4.1. Se considera la barra empotrada de la Figura 8.8 en cuyo extremo libre se transmite una fuerza P a través de una biela rígida de longitud a. Se pide:

1.° Determjinar la expresión de la carga crítica de pandeo en el plano xy para $a = l$, $a = 0$ y $a = \infty$.

2.° Determinar la fuerza máxima que puede aplicarse cuando la barra es un IPN-200 con $l = 5$ m, $a = 5$ m y $E = 2{,}1 \cdot 10^6$ kp/cm²; si la rótula C está impedida a desplazarse en la dirección z-z. ¿Qué instrucciones de montaje deberían darse?

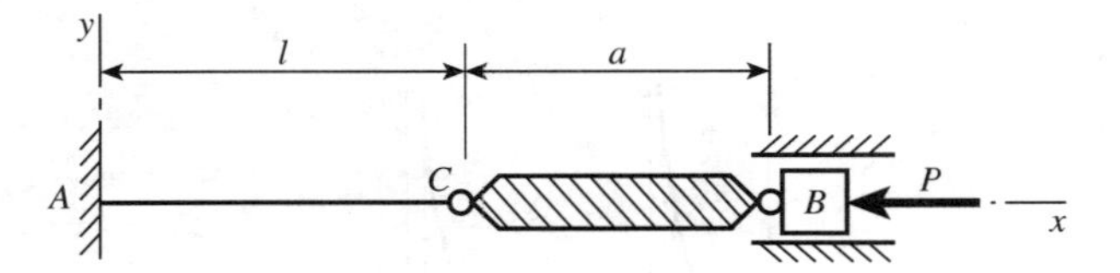

Figura 8.8

1.º Si R es la reacción en la rótula B (Fig. 8.8-*a*), la condición de ser nulo el momento flector respecto de la rótula C, nos proporciona una relación entre la flecha f y la reacción R

$$Pf = Ra$$

La ley de momentos flectores en la barra considerada es:

$$M_z = -Py + R(a + l - x)$$

por lo que la ecuación diferencial aproximada de la línea elástica será

$$EI_z y'' = -Py + R(a + l - x)$$

Haciendo $\frac{P}{EI_z} = k^2$, y teniendo en cuenta la relación entre flecha f y reacción R que hemos obtenido anteriormente, la ecuación diferencial de la elástica toma la forma

$$y'' + k^2 y = \frac{Pf}{aEI_z}(a + l - x) = \frac{k^2 f}{a}(a + l - x)$$

Obtenemos así una ecuación diferencial de segundo grado de coeficientes constantes, no homogenea, cuya solución integral es

$$y = C_1 \operatorname{sen} kx + C_2 \cos kx + \frac{f}{a}(a + l - x)$$

siendo C_1 y C_2 constantes de integración que determinaremos imponiendo las condiciones de contorno

$$\left.\begin{array}{lll} x = 0 \;;\; y = 0 & \Rightarrow & C_2 + \frac{f}{a}(a + l) = 0 \\ x = 0 \;;\; y' = 0 & \Rightarrow & C_1 k - \frac{f}{a} = 0 \\ x = l \;;\; y = 0 & \Rightarrow & C_1 \operatorname{sen} kl + C_2 \cos kl + f = f \end{array}\right\}$$

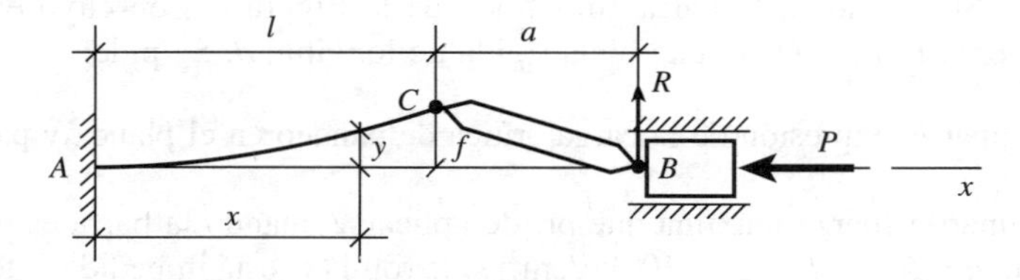

Figura 8.8-*a*

sistema de tres ecuaciones con tres incógnitas, homogéneo, cuya condición para que tenga solución distinta de la trivial será

$$\begin{vmatrix} 0 & 1 & \dfrac{a+l}{a} \\ k & 0 & -\dfrac{1}{a} \\ \text{sen } kl & \cos kl & 0 \end{vmatrix} = 0$$

Desarrollando el determinante, se obtiene la ecuación

$$-\text{sen } kl + (a + l)\, k \cos kl = 0$$

es decir

$$\text{tg } kl = k(a + l)$$

Consideremos los tres casos que nos dice el enunciado:

a) Si $a = l$, la ecuación obtenida se reduce a

$$\text{tg } kl = 2kl$$

Para resolver esta ecuación transcendente nos podemos ayudar de la gráfica indicada en la Figura 8.8-*b*.

Se obtiene $kl = 1{,}1655$, de donde

$$\sqrt{\frac{P_{cr}}{EI_z}}\, l = 1{,}1655 \quad \Rightarrow \quad P_{cr} = \frac{1{,}1655^2 EI_z}{l^2} = \frac{\pi^2 EI_z}{\left(\dfrac{\pi}{1{,}1655}\, l\right)^2} = \frac{\pi^2 EI_z}{(2{,}695\, l)^2}$$

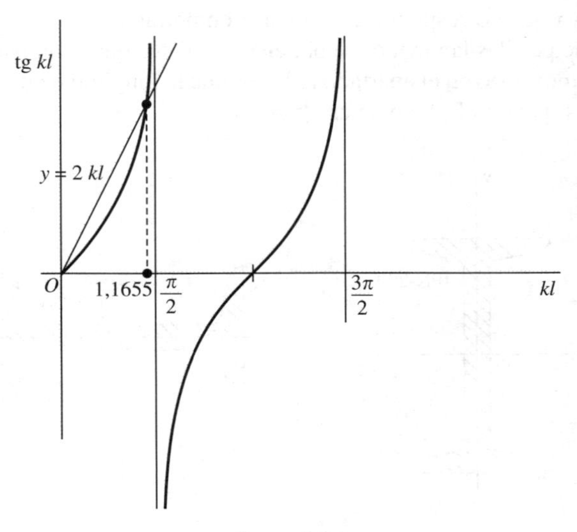

Figura 8.8-*b*

De esta última expresión se deduce que si $a = l$, la longitud de pandeo es:

$$l_p = 2{,}695\, l$$

b) Si $a = 0$ se tiene la barra empotrado-apoyada. La ecuación se reduce a

$$\text{tg}\, kl = kl$$

ecuación trascendente que se ha resuelto anteriormente

$$\sqrt{\frac{P_{cr}}{EI_z}}\, l = 4{,}49 \quad \Rightarrow \quad P_{cr} = \frac{4{,}49^2 EI_z}{l^2} = \frac{\pi^2 EI_z}{\left(\dfrac{\pi}{4{,}49}\, l\right)^2} = \frac{\pi^2 EI_z}{(0{,}7\, l)^2}$$

la longitud de pandeo en este caso es

$$l_p = 0{,}7 l$$

c) Si $a = \infty$, se tiene $\text{tg}\, kl = \infty$, es decir

$$\sqrt{\frac{P_{cr}}{EI_z}}\, l = \frac{\pi}{2} \quad \Rightarrow \quad P_{cr} = \frac{\pi^2 EI_z}{(2l)^2}$$

por lo que la longitud de pandeo es

$$l_p = 2l$$

como tenía que ser, ya que corresponde a una barra empotrada-libre.

2.º De la tabla de perfiles laminados se obtienen los datos que acompañan a la Figura 8.8-*c*.

Si $a = l = 5$ m, hemos visto en el apartado anterior que la longitud de pandeo en el plano *xy* es $l_p^{xy} = 2{,}695 l$, mientras que en el plano *xz* es $l_p^{xz} = 0{,}7 l$.

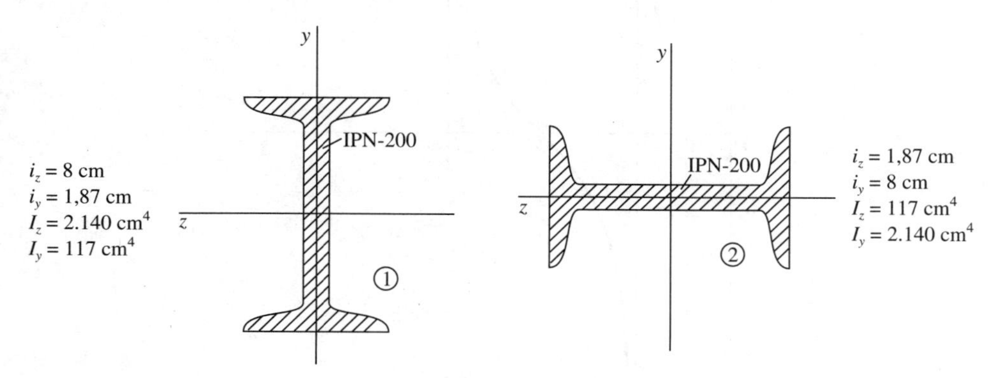

Figura 8.8-*c*

Calculemos las esbelteces de la barra en las dos disposiciones posibles representadas en la Figura 8.8-*c*.

- Disposición ①

$$\lambda^{xy} = \frac{l_p^{xy}}{i_z} = \frac{2{,}695l}{8} = 0{,}3368l \quad ; \quad \lambda^{xz} = \frac{l_p^{xz}}{i_y} = \frac{0{,}7l}{1{,}87} = 0{,}3743l$$

- Disposición ②

$$\lambda^{xy} = \frac{l_p^{xy}}{i_z} = \frac{2{,}695l}{1{,}87} = 1{,}4411l \quad ; \quad \lambda^{xz} = \frac{l_p^{xz}}{i_y} = \frac{0{,}7l}{8} = 0{,}0875l$$

De la observación de las cuatro esbelteces obtenidas, la mayor es λ^{xy} en la disposición ②, lo que nos indica que la disposición ② es más inestable que la ①. Por consiguiente, en el montaje habrá que adoptar la disposición ① y, como la esbeltez mayor es λ^{xz}, el pandeo se producirá en el plano *xz*.

La carga máxima pedida será igual a la carga crítica

$$P_{\text{máx}} = \frac{\pi^2 E I_y}{(0{,}7l)^2} = \frac{\pi^2 \times 2{,}1 \times 10^6 \times 117}{(0{,}7 \times 500)^2} \text{ kp} = 19.795 \text{ kp}$$

8.5. Compresión excéntrica de barras esbeltas

Consideremos una barra empotrada en uno de sus extremos, y con una carga que la comprime excéntricamente en el otro.

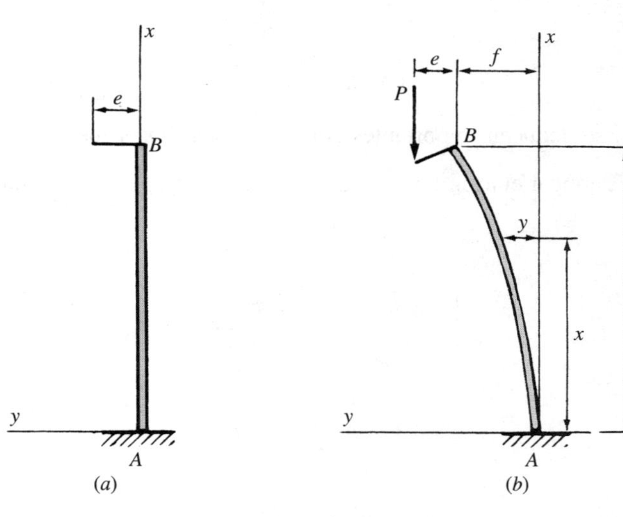

Figura 8.9

La ecuación diferencial de la elástica de la barra, considerando la posición de equilibrio final (Fig. 8.9), será

$$EI_z \frac{d^2y}{dx^2} = M_z = P(f + e - y) \tag{8.5-1}$$

Haciendo $\frac{P}{EI_z} = k^2$, queda:

$$\frac{d^2y}{dx^2} + k^2y = k^2(f + e) \tag{8.5-2}$$

cuya solución es:

$$y = C_1 \text{ sen } kx + C_2 \cos kx + f + e \tag{8.5-3}$$

siendo C_1 y C_2 constantes de integración que determinaremos, junto al valor de la flecha f que también es incógnita, imponiendo las condiciones de contorno:

$$x = 0 \quad ; \quad y = 0 \quad \Rightarrow \quad C_2 + f + e = 0 \quad \Rightarrow \quad C_2 = -(f + e)$$

$$x = 0 \quad ; \quad y' = 0 \quad \Rightarrow \quad C_1 k = 0 \qquad\qquad C_1 = 0$$

$$x = l \quad ; \quad y = f \quad \Rightarrow \quad f = C_1 \text{ sen } kl + C_2 \cos kl + f + e$$

Las soluciones de este sistema de tres ecuaciones con tres incógnitas son:

$$C_1 = 0 \quad ; \quad C_2 = -\frac{e}{\cos kl} \quad ; \quad f = \frac{e(1 - \cos kl)}{\cos kl} \tag{8.5-4}$$

Sustituyendo estos valores en (8.5-3), queda como ecuación de la elástica:

$$y = \frac{e}{\cos kl}(1 - \cos kx) \tag{8.5-5}$$

De esta ecuación se deducen importantes consecuencias. En primer lugar, para valores pequeños de P podemos aplicar el infinitésimo equivalente $1 - \cos \beta < > \frac{\beta^2}{2}$, cuando $\beta \to 0$, por lo que al ser

$$1 - \cos \sqrt{P/EI_z}\, l \simeq \frac{Pl^2}{2EI_z}$$

el valor de la flecha es:

$$f = \frac{e(1 - \cos kl)}{\cos kl} = \frac{el^2}{2EI_z} P \tag{8.5-6}$$

es decir, para valores pequeños de P la flecha crece proporcionalmente a la carga.

Si se aumenta la carga, la flecha crece muy rápidamente hasta hacerse infinito para:

$$\cos kl = 0 \quad \Rightarrow \quad kl = \sqrt{\frac{P_{cr}}{EI_z}}\, l = \frac{\pi}{2}$$

de donde obtenemos el valor de la carga crítica en el caso estudiado

$$P_{cr} = \frac{\pi^2 EI_z}{4l^2} \tag{8.5-7}$$

El caso ideal de compresión de la barra se da cuando la línea de acción de la carga es coincidente con la línea media de dicha barra. En tal caso, la excentricidad e se anula, así como la flecha f, salvo cuando $\cos kl = 0$. La expresión (8.5-4) referente a f quedaría indeterminada y el equilibrio sería indiferente. Es decir, si consideramos una barra empotrada en un extremo y libre en el otro sometida a compresión, ya sea ideal o excéntrica, el valor de la carga crítica viene dado en ambos casos por la expresión (8.5-7).

8.6. Grandes desplazamientos en barras esbeltas sometidas a compresión

En el epígrafe 8.3 hemos empleado la ecuación diferencial aproximada de la línea elástica, obtenida despreciando y'^2 frente a la unidad en la ecuación diferencial exacta (5.2-4). Pero cuando la carga P sobrepasa el valor crítico, los desplazamientos crecen y esta suposición ya no es válida. Por tanto, replanteemos el problema considerando una viga esbelta de rigidez constante sometida a compresión mediante una fuerza P (Fig. 8.10), suponiendo que las tensiones no sobrepasan el límite de proporcionalidad en grandes deformaciones y que el material sigue la ley de Hooke. Seguiremos suponiendo que la barra flexa en el plano xy, es decir, que la esbeltez máxima es λ^{xy}.

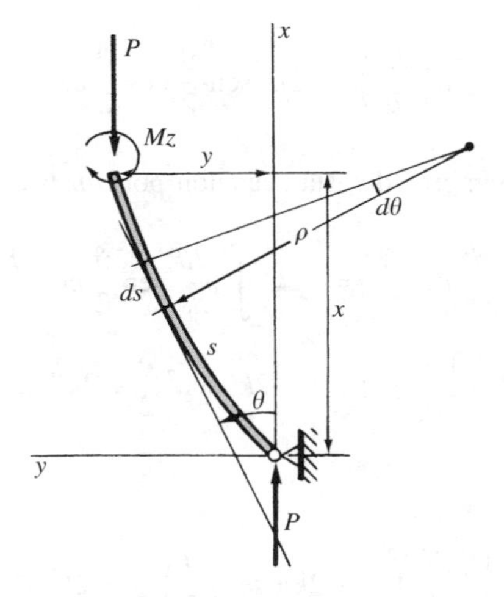

Figura 8.10

La ecuación diferencial exacta de la línea elástica es:

$$\frac{EI_z}{\rho} = M_z = -Py \tag{8.6-1}$$

siendo ρ el radio de curvatura.

Haciendo $\frac{P}{EI_z} = k^2$, esta ecuación diferencial se puede poner en la forma:

$$\frac{1}{\rho} = -k^2 y \tag{8.6-2}$$

y como $ds = \rho \, d\vartheta$, queda:

$$\frac{d\vartheta}{ds} = -k^2 y \tag{8.6-3}$$

Derivando esta ecuación respecto al arco s y teniendo en cuenta que

$$\frac{dy}{ds} = \operatorname{sen} \vartheta = 2 \operatorname{sen} \frac{\vartheta}{2} \cos \frac{\vartheta}{2}$$

tenemos:

$$\frac{d}{ds}\left(\frac{d\vartheta}{ds}\right) = -k^2 \frac{dy}{ds} = -2k^2 \operatorname{sen} \frac{\vartheta}{2} \cos \frac{\vartheta}{2}$$

o bien:

$$d\left(\frac{d\vartheta}{ds}\right) = -2k^2 \operatorname{sen} \frac{\vartheta}{2} \cos \frac{\vartheta}{2} \, ds \tag{8.6-4}$$

Multiplicando los dos miembros de esta ecuación por $d\vartheta/ds$ e integrando, se tiene:

$$\int_0^s \frac{d\vartheta}{ds} d\left(\frac{d\vartheta}{ds}\right) = -2k^2 \int_0^s \frac{d\vartheta}{ds} \operatorname{sen} \frac{\vartheta}{2} \cos \frac{\vartheta}{2} \, ds$$

$$\frac{1}{2}\left(\frac{d\vartheta}{dx}\right)^2 - \frac{1}{2}\left(\frac{d\vartheta}{ds}\right)^2_{s=0} = -2k^2 \operatorname{sen}^2 \frac{\vartheta}{2} + 2k^2\left(\operatorname{sen}^2 \frac{\vartheta}{2}\right)_{s=0} \tag{8.6-5}$$

Haciendo

$$\frac{1}{2}\left(\frac{d\vartheta}{ds}\right)^2_{s=0} + 2k^2\left(\operatorname{sen}^2 \frac{\vartheta}{2}\right)_{s=0} = 2k^2 m^2 \tag{8.6-6}$$

ya que el primer miembro siempre será positivo, la ecuación anterior se puede expresar así:

$$\left(\frac{d\vartheta}{ds}\right)^2 = 4k^2\left(m^2 - \operatorname{sen}^2 \frac{\vartheta}{2}\right) \tag{8.6-7}$$

en donde m se puede considerar aquí como una constante arbitraria de integración.

Hagamos ahora el cambio de la función ϑ por otra ψ, que verifique:

$$\operatorname{sen} \frac{\vartheta}{2} = m \operatorname{sen} \psi \tag{8.6-8}$$

Sustituyendo en (8.6-7), se tiene:

$$\left(\frac{d\vartheta}{ds}\right)^2 = 4k^2(m^2 - m^2 \operatorname{sen}^2 \psi) = 4k^2 m^2 \cos^2 \psi \tag{8.6-9}$$

de donde:

$$\frac{d\vartheta}{ds} = 2km \cos \psi \tag{8.6-10}$$

Eliminando ϑ entre esta ecuación y la que se obtiene derivando la (8.6-8) respecto del arco s

$$\frac{1}{2} \cos \frac{\vartheta}{2} \frac{d\vartheta}{ds} = -m \cos \psi \frac{d\psi}{ds}$$

$$\frac{d\vartheta}{ds} = -2m \frac{\cos \psi}{\cos \frac{\vartheta}{2}} \frac{d\psi}{ds} \tag{8.6-11}$$

y teniendo en cuenta, en virtud de (8.6-8), que

$$\cos \frac{\vartheta}{2} = \sqrt{1 - m^2 \operatorname{sen}^2 \psi}$$

se tiene:

$$2km \cos \psi = -2m \frac{\cos \psi}{\sqrt{1 - m^2 \operatorname{sen}^2 \psi}} \frac{d\psi}{ds} \tag{8.6-12}$$

ecuación diferencial de variables separadas, cuya integración nos conduce a una integral elíptica de primera especie*

$$ks = -\int_{\psi_0}^{\psi} \frac{d\psi}{\sqrt{1 - m^2 \operatorname{sen}^2 \psi}} \tag{8.6-13}$$

---

* Esto es así porque se puede demostrar que m es estríctamente menor que la unidad y, por tanto, es igual al seno de un cierto ángulo α, que es la condición para que esta integral sea elíptica.

siendo ψ_0 el valor de ψ para $s = 0$, es decir, el valor de ψ en el origen de la abscisa curvilínea s que es el extremo de la viga en el que se aplica la carga de compresión P.

Ahora bien, como en dicho punto de momento flector es nulo, se verificará:

$$\frac{1}{\rho} = \frac{M_z}{EI_z} = \frac{d\vartheta}{ds} = 0$$

y de la ecuación (8.6-10), se deduce el valor de ψ_0

$$2km \cos \psi_0 = 0 \quad \Rightarrow \quad \cos \psi_0 = 0 \quad \Rightarrow \quad \psi_0 = \frac{\pi}{2}$$

por lo que la integral anterior se puede poner en la forma siguiente:

$$ks = \int_{\psi}^{\pi/2} \frac{d\psi}{\sqrt{1 - m^2 \operatorname{sen}^2 \psi}} = \int_{0}^{\pi/2} \frac{d\psi}{\sqrt{1 - m^2 \operatorname{sen}^2 \psi}} - \int_{0}^{\psi} \frac{d\psi}{\sqrt{1 - m^2 \operatorname{sen}^2 \psi}} \tag{8.6-14}$$

en la que las integrales vienen tabuladas en función del ángulo ψ y del valor del parámetro m.

Hagamos la discusión cualitativa de los resultados analíticos obtenidos. Si integramos (8.6-14) entre el origen y el punto medio de la viga, punto en el que $\theta = 0$ y, por tanto, $\psi = 0$ en virtud de (8.6-8), la segunda integral de (8.6-14) se anula, por lo que dicha ecuación se reduce a

$$k\frac{l}{2} = \int_{0}^{\pi/2} \frac{d\psi}{\sqrt{1 - m^2 \operatorname{sen}^2 \psi}} \tag{8.6-15}$$

De la circunstancia de ser mínima esta integral para $m = 0$ se deduce la condición para que la forma de semionda sea una forma de equilibrio

$$\frac{kl}{2} \geqslant \frac{\pi}{2} \quad \Rightarrow \quad k \geqslant \frac{\pi}{l} \quad \Rightarrow \quad k^2 = \frac{P}{EI_z} \geqslant \frac{\pi^2}{l^2}$$

y por tanto:

$$P \geqslant \frac{\pi^2 EI_z}{l^2} \tag{8.6-16}$$

El menor valor de esta expresión es precisamente el valor de la primera carga crítica de pandeo que fue obtenida en (8.6-5)

$$P_{cr} = \frac{\pi^2 EI_z}{l^2}$$

es decir, la condición para que, además de la elástica rectilínea como forma de equilibrio, tenga la viga una elástica en forma de semionda, la carga aplicada tiene que ser mayor que la primera carga crítica.

Pero también adopta la elástica de la viga la forma de dos semiondas (Fig. 8.11-*b*). En este caso $\vartheta = 0$ y, por tanto, $\psi = 0$, para $s = l/4$, por lo que la condición para que estas dos semiondas sea forma de equilibrio será:

$$\frac{kl}{4} \geqslant \frac{\pi}{2} \quad \Rightarrow \quad k^2 \geqslant \frac{4\pi^2}{l^2}$$

de donde:

$$P \geqslant \frac{4\pi^2 EI_z}{l^2} \tag{8.6-17}$$

es decir, la carga aplicada tiene que ser mayor que la segunda carga crítica de pandeo

$$P_{cr} = \frac{4\pi^2 EI_z}{l^2}$$

Podíamos seguir considerando como posibles formas de equilibrio elásticas de tres semiondas, cuatro semiondas, ... y así sucesivamente hasta n semiondas. En este caso genérico, $\vartheta = 0$ para $s = l/2n$, por lo que la condición correspondiente será ahora:

$$k\frac{1}{2n} \geqslant \frac{\pi}{2} \quad \Rightarrow \quad k^2 \geqslant \frac{n^2\pi^2}{l^2}$$

de donde:

$$P \geqslant \frac{n^2\pi^2 EI_z}{l^2} \tag{8.6-18}$$

es decir, la carga de compresión tendría que ser superior a la n-ésima carga crítica de pandeo

$$P_{cr} = \frac{n^2\pi^2 EI_z}{l^2}$$

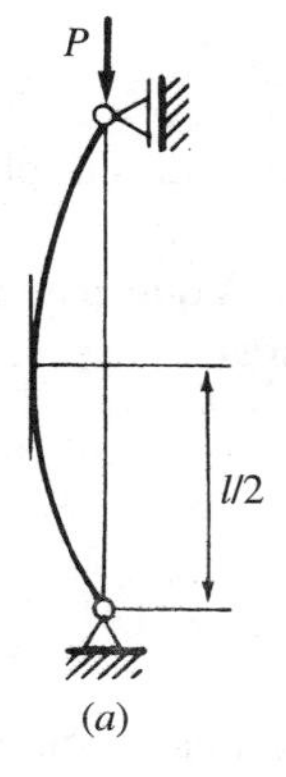

(*a*)

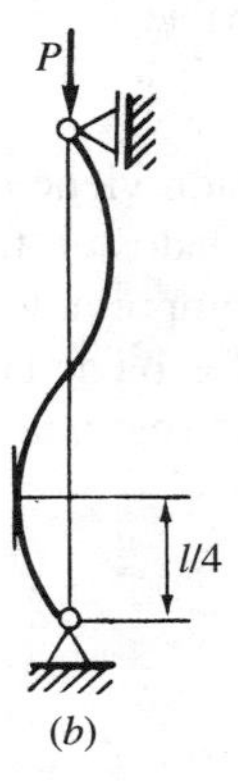

(*b*)

Figura 8.11

Pero no todas estas formas son de equilibrio estable. Se demuestra que cuando la carga de compresión P es inferior a la primera carga crítica de pandeo, la única forma de equilibrio estable es la rectilínea. Para valores de P superiores a esta primera carga crítica la única forma de equilibrio estable es la semionda, siendo inestables todas las demás.

Calculemos ahora la elástica de la viga por medio de sus ecuaciones paramétricas

$$\begin{cases} dx = ds \cos \vartheta = \left(1 - 2 \operatorname{sen}^2 \dfrac{\vartheta}{2}\right) ds = 2\left(1 - \operatorname{sen}^2 \dfrac{\vartheta}{2}\right) ds - ds \\ dy = ds \operatorname{sen} \vartheta = 2 \operatorname{sen} \dfrac{\vartheta}{2} \cos \dfrac{\vartheta}{2}\, ds \end{cases} \tag{8.6-19}$$

Teniendo en cuenta (8.6-8) y la que se deduce de (8.6-13) en su forma diferencial, se tiene:

$$\begin{cases} dx = -2(1 - m^2 \operatorname{sen}^2 \psi) \dfrac{d\psi}{k\sqrt{1 - m^2 \operatorname{sen}^2 \psi}} - ds = -\dfrac{2}{k} \sqrt{1 - m^2 \operatorname{sen}^2 \psi}\, d\psi - ds \\ dy = -2\, m \operatorname{sen} \psi \sqrt{1 - m^2 \operatorname{sen}^2 \psi} \dfrac{d\psi}{k\sqrt{1 - m^2 \operatorname{sen}^2 \psi}} = \dfrac{-2m}{k} \operatorname{sen} \psi\, d\psi \end{cases} \tag{8.6-20}$$

e integrando:

$$\begin{cases} x = -\dfrac{2}{k} \displaystyle\int_{\psi_0}^{\psi} \sqrt{1 - m^2 \operatorname{sen}^2 \psi}\, d\psi - s \\ y = \dfrac{-2m}{k} \displaystyle\int_{\psi_0}^{\psi} \operatorname{sen} \psi\, d\psi \end{cases} \tag{8.6-21}$$

ecuaciones paramétricas de la elástica que, al ser $\psi_0 = \pi/2$, se pueden expresar en la forma:

$$\begin{cases} x = \dfrac{2}{k} \left[\displaystyle\int_0^{\pi/2} \sqrt{1 - m^2 \operatorname{sen}^2 \psi}\, d\psi - \int_0^{\psi} \sqrt{1 - m^2 \operatorname{sen}^2 \psi}\, d\psi \right] - s \\ y = \dfrac{2m}{k} \cos \psi \end{cases} \tag{8.6-22}$$

es decir, la primera ecuación viene dada en función de integrales elípticas de segunda especie, cuyos valores vienen tabulados en función de ψ y de m.

Varias consecuencias importantes se deducen del análisis que acabamos de hacer. La primera, que la expresión de la flecha de la viga, que se presentará en la sección media de la misma, se obtiene particularizando la segunda ecuación (8.6-22) para $\psi = 0$

$$y_{\text{máx}} = \frac{2m}{k} \tag{8.6-23}$$

Veamos también que esta ecuación, junto a la (8.6-15), nos permite calcular $y_{\text{máx}}$ en función de la carga de compresión P.

En efecto, para un determinado valor de m, la tabla de integrales elípticas de primera especie nos permite calcular k

$$\frac{k}{2} = \int_0^{\pi/2} \frac{d\psi}{\sqrt{1 - m^2 \operatorname{sen}^2 \psi}}$$

y, por tanto, la $y_{\text{máx}}$ dada por (8.6-23).

Ahora bien, dividiendo miembro a miembro las expresiones de la carga de compresión en función de k y la que nos da la carga crítica de pandeo, tenemos:

$$\left.\begin{aligned} P &= k^2 EI_z \\ P_{cr} &= \frac{\pi^2 EI_z}{l^2} \end{aligned}\right\} \frac{P}{P_{cr}} = \frac{k^2 l^2}{\pi^2} = \frac{4}{\pi^2}\left(\frac{kl}{2}\right)^2 \tag{8.6-24}$$

y como:

$$\frac{y_{\text{máx}}}{l} = \frac{m}{\dfrac{kl}{2}} \tag{8.6-25}$$

eliminando $k/2$ entre estas dos últimas ecuaciones, se tiene:

$$\frac{P}{P_{cr}} = \frac{4m^2}{\pi^2} \frac{1}{\left(\dfrac{y_{\text{máx}}}{l}\right)^2} \tag{8.6-26}$$

ecuación que nos relaciona la carga de compresión y la flecha que dicha carga produce en la viga.

Utilizando una tabla de integrales elípticas de primera especie* podemos confeccionar la siguiente tabla:

Tabla 8.1

m	0	0,0872	0,1736	0,2588	0,3420	0,4226	0,5000	0,5736	0,6428	0,7071	0,7660
$\frac{kl}{2}$	1,5708	1,5738	1,5828	1,5981	1,6200	1,6490	1,6858	1,7313	1,7868	1,8541	1,9356
$\frac{y_{\text{máx}}}{l} = \frac{m}{kl/2}$	0	0,0554	0,1097	0,1619	0,2111	0,2563	0,2966	0,3313	0,3597	0,3814	0,3957
$\frac{P}{P_{cr}} = \frac{4}{\pi^2}(kl/2)^2$	1	1,0038	1,0153	1,0351	1,0636	1,1021	1,1518	1,2148	1,2939	1,3933	1,5184

---

* Véase Puig Adam, «Cálculo integral», pág. 72.

A partir de esta tabla podemos construir la gráfica indicada en la Figura 8.12.

La gráfica obtenida nos hace ver que las flechas crecen muy deprisa cuando la carga de compresión supera el valor de la carga crítica. Así, para una carga P que sobrepase en un 15 por 100 el valor crítico, la flecha se hace aproximadamente un 30 por 100 del valor de la longitud de la viga.

De lo dicho se deduce que cuando la carga P toma un valor superior al valor de la carga crítica no es válida la suposición de pequeñas deformaciones, pero es suficiente la utilización de la fórmula de Euler para la determinación de las cargas críticas, con las limitaciones que se verán más adelante.

Si hacemos un estudio tensional en la barra cuando la carga P es mayor que la carga crítica, es decir, cuando la forma de equilibrio es la semionda, vemos que la tensión en la barra se puede considerar como la superposición de la debida a la compresión

$$\sigma_1 = -\frac{P}{\Omega}$$

y la debida a la flexión

$$\sigma_2 = -\frac{M_z}{I_z} y^* = \frac{Py}{I_z} y^*$$

siendo y^* la distancia de la fibra que consideremos al eje z de la sección (Fig. 8.13).

El valor máximo de σ_2 se presenta en la sección media de la barra en la que $y = y_{\text{máx}}$, y dentro de esta sección en las fibras periféricas.

$$\sigma_{2\,\text{máx}} = \frac{Py_{\text{máx}}}{I_z} y^*_{\text{máx}}$$

es decir, σ_2 aumenta muy rápidamente, igual a como lo hace $y_{\text{máx}}$.

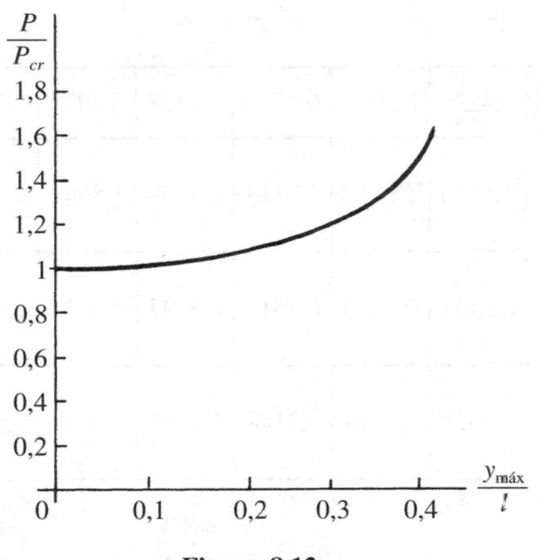

Figura 8.12

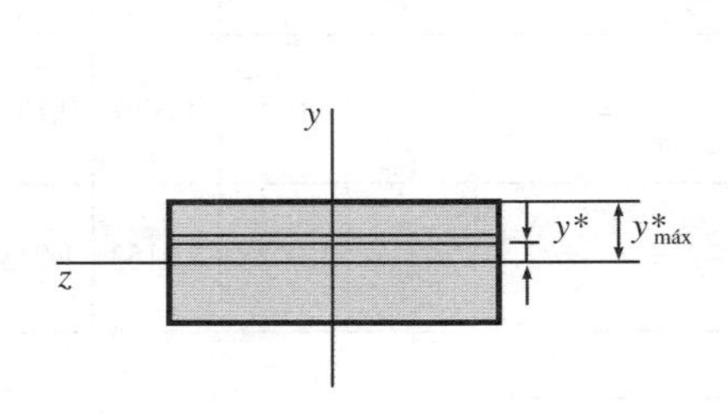

Figura 8.13

De ello se deduce que en el caso de piezas muy esbeltas, como son los flejes, varillas, etcétera, la carga P_{cr} tiene un valor muy pequeño y, por consiguiente σ_1, así como es pequeño el valor y^*, lo que hace posible que P supere notablemente el valor de P_{cr} y que la pieza adquiera grandes deformaciones sin romperse.

Por el contrario, en las estructuras normales no se suelen emplear barras de esbelteces exageradas, por lo que la carga crítica toma valores de consideración, así como σ_1, sin que quede apenas margen para σ_2. En estos casos, un pequeño incremento de $y_{\text{máx}}$ en la elástica de la columna hará que σ_2 aumente muy rápidamente y en seguida se alcance el valor de la tensión de rotura del material. Por tanto, con las esbelteces y materiales que normalmente se emplean en las estructuras no se puede aceptar la forma curva de equilibrio. De ahí que consideremos iguales, a efectos prácticos, la carga crítica y la carga de rotura.

8.7. Límites de aplicación de la fórmula de Euler

Por lo expuesto anteriormente, la carga crítica de pandeo de cualquier barra de sección constante sometida a compresión, dada por la fórmula de Euler, se puede expresar de la siguiente forma:

$$P_{cr} = \frac{\pi^2 E \Omega}{\lambda^2} \tag{8.7-1}$$

expresión en la que Ω es el área de la sección recta de la barra y λ la esbeltez mecánica. El pandeo se producirá en el plano respecto del cual la esbeltez mecánica sea máxima.

Esta expresión demuestra que la carga crítica que puede producir el pandeo para una determinada sujeción no depende de la resistencia del material, sino de sus dimensiones y del módulo de elasticidad. De esta forma, dos barras de dimensiones iguales e igualmente sujetas, una de acero ordinario y otra de acero de alta resistencia, pandearán bajo cargas críticas prácticamente iguales, ya que si bien sus capacidades resistentes son bien distintas, son casi iguales sus módulos de elasticidad. Por tanto, para optimizar la resistencia al pandeo de una barra cuya sección tiene un área dada habremos de conseguir que el momento de inercia de la sección, respecto a cualquiera de los ejes principales, tenga el valor máximo posible, es decir, tendremos que alejar el material lo más posible del baricentro de la sección, de tal manera que los momentos de inercia respecto de los ejes principales sean iguales como ocurre en las barras de sección tubular (Fig. 8.14).

Cuando se llega al valor de la carga crítica, el estado tensional simple de la barra viene dado por una tensión crítica σ_{cr}, cuyo valor es:

$$\sigma_{cr} = \frac{P_{cr}}{\Omega} = \frac{\pi^2 E}{\lambda^2} \tag{8.7-2}$$

o lo que es lo mismo:

$$\sigma_{cr}\lambda^2 = \pi^2 E \tag{8.7-3}$$

Si representamos la función $\sigma_{cr} = f(\lambda)$ (Fig. 8.15) para valores de σ_{cr} menores o iguales al límite elástico, la curva correspondiente es la llamada *hipérbola de Euler*.

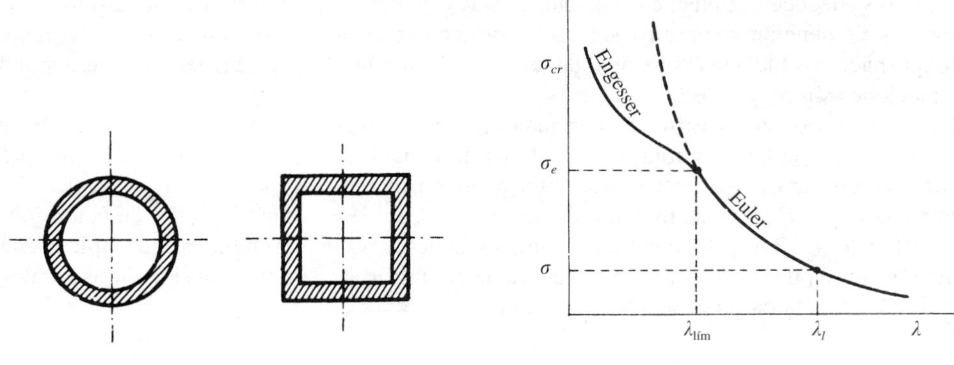

Figura 8.14 **Figura 8.15**

Del estudio de esta curva se deduce que para piezas de esbeltez elevada, la tensión crítica es muy pequeña, es decir, que una pieza muy esbelta pandea para una tensión de compresión muy pequeña.

Al ir disminuyendo la esbeltez, la tensión crítica aumenta, pero la hipérbola de Euler sólo es válida hasta un valor $\lambda_{\text{lím}}$ de la esbeltez a la que corresponde una tensión crítica igual al límite elástico σ_e (pues para valores superiores no tiene sentido hablar de la ley de Hooke).

A partir de este valor, el módulo de elasticidad E_T disminuye con lo que la fórmula de Euler se convierte en:

$$\sigma_{cr} = \frac{\pi^2 E_T}{\lambda^2} \tag{8.7-4}$$

llamada *fórmula del módulo tangencial o de Engesser* para pandeo inelástico, cuya representación se ha indicado en la misma Figura 8.15.

La fórmula de Euler es válida solamente para piezas de esbeltez superior a aquélla para la cual la tensión crítica coincida con el límite elástico σ_e. Para esbelteces $\lambda < \lambda_{\text{lím}}$, el problema de estabilidad de la barra exige un planteamiento consecuente con el estado de plastificación a que va a estar sometida la misma, por lo que no vamos a entrar en él.

Para el acero de construcción de bajo contenido en carbono, cuyo módulo de elasticidad vale $E = 2.000.000$ kp/cm^2 y $\sigma_e = 2.000$ kp/cm^2, la esbeltez mínima que deberá tener la pieza para que sea aplicable la fórmula de Euler es:

$$\lambda_{\text{lím}} = \sqrt{\frac{2.000.000\pi^2}{2.000}} \simeq 100 \tag{8.7-5}$$

En construcciones metálicas, las piezas que generalmente se emplean tienen esbelteces inferiores a este valor. No es aplicable, por tanto, la fórmula de Euler para el cálculo de la carga crítica.

Tenemos que tener en cuenta que la fórmula de Euler nos da la carga crítica y no la carga de trabajo. Para calcular la carga admisible $P_{p\ \text{adm}}$ habrá que dividir la carga crítica por un coeficiente de seguridad a pandeo.

$$P_{p\ \text{adm}} = \frac{P_{cr}}{n} \tag{8.7-6}$$

Ejemplo 8.7.1. Un soporte de acero de sección circular de diámetro d, longitud $l = 1{,}25$ m, y extremos articulados está sometido a una compresión axial mediante una fuerza P (Fig. 8.16). Determinar el diámetro máximo que puede tener el soporte para que sea aplicable la fórmula de Euler y hallar la carga admisible cuando $d = 30$ mm para un coeficiente de seguridad $n = 2$.

Datos: $E = 2{,}1 \cdot 10^5$ MPa ; $\sigma_e = 190$ MPa.

Para que sea aplicable la fórmula de Euler al soporte que se considera, la esbeltez tiene que superar al valor de la esbeltez límite

$$\lambda_{\text{lím}} = \sqrt{\frac{\pi^2 E}{\sigma_e}} = \sqrt{\frac{\pi^2 \times 2{,}1 \times 10^5}{190}} = 104{,}4$$

Para esta esbeltez, el radio de giro es

$$i = \frac{l_p}{\lambda} = \frac{125}{104{,}4} = 1{,}197 \text{ cm}$$

al que le corresponde una sección circular de diámetro d, tal que

$$I = \frac{\pi d^4}{64} = \frac{\pi d^2}{4} i^2 \quad \Rightarrow \quad d = 4i = 4{,}78 \text{ cm}$$

es decir, el diámetro máximo que puede tener el soporte para que sea aplicable la fórmula de Euler es

$$d_{\text{máx}} = 47{,}8 \text{ mm}$$

Como $d = 30 \text{ mm} < d_{\text{máx}}$, la carga de pandeo admisible será

$$P_{p \text{ adm}} = \frac{\pi^2 EI}{n l_p^2} = \frac{\pi^2 \times 2{,}1 \times 10^{11} \dfrac{\pi \times 3^4 \times 10^{-8}}{64}}{2 \times 1{,}25^2} = 26.370 \text{ N}$$

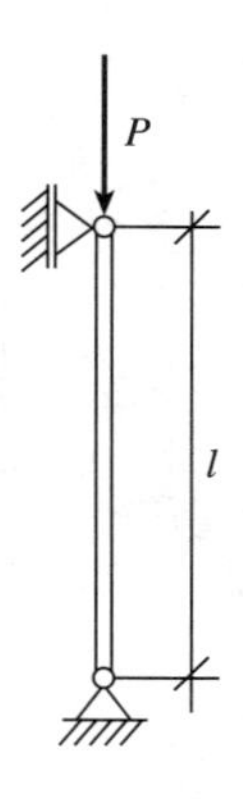

Figura 8.16

Ejemplo 8.7.2. Una columna está formada por un perfil IPE-100 cuyas secciones extremas se encuentran en dos superficies rígidas separadas l = 150 cm. En el plano xy la columna está biempotrada mientras que en el plano xz es biarticulada (Fig. 8.17).

Sabiendo que a una temperatura de $t_0 = 18$ °C la columna se encuentra sometida a una fuerza de compresión N_0 = 200 N, se pide calcular la temperatura máxima t que puede alcanzar la columna, si se toma como coeficiente de seguridad a pandeo $n = 2$.

Datos: $E = 200$ GPa ; $\alpha = 12 \times 10^{-6}$ °C^{-1} ; $\sigma_e = 179$ MPa.

Calculemos en primer lugar el valor de la esbeltez límite, a partir de la cual es aplicable la fórmula de Euler para determinar el valor de la carga crítica

$$\lambda_{\text{lím}} = \sqrt{\frac{\pi^2 E}{\sigma_e}} = \sqrt{\frac{\pi^2 \times 200 \times 10^9}{179 \times 10^6}} = 105$$

De la tabla de perfiles laminados obtenemos los datos de la sección recta de la columna

$$\Omega = 10{,}3 \text{ cm}^2 \left| \begin{array}{l} I_z = 171 \text{ cm}^4 \quad ; \quad i_z = 4{,}07 \text{ cm} \\ I_y = 15{,}9 \text{ cm}^4 \quad ; \quad i_y = 1{,}24 \text{ cm} \end{array} \right.$$

Las esbelteces que corresponden a los dos posibles planos de pandeo son:

$$\lambda^{xy} = \frac{0{,}5l}{i_z} = \frac{0{,}5 \times 150}{4{,}07} = 18{,}43$$

$$\lambda^{xz} = \frac{l}{i_y} = \frac{150}{1{,}24} = 120{,}97$$

La columna pandea en el plano xz. Para el cálculo de la carga crítica, al ser $\lambda^{xz} > 105$, se puede aplicar la fórmula de Euler. Por consiguiente, podemos poner

$$P_{p\ \text{adm}} = N_0 + E\alpha(t - t_0)\,\Omega = \frac{\pi^2 E I_y}{n l^2}$$

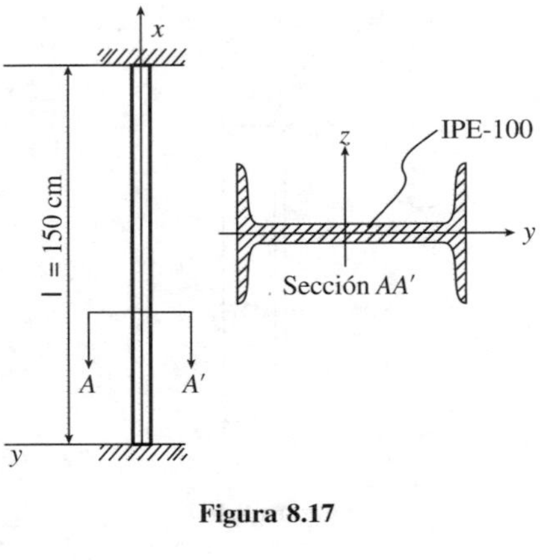

Figura 8.17

Sustituyendo valores

$$200 + 200 \times 10^9 \times 12 \times 10^{-6} (t - 18°)\ 10{,}3 \times 10^{-4} = \frac{\pi^2 \times 200 \times 10^9 \times 15{,}9 \times 10^{-8}}{2 \times 1{,}5^2}$$

se obtiene:

$$t = 46{,}13\ °C$$

8.8. Fórmula empírica de Tetmajer para la determinación de las tensiones críticas en columnas intermedias

Cuando decimos que la fórmula de Euler es aplicable a columnas esbeltas estamos admitiendo que *columnas esbeltas* son aquellas cuya esbeltez es superior a $\lambda_{lím}$. El valor de $\lambda_{lím}$ depende, como hemos visto, del módulo de elasticidad y del límite elástico, por lo que cada material tendrá su esbeltez $\lambda_{lím}$ a partir de la cual la barra se considera esbelta.

Por otra parte, se dice que una *columna es corta* cuando su longitud no excede de diez veces su menor dimensión transversal. Para estas columnas se considera como tensión crítica la tensión de fluencia σ_f del material y su cálculo se hace, por tanto, a compresión y no a pandeo.

Las columnas que tienen esbelteces comprendidas entre los valores límite superior de las columnas cortas y el límite inferior de las columnas esbeltas, se denominan *columnas intermedias*. Se han propuesto diversas fórmulas para el cálculo de la carga crítica de pandeo en este tipo de columnas, aunque ninguna de ellas ha sido generalmente aceptada. Este problema, como ya se ha indicado, exige, en rigor, la consideración del comportamiento inelástico del material. A pesar de ello, se han intentado establecer fórmulas obtenidas experimentalmente ensayando gran número de piezas de distinta esbeltez, siempre de valor inferior al mínimo para la que es aplicable la fórmula de Euler. Una de ellas es la del módulo tangencial o de Engesser, a la que ya nos hemos referido, que tiene en cuenta la variación del módulo de elasticidad al superar la tensión límite de proporcionalidad.

En la Figura 8.18 se ha representado la forma típica de la curva que nos da la carga crítica en función de la esbeltez aplicando para el límite de la estabilidad elástica la fórmula de Engesser.

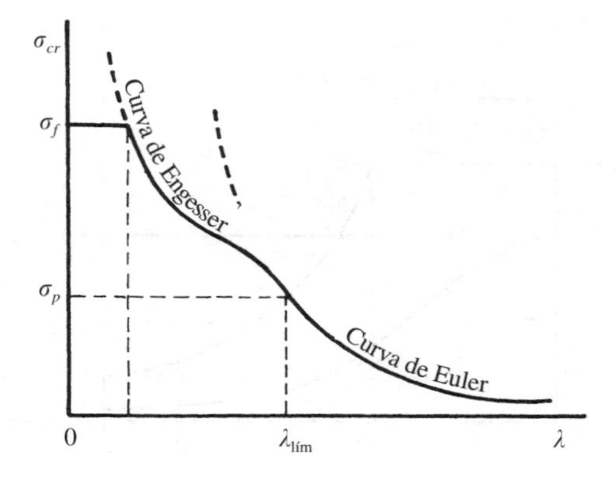

Figura 8.18

Tetmajer propuso, para la zona inelástica, la fórmula:

$$\sigma_{cr} = \sigma_r - a\lambda + b\lambda^2 \tag{8.8-1}$$

siendo σ_r la resistencia a la compresión simple, λ la esbeltez mecánica, y a y b dos coeficientes a determinar experimentalmente para cada material.

En la Tabla 8.2 figuran los valores correspondientes para fundición gris, acero dulce, madera de pino y hormigón.

Tanto en la obtención de la fórmula teórica de Euler como en las empíricas de Termajer se admitía que la pieza comprimida era inicialmente perfectamente recta y que la carga actuaba totalmente centrada. En realidad, ni las cargas están generalmente centradas ni las piezas son perfectamente rectas, sino que pueden presentar alguna curvatura inicial. Por tanto, con objeto de cubrir estas imperfecciones es necesario considerar un coeficiente de seguridad que aumente con la esbeltez.

En la Figura 8.19 se representan para una columna de acero A 37, la función del coeficiente de seguridad $n = n(\lambda)$, así como la curva de Euler-Tetmajer $\sigma_{cr} = \sigma_{cr}(\lambda)$ adoptadas por las normas de diversos países. A partir de ellas, por división, se obtiene la curva de la tensión crítica admisible $\sigma_{cr\ \text{adm}}$

$$\sigma_{cr\ \text{adm}} = \frac{\sigma_{cr}}{n} \tag{8.8-2}$$

Tabla 8.2

MATERIAL	E kp/cm²	σ_e kp/cm²	λ límite	$\sigma_p = \sigma_r - a\lambda + b\lambda^2$ kp/cm²
Fundición gris	1.000.000	1.620	80	$7.760 - 120\lambda + 0{,}54\lambda^2$
Acero dulce	2.100.000	1.900	105	$3.100 - 11{,}4\lambda$
Madera de pino	100.000	99	100	$293 - 1{,}94\lambda$
Hormigón	210.000	29	85	$80\sigma_e(1 - 0{,}0032\lambda)$

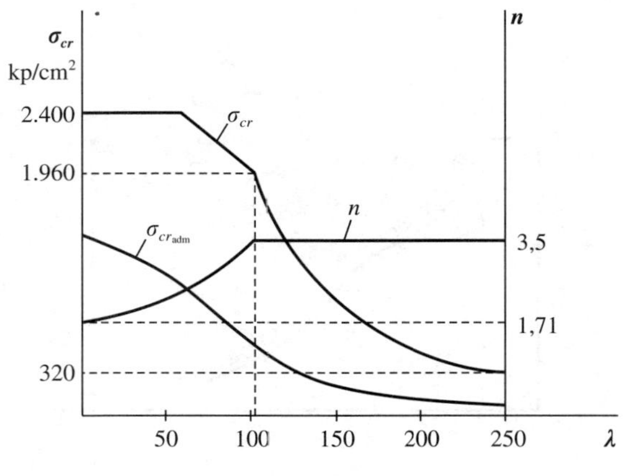

Figura 8.19

Ejemplo 8.8.1. Determinar la carga máxima que puede soportar un pilar de madera de pino de altura $l = 4$ m. Sus extremos están articulados y su sección recta es circular de diámetro $d = 20$ cm. Se tomará como coeficiente de seguridad a pandeo $n = 10$. El módulo de elasticidad de la madera es $E = 10^5$ kp/cm² (Fig. 8.20).

Calculemos la esbeltez del pilar

$$\left.\begin{aligned} I &= \frac{\pi d^4}{64} = \frac{\pi \times 20^4}{64} = 7.854 \text{ cm}^4 \\ \Omega &= \frac{\pi d^2}{4} = \frac{\pi \times 20^2}{4} = 314{,}16 \text{ cm}^2 \end{aligned}\right\} i = \sqrt{\frac{I}{\Omega}} = \sqrt{\frac{7.854}{314{,}16}} \text{ cm} = 5 \text{ cm}$$

$$\lambda = \frac{l_p}{i} = \frac{400}{5} = 80 < \lambda_{\text{lím}} = 100 \text{ (véase Tabla 8.2)}$$

Al ser la esbeltez menor que la esbeltez límite no es válido aplicar la fórmula de Euler. Aplicaremos la fórmula de Tetmajer.

$$\sigma_p = 293 - 1{,}94\lambda = 293 - 1{,}94 \times 80 = 137{,}8 \text{ kp/cm}^2$$

Luego la carga máxima que puede soportar el pilar, si se toma como coeficiente de seguridad a pandeo $n = 10$, será:

$$P_{\text{máx}} = \frac{314{,}16 \times 137{,}8}{10} \text{ kp} = 4.329 \text{ kp}$$

Ejemplo 8.8.2. Diseñar en soporte de extremos articulados que ha de soportar una carga de $P = 40$ t utilizando dos perfiles UPN de longitud $l = 8$ m cada uno. Se conoce el módulo de elasticidad de los perfiles $E = 2{,}1 \times 10^6$ kp/cm² y se tomará como coeficiente de seguridad a pandeo $n = 4$ (Fig. 8.21).

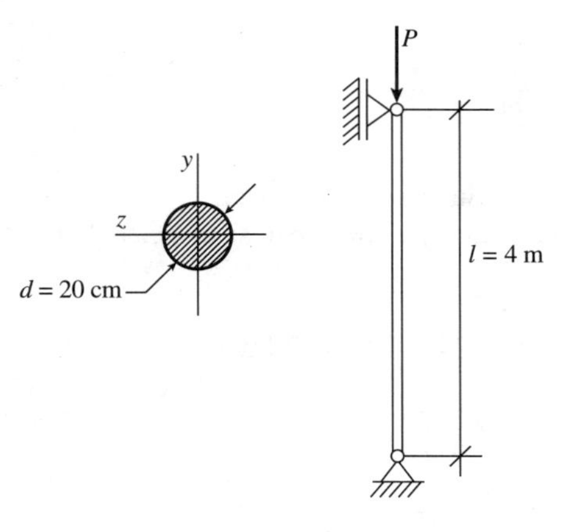

Figura 8.20

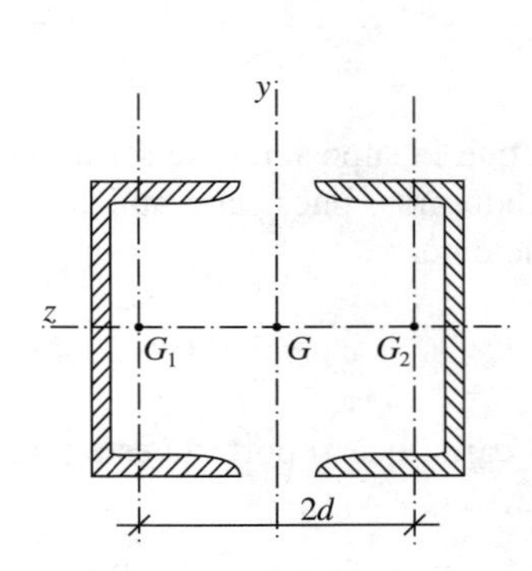

Figura 8.21

Para optimizar la capacidad de carga a pandeo del soporte situaremos los dos perfiles en la forma indicada en la Figura 8.21, de tal forma que los momentos de inercia del conjunto respecto de las dos direcciones principales sean iguales.

Supondremos que, en principio, es aplicable la fórmula de Euler. Si ello es válido, calculemos la esbeltez del soporte y comparémosla con la esbeltez límite del acero de los perfiles que, como sabemos, es $\lambda_{\text{lím}} = 105$ (véase Tabla 8.2).

De la expresión de la carga de pandeo admisible

$$P_{p\ \text{adm}} = \frac{\pi^2 EI}{nl^2} = P$$

se obtiene el valor mínimo que tiene que tener el momento de inercia de los dos perfiles.

$$I = \frac{nPl^2}{\pi^2 E} = \frac{4 \times 40 \times 10^3 \times 800^2}{\pi^2 \times 2{,}1 \times 10^6} \text{ cm}^4 = 4.940 \text{ cm}^4$$

El momento de inercia que es necesario que tenga cada uno de ellos

$$I_z = 2.470 \text{ cm}^4$$

A la vista de la tabla de perfiles laminados, tomaríamos dos perfiles UPN-200, cuyos datos para cada uno de ellos, son:

$$I_z = 2.690 \text{ cm}^4 \quad ; \quad \Omega = 37{,}4 \text{ cm}^2 \quad ; \quad i_z = 8{,}48 \text{ cm}$$

El radio de giro de la sección, respecto de un eje principal de inercia, es

$$i_z = \sqrt{\frac{2.690 \times 2}{37{,}4 \times 2}} = 8{,}48 \text{ cm}$$

La esbeltez del soporte será

$$\lambda = \frac{800}{8{,}48} = 94{,}34 < \lambda_{\text{lím}} = 105$$

por lo que la suposición de ser aplicable la fórmula de Euler no es correcta.

Tendremos, pues, que aplicar la fórmula de Tetmajer y comprobar si el perfil UPN-220 es suficiente.

$$\sigma_p = 3.100 - 11{,}4\lambda = 3.100 - 11{,}4 \times 94{,}34 = 2.024{,}52 \text{ kp/cm}^2$$

La carga que soportaría este pilar sería

$$P = \frac{2.024{,}52 \times 37{,}4 \times 2}{4} = 37.859 \text{ kp}$$

Al ser menor que la carga de 40 t, comprobaremos el perfil siguiente UPN-240.

El rafio de giro es $i_z = 9{,}22$ cm, por lo que la esbeltez en este caso toma el valor

$$\lambda = \frac{800}{9{,}22} = 86{,}76$$

La tensión crítica de pandeo, según Tetmajer, es

$$\sigma_p = 3.100 - 11{,}4 \times 86{,}76 = 2.110 \text{ kp/cm}^2$$

Ahora el área de los dos perfiles es $\Omega = 2 \times 42{,}3 = 84{,}6$ cm^2 y la carga que podría soportar el pilar con las condiciones indicadas en el enunciado sería:

$$P = \frac{2.110 \times 84{,}6}{4} = 44.626 \text{ kp}$$

El resultado nos indica que los perfiles UPN-240 son suficientes.

Una vez determinados los perfiles con los que se va a construir el soporte, calcularemos la distancia $2d$ entre los centros de gravedad de ambos perfiles igualando los momentos de inercia respecto de los ejes de simetría (Fig. 8.21)

$$I_z = 2 \times 3.600 = 7.200 \text{ cm}^4$$

$$I_y = 2(248 + 43{,}2\, d^2) = 7.200 \text{ cm}^4$$

De esta última ecuación se obtiene: $d = 8{,}9$ cm es decir, se colocarán los dos perfiles de tal manera que la distancia entre los centros de gravedad sea de $2d = 19{,}8$ cm.

En este caso, el plano de pandeo quedaría indeterminado. Si se aumenta esta distancia el plano de pandeo sería el xy, mientras que si disminuye sería menor el valor de la carga crítica.

8.9. Método de los coeficientes ω para el cálculo de barras comprimidas

En el epígrafe anterior hemos visto cómo se obtenía la carga crítica para una columna, en función de la esbeltez, y hemos distinguido la forma de obtenerla, según se tratara de una columna corta, intermedia y esbelta. En la Figura 8.19 se ha representado $\sigma_{cr} = \sigma_{cr}(\lambda)$, así como la variación del coeficiente de seguridad $n = n(\lambda)$, que aumenta con la esbeltez hasta que ésta alcanza el valor de $\lambda_{\text{lím}}$, siendo constante n para esbelteces superiores a este valor.

Por división de las curvas de $\sigma_{cr} = \sigma_{cr}(\lambda)$ y de $n = n(\lambda)$ obtenemos la correspondiente a $\sigma_{cr\ \text{adm}}$, que nos permite deducir la carga de pandeo admisible, o simplemente la carga admisible P de la columna, para evitar el riesgo de pandeo, ya sea por posibles sobrecargas, por imperfecciones en la geometría de la columna, etc.

$$P = \sigma_{cr\ \text{adm}} \cdot \Omega \qquad (8.9\text{-}1)$$

Ahora bien, para no tener que establecer tablas especiales de los valores de $\sigma_{cr\ \text{adm}}$ para diferentes hipótesis de carga, para facilitar el cálculo numérico y, finalmente, para poder establecer fórmulas aproximadas sencillas para el cálculo de barras rectas sometidas a compresión axial, se escribe la condición (8.9-1) en la forma

$$\omega P = \sigma_{\text{adm}} \cdot \Omega \tag{8.9-2}$$

en donde σ_{adm} es la tensión de compresión admisible del material empleado que coincide con la tensión crítica de una barra de esbeltez nula, y

$$\omega = \frac{\sigma_{\text{adm}}}{\sigma_{cr\ \text{adm}}} \tag{8.9-3}$$

el coeficiente ω de pandeo.

Los coeficientes de pandeo dependen del tipo de material y del grado de esbeltez de la barra. Para un determinado material, se pueden obtener fácilmente a partir de la función $\sigma_{cr\ \text{adm}} = \sigma_{cr\ \text{adm}}(\lambda)$, dividiendo la ordenada $\overline{ON}$ que corresponde en la curva que representa a la tensión crítica admisible para una pieza de ese material de esbeltez nula, por la ordenada $\overline{MM'}$ que corresponde a la esbeltez de la pieza que se considera (Fig. 8.22).

Los valores de los coeficientes ω se suelen dar tabulados, tal como se presentan en las tablas 8.3, 8.4 y 8.5 para aceros de los tipos A 33 o A 37, A 42 y A 52, respectivamente.

Se observa que la esbeltez menor que figura en las tablas de los coeficientes ω es 20. La causa de esto es que, según las diversas normas, para barras con esbelteces menores a 20 no hay que hacer la comprobación a pandeo. En estos casos se tomará $\omega = 1$. La esbeltez mayor que figura en las tablas es de 250 ya que las normas no permiten utilizar columnas de esbeltez mayor de este valor.

Con estas tablas podemos resolver el problema directo de calcular la carga admisible de pandeo dada la sección de la pieza comprimida, o bien el problema inverso de dada la carga que va a comprimir la pieza, calcular la sección mínima necesaria para soportarla.

$$P_{cr\ \text{adm}} = \sigma_{cr\ \text{adm}} \cdot \Omega = \frac{\sigma_{\text{adm}}}{\omega} \cdot \Omega$$

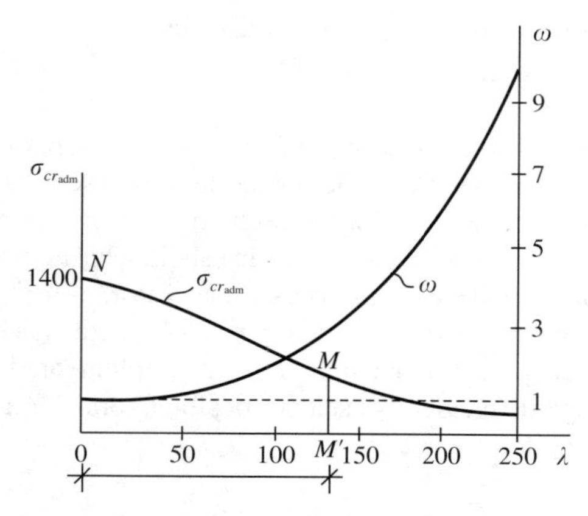

Figura 8.22

Tabla 8.3. Coeficientes ω para aceros A 33 y A 37

λ	**0**	**1**	**2**	**3**	**4**	**5**	**6**	**7**	**8**	**9**	λ
20	1,01	1,02	1,02	1,02	1,02	1,02	1,02	1,03	1,03	1,03	20
30	1,03	1,04	1,04	1,04	1,05	1,05	1,05	1,06	1,06	1,06	30
40	1,07	1,07	1,08	1,08	1,08	1,09	1,09	1,10	1,10	1,11	40
50	1,12	1,12	1,13	1,14	1,14	1,15	1,16	1,17	1,17	1,18	50
60	1,19	1,20	1,21	1,22	1,23	1,24	1,25	1,26	1,28	1,29	60
70	1,30	1,31	1,33	1,34	1,36	1,37	1,39	1,40	1,42	1,44	70
80	1,45	1,47	1,49	1,51	1,53	1,55	1,57	1,59	1,61	1,63	80
90	1,65	1,67	1,70	1,72	1,74	1,77	1,79	1,82	1,84	1,87	90
100	1,89	1,92	1,95	1,97	2,00	2,03	2,06	2,09	2,12	2,15	100
110	2,18	2,21	2,24	2,27	2,30	2,33	2,37	2,40	2,43	2,47	110
120	2,50	2,53	2,57	2,60	2,64	2,68	2,71	2,75	2,78	2,82	120
130	2,86	2,90	2,94	2,97	3,01	3,05	3,09	3,13	3,17	3,21	130
140	3,25	3,29	3,33	3,38	3,42	3,46	3,50	3,55	3,59	3,63	140
150	3,68	3,72	3,77	3,81	3,86	3,90	3,95	4,00	4,04	4,09	150
160	4,14	4,18	4,23	4,28	4,33	4,38	4,43	4,48	4,53	4,58	160
170	4,63	4,68	4,73	4,78	4,83	4,88	4,94	4,99	5,04	5,09	170
180	5,15	5,20	5,26	5,31	5,36	5,42	5,48	5,53	5,59	5,64	180
190	5,70	5,76	5,81	5,87	5,93	5,99	6,05	6,11	6,16	6,22	190
200	6,28	6,34	6,40	6,46	6,53	6,59	6,65	6,71	6,77	6,84	200
210	6,90	6,96	7,03	7,09	7,15	7,22	7,28	7,35	7,41	7,48	210
220	7,54	7,61	7,67	7,74	7,81	7,88	7,94	8,01	8,08	8,15	220
230	8,22	8,29	8,36	8,43	8,49	8,57	8,64	8,71	8,78	8,85	230
240	8,92	8,99	9,07	9,14	9,21	9,29	9,36	9,43	9,51	9,58	240
250	9,66										

Tabla 8.4. Coeficientes ω para aceros A 42

λ	0	1	2	3	4	5	6	7	8	9	λ
20	1,02	1,02	1,02	1,02	1,02	1,03	1,03	1,03	1,03	1,04	20
30	1,04	1,04	1,04	1,05	1,05	1,05	1,06	1,06	1,07	1,07	30
40	1,07	1,08	1,08	1,09	1,09	1,10	1,10	1,11	1,12	1,12	40
50	1,13	1,14	1,14	1,15	1,16	1,17	1,18	1,19	1,20	1,21	50
60	1,22	1,23	1,24	1,25	1,26	1,27	1,29	1,30	1,31	1,33	60
70	1,34	1,36	1,37	1,39	1,40	1,42	1,44	1,46	1,47	1,49	70
80	1,51	1,53	1,55	1,57	1,60	1,62	1,64	1,66	1,69	1,71	80
90	1,74	1,76	1,79	1,81	1,84	1,86	1,89	1,92	1,95	1,98	90
100	2,01	2,03	2,06	2,09	2,13	2,16	2,19	2,22	2,25	2,29	100
110	3,32	2,35	2,39	2,42	2,46	2,49	2,53	2,56	2,60	2,64	110
120	2,67	2,71	2,75	2,79	2,82	2,86	2,90	2,94	2,98	3,02	120
130	3,06	3,11	3,15	3,19	3,23	3,27	3,32	3,36	3,40	3,45	130
140	3,49	3,54	3,58	3,63	3,67	3,72	3,77	3,81	3,86	3,91	140
150	3,96	4,00	4,05	4,10	4,15	4,20	4,25	4,30	4,35	4,40	150
160	4,45	4,51	4,56	4,61	4,66	4,72	4,77	4,82	4,88	4,93	160
170	4,99	5,04	5,10	5,15	5,21	5,26	5,32	5,38	5,44	5,49	170
180	5,55	5,61	5,67	5,73	5,79	5,85	5,91	5,97	6,03	6,09	180
190	6,15	6,21	6,27	6,34	6,40	6,46	6,53	6,59	6,65	6,72	190
200	6,78	6,85	6,91	6,98	7,05	7,11	7,18	7,25	7,31	7,38	200
210	7,45	7,52	7,59	7,66	7,72	7,79	7,86	7,93	8,01	8,08	210
220	8,15	8,22	8,29	8,36	8,44	8,51	8,58	8,66	8,73	8,80	220
230	8,88	8,95	9,03	9,11	9,18	9,26	9,33	9,41	9,49	9,57	230
240	9,64	9,72	9,80	9,88	9,96	10,04	10,12	10,20	10,28	10,36	240
250	10,44										

Tabla 8.5. Coeficientes ω para aceros A 52

λ	0	1	2	3	4	5	6	7	8	9	λ
20	1,02	1,02	1,03	1,03	1,03	1,04	1,04	1,04	1,05	1,05	20
30	1,05	1,06	1,06	1,07	1,07	1,08	1,08	1,09	1,10	1,10	30
40	1,11	1,12	1,13	1,13	1,14	1,15	1,16	1,17	1,18	1,19	40
50	1,20	1,22	1,23	1,24	1,25	1,27	1,28	1,30	1,31	1,33	50
60	1,35	1,37	1,39	1,41	1,43	1,45	1,47	1,49	1,51	1,54	60
70	1,56	1,59	1,61	1,64	1,66	1,69	1,72	1,75	1,78	1,81	70
80	1,84	1,87	1,90	1,94	1,97	2,01	2,04	2,08	2,11	2,15	80
90	2,18	2,22	3,26	2,30	2,34	2,38	2,42	2,46	2,50	2,54	90
100	2,59	2,63	2,67	2,72	2,76	2,81	2,85	2,90	2,95	2,99	100
110	3,04	3,09	3,14	3,19	3,24	3,29	3,34	3,39	3,44	3,49	110
120	3,55	3,60	3,65	3,71	3,76	3,82	3,87	3,93	3,98	4,04	120
130	4,10	4,16	4,22	4,27	4,33	4,39	4,45	4,52	4,58	4,64	130
140	4,70	4,76	4,83	4,89	4,95	5,02	5,08	5,15	5,22	5,28	140
150	5,35	5,42	5,48	5,55	5,62	5,69	5,76	5,83	5,90	5,97	150
160	6,04	6,12	6,19	6,26	6,34	6,41	6,48	6,56	6,63	6,71	160
170	6,79	6,86	6,94	7,02	7,09	7,17	7,25	7,33	7,41	7,29	170
180	7,57	7,65	7,73	7,82	7,90	7,98	8,07	8,15	8,24	8,32	180
190	8,40	8,49	8,58	8,66	8,75	8,84	8,93	9,02	9,10	9,19	190
200	9,28	9,37	9,47	9,56	9,65	9,74	9,83	9,92	10,02	10,11	200
210	10,21	10,30	10,40	10,49	10,59	10,69	10,78	10,88	10,98	11,08	210
220	11,18	11,27	11,38	11,48	11,57	11,68	11,78	11,88	11,98	12,09	220
230	12,19	12,29	12,40	12,50	12,61	12,72	12,82	12,93	13,03	13,14	230
240	13,25	13,36	13,47	13,58	13,69	13,80	13,91	14,02	14,13	14,25	240
250	14,36										

de donde:

$$\omega \cdot P_{cr\ \text{adm}} = \sigma_{\text{adm}} \cdot \Omega \tag{8.9-4}$$

El problema se resuelve como si se tratara de una compresión simple considerando no la carga real sino una carga ficticia igual a ωP.

Ejemplo 8.9.1. Hallar la relación entre las cargas de pandeo admisibles de dos columnas de la misma longitud $l = 5$ m, biempotradas ambas, siendo: la primera, de sección tubular rectangular de dimensiones exteriores 18 × 9 cm y espesor $e = 1$ cm; y la segunda, un perfil IPN-180 (Fig. 8.23).

Los materiales de ambas columnas es acero A 37 de tensión admisible 1.700 kp/cm^2.

Aplicaremos el método de los coeficientes ω. Para ello calculemos previamente las esbelteces de las dos columnas que se consideran. En ambos casos, por tratarse de extremos biempotrados, la longitud de pandeo es $l_p = 0{,}5l = 250$ cm.

a) En la columna de sección tubular se produciría el pandeo en el plano *xz*.

$$I_{\text{mín}} = I_y = \frac{1}{12}(18 \times 9^3 - 16 \times 7^3) = 636{,}16 \text{ cm}^4$$

$$\Omega_a = 18 \times 9 - 16 \times 7 = 50 \text{ cm}^2$$

$$i_{\text{mín}} = i_y = \sqrt{\frac{636{,}16}{50}} = 3{,}56 \text{ cm}$$

$$\lambda^{xz} = \frac{250}{3{,}56} = 70{,}22$$

A esta esbeltez corresponde un coeficiente de pandeo $\omega_a = 1{,}3022$.

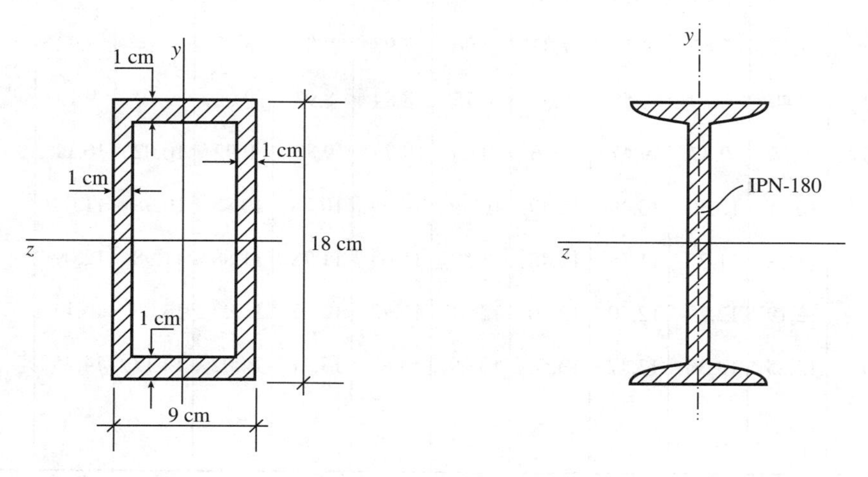

Figura 8.23

b) En la columna formada por un perfil IPN-180 también se produciría el pandeo en el plano *xz*.

$$i_{\text{mín}} = i_y = 1{,}71 \text{ cm}$$

$$\Omega_b = 27{,}9 \text{ cm}^2$$

$$\lambda^{xz} = \frac{250}{1{,}71} = 146{,}19$$

A esta esbeltez corresponde un coeficiente de pandeo $\omega_b = 3{,}509$.

Las cargas de pandeo admisibles en uno y otro caso son:

$$P_a = \frac{\sigma_{\text{adm}} \cdot \Omega_a}{\omega_a} = \frac{1.700 \times 50}{1{,}3022} = 65.274 \text{ kp}$$

$$P_b = \frac{\sigma_{\text{adm}} \cdot \Omega_b}{\omega_b} = \frac{1.700 \times 27{,}9}{3{,}509} = 13.516 \text{ kp}$$

Por consiguiente, la relación pedida es:

$$\frac{P_a}{P_b} = \frac{65.274}{13.516} = 4{,}83$$

es decir, el soporte tubular admite una carga de compresión 4,83 veces superior a la que corresponde al soporte IPN, para una igual sustentación de ambos perfiles.

Ejemplo 8.9.2. Un soporte de una nave industrial está formado por dos perfiles UPN-200 dispuestos en cajón, tal como se indica en la Figura 8.24. El extremo inferior del soporte está empotrado en todas las direcciones, mientras que el extremo superior está articulado en dirección *y* pero empotrado en dirección *z*.

Sabiendo que los perfiles son de acero A 42, de tensión admisible $\sigma_{\text{adm}} = 200$ MPa, y que va a soportar una carga de 500 kN, se pide calcular la máxima altura que puede tener el soporte.

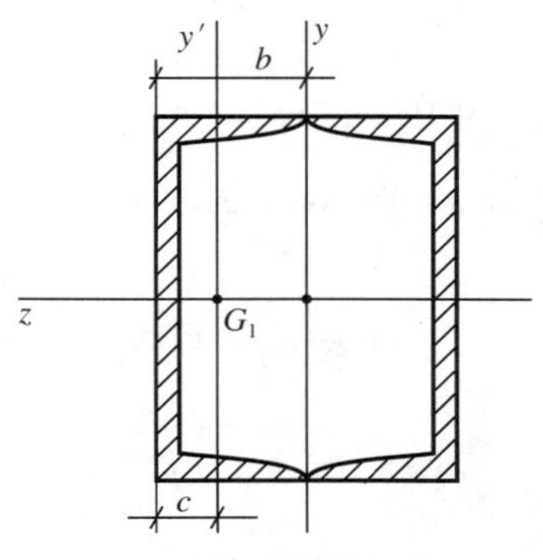

Figura 8.24

De la tabla de perfiles laminados tomamos los siguientes datos para un UPN-200

$$i_z = 7{,}70 \text{ cm}$$

$$i_{y'} = 2{,}14 \text{ cm} \quad ; \quad I_{y'} = 148 \text{ cm}^4$$

$$c = 2{,}01 \text{ cm} \quad ; \quad b = 75 \text{ mm} \quad ; \quad \Omega = 32{,}2 \text{ cm}^2$$

Con estos datos calculemos las esbelteces del soporte en los planos *xy* y *xz*. Previamente determinamos los radios de giro de la sección respecto de los ejes perpendiculares a dichos planos

$$i_z = \sqrt{\frac{2I_z}{2\Omega}} = 7{,}70 \text{ cm} \quad ; \quad i_y = \sqrt{\frac{2[148 + 32{,}2(7{,}5 - 2{,}01)^2]}{2 \times 32{,}2}} = 5{,}89 \text{ cm}$$

$$\lambda^{xy} = \frac{l_p}{i_z} = \frac{0{,}7l}{7{,}70} = \frac{l}{11} \qquad (l \text{ en cm})$$

$$\lambda^{xz} = \frac{l_p}{i_y} = \frac{0{,}5l}{5{,}89} = \frac{l}{11{,}78} \qquad (l \text{ en cm})$$

El plano de pandeo es aquel al que corresponde la mayor esbeltez, es decir, el plano de pandeo es el *xy*.

Para el cálculo de la altura l expresaremos la condición de que $P = 500$ kN sea la carga de pandeo admisible, es decir

$$P = \frac{\sigma_{\text{adm}} \cdot \Omega}{\omega}$$

De aquí obtenemos el valor del coeficiente ω de pandeo

$$\omega = \frac{\sigma_{\text{adm}} \cdot \Omega}{P} = \frac{200 \times 10^6 \times 2 \times 32{,}2 \times 10^{-4}}{500 \times 10^3} = 2{,}576$$

De la Tabla 8.4 que nos da los coeficientes ω para el acero A 42 se obtiene, para $\omega = 2{,}576$, una esbeltez $\lambda = 117{,}4$.

Por consiguiente, la máxima altura del soporte se obtendrá de la expresión de la esbeltez

$$\lambda^{xy} = \frac{l_{\text{máx}}}{11} = 117{,}4 \quad \Rightarrow \quad l_{\text{máx}} = 11 \times 117{,}4 = 1.291 \text{ cm}$$

es decir

$$l_{\text{máx}} = 12{,}91 \text{ m}$$

8.10. Flexión compuesta en vigas esbeltas

Consideremos ahora una viga esbelta que además de la fuerza P de compresión que actúa sobre ella, está sometida a cargas transversales, es decir, la viga trabaja a flexión compuesta (Fig. 8.25).

La ecuación diferencial de la elástica será:

$$EI_z y'' = -Py + M_{tr} \qquad (8.10\text{-}1)$$

en donde M_{tr} es el momento flector debido a las cargas transversales.

Como M_{tr} es independiente de P y de y, dependiendo exclusivamente de x, la ecuación diferencial (8.10-1) se puede poner en la forma

$$y'' + k^2 y = \frac{M_{tr}}{EI_z} \qquad (8.10\text{-}2)$$

siendo $k^2 = \dfrac{P}{EI_z}$.

La solución integral de esta ecuación diferencial es:

$$y = A \text{ sen } kx + B \cos kx + y^* \qquad (8.10\text{-}3)$$

siendo y^* una solución particular de la ecuación diferencial (8.10-2).

Una vez obtenida la ecuación de la elástica, se puede deducir de ella el valor de la flecha, así como la ley de momentos flectores en la viga

$$M_z = EI_z \frac{d^2y}{dx^2}$$

Las correspondientes expresiones de flecha y momento flector máximo se pueden presentar como producto de dos factores: el primero es el que corresponde cuando actúa exclusivamente la carga transversal; el segundo es un factor que tiene que ser igual a la unidad cuando $P = 0$, y mayor que la unidad en caso de que P no se anule.

Este segundo factor hace de multiplicador de los resultados que dan la acción exclusiva de las cargas transversales y, generalmente, permite determinar con facilidad el valor de la carga crítica.

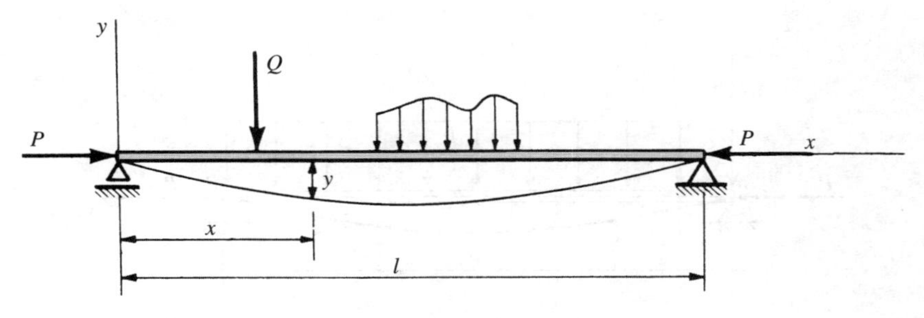

Figura 8.25

Y se comprende la dificultad que existirá cuando el momento flector M_{tr} debido a las cargas transversales venga dado por diferentes leyes en los diversos tramos de la viga. Para subsanar esta dificultad existen métodos aproximados, entre los cuales quizás el más utilizado sea el que consiste en suponer que la deformada de la viga sea una sinusoide

$$y = f \operatorname{sen} \frac{\pi x}{l} \tag{8.10-4}$$

así como también la deformada de la viga sometida exclusivamente a las cargas transversales

$$y_{tr} = f_{tr} \operatorname{sen} \frac{\pi x}{l} \tag{8.10-5}$$

En este supuesto, la ecuación (8.10-1), se puede expresar de la forma siguiente:

$$EI_z y'' = -Py + EI_z y''_{tr} \tag{8.10-6}$$

Si sustituimos en esta ecuación diferencial las soluciones (8.10-4) y (8.10-5) supuestas, se tiene

$$-EI_z f \frac{\pi^2}{l^2} \operatorname{sen} \frac{\pi x}{l} = -Pf \operatorname{sen} \frac{\pi x}{l} - EI_z f_{tr} \frac{\pi^2}{l^2} \operatorname{sen} \frac{\pi x}{l} \tag{8.10-7}$$

Si suponemos los extremos articulados, la carga crítica de pandeo es $P_{cr} = \frac{\pi^2 EI_z}{l^2}$. De la ecuación anterior se deduce:

$$f P_{cr} = Pf + f_{tr} P_{cr}$$

de donde:

$$f = \frac{f_{tr}}{1 - \frac{P}{P_{cr}}} \tag{8.10-8}$$

Ejemplo 8.10. Se considera una viga simplemente apoyada, de luz l, sometida a una carga uniforme p y a una carga de compresión P (Fig. 8.26).

Calcular la expresión de la flecha. A la vista del resultado obtenido deducir la carga crítica de pandeo

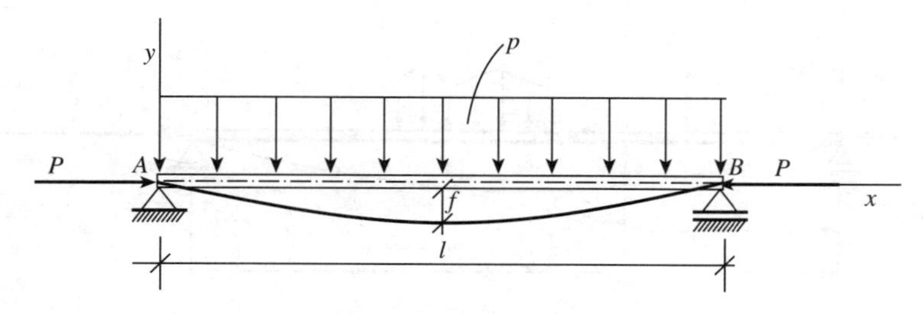

Figura 8.26

La ecuación diferencial de la elástica es

$$EI_z y'' = -Py + M_{tr}$$

Como el momento de la carga transversal es

$$M_{tr} = \frac{pl}{2}x - \frac{px^2}{2}$$

haciendo $\frac{P}{EI_z} = k^2$, se tiene

$$y'' + k^2 y = \frac{l}{EI_z}\left(\frac{pl}{2}x - \frac{px^2}{2}\right)$$

ecuación diferencial de segundo grado no homogénea, de coeficientes constantes, cuya solución integral es de la forma

$$y = C_1 \text{ sen } kx + C_2 \cos kx + y^*$$

siendo C_1 y C_2 constantes de integración de la solución de la ecuación homogénea e y^* una solución particular de la completa.

La solución particular y^* será de la forma

$$y^* = Ax^2 + Bx + C$$

Sustituyendo en la ecuación diferencial:

$$2A + k^2(Ax^2 + Bx + C) = \frac{l}{EI_z}\left(\frac{pl}{2}x - \frac{px^2}{2}\right)$$

e identificando:

$$Ak^2 = -\frac{p}{2EI_z} \quad \Rightarrow \quad A = -\frac{p}{2k^2EI_z}$$

$$Bk^2 = -\frac{pl}{2EI_z} \quad \Rightarrow \quad B = -\frac{pl}{2k^2EI_z}$$

$$2A + Ck^2 = 0 \quad \Rightarrow \quad C = -\frac{2A}{k^2} = \frac{2P}{2k^4EI_z}$$

Por consiguiente, la solución de la ecuación diferencial de la elástica es:

$$y = C_1 \text{ sen } kx + C_2 \cos kx + \frac{p}{2k^2EI_z}\left(-x^2 + lx + \frac{2}{k^2}\right)$$

Para determinar las constantes de integración impondremos las condiciones de contorno

$$y(0) = 0 \quad \Rightarrow \quad C_2 + \frac{p}{k^4 EI_z} = 0 \qquad\qquad \Rightarrow \quad C_2 = -\frac{p}{k^4 EI_z}$$

$$y(l) = 0 \quad \Rightarrow \quad C_1 \text{ sen } kl + C_2 \cos kl + \frac{p}{2k^2 EI_z} \cdot \frac{2}{k^2} \quad \Rightarrow \quad C_1 = \frac{p \cos kl}{k^4 EI_z \text{ sen } kl} - \frac{2p}{2k^4 EI_z \text{ sen } kl}$$

$$y = \frac{p \cos kl}{k^4 EI_z \text{ sen } kl} \text{ sen } kx - \frac{2p}{2k^4 EI_z \text{ sen } kl} \text{ sen } kx - \frac{p}{k^4 EI_z} \cos kx + \frac{p}{2k^2 EI_z}\left(-x^2 + lx + \frac{2}{k^2}\right) =$$

$$= \frac{p}{k^4 EI_z}\left[\frac{-(1 - \cos kl)}{\text{sen } kl} \text{ sen } kx - \cos kx + 1 + \frac{k^2}{2}(-x^2 + lx)\right]$$

Por razón de simetría, la flecha corresponde al desplazamiento de la sección media, es decir, se obtendrá particularizando la ecuación de la elástica para $x = l/2$.

$$f = y\left(\frac{l}{2}\right) = \frac{p}{k^4 EI_z}\left[\frac{-(1 - \cos kl)}{\text{sen } kl} \text{ sen } \frac{kl}{2} - \cos \frac{kl}{2} + 1 + \frac{k^2}{2}\left(\frac{l^2}{2} - \frac{l^2}{4}\right)\right] =$$

$$= -\frac{pl^4}{16 \dfrac{k^4 l^4}{16} EI_z}\left(\frac{1 - \cos^2 \dfrac{kl}{2} + \text{sen}^2 \dfrac{kl}{2}}{2 \cos \dfrac{kl}{2}} + \frac{2 \cos^2 \dfrac{kl}{2}}{2 \cos \dfrac{kl}{2}} - 1 - \frac{k^2 l^2}{8}\right)$$

Haciendo $\frac{kl}{2} = u$ y simplificando se obtiene

$$f = -\frac{5pl^4}{384 EI_z} \frac{24\left(\sec u - 1 - \dfrac{u^2}{2}\right)}{5u^4}$$

Para $u = \frac{\pi}{2}$ la flecha se hace infinitamente grande. Se obtiene, pues, la carga crítica para $\frac{kl}{2} = \frac{\pi}{2}$ es decir

$$P_{cr} = \frac{\pi^2 EI_z}{l^2}$$

8.11. Pandeo de columnas con empotramientos elásticos en los extremos sin desplazamiento transversal

La teoría de flexión lateral expuesta hasta aquí para barras rectas puede ser aplicada a estructuras aporticadas compuestas de piezas de línea media rectilínea, ya que cualquier soporte de la estructura se puede considerar aislada sometida a unos momentos flectores, esfuerzos cortantes y esfuerzos normales en sus extremos, que no son sino la acción que sobre esa pieza ejerce el resto de la estructura. Nos referimos a los soportes y no a los dinteles porque no es frecuente encontrarnos con piezas horizontales sometidas a fuertes cargas de compresión, aunque el razonamiento que vamos a seguir es válido tanto para unos como para otros.

Supondremos que sobre la barra AB (Fig. 8.27) no actúa más solicitación que la formada por la fuerza de compresión P, unos momentos M_A y M_B en los extremos, así como los esfuerzos cortantes que equilibran a éstos.

Se trata, pues, de una barra con sus extremos empotrados elásticamente sin desplazamiento transversal.

Tomando la referencia indicada en la Figura 8.27, la ley de momentos flectores en la barra es

$$M_z = -Py + M_A + \frac{M_B - M_A}{l} x \tag{8.11-1}$$

por lo que la ecuación de la elástica será:

$$EI_z y'' = -Py + M_A + \frac{M_B - M_A}{l} x \tag{8.11-2}$$

Dividiendo por EI_z y haciendo $k^2 = \frac{P}{EI_z}$, se tiene

$$y'' + k^2 y = \frac{M_A}{EI_z}\left(1 - \frac{x}{l}\right) + \frac{M_B}{EI_z}\frac{x}{l} \tag{8.11-3}$$

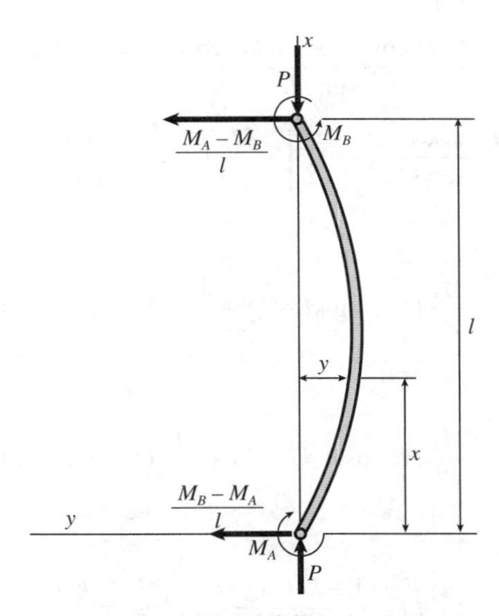

Figura 8.27

ecuación diferencial cuya solución es

$$y = A \text{ sen } kx + B \cos kx + \frac{M_A}{P}\left(1 - \frac{x}{l}\right) + \frac{M_B}{P}\frac{x}{l} \tag{8.11-4}$$

siendo A y B constantes de integración que determinaremos imponiendo las condiciones de contorno

$$x = 0 \quad ; \quad y = 0 \quad \Rightarrow \quad 0 = B + \frac{M_A}{P}$$

$$x = l \quad ; \quad y = 0 \quad \Rightarrow \quad 0 = A \text{ sen } kl + B \cos kl + \frac{M_B}{P}$$

de donde:

$$B = -\frac{M_A}{P} \quad ; \quad A = \frac{M_A}{P}\frac{\cos kl}{\text{sen } kl} - \frac{M_B}{P}\frac{1}{\text{sen } kl} \tag{8.11-5}$$

Sustituyendo en (8.11-4) las expresiones de A y B obtenidas, se tiene

$$y = \frac{M_A}{P}\left(\frac{\cos kl}{\text{sen } kl}\text{ sen } kx - \cos kx + 1 - \frac{x}{l}\right) + \frac{M_B}{P}\left(\frac{x}{l} - \frac{\text{sen } kx}{\text{sen } kl}\right) \tag{8.11-6}$$

Se pueden obtener los ángulos θ_A y θ_B en las secciones extremas de la pieza considerada derivando la expresión (8.11-6) y particularizando la ecuación resultante para $x = 0$ y $x = l$, respectivamente.

$$y' = \frac{M_A}{P}\left(k\frac{\cos kl}{\text{sen } kl}\cos kx + k \text{ sen } kx - \frac{1}{l}\right) + \frac{M_B}{P}\left(\frac{1}{l} - k\frac{\cos kx}{\text{sen } kl}\right) =$$

$$= \frac{M_A}{Pl}\left(kl\frac{\cos kl \cos kx + \text{sen } kl \text{ sen } kx}{\text{sen } kl} - \frac{1}{l}\right) + \frac{M_B}{Pl}\left(1 - kl\frac{\cos kx}{\text{sen } kl}\right) =$$

$$= \frac{M_A}{Pl}\left[\frac{kl \cos k(l-x)}{\text{sen } kl} - 1\right] + \frac{M_B}{Pl}\left(1 - kl\frac{\cos kx}{\text{sen } kl}\right) \tag{8.11-7}$$

Para $x = 0 : y' = \theta_A$

$$\theta_A = \frac{M_A}{Pl}(kl \text{ cotg } kl - 1) + \frac{M_B}{Pl}(1 - kl \text{ cosec } kl) \tag{8.11-8}$$

Para $x = l : y' = \theta_B$

$$\theta_B = \frac{M_A}{Pl}(kl \text{ cosec } kl - 1) + \frac{M_B}{Pl}(1 - kl \text{ cotg } kl) \tag{8.11-9}$$

Haciendo:

$$K = \frac{EI_z}{l} \quad ; \quad \phi_1 = \frac{1 - kl \text{ cotg } kl}{(kl)^2} \quad ; \quad \phi_2 = \frac{kl \text{ cosec } kl - 1}{(kl)^2} \tag{8.11-10}$$

en las ecuaciones (8.11-8) y (8.11-9), se tiene:

$$\theta_A = -\frac{M_A}{k^2 EI_z l}\phi_1 k^2 l^2 - \frac{M_B}{k^2 EI_z l}\phi_2 k^2 l^2 = -\frac{M_A}{K}\phi_1 - \frac{M_B}{K}\phi_2 \qquad (8.11\text{-}11)$$

$$\theta_B = \frac{M_A}{k^2 EI_z l}\phi_2 k^2 l^2 + \frac{M_B}{k^2 EI_z l}\phi_1 k^2 l^2 = \frac{M_A}{K}\phi_2 + \frac{M_B}{K}\phi_1 \qquad (8.11\text{-}12)$$

Las expresiones (8.11-11) y (8.11-12) permiten despejar los momentos M_A y M_B en función de los ángulos θ_A y θ_B

$$\theta_A\phi_1 + \theta_B\phi_2 = \frac{M_A}{K}(-\phi_1^2 + \phi_2^2)$$

$$\theta_A\phi_2 + \theta_B\phi_1 = \frac{M_B}{K}(\phi_1^2 - \phi_2^2)$$

es decir:

$$M_A = -\frac{K(\theta_A\phi_1 + \theta_B\phi_2)}{\phi_1^2 - \phi_2^2} \qquad (8.11\text{-}13)$$

$$M_B = \frac{K(\theta_A\phi_2 + \theta_B\phi_1)}{\phi_1^2 - \phi_2^2} \qquad (8.11\text{-}14)$$

Si ahora hacemos

$$\alpha_1 = \frac{\phi_1}{\phi_1^2 - \phi_2^2} \quad ; \quad \alpha_2 = \frac{\phi_2}{\phi_1^2 - \phi_2^2} \qquad (8.11\text{-}15)$$

las expresiones (8.11-13) y (8.11-14) toman la forma

$$M_A = -\frac{EI_z}{l}(\alpha_1\theta_A + \alpha_2\theta_B) \qquad (8.11\text{-}16)$$

$$M_B = \frac{EI_z}{l}(\alpha_2\theta_A + \alpha_1\theta_B) \qquad (8.11\text{-}17)$$

y si expresamos los ángulos girados en función de las constantes de empotramiento elástico, según (7.1-1) tenemos:

$$\theta_A = k_A M_A \quad \Rightarrow \quad M_A = \frac{\theta_A}{k_A} = -\frac{EI_z}{l}(\alpha_1\theta_A + \alpha_2\theta_B) \qquad (8.11\text{-}18)$$

$$\theta_B = k_B M_B \quad \Rightarrow \quad M_B = \frac{\theta_B}{k_B} = \frac{EI_z}{l}(\alpha_2\theta_A + \alpha_1\theta_B) \qquad (8.11\text{-}19)$$

En la barra se tendrán que verificar simultáneamente estas dos últimas expresiones que constituyen un sistema de ecuaciones homogéneo.

$$\begin{cases} \left(\alpha_1 + \dfrac{l}{EI_z k_A}\right)\theta_A + \alpha_2\theta_B = 0 \\ \alpha_2\theta_A + \left(\alpha_1 - \dfrac{l}{EI_z k_B}\right)\theta_B = 0 \end{cases} \tag{8.11-20}$$

Para que este sistema tenga solución distinta de la trivial se habrá de verificar la condición de compatibilidad, que se traduce en la anulación del determinante de los coeficientes

$$\begin{vmatrix} \alpha_1 + \dfrac{l}{EI_z k_A} & \alpha_2 \\ \alpha_2 & \alpha_1 - \dfrac{l}{EI_z k_B} \end{vmatrix} = 0 \tag{8.11-21}$$

$$\alpha_1^2 + \alpha_1 \left(\frac{l}{EI_z k_A} - \frac{l}{EI_z k_B}\right) - \frac{l^2}{(EI_z)^2 k_A k_B} - \alpha_2^2 = 0$$

Teniendo en cuenta las expresiones (8.11-15), se llega a

$$\frac{1}{\phi_1^2 - \phi_2^2}\left[1 + \frac{l\phi_1}{EI_z}\left(\frac{1}{k_A} - \frac{1}{k_B}\right)\right] - \left(\frac{l}{EI_z}\right)^2 \frac{1}{k_A k_B} = 0 \tag{8.11-22}$$

expresión en la que los valores ϕ_1 y ϕ_2 vienen dados por (8.11-10) y que nos permite calcular el menor valor de kl que corresponde a la carga crítica.

8.12. Estabilidad de anillos sometidos a presión exterior uniforme

Cuando aplicamos a un anillo una presión exterior p, es decir, lo sometemos a una compresión radial y vamos aumentando el valor de p observamos que para un determinado valor de p la forma circular se hace inestable.

Nos proponemos hacer un análisis de este fenómeno y obtener una expresión que nos permita calcular el valor crítico de la compresión radial p, que supondremos uniforme.

Para ello consideramos una porción elemental del anillo de longitud ds (Fig. 8.28-*b*). Llamaremos R al radio inicial del anillo y ρ al radio de curvatura del elemento considerado.

Sobre este elemento actúan los esfuerzos normales, cortantes y momentos flectores indicados en la Figura 8.28-*b*, habiendo considerado el esfuerzo normal compuesto de dos términos N_0, que es el esfuerzo normal antes de que el anillo pierda la estabilidad, y N, el esfuerzo normal debido a la flexión del anillo.

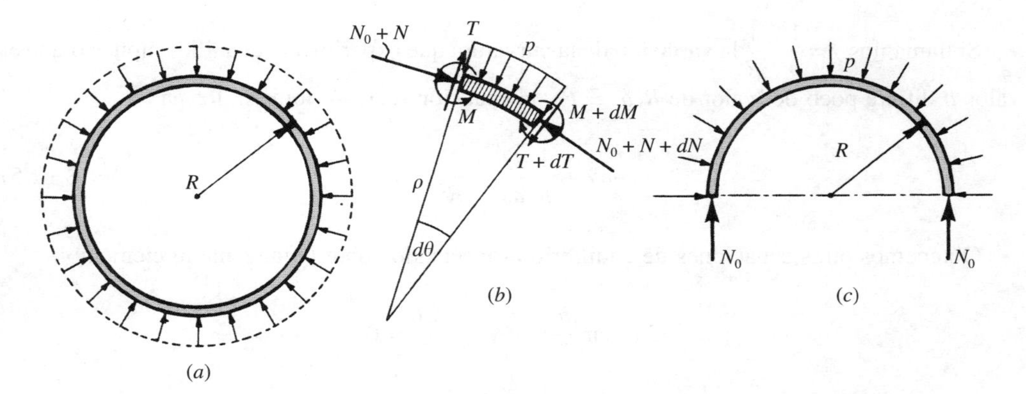

Figura 8.28

La condición de equilibrio de medio anillo antes de la deformación (Fig. 8.28-*c*) nos permite obtener la expresión de N_0

$$2N_0 = p \cdot 2R \quad \Rightarrow \quad N_0 = pR \tag{8.12-1}$$

Por otra parte, la condición de equilibrio del elemento del anillo deformado nos permite obtener, proyectando sobre un eje radial, la siguiente ecuación:

$$p\ ds + dT \cos \frac{d\theta}{2} - (N_0 + N) \operatorname{sen} \frac{d\theta}{2} - (N_0 + N + dN) \operatorname{sen} \frac{d\theta}{2} = 0 \tag{8.12-2}$$

Por ser el ángulo $d\theta$ un infinitésimo podemos considerar el coseno igual a la unidad y el seno igual al ángulo.

Despreciando infinitésimos de orden superior, esta ecuación se reduce a:

$$p\ ds + dT - (N_0 + N)\ d\theta = 0$$

o bien

$$p\ ds + dT - (N_0 + N) \frac{ds}{\rho} = 0 \tag{8.12-3}$$

Dividiendo por $R\ ds$ y teniendo en cuenta (8.12-1), se tiene:

$$\frac{p}{R} + \frac{1}{R}\frac{dT}{ds} - \left(\frac{pR}{R} + \frac{N}{R}\right)\frac{1}{\rho} = 0$$

$$p\left(\frac{1}{R} - \frac{1}{\rho}\right) + \frac{1}{R}\frac{dT}{ds} - \frac{N}{\rho R} = 0 \tag{8.12-4}$$

Si llamamos $\chi = \frac{1}{\rho} - \frac{1}{R}$ la variación de la curvatura que experimenta el anillo, supuesto que el valor ρ difiere poco del valor de $R(\rho \simeq R)$, la ecuación (8.12-4) toma la forma:

$$-p\chi + \frac{1}{R}\frac{dT}{ds} - \frac{N}{R^2} = 0 \tag{8.12-5}$$

Obtenemos otras ecuaciones de equilibrio proyectando sobre la tangente al elemento:

$$2T \operatorname{sen} \frac{d\theta}{2} + dN \cos \frac{d\theta}{2} = 0$$

$$T\, d\theta + dN = T\frac{ds}{\rho} + dN = 0$$

$$\frac{T}{R} + \frac{dN}{ds} = 0 \tag{8.12-6}$$

y tomando momentos:

$$dM + T\, ds = 0 \;\Rightarrow\; \frac{dM}{ds} + T = 0 \tag{8.12-7}$$

Eliminando T y N entre las tres ecuaciones (8.12-5), (8.12-6) y (8.12-7), derivando la primera y sustituyendo $\frac{dN}{ds}$ y $\frac{dM}{ds}$ despejadas de las otras dos, se tiene

$$p\frac{d\chi}{ds} + \frac{1}{R}\frac{d^3M}{ds^3} + \frac{1}{R^3}\frac{dM}{ds} = 0 \tag{8.12-8}$$

Esta ecuación es de integración inmediata

$$p\chi + \frac{1}{R}\frac{d^2M}{ds^2} + \frac{M}{R^3} = C \tag{8.12-9}$$

siendo C una constante.

Ahora bien, en una pieza con fuerte curvatura inicial el momento flector M está relacionado con la variación de curvatura mediante la ecuación

$$\frac{1}{\rho} - \frac{1}{R} = \frac{M}{EI} = \chi \tag{8.12-10}$$

de la que se deduce

$$\frac{d^2M}{ds^2} = EI\frac{d^2\chi}{ds^2} \tag{8.12-11}$$

Estas dos ecuaciones nos permiten eliminar en (8.12-9) el momento M, obteniendo una ecuación exclusivamente en χ

$$p\chi + \frac{EI}{R}\frac{d^2\chi}{ds^2} + \frac{1}{R^3}EI\chi = C \quad \Rightarrow \quad \frac{d^2\chi}{ds^2} + \left(\frac{pR}{EI} + \frac{1}{R^2}\right)\chi = \frac{CR}{EI} \tag{8.12-12}$$

o bien

$$\frac{d^2\chi}{ds^2} + k^2\chi = \frac{CR}{EI}, \quad \text{siendo} \quad k^2 = \frac{pR}{EI} + \frac{1}{R^2} \tag{8.12-13}$$

La solución integral de esta ecuación diferencial es:

$$\chi = A \text{ sen } ks + B \cos ks + \frac{CR}{k^2EI} \tag{8.12-14}$$

Ahora bien, esta solución en la que la variable s es el arco de circunferencia, línea media del anillo, tiene que ser periódica, es decir, tiene que verificar:

$$k(s + 2\pi R) - ks = 2\pi n \quad \Rightarrow \quad k = \frac{n}{R} \tag{8.12-15}$$

siendo n un número entero.

La carga crítica se obtendrá eliminando la variable auxiliar k entre esta relación y la (8.12-13)

$$\frac{n^2}{R^2} = \frac{pR}{EI} + \frac{1}{R^2}$$

de donde:

$$P_{cr} = \frac{(n^2 - 1)EI}{R^3} \tag{8.12-16}$$

Para un anillo libre de ligaduras fijas la carga crítica vendrá dada por el menor valor de esta ecuación, es decir, para $n = 2$

$$P_{cr} = \frac{3EI}{R^3} \tag{8.12-17}$$

El anillo se deforma adoptando una configuración como la indicada en la Figura 8.29.

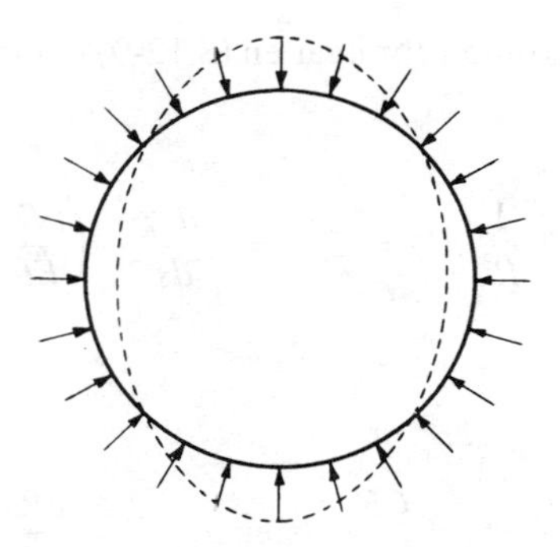

Figura 8.29

EJERCICIOS

VIII.1. Calcular la carga crítica de pandeo de un soporte sometido a compresión, formado por dos perfiles UPN 160 soldados por sus alas, de longitud $l = 8$ m y cuyos extremos están articulados.
El módulo de elasticidad es $E = -2 \times 10^6$ kp/cm².

De la tabla de perfiles laminados (véase Apéndice 2) se obtienen los siguientes datos para un perfil UPN 160

$$I_z = 925 \text{ cm}^4 \quad ; \quad I_y = 85{,}3 \text{ cm}^4 \quad ; \quad \Omega = 24 \text{ cm}^2 \quad ; \quad d = 4{,}66 \text{ cm}$$

Para los dos perfiles soldados por sus alas tendremos:

$$I_z = 2 \times 925 = 1.850 \text{ cm}^4$$

$$I_y = 2(85{,}3 + 24 \times 4{,}66^2) = 1.213 \text{ cm}^4$$

$$\Omega = 2 \times 24 = 48 \text{ cm}^2$$

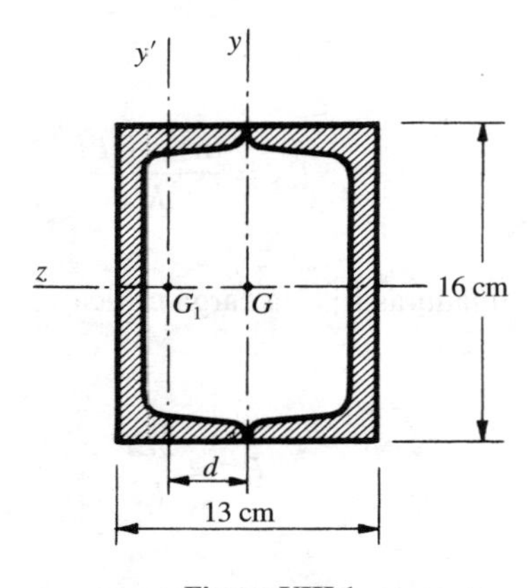

Figura VIII.1

Al momento de inercia mínimo, que es I_y, le corresponde un radio de giro

$$i_{\text{mín}} = \sqrt{\frac{I_y}{\Omega}} = \sqrt{\frac{1.213}{48}} \simeq 5 \text{ cm}$$

Como los extremos están articulados, la longitud de pandeo es

$$l_p = l = 8 \text{ m}$$

Por tanto, la esbeltez es:

$$\lambda = \frac{800}{5} = 160 > 105$$

Por ser $\lambda > 105$ calcularemos la carga crítica pedida por aplicación de la fórmula de Euler

$$\boxed{P_{cr}} = \frac{\pi^2 E I_{\text{mín}}}{l^2} = \frac{\pi^2 \times 2 \times 10^6 \times 1.213}{800^2} = \boxed{37.412 \text{ kp}}$$

VIII.2. Un tubo de duraluminio de longitud $l = 1{,}20$ m, actuando de soporte con su extremo inferior empotrado y su extremo superior articulado está sometido a una carga de compresión $P = 7$ kN. Sabiendo que el módulo de elasticidad del duraluminio es $E = 0{,}7 \times 10^5$ MPa, que el límite elástico es $\sigma_e = 270$ MPa y tomando como coeficiente de seguridad a pandeo $n = 2$, calcular el diámetro del tubo si la relación entre el diámetro y el espesor es $d/e = 25$.

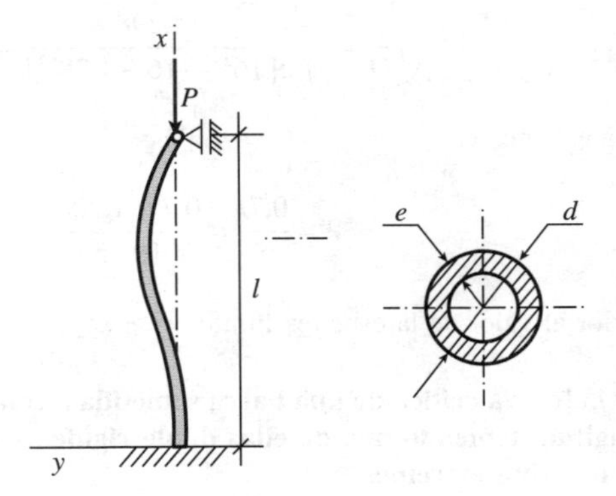

Figura VIII.2

Supondremos que la esbeltez del soporte es superior a la esbeltez límite

$$\lambda_{\text{lím}} = \sqrt{\frac{\pi^2 \times 0{,}7 \times 10^5}{270}} = 50{,}57$$

para que se pueda aplicar la fórmula de Euler, ya que no podemos calcular la esbeltez hasta tanto no sean determinadas las dimensiones de la sección recta del tubo.

De la fórmula de Euler

$$P_{\text{adm}} = \frac{\pi^2 E I}{n l_p^2}$$

se deduce el valor del momento de inercia de la sección recta del tubo respecto de un diámetro

$$I = \frac{P_{\text{adm}} \cdot n(0{,}7l)^2}{\pi^2 E} = \frac{7.000 \times 2 \times 0{,}49 \times 1{,}2^2}{\pi^2 \times 0{,}7 \times 10^{11}} \text{ m}^4 = 14.298 \text{ mm}^4$$

Como

$$I = \frac{\pi[R^4 - (R - e)^4]}{4} = \frac{\pi R^4 \left[1 - \left(1 - \frac{1}{12{,}5}\right)^4\right]}{4} = 14.298 \text{ mm}^4$$

de esta expresión se obtiene el valor del radio exterior del tubo

$$R^4 = \frac{4 \times 14.298}{\pi(1 - 0{,}92^4)} = 64.190 \text{ mm}^4 \quad \Rightarrow \quad R = 15{,}91 \text{ mm} \simeq 16 \text{ mm}$$

Por consiguiente, el diámetro pedido es:

$$\boxed{d = 32 \text{ mm}}$$

Comprobemos ahora que es válida la suposición hecha. En efecto, si calculamos el valor del radio de giro

$$i = \sqrt{\frac{I}{\Omega}} = \sqrt{\frac{14.298}{\pi[16^2 - (16 - 1{,}28)^2]}} = 10{,}75 \text{ mm}$$

el valor de la esbeltez es

$$\lambda = \frac{0{,}7l}{i} = \frac{0{,}7 \times 1.200}{10{,}75} = 78$$

que es superior al valor de la esbeltez límite, $\lambda > \lambda_{\text{lím}}$.

VIII.3. Determinar la fuerza crítica de una barra sometida a compresión, formada por dos partes de igual longitud, teniendo una de ellas doble rigidez a la flexión que la otra, y estando articulada en ambos extremos.

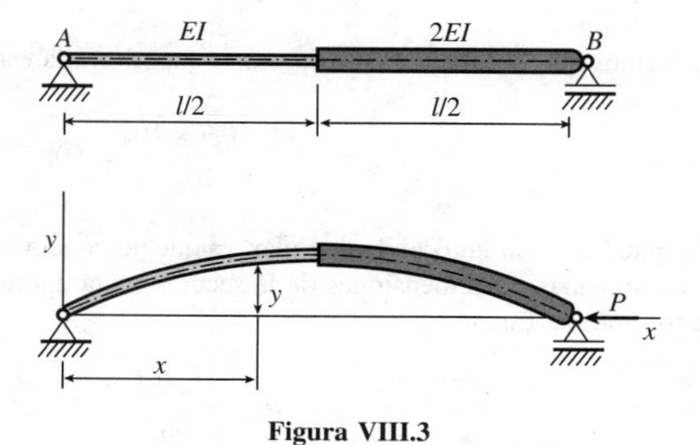

Figura VIII.3

Las ecuaciones de la elástica son:

$$\begin{cases} EIy_1'' + Py_1 = 0 & ; \quad 0 \leqslant x \leqslant \dfrac{l}{2} \\ 2EIy_2'' + Py_2 = 0 & ; \quad \dfrac{l}{2} \leqslant x \leqslant l \end{cases}$$

Haciendo $\dfrac{P}{2EI} = k^2$ queda:

$$\begin{cases} y_1'' + 2k^2 y_1 = 0 \\ y_2'' + k^2 y_2 = 0 \end{cases}$$

cuyas ecuaciones integrales son:

$$\begin{cases} y_1 = C_1 \text{ sen } k\sqrt{2}x + C_2 \cos k\sqrt{2}x \\ y_2 = C_3 \text{ sen } kx + C_4 \cos kx \end{cases}$$

Condiciones de contorno:

$$\begin{cases} y_1(0) = 0 & \Rightarrow \quad C_2 = 0 \\ y_2(l) = 0 & \Rightarrow \quad C_3 \text{ sen } kl + C_4 \cos kl = 0 \\ y_1\left(\dfrac{l}{2}\right) = y_2\left(\dfrac{l}{2}\right) & \Rightarrow \quad C_1 \text{ sen } k\sqrt{2}\,\dfrac{l}{2} = C_3 \text{ sen } \dfrac{kl}{2} + C_4 \cos \dfrac{kl}{2} \\ y_1'\left(\dfrac{l}{2}\right) = y_2'\left(\dfrac{l}{2}\right) & \Rightarrow \quad C_1\sqrt{2} \cos k\sqrt{2}\,\dfrac{l}{2} = C_3 \cos k\,\dfrac{l}{2} - C_4 \text{ sen } k\,\dfrac{l}{2} \end{cases}$$

Sistema homogéneo que para que tenga solución distinta de la trivial se tiene que verificar:

$$\begin{vmatrix} 0 & \text{sen } kl & \cos kl \\ \text{sen } k\sqrt{2}\,\dfrac{l}{2} & -\text{sen } \dfrac{kl}{2} & -\cos \dfrac{kl}{2} \\ \sqrt{2} \cos \dfrac{k\sqrt{2}l}{2} & -\cos \dfrac{kl}{2} & \text{sen } \dfrac{kl}{2} \end{vmatrix} = 0$$

Desarrollando el determinante por los elementos de la primera fila, expresando sen kl y cos kl en función del ángulo mitad y haciendo $\dfrac{kl}{2} = \theta$, se tiene

$$-2 \text{ sen } \theta \cos \theta \, (\text{sen } \sqrt{2}\theta \cdot \text{sen } \theta + \sqrt{2} \cos \sqrt{2}\theta \cdot \cos \theta) +$$
$$+ (\cos^2 \theta - \text{sen}^2 \theta)(-\text{sen } \sqrt{2}\theta \cdot \cos \theta + \sqrt{2} \cos \sqrt{2}\theta \cdot \text{sen } \theta) = 0$$

Ordenando, simplificando y dividiendo por $\cos\theta \cdot \cos\sqrt{2}\theta$

$$-2\sqrt{2}\operatorname{sen}\theta\cdot\cos^2\theta\cdot\cos\sqrt{2}\theta+\sqrt{2}\operatorname{sen}\theta\cdot\cos^2\theta\cdot\cos\sqrt{2}\theta-\sqrt{2}\operatorname{sen}^3\theta\cdot\cos\sqrt{2}\theta-$$

$$-2\operatorname{sen}^2\theta\cdot\cos\theta\cdot\operatorname{sen}\sqrt{2}\theta-\cos^3\theta\operatorname{sen}\sqrt{2}\theta+\operatorname{sen}^2\theta\cdot\cos\theta\cdot\operatorname{sen}\sqrt{2}\theta=$$

$$-\sqrt{2}\operatorname{sen}\theta\cdot\cos\sqrt{2}\theta(\operatorname{sen}^2\theta+\cos^2\theta)-\operatorname{sen}\sqrt{2}\theta\cos\theta(\operatorname{sen}^2\theta+\cos^2\theta)=0$$

se obtiene la ecuación

$$\sqrt{2}\operatorname{tg}\theta=-\operatorname{tg}\sqrt{2}\theta$$

ecuación cuya menor raíz no nula es:

$$\theta=\frac{kl}{2}=72°\ 31'\ 12''=1{,}265\text{ rad}$$

de donde

$$k=\frac{2\times 1{,}265}{l}=\frac{2{,}53}{l}$$

La carga crítica será

$$\boxed{P_{cr}=2k^2EI=\frac{12{,}8EI}{l^2}}$$

VIII.4. Calcular el valor crítico de la carga vertical *P* aplicada en la sección media de una barra esbelta de longitud *l* y sección constante, que se encuentra en posición vertical unida en sus extremos a dos articulaciones fijas.

Sobre la barra deformada actúan las fuerzas indicadas en la Figura VIII.4.

Las ecuaciones de equilibrio son:

$$\begin{cases} H_A - H_B = 0 \\ V_A + V_B = P \\ Pd = H_A\cdot l \end{cases}$$

El que la fuerza P esté aplicada en la sección media C implica que el acortamiento longitudinal del tramo AC es igual al alargamiento del tramo BC, por lo que las reacciones verticales V_A y V_B serán iguales.

De este sistema se deduce:

$$V_A=V_B=\frac{P}{2}\quad;\quad H_A=H_B=\frac{Pd}{l}$$

siendo d el valor arbitrario del desplazamiento lateral de la sección C en la posición crítica, ya que planteamos el equilibrio indiferente.

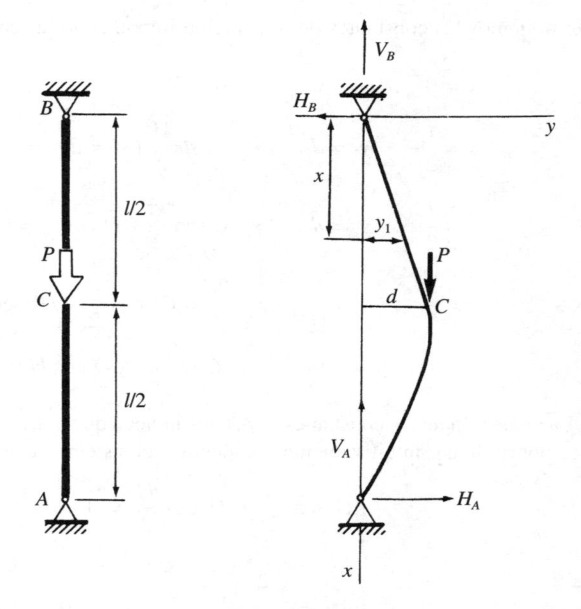

Figura VIII.4

Los momentos flectores son:

$$M = V_B y_1 - H_B x = \frac{P}{2} y_1 - \frac{Pd}{l} x \quad ; \quad 0 \leqslant x \leqslant \frac{l}{2}$$

$$M = \frac{P}{2} y_2 - \frac{Pd}{l} x + P(d - y_2) \quad ; \quad \frac{l}{2} \leqslant x \leqslant l$$

Con estas expresiones podemos obtener las ecuaciones diferenciales de la elástica

$$EIy_1'' = \frac{P}{2} y_1 - \frac{Pd}{l} x \quad \text{para} \quad 0 \leqslant x \leqslant \frac{l}{2}$$

$$y_1'' = \frac{P}{2EI} y_1 - \frac{P}{EI} \frac{d}{l} x$$

$$y_1'' - k^2 y_1 = -2k^2 \frac{d}{l} x, \quad \text{siendo} \quad k^2 = \frac{P}{2EI}$$

$$y_1 = A \; sh \; kx + B \; ch \; kx + 2 \frac{d}{l} x$$

$$EIy_2'' = -\frac{P}{2} y_2 - \frac{Pd}{l} x + Pd$$

$$y_2'' + k^2 y_2 = -2k^2 \frac{d}{l} x + 2k^2 d$$

$$y_2 = C \; \text{sen} \; kx + D \cos kx - 2 \frac{d}{l} x + 2d$$

Determinemos las constantes de integración imponiendo las condiciones de contorno

$$x = 0 \quad ; \quad y_1 = 0 \quad \Rightarrow \quad B = 0$$

$$x = \frac{l}{2} \quad ; \quad y_1 = d \quad \Rightarrow \quad A\ sh\,\frac{kl}{2} + d = d \quad \Rightarrow \quad A = 0$$

$$x = \frac{l}{2} \quad ; \quad y_2 = d \quad \Rightarrow \quad C \text{ sen}\,\frac{kl}{2} + D \cos\frac{kl}{2} = 0$$

$$x = \frac{l}{2} \quad ; \quad y_1' = y_2' \quad \Rightarrow \quad \frac{2d}{l} = Ck \cos\frac{kl}{2} - Dk \text{ sen}\,\frac{kl}{2} - \frac{2d}{l}$$

$$x = l \quad ; \quad y_2 = 0 \quad \Rightarrow \quad C \text{ sen}\,kl + D \cos kl = 0$$

La anulación de las constantes A y B nos indican que el tramo BC es rectilíneo, resultado al que se podría llegar intuitivamente. Obtenemos el sistema de ecuaciones

$$\begin{cases} C \text{ sen}\,\dfrac{kl}{2} + D \cos\dfrac{kl}{2} = 0 \\ Ck \cos\dfrac{kl}{2} - Dk \text{ sen}\,\dfrac{kl}{2} - \dfrac{4d}{l} = 0 \\ C \text{ sen}\,kl + D \cos kl = 0 \end{cases}$$

La condición para que este sistema tenga solución distinta de la trivial es que se anule el determinante de los coeficientes de C, D y d

$$\begin{vmatrix} \text{sen}\,\dfrac{kl}{2} & \cos\dfrac{kl}{2} & 0 \\ k \cos\dfrac{kl}{2} & -k \text{ sen}\,\dfrac{kl}{2} & -\dfrac{4}{l} \\ \text{sen}\,kl & \cos kl & 0 \end{vmatrix} = 0$$

Desarrollándolo por los elementos de la última columna, se tiene:

$$\frac{4}{l}\begin{vmatrix} \text{sen}\,\dfrac{kl}{2} & \cos\dfrac{kl}{2} \\ \text{sen}\,kl & \cos kl \end{vmatrix} = \frac{4}{l} \text{ sen}\left(\frac{kl}{2} - kl\right) = -\frac{4}{l} \text{ sen}\,\frac{kl}{2} = 0$$

El menor valor de $\frac{kl}{2}$ que verifica esta ecuación es π.

$$\frac{kl}{2} = \pi \quad \Rightarrow \quad k^2 = \frac{4\pi^2}{l^2} = \frac{P_{cr}}{2EI}$$

de donde:

$$\boxed{P_{cr} = \frac{8\pi^2 EI}{l^2}}$$

VIII.5. Un soporte AB de longitud l = 10 m y sección constante está articulado en su extremo inferior A y con un arriostramiento en su punto medio C que impide los desplazamientos horizontales de esa sección. Se somete el soporte a un esfuerzo de compresión mediante la aplicación en su extremo superior B de una carga P. Se pide:

1.° Calcular la carga crítica de pandeo.
2.° Si P = 7 t determinar el valor crítico del momento de inercia mínimo del soporte.

El valor del módulo de elasticidad es $E = 2 \times 10^5$ MPa.

1.° De las condiciones de equilibrio en la posición de equilibrio indiferente (Fig. VIII.5)

$$\begin{cases} R_A - R_C = 0 \\ V_A - P = 0 \\ R_A \dfrac{l}{2} = Pf \end{cases}$$

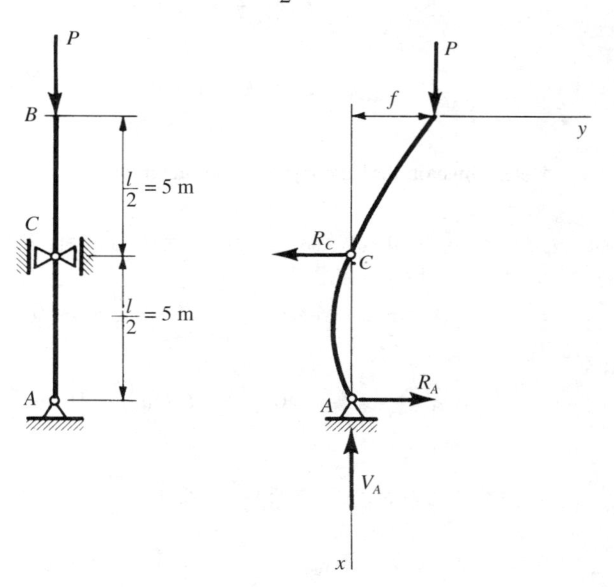

Figura VIII.5

se deducen los valores de las reacciones en las ligaduras A y C

$$V_A = P \quad ; \quad R_A = R_C = \frac{2Pf}{l}$$

Las leyes de momentos flectores en el soporte sometido a carga son:

$$M = P(f - y_1) \qquad ; \quad 0 \leqslant x \leqslant \frac{l}{2}$$

$$M = P(f - y_2) - \frac{2Pf}{l}\left(x - \frac{l}{2}\right) \quad ; \quad \frac{l}{2} \leqslant x \leqslant l$$

por lo que las ecuaciones de la elástica serán:

$$EIy_1'' = P(f - y_1) \quad ; \quad 0 \leqslant x \leqslant \frac{l}{2}$$

$$y_1'' + k^2 y_1 = k^2 f \quad \text{siendo} \quad k^2 = \frac{P}{EI}$$

$$y_1 = A \text{ sen } kx + B \cos kx + f$$

$$EIy_2'' = Pf - Py_2 - \frac{2Pf}{l}x + Pf \quad ; \quad \frac{l}{2} \leqslant x \leqslant l$$

$$y_2'' + k^2 y_2 = 2k^2 f - \frac{2k^2 f}{l}x$$

$$y_2 = C \text{ sen } kx + D \cos kx + 2f - \frac{2f}{l}x$$

Determinación de las constantes de integración

$$x = 0 \quad ; \quad y_1 = f \quad \Rightarrow \quad f = B + f \quad \Rightarrow \quad B = 0$$

$$x = \frac{l}{2} \quad ; \quad y_1 = 0 \quad \Rightarrow \quad A \text{ sen } \frac{kl}{2} + f = 0$$

$$x = \frac{l}{2} \quad ; \quad y_2 = 0 \quad \Rightarrow \quad C \text{ sen } \frac{kl}{2} + D \cos \frac{kl}{2} + 2f - f = 0$$

$$x = \frac{l}{2} \quad ; \quad y_1' = y_2' \quad \Rightarrow \quad Ak \cos \frac{kl}{2} = Ck \cos \frac{kl}{2} - Dk \text{ sen } \frac{kl}{2} - \frac{2f}{l}$$

$$x = l \quad ; \quad y_2 = 0 \quad \Rightarrow \quad C \text{ sen } kl + D \cos kl + 2f - 2f = 0$$

Estas condiciones de contorno constituyen un sistema homogéneo de cuatro ecuaciones con cuatro incógnitas: A, C, D y f. La condición para que este sistema tenga solución distinta de la trivial, que no interesa, es que el determinante de los coeficientes sea igual a cero

$$\begin{vmatrix} \text{sen } \frac{kl}{2} & 0 & 0 & 1 \\ 0 & \text{sen } \frac{kl}{2} & \cos \frac{kl}{2} & 1 \\ k \cos \frac{kl}{2} & -k \cos \frac{kl}{2} & k \text{ sen } \frac{kl}{2} & \frac{2}{l} \\ 0 & \text{sen } kl & \cos kl & 0 \end{vmatrix} = 0$$

Desarrollándolo por los elementos de la primera fila, se tiene:

$$\operatorname{sen}\frac{kl}{2}\begin{vmatrix} \operatorname{sen}\frac{kl}{2} & \cos\frac{kl}{2} & 1 \\ -k\cos\frac{kl}{2} & k\operatorname{sen}\frac{kl}{2} & \frac{2}{l} \\ \operatorname{sen} kl & \cos kl & 0 \end{vmatrix} + k\cos\frac{kl}{2}\begin{vmatrix} \operatorname{sen}\frac{kl}{2} & \cos\frac{kl}{2} \\ \operatorname{sen} kl & \cos kl \end{vmatrix} = 0$$

$$\operatorname{sen}\frac{kl}{2}\left[\frac{2}{l}\operatorname{sen} kl\cos\frac{kl}{2} - k\cos\frac{kl}{2}\cos kl - k\operatorname{sen}\frac{kl}{2}\operatorname{sen} kl - \frac{2}{l}\cos kl\operatorname{sen}\frac{kl}{2}\right] +$$

$$+ k\cos\frac{kl}{2}\left(\operatorname{sen}\frac{kl}{2}\cos kl - \cos\frac{kl}{2}\operatorname{sen} kl\right) = 0$$

Simplificando:

$$\operatorname{sen}\frac{kl}{2}\left[\frac{2}{l}\left(\operatorname{sen} kl\cos\frac{kl}{2} - \cos kl\operatorname{sen}\frac{kl}{2}\right) - k\left(\cos\frac{kl}{2}\cos kl + \operatorname{sen}\frac{kl}{2}\operatorname{sen} kl\right)\right] +$$

$$+ k\cos\frac{kl}{2}\operatorname{sen}\frac{kl}{2}\left(\cos^2\frac{kl}{2} - \operatorname{sen}^2\frac{kl}{2} - 2\cos^2\frac{kl}{2}\right) = 0$$

se obtiene:

$$\operatorname{sen}\frac{kl}{2}\left(\frac{2}{l}\operatorname{sen}\frac{kl}{2} - 2k\cos\frac{kl}{2}\right) = 0$$

es decir:

$$\left|\begin{array}{l} \operatorname{sen}\frac{kl}{2} = 0 \\ \operatorname{tg}\frac{kl}{2} = kl \end{array}\right.$$

La carga crítica corresponderá al menor valor de k que verifica alguna de estas ecuaciones.

La menor solución no nula de la primera es: $kl = 2\pi$, mientras que la de la segunda es (Fig. VIII.5-*a*)

$$kl = 2{,}331$$

por lo que esta última es la que nos da la carga crítica.

Por tanto, la carga crítica pedida para $l = 10$ m será

$$\boxed{P_{cr}} = k^2EI = \frac{2{,}331^2 \cdot EI}{10^2} = \boxed{0{,}0543\ EI}$$

que viene dada en newtons cuando E se expresa en pascales e I en m^4.

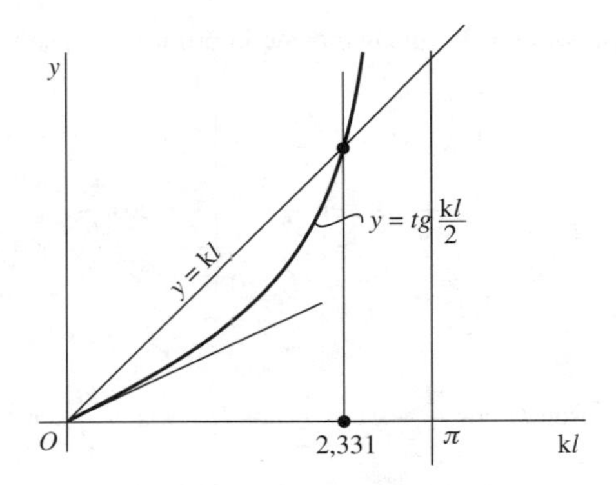

Figura VIII.5-*a*

2.° Si $P_{cr} = 7$ t el momento de inercia mínimo del soporte será:

$$\boxed{I_{\text{mín}}} = \frac{7.000 \times 9,8}{0,0543 \times 2 \times 10^{11}} \text{ m}^4 = 632 \times 10^{-8} \text{ m}^4 = \boxed{632 \text{ cm}^4}$$

VIII.6. Hallar la carga crítica de pandeo de un puntal de longitud *l*, de sección variable, constituido por un tramo de longitud *l*/2 de sección cuadrada de lado *a* y otro de la misma longitud y sección cuadrada de lado *a*/2. Ambos tramos, unidos rígidamente entre sí, admiten los mismos planos de simetría. El puntal está empotrado en el extremo de mayor sección y soporta una carga axial en el de sección menor. El módulo de elasticidad es *E*.

Al ser distintas las rigideces en los tramos $0A$ y AB existirán dos expresiones analíticas de la ecuación de la elástica

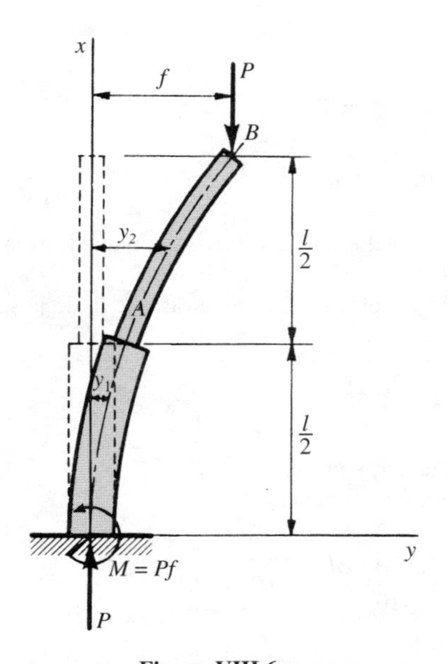

Figura VIII.6-*a*

$$EI_1 y_1'' = P(f - y_1) \quad ; \quad 0 \leqslant x \leqslant \frac{l}{2}$$

$$y_1'' + k_1^2 y_1 = k_1^2 f, \quad \text{siendo} \quad k_1^2 = \frac{P}{EI_1}$$

$$EI_2 y_2'' = P(f - y_2) \quad ; \quad \frac{l}{2} \leqslant x \leqslant l$$

$$y_2'' + k_2^2 y_2 = k_2^2 f, \quad \text{siendo} \quad k_2^2 = \frac{P}{EI_2}$$

Las ecuaciones integrales de estas ecuaciones diferenciales son:

$$y_1 = A \text{ sen } k_1x + B \cos k_1x + f$$

$$y_2 = C \text{ sen } k_2x + D \cos k_2x + f$$

Determinemos las constantes de integración imponiendo las condiciones de contorno:

$$\left.\begin{array}{l} x = 0 \;;\; y_1 = 0 \Rightarrow 0 = B + f \Rightarrow B = -f \\ x = 0 \;;\; y_1' = 0 \Rightarrow 0 = Ak_1 \Rightarrow A = 0 \end{array}\right\} \Rightarrow y_1 = f(1 - \cos k_1x)$$

$$x = \frac{l}{2} \;;\; y_1 = y_2 \Rightarrow f - f\cos\frac{k_1l}{2} = C \text{ sen } \frac{k_2l}{2} + D\cos\frac{k_2l}{2} + f$$

$$x = \frac{l}{2} \;;\; y_1' = y_2 \Rightarrow fk_1 \text{ sen } \frac{k_1l}{2} = Ck_2\cos\frac{k_2l}{2} - Dk_2 \text{ sen } \frac{k_2l}{2}$$

$$x = l \;;\; y_2 = f \Rightarrow f = C \text{ sen } k_2l + D\cos k_2l + f$$

La condición para que este sistema homogéneo de tres ecuaciones con las incógnitas C, D, f tenga solución distinta de la trivial es

$$\begin{vmatrix} \text{sen } \frac{k_2l}{2} & \cos\frac{k_2l}{2} & \cos\frac{k_1l}{2} \\ k_2\cos\frac{k_2l}{2} & -k_2 \text{ sen } \frac{k_2l}{2} & -k_1 \text{ sen } \frac{k_1l}{2} \\ \text{sen } k_2l & \cos k_2l & 0 \end{vmatrix} = 0$$

Desarrollando por los elementos de la última columna se tiene:

$$k_2\cos\frac{k_1l}{2}\left(\cos\frac{k_2l}{2}\cos k_2l + \text{sen } \frac{k_2l}{2} \text{ sen } k_2l\right) +$$

$$+ k_1 \text{ sen } \frac{k_1l}{2}\left(\text{sen } \frac{k_2l}{2}\cos k_2l - \cos\frac{k_2l}{2} \text{ sen } k_2l\right) = 0$$

Simplificando:

$$k_2\cos\frac{k_1l}{2}\cos\frac{k_2l}{2} - k_1 \text{ sen } \frac{k_1l}{2} \text{ sen } \frac{k_2l}{2} = 0$$

se obtiene la ecuación

$$\text{tg } \frac{k_1l}{2} \text{ tg } \frac{k_2l}{2} = \frac{k_2}{k_1}$$

Ahora bien, como

$$\left.\begin{aligned} I_1 &= \frac{1}{12}\,a^4 \\ I_2 &= \frac{1}{12}\,\frac{a^4}{16} \end{aligned}\right\} \frac{I_1}{I_2} = \frac{16}{1} = \frac{k_2^2}{k_1^2} \quad \Rightarrow \quad k_2 = 4k_1$$

la ecuación anterior toma la forma

$$\operatorname{tg}\frac{k_1 l}{2}\operatorname{tg} 4\,\frac{k_1 l}{2} = 4$$

o bien haciendo $\theta = \dfrac{k_1 l}{2}$

$$\operatorname{tg}\theta \cdot \operatorname{tg} 4\theta = 4$$

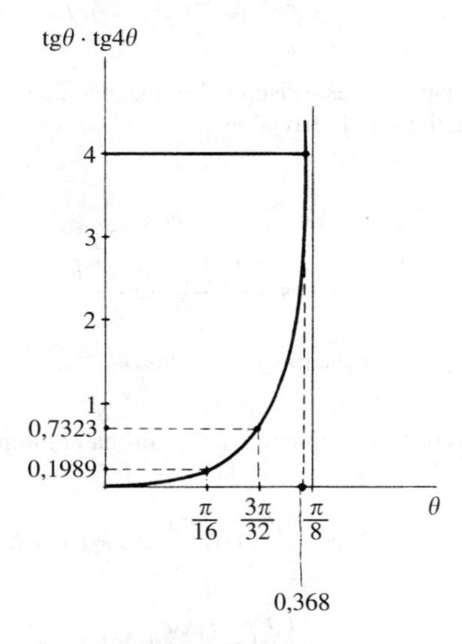

Figura VIII.6-*b*

ecuación trascendente, cuya solución es $\theta = 0{,}368$ rad

$$\theta = 0{,}368 = \frac{k_1 l}{2} \quad \Rightarrow \quad k_1^2 = \frac{(2 \times 0{,}368)^2}{l^2} = \frac{P}{EI_1}$$

de donde se obtiene la carga de pandeo pedida

$$\boxed{P_{cr} = \frac{0{,}541 EI_1}{l^2}}$$

VIII.7. Un soporte de longitud $l = 3$ m de extremos articulados tiene forma tubular de diámetro exterior $2R = 80$ mm y diámetro interior $2r = 64$ mm. El soporte está sometido a un esfuerzo de compresión mediante una fuerza P paralela al eje pero excéntrica. Calcular la excentricidad máxima para una carga de pandeo igual a 0,75 del valor de la carga crítica de Euler. La tensión de fluencia es $\sigma_f = 320$ MPa y el módulo de elasticidad $E = 2{,}1 \times 10^5$ MPa.

El momento de inercia de la sección tubular respecto de un eje diametral es:

$$I = \frac{\pi(R^4 - r^4)}{4} = \frac{\pi(40^4 - 32^4)}{4} = 1.187.069 \text{ mm}^4 = 118{,}7 \times 10^{-8} \text{ m}^4$$

Por tener articulados los extremos, la carga crítica de Euler para carga centrada es:

$$P_{cr} = \frac{\pi^2 EI}{l^2} = \frac{\pi^2 \times 2{,}1 \times 10^{11} \times 118{,}7 \times 10^{-8}}{3^2} = 273.355 \text{ N}$$

La carga excéntrica aplicada, según el enunciado, es:

$$P = 0{,}75 P_{cr} = 205.016 \text{ N}$$

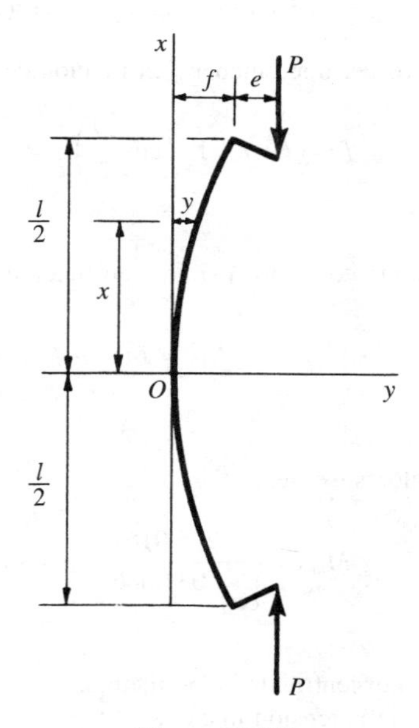

Figura VIII.7

Veamos cuál es la ecuación de la deformada del soporte para, a partir de ella, obtener la expresión del momento flector máximo que se presenta en la sección media del soporte.

Respecto de los ejes indicados en la Figura VIII.7, la ecuación diferencial de la elástica es:

$$EIy'' = P(f + e - y) \quad ; \quad -\frac{l}{2} \leqslant x \leqslant \frac{l}{2}$$

$$y'' + k^2 y = k^2(f + e)$$

siendo

$$k^2 = \frac{P}{EI} = \frac{205.016}{2{,}1 \times 10^{11} \times 118{,}7 \times 10^{-8}} = 0{,}8224 \text{ m}^{-2}$$

es decir

$$k = \sqrt{0{,}8224} \text{ m}^{-1} = 0{,}90686 \text{ m}^{-1}$$

La solución integral es:

$$y = A \text{ sen } kx + B \cos kx + f + e$$

cuyas constantes de integración obtendremos aplicando las condiciones de contorno

$$\begin{array}{lllll} x = 0 & ; \; y = 0 & \Rightarrow \; 0 = B + f + e & & \Rightarrow \; B = -(f + e) \\ x = 0 & ; \; y' = 0 & \Rightarrow \; 0 = Ak & & \Rightarrow \; A = 0 \\ x = \dfrac{l}{2} & ; \; y = f & \Rightarrow \; f = B \cos \dfrac{kl}{2} + f + e & & \Rightarrow \; B = -\dfrac{e}{\cos \dfrac{kl}{2}} \end{array}$$

$$y = -(f + e) \cos kx + f + e =)(f + e)(1 - \cos kx)$$

Esta ecuación nos permite obtener f en función de e

$$f = (f + e)\left(1 - \cos \frac{kl}{2}\right) \quad \Rightarrow \quad f + e = \frac{e}{\cos \dfrac{kl}{2}}$$

y expresar así el momento flector máximo en función de e

$$M_{\text{máx}} = P(e + f) = \frac{Pe}{\cos \dfrac{kl}{2}}$$

Sustituyendo valores, se tiene

$$M_{\text{máx}} = \frac{205.016\, e}{\cos \dfrac{0{,}90686 \times 3}{2}} = 981.148{,}7\, e \text{ N} \cdot \text{m}$$

estando expresada la excentricidad e en metros.

De la expresión de la tensión máxima

$$\sigma_{\text{máx}} = \frac{P}{\Omega} + \frac{M}{I}\, y_{\text{máx}}$$

$$320 \times 10^6 = \frac{205.016}{\pi(4^2 - 3{,}2^2) \cdot 10^{-4}} + \frac{981.148{,}7}{118{,}7 \times 10^{-8}}\, 4 \times 10^{-2}$$

se obtiene:

$$\boxed{e = 6{,}25 \text{ mm}}$$

VIII.8. Sobre el soporte biempotrado representado en la Figura VIII.8 actúa una fuerza de compresión *P*. Si la longitud del soporte es *l* = 1,50 m y el material es fundición determinar el valor crítico de la carga *P*.

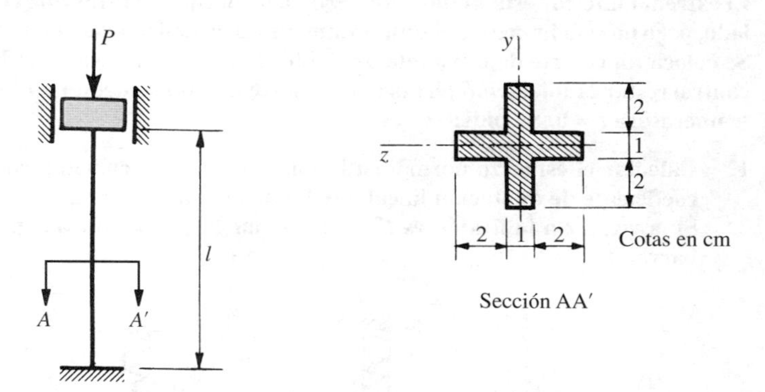

Figura VIII.8

Las características de la sección recta son:

$$\text{momento de inercia: } I_z = \frac{1}{2}\,1 \times 5^3 + 2\,\frac{1}{12}\,2 \times 1^3 = \frac{129}{12}\ \text{cm}^4 = 10{,}75\ \text{cm}^4$$

$$\text{área: } \Omega = 5^2 - 4 \times 4 = 9\ \text{cm}^2$$

Con estos datos obtenemos el valor del radio de giro

$$i = \sqrt{I_z/\Omega} = \sqrt{10{,}75/9} = 1{,}092\ \text{cm}$$

Al estar los extremos empotrados, la longitud de pandeo es

$$l_p = \frac{l}{2} = 0{,}75\ \text{m}$$

Como la esbeltez del soporte

$$\lambda = \frac{l_p}{i} = \frac{75}{1{,}092} = 68{,}68 < 80$$

es menor del valor límite para una pieza de fundición, según la Tabla 8.2, calcularemos la tensión crítica aplicando la fórmula empírica de Tetmajer

$$\sigma_{cr} = 7.760 - 120 \cdot \lambda + 0{,}54\lambda^2 = 7.760 - 120 \times 68{,}68 + 0{,}54 \times 68{,}68^2 = 2.065{,}54\ \text{kp/cm}^2$$

Por tanto, la carga crítica pedida será

$$\boxed{P_{cr}} = \sigma_{cr}\Omega = 2.065{,}54 \times 9 = \boxed{18.590\ \text{kp}}$$

VIII.9. **Una barra esbelta cuya área Ω de la sección recta es constante se calienta, de tal manera que un extremo está a doble temperatura que el otro, siendo lineal la variación de temperatura a lo largo de la longitud *l* de ella.**

El extremo inferior está unido a una articulación fija mientras que el superior está articulado, pero no está impedido el desplazamiento de la articulación en la dirección de la barra. Se coloca un resorte de constante de rigidez *k*, como se indica en la Figura VIII.9-*a*, para contrarrestar la dilatación térmica. El resorte no está sometido a ningún esfuerzo para la temperatura $t = 0$. Se pide:

1.º Calcular el esfuerzo normal en la barra cuando se calienta, conociendo el valor del coeficiente de dilatación lineal α del material de la barra.

2.º Si la rigidez a la flexión es *EI*, determinar la temperatura t_p para la cual pandea la barra.

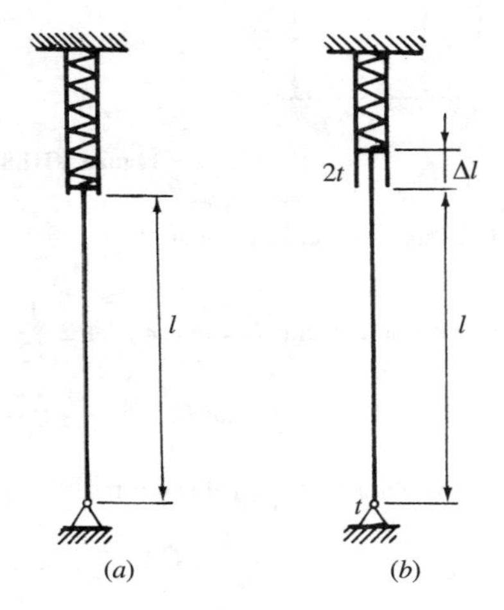

Figura VIII.9

1.º Si la temperatura es un extremo es *t* y en el otro 2*t*, la dilatación que experimentaría la barra, si no existiera el resorte, sería:

$$\int_0^l \alpha(t + \frac{t}{l}\alpha)\, dx = \frac{t + 2t}{2}\alpha l$$

Ahora bien, si *N* es el esfuerzo que el resorte ejerce sobre la barra, éste provoca un acortamiento sobre la misma, de valor

$$\frac{Nl}{E\Omega}$$

Por tanto, igualaremos el alargamiento real de la barra al acortamiento Δl del resorte $\Delta l = \frac{N}{k}$

$$\frac{3}{2}\alpha l t - \frac{Nl}{E\Omega} = \frac{N}{k}$$

de donde:

$$\boxed{N = \frac{3\alpha l t}{2\left(\dfrac{l}{E\Omega} + \dfrac{1}{k}\right)}}$$

2.º Por tener ambos extremos articulados la barra pandeará cuando

$$N_p = \frac{\pi^2 EI}{l^2} = \frac{3\alpha l t_p}{2\left(\dfrac{l}{E\Omega} + \dfrac{1}{k}\right)}$$

supuesta la validez de aplicación de la fórmula de Euler.

De aquí se obtiene

$$\boxed{t_p = \frac{2\pi^2 EI}{3\alpha l^3}\left(\frac{l}{E\Omega} + \frac{1}{k}\right)}$$

VIII.10. Las barras *AB* y *BC* de la Figura VIII.10-*a* tienen la misma longitud y están situadas en un plano vertical. La barra *AB* está empotrada en *B* y la barra *BC* es biarticulada. Calcular las citadas barras, sabiendo que *AB* es un perfil IPN y *BC* está formado por dos angulares en *L* de lados desiguales.

Se considerarán los perfiles de acero A 37 y tensión admisible σ_{adm} = 1.400 kp/cm².

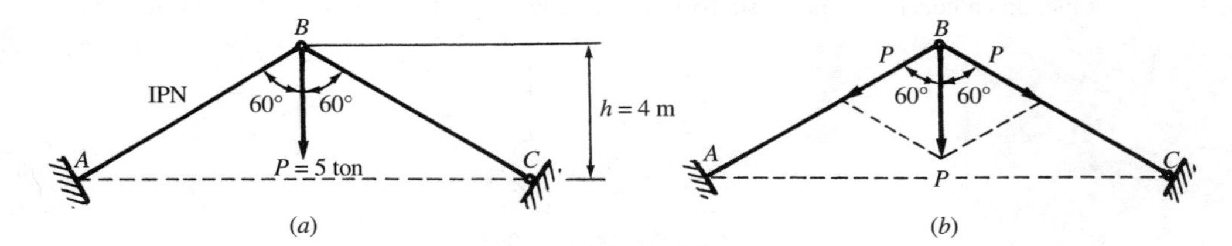

Figura VIII.10

Por la disposición de la figura, la fuerza normal que actúa en las barras *AB* y *BC* es precisamente $N = P$.

Cálculo de la barra AB

La longitud de esta barra es:

$$l = \frac{h}{\cos\ 60°} = 8 \text{ m}$$

pero la longitud que nos interesa para el cálculo es la de pandeo, que por tratarse de una barra empotrado-articulada es:

$$l_p = \frac{l}{\sqrt{2}} = \frac{8}{\sqrt{2}} = 5{,}7 \text{ m}$$

Procederemos por tanteo: consideremos un IPN 200

$$\Omega = 33{,}5 \text{ cm}^2$$

$$i_{\text{mín}} = 1{,}87 \text{ cm}$$

$$\lambda = \frac{570}{1{,}87} = 304 > 250$$

Se excluye este perfil por darnos una esbeltez superior a 250.

El siguiente perfil cuya esbeltez, para la longitud de pandeo dada, es inferior a 250 es el IPN 260. Sus datos, obtenidos de las tablas de perfiles laminados, son:

$$\Omega = 53{,}4 \text{ cm}^2 \quad ; \quad i_{\text{mín}} = 2{,}32 \text{ cm}$$

$$\lambda = \frac{570}{2{,}32} = 245{,}69 \quad ; \quad \omega = 9{,}4$$

$$9{,}4 \times 5.000 = \sigma \cdot 53{,}4$$

$$\sigma = \frac{9{,}4 \times 5.000}{53{,}4} = 880 \text{ kp/cm}^2 < \sigma_{\text{adm}}$$

luego es válido este perfil **IPN 260**

Cálculo de la barra BC

Se pueden considerar dos disposiciones.

Para la disposición primera (Fig. VIII.10-*c*) y considerando angulares 200 × 100 × 15, teniendo en cuenta que para esta barra la longitud de pandeo es $l_p = l = 800$ cm, se tiene:

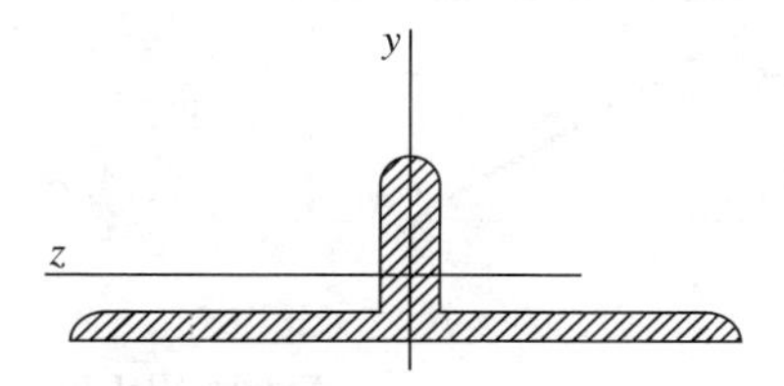

Figura VIII.10-*c*

$$\Omega = 43 \times 2 = 86 \text{ cm}^2 \quad ; \quad i_{\text{mín}} = 2{,}64 \text{ cm}$$

$$\lambda = \frac{800}{2{,}64} = 303 > 250 \quad \Rightarrow \quad \text{No es válido}$$

Para el siguiente perfil de la tabla, el 200 × 150 × 10, se tiene:

$$\Omega = 34{,}2 \times 2 = 68{,}4 \text{ cm}^2 \quad ; \quad i_{\text{mín}} = 4{,}46 \text{ cm}$$

$$\lambda = \frac{800}{4{,}46} = 179{,}37 \quad \Rightarrow \quad \omega = 5{,}14$$

$$\sigma = \frac{5{,}14 \times 5.000}{68{,}4} = 375{,}73 \text{ kp/cm}^2 < \sigma_{\text{adm}}$$

Por consiguiente, adoptando la disposición de yuxtaponer los perfiles en *L* por su lado menor, habría que utilizar perfiles 200 × 150 × 10.

Si consideramos la segunda disposición (Fig. VIII.10-*d*), ensayemos perfiles 150 × 75 × 12

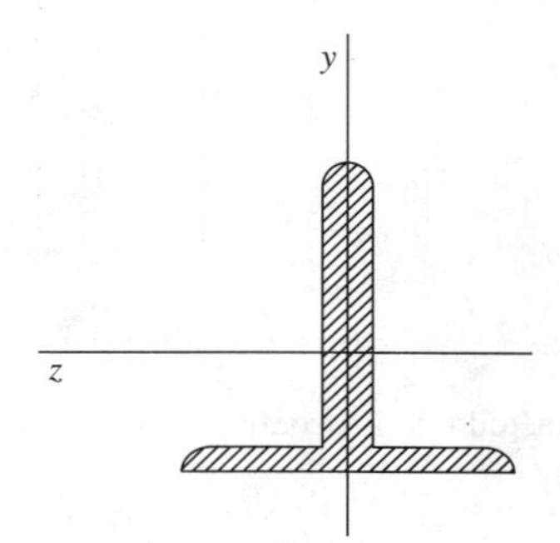

Figura VIII.10-*d*

$$\left.\begin{array}{l}\Omega = 25{,}7 \times 2 = 51{,}4 \text{ cm}^2 \\ I_y = 2(99{,}9 + 25{,}7 \times 1{,}69^2) = 346{,}6 \text{ cm}^4\end{array}\right\} i_{\text{mín}} = \sqrt{\frac{346{,}6}{51{,}4}} = 2{,}59$$

$$\lambda = \frac{800}{2{,}59} = 308 > 250 \quad \Rightarrow \quad \text{No es válido}$$

El siguiente perfil de la tabla, recomendado por las Normas, es el 150 × 90 × 10

$$\left.\begin{array}{l}\Omega = 23{,}2 \times 2 = 46{,}4 \text{ cm}^2 \\ I_y = 2(146 + 23{,}2 \times 2{,}04^2) = 485{,}09 \text{ cm}^4\end{array}\right\} i_{\text{mín}} = \sqrt{\frac{485{,}09}{46{,}4}} = 3{,}23 \text{ cm}$$

$$\lambda = \frac{800}{3{,}23} = 247{,}67 \quad \Rightarrow \quad \omega = 9{,}48$$

$$\sigma = \frac{9{,}48 \times 5.000}{46{,}4} = 1.022 \text{ kp/cm}^2 < \sigma_{\text{adm}}$$

que sí es válido.

De los resultados obtenidos se deduce que la disposición más vantajosa es la segunda. Por consiguiente, utilizaremos perfiles

$$\boxed{L\ 150 \times 90 \times 10}$$

VIII.11. La Figura VIII.11-*a* representa un soporte de longitud l = 4 m, sometido a una carga P = 20.000 kp en su extremo superior (que está libre para desplazarse transversalmente) y empotrado en su extremo inferior. Se quiere dimensionar con una sección anular de diámetro exterior D = 20 cm. Se pide:

1.º Espesor mínimo e de la sección para que no exista riesgo de pandeo.
(Acero A 42; $\sigma_{\text{adm}} = 1.500$ kp/cm²; $E = 2 \times 10^6$ kp/cm²).

2.º Acortamiento total del soporte en estas condiciones.

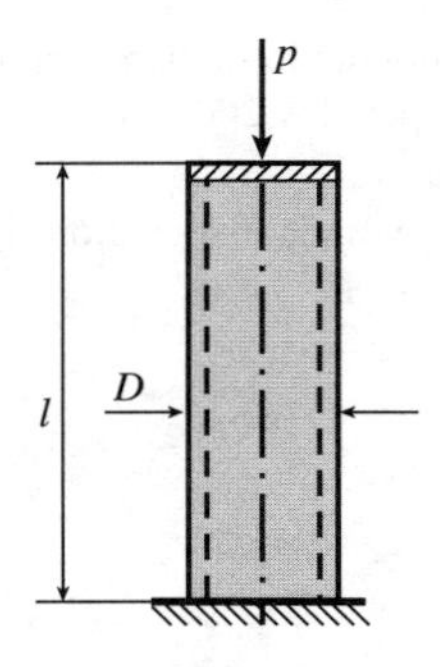

Figura VIII.11-*a*

1.º Aplicando el método de los coeficientes ω, se tiene que verificar

$$\frac{P\omega}{\Omega} \leqslant \sigma_{adm}$$

es decir

$$\frac{20.000\ \omega}{\Omega} \leqslant 1.500 \text{ kp/cm}^2$$

Procederemos por tanteo.

— Para $e = 2$ cm

$$\Omega = \pi(10^2 - 8^2) \text{ cm}^2 = 113{,}09 \text{ cm}^2$$

$$I_z = \frac{\pi(10^4 - 8^4)}{4} \text{ cm}^4 = 4.637 \text{ cm}^4$$

$$i = \sqrt{\frac{4.637}{113{,}09}} \text{ cm} = 6{,}40 \text{ cm}$$

El soporte tiene una longitud de pandeo

$$l_p = 2l = 8 \text{ m} = 800 \text{ cm}$$

por lo que la esbeltez es

$$\lambda = \frac{800}{6{,}40} = 124{,}93$$

correspondiéndole un coeficiente ω, $\omega = 2{,}86$, según la Tabla 8.4 para aceros A 42.

Como

$$\frac{20.000 \times 2{,}86}{113{,}09} = 505{,}79 \text{ kp/cm}^2 < \sigma_{adm}$$

vemos que podemos disminuir el espesor notablemente.

— Para $e = 1$ cm

$$\Omega = \pi(10^2 - 9^2)\ \text{cm}^2 = 59{,}69\ \text{cm}^2$$

$$I_z = \frac{\pi(10^4 - 9^4)}{4}\ \text{cm}^4 = 2.700\ \text{cm}^4$$

$$i = \sqrt{\frac{2.700}{59{,}69}}\ \text{cm} = 6{,}72\ \text{cm}$$

$$\lambda = \frac{800}{6{,}72} = 119{,}04 \quad \Rightarrow \quad \omega = 2{,}64$$

Como

$$\frac{20.000 \times 2{,}64}{59{,}69} = 884\ \text{kp/cm}^2 < \sigma_{\text{adm}}$$

podemos seguir disminuyendo el espesor.

— Para $e = 0{,}6$ cm

$$\Omega = \pi(10^2 - 9{,}4^2)\ \text{cm}^2 = 36{,}56\ \text{cm}^2$$

$$I_z = \frac{\pi(10^4 - 9{,}4^4)}{4}\ \text{cm}^4 = 1.722\ \text{cm}^4$$

$$i = \sqrt{\frac{1.722}{36{,}56}}\ \text{cm} = 6{,}86\ \text{cm}$$

$$\lambda = \frac{800}{6{,}86} = 116{,}56 \quad \Rightarrow \quad \omega = 2{,}53$$

$$\frac{20.000 \times 2{,}53}{36{,}56} = 1.384\ \text{kp/cm}^2 < \sigma_{\text{adm}}$$

— Para $e = 0{,}5$ cm

$$\Omega = \pi(10^2 - 9{,}5^2)\ \text{cm}^2 = 30{,}63\ \text{cm}^2$$

$$I_z = \frac{\pi(10^4 - 9{,}5^4)}{4}\ \text{cm}^4 = 1.456{,}86\ \text{cm}^4$$

$$i = \sqrt{\frac{1.456{,}86}{30{,}63}}\ \text{cm} = 6{,}89\ \text{cm}$$

$$\lambda = \frac{800}{6{,}89} = 116 \quad \Rightarrow \quad \omega = 2{,}53$$

Como

$$\frac{20.000 \times 2{,}53}{30{,}63} = 1.651 > \sigma_{\text{adm}}$$

este espesor no es válido.

Por consiguiente, el menor valor de e pedido es

$$\boxed{e = 6 \text{ mm}}$$

2.º El desplazamiento vertical de una sección recta situada a distancia x de la base (Fig. VIII.11-*b*) viene dado por la expresión

$$u = \int_0^x \varepsilon_x dx = \int_0^x \frac{\sigma_{nx}}{E} dx = -\frac{P}{\Omega E} x$$

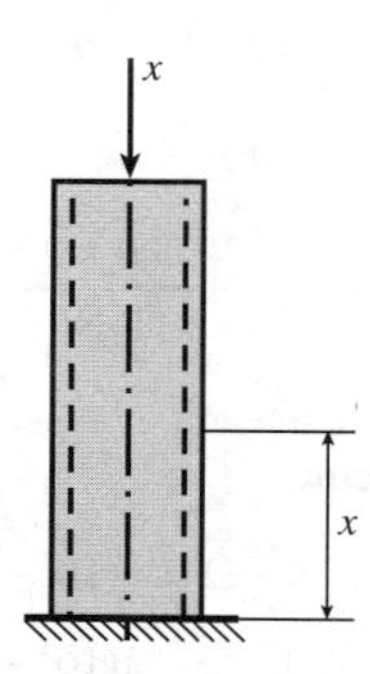

Figura VIII.11-*b*

El acortamiento total del soporte será el desplazamiento de la base superior del soporte. Por tanto:

$$\boxed{\Delta l} = -\frac{Pl}{E\Omega} = -\frac{20.000 \times 4.000}{36,56 \times 2 \times 10^6} \text{ mm} = \boxed{-1,09 \text{ mm}}$$

VIII.12. Un soporte de acero A 37, cuya sección recta viene representada en la Figura VIII.12-*a*, se encuentra articulado-empotrado según el plano *xz* y biempotrado según el *xy*, tal como indica la Figura VIII.12-*b*. Se pide:

1.º Calcular el valor de *b* para el cual la estabilidad según los planos *xy* y *xz* es la misma.
2.º Para el valor de *b* hallado, determinar la longitud máxima del soporte sabiendo que la carga de compresión es $P = 36,5$ t.
3.º Manteniendo la condición de igualdad de estabilidad, razonar si el valor de *b* debe aumentar o disminuir cuando la rótula cilíndrica se sustituye por una rótula esférica.

La tensión admisible del acero A 37 es $\sigma_{adm} = 1.000$ kp/cm².

1.º En el plano xz el soporte es articulado-empotrado, por lo que la longitud de pandeo para que el soporte flexe en ese plano es

$$l_p^{xz} = 0,7l$$

La esbeltez correspondiente será:

$$\lambda^{xz} = \frac{l_p^{xz}}{i_y}, \quad \text{siendo} \quad i_y = \sqrt{\frac{I_y}{\Omega}}$$

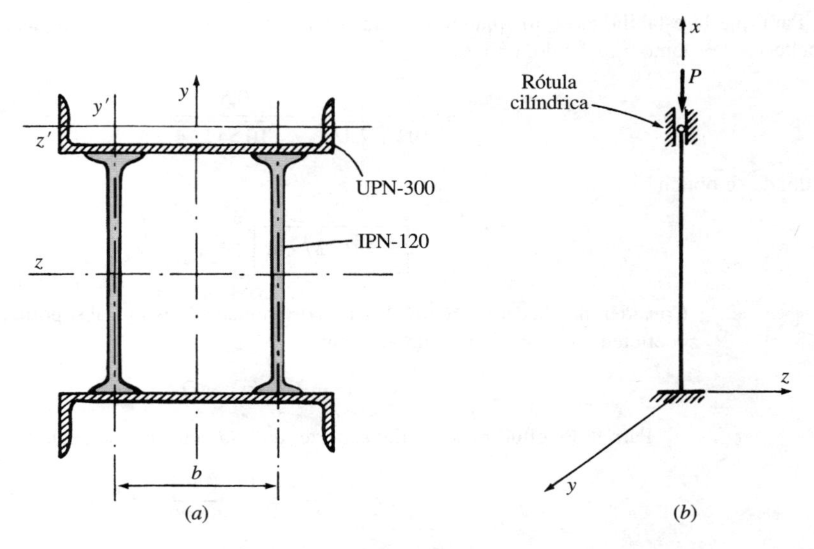

Figura VIII.12

De las tablas de perfiles laminados se obtienen los datos de los perfiles IPN 120 y UPN 300

$$I_y = 2\left(I_{y'\ \mathrm{IPN}} + \Omega_{\mathrm{IPN}}\frac{b^2}{4}\right) + 2I_{y\ \mathrm{UPN}} = 2\left(21{,}5 + 14{,}2\frac{b^2}{4}\right) + 2 \times 8.030\ \mathrm{cm}^4 =$$

$$= 16.103 + 7{,}1b^2\ \mathrm{cm}^4$$

estando expresada la distancia b en cm.

Como $\Omega = 2(\Omega_{\mathrm{UPN}} + \Omega_{\mathrm{IPN}}) = 2(58{,}8 + 14{,}2)\ \mathrm{cm}^2 = 146\ \mathrm{cm}^2$ la esbeltez es:

$$\lambda^{xz} = \frac{0{,}7l}{\sqrt{\dfrac{16.103 + 7{,}1b^2}{146}}}$$

En el plano xy el soporte es biempotrado, por lo que la longitud de pandeo es:

$$l_p^{xy} = 0{,}5l$$

La esbeltez correspondiente será

$$\lambda^{xy} = \frac{l_p^{xy}}{i_z}, \quad \text{siendo} \quad i_z = \sqrt{\frac{I_z}{\Omega}}$$

$$I_z = 2I_{z\ \mathrm{IPN}} + 2\left[I_{z'\ \mathrm{UPN}} + \Omega_{\mathrm{UPN}}\left(c + \frac{h}{2}\right)^2\right] =$$

$$= 2 \times 328 + 2[495 + 58{,}8(2{,}7 + 6)^2]\ \mathrm{cm}^4 = 10.547{,}14\ \mathrm{cm}$$

$$\lambda^{xy} = \frac{0{,}5l}{\sqrt{\dfrac{10.547{,}14}{146}}}$$

Para que la estabilidad en los planos xy y xz sea la misma, se tiene que verificar la igualdad de las esbelteces. Por tanto, igualando λ^{xz} a λ^{xy}:

$$\frac{0,7}{\sqrt{16.103 + 7,1b^2}} = \frac{0,5}{\sqrt{10.547,14}}$$

de donde se obtiene

$$\boxed{b = 25,37 \text{ cm}}$$

2.º Considerando la carga P como la carga de pandeo admisible, al soporte le corresponderá un coeficiente ω que tendrá que verificar

$$\omega P \leqslant \sigma_{\text{adm}} \cdot \Omega$$

Para la longitud máxima del soporte, de esta ecuación se deduce

$$\omega = \frac{\sigma_{\text{adm}} \cdot \Omega}{P} = \frac{1.000 \times 146}{36.500} = 4$$

En la Tabla 8.3 a $\omega = 4$ le corresponde una esbeltez $\lambda = 157$. Por tanto, igualando a 157 una de las expresiones de las esbelteces obtenidas anteriormente, se tiene:

$$\lambda^{xy} = \lambda^{xz} = 157 = \frac{0,5 l_{\text{máx}}}{\sqrt{\dfrac{10.547,14}{146}}} = \frac{0,5 l_{\text{máx}}}{8,5}$$

de donde:

$$\boxed{l_{\text{máx}}} = \frac{8,5 \times 157}{0,5} \text{ cm} \boxed{26,7 \text{ m}}$$

3.º Si la rótula cilíndrica se sustituye por una rótula esférica, la sustentación del soporte en el plano xy pasa a ser del tipo articulado-empotrado por lo que la esbeltez λ^{xy} aumenta un 40 por 100 (pasa de $0,5l$ a $0,7l$).

Para que siga cumpliéndose la igualdad de estabilidad en ambos planos, es decir, la igualdad de las esbelteces correspondientes, la esbeltez en el plano xz debe aumentar, lo que se conseguiría *disminuyendo la distancia b.*

Pero veámos que pasaría si la rótula en la sección extrema superior, en vez de ser cilíndrica, es esférica.

Al imponer la condición de ser iguales las esbelteces λ^{xy} y λ^{xz}

$$\frac{0,7l}{\sqrt{\dfrac{10.547,14}{146}}} = \frac{0,7l}{\sqrt{\dfrac{16.103 + 7,1b^2}{146}}}$$

observamos que nunca se podría conseguir la misma estabilidad en los dos planos principales, ya que la solución de la ecuación que se obtiene

$$10.547,14 = 16.103 + 7,1b^2$$

tiene raíces imaginarias.

Este resultado nos indica que el soporte pandearía en el plano *xy*. Para que la carga de pandeo admisible siguiera siendo $P = 36{,}5$ t, la esbeltez no podría superar el valor obtenido anteriormente $\lambda = 157$

$$\lambda^{xy} = \frac{0{,}7 l_{\text{máx}}}{\sqrt{\dfrac{10.547{,}14}{146}}} = 157 \quad \Rightarrow \quad l_{\text{máx}} = \frac{157 \times 8{,}5}{0{,}7} = 1.906 \text{ cm}$$

Por tanto, la longitud máxima del soporte, en el caso de sustituir la rótula cilíndrica por una rótula esférica sería

$$\boxed{l_{\text{máx}} \simeq 19 \text{ m}}$$

VIII.13. Un pilar de una instalación industrial de 9,80 m de altura está empotrado en su base inferior, y la disposición constructiva de la estructura hace que el extremo superior pueda moverse libremente en la dirección de un eje, pero no puede hacerlo en la dirección perpendicular (el giro no está impedido en ninguna dirección). El pilar deberá soportar una carga en punta de 145 kN y estará constituido por 2 UPN de acero A 42. Se pide:

1.º Calcular los perfiles UPN a emplear para la construcción del pilar.
2.º Dibujar un croquis acotado de la sección del pilar.
3.º Hallar el coeficiente de seguridad.

Los datos del acero A 42 son:

$$E = 2 \times 10^5 \text{ MPa}; \quad \sigma_{\text{adm}} = 170 \text{ MPa}; \quad \sigma_e = 260 \text{ MPa}$$

1.º Supongamos la disposición indicada en la Figura VIII.13-*a* y que el extremo superior del pilar puede moverse libremente en la dirección del eje *z*, pero no puede hacerlo en la dirección del eje *y*.

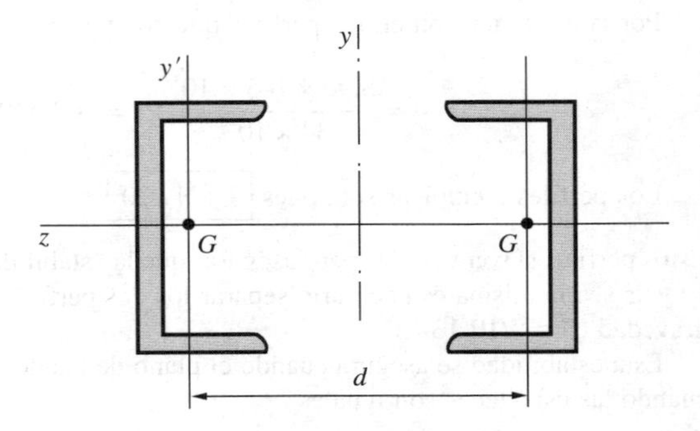

Figura VIII.13-*a*

Según lo indicado en el enunciado, las longitudes de pandeo son:

$$l_p^{xy} = 0{,}7l = 0{,}7 \times 980 \text{ cm} = 692{,}96 \text{ cm}$$

$$l_p^{xz} = 2l = 2 \times 980 \text{ cm} = 1.960 \text{ cm}$$

Aplicaremos el método de los coeficientes ω determinando el mayor coeficiente ω que verifique

$$\omega P \leqslant \sigma_{\text{adm}} \cdot \Omega$$

para lo cual procederemos por tanteo.

Consideremos dos perfiles UPN 100. En la tabla correspondiente de perfiles laminados UPN se tiene:

$$i_z = 3{,}91 \text{ cm} \quad ; \quad \Omega = 2 \times 13{,}5 \text{ cm}^2 = 27 \text{ cm}^2$$

por lo que la esbeltez, si el pilar flexa en el plano xy, es

$$\lambda^{xy} = \frac{692{,}96}{3{,}91} = 177{,}2$$

a la que corresponde un coeficiente $\omega = 5{,}39$.

La tensión normal en los pilares es

$$\sigma = \frac{5{,}39 \times 145 \times 10^3}{27 \times 10^{-4}} \text{ Pa} = 290 \text{ MPa} > \sigma_{\text{adm}}$$

Por tanto, al ser este perfil insuficiente, ensayaremos el inmediato superior, es decir, el UPN 120.

La esbeltez, en este caso, en el que

$$i_z = 4{,}62 \text{ cm} \quad ; \quad \Omega = 2 \times 17 = 34 \text{ cm}^2$$

sería

$$\lambda^{xy} = \frac{692{,}96}{4{,}62} = 150$$

a la que corresponde un coeficiente $\omega = 3{,}96$.

Por tanto, la tensión en los perfiles que componen el pilar es

$$\sigma = \frac{3{,}96 \times 145 \times 10^3}{34 \times 10^{-4}} \text{ Pa} = 169 \text{ MPa} < \sigma_{\text{adm}}$$

Los perfiles a emplear son, pues $\boxed{\text{UPN 120}}$

2.º Estos perfiles sí son válidos, pero asegurar que la estabilidad del pilar respecto a los planos xy y xz sea la misma es necesario separar los dos perfiles una distancia d entre centros de gravedad (Fig. VIII.13-*a*).

Esta estabilidad se asegura cuando el plano de pandeo es indeterminado, y esto ocurre cuando las esbelteces son iguales

$$\lambda^{xy} = \lambda^{xz} = \frac{l_p^{xz}}{i_y} = \frac{1.960}{i_y} = 150$$

de donde se obtiene

$$i_y = \frac{1.960}{150} = 13{,}1 \text{ cm}$$

Por la definición de radio de giro y por el teorema de Steiner tenemos

$$I_y = \Omega i_y^2 = I_{y'} + \Omega\left(\frac{d}{2}\right)^2$$

$$i_y^2 = i_{y'}^2 + \frac{d^2}{4}$$

Sustituyendo valores:

$$13{,}1^2 = 1{,}59^2 + \frac{d^2}{4}$$

se obtiene

$$d = 26 \text{ cm}$$

El croquis acotado de la sección del pilar se indica en la Figura VIII.13-*b*, en el que se ha tenido en cuenta el valor c = 1,60 cm obtenido de las tablas de perfiles laminados.

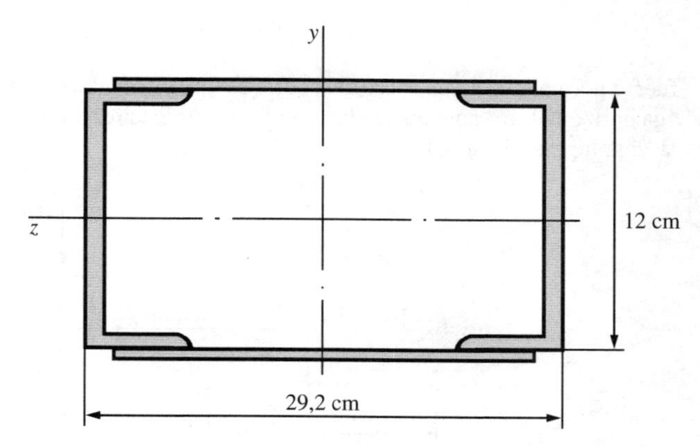

Figura VIII.13-*b*

3.° Para calcular el coeficiente de seguridad calcularemos la tensión crítica aplicando la fórmula de Euler por ser la esbeltez mayor que $\lambda_{\text{lím}} = 105$

$$\sigma_{cr} = \frac{\pi^2 E}{\lambda^2} = \frac{\pi^2 \times 2 \times 10^5}{150^2} \text{ MPa} = 87{,}73 \text{ MPa}$$

Como la tensión real a que está sometida este soporte es

$$\sigma = \frac{145 \times 10^3}{34 \times 10^{-4}} \text{ Pa} = 42{,}64 \text{ MPa}$$

el coeficiente de seguridad será

$$\boxed{n} = \frac{\sigma_{cr}}{\sigma} = \frac{87{,}73}{42{,}64} = \boxed{2{,}05}$$

VIII.14. Calcular el soporte *BC* de la Figura VIII.14-*a* formado por dos perfiles UPN soldados por los extremos de sus alas. Los perfiles son de acero A 37 de tensión admisible $\sigma_{adm} = 1.200$ kp/cm².

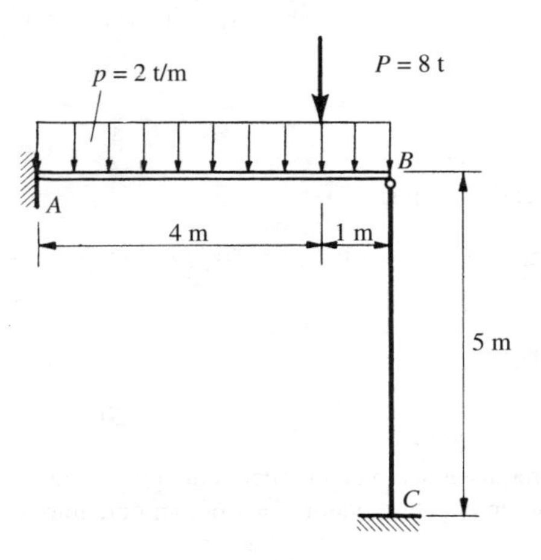

Figura VIII.14-*a*

La fuerza normal que actúa sobre el soporte es igual y contraria a la reacción que corresponde a la viga horizontal *AB*, apoyada en la articulación *B*. Esta reacción la podemos obtener resolviendo la viga hiperestática *AB*

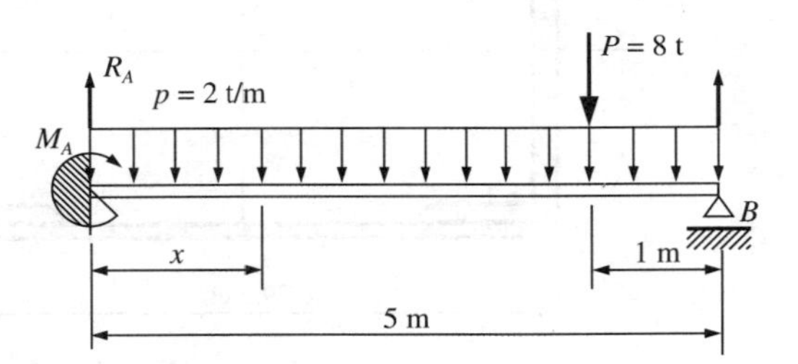

Figura VIII.14-*b*

Aplicando la ecuación universal de la elástica

$$EI_z y = M_A \frac{x^2}{2} + R_A \frac{x^3}{6} - p \frac{x^4}{24} - P \frac{<x-4>^3}{6}$$

Particularizando para $x = 5$ m, se obtiene la ecuación

$$\frac{25}{2} M_A + \frac{125}{6} R_A - \frac{641}{12} = 0$$

que junto a las que expresan las condiciones de equilibrio

$$\begin{cases} R_A + R_B = 18 \text{ t} \\ 5R_B - 8 \times 4 - 10 \times 2{,}5 - M_A = 0 \end{cases}$$

forman un sistema de ecuaciones cuyas soluciones son:

$$M_A = -10{,}09 \text{ m} \cdot \text{t} \quad ; \quad R_A = 8{,}618 \text{ t} \quad ; \quad R_B = 9{,}382 \text{ t}$$

Éste es el esfuerzo normal que actúa sobre el soporte BC, cuya longitud de pandeo, por tratarse de barra empotrado-articulada, es

$$l_p = \frac{l}{\sqrt{2}} = \frac{500}{1{,}414} = 354 \text{ cm}$$

Ensayemos el perfil más pequeño UPN 80. Las características de los dos perfiles son:

$$\Omega = 22 \text{ cm}^2 \quad ; \quad i_{\text{mín}} = 3{,}10 \text{ cm}$$

por lo que la esbeltez del soporte será

$$\lambda = \frac{354}{3{,}10} = 114$$

a la que corresponde un coeficiente $\omega = 2{,}30$

$$\omega N = \sigma\Omega \quad \Rightarrow \quad 2{,}30 \times 9.382 = \sigma \cdot 22$$

de donde:

$$\sigma = 981 \text{ kp/cm}^2 < \sigma_{\text{adm}}$$

El soporte BC considerado se construirá, pues, con dos perfiles UPN 80 soldados por los extremos de sus alas formando una viga cajón.

VIII.15. Un marco rectangular de nudos rígidos está formado por dos soportes verticales *AB* y *CD* de longitud 2*a* unidos por dos dinteles *AD* y *BC* de longitud *a*, sustentado y cargado como indica la Figura VIII.15-*a*.

Sabiendo que las secciones de soportes y dinteles son iguales, calcular el valor crítico de la carga *P*.

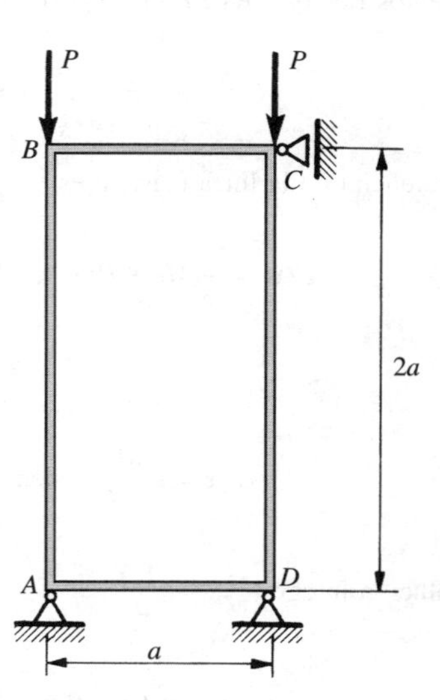

Figura VIII.15-*a*

Supondremos que las barras del marco flexan en el plano de la figura (plano xy), por lo que el momento de inercia mínimo es $I_z = I$.

Considerando la cuarta parte del marco (Fig. VIII.15-*b*) los esfuerzos cortantes en las secciones E y F son nulos, por razón de simetría. Por la misma razón es nulo el esfuerzo normal en la sección F.

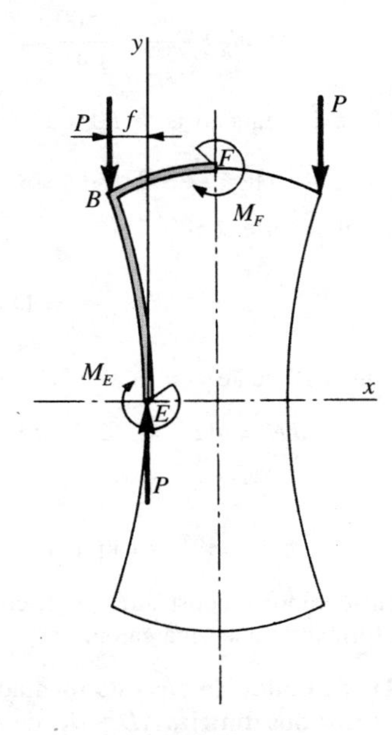

Figura VIII.15-*b*

La ley de momentos flectores en EB en la posición de equilibrio indiferente es:

$$M = M_E + Px \quad ; \quad 0 \leqslant x \leqslant a$$

La ecuación diferencial de la línea elástica es:

$$EIx'' = -(M_E + Px) \quad ; \quad 0 \leqslant y \leqslant a$$

o bien:

$$x'' + k^2 x = -\frac{M_E}{EI}, \quad \text{siendo} \quad k^2 = \frac{P}{EI}$$

Se deduce la solución integral

$$x = A \text{ sen } ky + B \cos ky - \frac{M_E}{k^2 EI}$$

cuyas constantes de integración determinaremos imponiendo las condiciones de contorno

$$y = 0 \quad ; \quad x = 0 \quad \Rightarrow \quad 0 = B - \frac{M_E}{P} \quad \Rightarrow \quad B = \frac{M_E}{P}$$

$$y = 0 \quad ; \quad x' = 0 \quad \Rightarrow \quad 0 = Ak \quad \Rightarrow \quad A = 0$$

$$x = \frac{M_E}{P}(\cos ky - 1) \quad ; \quad 0 \leqslant y \leqslant a$$

Se puede expresar M_E en función de la flecha f del soporte y de la carga P igualando en B los giros del soporte y del dintel, por tratarse de nudos rígidos.

En el soporte:

$$\theta_B = -\left(\frac{dx}{dy}\right)_{y=a} = \frac{M_E k}{P} \operatorname{sen} ka$$

En el dintel, la ley de momentos es $M = -M_F$.

Tomando momentos respecto de E tenemos

$$M_E + M_F - Pf = 0$$

de donde

$$M = M_E - Pf$$

Por el primer teorema de Mohr

$$\int_0^{a/2} \frac{M_E - Pf}{EI} dx = \theta_F - \theta_B \quad \Rightarrow \quad \theta_B = \frac{Pf - M_E}{2EI} a$$

ya que $\theta_F = 0$.

Igualando ambas expresiones de θ_B, se tiene:

$$\frac{M_E k}{P} \operatorname{sen} ka = \frac{Pf - M_E}{2EI} a = k^2 a \frac{Pf - M_E}{2P}$$

de donde:

$$M_E = \frac{kPfa}{2 \operatorname{sen} ka + ka}$$

Por tanto, la deformada de EB es:

$$x = \frac{kfa}{2 \operatorname{sen} ka + ka}(\cos ky - 1) \quad ; \quad 0 \leqslant x \leqslant a$$

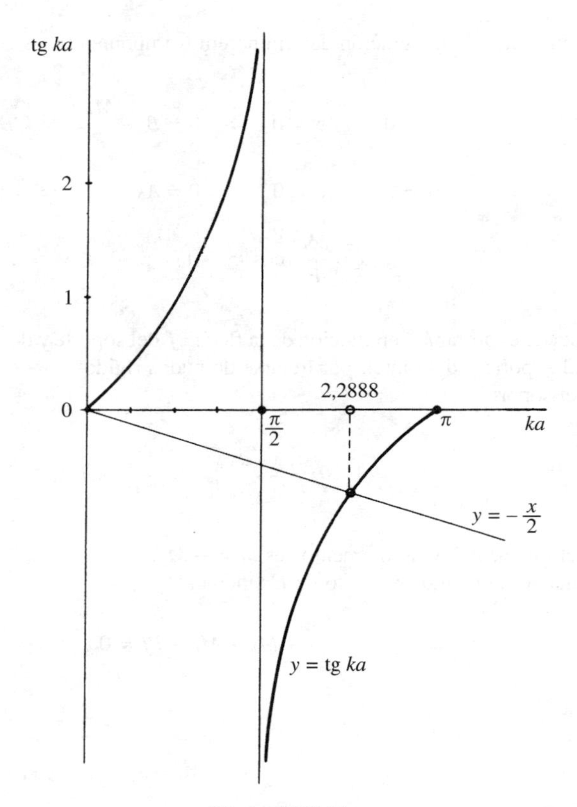

Figura VIII.15-*c*

Finalmente, de la condición $y = a \quad ; \quad x = -f$

$$-f = \frac{kfa}{2 \text{ sen } ka + ka} (\cos ka - 1)$$

se obtiene:

$$2 \text{ tg } ka + ka = 0$$

ecuación trascendente, cuya menor solución de k (Fig. VIII.15-*c*) nos determina la carga crítica de pandeo

$$ka = 0{,}2888$$

Como

$$k^2 = \frac{0{,}2888^2}{a^2} = \frac{P_{cr}}{EI}$$

se obtiene:

$$\boxed{P_{cr} = \frac{5{,}238EI}{a^2}}$$

9

Solicitaciones combinadas

9.1. Expresión del potencial interno de un prisma mecánico sometido a una solicitación exterior arbitraria

En los capítulos precedentes hemos estudiado separadamente las tensiones y deformaciones producidas en un prisma mecánico por las cuatro solicitaciones simples: esfuerzo normal, esfuerzo cortante, momento flector y momento torsor.

Se trata ahora de encontrar un método que nos permita obtener los estados tensional y de deformaciones que se producen en el prisma mecánico cuando, en el caso más general, está sometido simultáneamente a los cuatro tipos de solicitaciones citadas.

En cuanto al estado tensional, el problema queda resuelto al admitir el principio de superposición: la tensión normal σ_n en un punto de la sección es la suma algebraica de las tensiones normales debidas al esfuerzo normal N y a los momentos flectores M_y y M_z, actuando cada uno de ellos separadamente. Por la misma razón, la tensión tangencial $\vec{\tau}$ es la suma vectorial de las tensiones tangenciales engendradas por T_y, T_z y M_T.

El conocimiento del estado de deformaciones ya no es tan simple. Se trata, pues, de encontrar una forma sistemática de resolver este problema. Iniciaremos nuestro análisis obteniendo la expresión del potencial interno de un prisma mecánico sometido a una solicitación exterior arbitraria.

Si realizamos un corte ideal del prisma por una sección recta de centro de gravedad G y eliminamos la parte de la derecha (Fig. 9.1), la reducción en G del sistema de fuerzas que equivale a la solicitación sobre la parte eliminada consta de una resultante $\vec{R}$ y de un momento resultante $\vec{M}$, cuyas componentes respecto de la terna $Gxyz$, siendo el eje x tangente a la línea media y los ejes y, z los principales de inercia de la sección, son:

$$\vec{R}(N, T_y, T_z)$$

$$\vec{M}(M_x, M_y, M_z)$$

La resultante $\vec{R}$ y el momento resultante $\vec{M}$ serán, en general, funciones de la abscisa curvilínea s de línea media, por lo que al considerar el tramo elemental de prisma mecánico limitado por

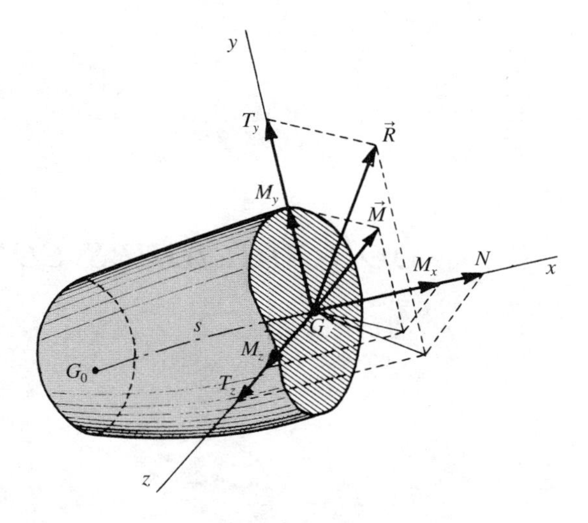

Figura 9.1

dos secciones rectas Σ y Σ' que interceptan un elemento de línea media de longitud ds (Fig. 9.2), la reducción de la acción que ejerce el resto del prisma sobre este elemento consta: en G (abscisa s), resultante $-\vec{R}$ y momento resultante $-\vec{M}$; en G' (abscisa $s + ds$), resultante $\vec{R} + \dfrac{d\vec{R}}{ds}\,ds$ y momento resultante $\vec{M} + \dfrac{d\vec{M}}{ds}\,ds$.

Al aplicar la solicitación externa al prisma mecánico, en el elemento considerado se ha producido una deformación, de forma que la variación relativa de la sección Σ' respecto de la sección Σ se puede considerar como la composición de una traslación $d\vec{\lambda}$, que hace pasar el centro de gravedad G' a la posición G'', y de un giro $d\vec{\theta}$.

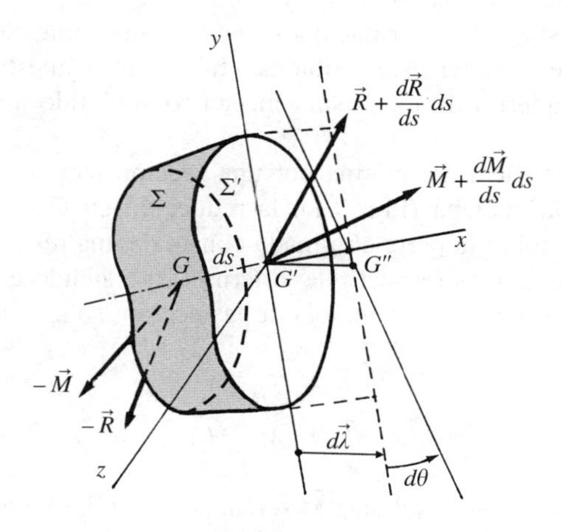

Figura 9.2

En virtud del teorema de Clapeyron podemos expresar el potencial interno del elemento considerado en función de las deformaciones relativas de la sección Σ' respecto de Σ. Despreciando infinitésimos de orden superior, la expresión de la energía de deformación es:

$$d\mathcal{T} = \frac{1}{2}(\vec{R} \cdot d\vec{\lambda} + \vec{M} \cdot d\vec{\theta}) \tag{9.1-1}$$

Veamos ahora cuáles son las expresiones de los vectores $d\vec{\lambda}$ y $d\vec{\theta}$ referidos a la terna de ejes *Gxyz* definidos por los vectores unitarios $\vec{i}, \vec{j}, \vec{k}$.

El ángulo $d\vec{\theta}$ es la suma vectorial de los efectos de giro debidos a la flexión y a la torsión. El ángulo $d\vec{\theta}_F$ debido al momento flector se puede obtener aplicando el teorema de Castigliano a la expresión (6.3-4)

$$d\vec{\theta}_F = \frac{\partial(d\mathcal{T})}{\partial M_y}\vec{j} + \frac{\partial(d\mathcal{T})}{\partial M_z}\vec{k} = \frac{M_y}{EI_y}ds\,\vec{j} + \frac{M_z}{EI_z}ds\,\vec{k} \tag{9.1-2}$$

En cuanto al ángulo $d\vec{\theta}_T$ debido al momento torsor $\vec{M}_T$ tenemos:

$$d\vec{\theta}_T = \frac{M_T}{GJ}ds\,\vec{i} \tag{9.1-3}$$

siendo J el módulo de torsión, pero hay que tener en cuenta que $\vec{M}_T$ se compone del momento $\vec{M}_x$, de módulo la componente del momento resultante en la dirección del eje x, y del momento debido al esfuerzo cortante $\vec{T}$ aplicado en el centro de esfuerzos cortantes C, según se vio en el epígrafe 4.12

$$\vec{M}_T = \vec{M}_x + \overrightarrow{GC} + \vec{T} \tag{9.1-4}$$

Por tanto, $d\vec{\theta}$ se obtendrá sumando las expresiones (9.1-2) y (9.1-3)

$$d\vec{\theta} = \frac{M_T}{GJ}ds\,\vec{i} + \frac{M_y}{EI_y}ds\,\vec{j} + \frac{M_z}{EI_z}ds\,\vec{k} \tag{9.1-5}$$

Análogamente encontraremos la expresión correspondiente a $d\vec{\lambda}$ que determina el desplazamiento de G' respecto de Σ debido al esfuerzo normal, al esfuerzo cortante y a la rotación alrededor del centro C de esfuerzos cortantes

$$d\vec{\lambda} = \frac{N}{E\Omega}ds\,\vec{i} + \frac{T_y}{G\Omega_{1y}}ds\,\vec{j} + \frac{T_z}{G\Omega_{1z}}ds\,\vec{k} + \frac{\vec{M}_T}{GJ}ds \times \overrightarrow{GC} \tag{9.1-6}$$

De las expresiones (9.1-5) y (9.1-6) se deduce:

$$\vec{R} \cdot d\vec{\lambda} = \frac{N^2}{E\Omega}ds + \frac{T_y^2}{G\Omega_{1y}}ds + \frac{T_z^2}{G\Omega_{1z}}ds + \vec{R} \cdot \left(\frac{\vec{M}_T}{GJ}ds \times \overrightarrow{GC}\right) \tag{9.1-7}$$

$$\vec{M} \cdot d\vec{\theta} = \vec{M}_x \cdot \frac{\vec{M}_T}{GJ}ds + \frac{M_y^2}{EI_y}ds + \frac{M_z^2}{EI_z}ds \tag{9.1-8}$$

Ahora bien, como:

$$\vec{R} \cdot \left(\frac{\vec{M}_T}{GJ} ds \times \overrightarrow{GC} \right) = (\vec{N} + \vec{T}) \cdot \left(\frac{\vec{M}_T}{GJ} ds \times \overrightarrow{GC} \right) = \vec{T} \cdot \left(\frac{\vec{M}_T}{GJ} ds \times \overrightarrow{GC} \right) \qquad (9.1\text{-}9)$$

ya que $\vec{N}$ es colineal con $\vec{M}_T$ y el producto mixto es nulo.

Además, en virtud de (9.1-4)

$$\vec{M}_x \cdot \frac{\vec{M}_T}{GJ} ds = (\vec{M}_T - \overrightarrow{GC} \times \vec{T}) \cdot \frac{\vec{M}_T}{GJ} ds = \frac{M_T^2}{GJ} ds - (\overrightarrow{GC} \times \vec{T}) \cdot \frac{\vec{M}_T}{GJ} ds =$$

$$= \frac{M_T^2}{GJ} ds - \vec{T} \cdot \left(\frac{\vec{M}_T}{GJ} ds \times \overrightarrow{GC} \right) \qquad (9.1\text{-}10)$$

Teniendo en cuenta estos resultados, si sumamos (9.1-7) y (9.1-8) y sustituimos en (9.1-1) se tiene

$$d\mathcal{T} = \frac{1}{2} \left(\frac{N^2}{E\Omega} + \frac{T_y^2}{G\Omega_{1y}} + \frac{T_z^2}{G\Omega_{1z}} + \frac{M_T^2}{GJ} + \frac{M_y^2}{EI_y} + \frac{M_z^2}{EI_z} \right) ds \qquad (9.1\text{-}11)$$

Esta expresión nos indica que el potencial interno por unidad de longitud de línea media del prisma no es sino la superposición de los potenciales internos debidos a cada una de las solicitaciones actuando independientemente unas de otras.

El potencial interno de todo el prisma se obtendrá integrando la expresión anterior

$$\mathcal{T} = \frac{1}{2} \int_{s_0}^{s_1} \left(\frac{N^2}{E\Omega} + \frac{T_y^2}{G\Omega_{1y}} + \frac{T_z^2}{G\Omega_{1z}} + \frac{M_T^2}{GJ} + \frac{M_y^2}{EI_y} + \frac{M_z^2}{EI_z} \right) ds \qquad (9.1\text{-}12)$$

en donde s_0 y s_1 son las abscisas curvilíneas de los centros de gravedad de las dos secciones extremas del prisma mecánico.

Esta expresión del potencial interno es la que utilizaremos para aplicar los teoremas de Castigliano, Menabrea y Maxwell-Betti.

Ejemplo 9.1.1. Una viga en voladizo de bronce de longitud l y sección rectangular $b \times h$, está sometida a la solicitación indicada en la Figura 9.3.

Conociendo el módulo de elasticidad E del bronce y coeficiente de Poisson μ calcular la energía de deformación almacenada por la viga.

Aplicación al caso: $P_1 = 2$ kN; $P_2 = 4$ kN; $P_3 = 4$ kN; $p = 2$ kN/m^2; $b = 30$ cm; $h = 40$ cm; $l = 2$ m; $E = 41$ GPa; $\mu = 0{,}34$.

La viga en voladizo considerada trabaja a flexión compuesta debida a las cargas excéntricas P_1, P_2 y P_3, más una flexión simple producida por la carga superficial p uniformemente repartida sobre la cara superior de la ménsula.

La flexión compuesta está formada por un esfuerzo normal

$$N = P_1 + P_2 + P_3$$

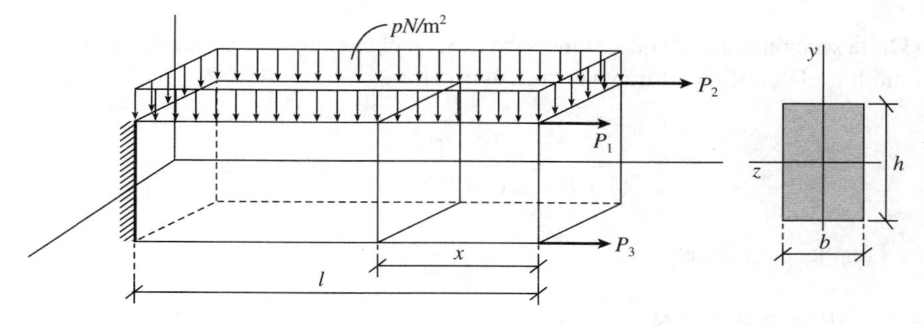

Figura 9.3

y un momento flector constante en todas las secciones de la viga

$$\overrightarrow{M} = \begin{vmatrix} \vec{i} & \vec{j} & \vec{k} \\ 0 & \frac{h}{2} & \frac{b}{2} \\ P_1 & 0 & 0 \end{vmatrix} + \begin{vmatrix} \vec{i} & \vec{j} & \vec{k} \\ 0 & \frac{h}{2} & -\frac{b}{2} \\ P_2 & 0 & 0 \end{vmatrix} + \begin{vmatrix} \vec{i} & \vec{j} & \vec{k} \\ 0 & -\frac{h}{2} & \frac{b}{2} \\ P_3 & 0 & 0 \end{vmatrix} =$$

$$= \frac{b}{2}(P_1 - P_2 + P_3)\,\vec{j} - \frac{h}{2}(P_1 + P_2 - P_3)\,\vec{k}$$

cuyas componentes son:

$$M_y = \frac{b}{2}(P_1 - P_2 + P_3) \quad ; \quad M_z = -\frac{h}{2}(P_1 + P_2 - P_3)$$

La carga superficial p produce una flexión simple de momento flector

$$M_z = -\,pb\,\frac{x^2}{2}$$

y esfuezo cortante

$$T_y = -\,pbx$$

La energía de deformación almacenada por la viga será:

$$\mathcal{T} = \frac{1}{2}\int_0^l \left(\frac{N^2}{E\Omega} + \frac{T_y^2}{G\Omega_{1y}} + \frac{M_y^2}{EI_y} + \frac{M_z^2}{EI_z}\right) dx =$$

$$= \frac{N^2 l}{2E\Omega} + \frac{p^2 b^2 l^3}{6G\Omega_{1y}} + \frac{M_y^2}{2EI_y}\,l + \int_0^l \frac{M_z^2}{2EI_z}\,dx$$

siendo Ω_{1y} la sección reducida que, como sabemos, en el caso de sección rectangular es $\Omega_{1y} = \frac{5}{6}\Omega$, y G el módulo de elasticidad transversal, cuyo valor es

$$G = \frac{E}{2(1+\mu)} = \frac{41 \times 10^9}{2(1+0{,}34)} = 15{,}2985 \text{ GPa}$$

Para la aplicación dada:

$$N = P_1 + P_2 + P_3 = 10 \text{ kN}$$

$$M_y = \frac{b}{2}(P_1 - P_2 + P_3) = \frac{0{,}3}{2} 2 \times 10^3 \text{ m}\cdot\text{N} = 300 \text{ m}\cdot\text{N}$$

$$M_z = -\frac{h}{2}(P_1 + P_2 - P_3) - \frac{pbx^2}{2} = -\frac{0{,}4}{2} 2 \times 10^3 - \frac{2 \times 10^3 \times 0{,}3}{2} x^2 = (-400 - 300\, x^2) \text{ m}\cdot\text{N}$$

$$T_y = -pbx = -2 \times 10^3 \times 0{,}3\, x = -600\, x \text{ N}$$

Sustituyendo en la expresión del potencial interno

$$\mathscr{T} = \frac{(10 \times 10^3)^2 \times 2}{2 \times 41 \times 10^9 \times 0{,}4 \times 0{,}3} + \frac{(2 \times 10^3)^2 \times 0{,}3^2 \times 2^3}{6 \times 15{,}2985 \times 10^9 \times \frac{5}{6} 0{,}3 \times 0{,}4} + \frac{300^2 \times 2}{2 \times 41 \times 10^9 \times \frac{1}{12} \times 0{,}4 \times 0{,}3^3} +$$

$$+ \frac{1}{2 \times 41 \times 10^9 \times \frac{1}{12} 0{,}3 \times 0{,}4^3} \int_0^2 (400 + 300\, x^2)^2\, dx = 20{,}32 \times 10^{-3} + 0{,}313 \times 10^{-3} +$$

$$+ 4{,}878 \times 10^{-3} + 11{,}707 \times 10^{-3} = 37{,}218 \times 10^{-3} \text{ Julios}$$

9.2. Método de Mohr para el cálculo de desplazamientos en el caso general de una solicitación arbitraria

En el epígrafe 5.8 se expuso el método de Mohr para el cálculo de desplazamientos de los puntos de un prisma mecánico sometido a flexión simple. Ahora veremos que el método es generalizable al cálculo de desplazamientos, tanto para corrimientos de puntos como para giros de las secciones, en el caso general de una solicitación arbitraria.

En efecto, siguiendo la metodología allí expuesta supondremos aplicada una carga ficticia $\vec{\phi}$, que será una fuerza en el caso que queramos calcular el desplazamiento del punto en el que se aplica, o bien un momento si se trata de hallar el giro de la sección sobre la que se hace actuar.

Por el principio de superposición, el esfuerzo normal, los esfuerzos cortantes, el momento torsor y los momentos flectores del prisma mecánico serán la suma de los esfuerzos normales, esfuerzos cortantes, momentos torsores y momentos flectores respectivos, debidos a la carga real, por una parte, y a la carga ficticia actuando sola sobre el prisma, por otra.

Por la linealidad entre causa y efecto, cualquiera de estas magnitudes debidas a la carga $\vec{\phi}$ es igual al efecto producido por una carga unidad aplicada en el mismo punto o sección, de la misma dirección y sentido que $\vec{\phi}$, multiplicado por el módulo de la carga $\vec{\phi}$.

Según esto, las leyes de esfuerzos y momentos en las secciones del prisma serán:

$$\begin{aligned} N &= N_0 + \phi N_1 \\ T_y &= T_{y0} + \phi T_{y1} \\ T_z &= T_{z0} + \phi T_{z1} \\ M_T &= M_{T0} + \phi M_{T1} \\ M_y &= M_{y0} + \phi M_{y1} \\ M_z &= M_{z0} + \phi M_{z1} \end{aligned} \tag{9.2-1}$$

en donde:

N_0, T_{y0}, T_{z0} son las leyes de esfuerzos normales y cortantes en el prisma mecánico sometido a la solicitación real dada.

M_{T0}, M_{y0}, M_{z0} son las leyes de momentos torsores y flectores en el prisma mecánico sometido a la solicitación real dada.

N_1, T_{y1}, T_{z1} son las leyes de esfuerzos normales y cortantes producidos en el prisma por una solicitación formada exclusivamente por una carga unidad, o un momento unidad aplicada al punto, o sección, en el que se quiera medir el desplazamiento, o giro, respectivamente.

M_{T1}, M_{y1}, M_{z1} son las leyes de momentos torsores y flectores producidos en el prisma por una solicitación formada exclusivamente por una carga unidad, o un momento unidad aplicada al punto, o sección, en el que se quiera medir el desplazamiento, o giro, respectivamente.

El potencial interno de la viga, en virtud de (9.1-12) y teniendo en cuenta (9.2-1), es:

$$\mathcal{T} = \frac{1}{2}\int_{s_0}^{s_1}\left[\frac{(N_0+\phi N_1)^2}{E\Omega} + \frac{(T_{y0}+\phi T_{y1})^2}{G\Omega_{1y}} + \frac{(T_{z0}+\phi T_{z1})^2}{G\Omega_{1z}} + \right.$$
$$\left. + \frac{(M_{T0}+\phi M_{T1})^2}{GJ} + \frac{(M_{y0}+\phi M_{y1})^2}{EI_y} + \frac{(M_{z0}+\phi M_{z1})^2}{EI_z}\right] ds \tag{9.2-2}$$

Si $\vec{\phi}$ es una fuerza y se trata de calcular la proyección sobre dicha fuerza del desplazamiento del punto C en el que se aplica, por el teorema de Castigliano, se tiene:

$$\delta_C = \left[\frac{\partial \mathcal{T}}{\partial \phi}\right]_{\phi=0} = \int_{s_0}^{s_1}\left(\frac{N_0 N_1}{E\Omega} + \frac{T_{y0}T_{y1}}{G\Omega_{1y}} + \frac{T_{z0}T_{z1}}{G\Omega_{1z}} + \frac{M_{T0}M_{T1}}{GJ} + \right.$$
$$\left. + \frac{M_{y0}M_{y1}}{EI_y} + \frac{M_{z0}M_{z1}}{EI_z}\right) ds \tag{9.2-3}$$

Análogamente, si $\vec{\phi}$ es un momento y se quiere calcular la proyección del vector del giro de una sección Σ sobre el momento $\vec{\phi}$ aplicado a la misma tendremos:

$$\theta_\Sigma = \left[\frac{\partial \mathcal{T}}{\partial \phi}\right]_{\phi=0} = \int_{s_0}^{s_1} \left(\frac{N_0 N_1}{E\Omega} + \frac{T_{y0}T_{y1}}{G\Omega_{1y}} + \frac{T_{z0}T_{z1}}{G\Omega_{1z}} + \frac{M_{T0}M_{T1}}{GJ} + \right.$$

$$\left. + \frac{M_{y0}M_{y1}}{EI_y} + \frac{M_{z0}M_{z1}}{EI_z}\right) ds \qquad (9.2\text{-}4)$$

Ejemplo 9.2. Se considera la viga de acero indicada en la Figura 9.4, de sección circular de radio r constante. La viga está empotrada en su sección extrema C y tiene la otra sección extrema A libre. La línea media de la viga es una circunferencia de radio R más un tramo recto BA de longitud R, de tal forma que el extremo A ocupa la posición del centro de la circunferencia.

Se aplica en la sección libre A una carga P, en dirección perpendicular al plano de la viga. Conociendo los valores de los módulos de elasticidad E y G del acero, se pide calcular el desplazamiento que experimenta la sección extrema A en la dirección de la carga P.

Aplicar al caso en que: $P = 1$ kN; $R = 50$ cm; $r = 2$ cm; $E = 2 \times 10^5$ MPa; $G = 8 \times 10^4$ MPa. Se indicará la influencia, en %, que tiene en la deformación cada uno de los esfuerzos.

Veamos cuales son las leyes de los esfuerzos debidos a la carga P y a la carga unidad aplicadas en la sección A. Suponemos que ambas tienen el sentido entrante en el plano de la figura.

- En $\overline{AB}$:

$$N_0 = 0 \quad ; \quad T_{y0} = -P \quad ; \quad T_{z0} = 0$$
$$M_{T0} = 0 \quad ; \quad M_{y0} = 0 \quad ; \quad M_{z0} = -Px$$
$$N_1 = 0 \quad ; \quad T_{y1} = -1 \quad ; \quad T_{z1} = 0$$
$$M_{T1} = 0 \quad ; \quad M_{y1} = 0 \quad ; \quad M_{z1} = -x$$

- En $\widehat{BC}$:

$$N_0 = 0 \quad ; \quad T_{y0} = -P \quad ; \quad T_{z0} = 0$$
$$M_{T0} = -PR \quad ; \quad M_{y0} = 0 \quad ; \quad M_{z0} = 0$$
$$N_1 = 0 \quad ; \quad T_{y1} = -1 \quad ; \quad T_{z1} = 0$$
$$M_{T1} = -R \quad ; \quad M_{y1} = 0 \quad ; \quad M_{z1} = 0$$

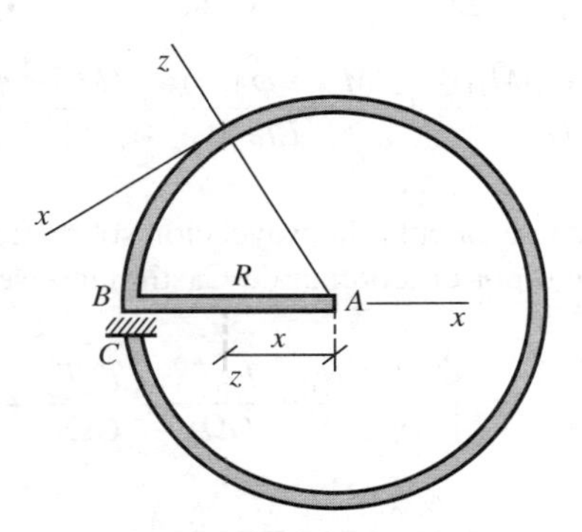

Figura 9.4

Aplicando el método de Mohr, la expresión del desplazamiento de A en la dirección de la carga unitaria aplicada será:

$$\delta_A = \int_0^R \frac{T_{y0}T_{y1}}{G\Omega_{1y}}\,dx + \int_0^{2\pi} \frac{T_{y0}T_{y1}}{G\Omega_{1y}}\,R\,d\theta + \int_0^{2\pi} \frac{M_{T0}M_{T1}}{GI_0}\,R\,d\theta + \int_0^R \frac{M_{z0}M_{z1}}{EI_z}\,dx$$

Teniendo en cuenta las expresiones de las leyes de esfuerzos encontradas anteriormente y que la sección reducida de una sección circular es $\Omega_{1y} = \frac{9}{10}\,\Omega = \frac{9\pi r^2}{10}$, se tiene:

$$\delta_A = \frac{10PR}{G9\pi r^2} + \frac{PR}{G9\pi r^2}\,2\pi + \frac{2PR^3}{G\pi r^4}\,2\pi + \frac{4PR^3}{3E\pi r^4} =$$

$$= \frac{10PR}{G9\pi r^2}\,(1 + 2\pi) + \frac{4PR^3}{Gr^4} + \frac{4PR^3}{3E\pi r^4}$$

expresión en la que el primer sumando es la deformación que produce el esfuerzo cortante; el segundo, es debido al momento torsor; y el tercero el causado por el momento flector.

Para los valores dados

$$\delta_A = \frac{10 \times 10^3 \times 0{,}5(1 + 2\pi)}{8 \times 10^{10} \times 9 \times \pi \times 2^2 \times 10^{-4}} + \frac{4 \times 10^3 \times 0{,}5^3}{8 \times 10^{10} \times 2^4 \times 10^{-8}} + \frac{4 \times 10^3 \times 0{,}5^3}{3 \times 2 \times 10^{11} \times \pi \times 2^4 \times 10^{-8}}\ \text{m} =$$

$$= (0{,}04 + 39{,}06 + 1{,}6578)\ \text{mm} = 40{,}76\ \text{mm}$$

Una vez obtenido el desplazamiento de la sección A, 40,76 mm en la dirección entrante en el plano de la figura, la obtención del % de influencia que ha tenido en la deformación cada uno de los esfuerzos es inmediata

Esfuerzo cortante: $\frac{0{,}04}{40{,}76} \times 100 = 0{,}098\ \%$

Momento torsor: $\frac{39{,}06}{40{,}76} \times 100 = 95{,}829\ \%$

Momento flector: $\frac{1{,}6578}{40{,}76} \times 100 = 4{,}067\ \%$

Del resultado obtenido se deduce que la máxima influencia en la deformación es la debida al momento torsor (95,8 %); que la influencia en este caso del momento flector es pequeña (4,07 %); y que el efecto producido por el esfuerzo cortante es despreciable (0,098 %).

9.3. Flexión y torsión combinadas

Es poco frecuente que en los problemas que se le puedan plantear a un técnico se presente la torsión en su forma simple. Por el contrario, son abundantes los casos en que aparece combinada con flexión, como en el caso de ejes motrices utilizados para transmitir potencia, en los que el peso propio, reacciones en cojinetes, etc. producen un momento flector que hay que considerar; o en el caso de una viga curva plana horizontal (llamada viga-balcón) sometida a la acción de cargas verticales.

Consideremos un eje sometido a torsión y en el cual se considera su propio peso. Suponemos que actúan sobre el mismo fuerzas verticales (cargas directamente aplicadas o reacciones). Al ser la sección circular, las direcciones principales de inercia están indeterminadas, por lo que tomaremos como eje Gy el radio vertical. En estas condiciones el momento torsor M_T tiene la dirección del eje x, el flector M_F la del eje z, y el esfuerzo cortante T_y la del eje y (Fig. 9.5).

Veamos qué estado tensional produce en la sección cada uno de ellos:

M_T sólo produce cortadura, según sabemos. En la Figura 9.6-*a* se representa el espectro de tensiones en una sección para los puntos de su diámetro vertical. El valor máximo es:

$$\tau_{\text{máx}} = \frac{M_T}{I_0} R = \frac{2M_T}{\pi R^3} \tag{9.3-1}$$

M_F, por su parte, causa una distribución de tensiones normales a la sección, dada por una función lineal de la distancia de cada punto al plano Gxz, y cuyo valor máximo corresponde a los extremos del diámetro vertical (Fig. 9.6-*b*):

$$|\sigma_{\text{máx}}| = \frac{M_F}{I_z} R = \frac{4M_F}{\pi R^3} \tag{9.3-2}$$

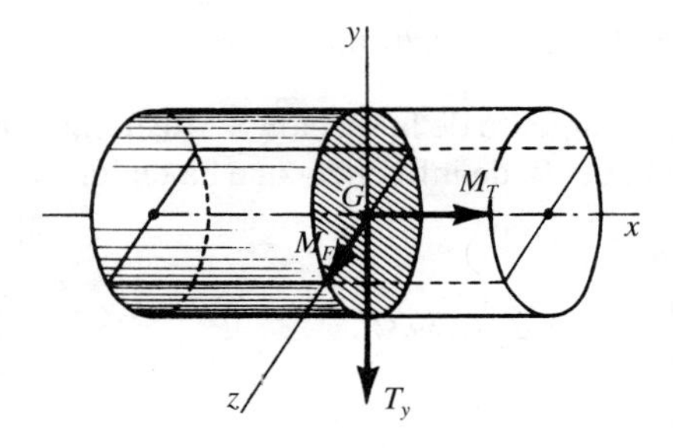

Figura 9.5

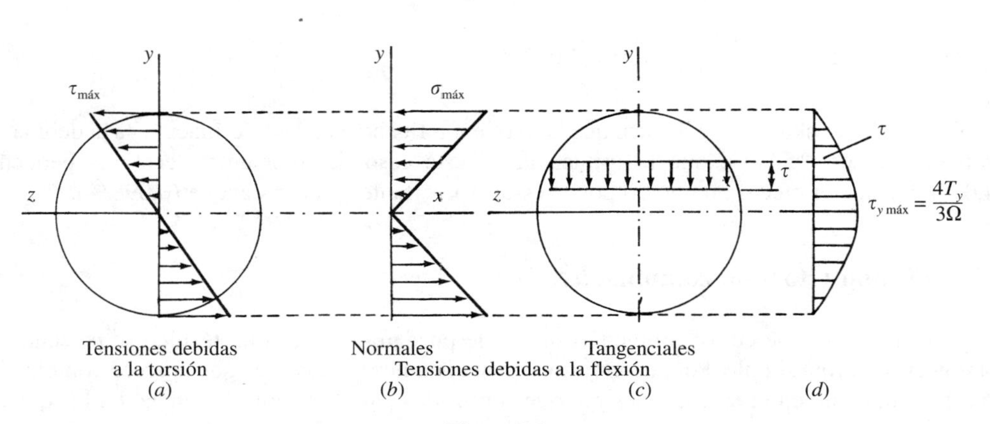

Figura 9.6

Finalmente, la distribución de tensiones verticales de cortadura debidas al esfuerzo cortante T_y sigue una ley parabólica, que se anula en los extremos del diámetro vertical y toma su valor máximo en los puntos del diámetro horizontal (Figs. 9.6-*c* y 9.6-*d*)

$$\tau_{y\ \text{máx}} = \frac{4T_y}{3\Omega} \tag{9.3-3}$$

Este valor es, generalmente, muy pequeño frente a $\tau_{\text{máx}}$ y $\sigma_{\text{máx}}$, por lo que no se suele tener en cuenta. Por el contrario, se considera que en todos los puntos de la sección, a efectos del cálculo del elemento resistente, actúan las tensiones; $\sigma_{\text{máx}}$ en dirección normal a la sección (de sentido positivo si se trata de tracción, y negativo si están sometidos a compresión), y $\tau_{\text{máx}}$, de dirección perpendicular al radio que le corresponda.

Ahora bien, $\sigma_{\text{máx}}$ y $\tau_{\text{máx}}$ son las componentes normal y tangencial del vector tensión en una superficie elemental contenida en la sección recta. Considerando otra sección elemental ortogonalmente a la anterior (Fig. 9.7-*a*), los valores de las tensiones principales se obtienen inmediatamente a partir del círculo de Mohr correspondiente (Fig. 9.7-*b*):

$$\begin{aligned} \sigma_1 &= \frac{\sigma_{\text{máx}}}{2} + \frac{1}{2}\sqrt{\sigma_{\text{máx}}^2 + 4\tau_{\text{máx}}^2} \\ \sigma_2 &= \frac{\sigma_{\text{máx}}}{2} - \frac{1}{2}\sqrt{\sigma_{\text{máx}}^2 + 4\tau_{\text{máx}}^2} \end{aligned} \tag{9.3-4}$$

Asimismo, se obtiene el valor de la tensión de cortadura máxima:

$$t_{\text{máx}} = \sqrt{\tau_{\text{máx}}^2 + \left(\frac{\sigma_{\text{máx}}}{2}\right)^2} \tag{9.3-5}$$

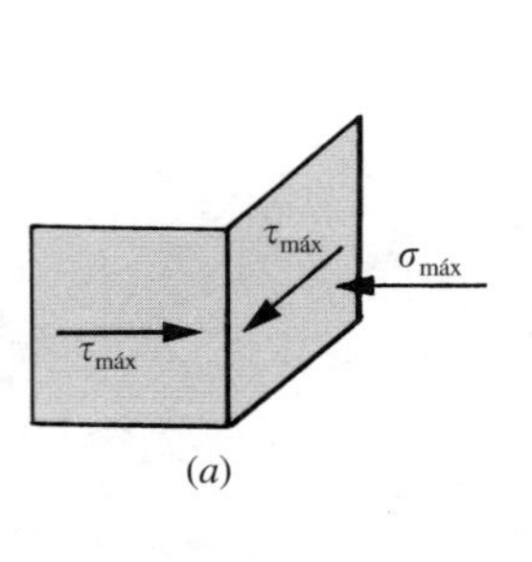

(*a*)

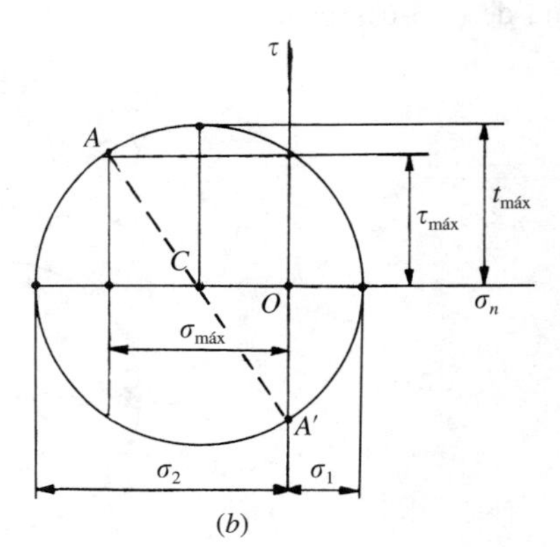

(*b*)

Figura 9.7

Sustituyendo los valores de $\tau_{\text{máx}}$ y $\sigma_{\text{máx}}$ dados por (9.3-1) y (9.3-2), se tiene:

$$\sigma_1 = \frac{2}{\pi R^3}\left(-M_F + \sqrt{M_F^2 + M_T^2}\right)$$

$$\sigma_2 = \frac{2}{\pi R^3}\left(-M_F - \sqrt{M_F^2 + M_T^2}\right) \qquad (9.3\text{-}6)$$

$$t_{\text{máx}} = \frac{2}{\pi R^3}\sqrt{M_F^2 + M_T^2}$$

Las máximas tensiones principales se producirán, en general, donde las tensiones debidas a la flexión son mayores, es decir, en la parte superior o inferior de la sección del prisma que está sometida al momento flector máximo. No obstante, esto puede no ser cierto y hay que considerar otras posibilidades, y calcular, por ejemplo, las tensiones principales en los puntos de la sección que son extremos del eje neutro, aunque, como ya hemos dicho, por lo general, los valores de $\tau_{y\ \text{máx}}$ sean pequeños frente a $\tau_{\text{máx}}$ y $\sigma_{\text{máx}}$.

Si la sustentación de la viga no es el apoyo simple, o si la sección del prisma no es circular, se pueden calcular los valores de las tensiones principales en diversos puntos del prisma, en los que bien la tensión normal o bien la tensión cortante tomen valores máximos, y compararlos. Se tendrá de esta forma una razonable seguridad de haber obtenido los máximos valores absolutos de las tensiones.

Si se trata de calcular el diámetro de un eje, éste se determinará a partir de estos máximos valores absolutos que, en general serán los dados por las ecuaciones (9.3-6), aplicando alguno de los criterios de resistencia que ya conocemos.

Dentro de éstos es quizás el de Tresca el que nos resulte de más comodidad a la par que nos aporta la mayor seguridad. Según este criterio, si el límite elástico es σ_e se tendrá que verificar:

$$t_{\text{máx}} \leqslant \frac{\sigma_e}{2} \qquad (9.3\text{-}7)$$

y, en virtud de (9.3-6), resulta:

$$R \geqslant \sqrt[3]{\frac{4\sqrt{M_F^2 + M_T^2}}{\pi\sigma_e}} \qquad (9.3\text{-}8)$$

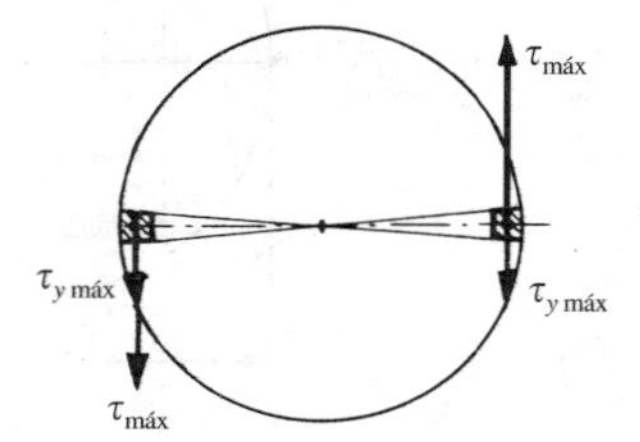

Figura 9.8

Ejemplo 9.3.1. Un eje de acero de diámetro $D = 4$ cm, que gira con velocidad angular constante, tiene solidarias dos poleas coaxiales, como se indica en la Figura 9.9. La polea C, de radio $R_C = 10$ cm, transmite la potencia de un motor a través de una correa vertical para accionar una máquina herramienta, cuya correa horizontal es movida mediante otra polea D de radio $R_D = 8$ cm.

Conociendo los esfuerzos normales que las correas ejercen sobre las poleas: $F_1 = 300$ kp; $F_2 = 220$ kp; $F_3 = 250$ kp; $F_4 = 150$ kp y despreciando los pesos del eje y de las poleas, se pide calcular la tensión máxima que se produce en el eje.

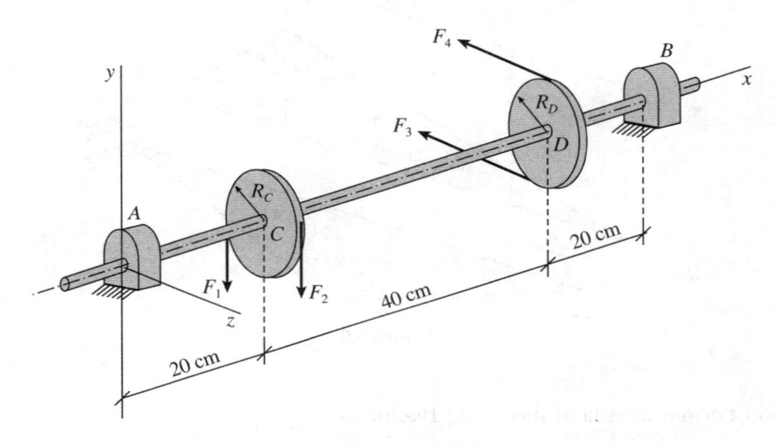

Figura 9.9

Determinemos las reacciones de las ligaduras (Fig. 9.9-*a*)

$$\left.\begin{array}{l} V_A + V_B = 520 \\ V_A \cdot 80 = 520 \times 60 \end{array}\right| \Rightarrow \quad V_A = 390 \text{ kp} \quad ; \quad V_B = 130 \text{ kp}$$

$$\left.\begin{array}{l} H_A + H_B = 400 \\ H_A \cdot 80 = 400 \times 20 \end{array}\right| \Rightarrow \quad H_A = 100 \text{ kp} \quad ; \quad H_B = 300 \text{ kp}$$

Obtenidos estos valores podemos dibujar los diagramas de los momentos flectores M_y y M_z (Fig. 9.9-*b*).

De la observación de los diagramas se deduce que la sección del eje que va a estar sometida al máximo momento flector es la sección C. El momento flector en ella es:

$$M_{FC} = \sqrt{7.800^2 + 2.000^2} \text{ kp} \cdot \text{cm} = 8.052{,}3 \text{ kp} \cdot \text{cm}$$

Por otra parte, el tramo CD entre poleas está sometido a torsión pura, de momento torsor

$$M_T = (F_1 - F_2)\, R_C = (F_3 - F_4)\, R_D = 800 \text{ kp} \cdot \text{cm}$$

que produce una tensión de cortadura cuyo valor máximo τ se presenta en los puntos periféricos de la sección.

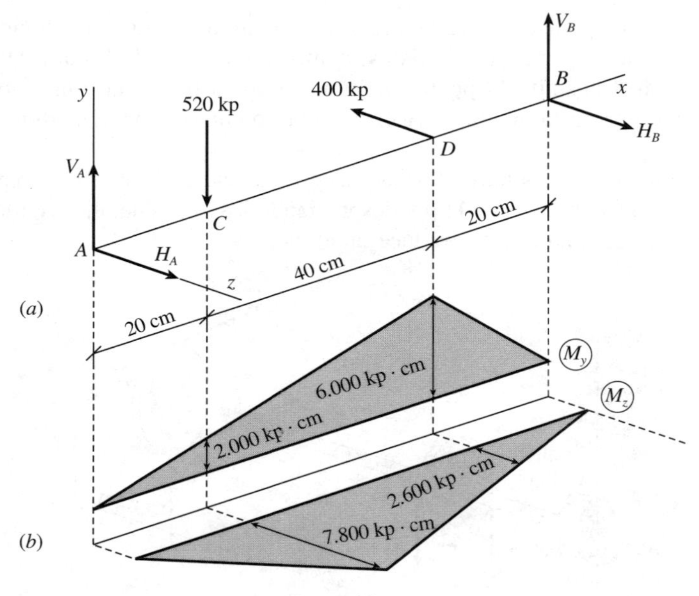

Figura 9.9

La tensión normal debida al momento flector es:

$$\sigma_{nx} = \frac{M_{FC}}{I_z} y = \frac{8.052,3}{\pi \times \dfrac{2^4}{4}} 2 = 1.281,56 \text{ kp/cm}^2$$

mientras que la tensión cortante máxima en los puntos periféricos de la sección tiene el valor

$$\tau = \frac{M_T}{I_0} R = \frac{800}{\pi \times \dfrac{2^4}{2}} 2 = 63,66 \text{ kp/cm}^2$$

Para determinar la tensión máxima que se produce en el eje, calculemos las tensiones principales en los puntos de la sección en los que son máximas las tensiones normales debidas al momento flector (puntos M y N en la Fig. 9.9-*c*).

En el punto M:

$$\sigma_{1,2} = -\frac{1.281,56}{2} \pm \sqrt{\left(\frac{1.281,56}{2}\right)^2 + 63,66^2} \quad \Rightarrow$$

$$\Rightarrow \quad \sigma_1 = 3,15 \text{ kp/cm}^2 \quad ; \quad \sigma_2 = -1.284,71 \text{ kp/cm}^2$$

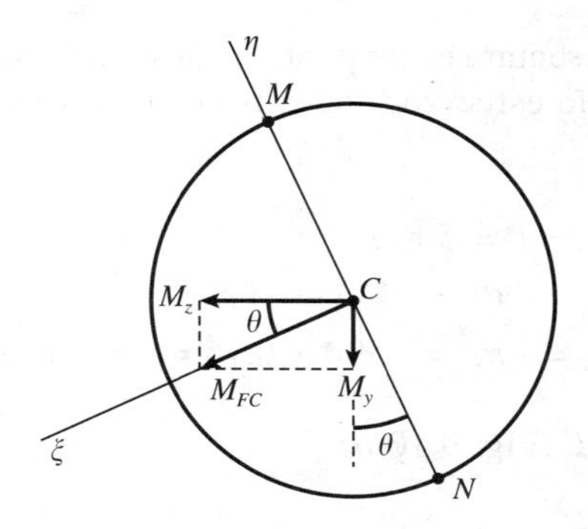

Figura 9.9-*c*

En el punto N:

$$\sigma_{1,2} = \frac{1.281,56}{2} \pm \sqrt{\left(\frac{1.281,56}{2}\right)^2 + 63,66^2} \Rightarrow$$

$$\Rightarrow \quad \sigma_1 = 1.284,71 \text{ kp/cm}^2 \quad ; \quad \sigma_2 = -3,15 \text{ kp/cm}^2$$

Los resultados obtenidos nos indican que la tensión máxima que se produce en el eje es de 1.284,71 kp/cm², y se presenta en los puntos M y N de la sección C (Fig. 9.9-*c*): en el punto M es de compresión y en el punto N de tracción.

$\overline{MN}$ es el diámetro de la sección C que forma con la vertical un ángulo $\theta = \text{arc tg } \frac{M_y}{M_z} =$

$$= \text{arc tg } \frac{2.000}{7.800} = 14,38^\circ$$

Ejemplo 9.3.2. Calcular la tensión máxima que existe en el perfil abierto de pared delgada, de longitud l = 1 m y espesor e = 8 mm, representado en la Figura 9.10. El perfil está empotrado en un extremo y tiene aplicada en el punto D de su sección extrema una carga concentrada P = 500 kp.

La línea media de la sección recta del perfil es una circunferencia de radio R = 15 cm.

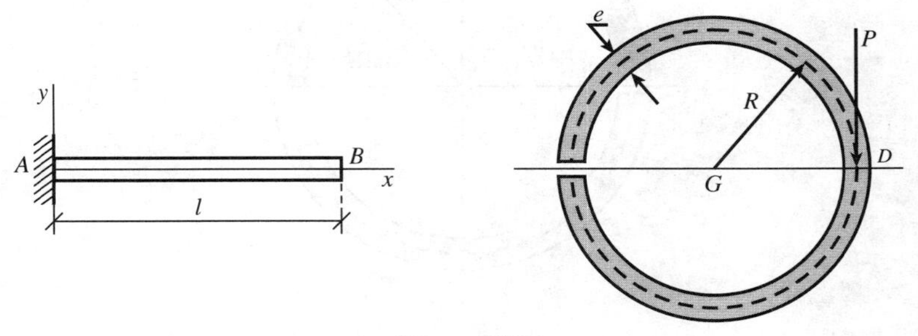

Figura 9.10

La tensión máxima se presentará en un punto de la sección de empotramiento que es en el que las tensiones, debidas a lo esfuerzos que existen en el perfil, son máximas. Los valores de los esfuerzos son:

$$T_y = P = 500 \text{ kp}$$
$$M_z = -Pl = -500 \text{ m} \cdot \text{kp}$$
$$M_T = -PR = -500 \times 0{,}15 = -75 \text{ m} \cdot \text{kp}$$

Calculemos cuanto vale I_z (Fig. 9.10-*a*)

$$I_z = \int_0^{2\pi} R(R \text{ sen } \theta)^2 \, e \, d\theta = R^3 e \int_0^{2\pi} \text{sen}^2 \theta \, d\theta = \pi R^3 e = \pi \times 15^3 \times 0{,}8 = 8.482 \text{ cm}^4$$

y el momento estático del área sombreada en la Figura 9.10-*a*

$$m_z = \int_0^{\theta} Re \, R \text{ sen } \alpha \, d\alpha = R^2 e \, (1 - \cos \theta) = 15^2 \times 0{,}8 \, (1 - \cos \theta) = 180 \, (1 - \cos \theta) \text{ cm}^3$$

que particularizada para la sección $MN\left(\theta = \frac{\pi}{2}\right)$ nos da: $m_z = 180 \text{ cm}^3$.

Veamos cuales son las tensiones normal y tangencial en M debidas a la flexión

$$\sigma_{nx} = -\frac{M_z}{I_z}\left(R + \frac{e}{2}\right) = \frac{500 \times 10^2}{8.482} (15 + 0{,}4) \text{ kp/cm}^2 = 90{,}78 \text{ kp/cm}^2$$

$$\tau = \frac{T_y m_z}{e I_z} = \frac{500 \times 180}{0{,}8 \times 8.482} = 13{,}26 \text{ kp/cm}^2$$

La distribución de la tensión cortante en el espesor MN se representa en la Figura 9.10-*c*.

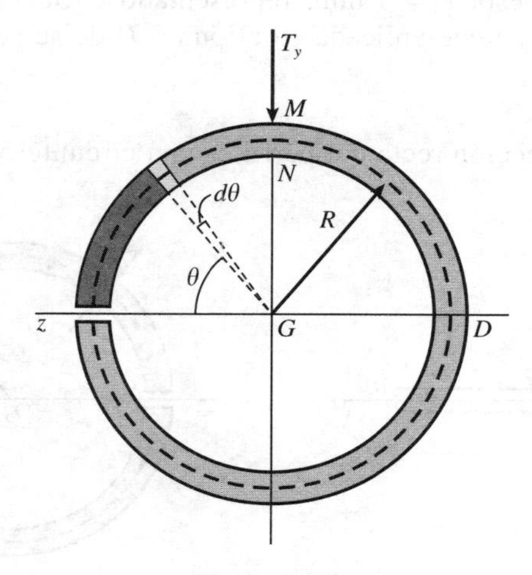

Figura 9.10-*a*

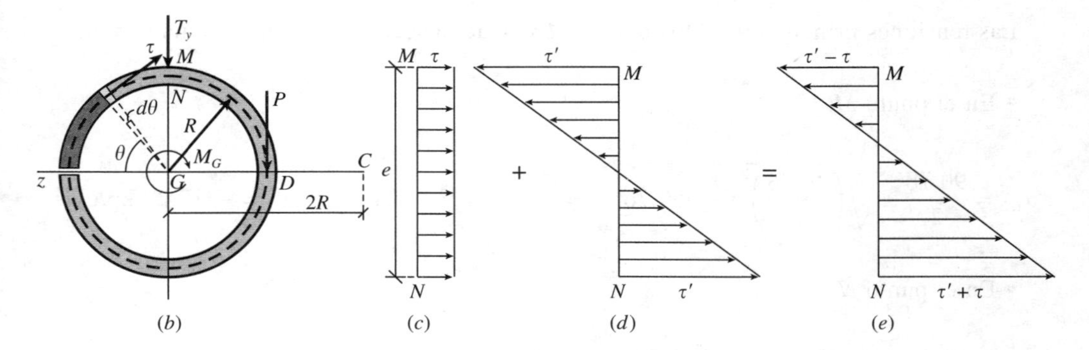

Figura 9.10

Para determinar la tensión tangencial debida al momento torsor calculemos previamente la posición del centro de torsión. Como el momento de las fuerzas engendradas por las tensiones tangenciales por flexión, respecto del centro de gravedad G de la sección, es

$$M_G = \int_0^{2\pi} \frac{T_y m_z}{I_z e} eR^2 \, d\theta = \frac{T_y R^2}{\pi R^3 e} R^2 e \int_0^{2\pi} (1 - \cos\theta) \, d\theta = 2PR$$

el centro de torsión C se encuentra a distancia $\overline{GC} = 2R$. El momento torsor real sobre la sección será

$$M_{TC} = P \cdot \overline{CD} = P(2R - R) = PR = 75 \text{ m} \cdot \text{kp}$$

en sentido antihorario.

La tensión cortante debida a la torsión se distribuye de forma lineal en el espesor (Fig. 9.10-*d*) y según la expresión (3.7-1) su valor máximo τ' es

$$\tau' = \frac{3M_T}{se^2} = \frac{3PR}{2\pi Re^2} = \frac{3 \times 75 \times 10^2}{2\pi \times 15 \times 0{,}8^2} = 373{,}02 \text{ kp/cm}^2$$

La tensión tangencial resultante en los puntos M y N, debida a la acción conjunta del momento flector del momento torsor, es

$$\tau_M = \tau' - \tau = 373{,}02 - 13{,}26 = 359{,}36 \text{ kp/cm}^2$$

$$\tau_N = \tau' + \tau = 373{,}02 + 13{,}26 = 386{,}28 \text{ kp/cm}^2$$

Comprobaremos las tensiones máximas en los puntos M y N de la sección. Teniendo en cuenta que la tensión normal en N debida al momento flector es

$$\sigma_{nx} = -\frac{M_z}{I_z}\left(R - \frac{e}{2}\right) = \frac{500 \times 10^2}{8.482}(15 - 0{,}4) = 86{,}06 \text{ kp/cm}^2$$

Las tensiones principales en los puntos M y N de la sección de empotramiento son:

- En el punto M:

$$\sigma_{1,2} = \frac{90{,}78}{2} \pm \sqrt{\left(\frac{90{,}78}{2}\right)^2 + 359{,}76^2} \Rightarrow \sigma_1 = 408 \text{ kp/cm}^2 \quad ; \quad \sigma_2 = -317{,}22 \text{ kp/cm}^2$$

- En el punto N:

$$\sigma_{1,2} = \frac{86{,}06}{2} \pm \sqrt{\left(\frac{86{,}06}{2}\right)^2 + 386{,}28^2} \Rightarrow \sigma_1 = 431{,}7 \text{ kp/cm}^2 \quad ; \quad \sigma_2 = -345{,}64 \text{ kp/cm}^2$$

De los resultados obtenidos se deduce que la tensión máxima pedida que existe en el perfil considerado es

$$\sigma_{\text{máx}} = 431{,}7 \text{ kp/cm}^2$$

y se presenta en el punto N de la sección del empotramiento.

9.4. Torsión y cortadura. Resortes de torsión

Otro ejemplo típico de torsión combinada es el de los muelles o resortes de torsión.

Consideremos un alambre de sección tranversal constante, que supondremos circular, cuya fibra media adopte la configuración geométrica de una hélice y esté sometido a un esfuerzo de tracción F en la dirección de su eje.

Realizando un corte en una sección recta, en el centro de gravedad de la misma existirá una fuerza igual y contraria a F y un momento M opuesto al de la fuerza F respecto de G (Fig. 9.11).

Tomaremos como eje Gy la intersección del plano de la sección con el plano que contiene a F y es tangente a la fibra media en G (plano que, para la sección que se ha tomado en la figura, es paralelo al plano del papel, por lo que los vectores F y M, así como sus componentes según los ejes Gx y Gy pertenecientes a este plano, aparecen representados en verdadera magnitud).

La fuerza F admite dos componentes:

$$N = F \cdot \cos \Phi$$
$$T_y = F \cdot \text{sen } \Phi \qquad (9.4\text{-}1)$$

siendo Φ el ángulo helicoidal que es constante para todas las secciones del muelle.

La primera componente N produce un efecto de tracción o compresión, mientra que la segunda T_y lo produce de cortadura.

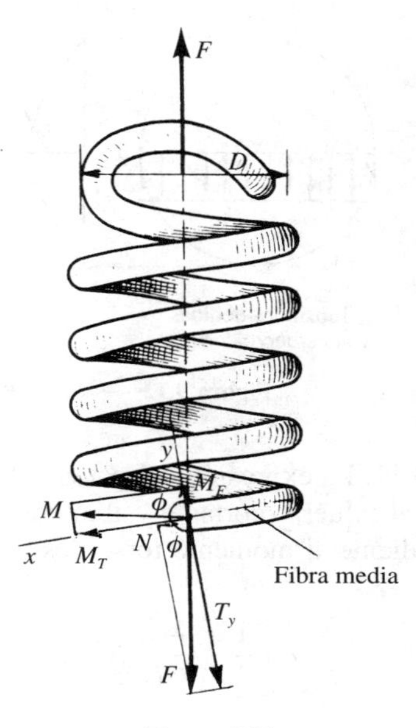

Figura 9.11

También el momento M tiene dos componentes:

$$M_F = M \cos \Phi = \frac{FD}{2} \cos \Phi$$

$$M_T = M \operatorname{sen} \Phi = \frac{FD}{2} \operatorname{sen} \Phi \qquad (9.4\text{-}2)$$

siendo D el diámetro medio del resorte.

La primera componente M_F es un momento flector que causará un efecto de tracción en media sección (en $z > 0$, por ejemplo) y compresión en la otra media (en $z < 0$). La segunda componente, de dirección tangente a la fibra media en G, es un momento torsor.

Para muelles que tengan las espiras muy próximas* el ángulo helicoidal Φ tiende a $\pi/2$, por lo que tanto N como M_F se pueden considerar despreciables. En este caso las tensiones en la sección recta son exclusivamente de cortadura.

En la Figura 9.12 se han indicado los espectros de las tensiones debidas al momento torsor y al esfuerzo cortante para los puntos del diámetro AB (coincidente con el eje Gz de la Fig. 9.11). Se observa que la tensión máxima aparece en el punto A, es decir, en el lado interior de la espira.

Para estudiar la deformación del resorte podemos considerar, caso de ser las espiras muy próximas, que el radio de curvatura de la línea media es, con gran aproximación, igual al radio medio del muelle.

---

* Se denominan muelles o resortes helicoidales de espiras cerradas.

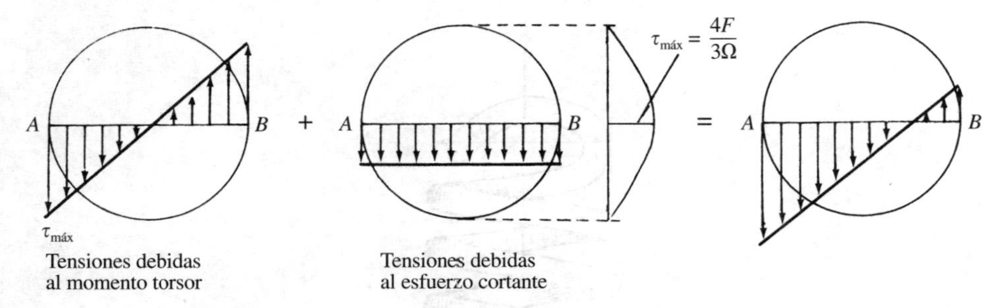

Figura 9.12

Sea el resorte de la Figura 9.11. La expresión del potencial interno, despreciando los términos debidos al esfuerzo normal, al esfuerzo cortante y al momento flector, por tener valores muy pequeños respecto al correspondiente al momento torsor, es

$$\mathscr{T} = \frac{1}{2}\int_s \frac{M_T^2}{GI_0}\,ds \tag{9.4-3}$$

Por el método de Mohr, el desplazamiento total δ de los extremos del resorte será:

$$\delta = \int_s \frac{M_T \cdot M_{T1}}{GI_0}\,ds \tag{9.4-4}$$

estando extendida la integral a lo largo de toda la línea media del resorte, y siendo

$$M_T = F \cdot R \quad ; \quad M_{T1} = R$$

Sustituyendo en (9.4-4) y suponiendo que el muelle tiene n espiras, se tiene

$$\delta = \frac{FR^2}{GI_0}\int_s ds = \frac{FR^2}{GI_0}\,2\pi R n = \frac{FR^3}{GI_0}\,2\pi n \tag{9.4-5}$$

Esta expresión de δ se puede poner en función de los diámetros D de la espira y d del alambre.

$$\delta = \frac{FD^3}{8G}\,\frac{32}{\pi d^4}\,2\pi n = \frac{8FD^3 n}{Gd^4} \tag{9.4-6}$$

Si de esta ecuación se despeja F

$$F = \frac{Gd^4}{8nD^3}\,\delta \tag{9.4-7}$$

se deduce la expresión de la *rigidez del resorte*

$$k = \frac{Gd^4}{8nD^3} \tag{9.4-8}$$

Además de esta deformación, el alambre ha experimentado un giro debido al momento torsor cuyo valor para un tramo comprendido entre dos secciones rectas, de longitud Δs medida sobre la línea media, es, en virtud de (3.2-11):

$$\Delta\phi = \frac{M_T}{GI_0}\Delta s = \frac{FD}{2}\frac{32}{G\pi d^4}\Delta s = \frac{16FD}{\pi G d^4}\Delta s \tag{9.4-9}$$

Ejemplo 9.4. Se consideran dos resortes helicoidales de espiras cerradas de la misma longitud, en los que ambos tienen un diámetro medio igual a 10 veces el diámetro del alambre. Uno de ellos tiene $n_1 = 10$ espiras y su diámetro del alambre es $d_1 = 5$ mm.

Utilizando ambos en serie, el resorte compuesto tiene una rigidez de 1.856,86 N/m. Sabiendo que el módulo de elasticidad transversal $G = 80$ GPa, se pide:

1.° Calcular el diámetro del alambre y número de espiras del segundo resorte.
2.° Determinar la carga máxima que se puede aplicar al resorte compuesto por los dos resortes en los casos de colocarlos: *a*) en serie; *b*) en paralelo, si la tensión trangencial admisible es $\tau_{adm} = 300$ MPa.

1.° Sea k la rigidez del resorte compuesto y k_1 y k_2 las rigideces correspondientes a los resortes que lo componen.

Si se colocan en serie (Fig. 9.13-*a*), los dos resortes están sometidos a la misma carga y la deformación del resorte compuesto es la suma de las deformaciones de cada uno, por lo que podemos poner:

$$\delta = \delta_1 + \delta_2 \quad \Rightarrow \quad \frac{F}{k} = \frac{F}{k_1} + \frac{F}{k_2}$$

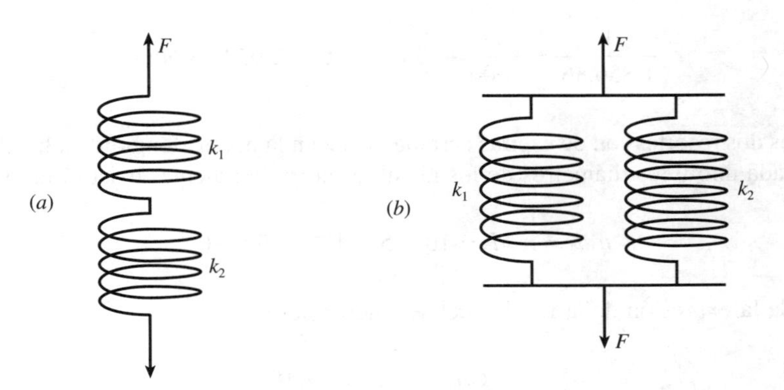

Figura 9.13

es decir

$$\frac{1}{k} = \frac{1}{k_1} + \frac{1}{k_2}$$

la inversa de la rigidez del resorte compuesto es igual a la suma de las inversas de las rigideces de los resortes componentes.

Si se colocan en paralelo (Fig. 9.13-*b*), las deformaciones de cada uno de los resortes componentes son iguales.

$$\delta = \delta_1 = \delta_2 \quad \Rightarrow \quad \frac{F}{k} = \frac{F_1}{k_1} = \frac{F_2}{k_2}$$

Como

$$F = F_1 + F_2 = \frac{k_1}{k} F + \frac{k_2}{k} F = \frac{F}{k}(k_1 + k_2)$$

se deduce que

$$k = k_1 + k_2$$

es decir, si los resortes se colocan en paralelo la rigidez del resorte compuesto es igual a la suma de las rigideces de los resortes componentes.

La rigidez del primer resorte es:

$$k_1 = \frac{Gd_1^4}{8n_1 D_1^3} = \frac{Gd_1}{8n_1 \times 10^3} = \frac{80 \times 10^9 \times 5 \times 10^{-3}}{8 \times 10 \times 10^3} = 5.000 \text{ N/m}$$

Del dato que nos dan de la rigidez del resorte compuesto en el caso de colocar los dos muelles en serie, se deduce el valor de la rigidez del segundo resorte

$$\frac{1}{1.856{,}86} = \frac{1}{5.000} + \frac{1}{k_2} \quad \Rightarrow \quad k_2 = 2.953{,}83 \text{ N/m}$$

Como los dos resortes son de espiras cerradas y tienen la misma longitud, entre el número de espiras de cada uno y los diámetros de los alambres correspondientes existirá la relación

$$n_1 d_1 = n_2\, d_2 = 10 \times 5 \times 10^{-3} = 5 \times 10^{-2}$$

por lo que de la expresión de la rigidez del segundo resorte

$$k_2 = \frac{Gd_2^4}{8n_2 D_2^3} = \frac{Gd_2}{8n_2 \times 10^3} = \frac{G \times 5 \times 10^{-2}}{8n_2^2 \times 10^3} = 2.953{,}83$$

despejando se obtiene el número n_2 de espiras del segundo resorte

$$n_2 = \sqrt{\frac{80 \times 10^9 \times 5 \times 10^{-2}}{2.953,83 \times 8 \times 10^3}} = 13 \text{ espiras}$$

El diámetro del alambre de este segundo resorte será

$$d_2 = \frac{5 \times 10^{-2}}{n_2} = \frac{5 \times 10^{-2}}{13} \text{ m} = 3,84 \text{ mm}$$

2.° La tensión cortante máxima, como sabemos, se presenta en los puntos interiores más cercanos al eje del muelle y su expresión es:

$$\mathcal{T}_{\text{máx}} = \frac{FD}{2I_0}\frac{d}{2} + \frac{4F}{3\Omega} = \frac{8FD}{\pi d^3} + \frac{16F}{3\pi d^2} = \frac{8F}{\pi d^2}\left(\frac{D}{d} + \frac{2}{3}\right)$$

De esta expresión se deducen las cargas máximas que pueden actuar sobre cada uno de los resortes.

Sobre el primero:

$$F_{1\ \text{máx}} \leqslant \frac{\pi d_1^2 \tau_{\text{adm}}}{8 \times 10,\widehat{6}} = \frac{\pi \times 5^2 \times 10^{-6} \times 300 \times 10^6}{8 \times 10,\widehat{6}} = 276,12 \text{ N}$$

y sobre el segundo:

$$F_{2\ \text{máx}} = \frac{\pi d_2^2 \tau_{\text{adm}}}{8 \times 10,\widehat{6}} = \frac{\pi \times 3,84^2 \times 10^{-6} \times 300 \times 10^6}{8 \times 10,\widehat{6}} = 162,87 \text{ N}$$

Por consiguiente:

a) Si se colocan en serie, como los dos muelles están sometidos a la misma carga, el valor máximo de F es $F_{2\ \text{máx}}$

$$F_{\text{máx}} = 162,87 \text{ N}$$

b) Si se colocan en paralelo, en el caso que el segundo muelle estuviera sometido a su carga máxima $F_2 = 162,87$ N, la carga que soporta el primero se obtendría poniendo la condición de que ambos resortes experimentan el mismo alargamiento.

$$\delta = \frac{F_1}{k_1} = \frac{F_2}{k_2} \quad \Rightarrow \quad F_1 = \frac{k_1}{k_2} F_2 = \frac{5.000}{2.953,83} 162,87 = 275,69 \text{ N}$$

Como el valor obtenido es inferior a $F_{1\ \text{máx}}$, la carga máxima que puede soportar el resorte compuesto por los dos muelles en paralelo será

$$F_{\text{máx}} = 162,87 \text{ N} + 275,69 \text{ N} = 438,56 \text{ N}$$

9.5. Fórmula de Bresse

Por considerarlas de gran interés con vistas a las aplicaciones al cálculo de las deformaciones de las piezas curvas, obtendremos aquí las fórmulas generales de Bresse que nos permitirán calcular los desplazamientos de los puntos de la línea media así como los giros experimentados por cualquier sección recta de un prisma mecánico.

Admitiremos que se verifica la ley de Navier referente a la conservación de las secciones planas. Aún en el caso de sufrir las secciones un cierto alabeo producido por el esfuerzo cortante o por el momento torsor, sustituiremos la ley de Navier por el *principio de Navier-Bernoulli generalizado* que se enuncia así:

«Dos secciones rectas Σ y Σ_1 de un prisma mecánico, indefinidamente próximas, se convierten después de la deformación en dos secciones Σ' y Σ'_1 indefinidamente próximas superponibles mediante un movimiento que, en el caso general, estará compuesto de una traslación y una rotación indefinidamente pequeñas ambas.»

Consideremos, pues, dos secciones rectas Σ y Σ_1 correspondientes a las abscisas curvilíneas s y $s + ds$, medidas sobre la línea media.

Antes de la deformación, el movimiento para superponer Σ y Σ_1 consta de una traslación $\vec{\lambda}\, ds$ y de una rotación $\vec{\omega}\, ds$ (Fig. 9.14-*a*), si $\vec{\lambda}$ y $\vec{\omega}$ son la traslación y giro, respectivamente, por unidad de longitud de línea media entre las secciones rectas del prisma mecánico.

Después de la deformación, la traslación tiene por valor $(\vec{\lambda} + \delta\vec{\lambda})\, ds$ y la rotación $(\vec{\omega} + \delta\vec{\omega})\, ds$ (Fig. 9.14-*b*).

Por tanto, después de la deformación la sección Σ'_1 sufre un desplazamiento relativo respecto de la misma sección Σ_1 antes de la deformación, compuesto de una traslación

$$(\vec{\lambda} + \delta\vec{\lambda})ds - \vec{\lambda}\, ds = \delta\vec{\lambda}\, ds \tag{9.5-1}$$

y de una rotación:

$$(\vec{\omega} + \delta\vec{\omega})ds - \vec{\omega}\, ds = \delta\vec{\omega}\, ds \tag{9.5-2}$$

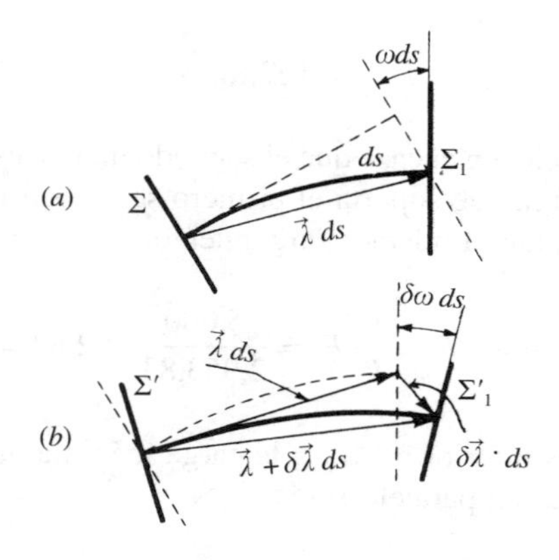

Figura 9.14

Obsérvese que se ha despreciado la traslación debida al ángulo de giro. Esto es válido por tratarse de un infinitésimo de orden superior respecto a $\delta\vec{\lambda} \cdot ds$. En efecto, el módulo de la traslación de Σ_1 debida al ángulo de giro de Σ será:

$$|\delta\vec{\omega}\, ds \times \vec{ds}| = \delta\omega ds^2$$

Consideremos ahora dos secciones rectas Σ_0 y Σ_1 de abscisas curvilíneas s_0 y s_1 respectivamente. En este caso no será válido despreciar la traslación debida al ángulo de giro, pues el radio no será, en general, un diferencial, y al girar cualquier sección intermedia s un cierto ángulo arrastrará en su giro a todo el resto de la pieza (Fig. 9.15).

Debido al giro de la sección S la sección Σ_1 de centro de gravedad G_1 experimenta una traslación:

$$\delta\vec{\omega}\, ds \times \overrightarrow{GG_1}$$

La tralación de la sección Σ_1 debida al giro de todas las secciones intermedias, considerando el efecto de todas estas secciones intermedias, es:

$$\int_{s_0}^{s_1} \delta\vec{\omega}\, ds \times \overrightarrow{GG_1} = \int_{s_0}^{s_1} (\delta\vec{\omega} \times \overrightarrow{GG_1})ds \qquad (9.5\text{-}3)$$

Por consiguiente, la traslación total será:

$$\vec{\lambda} = \int_{s_0}^{s_1} (\delta\vec{\lambda} + \delta\vec{\omega} \times \overrightarrow{GG_1})ds \qquad (9.5\text{-}4)$$

y la rotación:

$$\vec{\omega} = \int_{s_0}^{s_1} \delta\vec{\omega}\, ds \qquad (9.5\text{-}5)$$

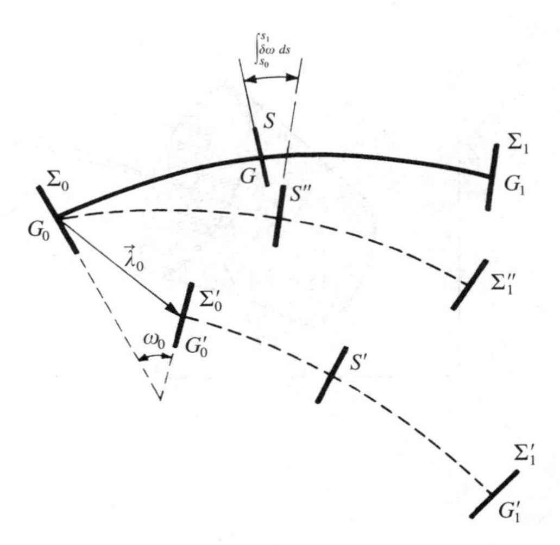

Figura 9.15

Si la sección Σ_0 pasa a la posición Σ_0' mediante la traslación $\vec{\lambda}_0$ y el giro $\vec{\omega}_0$, las ecuaciones (9.5-4) y (9.5-5) se convierten en:

$$\vec{\lambda} = \vec{\lambda}_0 + \vec{\omega}_0 \times \overrightarrow{G_0G_1} + \int_{s_0}^{s_1} (\delta\vec{\lambda} + \delta\vec{\omega} \times \overrightarrow{GG_1})ds \qquad (9.5\text{-}6)$$

$$\vec{\omega} = \vec{\omega}_0 + \int_{s_0}^{s_1} \delta\vec{\omega}\, ds \qquad (9.5\text{-}7)$$

Veamos cómo están relacionados $\delta\vec{\lambda}$ y $\delta\vec{\omega}$ con los esfuerzos que se derivan en el prisma mecánico ante una solicitación externa general.

Del razonamiento hecho anteriormente se deduce que $\delta\vec{\lambda}$ y $\delta\vec{\omega}$ son la traslación y el giro de una sección debidos a la deformación. La causa de la traslación definida por $\delta\vec{\lambda}$ en la sección Σ (Fig. 9.16) es la resultante $\vec{R}$ de las fuerzas que actúan sobre la parte situada a la derecha de la misma. Es decir, como las componentes de $\vec{R}$ son (N, T_y, T_z) referidas a la terna $Gxyz$ con origen en el centro de gravedad de la sección considerada, de la ecuación (9.1-11) que nos expresa el potencial interno y aplicando el teorema de Castigliano, se deduce:

$$(\delta\lambda)_x = \frac{N}{E\Omega} \quad ; \quad (\delta\lambda)_y = \frac{T_y}{G\Omega_{1y}} \quad ; \quad (\delta\lambda)_z = \frac{T_z}{G\Omega_{1z}} \qquad (9.5\text{-}8)$$

siendo Ω_{1y}, y Ω_{1z} las secciones reducidas.

Por otra parte, la causa del giro definido por $\delta\vec{\omega}$ es el momento resultante $\vec{M}$ respecto de G de las fuerzas que actúan sobre la parte situada a la derecha de la sección Σ. Como las componentes de $\vec{M}$ respecto de la terna $Gxyz$ son (M_T, M_y, M_z), se tiene:

$$(\delta\omega)_x = \frac{M_T}{GJ} \quad ; \quad (\delta\omega)_y = \frac{M_y}{EI_y} \quad ; \quad (\delta\omega)_z = \frac{M_z}{EI_z} \qquad (9.5\text{-}9)$$

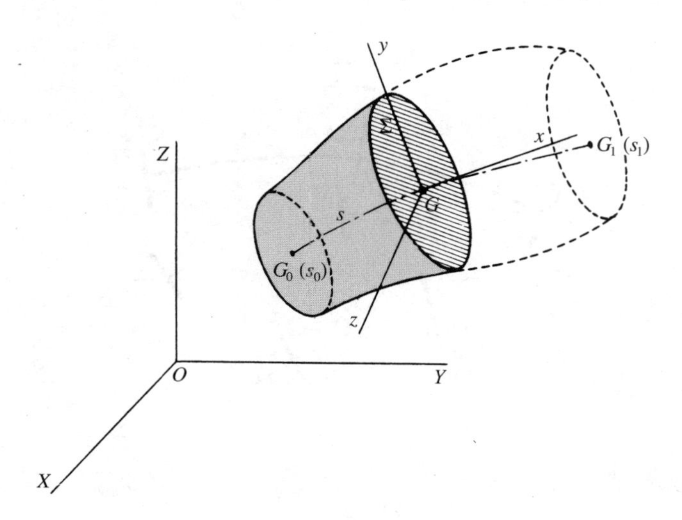

Figura 9.16

Teniendo en cuenta las componentes de $\delta\vec{\lambda}$ y $\delta\vec{\omega}$ dadas por (9.5-8) y (9.5-9), podemos expresar la traslación total $\vec{\lambda}$ de la sección Σ_1 de la siguiente forma:

$$\vec{\lambda} = \vec{\lambda}_0 + \vec{\omega}_0 \times \overrightarrow{G_0G_1} + \int_{s_0}^{s_1} \left(\frac{N}{E\Omega}\vec{i} + \frac{T_y}{G\Omega_{1y}}\vec{j} + \frac{T_z}{G\Omega_{1z}}\vec{k} \right) ds +$$

$$+ \int_{s_0}^{s_1} \left[\frac{M_T}{GJ}\vec{i} \times \overrightarrow{CG_1} + \left(\frac{M_y}{EI_y}\vec{j} + \frac{M_z}{EI_z}\vec{k} \right) \times \overrightarrow{GG_1} \right] ds \qquad (9.5\text{-}10)$$

siendo C el centro de torsión e $(\vec{i}, \vec{j}, \vec{k})$ los vectores unitarios en las direcciones de los ejes x, y, z, respectivamente.

Análogamente, el ángulo girado por la sección Σ_1 sería:

$$\vec{\omega} = \vec{\omega}_0 + \int_{s_0}^{s_1} \left(\frac{M_T}{GJ}\vec{i} + \frac{M_y}{EI_y}\vec{j} + \frac{M_z}{EI_z}\vec{k} \right) ds \qquad (9.5\text{-}11)$$

EJERCICIOS

IX.1. Un tubo de acero forma un codo de 90° y tiene la sustentación y dimensiones indicada en la Figura IX.1. Los diámetros exterior e interior del tubo son D = 12 cm y d = 9 cm, respectivamente, y su línea media se encuentra situada en un plano horizontal.
Conociendo los módulos de elasticidad $E = 2{,}1 \times 10^6$ kp/cm² y $G = 8{,}2 \times 10^5$ kp/cm², calcular el descenso vertical y el giro de la sección extrema libre A cuando se aplica en la misma una carga P = 500 kp.

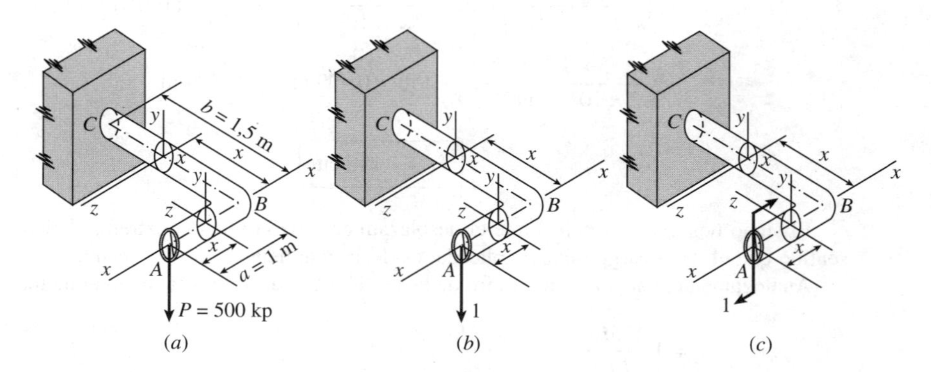

Figura IX.1

Las leyes de esfuerzos y de momentos en los tramos AB y BC del codo son:

a) Debidos a la carga P = 500 kp

— en el tramo AB: $T_y = -500$ kp

$M_z = -500\, x$ cm · kp; $\quad 0 \leqslant x \leqslant 100$ cm

$M_T = 0$

— en el tramo *BC*: $T_y = -500$ kp

$M_z = -500\,x$ cm · kp; $0 \leqslant x \leqslant 150$ cm

$M_T = 50.000$ cm · kp

b) Debidos a una carga unidad aplicada en la sección *A* (Fig. IX.1-*b*)

— en el tramo *AB*: $T_{y1} = -1$

$M_{z1} = -x$; $0 \leqslant x \leqslant 100$ cm

$M_{T1} = 0$

— en el tramo *BC*: $T_{y1} = -1$

$M_{z1} = -x$; $0 \leqslant x \leqslant 150$ cm

$M_{T1} = 100$

c) Debidos a un momento unidad aplicado a la sección extrema *A* (Fig. IX.1-*c*)

— en el tramo *AB*: $T_{y1} = 0$

$M_{z1} = 1$

$M_{T1} = 0$

— en el tramo *BC*: $T_{y1} = 0$

$M_{z1} = 0$

$M_{T1} = -1$

Para calcular el descenso vertical de la sección *A* aplicaremos el método de Mohr. Despreciando el efecto producido por el esfuerzo cortante, tenemos:

$$\delta_A = \int \frac{M_z M_{z1}}{EI_z}\,dx + \int \frac{M_T M_{T1}}{GI_0}\,dx = \int_0^{100} \frac{500x^2}{EI_z}\,dx + \int_0^{150} \frac{500x^2}{EI_z}\,dx +$$

$$+ \int_0^{150} \frac{50.000 \times 100}{GI_0}\,dx = \frac{500 \times 64}{2{,}1 \times 10^6 \times \pi(12^4 - 9^4)}\,\frac{1}{3}\,(100^3 + 150^3) +$$

$$+ \frac{5 \times 10^6 \times 32}{8{,}2 \times 10^5 \times \pi(12^4 - 9^4)}\,150 = 0{,}499 \text{ cm} + 0{,}657 \text{ cm}$$

$$\boxed{\delta_A = 1{,}156 \text{ cm}}$$

El signo positivo nos indica que el desplazamiento de la sección extrema *A* tiene el mismo sentido que el de la carga ficticia aplicada, es decir, que tiene sentido descendente.

Análogamente, para calcular el giro de la sección *A* aplicaremos también el método de Mohr

$$\theta_A = \int \frac{M_z M_{z1}}{EI_z}\,dx + \int \frac{M_T M_{T1}}{GI_0}\,dx = \int_0^{100} -\frac{500x}{EI_z}\,dx - \int_0^{150} \frac{50.000}{GI_0}\,dx =$$

$$= -\frac{500 \times 64}{2{,}1 \times 10^6 \times \pi(12^4 - 9^4)} \times \frac{100^2}{2} - \frac{50.000 \times 32}{8{,}2 \times 10^5 \times \pi(12^4 - 9^4)} \times 150 = -\,1{,}71 \times 10^{-3} - 6{,}57 \times 10^{-3}$$

$$\boxed{\theta_A = -8{,}28 \times 10^{-3} \text{ rad}}$$

El signo negativo nos indica que el giro de la sección extrema *A* tiene el sentido opuesto al del momento ficticio aplicado, es decir, el giro experimentado por la sección tiene sentido antihorario.

IX.2. Un árbol de acero de alta resistencia, de longitud $l = 1{,}80$ m, trasmite una potencia $N = 800$ CV girando a $n = 300$ rpm. El árbol lleva fijo un volante que equidista de las poleas y pesa $P = 1.500$ kp. Se supone que los cojinetes están situados en los centros de las poleas.
Calcular el radio mínimo del árbol si la tensión admisible a tracción es $\sigma_{adm} = 1.600$ kp/cm².

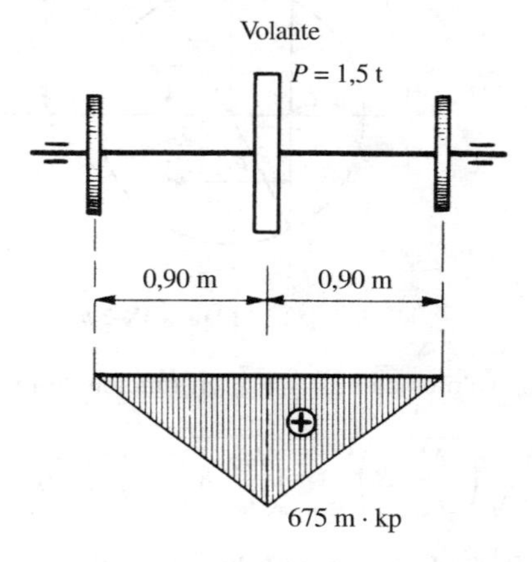

Figura IX.2-*a*

El árbol está solicitado a torsión y a flexión. Según se ve en la Figura IX.2 la sección del eje sometida a mayor momento flector es la situada en la mitad del eje.

$$M_F = \frac{Pl}{4} = \frac{1.500 \times 1{,}8}{4} = 675 \text{ m} \cdot \text{kp}$$

El momento flector M_F origina una distribución lineal de tensiones normales, cuyo valor máximo se presenta en los puntos de las fibras superior e inferior:

$$\sigma_{\text{máx}} = \frac{M_F}{W_z} = \frac{M_F}{I_z} R = \frac{2M_F}{I_0} R$$

Por su parte, el momento torsor produce una distribución de tensiones de cortadura cuyo valor máximo, para los puntos periféricos, es:

$$\tau_{\text{máx}} = \frac{M_T}{I_0} R$$

De las condiciones dadas en el enunciado se deduce el valor de M_T. Si N se expresa en CV, se tiene

$$M_T = \frac{60 \times 75}{2\pi n} N = \frac{2.250 \times 800}{3{,}14 \times 300} = 1.910 \text{ m} \cdot \text{kp}$$

En los puntos que presentan simultáneamente los valores de $\sigma_{\text{máx}}$ y $\tau_{\text{máx}}$ e pueden calcular los valores de las tensiones principales y la tensión de cortadura máxima $t_{\text{máx}}$, mediante el círculo de Mohr.

$$t_{\text{máx}} = \frac{1}{2} \sqrt{\sigma_{\text{máx}}^2 + 4\tau_{\text{máx}}^2}$$

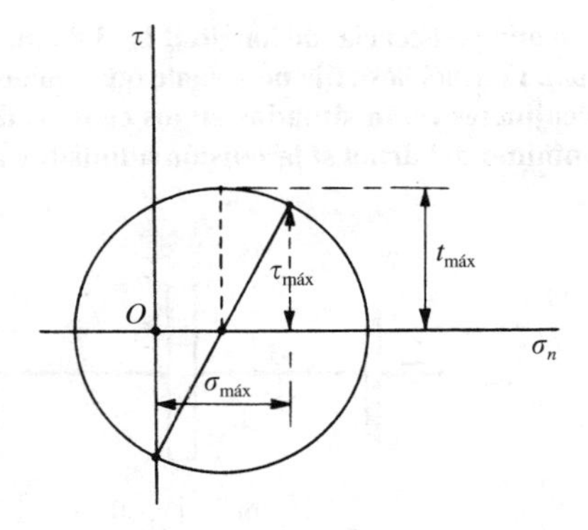

Figura IX.2-*b*

Sustituyendo los valores de $\sigma_{máx}$ y $\tau_{máx}$ en función de los momentos M_F y M_T queda:

$$t_{máx} = \frac{1}{2}\sqrt{\left(\frac{2M_F}{I_0}R\right)^2 + 4\left(\frac{M_T}{I_0}R\right)^2} = \frac{R}{I_0}\sqrt{M_F^2 + M_T^2} = \frac{2}{\pi R^3}\sqrt{M_F^2 + M_T^2}$$

Aplicando el criterio de Tresca, se habrá de verificar

$$\frac{2}{\pi R^3}\sqrt{M_F^2 + M_T^2} \leqslant \frac{\sigma_{adm}}{2}$$

de donde

$$R^3 \geqslant \frac{4}{\pi\sigma_{adm}}\sqrt{M_F^2 + M_T^2} = \frac{4 \times 10^2}{\pi \times 1.600}\sqrt{675^2 + 1.910^2}\ \text{cm}^3 = 161{,}20\ \text{cm}^3$$

$$\boxed{R = 55\ \text{mm}}$$

IX.3. Un redondo de acero al carbono que tiene la forma y dimensiones indicadas en la Figura IX.3-*a* está perfectamente empotrado en un parámetro vertical.
Calcular el radio necesario para resistir una carga $P = 250$ kp aplicada en el punto medio del lado paralelo al paramento, si las tensiones máximas admisibles a tracción y cortadura son $\sigma_{adm} = 1.200$ kp/cm² y $\tau_{adm} = 720$ kp/cm² respectivamente.

Supondremos la dimensión b pequeña en relación a a. Esto nos permite considerar la parte AB empotrada en sus extremos.

Esta parte trabaja a flexión, mientras que las BC y AD a torsión principalmente. Los momentos de empotramiento en A y B son precisamente los momentos torsores que actúan sobre AD y BC.

Supongamos, pues, una viga recta de longitud $a = 1{,}20$ m empotrada en sus extremos y cargada en su punto medio con $P = 250$ kp. Los momentos de empotramiento en B y A son iguales, por razón de simetría.

De la observación del diagrama de momentos flectores en esta viga (Fig. IX.3-*b*), se deduce que los momentos de empotramiento son, en valor absoluto:

$$M_A = M_B = \frac{Pa}{8} = \frac{250 \times 1{,}20}{8} = 37{,}5\ \text{m} \cdot \text{kp}$$

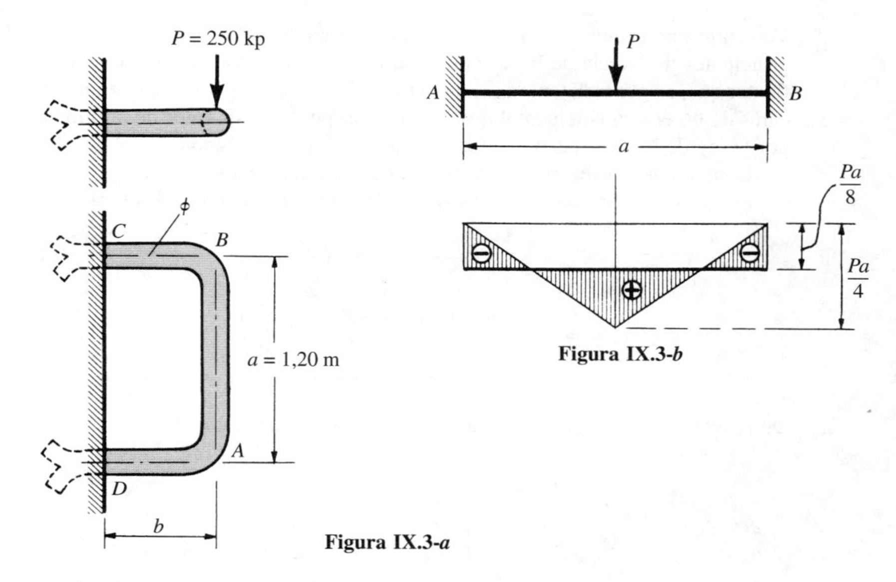

Figura IX.3-*b*

Figura IX.3-*a*

y que el momento flector máximo tiene también este valor.

$$M_{\text{máx}} = 3.750 \text{ cm} \cdot \text{kp} = W_z \cdot \sigma_{\text{adm}} = \frac{\pi r^3}{4} \sigma_{\text{adm}}$$

de donde:

$$r^3 = \frac{4 \times 3.750}{3{,}14 \times 1.200} = 4 \text{ cm}^3$$

el diámetro del redondo será:

$$\boxed{\phi = 32 \text{ mm}}$$

Este resultado será válido si no se supera en *AD* y *BC* la tensión admisible a cortadura. Se comprueba, en efecto, que la tensión de cortadura máxima en estos tramos es:

$$\tau_{\text{máx}} = \frac{M_T}{W} = \frac{2M_{\text{máx}}}{\pi r^3} = \frac{2 \times 3.750}{\pi \times 1{,}6^3} = 583 \text{ kp/cm}^2 < \tau_{\text{adm}} = 720 \text{ kp/cm}^2$$

IX.4. Un prisma mecánico de línea media rectilínea y sección recta constante está sometido a flexión y torsión combinadas. En un punto *P* del prisma, se pide:

1.º Determinar la matriz de tensiones.
2.º Calcular las tensiones principales.
3.º Hallar las relaciones que tienen que verificar las componentes de la matriz de tensiones para que el material del prisma en el punto *P* no se plastifique si se toma como criterio:

***a*) El criterio de la tensión principal máxima.**
***b*) El criterio de Tresca.**
***c*) El criterio de von Mises.**

1.º Tomando un sistema de referencia de eje x coincidente con la línea media y ejes y, z los principales de inercia de la sección en la que se encuentra situado el punto P, el momento flector que, en general, tendrá componentes M_y, M_z dará lugar a tensiones σ_{nx}, τ_{xy}, τ_{xz} sobre las caras de un entorno elemental que envuelva el punto O. El valor de la primera vendrá dada por la ley de Navier, las otras dos, por la fórmula de Colignon.

El momento torsor, por su parte, dará lugar a tensiones τ_{xy}, τ_{xz}.

En virtud del principio de superposición, la matriz de tensiones será

$$\boxed{[T] = \begin{pmatrix} \sigma_{nx} & \tau_{xy} & \tau_{xz} \\ \tau_{xy} & 0 & 0 \\ \tau_{xz} & 0 & 0 \end{pmatrix}}$$

2.º De la matriz de tensiones se deduce la ecuación característica

$$\begin{vmatrix} \sigma_{nx} - \sigma & \tau_{xy} & \tau_{xz} \\ \tau_{xy} & -\sigma & 0 \\ \tau_{xz} & 0 & -\sigma \end{vmatrix} = 0$$

$$-\sigma_3 + \sigma_{nx}\sigma^2 + (\tau_{xy}^2 + \tau_{xz}^2)\sigma = 0$$

de la que se obtienen las tensiones principales:

$$\boxed{\begin{aligned} \sigma_1 &= \frac{\sigma_{nx}}{2} + \sqrt{\left(\frac{\sigma_{nx}}{2}\right)^2 + \tau_{xy}^2 + \tau_{xz}^2} \\ \sigma_2 &= 0 \\ \sigma_3 &= \frac{\sigma_{nx}}{2} - \sqrt{\left(\frac{\sigma_{nx}}{2}\right)^2 + \tau_{xy}^2 + \tau_{xz}^2} \end{aligned}}$$

3.º *a*) Según el criterio de la tensión principal máxima el valor de ésta tiene que ser menor que el límite elástico σ_e

$$\sigma_1 < \sigma_e \quad \Rightarrow \quad \boxed{\sigma_{nx} + \sqrt{\sigma_{nx}^2 + 4(\tau_{xy}^2 + \tau_{xz}^2)} < 2\sigma_e}$$

b) Si se aplica el criterio de Tresca se tiene que verificar

$$\tau_{\text{máx}} = \frac{\sigma_1 - \sigma_3}{2} < \frac{\sigma_e}{2} \quad \Rightarrow \quad \boxed{\sigma_{nx}^2 + 4(\tau_{xy}^2 + \tau_{xz}^2) < \sigma_e^2}$$

c) Según el criterio de von Mises:

$$(\sigma_1 - \sigma_2)^2 + (\sigma_2 - \sigma_3)^2 + (\sigma_3 - \sigma_1)^2 < 2\sigma_e^2$$

Sustituyendo las expresiones de las tensiones principales anteriormente obtenidas y simplificando se obtiene:

$$\boxed{\sigma_{nx}^2 + 3(\tau_{xy}^2 + \tau_{xz}^2) < \sigma_e^2}$$

IX.5. Un prisma cilíndrico de sección recta circular de radio R = 5 cm y longitud l = 1 m está empotrado en un extremo y libre en el otro, de forma que su línea media está contenida en un plano horizontal. Mediante una pieza de rigidez infinita, unida a la sección del extremo libre, se aplica una carga P = 500 kp cuya línea de acción se encuentra a distancia d = 30 cm del eje vertical que contiene el centro de la sección. Se pide:

1.º Determinar la ley de variación del módulo del vector tensión en los puntos de la generatriz superior del prisma para planos perpendiculares a la línea media.

2.º Conociendo los valores de los módulos de elasticidad $E = 2{,}1 \times 10^6$ kp/cm² y $G = 8{,}4 \times 10^5$ kp/cm², calcular el desplazamiento vertical del punto de la línea de acción de la carga que antes de ser aplicada pertenece al plano horizontal que contiene a la línea del prisma.

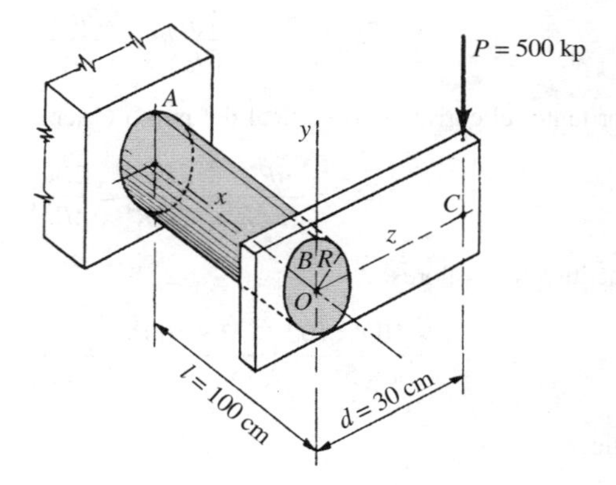

Figura IX.5

1.º Una sección a distancia x del extremo libre se encuentra sometida a un momento flector $M_F = -Px$ y a un momento torsor $M_T = Pd$.

En el punto de la generatriz superior AB y en el plano de la sección el vector tensión correspondiente tiene de componentes intrínsecas la $\sigma_{\text{máx}}$ debida al momento flector y la $\tau_{\text{máx}}$ debida al momento torsor.

$$\sigma_{\text{máx}} = \frac{M_F}{I_z} R = \frac{4Px}{\pi R^3}$$

$$\tau_{\text{máx}} = \frac{M_T}{I_0} R = \frac{2Pd}{\pi R^3}$$

Por tanto, la ley de variación del módulo del vector tensión será:

$$\sigma = \sqrt{\sigma_{\text{máx}}^2 + \tau_{\text{máx}}^2} = \frac{4P}{\pi R^3}\sqrt{x^2 + \left(\frac{d}{2}\right)^2}$$

Sustituyendo valores, se obtiene:

$$\boxed{\sigma} = \frac{4 \times 500}{\pi \times 5^3} \sqrt{x^2 + \left(\frac{30}{2}\right)^2} = \boxed{5{,}09 \sqrt{x^2 + 225} \text{ kp/cm}^2}$$

2.° El descenso del punto C consta de dos términos: uno, el correspondiente al descenso del centro 0 de la sección extrema debido a la flexión que, como sabemos, tiene por expresión

$$\delta_0 = \frac{Pl^3}{3EI_z} = \frac{4Pl^3}{3E\pi R^4}$$

y otro, debido a la torsión del prisma.

El giro de la sección extrema debida al momento torsor es, según sabemos

$$\frac{M_T}{GI_0} l$$

por lo que, el corrimiento debido al giro será

$$\frac{M_T}{GI_0} ld = \frac{2Pd^2l}{G\pi R^4}$$

Por tanto, el corrimiento vertical del punto C será:

$$\delta_C = \frac{4Pl^3}{3E\pi R^4} + \frac{2Pd^2l}{G\pi R^4} = \frac{2Pl}{\pi R^4}\left(\frac{2l^2}{3E} + \frac{d^2}{G}\right)$$

Sustituyendo valores:

$$\delta_C = \frac{2 \times 500 \times 100}{\pi \times 5^4}\left(\frac{2 \times 100^2}{3 \times 2{,}1 \times 10^6} + \frac{30^2}{8{,}4 \times 10^5}\right) \text{cm} = 0{,}216 \text{ cm}$$

se obtiene:

$$\boxed{\delta_C = 2{,}16 \text{ mm}}$$

IX.6. Sobre una pieza de forma paralelepipédica, cuyas longitudes de las aristas son: a = 40 cm; b = 20 cm; c = 10 cm, actúa la solicitación indicada en la Figura IX.6-*a* y compuesta por:

a) Un momento flector M_F = 200 m · kp, que se supondrá uniformemente repartido en planos perpendiculares a las caras de aristas de longitud a y c.

b) Un momento torsor M'_T = 80 m · kp, de eje paralelo a la arista de longitud a.

c) Un momento torsor M''_T = 210 m · kp de eje paralelo a la arista de longitud b.

Calcular el vector tensión en el punto L, centro de la cara superior, para la orientación definida por el plano que pasa por L y por los vértices E y J.

Veamos qué tensiones existen en las caras del elemento que rodea al punto L, referida al sistema $0xyz$ indicado en la Figura IX.6-*b*.

El momento flector M_F produce una tensión normal σ_{ny} (Fig. IX.6-*c*), de valor

$$\sigma_{ny} = -\frac{M_F}{I_x} z = -\frac{12M_F}{ac^3}\frac{c}{2} = -\frac{6M_F}{ac^2} = -\frac{6 \times 200 \times 10^2}{40 \times 10^2} = -30 \text{ kp/cm}^2$$

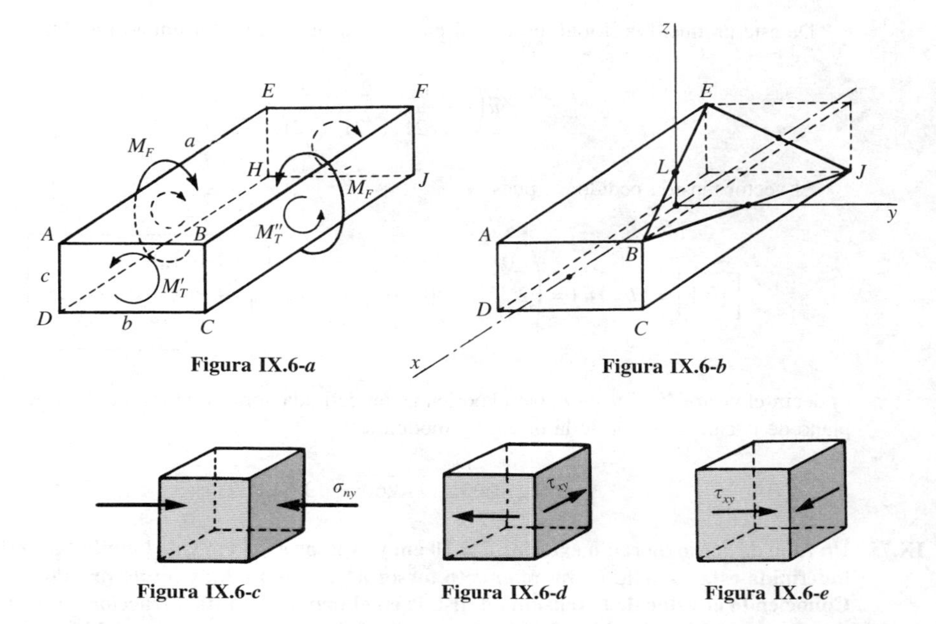

Figura IX.6-*a* **Figura IX.6-*b***

Figura IX.6-*c* **Figura IX.6-*d*** **Figura IX.6-*e***

Por su parte, el momento torsor M'_T da lugar a una tensión tangencial τ_{xy} (Fig. IX.6-*d*) cuyo valor se deduce de las Tablas 3.1 y 3.2, teniendo en cuenta que es en el punto L de la sección rectangular en el que se presenta la tensión máxima

$$\tau_{xy} = -\frac{M'_T}{\alpha bc^2} = -\frac{80 \times 10^2}{0{,}246 \times 20 \times 10^2} = -16{,}26 \text{ kp/cm}^2$$

ya que para $\dfrac{b}{c} = 2$: $\alpha = 0{,}246$.

Análogamente, el momento torsor M''_T da lugar a otra tensión τ_{xy} (Fig. IX.6-*e*), de valor

$$\tau_{xy} = \frac{M''_T}{\alpha ac^2} = \frac{210 \times 10^2}{0{,}282 \times 40 \times 10^2} = 18{,}62 \text{ kp/cm}^2$$

ya que para $\dfrac{a}{c} = 4$: $\alpha = 0{,}282$.

La superposición de los tres efectos da lugar a un estado tensional, cuya matriz de tensiones en L es

$$[T] = \begin{pmatrix} 0 & 2{,}36 & 0 \\ 2{,}36 & -30 & 0 \\ 0 & 0 & 0 \end{pmatrix} \text{kp/cm}^2$$

Veamos ahora cuál es el vector unitario normal al plano BEJ

$$\left.\begin{array}{l} B(20,\ 10,\ 5) \\ E(-20,\ -10,\ 5) \\ J(-20,\ 10,\ -5) \end{array}\right\} \Rightarrow \begin{array}{l} \overrightarrow{BE}(-40,\ -20,\ 0);\ \overrightarrow{BJ}(-40,\ 0,\ -10) \\ \overrightarrow{BJ} \times \overrightarrow{BE} = -200\vec{i} + 400\vec{j} + 800\vec{k} \end{array}$$

De este producto vectorial, normal al plano, se deduce el vector unitario $\vec{u}$ al mismo

$$\vec{u}\left(-\frac{1}{\sqrt{21}}, \frac{2}{\sqrt{21}}, \frac{4}{\sqrt{21}}\right)$$

El vector tensión pedido es, pues

$$\boxed{[\vec{\sigma}]} = [T]\,[\vec{u}] = \begin{pmatrix} 0 & 2{,}36 & 0 \\ 2{,}36 & -30 & 0 \\ 0 & 0 & 0 \end{pmatrix} \begin{pmatrix} -1/\sqrt{21} \\ 2/\sqrt{21} \\ 4/\sqrt{21} \end{pmatrix} = \boxed{\begin{pmatrix} 1{,}03 \\ -13{,}60 \\ 0 \end{pmatrix} \text{kp/cm}^2}$$

es decir, el vector tensión en L, para la orientación definida por el vector unitario $\vec{u}$, es paralelo al plano de la cara superior de la pieza. Su módulo es:

$$\sigma = \sqrt{1{,}03^2 + 13{,}60^2} = 13{,}64 \text{ kp/cm}^2$$

IX.7. Un tubo de acero de radio exterior $R = 10$ cm y espesor $e = 1$ cm y de longitud prácticamente indefinida está sometido a un momento torsor $M_T = 600$ m · kp y a una presión interna p. Conociendo el valor de la tensión admisible en el material, tanto a tracción como a compresión $\sigma_{adm} = 120$ kp/cm^2 y admitiendo que las tensiones tangenciales debidas al momento torsor son uniformes en el espesor, determinar el máximo valor que puede tomar la presión interna p.

Aislando un elemento limitado por dos planos diametrales y por dos planos transversales, indefinidamente próximos entre sí ambos (Fig. IX.7-*a*), se tienen sobre sus caras las tensiones indicadas en la Figura IX.7-*b*.

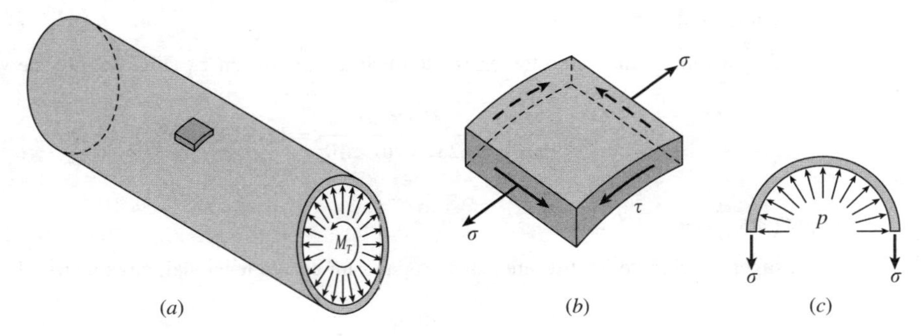

Figura IX.7

El valor de la tensión normal σ se puede obtener planteando el equilibrio en medio tubo (Fig. IX.7-*c*) de longitud unidad

$$2\sigma e = 2\int_0^{\pi/2} p \text{ sen } \theta \cdot R_i \, d\theta \quad \Rightarrow \quad \sigma = \frac{pR_i}{e} = 9p$$

siendo R_i el radio interior.

La tensión tangencial τ es debida al momento torsor. Su valor, si R_m es el radio medio, es:

$$\tau = \frac{M_T}{I_0} R_m = \frac{600 \times 10^2 \times 2}{\pi(10^4 - 9^4)} 9{,}5 = 105{,}52 \text{ kp/cm}^2$$

Podemos considerar que el elemento está sometido a deformación plana. Teniendo en cuenta que la tensión principal máxima no puede superar el valor $\sigma_{\text{adm}} = 1.200$ kp/cm², del círculo de Mohr (Fig. IX.7-*e*) se deduce:

$$\sigma_1 = \frac{9p}{2} + \sqrt{\left(\frac{9p}{2}\right)^2 + 105{,}52^2} = 1.200 \text{ kp/cm}^2$$

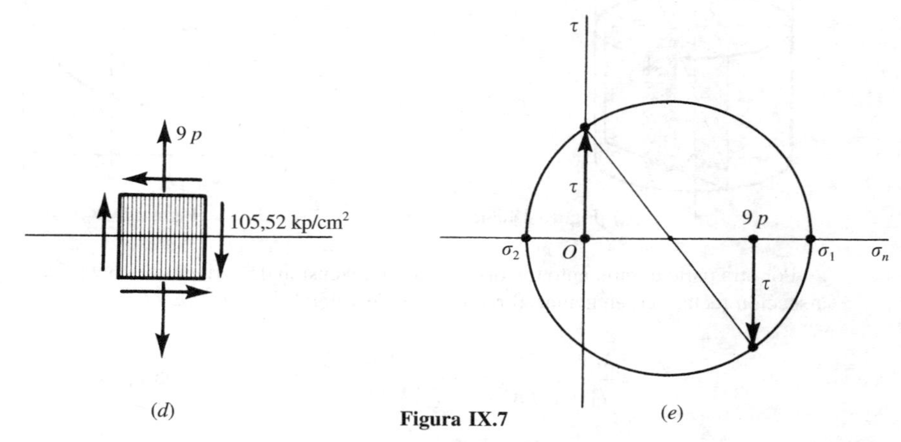

Figura IX.7

$$(1.200 - 4{,}5p)^2 = (4{,}5p)^2 + 105{,}52^2$$

de donde:

$$\boxed{p \leqslant 132{,}3 \text{ kp/cm}^2}$$

IX.8. Un eje vertical de acero dulce de tipo A 37, que está empotrado por su extremo inferior, tiene un radio R = 5 cm. En la sección extrema superior se aplica un momento torsor M_T = 1.000 m · kp y sobre ella descansa una carga P = 10 t.
Estudiar el estado tensional existente en el interior del eje calculando en particular las tensiones principales en magnitud y dirección para un punto a distancia $r = R/2$ del eje geométrico de la pieza.
Comprobar si es superada en algún punto la tensión admisible.
Datos del acero A 37: σ_{adm} = 1.200 kp/cm²; τ_{adm} = 800 kp/cm².

El eje considerado está solicitado por una acción combinada de compresión y torsión.

Sea A un punto interior a distancia r del centro de la sección recta que la contiene. El primer efecto de compresión se traduce, para una superficie elemental que rodea a A y está contenida en la sección recta, en una tensión normal a la superficie, de valor:

$$\sigma_n = \frac{P}{\pi R^2} = \frac{-10.000}{3{,}14 \times 5^2} = -127{,}32 \text{ kp/cm}^2$$

que es constante en toda la pieza.

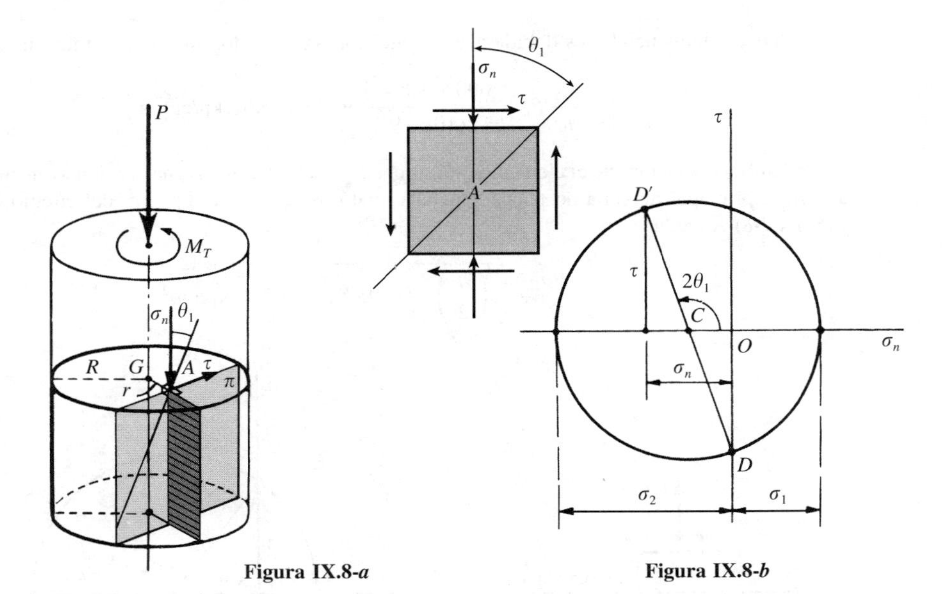

Figura IX.8-*a* **Figura IX.8-*b***

Por otra parte el momento torsor M_T causa una tensión de cortadura τ contenida en el plano de la sección recta, perpendicular al radio *GA* y de valor:

$$\tau = \frac{M_T}{I_0} r = \frac{2M_T}{\pi R^4} r = \frac{2 \times 100.000}{3{,}14 \times 5^4} \frac{5}{2} \text{ kp/cm}^2 = 254{,}65 \text{ kp/cm}^2$$

Sea π el plano que contiene a ambas tensiones. Este plano resulta paralelo al eje de la pieza y perpendicular por tanto a la sección recta. Considerando un haz de planos que contienen el radio *GA* se pueden obtener para estas orientaciones las componentes normal y tangencial del vector tensión utilizando el círculo de Mohr (Fig. IX.8-*b*).

Fácilmente se deducen los valores de las tensiones principales:

$$\begin{cases} \sigma_1 = \dfrac{\sigma_n}{2} + \dfrac{1}{2}\sqrt{\sigma_n^2 + 4\tau^2} \\ \sigma_2 = \dfrac{\sigma_n}{2} - \dfrac{1}{2}\sqrt{\sigma_n^2 + 4\tau^2} \end{cases}$$

Sustituyendo valores se obtiene:

$$\begin{cases} \sigma_1 = -\dfrac{127{,}32}{2} + \dfrac{1}{2}\sqrt{127{,}32^2 + 4 \times 254.65^2} = 198.8 \text{ kp/cm}^2 \\ \sigma_2 = -\dfrac{127{,}32}{2} - \dfrac{1}{2}\sqrt{127{,}32^2 + 4 \times 254{,}65^2} = -326{,}1 \text{ kp/cm}^2 \end{cases}$$

Las tensiones principales están contenidas en el plano π y valen:

$$\sigma_1 = 198{,}8 \text{ kp/cm}^2 \text{ (tracción)}$$

$$\sigma_2 = -326{,}1 \text{ kp/cm}^2 \text{ (compresión)}$$

del mismo círculo de Mohr se obtienen las direcciones principales:

$$\text{tg } 2\theta_1 = \frac{2\tau}{\sigma_n} = -\frac{2 \times 254{,}65}{127{,}32} = -4$$

de donde:

$$\theta_1 = \frac{1}{2} \text{ arc tg } (-4) = 52° \ 1' \ 5''$$

$$\theta_2 = \theta_1 + \frac{\pi}{2} = 142° \ 1' \ 5''$$

direcciones contenidas en el plano π indicado en la Figura IX.8-*a*.

Las tensiones tangenciales máximas se dan en los puntos periféricos en los que

$$\sigma_n = -127{,}32 \text{ kp/cm}^2$$

$$\tau_{\text{máx}} = 2 \ \tau_A = 509{,}30 \text{ kp/cm}^2$$

Las tensiones principales en estos puntos son:

$$\sigma_1 = \frac{\sigma_n}{2} + \frac{1}{2}\sqrt{\sigma_n^2 + 4\tau^2} = -63{,}66 + \sqrt{63{,}66^2 + 509{,}3^2} = 449{,}6 \text{ kp/cm}^2$$

$$\sigma_2 = \frac{\sigma_n}{2} - \frac{1}{2}\sqrt{\sigma_n^2 + 4\tau^2} = -63{,}66 - \sqrt{63{,}66^2 + 509{,}3^2} = -576{,}92 \text{ kp/cm}^2$$

que no superan el valor de la tensión admisible.

IX.9. Un eje hueco de acero, de diámetro exterior D = 12 cm e interior d = 6 cm, ha de transmitir una potencia de N = 800 CV girando a n = 500 rpm. El eje está sometido a una compresión de P = 5 t y es lo suficientemente corto para que no haya que considerar fenómenos de pandeo. También lleva un volante que produce en el eje un momento flector máximo M_F.
Calcular el mayor valor que puede tener M_F para que el valor de la máxima tensión principal no supere el valor σ_{adm} = 1.000 kp/cm².
El eje que se considera está sometido a una solicitación combinada de compresión, flexión y torsión.

Los valores máximos de la tensión tangencial debida al momento torsor y la normal debida al momento flector se presentan en los puntos de las secciones rectas que pertenecen a las generatrices superior e inferior del eje. Sus correspondientes expresiones son:

$$\tau_{\text{máx}} = \frac{M_T}{I_0}\frac{D}{2} = \frac{60N}{2\pi n}\frac{32}{\pi(D^4 - d^4)}\frac{D}{2} = \frac{60 \times 800 \times 75 \times 10^2 \times 32 \times 12}{2\pi \times 500 \times \pi(12^4 - 6^4)2} = 360{,}25 \text{ kp/cm}^2$$

$$\sigma_{\text{máx}} = \frac{M_F}{I_z}\frac{D}{2}$$

Como la tensión principal máxima es:

$$\sigma_1 = \frac{\sigma}{2} + \frac{1}{2}\sqrt{\sigma^2 + 4\tau_{\text{máx}}^2} = 1.000 \text{ kp/cm}^2$$

siendo σ la tensión normal en el punto que se considera, superposición de las tensiones normales debidas a la flexión y a la compresión. De esta ecuación se deduce:

$$\sigma^2 + 4\tau_{\text{máx}}^2 = (2.000 - \sigma)^2$$

$$\sigma = \frac{10^6 - \tau_{\text{máx}}^2}{1.000} = \frac{10^6 - 360{,}25^2}{1.000} = 870{,}22 \text{ kp/cm}^2$$

El caso límite se tiene en los puntos en los que $\sigma_{\text{máx}}$ es de compresión. La suma de $\sigma_{\text{máx}}$ debida a la flexión y la tensión de la compresión aplicada al eje no puede ser superior a σ.

El valor de la tensión σ_c debida a la compresión es, en valor absoluto

$$\sigma_c = \frac{4P}{\pi(D^2 - d^2)} = \frac{4 \times 5.000}{\pi(12^2 - 6^2)} = 59 \text{ kp/cm}^2$$

Por tanto, la $\sigma_{\text{máx}}$ debida a la flexión

$$\sigma_{\text{máx}} = \sigma - \sigma_c = 870{,}22 - 59 = 811{,}22 \text{ kp/cm}^2$$

y como

$$\sigma_{\text{máx}} = \frac{M_F}{I_z}\frac{D}{2} = \frac{M_F \times 64}{\pi(D^4 - d^4)}\frac{D}{2}$$

despejando M_F y sustituyendo valores se tiene:

$$M_F = \frac{\pi(D^4 - d^4)\sigma_{\text{máx}}}{32\,D} = \frac{\pi(12^4 - 6^4)811{,}27}{32 \times 12} = 129.019 \text{ cm} \cdot \text{kp}$$

es decir, el máximo valor que puede tener el momento flector M_F es

$$\boxed{M_F = 1.290{,}2 \text{ m} \cdot \text{kp}}$$

IX.10. Una viga recta, cuya sección es una elipse de longitudes de semiejes *a* y *b* (*a* > *b*), está sometida simultáneamente en una de sus secciones a la acción de un momento flector en la dirección del eje *z* (Fig. IX.10) y de un momento torsor, ambos del mismo valor *M*. Determinar los puntos de esta sección en los que la tensión es máxima y cuál es su valor.

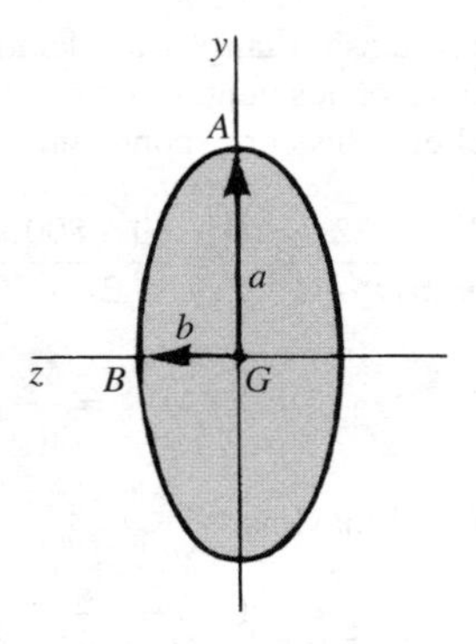

Figura IX.10

Veamos los efectos producidos por el momento torsor y por el momento flector actuando independientemente.

El momento torsor, como hemos visto en el ejercicio III.8, da lugar a una distribución de tensiones tangenciales tal que para un punto $P(y, z)$ de la sección que se considera el módulo de la tensión de cortadura es:

$$\tau = \frac{2M}{\pi ab}\sqrt{\frac{y^2}{a^4} + \frac{z^2}{b^4}}$$

Por su parte, el momento flector da lugar a una distribución de tensiones normales, regida por la ley de Navier. Teniendo en cuenta que los momentos de inercia de la sección respecto de los ejes son

$$I_y = \frac{\pi}{4}ab^3 \quad ; \quad I_z = \frac{\pi}{4}a^3b$$

la tensión normal σ, en función del momento flector M, será:

$$\sigma = \frac{M}{I_z}y = \frac{4M}{\pi a^3 b}y$$

La tensión principal máxima en el punto $P(y, z)$, según sabemos, es

$$\sigma_1 = \frac{\sigma}{2} + \frac{1}{2}\sqrt{\sigma^2 + 4\tau^2} = \frac{2M}{\pi ab}\left(\frac{y}{a^2} + \sqrt{\frac{2y^2}{a^4} + \frac{z^2}{b^4}}\right)$$

Ahora bien, la tensión máxima se presenta en los puntos del contorno, es decir, las coordenadas de P verifican la ecuación de la elipse

$$\frac{y^2}{a^2} + \frac{z^2}{b^2} - 1 = 0$$

por lo que eliminando z entre estas dos ecuaciones se tiene:

$$\sigma_1 = \frac{2M}{\pi ab}\left[\frac{y}{a^2} + \sqrt{\frac{y^2}{a^2}\left(\frac{2}{a^2} - \frac{1}{b^2}\right) + \frac{1}{b^2}}\right] = \frac{2M}{\pi ab}\left[\frac{y}{a^2} + \sqrt{\frac{y^2(2b^2 - a^2)}{a^4b^2} + \frac{1}{b^2}}\right]$$

De esta expresión se deduce que los puntos de la sección en los que σ_1 es máximo depende de los valores relativos de a y b. Puede suceder.

1.° Si $2b^2 - a^2 > 0$, o bien $a < b\sqrt{2}$.

σ_1 es una función creciente de y, por lo que su máximo es un máximo absoluto que se presenta en el vértice superior A. Su valor se obtiene particularizando esta ecuación para $y = a$

$$\boxed{\sigma_{1\,\text{máx}}} = \frac{2M}{\pi ab}\left(\frac{1}{a} + \sqrt{\frac{2}{a^2}}\right) = \boxed{\frac{2M}{\pi a^2 b}(1 + \sqrt{2})}$$

2.º Si $a = b\sqrt{2}$.

σ_1 es también una función creciente. Si máximo se presenta también en el vértice A. Su valor es:

$$\sigma_{1\ \text{máx}} = \frac{2M}{\pi a^2 b^2}(a + b)$$

3.º Si $a > b\sqrt{2}$.

Estudiemos la función $\sigma_1 = f(y)$. Veamos si tiene máximos relativos. Si los tiene se ha de verificar:

$$\frac{d\sigma_1}{dy} = \frac{2M}{\pi ab}\left[\frac{1}{a^2} + \frac{\dfrac{y}{a^2}\left(\dfrac{2}{a^2} - \dfrac{1}{b^2}\right)}{\sqrt{\dfrac{y^2}{a^2}\left(\dfrac{2}{a^2} - \dfrac{1}{b^2}\right) + \dfrac{1}{b^2}}}\right] = 0$$

de donde

$$y^2 = \frac{a^4 b^2}{2b^4 + a^4 - 3a^2 b^2}$$

solución válida si $y \leqslant a$.

IX.11. Un resorte helicoidal de una balanza para carga máxima P = 10 kp tiene un diámetro de espira de $2R$ = 4 cm. Se pide calcular:

1.º El diámetro del alambre, si la tensión máxima admisible a cortadura es τ_{adm} = 1.000 kp/cm^2.

2.º El alargamiento del muelle cuando está aplicada la carga máxima, si n = 12 es el número de espiras.

Se tomará como modelo de elasticidad transversal $G = 8{,}5 \times 10^5$ kp/cm^2.

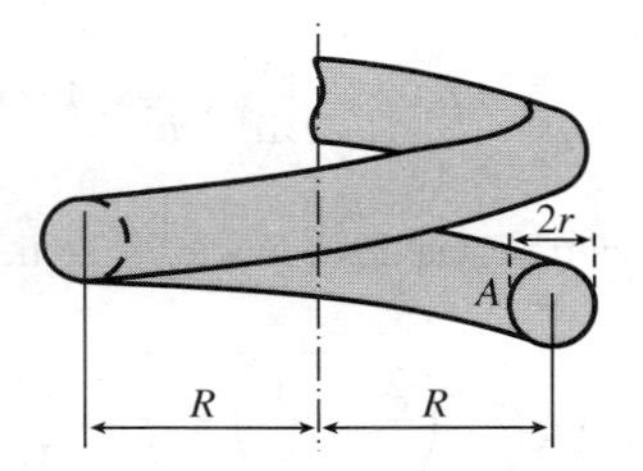

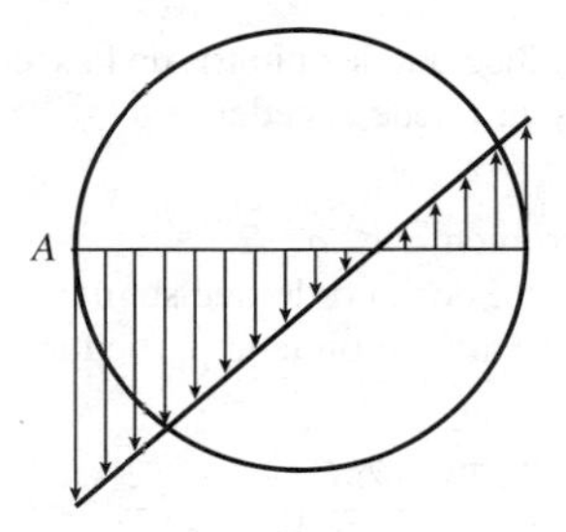

Figura IX.11

1.º Según se ha visto (Fig. 9.12) la tensión máxima de cortadura en la sección de un muelle se presenta en el punto interior de la espira. Esta tensión máxima consta de dos términos; τ_1, debida al momento torsor

$$M_T = P \cdot R$$

y τ_2, debida al esfuerzo cortante

$$\begin{cases} \tau_1 = \dfrac{M_T}{I_0} r = \dfrac{2PRr}{\pi r^4} = \dfrac{2PR}{\pi r^3} \\ \tau_2 = \dfrac{4P}{3\pi r^2} \end{cases}$$

Se tendrá que verificar,

$$\tau_1 + \tau_2 = \frac{2PR}{\pi r^3} + \frac{4P}{3\pi r^2} \leqslant \tau_{adm}$$

Sustituyendo valores:

$$\frac{2 \times 10 \times 20}{3{,}14r^3} + \frac{4 \times 10}{3 \times 3{,}14r^2} \leqslant 10 \text{ kp/mm}^2$$

en donde r viene expresado en milímetros. Esta inecuación se puede resolver por tanteo viendo el menor valor entero de r que la satisface.

Resulta:

$$\boxed{r = 3 \text{ mm}}$$

2.º Aplicando la ecuación (9.4-5) tenemos:

$$\delta = \frac{PR^3}{GI_0} 2\pi n = \frac{10 \times 2^3 \times 2\pi \times 12}{8{,}5 \times 10^5 \dfrac{\pi \times 0{,}3^4}{2}} = 0{,}55 \text{ cm}$$

$$\boxed{\delta = 5{,}5 \text{ mm}}$$

IX.12. Un resorte helicoidal compuesto está formado por dos resortes, colocado uno en el interior del otro. Las características del resorte interior son las siguientes: tiene $n_1 = 10$ espiras de diámetro $d_1 = 5$ mm, el diámetro medio es $D_1 = 60$ mm y su longitud cuando no está sometido a esfuerzo alguno es $l_1 = 80$ mm.

El resorte exterior tiene $n_2 = 8$ espiras de diámetro $d_2 = 7$ mm, su diámetro medio es $D_2 = 75$ mm y su longitud cuando no está comprimido $l_2 = 70$ mm.

Se comprimen ambos resortes entre dos placas paralelas hasta que la distancia entre las dos placas es de 60 mm. Si el módulo de elasticidad transversal es $G = 8{,}4 \times 10^5$ kp/cm², se pide:

1.º Calcular la rigidez de cada uno de los resortes.
2.º Hallar la carga aplicada a las placas.
3.º Determinar el valor de la tensión máxima de cortadura en cada resorte.

1.º La rigidez de cada resorte es, según la expresión (9.4-8)

$$\boxed{k_1} = \frac{Gd_1^4}{8n_1D_1^3} = \frac{8.400 \times 5^4}{8 \times 10 \times 60^3} = \boxed{0{,}3038 \text{ kp/mm}}$$

$$\boxed{k_2} = \frac{Gd_2^4}{8n_2D_2^3} = \frac{8.400 \times 7^4}{8 \times 8 \times 75^3} = \boxed{0{,}7469 \text{ kp/mm}}$$

2.º La carga que soporta cada uno de los resortes es:

$$F_1 = k_1\delta_1 = 0{,}3038(80 - 60) = 6{,}076 \text{ kp}$$

$$F_2 = k_2\delta_2 = 0{,}7469(70 - 60) = 7{,}469 \text{ kp}$$

La carga total aplicada a las placas será

$$\boxed{F = F_1 + F_2 = 6{,}076 + 7{,}469 = 13{,}545 \text{ kp}}$$

3.º Despreciando el efecto del esfuerzo cortante la tensión tangencial en un resorte será la debida al momento torsor. Su valor máximo es:

$$\tau_{\text{máx}} = \frac{M_T}{I_0}\frac{d}{2} = \frac{8FD}{\pi d^3}$$

Particularizando esta ecuación para los resortes interior y exterior, respectivamente tenemos

$$\boxed{\tau_{1\ \text{máx}}} = \frac{8F_1D_1}{\pi d_1^3} = \frac{8 \times 6{,}076 \times 60}{\pi \times 5^3} = \boxed{7{,}427 \text{ kp/mm}^2}$$

$$\boxed{\tau_{2\ \text{máx}}} = \frac{8F_2D_2}{\pi d_2^3} = \frac{8 \times 7{,}469 \times 75}{\pi \times 7^3} = \boxed{4{,}159 \text{ kp/mm}^2}$$

IX.13. Se quiere construir un resorte helicoidal de rigidez $k = 1$ kp/cm, tal que su longitud con las espiras tocándose entre sí sera $l = 60$ mm, para una carga máxima de $P = 5$ kp. Sabiendo que la tensión tangencial admisible del material es $\tau_{adm} = 800$ kp/cm^2 y que su módulo de elasticidad transversal es $G = 6 \times 10^5$ kp/cm^2 se pide calcular el diámetro del alambre, el diámetro medio del resorte y el número de espiras.

De la expresión (9.4-8) que nos da la rigidez se deduce una relación entre las incógnitas

$$k = \frac{Gd^4}{8nD^3} \Rightarrow d^4 = \frac{8k}{G}nD^3 = \frac{8 \times 10^{-1}}{6 \times 10^3}nD^3 = \frac{4}{3 \times 10^4}nD^3$$

La condición de longitud del resorte cuando las espiras se tocan nos proporciona la ecuación

$$nd = l = 60 \text{ mm}$$

y de la condición de ser la tensión tangencial máxima igual a la tensión admisible a cortadura, se tiene:

$$\tau_{\text{máx}} = \frac{32PD}{2\pi d^4}\frac{d}{2} = \frac{8PD}{\pi d^3}$$

$$8 = \frac{8 \times 5 \times D}{\pi d^3} \Rightarrow D = 0{,}6283d^3$$

Sustituyendo en la primera ecuación, teniendo en cuenta la segunda:

$$d^4 = \frac{4}{3 \times 10^4}\frac{60}{d}0{,}6283^3d^9 \quad \Rightarrow \quad d^4 = 503{,}97 \text{ mm}^4$$

de donde:

$$\boxed{d = 4{,}74 \text{ mm}}$$

$$D = 0{,}6283 \cdot d^3 \quad \Rightarrow \quad \boxed{D = 66{,}91 \text{ mm}}$$

Finalmente, el número n de espiras es:

$$n = \frac{l}{d} = \frac{60}{4{,}74} \quad \Rightarrow \quad \boxed{n = 13}$$

IX.14. Cuando se comprime un resorte helicoidal de n = 10 espiras cerradas, produciéndose un acortamiento δ = 5 cm, se absorbe una energía $\mathcal{T}$ = 2,5 m · kp. Si el diámetro medio de la espira es nueve veces el del alambre, calcular los diámetros de la espira y del alambre, así como el valor de la tensión tangencial máxima.
El módulo de elasticidad transversal es $G = 8{,}4 \times 10^5$ kp/cm².

De la expresión de la energía de deformación, expresada como trabajo de las fuerzas exteriores,

$$\mathcal{T} = \frac{1}{2}F\delta$$

se deduce el valor de la fuerza que comprime el resorte

$$2{,}5 \times 10^2 = \frac{1}{2}F \times 5 \quad \Rightarrow \quad F = 100 \text{ kp}$$

Como $D = 9d$ y n = 10, en virtud de (9.4-6), se tiene:

$$\delta = \frac{8FD^3n}{Gd^4} = \frac{8 \times 100 \times 9^3d^3 \times 10}{8{,}4 \times 10^3d^4} = \frac{5.832}{8{,}4d} = 50$$

de donde:

$$d = \frac{5.832}{8,4 \times 50} = 13,88 \text{ mm}$$

$$\boxed{d = 13,88 \text{ mm}} \qquad \boxed{D = 125 \text{ mm}}$$

La tensión tangencial máxima, despreciando el efecto del esfuerzo cortante, es:

$$\tau_{\text{máx}} = \frac{M_T}{I_0}\frac{d}{2} = \frac{8FD}{\pi d^3} = \frac{8 \times 100 \times 125}{\pi \times 13,88^3} = 11,9 \text{ kp/mm}^2$$

$$\boxed{\tau_{\text{máx}} = 1.190 \text{ kp/cm}^2}$$

IX.15. Una viga de sección circular constante, que admite un plano vertical como plano de simetría, tiene por línea media una semicircunferencia de radio *R*. El extremo *A* está sujeto a una articulación fija, mientras que el extremo *B* lo está a una articulación móvil, ambas en el mismo plano horizontal. La viga está sometida a una carga vertical *F* aplicada en su sección media *C*.

Calcular, mediante la aplicación de las fórmulas de Bresse, el corrimiento vertical de la sección *C* y el giro de las secciones extremas *A* y *B*.

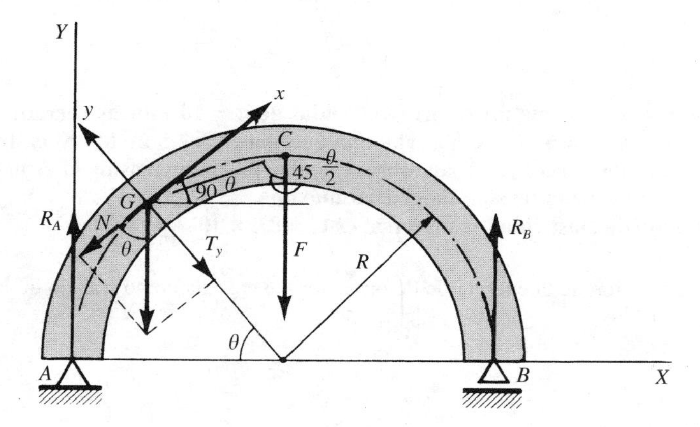

Figura IX.15

Consideraremos el tramo *AC*, es decir, las secciones para valores de θ comprendidos entre 0 y $\pi/2$. Los esfuerzos y momentos en la sección de centro de gravedad *G* son:

$$\begin{cases} N = -\dfrac{F}{2}\cos\theta \quad ; \quad T_y = -\dfrac{F}{2}\,\text{sen}\,\theta \quad ; \quad T_z = 0 \\ M_T = 0 \quad ; \quad M_y = 0 \quad ; \quad M_z = \dfrac{FR}{2}(1 - \cos\theta) \end{cases}$$

La ecuación (9.5-10) que nos da el vector corrimiento de una determinada sección, aplicada a la sección C de la viga que consideramos, se reduce a

$$\vec{\lambda} = \vec{\omega}_A \times \overrightarrow{AC} + \int_0^{\pi/2} \left(\frac{N}{E\Omega} \vec{i} + \frac{T_y}{G\Omega_{1y}} \vec{j} \right) R\, d\theta + \int_0^{\pi/2} \left(\frac{M_z}{EI_z} \vec{k} \times \overrightarrow{GC} \right) R\, d\theta$$

siendo $\vec{i}$, $\vec{j}$, $\vec{k}$ los vectores unitarios en las direcciones de los ejes x, y, z, respectivamente.

Calculemos previamente el giro de las secciones extremas.

La proyección de la ecuación (9.5-11), sobre el eje z, teniendo en cuenta que la rotación de la sección C es nula por razón de simetría, nos permite obtener estos giros

$$\omega_C = \omega_A + \int_0^{\pi/2} \frac{M_z}{EI_z} R\, d\theta = \omega_A + \int_0^{\pi/2} \frac{FR^2}{2EI_z} (1 - \cos\theta)\, d\theta = 0$$

de donde:

$$\boxed{\omega_A = -\frac{FR^2}{4EI_z}(\pi - 2); \quad \omega_B = \frac{FR^2}{4EI_z}(\pi - 2)}$$

Para calcular el corrimiento vertical v_C del punto C proyectaremos los términos de esta ecuación vectorial sobre el eje vertical Y.

$$\vec{\omega}_A \times \overrightarrow{AC} = \begin{vmatrix} \vec{i} & \vec{j} & \vec{k} \\ 0 & 0 & \omega_A \\ R & R & 0 \end{vmatrix} = \frac{FR^3}{4EI_z}(\pi - 2)\,\vec{i} - \frac{FR^3}{4EI_z}(\pi - 2)\vec{j}$$

$$\int_0^{\pi/2} -\frac{F}{2E\Omega} \cos^2\theta R\, d\theta - \int_0^{\pi/2} \frac{F}{2G\Omega_{1y}} \operatorname{sen}^2\theta R\, d\theta +$$

$$+ \int_0^{\pi/2} \frac{M_z}{EI_z} 2R \operatorname{sen} \frac{90 - \theta}{2} \operatorname{sen} \frac{90 + \theta}{2} R\, d\theta =$$

$$= -\frac{FR}{2E\Omega} \int_0^{\pi/2} \frac{1 + \cos 2\theta}{2} d\theta - \frac{FR}{2G\Omega_{1y}} \int_0^{\pi/2} \frac{1 - \cos 2\theta}{2} d\theta +$$

$$+ \frac{FR^3}{2EI_z} \int_0^{\pi/2} \cos\theta (1 - \cos\theta)\, d\theta$$

Por tanto, el corrimiento vertical del punto C es:

$$\boxed{v_c = -\frac{\pi FR}{8E\Omega} - \frac{\pi FR}{8G\Omega_{1y}} + \left(1 - \frac{3\pi}{8}\right) \frac{FR^3}{EI_z}}$$

IX.16. Se considera el prisma mecánico recto simplemente apoyado indicado en la Figura IX.16-*a*, de sección rectangular y longitudes de aristas $OA = 3$ m; $OB = 0{,}6$ m; $OC = 0{,}4$ m. El prisma está sometido a la siguiente solicitación:

***a*) En las secciones extremas actúan momentos flectores del mismo valor y del mismo sentido $M = 18.000$ kp · m.**

***b*) Las secciones anterior *CDHE* y posterior *OBFA* están sometidas a una tracción uniforme $\sigma_{nz} = 20$ kp/cm².**

Determinar la ley de variación de la tensión de tracción máxima en los puntos de la arista inferior *CE*.

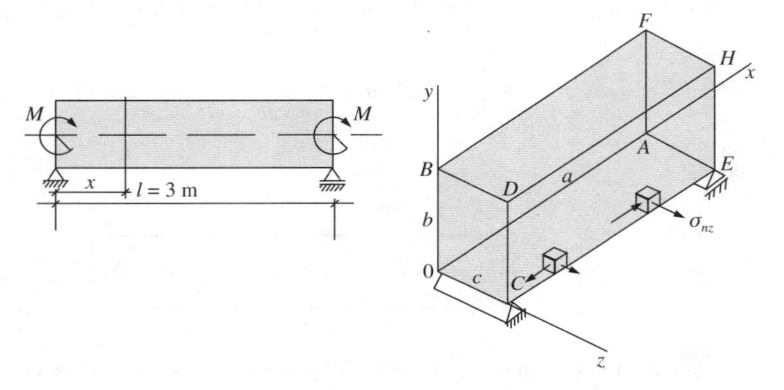

Figura IX.16-*a*

El prisma está sometido a una solicitación combinada de flexión en el plano xy y de tracción en la dirección del eje z. En los entornos de los puntos de la arista CE las tensiones principales son σ_{nx}, σ_{nz} y otra nula. La tensión normal σ_{nx} debida a la flexión es:

$$\sigma_{nx} = -\frac{M_z}{I_z}\left(-\frac{b}{2}\right) = \frac{6M}{b^2C}\left(1 - \frac{2x}{l}\right) = \frac{6 \times 18 \times 10^5}{60^2 \times 40}\left(1 - \frac{2x}{l}\right) = 75\left(1 - \frac{2x}{l}\right) \text{ kp/cm}^2$$

La tensión principal máxima de tracción para los puntos de la arista de abscisa $x \geqslant x_1$ es σ_{nz}

Para $x \leqslant x_1$:

$$\sigma_{t\,\text{máx}} = 75\left(1 - \frac{2x}{l}\right) \text{ kp/cm}^2$$

La abscisa x_1 se obtiene igualando la tensión de tracción debida a la flexión con la correspondiente a la tracción uniforme

$$75\left(1 - \frac{2x}{l}\right) = 20 \quad \Rightarrow \quad x_1 = 110 \text{ cm}$$

La ley de variación pedida será:

$$\sigma_{t\ \text{máx}} = 75\left(1 - \frac{x}{150}\right) \text{ kp/cm}^2 \qquad \text{para } 0 \leq x \leq 110 \text{ cm}$$

$$\sigma_{t\ \text{máx}} = 20 \text{ kp/cm}^2 \qquad \text{para } 110 \leq x \leq 300 \text{ cm}$$

10

Medios de unión

10.1. Cortadura pura. Teoría elemental de la cortadura

Cuando en una sección recta de un prisma mecánico la resultante de las fuerzas situadas a un lado de la misma está contenida en su plano y el momento resultante es nulo, diremos que esa sección del prisma trabaja a *cortadura pura* (Fig. 10.1). Pero si esto ocurre en una determinada sección, en las secciones próximas existe también un momento flector M producido por esta resultante, es decir, no es posible que en un tramo finito de un prisma mecánico se dé en todo él un estado de cortadura pura, ya que como hemos visto en el capítulo 4 el esfuerzo cortante es la derivada del momento flector. Quiere esto decir que si existe un esfuerzo cortante no nulo, existe un momento flector variable, y éste sólo se anulará en una o varias secciones determinadas del prisma.

No obstante, en el cálculo de elementos de unión, como tornillos, remaches o cordones de soldadura, se suele admitir la presencia únicamente del esfuerzo cortante y la nulidad del momento flector en todas las secciones. Esto es aceptable porque en estos elementos los efectos (las tensiones y deformaciones) debidos al esfuerzo cortante son mucho mayores que los debidos al momento flector.

En el cálculo de elementos de unión, que es el objetivo de este capítulo, admitiremos la *teoría elemental de la cortadura*, en la que se hacen las siguientes hipótesis:

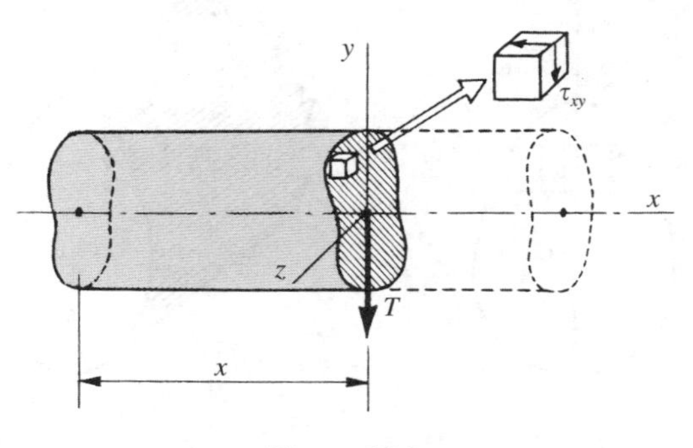

Figura 10.1

1. *Hipótesis de Bernoulli*, según la cual las secciones rectas permanecen planas después de la deformación.

2. La tensión tangencial τ que produce el esfuerzo cortante tiene la misma dirección que éste y se reparte de forma uniforme. Es decir, para la referencia de la Figura 10.1 las componentes tangenciales de la matriz de tensiones en los puntos de la sección recta son:

$$\tau_{xz} = 0 \quad ; \quad \tau_{xy} = \tau = \text{constante} \tag{10.1-1}$$

ya que como hemos dicho el esfuerzo cortante T se reparte uniformemente en la sección recta. Si Ω es el área de la misma:

$$\tau_{xy} = \frac{T}{\Omega} \tag{10.1-2}$$

y la tensión tangencial es constante en toda la sección y paralela a T.

A esta teoría elemental se le puede hacer la misma observación que se hizo cuando se expuso en el capítulo 4 la fórmula de Colignon y admitiamos que la tensión tangencial, en los puntos de una fibra distantes del eje z, tiene la dirección del esfuerzo cortante T_y.

La observación que se hace es la de que cuando la sección recta no es rectangular —y el esfuerzo cortante tiene la dirección del eje y— se contravienen las condiciones de equilibrio interior del sólido elástico y, en particular, el teorema de reciprocidad de las tensiones tangenciales.

En efecto, la tensión en un elemento superficial adyacente al contorno de la sección recta tiene la dirección del eje vertical y se puede descomponer en dirección normal y tangente al contorno. Por el teorema de reciprocidad de las tensiones tangenciales deberá existir una tensión tangencial igual sobre la cara ortogonal al elemento, situada sobre la superficie lateral del prisma (Fig. 10.2), lo que no es posible al no existir fuerzas exteriores aplicadas a su superficie.

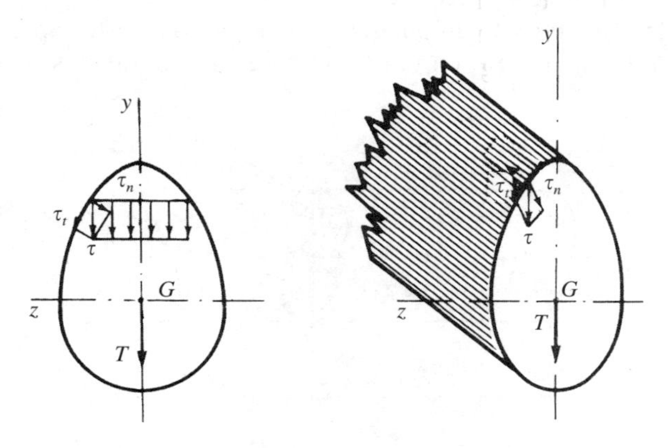

Figura 10.2

10.2. Deformaciones producidas por cortadura pura

Antes de estudiar la deformación de la rebanada del prisma mecánico, es decir, la deformación de la porción de prisma comprendida entre dos secciones indefinidamente próximas, veamos cómo se produce la deformación de un elemento sometido a tensión cortante pura, como puede ser el caso de un estado de elasticidad plana en el que $\sigma_1 = -\sigma_2$.

En la Figura 10.3-*a* se ha dibujado el paralelepípedo elemental ya orientado, es decir, que los planos que trabajan a tensión cortante pura son paralelos a los planos coordenados.

Debido a la acción de las tensiones tangenciales el paralelepípedo elemental se deforma, pero sin que las longitudes de sus lados varíen, o sea que el paralelepípedio inicialmente rectangular cambia de forma pasando a tener la de un paralelepípedo oblicuo. El rectángulo $ABCD$ de la cara frontal se deforma en el romboide $A'B'C'D'$ (Fig. 10.3-*b*). El lado AB y la cara que le contiene experimentan el giro de un ángulo $\gamma/2$ respecto de su plano xz inicial en sentido antihorario, así como el lado AD y el plano de la cara que la contiene experimenta también el giro de un ángulo $\gamma/2$ respecto de su plano yz inicial, pero este giro en sentido horario.

Los ángulos entre caras en los puntos A y C, inicialmente rectos, pasan a ser de $\pi/2 - \gamma$. El ángulo γ que nos mide la distorsión o cambio de forma del elemento se denomina *deformación angular* y viene medida en radianes.

La relación entre τ y γ viene dada por la ley de Hooke

$$\tau = G\gamma \tag{10.2-1}$$

siendo G, como sabemos, el módulo de elasticidad transversal del material, que está relacionado con el módulo de elasticidad E y con el coeficiente de Poisson μ mediante la relación (1.8-6).

Una observación conviene hacer respecto al signo de las deformaciones angulares. Para aclarar los convenios de signos, tanto para las componentes cartesianas de las tensiones tangenciales como para las correspondientes deformaciones angulares, conviene distinguir entre caras positivas y caras negativas del paralelepípedo elemental.

Diremos que una cara es positiva si su normal exterior tiene la dirección y sentido positivo de un eje coordenado y negativa, en caso contrario. Pues bien, sentada esta distinción expresaremos de otra forma el convenio de signos para las tensiones tangenciales que ya fue establecido en el epígrafe 1.5: la tensión tangencial que actúa sobre una cara

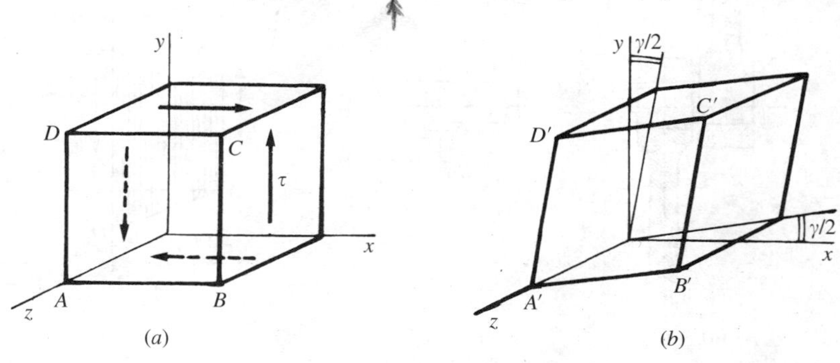

Figura 10.3

positiva del elemento es positiva si tiene la dirección y sentido positivo de uno de los ejes coordenados, y es negativa si tiene el sentido negativo del eje. La tensión tangencial que actúa sobre una cara negativa del elemento es positiva si tiene la dirección y sentido negativo de uno de los ejes coordenados, y negativa si tiene el sentido positivo del eje.

En cuanto al convenio de signos para las deformaciones angulares es necesario que se relacione con el de las tensiones. Así, diremos que la deformación angular de un elemento es positiva cuando disminuye el ángulo entre dos caras positivas, o entre dos caras negativas; la deformación angular es negativa cuando el ángulo entre dos caras positivas, o entre dos caras negativas, aumenta.

Pasemos ahora a estudiar la deformación de la rebanada en la que existe un esfuerzo cortante T, tal como la que existe en el pasador del mecanismo indicado en la Figura 10.4. Si suponemos anulado el momento de la fuerza F, o consideramos despreciables las tensiones que engendra frente a las tensiones tangenciales producidas por el esfuerzo cortante $T = F$, es evidente que la sección recta del pasador situada entre los dos trozos del mecanismo está sometida a cortadura pura.

Experimentalmente se observa que dos secciones CD y AB indefinidamente próximas, pertenecientes a la zona del pasador situada entre las dos piezas que une, desliza una respecto a la otra. Esta deformación viene dada por el *ángulo de deslizamiento* γ, cuyo valor viene dado por la ley de Hooke.

Admitida la teoría elemental de la cortadura, la expresión de γ será:

$$\gamma = \frac{\tau}{G} = \frac{T}{G\Omega} \qquad (10.2\text{-}2)$$

siendo Ω el área de la sección recta del pasador.

Se comprueba experimentalmente dicha ley, ya que si construimos el diagrama tensión cortante-ángulo de deslizamiento para un material dúctil tal como el acero de construcción obtenemos una gráfica como la representada en la Figura 10.5.

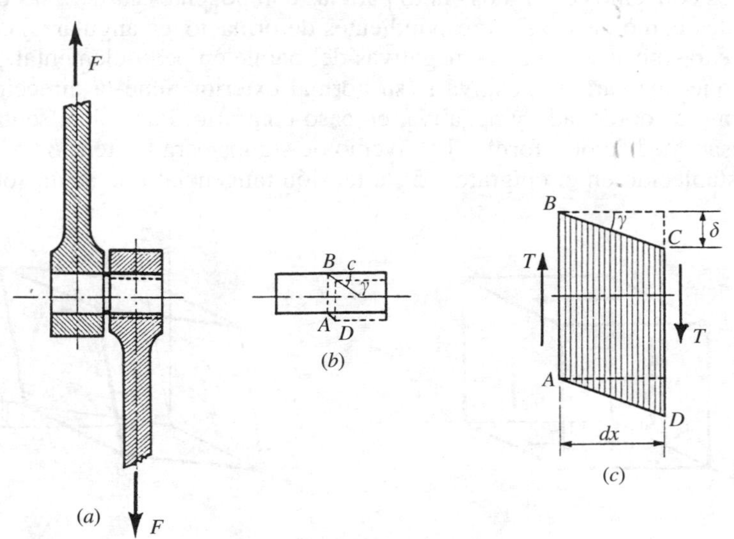

Figura 10.4

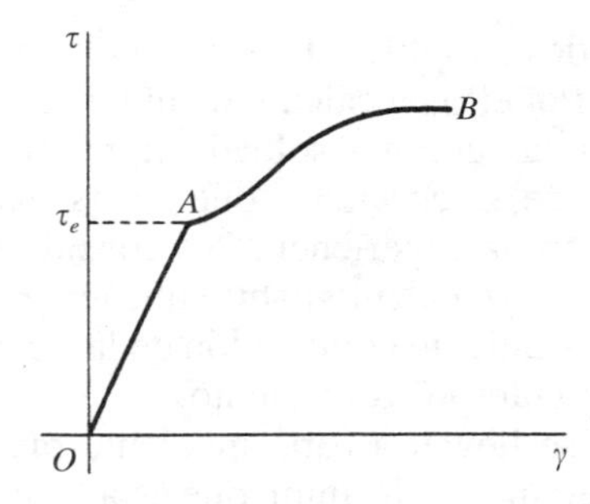

Figura 10.5

Mientras la tensión tangencial se mantiene inferior a τ_e, τ y γ son proporcionales y la deformación desaparece cuando cesa la fuerza que la ha causado. La zona representada por el segmento $\overline{0A}$ es la *zona de deformación elástica*. La fuerza F para la cual la tensión tangencial es τ_e define la carga elástica límite. Para valores de τ superiores a τ_e se entra en el campo de las deformaciones permanentes.

Otra forma de obtener el valor del ángulo de deslizamiento γ sería aplicando el teorema de Castigliano.

En efecto, el potencial interno de la porción de prisma entre las secciones AB y CD (Fig. 10.4-*c*) es, particularizando la expresión (1.14-5) para $\sigma_{nx} = \sigma_{ny} = \sigma_{nz} = 0$; $\tau_{xy} = \tau$; $\tau_{xz} = \tau_{yz} = 0$

$$d\mathcal{T} = dx \iint_\Omega \frac{1}{2G}\, \tau_{xy}^2 \, dy\, dz = dx \iint_\Omega \frac{T^2}{2G\Omega^2}\, dy\, dz = \frac{T^2}{2G\Omega}\, dx \qquad (10.2\text{-}3)$$

El corrimiento δ de la sección CD respecto de la AB será:

$$\delta = \frac{d(d\mathcal{T})}{dT} = \frac{T}{G\Omega}\, dx \quad \Rightarrow \quad \gamma = \frac{\delta}{dx} = \frac{T}{G\Omega} \qquad (10.2\text{-}4)$$

10.3. Cálculo de uniones remachadas y atornilladas

Existen algunas estructuras o piezas de determinadas máquinas que están compuestas de partes que hay que unir de forma adecuada para que cumplan la función para la que han sido diseñadas. Si se trata de materiales metálicos, los medios de unión comúnmente empleados son remaches, tornillos y soldaduras. Las uniones con bulones tienen poca aplicación, y las uniones por medios adhesivos se encuentran aún en fase experimental.

La distribución de tensiones en estos medios de unión es bastante compleja, dependiendo en gran parte de las deformaciones propias de los elementos que la constituyen. Esto hace que el cálculo riguroso de las uniones sea siempre difícil y muchas veces imposible de realizar. Por esto, en el terreno práctico es necesario contrastar los resultados obtenidos aplicando los métodos simplificados de cálculo, con el comportamiento real de los materiales de las uniones. Por ello, el cálculo de uniones remachadas o atornilladas que estudiamos en este epígrafe y las uniones soldadas que estudiaremos en el siguiente, se basan en la teoría elemental de la cortadura que se ha expuesto anteriormente, cuyos resultados están sancionados por la experiencia. No consideraremos las uniones mediante tornillos de alta resistencia, en cuyo cálculo habría que tener en cuenta el efecto del par de apriete (muy elevado) y la consiguiente compresión de las chapas, que hace que los esfuerzos puedan transmitirse solamente por rozamiento.

Las *uniones remachadas* se llevan a cabo mediante piezas denominadas *roblones* o *remaches*. Un remache es un elemento de unión que está formado por una espiga cilíndrica llamada *caña*, uno de cuyos extremos tiene una cabeza esférica, bombeada o plana, llamada *cabeza de asiento*. El remache se introduce, calentándolo previamente entre 1.050 °C (rojo naranja) y 950 °C (rojo cereza claro), en un agujero efectuado en las piezas a unir y se golpea bien con martillo neumático o máquina roblonadora de presión uniforme en el otro extremo, para formar una segunda cabeza (*cabeza de cierre*) que asegure la unión.

La parte de la caña que sobresale, con la que se va a formar la cabeza de cierre, tiene una longitud de 4/3 del diámetro del taladro (Fig. 10.6).

El diámetro d_1 de la caña del roblón o remache se hace ligeramente inferior al diámetro d del agujero con objeto de facilitar la introducción del remache. No obstante, en el cálculo consideraremos el diámetro d del taladro, pues se supone que después del remachado y enfriamiento posterior la caña del remache llena completamente el agujero.

Las *uniones atornilladas* se llevan a cabo mediante piezas denominadas *tornillos*. Un tornillo es un elemento de unión formado por una espiga cilíndrica llamada *caña*, uno de cuyos extremos tiene una cabeza de forma determinada, estando el otro extremo roscado. La unión se forma introduciendo el tornillo en un agujero efectuado en las piezas a unir y colocando en el extremo roscado una *tuerca* con su *arandela* correspondiente. Las dimensiones de los tornillos vienen definidas por las distintas normas que regulan su uso en los diferentes países. En España esta norma es la MV-106-1968. La suma de los espesores de las piezas a unir es función de la longitud del vástago del tornillo y está definida por las normas.

El uso de uniones atornilladas resulta interesante en estructuras desmontables. Si la unión es permanente se suele fijar la tuerca bien con un ligero recalcado de la parte saliente de la espiga, matando el filete de la rosca o con punto de soldadura.

Los tornillos se clasifican en *tornillos ordinarios* y *tornillos calibrados*, según sus características geométricas y de colocación. En los tornillos ordinarios se permite un huelgo de hasta 1 mm entre el diámetro de la caña y el del agujero. En los tornillos calibrados ambos diámetros deben coincidir.

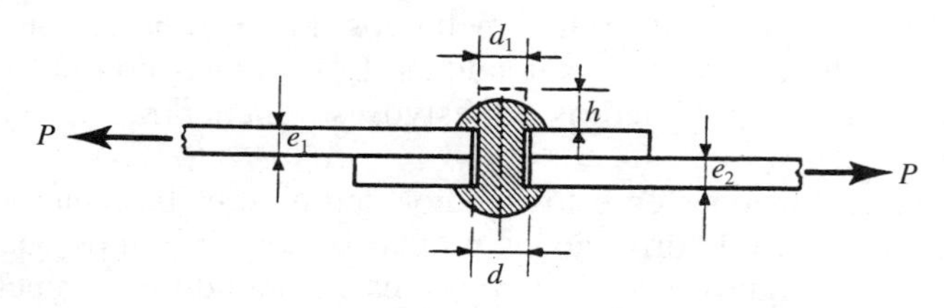

Figura 10.6

– La elección del diámetro d de los elementos de unión es función del espesor mínimo de las chapas a unir. Como orientación se recomienda tanto para roblones como para tornillos que:

$$d \simeq \sqrt{5 \cdot e} - 0{,}2^* \qquad (10.3\text{-}1)$$

expresando d y e en cm.

– La suma de los espesores de las piezas unidas será menor que $4{,}5d$ para roblones y tornillos ordinarios, y menor que $6{,}5d$ para tornillos calibrados.

– Las uniones remachadas y atornilladas se dice que trabajan a cortadura cuando las fuerzas se transmiten por contacto entre las chapas a unir y la caña de los remaches o tornillos. Cuando la transmisión se realiza por contacto entre la chapa y la cabeza del elemento de unión éste trabaja a tracción. El caso más normal es el de uniones trabajando a cortadura y es éste el que vamos a estudiar a continuación.

Distinguiremos dos tipos de uniones remachadas o atornilladas según las cargas aplicadas estén centradas respecto al elemento de unión o se trate de cargas excéntricas respecto a éstos.

Dentro de los del primer grupo distinguiremos a su vez si los remaches o tornillos trabajan a *cortadura simple* (por una sección) (Fig. 10.9) o a *cortadura doble* (por dos secciones) (Fig. 10.10).

– Las posibles causas de fallo de una unión remachada o atornillada trabajando a cortadura se resumen en las indicadas en la Figura 10.7, y son las siguientes:

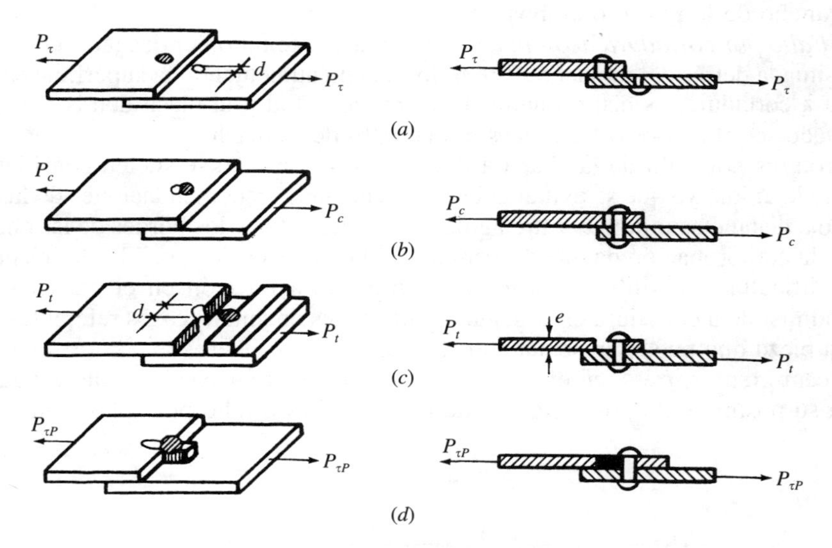

Figura 10.7

* Una interpretación de esta fórmula se puede realizar en función del fallo de la unión por cortadura o aplastamiento, que analizaremos más adelante. Su intención es situar la unión en el óptimo, de forma que los tornillos o roblones necesarios por ambos conceptos, cortadura y aplastamiento, sean aproximadamente iguales ($n_\tau \simeq n_c$).

a) *Fallo por cortadura*. Si la tensión de cortadura en los remaches o tornillos es superior a la tensión admisible τ_{adm} del material de los remaches, la unión se rompería por la sección del remache sometida a cortadura. Se puede aumentar la resistencia de la unión aumentando el diámetro de los remaches o poniendo mayor número de ellos.

b) *Fallo por aplastamiento*. La unión podría fallar si un remache aplastara el material de la placa en la zona de contacto común, o bien, si el propio remache fuera aplastado por la acción de la placa. Como la distribución de tensiones en la zona de contacto es sumamente compleja, a efectos prácticos de cálculo se considera que el esfuerzo de aplastamiento se reparte uniformemente en el área proyectada de la espiga del remache sobre la placa, es decir, sobre el área $d \times e$ (Fig. 10.8). Se puede aumentar la resistencia a compresión de la unión aumentando el área de compresión, o sea, aumentando el diámetro del remache o el espesor de la placa, o ambos.

c) *Fallo por rotura de la placa a tracción*. En una pieza sometida a tracción, de una unión mediante remaches, se puede producir el fallo por rotura de la sección debilitada por los agujeros para los remaches. Al cargar la placa, antes que se produzca la rotura, se producen concentraciones de tensiones en los bordes de los agujeros de los remaches, como se ha visto en el capítulo 2. No obstante, en el caso de materiales dúctiles, que son únicamente los empleados en uniones remachadas, la distribución de tensiones en la sección debilitada tenderá a ser uniforme en el punto de fluencia cuando aumenta la fuerza de tracción sobre la placa. A efectos prácticos del cálculo se admite la hipótesis de ser uniforme la distribución de tensiones en la sección neta de la placa, esto es, descontando al área de la sección recta de la placa la correspondiente a los agujeros de los remaches o tornillos. Se puede elevar la resistencia de la unión aumentando el espesor o el ancho de la placa, o ambos.

d) *Fallo por cortadura de la placa*. Se produce este fallo por desgarro de la placa en la parte situada detrás del remache. Este fallo se evita aumentando la superficie de la placa sometida a cortadura, es decir, dando suficiente longitud a la placa detrás del remache, como puede ser el de dos o tres veces el diámetro del remache.

Las roturas por fallo de la chapa a tracción o cortante no se suelen considerar en el cálculo de la unión, ya que se evitan al tener en cuenta las recomendaciones de las normas en cuanto a distancias mínimas entre agujeros, y entre éstos y los bordes de las chapas. No obstante, la comprobación de una determinada unión a estos dos posibles fallos no reviste ninguna dificultad. Se utilizará la tensión admisible a tracción en el primer caso y la tensión admisible a cortadura en el segundo, tensiones en ambos casos referentes al material de la pieza que puede presentar esos fallos.

Nos centraremos, pues, en el cálculo de las uniones remachadas o atornilladas atendiendo a su posible fallo por cortadura de los remaches o fallo por aplastamiento.

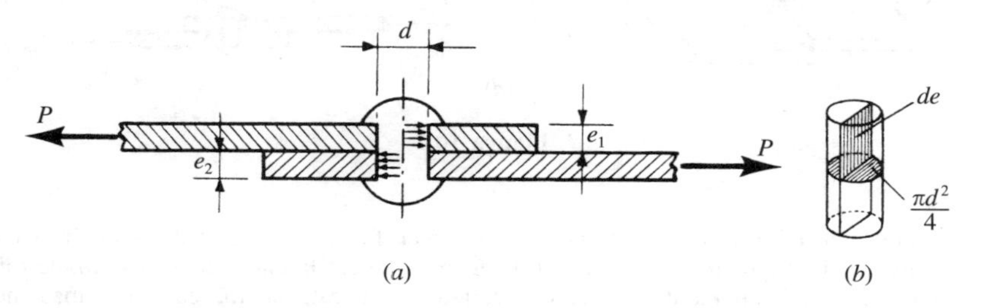

Figura 10.8

Supongamos que deseamos unir dos chapas de espesores e_1 y e_2 mediante una fila de remaches o tornillos (Fig. 10.8-*a*) y propongámonos calcular el número de ellos necesarios para que la unión resista la fuerza P. Admitiremos que el esfuerzo P se distribuye uniformemente entre los n elementos de unión.

El cálculo a cortadura se hace considerando un reparto uniforme de tensiones cortantes sobre la sección recta. Si τ_{adm} es la tensión admisible a cortadura, el número mínimo n_τ de remaches o tornillos que se precisarían para no sobrepasarla verificaría la condición de equilibrio

$$P = n_\tau \frac{\pi d^2}{4} \tau_{adm} \qquad (10.3\text{-}2)$$

de donde:

$$n_\tau = \frac{4P}{\pi d^2 \tau_{adm}} \qquad (10.3\text{-}3)$$

siendo d el diámetro del agujero para remaches y tornillos calibrados, o diámetro de la espiga para tornillos ordinarios.

En el cálculo a aplastamiento de la chapa contra la espiga del remache o tornillo se admite que la presión se reparte uniformemente sobre la superficie de contacto entre chapa y espiga, tomándose ésta como la superficie que resulta de multiplicar el diámetro del agujero por el espesor de la chapa o chapas que transmiten el esfuerzo P (Fig. 10.8-*b*). Si $\sigma_{c\,adm}$ es la tensión admisible a compresión en la chapa, el mínimo número n_c de remaches o tornillos que se precisaría verificará

$$P = n_c de\sigma_{c\,adm} \qquad (10.3\text{-}4)$$

de donde:

$$n_c = \frac{P}{d \cdot e \cdot \sigma_{c\,adm}} \qquad (10.3\text{-}5)$$

siendo e el espesor menor de las chapas a unir.

De acuerdo con la norma española MV-103-1968, suponiendo P como carga ponderada, podemos considerar como valores admisibles para cortadura y compresión los siguientes:

$$\tau_{adm} = \beta\sigma_r \qquad (10.3\text{-}6)$$

siendo:

β = Coeficiente que toma el valor 0,80 para roblones y tornillos calibrados, y 0,65 para tornillos ordinarios.

σ_r = Resistencia de cálculo del acero del elemento de unión. Normalmente igual a 2.400 kp/cm^2 para roblones, y a 2.400 o 3.000 kp/cm^2 para tornillos según la clase de acero, 4*D* o 5*D*

$$\sigma_{c\,adm} = \alpha \cdot \sigma_u \qquad (10.3\text{-}7)$$

siendo:

α = Coeficiente que toma el valor 2 para uniones con tornillos ordinarios y 2,5 para uniones con remaches o tornillos calibrados.

σ_u = Resistencia de cálculo del acero de la chapa. Normalmente, 2.400 kp/cm^2 para aceros A-37; 2.600 kp/cm^2 para aceros A-42, y 3.600 kp/cm^2 para aceros A-52.

De los valores obtenidos para el número de remaches o tornillos dados por (10.3-3) y (10.3-5), se habrá de adoptar el mayor. Resulta fácil ver la condición que se ha de verificar entre el valor del espesor menor de las chapas y el diámetro del elemento de unión, para que el cálculo se haga de una u otra forma.

En efecto, la condición para que $n_\tau = n_c$ será:

$$\frac{4P}{d^2 \cdot \pi \cdot \tau_{\text{adm}}} = \frac{P}{de\sigma_{c\,\text{adm}}} \tag{10.3-8}$$

de donde:

$$e = \frac{\pi}{4} \frac{\tau_{\text{adm}}}{\sigma_{c\,\text{adm}}} \cdot d = \frac{\pi\beta\sigma_r}{4\alpha\sigma_u} d = \gamma \cdot d \tag{10.3-9}$$

siendo:

$$\gamma = \frac{\pi\beta\sigma_r}{4\alpha\sigma_u} \tag{10.3-10}$$

Los valores de γ para los distintos elementos de unión (remaches, tornillos calibrados o tornillos ordinarios) y las distintas clases de acero de las chapas a unir (A-37, A-42 o A-52) pueden verse en la Tabla 10.1.

Por tanto, las uniones mediante una fila de remaches o tornillos, cuando éstos trabajan a cortadura simple, se calcularán a cortadura cuando el menor espesor de las chapas a unir verifique $e > \gamma d$, y a compresión o aplastamiento de la chapa contra la espiga cuando $e < \gamma d$.

Una unión mediante costura simple tiene el inconveniente de que al efecto del esfuerzo cortante en la sección recta se añade un momento debido a no tener las fuerzas iguales y opuestas aplicadas a las chapas la misma línea de acción. La existencia de este momento tenderá a provocar una deformación de la costura del tipo indicado en las Figuras 10.9-*a* y 10.9-*b*, según se trate de unión con una o dos filas de remaches.

Tabla 10.1. Valores de γ

Elemento de unión		**Acero de las chapas**		
Tipo	Acero	A-37 / $\sigma_u = 2.400$	A-42 / $\sigma_u = 2.600$	A-52 / $\sigma_u = 3.600$
R	A-37 b ($\sigma_r = 2.400$)	0,246	0,227	0,164
T.O.	4D ($\sigma_r = 2.400$)	0,255	0,235	No se recomienda su uso
T.C.	5D ($\sigma_r = 3.000$)	0,314	0,290	0,209

Las tensiones están expresadas en kp/cm^2.

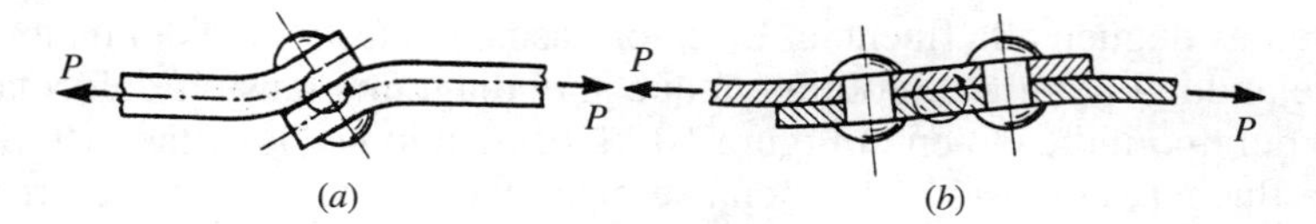

Figura 10.9

Este efecto se puede evitar colocando las placas en alguna de las disposiciones indicadas en la Figura 10.10.

En este caso los elementos de unión trabajan a *doble cortadura*. Para el cálculo a cortadura del número menor n_τ de tornillos o remaches se tendría:

$$P = n_\tau \cdot 2\,\frac{\pi d^2}{4}\,\tau_{\text{adm}} \quad ; \quad n_\tau = \frac{2P}{\pi d^2 \tau_{\text{adm}}} \tag{10.3-11}$$

mientras que para el cálculo por aplastamiento:

$$P = n_c e d \sigma_{c\,\text{adm}} \quad ; \quad n_c = \frac{P}{e d \sigma_{c\,\text{adm}}} \tag{10.3-12}$$

Igualando las expresiones de n_τ y n_c, se tiene:

$$\frac{2P}{\pi d^2 \tau_{\text{adm}}} = \frac{P}{e d \sigma_{c\,\text{adm}}} \tag{10.3-13}$$

de donde:

$$e = \frac{\pi}{2}\,\frac{\tau_{\text{adm}}}{\sigma_{c\,\text{adm}}}\,d = 2\gamma d \tag{10.3-14}$$

es decir, las uniones mediante tornillos o remaches, cuando éstos trabajan a doble cortadura, se calcularán a cortante cuando el menor espesor de las piezas a unir verifique $e > 2\gamma d$, y a aplastamiento de la chapa contra la espiga del elemento de unión si $e < 2\gamma d$ (valores de γ dados en la Tabla 10.1).

– Hasta aquí hemos considerado una o dos filas de remaches. Si el número de filas aumenta, el problema es hiperestático. El reparto de tensiones de cortadura en los remaches pertenecientes a distintas filas ya no es la misma, sino que los pertenecientes a las filas extremas aparecen más cargados que los centrales. Puede ocurrir que los remaches de

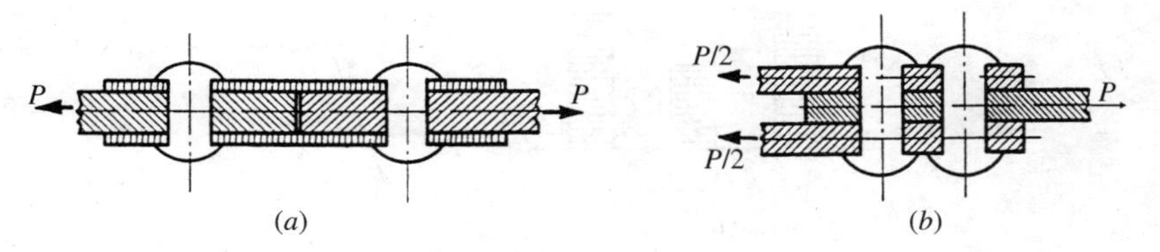

Figura 10.10

las filas extremas lleguen a la fluencia. En estos casos, la plasticidad del material actúa de regulador alejando el peligro de rotura, ya que si el diagrama tensión-deformación de los remaches es del tipo indicado en la Figura 10.11-*b*, cuando las dos filas extremas llegan a la tensión de fluencia la tensión tangencial se mantiene constante en los correspondientes remaches. Mientras, la tensión tangencial en la fila central (Fig. 10.11-*a*) se mantiene inferior a la de las filas extremas, absorbiendo posibles aumentos de la carga P.

Como en una unión por remaches o tornillos, de las que hasta aquí hemos considerado, los agujeros reducen el área de la sección recta de la placa y es evidente que la resistencia de la unión es siempre menor que la resistencia de la placa sin agujerear, definiremos como *eficiencia de la unión* al cociente

$$\frac{\text{carga admisible de la unión}}{\text{carga admisible en la placa sin remaches}} \times 100$$

Todo lo expuesto anteriormente se refiere al cálculo de uniones remachadas en las que la carga está centrada respecto a la posición de los remaches. Se presentan con frecuencia casos de uniones remachadas en las que la carga es excéntrica, como ocurre en la unión indicada en la Figura 10.12-*a*, y cuyo cálculo simplificado se basa en la teoría elemental de la cortadura.

La solicitación exterior (Fig. 10.12-*a*) es equivalente a una carga P y un momento $M = Pe$, aplicados ambos vectores en el centro de gravedad G de los taladros (Fig. 10.12-*b*). La carga P se reparte entre los remaches de forma uniforme, es decir, sobre cada remache actuará en sentido vertical un esfuerzo cortante P/n, si n es el número de ellos (Fig. 10.12-*c*).

Admitiremos que el momento es absorbido por fuerzas cortantes F_i de dirección perpendicular a la recta que une el centro del taladro A_i con el centro de gravedad G y de módulo directamente proporcional a la distancia r_i entre ambos puntos, siendo la constante de proporcionalidad la misma para todos los remaches, es decir, $F_i = kr_i$.

Por tanto, se tendrá que verificar

$$Pe = \sum_1^n F_i r_i = \sum_1^n k r_i^2 = k \sum_1^n r_i^2 \tag{10.3-15}$$

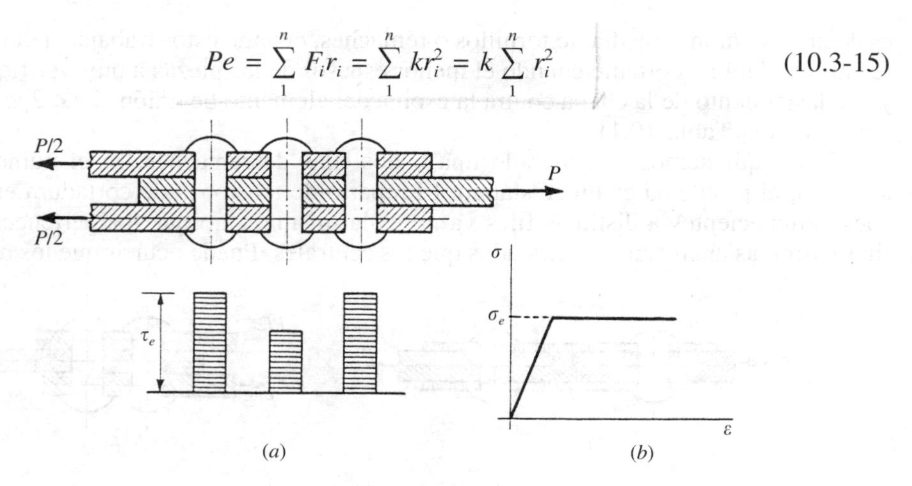

Figura 10.11

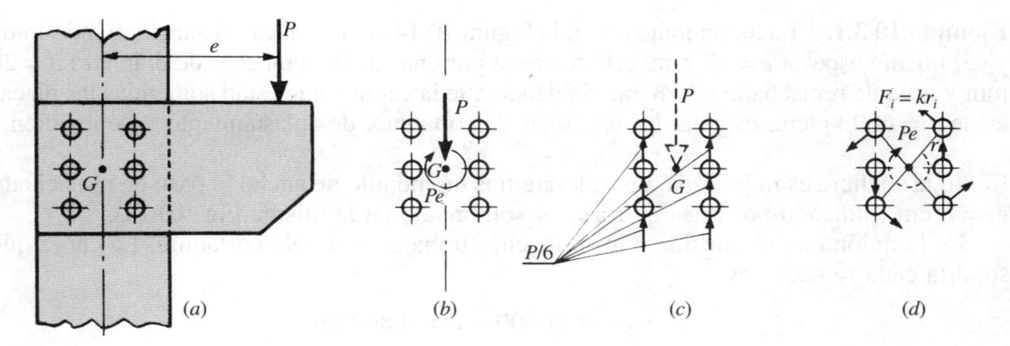

Figura 10.12

– Despejando el valor de k de esta expresión y sustituyendo en $F_i = kr_i$, obtenemos el esfuerzo cortante F_i sobre cada remache debido al momento Pe.

$$F_i = kr_i = \frac{Pe}{\sum_1^n r_i^2} r_i \tag{10.3-16}$$

Respecto de un sistema de referencia Gxy este esfuerzo cortante tiene las componentes:

$$F_{ix} = -F_i \text{ sen } \alpha_i = \frac{-Pe}{\sum_1^n r_i^2} r_i \text{ sen } \alpha_i = -\frac{Pe}{\sum_1^n (x_i^2 + y_i^2)} y_i \tag{10.3-17}$$

$$F_{iy} = F_i \cos \alpha_i = \frac{Pe}{\sum_1^n r_i^2} r_i \cos \alpha_i = \frac{Pe}{\sum_1^n (x_i^2 + y_i^2)} x_i \tag{10.3-18}$$

Para calcular el esfuerzo cortante total sobre cada remache habrá qe componer vectorialmente P/n en dirección de la carga P y $\vec{F}_i$, cuyo módulo viene dado por (10.3-16), en dirección perpendicular a la recta que une el centro del taladro con el centro de gravedad G (Fig. 10.13).

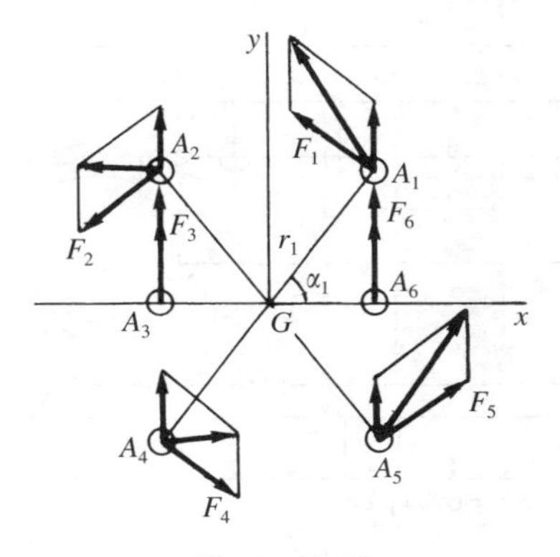

Figura 10.13

Ejemplo 10.3.1. La unión indicada en la Figura 10.14 de dos placas, de anchura indefinida y del mismo espesor $e = 12$ mm, está formada por una fila de remaches de diámetro $d = 20$ mm y paso de remachado $e_1 = 8$ cm. Sabiendo que la carga a que están sometidas las placas es de $p = 600$ kp/cm, calcular las tensiones de cortadura, de aplastamiento y de tracción.

Como la anchura es indefinida, consideraremos un módulo de ancho el paso de remachado $e_1 = 8$ cm (indicado por línea de trazos y sombreado en la misma Fig. 10.14).

En la unión que se considera los remaches trabajan a simple cortadura. La carga que soporta cada remache es

$$P = p \cdot e_1 = 600 \times 8 = 4.800 \text{ kp}$$

Las tensiones pedidas son:

a) De cortadura en los remaches

$$\tau = \frac{4P}{\pi d^2} = \frac{4 \times 4.800}{\pi \times 4} = 1.527{,}9 \text{ kp/cm}^2$$

b) De aplastamiento, tanto en los remaches como en la placa

$$\sigma_c = \frac{P}{de} = \frac{4.800}{2 \times 1{,}2} = 2.000 \text{ kp/cm}^2$$

c) De tracción en la sección recta de la placa que contiene el eje del remache

$$\sigma_t = \frac{P}{\Omega_n} = \frac{4.800}{1{,}2 \times (8 - 2)} = 666{,}7 \text{ kp/cm}^2$$

Habrá que comparar los valores obtenidos con las tensiones admisibles correspondientes de los materiales de los remaches o de la placa, según proceda.

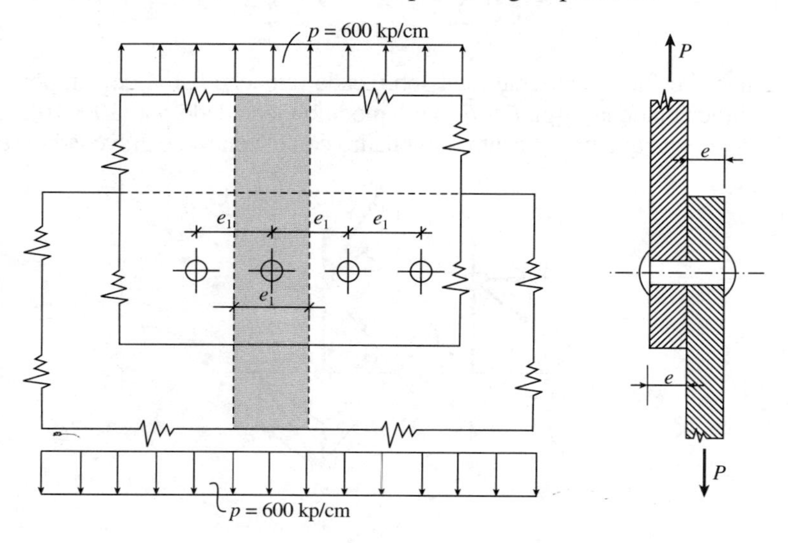

Figura 10.14

Ejemplo 10.3.2. Dos placas metálicas de anchura indefinida y espesor $e = 10$ mm están unidas mediante dos cubrejuntas del mismo espesor $e' = 8$ mm, pero de distinta anchura, como se indica en la Figura 10.15. La unión se realiza mediante dos dobles filas de remaches de diámetro $d = 20$ mm, siendo los pasos de remachado de $e_1 = 16$ cm para las fibras exteriores y de $e_2 = 8$ cm para las filas interiores. Determinar la carga admisible por módulo y la eficiencia de la unión.

Datos: Tensión admisible a cortadura en los remaches: $\tau_{adm} = 1.100$ kp/cm²; tensión admisible a aplastamiento en las chapas: $\sigma_{c\,adm} = 2.400$ kp/cm²; tensión admisible a tracción en las chapas: $\sigma_{t\,adm} = 1.400$ kp/cm².

Consideremos el módulo indicado por línea de trazos en la misma Figura 10.15. En la porción de placa que pertenece a un módulo existen dos remaches a doble cortadura y otro a simple cortadura.

Por consiguiente, la carga P aplicada al módulo se reparte sobre cinco secciones rectas de los remaches. El valor máximo de P a cortadura será

$$P_\tau = 5\,\frac{\pi d^2}{4} \cdot \tau_{adm} = 5\,\frac{\pi \times 2^2}{4}\,1.100 = 17.279 \text{ kp}$$

Para el cálculo de la carga máxima P_c a aplastamiento, tendremos en cuenta las fuerzas que soporta cada remache, que son las que se indican en la Figura 10.15-*a*.

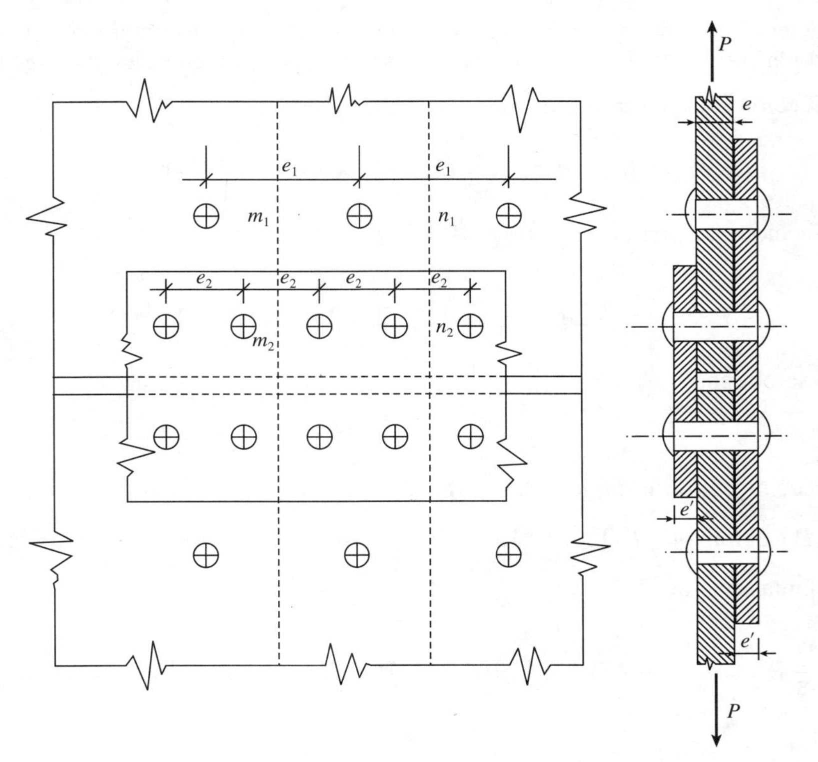

Figura 10.15

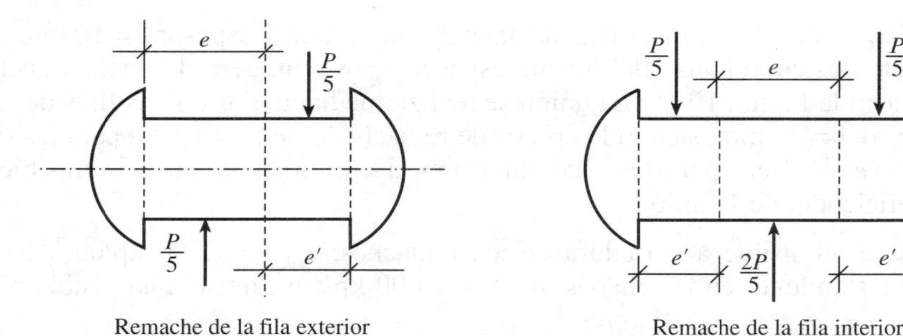

Figura 10.15-*a*

La sección crítica es la que corresponde a la parte central de los remaches de la fila interior en contacto con la placa

$$\frac{2P_c}{5} = d \cdot e \cdot \sigma_{c\,\text{adm}} = 2 \times 1 \times 2.400$$

de donde se obtiene

$$P_c = 12.000 \text{ kp}$$

Para determinar, finalmente, la carga máxima P_t a tracción, consideraremos las secciones m_1n_1 en la placa (Fig. 10.15-*b*) y m_2n_2 en placa (Fig. 10.15-*c*) y cubrejuntas (Fig. 10.15-*d*).

a) Sección m_1n_1 en la placa (Fig. 10.15-*b*)

$$P_t' = e(e_1 - d)\sigma_{c\,\text{adm}} = (16 - 2) \times 1.400 = 19.600 \text{ kp}$$

b) Sección m_2n_2 en la placa (Fig. 10.15-*c*)

$$\frac{4}{5} P_t'' = e(e_1 - 2d)\sigma_{t\,\text{adm}} = (16 - 2 \times 2) \times 1.400 = 16.800 \text{ kp}$$

de donde se obtiene:

$$P_t'' = 21.000 \text{ kp}$$

c) Sección m_2n_2 en cubrejuntas (Fig. 10.15-*d*). Como el cubrejuntas más pequeño soporta $\frac{3}{5} P$ y el mayor $\frac{2}{3} P$ (Fig. 10.15-*d*), la tensión máxima se produce en la sección neta del cubrejuntas mayor

$$\frac{3}{5} P_t''' = e'(e_1 - 2d) \cdot \sigma_{t\,\text{adm}} = 0{,}8 \times (16 - 2 \times 2) \times 1.400 = 13.400 \text{ kp}$$

de donde:

$$P_t''' = 22.400 \text{ kp}$$

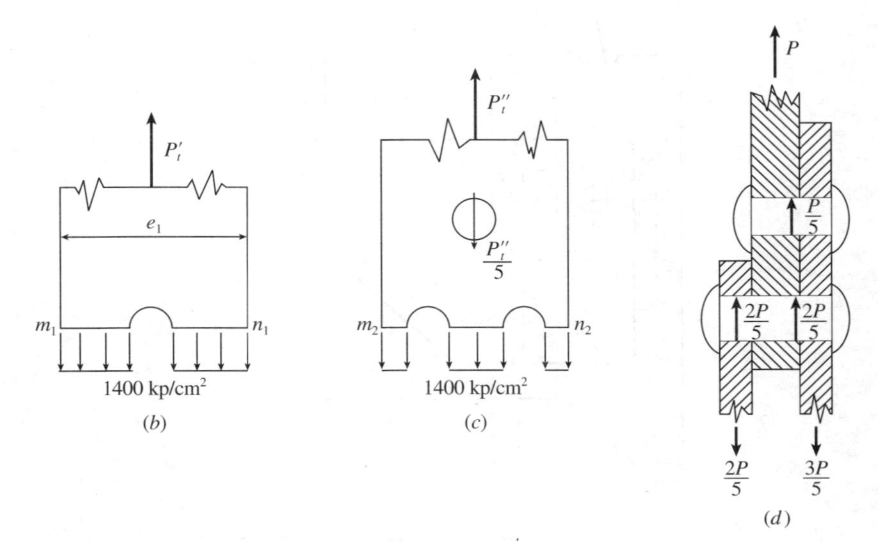

Figura 10.15

De los resultados obtenidos se deduce que la carga máxima que se puede aplicar al módulo considerado es:

$$P_{\text{máx}} = 12.000 \text{ kp}$$

que es la carga que corresponde al cálculo a aplastamiento.

Ahora bien, como la carga que podríamos aplicar a la placa si fuera maciza sería la de

$$P = 1 \times 16 \times 1.400 = 22.400 \text{ kp}$$

la eficiencia de la unión es

$$\frac{12.000}{22.400} \times 100 = 53{,}57\,\%$$

Ejemplo 10.3.3. Calcular la tensión cortante máxima que se produce en la unión de la Figura 10.16 debida a la carga excéntrica $P = 3.000$ kp, cuya línea de acción dista 20 cm del eje vertical de los cuatro remaches de diámetro $d = 20$ mm que la forman.

Reducido el sistema de fuerzas aplicadas constituido por la carga excéntrica P, al centro de gravedad de las secciones de los remaches, tenemos una resultante $P = 3.000$ kp y un momento $M = 3.000 \times 20 = 60.000$ cm · kp.

La carga vertical P dará lugar a un esfuerzo $\vec{f_1}$ vertical de cada remache sobre la placa en sentido ascendente, de valor

$$f_{1y} = \frac{P}{n} = \frac{3.000}{4} = 750 \text{ kp}$$

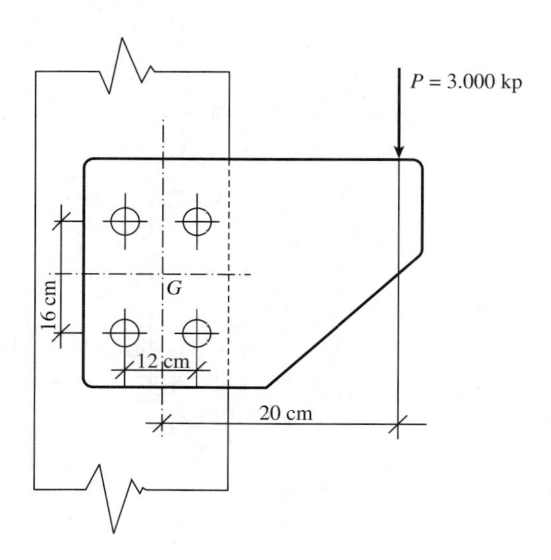

Figura 10.16

Para el cálculo del esfuerzo $\vec{f_2}$ que cada remache ejerce sobre la placa aplicaremos la expresión (10.3-16).

Las componentes cartesianas de $\vec{f_2}$ son:

$$f_{2x} = -f_2 \text{ sen } \alpha = -\frac{Pe}{\Sigma r_i^2} r_i \frac{y_i}{r_i} = -\frac{Pe}{\Sigma (x_i^2 + y_i^2)} y_i$$

$$f_{2y} = f_2 \cos \alpha = \frac{Pe}{\Sigma r_i^2} r_i \frac{x_i}{r_i} = \frac{Pe}{\Sigma (x_i^2 + y_i^2)} x_i$$

Como:

$$\Sigma (x_i^2 + y_i^2) = 4 (6^2 + 8^2) = 400 \text{ cm}^2$$

para el cálculo de los esfuerzos que actúan sobre cada remache (iguales y opuestos a los que ejercen los remaches sobre la placa, por el principio de acción y reacción) podemos hacer el siguiente cuadro.

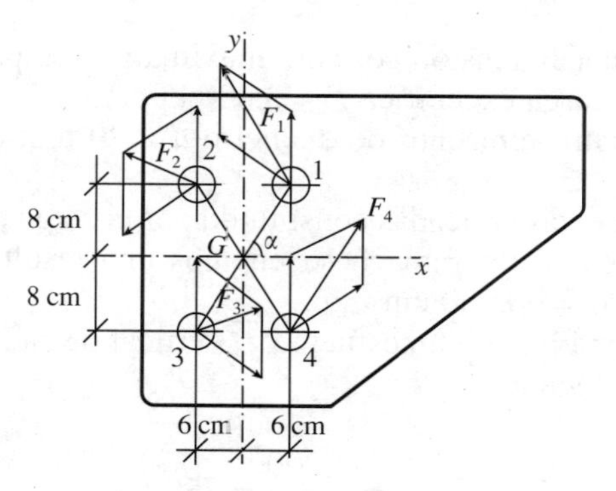

Figura 10.16-*a*

Remache	P		M		$F_x = f_{1x} + f_{2x}$	$F_y = f_{1y} + f_{2y}$	F kp
	$f_{1x} = \frac{P_x}{n}$	$f_{1y} = \frac{P_y}{n}$	$f_{2x} = -\frac{Pe}{\Sigma r_i^2} y_i$	$f_{2y} = \frac{Pe}{\Sigma r_i^2} x_i$			
1	—	750	−1.200	900	−1.200	1.650	2.040
2	—	750	−1.200	−900	−1.200	−150	1.209
3	—	750	1.200	−900	1.200	−150	1.209
4	—	750	1.200	900	1.200	1.650	2.040

De esta tabla se desprende que los remaches sometidos a mayor esfuerzo cortante son los designados con los números 1 y 4. La tensión de cortadura en ellos será:

$$\tau = \frac{4F_{\text{máx}}}{\pi d^2} = \frac{4 \times 2.040}{\pi \times 2^2} = 649{,}35 \text{ kp/cm}^2$$

10.4. Cálculo de uniones soldadas

En los últimos años la soldadura ha tenido un gran desarrollo en su aplicación a las uniones en construcciones metálicas. Es un procedimiento mediante el cual los metales se unen por fusión. Se reblandece y se funde el metal en los bordes a soldar mediante el calor producido por un arco eléctrico o un soplete de oxiacetileno.

En la soldadura eléctrica se provoca el arco eléctrico entre las piezas que se van a soldar y un electrodo que constituye el *metal de aportación* que queda depositado entre las piezas a unir formando lo que se llama el *cordón de soldadura*.

Los tipos de soldadura más frecuentes son: *soldadura a tope* (Fig. 10.17-*a*) y *soldadura en ángulo* (Fig. 10.17-*b*). Del primer tipo solamente indicaremos que se trata de una unión de penetración completa y forma una transición casi perfecta entre los elementos soldados, de forma que evita el efecto de entalla en la unión. Las especificaciones de las normas al uso establecen, en el caso de soldaduras a tope sometidas a cargas estáticas en estructuras metálicas de edificios, la misma tensión de cortadura admisible para la soldadura y para el metal base. En general, este tipo de soldadura no requiere cálculo de comprobación y su capacidad de resistencia mecánica es igual a la de la chapa de menor espesor de las dos que forman parte de la unión.

Centraremos nuestro interés en el estudio de uniones mediante soldaduras del segundo tipo, ya que el cálculo de éstas se basa en la teoría de la cortadura.

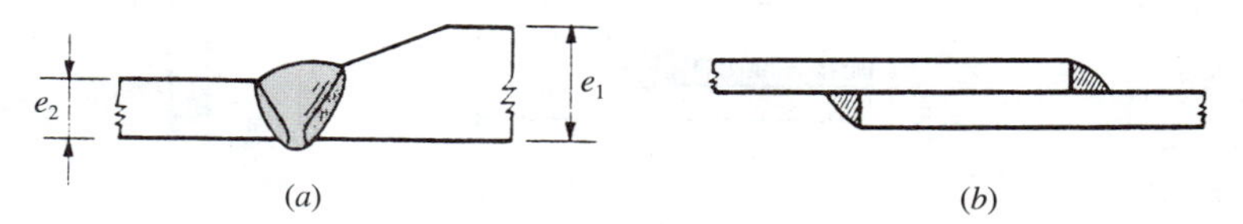

Figura 10.17

– En las *soldaduras en ángulo* se distinguen *cordones frontales* y *cordones laterales*, según que su situación respecto a la dirección del esfuerzo sea perpendicular o paralela respectivamente.

– La mínima anchura del cordón recibe el nombre de *garganta* y se designa por a. Llamaremos, asimismo, *altura* h del cordón a la distancia que hay en la sección recta de la soldadura entre los centros de los dos bordes (Fig. 10.18).

Consideremos dos chapas unidas entre sí mediante n cordones de soldadura de la misma longitud, paralelos al esfuerzo longitudinal aplicado ($n = 2$ en el esquema indicado en la Fig. 10.18).

Supondremos que el plano que proyecta la línea de acción de la fuerza F de tracción aplicada sobre el plano de la superficie común de ambas piezas contiene el centro de gravedad de los cordones.

– En el cálculo de las soldaduras en ángulo se admiten las hipótesis de que los cordones trabajan a cortadura y que la tensión cortante τ se distribuye uniformemente sobre la sección longitudinal de mínima anchura del cordón (sección de garganta), independiente de la dirección de la fuerza aplicada. El esfuerzo cortante por unidad de longitud será:

$$F = \tau \sum_{1}^{n} a_i l_i \tag{10.4-1}$$

La tensión τ será variable a lo largo del cordón. Veamos cuál es la ley de variación de esta tensión cortante $\tau = \tau(x)$, que supondremos es una función continua y diferenciable respecto a la variable x, abscisa en el sentido longitudinal del cordón.

Para ello realicemos un corte transversal mn de las dos piezas unidas (Fig. 10.19). La condición de equilibrio, si N_1 y N_2 son los esfuerzos normales sobre las secciones rectas de las dos piezas superior e inferior respectivamente, es

$$N_1 + N_2 - F = 0 \tag{10.4-2}$$

Considerando ahora la porción de pieza inferior comprendida entre dos planos transversales indefinidamente próximos, el equilibrio nos proporciona la ecuación

$$N_2 + dN_2 - N_2 - T\,dx = 0 \tag{10.4-3}$$

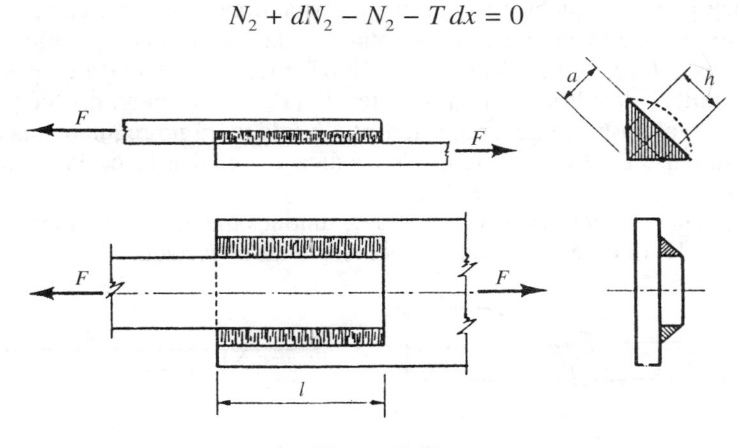

Figura 10.18

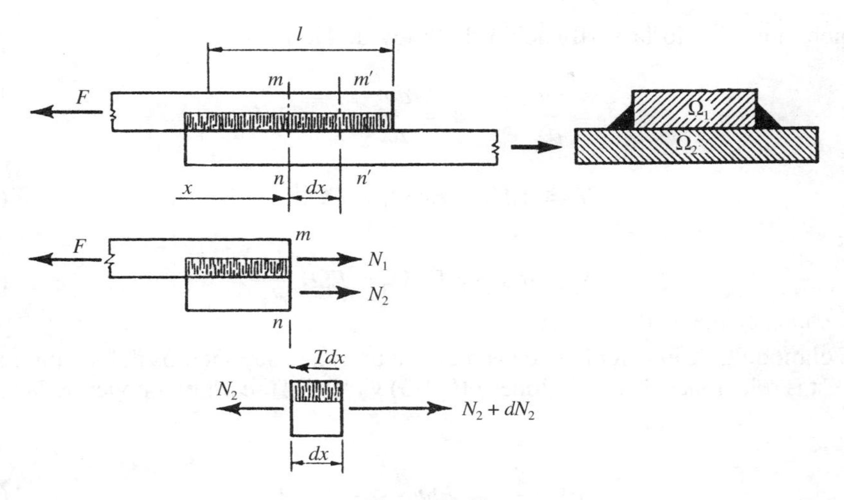

Figura 10.19

o lo que es lo mismo

$$\frac{dN_2}{dx} - na\tau = 0 \qquad (10.4\text{-}4)$$

Las dos ecuaciones (10.4-2) y (10.4-4) son las únicas ecuaciones de equilibrio. Como es tres el número de incógnitas: N_1, N_2 y τ, esto nos hace ver el carácter hiperestático del problema. Para resolverlo tenemos que hacer intervenir las deformaciones.

Por tanto, si A y B son dos puntos del cordón pertenecientes a las líneas medias de las superficies comunes del cordón y piezas superior e inferior, respectivamente, y ambos están contenidos en el mismo plano transversal antes de aplicar la fuerza longitudinal F, después de la deformación habrán pasado a ocupar las posiciones respectivas A' y B', tales que $\overline{AA'} = u_1$; $\overline{BB'} = u_2$; $B'\widehat{A', B}A = \gamma$ (Fig. 10.20). Supondremos que u_1, u_2, γ, son funciones continuas y diferenciables de x.

La condición de compatibilidad de las deformaciones, según se desprende de la Figura 10.20 será:

$$u_2 - u_1 - \gamma h = 0 \qquad (10.4\text{-}5)$$

Figura 10.20

Ahora bien, admitiendo la verificación de la ley de Hooke:

$$\varepsilon_1 = \frac{du_1}{dx} \quad ; \quad \varepsilon_2 = \frac{du_2}{dx} \quad ; \quad \tau = G\gamma$$

$$N_1 = \sigma_1\Omega_1 = E\varepsilon_1\Omega_1 = E\Omega_1 \frac{du_1}{dx} \tag{10.4-6}$$

$$N_2 = \sigma_2\Omega_2 = E\varepsilon_2\Omega_2 = E\Omega_2 \frac{du_2}{dx} \tag{10.4-7}$$

siendo E el módulo de elasticidad de las piezas a unir, que suponemos del mismo material.

Con estas relaciones, las ecuaciones (10.4-3) y (10.4-4) se podrán poner de la siguiente forma:

$$E\Omega_1 \frac{du_1}{dx} + E\Omega \frac{du_2}{dx} - F = 0 \tag{10.4-8}$$

$$\frac{d}{dx}\left(E\Omega_2 \frac{du_2}{dx}\right) - naG\gamma = 0 \tag{10.4-9}$$

Además, de la ecuación (10.4-5) se desprende

$$\frac{du_1}{dx} = \frac{du_2}{dx} - h\frac{d\gamma}{dx} \tag{10.4-10}$$

suponiendo la altura del cordón constante.

Eliminando u_1 entre las ecuaciones (10.4-8) y (10.4-10) se tiene

$$\frac{du_2}{dx} = \frac{E\Omega_1 h \dfrac{d\gamma}{dx} + F}{E(\Omega_1 + \Omega_2)} \tag{10.4-11}$$

expresión que sustituida en (10.4-9) nos da

$$\frac{d}{dx}\left(\frac{E\Omega_1\Omega_2 h \dfrac{d\gamma}{dx} + \Omega_2 F}{\Omega_1 + \Omega_2}\right) - naG\gamma = 0 \tag{10.4-12}$$

Si, como suele ocurrir, son constantes las áreas Ω_1 y Ω_2 de las secciones rectas de las piezas a unir, así como la garganta del cordón y su módulo de elasticidad transversal, se tiene

$$\frac{d^2\gamma}{dx^2} = \frac{naG(\Omega_1 + \Omega_2)}{E\Omega_1\Omega_2 h}\gamma = k^2\gamma \tag{10.4-13}$$

siendo k una constante positiva.

Por tanto, llegamos a obtener una ecuación diferencial de segundo orden de coeficientes constantes

$$\frac{d^2\gamma}{dx^2} - k^2\gamma = 0 \qquad (10.4\text{-}14)$$

cuya integración nos permite obtener la función $\gamma = \gamma(x)$ a lo largo del cordón y, por consiguiente, la función $\tau = \tau(x) = G\gamma$.

La solución integral de esta ecuación diferencial, al ser reales las raíces de su ecuación característica, se podrá expresar mediante funciones hiperbólicas de la forma siguiente:

$$\gamma = C_1 \text{ senh } (kx) + C_2 \cosh (kx) \qquad (10.4\text{-}15)$$

siendo C_1 y C_2 constantes de integración que tendremos que determinar imponiendo las condiciones de contorno:

$$(N_2)_{x=0} = 0 \quad ; \quad (N_1)_{x=l} = 0 \qquad (10.4\text{-}16)$$

De lo anteriormente expuesto se deduce la dificultad de un estudio riguroso para el cálculo de soldaduras trabajando a esfuerzo cortante. Téngase presente que solamente hemos estudiado un caso particular de la innumerable casuística que se puede presentar en la práctica. Quede, pues, lo expuesto como ejemplo del tratamiento que deberíamos hacer en cualquier caso particular de uniones soldadas, en las condiciones de trabajo señaladas, para conocer de una forma más aproximada la distribución de las tensiones cortantes, respecto a las hipótesis simplificativas que se suelen hacer para el cálculo de las soldaduras en la práctica*.

Consideremos, finalmente, el caso de que la fuerza a que va a estar sometida una de las piezas está situada en el plano de las soldaduras pero su línea de acción no pasa por el centro de gravedad de los cordones.

Para el cálculo de los cordones en este caso de excentricidad de la carga se puede seguir un método aproximado similar al indicado para el caso de unión mediante remaches (Fig. 10.21-*a*).

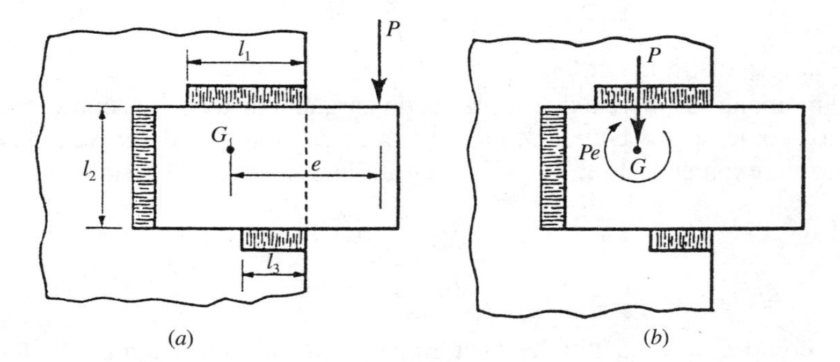

Figura 10.21

* En el Apéndice 1 se recogen las fórmulas de cálculo que figuran en la Norma Básica MV-103, para los casos de uniones soldadas solicitadas a esfuerzo cortante.

Reduciendo la acción exterior al centro de gravedad G de los cordones, el sistema equivalente está constituido por una carga P equipolente a la dada y a un momento $M = Pe$.

La fuerza P da lugar a una tensión cortante τ_1 que admitimos se distribuye uniformemente sobre los planos de garganta de los cordones

$$\tau_1 = \frac{P}{\Sigma\, a_i l_i} \tag{10.4-17}$$

siendo a_i y l_i la longitud de garganta y longitud propiamente dicha de cada cordón. τ_1 tiene la dirección de P. En el caso que la fuerza P no sea vertical sino inclinada y tenga unas componentes P_x, P_y respecto de una referencia Gxy, las componentes cartesianas de la tensión τ_1 serán

$$\tau_{1x} = \frac{P_x}{\sum_1^n a_i l_i} \quad ; \quad \tau_{1y} = \frac{P_y}{\sum_1^n a_i l_i} \tag{10.4-18}$$

En cuanto al momento Pe, queda absorbido por un sistema de fuerzas engendradas por tensiones τ_2, tales que en cada punto del cordón τ_2 es perpendicular al segmento que une dicho punto con el centro de gravedad G y su módulo es directamente proporcional a la longitud de este segmento.

Como $\tau_2 = kr$, se tiene:

$$M = \int r\tau_2 a\, dx = \int kr^2\, d\Omega = kI_G$$

estando extendida la integral a todos los cordones.

De aquí:

$$k = \frac{M}{I_G} \tag{10.4-19}$$

siendo I_G el momento de inercia de los planos de garganta de todos los cordones, supuestos dichos planos coincidentes con el de carga, respecto del centro de gravedad G.

Por tanto, la expresión de la tensión τ_2 en un punto situado a distancia r de G es:

$$\tau_2 = \frac{M}{I_G} r = \frac{Pe}{I_G} r \tag{10.4-20}$$

Tanto τ_1 como τ_2 son magnitudes vectoriales. Tomando un sistema de referencia Gxy (Fig. 10.22), si los vectores $\vec{\tau}_1$ y $\vec{\tau}_2$ tienen componentes $\vec{\tau}_1(\tau_{1x}, \tau_{1y})$; $\vec{\tau}_2(\tau_{2x}, \tau_{2y})$, la tensión cortante en cada punto del plano de garganta del cordón será

$$\tau = \sqrt{(\tau_{1x} + \tau_{2x})^2 + (\tau_{1y} + \tau_{2y})^2} \tag{10.4-21}$$

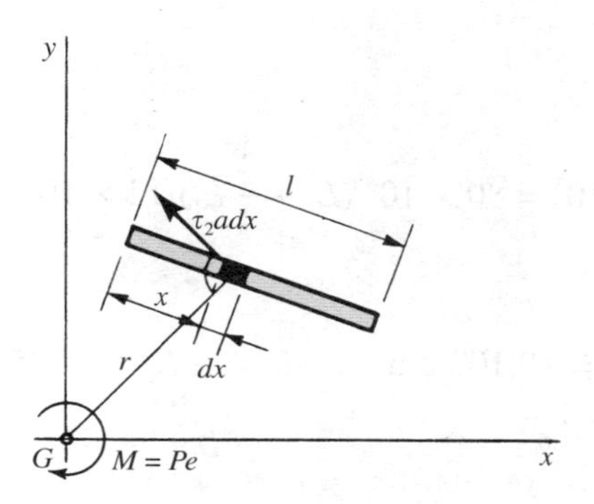

Figura 10.22

– El ancho de la base de los cordones se determina a partir del máximo valor de τ dado por esta expresión.

Ejemplo 10.4.1. Se quieren unir las dos placas de acero de igual espesor $e = 12$ mm indicadas en la Figura 10.23 que van a soportar una fuerza $P = 120$ kN. La línea de acción de la fuerza P es paralela a lados opuestos de las placas pero no es eje de simetría. Calcular las longitudes L_1 y L_2 de los cordones de soldadura para que en ambos la tensión de cortadura tenga el mismo valor.

La tensión de cortadura admisible en los cordones es $\tau_{\text{adm}} = 80$ MPa.

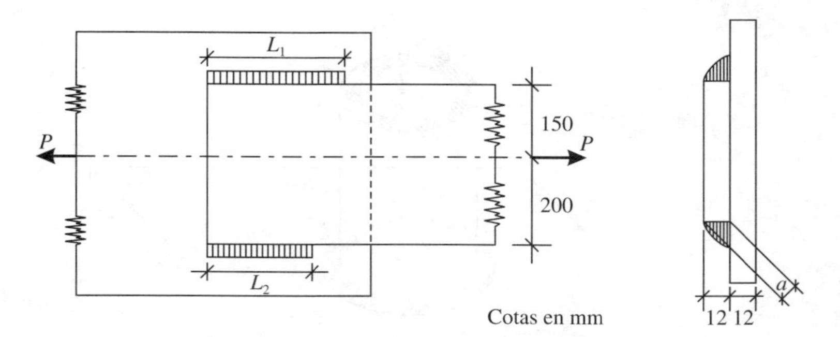

Figura 10.23

Las longitudes de los cordones tienen que ser tales que el momento resultante respecto a la línea de acción de P de las fuerzas cortantes, que supondremos repartidas en las correspondientes secciones de garganta, tienen que ser iguales.

$$\tau \times e \cos 45° \times L_1 \times 15 = \tau \times e \cos 45° \times L_2 \times 20$$

es decir:

$$3L_1 = 4L_2$$

Como se tiene que verificar

$$P = \tau(L_1 + L_2)\, e \cos 45°$$

Sustituyendo valores:

$$120 \times 10^3 = 80 \times 10^6 \left(L_1 + \frac{3}{4} L_1\right) 12 \times 10^{-3} \times 0{,}707$$

se obtiene:

$$L_1 = 10{,}103 \text{ cm} \quad ; \quad L_2 = \frac{3}{4} L_1 = 7{,}575 \text{ cm}$$

Pondremos, pues:

$$L_1 = 11 \text{ cm} \quad ; \quad L_2 = 8{,}25 \text{ cm}$$

Ejemplo 10.4.2. Un tubo de acero de radio interior $R_1 = 5$ cm y exterior $R_2 = 7$ cm está unido a una superficie fija mediante un cordón de soldadura como se indica en la Figura 10.24. El tubo está sometido a un momento torsor $M_T = 19.694$ N · m. Determinar el mínimo ancho de garganta de la soldadura sabiendo que la tensión de cortadura admisible en la misma es $\tau_{\text{adm}} = 80$ MPa.

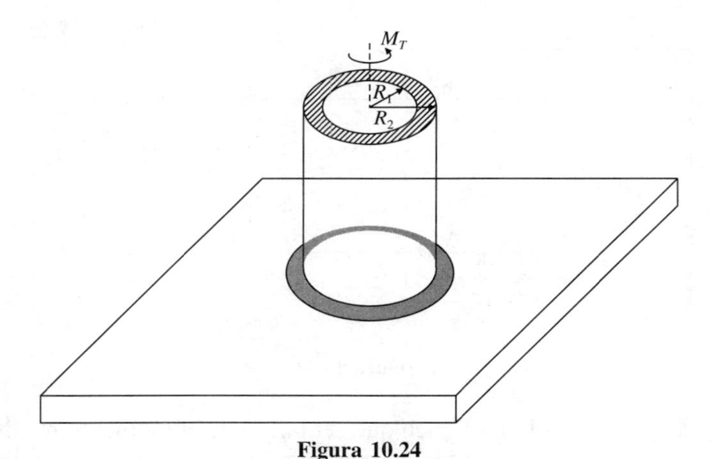

Figura 10.24

Supondremos que las tensiones cortantes en la soldadura se reparten de forma uniforme en la superficie de garganta del cordón, así como que la distancia de los puntos de dicha superficie de garganta al eje del tubo es constante e igual a R_2

La tensión tangencial debida al par torsor en la soldadura es

$$\tau = \frac{M_T}{I_o} r = \frac{M_T}{2\pi R_2 a\, R_2^2} R_2 = \frac{M_T}{2\pi a\, R_2^2}$$

de donde depejando e igualando el valor de τ al de la τ_{adm} obtenemos el ancho mínimo del cordón de soldadura pedido

$$a = \frac{M_T}{\tau_{\text{adm}} \cdot 2\pi R_2^2} = \frac{19.694}{80 \times 10^6 \times 2\pi \times 7^2 \times 10^{-4}}\, m = 8 \times 10^{-3}\ \text{m}$$

es decir:

$$a = 8\ \text{mm}$$

EJERCICIOS

X.1. Para troquelar un agujero en una placa de acero de espesor $e = 8$ mm se utiliza un punzón de diámetro $d = 5$ cm (Fig. X.1). Conociendo la tensión de rotura a cortadura del material de la chapa $\sigma_R = 300$ MPa, se pide:

1.° Calcular la fuerza F que tiene que aplicarse al punzón para realizar el corte de la placa.

2.° Determinar la tensión de compresión admisible mínima que debe tener el material del punzón utilizado.

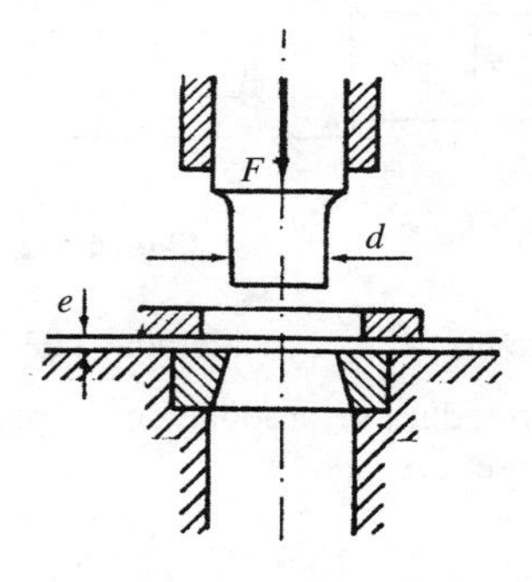

Figura X.1

1.° El punzón producirá en la chapa un esfuerzo de cortadura pura sobre la superficie lateral del agujero de área πde. Como en el proceso de troquelado hay que romper el material por esta superficie, la fuerza mínima que hay que aplicar al punzón será:

$$F = \pi de\sigma_R = \pi 0{,}05 \times 0{,}008 \times 300 \times 10^6\ \text{N} = 376.992\ \text{N}$$

o bien en toneladas

$$\boxed{F = 38{,}5\ \text{t}}$$

2.º El punzón deberá tener una tensión de compresión admisible mínima tal que al aplicar el esfuerzo de compresión F la tensión engendrada no supere el valor de ésta

$$\sigma_c = \frac{F}{\pi d^2/4} = \frac{4 \times 376.992}{\pi 0{,}05^2} \text{ N/m}^2 = 192 \times 10^6 \text{ N/m}^2$$

es decir

$$\boxed{\sigma_{c\,\text{adm}} = 192 \text{ MPa}}$$

X.2. Las dos piezas *A* y *B* indicadas en la Figura X.2 sometidas a tracción están unidas mediante la pieza en cuña *C*. Si la tensión de cortadura admisible tanto en las piezas como en la cuña es de 120 MPa, indicar qué parte de la unión está más cercana al fallo por cortadura.

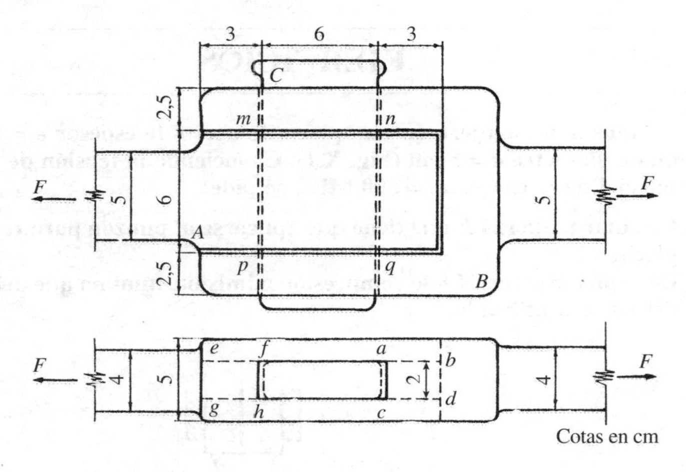

Figura X.2

Veamos en cada una de las partes consideradas qué planos están sometidos a cortadura pura.

a) *Pieza A*. La cortadura se produce en los planos *ab* y *cd*. Se trata, por tanto, de una doble cortadura. Como el área es

$$\Omega = 2 \times 0{,}03 \times 0{,}06 = 3{,}6 \times 10^{-3} \text{ m}^2$$

el esfuerzo cortante que puede soportar la pieza *A* es

$$F = \tau\Omega = 120 \times 10^6 \times 3{,}6 \times 10^{-3} \text{ N} = 432 \text{ kN}$$

b) *Pieza B*. La cortadura se produce en los planos *ef* y *gh*. El área es

$$\Omega = 4 \times 0{,}03 \times 0{,}025 = 3 \times 10^{-3} \text{ m}^2$$

por lo que el esfuerzo cortante que puede soportar la pieza *B* es

$$F = \tau\Omega = 120 \times 10^6 \times 3 \times 10^{-3} \text{ N} = 360 \text{ kN}$$

c) *Pieza C*. La cortadura se produce en los planos *mn* y *pq*. Es una doble cortadura sobre una superficie de área total

$$\Omega = 2 \times 0{,}06 \times 0{,}02 = 2{,}4 \times 10^{-3} \text{ m}^2$$

El esfuerzo cortante máximo a que puede estar sometida la pieza *C* es

$$F = \tau\Omega = 120 \times 10^6 \times 2{,}4 \times 10^{-3} \text{ N} = 288 \text{ kN}$$

De los resultados obtenidos se deduce que la pieza más cercana al fallo por cortadura es la pieza *C*.

X.3. El eje de un motor acciona el eje de una máquina mediante la brida de unión indicada en la Figura X.3. La unión se realiza mediante seis tornillos de diámetro d = 24 mm cuyos ejes pertenecen a un cilindro de diámetro D = 30 cm. Conociendo la tensión de cortadura admisible en los tornillos τ_{adm} = 60 MPa, determinar la potencia que puede transmitir el eje girando a n = 250 rpm.

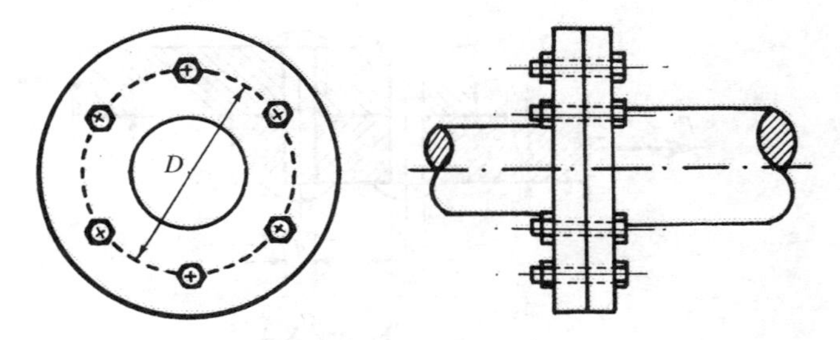

Figura X.3

Para transmitir el eje una potencia *N* a una velocidad angular ω rad/seg lo hace aplicando un par motor *M*, tal que

$$N = M\omega$$

El par motor se transmite al eje de la máquina a través de las seis secciones rectas de los tornillos pertenecientes al plano común a las dos partes de la brida, que trabajan a cortadura pura.

La potencia máxima del motor que puede transmitir su eje corresponde al par motor que produce en las secciones de los tornillos una tensión de cortadura igual a la admisible. Por tanto, el par motor sería

$$M = 6\,\frac{\pi d^2}{4}\,\tau_{adm}\,\frac{D}{2} = 6\,\frac{\pi \times 0{,}024^2}{4}\,60 \times 10^6\,\frac{0{,}30}{2} = 24.429 \text{ m} \cdot \text{N}$$

Como

$$\omega = \frac{2\pi n}{60} = \frac{2\pi \times 250}{60} = \frac{25\pi}{3} \text{ rad/seg}$$

la potencia *N* será

$$\boxed{N} = 24.429 \times \frac{25\pi}{3}\ W = \boxed{639{,}5 \text{ kW}}$$

X.4. Dos placas metálicas de espesor $e = 1$ cm y anchura $b = 10$ cm cada una se unen mediante cuatro remaches de diámetro $d = 20$ mm como se indica en la Figura X.4. Si las placas están sometidas a una tracción centrada de valor $F = 10.000$ kp calcular:

1.º La tensión de cortadura en los remaches.
2.º La tensión de compresión contra las paredes de los taladros.
3.º La tensión normal máxima en las placas.

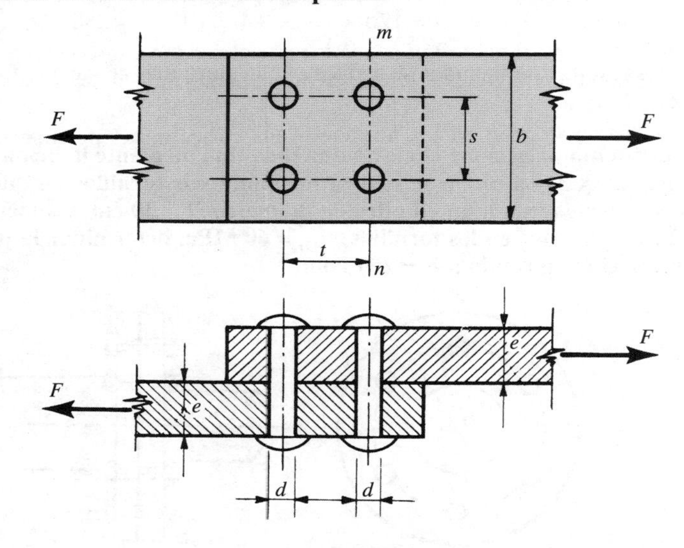

Figura X.4

1.º Si el área de cada remache es

$$\Omega = \frac{\pi d^2}{4} = \frac{3{,}14 \times 20^2}{4} \text{ mm}^2 = 3{,}14 \text{ cm}^2$$

la tensión de cortadura en los remaches, supuesta distribuida uniformemente, será

$$\boxed{\tau} = \frac{F}{n\Omega} = \frac{10.000}{4 \times 3{,}14} = \boxed{795{,}8 \text{ kp/cm}^2}$$

2.º La tensión de compresión contra las paredes de los taladros será:

$$\boxed{\sigma_c} = \frac{F}{ned} = \frac{10.000}{4 \times 1 \times 2} = \boxed{1.250 \text{ kp/cm}^2}$$

3.º El área neta de la sección mn, si n_1 es el número de agujeros que corta diametralmente la sección, es

$$\Omega_n = (b - n_1 d)e = (10 - 2 \times 2)1 = 6 \text{ cm}^2$$

La tensión normal máxima se presenta en las secciones que contienen a los planos diametrales de los agujeros. Por tanto, la tensión normal máxima en las placas será

$$\boxed{\sigma_{\text{máx}}} = \frac{F}{\Omega_n} = \frac{10.000}{6} = \boxed{1.667 \text{ kp/cm}^2}$$

X.5. Dos placas metálicas de anchura b = 12,5 cm y espesor e_1 = 15 mm están unidas mediante dos cubrejuntas del mismo ancho y espesor e_2 = 10 mm. La unión se hace mediante tornillos de diámetro d = 24 mm como se indica en la Figura X.5-*a*. Sabiendo que los agujeros tienen un diámetro D = 27 mm y que las placas están sometidas a un esfuerzo de tracción de F = 10.000 kp, se pide calcular:

1.º La tensión cortante en los tornillos.
2.º La tensión de compresión sobre las paredes de los agujeros de las placas.
3.º La tensión de compresión sobre las paredes de los agujeros de los cubrejuntas.
4.º La tensión normal en los puntos de la placa pertenecientes a la sección transversal m_1n_1.
5.º La tensión normal en los puntos de los cubrejuntas pertenecientes a la sección transversal m_1n_1.
6.º La tensión normal en los puntos de la placa pertenecientes a la sección transversal m_2n_2.
7.º La tensión normal en los puntos de los cubrejuntas pertenecientes a la sección transversal m_2n_2.

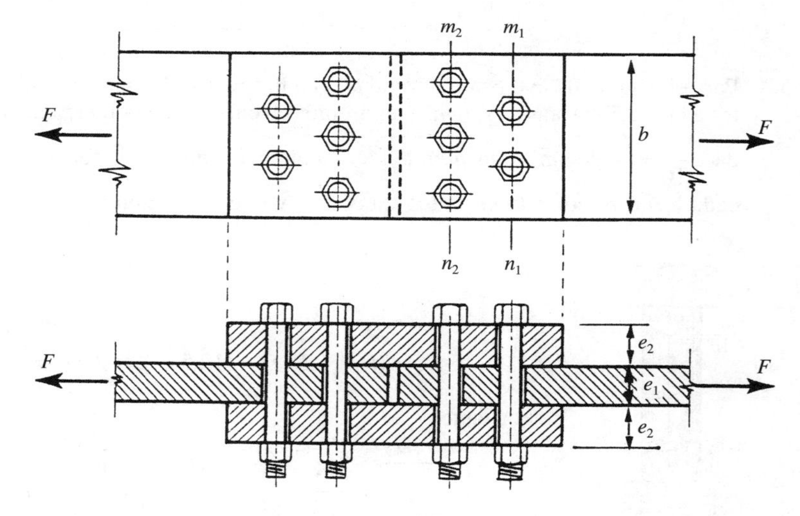

Figura X.5-*a*

1.º Los tornillos trabajan a doble cortadura. La tensión cortante a ellos, si Ω es el área de su sección recta, es

$$\boxed{\tau} = \frac{F}{2n\Omega} = \frac{10.000 \times 4}{2 \times 5 \times \pi \times 2{,}4^2} = \boxed{221 \text{ kp/cm}^2}$$

2.º Para el cálculo de la tensión de compresión σ_{cp} sobre las paredes de los agujeros de las placas admitiremos que la presión se reparte uniformemente sobre la superficie de contacto entre chapa y espiga del tornillo, que tomaremos como el producto del diámetro del tornillo por el espesor de la chapa

$$\boxed{\sigma_{cp}} = \frac{F}{nde_1} = \frac{10.000}{5 \times 2{,}4 \times 1{,}5} = \boxed{555{,}6 \text{ kp/cm}^2}$$

3.º Análogamente, la tensión de compresión σ_{cc} sobre las paredes de los agujeros de los cubrejuntas será:

$$\boxed{\sigma_{cc}} = \frac{F}{2nde_2} = \frac{10.000}{2 \times 5 \times 2{,}4 \times 1} = \boxed{416{,}7 \text{ kp/cm}^2}$$

4.º Para la determinación de la tensión normal σ_{np1} en los puntos de la placa pertenecientes a la sección transversal m_1n_1 calculemos la sección neta Ω_n

$$\Omega_n = (b - n_1D)e_1 = (12{,}5 - 2 \times 2{,}7) \times 1{,}5 = 10{,}65 \text{ cm}^2$$

siendo n_1 el número de agujeros que comprende la sección considerada. Por tanto, el valor de σ_{np1} será:

$$\boxed{\sigma_{np1}} = \frac{F}{\Omega_n} = \frac{10.000}{10{,}65} = \boxed{939 \text{ kp/cm}^2}$$

5.º Para el cálculo de la tensión normal σ_{nc1} en los puntos de los cubrejuntas pertenecientes a la sección transversal m_1n_1 tendremos en cuenta que la fuerza de tracción es aquí de $2\frac{F}{10} = \frac{F}{5}$, según se desprende fácilmente del esquema de fuerzas que actúa sobre cada tornillo indicado en la Figura X.5-*b*, y que la sección neta es:

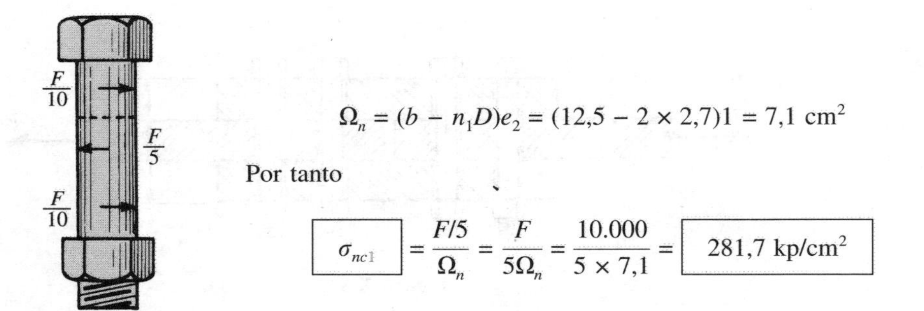

$$\Omega_n = (b - n_1D)e_2 = (12{,}5 - 2 \times 2{,}7)1 = 7{,}1 \text{ cm}^2$$

Por tanto

$$\boxed{\sigma_{nc1}} = \frac{F/5}{\Omega_n} = \frac{F}{5\Omega_n} = \frac{10.000}{5 \times 7{,}1} = \boxed{281{,}7 \text{ kp/cm}^2}$$

Figura X.5-*b*

6.º En la sección transversal m_2n_2, el área neta de la placa es:

$$\Omega_n = (b - n_2D)e_1 = (12{,}5 - 3 \times 2{,}7) \times 1{,}5 = 6{,}6 \text{ cm}^2$$

Como la fuerza soportada por los tornillos de esta sección es $\frac{3F}{5}$, la tensión normal σ_{np2}, será

$$\boxed{\sigma_{np2}} = \frac{3F/5}{\Omega_n} = \frac{3F}{5\Omega_n} = \frac{3 \times 10.000}{5 \times 6{,}6} = \boxed{909{,}1 \text{ kp/cm}^2}$$

7.° Análogamente, el área neta del cubrejuntas en la sección m_2n_2 es

$$\Omega_n = (b - n_2D)e_2 = (12{,}5 - 3 \times 2{,}7)1 = 4{,}4 \text{ cm}^2$$

Teniendo en cuenta que el esfuezo soportado por esta sección es $F/2$, la tensión normal σ_{nc2} será

$$\boxed{\sigma_{nc2}} = \frac{F/2}{\Omega_n} = \frac{F}{2\Omega_n} = \frac{10.000}{2 \times 4{,}4} = \boxed{1.136{,}4 \text{ kp/cm}^2}$$

Se observa que ésta es la sección que va a estar sometida a la mayor tensión.

X.6. Se desea proyectar el cuerpo cilíndrico de un recipiente a presión, de radio medio $R = 1$ m, para almacenamiento de gas a presión $p = 15$ atmósferas. Dicho cuerpo está formado por virolas de chapa unidas tal como se indica en la Figura X.6-*a*. Se pide:

1.° Determinar el espesor e de la chapa aplicando el criterio de von Mises.

2.° Si las costuras verticales y horizontales se efectúan mediante cubrejuntas de espesor $e/2$ y una fila de remaches a cada lado, determinar en ambos casos el diámetro d y la separación s entre los remaches.

Datos: **Tensión admisible a cortadura en los remaches: $\tau_{adm} = 120$ MPa; tracción admisible a tracción en las chapas: $\sigma_{t\,adm} = 100$ MPa; tracción admisible a aplastamiento en las chapas: $\sigma_{c\,adm} = 226$ MPa.**

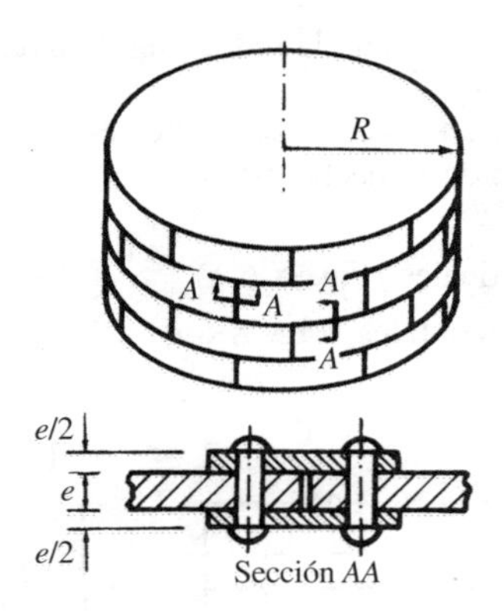

Figura X.6-*a*

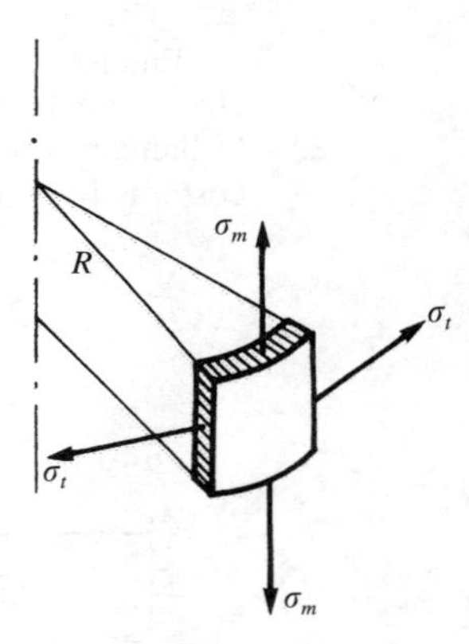

Figura X.6-*b*

1.° Calculemos previamente las tensiones σ_m y σ_t (Fig. X.6-*b*) aplicando las fórmulas de la teoría de la membrana, teniendo en cuenta en la ecuación de Laplace que $\rho_m = \infty$; $\rho_t = R$

$$\frac{\sigma_t}{R} = \frac{p}{e} \qquad \Rightarrow \quad \sigma_t = \frac{pR}{e}$$

$$2\pi Re\sigma_m = p\pi R^2 \quad \Rightarrow \quad \sigma_m = \frac{pR}{2e}$$

Las tensiones principales en cualquier punto del cuerpo del depósito serán:

$$\sigma_1 = \sigma_t = \frac{pR}{e} \quad ; \quad \sigma_2 = \sigma_m = \frac{pR}{2e} \quad ; \quad \sigma_3 \simeq 0$$

Aplicando el criterio de von Mises

$$\sqrt{\frac{1}{2}\left[(\sigma_1 - \sigma_2)^2 + (\sigma_2 - \sigma_3)^2 + (\sigma_3 - \sigma_1)^2\right]} \leqslant \sigma_{t\,\mathrm{adm}}$$

el espesor mínimo e verificará

$$\sqrt{\frac{1}{2}\left(\frac{p^2R^2}{4e^2} + \frac{p^2R^2}{4e^2} + \frac{p^2R^2}{e^2}\right)} = \frac{pR\sqrt{3}}{2e} = \sigma_{t\,\mathrm{adm}} \quad \Rightarrow \quad e = \frac{pR\sqrt{3}}{2\sigma_{t\,\mathrm{adm}}}$$

sustituyendo valores en esta expresión, teniendo en cuenta que

$$1 \text{ atmósfera} = 1{,}013 \times 10^5 \text{ Pa} \simeq 0{,}1 \text{ MPa}$$

obtenemos el espesor e pedido

$$\boxed{e} = \frac{1{,}5 \times 1 \times \sqrt{3}}{2 \times 100} = 0{,}0129 \text{ m} \simeq \boxed{13 \text{ mm}}$$

En el cálculo de este espesor no se ha tenido en cuenta la reducción del área en la chapa debida a los agujeros en la zona de unión.

2.° Si llamamos S a la separación entre remaches (S_V en las costuras verticales y S_H en las costuras horizontales), la fuerza F que soporta cada remache es:

$$F = \sigma_t e S_V, \quad \text{en las costuras verticales (Fig. X.6-}c\text{)}$$
$$F = \sigma_m e S_H, \quad \text{en las costuras horizontales (Fig. X.6-}d\text{)}$$

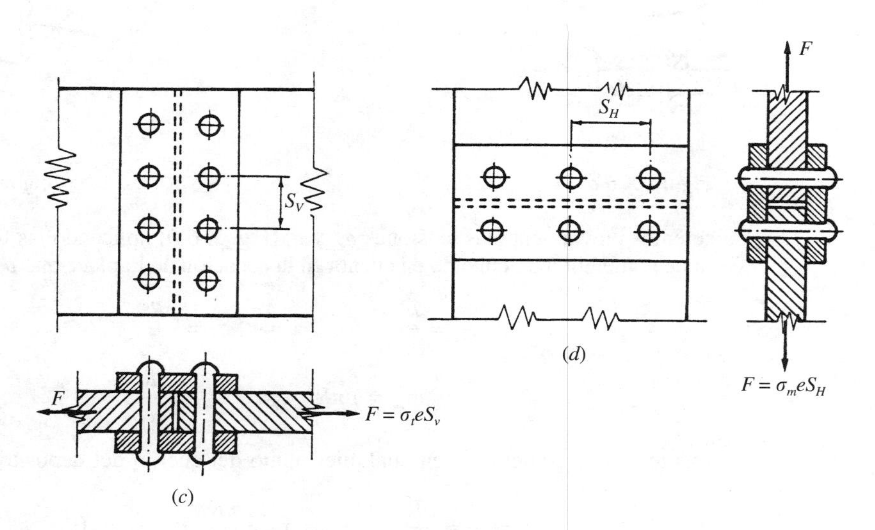

Figura X.6

Esta fuerza F la soporta cada remache trabajando a cortadura pura

$$F = 2\,\frac{\pi d^2}{4}\,\tau_{\text{adm}}$$

o bien, la placa a aplastamiento

$$F = de\sigma_{c\,\text{adm}}$$

o los cubrejuntas, también a aplastamiento

$$\frac{F}{2} = d\,\frac{e}{2}\,\sigma_{c\,\text{adm}}$$

que, como vemos, es la misma ecuación anterior referente al aplastamiento de la placa.

En ambos casos hemos supuesto las tensiones admisibles por considerar que cada remache está simultáneamente al límite de su capacidad resistente en la zona admisible, tanto a cortadura como a aplastamiento.

Para que el número de remaches para cada costura sea el mismo, ya se haga el cálculo a cortadura o a aplastamiento, se tiene que verificar

$$2\,\frac{\pi d^2}{4}\,\tau_{\text{adm}} = de\sigma_{c\,\text{adm}}$$

es decir, la expresión del diámetro de los remaches será:

$$d = \frac{2e\sigma_{c\,\text{adm}}}{\pi\tau_{\text{adm}}}$$

fórmula válida tanto para los remaches de las costuras verticales como para las costuras horizontales.

Sustituyendo valores, se obtiene

$$\boxed{d} = \frac{2 \times 1{,}3 \times 226}{\pi \times 120}\ \text{cm} = \boxed{16\ \text{mm}}$$

En cuanto a la separación entre remaches tendremos:

a) En las costuras verticales:

$$\boxed{S_V} = \frac{F}{\sigma_t e} = \frac{de\sigma_{c\,\text{adm}}}{pR} = \frac{0{,}016 \times 0{,}013 \times 226}{1{,}5 \times 1}\ \text{m} = \boxed{3{,}13\ \text{cm}}$$

que equivale a 32 remaches/m.

b) En las costuras horizontales:

$$\boxed{S_H} = \frac{F}{\sigma_m e} = \frac{2de\sigma_{c\,\text{adm}}}{pR} = \boxed{6{,}26\ \text{cm}}$$

que equivale a 16 remaches/m.

X.7. Determinar la mayor fuerza de cortadura que actúa en los remaches de la Figura X.7-*a* para los siguientes valores de los parámetros: *P* = 5.000 kp; *e* = 40 cm; *a* = 7 cm; *b* = 12 cm. Se indicará a qué remache o remaches corresponde.

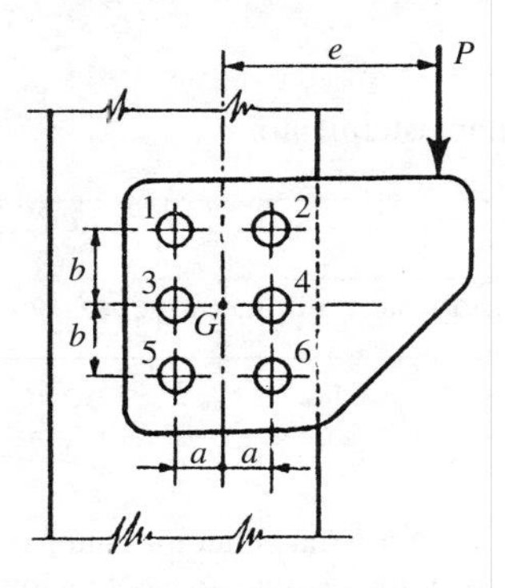

Figura X.7-*a*

Reducido el sistema de fuerzas aplicadas al centro de gravedad *G* de los remaches, la resultante *P* dará lugar a un esfuerzo $\vec{f_1}$ vertical sobre cada remache en sentido ascendente de valor

$$f_{1y} = \frac{P}{n} = \frac{5.000}{6} = 833{,}3 \text{ kp}$$

Para el cálculo del esfuerzo $\vec{f_2}$ que actúa sobre cada remache debido al momento *Pe* aplicaremos la fórmula (10.3-16), que podemos poner en la siguiente forma, según se desprende de la Figura X.7-*b*

$$f_{2x} = -f_2 \text{ sen } \alpha = -f_2 \frac{y}{r} = -\frac{Pe}{\Sigma\,(x^2 + y^2)}\, y$$

$$f_{2y} = f_2 \cos \alpha = f_2 \frac{x}{r} = \frac{Pe}{\Sigma\,(x^2 + y^2)}\, x$$

Como

$$\Sigma\,(x^2 + y^2) = 6a^2 + 4b^2 = 6 \times 7^2 + 4 \times 12^2 = 870 \text{ cm}^2$$

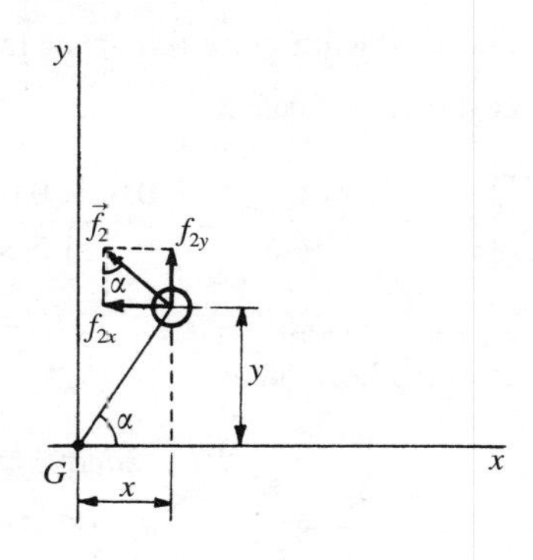

Figura X.7-*b*

podemos resumir el cálculo de los esfuerzos que actúan sobre cada remache en el siguiente cuadro.

Remache	*P*		*M*		$F_x = f_{1x} + f_{2x}$	$F_y = f_{1y} + f_{2y}$	*F* kp
	$f_{1x} = \dfrac{P_x}{n}$	$f_{1y} = \dfrac{P_y}{n}$	$f_{2x} = -\dfrac{Pey}{\Sigma(x^2+y^2)}$	$f_{2y} = \dfrac{Pex}{\Sigma(x^3+y^2)}$			
1	—	833,3	–2.758,6	–1.609,2	–2.758,6	–775,9	2.865,6
2	—	833,3	–2.758,6	1.609,2	2.758,6	2.442,5	3.684,5
3	—	833,3	0	–1.609,2	0	–775,9	775,9
4	—	833,3	0	1.609,2	0	2.442,5	2.442,5
5	—	833,3	2.758,6	–1.609,2	2.758,6	–775,9	2.865,6
6	—	833,3	2.758,6	1.609,2	2.758,6	2.442,5	3.684,5

Se desprende que los remaches sometidos a mayor esfuerzo cortante son los números 2 y 6. La fuerza de cortadura es, en ambos remaches, de 3.684,5 kp.

X.8. La unión que se indica en la Figura X.8, utilizada en construcciones aeronáuticas, se realiza con tornillos de dos tamaños distintos: los 1 y 3, de 6 mm de diámetro, y el 2, de 8 mm. Cacular la fuerza de cortadura que actúa sobre cada tornillo.

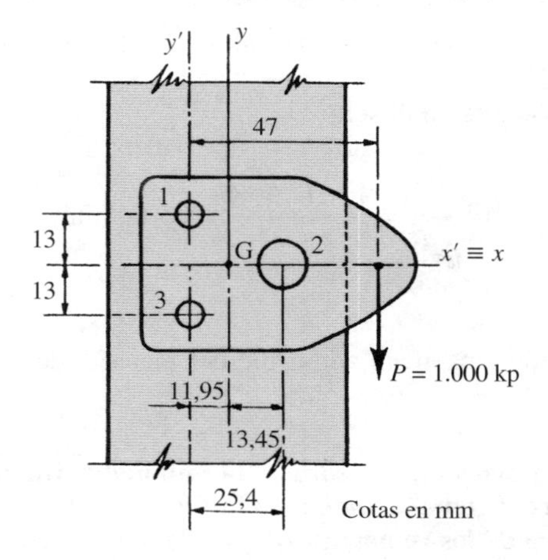

Figura X.8

Calculemos el centro de gravedad *G* de las áreas de los agujeros respecto del sistema de ejes $Gx'y'$ indicado en la Figura X.8

$$x'_G = \frac{\pi \dfrac{8^2}{4} \times 25,4}{\pi \dfrac{8^2}{4} + 2\pi \dfrac{6^2}{4}} = \frac{64 \times 25,4}{136} = 11,95 \text{ mm}$$

Supondremos que la carga P se reparte proporcionalmente al área de las secciones de los remaches. En cuanto a la distribución de esfuerzos debida al momento $M = Pe$ aplicaremos la fórmula (10.3-16).

Como las coordenadas expresadas en mm de los centros de gravedad de los agujeros respecto a los ejes Gxy con origen en el centro de gravedad G son:

$$1(-11{,}95;\ 13) \quad ; \quad 2(13{,}45;\ 0) \quad ; \quad 3(-11{,}95;\ -13)$$

y, por tanto

$$\Sigma\,(x^2 + y^2) = 11{,}95^2 + 13^2 + 13{,}45^2 + 11{,}95^2 + 13^2 = 804{,}5 \text{ mm}^2$$

podemos ordenar los cálculos de las fuerzas sobre cada tornillo en el siguiente cuadro:

Tornillo	P		M				
	$f_{1x} = \frac{P_x}{n}$	$f_{1y} = \frac{P_y}{n}$	$f_{2x} = -\frac{Pey}{\Sigma\,(x^2+y^2)}$	$f_{2y} = \frac{Pex}{\Sigma\,(x^2+y^2)}$	$F_x = f_{1x} + f_{2x}$	$F_y = f_{1y} + f_{2y}$	F kp
1	—	264,7	−759,5	−698,1	−759,5	−433,4	874,5
2	—	470,6	—	785,8	—	1.256,4	1.256,4
3	—	264,7	759,5	−698,1	759,5	−433,4	874,5

De esta tabla se desprende que el tornillo que va a estar sometido a un mayor esfuerzo de cortadura es el 2.

La tensión cortante en él será

$$\tau = \frac{F_2}{\pi \frac{d_2^2}{4}} = \frac{4 \times 1.256{,}4}{\pi \times 64} = 25 \text{ kp/mm}^2 = 2.500 \text{ kp/cm}^2$$

es decir, la tensión tangencial admisible del material del tornillo tiene que ser superior a 2.500 kp/cm^2.

X.9. La unión de una placa de espesor e = 14 mm a otra fija se realiza mediante seis remaches de diámetro d como se indica en la Figura X.9. Conociendo las tensiones admisibles: a cortadura de los remaches τ_{adm} = 105 MPa; a compresión $\sigma_{c\,adm}$ = 336 MPa, y a tracción de la placa $\sigma_{t\,adm}$ = 168 MPa, se pide:

1.° Calcular la carga admisible cuando el diámetro de los remaches es d = 20 mm y el ancho de la placa es b = 20 cm.

2.° Determinar el valor de la anchura b de la placa para que la resistencia *a* cortante de los remaches sea igual a la de la placa a tracción, manteniendo el diámetro d = 20 mm.

3.° Para un ancho b = 20 cm, determinar el diámetro d de los remaches para que la resistencia a tracción de la placa sea igual a la de los remaches a cortante.

4.° Calcular la eficiencia de la unión en los tres apartados anteriores.

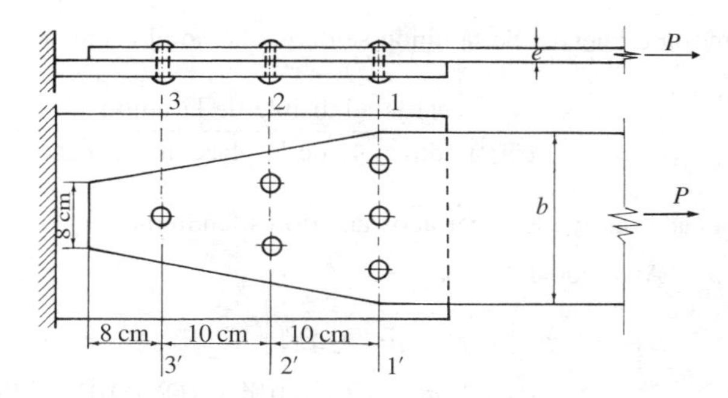

Figura X.9

1.° Para calcular la carga admisible que se puede aplicar a la placa determinaremos las cargas máximas a cortadura, a aplastamiento y a tracción

$$P_\tau = n\,\frac{\pi d^2}{4}\,\tau_{adm} = 6\,\frac{\pi \times 0{,}02^2 \times 105 \times 10^6}{4} = 197.920 \text{ N}$$

$$P_c = nde\sigma_{c\,adm} = 6 \times 0{,}02 \times 0{,}014 \times 336 \times 10^6 = 564.480 \text{ N}$$

$$P_t = (b - 3d)e\sigma_{t\,adm} = (0{,}2 - 3 \times 0{,}02)0{,}014 \times 168 \times 10^6 = 329.280 \text{ N}$$

Por tanto, la carga admisible la determina la resistencia a cortadura de los remaches

$$\boxed{P_{adm} = 197.920 \text{ N}}$$

Compruebe el lector que la tensión normal que existe en las secciones 2-2′ y 3-3′ de la placa es siempre menor que la que existe en la sección 1-1′.

2.° Igualando las expresiones de la carga P_τ soportada a cortadura por los remaches y de la carga P_t a tracción de la placa

$$n = \frac{\pi d^2}{4}\,\tau_{adm} = (b - 3d)e\sigma_t \quad \Rightarrow \quad b = \frac{n\pi d^2 \tau_{adm}}{\pi e \sigma_t} + 3d$$

sustituyendo valores obtenemos

$$\boxed{b} = \frac{6 \times \pi \times 0{,}02^2 \times 105 \times 10^6}{4 \times 0{,}144 \times 168 \times 10^6} + 3 \times 0{,}02 = \boxed{0{,}144 \text{ m}}$$

3.° Utilizaremos la misma ecuación, pero ahora b es dato y d es la incógnita.

$$6\,\frac{\pi d^2}{4}\,105 \times 10^6 = (0{,}2 - 3d) \times 0{,}014 \times 336 \times 10^6$$

$$494{,}8d^2 + 14{,}11d - 0{,}94 = 0$$

de donde:

$$\boxed{d = 31{,}6 \text{ mm}}$$

4.º Como la eficiencia de la unión se define como el cociente

$$\frac{\text{carga admisible de la unión}}{\text{carga admisible de la placa sin remaches}} \times 100$$

para cada uno de los apartados anteriores tendremos:

a) Apartado 1.º

$$P_{\text{adm}} = P_\tau = 197.920 \text{ N}$$
$$P_{tp} = be\sigma_t = 0{,}2 \times 0{,}014 \times 168 \times 10^6 = 470.400 \text{ N}$$

$$\boxed{\text{eficiencia}} = \frac{197.920}{470.400} \times 100 = \boxed{42{,}07\,\%}$$

b) Apartado 2.º

$$P_{\text{adm}} = P_\tau = P_t\ 197.920 \text{ N}$$
$$P_{tp} = be\sigma_t = 0{,}144 \times 0{,}014 \times 168 \times 10^6 = 338.688 \text{ N}$$

$$\boxed{\text{eficiencia}} = \frac{197.920}{338.688} \times 100 = \boxed{58{,}44\,\%}$$

c) Apartado 3.º

$$P_{\text{adm}} = P_\tau = P_t\ (0{,}2 - 3 \times 0{,}0316) \times 0{,}014 \times 168 \times 10^6 = 247.430 \text{ N}$$
$$P_{tp} = 470.400 \text{ N}$$

$$\boxed{\text{eficiencia}} = \frac{247.430}{470.400} \times 100 = \boxed{52{,}6\,\%}$$

X.10. Dos placas de espesor e = 12 mm y anchura b = 25 cm se unen mediante una soldadura a tope como indica la Figura X.10. Si la tensión de trabajo para la soldadura es σ_u = 900 kp/cm², calcular la fuerza de tracción F que podrá ser aplicada a las placas.

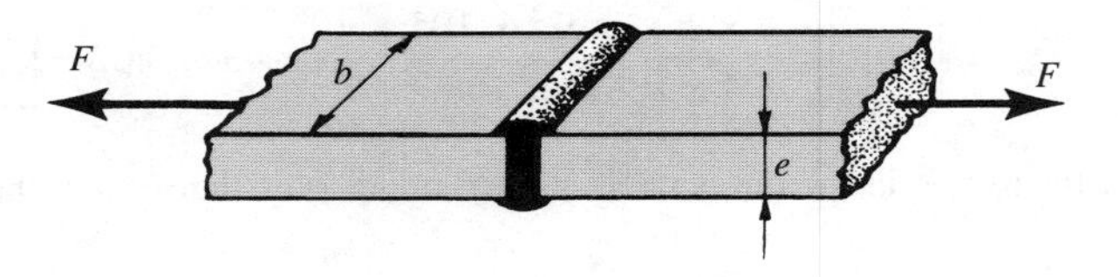

Figura X.10

De acuerdo con las prescripciones de la Norma MV-103 referente a las soldaduras a tope, la fuerza máxima admisible a tracción será

$$\boxed{F} = \sigma_u \cdot b \cdot e = 900 \times 25 \times 1{,}2 = \boxed{2.700 \text{ kp}}$$

X.11. Un angular 150 × 75 × 10 ha de estar unido a una pieza contigua de una estructura metálica mediante dos cordones longitudinales de soldadura como se indica en la Figura X.11-*a*. El angular está sometido a una fuerza de tracción de F = 25.000 kp cuya línea de acción pasa por el centro de gravedad de la sección. Sabiendo que la tensión tangencial admisible de la soldadura es τ_{adm} = 800 kp/cm², calcular las longitudes de los cordones.

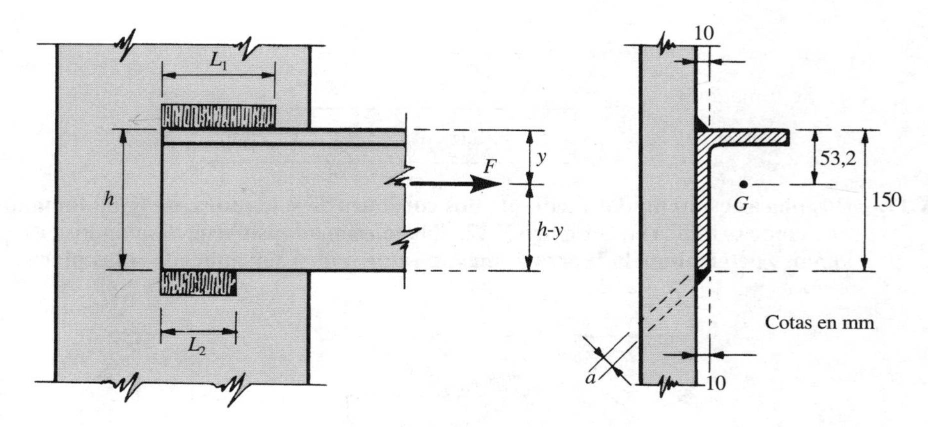

Figura X.11-*a*

Calculemos los esfuerzos que tienen que absorber cada cordón de soldadura.

Por las condiciones de equilibrio podemos poner

$$\left.\begin{aligned} F_1 y - F_2(h - y) &= 0 \\ F_1 + F_2 &= F \end{aligned}\right\} \Rightarrow \quad F_1 = F\,\frac{h-y}{h} \quad ; \quad F_2 = F\,\frac{y}{h}$$

Ahora bien, como las longitudes son directamente proporcionales a las fuerzas aplicadas, si $L = L_1 + L_2$ es la longitud total de los cordones, las expresiones de las longitudes L_1 y L_2 serán

$$L_1 = L\,\frac{h-y}{h} \quad ; \quad L_2 = L\,\frac{y}{h}$$

F_1

y $\quad F$

$h - y$

F_2

Figura X.11-*b*

Como la superficie resistente de la soldadura es La, se deberá verificar

$$La \cdot \tau_{adm} = F$$

Sustituyendo valores, y teniendo en cuenta que el ancho de garganta a es, según se indica en la Figura X.11-*a*, a = 10 · sen 45° mm

$$L \cdot 1 \times \text{sen } 45° \times 800 = 25.000 \text{ kp}$$

de donde

$$L = \frac{25.000}{0,707 \times 800} = 44,2 \text{ cm}$$

Por tanto:

$$L_1 = L\,\frac{h - y}{h} = 44,2\,\frac{150 - 53,2}{150} = 28,53 \text{ cm}$$

$$L_2 = L\,\frac{y}{h} = 44,2\,\frac{53,2}{150} = 15,68 \text{ cm}$$

Se tomarán

$$\boxed{L_1 = 28,6 \text{ cm} \quad ; \quad L_2 = 15,7 \text{ cm}}$$

X.12. Dos placas están unidas mediante dos cordones de soldadura, de igual tamaño y longitud, como se indica en la Figura X.12. Si la tensión admisible de la soldadura es τ_{adm} = 800 kp/cm², determinar la fuerza F máxima que podrá ser aplicada a las placas.

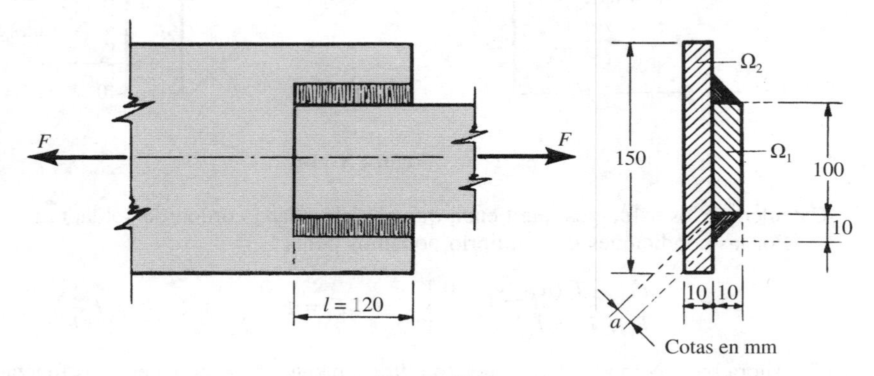

Figura X.12

Como la superficie resistente de la soldadura es

$$L \cdot a = 2la = 2 \times 120 \times 10 \times \text{sen } 45° = 1.697 \text{ mm}^2$$

se deberá verificar

$$F < La\tau_{adm} = 16,97 \times 800 = 13.576 \text{ kp}$$

Por tanto, la fuerza máxima que podrá ser aplicada a las placas será:

$$\boxed{F_{máx} = 13.576 \text{ kp}}$$

X.13. Se han de unir dos piezas metálicas mediante cuatro cordones de soldadura, dos longitudinales y dos transversales, como se indica en la Figura X.13. Sabiendo que las tensiones de cortadura admisibles para los cordones longitudinales es $\tau_{adm\,l}$ = 750 kp/cm² y para los cordones frontales $\tau_{adm\,f}$ = 1.000 kp/cm², calcular el ancho de los cordones si las placas han de soportar un esfuerzo de tracción de F = 10.000 kp.

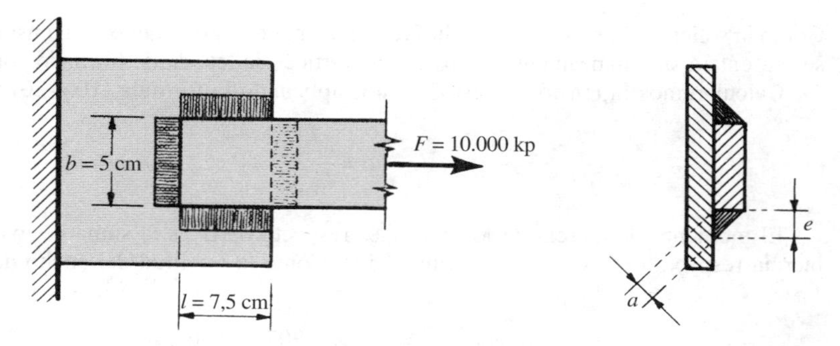

Figura X.13

Si a es la garganta de los cordones de soldadura, el esfuerzo que absorben los cordones longitudinales es, expresando a en cm

$$\tau_{\text{adm}\,l} \cdot 2la = 750 \times 2 \times 7{,}5a = 11.250a \text{ kp}$$

y el absorbido por los cordones frontales

$$\tau_{\text{adm}\,f} \cdot 2ba = 1.000 \times 2 \times 5a = 10.000a \text{ kp}$$

La suma de ambos tiene que ser igual a F. Por tanto

$$(11.250 + 10.000)a = 10.000 \text{ kp}$$

de donde

$$a = \frac{10.000}{21.250} = 0{,}471 \text{ cm}$$

El ancho e pedido será

$$\boxed{e} = \frac{a}{\text{sen } 45°} = \frac{0{,}471}{0{,}707} = \boxed{0{,}67 \text{ cm}}$$

X.14. Dos placas están unidas entre sí por medio de cuatro cordones de soldadura iguales, de 8 mm de ancho de base, como se indica en la Figura X.14. Calcular la máxima tensión de cortadura a que van a estar sometidas las soldaduras si se aplica un momento M = 600 m · kp.

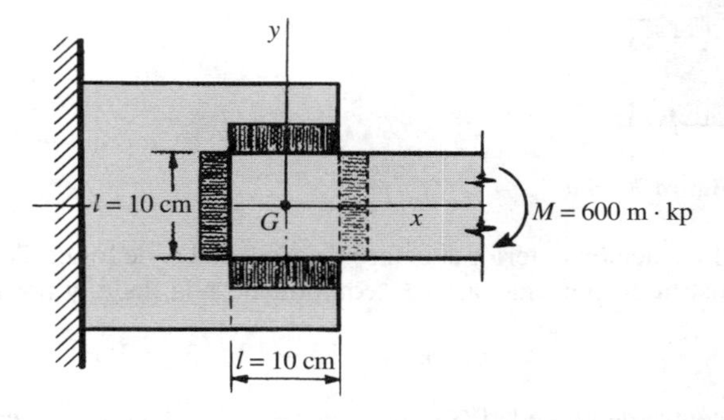

Figura X.14

Como la solicitación exterior es exclusivamente un momento, la máxima tensión de cortadura se presentará simultáneamente en los cuatro vértices del cuadrado formado por los cordones.

Calcularemos la tensión en estos puntos aplicando la fórmula (10.4-20)

$$\tau = \frac{M}{I_G} r$$

El momento de inercia de los cordones respecto de G es la suma de los momentos de inercia respecto de los ejes x e y (Fig. X.14). Como la longitud del ancho de garganta es

$$a = e\frac{\sqrt{2}}{2} = 0{,}8 \times 0{,}707 = 0{,}56 \text{ cm}$$

los momentos de inercia áxicos son:

$$I_x = I_y = 2\left(\frac{1}{12}al^3\right) + 2\left[\frac{1}{12}la^3 + la\left(\frac{l}{2}\right)^2\right] = 373{,}62 \text{ cm}^4$$

La tensión máxima será, pues,

$$\boxed{\tau_{\text{máx}}} = \frac{M}{I_G} r_{\text{máx}} = \frac{60.000}{747{,}24}\,\frac{10\sqrt{2}}{2} = \boxed{567{,}8 \text{ kp/cm}^2}$$

X.15. Una placa en ménsula está unida a la columna de una estructura metálica mediante tres cordones de soldadura del mismo ancho de garganta a = 1 cm, como se indica en la Figura X.15-*a*. Si la tensión de cortadura admisible de la soldadura es τ_{adm} = 750 kp/cm², calcular el máximo valor que puede tener la carga P.

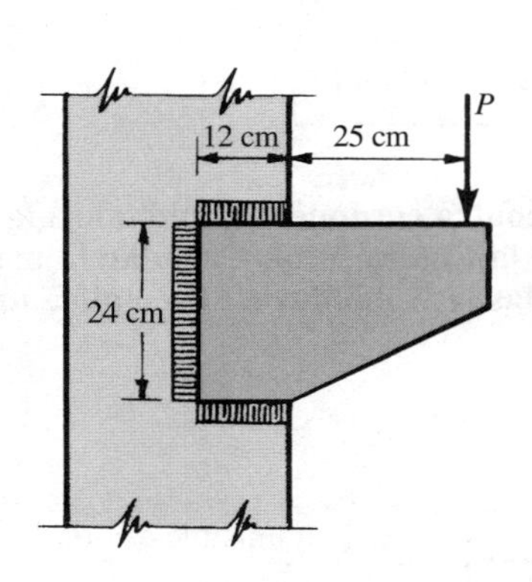

Figura X.15-*a*

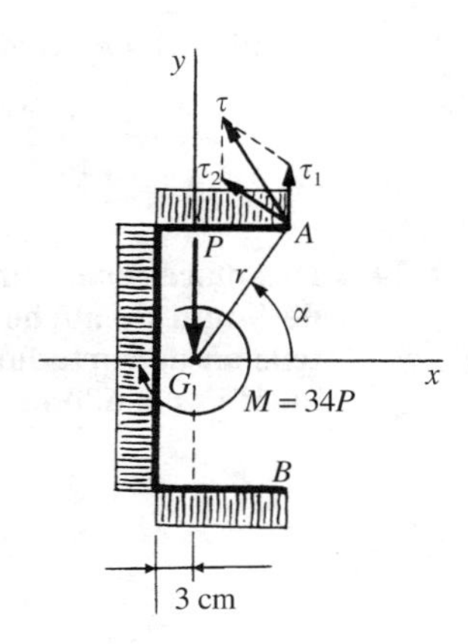

Figura X.15-*b*

Reduciendo la acción exterior al centro de gravedad G de los cordones, el sistema equivalente está constituido por una carga P, equipolente a la dada, y por un momento

$$M = P(25 + 12 - 3) = 34P$$

ya que el centro de gravedad G se encuentra a 3 cm del cordón vertical, como fácilmente se puede deducir.

La fuerza P da lugar a una tensión cortante τ_1, que se distribuye uniformemente sobre los planos de garganta de los cordones.

$$\tau_1 = \frac{P}{\Sigma\, a_i l_i} = \frac{P}{1(24 + 2 \times 12)} = \frac{P}{48} \text{ kp/cm}^2$$

cuando P se expresa en kp.

Por su parte, el momento M da lugar a una tensión τ_2, cuyo valor máximo se va a presentar en los puntos A y B (Fig. X.15-*b*), de valor

$$\tau_2 = \frac{M}{I_G} r$$

Como

$$I_x = \frac{1}{12} 1 \times 24^3 + 2\left(\frac{1}{12} 12 \times 1^3 + 1 \times 12 \times 12{,}5^2\right) = 4.904 \text{ cm}^4$$

$$I_y = 2\left(\frac{1}{12} 1 \times 12^3 + 12 \times 1 \times 3^2\right) + \frac{1}{12} 24 \times 1^3 + 24 \times 1 \times 3{,}5^2 = 800 \text{ cm}^4$$

el momento de inercia polar I_G será:

$$I_G = I_x + I_y = (4.904 + 800) \text{ cm}^4 = 5.704 \text{ cm}^4$$

El valor de τ_2 en los puntos A y B es:

$$\tau_2 = \frac{34P}{5.704} \sqrt{12^2 + 9^2} = \frac{510}{5.704} P \text{ kp/cm}^2$$

estando expresado P en kp.

Las componentes de los vectores $\vec{\tau}_1$ y $\vec{\tau}_2$, respecto de los ejes indicados en la figura son:

$$\vec{\tau}_1 \begin{cases} \tau_{1x} = 0 \\ \tau_{1y} = \dfrac{P}{48} = 2{,}083 \times 10^{-2} P \text{ kp/cm}^2 \end{cases}$$

$$\tau_{2x} = -\tau_2 \text{ sen } \alpha = \frac{510}{5.704} 0{,}8P = 7{,}152 \times 10^{-2} P \text{ kp/cm}^2$$

$$\tau_{2y} = \tau_2 \cos \alpha = \frac{510}{5.704} 0{,}6P = 5{,}364 \times 10^{-2} P \text{ kp/cm}^2$$

que dan lugar a una tensión $\vec{\tau}$ que deberá ser menor que la tensión admisible a cortadura de la soldadura

$$\tau = \sqrt{7{,}152^2 + (2{,}083 + 5{,}364)^2} \times 10^{-2} P \text{ kp/cm}^2 \leqslant 750 \text{ kp/cm}^2$$

de donde se obtiene

$$\boxed{P \leqslant \frac{75.000}{10{,}32} = 7.267{,}4 \text{ kp}}$$

Apéndice 1

Fórmulas generales de la Norma Básica MV-103 para el cálculo de uniones soldadas planas

RESISTENCIA DE UN CONJUNTO DE CORDONES DE SOLDADURA

Fórmulas generales de la Norma Básica MV-103

La distribución de los esfuerzos en cada cordón se hace según los procedimientos de la Resistencia de Materiales. La Norma Básica MV-103, en su anejo 6, recoge los casos estudiados en la UNE-14035, debidamente adaptados al cálculo en agotamiento, que reproducimos en las páginas 807 y 808.

Caso	Solicitación	Unión	Expresión práctica
1	Tracción	Sólo soldaduras laterales 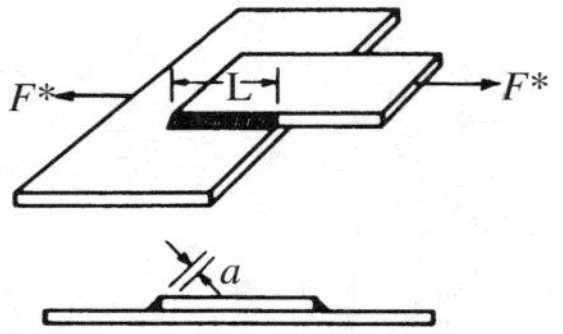 F^*, L, F^*, a	$\frac{F^*}{0{,}75\Sigma aL} \leqslant \sigma_u$
2	Tracción	Sólo soldaduras frontales 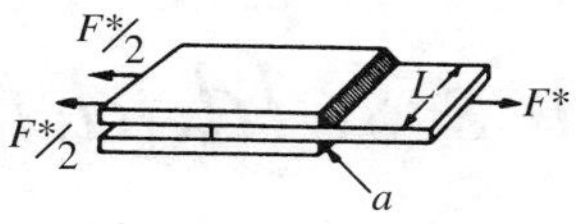 $F^*/2$, $F^*/2$, L, F^*, a	$\frac{F^*}{0{,}85\Sigma aL} \leqslant \sigma_u$
3	Tracción	Sólo soldaduras oblicuas 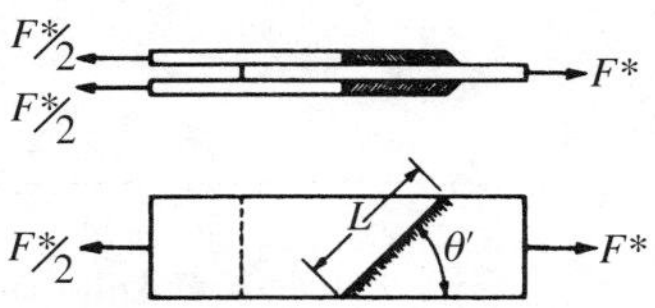 $F^*/2$, $F^*/2$, F^* $F^*/2$, L, θ', F^*	$\frac{F^*}{\beta\Sigma aL} \leqslant \sigma_u$ θ | β 0 | 0,75 30 | 0,77 60 | 0,81 90 | 0,85
4	Tracción	Soldaduras frontales y laterales, combinadas 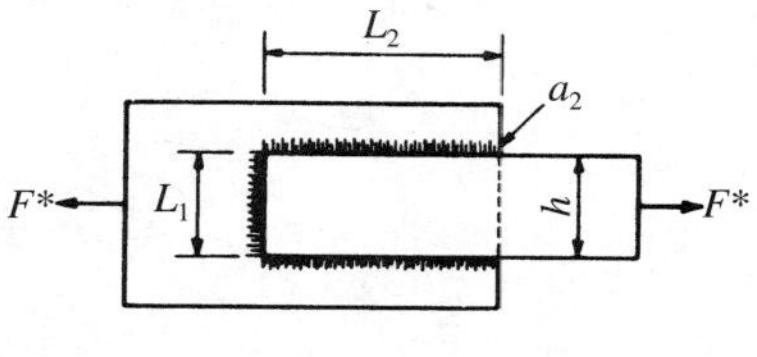 L_2, a_2, F^*, L_1, h, F^*	Para $L_2 \geqslant 1{,}5h$. Sólo se consideran los cordones laterales. $\frac{F^*}{0{,}75\Sigma aL} \leqslant \sigma_u$ Se debe evitar el cordón L_3 del caso 6.

Caso	Solicitación	Unión	Expresión práctica
5	Tracción	Soldaduras frontales y laterales, combinadas 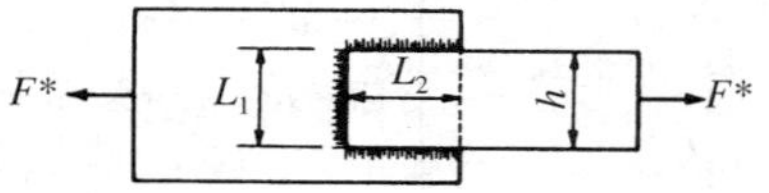 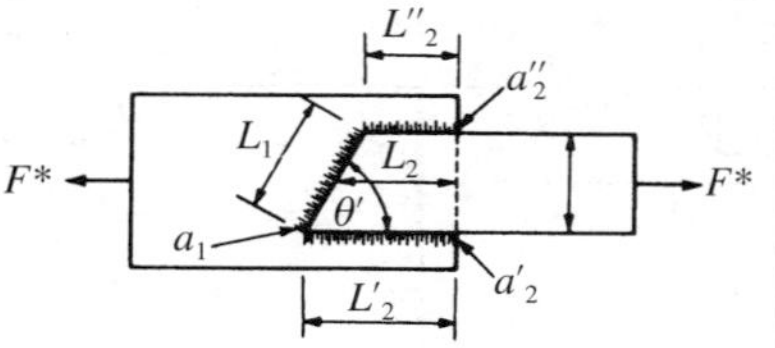 F^*, L_1, L_2, h, F^* L''_2, a''_2, L_1, L_2, θ', a_1, L'_2, a'_2	Para $0{,}5h < L_2 \leqslant 1{,}5h$. Esfuerzo máximo capaz de transmitir la unión. $F_{máx} = KF_1 + F_2$ $F_1 = \beta L_1 a_1 \sigma_u$ $F_2 = 0{,}75\Sigma a_2 L_2 \sigma_u$ En estas expresiones: $K = \dfrac{1}{1 + 2\ \mathrm{sen}^2\ \theta}$ θ° / K: 0 / 1,00; 10 / 0,95; 20 / 0,81; 30 / 0,66; 40 / 0,59; 50 / 0,46; 60 / 0,40; 70 / 0,36; 80 / 0,34; 90 / 0,33 Los valores de β según el caso 3. Debe cumplirse: $F^* \leqslant F_{máx}$
6	Tracción	Soldaduras frontales y laterales, combinadas 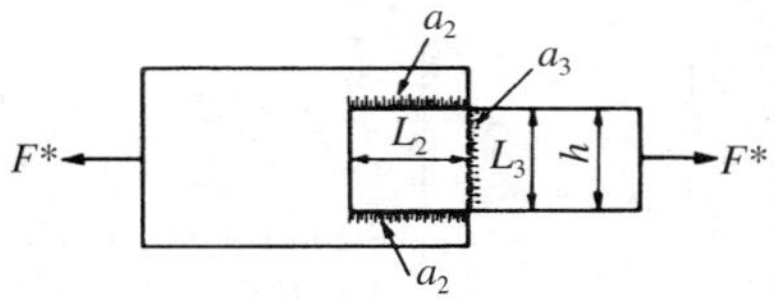 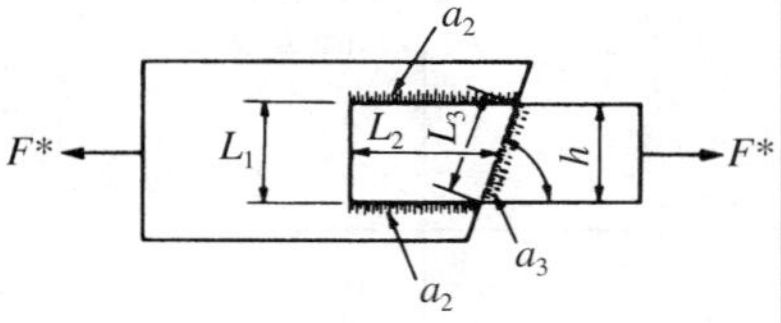 a_2, a_3, F^*, L_2, L_3, h, F^*, a_2 a_2, F^*, L_1, L_2, L_3, h, F^*, a_3, a_2	Para $0{,}5h < L_2 \leqslant 1{,}5h$. Esfuerzo máximo capaz de transmitir la unión. $F_{máx} = 1/3\ F_2 + F_3$ $F_2 = 0{,}75\Sigma a_2 L_2 \sigma_u$ $F_3 = \beta L_3 a_3 \sigma_u$ Los valores de β según el caso 3. Debe cumplirse: $F^* \leqslant F_{máx}$
7	Tracción	Soldaduras frontales y laterales, combinadas 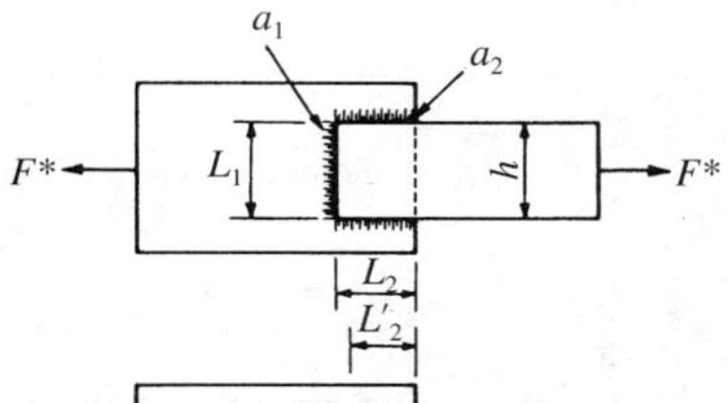 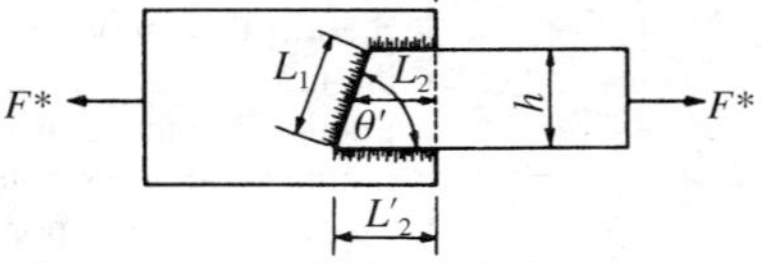 a_1, a_2, F^*, L_1, h, F^*, L_2 L'_2, F^*, L_1, L_2, θ', h, F^*, L'_2	Para $L_2 \leqslant 0{,}5h$. Esfuerzo máximo capaz de transmitir la unión. $F_{máx} = F_1 + 1/3\ F_2$ $F_1 = \beta L_1 a_1 \sigma_u$ $F_2 = 0{,}75\Sigma L_2 a_2 \sigma_u$ Los valores de β según el caso 3. Debe cumplirse: $F^* \leqslant F_{máx}$

Caso	Solicitación	Unión	Expresión práctica
8	Flexión simple	Sólo soldaduras frontales longitudinales 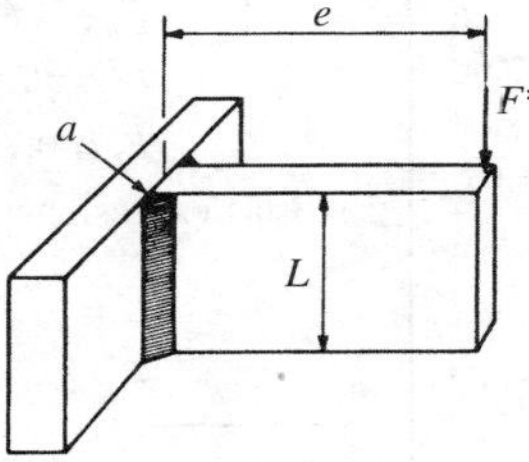	Debe cumplirse: $\sigma_{co} \leqslant \sqrt{\sigma^{*2} + 1{,}8(\tau_n^{*2} + \tau_a^{*2})} \leqslant \sigma_u$ En estas expresiones: $\sigma^* = \dfrac{3}{\sqrt{2}} \dfrac{F^*e}{aL^2}$ $\tau_n^* = \dfrac{3}{\sqrt{2}} \dfrac{F^*e}{aL^2}$ $\tau_a^* = \dfrac{F^*}{2aL}$ Para $e \gg L$ $\sigma_{co} = 3{,}55 \dfrac{F^*e}{aL^2} \leqslant \sigma_n$
9	Flexión simple	Sólo soldaduras frontales transversales 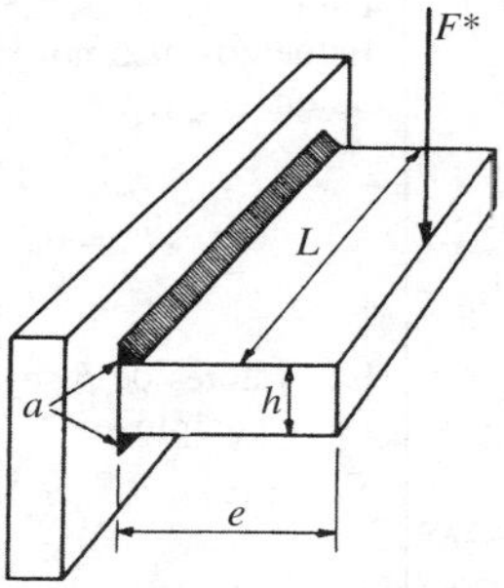	$\sigma^* = \dfrac{1}{\sqrt{2}} \dfrac{F^*e}{W}$ $\tau_n^* = \dfrac{1}{\sqrt{2}} \dfrac{F^*e}{W}$ $\sigma_{co} = \sqrt{\sigma^{*2} + 1{,}8\tau_n^{*2}} = \dfrac{F^*e}{W} \sqrt{1{,}4} \cong 1{,}18 \dfrac{F^*e}{W} \leqslant \sigma_u$ Siendo W el módulo resistente de las soldaduras. Para $h \gg e$ $\sigma_{co} \cong 1{,}18 \dfrac{F^*e}{Lha} \leqslant \sigma_u$
10	Flexión simple	Soldaduras frontales, longitudinales y transversales 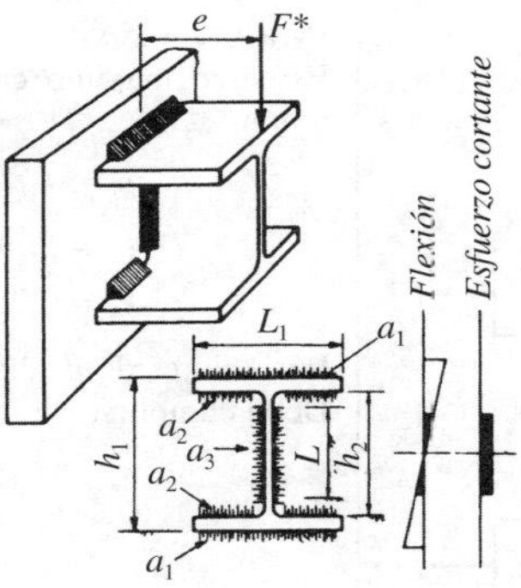	Soldadura a_1 $\sigma_{co} = \sqrt{1{,}4} \dfrac{F^*e}{W} \cong 1{,}18 \dfrac{F^*e}{W} \leqslant \sigma_u$ Soldaduras a_2 $\sigma_{co} \cong 1{,}18 \dfrac{h_2 - a_2}{h_1 + a_1} \dfrac{F^*e}{W} \leqslant \sigma_u$ Soldaduras a_3 $\sigma_{co} = \sqrt{1{,}4\left(\dfrac{F^*e}{W} \dfrac{L_3}{h_1 + a_1}\right)^2 + 1{,}8\left(\dfrac{F^*}{2L_3 a_3}\right)^2} \leqslant \sigma_u$ Siendo W el módulo resistente de las soldaduras. Puede también considerarse absorbido el momento por las soldaduras a_1 y a_2 y el esfuerzo cortante por las soldaduras a_3.

Caso	Solicitación	Unión	Expresión práctica
11	Torsión y esfuerzo cortante combinados	Sólo soldaduras laterales 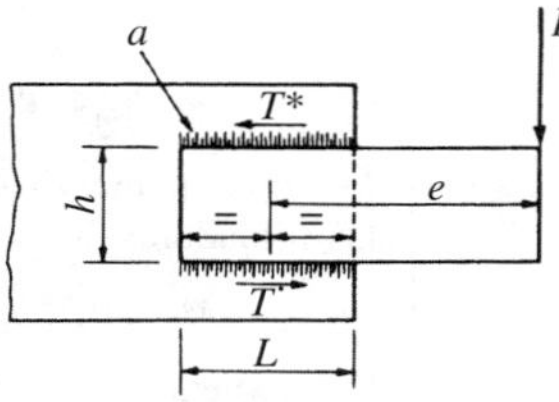	Para $0{,}5h < L < 2h$ $\sigma_{co} = \sqrt{0{,}35\left(\frac{F^*}{La}\right)^2 + 1{,}8\left(\frac{F^*e}{h+a}\,\frac{1}{La}\right)^2} =$ $= \frac{F^*}{La} \times \sqrt{0{,}35 + 1{,}8\left(\frac{e}{h+a}\right)^2} \leqslant \sigma_u$
12	Torsión y esfuerzo cortante combinados	Sólo soldaduras frontales 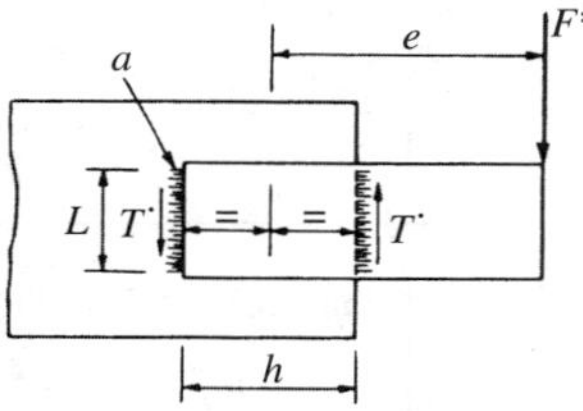	Para $0{,}5h < L < 2h$ $\sigma_{co} = \sqrt{1{,}8}\,\frac{F^*}{La} \times \left(\frac{1}{2} + \frac{e}{h+a}\right) \cong$ $\cong 1{,}34\,\frac{F^*}{La} \times \left(\frac{1}{2} + \frac{e}{h+a}\right) \leqslant \sigma_u$
13	Torsión y esfuerzo cortante combinados	Dos soldaduras laterales y dos frontales 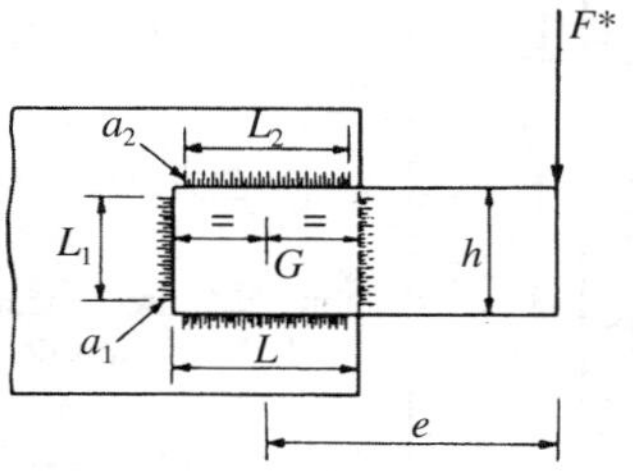	Para $0{,}5h < L_2 < 2h$. Máximo momento torsor admisible para las soldaduras 1: $M_1 = 0{,}75\sigma_u L_1 a_1 (L + a_1)$ Máximo momento torsor admisible para las soldaduras 2: $M_2 = 0{,}75\sigma_u L_2 a_2 (h + a_2)$ Máximo esfuerzo cortante admisible para las soldaduras 1: $F_2 = 1{,}5\sigma_u L_1 a_1$ Máximo esfuerzo cortante admisible para las soldaduras 2: $F_2 = 1{,}7\sigma_u L_2 a_2$ El momento torsor $M_t^* = F^*e$ se descompone proporcionalmente a M_1 y M_2. El esfuerzo cortante F^* se descompone proporcionalmente a F_1 y F_2. Las soldaduras 1 se calculan como el caso 12. Las soldaduras 2 se calculan como el caso 11.

Caso	Solicitación	Unión	Expresión práctica
14	Torsión y esfuerzo cortante combinados	Dos soldaduras laterales y una frontal 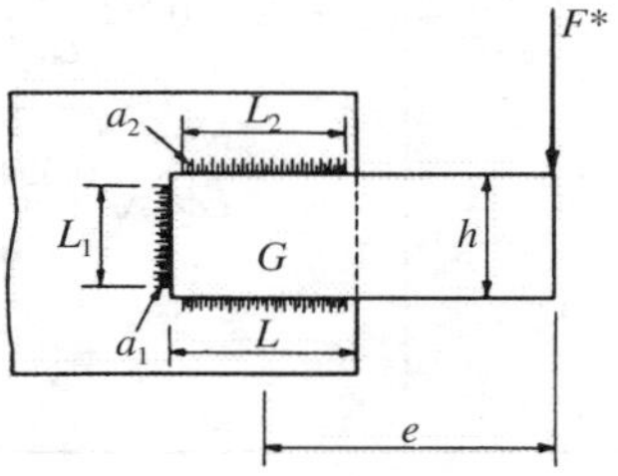	Para $0{,}5h < L_2 < 2h$. Máximo momento admisible para la soldadura 1: $$M_1 = 0{,}14\sigma_u L_1^2 a_1$$ Máximo momento torsor admisible para las soldaduras 2: $$M_2 = 0{,}75\sigma_u L_2 a_2 (h + a_2)$$ El momento $M^* = F^*e$ se descompone proporcionalmente a M_1 y M_2. El esfuerzo cortante F^* (si está contenido en el plano de la junta, o su excentricidad es pequeña) se considera absorbido por las soldaduras 2. La soldadura 1 se calcula a flexión pura. La soldadura 2 se calcula como en el caso 11.
15	Flexión, torsión y esfuerzo cortante combinados	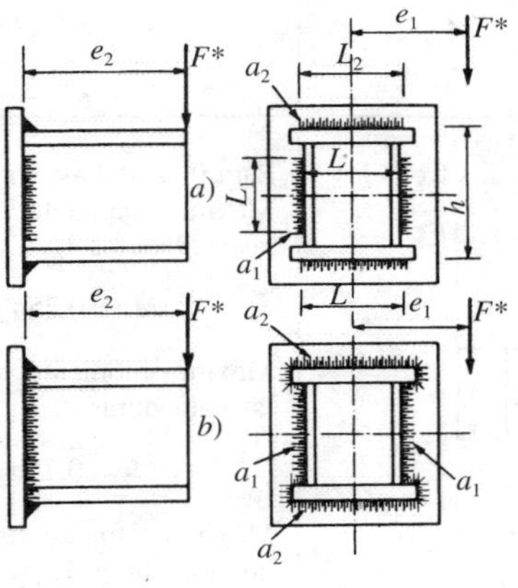	Para $0{,}5h < L < 2h$. Caso *a*: $$M_f^* = F^*e_2 \quad ; \quad M_t^* = F^*e_1$$ Los valores de σ, τ_n y τ_a, debidos a M_t y F^*, se obtienen como en el caso 13. Los valores de σ y τ_n, debidos a M_f^*, se obtienen como en el caso 10 ($\tau_a^{Mf} = 0$). Caso *b*: debido a M_t^*, obtenemos unas tensiones: $$\tau_a^{Mt} = \frac{M_t^*}{2Aa} \quad ; \quad \sigma^{Mt} = 0 \quad ; \quad \tau_n^{Mt} = 0$$ Donde: *A*, área encerrada por la línea media de la sección de garganta de las soldaduras, abatida sobre el plano de la unión; *a*, dimensión de garganta de la soldadura en el punto que se considera. El resto de las tensiones y la comprobación de las soldaduras como en el caso *a*. Debe cumplirse en todos los casos: $$\sigma_{co} = \sqrt{\sigma^{*2} + 1{,}8(\tau_a^{*2} + \tau_n^{*2})} \leqslant \sigma_u$$
16	Torsión y esfuerzo cortante combinados	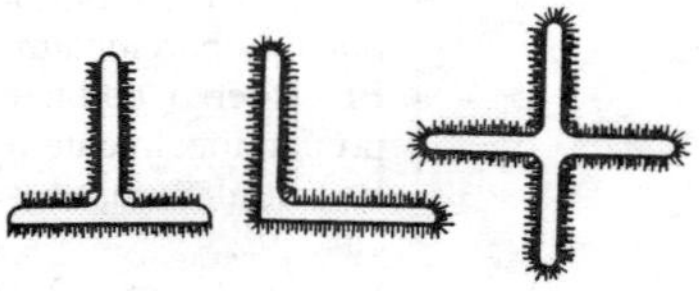	En general, se pueden omitir en estas uniones los cálculos de las tensiones debidas a la torsión.

Apéndice 2

Tablas de perfiles laminados

DOBLE T PERFIL NORMAL (IPN)

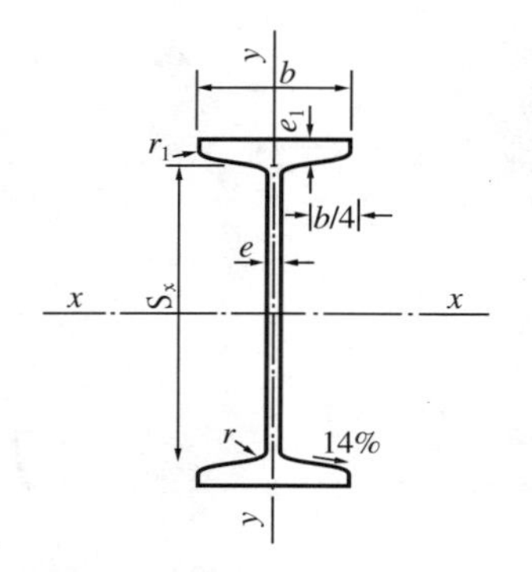

IPN	Dimensiones (mm)						Sección A cm^2	Peso P kg/m	Referido al eje *x-x*		
	h	b	$e=r$	e_1	r_1	h_1			I_x cm^4	W_x cm^3	i_x cm
80	80	42	3,9	5,9	2,3	59	7,58	5,95	77,8	19,5	3,20
100	100	50	4,5	6,8	2,7	75	10,6	8,32	171	34,2	4,01
120	120	58	5,1	7,7	3,1	92	14,2	11,1	328	54,7	4,81
140	140	66	5,7	8,6	3,4	109	18,3	14,4	573	81,9	5,61
160	160	74	6,3	9,5	3,8	125	22,8	17,9	935	117	6,40
180	180	82	6,9	10,4	4,1	142	27,9	21,9	1.450	161	7,20
200	200	90	7,5	11,3	4,5	159	33,5	26,3	2.140	214	8,00
220	220	98	8,1	12,2	4,9	175	39,6	31,1	3.060	278	8,80
240	240	106	8,7	13,1	5,2	192	46,1	36,2	4.250	354	9,59
260	260	113	9,4	14,1	5,6	208	53,4	41,9	5.740	442	10,4
280	280	119	10,1	15,2	6,1	225	61,1	48,0	7.590	542	11,1
300	300	125	10,8	16,2	6,5	241	69,1	54,2	9.800	653	11,9
320	320	131	11,5	17,3	6,9	257	77,8	61,1	12.510	782	12,7
340	340	137	12,2	18,3	7,3	274	86,8	68,1	15.700	923	13,5
360	360	143	13,0	19,5	7,8	290	97,1	76,2	19.610	1.090	14,2
380	380	149	13,7	20,5	8,2	306	107	84,0	24.010	1.260	15,0
400	400	155	14,4	21,6	8,6	323	118	92,6	29.210	1.460	15,7
450	450	170	16,2	24,3	9,7	363	147	115	45.850	2.040	17,7
500	500	185	18,0	27,0	10,8	404	180	141	68.740	2.750	19,6
550	550	200	19,0	30,0	11,9	444	213	167	99.180	3.610	21,6
600	600	215	21,6	32,4	13,0	485	254	199	139.000	4.630	23,4

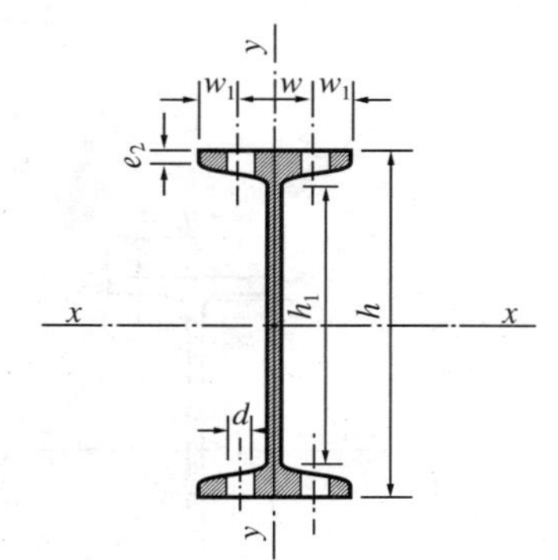

A = Área de la sección
I = Momento de inercia
W = Módulo resistente
$i = \sqrt{\dfrac{I}{A}}$ = Radio de giro
S_x = Momento estático de media sección
$s_x = \dfrac{I_x}{S_x}$ = Distancia entre los centros de compresión y tracción
η = Rendimiento
u = Superficie lateral por metro lineal

Referido al eje *y-y*			***w*** **mm**	w_1 **mm**	**∅ *d*** **mm**	e_2 **mm**	S_x **cm³**	s_x **cm**	$\eta = W_x/P$	***u*** **m²/m**	**IPN**
I_y **cm⁴**	W_y **cm³**	$i_y = i$ **cm**									
6,29	3,00	0,91	22	10	—	4,43	11,4	6,84	3,28	0,304	80
12,2	4,88	1,07	28	12	—	5,05	19,9	8,57	4,11	0,370	100
21,5	7,41	1,23	32	14	—	5,67	31,8	10,3	4,91	0,439	120
35,2	10,7	1,40	34	16	11	6,29	47,7	12,0	5,70	0,502	140
54,7	14,8	1,55	40	18	11	6,91	68,0	13,7	6,54	0,575	160
81,3	19,8	1,71	44	19	13	7,53	93,4	15,5	7,35	0,640	180
117	26,0	1,87	48	22	13	8,15	125	17,2	8,14	0,709	200
162	33,1	2,02	52	23	13	8,77	162	18,9	8,94	0,775	220
221	41,7	2,20	56	25	17	9,39	206	20,6	9,78	0,844	240
288	51,0	2,32	60	27,5	17	10,15	257	22,3	10,5	0,906	260
364	61,2	2,45	62	28,5	17	11,04	316	24,0	11,3	0,966	280
451	72,2	2,56	64	30,5	21	11,83	381	25,7	12,0	1,030	300
555	84,7	2,67	70	30,5	21	12,72	457	27,4	12,8	1,091	320
674	98,4	2,80	74	31,5	21	13,51	540	29,1	13,6	1,152	340
818	114	2,90	76	34,5	23	14,50	638	30,7	14,3	1,208	360
975	131	3,02	82	34,5	23	15,29	741	32,4	15,1	1,266	380
1.160	149	3,13	86	35,5	23	16,18	857	34,1	15,8	1,330	400
1.730	203	3,43	94	39	25	18,35	1.200	38,3	17,7	1,478	450
2.480	268	3,72	100	42,5	28	20,53	1.620	42,4	19,5	1,626	500
3.490	349	4,02	110	45	28	23,00	2.120	46,8	21,6	1,797	550
4.670	434	4,30	120	47,5	28	24,88	2.730	50,9	23,2	1,924	600

DOBLE T PERFIL EUROPEO (IPE)

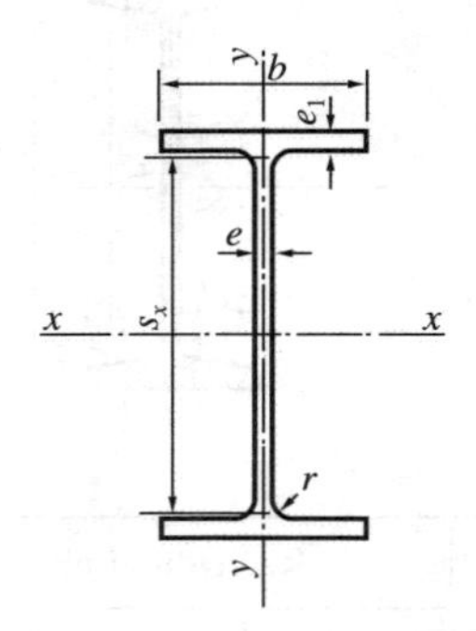

IPE	Dimensiones (mm)						Sección A cm²	Peso P kg/m	Referido al eje x-x		
	h	b	e	e_1	r_1	h_1			I_x cm⁴	W_x cm³	i_x cm
80	80	46	3,8	5,2	5	59	7,64	6,00	80,1	20,0	3,24
100	100	55	4,1	5,7	7	74	10,3	8,10	171	34,2	4,07
120	120	64	4,4	6,3	7	93	13,2	10,4	318	53,0	4,90
140	140	73	4,7	6,9	7	112	16,4	12,9	541	77,3	5,74
160	160	82	5,0	7,4	9	127	20,1	15,8	869	109	6,58
180	180	91	5,3	8,0	9	146	23,9	18,8	1.320	146	7,42
200	200	100	5,6	8,5	12	159	28,5	22,4	1.940	194	8,26
220	220	110	5,9	9,2	12	177	33,4	26,2	2.770	252	9,11
240	240	120	6,2	9,8	15	190	39,1	30,7	3.890	324	9,97
270	270	135	6,6	10,2	15	219	45,9	36,1	5.790	429	11,2
300	300	150	7,1	10,7	15	248	53,8	42,2	8.360	557	12,5
330	330	160	7,5	11,5	18	271	62,6	49,1	11.770	713	13,7
360	360	170	8,0	12,7	18	298	72,7	57,1	16.270	904	15,0
400	400	180	8,6	13,5	21	331	84,5	66,3	23.130	1.160	16,5
450	450	190	9,4	14,6	21	378	98,8	77,6	33.740	1.500	18,5
500	500	200	10,2	16,0	21	426	116	90,7	48.200	1.930	20,4
550	550	210	11,1	17,2	24	467	134	106	67.120	2.440	22,3
600	600	220	12,0	19,0	24	514	156	122	92.080	3.070	24,3

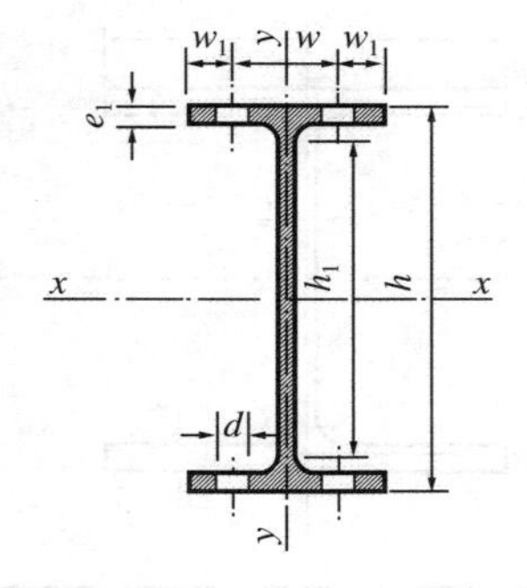

A = Área de la sección
I = Momento de inercia
W = Módulo resistente
$i = \sqrt{\dfrac{I}{A}}$ = Radio de giro
S_x = Momento estático de media sección
$s_x = \dfrac{I_x}{S_x}$ = Distancia entre los centros de compresión y tracción
η = Rendimiento
u = Perímetro

Referido al eje *y-y*			w mm	w_1 mm	$\varnothing d$ mm	S_x cm³	s_x cm	$\eta = W_x/P$	u m²/m	IPE
I_y cm⁴	W_y cm³	i_y cm								
8,49	3,69	1,05	25	10,5	6,4	11,6	6,90	3,34	0,328	80
15,9	5,79	1,24	30	12,5	8,4	19,7	8,68	4,22	0,400	100
27,7	8,65	1,45	35	14,5	8,4	30,4	10,5	5,11	0,475	120
44,9	12,3	1,65	40	16,5	11	44,2	12,3	6,00	0,551	140
68,3	16,7	1,84	44	19	13	61,9	14,0	6,89	0,623	160
101	22,2	2,05	48	21,5	13	83,2	15,8	7,78	0,698	180
142	28,5	2,24	52	24	13	110	17,6	8,69	0,768	200
205	37,3	2,48	58	26	17	143	19,4	9,62	0,848	220
284	47,3	2,69	65	27,5	17	183	21,2	10,6	0,922	240
420	62,2	3,02	72	31,5	21	242	23,9	11,9	1,041	270
604	80,5	3,35	80	35	23	314	26,6	13,2	1,159	300
788	98,5	3,55	85	37,5	25	402	29,3	14,5	1,254	330
1.040	123	3,79	90	40	25	510	31,9	15,8	1,353	360
1.320	146	3,95	95	42,5	28	654	35,4	17,4	1,467	400
1.680	176	4,12	100	45	28	851	39,7	19,3	1,605	450
2.140	214	4,31	110	45	28	1.100	43,9	21,3	1,744	500
2.670	254	4,45	115	47,5	28	1.390	48,2	23,1	1,877	550
3.390	308	4,66	120	50	28	1.760	52,4	25,1	2,015	600

DOBLE T ALA ANCHA. SERIE MEDIA (HEB)

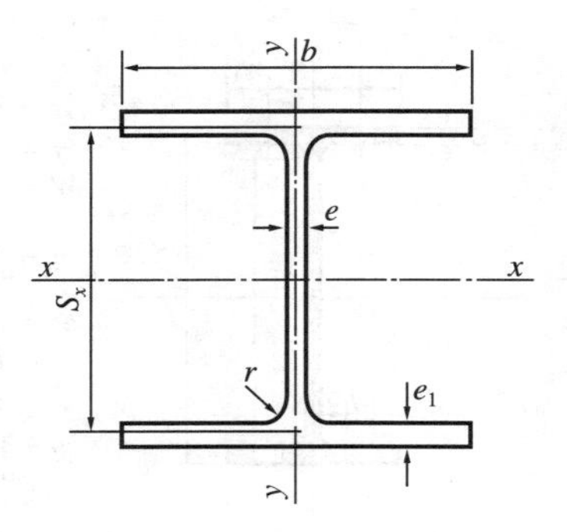

HEB	Dimensiones (mm)						Sección A	Peso P	Referido al eje x-x		
	h	b	e	e_1	r	h_1	cm^2	kg/m	I_x cm^4	W_x cm^3	i_x cm
100	100	100	6	10	12	56	26,0	20,4	450	89,9	4,16
120	120	120	6,5	11	12	74	34,0	26,7	864	144	5,04
140	140	140	7	12	12	92	43,0	33,7	1.510	216	5,93
160	160	160	8	13	15	104	54,3	42,6	2.490	311	6,78
180	180	180	8,5	14	15	122	65,3	51,2	3.830	426	7,66
200	200	200	9	15	18	134	78,1	61,3	5.700	570	8,54
220	220	220	9,5	16	18	152	91,0	71,5	8.090	736	9,43
240	240	240	10	17	21	164	106	83,2	11.260	938	10,3
260	260	260	10	17,5	24	177	118	93,0	14.920	1.150	11,2
280	280	280	10,5	18	24	196	131	103	19.270	1.380	12,1
300	300	300	11	19	27	208	149	117	25.170	1.680	13,0
320	320	300	11,5	20,5	27	225	161	127	30.820	1.930	13,8
340	340	300	12	21,5	27	243	171	134	36.660	2.160	14,6
360	360	300	12,5	22,5	27	261	181	142	43.190	2.400	15,5
400	400	300	13,5	24	27	298	198	155	57.680	2.880	17,1
450	450	300	14	26	27	344	218	171	79.890	3.550	19,1
500	500	300	14,5	28	27	390	239	187	107.200	4.290	21,2
550	550	300	15	29	27	438	254	199	136.700	4.970	23,2
600	600	300	15,5	30	27	486	270	212	171.000	5.700	25,2

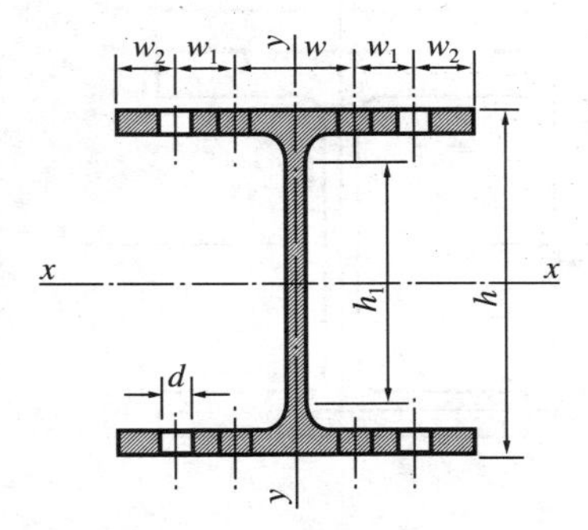

A = Área de la sección
I = Momento de inercia
W = Módulo resistente
$i = \sqrt{\dfrac{I}{A}}$ = Radio de giro
S_x = Momento estático de media sección
$s_x = \dfrac{I_x}{S_x}$ = Distancia entre los centros de compresión y tracción
η = Rendimiento
u = Perímetro

Referido al eje *y-y*			w	w_1	w_2	**∅ *d***	**S_x**	**s_x**	**$\eta =$**	***u***	**HEB**
I_y cm^4	**W_y cm^3**	**i_y cm**				**mm**	**cm^3**	**cm**	**W_x/P**	**m^2/m**	
167	33,5	2,53	53	—	22,5	13	52,1	8,63	4,41	0,567	100
318	52,9	3,06	65	—	27,5	17	82,6	10,5	5,39	0,686	120
550	78,5	3,58	75	—	32,5	21	123	12,3	6,41	0,805	140
889	111	4,05	85	—	37,5	23	177	14,1	7,30	0,918	160
1.360	151	4,57	100	—	40	25	241	15,9	8,32	1,04	180
2.000	200	5,07	110	—	45	25	321	17,7	9,30	1,15	200
2.840	258	5,59	120	—	50	25	414	19,6	10,3	1,27	220
3.920	327	6,08	90	35	40	25	527	21,4	11,3	1,38	240
5.130	395	6,58	100	40	40	25	641	23,3	12,4	1,50	260
6.590	471	7,09	110	45	40	25	767	25,1	13,4	1,62	280
8.560	571	7,58	120	50	40	25	934	26,9	14,4	1,73	300
9.240	616	7,57	120	50	40	25	1.070	28,7	15,2	1,77	320
9.690	646	7,53	120	50	40	25	1.200	30,4	16,1	1,81	340
10.140	676	7,49	120	50	40	25	1.340	32,2	16,9	1,85	360
10.820	721	7,40	120	50	40	25	1.620	35,7	18,6	1,93	400
11.720	781	7,33	120	50	40	25	1.990	40,1	20,8	2,03	450
12.620	842	7,27	120	45	45	28	2.410	44,5	22,9	2,12	500
13.080	872	7,17	120	45	45	28	2.800	48,9	25,0	2,22	550
13.530	902	7,08	120	45	45	28	3.210	53,2	26,9	2,32	600

DOBLE T ALA ANCHA. SERIE LIGERA (HEA)

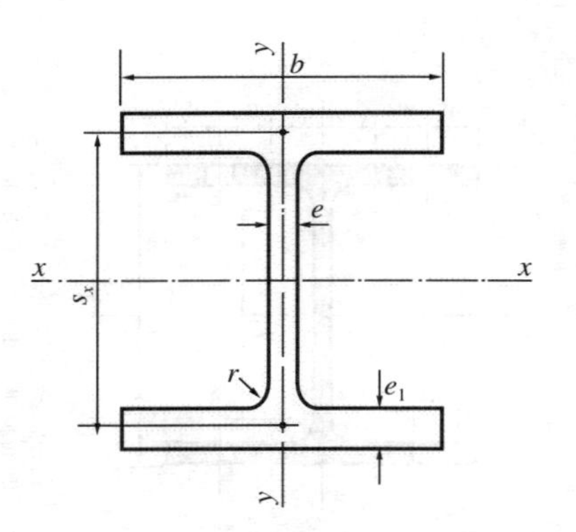

HEA	Dimensiones (mm)						Sección *A*	Peso *P*	Referido al eje *x-x*		
	h	*b*	*e*	e_1	*r*	h_1	cm²	kg/m	I_x cm⁴	W_x cm³	i_x cm
100	96	100	5	8	12	56	21,2	16,7	349	72,8	4,06
120	114	120	5	8	12	74	25,3	19,9	606	106	4,89
140	133	140	5,5	8,5	12	92	31,4	24,7	1.030	155	5,73
160	152	160	6	9	15	104	38,8	30,4	1.670	220	6,57
180	171	180	6	9,5	15	122	45,3	35,5	2.510	294	7,45
200	190	200	6,5	10	18	134	53,8	42,3	3.690	389	8,28
220	210	220	7	11	18	152	64,3	50,5	5.410	515	9,17
240	230	240	7,5	12	21	164	76,8	60,3	7.760	675	10,11
260	250	260	7,5	12,5	24	177	86,8	68,2	10.450	836	11,0
280	270	280	8	13	24	196	97,3	76,4	13.670	1.010	11,9
300	290	300	8,5	14	27	208	113	88,3	18.260	1.260	12,7
320	310	300	9	15,5	27	225	124	97,6	22.930	1.480	13,6
340	330	300	9,5	16,5	27	243	133	105	27.690	1.680	14,4
360	350	300	10	17,5	27	261	143	112	33.090	1.890	15,2
400	390	300	11	19	27	298	159	125	45.070	2.310	16,8
450	440	300	11,5	21	27	344	178	140	63.720	2.900	18,9
500	490	300	12	23	27	390	198	155	86.970	3.550	21,0
550	540	300	12,5	24	27	438	212	166	111.900	4.150	23,0
600	590	300	13	25	27	486	226	178	141.200	4.790	25,0

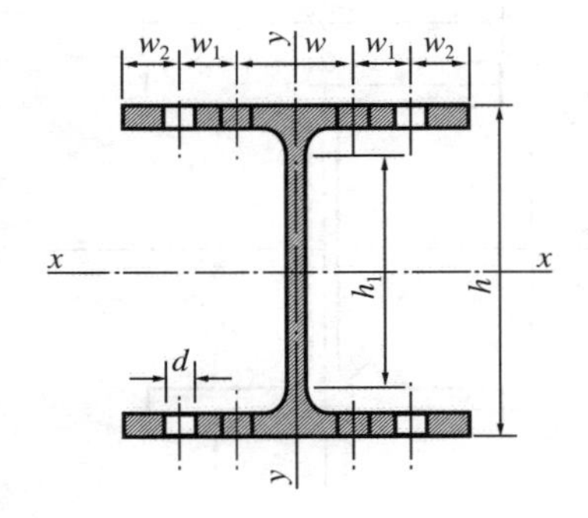

A = Área de la sección
I = Momento de inercia
W = Módulo resistente
$i = \sqrt{\frac{I}{A}}$ = Radio de giro
S_x = Momento estático de media sección
$s_x = \frac{I_x}{S_x}$ = Distancia entre los centros de compresión y tracción
η = Rendimiento
u = Perímetro

Referido al eje *y-y*			w	w_1	w_2	**∅ *d***	**S_x**	**s_x**	**η =**	**u**	**HEA**
I_y cm^4	**W_y cm^3**	**i_y cm**				**mm**	**cm^3**	**cm**	**W_x/P**	**m^2/m**	
134	26,8	2,51	55	—	22,5	13	41,5	8,41	4,36	0,561	100
231	38,5	3,02	65	—	27,5	17	59,7	10,1	5,33	0,677	120
389	55,6	3,52	75	—	32,5	21	86,7	11,9	6,28	0,794	140
616	76,9	3,98	85	—	37,5	23	123	13,6	7,24	0,906	160
925	103	4,52	100	—	40	25	162	15,5	8,28	1,02	180
1.340	134	4,98	110	—	45	25	215	17,2	9,20	1,14	200
1.950	178	5,51	120	—	50	25	284	19,0	10,2	1,26	220
2.770	231	6,00	90	35	40	25	372	20,9	11,2	1,37	240
3.670	282	6,50	100	40	40	25	460	22,7	12,3	1,48	260
4.760	340	7,00	110	45	40	25	556	24,6	13,2	1,60	280
6.310	421	7,47	120	50	40	25	692	26,4	14,3	1,72	300
6.990	466	7,51	120	50	40	25	814	28,2	15,2	1,76	320
7.440	496	7,46	120	50	40	25	925	29,9	16,0	1,79	340
7.890	526	7,43	120	50	40	25	1.040	31,7	16,9	1,83	360
8.560	571	7,34	120	50	40	25	1.280	35,2	18,5	1,91	400
9.470	631	7,29	120	50	45	25	1.610	39,6	20,7	2,01	450
10.370	691	7,24	120	45	45	28	1.970	44,1	22,9	2,11	500
10.820	721	7,15	120	45	45	28	2.310	48,4	25,0	2,21	550
11.270	751	7,05	120	45	45	28	2.680	52,8	26,9	2,31	600

DOBLE T ALA ANCHA. SERIE PESADA (HEM)

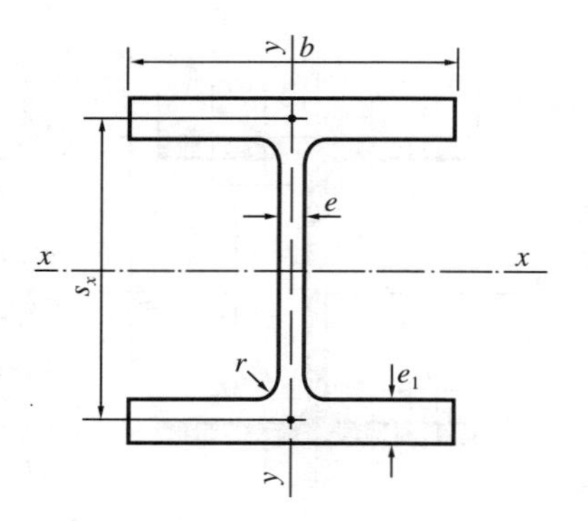

HEM	Dimensiones (mm)						Sección A cm²	Peso P kg/m	Referido al eje x-x		
	h	b	e	e_1	r	h_1			I_x cm⁴	W_x cm³	i_x cm
100	120	106	12	20	12	56	53,2	41,8	1.140	190	4,63
120	140	126	12,5	21	12	74	66,4	52,1	2.020	288	5,51
140	160	146	13	22	12	92	80,6	63,2	3.290	411	6,39
160	180	166	14	23	15	104	97,1	76,2	5.100	566	7,25
180	200	186	14,5	24	15	122	113	88,9	7.480	748	8,13
200	220	206	15	25	18	134	131	103	10.640	967	9,00
220	240	226	15,5	26	18	152	149	117	14.600	1.220	9,89
240	270	248	18	32	21	164	200	157	24.290	1.800	11,0
260	290	268	18	32,5	24	177	220	172	31.310	2.160	11,9
280	310	288	18,5	33	24	196	240	189	39.550	2.550	12,8
300	340	310	21	39	27	208	303	238	59.200	3.480	14
320	359	309	21	40	27	225	312	245	68.130	3.800	14,8
340	377	309	21	40	27	243	316	248	76.370	4.050	15,6
360	395	308	21	40	27	261	319	250	84.870	4.300	16,3
400	432	307	21	40	27	298	326	256	104.100	4.820	17,9
450	478	307	21	40	27	344	335	263	131.500	5.500	19,8
500	524	306	21	40	27	390	344	270	161.900	6.180	21,7
550	572	306	21	40	27	438	354	278	198.000	6.920	23,6
600	620	305	21	40	27	486	364	285	237.400	7.660	25,6

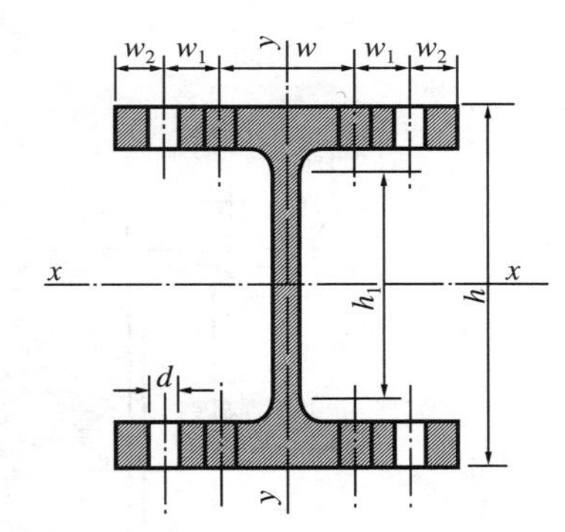

A = Área de la sección

I = Momento de inercia

W = Módulo resistente

$i = \sqrt{\dfrac{I}{A}}$ = Radio de giro

S_x = Momento estático de media sección

$s_x = \dfrac{I_x}{S_x}$ = Distancia entre los centros de compresión y tracción

η = Rendimiento

u = Perímetro

Referido al eje y-y			w	w_1	w_2	$\varnothing d$ mm	S_x cm^3	s_x cm	$\eta = W_x/P$	u m^2/m	HEM
I_y cm^4	W_y cm^3	i_y cm									
399	75,3	2,74	55	—	25,5	13	118	9,69	4,55	0,619	100
703	112	3,25	65	—	30,5	17	175	11,5	5,53	0,738	120
1.140	157	3,77	75	—	35,5	21	247	13,3	6,50	0,857	140
1.760	212	4,26	85	—	40,5	23	337	15,1	7,43	0,970	160
2.580	277	4,77	95	—	45,5	25	442	16,9	8,41	1,09	180
3.650	354	5,27	105	—	50,5	25	568	18,7	9,39	1,20	200
5.010	444	5,79	115	—	55,5	25	710	20,6	10,4	1,32	220
8.150	657	6,39	90	35	44	25	1.060	22,9	11,5	1,46	240
10.450	780	6,90	100	40	44	25	1.260	24,8	12,6	1,57	260
13.160	914	7,40	110	45	44	25	1.480	26,7	13,5	1,69	280
19.400	1.250	8,00	120	50	45	25	2.040	29,0	14,6	1,83	300
19.710	1.280	7,95	120	50	44,5	25	2.220	30,7	15,5	1,87	320
19.710	1.280	7,90	120	50	44,5	25	2.360	32,4	16,3	1,90	340
19.520	1.270	7,83	120	50	44	25	2.490	34,0	17,2	1,93	360
19.340	1.260	7,70	120	50	43,5	25	2.790	37,4	18,8	2,00	400
19.340	1.260	7,59	120	50	43,5	25	3.170	.41,5	20,9	2,10	450
19.150	1.250	7,46	120	50	43	28	3.550	45,7	22,9	2,18	500
19.150	1.250	7,35	120	50	43	28	3.970	49,9	24,9	2,28	550
18.980	1.240	7,22	120	50	42,5	28	4.390	54,1	26,9	2,37	600

PERFIL EN U NORMAL (UPN)

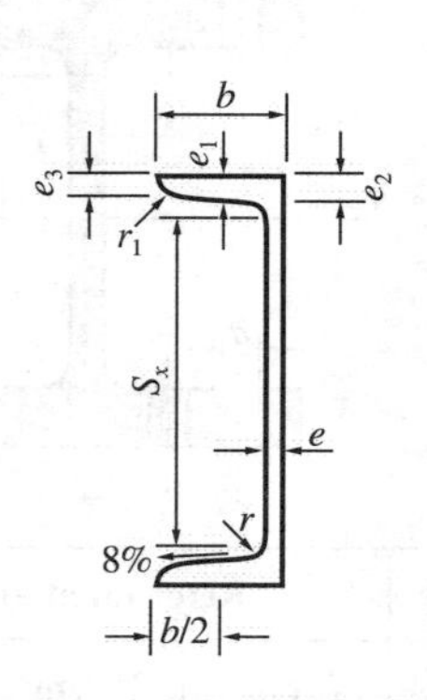

UPN	Dimensiones (mm)						Sec. A	Peso P	Referido al eje x-x			Referido al eje y-y		
	h	b	e	e_1=r	r_1	h_1	cm²	kg/m	I_x cm⁴	W_x cm³	i_x cm⁴	I_y cm⁴	W_y cm³	i_y=i cm
80	80	45	6,0	8,0	4,0	46	11,0	8,64	106	26,5	3,10	19,4	6,36	1,33
100	100	50	6,0	8,5	4,5	64	13,5	10,6	206	41,2	3,91	29,3	8,49	1,47
120	120	55	7,0	9,0	4,5	82	17,0	13,4	364	60,7	4,62	43,2	11,1	1,59
140	140	60	7,0	10,0	5,0	98	20,4	16,0	605	86,4	5,45	62,7	14,8	1,75
160	160	65	7,5	10,5	5,5	115	24,0	18,8	925	116	6,21	85,3	18,3	1,89
180	180	70	8,0	11,0	5,5	133	28,0	22,0	1.350	150	6,95	114	22,4	2,02
200	200	75	8,5	11,5	6,0	151	32,2	25,3	1.910	191	7,70	148	27,0	2,14
220	220	80	9,0	12,5	6,5	167	37,4	29,4	2.690	245	8,48	197	33,6	2,30
240	240	85	9,5	13,0	6,5	184	42,3	33,2	3.600	300	9,22	248	39,6	2,42
260	260	90	10,0	14,0	7,0	200	48,3	37,9	4.820	371	9,99	317	47,7	2,56
280	280	95	10,0	15,0	7,5	216	53,3	41,8	6.280	448	10,90	399	57,2	2,74
300	300	100	10,0	16,0	8,0	232	58,8	46,2	8.030	535	11,70	495	67,8	2,90
320	320	100	14,0	17,5	8,75	246	75,8	59,5	10.870	679	12,1	597	80,6	2,81
350	350	100	14,0	16,0	8,0	282	77,3	60,6	12.840	734	12,9	570	75,0	2,72
380	380	102	13,5	16,0	8,0	313	80,4	63,1	15.760	829	14,0	615	78,7	2,77
400	400	110	14,0	18,0	9,0	324	91,5	71,8	20.350	1.020	14,9	846	102	3,04

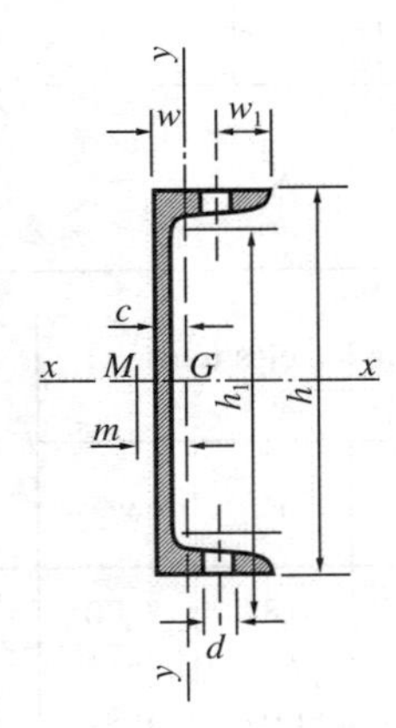

A = Área de la sección
I = Momento de inercia
W = Módulo resistente
$i = \sqrt{\dfrac{I}{A}}$ = Radio de giro
S_x = Momento estático de media sección
$s_x = \dfrac{I_x}{S_x}$ = Distancia entre los centros de compresión y tracción
m = Distancia del baricentro G al centro de esfuerzos cortantes M
η = Rendimiento
u = Superficie lateral por metro lineal

w mm	w_1 mm	d mm	e_2 mm	e_3 mm	S_x cm^3	s_x cm	c cm	m cm	$\eta = W_x/P$	u m^2/m	UPN
25	20	13	9,80	6,20	15,9	6,65	1,45	2,67	3,07	0,312	80
30	20	13	10,50	6,50	24,5	8,42	1,55	2,93	3,89	0,372	100
30	25	17	11,20	6,80	36,3	10,0	1,60	3,03	4,55	0,434	120
35	25	17	12,40	7,60	51,4	11,8	1,75	3,37	5,40	0,489	140
35	30	21	13,10	7,90	68,8	13,3	1,84	3,56	6,13	0,546	160
40	30	21	13,80	8,20	89,6	15,1	1,92	3,75	6,82	0,611	180
40	35	23	14,50	8,50	114	16,8	2,01	3,94	7,56	0,661	200
45	35	23	15,70	9,30	146	18,5	2,14	4,20	8,35	0,718	220
45	40	25	16,40	9,60	179	20,1	2,23	4,39	9,03	0,775	240
50	40	25	17,60	10,40	221	21,8	2,36	4,66	9,78	0,834	260
50	45	25	18,80	11,20	266	23,6	2,53	5,02	10,70	0,890	280
55	45	25	20,00	12,00	316	25,4	2,70	5,41	11,60	0,950	300
55	45	25	20,35	15,35	413	26,3	2,60	4,82	11,4	0,982	320
55	45	25	18,85	13,85	459	28,6	2,40	4,45	12,1	1,047	350
60	42	25	18,89	13,79	507	31,1	2,38	4,58	13,2	1,110	380
60	50	25	21,10	15,60	618	32,9	2,65	5,11	14,2	1,182	400

ANGULAR DE LADOS IGUALES (L)

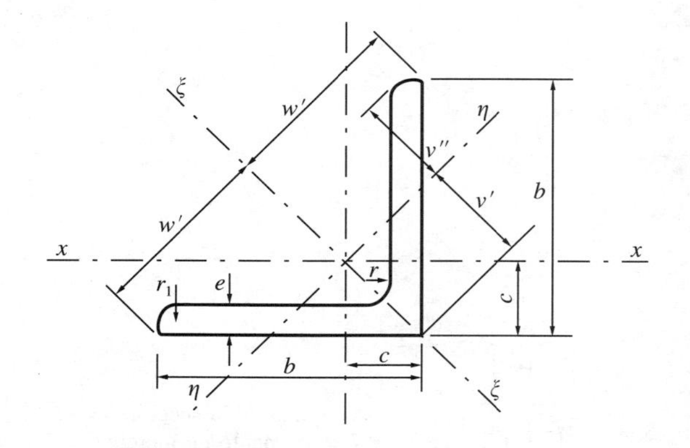

L	Dimensiones (mm)				Sección A cm²	Peso P kg/m	Posición de los ejes (cm)			
	b	e	r	r_1			c	w'	v'	v''
20×3*	20	3	4	2,0	1,13	0,88	0,60	1,41	0,84	0,70
20×4	20	4	4	2,0	1,46	1,14	0,63	1,41	0,90	0,71
25×3*	25	3	4	2,0	1,43	1,12	0,72	1,77	1,02	0,87
25×4	25	4	4	2,0	1,86	1,46	0,76	1,77	1,07	0,89
25×5	25	5	4	2,0	2,27	1,78	0,80	1,77	1,13	0,91
30×3*	30	3	5	2,5	1,74	1,36	0,84	2,12	1,18	1,04
30×4*	30	4	5	2,5	2,27	1,78	0,88	2,12	1,24	1,05
30×5	30	5	5	2,5	2,78	2,18	0,92	2,12	1,30	1,07
35×3*	35	3	5	2,5	2,04	1,60	0,96	2,47	1,36	1,23
35×4*	35	4	5	2,5	2,67	2,09	1,00	2,47	1,42	1,24
35×5	35	5	5	2,5	3,28	2,57	1,04	2,47	1,48	1,25
40×4**	40	4	6	3,0	3,08	2,42	1,12	2,83	1,58	1,40
40×5*	40	5	6	3,0	3,79	2,97	1,16	2,83	1,64	1,42
40×6	40	6	6	3,0	4,48	3,52	1,20	2,83	1,70	1,43
45×4**	45	4	7	3,5	3,49	2,74	1,23	3,18	1,75	1,57
45×5**	45	5	7	3,5	4,30	3,36	1,28	3,18	1,81	1,58
45×6*	45	6	7	3,5	5,09	4,00	1,32	3,18	1,87	1,59
50×4**	50	4	7	3,5	3,89	3,06	1,36	3,54	1,92	1,75
50×5**	50	5	7	3,5	4,80	3,77	1,40	3,54	1,99	1,76
50×6*	50	6	7	3,5	5,69	4,47	1,45	3,54	2,04	1,77
50×7	50	7	7	3,5	6,56	5,15	1,49	3,54	2,10	1,78
50×8	50	8	7	3,5	7,41	5,82	1,52	3,54	2,16	1,80

* Perfiles recomendados en la norma UNE 36-531-72. ** Perfiles recomendados en la norma NBE 102.

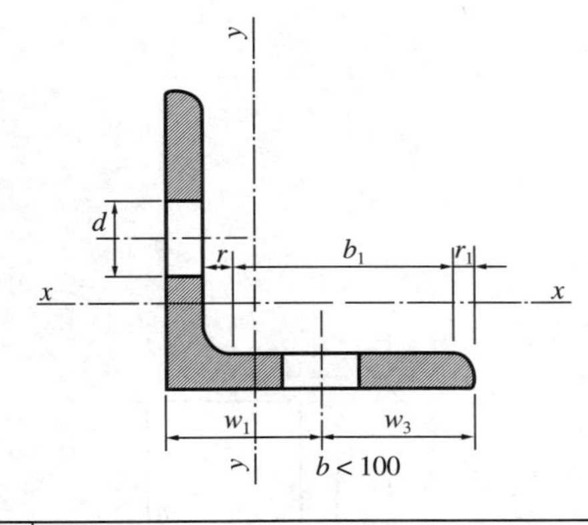

A = Área de la sección
I = Momento de inercia
W = Módulo resistente
$i = \sqrt{\frac{I}{A}}$ = Radio de giro
u = Superficie lateral por metro lineal

Referido a los ejes														
x-x = y-y			ξ-ξ		η-η			w_1 mm	w_3 mm	d mm	I_{xy} cm^4	b_1 mm	u m^2/m	L
I_x cm^4	W_x cm^3	i_x cm	I_ξ cm^4	i_ξ cm	I_η cm^4	W_η cm^3	i_η cm							
0,39	0,28	0,59	0,61	0,74	0,16	0,19	0,38	12	8	4,3	0,23	11,0	0,077	20×3*
0,49	0,36	0,58	0,77	0,72	0,21	0,23	0,38				0,28	10,0		20×4
0,80	0,45	0,75	1,26	0,94	0,33	0,33	0,48				0,87	16,0		25×3*
1,01	0,58	0,74	1,60	0,93	0,43	0,40	0,48	15	10	6,4	0,59	15,0	0,097	25×4
1,20	0,71	0,75	1,89	0,91	0,52	0,46	0,48				0,69	14,0		25×5
1,40	0,65	0,90	2,23	1,13	0,58	0,49	0,58				0,83	19,5		30×3*
1,80	0,85	0,89	2,85	1,12	0,75	0,61	0,58	17	13	8,4	1,05	18,5	0,116	30×4*
2,16	1,04	0,88	3,41	1,11	0,92	0,71	0,57				1,25	17,5		30×5
2,29	0,90	1,06	3,63	1,34	0,95	0,70	0,68				1,34	24,5		35×3*
2,95	1,18	1,05	4,68	1,33	1,23	0,86	0,68	18	17	11	1,73	23,5	0,136	35×4*
3,56	1,45	1,04	5,64	1,31	1,49	1,01	0,67				2,08	22,5		35×5
4,47	1,55	1,21	7,09	1,52	1,86	1,17	0,78				2,62	27,0		40×4**
5,43	1,91	1,20	8,60	1,51	2,26	1,37	0,77	22	18	11	3,17	26,0	0,155	40×5*
6,31	2,26	1,19	9,98	1,49	2,65	1,56	0,77				3,67	25,0		40×6
6,43	1,97	1,36	10,2	1,71	2,67	1,55	0,88				3,77	30,5		45×4**
7,84	2,43	1,35	12,4	1,70	3,26	1,80	0,87	25	20	13	4,57	29,5	0,174	45×5**
9,16	2,88	1,34	14,5	1,69	3,82	2,05	0,87				5,34	28,5		45×6**
8,97	2,46	1,52	14,2	1,91	3,72	1,94	0,98				5,24	35,5		50×4**
11,0	3,05	1,52	17,4	1,90	4,54	2,29	0,97				6,43	34,5		50×5**
12,8	3,61	1,50	20,3	1,89	5,33	2,61	0,97	30	20	13	7,49	33,5	0,194	50×6*
14,6	4,16	1,49	23,1	1,88	6,11	2,91	0,96				8,50	32,5		50×7
16,3	4,68	1,48	25,7	1,86	6,87	3,19	0,96				9,42	31,5		50×8

ANGULAR DE LADOS IGUALES (L)

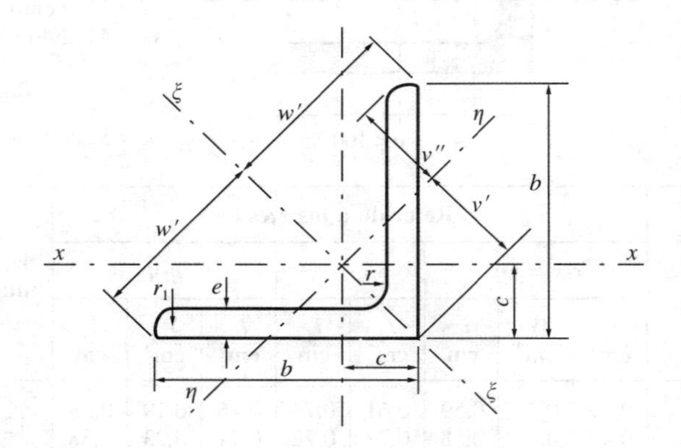

L	Dimensiones (mm)				Sección A cm²	Peso P kg/m	Posición de los ejes (cm)			
	b	***e***	***r***	r_1			***c***	***w'***	***v'***	***v''***
60×5**	60	5	8	4,0	5,82	4,57	1,64	4,24	2,32	2,11
60×6**	60	6	8	4,0	6,91	5,42	1,69	4,24	2,39	2,11
60×8*	60	8	8	4,0	9,03	7,09	1,77	4,24	2,50	2,14
60×10	60	10	8	4,0	11,10	8,69	1,85	4,24	2,61	2,17
70×6**	70	6	9	4,5	8,13	6,38	1,93	4,95	2,73	2,46
70×7**	70	7	9	4,5	9,40	7,38	1,97	4,95	2,79	2,47
70×8*	70	8	9	4,5	10,60	8,36	2,01	4,95	2,85	2,47
70×10	70	10	9	4,5	13,10	10,30	2,09	4,95	2,96	2,50
80×8**	80	8	10	5,0	12,30	9,63	2,26	5,66	3,19	2,82
80×10*	80	10	10	5,0	15,10	11,90	2,34	5,66	3,30	2,85
80×12	80	12	10	5,0	17,90	14,00	2,41	5,66	3,41	2,89
90×8**	90	8	11	5,5	13,90	10,90	2,50	6,36	3,53	3,17
90×10*	90	10	11	5,5	17,10	13,40	2,58	6,36	3,65	3,19
90×12	90	12	11	5,5	20,30	15,90	2,66	6,36	3,76	3,22

* Perfiles recomendados en la norma UNE 36-531-72. ** Perfiles recomendados en la norma NBE 102.

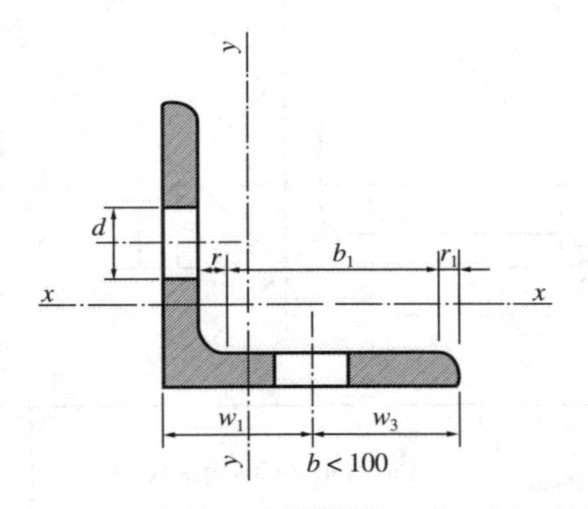

A = Área de la sección
I = Momento de inercia
W = Módulo resistente
$i = \sqrt{\frac{I}{A}}$ = Radio de giro
u = Superficie lateral por metro lineal

Referido a los ejes								w_1 mm	w_3 mm	d mm	I_{xy} cm⁴	b_1 mm	u m²/m	L
x-x = y-y			ξ-ξ		η-η									
I_x cm⁴	W_x cm³	i_x cm	I_ξ cm⁴	i_ξ cm	I_η cm⁴	W_η cm³	i_η cm							
19,4	4,45	1,82	30,7	2,30	8,02	3,45	1,17	35	25	17	11,3	43,0	0,233	60×5**
22,8	5,29	1,82	36,2	2,29	9,43	3,95	1,17				13,4	42,0		60×6**
29,2	6,89	1,80	46,2	2,26	12,2	4,86	1,16				17,0	40,0		60×8*
34,9	8,41	1,78	55,1	2,23	14,8	5,67	1,16				20,3	38,0		60×10
36,9	7,27	2,13	58,5	2,68	15,3	5,59	1,37	40	30	21	21,6	50,5	0,272	70×6**
42,3	8,41	2,12	67,1	2,67	17,5	6,27	1,36				24,8	49,5		70×7**
47,5	9,52	2,11	75,3	2,66	19,7	6,91	1,36				27,8	47,5		70×8*
57,2	11,7	2,09	90,5	2,63	23,9	8,10	1,35				33,3	46,5		70×10
72,2	12,6	2,43	115	3,06	29,9	9,36	1,56	45	35	23	42,7	57,0	0,311	80×8**
87,5	13,4	2,41	139	3,03	36,3	11,0	1,55				51,6	55,0		80×10*
102	18,2	2,39	161	3,00	42,7	12,5	1,55				59,0	53,0		80×12
104	16,1	2,74	166	3,45	43,1	12,2	1,76	50	40	25	61,5	65,5	0,351	90×8**
127	19,8	2,72	201	3,43	52,5	14,4	1,75				74,2	63,5		90×10*
148	23,3	2,70	234	3,40	61,7	16,4	1,74				86,1	61,5		90×12

ANGULAR DE LADOS IGUALES (L)

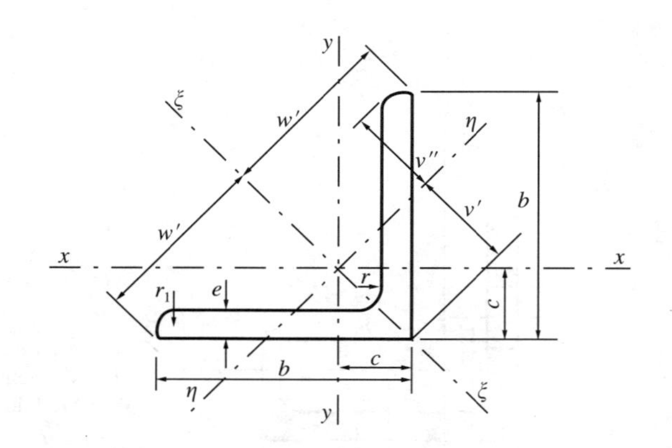

L	Dimensiones (mm)				Sección A cm^2	Peso P kg/m	Posición de los ejes (cm)			
	b	e	r	r_1			c	w'	v'	v''
100×8**	100	8	12	6,0	15,5	12,2	2,74	7,07	3,87	3,52
100×10**	100	10	12	6,0	19,2	15,0	2,82	7,07	3,99	3,54
100×12	100	12	12	6,0	22,7	17,8	2,90	7,07	4,11	3,57
100×15	100	15	12	6,0	27,9	21,9	3,02	7,07	4,27	3,61
120×10**	120	10	13	6,5	23,2	18,2	3,31	8,49	4,69	4,23
120×12**	120	12	13	6,5	27,5	21,6	3,40	8,49	4,80	4,28
120×15	120	15	13	6,5	33,9	26,6	3,51	8,49	4,97	4,31
150×12**	150	12	16	8,0	34,8	27,3	4,12	10,6	5,83	5,29
150×15**	150	15	16	8,0	43,0	33,8	4,25	10,6	6,01	5,33
150×18	150	18	16	8,0	51,0	40,1	4,37	10,6	6,17	5,38
180×15*	180	15	18	9,0	52,1	40,9	4,98	12,7	7,05	6,36
180×18	180	18	18	9,0	61,9	48,6	5,10	12,7	7,22	6,41
180×20	180	20	18	9,0	68,3	53,7	5,18	12,7	7,33	6,44
200×16*	200	16	18	9,0	61,8	48,5	5,52	14,1	7,81	7,09
200×18*	200	18	18	9,0	69,1	54,2	5,60	14,1	7,93	7,12
200×20	200	20	18	9,0	76,3	59,9	5,68	14,1	8,04	7,15
200×24	200	24	18	9,0	90,6	71,1	5,84	14,1	8,26	7,21

* Perfiles recomendados en la norma UNE 36-531-72. ** Perfiles recomendados en la norma NBE 102.

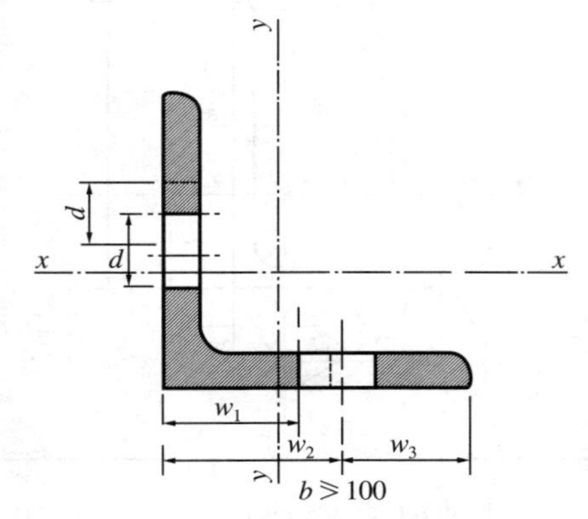

A = Área de la sección
I = Momento de inercia
W = Módulo resistente
$i = \sqrt{\dfrac{I}{A}}$ = Radio de giro
u = Superficie lateral por metro lineal

Referido a los ejes								w_1 mm	w_2 mm	w_3 mm	d mm	I_{xy} cm^4	b_1 mm	u m^2/m	L
x-x = y-y			*ξ-ξ*		*η-η*										
I_x cm^4	W_x cm^3	i_x cm	I_ξ cm^4	i_ξ cm	I_η cm^4	W_η cm^3	i_η cm								
145	19,9	3,06	230	3,85	59,8	15,5	1,96					85,1	74,0		100×8**
177	24,6	3,04	280	3,83	72,9	18,3	1,95	45	60	40	25	104	72,0	0,390	100×10*
207	29,1	3,02	328	3,80	85,7	20,9	1,94					121	70,0		100×12
249	25,6	2,89	393	3,75	104	24,4	1,93					145	67,0		100×15
313	36,0	3,67	497	4,63	129	27,5	2,36					184	90,5		120×10**
368	42,7	3,65	584	4,60	152	31,5	2,35	50	80	40	25	216	88,5	0,469	120×12**
445	52,4	3,62	705	4,56	185	37,1	2,33					260	85,5		120×15
737	67,7	4,60	1.170	5,80	303	52,0	2,95					434	114		150×12**
898	83,5	4,57	1.430	5,76	370	61,6	2,93	50	105	45	28	530	131	0,586	150×15**
1.050	98,7	4,54	1.670	5,71	435	70,4	2,92					612	128		150×18
1.590	122	5,52	2.520	6,96	653	92,6	3,54					933	138		180×15*
1.870	145	5,49	2.960	6,92	768	106	3,52	60	135	45	28	1.096	135	0,705	180×18
2.040	159	5,47	3.240	6,89	843	115	3,51					1.198	133		180×20
2.540	162	6,16	3.720	7,76	960	123	3,94					1.380	157		200×16*
2.600	181	6,13	4.130	7,73	1.070	135	3,93	60	150	50	28	1.530	155	0,785	200×18*
2.850	199	6,11	4.530	7,70	1.170	146	3,92					1.680	153		200×20
3.330	235	6,06	5.280	7,64	1.380	167	3,90					1.950	149		200×24

ANGULAR DE LADOS DESIGUALES (LD)

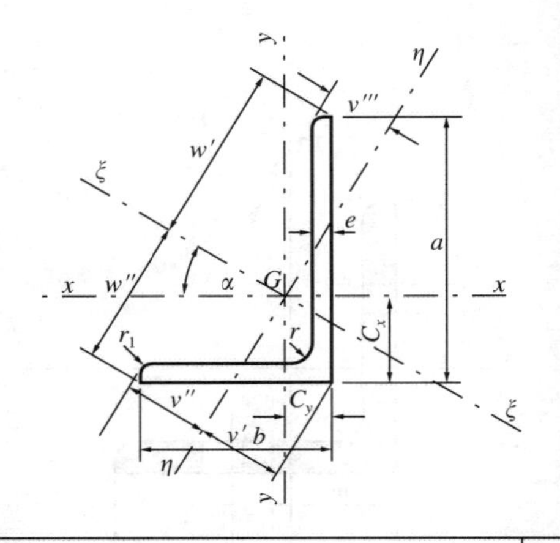

LD	Dimensiones (mm)					Sec. A cm²	Peso P kg/m	Posición de los ejes						
	a	b	e	r	r_1			c_x cm	c_y cm	v' cm	v'' cm	v''' cm	w' cm	tg α
30×20×3*	30	20	3	4	2,0	1,43	1,12	0,99	0,50	0,86	1,04	0,56	2,05	0,428
30×20×4*	30	20	4	4	2,0	1,86	1,46	1,03	0,54	0,91	1,04	0,58	2,02	0,421
30×20×5	30	20	5	4	2,0	2,27	1,78	1,07	0,58	0,94	1,04	0,60	2,00	0,412
40×20×3*	40	20	3	4	2,0	1,73	1,36	1,42	0,44	0,79	1,19	0,46	2,61	0,257
40×20×4*	40	20	4	4	2,0	2,26	1,77	1,47	0,48	0,83	1,17	0,50	2,58	0,252
40×20×5	40	20	5	4	2,0	2,77	2,17	1,51	0,52	0,86	1,16	0,53	2,55	0,245
40x25x4	40	25	4	4	2,0	2,46	1,93	1,36	0,62	1,06	1,35	0,68	2,69	0,381
40×25×5	40	25	5	4	2,0	3,02	2,37	1,40	0,66	1,11	1,35	0,70	2,66	0,375
45×30×4*	45	30	4	4	2,0	2,86	2,24	1,48	0,74	1,27	1,58	0,83	3,06	0,434
45×30×5*	45	30	5	4	2,0	3,52	2,76	1,52	0,78	1,32	1,57	0,85	3,04	0,429
60×30×5	60	30	5	6	3,0	4,29	3,37	2,15	0,68	1,20	1,77	0,72	3,89	0,256
60×30×6	60	30	6	6	3,0	5,08	3,99	2,20	0,72	1,23	1,75	0,75	3,86	0,252
60×40×5*	60	40	5	6	3,0	4,79	3,76	1,96	0,97	1,68	2,10	1,10	4,10	0,434
60×40×6*	60	40	6	6	3,0	5,68	4,46	2,00	1,01	1,72	2,10	1,12	4,08	0,431
60×40×7	60	40	7	6	3,0	6,55	5,14	2,04	1,05	1,77	2,09	1,14	4,06	0,427
65×50×5*	65	50	5	6	3,0	5,54	4,35	1,99	1,25	2,08	2,39	1,50	4,53	0,577
65×50×6	65	50	6	6	3,0	6,58	5,16	2,04	1,29	2,13	2,39	1,51	4,52	0,575
65×50×7*	65	50	7	6	3,0	7,60	5,96	2,08	1,33	2,19	2,39	1,52	4,50	0,572
65×50×8	65	50	8	6	3,0	8,60	6,75	2,11	1,37	2,23	2,39	1,53	4,49	0,569

* Perfiles recomendados en la norma UNE 36-532-72.

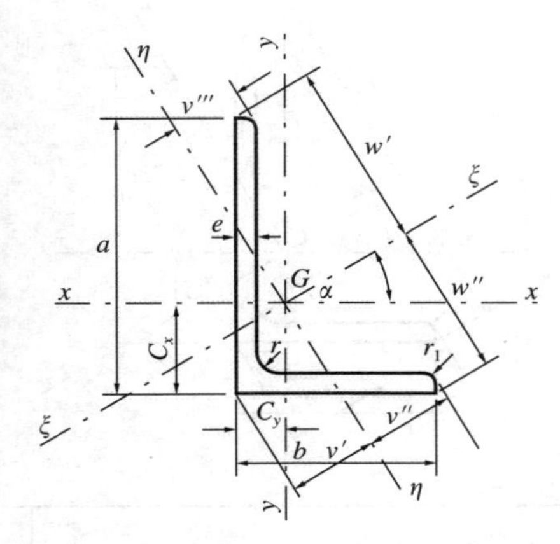

A = Área de la sección
I = Momento de inercia
W = Módulo resistente
$i = \sqrt{\dfrac{I}{A}}$ = Radio de giro

Referido a los ejes										LD
x-x			*y-y*			*ξ-ξ*		*η-η*		
I_x cm⁴	W_x cm³	i_x cm	I_y cm⁴	W_y cm³	i_y cm	I_ξ cm⁴	i_ξ cm	I_η cm⁴	i_η cm	
1,25	0,62	0,93	0,44	0,29	0,55	1,43	1,00	0,26	0,42	30×20×3*
1,59	0,81	0,92	0,55	0,38	0,55	1,81	0,99	0,33	0,42	30×20×4*
1,90	0,98	0,91	0,66	0,46	0,54	2,15	0,97	0,40	0,42	30×20×5
2,80	1,09	1,27	0,47	0,30	0,52	2,96	1,31	0,31	0,42	40×20×3*
3,59	1,42	1,26	0,60	0,39	0,51	3,80	1,30	0,39	0,42	40×20×4*
4,32	1,75	1,25	0,71	0,48	0,51	4,55	1,28	0,48	0,42	40×20×5
3,89	1,47	1,26	1,16	0,62	0,69	4,35	1,33	0,70	0,53	40×25×4
4,69	1,81	1,25	1,39	0,76	0,68	5,23	1,32	0,85	0,53	40×25×5
5,77	1,91	1,42	2,05	0,91	0,85	6,63	1,52	1,19	0,65	45×30×4*
6,98	2,35	1,41	2,47	1,11	0,84	8,00	1,51	1,45	0,64	45×30×5*
15,5	4,04	1,90	2,60	1,12	0,78	16,5	1,96	1,70	0,63	60×30×5
18,2	4,78	1,89	3,02	1,32	0,77	19,2	1,95	1,99	0,63	60×30×6
17,2	4,25	1,89	6,11	2,02	1,13	19,8	2,03	3,54	0,86	60×40×5*
20,1	5,03	1,88	7,12	2,38	1,12	23,1	2,02	4,15	0,86	60×40×6*
22,9	5,79	1,87	8,07	2,74	1,11	26,3	2,00	4,75	0,85	60×40×7
23,2	5,14	2,05	11,9	3,19	1,47	28,8	2,28	6,32	1,07	65×50×5*
27,2	6,10	2,03	14,0	3,77	1,46	33,8	2,27	7,43	1,06	65×50×6
31,1	7,03	2,02	15,9	4,34	1,45	38,5	2,25	8,51	1,06	65×50×7*
34,8	7,93	2,01	17,7	4,89	1,44	43,0	2,24	9,56	1,05	65×50×8

ANGULAR DE LADOS DESIGUALES (LD)

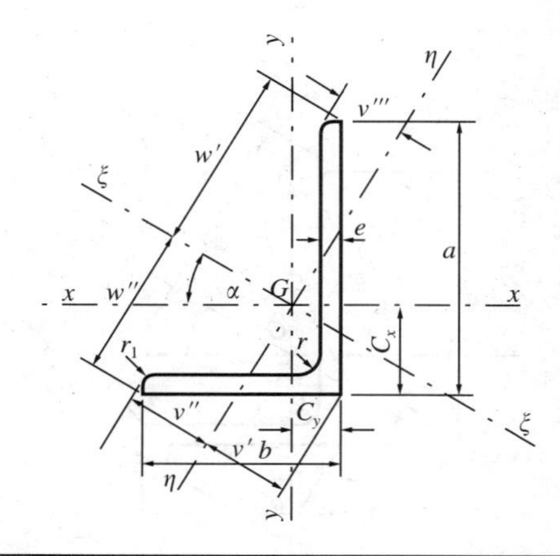

LD	Dimensiones (mm)					Sec. A cm^2	Peso P kg/m	Posición de los ejes						
	a	b	e	r	r_1			c_x cm	c_y cm	v' cm	v'' cm	v''' cm	w' cm	tg α
75×50×5*	75	50	5	7	3,5	6,05	4,75	2,39	1,17	2,03	2,65	1,32	5,15	0,436
75×50×6	75	50	6	7	3,5	7,19	5,65	2,44	1,21	2,08	2,63	1,35	5,12	0,435
75×50×7*	75	50	7	7	3,5	8,31	6,53	2,48	1,25	2,13	2,63	1,38	5,10	0,433
75×50×8	75	50	8	7	3,5	9,41	7,39	2,52	1,29	2,18	2,62	1,42	5,08	0,430
80×40×5	80	40	5	7	3,5	5,80	4,56	2,81	0,84	1,51	2,40	0,91	5,24	0,260
80×40×6*	80	40	6	7	3,5	6,89	5,41	2,85	0,88	1,55	2,38	0,89	5,20	0,258
80×40×7	80	40	7	7	3,5	7,96	6,25	2,90	0,92	1,61	2,36	0,97	5,17	0,256
80×40×8*	80	40	8	7	3,5	9,01	7,07	2,94	0,96	1,65	2,34	1,04	5,14	0,253
80×60×6	80	60	6	8	4,0	8,11	6,37	2,47	1,48	2,50	2,92	1,72	5,57	0,548
80×60×7*	80	60	7	8	4,0	9,38	7,56	2,51	1,52	2,53	2,92	1,77	5,55	0,546
80×60×8	80	60	8	8	4,0	10,6	8,34	2,55	1,56	2,58	2,92	1,80	5,53	0,544
100×50×6*	100	50	6	9	4,5	8,73	6,85	3,49	1,04	1,91	3,00	1,15	6,56	0,260
100×50×7	100	50	7	9	4,5	10,1	7,93	3,54	1,08	1,93	2,98	1,15	6,52	0,259
100×50×8*	100	50	8	9	4,5	11,4	8,99	3,59	1,12	2,00	2,96	1,18	6,49	0,257
100×50×10	100	50	10	9	4,5	14,1	11,1	3,67	1,20	2,08	2,93	1,22	6,43	0,253
100×65×7	100	65	7	10	5,0	11,2	8,77	3,23	1,51	2,66	3,48	1,73	6,83	0,415
100×65×8*	100	65	8	10	5,0	12,7	9,94	3,27	1,55	2,68	3,47	1,73	6,81	0,414
100×65×10*	100	65	10	10	5,0	15,6	12,3	3,36	1,63	2,78	3,45	1,78	6,76	0,410
100×75×8**	100	75	8	10	5,0	13,5	10,6	3,10	1,87	3,12	3,65	2,19	6,95	0,547
100×75×10**	100	75	10	10	5,0	16,6	13,0	3,19	1,95	3,23	3,65	2,24	6,92	0,544
100×75×12**	100	75	12	10	5,0	19,7	15,4	3,27	2,03	3,34	3,65	2,29	6,89	0,540

* Perfiles recomendados en la norma UNE 36-532-72. ** Perfiles recomendados en la norma NBE 102.

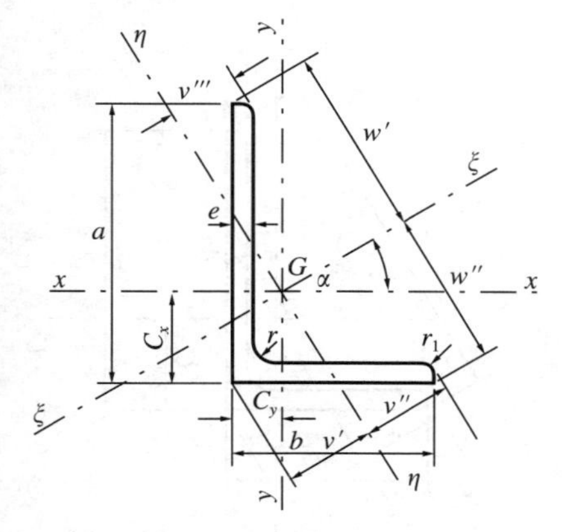

A = Área de la sección
I = Momento de inercia
W = Módulo resistente

$i = \sqrt{\frac{I}{A}}$ = Radio de giro

Referido a los ejes										LD
x-x			y-y			ξ-ξ		η-η		
I_x cm⁴	W_x cm³	i_x cm	I_y cm⁴	W_y cm³	i_y cm	I_ξ cm⁴	i_ξ cm	I_η cm⁴	i_η cm	
34,4	6,74	2,38	12,3	3,21	1,43	39,6	2,56	7,11	1,08	75×50×5*
40,5	8,01	2,37	14,4	3,81	1,42	46,6	2,55	8,36	1,08	75×50×6
46,4	9,24	2,36	16,5	4,39	1,41	53,3	2,53	9,57	1,07	75×50×7*
52,0	10,4	2,35	18,4	4,95	1,40	59,7	2,52	10,8	1,07	75×50×8
38,2	7,55	2,56	6,49	2,06	1,06	40,5	2,64	4,19	0,85	80×40×5
44,9	8,73	2,55	7,59	2,44	1,05	47,6	2,63	4,92	0,85	80×40×6*
51,4	10,1	2,54	8,63	2,81	1,04	54,4	2,61	5,64	0,84	80×40×7
57,6	11,4	2,53	9,61	3,16	1,03	60,9	2,60	6,33	0,84	80×40×8*
51,4	9,29	2,52	24,8	5,49	1,75	62,8	2,78	13,4	1,29	80×60×6
59,0	10,7	2,51	28,4	6,34	1,74	72,0	2,77	15,4	1,28	80×60×7*
66,3	12,2	2,50	31,8	7,16	1,73	80,8	2,76	17,3	1,27	80×60×8
89,7	13,8	3,21	15,3	3,85	1,32	95,1	3,30	9,85	1,06	100×50×6*
103	16,0	3,20	17,4	4,46	1,31	109	3,29	11,3	1,06	100×50×7
116	18,1	3,18	19,5	5,04	1,31	123	3,28	12,7	1,05	100×50×8*
141	22,2	3,16	23,4	6,17	1,29	149	3,25	15,4	1,05	100×50×10
113	16,6	3,17	57,6	7,53	1,83	128	3,39	22,0	1,40	100×65×7
127	18,9	3,16	42,2	8,54	1,83	144	3,37	24,8	1,40	100×65×8*
154	23,2	3,14	51,0	10,5	1,81	175	3,35	30,1	1,39	100×65×10*
133	19,3	3,14	64,1	11,4	2,18	163	3,47	34,6	1,60	100×75×8**
162	23,8	3,12	77,6	14,0	2,16	197	3,45	42,2	1,59	100×75×10**
189	28,0	3,10	90,2	16,5	2,14	230	3,42	49,5	1,59	100×75×12**

ANGULAR DE LADOS DESIGUALES (LD)

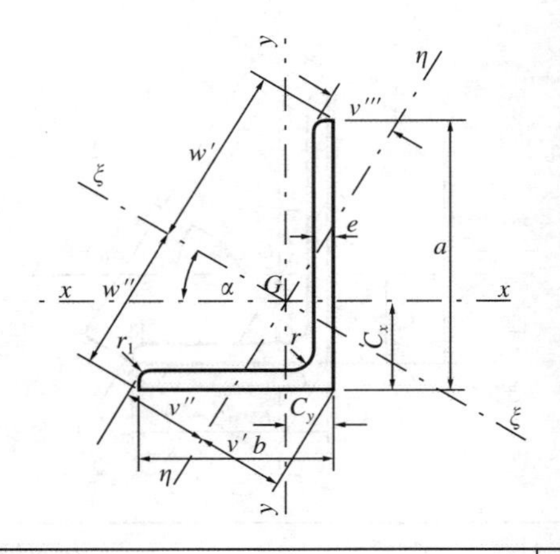

LD	Dimensiones (mm)					Sec. *A* cm²	Peso *P* kg/m	Posición de los ejes						
	a	*b*	*e*	*r*	r_1			c_x cm	c_y cm	v' cm	v'' cm	v''' cm	w' cm	tg α
120×80×8**	120	80	8	11	5,5	15,5	12,2	3,83	1,87	3,27	4,23	2,16	8,23	0,437
120×80×10**	120	80	10	11	5,5	19,1	15,0	3,92	1,95	3,37	4,21	2,19	8,19	0,435
120×80×12**	120	80	12	11	5,5	22,7	17,8	4,00	2,03	3,46	4,20	2,25	8,15	0,431
130×65×8	130	65	8	11	5,5	15,1	11,8	4,56	1,37	2,49	3,90	1,47	8,51	0,261
130×65×10*	130	65	10	11	5,5	18,6	14,6	4,65	1,45	2,58	3,86	1,54	8,44	0,258
130×65×12*	130	65	12	11	5,5	22,1	17,3	4,74	1,53	2,66	3,83	1,60	8,38	0,255
150×75×9	150	75	9	11	5,5	19,6	15,4	5,27	1,57	2,90	4,50	1,72	9,81	0,262
150×75×10*	150	75	10	11	5,5	21,6	17,0	5,32	1,61	2,90	4,48	1,73	9,77	0,261
150×75×12*	150	75	12	11	5,5	25,7	20,2	5,41	1,69	2,99	4,45	1,81	9,71	0,259
150×75×15	150	75	15	11	5,5	31,6	24,8	5,53	1,81	3,11	4,41	1,91	9,62	0,254
150×90×10*	150	90	10	12	6,0	23,2	18,2	5,00	2,04	3,60	5,03	2,24	10,1	0,361
150×90×12	150	90	12	12	6,0	27,5	21,6	5,08	2,12	3,70	5,00	2,30	10,1	0,358
150×90×15*	150	90	15	12	6,0	33,9	26,6	5,21	2,23	3,84	4,98	2,46	9,98	0,354
200×100×10	200	100	10	15	7,5	29,2	23,0	6,93	2,01	3,75	6,05	2,22	13,2	0,265
200×100×12	200	100	12	15	7,5	34,8	27,3	7,03	2,10	3,84	6,00	2,26	13,1	0,262
200×100×15	200	100	15	15	7,5	43,0	33,7	7,16	2,22	3,94	5,95	2,37	13,0	0,260
200×150×10	200	150	10	15	7,5	34,2	26,9	5,99	3,53	5,98	7,35	4,55	14,0	0,553
200×150×12	200	150	12	15	7,5	40,8	32,0	6,08	3,61	6,09	7,34	4,17	13,9	0,552
200×150×15	200	150	15	15	7,5	50,5	39,6	6,21	3,73	6,26	7,33	3,99	13,9	0,551
200×150×18	200	150	18	15	7,5	60,0	47,1	6,33	3,85	6,41	7,33	3,69	13,8	0,548

* Perfiles recomendados en la norma UNE 36-532-72. ** Perfiles recomendados en la norma NBE 102.

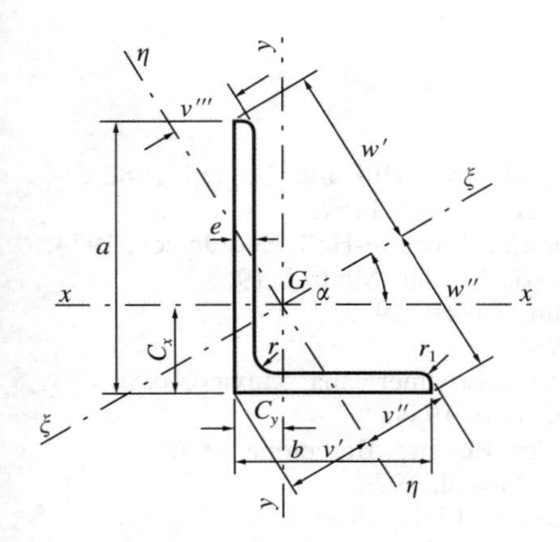

A = Área de la sección
I = Momento de inercia
W = Módulo resistente
$i = \sqrt{\dfrac{I}{A}}$ = Radio de giro

Referido a los ejes										LD
x-x			*y-y*			*ξ-ξ*		*η-η*		
I_x cm^4	W_x cm^3	i_x cm	I_y cm^4	W_y cm^3	i_y cm	I_ξ cm^4	i_ξ cm	I_η cm^4	i_η cm	
226	27,6	3,82	80,8	13,2	2,28	260	4,10	46,6	1,73	120×80×8**
276	34,1	3,80	98,1	16,2	2,26	317	4,07	56,8	1,72	120×80×10**
323	40,4	3,77	114	19,1	2,24	371	4,04	76,6	1,71	120×80×12**
263	31,1	4,17	44,8	8,2	1,72	278	4,30	28,9	1,38	130×65×8
320	38,4	4,15	54,2	10,7	1,71	339	4,27	35,2	1,37	130×65×10*
375	45,4	4,12	63,0	12,7	1,69	397	4,24	41,2	1,37	130×65×12*
456	46,9	4,83	78,3	13,2	2,00	484	4,97	50,4	1,60	150×75×9
501	51,8	4,81	85,8	14,6	1,99	532	4,96	55,3	1,60	150×75×10*
589	61,4	4,79	99,9	17,2	1,97	624	4,93	64,9	1,59	150×75×12*
713	75,3	4,75	120	21,0	1,94	754	4,88	78,8	1,58	150×75×15
533	53,3	4,80	146	21,0	2,51	591	5,05	88	1,95	150×90×10*
627	63,3	4,77	171	24,8	2,49	695	5,02	104	1,94	150×90×12
761	77,7	4,74	205	30,4	2,46	841	4,98	126	1,93	150×90×15*
1.220	93,2	6,46	210	26,3	2,68	1.290	6,65	135	2,15	200×100×10
1.440	111	6,43	247	31,3	2,67	1.530	6,63	159	2,14	200×100×12
1.760	137	6,40	299	38,4	2,64	1.860	6,58	194	2,12	200×100×15
1.400	99,6	6,38	680	59,2	4,46	1.710	7,07	364	3,26	200×150×10
1.650	119	6,36	803	70,5	4,44	2.030	7,05	430	3,25	200×150×12
2.020	147	6,33	979	86,9	4,40	2.480	7,00	526	3,23	200×150×15
2.380	174	6,29	1.150	103	4,37	2.900	6,96	618	3,21	200×150×18

Bibliografía

BEER, F. P. y JOHNSTON, E. R. Jr.: *Mecánica de materiales*. McGraw-Hill, Inc. Bogotá, 1982.
BELLUZZI, O.: *Ciencia de la Construcción* (4 tomos). Aguilar. Madrid, 1967.
BORESI, A. P. y LYNN, P. P.: *Elasticity in Engineering Mechanics*. Prentice-Hall. New Jersey, 1974.
COURBON, J.: *Tratado de Resistencia de Materiales* (2 tomos). Aguilar. Madrid, 1968.
FAVRE, H.: *Cours de Mécanique* (Tomos 1.° y 3.°). Leemann. Zurich, 1953.
FEODOSSIEV, V.: *Resistencia de Materiales*. Mir. Moscú, 1980.
GERE-TIMOSHENKO: *Mecánica de materiales*. Grupo Editorial Iberoamericana. México, 1986.
HEARN, E. J.: *Resistencia de Materiales*. Interamericana. México, 1984.
KERGUIGNAS, M. y CAIGNAERT, G.: *Resistencia de Materiales*. Reverté. Barcelona, 1980.
KISELIOV, V. A.: *Mecánica de Construcción* (2 tomos). Mir. Moscú, 1976.
MASSONNET, CH.: *Résistance des Matériaux*. Sciences et Lettres. Lieja, 1960.
POPOV, E. P.: *Mecánica de Materiales*. Limusa. México, 1982.
SAMARTÍN, A.: *Resistencia de Materiales*. Colegio de Ingenieros de Caminos, Canales y Puertos. Madrid, 1995.
SEELY, F. B. y SMITH, J. O.: *Curso Superior de Resistencia de Materiales*. Nigar. Buenos Aires, 1967.
TIMOSHENKO, S. y YOUNG, D. H.: *Elementos de Resistencia de Materiales*. Montaner y Simón. Barcelona, 1979.
VÁZQUEZ, M.: *Resistencia de Materiales*. Noela. Madrid, 1994.

Índice analítico

Analogía de la membrana, 188, 213
Ángulo
de deslizamiento, 760
de hélice de torsión, 189
de torsión, 189
Anillo de pequeño espesor
giratorio alrededor de su eje, 95
sometido a presión uniforme, 152
Apoyos
articulado fijo, 31
articulado móvil, 30
empotrado, 31
Arco funicular, 134
Área sectorial, 306
Área sectorial elemental, 305
Armadas, vigas, 311

Barra, 6
Barras esbeltas
compresión excéntrica de, 639
grandes desplazamientos en, 641
pandeo de, 628
Bernoulli, hipótesis de, 72, 259, 758
Betti, teorema de reciprocidad de, 38
Bredt, fórmula de, 225
Bresse, fórmulas de, 732

Cálculo de sistemas articulados planos
método analítico, 140
método de Cremona, 143
método de Riter, 144
Carga crítica de pandeo, 630
Carga estática equivalente, 406
Carga de pandeo admisible, 628
Cargas, tipos de, 28
Cáscara, 7
Castigliano, teorema de, 38
Catenaria, 127
Centro de esfuerzos cortantes, 303
Centro de presiones, 468
Centro de torsión, 210
Círculos de Mohr
de deformaciones, 16
de tensiones, 12
Clapeyron, fórmula de, 37, 537
Coeficiente
de concentración de tensiones, 76
de dilatación lineal, 119
de ponderación, 34
de Poisson, 23
de reducción de la longitud, 633
de seguridad, 33
de seguridad por pandeo, 628
Colignon, fórmula de, 285
Columnas cortas, 653
Columnas esbeltas, 668
pandeo con empotramientos elásticos en los extremos de, 668
Columnas intermedias, 653
fórmula de Tetmajer para la determinación de tensiones críticas, 653
Compatibilidad de las deformaciones, ecuaciones de, 102, 522
Componentes intrínsecas
del vector deformación unitaria, 15
del vector tensión, 9
Compuestas, vigas, 321
Concentración de tensiones, 76
Continuas, vigas, 533
Continuidad de los sólidos elásticos, 4
Convenio de signos
para deformaciones angulares, 759
para esfuerzos cortantes, 267
para esfuerzos normales, 69
para momentos flectores, 267
Cortadura
doble, 763
simple, 763

Criterios de resistencia, 39
de la deformación longitudinal máxima, 40
de la energía de distorsión, 38
de los estados límites de Mohr, 42
de la tensión tangencial máxima, 40
de la tensión tangencial octaédrica, 42
Curva funicular, 127

Deformaciones
por esfuerzos cortantes, 387
por impacto, 406
principales, 15
Depósito
cilíndrico sometido a presión uniforme, 150
cónico abierto conteniendo líquido, 150
esférico sometido a presión uniforme, 150
Diagrama
de desplazamiento de las secciones rectas, 81
de esfuerzos cortantes, 268
de esfuerzos normales, 71
de momentos flectores, 268
de momentos torsores, 195
tensión-deformación, 21
Direcciones principales
de la matriz de deformación, 14
de la matriz de tensiones, 11

Ecuación
diferencial aproximada de la línea elástica, 360
diferencial exacta de la línea elástica, 360
universal de la deformada de una viga de rigidez constante, 364
universal de los ángulos girados por las secciones de una viga, 369
Ecuación de Laplace, 149
Ecuaciones
de compatibilidad de las deformaciones, 102, 522
de equilibrio estático, 4
de equilibrio interno, 10
Eficiencia de la unión, 768
Eje neutro, 458, 469
Ejes de transmisión de potencia, 194
Elipsoide
de deformaciones, 15
de tensiones de Lamé, 12
Endurecimiento por deformación, 22
Energía de deformación (véase Potencial interno), 36
Ensayo de tracción, 21
Envolventes de pequeño espesor, 148
Equilibrio elástico, 8
Equilibrio de hilos y cables, 125
Esbeltez mecánica, 635
Esfuerzo cortante, 26
Esfuerzo normal, 26
Estabilidad, 2
Estabilidad de anillos, 672
Estabilidad del equilibrio elástico, 626
Estado tensional
hidrostático, 156
homogéneo, 73
Estáticamente indeterminadas, vigas, 523
Estricción, 22
Euler, fórmula de, 631

Flexión:
compuesta, 467
compuesta en vigas esbeltas, 665
desviada, 456
puras, 257
resortes de, 417
simple, 266
Fluencia, límite de, 22
Flujo de cortadura, 296
Fórmula
de Colignon, 285
de Engesser, 650
de Euler, 631
de Tetmajer, 653
Fórmulas de Bresse, 732
Función de Prandtl, 208
Funciones de discontinuidad, 364

Garganta de un cordón de soldadura, 776
Grado de hiperestaticidad, 32, 102, 522, 548

Hilos, equilibrio de, 125
Hipérbola de Euler, 649
Hipótesis de Bernoulli, 72, 259, 758
Homogeneidad de los sólidos elásticos, 4
Hooke
ley de, 23
leyes generalizadas de, 24

Inercia torsional, 218
Isotropía de los sólidos elásticos, 4

Lamé, elipsoide de, 12
Laplace, ecuación de, 149
Ley de Hooke, 25
Ley de Navier, 258

Ligadura, reacciones de, 29
Límite aparente de elasticidad, 22
Límite de elasticidad, 21
Límite de fluencia, 22
Límite de proporcionalidad, 21
Línea elástica, 358
Línea media de un perfil delgado, 218
Línea media de un prisma mecánico, 5
Longitud de pandeo, 632
Lüders, líneas de, 22

Matriz de deformación, 14
Matriz de tensiones, 11
Método
  de la carga unitaria, 146
  de los coeficientes ω, 657
  de las fuerzas para el cálculo de sistemas hiperestáticos, 558
  de Mohr para el cálculo de desplazamientos, 390, 573, 714
  de multiplicación de gráficos, 395
Módulo de elasticidad
  longitudinal, 23
  transversal, 24
Módulo de rigidez
  a la flexión, 360
  a la torsión, 191, 218
Módulo resistente de la sección
  en flexión, 263
  en torsión, 191
Mohr
  criterio de, 42
  primer teorema de, 373
  segundo teorema de, 374
Momento
  flector, 27, 257
  torsor, 27, 187

Navier, ley de, 258
Núcleo central de la sección, 475

Pandeo de barras rectas, 628
Paso de remachado, 313
Perfiles delgados sometidos a flexión, 295
Perfiles delgados sometidos a torsión
  abiertos ramificados, 220
  abiertos sin ramificar, 219
  cerrados de una sola célula, 223
  cerrados de varias células, 228
Placa, 6
Poisson, coeficiente de, 23
Potencial interno
  en cortadura, 761
  en flexión compuesta, 468
  en flexión desviada, 463
  en flexión simple, 384
  en torsión, 204
  en tracción o compresión monoaxial, 100
Principio
  de rigidez relativa de los sistemas elásticos, 16
  de Saint-Venant, 20
  de superposición de efectos, 19
  generalizado de Navier-Bernoulli, 266
Prisma mecánico, 5
Puente colgante, 128

Relaciones entre el esfuerzo cortante, el momento flector y la carga, 268
Resistencia característica, 36
Resistencia mecánica, 2
Resortes
  de flexión, 417
  de torsión, 726
Rigidez
  a flexión, 360
  a flexión de una viga compuesta, 323
  a torsión, 191, 218

Saint-Venant
  criterio de, 40
  principio de, 20
Sección
  reducida, 385
  transformada, 322
Simetría y antisimetría en sistemas hiperestáticos, 552
Sistemas
  hiperestáticos, 32, 548
  isostáticos, 31
Soldadura
  a tope, 775
  en ángulo, 775
Sólido
  elástico, 4
  rígido, 3
  verdadero, 5
Sólido de igual resistencia
  a esfuerzos normales, 88, 91
  a flexión, 410
Superficie media, 7

Tensión
 admisible, 33
 equivalente, 39
 normal, 9
 principal, 11
 tangencial, 11
Tensiones
 de origen térmico, 119
 por defectos de montaje, 121
 principales en flexión simple, 290
Teorema
 de Castigliano, 38, 568
 de los dos momentos, 535
 de los tres momentos, 537
 de Maxwell-Betti, 38
 de Menabrea, 38
 de reciprocidad de las tensiones tangenciales, 10
Teoremas
 de Mohr, 373
 de la viga conjugada, 378
Teoría
 elemental de la cortadura, 757
 de la membrana, 148
Torsión
 ángulo de, 189
 de perfiles delgados, 218
 en prismas de sección circular, 188
 en prismas de sección no circular, 206
 pura, 188
 simple, 188
 y cortadura, 726
 y flexión combinadas, 717
Tracción o compresión monoaxial, 71
Tracción o compresión hiperestática, 102

Uniones
 atornilladas, 761
 remachadas, 761
 soldadas, 775

Vector
 deformación unitaria, 15
 desplazamiento, 12
 tensión, 8
Viga conjugada, 378
Vigas
 armadas, 311
 compuestas, 321
 continuas, 533
Von Mises, criterio de, 38

Young, módulo de, 23